# 中国珍稀濒危植物孢粉图鉴

Pollen flora of rare and endangered plants in China

郝秀东　许清海　宛　涛　王伟铭　李小强　欧阳绪红
李树峰　林建勇　秦琳娟　王艾岚　等

青岛出版集团 | 青岛出版社

## 图书在版编目（CIP）数据

中国珍稀濒危植物孢粉图鉴 / 郝秀东等著. -- 青岛：青岛出版社, 2024. -- ISBN 978-7-5736-2985-2

Ⅰ. Q944.571-64

中国国家版本馆 CIP 数据核字第 2024DA6433 号

ZHONGGUO ZHENXI BINWEI ZHIWU BAOFEN TUJIAN

| 书　　　名 | 中国珍稀濒危植物孢粉图鉴 |
|---|---|
| 著　　　者 | 郝秀东　许清海　宛　涛　王伟铭　李小强　欧阳绪红　李树峰　林建勇　秦琳娟　王艾岚　等 |
| 出版发行 | 青岛出版社（青岛市崂山区海尔路182号，266061） |
| 本社网址 | http://www.qdpub.com |
| 邮购电话 | 0532-68068091 |
| 策　　划 | 郭东明 |
| 责任编辑 | 郭东明　程兆军　梁　娜　张　鑫　刘　怿　宫一帆　袁　赟 |
| 内文排版 | 戊戌同文 |
| 印　　　刷 | 青岛名扬数码印刷有限责任公司 |
| 出版日期 | 2024年12月第1版　2024年12月第1次印刷 |
| 开　　　本 | 16开 |
| 印　　　张 | 74.5 |
| 字　　　数 | 1400千 |
| 书　　　号 | ISBN 978-7-5736-2985-2 |
| 定　　　价 | 1280.00元 |

编校印装质量、盗版监督服务电话　4006532017　0532-68068050

# 《中国珍稀濒危植物孢粉图鉴》撰著者名单

| | | | | | | | | | |
|---|---|---|---|---|---|---|---|---|---|
| 郝秀东 | 许清海 | 宛　涛 | 王伟铭 | 李小强 | 李树峰 | 欧阳绪红 | 吕厚远 | 翁成郁 | 郑　卓 |
| 羊向东 | 刘兴起 | 沈才明 | 李月丛 | 苗运法 | 黄小忠 | 曹现勇 | 赵克良 | 张振卿 | 李　泉 |
| 张　芸 | 唐自华 | 徐德克 | 舒军武 | 田　芳 | 杨士雄 | 赵永涛 | 宋　兵 | 倪　健 | 李　凯 |
| 罗传秀 | 周忠泽 | 唐　烽 | 刘　佳 | 杨　毅 | 戴　璐 | 程仲景 | 赵文伟 | 任维鹤 | 张生瑞 |
| 郝　倩 | 陈春珠 | 李　焕 | 赵雪琴 | 林建勇 | 罗应华 | 于永辉 | 秦琳娟 | 王艾岚 | 劳月英 |
| 薛美玲 | 李立学 | 韦嘉胜 | 陆雅娴 | 姜冬冬 | 韩　莎 | 王　涛 | 马林原 | 石松林 | 刘　演 |
| 丁　涛 | 吴　双 | 王爱龙 | 刘晟源 | 农正权 | 龙继凤 | 潘柳青 | 廖南燕 | 朱锡纯 | 覃　毅 |
| 潘韦虎 | 覃　琨 | 许会敏 | 刘　博 | 胡兴华 | 苏　敏 | 刘艳玲 | 刘　宏 | 张　敏 | 段元文 |
| 牛　洋 | 魏　薇 | 邓秋香 | 徐　婷 | 黄　进 | 药占文 | 蒋正杰 | 龙　洌 | 黄绍廷 | 葛斌杰 |
| 王晓英 | 宛诣超 | 徐　静 | 温　馨 | 张晓明 | 葛云辉 | 赵生林 | 常秉文 | | |

  本书简要介绍了我国珍稀濒危植物的保护现状、孢粉学在中国珍稀濒危植物中的研究潜力与孢粉学相关知识及规范，包括孢粉形态学的基本内涵及应用领域、实验室提取方法、现代植物标本的制作方法，以及光学和电子扫描显微镜拍摄孢粉的基本方法。对我国157科395属534种珍稀濒危植物孢粉标本的显微拍照，制作成精美的现代孢粉图版，并描述其植物形态特征、地理分布、生境、保护等级及孢粉形态等信息，采用图文对应的方式进行编排，让读者在领略珍稀濒危植物照片的同时，感受"显微镜下的花花世界"——微观花粉的特征与美丽。

  全书资料翔实、内容丰富，系统展示了我国珍稀濒危植物孢粉的极面观、赤道面观及萌发器官等细致显微形态结构和特征，为恢复和重建过去地质历史时期珍稀濒危植物的分布范围及其群落结构，进而揭示其演化史与迁移史，提供了重要的微体古生物——"花粉化石"视角。本书主要为孢粉学和环境考古学相关专业的高等院校师生及科研单位研究人员提供研究参考，同时可供古地理学、古气候学、古环境学、考古学、植物学和生态学等有关学者，以及高等院校地理学、地质学和生物学等相关学科的师生参阅。

一、本书在中国国家林业和草原局、农业农村部2021年9月7日公布调整后的《国家重点保护野生植物名录》、《中国珍稀濒危植物图鉴》、《中国生物多样性红色名录——高等植物卷》、《中国植物红皮书》、《极小种群（狭域分布）保护物种》、《中国物种红色名录（植物部分）》、《濒危野生动植物种国际贸易公约（CITES）》、各省市区（地方）重点保护野生植物名录、受威胁物种信息、《全国极小种群野生植物拯救保护工程规划（2011—2015年）》和《世界自然保护联盟濒危物种红色名录》（IUCN Red List of Threatened Species 或称 IUCN 红色名录）的基础上，剔除在分类学地位存在极大争议或野外居群一直没有发现的少数物种，本书收录物种依据以下四个原则：（1）数量极少、分布范围极窄的濒危种；（2）具有重要经济、科研、文化价值的濒危种和稀有种；（3）有重要经济价值，因过度开发利用，资源急剧减少的物种；（4）具有典型孢粉形态学研究意义的重要物种。因此，本书共收录种、亚种及变种约534个。

二、本书分为蕨类植物、裸子植物和被子植物三部分。每部分内部按物种所属科的拉丁学名字母顺序排列。考虑到《国家重点保护野生植物名录》作为法律条文的附件，具有相应的法律约束力，作者决定本书基本沿用《中国植物志》中科的概念，从而与名录相对应；但随着近年来植物分类学的飞速发展，许多物种的系统学位置发生变化，而部分类群的分类学研究结果之间存在较大的争议，对于这些类群，本书采用APG（被子植物种系发生学组）系统分类的相关物种拉丁学名。

三、本书依据正式出版的图书、发表的论文以及iPlant植物智——植物物种信息系统对收录的所有物种的形态特征、生境、分布、花果期等进行统一描述，同时附上收录植物的花、叶、果、整株的高清彩色照片约3000幅，更清晰明确地将物种的特征展示出来，便于读者在野外识别和保护珍稀濒危植物。

四、本书对收录的物种进行系统的现代花粉采样，对其集中进行实验室处理，分别进行光学显微镜与电子扫描显微镜拍摄，制作精美高清彩色图版约5500幅；同时，对收录珍稀濒危植物花粉形态进行细致描述，将"看不见的花花世界"照进现实，使读者领略显微镜下的另一种美丽。

植物分类名称

**Bretschneideraceae 伯乐树科**
*Bretschneidera* 伯乐树属
*Bretschneidera sinensis* Hemsl. 伯乐树

极面观　赤道面观

花粉图式

形态特征

【形态特征】乔木，高 10~20 米；树皮灰褐色；小枝有较明显的皮孔；羽状复叶通常长 25~45 厘米，总轴有疏短柔毛或无毛；小叶 7~15 片，纸质或革质，狭椭圆形，全缘，顶端渐尖或急短渐尖，基部钝圆或短尖、楔形，叶面绿色，无毛，叶背粉绿色或灰白色，有短柔毛，常在中脉和侧脉两侧较密；叶脉在叶背明显，侧脉 8~15 对；总花梗、花梗、花萼外面有棕色短茸毛；花淡红色，直径约 4 厘米，花萼直径约 2 厘米，顶端具短的 5 齿，内面有疏柔毛或无毛，花瓣阔匙形或倒卵楔形，顶端浑圆，无内面，有红色纵条纹；子房有光亮、白色的柔毛，花柱有柔毛；果椭圆球形、近球形或阔卵形，被极短的棕褐色毛和常混生疏白色小柔毛，有或无明显的黄褐色小瘤体；种子椭圆球形，平滑。

花果期、生境以及分布范围

【花果期】花期 3—9 月，果期 5 月至翌年 4 月。
【生境】生于低海拔至中海拔的山地林中。
【分布】国内分布：四川、云南、贵州、广西、广东、湖南、湖北、江西、浙江、福建等省区；国外分布：越南北部。

别名、保护级别

【别名】钟萼木。
【保护级别】国家二级重点保护野生植物；近危（NT）。

花粉形态描述

【花粉形态】花粉粒呈椭球形，极面观为 3 裂圆形，大小为 43（40~48）×70（65~75）μm；具 3 孔沟；表面具明显的网状雕纹，网眼里有颗粒状雕纹。

植物形态图片

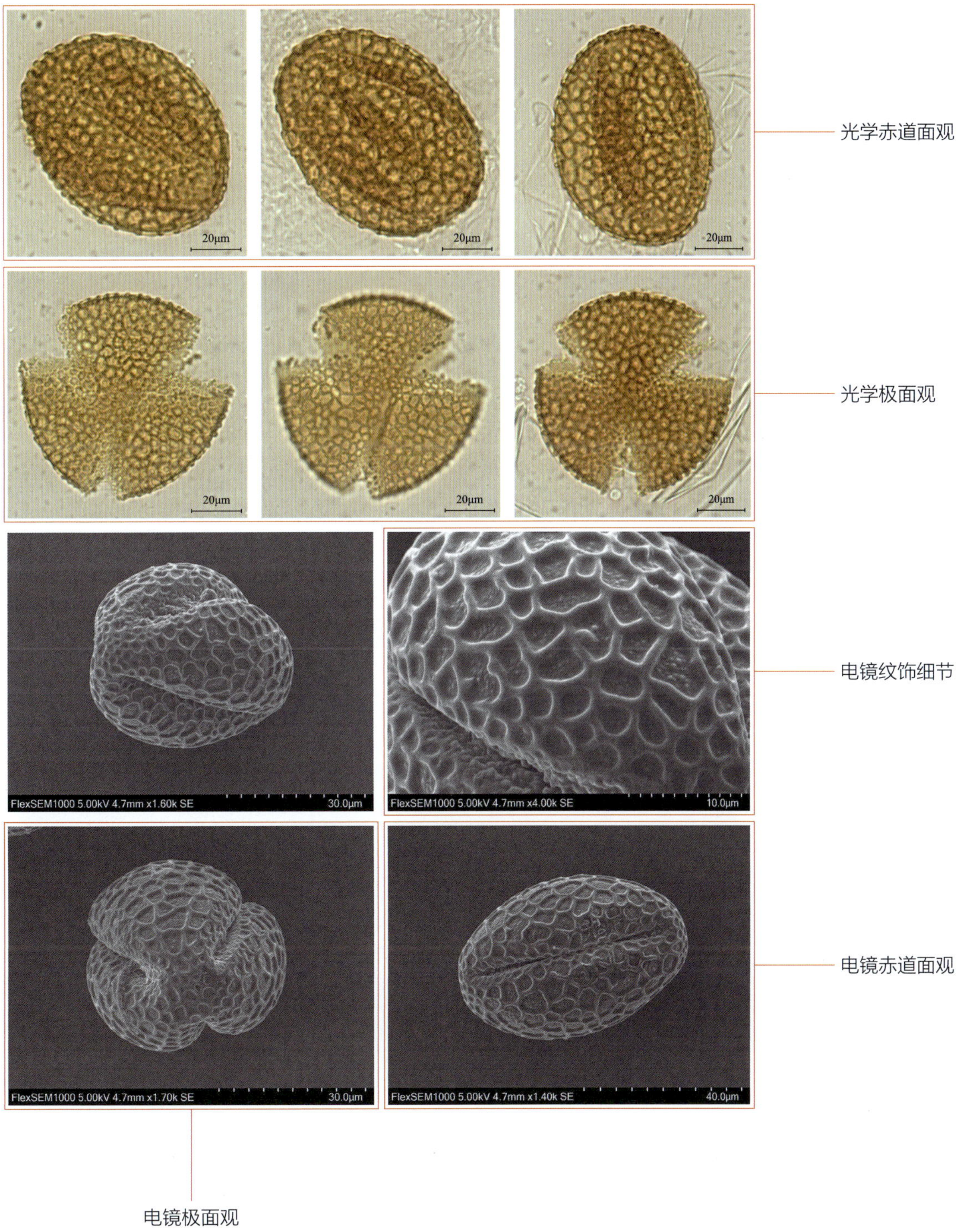
20μm
20μm
20μm
光学赤道面观
20μm
20μm
20μm
光学极面观
FlexSEM1000 5.00kV 4.7mm x1.60k SE 30.0μm
FlexSEM1000 5.00kV 4.7mm x4.00k SE 10.0μm
电镜纹饰细节
FlexSEM1000 5.00kV 4.7mm x1.70k SE 30.0μm
FlexSEM1000 5.00kV 4.7mm x1.40k SE 40.0μm
电镜赤道面观
电镜极面观

# 序言

  孢粉因其外壁具有独特的化学结构，在漫长的地质年代里可以被很好地保存下来，加之其产量大、种类丰富等优势，已成为最直接、最可信的古环境和古植被代用指标之一，在正确认识和恢复古植被演替和古环境变迁方面具有不可替代的作用。孢粉学作为一门新兴的边缘学科，被广泛应用于地质学、生物学、地球科学、环境科学、现代医学、刑侦学、营养学等诸多领域。老一辈科学家徐仁和王伏雄院士开创了我国的孢粉学事业，带领他们的学生和同事们，出版了《中国植物花粉形态》《中国热带亚热带被子植物花粉形态》《中国蕨类植物孢子形态》等著作，极大地推动了我国孢粉学的研究与发展。

  近年来，国内虽然陆续有孢粉形态学的专著出版，但很少有将植物照片、光学生物显微镜和扫描电子显微镜图版相结合的。今天，很高兴看到年轻一代孢粉学研究后继有人，由郝秀东博士领衔编著的《中国珍稀濒危植物孢粉图鉴》一书，共收录珍稀濒危植物157科395属534种，不仅制作了精美高清的光学显微镜与电子扫描显微镜孢粉图版，而且系统拍摄了珍稀濒危植物的花、叶、果及植株照片，并详细描述其孢粉形态、分布、生境、保护等级等信息，更加方便相关研究人员阅读和使用。书中所用的术语规范、图版精美，全面展示了珍稀濒危植物鉴定的形态特征，为野外鉴定和保护珍稀濒危植物提供重要的图版资料；同时展示了孢粉的极面观、赤道面观及萌发器官等细致的显微形态结构和特征，为地层中准确鉴定出孢粉，恢复和重建过去地质历史时期珍稀濒危植物的分布范围及其群落结构，制定可持续保护珍稀濒危植物策略提供重要的参考依据，具有极高的科学价值。令人欣慰的是，该书还收录大量喀斯特地区特有植物的孢粉图版，为今后开展喀斯特地区古植被演替和古环境变迁研究，提供了重要的参考数据。

我相信该书的出版，不仅会吸引更多的年轻人关注孢粉学，也一定会引起植物学、生态学等相关学科研究人员的注意，进而开展更多的学科交叉研究。同时，我也相信该书的出版一定会对我国孢粉学研究起到积极的促进作用，谨此介绍和推荐，并对该书的出版表示诚挚的祝贺。

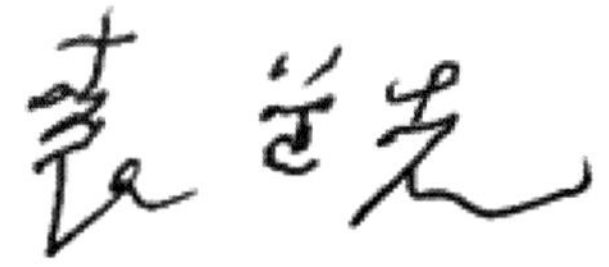

袁道先

2024 年 12 月 16 日

# 前言

　　中国地域辽阔，气候、地形类型复杂，是全球生物多样性最丰富的国家之一。加之中国生物区系起源古老，成分复杂，并拥有大量的古老孑遗物种，其中许多是具有"活化石"之称的珍稀濒危植物，如水杉、银杏和银杉等，在《全球植物保护战略》(GSPC)中扮演重要地位。近40多年来，中国经济一直保持中高速发展和人口的不断增长对植物资源和生态环境造成了严重破坏，植物资源消耗速度加快，濒危物种数量急剧上升，保护中国野生植物多样性刻不容缓。珍稀濒危植物是生物多样性的重要组成部分，也是我国重要的生态资源和生物保护的核心，具有重要的经济和科学价值。保护珍稀濒危植物有助于延缓物种灭绝、维护生态平衡、保存资源、促进生态可持续发展，对我国生物多样性保护具有极为重要的意义。近年来，我国珍稀濒危野生植物保护工作取得了明显成效，尤其是2017年修订的《中华人民共和国野生植物保护条例》和2021年新调整的《国家重点保护野生植物名录》先后颁布，奠定了中国植物保护的法律基础和政策框架，就地保护和迁地保护网络基本形成。

　　孢子、花粉（简称孢粉）是植物繁殖器官的组成部分，能够在漫长的地质年代里被很好地保存下来，是公认的最直接、最可信的古植被和古环境代用指标之一，在正确认识、恢复古植被和古环境方面具有不可替代的作用。孢粉形态学是孢粉学研究的重要前提，能否正确利用孢粉资料来解释和重建古植被、古环境及古气候，在很大程度上取决于孢粉资料鉴定的准确性。对我国珍稀濒危植物开展系统的孢粉形态学研究，对今后重建和恢复过去地质历史时期珍稀濒危植物的分布范围及其群落结构，进而揭示其演化史与迁移史，有着极其重要的指导意义。

　　本书为首部系统完整展示我国珍稀濒危植物孢粉形态学的档案性图集，共收录157科395属534种植物标本的孢粉光学及电镜图版，以及相关母体植物花、叶、果及植株等的照片，对其物种的形态特征、生境、主要分布区域、保护等级及孢粉鉴定特征等进行细致描述，并附上孢粉图式方便读者认识和理解其微观结构。本书有大量高清精美的孢粉图版，使"看不见的花花世界"照进现实，让读者来领略显微镜下的另一种美丽；特别是电子扫描显微图版为在地层中准确鉴定珍稀濒危植物孢粉，甚至达到种一级别提供了重要的参考资料。本书所展示的孢粉图版，为今后探寻地质历史时期我国珍稀濒危植物的分布范围及其群落结构，揭示其迁移、演化历史提供珍贵的孢粉学证据，也为可持续保护、恢复及预测珍稀濒危植物群落未来演变趋势提供重要的科学依据和有力的数据支持。此外，本书对植物采用APG（被子植物种系发生学组）系统进行分类，解决因分类系统不同而对研究造成的困扰，以适应孢粉形态学研究的发展趋势。本书共分为五章：第一章简单介绍了中国珍稀濒危植物的现状、保护等级的划分标准、中国珍稀濒危植物的特点以及孢粉学在中国珍稀濒危植物研究中的潜力；第二章详细介绍了孢粉学研究的前世今生、花粉粒的形态特征、孢粉学的应用领域以及孢粉学的研究方法，还着重介绍了光学显微镜和电子扫描显微镜的制备方法等孢粉学相关知识与规范；第三章集中展示了蕨类植物的形态特征、生境、分布范围、保护等级及孢子形态，同时附上植物孢子、叶及植株照片，孢子的光学及电镜图版；第四章集中展示了裸子植物的形态特征、生境、分布范围、保护等级及花粉形态，同时附上植物花、叶、果及植株照片，花粉的光学和电镜图版；第五章集中展示了被子植物的形态特征、生境、分布范围、保护等级及花粉形态，同时附上植物花、叶、果及植株照片，花粉的光学和电镜图版。

  本书所有照片均来自项目组成员的第一手资料（个别植物照片标注拍摄者信息除外），包括珍稀濒危植物的花、果、叶及植株等照片和孢粉的光学及电镜图版。孢粉图版均在南宁师范大学孢粉实验室徕卡（Leica）光学生物显微镜和日立（Hitachi）电子扫描显微镜下拍摄完成。郝秀东和欧阳绪红组织孢粉标本的采集及拍照工作，林建勇、石松林、吴双、丁涛、罗应华、刘晟源、农正权、龙继凤、廖南燕、姜冬冬、秦琳娟、王艾岚和陆雅娴等参与了野外调查、孢粉标本采集和植物拍照；秦琳娟、薛美玲、李立学和王艾岚等完成孢粉电镜拍摄；韦嘉胜、劳月英、陆雅娴和韩莎等完成现代孢粉的实验室提取和光学显微镜拍照；秦琳娟和王艾岚对孢粉电镜图版进行PS处理；赖有强对孢粉进行了绘画；郝秀东和欧阳绪红整理大量孢粉形态学相关的著作和文献资料，并对珍稀濒危植物孢粉形态进行了细致的描述，编写了第一章、第二章、第三章、第四章和第五章。王伟铭、许清海、李小强、宛涛、李树峰和林建勇等对书稿进行了认真细致的修订，全书由王伟铭、许清海和郝秀东统稿。

  本书得到国家自然科学基金项目（41861020，42001076，U20A2048）、广西自然科学基金项目（2023GXNSFBA026263，2018GXNSFAA281264）、广西科技计划项目人才专项（桂科AD19245018，桂科AD20159025）、中国科学院南京地质古生物研究所古生物学与油气地层应用全国重点实验室（223109）、广西岩溶动力学重大科技创新基地开放基金（KDL & Guangxi202204）、广西红树林保护与利用重点实验室开放基金项目（GKLMC-201902）及北部湾环境演变与资源利用教育部重点实验室开放基金项目（NNNU-KLOP-X1919，NNNU-KLOP-X2101）等项目的资助。

  本书是中国珍稀濒危植物孢粉形态学研究的阶段性成果，凝结了南宁师范大学、河北师范大学、中国科学院南京地质古生物研究所、中国科学院古脊椎动物与古人类研究所、中国科学院青藏高原研究所、中国科学院昆明植物研究所、中国科学院西双版纳热带植物园、中国科学院西北生态环境资源研究院、兰州大学、内蒙古农业大学、广西壮族自治区林业科学研究院和广西壮族自治区中国科学院广西植物研究所等全体项目合作者的辛勤汗水和智慧结晶，特向所有参与此项工作的人员致以诚挚的感谢。本项目在实施过程中得到了中国科学院武汉植物园、广西弄岗国家级自然保护区、广西大瑶山国家级自然保护区、广西防城金花茶国家级自然保护区、广西大明山国家级自然保护区、广西元宝山国家级自然保护区、广西花坪国家级自然保护区、广西药用植物园、广西金钟山黑颈长尾雉国家级自然保护区、广西北海滨海国家湿地公园、四川攀枝花苏铁国家级自然保护区、四川王朗国家级自然保护区、山西太岳山国家森林公园、中国地质调查局青岛海洋地质研究所、西南大学、成都理工大学、广西大学、同济大学、东北师范大学和华东师范大学等单位的大力支持，特此致谢。本书在编写过程中，得到了青岛出版社郭东明副总编辑、程兆军编辑等的大力相助，并参考了大量相关著作和文献，特向原作者表示衷心的感谢。在本书即将付梓之际，同济大学汪品先院士和孙湘君教授审读了全书，提出重要的修改意见和建议，并幸得我国著名喀斯特研究大家袁道先院士百忙之中抽空亲自作序，在此深表谢忱。

  由于作者的水平及经验有限，加之时间仓促，书中难免存在错误和不足之处，敬请读者给予批评指正。

郝秀东

2024年12月12日

# 目 录

内容简介 ········································································································· I

出版说明 ········································································································· III

使用说明 ········································································································· IV

序　言 ············································································································· VII

前　言 ············································································································· IX

**第一章　中国珍稀濒危植物现状** ······························································· 001
　一、珍稀濒危植物及保护名录 ································································· 004
　二、珍稀濒危植物等级划分标准 ····························································· 005
　　2.1 国际标准 ··························································································· 005
　　2.2 国内标准 ··························································································· 006
　三、中国珍稀濒危植物保护现状 ····························································· 007
　　3.1 中国珍稀濒危植物的特点 ······························································· 007
　　3.2 中国珍稀濒危植物的保护现状 ······················································· 008
　四、孢粉学在中国珍稀濒危植物研究的潜力 ········································· 009
　　4.1 珍稀濒危植物孢粉形态学研究 ······················································· 009
　　4.2 珍稀濒危植物群落的孢粉现代过程研究 ······································· 010
　　4.3 钻孔孢粉记录追溯珍稀濒危植物的演化历史 ······························· 010
　　4.4 孢粉学在珍稀濒危植物研究的未来发展趋势 ······························· 011

**第二章　孢粉学相关知识及规范** ······························································· 013
　一、孢粉与孢粉学 ····················································································· 016
　二、花粉粒的形态特征 ············································································· 017
　　2.1 花粉粒的构造及类型 ······································································· 017
　　2.2 花粉粒的对称性和极性 ··································································· 018
　　2.3 花粉粒的萌发孔 ··············································································· 020

2.4花粉粒的外壁构造 ········· 022
　　2.5花粉粒的形态和大小 ········· 026
　　2.6蕨类植物孢子形态特征 ········· 027
　　2.7裸子植物花粉形态特征 ········· 028
　　2.8被子植物花粉形态特征 ········· 031
　　2.9孢粉图版排序 ········· 034
　　2.10我国孢粉形态学研究现状 ········· 034
　三、孢粉学的应用领域 ········· 035
　　3.1地层孢粉学 ········· 035
　　3.2第四纪孢粉学 ········· 035
　　3.3考古孢粉学 ········· 036
　　3.4石油孢粉学 ········· 036
　　3.5花粉刑侦学 ········· 036
　　3.6海洋孢粉学 ········· 037
　　3.7空气孢粉学 ········· 037
　　3.8花粉营养学 ········· 038
　四、孢粉学研究方法 ········· 039
　　4.1孢粉野外采样方法 ········· 039
　　4.2现代花粉实验室提取方法 ········· 039
　　4.3化石花粉实验室提取方法 ········· 040
　　4.4光学生物显微镜制片方法 ········· 041
　　4.5电子扫描显微镜制备方法 ········· 042

## 第三章　蕨类植物的孢子形态 ········· 043

Acrostichaceae卤蕨科 ········· 046
　*Acrostichum*卤蕨属 ········· 046
Adiantaceae铁线蕨科 ········· 048
　*Adiantum*铁线蕨属 ········· 048
Angiopteridaceae观音座莲科 ········· 050
　*Angiopteris*观音座莲属 ········· 050
Aspleniaceae铁角蕨科 ········· 056
　*Asplenium*铁角蕨属 ········· 056
Blechnaceae乌毛蕨科 ········· 058
　*Brainea*苏铁蕨属 ········· 058
　*Woodwardia*狗脊属 ········· 060
Cyatheaceae桫椤科 ········· 062
　*Alsophila*桫椤属 ········· 062
　*Gymnosphaera* 黑桫椤属 ········· 066
　*Sphaeropteris*白桫椤属 ········· 070
Dicksoniaceae蚌壳蕨科 ········· 074

# 目 录

| | |
|---|---|
| *Cibotium*金毛狗属 | 074 |
| Dryopteridaceae鳞毛蕨科 | 076 |
|     *Cyrtomium*贯众属 | 076 |
|     *Dryopteris*鳞毛蕨属 | 078 |
| Gleicheniaceae里白科 | 080 |
|     *Dicranopteris*芒萁属 | 080 |
|     *Diplopterygium*里白属 | 082 |
| Helminthostachyaceae七指蕨科 | 084 |
|     *Helminthostachys*七指蕨属 | 084 |
| Huperziaceae石杉科 | 086 |
|     *Phlegmariurus*马尾杉属 | 086 |
| Lycopodiaceae石松科 | 088 |
|     *Lycopodium*石松属 | 088 |
| Lygodiaceae海金沙科 | 090 |
|     *Lygodium*海金沙属 | 090 |
| Nephrolepidaceae肾蕨科 | 092 |
|     *Nephrolepis*肾蕨属 | 092 |
| Osmundaceae紫萁科 | 094 |
|     *Osmunda*紫萁属 | 094 |
| Parkeriaceae水蕨科 | 096 |
|     *Ceratopteris*水蕨属 | 096 |
| Polypodiaceae水龙骨科 | 098 |
|     *Microsorum*星蕨属 | 098 |
|     *Platycerium*鹿角蕨属 | 100 |
| Psilotaceae松叶蕨科 | 102 |
|     *Psilotum*松叶蕨属 | 102 |
| Pteridaceae凤尾蕨科 | 104 |
|     *Pteris*凤尾蕨属 | 104 |
| Thelypteridaceae金星蕨科 | 108 |
|     *Mesopteris*龙津蕨属 | 108 |

## 第四章 裸子植物的花粉形态   111

| | |
|---|---|
| Araucariaceae南洋杉科 | 114 |
|     *Araucaria*南洋杉属 | 114 |
| Cephalotaxaceae三尖杉科 | 116 |
|     *Cephalotaxus*三尖杉属 | 116 |
| Cupressaceae 柏科 | 120 |
|     *Chamaecyparis*扁柏属 | 120 |
|     *Fokienia*福建柏属 | 122 |
| Cycadaceae苏铁科 | 124 |

| | |
|---|---|
| *Cycas* 苏铁属 | 124 |
| Ephedraceae 麻黄科 | 136 |
|     *Ephedra* 麻黄属 | 136 |
| Ginkgoaceae 银杏科 | 138 |
|     *Ginkgo* 银杏属 | 138 |
| Pinaceae 松科 | 140 |
|     *Abies* 冷杉属 | 140 |
|     *Cathaya* 银杉属 | 146 |
|     *Keteleeria* 油杉属 | 148 |
|     *Larix* 落叶松属 | 154 |
|     *Picea* 云杉属 | 156 |
|     *Pinus* 松属 | 160 |
|     *Pseudolarix* 金钱松属 | 174 |
|     *Tsuga* 铁杉属 | 176 |
| Podocarpaceae 罗汉松科 | 180 |
|     *Podocarpus* 罗汉松属 | 180 |
| Taxaceae 红豆杉科 | 184 |
|     *Amentotaxus* 穗花杉属 | 184 |
|     *Taxus* 红豆杉属 | 186 |
|     *Torreya* 榧属 | 188 |
| Taxodiaceae 杉科 | 190 |
|     *Glyptostrobus* 水松属 | 190 |
|     *Metasequoia* 水杉属 | 192 |

## 第五章　被子植物的花粉形态　195

| | |
|---|---|
| Acanthaceae 爵床科 | 198 |
|     *Acanthus* 老鼠簕属 | 198 |
|     *Gymnostachyum* 裸柱草属 | 200 |
|     *Odontonema* 红楼花属 | 202 |
| Achariaceae 青钟麻科 | 204 |
|     *Hydnocarpus* 大风子属 | 204 |
| Actinidiaceae 猕猴桃科 | 206 |
|     *Actinidia* 猕猴桃属 | 206 |
| Alangiaceae 八角枫科 | 210 |
|     *Alangium* 八角枫属 | 210 |
| Alismataceae 泽泻科 | 212 |
|     *Caldesia* 泽苔草属 | 212 |
| Amaranthaceae 苋科 | 214 |
|     *Anabasis* 假木贼属 | 214 |
|     *Cornulaca* 单刺蓬属 | 216 |

| | |
|---|---:|
| *Salsola* 猪毛菜属 | 218 |
| Amaryllidaceae 石蒜科 | 220 |
|    *Allium* 葱属 | 220 |
| Anacardiaceae 漆树科 | 222 |
|    *Choerospondias* 南酸枣属 | 222 |
| Annonaceae 番荔枝科 | 224 |
|    *Fissistigma* 瓜馥木属 | 224 |
| Apiaceae 伞形科 | 226 |
|    *Bupleurum* 柴胡属 | 226 |
|    *Cnidium* 蛇床属 | 228 |
|    *Saposhnikovia* 防风属 | 230 |
| Apocynaceae 夹竹桃科 | 232 |
|    *Apocynum* 罗布麻属 | 232 |
|    *Beaumontia* 清明花属 | 236 |
|    *Ervatamia* 狗牙花属 | 238 |
|    *Parepigynum* 富宁藤属 | 240 |
|    *Rauvolfia* 萝芙木属 | 242 |
|    *Trachelospermum* 络石属 | 244 |
| Araceae 天南星科 | 246 |
|    *Cryptocoryne* 隐棒花属 | 246 |
|    *Pinellia* 半夏属 | 248 |
| Araliaceae 五加科 | 250 |
|    *Hydrocotyle* 天胡荽属 | 250 |
|    *Panax* 人参属 | 252 |
| Aristolochiaceae 马兜铃科 | 256 |
|    *Aristolochia* 马兜铃属 | 256 |
|    *Asarum* 细辛属 | 258 |
|    *Isotrema* 关木通属 | 262 |
| Asparagaceae 天门冬科 | 264 |
|    *Agave* 龙舌兰属 | 264 |
|    *Anemarrhena* 知母属 | 266 |
|    *Asparagus* 天门冬属 | 268 |
|    *Aspidistra* 蜘蛛抱蛋属 | 270 |
|    *Chlorophytum* 吊兰属 | 272 |
|    *Disporopsis* 竹根七属 | 274 |
|    *Dracaena* 龙血树属 | 276 |
|    *Hosta* 玉簪属 | 278 |
|    *Ophiopogon* 沿阶草属 | 280 |
|    *Polygonatum* 黄精属 | 282 |
| Asphodelaceae 阿福花科 | 284 |

| | |
|---|---:|
| *Dianella* 山菅兰属 | 284 |
| *Hemerocallis* 萱草属 | 286 |
| Asteraceae 菊科 | 288 |
| *Artemisia* 蒿属 | 288 |
| *Asterothamnus* 紫菀木属 | 294 |
| *Farfugium* 大吴风草属 | 296 |
| *Filifolium* 线叶菊属 | 298 |
| *Jacobaea* 疆千里光属 | 300 |
| *Jurinea* 苓菊属 | 302 |
| *Onopordum* 大翅蓟属 | 304 |
| *Paraprenanthes* 假福王草属 | 306 |
| *Saussurea* 风毛菊属 | 308 |
| *Senecio* 千里光属 | 310 |
| *Sinosenecio* 蒲儿根属 | 312 |
| *Stilpnolepis* 百花蒿属 | 314 |
| *Tugarinovia* 革苞菊属 | 316 |
| Balsaminaceae 凤仙花科 | 318 |
| *Impatiens* 凤仙花属 | 318 |
| Begoniaceae 秋海棠科 | 328 |
| *Begonia* 秋海棠属 | 328 |
| Berberidaceae 小檗科 | 346 |
| *Berberis* 小檗属 | 346 |
| *Dysosma* 鬼臼属 | 348 |
| *Epimedium* 淫羊藿属 | 350 |
| Betulaceae 桦木科 | 352 |
| *Alnus* 桤木属 | 352 |
| *Betula* 桦木属 | 354 |
| *Ostrya* 铁木属 | 356 |
| Bignoniaceae 紫葳科 | 358 |
| *Catalpa* 梓属 | 358 |
| *Handroanthus* 风铃木属 | 362 |
| *Jacaranda* 蓝花楹属 | 364 |
| *Mayodendron* 火烧花属 | 366 |
| *Spathodea* 火焰树属 | 368 |
| Bombacaceae 木棉科 | 370 |
| *Bombax* 木棉属 | 370 |
| Boraginaceae 紫草科 | 372 |
| *Tournefortia* 紫丹属 | 372 |
| Brassicaceae 十字花科 | 374 |
| *Catolobus* 垂果南芥属 | 374 |

| | |
|---|---|
| *Pugionium* 沙芥属 | 376 |
| Bretschneideraceae 伯乐树科 | 378 |
|    *Bretschneidera* 伯乐树属 | 378 |
| Cactaceae 仙人掌科 | 380 |
|    *Pereskia* 木麒麟属 | 380 |
| Calycanthaceae 蜡梅科 | 382 |
|    *Calycanthus* 夏蜡梅属 | 382 |
| Campanulaceae 桔梗科 | 384 |
|    *Campanula* 风铃草属 | 384 |
|    *Platycodon* 桔梗属 | 386 |
| Caprifoliaceae 忍冬科 | 388 |
|    *Abelia* 六道木属 | 388 |
|    *Kolkwitzia* 猬实属 | 390 |
|    *Lonicera* 忍冬属 | 392 |
|    *Sambucus* 接骨木属 | 394 |
|    *Viburnum* 荚蒾属 | 396 |
|    *Weigela* 锦带花属 | 398 |
| Caryophyllaceae 石竹科 | 400 |
|    *Dianthus* 石竹属 | 400 |
|    *Gypsophila* 石头花属 | 402 |
| Casuarinaceae 木麻黄科 | 404 |
|    *Casuarina* 木麻黄属 | 404 |
| Celastraceae 卫矛科 | 406 |
|    *Euonymus* 卫矛属 | 406 |
|    *Glyptopetalum* 沟瓣木属 | 408 |
| Centroplacaceae 安神木科 | 410 |
|    *Bhesa* 膝柄木属 | 410 |
| Chloranthaceae 金粟兰科 | 412 |
|    *Chloranthus* 金粟兰属 | 412 |
| Cistaceae 半日花科 | 414 |
|    *Helianthemum* 半日花属 | 414 |
| Clusiaceae 藤黄科 | 416 |
|    *Garcinia* 藤黄属 | 416 |
| Colchicaceae 秋水仙科 | 418 |
|    *Disporum* 万寿竹属 | 418 |
| Combretaceae 使君子科 | 420 |
|    *Combretum* 风车子属 | 420 |
|    *Lumnitzera* 榄李属 | 422 |
| Convolvulaceae 旋花科 | 424 |
|    *Convolvulus* 旋花属 | 424 |

| | |
|---|---|
| *Cuscuta* 菟丝子属 | 426 |
| *Ipomoea* 番薯属 | 428 |
| *Merremia* 鱼黄草属 | 430 |
| Cornaceae 山茱萸科 | 432 |
| *Cornus* 山茱萸属 | 432 |
| Crassulaceae 景天科 | 440 |
| *Phedimus* 费菜属 | 440 |
| *Rhodiola* 红景天属 | 442 |
| Cucurbitaceae 葫芦科 | 446 |
| *Thladiantha* 赤瓟属 | 446 |
| *Trichosanthes* 栝楼属 | 448 |
| Cynomoriaceae 锁阳科 | 450 |
| *Cynomorium* 锁阳属 | 450 |
| Cyperaceae 莎草科 | 452 |
| *Cyperus* 莎草属 | 452 |
| *Kyllinga* 水蜈蚣属 | 454 |
| Daphniphyllaceae 虎皮楠科 | 456 |
| *Daphniphyllum* 虎皮楠属 | 456 |
| Dioscoreaceae 薯蓣科 | 458 |
| *Dioscorea* 薯蓣属 | 458 |
| *Tacca* 蒟蒻薯属 | 460 |
| Dipsacaceae 川续断科 | 462 |
| *Scabiosa* 蓝盆花属 | 462 |
| Dipterocarpaceae 龙脑香科 | 464 |
| *Hopea* 坡垒属 | 464 |
| *Parashorea* 柳安属 | 466 |
| Elaeocarpaceae 杜英科 | 468 |
| *Elaeocarpus* 杜英属 | 468 |
| *Sloanea* 猴欢喜属 | 470 |
| Ericaceae 杜鹃花科 | 472 |
| *Cheilotheca* 假水晶兰属 | 472 |
| *Enkianthus* 吊钟花属 | 474 |
| *Rhododendron* 杜鹃花属 | 476 |
| Erythroxylaceae 古柯科 | 498 |
| *Erythroxylum* 古柯属 | 498 |
| Eucommiaceae 杜仲科 | 500 |
| *Eucommia* 杜仲属 | 500 |
| Euphorbiaceae 大戟科 | 502 |
| *Cleidiocarpon* 蝴蝶果属 | 502 |
| *Deutzianthus* 东京桐属 | 504 |

| | |
|---|---|
| *Mallotus* 野桐属 | 506 |
| *Trigonostemon* 三宝木属 | 508 |
| *Vernicia* 油桐属 | 510 |
| Fabaceae 豆科 | 512 |
| *Acacia* 金合欢属 | 512 |
| *Adenanthera* 海红豆属 | 514 |
| *Afzelia* 缅茄属 | 516 |
| *Albizia* 合欢属 | 518 |
| *Ammopiptanthus* 沙冬青属 | 520 |
| *Astragalus* 黄芪属 | 522 |
| *Biancaea* 云实属 | 526 |
| *Chesneya* 雀儿豆属 | 530 |
| *Dalbergia* 黄檀属 | 532 |
| *Derris* 鱼藤属 | 534 |
| *Erythrophleum* 格木属 | 536 |
| *Glycine* 大豆属 | 538 |
| *Lysidice* 仪花属 | 540 |
| *Medicago* 苜蓿属 | 542 |
| *Mimosa* 含羞草属 | 546 |
| *Ormosia* 红豆属 | 548 |
| *Oxytropis* 棘豆属 | 554 |
| *Saraca* 无忧花属 | 558 |
| *Sophora* 苦参属 | 560 |
| *Wisteria* 紫藤属 | 562 |
| *Zenia* 任豆属 | 564 |
| Fagaceae 壳斗科 | 566 |
| *Castanopsis* 锥属 | 566 |
| *Lithocarpus* 柯属 | 572 |
| *Quercus* 栎属 | 574 |
| Gentianaceae 龙胆科 | 578 |
| *Gentiana* 龙胆属 | 578 |
| Gesneriaceae 苦苣苔科 | 584 |
| *Oreocharis* 马铃苣苔属 | 584 |
| *Paraboea* 蛛毛苣苔属 | 586 |
| Hamamelidaceae 金缕梅科 | 590 |
| *Rhodoleia* 红花荷属 | 590 |
| *Semiliquidambar* 半枫荷属 | 592 |
| *Shaniodendron* 银缕梅属 | 594 |
| Hydrocharitaceae 水鳖科 | 596 |
| *Ottelia* 水车前属 | 596 |

| | |
|---|---|
| Hypericaceae 金丝桃科 | 600 |
|  *Cratoxylum* 黄牛木属 | 600 |
| Hypoxidaceae 仙茅科 | 602 |
|  *Curculigo* 仙茅属 | 602 |
| Iridaceae 鸢尾科 | 604 |
|  *Belamcanda* 射干属 | 604 |
|  *Iris* 鸢尾属 | 606 |
| Juglandaceae 胡桃科 | 608 |
|  *Carya* 山核桃属 | 608 |
|  *Juglans* 胡桃属 | 610 |
|  *Rhoiptelea* 马尾树属 | 614 |
| Lamiaceae 唇形科 | 616 |
|  *Callicarpa* 紫珠属 | 616 |
|  *Caryopteris* 莸属 | 624 |
|  *Clerodendrum* 大青属 | 626 |
|  *Dracocephalum* 青兰属 | 628 |
|  *Elsholtzia* 香薷属 | 630 |
|  *Gmelina* 石梓属 | 632 |
|  *Panzerina* 脓疮草属 | 634 |
|  *Vitex* 牡荆属 | 636 |
| Lauraceae 樟科 | 640 |
|  *Cinnamomum* 樟属 | 640 |
|  *Litsea* 木姜子属 | 644 |
|  *Phoebe* 楠属 | 646 |
| Lecythidaceae 玉蕊科 | 652 |
|  *Barringtonia* 玉蕊属 | 652 |
| Lentibulariaceae 狸藻科 | 654 |
|  *Utricularia* 狸藻属 | 654 |
| Liliaceae 百合科 | 656 |
|  *Cardiocrinum* 大百合属 | 656 |
|  *Lilium* 百合属 | 658 |
| Lythraceae 千屈菜科 | 666 |
|  *Lagerstroemia* 紫薇属 | 666 |
|  *Lythrum* 千屈菜属 | 672 |
|  *Sonneratia* 海桑属 | 674 |
|  *Woodfordia* 虾子花属 | 676 |
| Magnoliaceae 木兰科 | 678 |
|  *Alcimandra* 长蕊木兰属 | 678 |
|  *Houpoea* 厚朴属 | 680 |
|  *Lirianthe* 长喙木兰属 | 682 |

| | | |
|---|---|---|
| *Liriodendron* 鹅掌楸属 | | 690 |
| *Manglietia* 木莲属 | | 692 |
| *Michelia* 含笑属 | | 700 |
| *Oyama* 天女花属 | | 710 |
| *Woonyoungia* 焕镛木属 | | 712 |
| *Yulania* 玉兰属 | | 714 |
| Malvaceae 锦葵科 | | 718 |
| *Abelmoschus* 秋葵属 | | 718 |
| *Excentrodendron* 蚬木属 | | 720 |
| *Firmiana* 梧桐属 | | 722 |
| *Grewia* 扁担杆属 | | 726 |
| *Hainania* 海南椴属 | | 728 |
| *Hibiscus* 木槿属 | | 730 |
| *Plagiopteron* 斜翼属 | | 736 |
| *Sterculia* 苹婆属 | | 738 |
| *Talipariti* 黄槿属 | | 742 |
| *Tilia* 椴属 | | 744 |
| Melanthiaceae 藜芦科 | | 746 |
| *Chamaelirium* 仙杖花属 | | 746 |
| *Paris* 重楼属 | | 748 |
| Melastomataceae 野牡丹科 | | 754 |
| *Melastoma* 野牡丹属 | | 754 |
| *Tigridiopalma* 虎颜花属 | | 758 |
| Meliaceae 楝科 | | 760 |
| *Chukrasia* 麻楝属 | | 760 |
| *Melia* 楝属 | | 762 |
| *Toona* 香椿属 | | 764 |
| Menispermaceae 防己科 | | 766 |
| *Cyclea* 轮环藤属 | | 766 |
| Menyanthaceae 睡菜科 | | 768 |
| *Nymphoides* 荇菜属 | | 768 |
| Moraceae 桑科 | | 770 |
| *Humulus* 葎草属 | | 770 |
| Musaceae 芭蕉科 | | 772 |
| *Musella* 地涌金莲属 | | 772 |
| Myricaceae 杨梅科 | | 774 |
| *Morella* 杨梅属 | | 774 |
| Myrtaceae 桃金娘科 | | 776 |
| *Callistemon* 红千层属 | | 776 |
| *Decaspermum* 子楝树属 | | 778 |

| | |
|---|---|
| *Melaleuca* 白千层属 | 780 |
| *Rhodomyrtus* 桃金娘属 | 782 |
| *Syzygium* 蒲桃属 | 784 |
| Nelumbonaceae 莲科 | 786 |
| *Nelumbo* 莲属 | 786 |
| Nitrariaceae 白刺科 | 788 |
| *Nitraria* 白刺属 | 788 |
| Nymphaeaceae 睡莲科 | 790 |
| *Nuphar* 萍蓬草属 | 790 |
| *Nymphaea* 睡莲属 | 792 |
| Nyssaceae 蓝果树科 | 794 |
| *Camptotheca* 喜树属 | 794 |
| *Davidia* 珙桐属 | 796 |
| Oleaceae 木樨科 | 798 |
| *Chionanthus* 流苏树属 | 798 |
| *Forsythia* 连翘属 | 800 |
| *Ligustrum* 女贞属 | 802 |
| *Osmanthus* 木樨属 | 804 |
| Onagraceae 柳叶菜科 | 806 |
| *Fuchsia* 倒挂金钟属 | 806 |
| *Ludwigia* 丁香蓼属 | 808 |
| Orchidaceae 兰科 | 810 |
| *Acanthephippium* 坛花兰属 | 810 |
| *Arundina* 竹叶兰属 | 812 |
| *Bletilla* 白及属 | 814 |
| *Cymbidium* 兰属 | 816 |
| *Dendrobium* 石斛属 | 820 |
| *Eulophia* 美冠兰属 | 826 |
| *Paphiopedilum* 兜兰属 | 828 |
| *Pholidota* 石仙桃属 | 830 |
| *Salacistis* 足宝兰属 | 832 |
| *Spathoglottis* 苞舌兰属 | 834 |
| *Spiranthes* 绶草属 | 836 |
| *Zeuxine* 线柱兰属 | 838 |
| Orobanchaceae 列当科 | 840 |
| *Cistanche* 肉苁蓉属 | 840 |
| *Cymbaria* 大黄花属 | 842 |
| *Orobanche* 列当属 | 844 |
| *Pedicularis* 马先蒿属 | 848 |
| Paeoniaceae 芍药科 | 850 |

| | |
|---|---|
| *Paeonia* 芍药属 | 850 |
| Palmae 棕榈科 | 854 |
|     *Arenga* 桄榔属 | 854 |
|     *Guihaia* 石山棕属 | 856 |
|     *Phoenix* 海枣属 | 858 |
| Papaveraceae 罂粟科 | 860 |
|     *Corydalis* 紫堇属 | 860 |
|     *Oreomecon* 高山罂粟属 | 862 |
|     *Papaver* 罂粟属 | 864 |
| Pentaphylacaceae 五列木科 | 866 |
|     *Adinandra* 杨桐属 | 866 |
| Phyllanthaceae 叶下珠科 | 868 |
|     *Baccaurea* 木奶果属 | 868 |
|     *Glochidion* 算盘子属 | 870 |
|     *Phyllanthus* 叶下珠属 | 878 |
| Piperaceae 胡椒科 | 880 |
|     *Piper* 胡椒属 | 880 |
| Pittosporaceae 海桐科 | 882 |
|     *Pittosporum* 海桐属 | 882 |
| Plantaginaceae 车前科 | 884 |
|     *Plantago* 车前属 | 884 |
| Plumbaginaceae 白花丹科 | 888 |
|     *Limonium* 补血草属 | 888 |
| Poaceae 禾本科 | 892 |
|     *Saccharum* 甘蔗属 | 892 |
|     *Triarrhena* 荻属 | 894 |
|     *Zea* 玉蜀黍属 | 896 |
| Podostemaceae 川苔草科 | 898 |
|     *Cladopus* 飞瀑草属 | 898 |
|     *Hydrobryum* 水石衣属 | 900 |
|     *Terniopsis* 川藻属 | 902 |
| Polygalaceae 远志科 | 904 |
|     *Polygala* 远志属 | 904 |
| Polygonaceae 蓼科 | 908 |
|     *Atraphaxis* 木蓼属 | 908 |
|     *Calligonum* 沙拐枣属 | 912 |
|     *Persicaria* 蓼属 | 916 |
| Primulaceae 报春花科 | 918 |
|     *Ardisia* 紫金牛属 | 918 |
|     *Embelia* 酸藤子属 | 920 |

| | |
|---|---|
| *Lysimachia* 珍珠菜属 | 922 |
| *Primula* 报春花属 | 924 |
| Proteaceae 山龙眼科 | 928 |
| *Helicia* 山龙眼属 | 928 |
| Ranunculaceae 毛茛科 | 930 |
| *Actaea* 类叶升麻属 | 930 |
| *Anemone* 银莲花属 | 932 |
| *Clematis* 铁线莲属 | 934 |
| *Delphinium* 翠雀属 | 938 |
| *Ranunculus* 毛茛属 | 942 |
| *Thalictrum* 唐松草属 | 944 |
| *Trollius* 金莲花属 | 946 |
| Rhamnaceae 鼠李科 | 950 |
| *Paliurus* 马甲子属 | 950 |
| Rosaceae 蔷薇科 | 952 |
| *Aruncus* 假升麻属 | 952 |
| *Crataegus* 山楂属 | 954 |
| *Fragaria* 草莓属 | 956 |
| *Malus* 苹果属 | 958 |
| *Photinia* 石楠属 | 960 |
| *Physocarpus* 风箱果属 | 962 |
| *Potaninia* 绵刺属 | 964 |
| *Prunus* 李属 | 966 |
| *Pyrus* 梨属 | 972 |
| *Rhaphiolepis* 石斑木属 | 974 |
| *Rosa* 蔷薇属 | 976 |
| *Rubus* 悬钩子属 | 980 |
| *Spiraea* 绣线菊属 | 982 |
| Rubiaceae 茜草科 | 984 |
| *Aidia* 茜树属 | 984 |
| *Arachnothryx* 绒香玫属 | 986 |
| *Cephalanthus* 风箱树属 | 988 |
| *Duperrea* 长柱山丹属 | 990 |
| *Leptodermis* 野丁香属 | 992 |
| *Spiradiclis* 螺序草属 | 994 |
| Rutaceae 芸香科 | 998 |
| *Clausena* 黄皮属 | 998 |
| *Dictamnus* 白鲜属 | 1002 |
| *Melicope* 蜜茱萸属 | 1004 |
| *Glycosmis* 山小橘属 | 1006 |

| | |
|---|---|
| *Haplophyllum* 拟芸香属 | 1008 |
| *Micromelum* 小芸木属 | 1010 |
| *Ruta* 芸香属 | 1012 |
| Salicaceae 杨柳科 | 1014 |
| *Bennettiodendron* 山桂花属 | 1014 |
| Sapindaceae 无患子科 | 1016 |
| *Acer* 槭属 | 1016 |
| *Aesculus* 七叶树属 | 1020 |
| *Boniodendron* 黄梨木属 | 1022 |
| *Delavaya* 茶条木属 | 1024 |
| *Dimocarpus* 龙眼属 | 1026 |
| *Handeliodendron* 平舟木属 | 1028 |
| *Koelreuteria* 栾属 | 1030 |
| *Xanthoceras* 文冠果属 | 1032 |
| Sapotaceae 山榄科 | 1034 |
| *Madhuca* 紫荆木属 | 1034 |
| *Sinosideroxylon* 铁榄属 | 1036 |
| Saururaceae 三白草科 | 1038 |
| *Saururus* 三白草属 | 1038 |
| Saxifragaceae 虎耳草科 | 1040 |
| *Hydrangea* 绣球属 | 1040 |
| *Micranthes* 亭阁草属 | 1042 |
| Schisandraceae 五味子科 | 1044 |
| *Kadsura* 南五味子属 | 1044 |
| *Schisandra* 五味子属 | 1046 |
| Scrophulariaceae 玄参科 | 1048 |
| *Buddleja* 醉鱼草属 | 1048 |
| Simaroubaceae 苦木科 | 1050 |
| *Ailanthus* 臭椿属 | 1050 |
| Solanaceae 茄科 | 1052 |
| *Lycium* 枸杞属 | 1052 |
| *Solanum* 茄属 | 1054 |
| Stemonaceae 百部科 | 1058 |
| *Stemona* 百部属 | 1058 |
| Styracaceae 安息香科 | 1060 |
| *Alniphyllum* 赤杨叶属 | 1060 |
| *Sinojackia* 秤锤树属 | 1062 |
| Tamaricaceae 柽柳科 | 1066 |
| *Reaumuria* 红砂属 | 1066 |
| *Tamarix* 柽柳属 | 1070 |

| | |
|---|---|
| Theaceae 山茶科 | 1072 |
|     *Camellia* 山茶属 | 1072 |
| Thymelaeaceae 瑞香科 | 1104 |
|     *Aquilaria* 沉香属 | 1104 |
| Typhaceae 香蒲科 | 1106 |
|     *Typha* 香蒲属 | 1106 |
| Ulmaceae 榆科 | 1108 |
|     *Celtis* 朴属 | 1108 |
|     *Hemiptelea* 刺榆属 | 1110 |
|     *Pteroceltis* 青檀属 | 1112 |
|     *Trema* 山黄麻属 | 1114 |
| Vitaceae 葡萄科 | 1116 |
|     *Vitis* 葡萄属 | 1116 |
| Zygophyllaceae 蒺藜科 | 1118 |
|     *Tetraena* 四合木属 | 1118 |
|     *Zygophyllum* 驼蹄瓣属 | 1120 |

**主要参考文献** 1125

**中文名称索引** 1127

**拉丁学名索引** 1135

**部分植物照片摄影名单** 1150

**附录1 IUCN濒危物种红色名录极危、濒危及易危等级评估指标** 1151

**附录2 IUCN濒危物种红色名录等级及量化指标** 1153

**写在后面的话** 1157

# 中国珍稀濒危植物现状

伯乐树
*Bretschneidera sinensis*

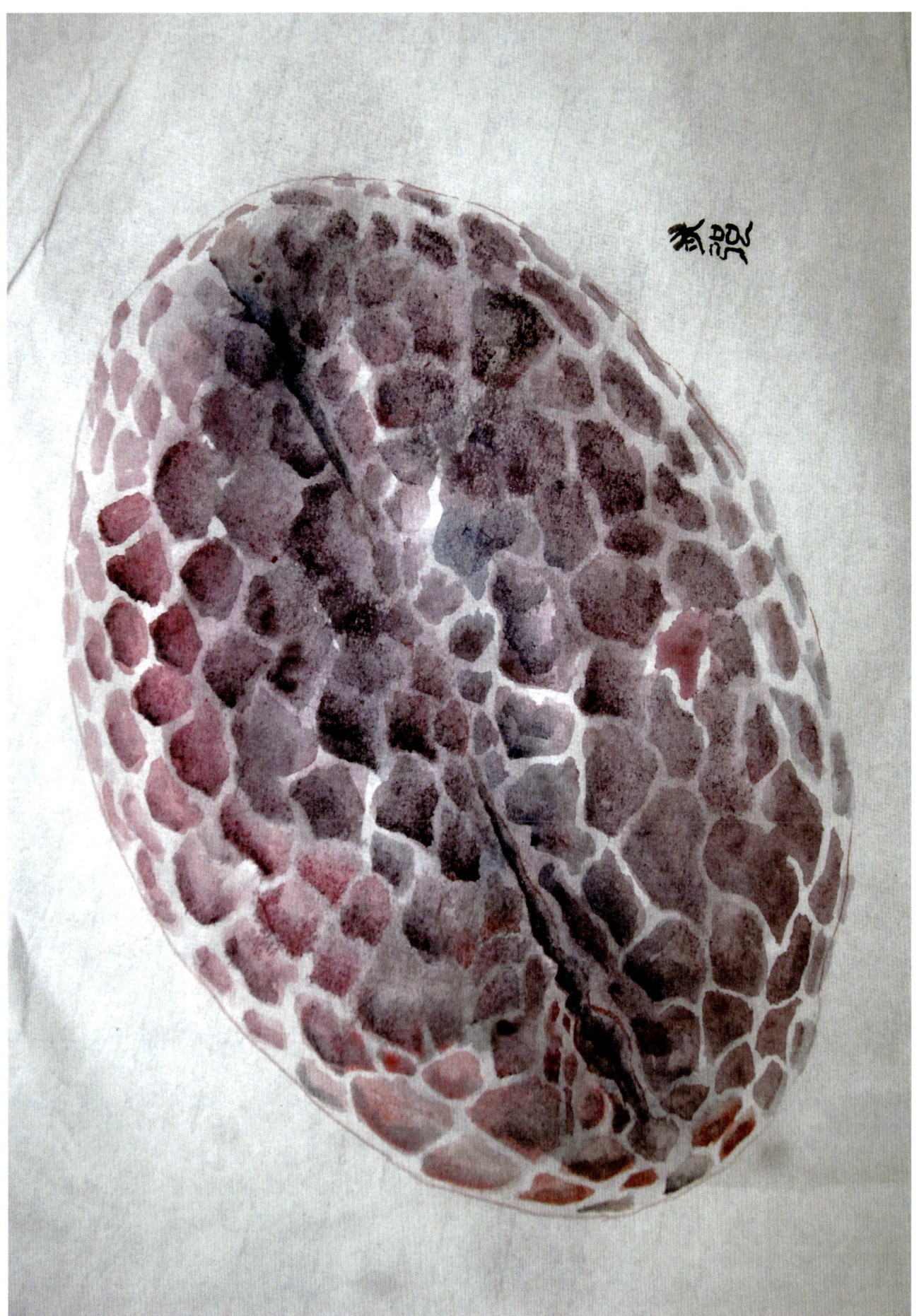

# 一、珍稀濒危植物及保护名录

珍稀濒危植物是指在经济、科学、文化教育、医药和稳定生态系统功能等方面具有重要意义，而由于自身原因或受到人类活动、自然灾害、气候变化及外来物种入侵等外部因素影响，导致野外现存数量稀少，面临灭绝危机的植物物种。

我国是世界上植物多样性最丰富的国家之一，据《中国生物物种名录 2024 版》最新数据显示，共收录植物界 47474 个物种及种下单元，包括 39897 个物种、7577 个种下单元，隶属于 6 门 17 纲 150 目 544 科 4528 属。其中，维管植物门 36055 种，角苔门、真藓门和地钱门等共 3842 种。但是，由于早期经济发展和人类活动对生态环境和生物多样性资源造成了严重破坏，人为或自然等因素导致我国约有 11% 的野生植物面临威胁，即中国珍稀濒危野生植物的数量已达 4000 余种。

为什么要拯救和保护珍稀濒危野生植物？我国著名育种专家李振声院士给出这样的解读："一个物种可以决定一个国家的经济命脉，一个基因可以影响一个民族的兴衰。一个物种可能蕴含着能在未来被我们所应用的巨大价值，一旦灭绝，人类甚至在自己尚未意识到的情况下就永远丧失了发现这种价值的机会。"

为保护珍稀濒危野生植物，中国国务院环境保护委员会于 1984 年 7 月公布了第一批《珍稀濒危保护植物名录》，收录我国珍稀植物 354 种（其中有 1 个亚种，21 个变种），列出一级重点保护植物 8 种，二级重点保护植物 143 种，三级重点保护植物 203 种。《国家重点保护野生植物名录（第一批）》于 1999 年 8 月 4 日经国务院批准，由国家林业局和农业部发布，1999 年 9 月 9 日起施行。2021 年 8 月 7 日经国务院批准调整的《国家重点保护野生植物名录》，共列入国家重点保护野生植物 455 种和 40 类，其中国家一级保护野生植物 54 种和 4 类，国家二级保护野生植物 401 种和 36 类，包括百山祖冷杉（*Abies beshanzuensis* M. H. Wu）、水杉（*Metasequoia glyptostroboides* Hu & W. C. Cheng）、珙桐（*Davidia involucrata* Baill.）和银杉（*Cathaya argyrophylla* Chun & Kuang）等中国特有野生植物。国家、地方及研究机构先后颁布或出版了一系列野生植物保护名录：

2023 年 5 月 22 日，生态环境部与中国科学院在昆明联合发布更新的《中国生物多样性红色名录——高等植物卷（2020）》；

2021 年 9 月 7 日，经国务院批准，国家林业和草原局、农业农村部联合发布公告（2021 年第 15 号），公布了新调整的《国家重点保护野生植物名录》；

2017 年，中国科学院植物研究所等单位联合发布《中国高等植物受威胁物种名录》；

2013 年，吉林省发布省级重点保护野生植物名录；

2013 年 9 月 2 日，环境保护部和中国科学院联合编制《中国生物多样性红色名录——高等植物卷》；

2013 年 8 月，国家林业局野生动植物保护与自然保护区管理司联合中国科学院植物研究所编著出版《中国珍稀濒危植物图鉴》；

2012 年，国家林业局和国家发改委颁发《全国极小种群野生植物拯救保护工程规划（2011—2015 年）》；

# 第一章　中国珍稀濒危植物现状

2010 年，广西壮族自治区发布重点保护野生植物名录；

2010 年，陕西省发布地方重点保护植物名录；

2009 年 7 月 30 日，内蒙古自治区发布重点保护草原野生植物名录；

2008 年 12 月 13 日，青海省发布重点保护野生植物名录；

2008 年 3 月 10 日，北京市发布重点保护野生植物名录；

2007 年 8 月 27 日，新疆维吾尔自治区发布重点保护野生植物名录；

2004 年 8 月，汪松和解焱主编，由高等教育出版社出版《中国物种红色名录》；

1999 年 9 月 9 日，国家林业局和农业部颁发《国家重点保护野生植物名录（第一批）》；

1991 年 9 月，傅立国编著，由科学出版社出版《中国植物红皮书》（第一册）；

1987 年 10 月 30 日，国务院颁发《野生药材资源保护管理条例》物种名录；

1984 年 7 月，中国国务院环境保护委员会公布第一批《珍稀濒危保护植物名录》。

据《2023 中国生态环境状况公报》对全国 39330 种高等植物（含种下单元）的评估结果显示，需要重点关注和保护的有 11715 种，占评估物种总数的 29.8%，其中受威胁的有 4088 种、近危等级的有 2875 种、数据缺乏等级的有 4752 种。

## 二、珍稀濒危植物等级划分标准

珍稀濒危植物由于物种自身原因或受到人类活动或自然灾害的影响，造成其自然种群数量较少、分布范围狭窄或者野外种群生存面临灭绝的风险。如何判定一个物种是否濒危以及界定它的濒危等级，对制定一个特定物种的保护策略尤为重要。当前濒危植物评估标准和保护等级的界定分为国际标准和国内标准。

### 2.1 国际标准

世界自然保护联盟（International Union for Conservation of Nature，简称 IUCN）编制的濒危物种红色名录（IUCN Red List of Threatened Species，或称 IUCN 红色名录）是全球动植物物种保护现状最全面的名录，也被认为是生物多样性状况最具权威的指标。该名录由世界自然保护联盟编制及维护，自 1963 年开始编制，并在世界自然保护大会上更新濒危物种的名录；旨在评估数以千计物种及亚种的绝种风险，并向公众及决策者反映保育工作的迫切性，协助国际社会避免物种的灭绝。

IUCN 红色名录根据物种受威胁程度和估计灭绝风险（附录 1），将物种列为 9 类不同的濒危等级（附录 2）：由高到低分别是灭绝（Extinct，EX）、野外灭绝（Extinct in the Wild，EW）、极危（Critically Endangered，CR）、濒危（Endangered，EN）、易危（Vulnerable，VU）、近危（Near Threatened，NT）、无危（Least Concern，LC）、数据缺乏（Data Deficient，DD）和未予评估（Not Evaluated，NE）。其中，极危、濒危和易危 3 个等级统称"受威胁"（图 1-1）。

IUCN 发布濒危物种红色名录有 3 个目的：（1）不定期地推出濒危物种红色名录以唤起世界对野生物种生存现状的关注；（2）提供数据供各国政府和立法机构参考；（3）为全球的科学家提供有关物种濒危现状和生物多样性基础数据。早在 1980 年代，IUCN 就在中国开展工作，中华人民共和国外交部于 1996 年代表中国政府加入 IUCN，中国成为国家会员；2003 年成立中国联络处；2012 年正式设立 IUCN 中国代表处。截至目前，IUCN 已有 32 个中国会员单位。

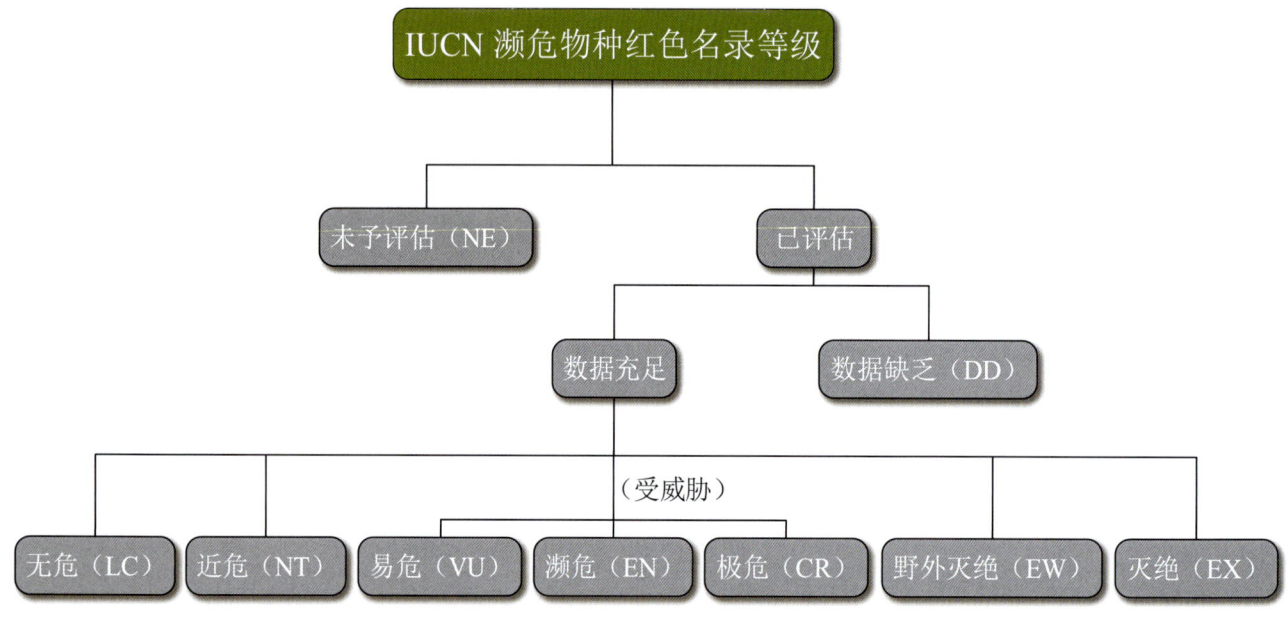

图 1-1 IUCN 濒危物种红色名录等级

## 2.2 国内标准

我国为珍稀濒危植物保护做了大量的基础工作。早在 20 世纪 80 年代，我国就引入 IUCN 红色名录原理开展物种濒危状况评估工作。1987 年，国家环境保护局和中国科学院植物研究所联合出版了《中国珍稀濒危保护植物名录（第一册）》，对 388 种维管植物进行保护级别（共三级）和濒危等级划分。濒危等级划分参考 IUCN 红皮书等级制定，采用"濒危""稀有"和"渐危"3 个等级：（1）濒危，物种在其分布的全部或显著范围内有随时灭绝的危险。这类植物通常生长稀疏，个体数和种群数低，且分布高度狭域；由于栖息地丧失或破坏、过度开采等原因，其生存濒危。（2）稀有，物种虽无灭绝的直接危险，但其分布范围很窄或很分散或属于不常见的单种属或寡种属。（3）渐危，物种的生存受到人类活动和自然原因的威胁，这类物种由于毁林、栖息地退化或过度开采等原因，在不久的将来有可能被归入"濒危"等级。之后，傅立国和金鉴明(1991 年)基于该名录编写了《中国植物红皮书——稀有濒危植物》(第一册)，对每个种进行专门的性状及保护措施描述。这两本书籍的出版对我国珍稀濒危植物调查研究、保护管理及科普教育产生重要的影响。2004 年，汪松和解焱主编、出版《中国物种红色名录》对中国 4408 种种子植物进行了评估，将濒危现状分为灭绝、野外灭绝、极危、濒危、易危、近危和无危7个等级。2013年，国家林业局野生动植物保护与自然保护区管理司和中国科学院植物研究所编著的《中国珍稀濒危植物图鉴》共收录种、亚种及变种361个。由环境保护部和中国科学院联合编制的《中国生物多样性红色名录——高等植物卷》、《中国物种红色名录》（植物部分）和《极小种群（狭域分布）保护物种》等受威胁植物的名录，也是我国珍稀濒危植物评价和保护的重要依据。

当前，我国权威的珍稀濒危植物评价体系主要依据国务院1999年8月4日批准的《国家重点保护野生植物名录（第一批）》，及于2021年8月7日经国务院批准调整的《国家重点保护野生植物名录》，其中规定植物受保护等级分为国家一级重点保护野生植物和国家二级重点保护野生植物，收录的植物受威胁等级参照IUCN红色名录。

## 三、中国珍稀濒危植物保护现状

我国地域辽阔，地貌和气候复杂多样，孕育了丰富而独特的生态系统、物种和遗传多样性，是世界上生物多样性最丰富的国家之一，物种数量位列世界第三。但在过去几十年里，我国有数千种植物已经或濒临灭绝，植物保护工作的形势十分严峻。中国的传统文化非常重视生物多样性的保护，"天人合一""道法自然""取之有度"等生态智慧和文化传统，体现了朴素的生物多样性保护意识。野生植物蕴藏着丰富的种质资源，对生物多样性建设、生态系统修复等都发挥着至关重要的作用。如何在物种快速灭绝的激荡浪潮下力挽狂澜，保护中国珍稀濒危的野生植物资源，是时代赋予我们的重要责任。为了保护这些珍贵的植物资源，中国采取了一系列措施：建立自然保护区，保护珍稀濒危植物及其栖息地；健全法律法规，严厉打击非法采集和贩卖行为；加强公众教育和科学研究，提高人们对植物多样性的认识和保护意识。通过这些措施，中国在保护植物多样性方面取得了显著成效，许多珍稀植物得到了有效的保护和管理。

### 3.1 中国珍稀濒危植物的特点

**分布范围狭窄**：许多珍稀濒危植物仅在特定的地理区域内分布，如全世界95%的野生金花茶组植物仅分布于我国广西防城港市十万大山的兰山支脉一带，分布区域极其狭窄，生境丧失和人为破坏对其生存已构成严重威胁。

**数量稀少**：一些珍稀濒危植物的数量极其有限，如百山祖冷杉自然生长的仅存3棵，绒毛皂荚（*Gleditsia japonica* var. *velutina* L. Chu Li）全球野生的仅存6株。这些植物的种群数量非常少，一旦遭到破坏，很难恢复。

**生境丧失**：生境丧失是许多珍稀濒危植物面临的主要威胁之一。例如，仙湖苏铁（*Cycas szechuanensis* W. C. Cheng & L. K. Fu）的野生种群仅在广东深圳和曲江分布，大约600株，且数量逐年减少，面临着严峻的生存威胁，现存部分植株生长不良或处于半死亡状态。

**人为破坏**：人为破坏也是导致珍稀濒危植物数量减少的重要原因。例如，人为毁林开荒使得白花兜兰

(*Paphiopedilum emersonii* Koop. & Cribb)的栖息地质量严重衰退,外加过度采挖的人类威胁,导致资源破坏十分严重,目前全世界范围的野生成株仅 250 株左右,且种群数量仍呈下降趋势。

**自然灾害和气候变化:** 自然灾害和气候变化也对珍稀濒危植物的生存构成威胁。例如,丹霞梧桐(*Firmiana danxiaensis* H. H. Hsue & H. S. Kiu)由于生境丧失、人为破坏、自然灾害和气候变化等因素的影响,存活株数非常少,种群数量不足 100 株。

**保护级别高:** 许多珍稀濒危植物被列为国家一级或二级保护植物,如仙湖苏铁、峨眉拟单性木兰(*Parakmeria omeiensis* W. C. Cheng)、丹霞梧桐等。这些植物的生存状况受到严格监控和保护。

**科研价值高:** 一些珍稀濒危植物在科学研究方面具有重要价值。例如,峨眉拟单性木兰作为常绿的木兰科植物类群,在被子植物起源与演化研究中具有重要意义。

## 3.2 中国珍稀濒危植物的保护现状

"十四五"以来,我国全面加强生物多样性保护工作,积极实施野生植物保护,开展珍稀濒危物种和极小种群野生植物保护拯救行动,以旗舰物种拯救保护为抓手,持续推进就地和迁地保护体系建设,大量珍稀濒危野生植物种群稳步增长,栖息繁衍环境稳步改善。

我国系统实施极小种群野生植物拯救保护工程,通过就地保护、迁地保护、人工繁育培植、放归或回归自然等多种措施,有效增强了生态系统的服务功能,苏铁、兰科植物等 300 多种珍稀濒危野生植物、野外种群数量稳中有升。华盖木〔*Pachylarnax sinica* (Y. W. Law) N. H. Xia & C. Y. Wu〕由最初发现时的 6 株增长到 1.5 万株;五针白皮松(*Pinus squamata* Xiang W. Li)由最初发现时的 34 株增长到 3000 多株;百山祖冷杉从最初发现时的 3 株成功野外回植 4000 多株。

特别是我国还启动了国家公园和国家植物园体系建设,设立首批 5 个国家公园,印发《国家公园空间布局方案》,科学布局 49 个国家公园候选区,总面积约 110 万平方公里,占陆域国土面积的 10.3%。全部建成后,将实现中国国家公园保护面积的总规模世界最大,保护 80% 以上的国家重点保护野生植物物种及其栖息地,保护众多大尺度的生态廊道。国家植物园、华南国家植物园挂牌运行,带动了各级各类植物园、树木园、种质资源库等蓬勃发展。普陀鹅耳枥(*Carpinus putoensis* W. C. Cheng)、华盖木、峨眉含笑(*Michelia wilsonii* Finet & Gagnep.)等极小种群野生植物初步摆脱了灭绝的风险。

此外,《中华人民共和国湿地保护法》《中华人民共和国生物安全法》等法律法规修订工作相继完成,《国家重点保护野生植物名录》调整后发布,自然生态和野生动植物保护法治体系不断完善。国家、省级和重点市州普遍建立了由林草主管部门牵头的打击野生动植物非法贸易部门间协调机制,每年联合开展"清风""绿盾"等专项执法行动,严厉打击了乱采滥挖、非法走私、非法交易野生植物及其制品等违法犯罪行为,大案要案数量维持在较低水平。同时,组织开展了丰富多彩的科普宣传教育活动,公众参与意识不断增强,生态文明理念日益深入人心,为保护生物多样性、维护国家生态安全营造了良好社会氛围。

国家林草局将按照《国家公园等自然保护地建设及野生动植物保护重大工程建设规划(2021—2035 年)》

的总体目标，持续推进国家公园建设，加快构建以国家公园为主体的自然保护地体系，使全国重要自然生态系统原真性、完整性和野生动植物资源及其重要栖息地（生境）得到有效保护，国家重点保护野生植物种群持续稳定向好。"十四五"期间，将进一步加大对苏铁、兰科植物等重点保护野生动植物的保护力度，确保到2025年，国家重点保护陆生野生植物种数保护率达到80%。

## 四、孢粉学在中国珍稀濒危植物研究的潜力

孢粉是植物孢子和花粉的总称，是植物繁殖的生殖细胞，包含了每种植物的DNA信息。孢粉虽然个体很小，一般介于10~200微米之间，有的甚至小于10微米，需要在显微镜下才能对其进行鉴定，但孢粉的产量极其巨大。种子植物不同属种的花粉产量也不尽相同，其中虫媒植物的花粉产量相对较低，而风媒植物的花粉产量特别高。在春季或夏初，植物可产生出大量的花粉，花粉在一个地区上空悬浮着，犹如下雨一样渐渐下落，这常被称为"花粉雨"。由于孢粉体积小、产量大，故孢粉化石在地层中较其他大化石分布更广。孢粉的外壁富含具有极高化学惰性的孢粉素（$C_{96}H_{22}O_{24}$），能抗酸、碱，能耐一定的高温、高压，故在成岩及石化过程中被很好地保存下来。孢粉素是所有陆生植物孢子和花粉外壁的结构物质，其形态具有物种特异性，常作为植物分类学的重要依据之一。因此，孢粉作为一种植物生殖细胞的微体化石，能够在地层沉积物中保存完整的外壁形态结构。将地层孢粉信息与现代相关植物的生态习性开展对应研究，就可以把植物和植被类型与其特殊的生长气候条件和地理环境关联起来，从而恢复地质历史时期的古植被面貌，探讨当时的古气候和古环境的变迁。

### 4.1 珍稀濒危植物孢粉形态学研究

孢粉作为植物的遗传细胞，决定着植物个体繁衍及其演化的稳定性，其形态具有很强的遗传稳定性。不同植物的孢子和花粉粒具有固定的形态大小、外壁纹饰、萌发孔（沟）的数目等。即使是同一属植物的不同种之间，其花粉粒的外壁表面纹饰也存在一定的差异；这些种与种之间的花粉粒形态差异，具有重要的植物分类学意义。孢粉形态学是地层孢粉记录研究的重要前提，可以为古植被与古环境研究提供有价值的"将今论古"的依据。能否正确利用孢粉资料来解释和重建古植被、古环境及古气候，在很大程度上取决于孢粉资料鉴定的准确性。但是，目前在光学显微镜下，植物化石孢粉形态多鉴定到属一级水平，草本植物花粉甚至鉴定到科一级水平。随着科学技术的不断发展和进步，利用扫描电镜、荧光技术和光谱分析等手段，可以极大地提高孢粉鉴定的精度，如光学显微镜结合扫描电镜可以较好地识别出西南地区的高山栎花粉。

中国珍稀濒危植物绝大多数曾在新生代或更早地层中有广泛的分布，而今只存在于很小范围的植物活化石——孑遗植物，其性状与化石基本相同，并较多地保留了远古祖先的原始性状，相关近缘类群也多已灭绝。由于人类活动的影响，孑遗植物的分布范围和种群株数都逐渐减少，个别种类仅存几株，成为我国的特有物种。系统开展珍稀濒危植物孢粉形态学研究，特别是在扫描电子显微镜技术的帮助下，可以对孢粉表面纹饰进行

细致的观察，将孢粉形态鉴定提高到种一级。结合珍稀濒危植物花粉形态及其所指示的现代生态环境信息，准确鉴定出地层孢粉组合特征，特别是珍稀濒危植物孢粉的含量，对恢复和重建地质历史中珍稀濒危植物的群落结构、植被演替和分布范围，有着极其重要的借鉴作用。同时，对不同植物种类花粉形态和结构的比较研究，可以推断它们之间的亲缘关系，为珍稀濒危植物的进化历程和保护措施的制定提供重要的科学依据。

### 4.2 珍稀濒危植物群落的孢粉现代过程研究

认识过去气候和环境的变化规律及其发生机制，是预测未来全球变化趋势的关键。花粉作为最直接和可信的古气候和古环境代用指标之一，在正确认识和恢复过去气候和环境变化方面具有不可替代的作用。孢粉现代过程研究是正确解释地层孢粉记录，利用化石花粉资料定量恢复和重建古植被、古气候的重要前提。孢粉现代过程研究包括孢粉产量、孢粉传播、孢粉源范围、孢粉沉积、孢粉保存、孢粉与植被和孢粉与气候等方面。

选择典型珍稀濒危植物现代分布区域，采集表土（或苔藓）孢粉和 Tauber 型孢粉捕捉器样品，开展系统的孢粉现代过程研究，了解不同植物的绝对和相对孢粉产量，孢粉的传播、散布和搬运过程及其来源范围，探讨其沉积动力学机制及在自然环境条件下的孢粉保存与埋藏过程。基于表土孢粉分析结果，结合数学模型，建立"孢粉–植被–气候"关系模型和计算方法，如 ERV 模型（Parsons & Prentice, 1981）、REVEALS 模型（Sugita, 2007a；Li et al., 2020）、LOVE 模型（Sugita, 2007b）、孢粉气候响应面与转换函数（孙湘君等，1996；宋长青和孙湘君，1997；Davis et al., 2003；Bartlein et al., 2011）、最佳类比法（Jackson et al., 2004；Marchant et al., 2009）等，得出花粉与植被的校正系数，对地层孢粉组合进行校正，从而更加准确地定量重建珍稀濒危植物群落的古植被、古环境、古气候演化序列。如对浙江嵊州西白山香榧林分布区的现代孢粉过程研究，其结果建议当地层中香榧（*Torreya grandis* 'Merrillii' Hu）花粉化石的含量达到 10%，就可以初步断定在研究区附近有古香榧林的存在（郝秀东等，2020）。

### 4.3 钻孔孢粉记录追溯珍稀濒危植物的演化历史

孢粉化石是重建过去植被组成最为直观可靠的指标之一，为研究珍稀濒危植物的迁移、演化提供了珍贵资料。对不同时期沉积物中孢粉组合的研究，可以恢复和重建过去植被演替和环境变迁，对研究濒危植物的生存历史和演变过程具有重要意义。

选择典型珍稀濒危植物现代分布区域，开展系统的钻孔作业，通过"古今结合"的思路，将孢粉现代过程与沉积记录研究相结合，揭示钻孔的孢粉组合特征，特别是珍稀濒危植物的孢粉含量，同时结合植物大化石（如叶、种子等化石）、植硅体及植钙体等微体化石指标，恢复和重建地质历史中珍稀濒危植物的群落结构、植被演替和分布范围，探讨珍稀濒危植物的迁移史与演化史。

### 4.4 孢粉学在珍稀濒危植物研究的未来发展趋势

随着科学技术的进步，孢粉学在濒危植物研究中的应用前景广阔。未来，孢粉学可能会在以下几个方面取得更多的突破：

**AI自动识别**。计算机人工智能技术使得许多繁杂的技术流程数字化和简单化，如计算机人脸识别功能已广泛应用到许多场所。人工智能识别可能是实现孢粉种间鉴定的有效途径，实现计算机智能识别珍稀濒危植物孢粉种间鉴定需要海量的现代孢粉形态数据库，而目前现有的孢粉形态数据库尚不能满足实现计算机智能识别之需要。因此，未来需要继续开展珍稀濒危植物孢粉形态学研究，开展人工智能识别孢粉鉴定研究，最终实现植物种一级的智能识别，或部分种和属一级的智能识别，将是对中国珍稀濒危植物研究的重大突破。

**高精度分析技术**。随着分析技术的进步，高分辨率显微镜和先进的图像处理技术，能够精确区分出不同种类的孢粉，并对其进行捕捉、放大和成像，测量其大小、形状等特征参数，实现高精度识别。同时，自动化操作界面和远程控制功能，可实现无人值守的自动监测和分析。传统的孢粉分析方法依赖于显微镜观察和人工计数，耗时费力且易受主观因素影响。而高精度分析技术则实现了对孢粉的快速捕捉和分析，大大缩短了分析周期，提高了工作效率。这使得孢粉学家能够更高效地处理大量样品，从而推动珍稀濒危植物研究的深入发展。

**多学科交叉研究**。孢粉学将与分子生物学、遗传学等学科实现多学科融合与交叉，开展基础性、前瞻性的科学研究与技术创新，为制定更全面的濒危植物保护策略提供理论依据与技术指导。

**大数据分析**。长期的孢粉学研究积累，产生了大量的地层孢粉和现代孢粉数据，需要对收集到的孢粉数据进行清理、标准化和格式化处理，以确保数据的准确性和可比性。大量的孢粉数据需要有效的存储和管理，这通常涉及建立专门的孢粉数据库，如包含珍稀濒危植物孢粉信息的数据库，以便进行高效的数据检索和分析。利用统计学、机器学习和数据挖掘等技术对孢粉数据进行分析和挖掘，可以揭示珍稀濒危植物的植被演替、气候变迁及人类活动对其影响的规律和趋势，识别出人类活动对植被影响的强度，为评估人类活动对生态环境的影响提供科学依据。最后，将孢粉大数据分析的结果以图表、地图等可视化形式呈现，有助于更直观地理解数据和分析结果。对分析结果进行解释和讨论，结合其他相关学科的知识，揭示更多关于珍稀濒危植物的历史和现状信息，为制定可持续发展策略提供科学依据。

# 孢粉学相关知识及规范

桃金娘
*Rhodomyrtus tomentosa*

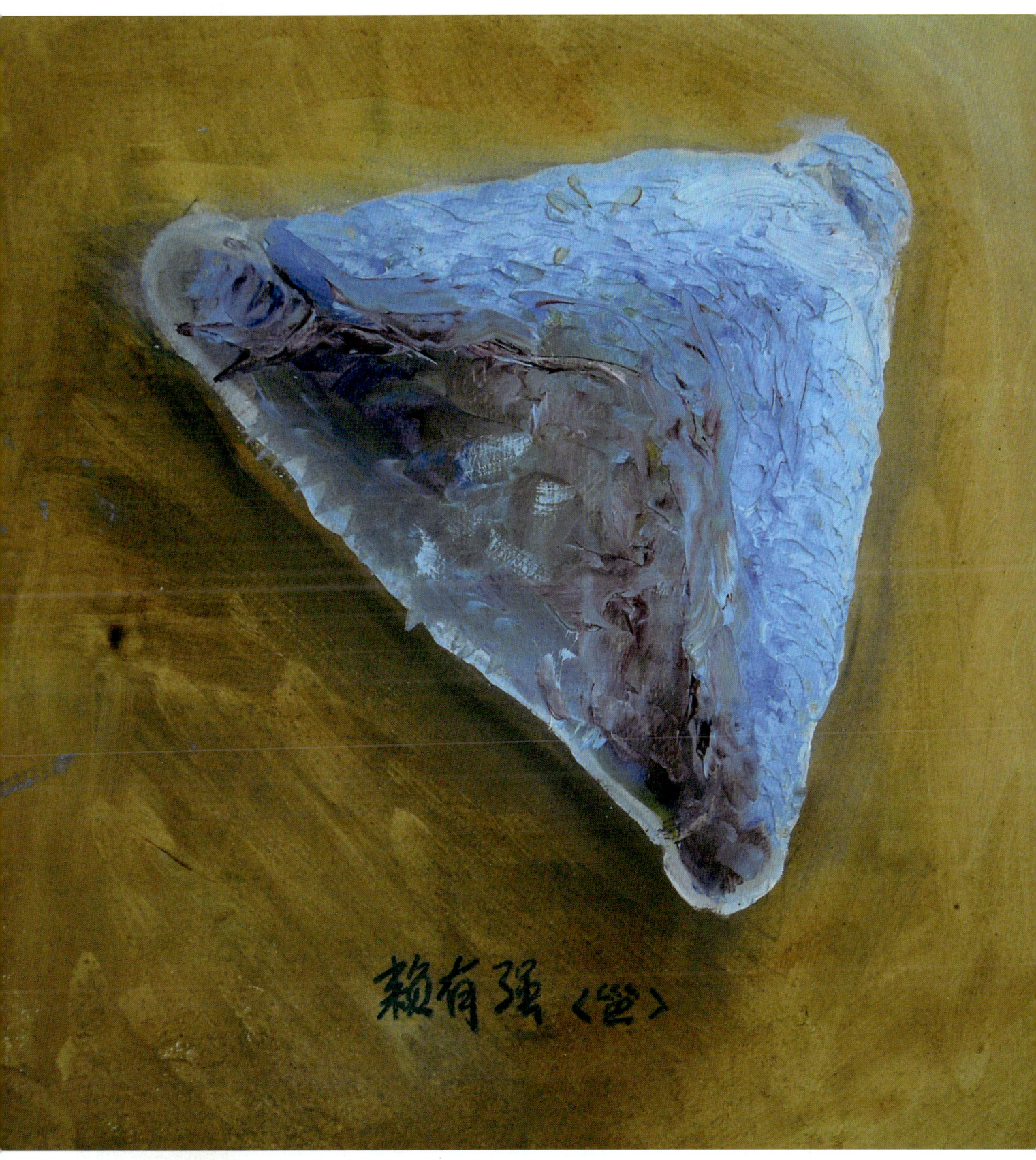

赖有强 〈爸〉

# 一、孢粉与孢粉学

孢粉是孢子（spore）和花粉（pollen）的简称。孢子植物的孢子和种子植物的花粉，都是生殖细胞。藻类植物、菌类植物、地衣植物、苔藓植物和蕨类植物产生孢子，裸子植物和被子植物产生花粉。无论是孢子还是花粉，都是由孢子或花粉母细胞形成。孢子母细胞（spore mother cell）经过减数分裂形成四分体，四分体进一步分离形成4个小孢子（图2-1）。花粉母细胞（pollen mother cell）经过减数分裂形成四分体（tetrad）（图2-2），四分体壁中的胼胝质降解，分离成4个小孢子（microspore）；小孢子内部产生液泡，细胞核向细胞壁移动；之后小孢子经过有丝分裂（pollen mitosisI，PMI），形成一个营养细胞（vegetative cell）和一个生殖细胞（germ cell），此时花粉粒成熟，该类型成熟花粉为二细胞型花粉粒。另一些植物的花粉粒，在成熟之前，精细胞会再次进行有丝分裂（pollen mitosis II，PMII），形成两个精细胞，该类型成熟花粉为三细胞型花粉粒。

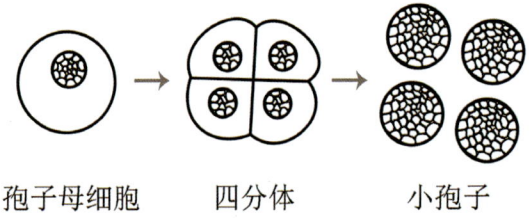

图2-1 孢子的形成过程（改自强胜 等，2016）

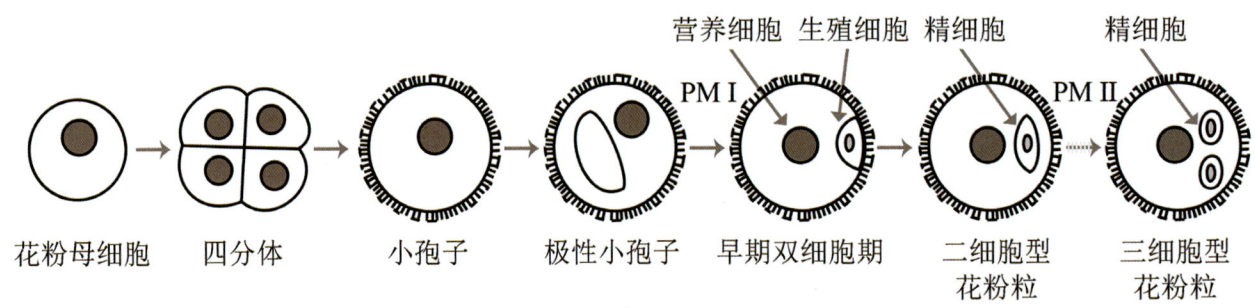

图2-2 花粉的形成过程（改自 Borg et al., 2009）

孢粉学（Palynology）是研究植物孢子和花粉（简称孢粉）的形态、分类及其在各个领域中应用的一门科学，可以分为现代孢粉学和古孢粉学两个领域。"Palynology"一词由英国的海德（Hyde）和威廉斯（Williams）于1945年最先创立，源于希腊文动词 Paluno，有扩散或撒向四周之意。在整个植物界，凡是用孢子进行繁殖的植物，都称为孢子植物；凡是用种子进行繁殖的植物，均称为种子植物。孢子植物主要有菌类、藻类、地衣、苔藓植物和蕨类植物，种子植物包括裸子植物和被子植物，而孢子和花粉分别是孢子植物和种子植物的繁殖器官。孢子在孢子囊、花粉在花药中成熟之后，经过风、水、昆虫或其他动物等的作用下飞离母体植物，沉降、保存在沉积物中，经过漫长的地质年代，这些保存在沉积物中的孢子和花粉变成了化石，称为孢粉化石。

孢粉因其外壁含有耐高温、高压和酸碱腐蚀的孢粉素，使之在漫长的地质年代里，可以被很好地保存下来（王开发和王宪曾，1983），加之其产量大、种类丰富等优势，成为最直接、最可信的古环境和古植被代用指标之一，在正确认识和恢复古植被演替和古环境变迁方面起到不可替代的作用。孢粉学的研究对象除了现代和化石孢粉之外，广义的孢粉学还包括从地层中提取的直径在200微米以下的所有有机壁类化石的总称，如疑源类、沟鞭藻、硅藻、植硅体、淀粉粒、有孔虫内衬、几丁虫和虫牙等微体化石。

孢粉学作为一门新兴的边缘学科，其发展与显微镜的发明密切相关。17世纪，英国博物学家、物理学家罗伯特·胡克（Robert Hooke）开拓性地改进了复合显微镜，为使用显微镜观察花粉形态提供了技术支撑。1682年，英国植物学家尼希米·格鲁（Nehemiah Grew）首次描述了花粉的显微结构。但是，直到1916年，瑞典人伦纳特·冯·波斯特（Lennart von Post）才在挪威奥斯陆的学术会议上首次宣布了瑞典泥炭研究的孢粉结果（正式发表于1918年）。他计算了孢粉百分含量，创制了孢粉谱，并解释了孢粉种类变化与植被、气候变化间的关系，这套研究方法一直沿用至今。该项研究明确了孢粉在古环境研究中的重要作用，标志着真正意义上的孢粉学诞生（Brown，2008）。

中国的孢粉学起步较晚，尽管地理学家丁骕教授于1938年曾著文对孢粉分析的方法和应用范围进行评述，但在一定程度上来说，孢粉学家徐仁院士应是中国化石孢粉学的奠基人和开拓者。1950年，徐仁曾访问过瑞典著名孢粉学家——埃尔特曼教授的孢粉学实验室，后又研究了云南泥盆纪的古孢子。1952年，他在李四光的启迪下，毅然从印度回国，在中国科学院南京地质古生物研究所组建了中国第一个孢粉学研究室（孔昭宸等，2018）。

## 二、花粉粒的形态特征

总体来说，蕨类及苔藓植物孢子的形态较为单一，为具射线裂缝的萌发器官，根据射线裂缝的个数，可以分为单缝孢子和三缝孢子。然而，种子植物花粉的形态则变化万千，不同种类的植物会产生相异形状的花粉，据此可以根据花粉形态特征来鉴定该花粉属于哪一类植物。在古孢粉学实际研究中，为了更好地揭示花粉组合所记录的古植被、古环境信息，除了具有明显特征的蕨类和苔藓孢子，如凤尾蕨属（*Pteris*）等，其余都归纳到单缝孢子和三缝孢子两大类中，在计算孢粉百分比的时候，将花粉与蕨类及苔藓植物孢子分开计算，有时甚至直接将苔藓及蕨类孢子剔除，只计算各种花粉的百分比。

### 2.1 花粉粒的构造及类型

单粒花粉的构造包括花粉壁（外壁和内壁）、细胞核（生殖核和花粉管核）、原生质（花粉内部的营养成分）以及花粉壁上的各种萌发器官（花粉成熟后向外释放营养物质的器官），此外，在花粉粒的表面还生长着各种各样的纹饰（图2-3）。

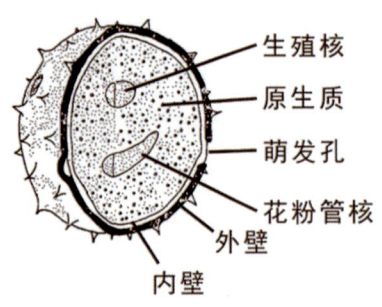

图 2-3 花粉粒结构（修改自岩波洋造，1964）

大部分植物的花粉在成熟时，四分体彼此分离形成单个花粉粒，称为单粒花粉（single grain）。有些植物的花粉成熟时，由两个以上花粉粒集合在一起，称为复合花粉（compound grain）。根据组成花粉颗粒的数目，复合花粉又可以分为二合花粉（dyads）、四合花粉、八合花粉、十六合花粉、三十二合花粉等。此外，有些植物的花粉成熟时，由许多花粉结合在一起形成花粉块（pollen mass）。在复合花粉中，四合花粉最为常见，其排列方式可以分为四面体形四合花粉（tetrahedral tetrads）、十字形四合花粉（cross tetrads）、正方形四合花粉（square tetrads）、菱形四合花粉（rhomboidal tetrads）和线形四合花粉（linear tetrads）等（图2-4）。

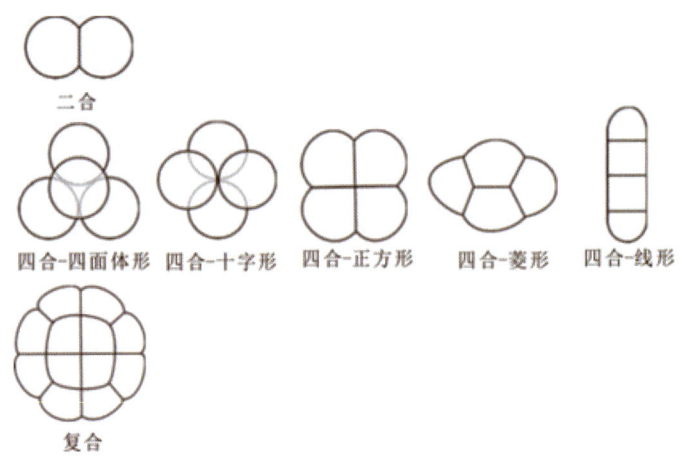

图 2-4 花粉的类型（改自王伏雄等，1995）

## 2.2 花粉粒的对称性和极性

除极少数花粉粒是不对称的外，大多数花粉粒是对称的。对称的方式主要有三种：①排列于同一平面上的多表现为左右对称；②排列于不同平面的四分体所分化出来的花粉多为辐射对称；③还有一些花粉呈球形，则为完全对称。

花粉的极性取决于花粉在四分体中所处的位置。花粉由母细胞经过减数分裂，形成四分体，分离后形成四粒花粉。为了研究方便，假定每个花粉粒朝向四分体中心的一端为近极（proximal pole），向外的一端为远极（distal pole），四分体中心向花粉粒中心的延长线成为花粉的极轴（polar axis）（图2-5）；与极轴垂直的线为赤道轴（equatorial axis），赤道轴所在的平面被称为赤道面（equatorial face）。以赤道面为界，靠近近极的一面称为近极面（proximal face），靠近远极的一面称为远极面（distal face）。除了少数花粉粒不能辨别极性外，大多数花粉粒具有明显的极性，根据萌发孔等的排列和形态可以在单花粉粒上识别赤道面和极面的位置。

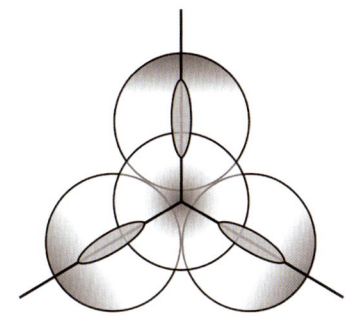

图 2-5 四分体花粉的极性（阴影部分为远极，中心为近极）
（改自 Hesse et al., 2009）

在具有极性的花粉中，可以分为等极花粉（isopolar pollen）、亚等极花粉（subisopolar pollen）和异极花粉（heteropolar pollen）三个类型。等极花粉的近极面和远极面对等，大部分花粉属于此类；亚等极花粉的近极面和远极面则稍有不同；异极花粉的近极面和远极面不同，如银杏科（Ginkgoaceae）、苏铁科（Cycadaceae）、松属（Pinus）等。大部分花粉具有对称性，花粉的对称性一般可分为三种类型，即辐射对称、左右对称和完全对称。辐射对称具有两个以上纵的对称平面，或者只有两个这样的平面时，总是具有等长的赤道轴；左右对称的花粉具有两个纵的对称平面，但与辐射花粉不同，赤道轴不是等长的；完全对称的花粉是指通过花粉中心所切割的任何面都是对称的，属于这一类的花粉有无孔沟的球形花粉（图 2-6）。

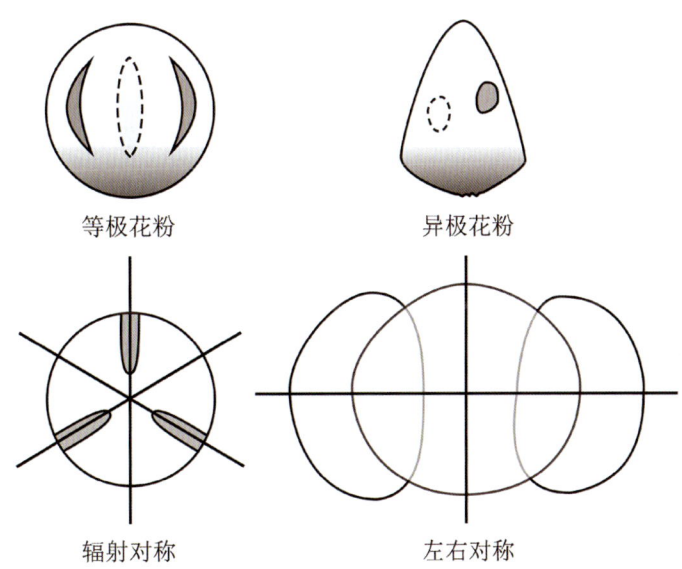

图 2-6 花粉的极性和对称性

## 2.3 花粉粒的萌发孔

花粉粒可以分为两种类型：①无萌发孔，即在花粉粒上不具萌发孔，如毛茛科黄三七〔*Souliea vaginata* (Maxim.) J. Compton〕；②具萌发孔，大多数花粉属于这一类型。

萌发孔（Aperture）是指花粉粒外壁上形成的较薄区域，通常是花粉萌发时花粉管伸出来的开口。萌发孔的形状、结构、位置、数目及大小往往因科属不同，存在着很大的差异，即使是同属不同种的花粉之间，也会有所变化，如马先蒿属（*Pedicularis*）、银莲花属（*Anemone*）和蓼属（*Polygonum*）等。但是，有些科中的各属花粉的萌发孔却非常接近，如禾本科（Poaceae）、藜科（Chenopodiaceae）和伞形科（Apiaceae）等。

萌发孔的形态描述术语，在国内外的文献上，常常会出现许多不一致的现象。即使是同一术语，各人所赋予的意义也不尽相同，甚至在同一作者前后不同时期出版的著作中也常有改动。本书所采用的萌发孔专门术语，是基于我们过去十几年的工作经验，并参考了国内外的相关文献，本着简单易懂的原则，进行系统的修订后而形成的花粉形态术语标准。

萌发孔一般分为两种类型：①孔，短萌发孔，指长轴为短轴的2倍或更小，或为圆形；②沟，长萌发孔，指长轴为短轴的2倍以上。由此可见，沟和孔的区分也是人为的。

萌发孔的位置，可以分为3种情况：①极面分布的萌发孔，分布在远极面或近极面的，其中近极萌发孔仅在蕨类及苔藓植物的孢子中出现；②赤道面分布的萌发孔，若是沟，其长轴往往与赤道垂直；③球面分布的萌发孔，萌发孔散布于整个花粉粒上。无论沟或孔，都存在这3种分布类型。依据其萌发孔的分布位置，可分别命名为：①远极沟，如很多裸子植物及单子叶植物的具沟花粉；远极孔，如禾本科植物的花粉。②赤道沟或孔，是双子叶植物的主要花粉类型，赤道无须特别标明。③散沟，如马齿苋科马齿苋属（*Portulaca*）花粉；散孔，如藜科花粉。

在具复式萌发孔的花粉粒上，在沟的中央部分往往有一个圆形或椭圆形的内孔，在这种情况下，则称为具孔沟花粉，极少数花粉每条沟具2个内孔。有的内孔是长的，如果平行于赤道方向伸长的，称为横长，这样的内孔有时呈沟状；如果内孔向垂直赤道的方向伸长，称为纵长。

盖住沟或孔的外壁部分，称为沟膜或孔膜。如果膜的厚度与非萌发孔的外壁厚度相等，即形成盖。

在有些植物的花粉粒上，萌发孔呈一个到数个螺旋形，称为螺旋形萌发孔，这可能是沟的一种变形，如谷精草科谷精草属（*Eriocaulon*）的花粉。此外，还有一种萌发孔呈环状，称为环形萌发孔，如睡莲科睡莲属（*Nymphaea*）的花粉。

有时沟的末端可以在极面上相连接，形成合沟。如果沟的末端在极面上先分枝，以分枝相连接，在极部留下一个没有沟通过的区域，这种情形称为副合沟，如在桃金娘科（Myrtaceae）和马先蒿属的某些花粉中出现。

此外，花粉粒上的萌发孔有时不典型，孔、沟或孔沟不明显，可以在前面冠以"拟"字，如拟沟、拟孔和拟孔沟等。

根据萌发孔的位置，可以大致分下面为几种类型（图2-7）。

（1）萌发孔不明显类型：花粉表面不具有明显的孔和沟，在外壁的某些区域变薄，如杉科（Taxodiaceae）

和杨属（*Populus*）花粉等为无孔沟花粉。

（2）具孔类型：花粉外壁上具圆形、椭圆形或方形的开口。根据萌发孔的数目，常见的有单孔、二孔、三孔、四孔、五孔、六孔、多孔和散孔等。花粉的极性决定了萌发孔的术语，单孔位于远极处为远极孔，如禾本科等。二孔至多孔常处于赤道上，被子植物许多科属的花粉属此类。散孔则分散在花粉粒整个表面，分布较均匀，数目在10个以上，如苋科（Amaranthaceae）和石竹科（Caryophyllaceae）等。

（3）具沟类型：花粉外壁上具长方形、纺锤形或细条形的沟，沟的长度一般都在其宽度的2倍以上。根据沟的数目常见的有单沟、二沟、三沟、四沟、五沟、六沟、多沟和散沟等。单沟位于远极处为远极沟，如百合科（Liliaceae）等。二沟至多沟常位于赤道面上且与赤道面垂直，被子植物许多科属的花粉属此类。散沟则分布在花粉粒整个表面，如马齿苋属等。

（4）具孔沟类型：花粉外壁上同时存在孔和沟，孔一般位于沟的中部，有的位于沟下面，孔径大于沟宽的称为内孔。根据孔沟的数目常见的有三孔沟、四孔沟、五孔沟、六孔沟和多孔沟等。被子植物许多科属的花粉属此类。

（5）其他类型：主要包括螺旋形萌发孔、萌发孔呈环状、沟的末端在极面上相连成合沟、沟的末端在极面上先分枝再连接——在极面留下一个没有沟通过的区域——成拟合沟（或称副合沟、假合沟）等。此外，有些花粉萌发孔不明显，可以在前面冠以"拟"字，如拟孔、拟沟等。

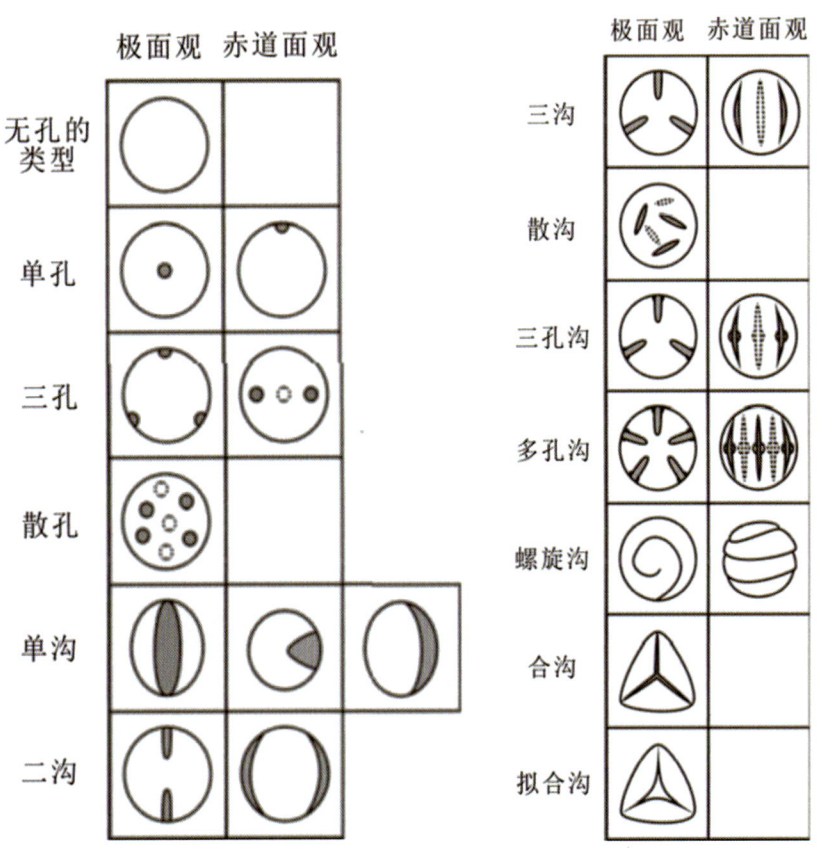

图2-7 花粉萌发孔的主要类型（改自Faegri，1975）

## 2.4 花粉粒的外壁构造

花粉壁的特征也是花粉识别与鉴定的主要依据之一。花粉壁是一层由孢粉素和纤维素组成的特殊细胞壁，具有复杂的结构和形态特征（图 2-8）。在结构上，花粉壁通常分为内壁与外壁两层。外壁主要由抗酸碱性强的孢粉素组成，因此，一般经过酸碱处理后的现代花粉或地层中的花粉仅保留了外壁。外壁可分为外壁内层和外壁外层。外壁内层由基层（foot layer）和下面的一层组成，而外壁外层则由网格状的柱状层（columellae）和覆盖层（tectum）构成。花粉外壁覆盖着脂质复合物，名为花粉鞘（pollenkitt）或含油层（tryphine）。光学显微镜下观察到的花粉的外壁结构和纹饰即为外层。

花粉粒经酸或碱处理后，内部的营养物质及柔软的内壁都会被溶解掉，留下来的只有花粉的外壁。外壁通常又分为外层和内层。内层是同质的，没有结构，至少在一般光学显微镜下看不到细微的结构。但是，在电子扫描显微镜下，有些花粉的内层里面还有一层（底层），是有层次结构的。外壁外层主要是由鼓槌状的基柱（头状有柄）组成，包括头部和柱状的棒，着生于内层。由于基柱和基柱头部的合并情形不同，可以形成各种不同的图案，如基柱侧面连生时，可以组成条纹，也可形成网状、脑纹状等图案。如果头部合并，形成具覆盖层的花粉，即在基柱上面形成一层，不能分出基柱头部，但棒却是分开的。

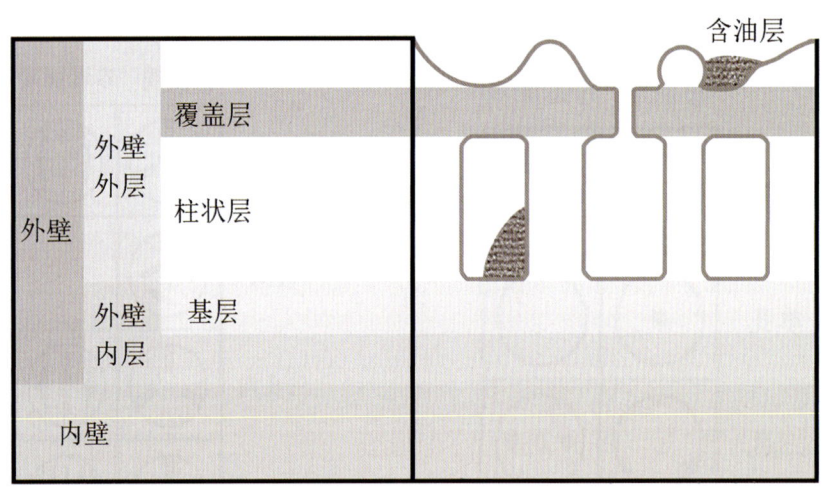

图 2-8 花粉壁的结构（改自 Hesse et al.，2009）

花粉外壁覆盖层上所形成的突起类型不同及柱状层上物质分子排列方式不同，在表面形成各种各样的花纹图案，统称为花粉纹饰（ornamentation）。花粉粒表面光滑或呈波浪形，在有的花粉上还具有各种雕纹，如小刺、瘤、颗粒等，可进而细分为以下 11 种（图 2-9、2-10、2-11）：

（1）光滑无纹饰（psilate smooth）：花粉表面光滑无任何纹饰（图 2-10：1）。

（2）棒状雕纹（baculate）：雕纹圆头，高度大于最大宽度，成棍棒状（图 2-10：2）。

（3）瘤（疣）状雕纹（tubercular, verrucate）：圆头状突起，最大宽度大于高度（图 2-10：3—6）。

（4）刺状雕纹（echinate, spiny）：具刺或小刺，末端尖或钝，但基部的宽度比末端的宽度大得多（图

2-10：7—11）。

（5）颗粒状雕纹（granulate）：表面具颗粒，颗粒的大小有变化（图2-10：12—15）。

（6）穴状雕纹（foveolate）：表面具凹陷的圆形或近圆形的穴，穴的大小深浅随种而异（图2-11：16—18）。

（7）皱纹或皱波状雕纹（rugulate）：表面具皱纹或皱波状条纹（图2-11：19—21）。

（8）脑纹状雕纹（cerebroid）：雕纹形成弯曲的线条，犹如脑皱状（图2-11：22—24）。

（9）条纹状雕纹（striate, striatus）：雕纹成为相互平行的条纹，由基柱或基柱头部侧面连接所形成；条纹的长短、宽窄、排列、条脊间的宽窄及小穿孔有多种变化（图2-11：25—27）。

（10）网状雕纹（reticulate）：基柱连接形成各种大小网状雕纹；由凸起的网脊（muri）和网眼（lumina）组成，网眼和包围它的一半网脊形成一个网胞（brochus）；网脊宽窄、网眼大小及形状也有很多变化（图2-11：28—29）。

（11）负网状雕纹（areolate）：相对于网脊的部分凹进去，网眼的部分凸出来。

在光学显微镜下，花粉粒表面雕纹分子形成的图案称为雕纹（sculpture），覆盖层下柱状分子形成的图案称为肌理（texture），在表面雕纹或肌理不能区分时一律称为纹理。在电子扫描显微镜下，只能显出表面结构，而覆盖层内的结构却不能显示出来（图2-11：30）。

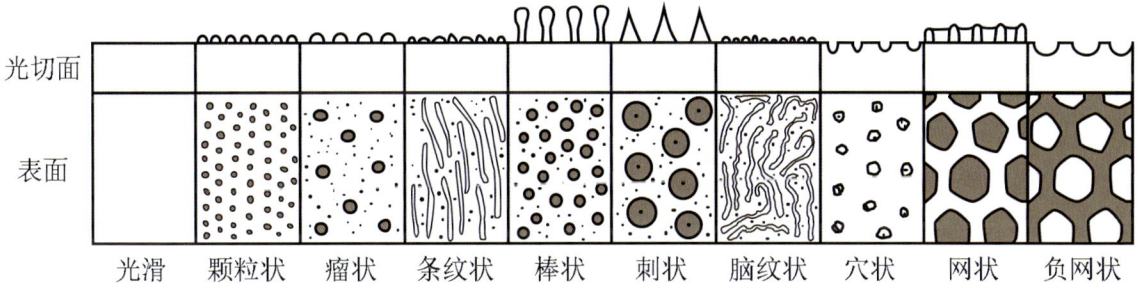

图 2-9 花粉外壁纹饰（改自王伏雄等，1995）

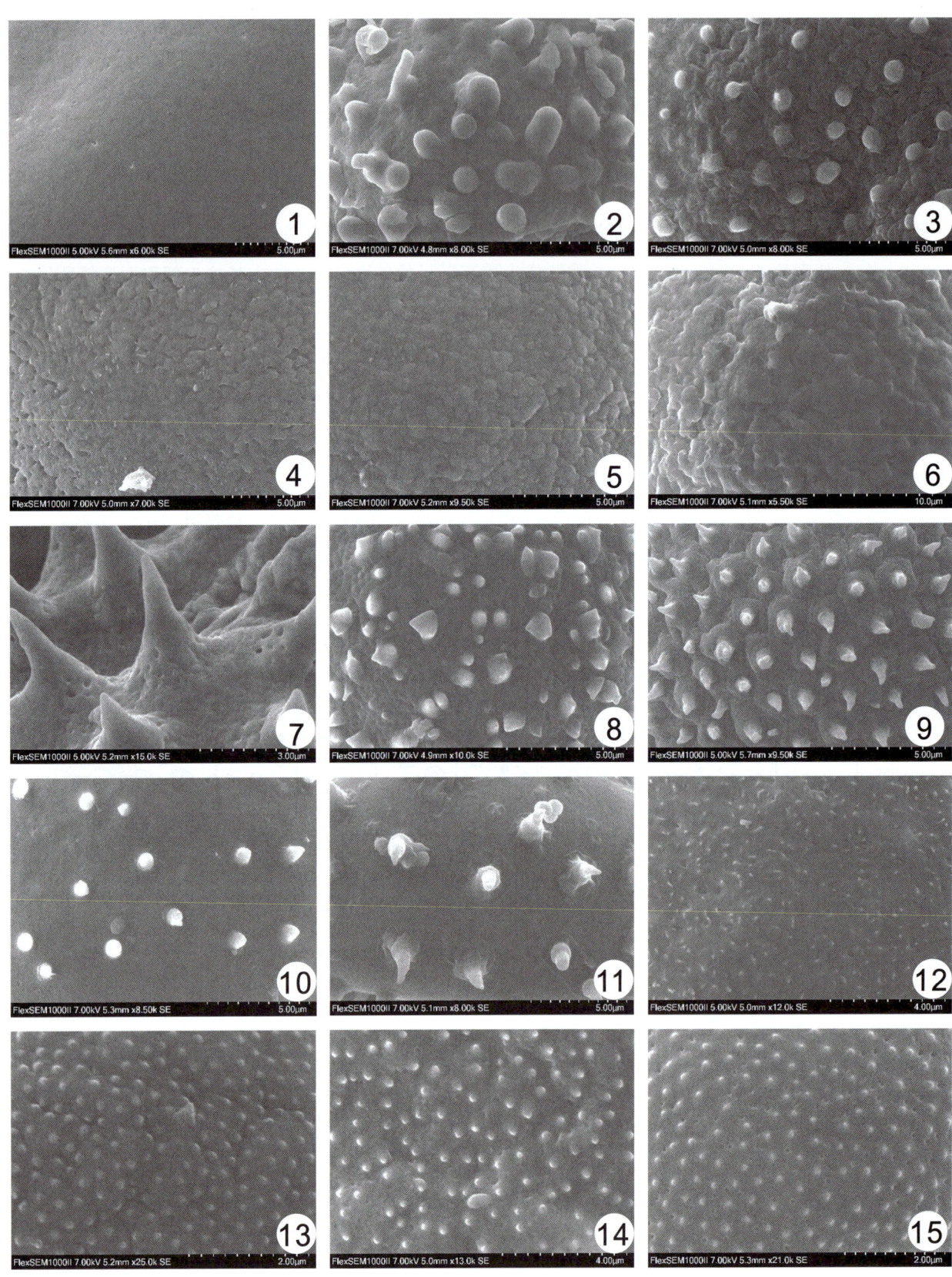

图 2-10 花粉的外壁雕纹（一）

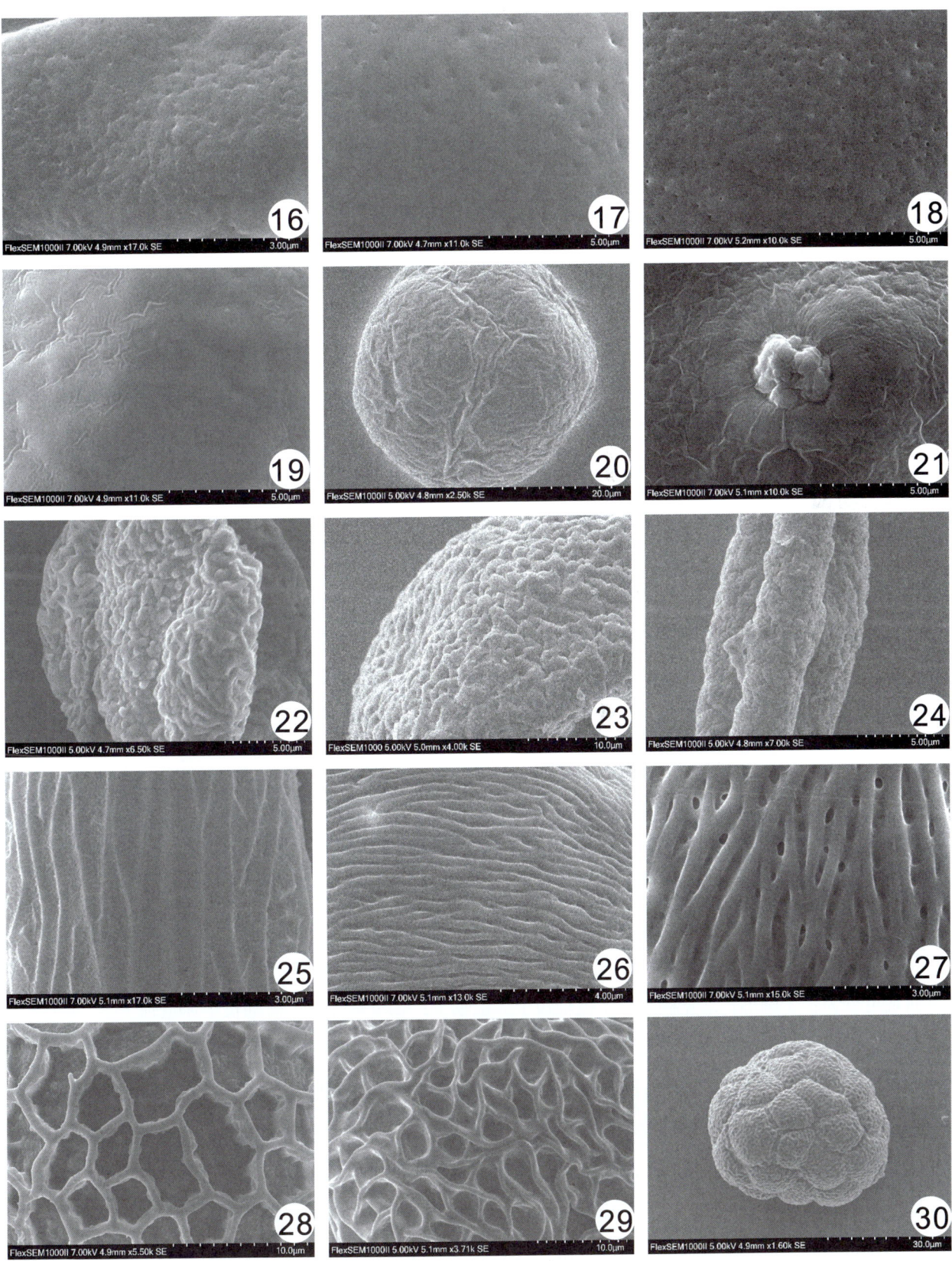

图 2-11 花粉的外壁雕纹（二）

## 2.5 花粉粒的形态和大小

花粉的形状取决于极轴长度与赤道轴长度的比例。在球形花粉中，极轴长与赤道轴长约相等；极轴长大于赤道轴长的花粉为长球形；极轴长小于赤道轴长的花粉为扁球形。根据极轴和赤道轴的比例关系，一般将花粉从超长球型到超扁球形分为五个级别（表2-1；王伏雄等，1995）。

**表 2-1 花粉基本形状类型表**

| 花粉形状 | 极轴：赤道轴（P：E） | 比值 |
| --- | --- | --- |
| 超长球形 | > 8：4 | > 2 |
| 长球形 | 8：4 ~ 8：7 | 2 ~ 1.14 |
| 近球形 | 8：7 ~ 7：8 | 1.14 ~ 0.88 |
| 扁球形 | 7：8 ~ 4：8 | 0.88 ~ 0.50 |
| 超扁球形 | < 4：8 | < 0.50 |

根据粒径大小，可以分为以下类别（王开发等，1983）：①花粉极小，花粉粒平均直径小于10μm。②花粉小，花粉粒平均直径介于10~25μm。③花粉中等大小，花粉粒平均直径介于25~50μm。④花粉大，花粉粒平均直径介于50~100μm。⑤花粉极大，花粉粒平均直径大于100μm。

花粉粒是立体的，只有在显微镜下，通过观察活动片，使花粉在甘油里"打滚"，才能全面观察到花粉的形态。在有了一定显微镜操作经验后，可以通过观察不同位置的花粉粒及不同倍数的花粉粒形状，来判断花粉粒的立体形态。由于制片方法不同，花粉的形态会产生较大的差异，因此，等级划分过细不切实际，也没有意义。

极轴与赤道轴相等或相差很小时，可称为球形或圆球形。

显微镜下观察时，往往会遇见花粉粒处于极面、赤道面或斜面的位置，分别描述为极面观或赤道面观是非常有必要的。极面观可分为：①圆形；② 3, 4, 5- 多角形；③钝 3, 4, 5- 多角形；④ 3, 4, 5- 多裂片状。赤道面观可分为：①圆形；②宽椭圆形（极轴短于赤道轴）；③窄椭圆形（极轴长于赤道轴）。

此外，化石孢粉由于长期处于高压之下，往往被压扁呈现出不同的轮廓，其极面观主要有圆形、三角形、四边形、五边形、六边形、多边形、圆三角形、钝四边形、钝五边形、钝六边形、钝多边形，以及三裂圆形、四裂圆形和五裂圆形等形态。

花粉粒的大小变化幅度很大。最小的花粉粒，其最大直径小于10 μm，已知最小的现代植物花粉在紫草科勿忘我属（*Myosotis*），大小为 5×2.4 μm；而最大的花粉粒直径则在200 μm以上，如葫芦科南瓜〔*Cucurbita moschata* (Duch. ex Lam.) Duch. ex Poir.〕花粉。将花粉大小分成各种等级似乎是没有必要的。因此，在本书中，我们对每一种花粉测量了20粒左右，并附上了花粉粒的大小范围及其平均值。

## 2.6 蕨类植物孢子形态特征

蕨类植物是最古老的陆生植物。在生物发展史上，3.5 亿年前到 2.7 亿年前即泥盆纪晚期到石炭纪时期，是蕨类最繁盛的时期，蕨类植物为当时地球上的主要植物类群。二叠纪末开始蕨类植物大量绝灭，其遗体埋藏地下，形成煤层。全世界蕨类植物约有 12000 种，根据蕨类植物学家秦仁昌院士的分类，中国有蕨类植物 63 科、228 属，约 2500 种。

蕨类植物为维管束的孢子植物（也称高等孢子植物），陆生、附生，少为水生，直立或少为缠绕攀援的多年生草本，或间为高大树形；孢子体（即所谓的绿色蕨类植物）照例有根、茎、叶的器官分化（松叶蕨除外）。孢子体的形体在近代植物界中最为多种多样，有大如乔木状的，也有小仅达 1 厘米的，但绝大多数为中型多年生草本。蕨类植物以孢子繁殖，绝大多数在叶片下表面长有孢子囊，并聚集成各式各样的斑点或线条状的孢子囊群，初时为绿色，老时为锈黄色，有的裸露，有的具各种形状的盖。最原始蕨类植物的孢子囊生于枝之顶端，有些生在特化的叶上或叶片上（囊托）成穗状或圆锥状囊序，有的生于孢子叶的边缘，也有的聚生于枝顶成孢子叶（囊）球，而在绝大多数的种类则以各种形式生于孢子叶的下面，形成孢子囊堆。

蕨类植物的孢子形态可分为如下 4 个基本类型（图 2-12）：

（1）孢子为单裂缝，见于水龙骨科（Polypodiaceae）、乌毛蕨科（Blechnaceae）和肾蕨科（Nephrolepidaceae）；

（2）孢子为三裂缝，见于里白科（Gleicheniaceae）、桫椤科（Cyatheaceae）和铁线蕨属（*Adiantum*）；

（3）孢子具赤道环，见于凤尾蕨科（Pteridaceae）和蚌壳蕨科（Dicksoniaceae）；

（4）孢子具肋条状纹饰，见于水蕨科（Parkeriaceae）。

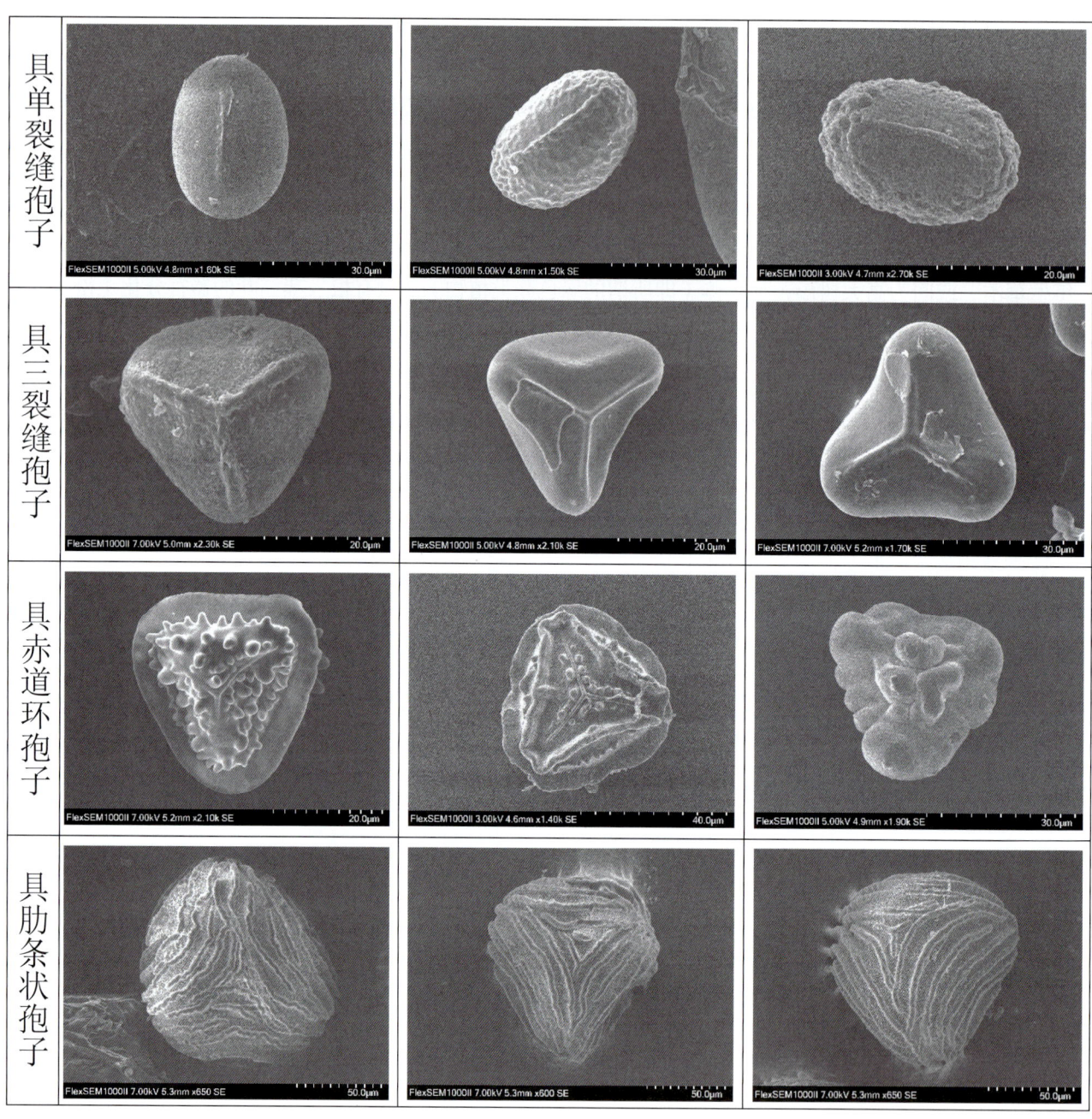

图 2-12 蕨类植物主要孢子形态

## 2.7 裸子植物花粉形态特征

裸子植物因其种子裸露而得名。裸子植物是一类历史悠久而古老的木本植物,最早出现在古生代(Paleozoic)泥盆纪(Devonian,始于距今 4.192 亿年前),经历石炭纪(Carboniferous,始于距今 3.589 亿年前),如种子蕨类(Pterspermales)的舌羊齿目(Glossopteridales)和古松柏类的柯达目(Cordaites);裸子植物繁盛于中生代(Mesozoic)侏罗纪(Jurassic,始于距今 2.013 亿年前),至白垩纪(Cretaceous,始于距今 1.45 亿年前）逐渐衰落，在新生代（Cenozoic）古近纪（Paleogene，始于距今 6600 万年前）、新近纪（Neogene，止于距今 258 万年前）的大冰川期，大部分裸子植物灭绝成为古化石，只有极少数裸子植物残留下来繁衍至今，人称"活化石"，如中国的银杏（*Ginkgo biloba* L.）、水杉、银杉、红桧（*Chamaecyparis formosensis* Matsum.）和美国的北美红杉〔*Sequoia sempervirens* (D. Don) Endl.〕等。

世界上现存的裸子植物 800 余种，按恩格勒（Engler）分类法，归属于 12 个科，72 属。中国有 10 科、34 属、约 175 种；从国外引入栽培约 65 种，分属于南洋杉科 2 属 6 种、杉科 3 属 5 种，其余主要为松科及柏科的属种。

裸子植物的花粉产生于雄球花上。裸子植物的"花"称为球花（cone），或称为孢子叶球（strobilus）。球花单性，分别为雌球花（female cone，也称大孢子叶球 macrostrobilus）和雄球花（male cone，也称小孢子叶球 microstrobilus）。在雄球花的雄蕊的花粉囊（pollen sac，也称小孢子囊 microsporangium）内形成花粉（pollen）或称小孢子（microspore）。

裸子植物的花粉具有花粉形态演化的早期特点。花粉以具单远极沟、薄壁区、气囊为主要特征，及无萌发孔或具萌发孔。各科均有相对稳定和明显相似的特征形成不同类型，表明裸子植物中花粉形态特征的相似性和植物分类系统及进化地位是一致的。

裸子植物的花粉形态也是多种多样的，根据气囊的有无、萌发孔的形状和结构以及外壁的构造等特征，可以分为以下 5 个主要类型（图 2-13）：

（1）松型花粉：花粉具有一个椭圆形的本体，本体两侧各有一个近圆形的气囊。松型花粉是裸子植物中结构、构造最复杂的一个类型。松型花粉除了松科的松属，还有云杉属（*Picea*）、冷杉属（*Abies*）、油杉属（*Keteleeria*）及以罗汉松科（Podocarpaceae）等。

（2）苏铁型花粉：花粉纺锤形，具单沟，表面光滑，如苏铁科和银杏科花粉。

（3）杉型花粉：花粉粒圆形，远极面上具有一个乳头状的突起，如杉科花粉。

（4）柏型花粉：花粉粒圆形，外壁不具明显的萌发器官，常见有一个薄壁区，如柏科（Cupressaceae）花粉。

（5）麻黄型花粉：花粉为椭圆形，外壁具有多条纵肋和纵沟，如麻黄科（Ephedraceae）花粉。

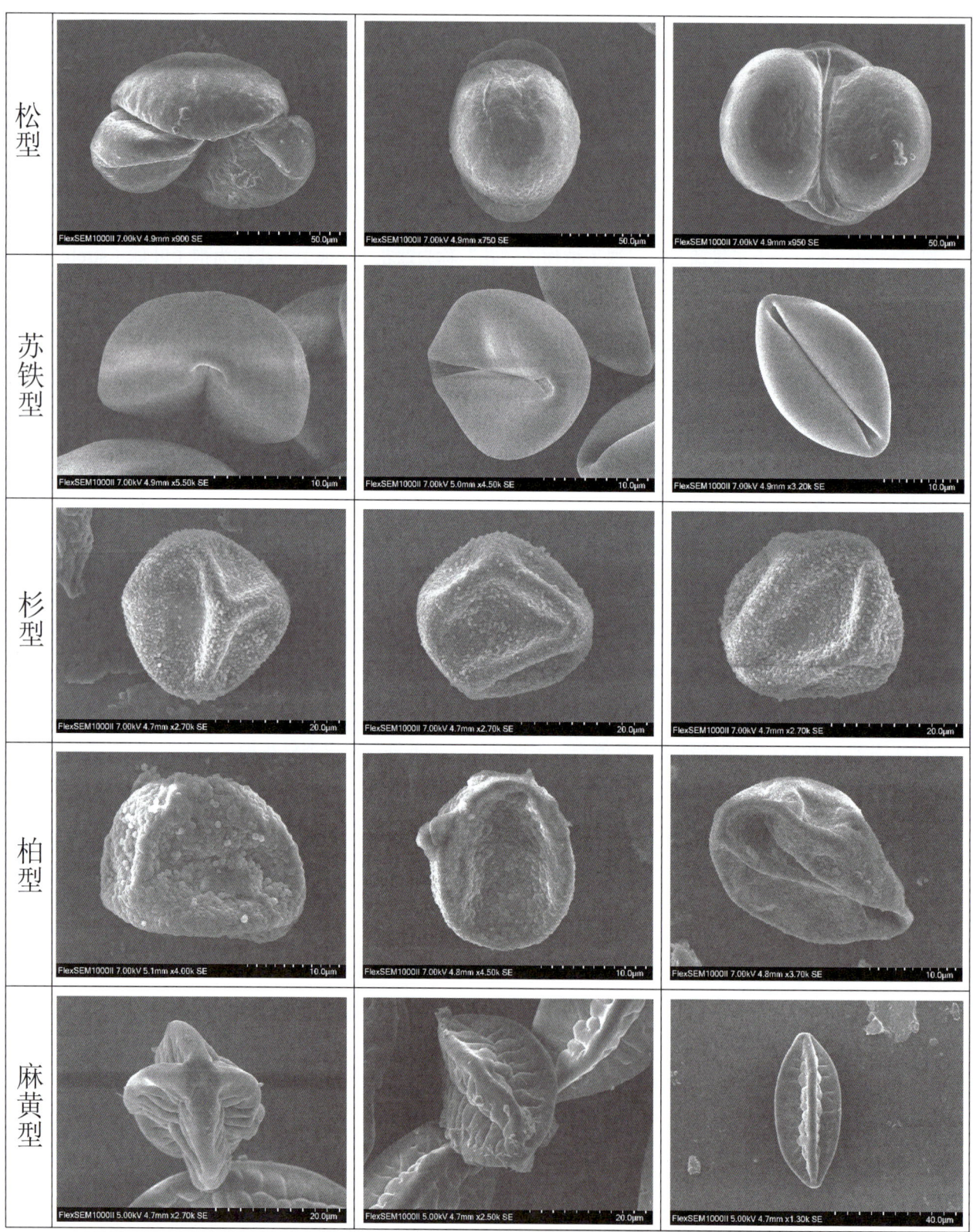

图 2-13 裸子植物主要花粉形态

## 2.8 被子植物花粉形态特征

被子植物因其种子外有果皮包被而得名。被子植物出现在中生代白垩纪（始于距今1.45亿年前）裸子植物衰退时期，新生代古近纪（始于距今6600万年前）开始繁盛，第四纪（止于距今258万年前）达到繁盛并开始占绝对优势。被子植物是现在植物界最进化、种类最多、分布最广和适应性最强的植物类群，现已知有300~400科（因不同分类系统而有异），1万多属，20万~25万种，中国约有3万种。

被子植物具有乔木、灌木、藤本及草本（包括一年生、二年生及多年生）多样类型，植物体内组织分化完善，出现导管和筛管。繁殖器官出现真正花的结构，具花萼、花冠、雄蕊、雌蕊以及特有的双受精现象，形成果实，这些都是被子植物不同于裸子植物的进化特征。从花粉演化的角度来看，被子植物的花粉形态更为多样复杂，除了具单花粉外，还出现了复合花粉。花粉有具孔的类型，如1孔、2孔、3孔、4孔、5孔、6孔、多孔；具沟的类型，如单沟、2沟、3沟、4沟、5沟、6沟、多沟；具孔沟的类型，如2孔沟、3孔沟、4孔沟–多孔沟。除散孔、散沟和螺旋萌发孔在花粉壁上不规律分布外，其他各种孔、沟以及孔沟类型，以沿赤道面排列为主。这些类型是被子植物花粉特有的形态特征。被子植物木兰科的花粉具与裸子植物相似的单远极沟，出现花粉演化的较原始特征，与木兰科植物分类地位是一致的。单远极沟花粉也在单子叶植物的棕榈等科属中出现，禾本科及竹亚科的一些种属则具单远极孔的花粉。此外，在被子植物中也存有极少的三岐沟，如番木瓜科，从花粉形态上反映出其在被子植物进化中的较原始地位。

被子植物是植物界中最高等、种类最多、分布最广、适应性最强的大型植物类群，共有20多万种，占植物界总数的一半以上。因此，被子植物的花粉形态也多姿多彩，现将其形态特征简单归纳如下（图2-14）：

### 2.8.1 单粒花粉

花粉粒在成熟时单独存在的称为单粒花粉，大多数植物的花粉属于这一类型。单粒花粉的基本形态可分为以下18种。

（1）无孔沟类型：花粉粒没有孔和沟构造的花粉，如杨属花粉。

（2）具螺旋状沟类型：花粉粒表面只有一个螺旋状的沟，如小檗科（Berberidaceae）和谷精草科（Eriocaulaceae）花粉。

（3）具环沟类型：沟在花粉粒表面连成环，如睡莲科（Nymphaeaceae）花粉。

（4）具单孔类型：花粉粒表面具有一个孔，如禾本科花粉。

（5）具单沟类型：沟花粉粒表面具一条沟，如百合科花粉。

（6）具两孔类型：两个孔均匀地分布在花粉粒的赤道面上，如桑科（Moraceae）花粉。

（7）具两沟类型：两沟平行或垂直于赤道面分布，此种花粉类型少见，如棕榈科省藤属（*Calamus*）花粉。

（8）具两孔沟类型：两个孔沟垂直或平行于赤道面分布，此种花粉少见，如爵床科鸭嘴花属（*Adhatoda*）花粉。

（9）具三孔类型：三孔在赤道面上均匀分布，如桦木科（Betulaceae）花粉和胡桃科山核桃属（*Carya*）花粉。

（10）具三沟类型：三条沟均匀地垂直于赤道面分布，如柽柳科柽柳科属（*Tamarix*）花粉。

（11）具三孔沟类型：在花粉粒的赤道面上均匀地分布着三个孔沟，如壳斗科栗属（*Castanea*）花粉。

（12）具四异孔类型：花粉粒在赤道面上均匀地分布着3个小孔，而在远极面上分布一个大孔，如莎草科（Cyperaceae）花粉。

（13）具多孔类型：在花粉的赤道面上均匀地分布着三个以上的孔，如胡桃科胡桃属（*Juglans*）和枫杨属（*Pterocarya*）花粉。

（14）具多沟类型：在花粉粒的赤道面上均匀地分布着三个以上的沟，如唇形科（Lamiaceae）花粉。

（15）具散孔类型：在花粉粒的表面均匀地分布着不定数目的孔，如藜科花粉。

（16）具散沟类型：不定数目的沟分布在花粉表面上，如马齿苋科（Portulacaceae）花粉。

（17）具多孔沟类型：花粉粒赤道面上分布着三个以上的孔沟，以四孔沟的花粉常见，如夹竹桃科鸡骨常山属（*Alstonia*）花粉。

（18）具散孔沟类型：孔沟分布于花粉球面上，如蓼科酸模属（*Rumex*）花粉。

#### 2.8.2 复合花粉

两个或两个以上花粉集合在一起的都称为复合花粉。根据组成花粉粒的个数，可以分成二合、四合、十六合、三十二合花粉等。其中，二合花粉仅见于芝菜科芝菜属（*Scheuchzeria*）、川藻科的飞瀑草属（*Cladopus*）和水石衣属（*Hydrobryum*），四合花粉常见于杜鹃花科（Ericaceae），十六合或三十二合花粉常见于豆科合欢属（*Albizia*）。

此外，还有一些花粉粒集合在一起，形成花粉团块，如兰科（Orchidaceae）、夹竹桃科萝藦属（*Metaplexis*）和鹅绒藤属（*Cynanchum*）的花粉。

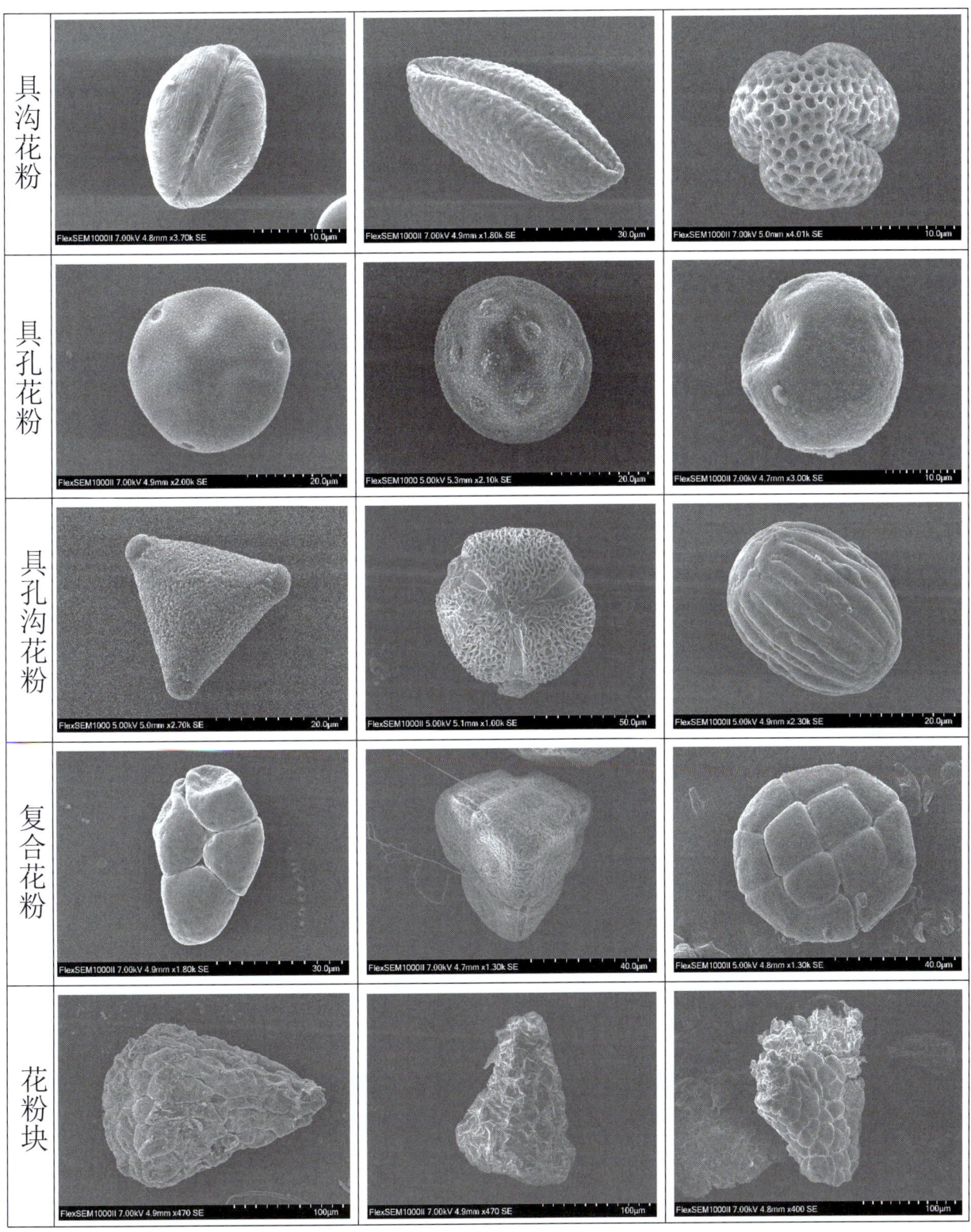

图 2-14 被子植物主要花粉形态

## 2.9 孢粉图版排序

为方便孢粉学研究者查阅查考，本书的孢粉图版按照植物拉丁学名的首字母进行排序，同时在孢粉图版上标注其孢粉图式（图2-15），方便读者更形象地领略孢粉的形态结构。

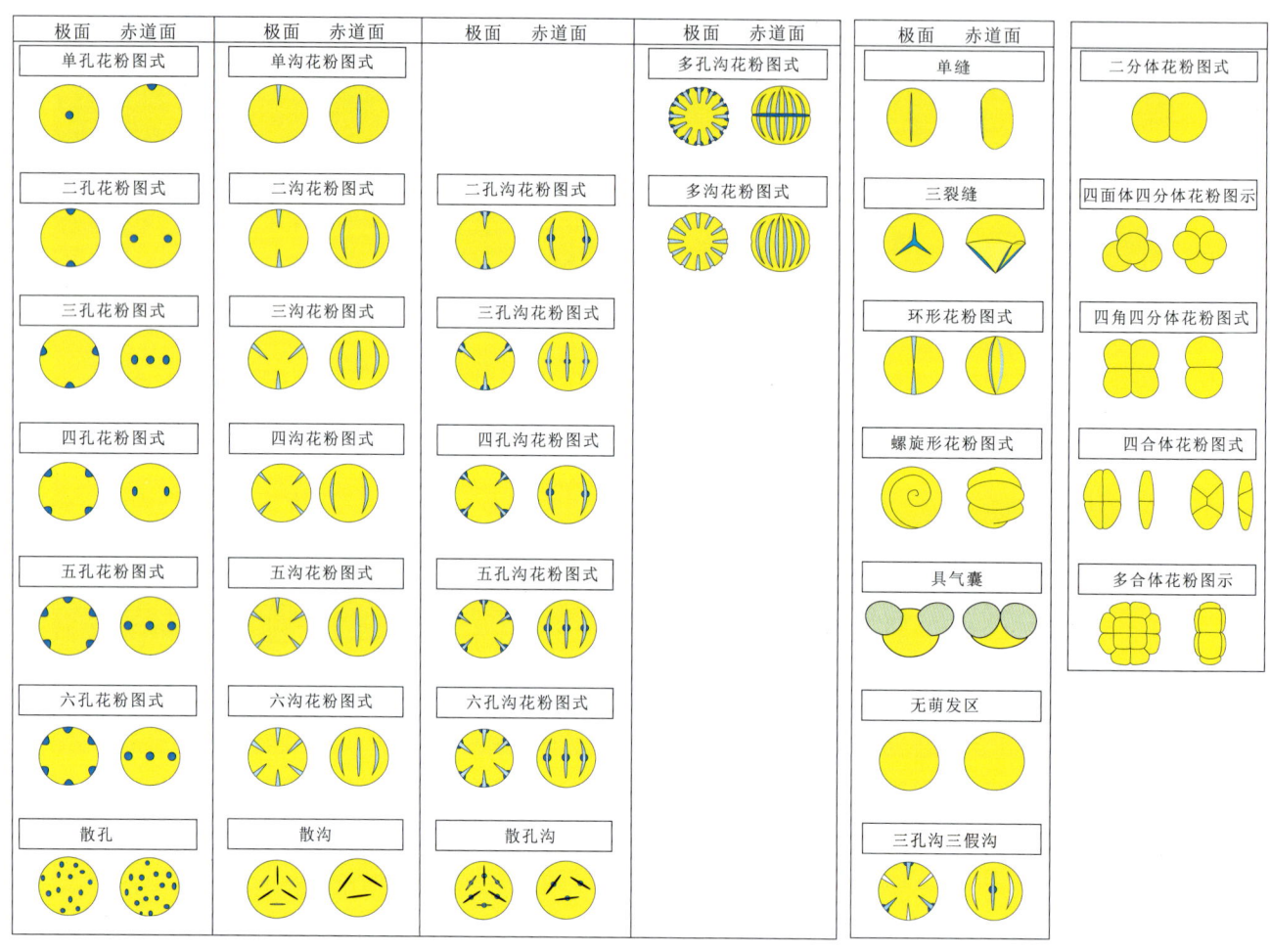

图2-15 孢粉图式（修改自Moore等，1991）

## 2.10 我国孢粉形态学研究现状

孢粉形态学是孢粉学研究的重要基础，直接决定着孢粉鉴定的准确度与孢粉数据的质量。我国现代孢粉形态学研究，最早是在中国科学院植物研究所王伏雄院士领导下开展，取得了一系列的研究成果，如《中国植物花粉形态》（1960年第一版；1995年第二版）、《中国蕨类植物孢子形态》和《中国热带亚热带被子植物花粉形态》等，为化石孢粉学的顺利开展奠定了重要基础。后来，随着老一辈孢粉工作者相继退休，中国有关花粉形态学的研究力量曾一度削弱。中国孢粉学会曾呼吁学术界注重孢粉形态学方面的工作，保持研究的连续性，以满足不断更新的孢粉学研究的需要。这些年，虽然有很多花粉形态学研究论文和著作问世，如《中国第四纪孢粉图鉴》《中国常见栽培植物花粉形态——地层中寻找人类痕迹之借鉴》《中国北方山地常见植物花粉形态研究——光学显微镜下精确鉴定方法探索》《北京常见植物花粉图鉴》《中国木本植物花粉电镜扫描图志》《内蒙古植物花粉形态》等，为孢粉形态学研究提供了丰富的参考依据。但是，相对于我国 544 科 4528 属 39897 种植物（据《中国生物物种名录 2024 版》）来说，其孢粉形态学研究的数量极其有限（据不完全统计，仅有 2000 余种，300 余属），可见我国的孢粉形态学研究仍然任重道远。

## 三、孢粉学的应用领域

孢粉学是植物学科的重要分支，作为一门新兴的边缘学科，被广泛应用于地质学、生物学、地球科学、环境科学、现代医学、刑侦学和营养学等诸多领域。

### 3.1 地层孢粉学

植物界都遵循由低级到高级且不可逆转的演化过程，也就是说，不同的地质时代对应着与之演化对应的特定植物群。据此，可以通过孢粉分析结果，确定沉积年代，进行地层对比，并形成了地层学与孢粉学相结合的交叉学科——地层孢粉学。

我国孢粉学的起始与发展，在很长一段时期里都是与国家的经济建设紧密地联系在一起。地层孢粉学最初作为地质调查、石油和煤炭勘探中地层对比的有效手段，在全国各大油区、各相关地质部门得到广泛的推广和运用。随着不同地区地层孢粉序列的建立，给地层勘探工作带来了极大的便利。现在许多油田的地层资料，大多都沿用了当初根据孢粉资料所建立的地层层序。中国地层孢粉学从最初的对局部地区地层的零星报道，逐渐发展到对一个区域乃至全国性的归纳与总结（王伟铭，2009）。

### 3.2 第四纪孢粉学

基于"将今论古"的思想，假定同类植物在地质历史时期的生态要求大体与现今的一致，据此运用孢粉分析来推断沉积时期的古气候、古地理并应用于古生态和古群落等的研究中。但是，由于远古植物亲缘关系追溯困难等原因，该研究方法主要用于新生代，特别是第四纪地层中。第四纪孢粉学主要基于孢粉学证据，恢复和重建第四纪以来植被的演变史、气候变化及其发展趋势，兼顾年代地层学和环境考古学，特别是人类诞生以来的气候变迁以及气候对于人类演化和历史演进的影响，现已广泛应用于地质学、古生态学、古地理学以及过去全球变化等领域。

随着全球变化研究的不断深入，中国第四纪孢粉学研究已取得了长足的发展，特别是在植物属种鉴定的精度上有很大提高，在时间序列上的分辨率和孢粉纵向变化和多数据综合划带方面也取得了很大的进展。与此同时，利用孢粉对区域环境的古植被定量重建和 Biome 的模拟也渐趋成熟，使得孢粉学不仅在古植被和古气候领域占有优势，同时在生物多样性保护、生态恢复等方面也开始产生影响。唐领余等（2016）收集整理了我国西北、北方、东南、华南和西南五个大区域的第四纪主要孢粉类型、特点以及常见孢粉种类的鉴定形态特征资料，出版了《中国第四纪孢粉图鉴》，该书成为中国第四纪孢粉学研究重要的阶段性工具书。

### 3.3 考古孢粉学

孢粉学作为探讨古人类生活行为特征及自然环境特征的重要手段，可以为考古遗址提供气候、植被等自然背景信息，随着孢粉学在环境考古等方面研究的越来越广泛应用，逐渐形成了一个孢粉学分支学科——考古孢粉学。

1963 年，周昆叔对西安半坡遗址进行了系统的孢粉分析，之后，徐仁等相继开展对中国猿人及古代先民的生存环境研究，开启了我国考古孢粉学的先河。孢粉分析可以揭示中国历史时期先民经济生活、食物结构、环境演化与古文化演进，为人类文化兴衰史研究提供自然环境背景资料。随后，又拓展了植硅体和淀粉粒等在环境考古中的应用，使我国有关原始农作物起源和先民食物结构的研究走在国际前列（Zhang et al., 2024）。中国环境考古专业委员会于 1994 年成立，每次会议都有很多包括植硅体、淀粉粒和硅藻在内的孢粉学不同领域的最新研究进展汇报，从而推动了对人类起源、农业起源和文明起源等热点的研究（孔昭宸等，2018）。

### 3.4 石油孢粉学

在石油勘探中，大型化石不仅难以找到，而且易粉碎，很难完整地保存。孢粉相较其他微体化石，具有数量大、体积小、保存完美、分布广泛等特点。因此，从原油分离出来的孢粉，可以指示石油生成的地层年代；根据孢粉母体植物的生态环境，探讨石油形成的环境背景；根据残存在石油中的孢粉化石，示踪石油运移的通道、相态、方向及路线等迁移过程；分析并计算石油中孢粉与海相化石的比值变化，揭示石油形成的地点及层位；根据孢粉的颜色来推断石油的成熟度。与此同时，基于石油中丰富的孢粉化石遗存，为干酪根热降生油、生烃潜力和石油有机成因理论等提供了重要的佐证，并逐渐形成了一个孢粉学重要分支——石油孢粉学。

可见，孢粉分析在石油地质中的应用前景十分广阔，未来石油地质中孢粉分析的应用将为我国油气勘探提供更多的理论支撑。

### 3.5 花粉刑侦学

不同的植物具有相异的花粉形态，因此，花粉证据堪称"花粉指纹"，成为破解迷案的重要工具。特别是在犯罪现场获取的花粉，可以作为寻找罪犯、判定第一现场和确定作案地的重要线索，甚至作为判罪的重要证据，已经形成一门行之有效的孢粉学与法医学交叉的学科——花粉刑侦学。

花粉之所以能成为追捕罪犯的一个有效途径，是因为它无处不在。而不同的自然环境，生长着不同的植被类型，也就会出现不同形态的"花粉指纹"。据此，可以通过分析疑犯身上的花粉组合特征，判断所属植被类型，尤其是特定区域特有植物的"花粉指纹"，缩小侦查范围，并依据花粉线索来"定位"，从而找出第一现场和确定作案地。同样，不同植物的花期也不尽相同，可以通过受害者和犯罪嫌疑人身上携带的花粉证据，鉴定出对应的植物，并根据这些植物开花时间，确定凶手的作案时间和受害者的死亡时间。花粉破案的成功范例不胜枚举，特别是在一些多年的悬案和谜案，一些关键证据（如DNA、指纹等）的缺失，使得一切线索中断，案情进入一筹莫展的时候，显微镜下几颗小小的花粉却会准确地告诉你：谁才是真正的凶手。

### 3.6 海洋孢粉学

与陆相沉积物相比，海洋沉积物通常能够提供年代更长、连续性更好、较少受到扰动，以及分辨率更高的孢粉记录，因此，海洋孢粉学作为孢粉学领域一个重要的新兴分支学科，越来越受到更多的重视和发展。

20世纪70年代以来，在中国沿海及大陆架区开展了系统的地质调查与资源勘探。为实现海陆地层对比，我国海洋孢粉学得到迅猛发展，同济大学海洋地质系、国家海洋局、地质矿产部和中国科学院等所属的海洋研究所，先后组建孢粉实验室，对东海、渤海、黄海和南海区域的陆架、浅海沉积物进行孢粉学（包括沟鞭藻类、淡水藻类、植硅体和有孔虫内衬等）研究。其中，同济大学王开发教授不仅开展了海洋表层及浅海钻孔沉积物孢粉研究，还培养出很多现今正活跃在孢粉学界的优秀学者（孔昭宸等，2018）。

随着我国国力的增强，特别是在1999年春，以汪品先院士为首席科学家的大洋钻探计划184航次（ODP 184）在中国南海成功实施，这是第一次由中国人自己设计和主持的大洋钻探航次，实现了中国海域大洋钻探零的突破。大洋钻探船"JOIDES·决心号"ODP 184航次在南海进行了2个月的钻探考察，在南海海域6个站位、17个钻孔获取了水深在2038~3294米的深海钻孔样品，开拓了我国深海孢粉学研究的空间。高分辨率的深海钻孔孢粉记录，结合海洋表层沉积物孢粉现代过程的研究结果，恢复和重建了南海周边地区长达百万年的古植被、古气候以及古季风的演化历史，使得我国海洋孢粉学在长周期植被变化历史对地球轨道及亚轨道周期变化的响应机制等方面的研究，达到了国际先进水平（孙湘君等，2003）。

2014年，"决心号"再次来到南海，执行由我国科学家主持的第二次南海大洋钻探IODP 349航次。2017年，由我国科学家主导的第三次南海大洋钻探IODP 367和368航次顺利实施，为我国深海孢粉学的发展带来新的发展机遇。

### 3.7 空气孢粉学

空气孢粉学的研究最早开始于医学，主要研究空气中的孢粉含量、种类调查、传播规律，尤其是和与人类息息相关的致敏性孢粉浓度高峰出现的频率，揭示空气中孢粉对环境和人类造成的危害，为孢粉浓度预报、净化空气和消除环境污染等提供数据支持。特别是这些年，在特定气候条件与人类活动相互作用下产生的"雾霾"天气，引起了广泛关注。大多数孢粉的直径在10~100μm，大于雾霾颗粒物（PM2.5）的直径，通过空气孢粉学研究，厘清孢粉与雾霾颗粒物在空气中的漂浮及沉降机制，为雾霾的治理提供新的参考依据。众所周知，空气中的致敏性孢粉是花粉过敏症患病的主要元凶，通过监测空气中的孢粉数量和种类，理清过敏性花粉爆发的频率和周期，揭示过敏花粉数量（或浓度）变化与气候的对应关系，建立和健全花粉气象指数的及时预报，为综合防治孢粉过敏症提供新的基础数据。大多数空气孢粉学工作出自从医人员之手，前后有不少相关出版物面世，其中《中国气传花粉和植物彩色图谱》（乔秉善，2005）较具代表性。

### 3.8 花粉营养学

花粉营养学是指通过对花粉本身的营养成分，以及对其有机质壁的破碎方法等的研究，为人类食品提供重要的微量元素及有机化合物补充的一门新兴学科。

花粉是花的雄性配子体，是植物生命的精华。花粉虽小，但营养丰富，几乎含有自然界的全部营养因素，有"微型营养库"的美誉，是人类天然食品中的瑰宝，被营养学界称为"世界上唯一的完美食品"。据同济大学王开发教授（1985；2009；2010）研究，花粉中氨基酸含量为同等重量的牛肉、鸡蛋和干酪的5~7倍，甚至某些氨基酸的含量超过公认的高档营养品蜂王浆。花粉的蛋白质含量一般为7%~40%，平均20%，不同种类的花粉，其蛋白质含量也不一样。花粉中的糖类、淀粉和维生素等碳水化合物的含量为25%~48%。维生素的种类与蜂王浆相同，含量要较少一些。花粉中保存着天然转化酶、淀粉酶、氧化酶、磷酸酶、催化酶以及各种辅酶类，使得其具有强大的抗衰老和恢复活力的功效。此外，花粉还含有多种维生素，铁、锌、钙、镁和钾等十几种人体不可或缺的微量元素，具有调节血糖、预防心血管疾病、调节神经系统平衡、促进内分泌腺体发育、抑制前列腺增生、消除疲劳、降低化疗辐射损害、促进消化、护肝、健美肌肤、促进造血、调节体内代谢和内分泌、提高人体的免疫力和抵抗力等诸多功能。不同的花粉具有不同的医疗保健功效，可以针对患者实际，选择适宜的花粉品种，会起到事半功倍的治疗效果。不同花粉的具体疗效，本书不做赘述，感兴趣的读者可以自行查找。蜂花粉营养成分非常丰富，在进行花粉产品开发和利用时，存在是否对花粉进行"破壁"处理的问题。所谓"破壁"，就是通过机械等物理和生物的方法对花粉的细胞壁及其萌发孔进行整体破坏或仅破坏萌发孔的闭锁点做出破壁处理。花粉破壁研究发现（赵霖和鲍善芬，2001；沈志燕等，2020）天然花粉经破壁处理后，有效促进了花粉中营养物质的释放，但因花粉所含脂类大多为不饱和脂肪酸，极易氧化，因此经破壁处理的花粉无法长时间贮存。

我国是世界养蜂大国，蜂群数量达700多万群，花粉年产量约1500吨，居世界首位。花粉产量巨大，且年复一年地生产；花粉资源可以说是取之不尽用之不竭，其开发与利用不需要昂贵的设备，直接利用蜜蜂采集花粉，或采样花粉采集器就可以完成花粉的采收。如何合理开发利用我国的花粉资源，开发更多的花粉保健产品，是非常值得孢粉学家去研究的课题。随着人们生活水平的提高，花粉作为一种营养保健品已经走入人们的生活；除此之外，花粉作为原料已经广泛应用于食品工业、营养保健、医药卫士和护肤美容等多个领域，花粉资源将具有更广阔的市场前景和巨大的潜在价值。

限于篇幅，本书只简单介绍了上述几种孢粉学应用领域，孢粉学的应用领域还有很多，如主要通过分析蜂蜜中的花粉及比较蜜源植物花粉形态确认蜂蜜的来源、产地和种类等而诞生的蜂蜜孢粉学；从动物粪便化石中提取孢粉，用以研究动物（特别是食草、半食草动物）或古人类的生活食性、居住环境以及古植被面貌，重建食草动物的规模，寻找食草动物与食肉动物间食物链的组成等的粪便孢粉学；通过定期收集一定农作物面积的空气孢粉，根据收集作物花粉数量的突然增加或减少，来预测农作物的大小年收成（丰收或歉收）的农业孢粉学等。事实上，随着学科交叉的深入，孢粉学作为新兴的边缘学科，其应用领域还在不断的发展和更新中，孢粉学的未来将会越来越广阔。

# 四、孢粉学研究方法

## 4.1 孢粉野外采样方法

### 4.1.1 现代过程研究

（1）现代花粉雨监测：选择典型植被类型，进行系统的植被调查，然后布置 Tauber 型花粉捕获器，以半年或一年为时间间隔，收集自然沉降的花粉雨，开展系统的现代花粉监测研究。

（2）花粉现代过程研究：采集表土或苔藓孢粉样品，得出现代典型植物群落的孢粉组合特征，并结合 Tauber 型花粉捕捉器的监测结果，建立现代植被的"花粉–植被"的定量关系，为正确解释地层花粉组合，定量恢复古植被、古气候和古环境提供数据支撑。

### 4.1.2 沉积过程研究

选取天然露头（剖面），或进行人工探槽、钻孔作业获得沉积物孢粉样品。采样要注意防止污染：天然露头（剖面）要注意保证样品的纯净，除去表面风化的部分，还要操作规范，注意避免现代花粉的混入，采集新鲜面上的样品；人工探槽或钻孔岩心样品，特别要注意采集的顺序，采样应自下而上，避免样品交叉污染。采样时，要对所采天然露头（剖面）、探槽或钻孔进行系统的观察和描述，并绘制采样位置图，对采集样品进行统一编号，每一个采样袋填写一个标签，标签要注明所采层位、采集日期、采集人和采样地点等信息。采集的样品要及时归类、装箱，注意防潮，箱内外均附上样品清单、采集样品的剖面图等资料。

## 4.2 现代花粉实验室提取方法

### 4.2.1 现代花粉标本制作

（1）花粉标本采集

准备好镊子、离心管和记录本等采样工具，对采集的花粉标本进行编号登记，将植物拉丁学名、中文名称、产地、采样人、采样日期、鉴定者姓名等项目填写完整，统一放入采样纸袋。尽量采集即将开放的花苞，花苞过小，花粉可能发育不完全；已经开放过的花苞，花粉可能会散失，同时，也可能会被昆虫、风等传播污染。可以事先选择好待开的花苞，用纸袋扎好，等花朵打开，就可以解开纸袋，采集花粉标本。

（2）冰醋酸处理

将采集的新鲜花粉装入 15ml 塑料离心管中，加冰醋酸浸泡 2 天。

（3）混合液处理

离心机离心后，倒出冰醋酸，加入刚刚配制的浓硫酸∶乙酸酐（1∶9）混合液（因为乙酸酐易挥发，最好现用现配），然后将离心管放入水浴锅65℃加热30分钟左右，等到颜色变深褐色为止。

（4）乙醇去水处理

离心机离心，除去混合液；并加纯净水清洗5遍左右，直到将混合液全部洗净为止；将清洗好的样品，再加入无水乙醇，离心2~2次，将样品中的水分去除即可；最后将样品转移至5 ml的小离心管，加入甘油封存，也可加入适量叔丁醇、苯酚，以备后期显微镜下拍照。

#### 4.2.2 现代苔藓样品处理

（1）碱处理

称取苔藓干样2g左右，放到烧杯中，加1粒石松孢子，加适量水润湿，加入氢氧化钾（KOH）和纯净水充分反应（反应剧烈，"冒烟"：氢氧化钾与纤维素反应），用玻璃棒搅拌均匀（玻璃棒需清洗干净），搅拌均匀后可将通风橱关闭，静置10小时，将烧杯中的杂质去除（具体操作：将苔藓水分用玻璃棒挤干，苔藓渣不要，留溶液），加水静置 ≥ 3h，换水3~5次（用纯净水洗至中性）。

（2）盐酸处理

加入盐酸100 ml左右（视反应程度来定，冒泡多就多加一点），用玻璃棒搅拌均匀充分反应，静置 ≥ 3小时，换水3~5次（用纯净水洗至中性）。

（3）氢氟酸处理

氢氟酸（HF）的打开方式为左手定住瓶身，右手用铁棒或镊子撬开瓶盖，撬动一处后，可移动角度再撬开另一处（注：所有操作都须在通风橱下进行）。加入氢氟酸充分反应，每静置12小时用亚克力棒搅拌一下，共静置2天，洗至中性。

（4）超声波过筛

将样品用超声波过7μm或10 μm尼龙筛，转移至5 ml的离心管中，离心保存，以备显微镜下观察。

### 4.3 化石花粉实验室提取方法

#### 4.3.1 重液浮选法

（1）重液配制

孢粉的比重一般认为在1.82~1.96之间，而矿物的比重均在2.0以上，考虑到样品中含有一定量的水，故配制的重液比重在2.05~2.1之间即可。一般选用氢碘酸（HI）、碘化钾（KI）和锌粒（Zn）反应来配制，根据实验经验，其一般比例为：650ml ∶ 660g ∶ 140g。

（2）氢氧化钾加热处理

加入氢氧化钾，并在水浴锅或电炉加热，搅拌，使之与样品中的纤维素充分反应，静置10小时，换水3~5次（用纯净水洗至中性）。

（3）盐酸处理

加入盐酸充分反应，静置5小时，用纯净水洗至中性，换水6~8遍。

## （4）氢氟酸处理

加入氢氟酸充分反应，每静置 5 小时用亚克力棒搅拌一下，共静置 2 天，换水 6~8 遍，洗至中性。

## （5）重液浮选

轻轻将样品中的水分倒掉，加入新配制的重液，充分搅拌，再用离心机离心，将离心后样品上部的液体倒入空的烧杯中；再倒入重液，重新离心，一般重液浮选 2~3 次。向装有重液浮选液体的烧杯中加入适量纯净水，搅拌，加冰醋酸去除絮状物；静置 5 小时后，吸去上部清液，将底部混合液倒入 15 ml 离心管离心，最后将样品转移至 5 ml 的离心管中，离心保存，以备显微镜下观察。

### 4.3.2 超声波过筛法

（1）盐酸处理

加入盐酸充分反应，静置 5 小时，用纯净水洗至中性，换水 6~8 遍；盐酸用量要根据样品反应程度来定，如果反应剧烈（有大量气泡产生），可多加一些量；但整体用量一般在 200 ml 左右，即样品用量的 2~3 倍。

（2）氢氟酸处理

加入氢氟酸充分反应，每静置 5 小时用亚克力棒搅拌一下，共静置 2 天，洗至中性，换水 6~8 遍；氢氟酸用量一般在 200 ml 左右，即样品用量的 2~3 倍；但要具体样品具体对待，如果是一些特殊样品，需要增加用量。

注意：特殊样品，即样品经过整个化学处理后，仍有大量沉积物未完全反应，需重新进行盐酸、氢氟酸处理，即重新再走一次实验流程。

（3）超声波过筛

将样品用超声波过 7μm 或 10 μm 尼龙筛，转移至 5 ml 的离心管中，离心保存，以备显微镜下观察。

温馨提示：

实验操作，安全第一；必须戴防酸手套、戴口罩、穿实验服（白大褂），所有化学实验必须在通风橱内进行。

## 4.4 光学生物显微镜制片方法

制片是孢粉分析最后一道工序，片子制作的好坏，直接影响到显微镜拍摄的质量高低、花粉能否准确鉴定以及能否永久保存等一系列的问题。现就目前孢粉分析中常用的活动片和固定片的基本制片流程总结如下：

### 4.4.1 活动片制作

为了更好地观察显微镜下不同角度的花粉，一般制作活动片。取适量甘油滴在载玻片上，用小玻璃棒充分搅拌经实验室提纯富集花粉的 5 ml 离心管，蘸取适量涂抹在甘油上面，盖上玻片，即可放到载玻台上进行显微镜观察。观察目镜的倍数由低到高，即从 10 倍—20 倍—40 倍。极个别花粉需要放大 100 倍的，要先给玻片滴镜油（如香柏油等），进行油镜观察。

活动片观察的好处是可以随时拨动盖玻片，观察花粉的不同面，有助于更加细致地观察花粉的萌发器官，准确鉴定出花粉。不足之处是花粉不能长期保存。

#### 4.4.2 固定片制作

顾名思义，固定片制作是指制定可以长期保存、且花粉固定在玻片的位置及状态不能更改的可供长期观察的玻片样品。

（1）甘油胶的制作

甘油胶的主要原料是甘油和生物明胶，常用的比例为：生物明胶 7g，甘油 30 g，蒸馏水 19 ml。具体制作过程：先将生物明胶倒入装有蒸馏水的烧杯中，进行60℃水浴加热，等生物明胶完全溶化后，静置2小时，等胶化成稠胶后，加入甘油。继续在60℃水浴下充分搅拌，约半小时后，加入几滴苯酚作防腐剂。最后经漏斗过滤，保存在培养皿中以备后用。

（2）制片

将载玻片放在微型电热板上，用手术刀轻轻取适量甘油胶，加入电热板60℃，等甘油胶溶化后，用小玻璃棒充分搅拌经实验室提纯富集花粉的小离心管，蘸取适量均匀涂抹在溶化的甘油胶里，盖上玻片，关闭电热板，等甘油胶重新凝固，即可放到载玻台上进行显微镜观察。为了防止甘油胶再次被溶化，可在盖玻片四周均匀涂抹指甲油进行固定，等完成显微镜鉴定后，将固定片统一装好，放到冰柜冷藏。

### 4.5 电子扫描显微镜制备方法

#### 4.5.1 花粉标本的获取

电子扫描显微镜拍摄所需花粉标本的获取方法，与现代花粉标本采集方法较为一致。除了运用镊子、离心管和记录本等采样工具，选择健壮植株，采集含苞待放的花蕾，同时对所采花粉进行编号登记，将拉丁学名、中文名称、产地、采样人、采样日期、鉴定者姓名等项目填写完整，统一放入采样纸袋之外，还需对采集后的花粉标本进行进一步处理，即用消过毒的镊子去掉花瓣和花萼，只留花药部分，置于底部填满硅胶的干燥器里中低温保存，为后续试验备用。

#### 4.5.2 测试方法

（1）制样

用镊子夹住花丝或花药，再用牙签轻轻触碰，将抖落的少量花粉均匀地撒在样品台的导电胶上，最后用洗耳球吹花粉，将花粉稳固地粘在导电胶上面。

（2）喷金

将样品台放入离子溅射仪中进行真空喷金实验，一般选择15秒左右即可。

（3）扫描电镜观察

将喷过金的样品台送入 Flex SEM1000 II 扫描电子显微镜的真空仓内，对花粉进行观察、拍照并记录。工作电压一般为5 kv，观察花粉的极面、赤道面、表面纹饰，并使用电镜标尺分别测量花粉的极轴（P）、赤道轴（E）和花粉沟（孔）的长度（宽度），分别取其测量平均值（每种花粉测量20粒），并计算P/E。

# 第三章 蕨类植物的孢子形态

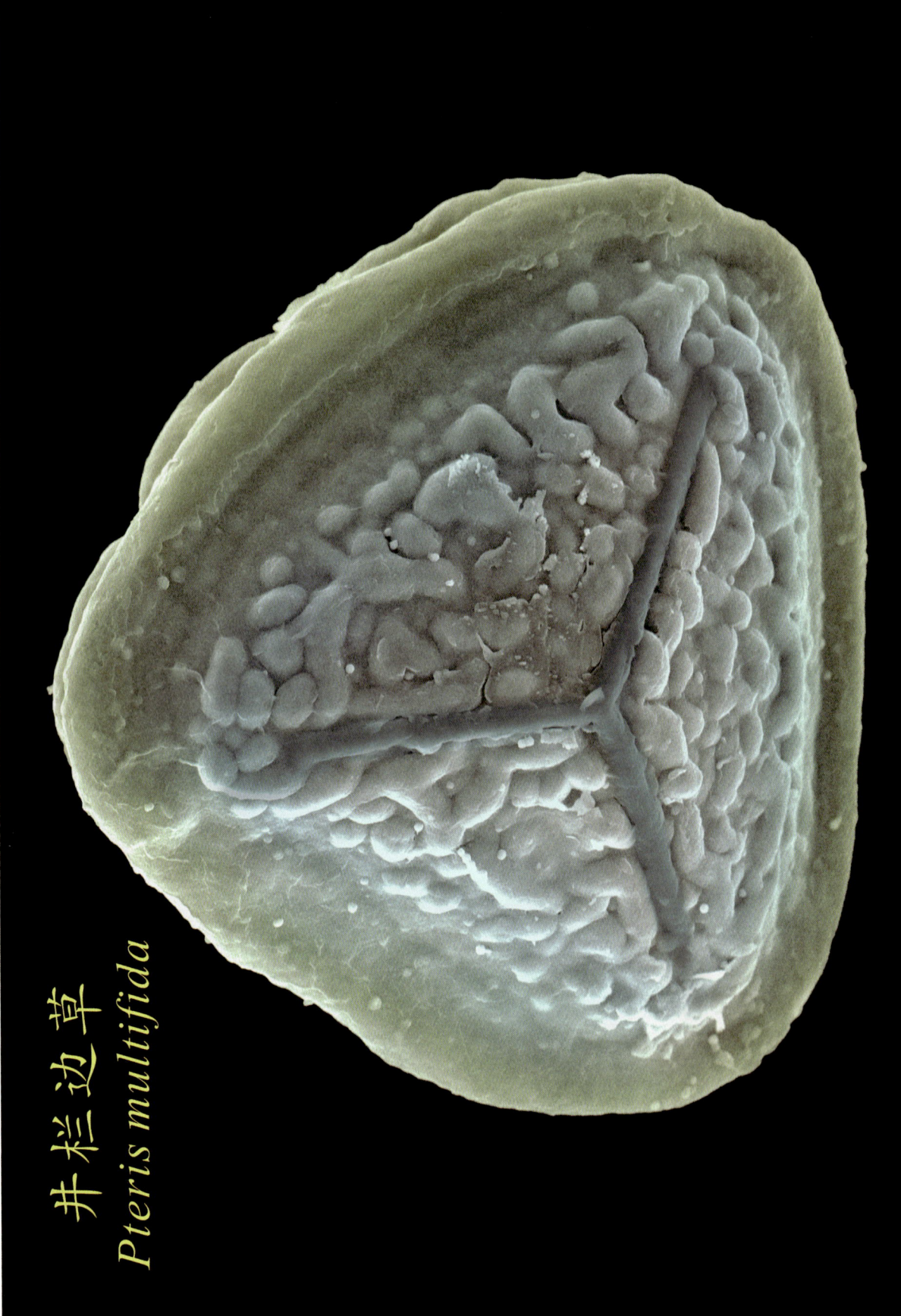

井栏边草
*Pteris multifida*

## Acrostichaceae 卤蕨科
### *Acrostichum* 卤蕨属
*Acrostichum aureum* L. 卤蕨

**【形态特征】** 植株高可达 2 米；根状茎直立；叶簇生，叶柄基部褐色，叶厚革质，干后黄绿色，光滑，奇数一回羽状，羽片可达 30 对，基部一对对生，中部互生，长舌状披针形；叶脉网状，孢子囊满布能育羽叶下面，无盖。

**【生境】** 生于海岸边泥滩或河岸边。

**【分布】** 国内分布：广西、海南和云南；国外分布：琉球群岛、亚洲其他热带地区和非洲及美洲热带地区。

**【别名】** 无

**【保护级别】** 地方保护野生植物。

**【孢子形态】** 孢子极面观为圆三角形，三边略向里凹，近极面略外凸，直径为 39~55μm；具 3 裂缝，其长度为孢子半径的 1/2~2/3；具周壁，紧包于孢子外，表面具有粗颗粒状纹饰，周壁常脱落；外壁厚度为 2.1~2.4μm，分层明显，外层厚于内层，表面光滑。

孢子图式

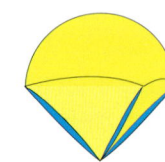

# 第三章 蕨类植物的孢子形态

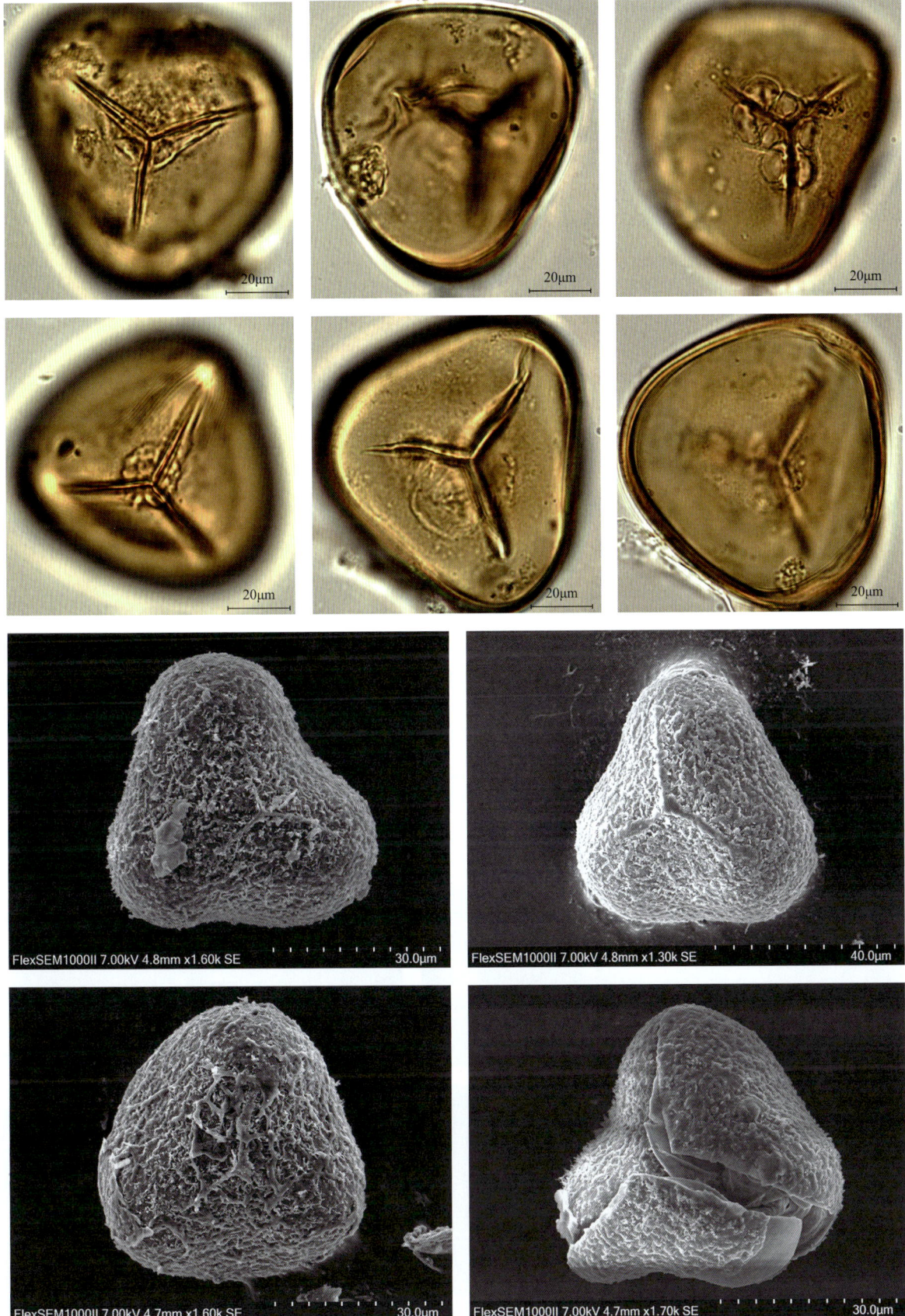

## Adiantaceae 铁线蕨科
### *Adiantum* 铁线蕨属
**Adiantum nelumboides** X. C. Zhang 荷叶铁线蕨

【形态特征】植株高 5~20 厘米；根状茎短而直立，先端密被棕色披针形鳞片和多细胞的细长柔毛；叶簇生，单叶；柄长 3~14 厘米，深栗色；叶片圆形或圆肾形，直径 2~6 厘米，叶柄着生处有一或深或浅的缺刻，两侧垂耳有时扩展而彼此重叠，叶片上面围绕着叶柄着生处，形成 1~3 个同心圆圈，叶脉由基部向四周辐射，多回二歧分枝，两面可见；孢子囊群盖圆形或近长方形，上缘平直，沿叶边分布，彼此接近或有间隔，褐色，膜质，宿存。

【生境】生于覆有薄土的岩石上及石缝中，海拔约 350 米。

【分布】四川和重庆（万州、涪陵和石柱）等的沿江地区。

【别名】荷叶金钱草。

【保护级别】国家一级重点保护野生植物；极危（CR）；中国特有种。

【孢子形态】孢子极面观为钝三角形，赤道面观为半圆形，直径为 30~45μm；具 3 裂缝，裂缝长度为孢子半径的 2/3 或几达孢子赤道线；周壁具不明显的颗粒状纹饰。

孢子图式

# 第三章 蕨类植物的孢子形态

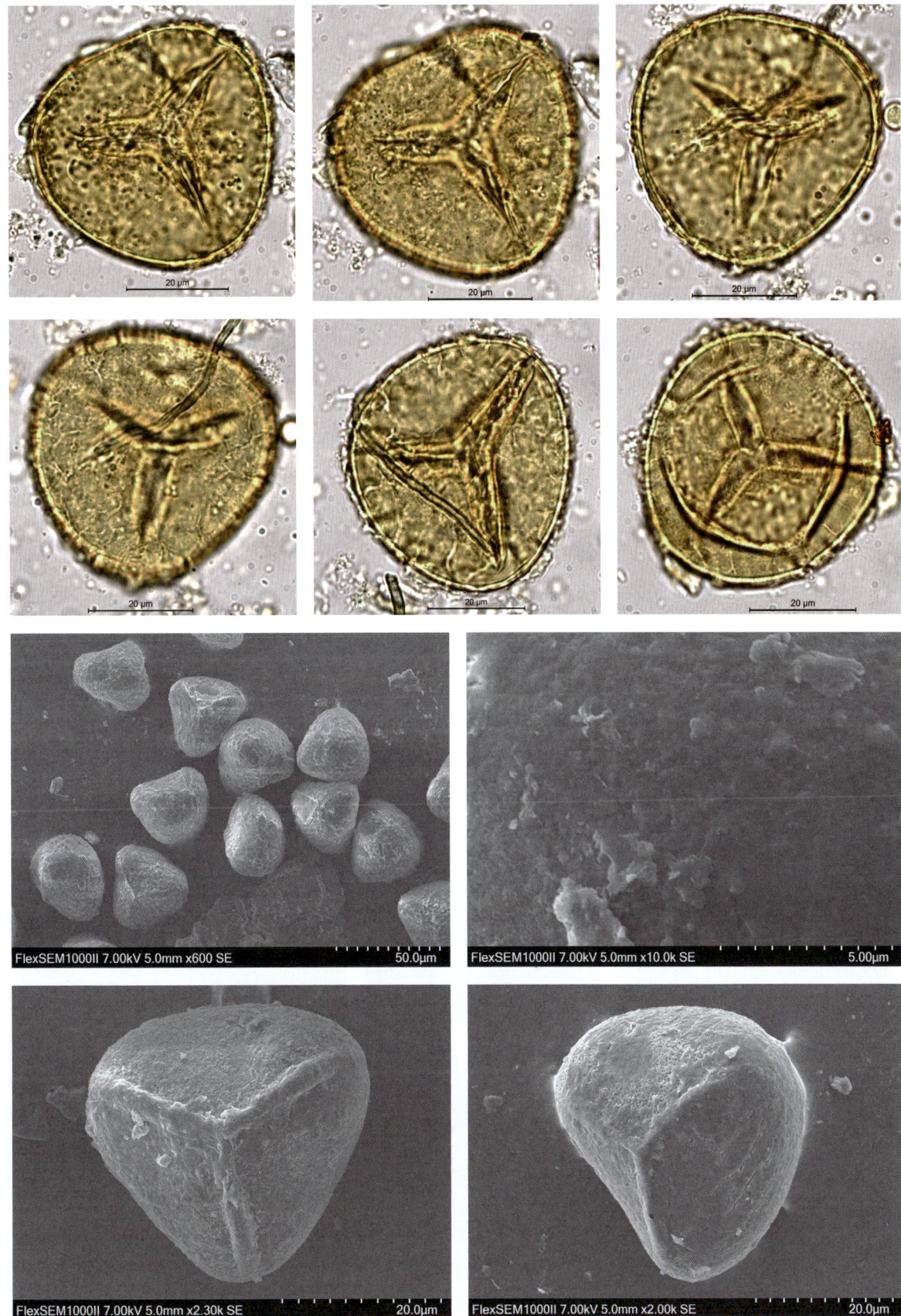

## Angiopteridaceae 观音座莲科
### *Angiopteris* 观音座莲属
*Angiopteris caudatiformis* Hieron. 披针观音座莲

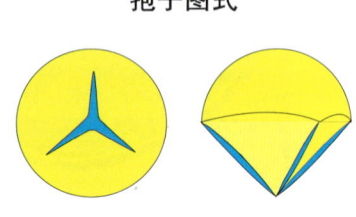

孢子图式

【形态特征】植株高可达 1.2 米；根状茎为小块状，直立或斜升，仅由二、三片肉质的托叶状附属物组成，每株下面簇生有少数圆柱状粗根；叶柄粗如拇指，干后浅绿棕色，光滑；叶二回羽状；羽片长圆形，基部略变狭；小羽片 14~18 对，柄短；基部小羽片稍向上，长披针形，基部近圆形，先端长渐尖；孢子囊群线形，长 2 毫米，有孢子囊 18~24 个，距平伏不育的边缘 1 毫米处着生，先端不育。

【生境】生于海拔约 1000 米的密林下沟中。

【分布】云南东南部。

【别名】一回羽状观音座莲、革质观音座莲、硬叶观音座莲、大叶观音座莲、多叶观音座莲、阔叶观音座莲、大观音座莲。

【保护级别】国家二级重点保护野生植物。

【孢子形态】孢子极面观为圆三角形或近圆形，赤道面观为扁圆形，极轴长为 25~32μm，赤道轴长为 39~48μm；具 3 裂缝，裂缝细而明显，长度为孢子半径的 1/3~2/3；外壁厚度为 1.2~1.5μm；表面具明显小瘤状纹饰，排列较均匀。

第三章 蕨类植物的孢子形态

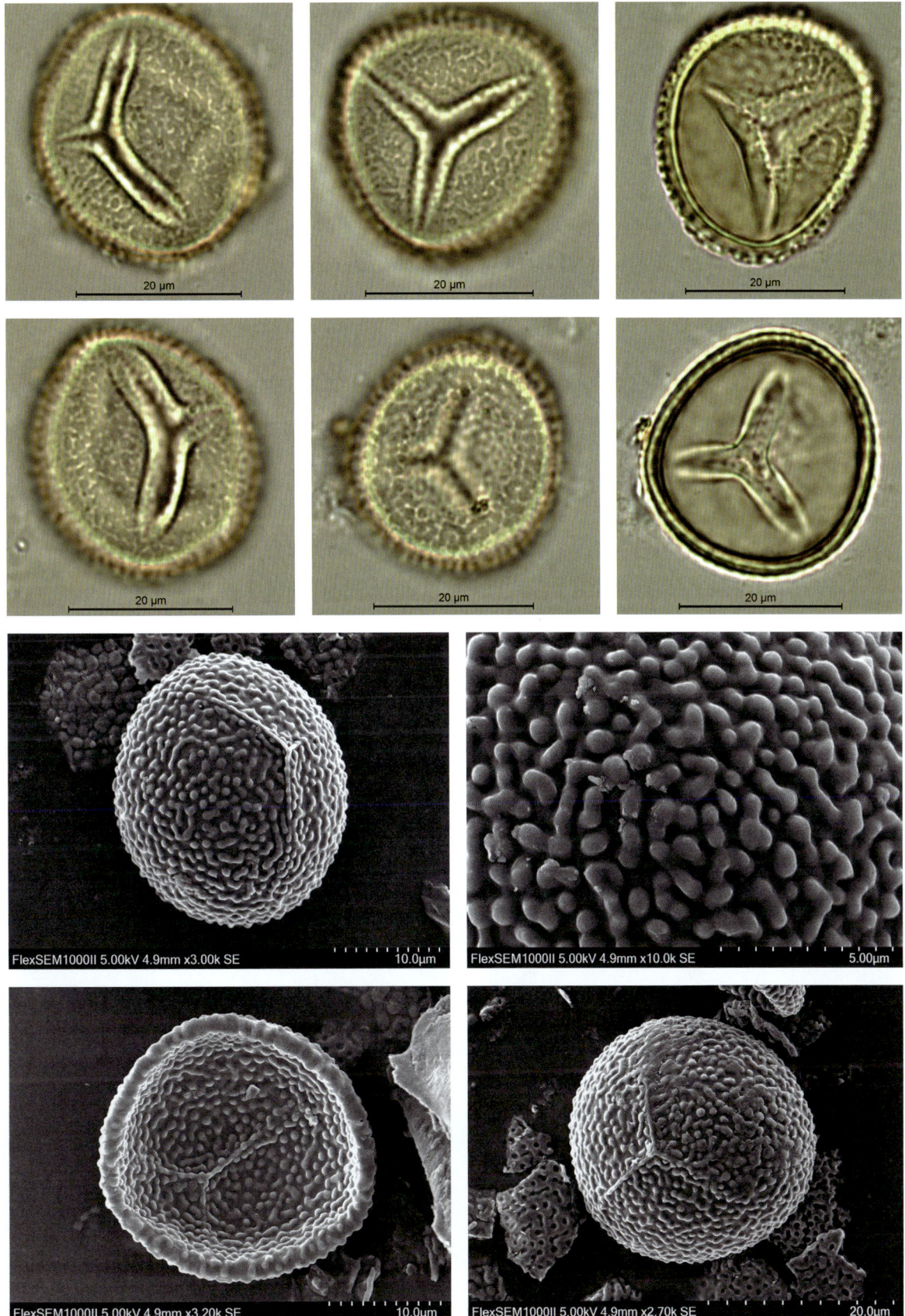

051

### *Angiopteris fokiensis* Hieron. 福建观音座莲

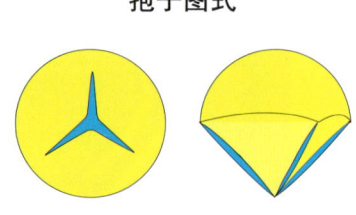

孢子图式

【形态特征】植株高 1.5 米以上；根状茎块状，直立，下面簇生有圆柱状的粗根；叶柄粗壮，干后褐色；羽片 5~7 对，互生，狭长圆形，基部不变狭，羽柄长 2~4 厘米，奇数羽状；小羽片 35~40 对，对生或互生；叶脉开展，下面明显，相距不到 1 毫米，一般分叉，无倒行假脉；叶为草质，上面绿色，下面淡绿色，两面光滑；叶轴干后淡褐色，光滑，腹部具纵沟；孢子囊群棕色，长圆形，长约 1 毫米，距叶缘 0.5~1 毫米，彼此接近，由 8~10 个孢子囊组成。

【生境】常生于林下溪沟边。

【分布】主要分布于福建、湖北、贵州、广东、广西、香港等地。

【别名】牛蹄劳、马蹄蕨、马蹄其、黑薮筋、广西观音座莲、定心散观音座莲、林氏观音座莲、中华观音座莲、心脏形观音座莲、狭羽观音座莲、有柄观音座莲、长柄观音座莲、刺柄观音座莲、三元观音座莲、小果观音座莲、长头观音座莲、峨眉观音座莲。

【保护级别】国家二级重点保护野生植物。

【孢子形态】孢子极面观为近圆形，赤道面观为椭圆形，直径为 20~32μm；具 3 裂缝，裂缝细长，长度为孢子半径的 2/3；外壁厚度为 1.2~1.5μm，分层不明显；表面具明显的小瘤状纹饰。

# 第三章 蕨类植物的孢子形态

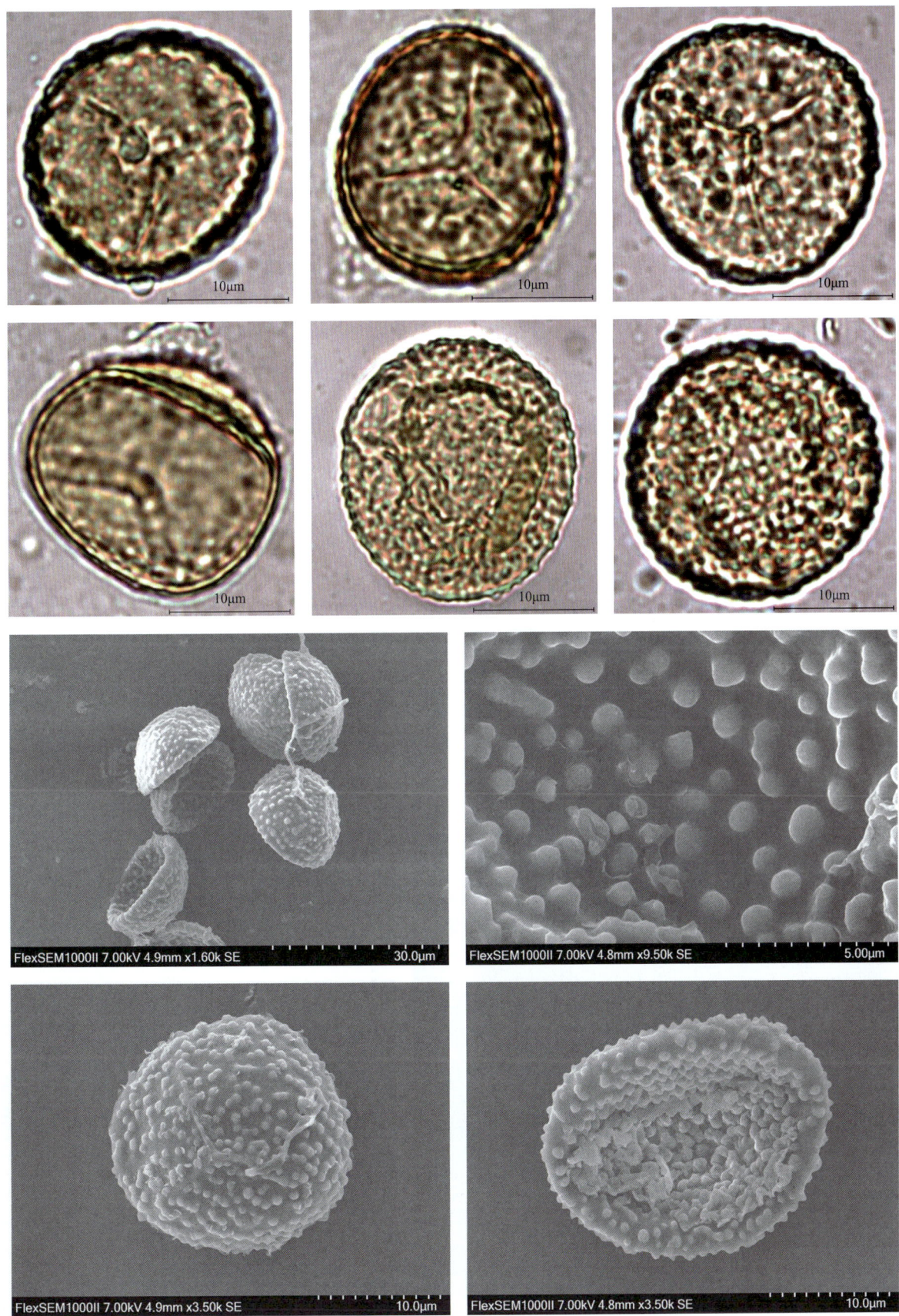

### *Angiopteris yunnanensis* Hieron. 云南观音座莲

**【形态特征】** 植株高可达 2 米；叶柄粗 2~2.5 厘米，叶片广阔，二回羽状；羽片互生，长 60 厘米，下部的较短，宽 20~24 厘米，长圆形，基部稍狭，羽柄粗壮，羽轴向顶端有翅；叶为纸质，干后经常变为褐色或褐绿色，下面光滑或沿中肋下部稍有少数线状鳞片疏生；叶脉近张开，多数分叉；孢子囊群长圆形或线形，由 14~20 个孢子囊组成，近边缘生，只有一条很狭的不育的边缘，平坦或稍反转。

**【生境】** 生于海拔 1100 米的林下沟中。

**【分布】** 云南东南部。

**【别名】** 屏边观音座莲、褐色观音座莲。

**【保护级别】** 国家二级重点保护野生植物。

**【孢子形态】** 孢子极面观为圆三角形，赤道面观近椭圆形，直径为 18~29μm；具 3 裂缝，裂缝不明显，约为孢子半径 2/3；外壁厚度为 1.5~1.8μm，分层明显，内外层厚度几相等；表面具明显的小瘤状纹饰，排列较均匀。

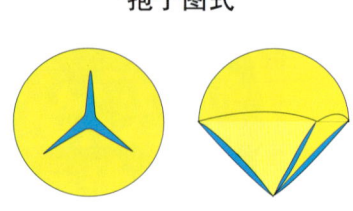

孢子图式

第三章 蕨类植物的孢子形态

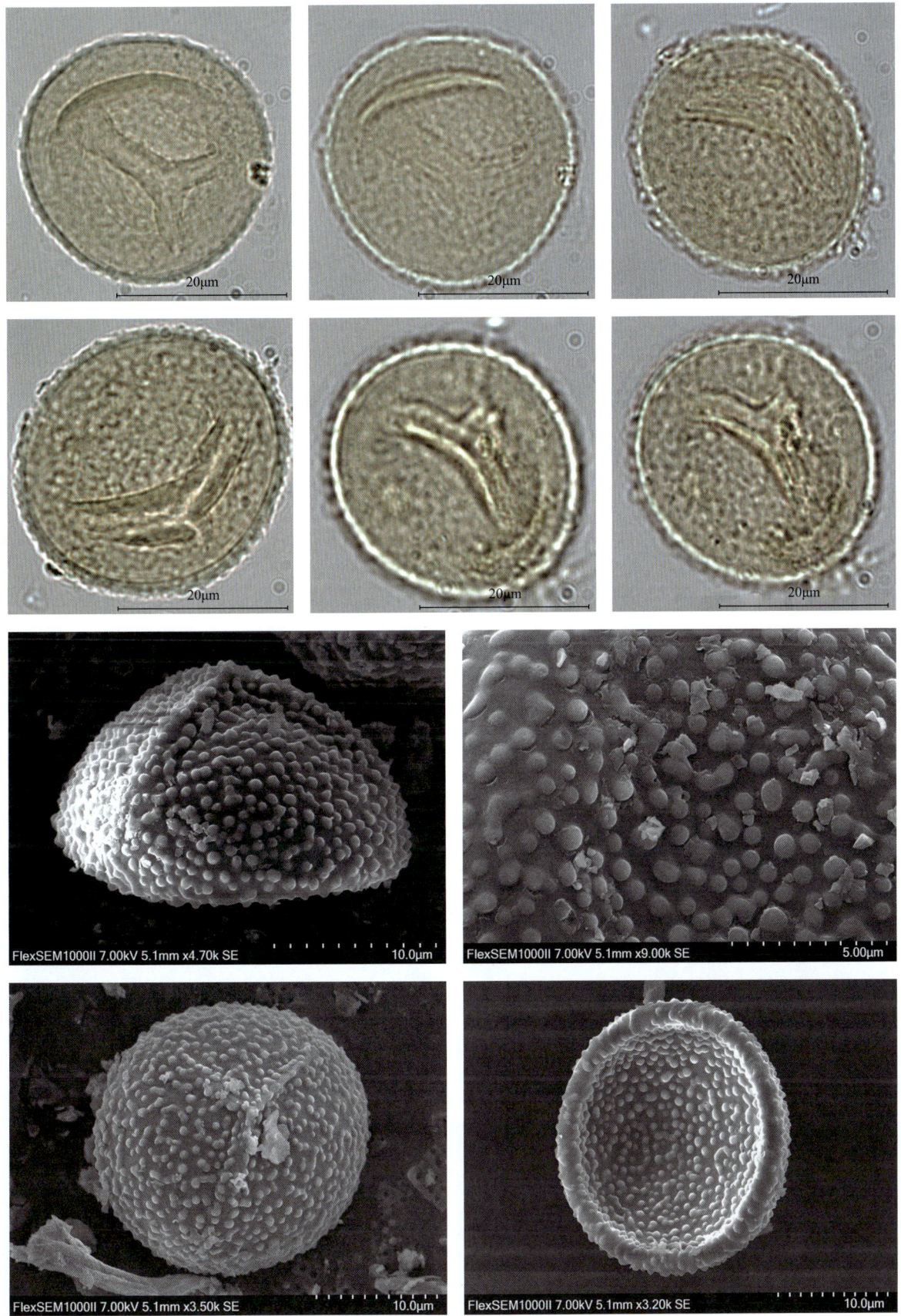

## Aspleniaceae 铁角蕨科
### *Asplenium* 铁角蕨属
*Asplenium nidus* L. 巢蕨

**【形态特征】**中型附生植物，植株高可达 1.2 米；根状茎直立，木质，粗短；鳞片松散，线形，先端纤维状并卷曲，边缘有几条卷曲的长纤毛，膜质，深棕色；叶簇生，浅禾秆色，叶片阔披针形，表面平滑不皱缩，叶边全缘并有软骨质的狭边，叶厚纸质或薄革质；孢子囊群线形，长 3~5 厘米，生于小脉的上侧，自小脉基部外行约达 1/2，彼此接近，叶片下部通常不育；囊群盖线形，浅棕色，厚膜质，全缘，宿存。

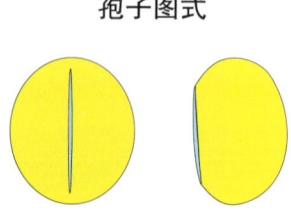

孢子图式

**【生境】**附生于雨林中树干上或岩石上，海拔 100~1900 米。

**【分布】**国内分布：台湾、海南、两广、贵州、云南（西双版纳）和西藏；国外分布：斯里兰卡、印度、缅甸、柬埔寨、越南、日本、菲律宾、马来西亚、印度尼西亚、大洋洲热带地区及东非洲。

**【别名】**鸟巢蕨、台湾山苏花、山苏花、尖头巢蕨。

**【保护级别】**无

**【孢子形态】**孢子左右对称，极面观为椭圆形，赤道面观为豆形，极轴长 28~38 μm，赤道轴长 39~53 μm；具单裂缝；周壁呈薄膜状，薄而透明，褶皱有时连接成网状，表面具网状、小刺状纹饰，小刺排列较密而不均匀；外壁厚度约为 2.3 μm，表面光滑。

第三章 蕨类植物的孢子形态

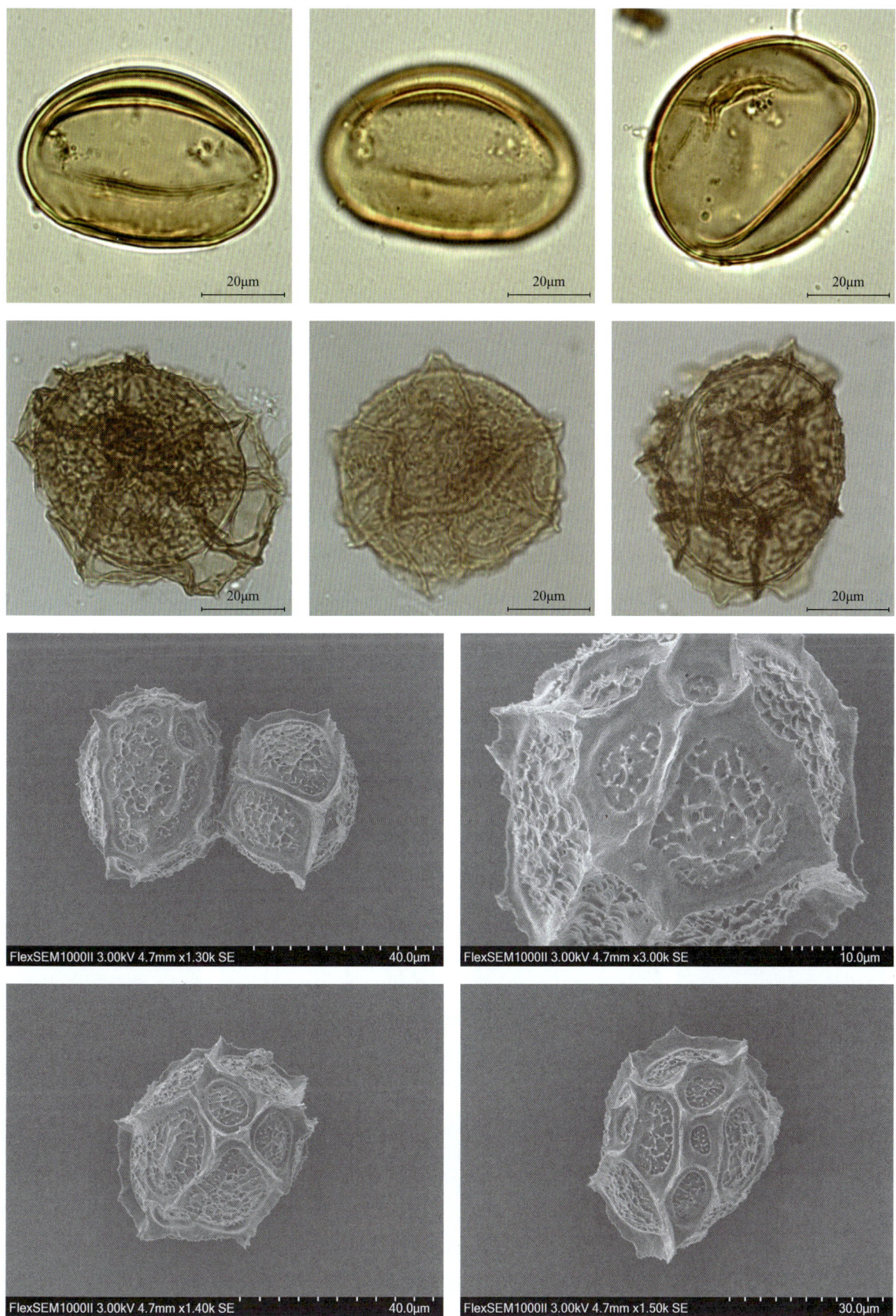

057

## Blechnaceae 乌毛蕨科
### *Brainea* 苏铁蕨属
*Brainea insignis* (Hook.) J. Sm. 苏铁蕨

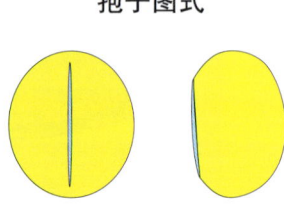

孢子图式

【形态特征】植株高可达 1.5 米；根状茎短而粗壮，木质，主轴直立圆柱状，单一或分叉，顶部与叶柄基部均密被鳞片；鳞片线形，长可达 3 厘米，钻状渐尖，边缘略具缘毛，红棕或褐棕色，有光泽，膜质；叶略二型，簇生主轴顶部；叶片椭圆状披针形，长 0.5~1 米，一回羽状，羽片 30~50 对，对生或互生，叶脉两面明显，叶革质；孢子囊群着生主脉两侧小脉，成熟时渐散布主脉两侧至密被能育羽片下面。

【生境】多生于山坡向阳的地方。

【分布】国内分布：广东、广西、海南、福建南部、台湾及云南；国外分布：印度至东南亚菲律宾的热带地区。

【别名】无

【保护级别】国家二级重点保护野生植物；易危（VU）；地方保护野生植物。

【孢子形态】孢子极面观为椭圆形，赤道面观为豆形，两侧对称，极轴长 30~38μm，赤道轴长 35~45μm；单裂缝，约为孢子长度的 3/4 或几达孢子赤道线；周壁上分布有颗粒；外壁厚度约 2μm，两层，内外层几乎相等，表面光滑。

第三章 蕨类植物的孢子形态

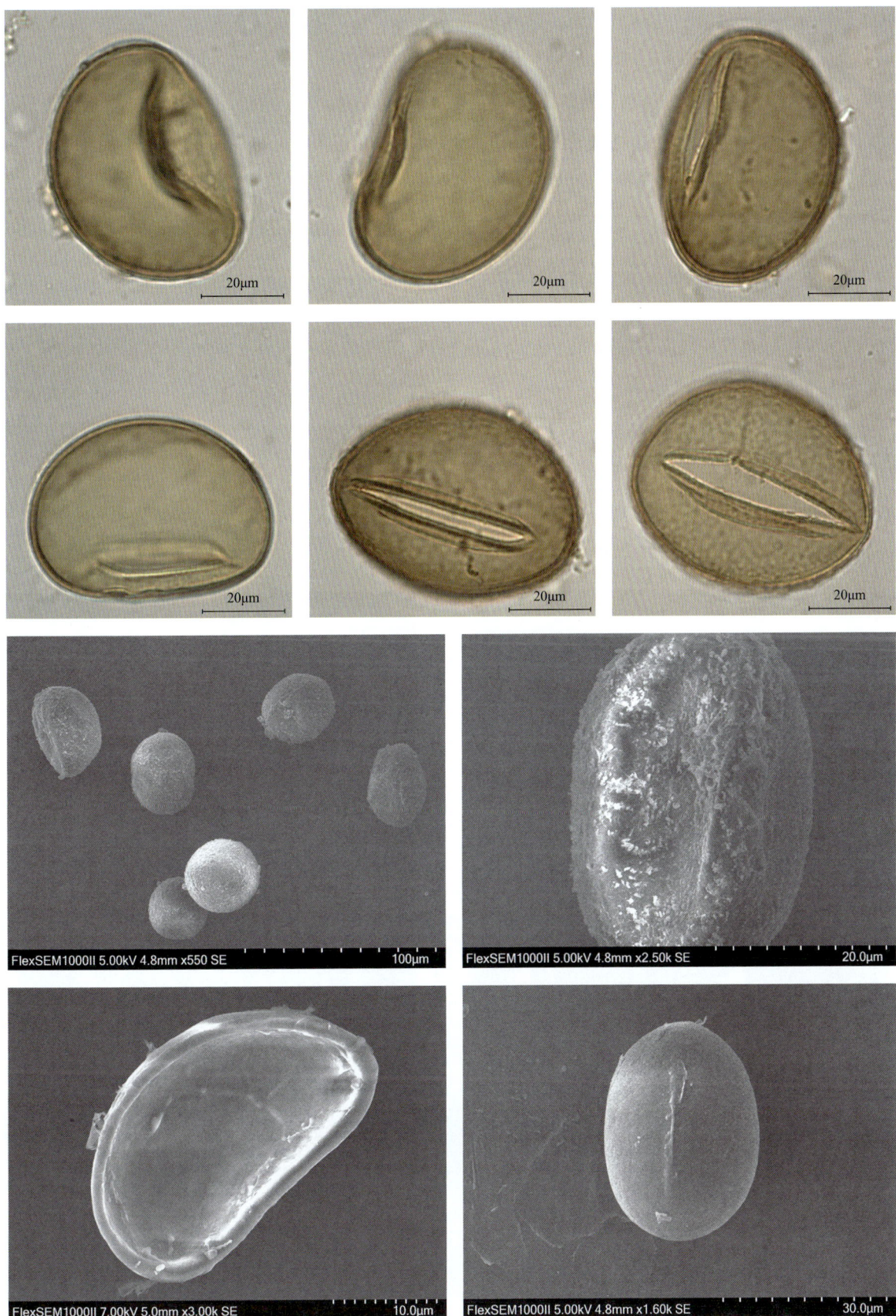

### *Woodwardia* 狗脊属

*Woodwardia japonica* (L. f.) Sm. 狗脊

【形态特征】多年生大型蕨类植物，植株高可达 1.2 米；根状茎粗壮，横卧，暗褐色；叶柄基部密被全缘深棕色披针形或线状披针形鳞片；叶近生，叶柄暗棕色，坚硬，叶片长卵形，二回羽裂，顶生羽片卵状披针形或长三角状披针形；叶干后棕或棕绿色，近革质；孢子囊群线形，着生主脉两侧窄长网眼，不连续，单行排列；囊群盖同形，成熟时开向主脉或羽轴，宿存。

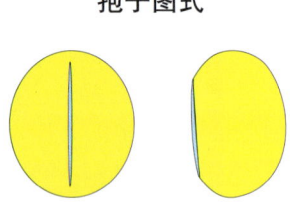

孢子图式

【生境】多生于疏林下。

【分布】国内分布：长江流域以南各省区；国外分布：朝鲜南部和日本（本州、九州和四国）。

【别名】日本狗脊蕨。

【保护级别】无危（LC）。

【孢子形态】孢子极面观为椭圆形，赤道面观为豆形，两侧对称，极轴长 32~45μm，赤道轴长 18~26μm；单裂缝，为孢子长度的 1/2~2/3；周壁常脱落；外壁厚度为 1.3~2μm；表面较光滑，无明显纹饰。

第三章 蕨类植物的孢子形态

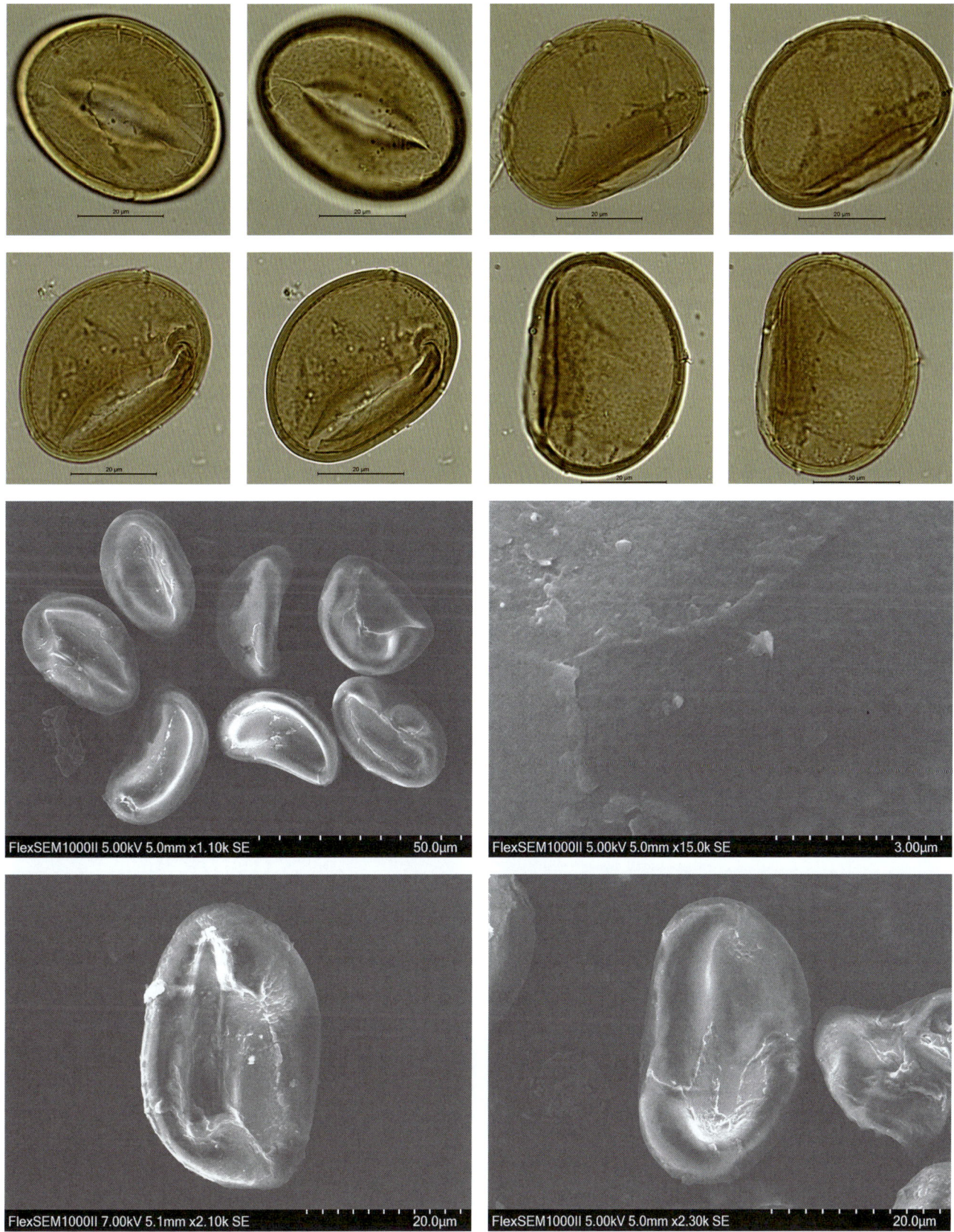

061

## Cyatheaceae 桫椤科
### *Alsophila* 桫椤属
*Alsophila gigantea* Wall. ex Hook. 大叶黑桫椤

【形态特征】大型蕨类，植株高2~5米，有主干，直径可达20厘米；叶型大，长可达3米，叶柄长1米多，乌木色，粗糙，基部、腹面密被棕黑色鳞片，鳞片条形；叶片三回羽裂，叶轴下部乌木色，羽片平展，有短柄，长圆形；小羽片约25对，互生，平展，柄长约2毫米，小羽轴相距2~2.5厘米，条状披针形，长约10厘米，宽1.5~2厘米，顶端渐尖有浅齿，基部截形，羽裂达1/2~3/4，小羽轴上面被毛，下面疏被；孢子囊群着生主脉与叶缘之间，成V字形，无囊群盖，隔丝与孢子囊等长。

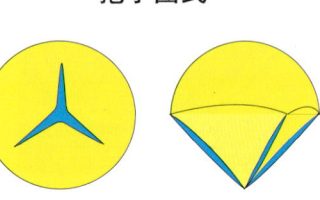
孢子图式

【生境】通常生于海拔600~1000米的溪沟边密林下。

【分布】国内分布：云南、广西、广东和海南；国外分布：日本南部、爪哇岛、苏门答腊岛、马来半岛、越南、老挝、柬埔寨、缅甸、泰国等地。

【别名】大黑桫椤、大桫椤、多脉黑桫椤。

【保护级别】国家二级重点保护野生植物；濒危动植物种国际贸易公约（CITES）Ⅱ级保护野生植物。

【孢子形态】孢子极面观为圆三角形，三边较平略向内凹，赤道面观为超半圆形，直径为18~36μm；具3裂缝，裂缝具唇状边缘，有时不很明显，长度几达孢子赤道线，或为孢子赤道半径的3/4；周壁半透明，层次明显，内外层厚度相等；表面具细密的颗粒状纹饰。

# 第三章 蕨类植物的孢子形态

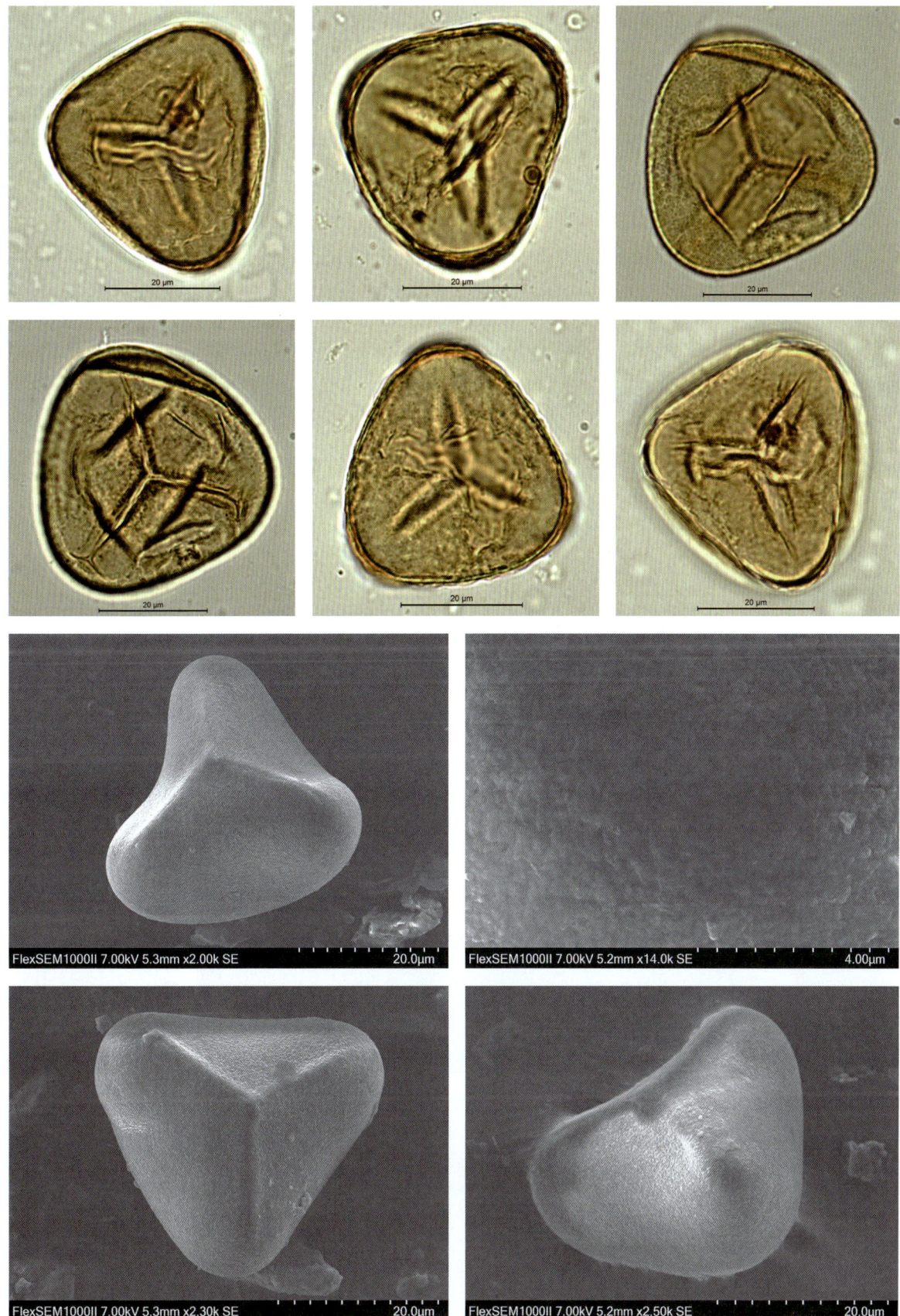

063

## *Alsophila spinulosa* (Wall. ex Hook.) R. M. Tryon 桫椤

**【形态特征】** 高大木本蕨类，茎干高可达 6 米或更高，直径 10~20 厘米，上部有残存叶柄，向下密被交织不定根；叶螺旋状排列于茎顶；茎端和拳卷叶及叶柄基部密被鳞片和糠秕状鳞毛，鳞片暗棕色，有光泽，窄披针形，先端褐棕色刚毛状，两侧有窄而色淡的啮齿状薄边；叶柄长 30~50 厘米，通常棕色或上面较淡，连同叶轴和羽轴有刺状突起，背面两侧各有 1 条不连续皮孔线，向上延至叶轴；叶片长矩圆形，长 1~2 米，宽 40~50 厘米，三回羽状深裂，羽片 17~20 对，互生，基部 1 对长约 30 厘米，中部羽片长 40~50 厘米，宽 14~18 厘米，长矩圆形，二回羽状深裂；小羽片 18~20 对，基部小羽片稍短，中部的长 9~12 厘米，宽 1.2~1.6 厘米，披针形；孢子囊群着生侧脉分叉处，囊托突起；囊群盖球形，薄膜质，外侧开裂，易破，成熟时反折覆盖中脉上面。

**【生境】** 生于山地溪边或疏林中。

**【分布】** 国内分布：华东南部，西南南部及华南地区；国外分布：日本、越南、柬埔寨、泰国北部、缅甸、孟加拉国、不丹、尼泊尔和印度。

**【别名】** 蕨树、刺桫椤。

**【保护级别】** 国家二级重点保护野生植物；近危（NT）。

**【孢子形态】** 孢子极面观为圆三角形，三边略向内凹，赤道面观为超半圆形，极轴长为 33~34μm，赤道轴长为 35~40μm；具 3 裂缝，裂缝具唇状边缘，不很明显，长达孢子赤道线；周壁较厚，不透明，表面具明显的条纹状；外壁厚度约为 2.3μm，层次明显，两层，内外层厚度相等。

孢子图式

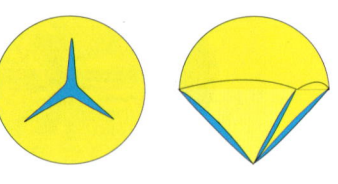

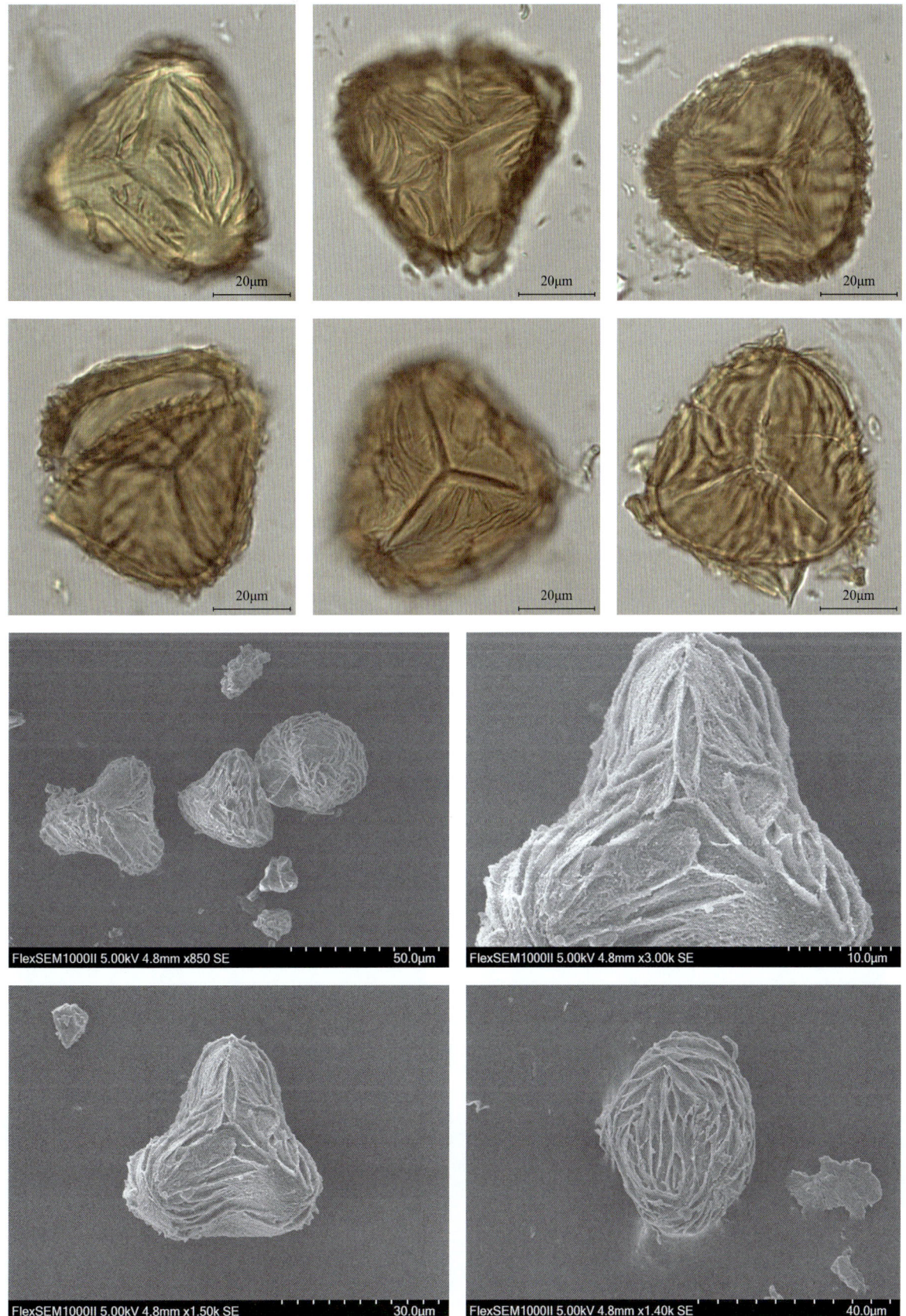

## *Gymnosphaera* 黑桫椤属
*Gymnosphaera denticulata* (Baker) Copel. 粗齿桫椤

【形态特征】灌木状蕨类植物，植株高 0.6~1.4 米，主干短而横卧；叶簇生，叶柄长 30~90 厘米，红褐色，稍有疣状突起，基部生鳞片，向上部光滑，鳞片线形；叶片披针形，长 35~50 厘米，二回羽状至三回羽状，羽片 12~16 对，互生，斜上，有短柄，长圆形，中部的羽片长 12~40 厘米，基部 1 对羽片稍短；小羽片长 7~8 厘米，宽 1.6~1.8 厘米，先端短渐尖，无柄，深羽裂近小羽轴，基部 1~2 对裂片分离，裂片斜上，有粗齿；叶脉分离，每裂片有小脉 5~7 对，单一，稀分叉，基部下侧 1 小脉出自主脉；羽轴红棕色，疏生疣状突起及窄线形鳞片，孢子囊群圆形，着生小脉中部或分叉上；囊群盖缺，隔丝多，稍短于孢子囊。

【生境】海拔 350~1520 米的山谷疏林、常绿阔叶林下及林缘沟边。

【分布】国内分布：浙江、台湾、福建、江西、湖南、广东、香港、广西、云南、贵州、四川和重庆；国外分布：日本南部。

【别名】无

【保护级别】无危（LC）；濒危动植物种国际贸易公约（CITES）II 级保护野生植物。

【孢子形态】孢子极面观为三角形，三边平直或略凹，直径为 25~39μm；具 3 裂缝，几达孢子赤道线；孢子表面具模糊颗粒状纹饰。

孢子图式

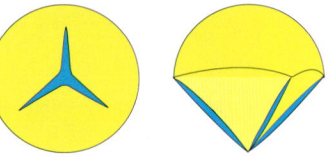

# 第三章 蕨类植物的孢子形态

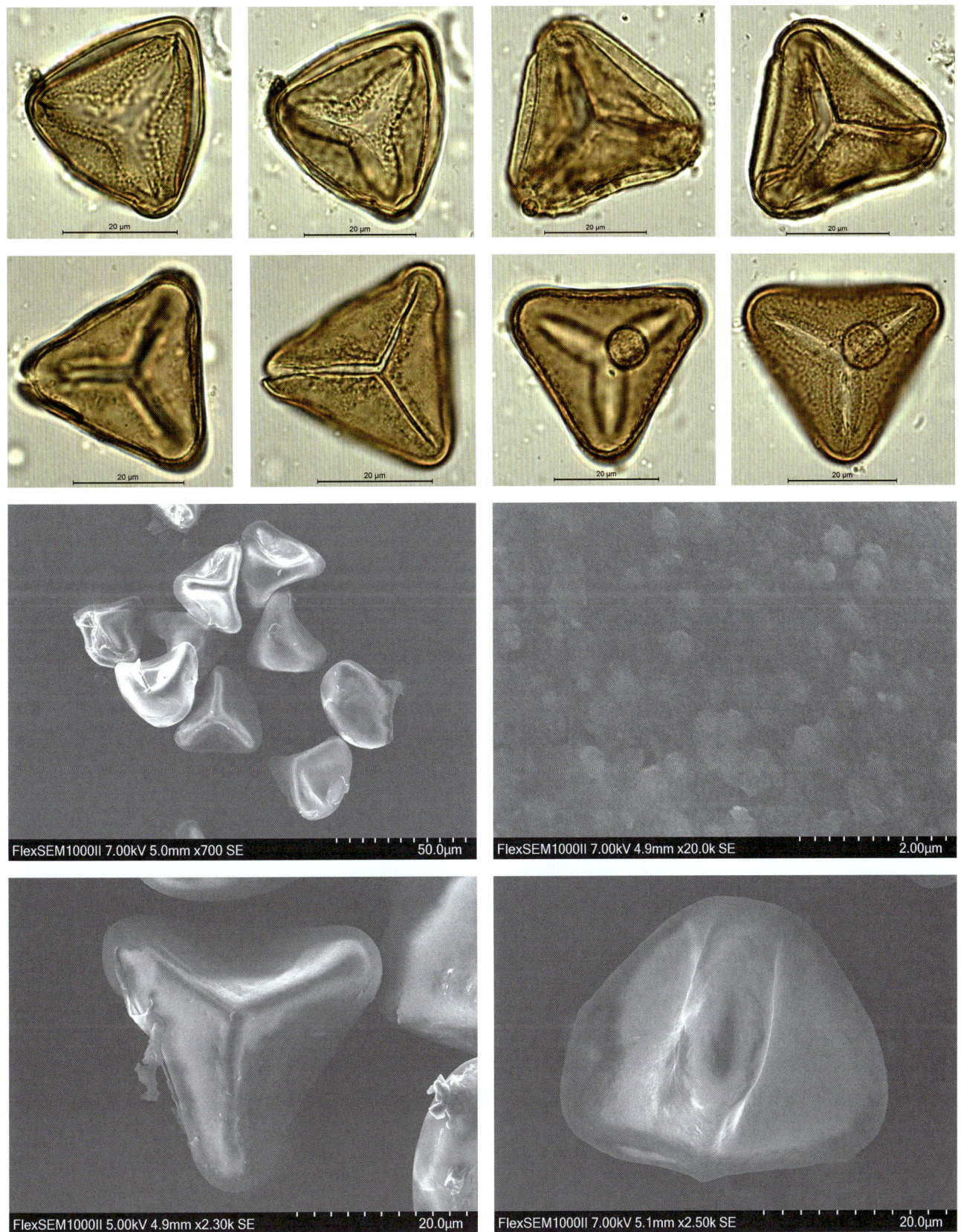

067

### *Gymnosphaera podophylla* (Hook.) Copel. 黑桫椤

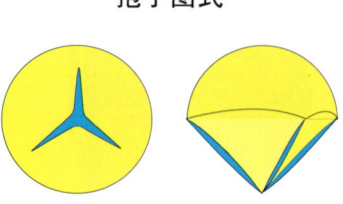

孢子图式

【形态特征】大型蕨类，植株高1~3米，主干短，或树状主干高可达数米，顶部生出几片大叶；叶柄红棕色，略光亮，基部略膨大，粗糙或略有小尖刺，被褐棕色披针形厚鳞片；叶片长2~3米，一回、二回深裂至二回羽状，沿叶轴和羽轴上面有棕色鳞片，下面粗糙；羽片互生，斜展，柄长2.5~3厘米，长圆状披针形，长30~50厘米，中部宽10~18厘米，顶端长渐尖，有浅锯齿；小羽片约20对，互生，近平展，柄长约1.5毫米，小羽轴相距2~2.5厘米，条状披针形，基部截形，宽1.2~1.5厘米，顶端尾状渐尖，边缘近全缘或有疏锯齿，或波状圆齿；叶脉两边均隆起，主脉斜上，小脉3~4对，叶为坚纸质，干后上面褐绿色，下面灰绿色，两面均无毛。孢子囊群圆形，着生于小脉背面近基部处，无囊群盖，隔丝短。

【生境】海拔95~1100米的山坡林中和溪边灌丛。

【分布】国内分布：台湾、福建、广东、香港、海南、广西、云南和贵州；国外分布：日本南部、越南、老挝、泰国及柬埔寨。

【别名】鬼桫椤、结脉黑桫椤、大叶黑桫椤。

【保护级别】国家二级重点保护野生植物。

【孢子形态】孢子极面观为钝三角形，三边平直或内凹，直径为28~39μm；具3裂缝，裂缝具不明显的唇状边缘，长达孢子赤道半径的4/5，或几达孢子赤道线；外壁厚度为2.3μm左右，表面光滑，层次明显，两层等厚。

# 第三章 蕨类植物的孢子形态

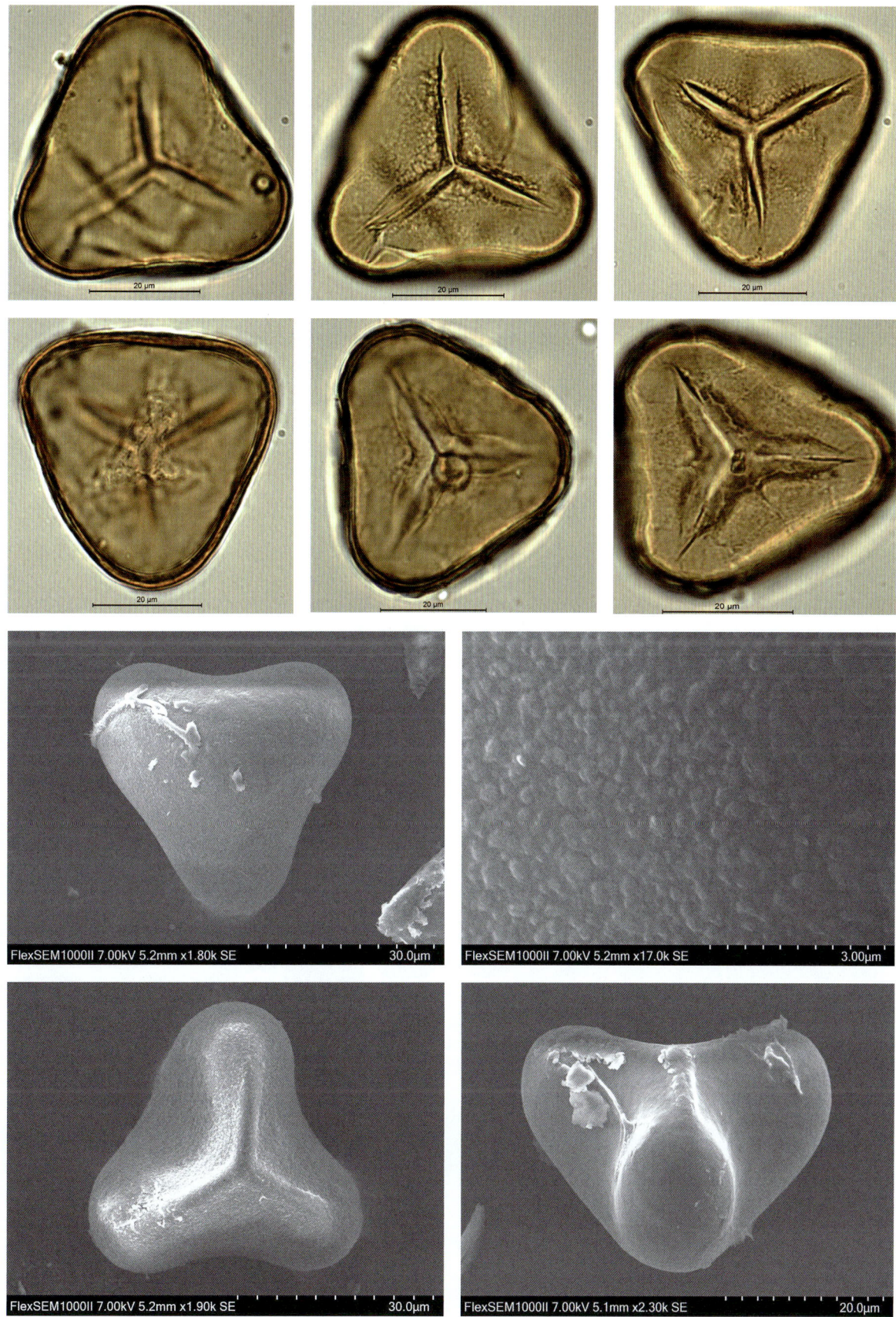

## *Sphaeropteris* 白桫椤属

***Sphaeropteris brunoniana* (Hook.) R. M. Tryon 白桫椤**

【形态特征】大型蕨类，茎干高可达 20 米；叶柄禾秆色，常被白粉；叶片大，长可达 3 米，三回羽状深裂，叶轴光滑，被白粉；羽片 20~30 对，披针形；小羽片条状披针形，下部稍狭，尖端长尾尖；裂片略呈镰刀形，小脉 2~3 叉，叶为纸质，两面均无毛；每裂片有孢子囊群 7~9 对，位于叶缘与主脉之间，无囊群盖，隔丝发达，与孢子囊几等长或长于孢子囊。

【生境】常绿阔叶林缘和山沟谷底，海拔 500~1150 米。

【分布】国内分布：西藏（墨脱）、云南和海南（昌江、乐东、白沙、陵水和三亚）；国外分布：不丹、尼泊尔、印度北部、孟加拉国、缅甸和越南北部。

【别名】无

【保护级别】国家二级重点保护野生植物；濒危（EN）。

【孢子形态】孢子辐射对称，极面观三角形，三边直或稍向内凹，赤道面观为半圆形或扇形，直径为 26~52μm；具 3 裂缝，裂缝具明显的唇状边缘，其长度几达孢子赤道线；外壁表面光滑，层次明显，两层等厚。

孢子图式

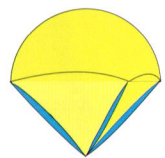

第三章 蕨类植物的孢子形态

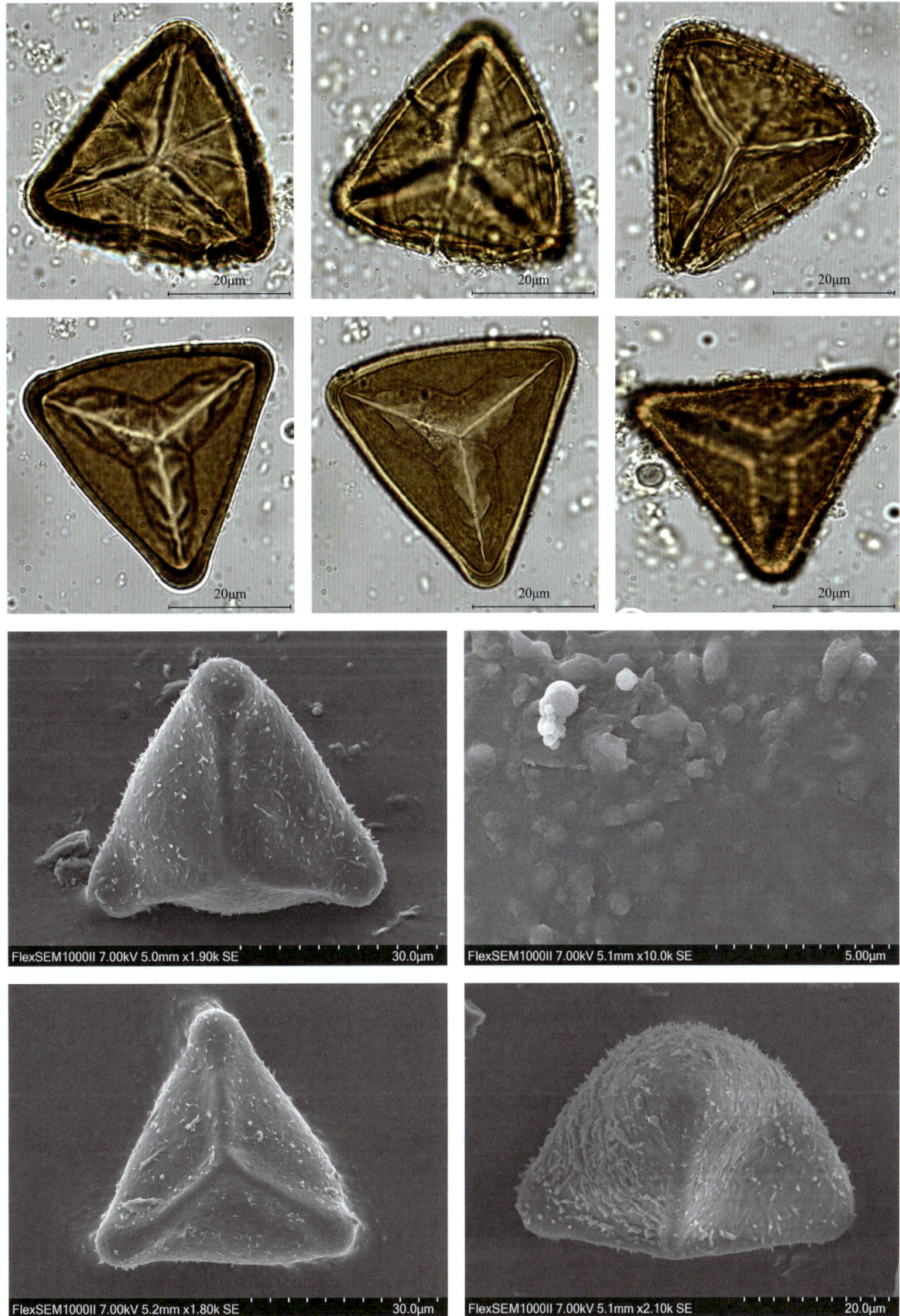

071

### *Sphaeropteris lepifera* (Hook.) R. M. Tryon 笔筒树

**【形态特征】**茎干高 6 米多，胸径约 15 厘米；叶柄长 16 厘米或更长，通常上面绿色，下面淡紫色，无刺，密被鳞片，有疣突；鳞片苍白色，质薄，先端狭渐尖，边缘全部具刚毛，狭窄的先端常常全为棕色；叶轴和羽轴禾秆色，密被显著的疣突，突头亮黑色；羽轴下面多少被鳞片，基部的鳞片狭长，灰白色，边缘具棕色刚毛；孢子囊群近主脉着生，无囊群盖；隔丝长过于孢子囊。

**【生境】**成片生于林缘、路边或山坡向阳地段，海拔可达 1500 米。

**【分布】**国内分布：台湾（台北、宜兰、桃园、南投、屏东、台东和花莲），在厦门、广州、深圳和香港有引种栽培；国外分布：菲律宾北部和琉球群岛。

**【别名】**多鳞白桫椤。

**【保护级别】**国家二级重点保护野生植物。

**【孢子形态】**孢子辐射对称，极面观三角形，三边直或稍向内凹，赤道面观为半圆形或扇形，极轴长为 35~45μm，赤道轴长为 45~55μm；具 3 裂缝，裂缝具明显的唇状边缘，其长度几达孢子赤道线；外壁表面光滑，层次明显，两层等厚。

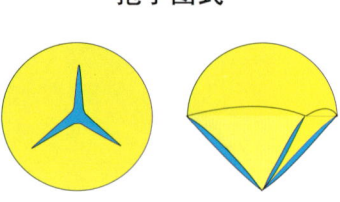

孢子图式

# 第三章 蕨类植物的孢子形态

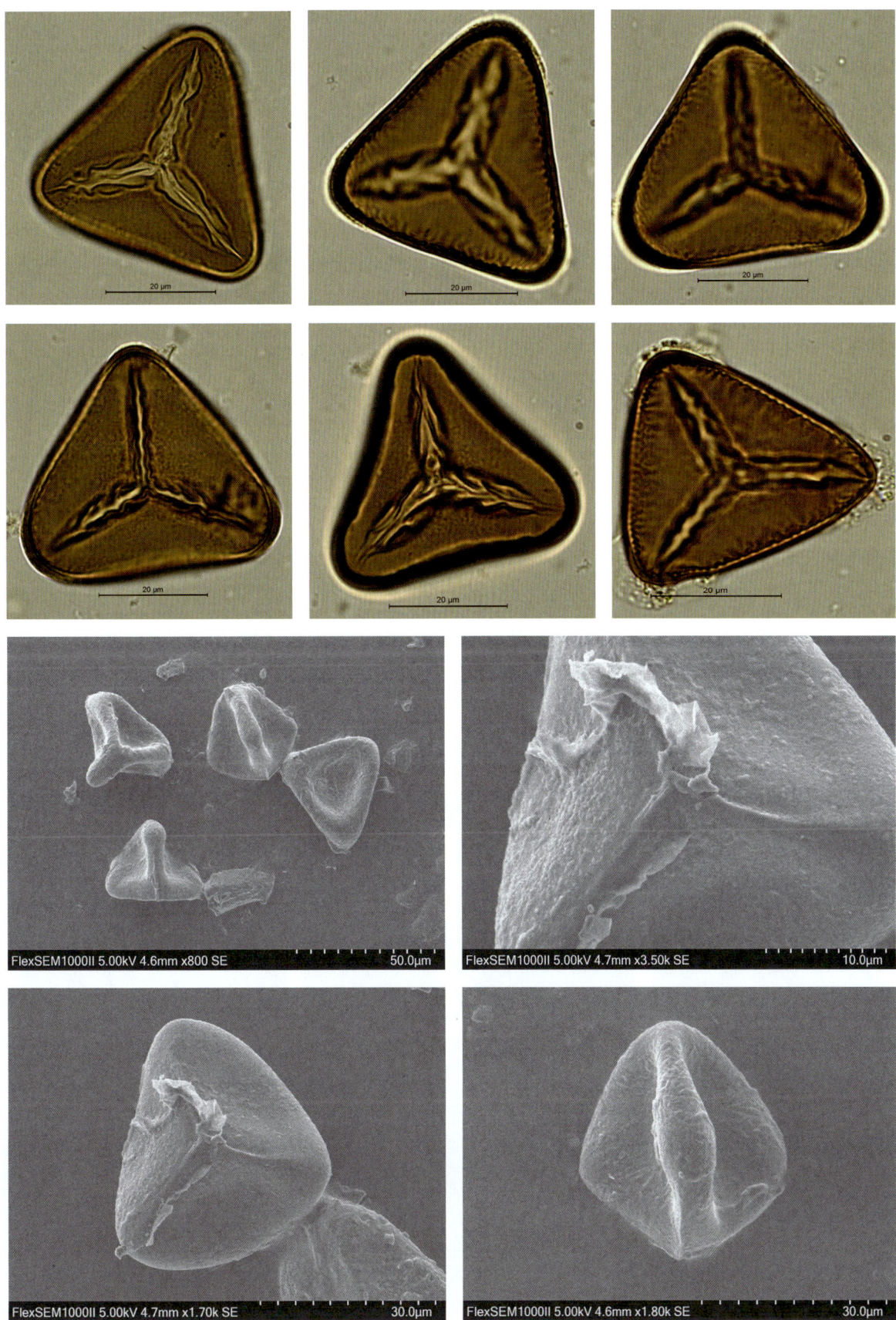

## Dicksoniaceae 蚌壳蕨科
### *Cibotium* 金毛狗属
*Cibotium barometz* (L.) J. Sm. 金毛狗

**【形态特征】** 大型蕨类植物；根状茎卧生，粗大，基部被有一大丛垫状的金黄色茸毛，有光泽；叶片大，广卵状三角形，三回羽状分裂，一回小羽片线状披针形，末回裂片线形略呈镰刀形；叶几为革质或厚纸质；孢子囊群在每一末回能育裂片 1~5 对，生于下部的小脉顶端，囊群盖坚硬，棕褐色，横长圆形，两瓣状，内瓣较外瓣小，成熟时张开如蚌壳，露出孢子囊群。

**孢子图式**

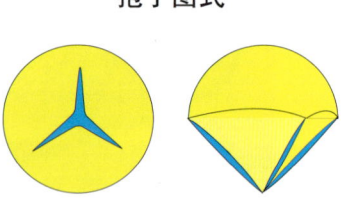

**【生境】** 山麓沟边及林下阴处酸性土上。

**【分布】** 云南、贵州、四川南部、两广、福建、台湾、海南岛、浙江、江西和湖南南部。

**【别名】** 黄毛狗、猴毛头、金毛狗脊。

**【保护级别】** 国家二级重点保护野生植物。

**【孢子形态】** 孢子为四面体，辐射对称，极面观为钝三角形，赤道面观为半圆形，极轴长为 50~56μm，赤道轴长为 60~78μm；具 3 裂缝，裂缝长为孢子半径的 2/3；外壁两层，外层厚于内层，外壁沿赤道加厚，形成赤道环；在远极面，外壁形成宽而不规则的块状加厚和隆起，并组成三角形状；三角加厚，突出于孢子轮廓线，在极面观呈双重轮廓。

# 第三章 蕨类植物的孢子形态

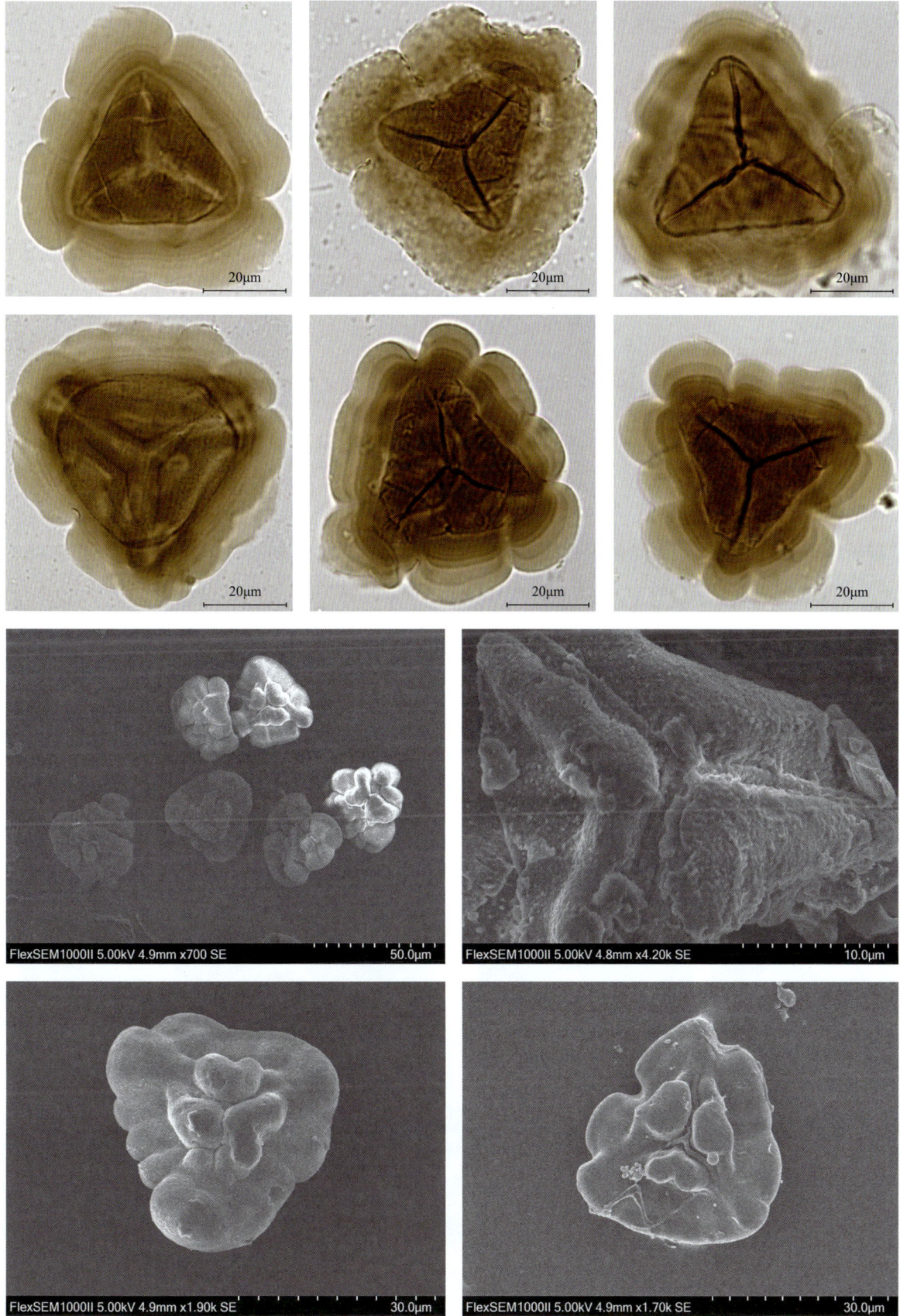

## Dryopteridaceae 鳞毛蕨科
## *Cyrtomium* 贯众属
### *Cyrtomium fortunei* J. Sm. 贯众

【形态特征】陆生直立蕨类，植株高 25~70 厘米；根状茎粗短，直立或斜升，连同叶柄基部密被宽卵形棕色大鳞片；叶簇生，叶柄禾秆色，叶片长圆状披针形，奇数一回羽状，侧生羽片披针形或镰刀形，基部楔形，顶生羽片窄卵形，下部有时具 1~2 浅裂片；羽状脉，侧脉连结呈网状；叶纸质，两面光滑；孢子囊群圆形，背生内藏小脉中部或近顶端；盾状囊群盖圆形，大而全缘。

【生境】林下岩石缝，海拔 500 米。

【分布】国内分布：华北西南部、陕甘南部、华中、华南至西南东部区域；国外分布：日本、朝鲜南部、越南北部和泰国。

【别名】山东贯众、宽羽贯众、多羽贯众。

【保护级别】无

【孢子形态】孢子极面观为椭圆形，赤道面观为半圆形，极轴长 30~35μm，赤道轴长 33~42μm；具单裂缝，裂缝长度为孢子全长的 1/2 左右；周壁具褶皱，形成片状突起，分解后易破裂；外壁两层，内外层厚度几相等。

孢子图式
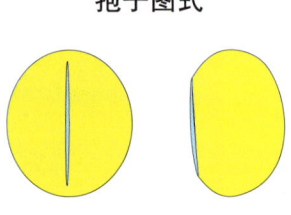

第三章 蕨类植物的孢子形态

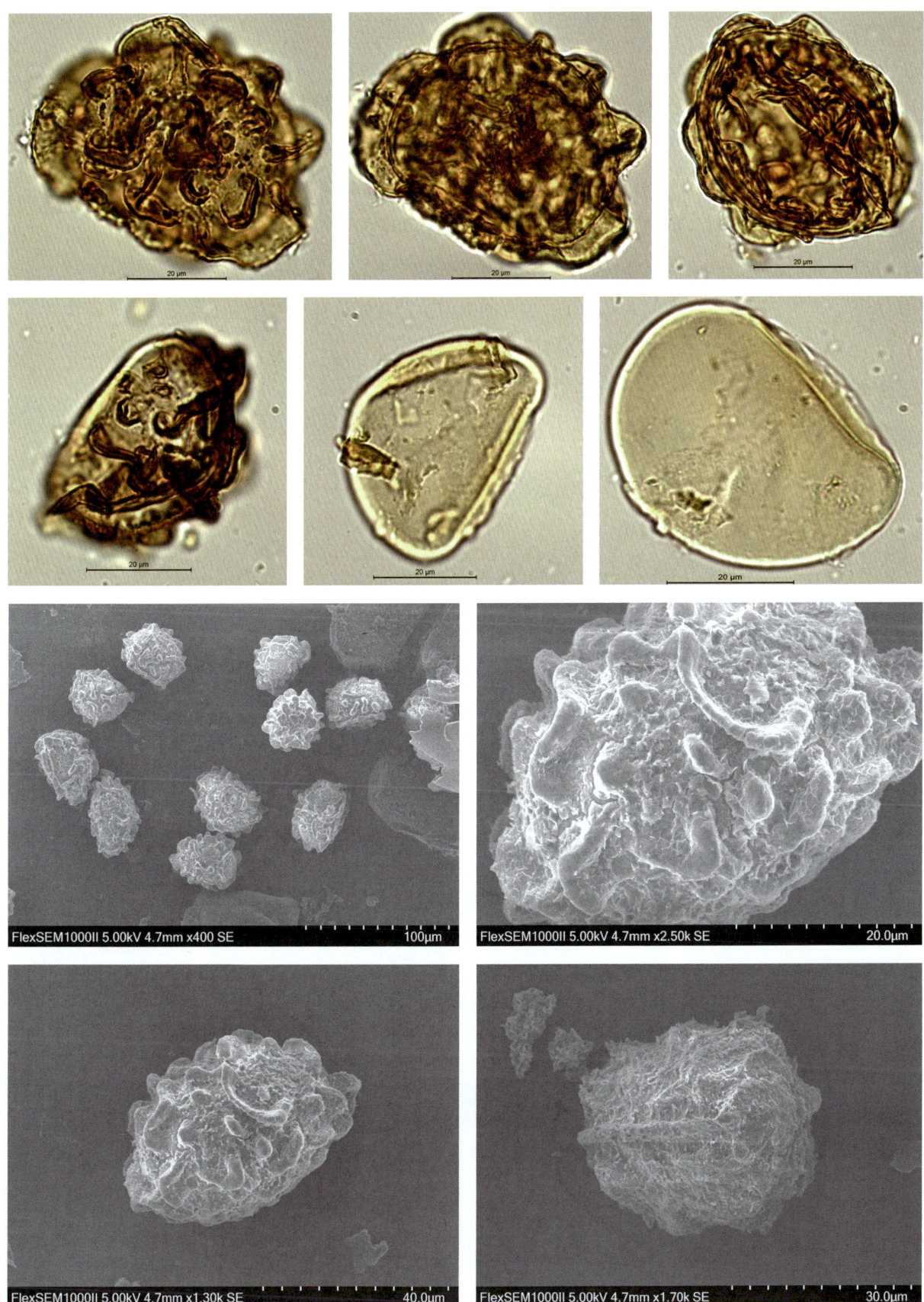

077

## *Dryopteris* 鳞毛蕨属

*Dryopteris crassirhizoma* Nakai 粗茎鳞毛蕨

【形态特征】植株高可达 1 米；根状茎粗壮，直立或斜升，连同叶柄密被淡褐或栗棕色、边缘具刺、卵状披针形或窄披针形鳞片；叶簇生，叶柄深禾秆色，短于叶片；叶片长圆形或倒披针形，二回羽状深裂，羽片 30 对以上，无柄，线状披针形，下部羽片缩短，中部稍上的羽片向两端渐短，羽状深裂，裂片长圆形，基部与羽轴合生，全缘或具浅钝齿；叶脉羽状，侧脉分叉，偶单一；叶厚草质或纸质，下面淡绿色，沿羽轴具鳞片，裂片两面散生扭卷鳞片和鳞毛；孢子囊群圆形，着生叶片上部 1/3~1/2 小脉中下部，每裂片 1~4 对；囊群盖圆肾形或马蹄形，近全缘，棕色，成熟时不完全覆盖孢子囊群。

孢子图式

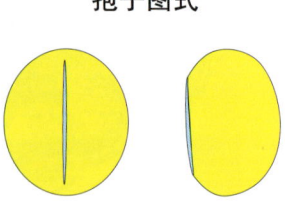

【生境】山地林下。

【分布】国内分布：东北和华北；国外分布：俄罗斯、朝鲜和日本。

【别名】绵马鳞毛蕨。

【保护级别】无危（LC）。

【孢子形态】孢子两侧对称，极面观椭圆形，赤道面观为半圆形或椭圆形，极轴长为 25~30μm，赤道轴长为 36~42μm；单裂缝，长度为孢子长轴的 1/2 或几达赤道线；周壁具褶皱，周壁两层，内层薄，紧贴于外壁外层，向外隆起形成褶皱，呈脊状。

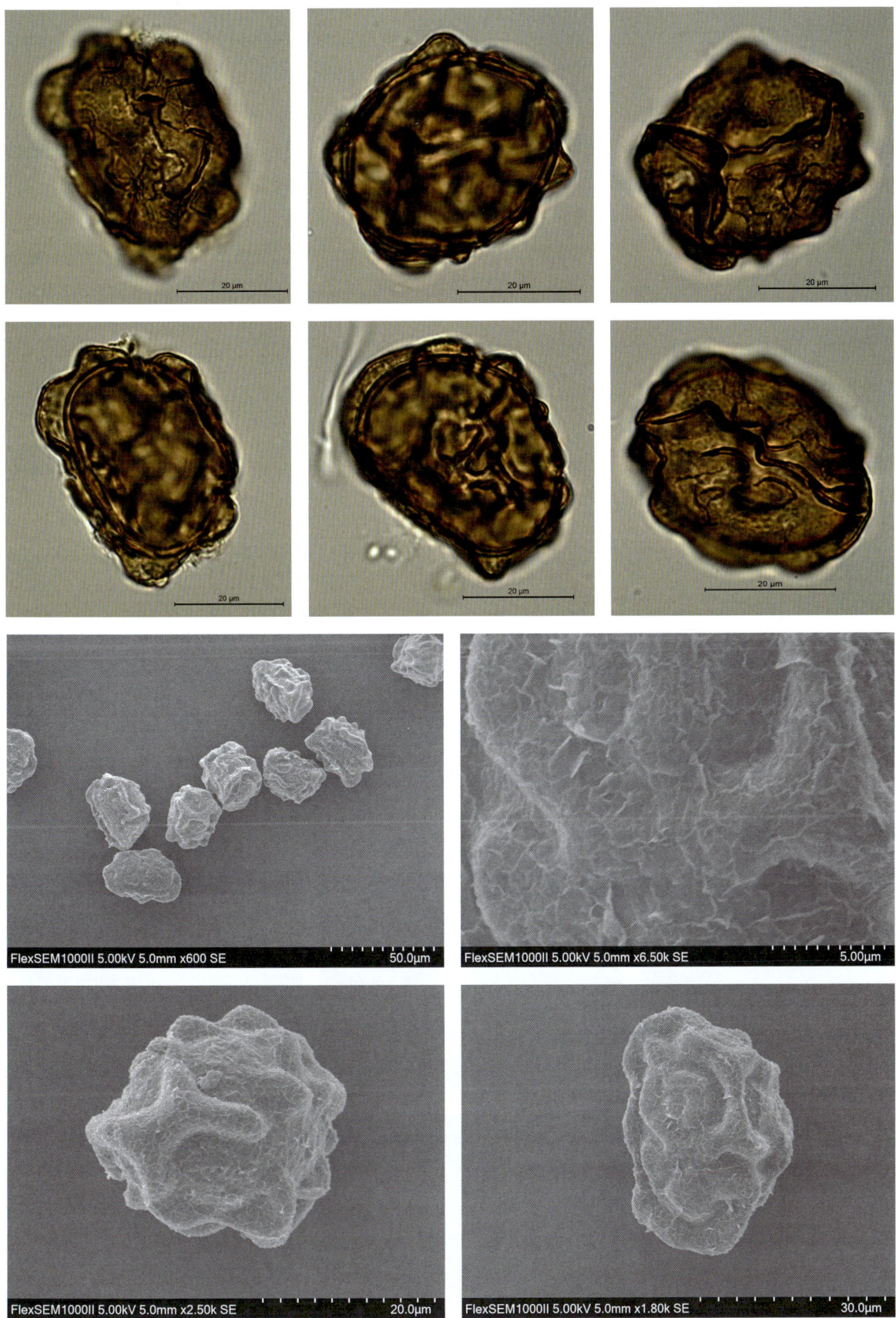

## Gleicheniaceae 里白科
### *Dicranopteris* 芒萁属
*Dicranopteris pedata* (Houtt.) Nakaike 芒萁

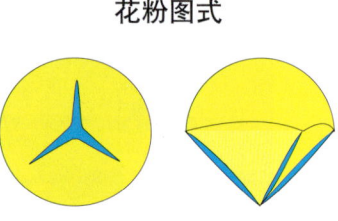

花粉图式

【形态特征】植株高 3~5 米，蔓延生长；根状茎横走，粗约 3 毫米，深棕色，被锈毛；叶远生，柄长约 60 厘米，粗约 6 毫米，深棕色，幼时基部被棕色毛，后变光滑；叶轴 5~8 回两叉分枝，一回叶轴长 13~16 厘米，二回以上的羽轴较短，末回叶轴长 3.5~6 厘米，上面具 1 纵沟；末回羽片形似托叶状的羽片，篦齿状深裂几达羽轴；裂片平展，15~40 对，披针形或线状披针形，顶端钝，微凹，基部上侧的数对极小，三角形，全缘，中脉下面凸起，侧脉上面相当明显，下面不太明显，斜展每组有小脉 3 条；叶坚纸质，上面绿色，下面灰白色，无毛；孢子囊群圆形，细小，一列，着生于基部上侧小脉的弯弓处，由 5~7 个孢子囊组成。

【生境】嗜酸性植物，喜生于强酸性土的荒坡或林缘，在森林砍伐后或放荒后的坡地上常成优势的中草群落。

【分布】国内分布：江苏南部、浙江、江西、安徽、湖北、湖南、贵州、四川、福建、台湾、广东、香港、广西和云南；国外分布：日本、印度和越南。

【别名】铁芒萁。

【保护级别】无危（LC）。

【孢子形态】孢子极面观为三角形，三边平直，赤道面观为半圆形，直径为 20~32μm；具 3 裂缝，裂缝长度几达孢子赤道线或为孢子半径的 2/3，裂缝边缘常裂开并向外卷而形成三角状的开口；外壁层次明显，内外层厚度几相等；表面具网状纹饰。

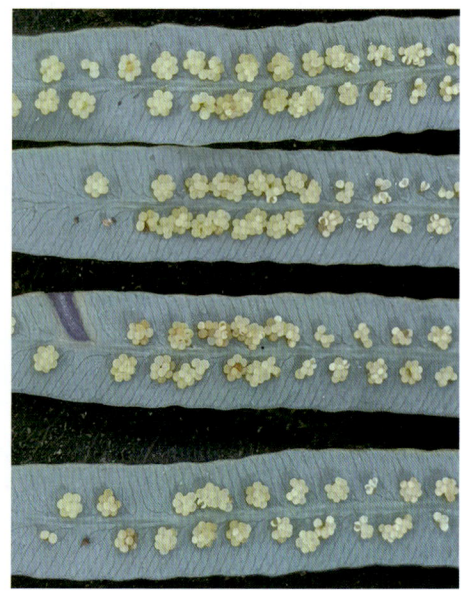

第三章 蕨类植物的孢子形态

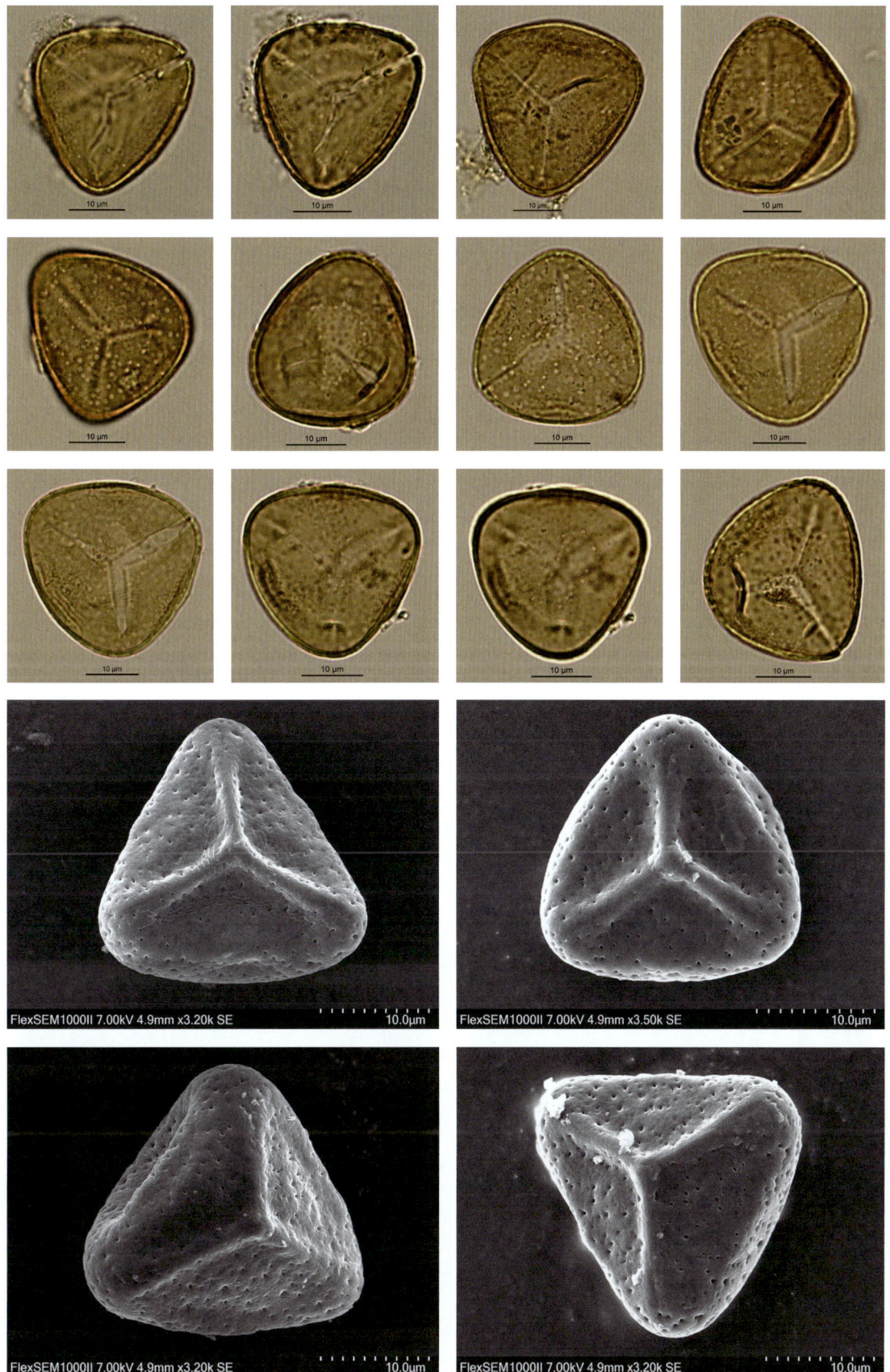

081

## *Diplopterygium* 里白属

***Diplopterygium chinense*** (Rosenst.) De Vol 中华里白

【形态特征】植株高约 3 米；根状茎横走，径约 5 毫米，深棕色，密被棕色鳞片；叶片二回羽状；叶柄深棕色，密被红棕色鳞片，后光滑；羽片长圆形，小羽片互生，柄极短，披针形，羽状深裂；裂片稍斜升，互生，披针形或窄披针形，圆头，常微凹，基部汇合，缺刻尖窄，全缘，边缘常内卷；中脉上面平，下面隆起，侧脉两面隆起，明显，叉状，近水平斜展；叶坚纸质，上面绿色，沿小羽轴被分叉毛，下面灰绿色，沿中脉侧脉及边缘密被星状柔毛，后脱落；叶轴褐棕色孢子囊群圆形，一列，位于中脉和叶缘之间，稍近中脉，着生于基部上侧小脉上，被毛，在中脉两侧各排成 1 列，具 3~4 个孢子囊。

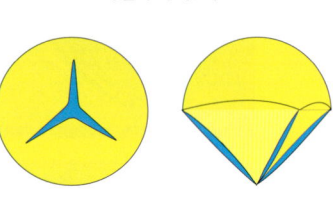

孢子图式

【生境】山谷溪边或林中，有时成片生长。

【分布】国内分布：福建、广东、广西、贵州和四川；国外分布：越南北部。

【别名】无

【保护级别】无危（LC）。

【孢子形态】孢子极面观为三角形，三边平直，赤道面观为半圆形，直径为 18~34μm；具 3 裂缝，裂缝长度几达孢子赤道线或为孢子半径的 2/3，裂缝边缘常裂开并向外卷而形成三角状的开口；外壁层次明显，内外层厚度几相等，表面光滑。

第三章 蕨类植物的孢子形态

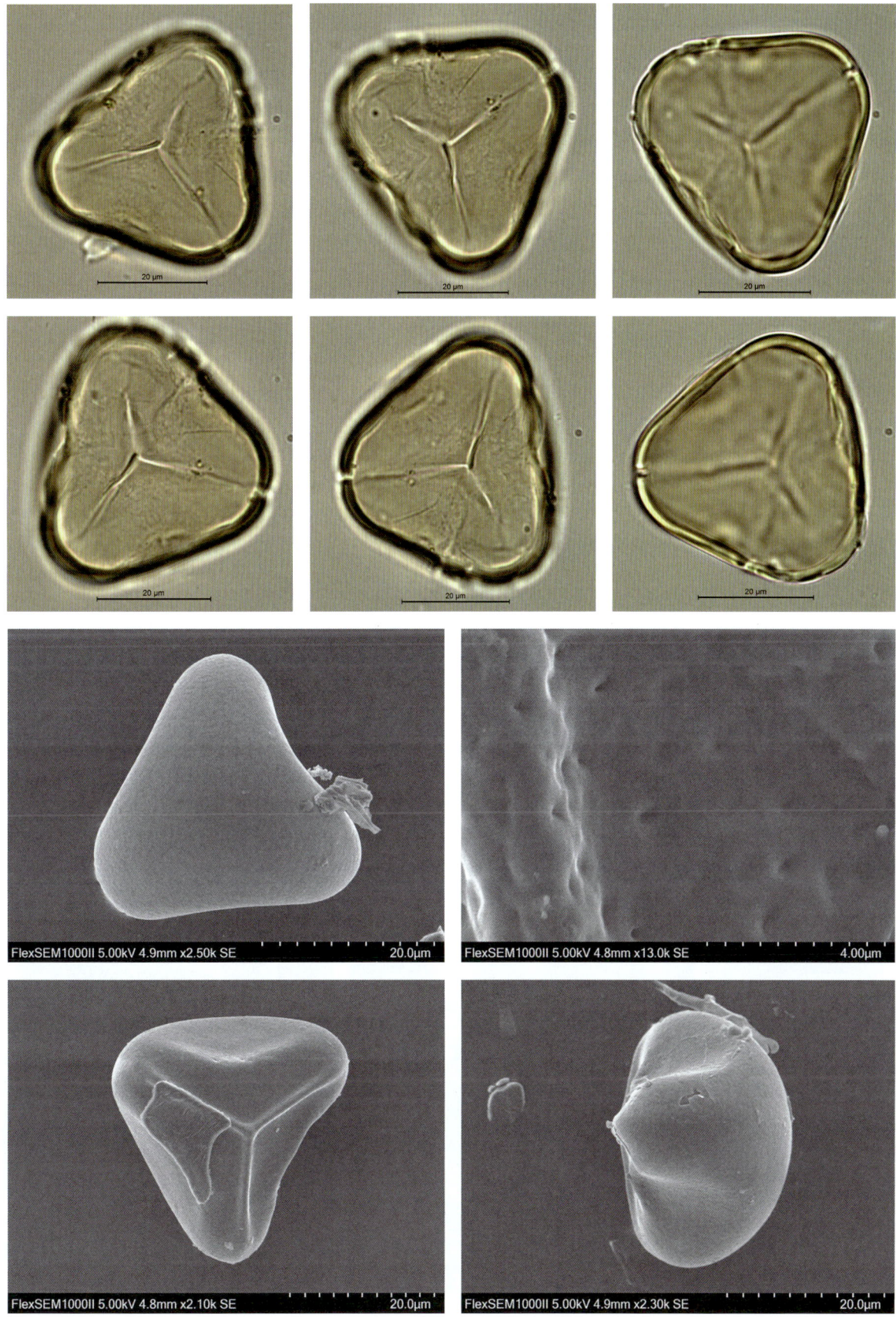

## Helminthostachyaceae 七指蕨科
### *Helminthostachys* 七指蕨属
*Helminthostachys zeylanica* (L.) Hook. 七指蕨

**孢子图式**

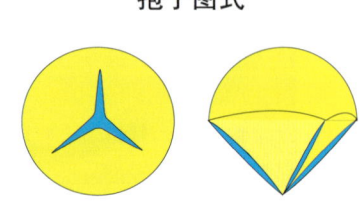

【形态特征】根状茎肉质，横走，靠近顶部生出一或二枚叶；叶柄绿色；叶片由3裂的营养叶片和一枚直立的孢子囊穗组成，营养叶片几乎是三等分，每分由一枚顶生羽片（或小叶）和在它下面的1~2对侧生羽片（或小叶）组成，全叶片宽掌状，向基部渐狭，向顶端为渐尖头，边缘为全缘或往往稍有不整齐的锯齿；孢子囊穗单生，通常高出不育叶，直立，孢子囊环生于囊托，形成细长圆柱形。

【生境】热带湿润疏林荫下。

【分布】国内分布：台湾、海南（五指山）和云南南部（西双版纳）；国外分布：中南半岛、缅甸、印度北部、泰国、马来亚、斯里兰卡、菲律宾、印度尼西亚、澳大利亚等地。

【别名】无

【保护级别】国家二级重点保护野生植物；濒危（EN）。

【孢子形态】孢子极面观为近圆形，赤道面观椭圆形，直径为21.5~36.5μm；具3裂缝，裂缝较长，几达孢子赤道线；不具周壁；外壁厚度为1.8~2.4μm，两层，外层厚于内层；表面具模糊的细网状纹饰，常不易看清楚。

第三章 蕨类植物的孢子形态

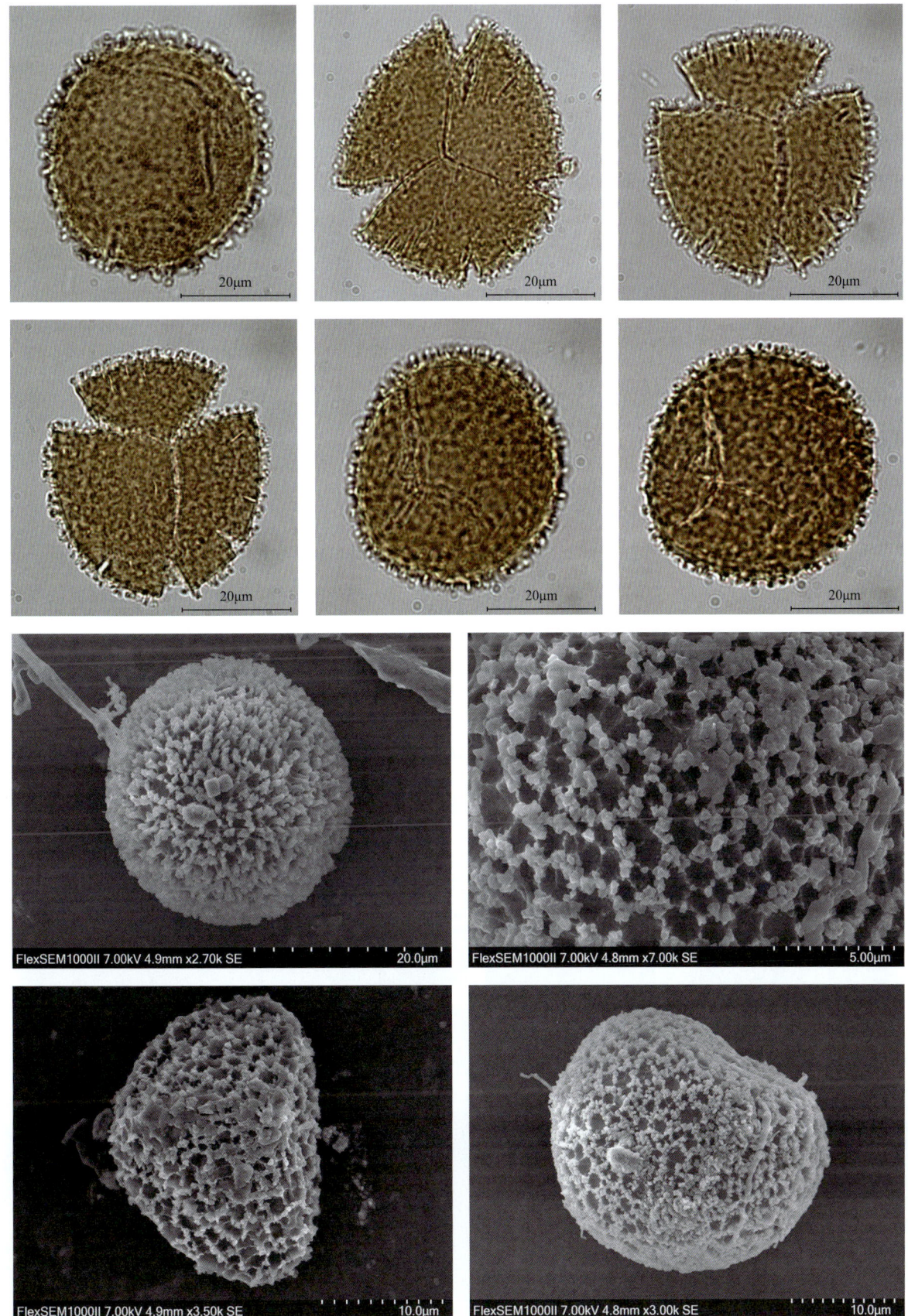

## Huperziaceae 石杉科
## *Phlegmariurus* 马尾杉属
### *Phlegmariurus fordii* (Baker) Ching 福氏马尾杉

**【形态特征】**中型附生植物，茎簇生，成熟枝下垂，1 至多回二叉分枝；叶螺旋状排列，但因基部扭曲而呈二列状；营养叶抱茎，椭圆披针形，基部圆楔形，下延，无柄，无光泽，先端渐尖，中脉明显，革质，全缘；孢子囊穗比不育部分细瘦，顶生；孢子叶披针形或椭圆形，基部楔形，先端钝，中脉明显，全缘；孢子囊生在孢子叶腋，肾形，2 瓣开裂，黄色。

**【生境】**竹林下阴处、山沟阴岩壁、灌木林下岩石上，海拔 100~1700 米。

**【分布】**国内分布：浙江、江西、福建、台湾、广东、香港、广西、海南、贵州和云南；国外分布：日本和印度（东喜马拉雅）。

**【别名】**福氏石松、华南马尾杉。

**【保护级别】**国家二级重点保护野生植物；无危（LC）。

**【孢子形态】**孢子极面观为圆三角形，赤道面观扇形，直径为 21~30μm；具 3 裂缝，裂缝较长，其长度为孢子半径的 4/5 或几达孢子赤道线；外壁较厚，分层明显，内外层几相等；表面为均匀的网状纹饰。

孢子图式

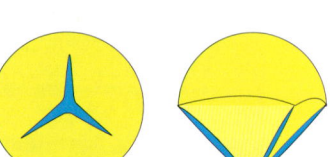

第三章 蕨类植物的孢子形态

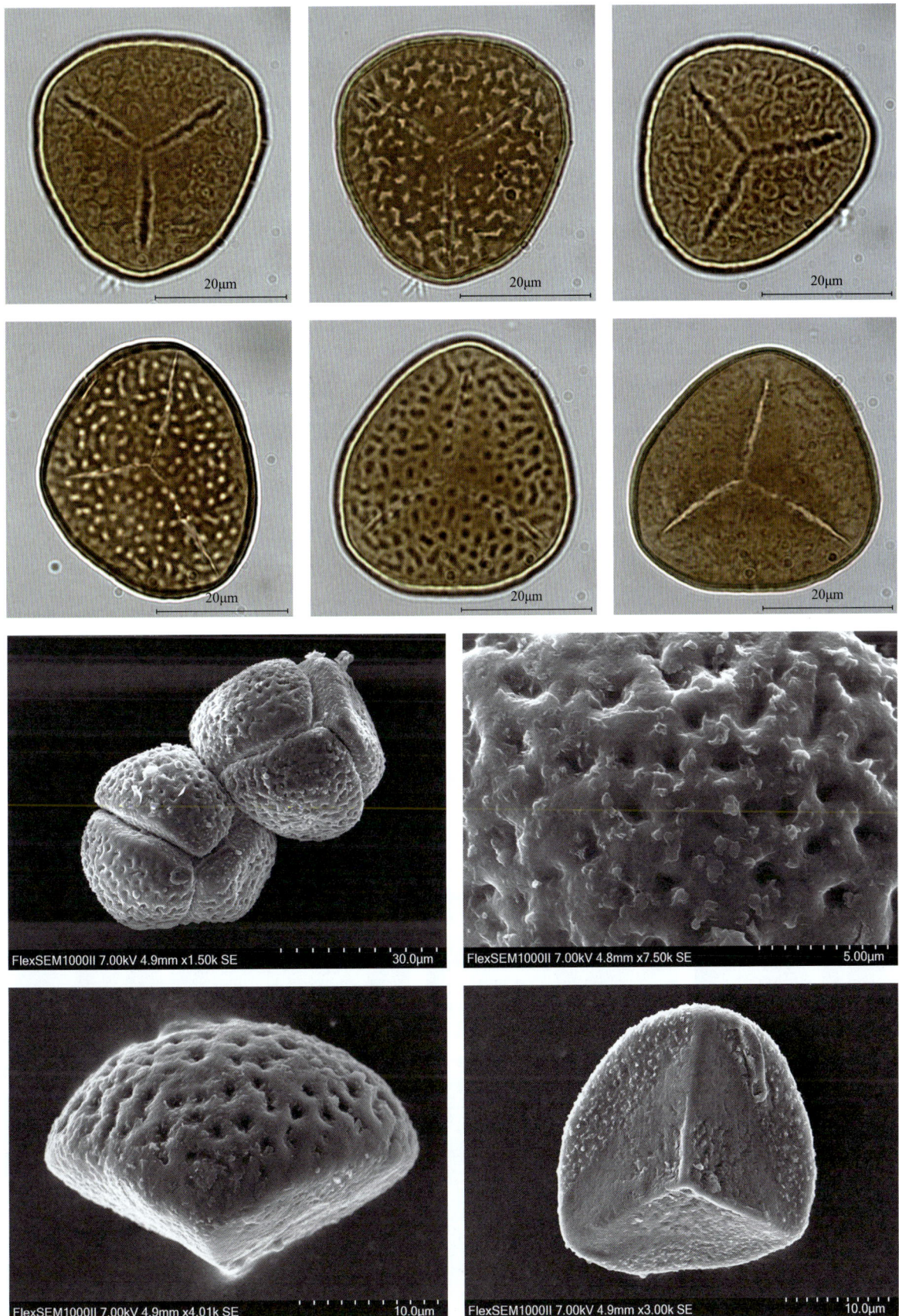

087

## Lycopodiaceae 石松科
### *Lycopodium* 石松属

*Lycopodium japonicum* Thunb. 石松

【形态特征】匍匐茎地上生，细长横走，2~3 回分叉，绿色，被稀疏的叶；侧枝直立，高可达 40 厘米，多回二叉分枝，稀疏，压扁状（幼枝圆柱状）；叶螺旋状排列，密集，上斜，披针形或线状披针形，基部楔形，下延，无柄，先端渐尖，具透明发丝，边缘全缘，草质，中脉不明显；孢子囊穗 4~8 个集生于长达 30 厘米的总柄，总柄上苞片螺旋状稀疏着生，薄草质，形状如叶片；孢子囊穗不等位着生（即小柄不等长），直立，圆柱形；孢子叶阔卵形，先端急尖，具芒状长尖头，边缘膜质，啮蚀状，纸质；孢子囊生于孢子叶腋，略外露，圆肾形，黄色。

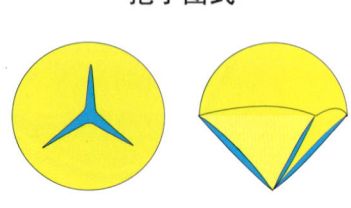

孢子图式

【生境】生于海拔 100~3300 米的林下、灌丛下、草坡、路边或岩石上。

【分布】国内分布：全国除东北、华北以外的其他各省区；国外分布：日本、印度、缅甸、不丹、尼泊尔、越南、老挝、柬埔寨等国。

【别名】无

【保护级别】无危（LC）。

【孢子形态】孢子极面观为圆三角形至近圆形，直径为 24~35μm；具 3 裂缝，不明显，长达孢子赤道面；外壁厚度约为 5.2μm；表面为网状纹饰，网眼较小，直径为 3.5~5.2μm，呈近圆形至多角形。

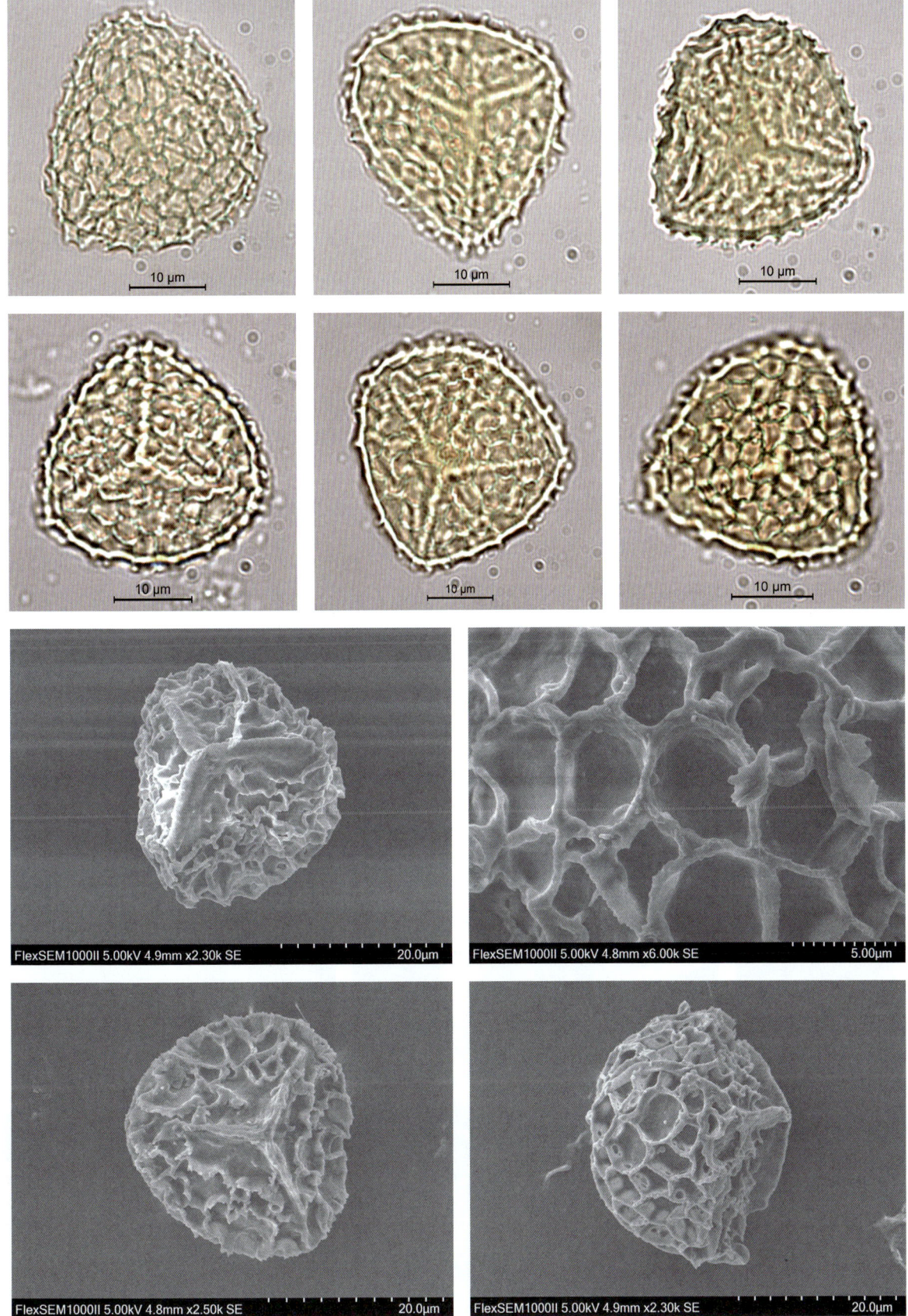

## Lygodiaceae 海金沙科
### *Lygodium* 海金沙属
*Lygodium microphyllum* (Cav.) R. Br. 小叶海金沙

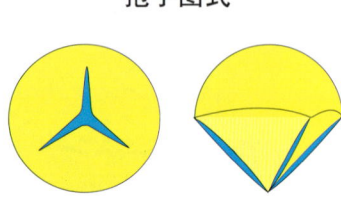

孢子图式

【形态特征】攀援蕨类，植株高攀 5~7 米；叶轴纤细如铜丝，二回羽状；羽片多数，相距 7~9 厘米，羽片对生于叶轴距，距长 2~4 毫米，顶端密生红棕色毛；不育羽片生于叶轴下部，长圆形，长 7~8 厘米，宽 4~7 厘米，柄长 1~1.2 厘米，奇数羽状，或顶生小羽片 2 叉；小羽片 4 对，互生，小羽柄长 2~4 毫米，柄端具关节，各片相距约 8 毫米，卵状三角形、宽披针形或长圆形，基部心形，近平截或圆，具钝齿或不明显；叶脉清晰，3 出，小脉二至三回 2 叉分歧，斜上，达锯齿；叶薄草质，干后暗黄绿色，两面光滑；孢子囊穗排列于叶缘，达羽片先端，5~8 对，线形，长 3~5 毫米，黄褐色，光滑。

【生境】生长于海拔 110~152 米的溪边灌木丛中。

【分布】国内分布：福建西部、台湾、广东、香港、海南岛西北部及南部、广西和云南东南部；国外分布：印度南部、缅甸、马来群岛和菲律宾。

【别名】斑鸠窝、扫把藤。

【保护级别】无危（LC）。

【孢子形态】孢子极面观钝三角形，赤道面观半圆形，极轴长为 53~64μm，赤道轴长为 60~82μm；具 3 裂缝，裂缝不明显，裂缝长度约为孢子半径的 2/3；周壁薄，具网穴状纹饰，网脊很粗，网眼较小而似穴，形状较不规则，周壁和外壁厚度为 10~12μm。

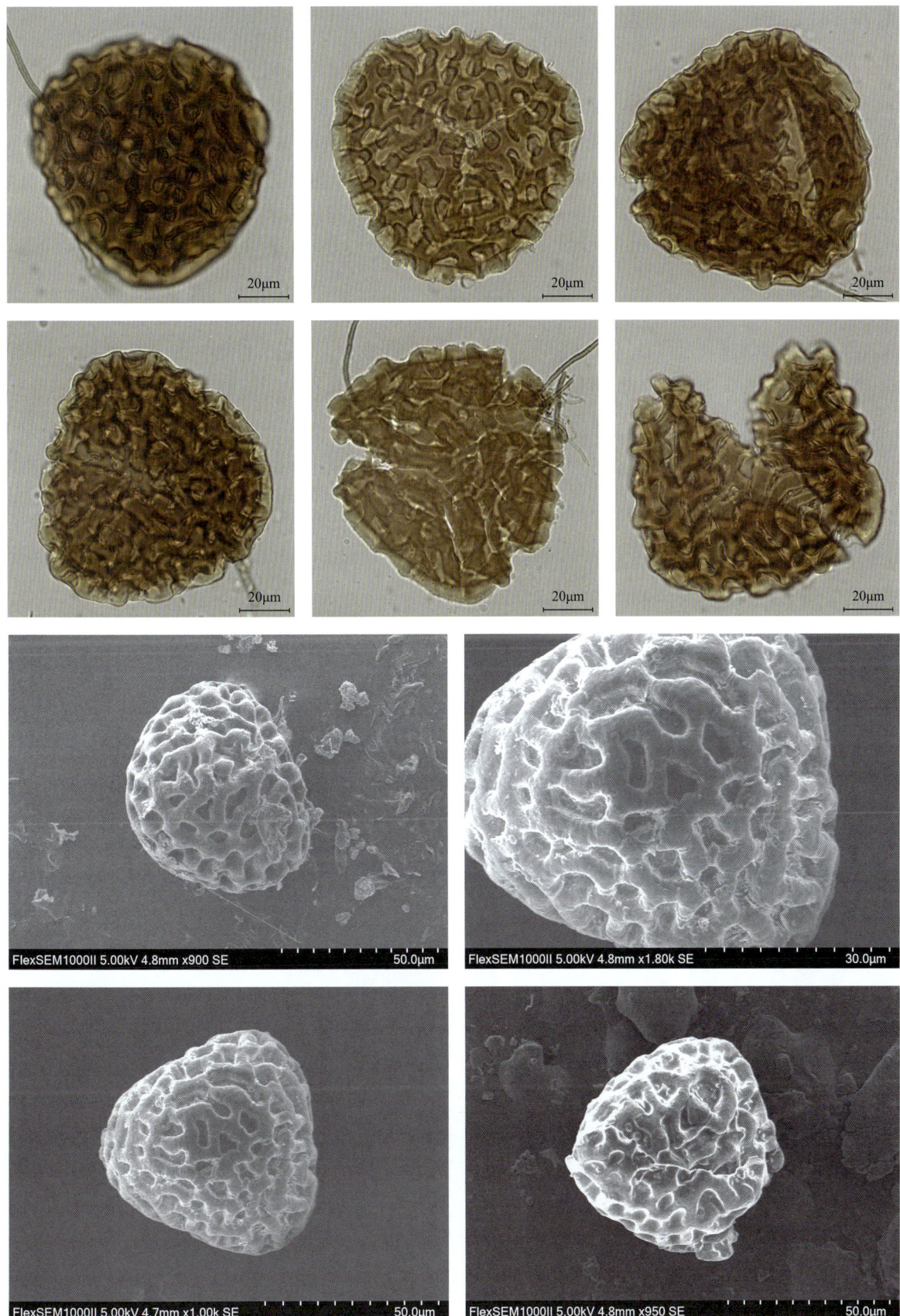

# Nephrolepidaceae 肾蕨科
## *Nephrolepis* 肾蕨属
*Nephrolepis cordifolia* (L.) C. Presl 肾蕨

孢子图式

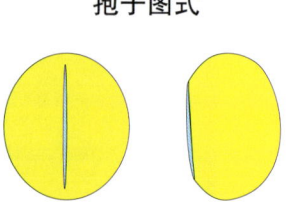

【形态特征】附生或土生；根状茎直立，被蓬松的淡棕色长钻形鳞片，下部有粗铁丝状的匍匐茎向四方横展；匍匐茎棕褐色，不分枝，疏被鳞片，有纤细的褐棕色须根；匍匐茎上生有近圆形的块茎，密被与根状茎上同样的鳞片；叶簇生，暗褐色，略有光泽，上面有纵沟，下面圆形，密被淡棕色线形鳞片；叶片线状披针形或狭披针形，先端短尖，叶轴两侧被纤维状鳞片，一回羽状，羽状多数，互生，常密集而呈覆瓦状排列，披针形；侧脉纤细，自主脉向上斜出，在下部分叉，小脉直达叶边附近，顶端具纺锤形水囊；叶坚草质或草质，干后棕绿色或褐棕色，光滑；孢子囊群成1行位于主脉两侧，肾形，少有为圆肾形或近圆形，生于每组侧脉的上侧小脉顶端，位于从叶边至主脉的1/3处；囊群盖肾形，褐棕色，边缘色较淡，无毛。

【生境】生溪边林下，海拔30~1500米。

【分布】国内分布：浙江、福建、台湾、湖南南部、广东、海南、广西、贵州、云南和西藏（察隅、墨脱）；国外分布：广布于全世界热带及亚热带地区。

【别名】石黄皮。

【保护级别】无危（LC）。

【孢子形态】孢子左右对称，极面观为椭圆形，赤道面观为半圆形或超半圆形，极轴长23~30μm，赤道轴长25~35μm；单裂缝细窄，不具边缘，裂缝长度为孢子全长的1/2；外壁较厚，具不规则的小疣状纹饰，疣排列较稀，疣之间的小穴较多。

第三章 蕨类植物的孢子形态

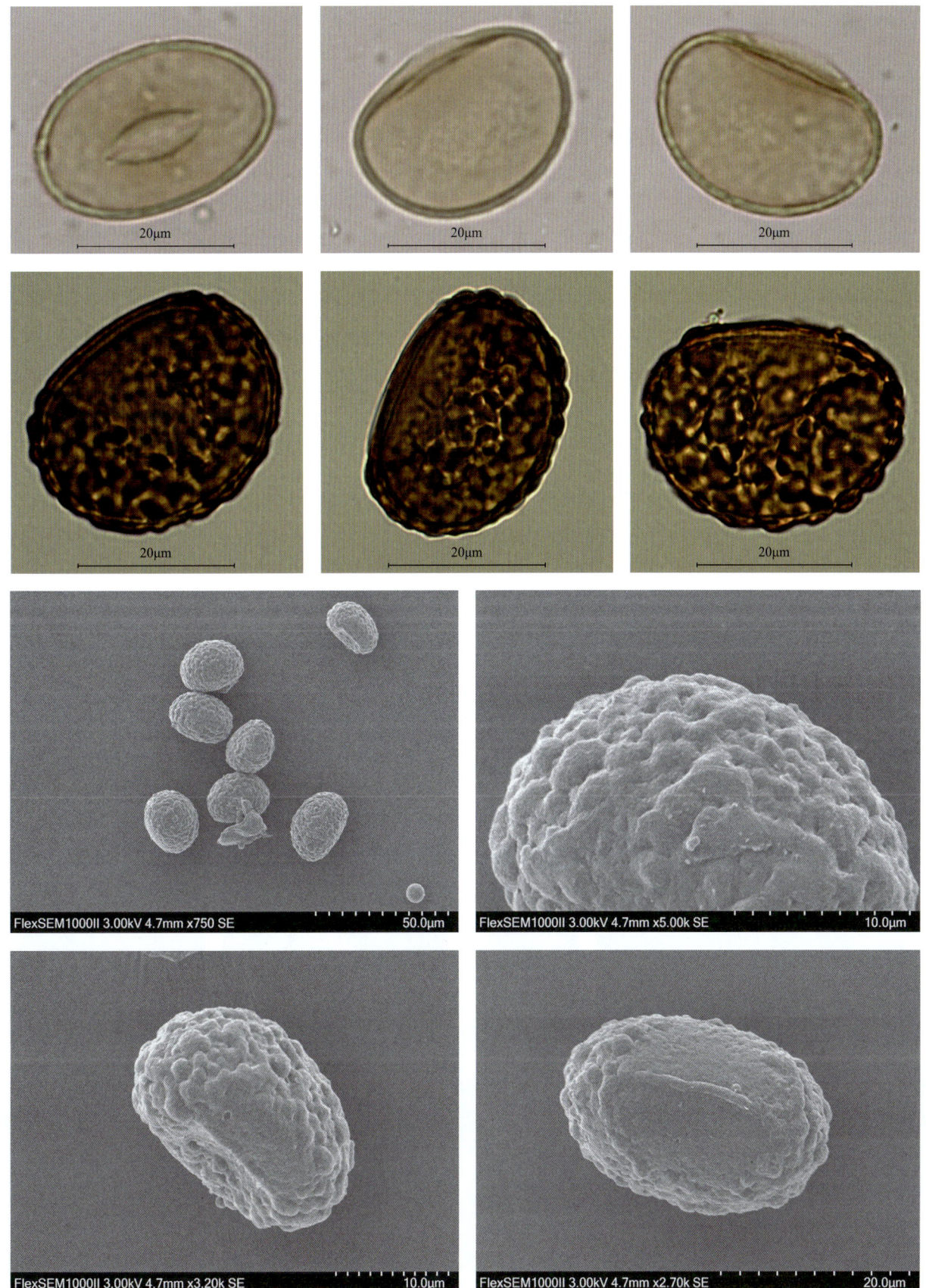

## Osmundaceae 紫萁科
### *Osmunda* 紫萁属
***Osmunda japonica* Thunb. 紫萁**

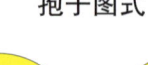孢子图式

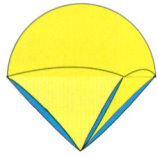

【形态特征】植株高 50~80 厘米或更高；根状茎短粗，或成短树干状而稍弯；叶簇生，直立，禾秆色，幼时被密茸毛，不久脱落；叶片为三角广卵形，顶部一回羽状，其下为二回羽状；羽片 3~5 对，对生，长圆形，基部一对稍大，有柄，斜向上，奇数羽状；小羽片 5~9 对，对生或近对生，无柄，分离，长圆形或长圆披针形，先端稍钝或急尖，向基部稍宽，圆形，或近截形，向上部稍小，顶生的同形，有柄，基部往往有 1~2 片的合生圆裂片，或阔披形的短裂片，边缘有均匀的细锯齿；叶脉两面明显，自中肋斜向上，二回分歧，小脉平行，达于锯齿；叶为纸质，成长后光滑无毛，干后为棕绿色；孢子叶（能育叶）同营养叶等高，或经常稍高，羽片和小羽片均短缩，小羽片变成线形，沿中肋两侧背面密生孢子囊。

【生境】为我国暖温带、亚热带最常见的一种蕨类，生于林下或溪边酸性土上。

【分布】国内分布：北起山东（崂山），南达两广，东自海边，西迄云贵川西，向北至秦岭南坡；国外分布：日本、朝鲜和印度北部（喜马拉雅山地）。

【别名】矛状紫萁。

【保护级别】无危（LC）；地方保护野生植物。

【孢子形态】孢子极面观为近圆形，赤道面观椭圆形，极轴长 37~45μm，赤道轴长 50~58μm；具 3 裂缝，裂缝较宽，具边缘，长度几达孢子轮廓线；外壁分层明显，外层厚，内层薄，呈负网状纹饰。

第三章 蕨类植物的孢子形态

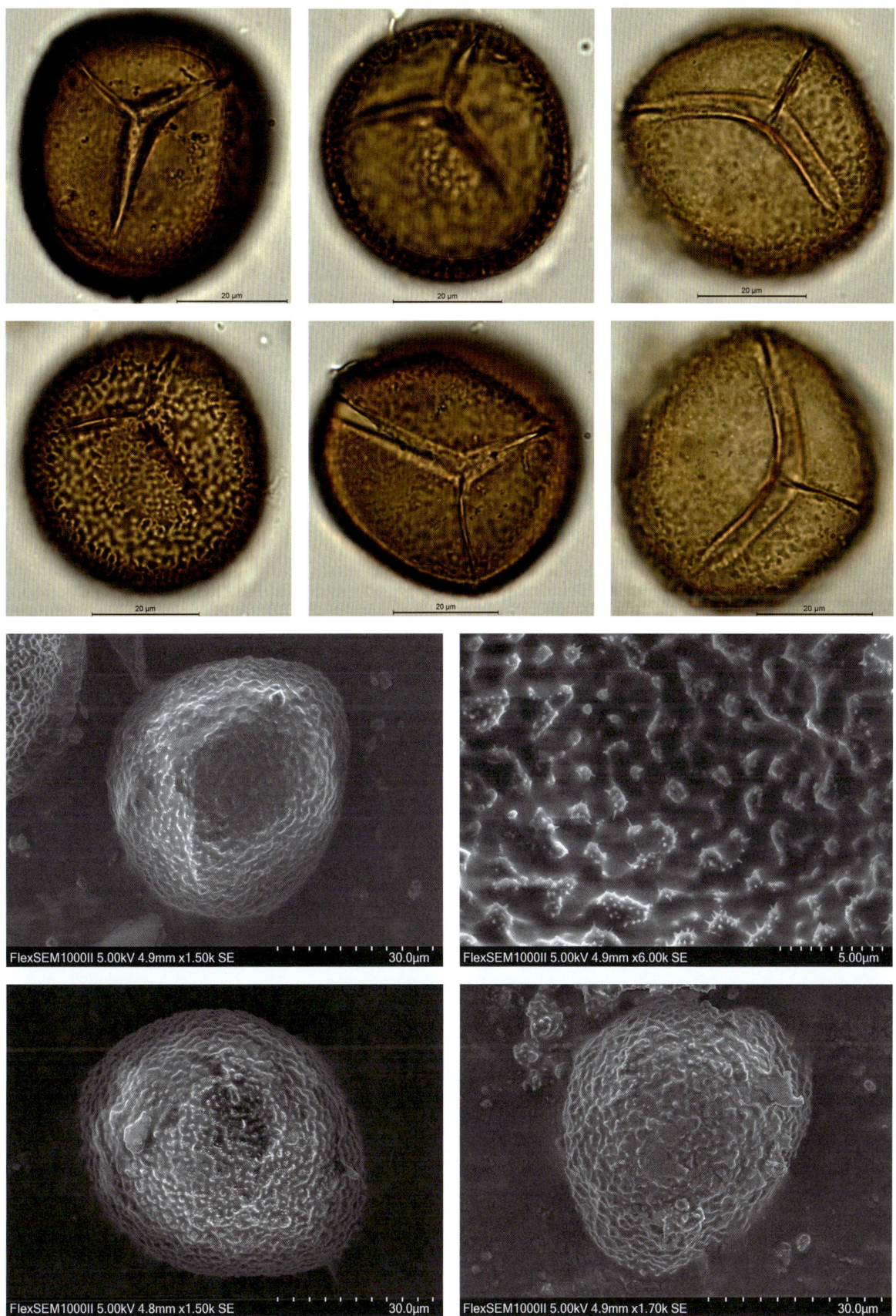

## Parkeriaceae 水蕨科
### *Ceratopteris* 水蕨属
*Ceratopteris thalictroides* (L.) Brongn. 水蕨

**【形态特征】** 植株幼嫩时呈绿色，多汁柔软，由于水湿条件的不同，形态差异很大，高可达70厘米；叶簇生，二型；不育叶柄圆柱形，肉质，叶片直立，或幼时漂浮，窄长圆形，二至四回羽状深裂；能育叶柄与不育叶的相同，叶片长圆形或卵状三角形，二至三回羽状深裂；叶脉网状；孢子囊沿主脉两侧网眼着生，稀疏，棕色，幼时被反卷叶缘覆盖，成熟后多少张开，露出孢子囊。

孢子图式

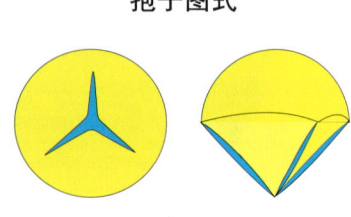

**【生境】** 生于池沼、水田或水沟的淤泥中，有时漂浮于深水区的水面上。

**【分布】** 国内分布：广东、台湾、福建、江西、浙江、山东、江苏、安徽、湖北、四川、广西、云南等省区；国外分布：世界热带及亚热带各地。

**【别名】** 无

**【保护级别】** 国家二级重点保护野生植物；易危（VU）。

**【孢子形态】** 孢子为四面体，极面观为钝三角形或圆三角形，赤道面观为超半圆形，直径为85~130μm；具3裂缝，裂缝长达孢子半径的2/3；无周壁；外壁很厚，层次明显，外层厚于内层，外层具肋条状纹饰。

# 第三章 蕨类植物的孢子形态

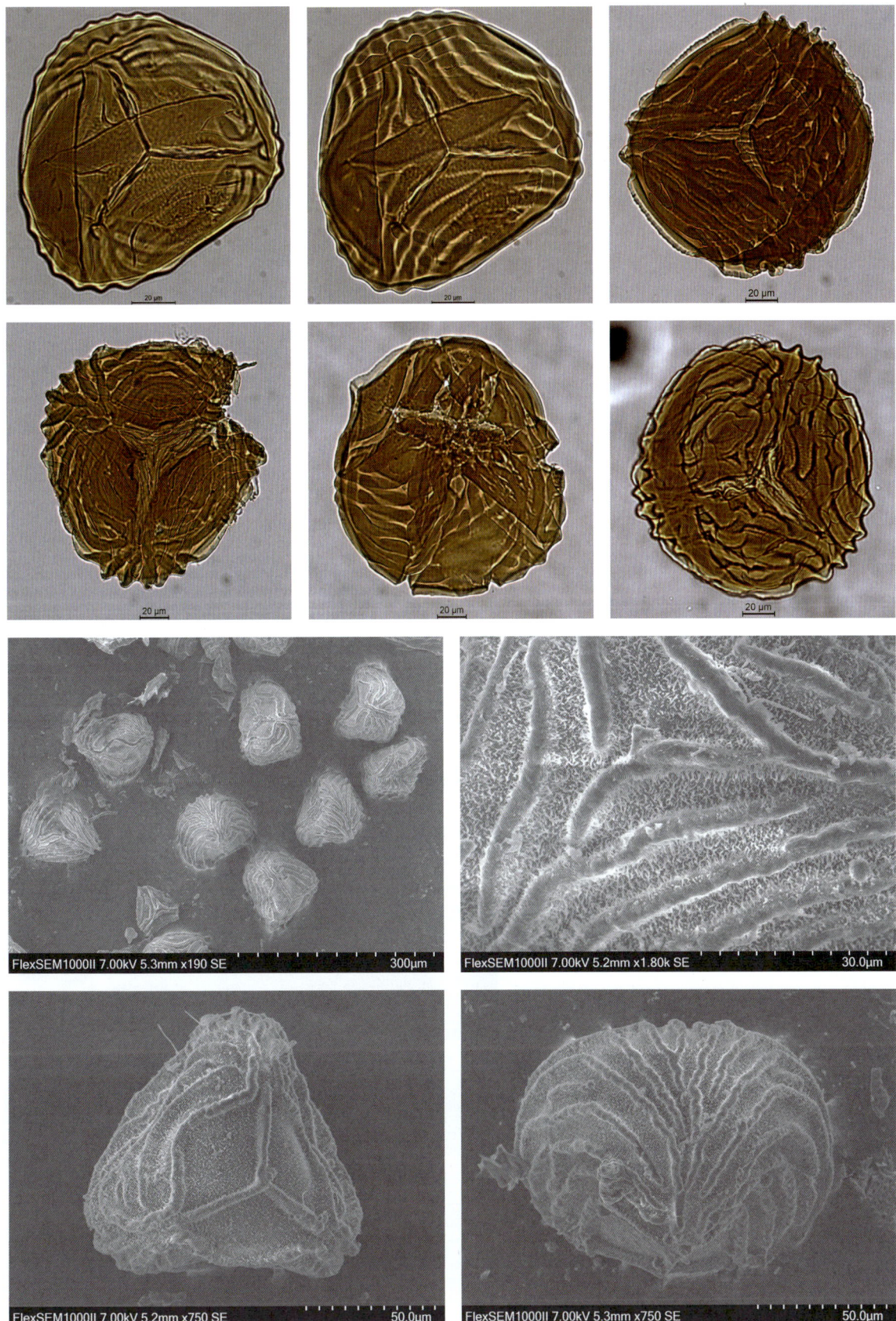

## Polypodiaceae 水龙骨科
### *Microsorum* 星蕨属
***Microsorum fortunei*** (T. Moore) Ching 江南星蕨

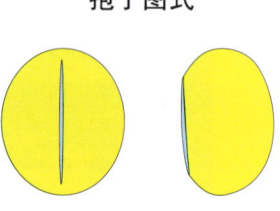

孢子图式

【形态特征】附生蕨类，植株高 0.3~1 米；根状茎长，横走，顶部被贴伏鳞片；鳞片褐棕色，卵状三角形，锐尖头，基部圆，有疏锯齿，筛孔细密，盾状着生，易脱落；叶疏生，叶柄长 5~20 厘米，禾秆色，上面具浅纵沟，基部疏被鳞片，向上近光滑；叶片线状披针形或披针形，基部渐窄下延成窄翅，全缘，具软骨质边缘；中脉隆起，侧脉不明显，小脉网状，略明显，具分叉内藏小脉；叶干后厚纸质，下面淡绿或灰绿色，两面无毛，有时下面沿中脉两侧偶有极少数鳞片；孢子囊群大而圆形，沿中脉两侧各成较整齐 1 行或不规则 2 行，近中脉。

【生境】多生于林下溪边岩石上或树干上，海拔 300~1800 米。

【分布】国内分布：产长江流域及以南各省区，北达陕甘南部；国外分布：马来西亚、不丹、缅甸和越南。

【别名】大星蕨、福氏星蕨。

【保护级别】无

【孢子形态】孢子极面观为椭圆形，赤道面观为豆形或超半圆形，近极较平，极轴长 20~60μm，赤道轴长 28~70μm；单裂缝，具明显的、较窄的边缘，其长度为孢子全长的 2/3 或几达赤道线；不具周壁；外壁厚度为 2.6~5.2μm，外层厚度为内层的 2~3 倍；轮廓线凹凸不平，为不规则的瘤块状纹饰。

第三章 蕨类植物的孢子形态

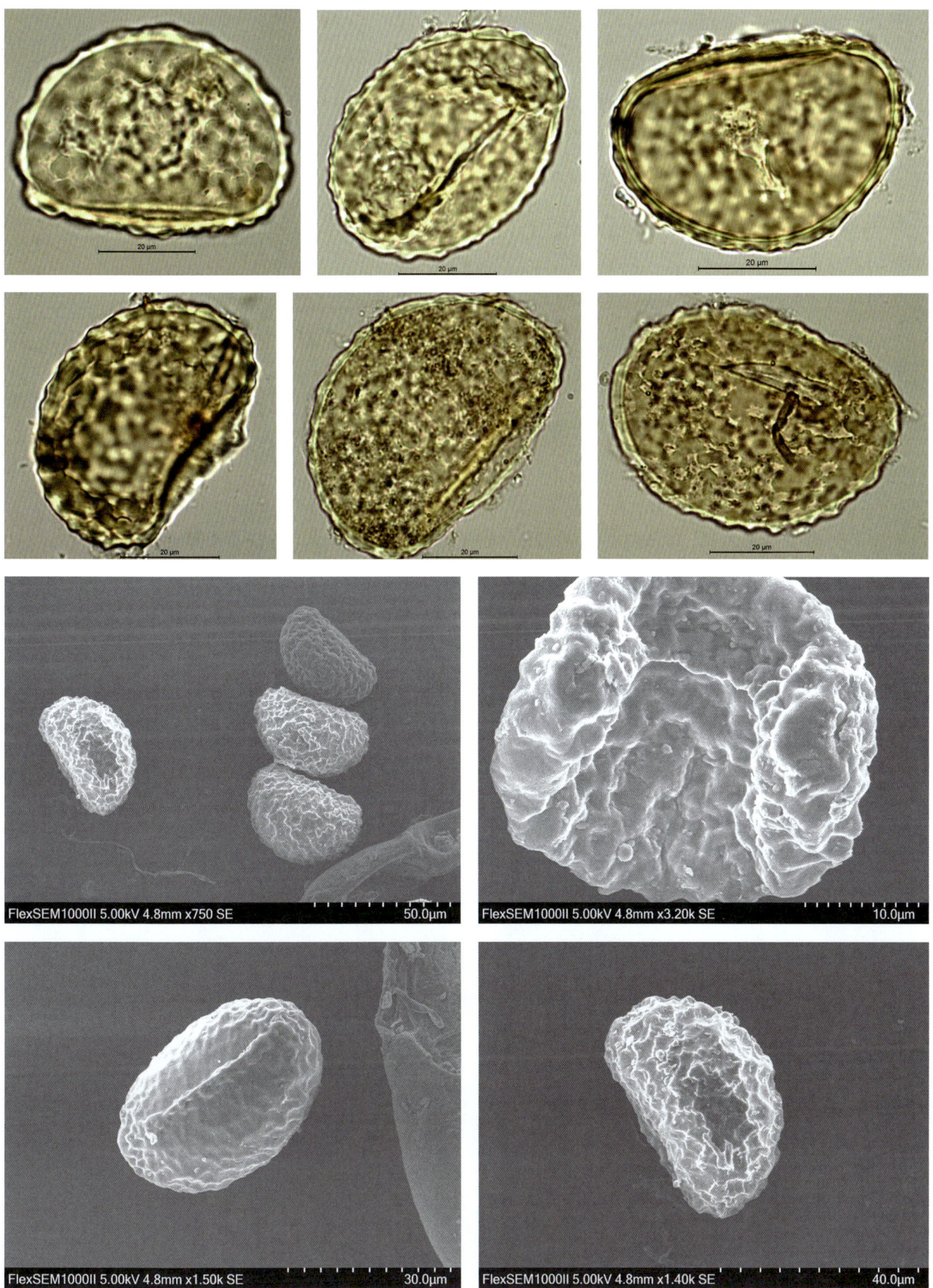

### *Platycerium* 鹿角蕨属
***Platycerium wallichii*** Hook. 鹿角蕨

【形态特征】附生蕨类；根状茎肉质，短而横卧，密被鳞片；鳞片淡棕或灰白色，中间深褐色，坚硬，线形；叶2列，二型；基生不育叶（腐殖叶）宿存，厚革质，下部肉质，厚可达1厘米，直立，无柄，贴生于树干上，长可达40厘米，长宽近相等，先端截形，不整齐，3~5次叉裂，裂片近等长，圆钝或尖头，全缘，主脉两面隆起，叶脉不明显，两面疏被星状毛，初时绿色，不久枯萎，褐色；正常能育叶常成对生长，下垂，灰绿色，长25~70厘米；孢子囊散生于主裂片第一次分叉的凹缺处以下，不到基部，初时绿色，后变黄色；隔丝灰白色，星状毛。

【生境】生于海拔210~950米的山地雨林中。

【分布】国内分布：云南西南部盈江县那邦坝；国外分布：缅甸、印度东北部、泰国等地。

【别名】重裂鹿角蕨、长叶鹿角蕨、爪哇鹿角蕨、绿孢鹿角蕨。

【保护级别】国家二级重点保护野生植物；极危（CR）。

【孢子形态】孢子肾形，两侧对称，极面观为椭圆形或长椭圆形，赤道面观为超半圆形，极轴长为40~45μm，赤道轴长为60~65μm；单裂缝，具边缘，裂缝长度为孢子长轴的1/4~1/3；表面光滑，有很浅的密集的小穴。

孢子图式
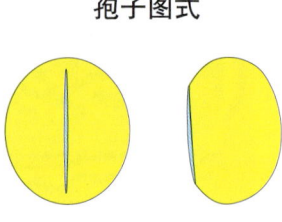

# 第三章 蕨类植物的孢子形态

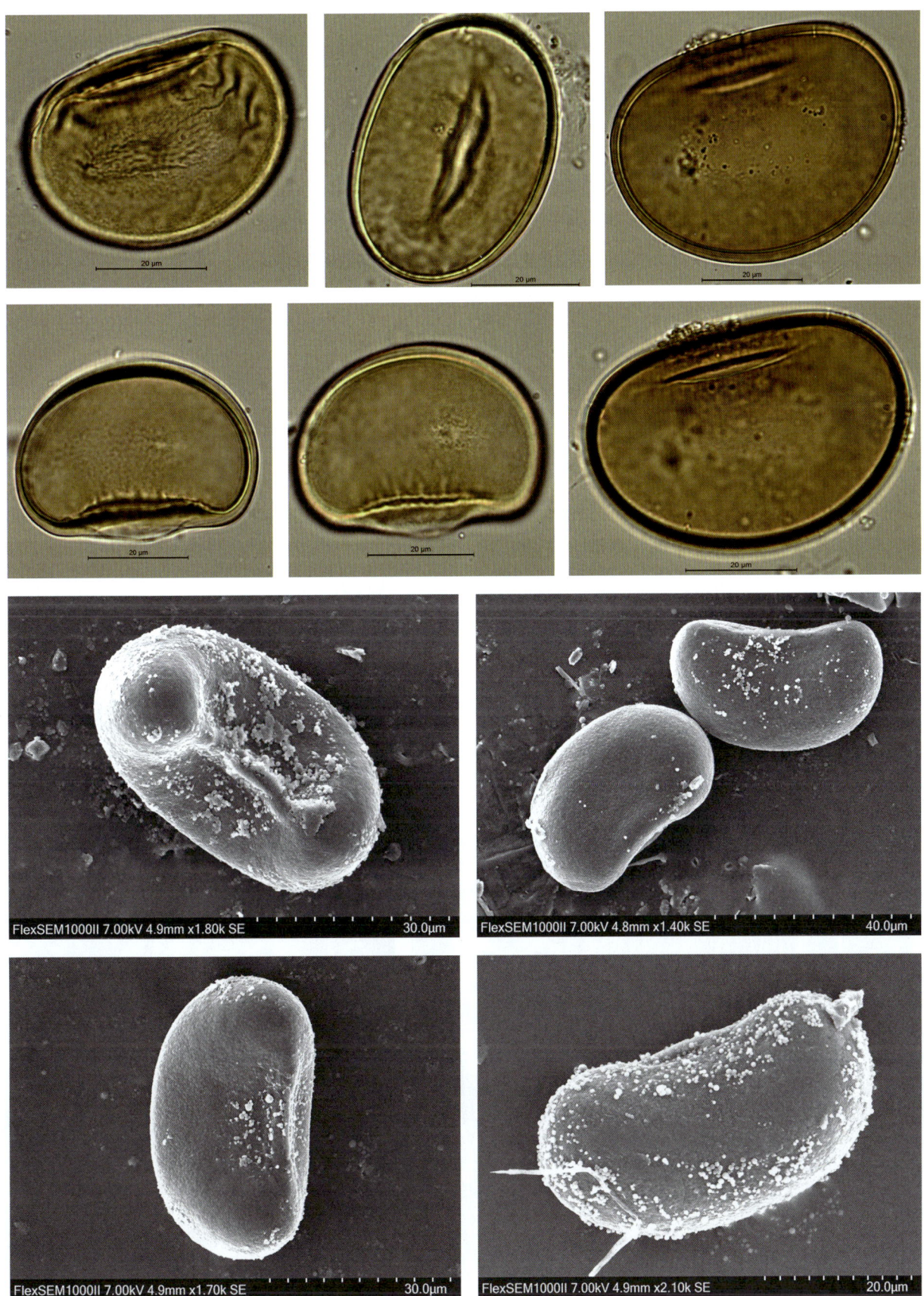

101

## Psilotaceae 松叶蕨科
### *Psilotum* 松叶蕨属

*Psilotum nudum* (L.) P. Beauv. 松叶蕨

**【形态特征】**小型蕨类；地上茎直立，高 15~51 厘米，无毛或鳞片，绿色，下部不分枝，上部多回二叉分枝；枝三棱形，绿色，密生白色气孔；叶小型，散生，二型；不育叶鳞片状三角形，无脉，长 2~3 毫米，宽 1.5~2.5 毫米，先端尖，草质；孢子叶二叉形，长 2~3 毫米，宽约 2.5 毫米；孢子囊单生孢子叶腋，球形，2 瓣纵裂，常 3 个融合为三角形聚囊，径约 4 毫米，黄褐色。

孢子图式

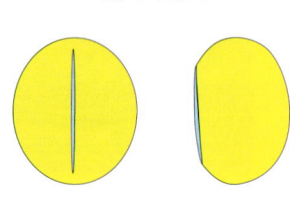

**【生境】**附生于树干上或岩缝中。

**【分布】**我国西南至东南，广布于热带和亚热带地区。

**【别名】**无

**【保护级别】**易危（VU）。

**【孢子形态】**孢子极面观为长椭圆形，赤道面观为豆形，极轴长为 40~50μm，赤道轴长为 65~73μm；单裂缝，裂缝细长，几达孢子赤道线，有时一端或两端分叉形成弓形脊；具或不具唇状边缘，如具边缘，裂缝常常伸出边缘之外；外壁厚度为 3.9~6.5μm，外层厚于内层，具穴状纹饰，穴微不规则，凹入较深，但纹饰常融合在一起，模糊不清；外壁外面有时包有一层薄膜；轮廓线为凹凸波状纹。

第三章 蕨类植物的孢子形态

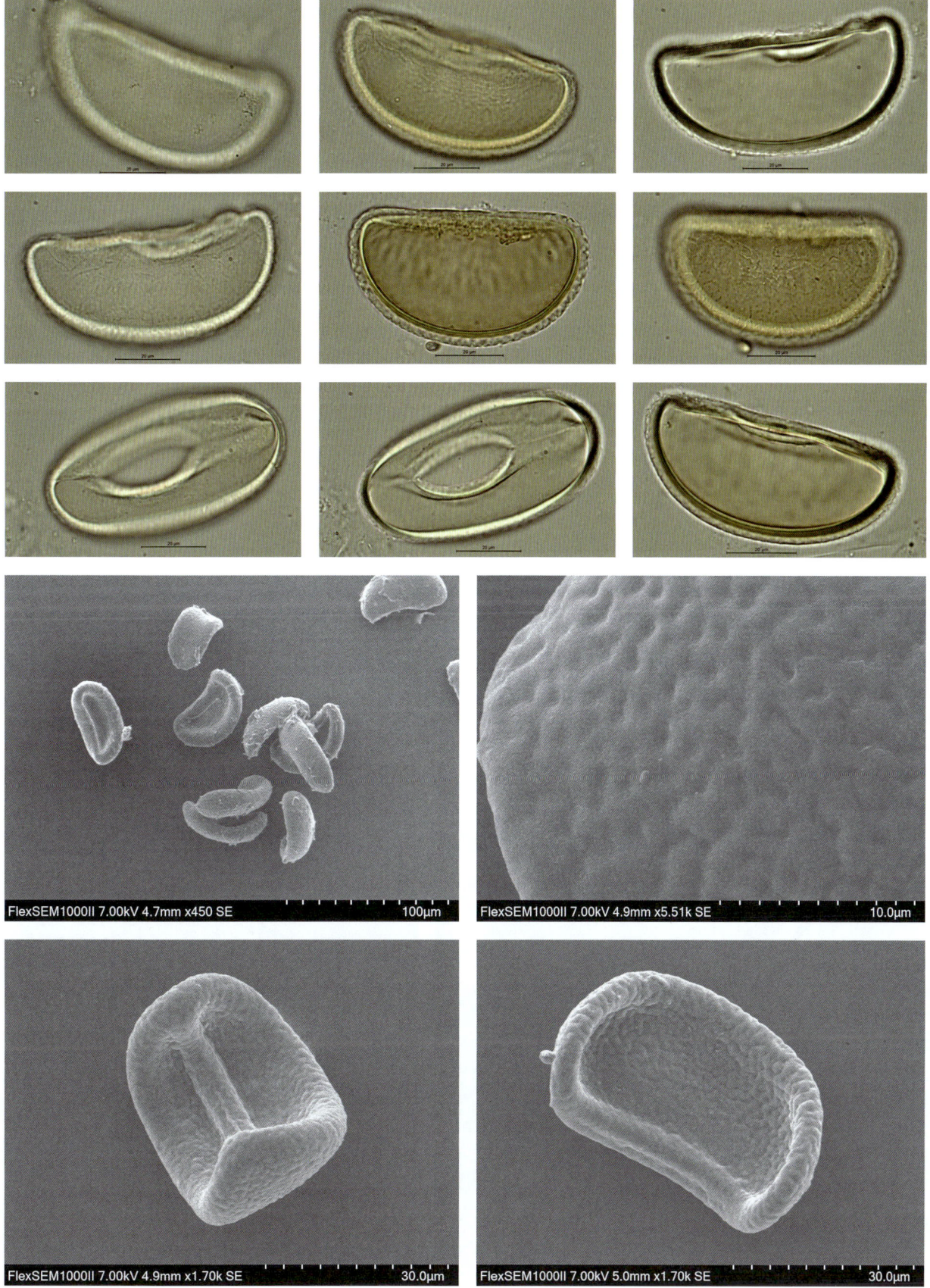

103

## Pteridaceae 凤尾蕨科
### *Pteris* 凤尾蕨属
*Pteris multifida* Poir. 井栏边草

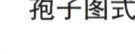

孢子图式

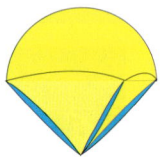

【形态特征】植株高 30~45 厘米；根状茎短而直立，先端被黑褐色鳞片；叶多数，密而簇生，明显二型；叶片卵状长圆形，一回羽状，羽片通常3对，对生，斜向上，无柄，线状披针形，先端渐尖，叶缘有不整齐的尖锯齿并有软骨质的边，下部 1~2 对通常分叉，有时近羽状，顶生三叉羽片及上部羽片的基部显著下延；能育叶有较长的柄，羽片 4~6 对，狭线形；主脉两面均隆起，禾秆色，侧脉明显，稀疏，单一或分叉，有时在侧脉间具有或多或少的与侧脉平行的细条纹（脉状异形细胞）；叶干后草质，暗绿色，遍体无毛；叶轴禾秆色，稍有光泽。

【生境】生于墙壁、井边及石灰岩缝隙或灌丛下，海拔 1000 米以下。

【分布】国内分布：河北、山东、河南、陕西、四川、贵州、广西、广东、福建、台湾、浙江、江苏、安徽、江西、湖南和湖北；国外分布：越南、菲律宾和日本。

【别名】凤尾草、井口边草。

【保护级别】无危（LC）。

【孢子形态】孢子辐射对称，极面观为钝三角形，极轴长 40~45μm，赤道轴长 46~54μm；具 3 裂缝，裂缝具边缘，长度为孢子半径的 2/3 或几达孢子赤道面；外壁厚，有明显的赤道环；表面具瘤状纹饰，形状不规则。

第三章 蕨类植物的孢子形态

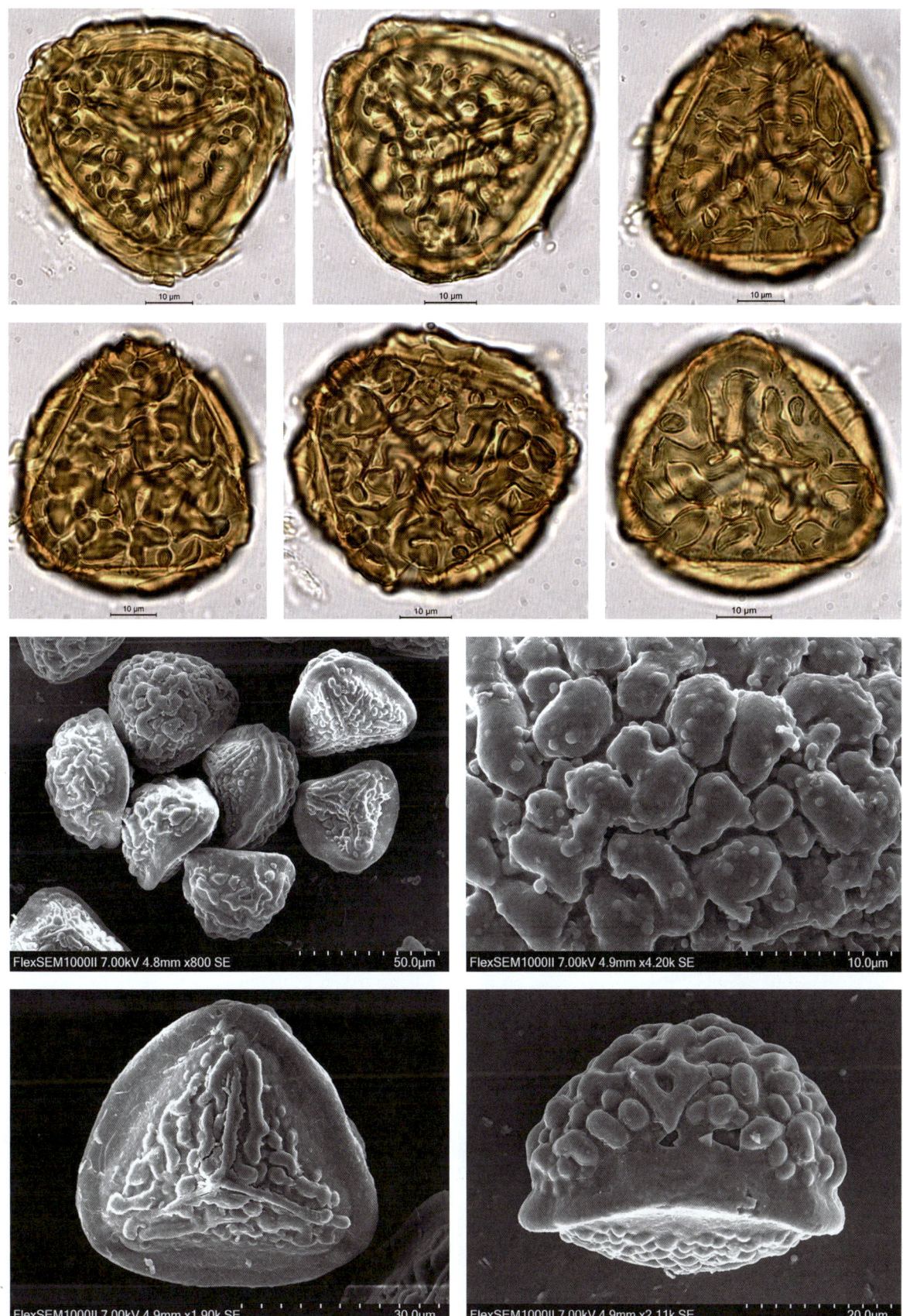

### *Pteris vittata* L. 蜈蚣凤尾蕨

**【形态特征】** 植株高 0.2~1.5 米；根状茎短而直立，密被疏散黄褐色鳞片；叶簇生，一型；叶柄深禾秆色或浅褐色，幼时密被鳞片；叶片倒披针状长圆形，长尾头，基部渐窄，奇数一回羽状，不育的叶缘有细锯齿；叶干后纸质或薄革质，绿色；侧生羽片向顶部为多回二叉分枝，成为密集的鸡冠形；成熟的植株上除下部缩短的羽片不育外，几乎全部羽片均能育；孢子囊群线形，着生羽片边缘的边脉；囊群盖同形，全缘，膜质，灰白色。

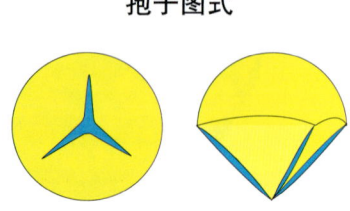

孢子图式

**【生境】** 生于钙质土或石灰岩上，海拔 2000 米以下，也常生于石隙或墙壁上，在不同的生境中形体大小变异很大。本种从不生长在酸性土壤上，为钙质土及石灰岩的指示植物。

**【分布】** 国内分布：广布于我国热带和亚热带，以秦岭南坡为其在我国分布的北方界线；国外分布：在亚欧大陆热带及亚热带地区分布很广。

**【别名】** 蜈蚣草、鸡冠凤尾蕨、蜈蚣蕨。

**【保护级别】** 无危（LC）。

**【孢子形态】** 孢子辐射对称，极面观为钝三角形，赤道面观为半圆形或超半圆形，极轴长 25~54μm，赤道轴长 34~85μm；具 3 裂缝，裂缝具边缘，长度为孢子半径的 2/3 或几达孢子赤道面；有较为明显的赤道环；表面具块状或瘤状纹饰。

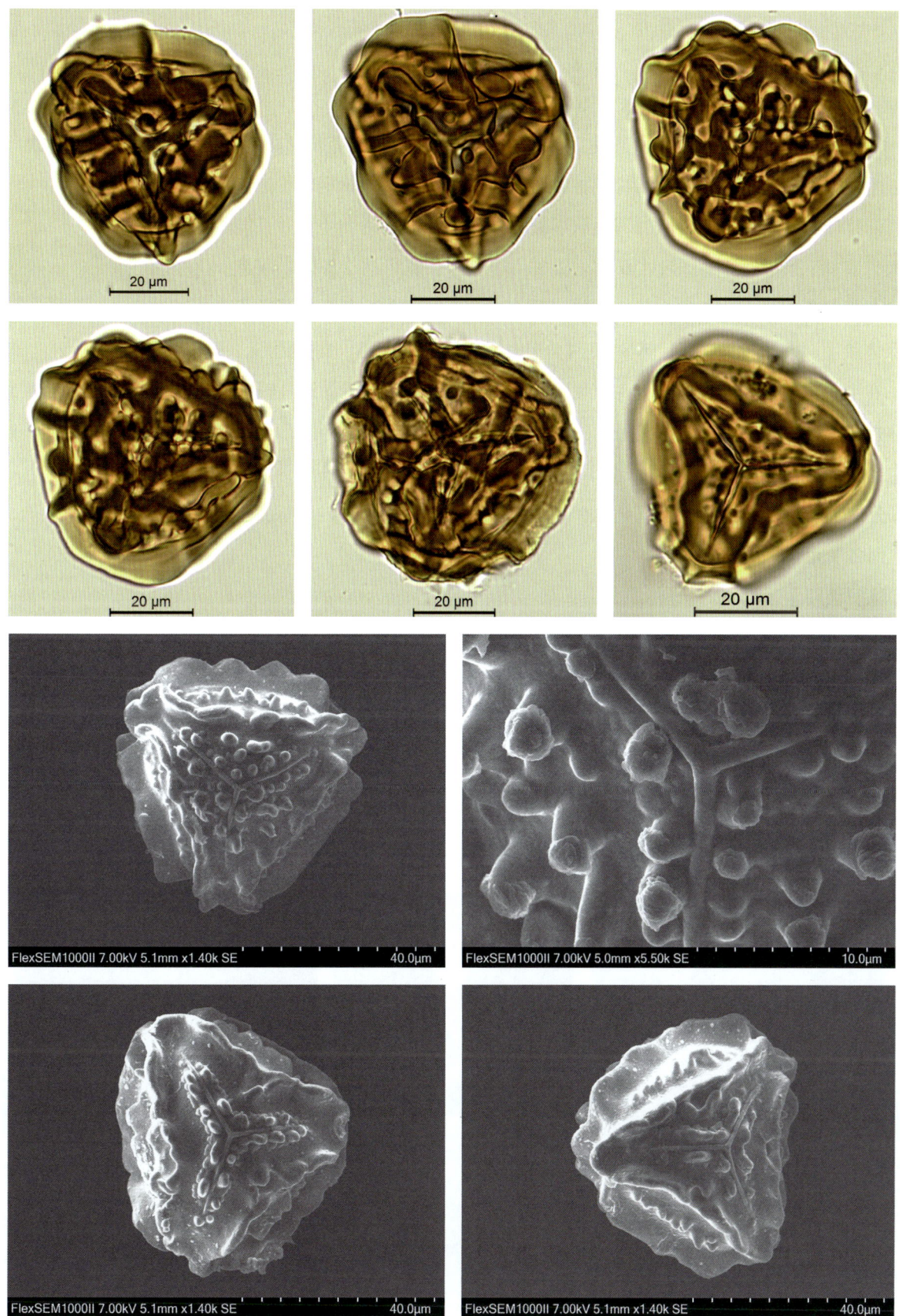

## Thelypteridaceae 金星蕨科
### *Mesopteris* 龙津蕨属
*Mesopteris tonkinensis* (C. Chr.) Ching 龙津蕨

**孢子图式**

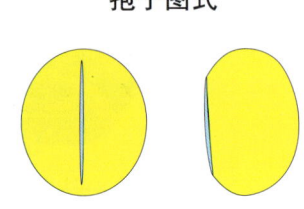

【形态特征】大型蕨类植物，高可达 2 米，植株全体无毛；根状茎长而横走，褐色，木质，连同叶柄基部密被褐棕色披针形鳞片；叶远生；叶柄粗壮，近四棱形，叶片大，狭椭圆形，奇数二回羽状半裂，顶生羽片和其下侧生羽片几同形同大，有柄；侧生羽片可多达 30 对，长 30~40 厘米，宽可达 2 厘米，羽状半裂，下部的近对生，向上的互生，斜展，下面多少有微细的金色、球形、无柄的腺体散生；裂片尖头，有叶脉 8~10 对，单一，极斜向上；孢子囊群圆形，无盖，在羽轴两侧至少排成一行，生于裂片基部一对叶脉的下部，靠近叶轴，或往往排成不规则的 2~5 行；上部小脉均不育；孢子囊体光滑无毛。

【生境】生于海拔约 110 米的石灰岩山上疏林中湿润石上。

【分布】国内分布：广西南部（龙津和甲乡龙牙埇）；国外分布：越南北部。

【别名】无

【保护级别】近危（NT）。

【孢子形态】孢子左右对称，极面观为椭圆形，赤道面观为半圆形，极轴长 13~15μm，赤道轴长 20~25μm；单裂缝细窄，不具边缘，裂缝长度为孢子全长的 1/2；具周壁，周壁较厚，表面不平，具刺或不规则的疣状纹饰。

第三章 蕨类植物的孢子形态

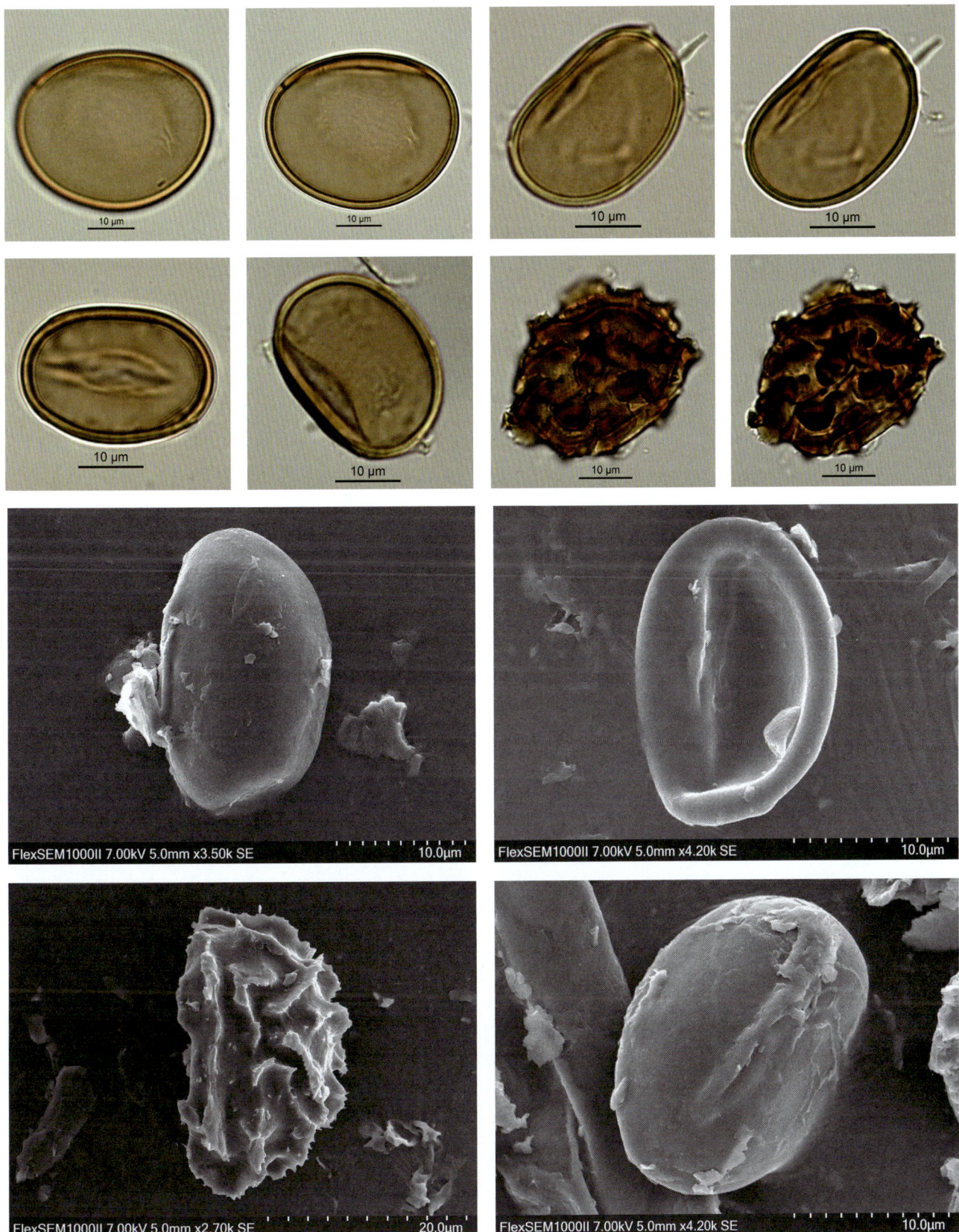

# 第四章

# 裸子植物的花粉形态

黑松
*Pinus thunbergii*

## Araucariaceae 南洋杉科
### *Araucaria* 南洋杉属
*Araucaria cunninghamii* Mudie 南洋杉

【形态特征】乔木，在原产地高可达 70 米，胸径 1 米以上；树皮灰褐色或暗灰色，粗糙，横裂；大枝平展或斜展，幼树树冠尖塔形，老则平顶；叶二型：幼树和侧枝的叶排列疏松，开展，钻状、针状、镰状或三角状；大树及花果枝上之叶排列紧密而叠盖，斜上伸展，微向上弯，卵形，三角状卵形或三角状；雄球花单生枝顶，圆柱形；球果卵形或椭圆形；苞鳞楔状倒卵形，两侧具薄翅；舌状种鳞的先端薄，不肥厚；种子椭圆形，两侧具结合而生的膜质翅。

【花果期】花期 10—11 月，果期翌年 7—8 月。

【生境】需充足阳光，在气温 25~30℃、相对湿度 70% 以上的环境条件下生长最佳。

【分布】我国广西、广州、海南岛、厦门等地有栽培，原产大洋洲东南沿海地区。

【别名】猴子杉、肯氏南洋杉、细叶南洋杉。

【保护级别】无危（LC）。

【花粉形态】花粉粒球形，直径为 67~101μm；没有气囊及萌发孔；外壁容易起褶皱；表面粗糙，具细颗粒状纹饰。

花粉图式

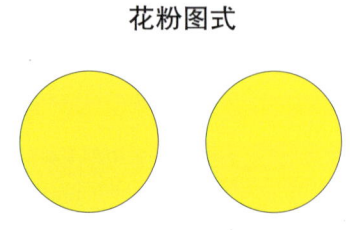

第四章 裸子植物的花粉形态

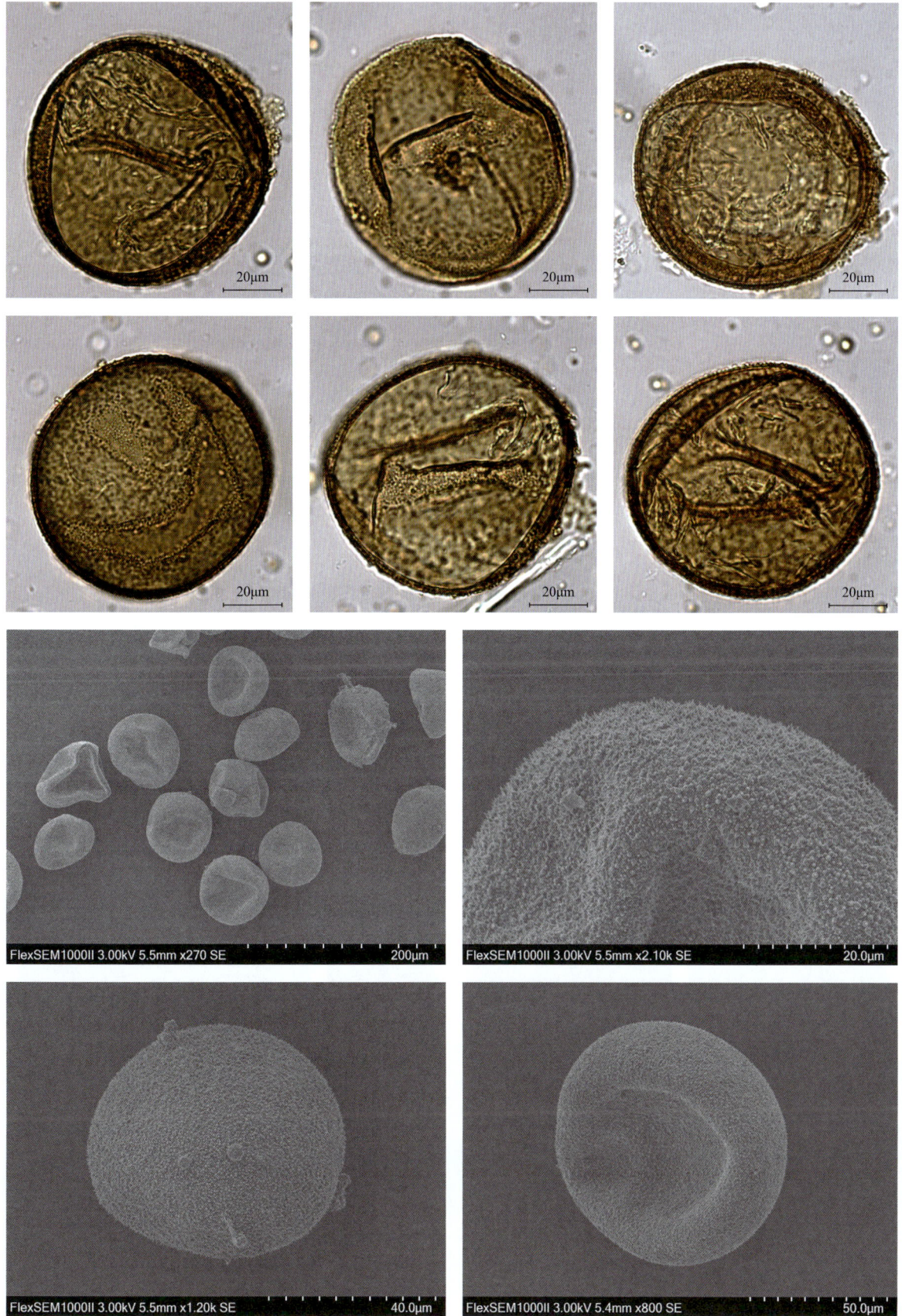

## Cephalotaxaceae 三尖杉科
### *Cephalotaxus* 三尖杉属
#### *Cephalotaxus oliveri* Mast. 篦子三尖杉

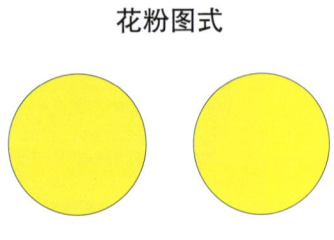

花粉图式

【形态特征】灌木，高可达4米；树皮灰褐色；叶条形，质硬，平展成两列，排列紧密，通常中部以上向上方微弯，稀直伸，基部截形或微呈心形，几无柄，先端凸尖或微凸尖，上面深绿色，微拱圆，中脉微明显或中下部明显，下面气孔带白色；雄球花6~7聚生成头状花序，基部及总梗上部有10余枚苞片，每一雄球花基部有1枚广卵形的苞片，雄蕊6~10枚，花药3~4个，花丝短；雌球花的胚珠通常1~2枚发育成种子；种子倒卵圆形、卵圆形或近球形，顶端中央有小凸尖，有长梗。

【花果期】花期3—4月，果期8—10月。

【生境】生于海拔300~1800米的阔叶林或针叶林内。

【分布】广东、江西、湖南、湖北、四川、贵州、云南东南部及东北部。

【别名】无

【保护级别】国家二级重点保护野生植物；易危（VU）；中国特有种。

【花粉形态】花粉粒球形，轮廓近圆形，略有棱角，具一薄壁区，直径19.5~25.5μm；外壁薄，层次不明显，薄壁区的外壁常起褶皱；表面具模糊的颗粒状纹饰。

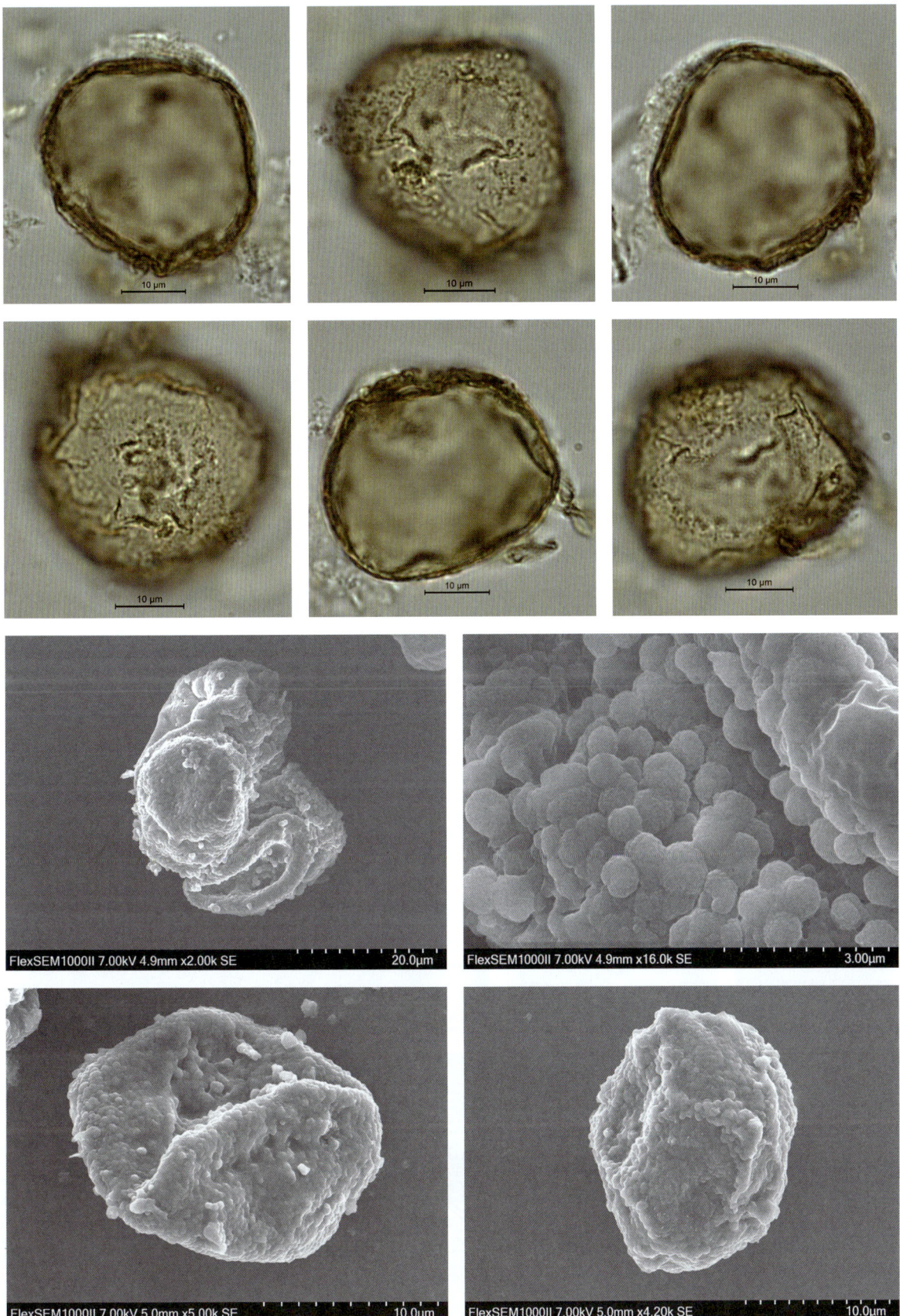

## *Cephalotaxus sinensis* (Rehder & E. H. Wilson) H. L. Li 粗榧

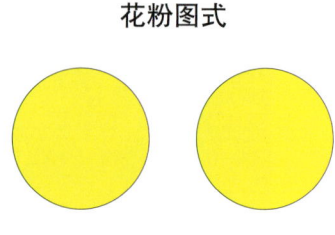

花粉图式

【形态特征】灌木或小乔木，高可达 15 米，少为大乔木；树皮灰色或灰褐色，裂成薄片状脱落；叶条形，排列成两列，通常直，稀微弯，基部近圆形，几无柄，上部通常与中下部等宽或微窄，先端通常渐尖或微凸尖，稀凸尖，上面深绿色，中脉明显，下面有 2 条白色气孔带；雄球花 6~7 聚生成头状，总梗长约 3 毫米，基部及总梗上有多数苞片，雄球花卵圆形，基部有 1 枚苞片，雄蕊 4~11 枚，花丝短，花药 2~4（多为 3）个；种子通常 2~5 个着生于轴上，卵圆形、椭圆状卵形或近球形，很少成倒卵状椭圆形，长 1.8~2.5 厘米，顶端中央有一小尖头。

【花果期】花期 3—4 月，果期 8—10 月。

【生境】多生于海拔 600~2200 米的花岗岩、砂岩及石灰岩山地上。

【分布】江苏南部、浙江、安徽南部、福建、江西、河南、湖南、湖北、陕西南部、甘肃南部、四川、云南东南部、贵州东北部、广西和广东西南部。

【别名】中国粗榧、粗榧杉、中华粗榧杉、鄂西粗榧。

【保护级别】近危（NT）；中国特有种；地方保护野生植物。

【花粉形态】花粉粒球形，轮廓近圆形，略有棱角，具一薄壁区，直径 16~27μm；外壁两层厚度约相等，外壁变薄部分下凹较显著；表面颗粒不明显，油镜下方可见。

第四章 裸子植物的花粉形态

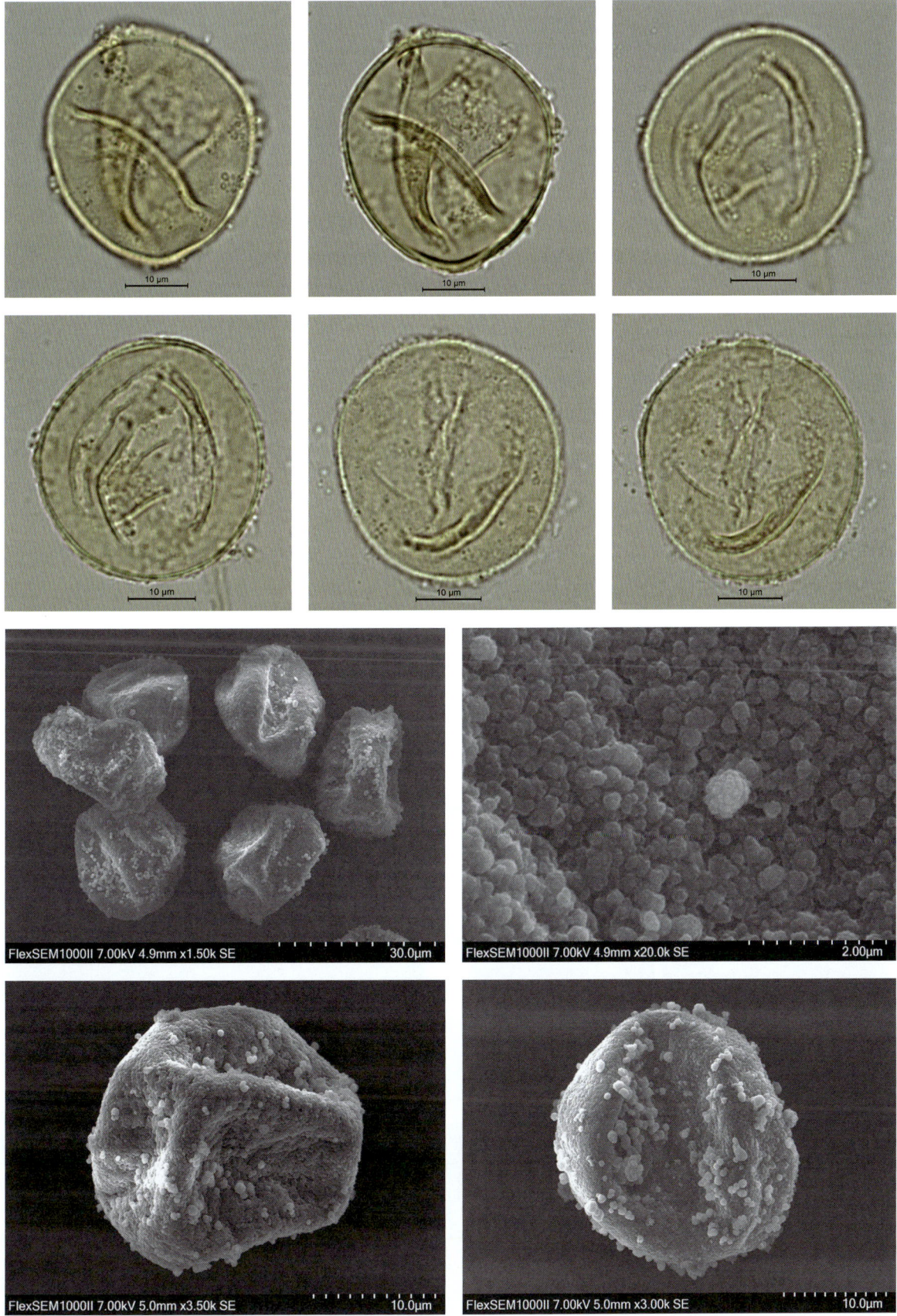

## Cupressaceae 柏科
### *Chamaecyparis* 扁柏属
*Chamaecyparis formosensis* Matsum. 红桧

【形态特征】乔木，高可达 57 米；树皮淡红褐色，生鳞叶的小枝扁平，排成一平面；鳞叶菱形，先端锐尖，背面有腺点，有时具纵脊，小枝上面之叶绿色，微有光泽，下面之叶有白粉；球果矩圆形或矩圆状卵圆形；种鳞 5~6 对，顶部具少数沟纹，中央稍凹，有尖头；种子扁，倒卵圆形，红褐色，微有光泽，两侧具窄翅。

花粉图式

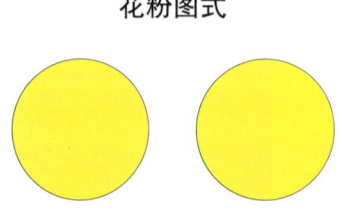

【花果期】花期 4—5 月，球果 9—10 月成熟。

【生境】气候温和湿润、雨量丰沛的酸性黄壤地带，常在森林边缘或在林内、林隙空地繁生幼苗，天然更新较易，海拔 1050~2000 米。

【分布】为我国台湾的特有树种，产于中央山脉、阿里山、北插天山等地。

【别名】台湾扁柏、松梧、薄皮松罗。

【保护级别】国家二级重点保护野生植物；濒危（EN）；中国特有种。

【花粉形态】花粉粒球形，常起褶皱，直径为 14~23μm；不具萌发孔；外壁薄，层次不明显；表面具颗粒状纹饰。

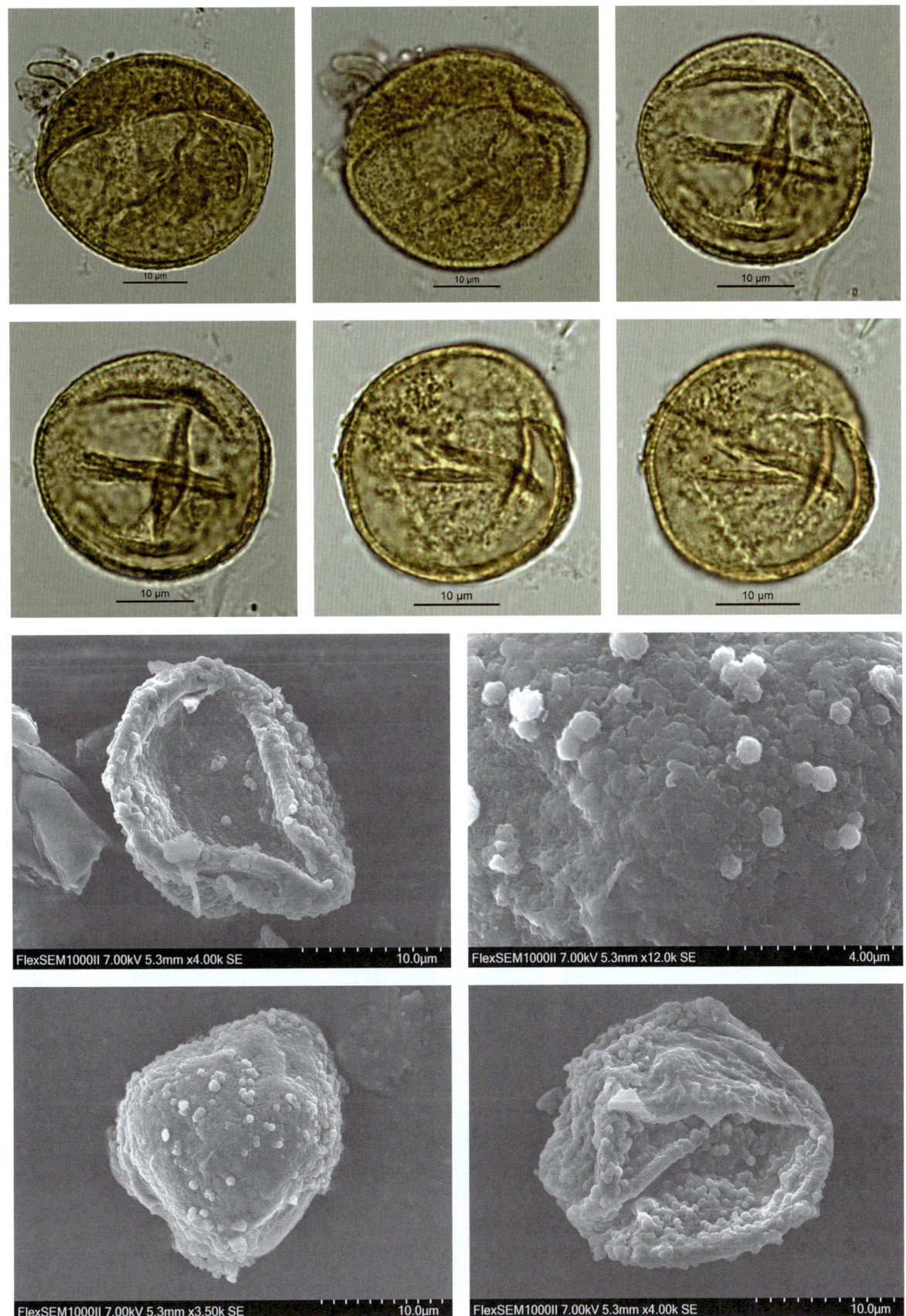

## *Fokienia* 福建柏属

### *Fokienia hodginsii* (Dunn) A.Henry et Thomas 福建柏

**【形态特征】**乔木，高可达17米；树皮紫褐色，平滑；生鳞叶的小枝扁平，排成一平面，二、三年生枝褐色，光滑，圆柱形；鳞叶2对交叉对生，成节状，生于幼树或萌芽枝上的中央之叶呈楔状倒披针形，上面之叶蓝绿色，下面之叶中脉隆起，两侧具凹陷的白色气孔带，侧面之叶对折，近长椭圆形，多少斜展，较中央之叶为长，背有棱脊，先端渐尖或微急尖，通常直而斜展，稀微向内曲，背侧面具1凹陷的白色气孔带；雄球花和球果近球形，果熟时褐色；种鳞顶部多角形，表面皱缩稍凹陷，中间有一小尖头突起；种子顶端尖，具3~4棱，上部有两个大小不等的翅，大翅近卵形，小翅窄小。

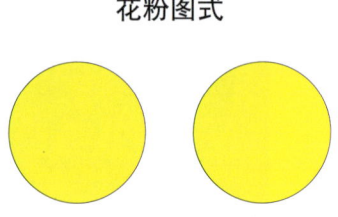
花粉图式

**【花果期】**花期3—4月，果期翌年10—11月。

**【生境】**在贵州、湖南、广东及广西分布于海拔1000米上下地带；在云南地区分布于海拔800~1800米地带，均生于温暖湿润的山地森林中。

**【分布】**国内分布：浙江、福建、广东、江西、湖南、贵州、广西、四川及云南；国外分布：越南北部。

**【别名】**滇福建柏、广柏、滇柏、建柏。

**【保护级别】**国家二级重点保护野生植物；易危（VU）。

**【花粉形态】**花粉粒球形，常起褶皱，直径为17~35μm；无萌发孔；外壁薄，层次不明显；表面具有模糊的颗粒。

第四章 裸子植物的花粉形态

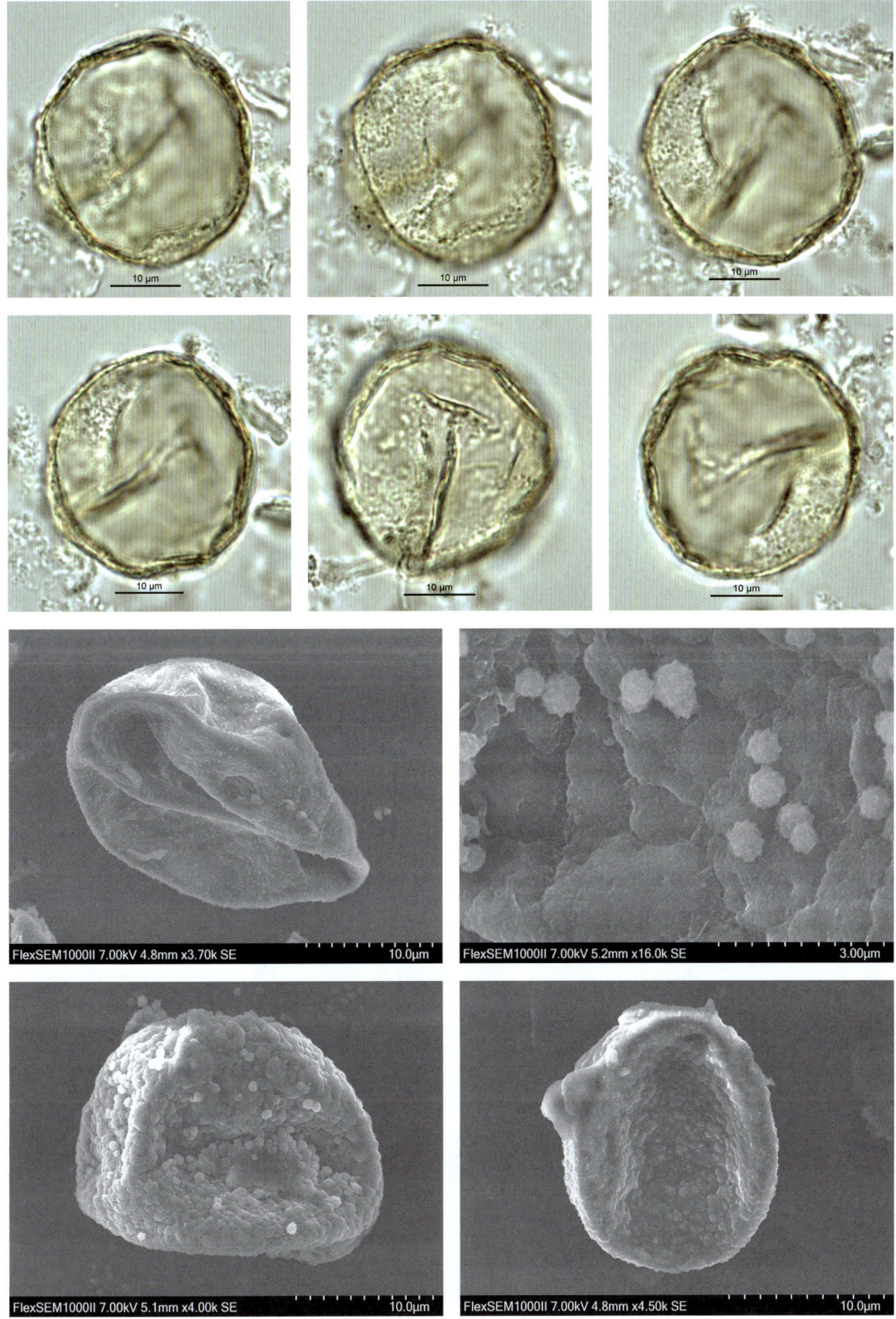

## Cycadaceae 苏铁科
### *Cycas* 苏铁属
*Cycas bifida* (Dyer) K. D. Hill 叉叶苏铁

**【形态特征】** 常绿木本植物，高可达 4 米；树干圆柱形；叶螺旋状排列，叶呈叉状二回羽状深裂，叶柄两侧具宽短的短刺，羽片叉状分裂，裂片线状披针形，边缘波状，幼时被白粉，后呈深绿色，有光泽，先端钝尖，基部不对称；雌雄异株，雄球花圆柱形；小孢子叶近匙形或宽楔形，光滑，黄色，边缘橘黄色，有茸毛，圆或有短而渐尖的尖头，花药 3~4 个聚生；大孢子叶基部柄状，橘黄色，柄与上部的顶片近等长或稍短，胚珠 1~4 枚，着生于大孢子叶叶柄的上部两侧，近圆球形，被茸毛，上部的顶片菱形倒卵形，边缘具篦齿状裂片，裂片钻形，站立；种子成熟时为黄色。

**【花果期】** 花期 3—4 月，果期 9—10 月。

**【生境】** 海拔 700 米以下石灰岩山地的灌丛和草丛中。

**【分布】** 国内分布：云南和广西；国外分布：越南和老挝。

**【别名】** 无

**【保护级别】** 国家一级重点保护野生植物；极危（CR）。

**【花粉形态】** 花粉粒船形，极面观为椭圆形，直径 20~25μm；具单沟，沟处于远极面，沟的边缘平滑，长达两端，沟末端圆，两端张开较大，中部较窄；外壁层次不明显，远极面较厚；表面具不清楚的网状雕纹。

花粉图式

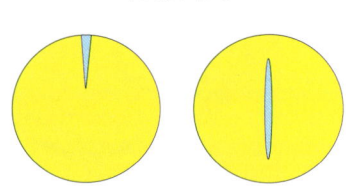

第四章 裸子植物的花粉形态

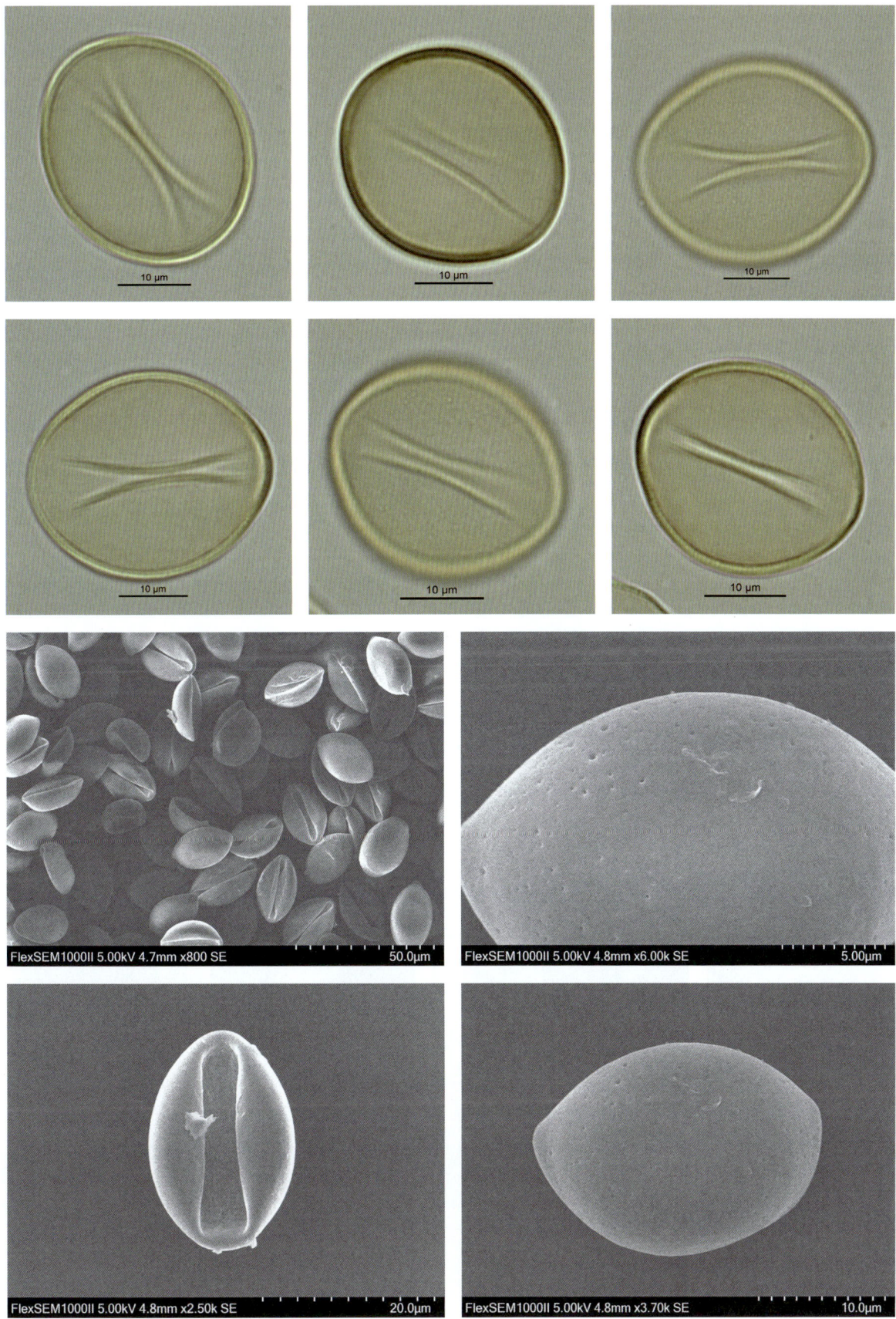

### *Cycas debaoensis* Y. C. Zhong & C. J. Chen 德保苏铁

【形态特征】亚地下茎；树干粗壮，圆柱形，褐灰色；叶片1片，稀2片，羽叶集生茎顶，直立；羽片三回羽状，羽片线形（初生的第一片叶为倒卵状披针形，先端常尾状渐尖），先端渐窄或长渐尖；小孢子叶球柔软，呈纺锤状，大孢子叶呈圆锥状半球形；胚珠4~6枚；种子3~4粒，倒卵状球形，外种皮为黄色。

【花果期】花期3—4月，果期11月。

【生境】开阔石灰岩山地的灌丛或疏林中。

【分布】原产于中国，主要分布于云南和广西等地区。

【别名】无

【保护级别】国家一级重点保护野生植物；极危（CR）。

【花粉形态】花粉粒船形，极面观为椭圆形，直径20~25μm；具单沟，沟处于远极面，沟的边缘平滑，长达两端，沟末端圆，两端张开较大，中部较窄；外壁层次不明显，远极面较厚；表面具不清楚的网状雕纹。

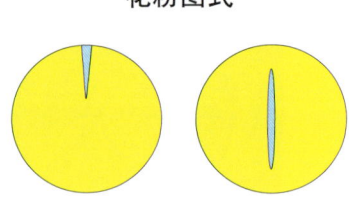

花粉图式

# 第四章 裸子植物的花粉形态

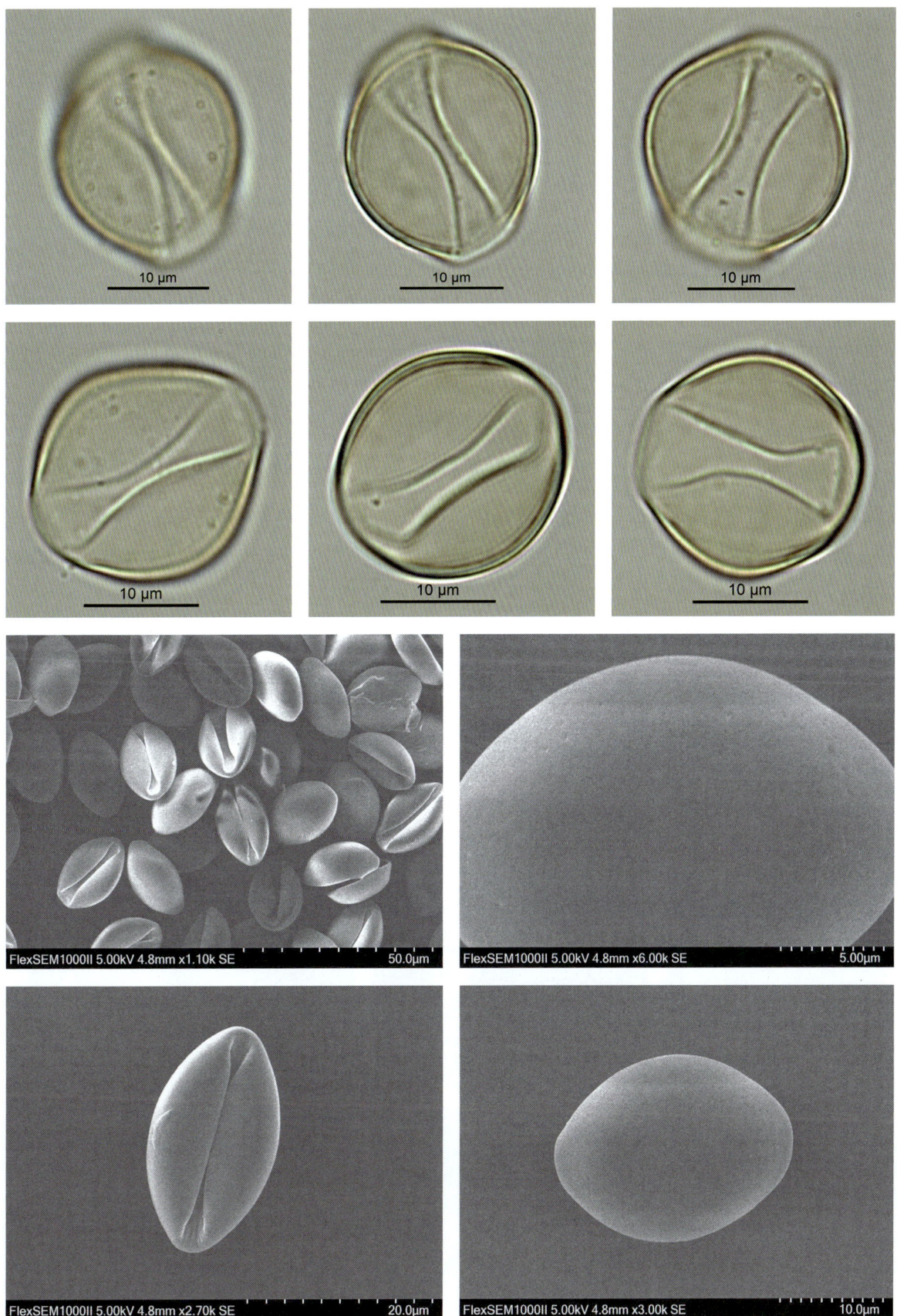

### *Cycas guizhouensis* K. M. Lan & R. F. Zou 贵州苏铁

**【形态特征】** 常绿木本，茎干圆柱状，干皮黑褐色，有宿存叶痕；叶60~90 片，一回羽裂，叶柄具刺 40~50 对；羽片稍镰刀状，厚革质，基部下延，边缘平或微反曲；小孢子叶球纺锤状，圆柱形；大孢子叶被黄褐色茸毛，不育顶片宽倒卵形或近圆形，顶端近圆形，裂片深裂，钻形；胚珠 4~10 枚；种子 2~6 粒，淡黄色，近球状或倒卵状，外种皮肉质，干时变膜质，易脆裂，中种皮有皱纹。

**【花果期】** 花期 5—6 月，果期 11—12 月。

**【生境】** 河谷地带的灌丛及林下或山坡林下阴湿处，海拔 350~1060 米的沟谷季雨林中。

**【分布】** 广西、贵州、云南等地。

**【别名】** 无

**【保护级别】** 国家一级重点保护野生植物；极危（CR）；中国特有种。

**【花粉形态】** 花粉粒船形，极面观为椭圆形或长圆形，直径 13~31μm；具单沟（远极沟），沟的边缘平滑，长达两端，沟末端圆，两端张开较大，中部较窄；外壁层次不明显；表面较为光滑，表面具不清楚的网状雕纹；从另一赤道面观，即从船头向船尾看，花粉粒为凹形。

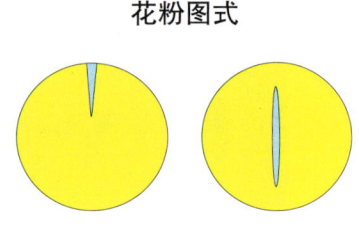

花粉图式

第四章 裸子植物的花粉形态

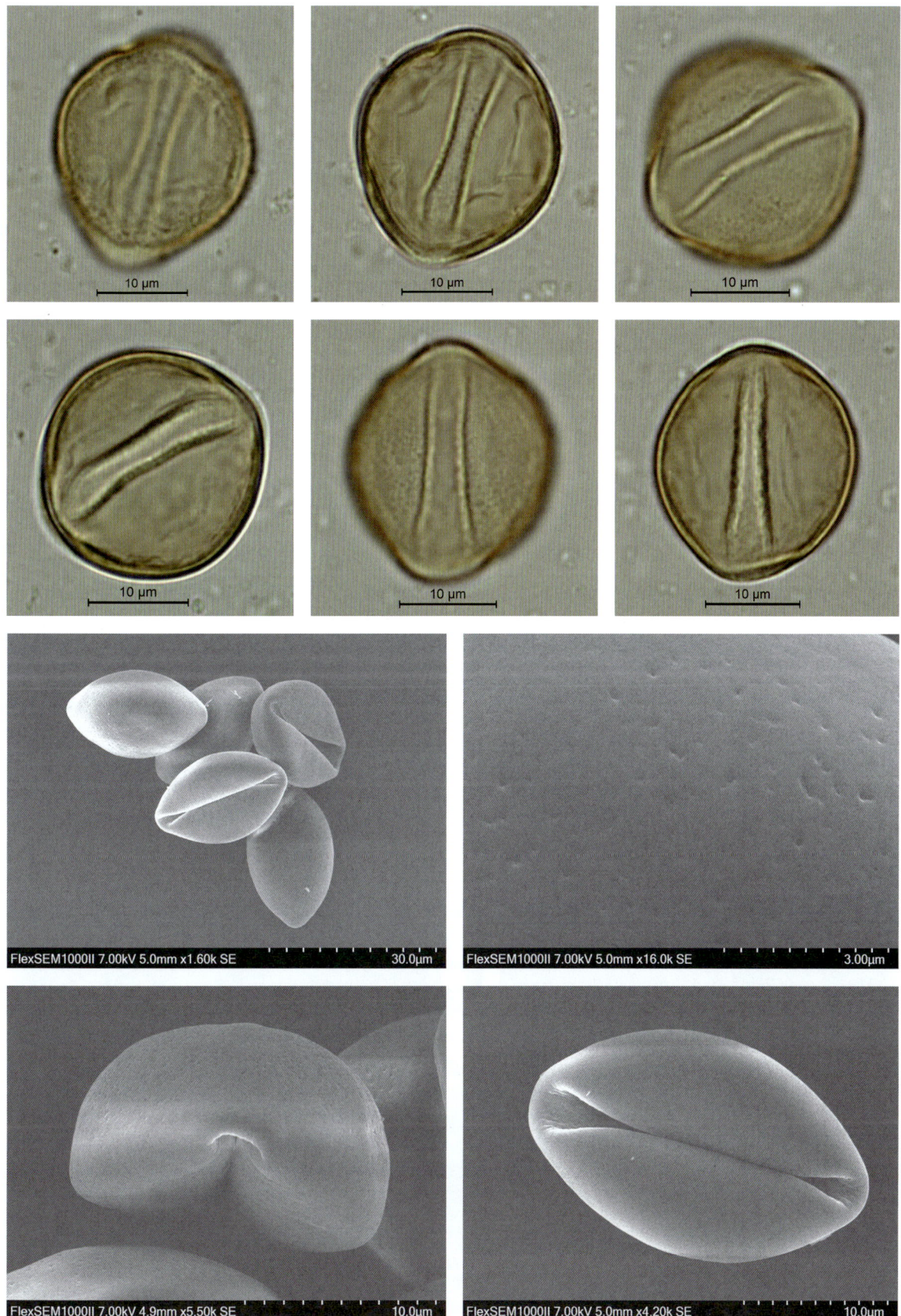

### *Cycas panzhihuaensis* L. Zhou & S. Y. Yang 攀枝花苏铁

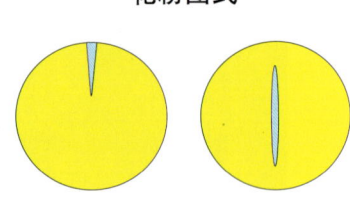

花粉图式

【形态特征】常绿木本，高 2~3 米；茎干圆柱状，顶端被厚茸毛，干皮暗褐或灰褐色，有宿存鳞状叶痕；叶 30~60 片，一回羽裂，基部密被褐色茸毛；羽片革质，蓝绿色，干时灰绿色，基部下延，边缘平坦或稍反曲，中脉上面近平，下面隆起；雄球花纺锤状圆柱形，雌球花球形或半球形，紧密；大孢子叶 30 枚以上，上部宽菱状卵形，密被黄褐色茸毛，篦齿状分裂；小孢子叶窄楔形，先端具短尖；胚珠 4~6 枚，无毛；种子 2~4 粒，成熟时橘红色，球状或倒卵状球形，长 2.5~3.5 厘米，外种皮肉质，干时变近膜质，脆易剥落，中种皮光滑。

【花果期】花期 4—5 月，果期 9—10 月。

【生境】生长于海拔 1100~2000 米的常绿阔叶林下或稀树灌丛中，适应干旱河谷的特殊生境。

【分布】四川西南部与云南北部。

【别名】无

【保护级别】国家一级重点保护野生植物；濒危（EN）。

【花粉形态】花粉粒船形，极面观为椭圆形，直径 20~35μm；具单沟，沟处于远极面，沟的边缘平滑，长达两端，沟末端圆，两端张开较大，中部较窄；外壁层次不明显，远极面较厚；表面具不明显的网状雕纹。

第四章 裸子植物的花粉形态

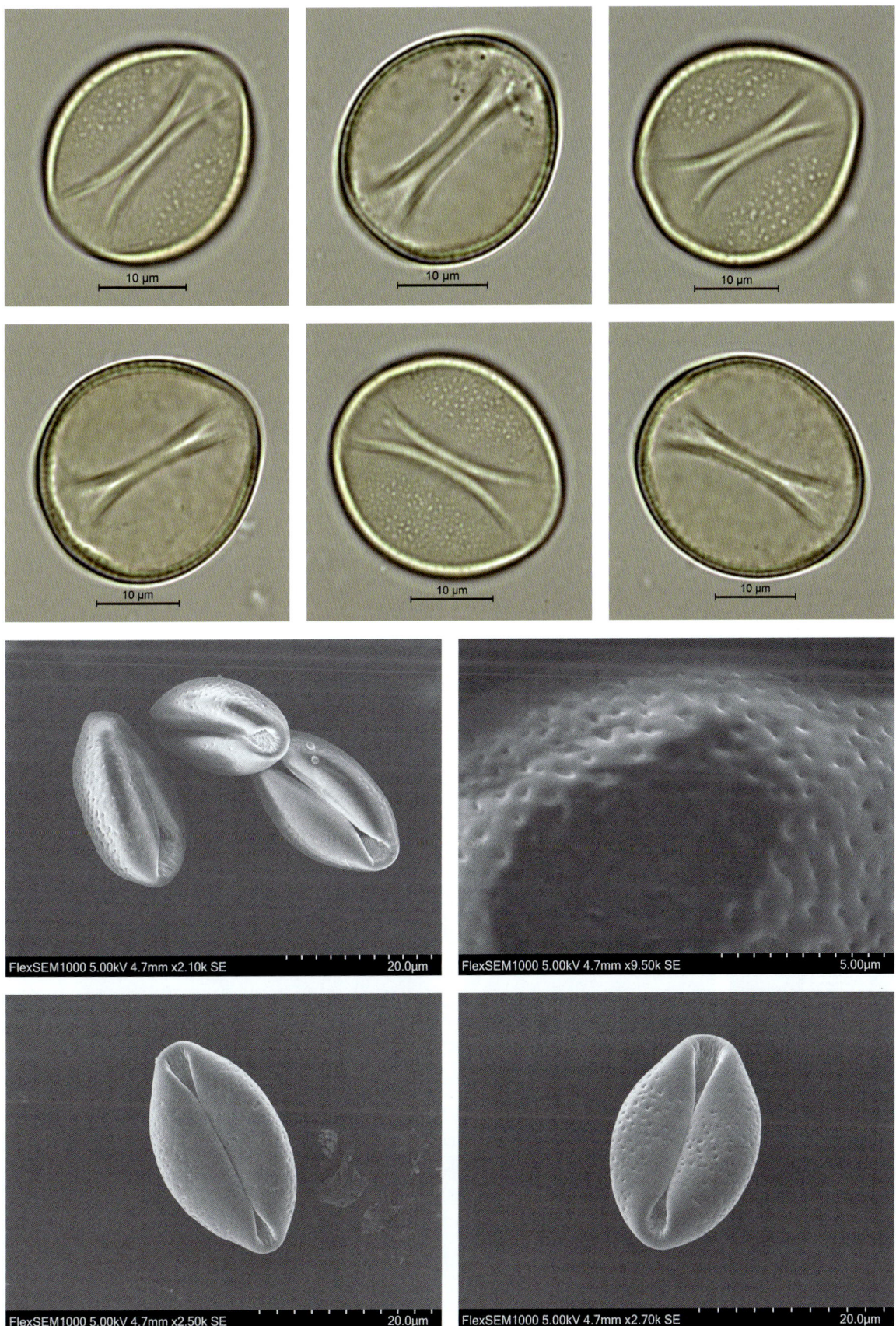

### *Cycas revoluta* Thunb. 苏铁

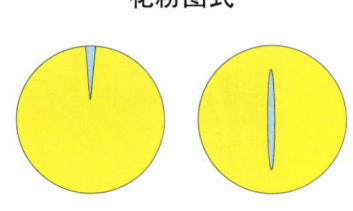

花粉图式

【形态特征】常绿木本；树干高约 2 米，稀达 8 米或更高，圆柱形，如有明显螺旋状排列的菱形叶柄残痕；羽状叶从茎的顶部生出，下层的向下弯，上层的斜上伸展，整个羽状叶的轮廓呈倒卵状狭披针形；常在基部或下部生不定芽，有时分枝，顶端密被很厚的茸毛；叶一回羽裂，羽片呈 V 形伸展；小孢子叶窄楔形，顶端宽平，其两角近圆形，有急尖头，直立，橘黄色；大孢子叶密生淡黄色或淡灰黄色茸毛，上部的顶片卵形至长卵形，边缘羽状分裂，胚珠 2~6 枚，生于大孢子叶柄的两侧，有茸毛；种子红褐色或橘红色，倒卵圆形或卵圆形，稍扁，密生灰黄色短茸毛，后渐脱落，中种皮木质，两侧有两条棱脊，上端无棱脊或棱脊不显著，顶端有尖头。

【花果期】花期 5—7 月，果期 9—10 月。

【生境】喜暖热湿润的环境，不耐寒冷，生长甚慢；主要生长在亚热带生物群落中，通常生长在陡峭的石灰岩悬崖和海岸线的岩石上，有时生长在阴凉处的低矮茂密森林、坡疏林或灌丛中。

【分布】国内分布：产于福建、台湾和广东，各地常有栽培；国外分布：日本南部、菲律宾和印度尼西亚。

【别名】避火蕉、凤尾草、凤尾松、凤尾蕉、辟火蕉、铁树、美叶苏铁。

【保护级别】国家一级重点保护野生植物；极危（CR）。

【花粉形态】花粉粒船形，极面观为椭圆形，直径 15~25μm；具单沟，沟处于远极面，沟的边缘平滑，长达两端，沟末端圆，两端张开较大，中部较窄；外壁层次不明显，远极面较厚；表面具网状雕纹。

# 第四章 裸子植物的花粉形态

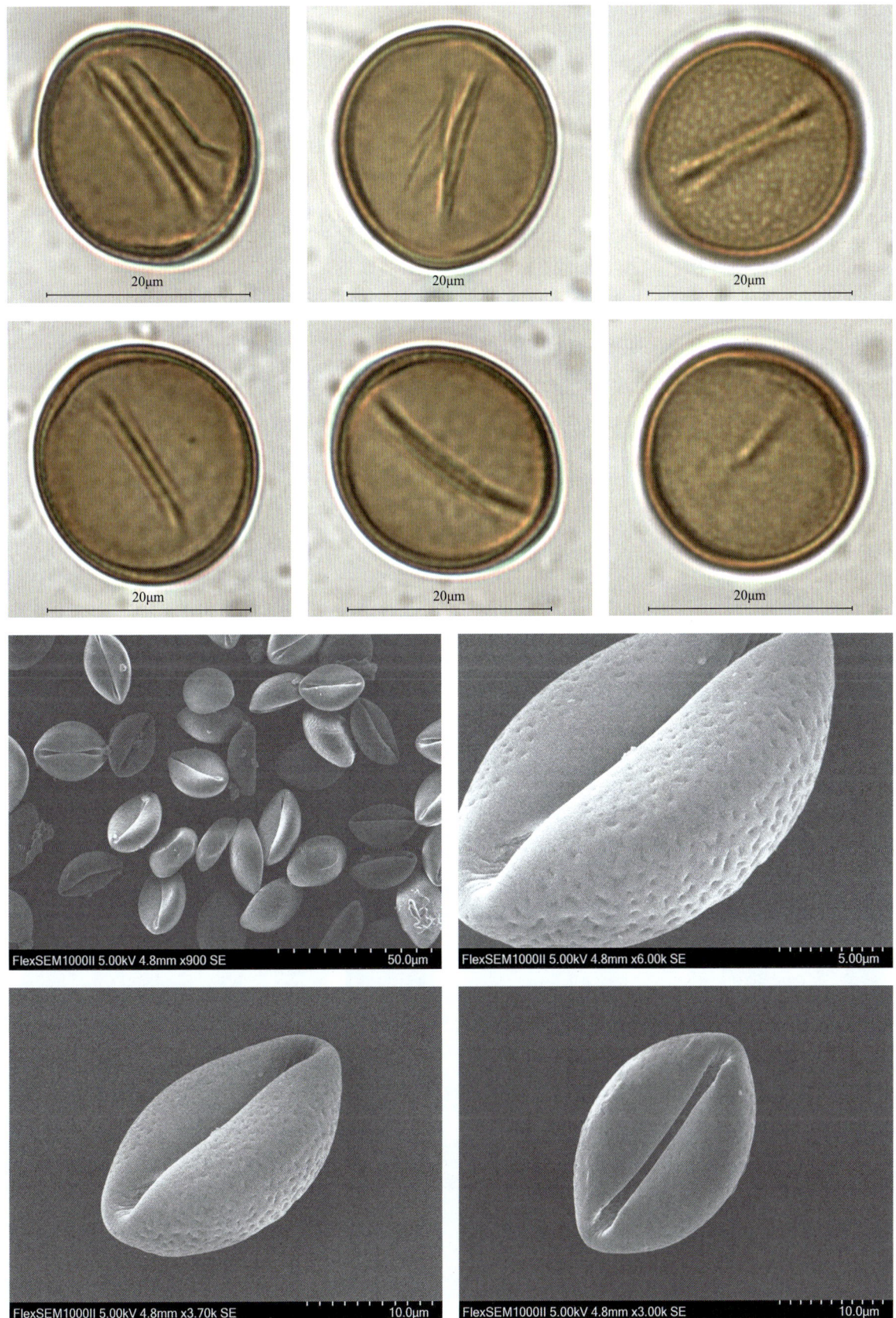

## *Cycas segmentifida* D. Yue Wang & C. Y. Deng 叉孢苏铁

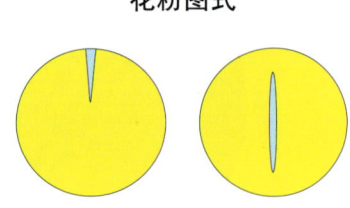

花粉图式

【形态特征】常绿木本，树干圆柱形，干皮黑褐色，具宿存叶痕；鳞叶三角状针形，柔软多毛；具 55~96 对羽片，初呈蓝绿色，后变绿色，两侧具长达 4 毫米的刺；羽片无毛，先端渐尖，基部宽楔形，边缘平，中脉两面隆起，叶表面深绿色，发亮，下面浅绿色；雄球花狭圆柱形，黄色；小孢子叶球长纺锤形，柔软，黄色；大孢子叶球扁球形，边缘篦齿状深裂，常二叉或二裂；胚珠 3~6 枚，无毛；种子倒卵状，长 2.8~3.5 厘米，基部窄楔形，中种皮具细疣状突起，成熟时黄色至黄褐色。

【花果期】花期 5—6 月，果期 11—12 月。

【生境】多生长于海拔 600~900 米的阔叶林下阴处，砂岩发育的砖红壤上。

【分布】贵州、广西和云南。

【别名】无

【保护级别】国家一级重点保护野生植物；濒危（EN）；中国特有种。

【花粉形态】花粉粒船形，极面观为椭圆形，直径 20~25μm；具单沟，沟处于远极面，沟的边缘平滑，长达两端，沟末端圆，两端张开较大，中部较窄；外壁层次不明显，远极面较厚；表面光滑。

第四章 裸子植物的花粉形态

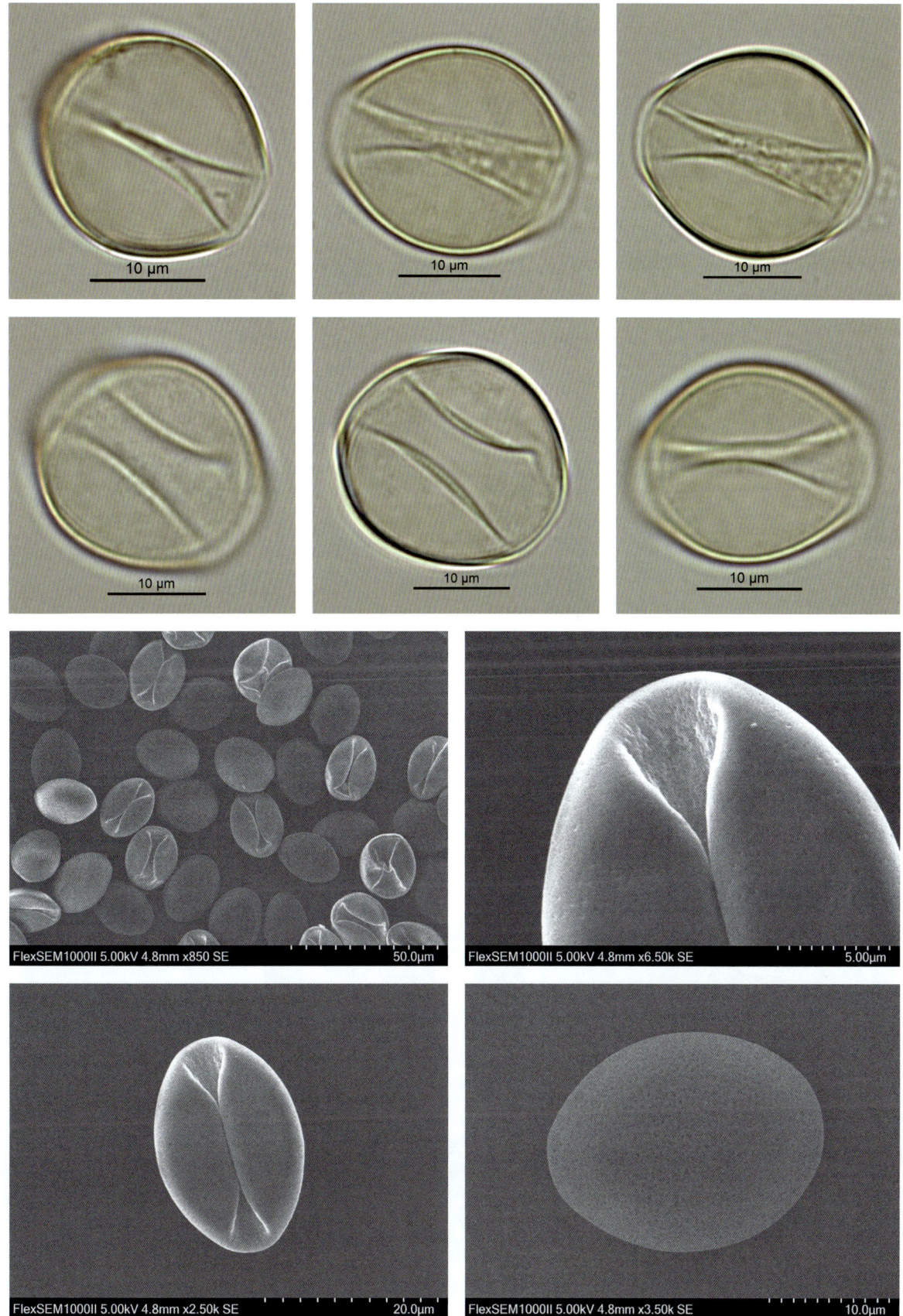

135

## Ephedraceae 麻黄科
### *Ephedra* 麻黄属
*Ephedra rhytidosperma* Pachom. 斑子麻黄

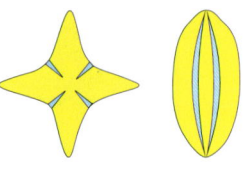

花粉图式

【形态特征】矮小灌木，近垫状，高 5~15 厘米，稀达 20~30 厘米；根与茎高度木质化，具短硬多瘤节的木质枝，节粗厚结状，绿色小枝细短，在节上密集、假轮生呈辐射状排列，节间细短，纵槽纹浅或较明显；叶膜质鞘状，极细小，上部 2 裂，裂片宽三角形，先端微钝；雄球花在节上对生，无梗，苞片通常 2~13 对，雄花的假花被倒卵圆形，雄蕊 5~8 个，花丝全部合生；雌球花单生，苞片 2 对，稀 3 对；种子通常 2 粒，黄棕色，椭圆状卵圆形、卵圆形或矩圆状卵圆形，背部中央及两侧边缘有整齐明显突起的纵肋，肋间及腹面均有横列碎片状细密突起。

【花果期】花期 5 月，果期 7—8 月。

【生境】强旱生植物，生长于半荒漠区的山地，多见于石质的低山区或山麓洪积扇上部，土壤为山地淡灰钙土或灰漠土。

【分布】宁夏、甘肃和内蒙古。

【别名】无

【保护级别】国家二级重点保护野生植物；濒危（EN）。

【花粉形态】花粉粒橄榄形，直径 20~50μm，具有纵肋 5 条左右，凹沟中透明线清楚，呈波浪形，具分枝。

第四章 裸子植物的花粉形态

137

## Ginkgoaceae 银杏科
### *Ginkgo* 银杏属
#### *Ginkgo biloba* L. 银杏

花粉图式

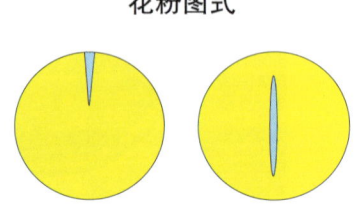

【形态特征】乔木，高可达 40 米；树皮灰褐色，纵裂；大枝斜展，一年生长枝淡褐黄色，二年生枝变为灰色；短枝黑灰色；叶扇形，上缘有浅或深的波状缺刻，有时中部缺裂较深，基部楔形，有长柄；在短枝上 3~8 叶簇生；雄球花 4~6 个生于短枝顶端叶腋或苞腋，长圆形，下垂，淡黄色；雌球花数个生于短枝叶丛中，淡绿色；种子椭圆形、倒卵圆形或近球形，成熟时黄或橙黄色，被白粉，外种皮肉质有臭味，中种皮骨质，白色，有 2~3 纵脊，内种皮膜质，黄褐色；胚乳肉质，胚绿色。

【花果期】花期 3—4 月，果期 9—10 月。

【生境】海拔 500~1000 米的酸性黄壤、排水良好地带的天然林中。

【分布】国内分布：仅浙江天目山有野生状态的树木，栽培区甚广，北自东北沈阳，南达广州，东起华东，西南至贵州和云南西部（腾冲）；国外分布：朝鲜、日本及欧美各国庭院亦有栽培。

【别名】鸭掌树、鸭脚子、公孙树、白果。

【保护级别】国家一级重点保护野生植物；极危（CR）。

【花粉形态】花粉粒侧面观（赤道面观）为船形，极面观轮廓椭圆形，从另一赤道面观为凹形，轮廓线不平，呈波浪形，直径为 20~35μm；单沟，处于远极面，沟开裂，两端窄小，中部宽，沟边轮廓线呈显著的波浪形；外壁两层，内层较薄；表面除了不明显的弯曲细条纹外，还具有模糊的小颗粒。

# 第四章 裸子植物的花粉形态

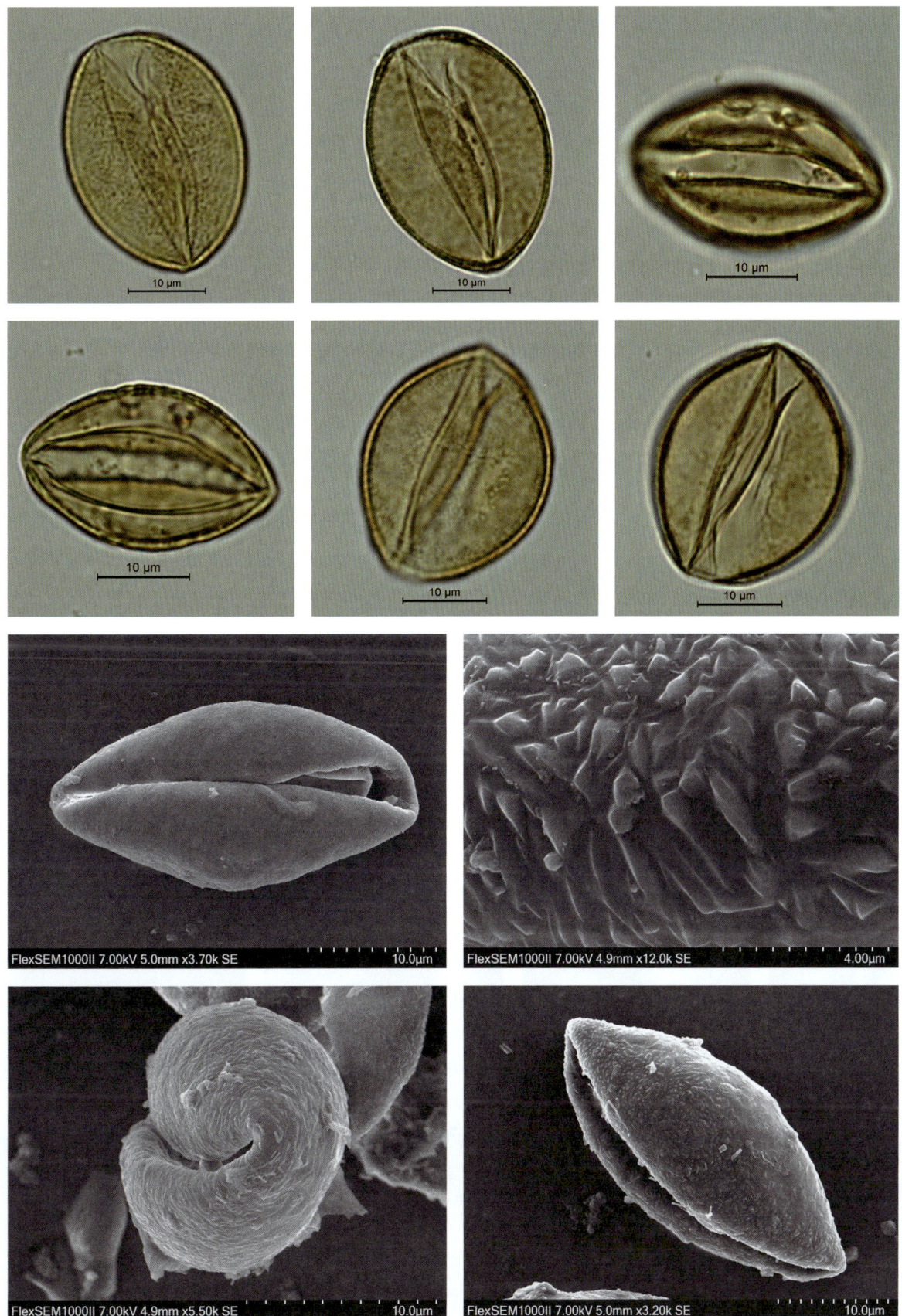

## Pinaceae 松科
### *Abies* 冷杉属
*Abies beshanzuensis* M. H. Wu 百山祖冷杉

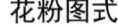
花粉图式

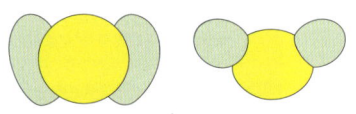

【形态特征】乔木，高约 11 米；树皮灰白色，不规则龟裂，裂块纵向大于横向，裂隙较深；大枝平展，枝皮不规则浅裂；小枝对生，稀三枝轮生，基部围有宿存芽鳞，主干及直立枝上的小枝交叉对生，一年生枝淡黄色或黄灰色，无毛或凹槽中有疏毛；冬芽卵圆形，有树脂，生于枝顶；叶条形，在侧枝上排列成二列状，或枝条下面之叶排列成两列，上面之叶斜展至直伸，其长度由下面两侧至上面中央递减，先端有凹缺，下面有两条白色气孔带；雌球花圆柱形，苞鳞上部向后反曲；球果通常每一枝节之间着生 1~3 个，圆柱形，成熟前绿色至淡黄绿色，熟后淡褐黄色或淡褐色；中部种鳞扇状四边形，稀近肾状四边形，先端近全缘或有极细之细齿，两侧边缘有不规则锯齿，基部楔形、两侧耳状；苞鳞稍短于种鳞或几相等长，上部近圆形，边缘有细齿，先端露出、反曲，尖头短，中部收缩或窄缩呈条状；种子倒三角状，具与种子等长而宽大的膜质种翅，翅端平截。

【花果期】花期 5 月，果期 11 月，每隔 5~6 年开花结果一次。

【生境】喜欢酸性黄棕壤，耐阴耐湿，通常生长在多脉青冈和亮叶水青冈为优势种的常绿落叶阔叶混交林中海拔 1700 米以上地带。

【分布】为我国东南部新近发现的稀有珍贵树种，特产于浙江南部百山祖南坡，自然生长的仅存 3 株。

【别名】无

【保护级别】国家一级重点保护野生植物；极危（CR）；中国特有种。

【花粉形态】花粉粒具有两个发达的气囊，气囊在近基极与帽形成一个比较深的凹角，全长为 94~115μm，本体长 78~89μm、高 71~82μm；从极面看，本体和两个气囊成三个相交的圆，本体椭圆形，比气囊阔；帽上的外壁外层高低不平，呈波浪形，没有帽缘；气囊上有清楚的网，网眼较松属的要小。

# 第四章 裸子植物的花粉形态

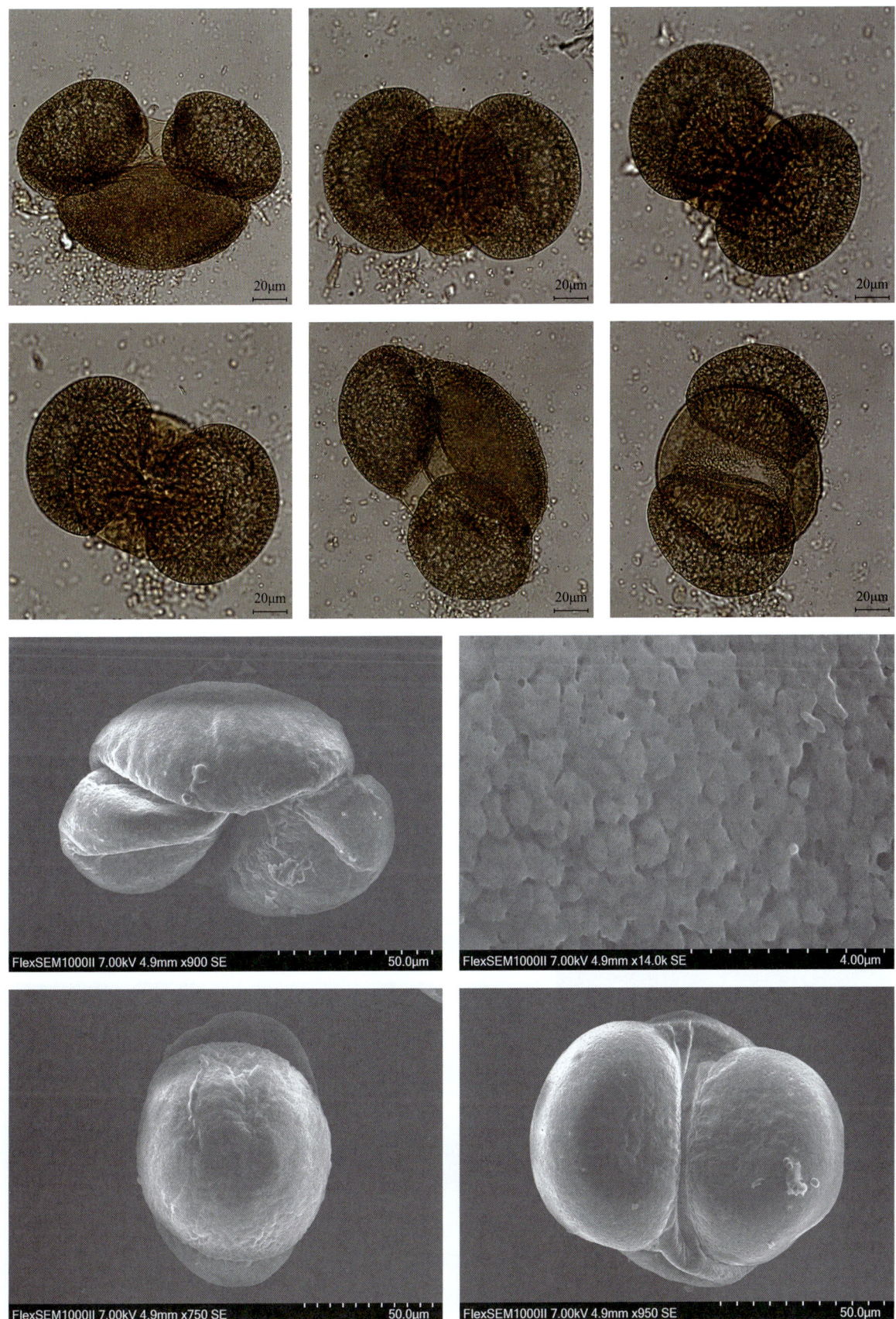

### *Abies yuanbaoshanensis* Y. J. Lu & L. K. Fu 元宝山冷杉

**【形态特征】**乔木，高可达25米；树皮暗红色，龟裂；一年生枝黄褐或淡褐色，无毛；冬芽圆锥形；叶常呈半圆形辐射排列，先端钝有凹缺，下面有两条粉白色气孔带；苞片明显外露和下弯，至少与种子鳞片一样长，远端部分广泛圆形，具有小尖端的先端；球果短圆柱形，成熟时淡褐黄色；中部种鳞扇状四边形，上部中间较厚，边缘微内曲，外露部分密被灰白色短毛；苞鳞中部较上部宽，与种鳞等长或稍长，明显外露而反曲；种子倒三角状椭圆形，种翅长约为种子2倍，倒三角形，淡黑褐色；种子球果绿色或黄绿色，成熟浅棕黄色，短圆筒状，暴露部分密被苍白短柔毛，边缘下弯，在基部侧向耳，远端部分增厚，先端圆形截形。

**【花果期】**花期5月，果期11月，每隔3~4年开花结果一次。

**【生境】**多散生于山脊及其东侧海拔1700~2050米地带。

**【分布】**广西北部元宝山老虎口以北。

**【别名】**无

**【保护级别】**国家一级重点保护野生植物；极危（CR）；中国特有种。

**【花粉形态】**花粉粒具有两个发达的气囊，气囊在近基极与帽形成一个较深的凹角，全长为83~96μm，本体长65~80μm、高48~69μm；从极面看，本体和两个气囊成三个相交的圆，本体椭圆形，比气囊阔；帽上的外壁外层高低不平，呈波浪形，没有帽缘；气囊上有清楚的网，网眼较百山祖冷杉的要小。

花粉图式

# 第四章 裸子植物的花粉形态

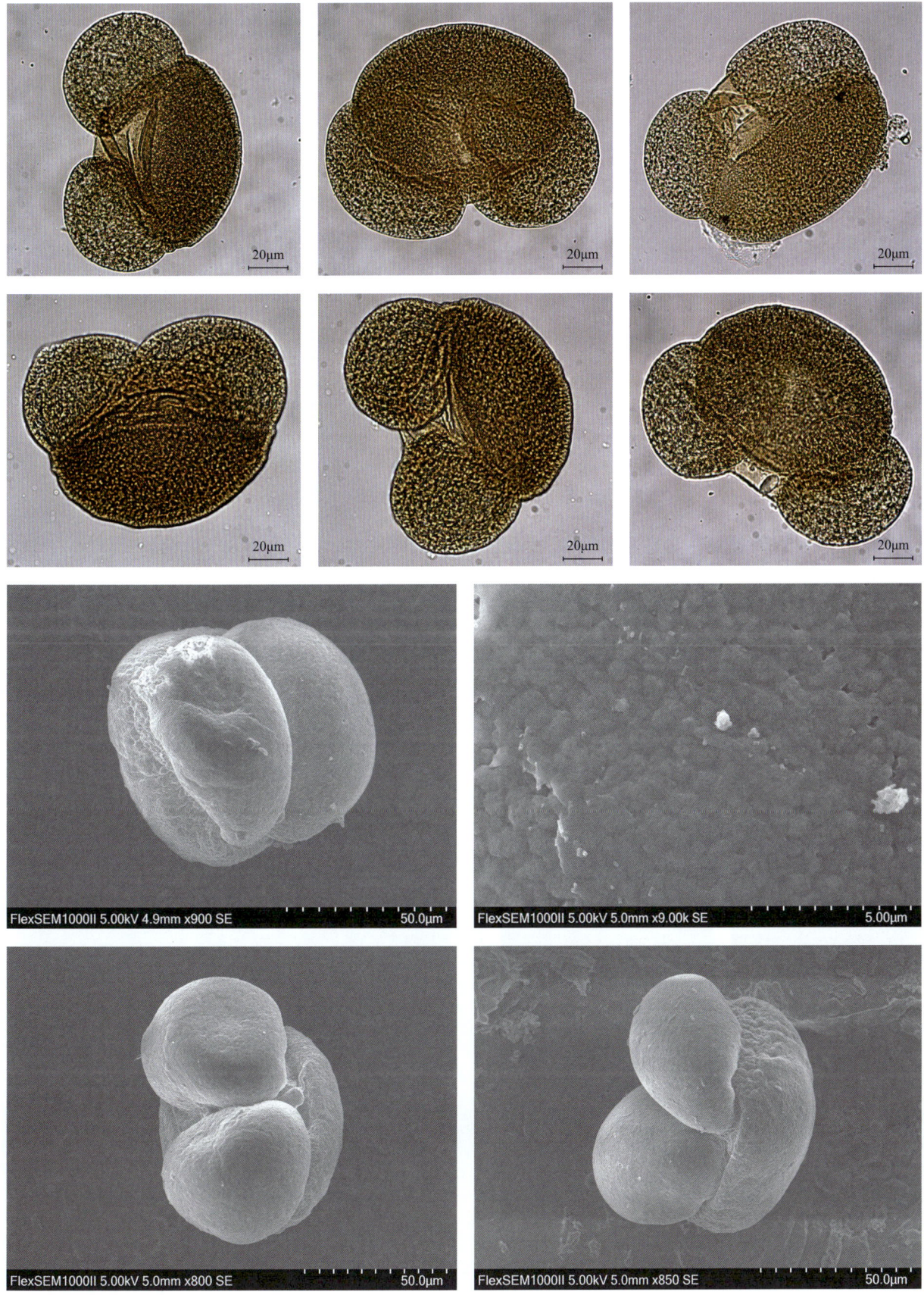

### *Abies ziyuanensis* L. K. Fu & S. L. Mo 资源冷杉

花粉图式

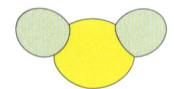

【形态特征】乔木，高约 17 米；树皮灰白色，裂成不规则的薄片；当年生枝淡黄或黄灰色，一年生枝淡褐黄色，小枝对生；叶在小枝上不规则两列，每一侧一排叶较长，其下方一排叶较短，先端有凹缺，上面深绿色，下面有两条粉白色气孔带；冬芽圆锥形或锥状卵圆形，有树脂，芽鳞淡褐黄色；球果圆柱状椭圆形，熟前绿或淡黄绿色，熟时绿褐或暗褐色；中部种鳞扇状四边形，稀肾状四边形；苞鳞稍短于种鳞，上部宽圆，上端及尖头露出，向外反曲；种子倒三角状，翅与种子近等长。

【花果期】花期 4—5 月，球果 10 月成熟，每隔 3~5 年开花结果一次。

【生境】海拔 1400~1800 米的山地林中。

【分布】广西东北部、湖南东部及西南部、江西西部。

【别名】无

【保护级别】国家一级重点保护野生植物；濒危（EN）；中国特有种。

【花粉形态】花粉粒具有两个发达的气囊，气囊大于半圆形，气囊与本体的界限明显，全长为 78~104μm，本体长 58~77μm、高 63~72μm；从极面看，本体椭圆形，比气囊阔；帽缘不显著，气囊上有清楚的网状结构。

第四章 裸子植物的花粉形态

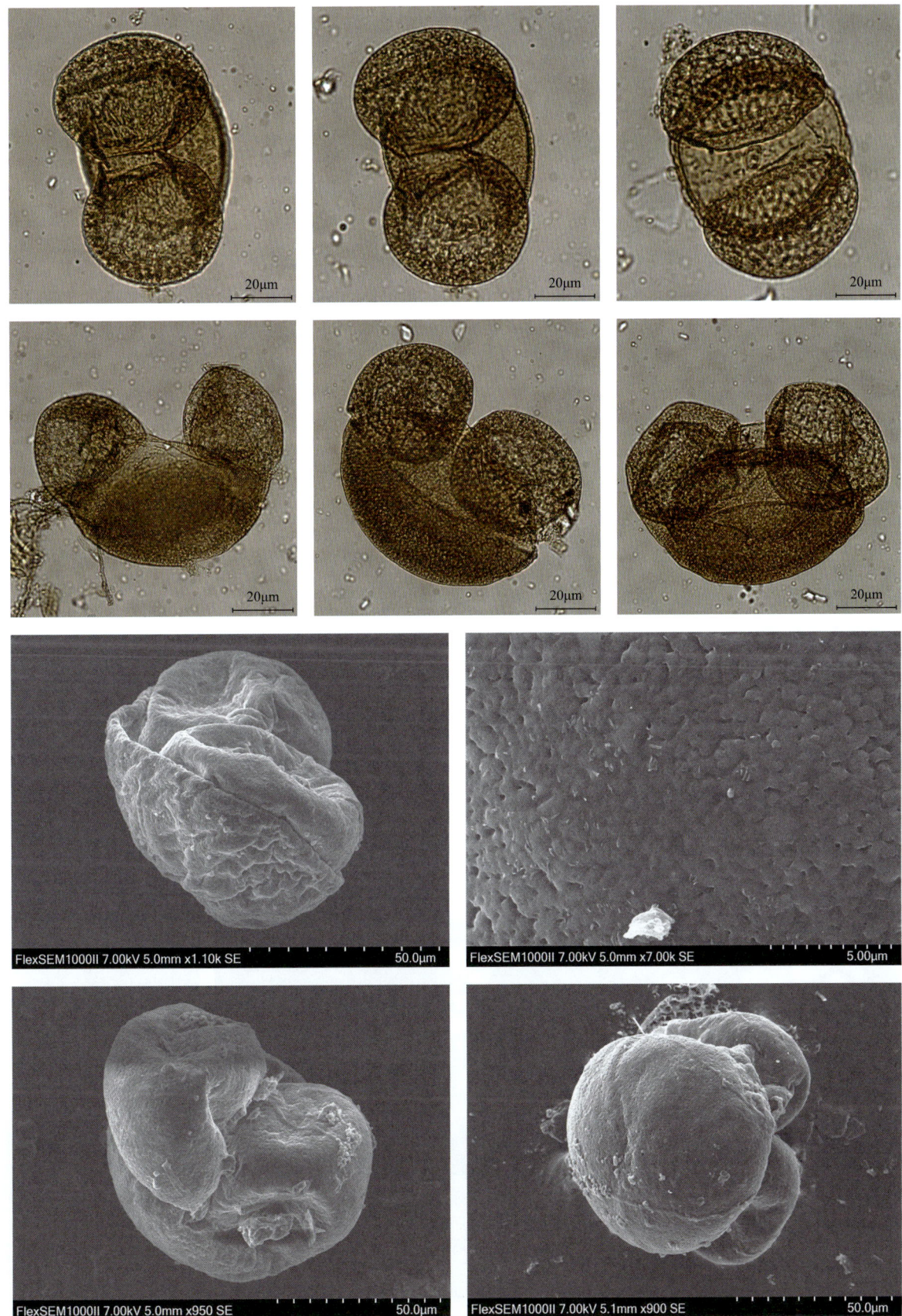

## *Cathaya* 银杉属

*Cathaya argyrophylla* Chun & Kuang 银杉

**【形态特征】**常绿乔木，高可达 20 米；树皮暗灰色，裂成不规则鳞片；大枝平展，小枝节间的上端生长缓慢、较粗，或少数侧生小枝因顶芽死亡而成距状；叶螺旋状着生成辐射伸展，在枝节间的上端排列紧密，成簇生状，在其之下侧疏散生长，边缘微反卷，线形，上面中脉凹下，下面中脉两侧有粉白色气孔带，叶内具 2 边生树脂道；叶柄短；雄球花开放前长椭圆状卵圆形，盛开时穗状圆柱形；雌球花基部无苞片，卵圆形或长椭圆状卵圆形，珠鳞近圆形或肾状扁圆形，黄绿色，苞鳞黄褐色，三角状扁圆形或三角状卵形，先端具尾状长尖，边缘波状有不规则的细锯齿；球果成熟前绿色，熟时由栗色变暗褐色，卵圆形、长卵圆形或长椭圆形；种子略扁，斜倒卵圆形，基部尖，橄榄绿带墨绿色，有不规则的浅色斑纹，种翅膜质，黄褐色，呈不对称的长椭圆形或椭圆状倒卵形。

**【花果期】**花期 5 月，球果翌年 10 月成熟。

**【生境】**为我国特产的稀有树种，生于海拔 900~1900 米的山脊或帽状石山顶端，与其他针、阔叶树混生。

**【分布】**分布于广西东北部、湖南南部、重庆、贵州北部等地，湖南城步沙角洞银杉自然保护区是中国银杉的最大分布群落。

**【别名】**杉公子。

**【保护级别】**国家一级重点保护野生植物；濒危（EN）；中国特有种。

**【花粉形态】**花粉粒具两个发育很好的气囊，全长 60~85μm，本体长 45~60μm、高 32~45μm；从极面看，本体圆形，气囊稍大于半圆形，两个气囊之间的距离很近，并稍微向上翘起；外壁外层厚，无明显帽缘；近极面的外壁轮廓不平，呈微波浪形；帽上具颗粒－线条状纹理，纹理至远极面变细；气囊具网状纹理，网脊较粗。

花粉图式
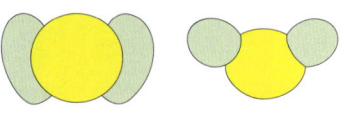

第四章 裸子植物的花粉形态

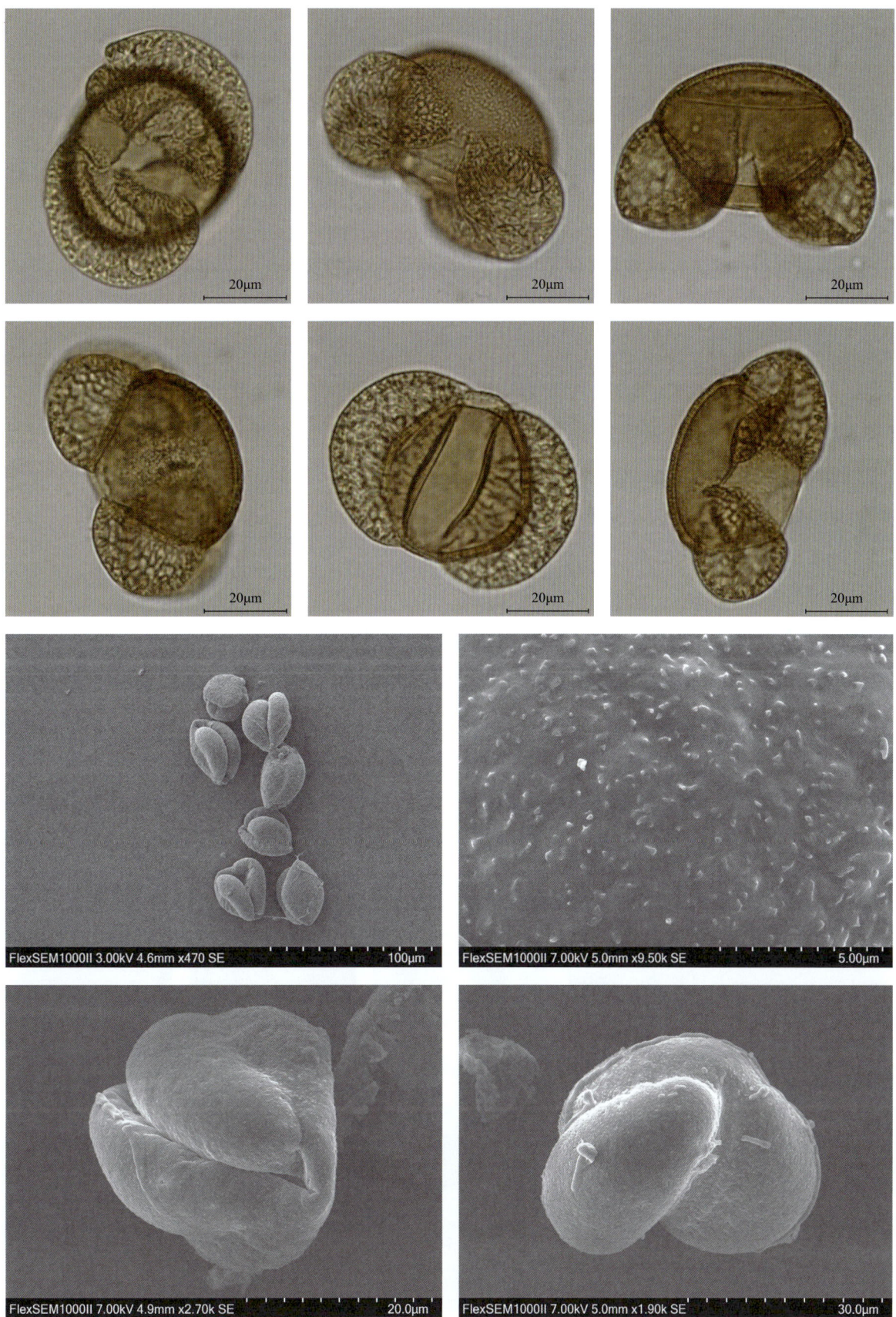

147

## *Keteleeria* 油杉属

### *Keteleeria davidiana* var. *calcarea* (C. Y. Cheng & L. K. Fu) Silba 黄枝油杉

花粉图式

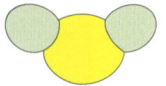

【形态特征】乔木，高约 20 米；树皮黑褐色或灰色，纵裂，成片状剥落；小枝无毛或近于无毛，叶脱落后，留有近圆形的叶痕，一年生枝黄色，二、三年生枝呈淡黄灰色或灰色；冬芽圆球形；叶条形，在侧枝上排列成两列，两面中脉隆起，先端钝或微凹，基部楔形，有短柄，上面光绿色，无气孔线，下面沿中脉两侧各有 18~21 条气孔线，有白粉；球果圆柱形，成熟时淡绿色或淡黄绿色；中部的种鳞斜方状圆形或斜方状宽卵形，上部圆，间或先端微平，边缘向外反曲，稀不反曲而先端微内曲，鳞背露出部分有密生的短毛，基部两侧耳状；鳞苞中部微窄，下部稍宽，上部近圆形，先端 3 裂，中裂窄三角形，侧裂宽圆，边缘有不规则的细齿；种翅中下部或中部较宽，上部较窄。

【花果期】花期 3—4 月，果期 10—11 月。

【生境】多生于石灰岩山地，喜光，对土壤要求不严，在钙质石灰土、黄壤和红壤上均可生长；较耐干旱和贫瘠，但以土壤深厚、肥沃地为佳。

【分布】广西北部及贵州南部。

【别名】无

【保护级别】国家二级重点保护野生植物；濒危（EN）；中国特有种。

【花粉形态】花粉粒形态与冷杉的很相像，全长 120~155μm，本体长 88~106μm、高 65~85μm；具两个气囊，从极面看，本体椭圆形，气囊大于半圆形，有时两个气囊稍往上翘；从侧面看，气囊与本体在近极面形成一个很深的凹角，两个气囊展开的角度也较大；外壁外层到气囊近极基附近变薄，外壁比冷杉属的要薄；帽上的纹理较细，排列着疏密不一致的颗粒。

第四章 裸子植物的花粉形态

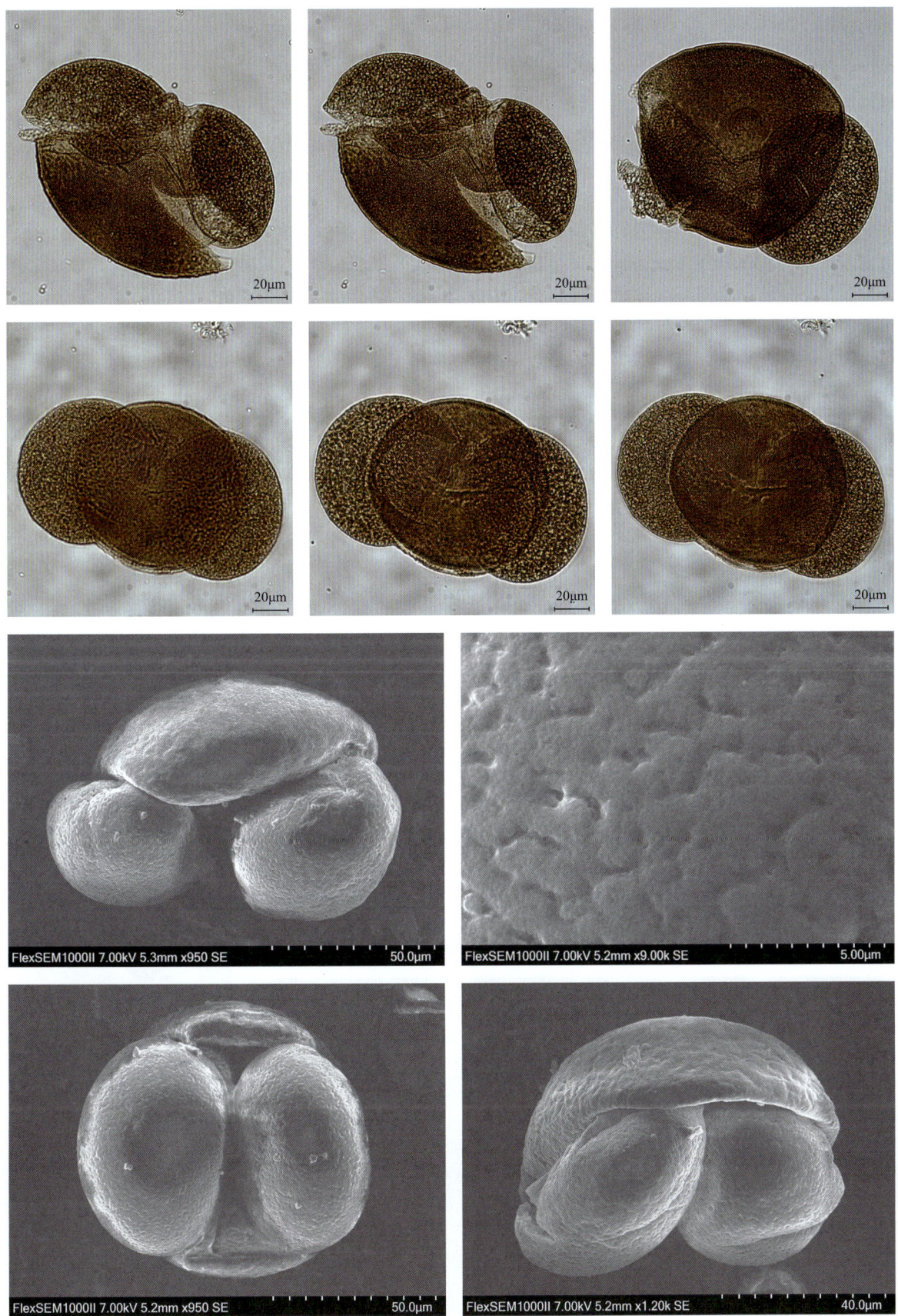

## *Keteleeria fortunei* var. *cyclolepis* (Flous) Silba 江南油杉

**【形态特征】**乔木，植株高可达 20 米；树皮灰褐色，不规则纵裂；冬芽圆球形或卵圆形；一年生枝干后呈红褐色、褐色或淡紫褐色，常有或多或少之毛，稀无毛，二、三年生枝淡褐黄色、淡褐灰色、灰褐色或灰色；叶条形，在侧枝上排列成两列，先端圆钝或微出；球果圆柱形或椭圆状圆柱形，顶端或上部渐窄，中部的种鳞常呈斜方形或斜方状圆形，稀近圆形或上部宽圆；种翅中部或中下部较宽。

**【花果期】**花期 2—3 月，果期 10—12 月。

**【生境】**性喜光，好温暖，稍耐寒，喜欢温暖多雨的酸性红壤或黄壤地，常生长于海拔 340~1400 米的山地。

**【分布】**为我国特有树种，产于云南东南部、贵州、广西西北部及东部、广东北部、湖南南部、江西西南部和浙江西南部。

**【别名】**浙江油杉。

**【保护级别】**国家二级重点保护野生植物；地方保护野生植物；中国特有种。

**【花粉形态】**花粉粒具两个显著的气囊，全长 120~135μm，本体长 85~110μm、高 68~88μm；从极面看，本体椭圆形，气囊小于本体，两个气囊向上翘，气囊开展的角度大；从侧面看，气囊与本体在近极面形成一个很深的凹角；帽上具细网状纹饰。

花粉图式

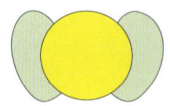
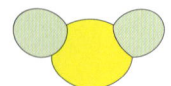

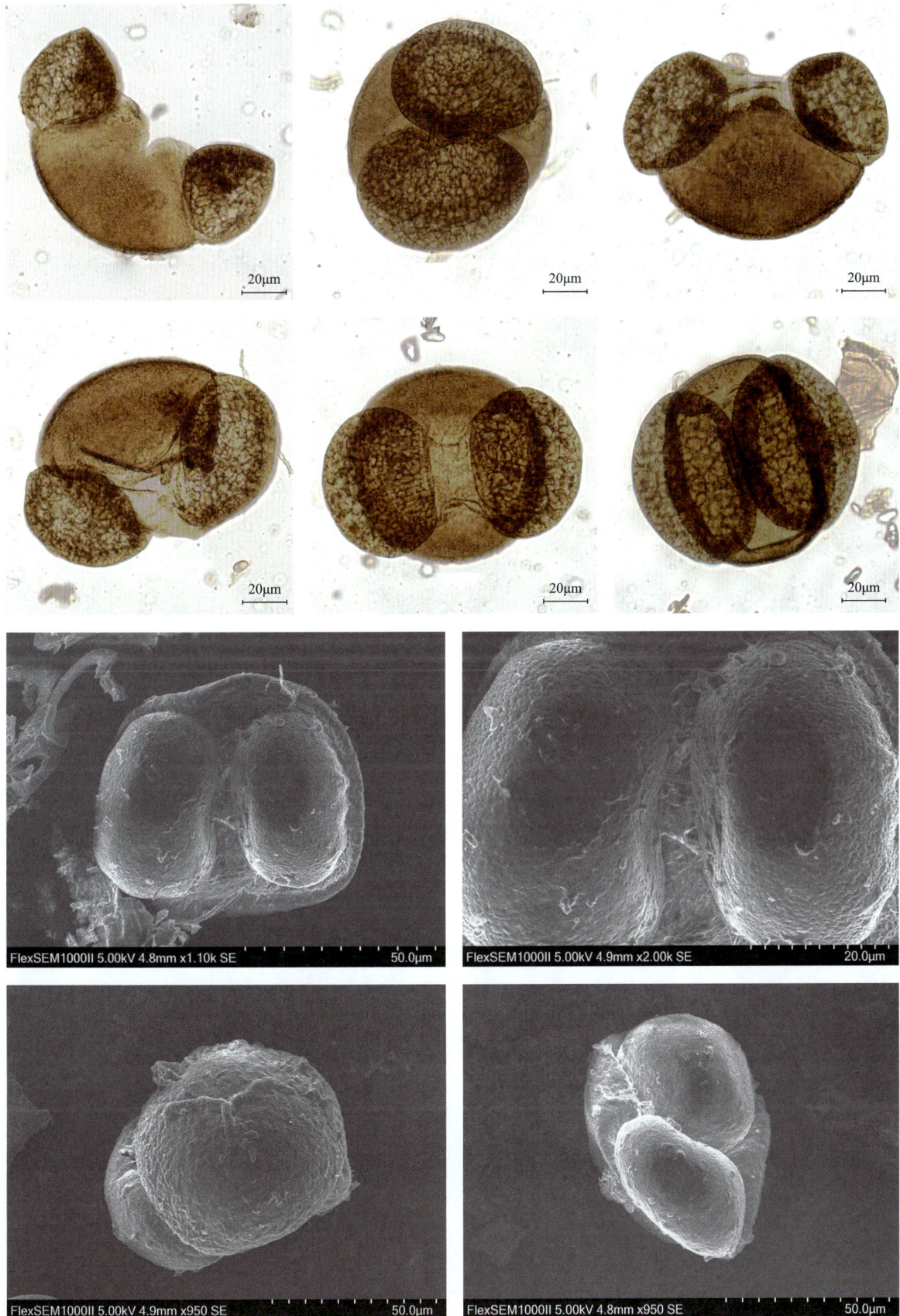

*Keteleeria fortunei* var. *oblonga* (W. C. Cheng & L. K. Fu) L. K. Fu & Nan Li 矩鳞油杉

花粉图式

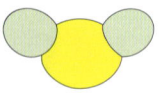

【形态特征】乔木；新生小枝有密毛，毛脱落后枝上有较密的乳头状突起点，乳头状突起点干后常呈黑色，一、二年生枝干后呈红褐色、褐色或暗红褐色；叶条形，在侧枝上排列成两列；球果圆柱形，中部的种鳞矩圆形或宽矩圆形，上部边缘有不规则细齿，先端微向内曲，鳞背露出部分无毛；苞鳞长约为种鳞的一半或稍长，上部和中下部色较深，中部窄，中下部和下部与种鳞紧贴，上部稍宽，微圆，边缘膜质，先端不呈3裂，中央有凸起的窄三角状尖头；种子有宽大的厚膜质长翅，种翅与种鳞等长，通常近中部较宽。

【花果期】花期3—4月，果期10—11月。

【生境】生长于海拔380~680米的山地疏林中。

【分布】广西西部田阳。

【别名】无

【保护级别】国家二级重点保护野生植物；极危（CR）；中国特有种。

【花粉形态】花粉粒具有两个显著而发达的气囊，全长110~150μm，本体长85~105μm、高65~88μm；从极面看，本体椭圆形，气囊大于半圆形，两个气囊稍往上翘；从侧面看，气囊与本体在近极面形成一个很深的凹角，两个气囊展开的角度也较大；帽上具明显的脑纹状纹饰。

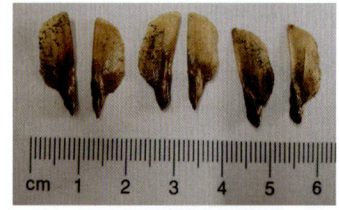

第四章 裸子植物的花粉形态

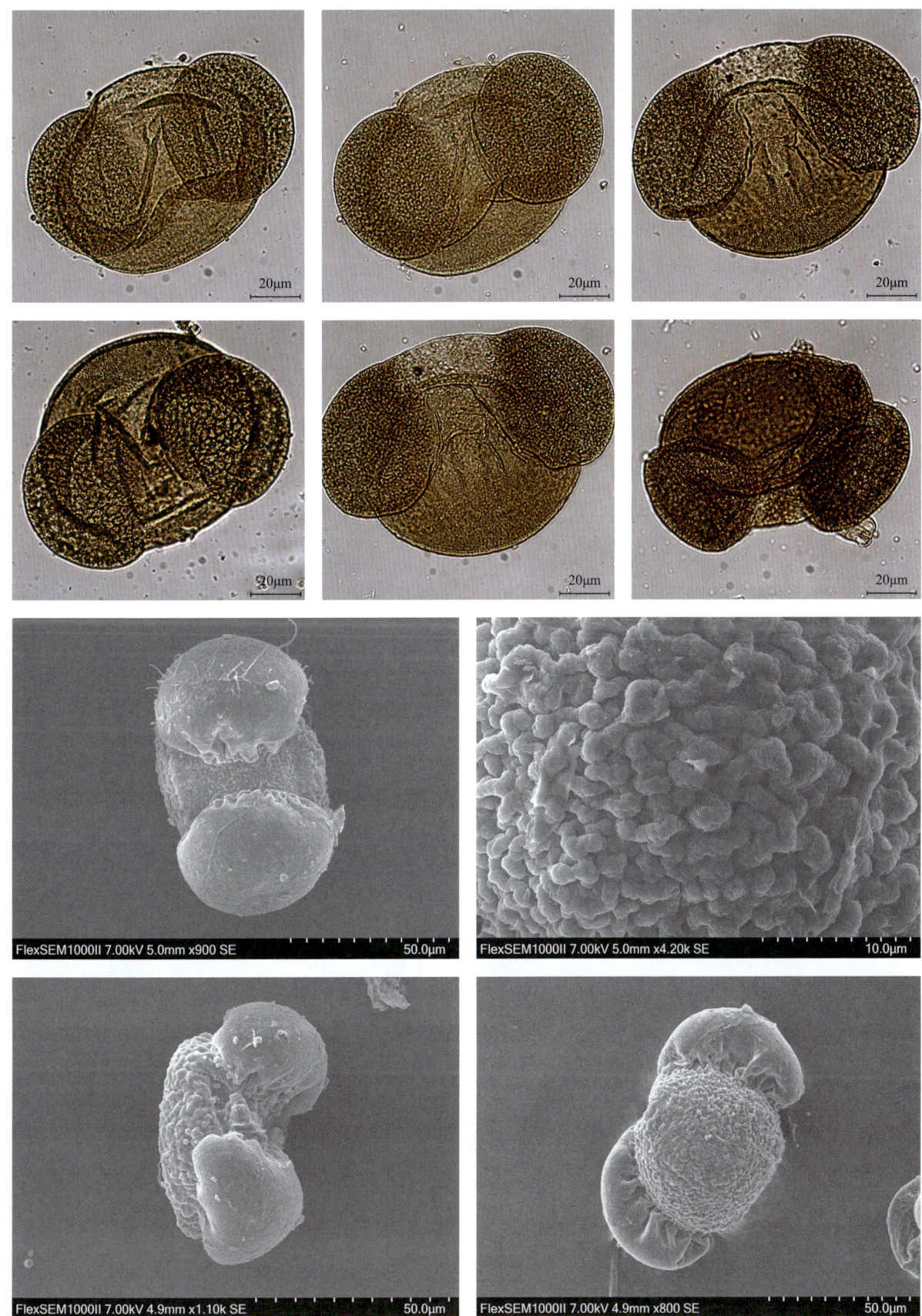

## *Larix* 落叶松属

### *Larix gmelinii* var. *principis-rupprechtii* (Mayr) Pilg. 华北落叶松

**【形态特征】** 乔木，高可达 30 米，胸径 1 米；树皮暗灰褐色，不规则纵裂，成小块片脱落；枝平展，具不规则细齿；苞鳞暗紫色，近带状矩圆形，基部宽，中上部微窄，先端圆截形，中肋延长成尾状尖头，仅球果基部苞鳞的先端露出；种子斜倒卵状椭圆形，灰白色，具不规则的褐色斑纹；种翅上部三角状，种子连翅长 1~1.2 厘米；子叶 5~7 枚，针形，下面无气孔线。

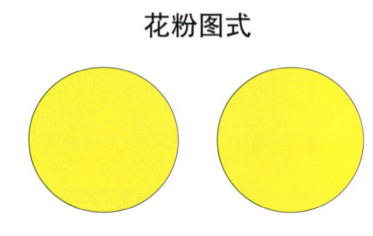

花粉图式

**【花果期】** 花期 4—5 月，果期 10 月。

**【生境】** 强阳性树种，极耐寒，对土壤适应性强，但喜深厚肥沃湿润而排水良好的酸性或中性土壤，略耐盐碱；有一定的耐湿、耐旱和耐瘠薄能力；常与白杆、青杆、棘皮桦、白桦、红桦、山杨及山柳等针、阔叶树种混生，或成小面积单纯林；海拔 1400~2800 米。

**【分布】** 河北、山西和河南。

**【别名】** 雾灵落叶松、落叶松。

**【保护级别】** 易危（VU）；地方保护野生植物；中国特有种。

**【花粉形态】** 花粉粒球形，直径为 56.5~66.5μm；没有气囊及萌发孔；外壁外层明显厚于内层，有时有 3 层，外壁没有雕纹和纹理；但在油镜或电镜下观察，表面可以看到极其模糊的、隐约可见的颗粒状斑点；在醋酸酐分解后，外壁容易起褶皱，也很容易破裂。

# 第四章 裸子植物的花粉形态

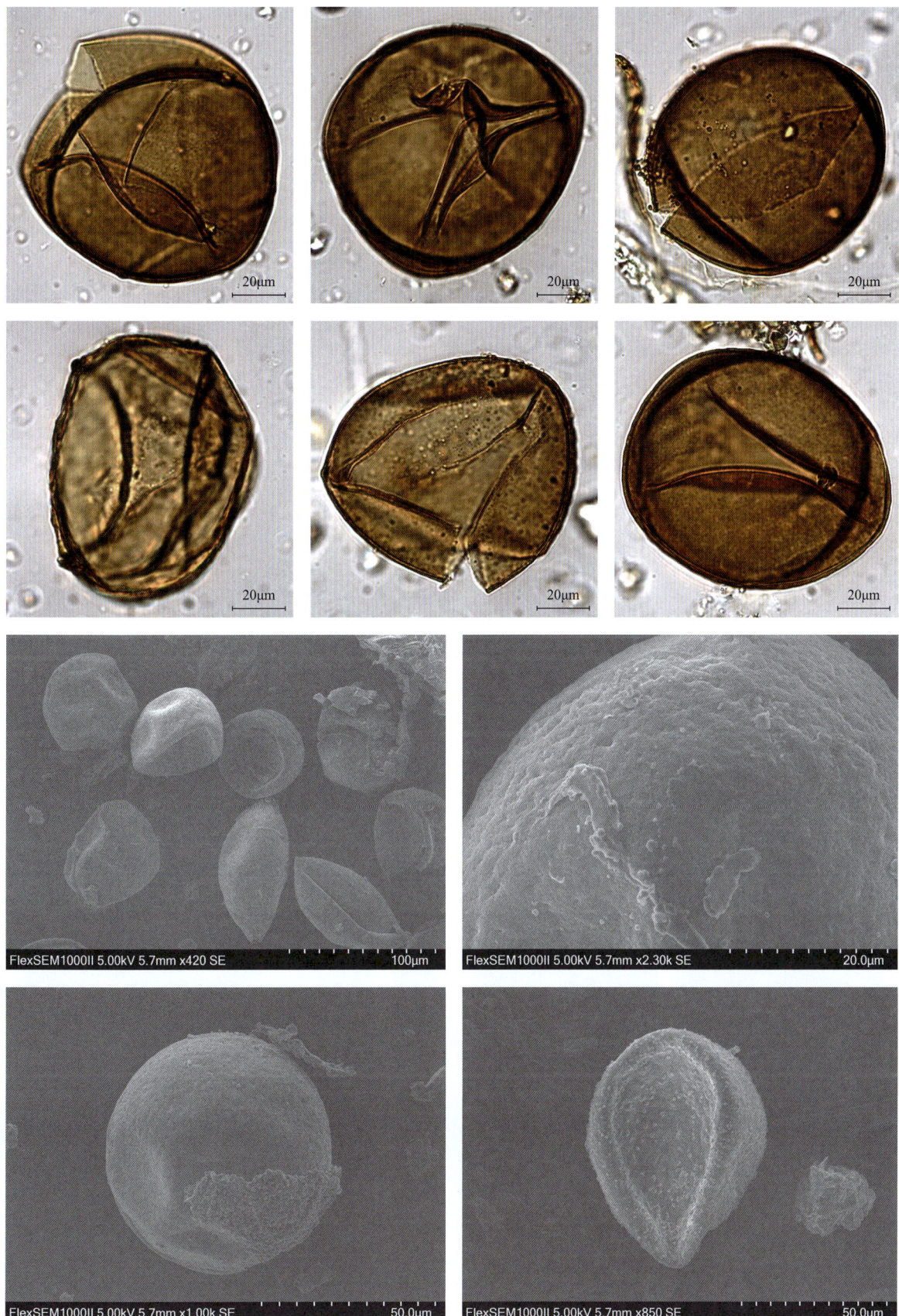

## *Picea* 云杉属

### *Picea jezoensis* (Siebold & Zucc.) Carrière 鱼鳞云杉

**【形态特征】** 乔木，高可达50米；幼树树皮暗褐色，老则呈灰色，裂成鳞状块片；大枝短，平展，树冠尖塔形或圆柱形；一年生枝褐色、淡黄褐色或淡褐色，无毛或具疏生短毛，微有光泽，二、三年生枝微带灰色；冬芽圆锥形，淡褐色；小枝上面之叶覆瓦状向前伸展，下面及两侧之叶向两侧弯伸，条形，上面有2条白粉气孔带；球果矩圆状圆柱形或长卵圆形，成熟前绿色，熟时褐色或淡黄褐色；种鳞薄，排列疏松，中部种鳞卵状椭圆形或菱状椭圆形；苞鳞长约3毫米，先端凸尖或圆；种子连翅长约9毫米；子叶5~8枚，条状钻形，上面中脉隆起，有齿毛。

花粉图式

**【花果期】** 花期6月，果期9—10月。

**【生境】** 生长于海拔300~800米的气候寒凉、棕色森林土的丘陵或缓坡地带，常与红皮云杉、臭冷杉、红松、蒙古栎、白桦、胡桃楸、黄檗等针叶树、阔叶树混生成林，或间有小片纯林。

**【分布】** 国内分布：东北大兴安岭至小兴安岭南端（铁力、带岭、伊春、翠栾等地）及松花江流域中下游（尚志、汤源、勃利等地）；国外分布：俄罗斯和日本。

**【别名】** 卵果鱼鳞云杉。

**【保护级别】** 无危（LC）；地方保护野生植物。

**【花粉形态】** 花粉粒具两个气囊，分别位于本体的两侧，结构与本体的差别不大，气囊与本体相接在近极基，极平缓，不形成显著的凹角，全长80~140μm，本体长75~120μm，高75~100μm；从极面看，花粉粒呈椭圆形，本体椭圆形或圆形，帽上有较细的颗粒状纹理；从侧面看，帽缘向两侧逐渐变薄，外壁明显分为两层，外层厚而内层薄，差别很显著；两气囊短而阔，半圆形，具较细的网状纹理，网眼为不规则的多角形，靠近本体的部分网较细。

# 第四章 裸子植物的花粉形态

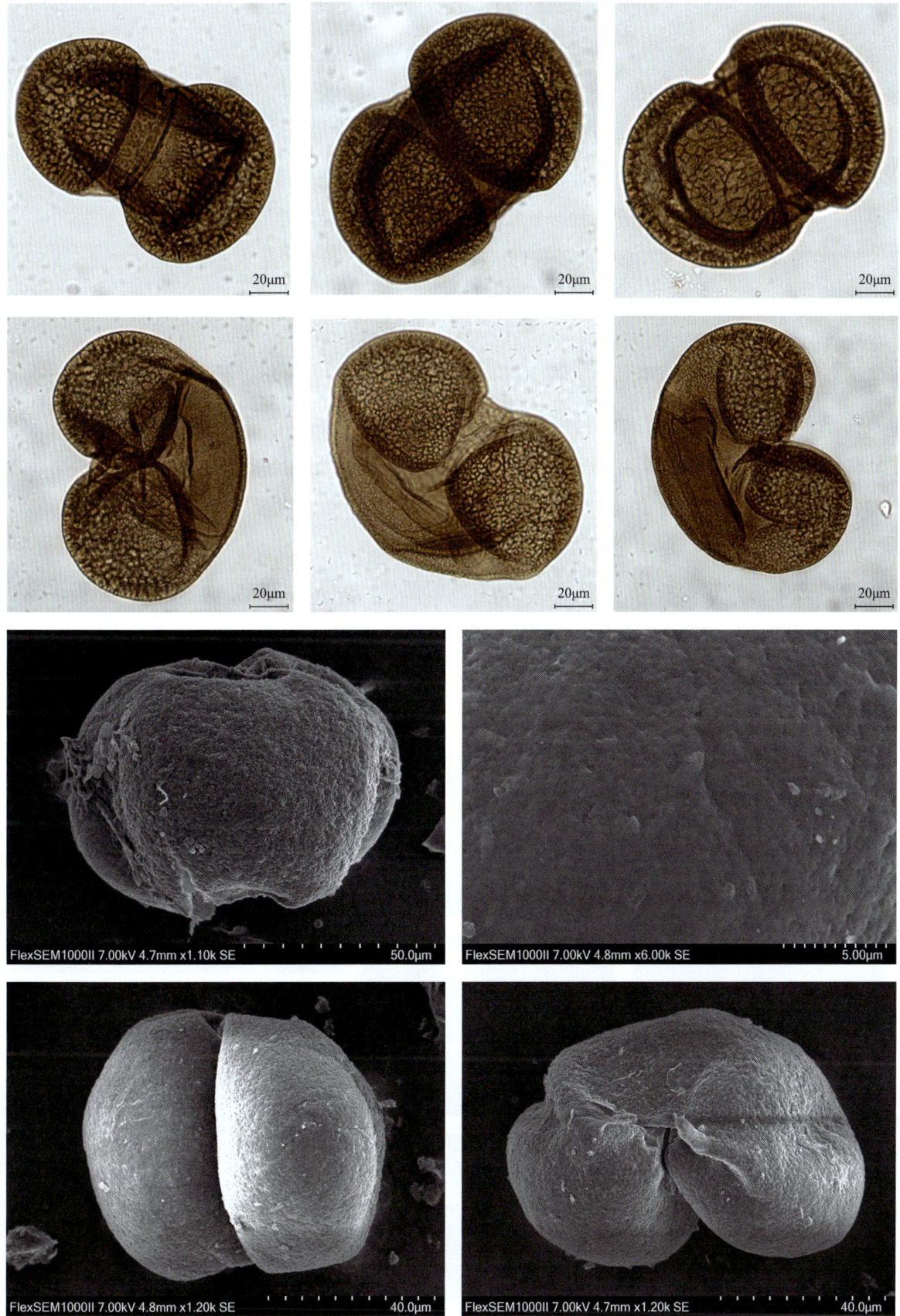

### *Picea smithiana* (Wall.) Boiss. 长叶云杉

**花粉图式**

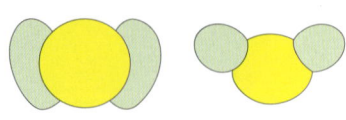

【形态特征】乔木，高可达 60 米；树皮淡褐色，浅裂成圆形或近方形的裂片；大枝平展，小枝下垂，树冠窄；幼枝淡褐色或淡灰色，无毛；冬芽圆锥形或卵圆形；叶辐射斜上伸展，四棱状条形，细长，向内弯曲，先端尖，横切面四方形或近四方形，高宽相等或近相等，或两侧略扁，高大于宽，每边具 2~5 条气孔线；球果圆柱形，两端渐窄，成熟前绿色，熟时褐色，有光泽；种鳞质地厚，坚硬，宽倒卵形；苞鳞短小；种子长约 5 毫米，深褐色，种翅长 1.5~2 厘米，宽约 0.8 毫米。

【花果期】花期 5—6 月，球果 10 月成熟。

【生境】生于西藏南部海拔 2400~3200 米地带，其分布区冬季有一定的雪被，生长季节要求有足够的湿度，年降水量约 1000 毫米，年平均相对湿度达 70%，土壤为山地棕壤，呈酸性。

【分布】国内分布：西藏南部吉隆等地；国外分布：尼泊尔向西至阿富汗海拔 2300~3600 米地带。

【别名】长叶杉。

【保护级别】濒危（EN）；《中国植物红皮书》：濒危。

【花粉形态】花粉粒具两个气囊，分列在本体的两侧，全长为 78~114μm，本体长 70~110μm、高 75~100μm；从极面看，本体椭圆形，气囊与本体阔度相等或稍狭，气囊成半圆形，与本体宽相似；从侧面看几乎成半圆形。

第四章 裸子植物的花粉形态

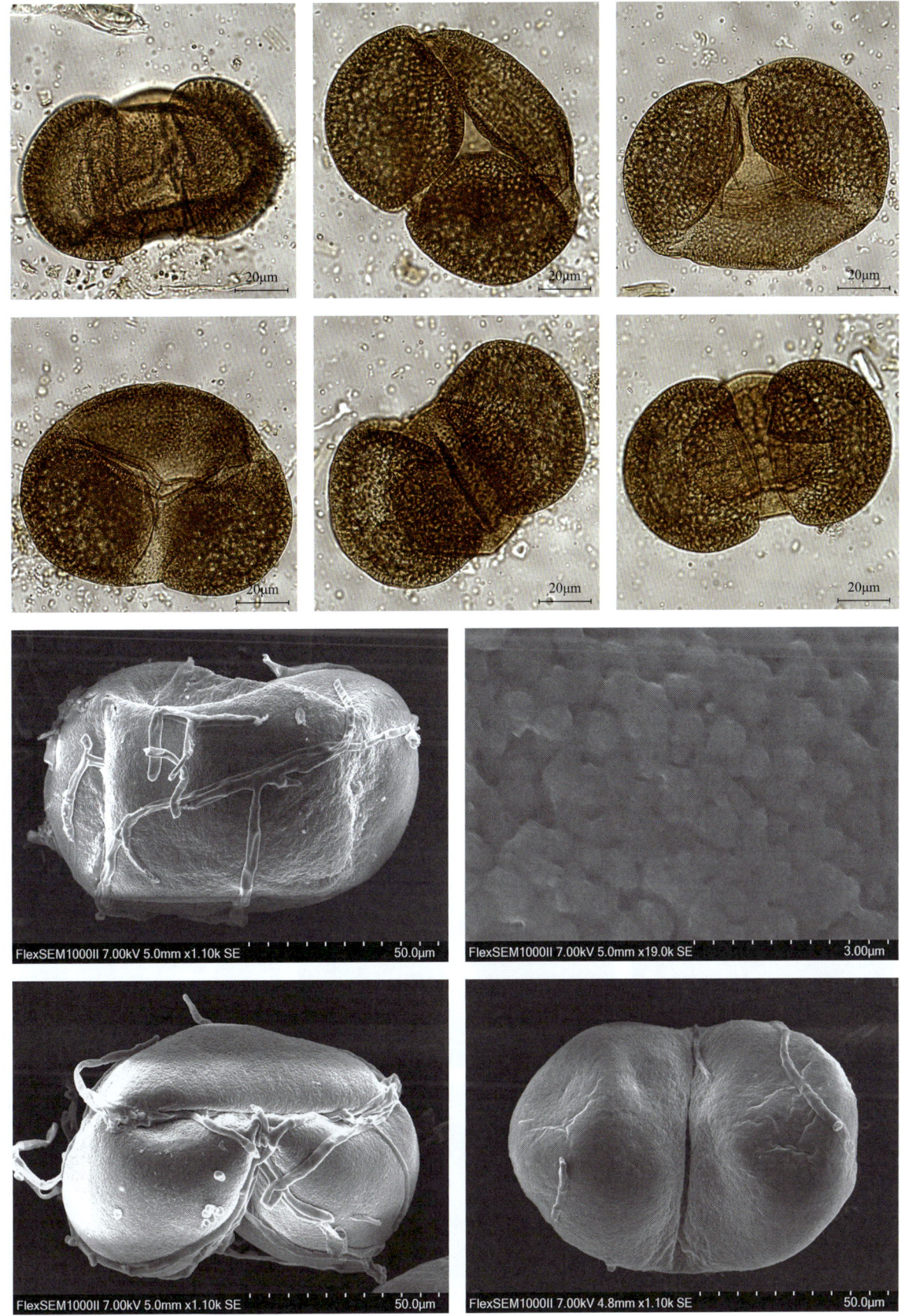

## *Pinus* 松属

### *Pinus bungeana* Zucc. ex Endl. 白皮松

**【形态特征】**乔木，高可达 30 米，有明显的主干，或从树干近基部分成数干；枝较细长，斜展，形成宽塔形至伞形树冠；幼树树皮光滑，灰绿色，长大后树皮成不规则的薄块片脱落，露出淡黄绿色的新皮，老则树皮呈淡褐灰色或灰白色，裂成不规则的鳞状块片脱落，脱落后近光滑，露出粉白色的内皮，白褐相间成斑鳞状；针叶 3 针一束，粗硬，叶背及腹面两侧均有气孔线，先端尖，边缘有细锯齿，横切面扇状三角形或宽纺锤形；雄球花卵圆形或椭圆形，多数聚生于新枝基部成穗状；球果通常单生，初直立，后下垂，成熟前淡绿色，熟时淡黄褐色；种鳞矩圆状宽楔形；种子灰褐色，近倒卵圆形；子叶 9~11 枚，针形。

**【花果期】**花期 4—5 月，球果翌年 10—11 月成熟。

**【生境】**为喜光树种，耐瘠薄土壤及较干冷的气候；在气候温凉，土层深厚、肥润的钙质土和黄土上生长良好；海拔 500~1800 米。

**【分布】**为我国特有树种，山西、河南、陕西、甘肃、四川及湖北等地。

**【别名】**蟠龙松、虎皮松、白果松、三针松、白骨松、美人松。

**【保护级别】**濒危（EN）；中国特有种。

**【花粉形态】**花粉粒具两个发达的气囊，气囊与本体阔度几相等，全长 66~71μm，本体长 31~42μm、高 21~35μm；从极面看，本体近圆形，有明显帽缘，帽缘呈较为明显的波浪形；从侧面看，气囊与帽在近极基形成一个不深的凹角；气囊成半圆形，表面呈网状纹理；帽上具粗颗粒及瘤状纹饰。

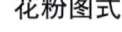
花粉图式
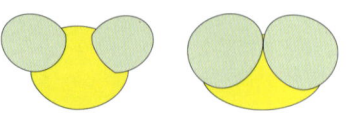

第四章 裸子植物的花粉形态

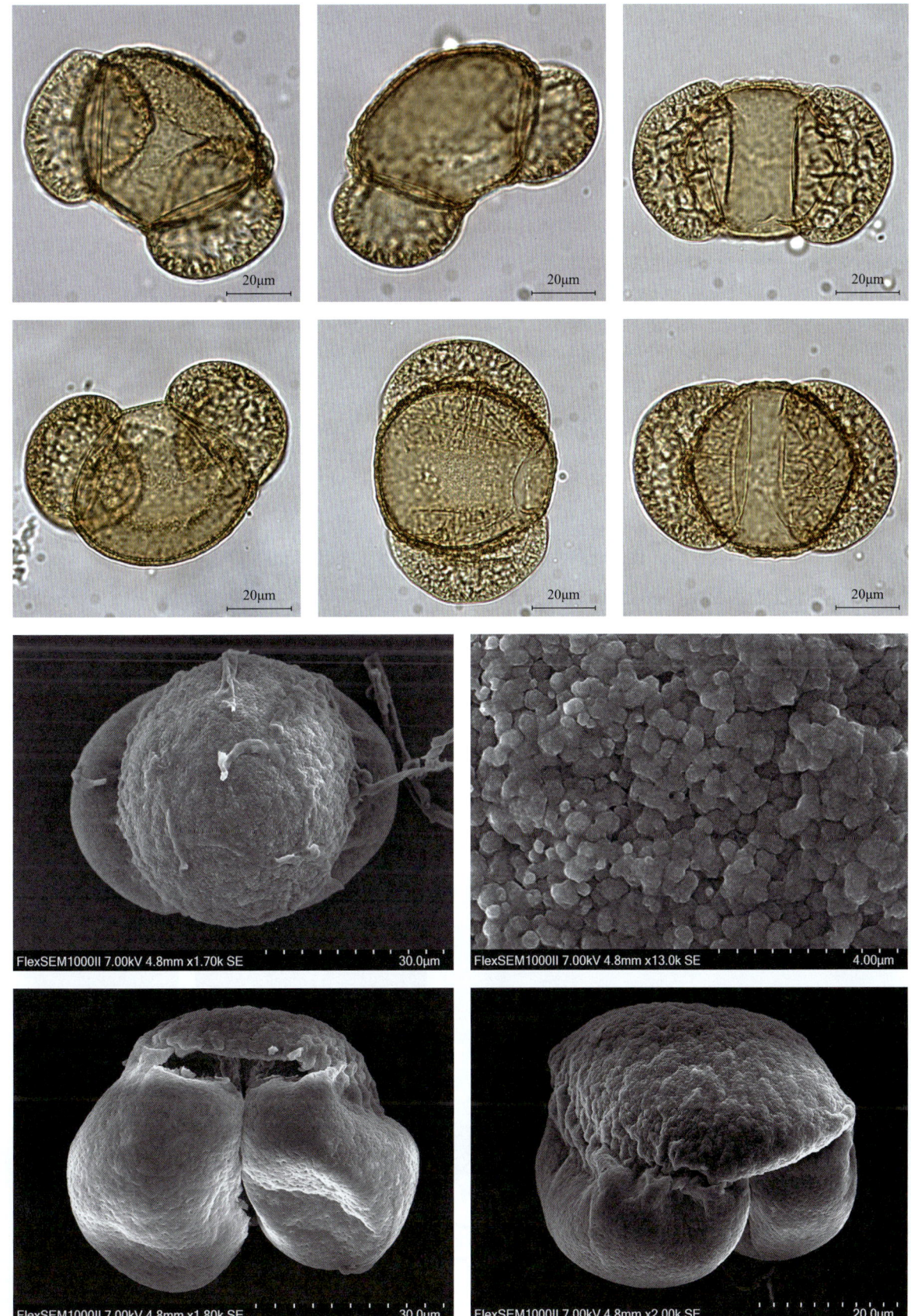

### *Pinus kwangtungensis* Chun ex Tsiang 华南五针松

花粉图式

**【形态特征】**乔木，高可达30米；幼树树皮光滑，老树树皮厚，褐色，裂成不规则的鳞状块片；小枝无毛，一年生枝淡褐色，老枝淡灰褐色或淡黄褐色；冬芽茶褐色，微有树脂；针叶5针一束，先端尖，边缘有疏生细锯齿；叶鞘早落；球果柱状矩圆形或圆柱状卵形，通常单生，熟时淡红褐色，微具树脂；种鳞鳞盾菱形，先端边缘较薄，微内曲或直伸；种子椭圆形或倒卵圆形，连同种翅与种鳞近等长。

**【花果期】**花期4—5月，球果翌年10月成熟。

**【生境】**喜生于气候温湿、雨量多、土壤深厚、排水良好的酸性土地及多岩石的山坡与山脊上，常与阔叶树及针叶树混生，海拔700~1600米。

**【分布】**为我国特有树种，产于湖南南部（宁远、宜章和莽山）、贵州（独山）、广西（金秀、融水和龙胜）、广东北部（乐昌和乳源山区）及海南（五指山）。

**【别名】**广东松、广东五针松。

**【保护级别】**国家二级重点保护野生植物；近危（NT）；中国特有种。

**【花粉形态】**花粉粒具两个发达的气囊，气囊与本体阔度几相等，全长60~88μm，本体长60~65μm、高35~45μm；从极面看，本体近圆形，帽缘不显著；从侧面看，气囊与帽在近极基形成一个不深的凹角；气囊成半圆形，表面呈网状纹理；帽上具颗粒及细小的瘤状纹饰。

# 第四章 裸子植物的花粉形态

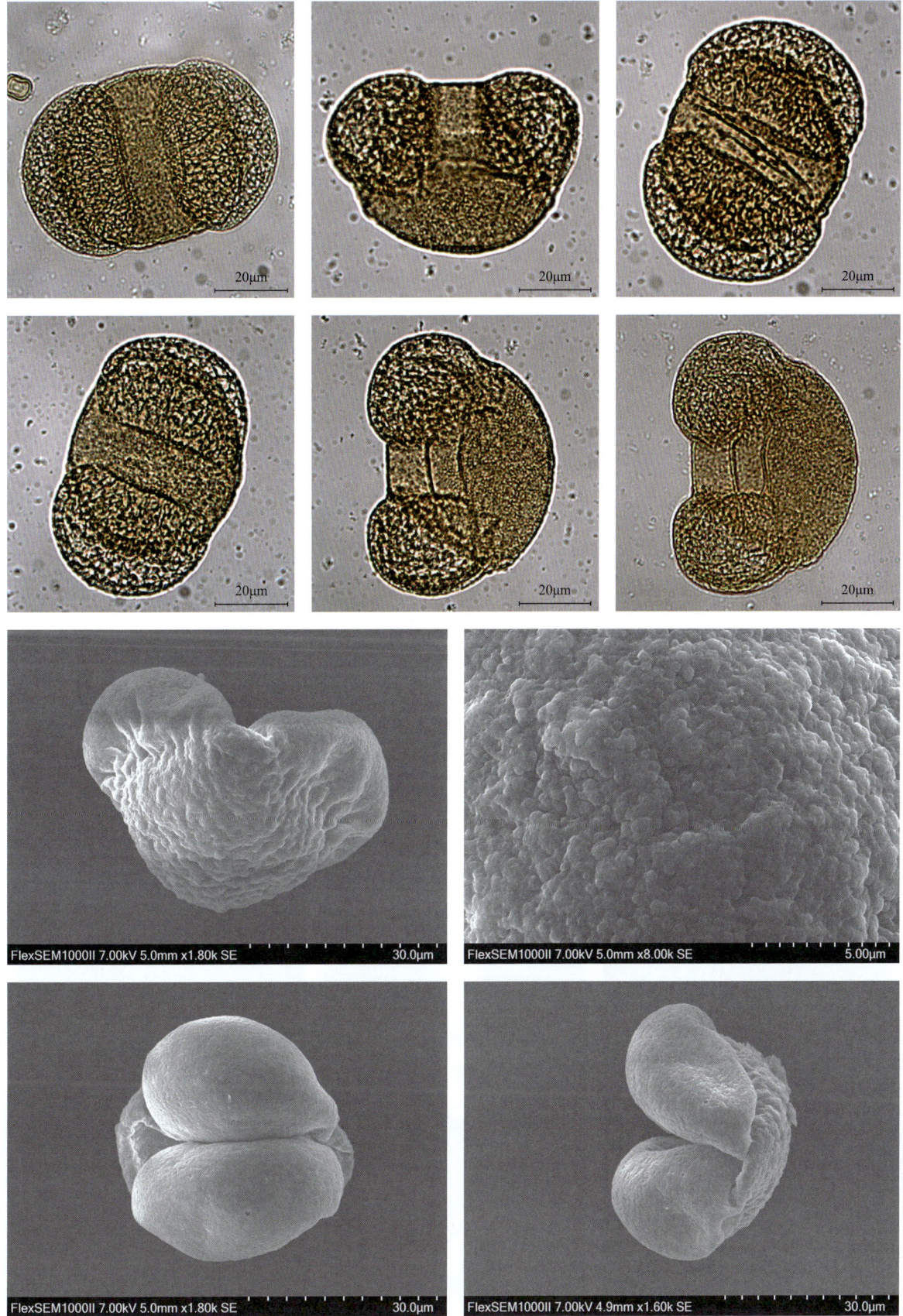

### *Pinus squamata* Xiang W. Li 五针白皮松

**花粉图式**

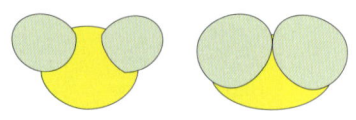

【形态特征】乔木；幼树树皮灰绿色，平滑，老树树皮暗褐色，成不规则薄片剥落，内皮暗白色；冬芽卵球形，红褐色，具树脂；一年生枝红褐色，密被黄褐及灰褐色柔毛，稀有长柔毛及腺体，二年生枝淡绿褐色，无毛；针叶5（或4）针一束，两面具气孔线，边缘有细齿，叶鞘早落；成熟球果圆锥状卵圆形；种鳞长圆状椭圆形，熟时张开，鳞盾显著隆起，鳞脐背生，凹陷，无刺，横脊明显；种子长圆形或倒卵圆形，黑色，种翅长约1.6厘米，具黑色纵纹。

【花果期】花期4—5月，果期翌年9—10月。

【生境】生长于30°以上的陡坡上；母岩为玄武岩；土壤系黄红壤，土层厚度由浅薄至深厚层。

【分布】仅自然分布于中国云南省昭通市巧家县白鹤滩镇杨家湾村的一条南北走向山脊东西两坡面上部的山坳中。

【别名】巧家五针松。

【保护级别】国家一级重点保护野生植物；极危（CR）；中国特有种。

【花粉形态】花粉粒具两个发达而显著的气囊，气囊与本体阔度几相等，全长30~65μm，本体长35~47μm、高43~52μm；从极面看，本体近圆形，有明显帽缘，帽缘呈较为明显的波浪形；从侧面看，气囊与帽在近极基形成一个不深的凹角；气囊成半圆形，表面呈网状纹理；帽上具瘤状纹饰。

第四章 裸子植物的花粉形态

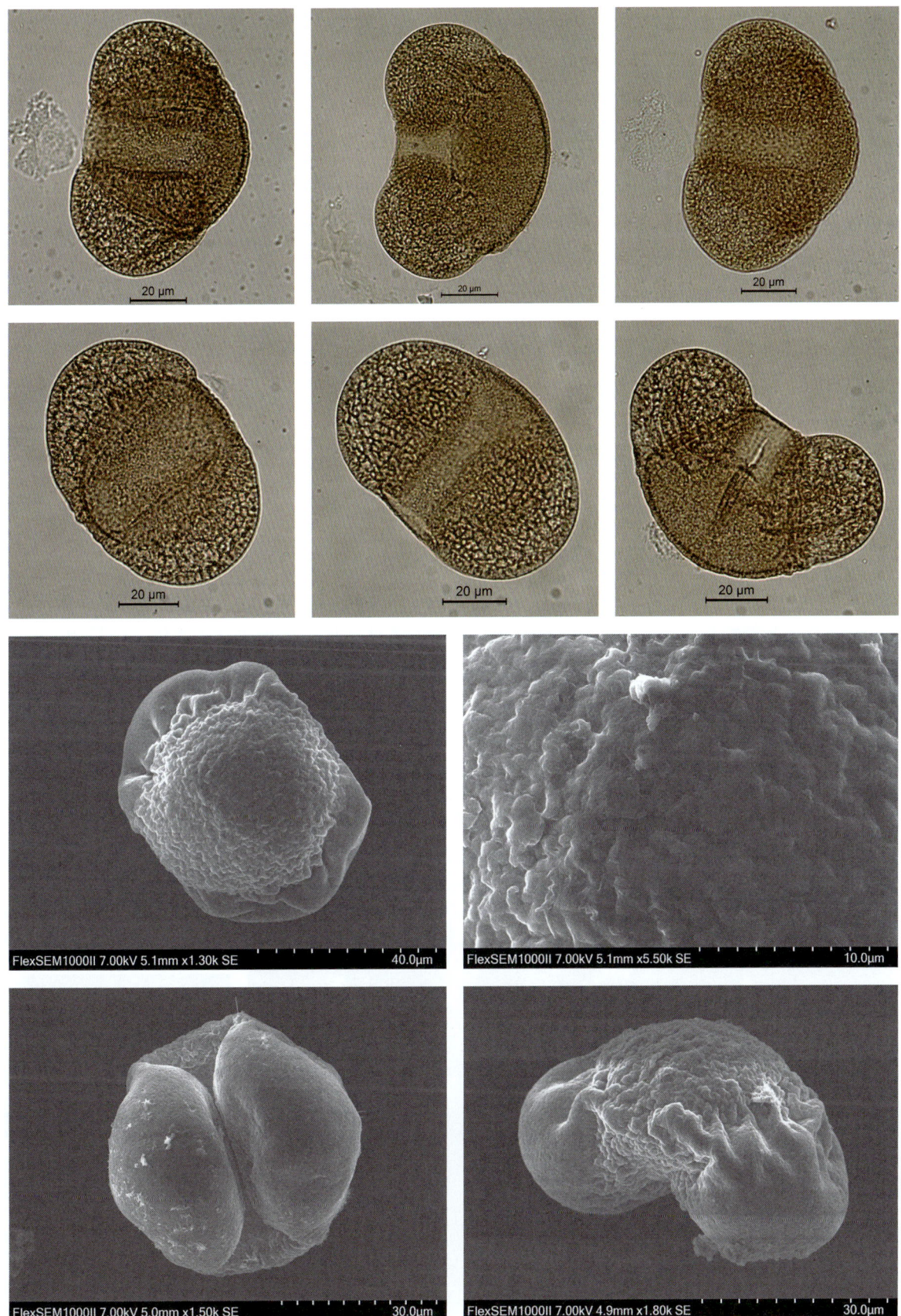

### *Pinus sylvestris* var. *mongolica* Litv. 樟子松

花粉图式

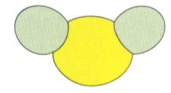

**【形态特征】**乔木，高可达 25 米；大树树皮厚，树干下部灰褐色或黑褐色，深裂成不规则的鳞状块片脱落，上部树皮及枝皮黄色至褐黄色，内侧金黄色，裂成薄片脱落；枝斜展或平展，幼树树冠尖塔形，老则呈圆顶或平顶，树冠稀疏；一年生枝淡黄褐色，无毛，二、三年生枝呈灰褐色；冬芽褐色或淡黄褐色，长卵圆形，有树脂；针叶 2 针一束，硬直，常扭曲，先端尖，边缘有细锯齿，两面均有气孔线；叶鞘基部宿存，黑褐色；雄球花圆柱状卵圆形，聚生新枝下部；雌球花有短梗，淡紫褐色；球果卵圆形或长卵圆形，成熟前绿色，熟时淡褐灰色，熟后开始脱落；种子黑褐色，长卵圆形或倒卵圆形，微扁；子叶 6~7 枚，初生叶条形，上面有凹槽，边缘有较密的细锯齿，叶面上亦有疏生齿毛。

**【花果期】**花期 5—6 月，果期翌年 9—10 月。

**【生境】**为喜光性强、深根性树种，能适应土壤水分较少的山脊及向阳山坡，以及较干旱的沙地及石砾砂土地区；多成纯林或与落叶松混生，海拔 400~900 米。

**【分布】**国内分布：黑龙江大兴安岭；国外分布：蒙古。

**【别名】**海拉尔松。

**【保护级别】**易危（VU）。

**【花粉形态】**花粉粒具两个发达而显著的气囊，气囊与本体阔度几相等或宽于本体，全长 46~75μm，本体长 25~40μm、高 20~25μm；从极面看，本体近圆形，有明显帽缘；从侧面看，气囊与帽在近极基形成一个不深的凹角；气囊成半圆形，表面呈网状纹理；帽上具粗颗粒及瘤状纹饰。

# 第四章 裸子植物的花粉形态

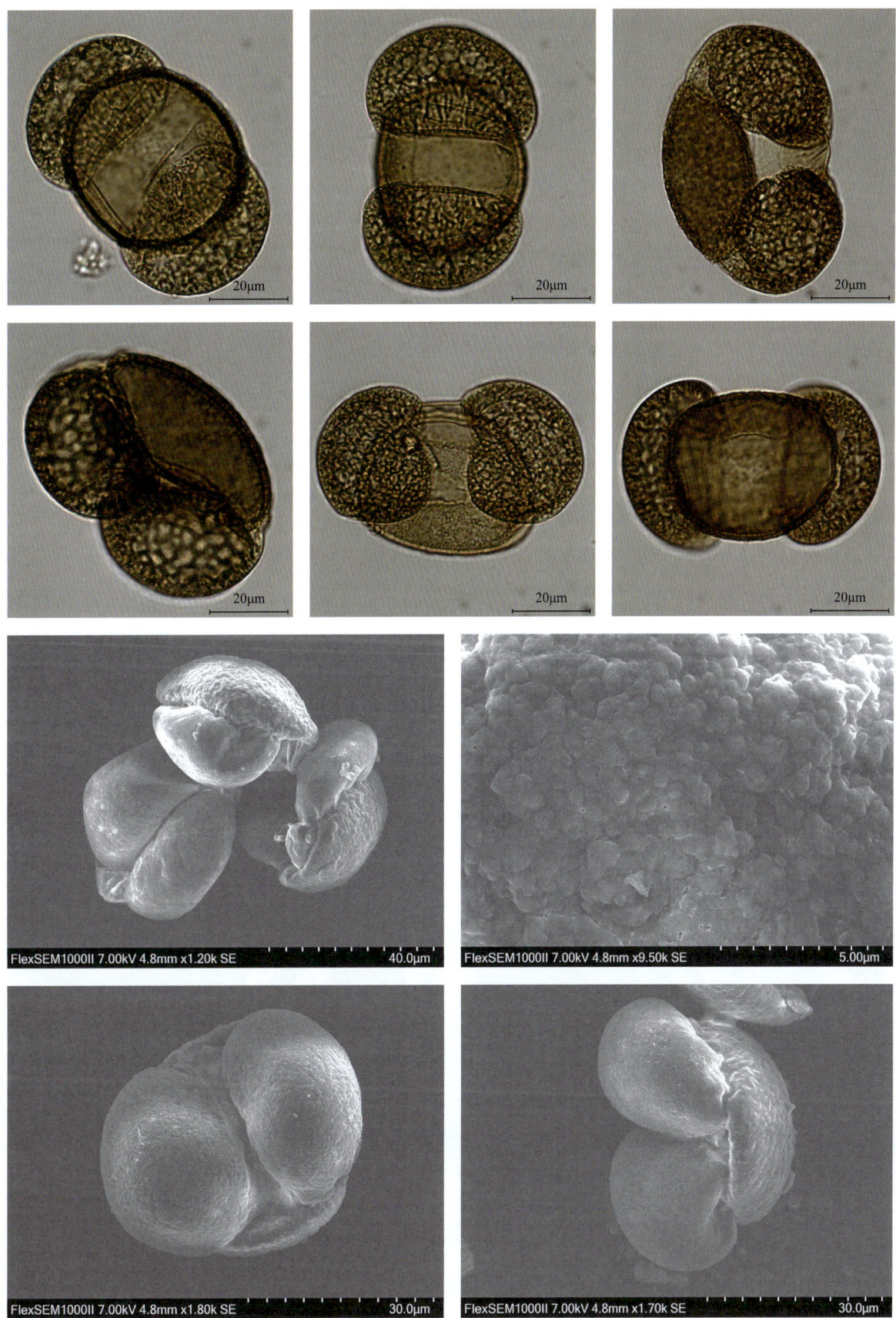

167

## *Pinus sylvestris* var. *sylvestriformis* (Taken.) W. C. Cheng & C. D. Chu 长白松

花粉图式

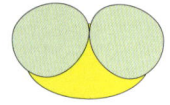

【形态特征】乔木，高 20~30 米；树干通直平滑，基部稍粗糙，棕褐色带黄，龟裂，下中部以上树皮棕黄色至金黄色，裂成鳞状薄片剥落；冬芽卵圆形，芽鳞红褐色，有树脂；一年生枝淡褐色或淡黄褐色，无白粉，二至三年生枝淡灰褐色或灰褐色；针叶 2 枚一束，较粗硬；横切面扁半圆形；一年生小球果近球形，具短梗，弯曲下垂，种鳞具直伸的短刺；成熟的球果卵状圆锥形，种鳞张开后为椭圆状卵圆形或长卵圆形；种鳞背部深紫褐色，鳞盾斜方形或不规则 4~5 角形，灰色或淡褐灰色；种子长卵圆形或三角状卵圆形，种翅淡褐色，有少数褐色条纹。

【花果期】花期 5—6 月，果期翌年 9—10 月。

【生境】在二道白河以上的林中组成小片纯林；林中则与红松、长白鱼鳞云杉等混生；喜光性强、深根性树种，能适应土壤水分较少的山脊及向阳山坡，以及较干旱的沙地及石砾砂土地区，海拔 800~1600 米地带。

【分布】吉林长白山北坡。

【别名】长果赤松、美人松、长白赤松。

【保护级别】国家二级重点保护野生植物；濒危（EN）；地方保护野生植物；中国特有种。

【花粉形态】花粉粒具两个发达的气囊，分列于体的两侧，气囊与本体阔度几相等，全长 57~69μm，本体长 41~50μm、高 32~43μm；从极面看，本体宽椭圆形；从侧面看，帽缘显著；气囊成半圆形，表面呈网状纹理；帽上具粗颗粒状纹饰。

# 第四章 裸子植物的花粉形态

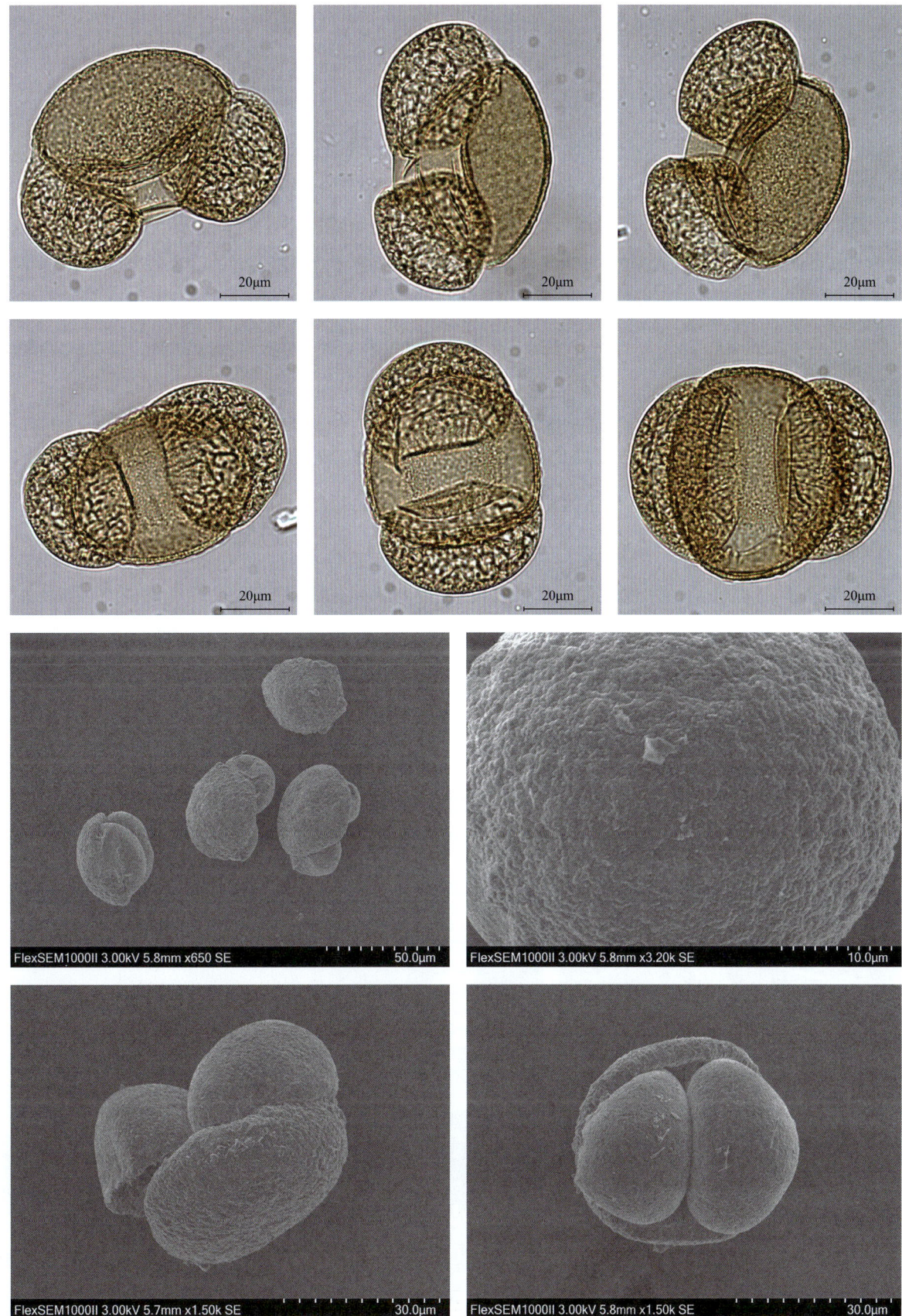

## *Pinus tabuliformis* Carrière 油松

花粉图式

 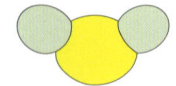

【形态特征】乔木，高可达 25 米；树皮灰褐色或褐灰色，裂成不规则较厚的鳞状块片，裂缝及上部树皮红褐色；一年生枝较粗，淡红褐或淡灰黄色，无毛，幼时微被白粉；冬芽圆柱形，红褐色；叶 2 针一束，粗硬；雄球花圆柱形，在新枝下部聚生成穗状；球果卵形或圆卵形，有短梗，向下弯垂，成熟前绿色，熟时淡黄色或淡褐黄色，常宿存树上数年之久；种子卵圆形或长卵圆形，淡褐色有斑纹；子叶 8~12 枚，初生叶窄条形，先端尖，边缘有细锯齿。

【花果期】花期 4—5 月，果期翌年 10 月。

【生境】生于海拔 100~2600 米地带，喜光、深根性树种，喜干冷气候，在土层深厚、排水良好的酸性、中性或钙质黄土上均能生长良好。

【分布】为我国特有树种，产于吉林南部、辽宁、河北、河南、山东、山西、内蒙古、陕西、甘肃、宁夏、青海及四川等省区。

【别名】巨果油松、紫翅油松、东北黑松、短叶马尾松、红皮松、短叶松。

【保护级别】无危（LC）；地方保护野生植物；中国特有种。

【花粉形态】花粉粒具两个发达而显著的气囊，分列于体的两侧，气囊与本体的宽度相近，全长 66~95μm，本体长 50~62μm、高 32~44μm；从侧面看，两个气囊向内靠得较近；从侧面或极面都能看到波浪形的帽缘；从极面看，本体椭圆形；帽缘在气囊着手的两端比较显著；气囊成半圆形，表面呈网状纹理；帽上具瘤状纹饰。

# 第四章 裸子植物的花粉形态

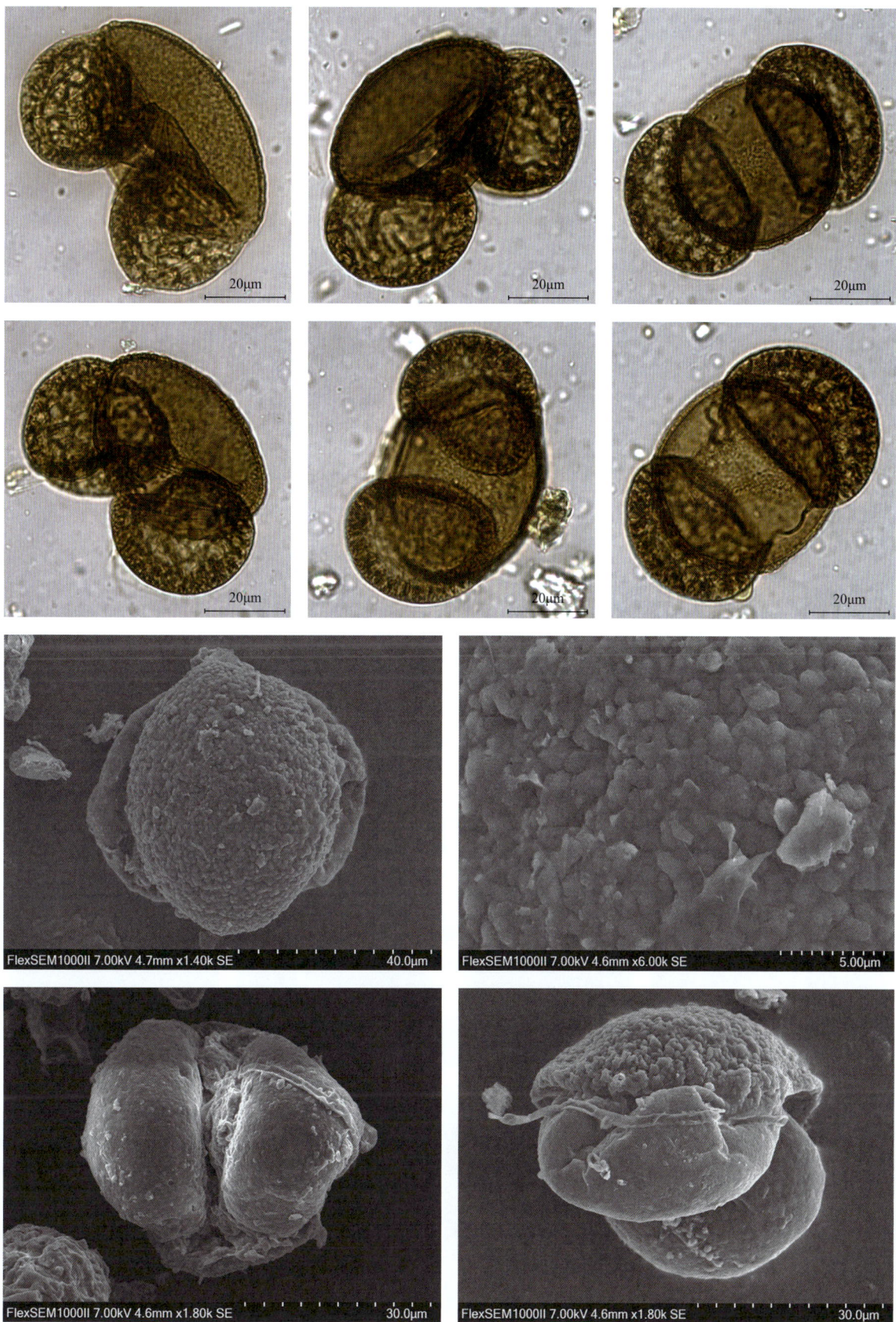

## *Pinus thunbergii* Parl. 黑松

花粉图式

【形态特征】乔木，高可达30米；幼树树皮暗灰色，老则灰黑色，粗厚，裂成块片脱落；枝条开展，树冠宽圆锥状或伞形；一年生枝淡褐黄色，无毛；冬芽银白色，圆柱状椭圆形或圆柱形，顶端尖，芽鳞披针形或条状披针形，边缘白色丝状；针叶2针一束，深绿色，有光泽，粗硬；雄球花淡红褐色，圆柱形，聚生于新枝下部；雌球花单生或2~3个聚生于新枝近顶端，直立，有梗，卵圆形，淡紫红色或淡褐红色；球果成熟前绿色，熟时褐色，圆锥状卵圆形或卵圆形；种子倒卵状椭圆形，种翅灰褐色，有深色条纹；子叶5~10（多为7~8）枚，初生叶条形，叶缘具疏生短刺毛，或近全缘。

【花果期】花期4—5月，种子翌年10月成熟。

【生境】喜温暖至高温、适润至干燥、向阳之地，最宜在土层深厚、土质疏松且含有腐殖质的砂质土壤处生长，也可在海滩盐土地方生长。

【分布】国内分布：我国大连、山东沿海地带和蒙山山区以及武汉、南京、上海、杭州等地引种栽培；国外分布：日本及朝鲜南部海岸地区。

【别名】日本黑松。

【保护级别】无危（LC）。

【花粉形态】花粉粒具两个发达的气囊，气囊与本体阔度几相等，全长62~77μm，本体长45~55μm、高29~35μm；从极面和侧面看，帽缘都比较明显，本体圆形；气囊成半圆形，表面呈网状纹理；帽上具瘤状纹饰。

第四章 裸子植物的花粉形态

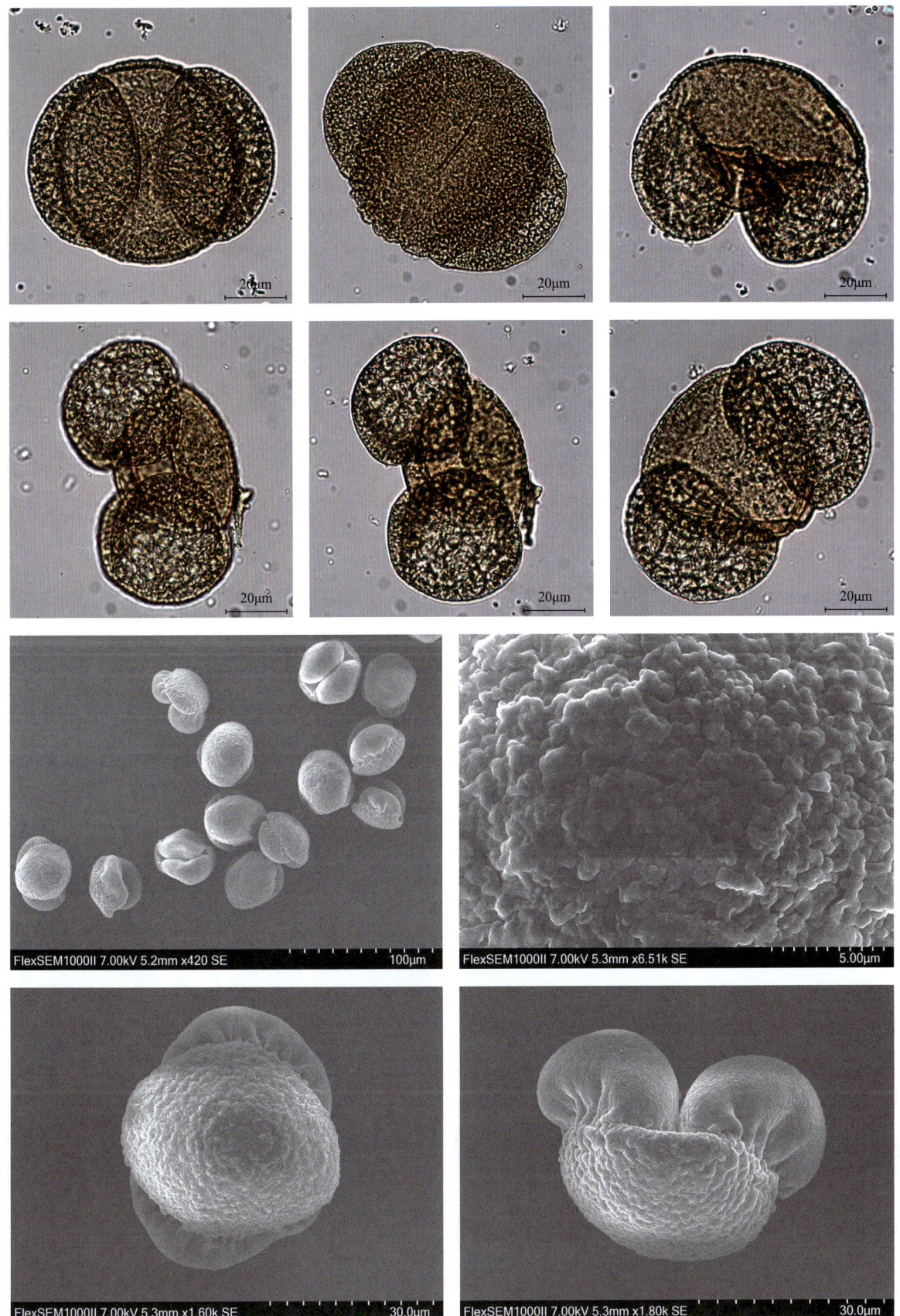

## *Pseudolarix* 金钱松属

*Pseudolarix amabilis* (J. Nelson) Rehder 金钱松

**【形态特征】** 乔木，高可达 40 米；树干通直；树皮粗糙，灰褐色，裂成不规则的鳞片状块片；枝平展，树冠宽塔形；一年生长枝淡红褐色或淡红黄色，无毛，有光泽，二、三年生枝淡黄灰色或淡褐灰色，稀淡紫褐色，老枝及短枝呈灰色、暗灰色或淡褐灰色；叶在长枝上螺旋状排列，散生，在短枝上簇生状，辐射平展呈圆盘形；叶条形，柔软，镰状或直，上部稍宽，上面中脉微隆起，下面中脉明显，每边有 5~14 条气孔线；雄球花黄色，圆柱状，下垂；雌球花紫红色，直立，椭圆形，有短梗；球果当年成熟，卵圆形，直立，有短柄；种鳞卵状披针形，先端有凹缺，木质，熟时与果轴一同脱落；苞鳞小，不露出；种子卵圆形，白色，下面有树脂囊，上部有宽大的种翅，基部有种翅包裹，种翅连同种子与种鳞近等长。

花粉图式

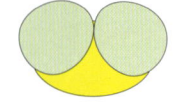

**【花果期】** 花期 4 月，球果 10 月成熟。

**【生境】** 在海拔 100~1500 米地带散生于针叶树、阔叶树林中；喜生于温暖、多雨、土层深厚、肥沃，以及排水良好的酸性土山区。

**【分布】** 为我国特有树种，产于江苏南部（宜兴）、浙江、安徽南部、福建北部、江西、湖南、湖北利川至四川万县交界地区。

**【别名】** 水树、金松。

**【保护级别】** 国家二级重点保护野生植物；易危（VU）；中国特有种。

**【花粉形态】** 花粉粒具两个气囊，外形像松属，但气囊较小，两个气囊展开的角度很大，全长 39~85μm，本体长 32~54μm、高 34~48μm；从极面看，本体圆形，气囊大于半圆形，成 3 个相交的圆；外壁较薄，内层较外层稍薄，外层的厚度比较一致，没有帽缘；帽上具较细的不明显的颗粒状纹饰。

# 第四章 裸子植物的花粉形态

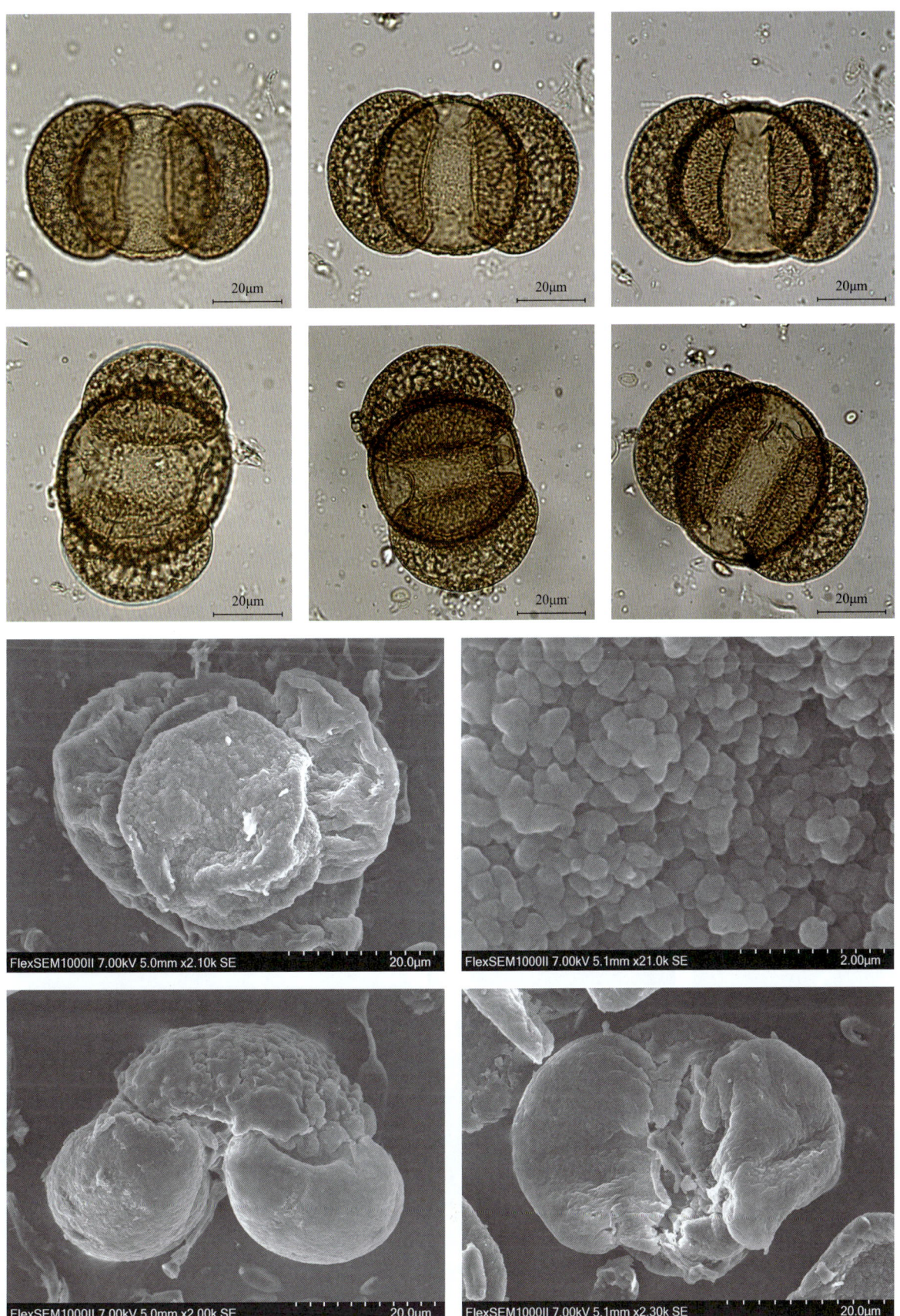

## Tsuga 铁杉属

### *Tsuga chinensis* (Franch.) E. Pritz. 铁杉

【形态特征】乔木，高可达50米；树皮暗深灰色，纵裂，成块状脱落；大枝平展，枝稍下垂，树冠塔形；冬芽卵圆形或圆球形，先端钝，芽鳞背部平圆或基部芽鳞具背脊；一年生枝细，淡黄色、淡褐黄色或淡灰黄色，叶枕凹槽内有短毛，二、三年生枝灰黄色、淡褐灰色或灰色；叶条形，排列成两列，先端钝圆，有凹缺，全缘，或幼树之叶的中上部常有细锯齿，上面光绿色，下面淡绿色，气孔带灰绿色，初被白粉，后则脱落；球果卵圆形或长卵圆形，具短梗；中部种鳞五边状卵形、近方形或近圆形，边缘微内曲，背面露出部分无毛，有光泽。木材纹理直，均匀，材质细致，故名"铁杉"。

花粉图式

【花果期】花期4月，果期10月。

【生境】喜生于雨量大、云雾多、相对湿度大、气候凉润、土壤酸性及排水良好的山区。

【分布】浙江、安徽黄山、福建武夷山、江西武功山、湖南莽山、广东乳源、广西兴安及云南麻栗坡。

【别名】浙江铁杉、展枒、枒、刺柏、铁林刺、仙柏、假花板、南方铁杉。

【保护级别】地方保护野生植物；无危（LC）；中国特有种。

【花粉形态】花粉粒直径为35~59μm；从近极面看，花粉粒圆形，远极面有时向内凹；从侧面看，成为凸透镜的形状；具有极不发达的气囊，从极面看，气囊在花粉周围形成环，气囊上有不规则的褶皱；外壁表面具有粗的蠕虫状雕纹，雕纹间还散布着刺状突起。

第四章 裸子植物的花粉形态

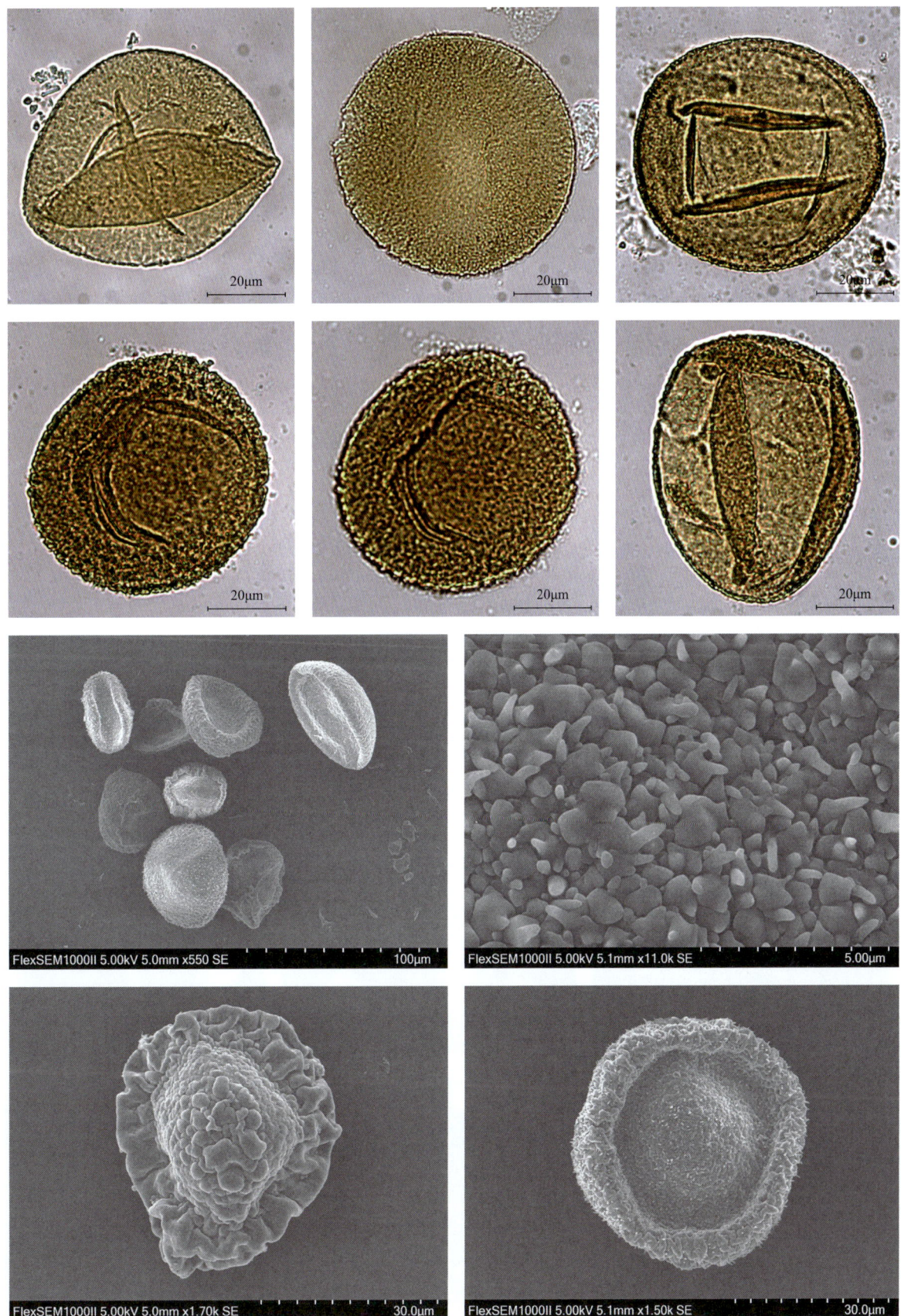

177

## *Tsuga chinensis* var. *robusta* W. C. Cheng & L. K. Fu 大果铁杉

【形态特征】铁杉的变种，乔木，高可达50米；树皮暗深灰色，纵裂，成块状脱落；大枝平展，枝梢下垂；树冠塔形；冬芽卵圆形或圆球形，先端钝，芽鳞背部平圆或基部芽鳞具背脊；一年生枝细，淡黄色、淡褐黄色或淡灰黄色，叶枕凹槽内有短毛，二、三年生枝灰黄色、淡褐灰色或灰色；叶条形，排列成两列，先端钝圆有凹缺，上面光绿色，下面淡绿色，中脉隆起无凹槽，气孔带灰绿色，下面初有白粉，老则脱落，稀老叶背面亦有白粉；球果较粗大，矩圆状圆柱形，基部圆；种鳞质地较厚，中部的种鳞圆方形，鳞背露出部分及边缘有短粗毛；苞鳞宽倒卵形，上部宽圆，中央有突尖；种子下表面有油点，种翅上部较窄；子叶3~4枚，条形。本变种与铁杉的区别在于球果较粗大，矩圆状圆柱形，基部圆；种鳞质地较厚，中部的种鳞圆方形，鳞背露出部分及边缘有短粗毛；苞鳞宽倒卵形，上部宽圆，中央有突尖；叶下面的气孔带有白粉。

【花果期】花期4月，球果10月成熟。

【生境】海拔1800米的山地。

【分布】湖北西部巴东。

【别名】无

【保护级别】无危（LC）；中国特有种。

【花粉形态】花粉粒直径为32~50μm；从近极面看，花粉粒圆形，远极面有时向内凹；从侧面看，呈凸透镜的形状；具有极不发达的气囊，从极面看，气囊在花粉周围形成环，气囊上有不规则的褶皱；外壁表面具有粗的蠕虫状雕纹，雕纹间满布刺状突起，刺比铁杉花粉的要更密、更粗壮。

花粉图式

第四章 裸子植物的花粉形态

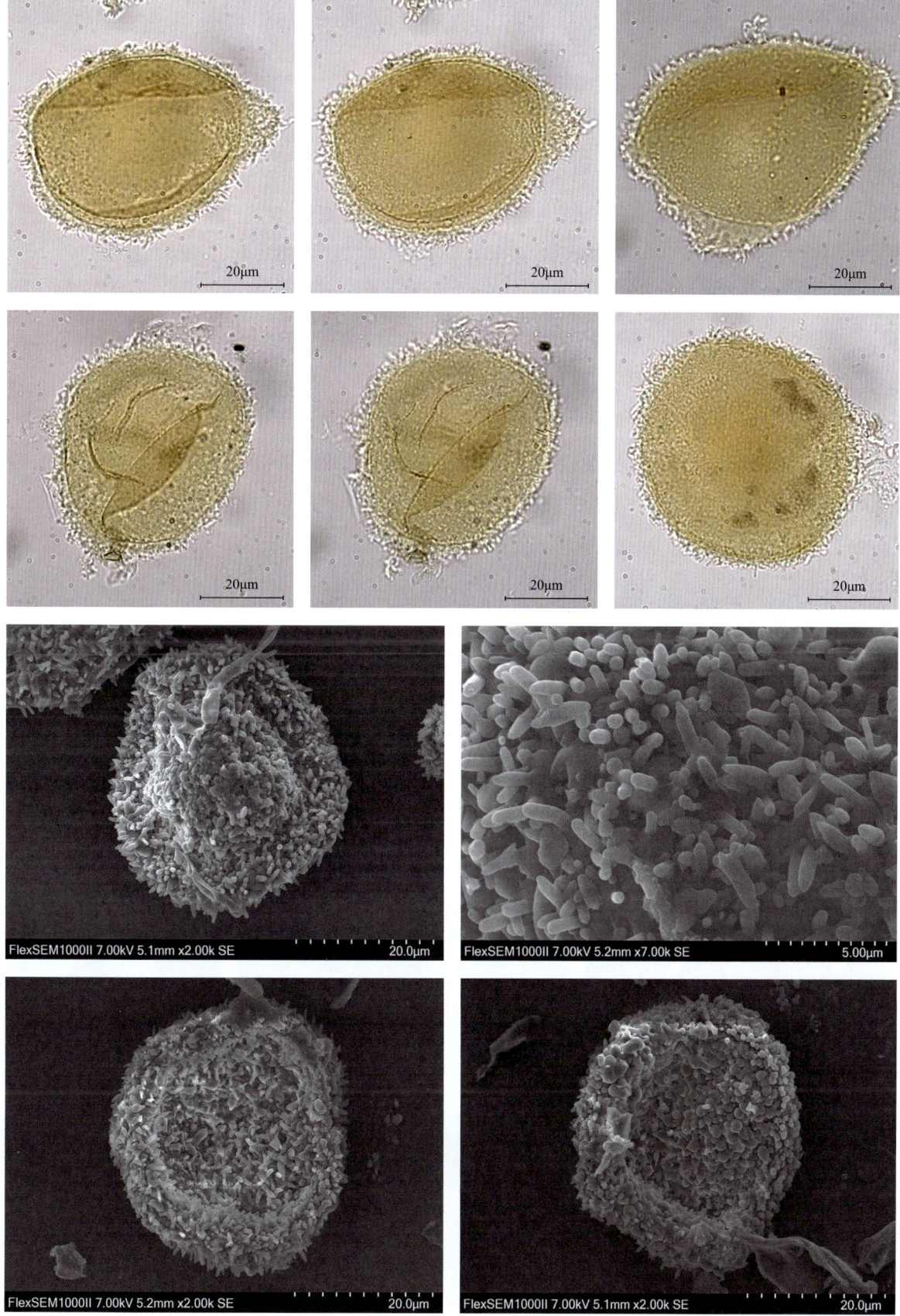

## Podocarpaceae 罗汉松科
### *Podocarpus* 罗汉松属
*Podocarpus macrophyllus* (Thunb.) Sweet 罗汉松

花粉图式

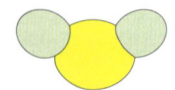

【形态特征】乔木，高可达 20 米，树皮灰色或灰褐色，浅纵裂，成薄片状脱落；枝开展或斜展，较密；叶螺旋状着生，条状披针形，微弯，先端尖，基部楔形，上面深绿色，有光泽，中脉显著隆起，下面带白色、灰绿色或淡绿色，中脉微隆起；雄球花穗状，腋生，常 3~5 个簇生于极短的总梗上，基部有数枚三角状苞片；雌球花单生叶腋，有梗，基部有少数苞片；种子卵圆形，径约 1 厘米，先端圆，熟时肉质假种皮紫黑色，有白粉，种托肉质圆柱形，红色或紫红色。罗汉松因红色肉质种托似罗汉的袈裟，种子似罗汉的光脑袋，故名"罗汉松"。

【花果期】花期 4—5 月，果期 8—9 月。

【生境】半阴性树，喜温暖、湿润和半阴环境，耐寒性较差，怕水涝和强光直射，喜疏松肥沃、排水良好的砂质壤土。

【分布】国内分布：江苏、浙江、福建、安徽、江西、湖南、四川、云南、贵州、广西、广东等省区；国外分布：日本。

【别名】土杉、罗汉杉、狭叶罗汉松。

【保护级别】国家二级重点保护野生植物；易危（VU）；地方保护野生植物。

【花粉形态】花粉粒具有两个大而明显的气囊，分列于本体的两侧，与本体有显著的区别，全长 60~90μm，本体长 35~45μm、高 25~37μm；从极面看，气囊的轮廓大于本体，并大于半圆形；从侧面看，本体为椭圆形；外壁较薄，两层，具有细而较模糊的颗粒状纹理；气囊上有粗网状纹理，网脊相连或中断，并且具颗粒，稀疏排列在网脊上。

# 第四章 裸子植物的花粉形态

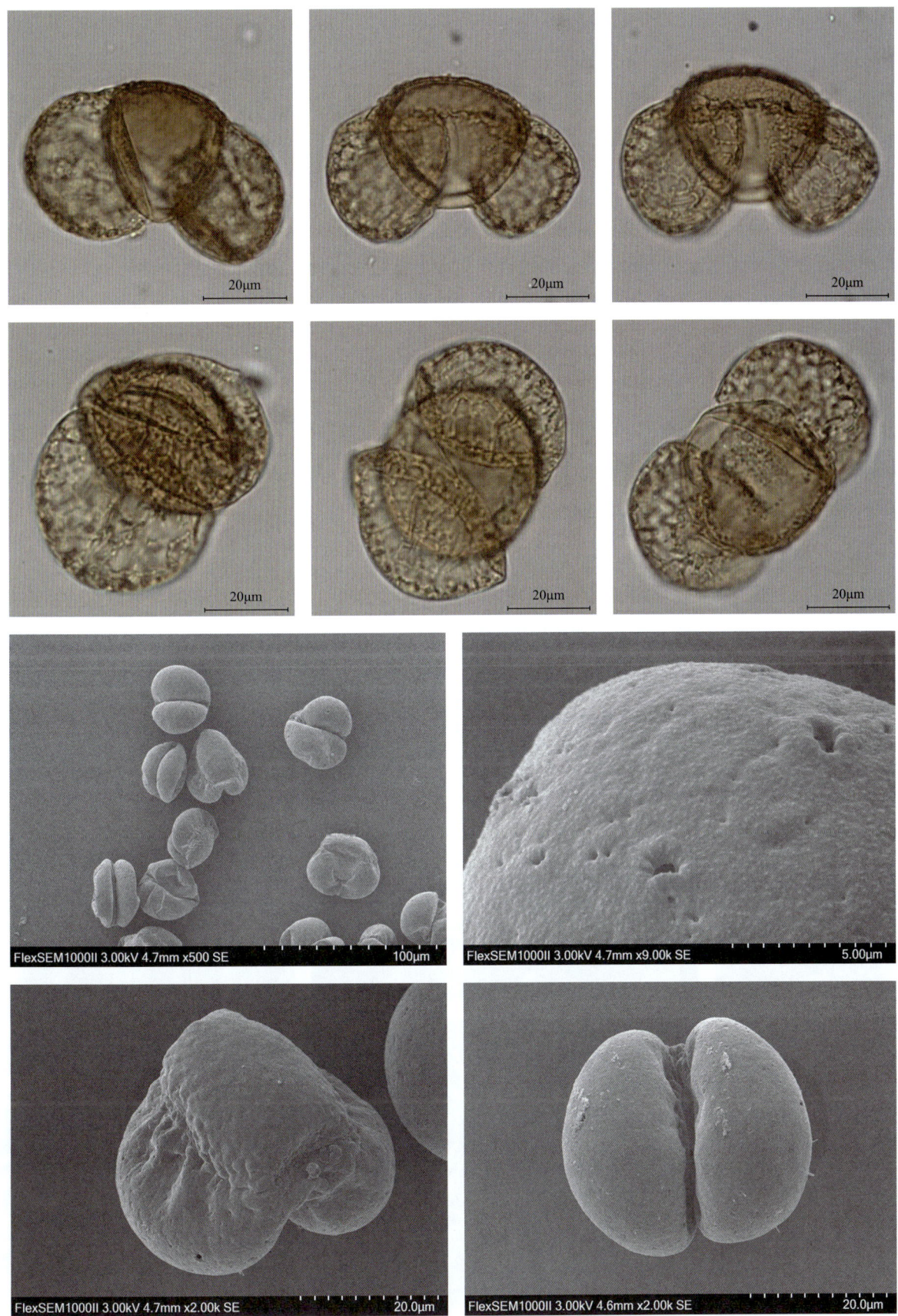

## *Podocarpus neriifolius* D. Don 百日青

花粉图式

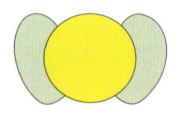
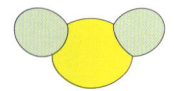

【形态特征】常绿乔木，高可达 25 米；树皮灰褐色，薄纤维质，成片状纵裂；枝条开展或斜展；叶螺旋状着生，披针形，厚革质，常微弯，上部渐窄，先端有渐尖的长尖头，萌生枝上的叶稍宽、有短尖头，基部渐窄，楔形，有短柄，上面中脉隆起，下面微隆起或近平；雄球花穗状，单生或 2~3 个簇生，长 2.5~5 厘米，总梗较短，基部有多数螺旋状排列的苞片；种子卵圆形，长 8~16 毫米，顶端圆或钝，熟时肉质假种皮紫红色，种托肉质橙红色，梗长 9~22 毫米。

【花果期】花期 5 月，果期 10—11 月。

【生境】常在海拔 400~1000 米的山地与阔叶树混生成林。

【分布】国内分布：浙江、福建、台湾、江西、湖南、贵州、四川、西藏、云南、广西、广东等省区；国外分布：尼泊尔、不丹、缅甸、越南、老挝、印度尼西亚和马来西亚。

【别名】大叶竹柏松、白松、油松、竹柏松、璎珞柏、桃柏松、脉叶罗汉松、竹叶松。

【保护级别】国家二级重点保护野生植物；易危（VU）。

【花粉形态】花粉粒具有两个大而明显的气囊，分列于本体的两侧，与本体有显著的区别，全长 63~75μm，本体长 37~54μm、高 25~35μm；从极面看，气囊的轮廓大于本体，并大于半圆形；从侧面看，本体为椭圆形；外壁较薄，两层，具有细而较模糊的颗粒状纹理。

第四章 裸子植物的花粉形态

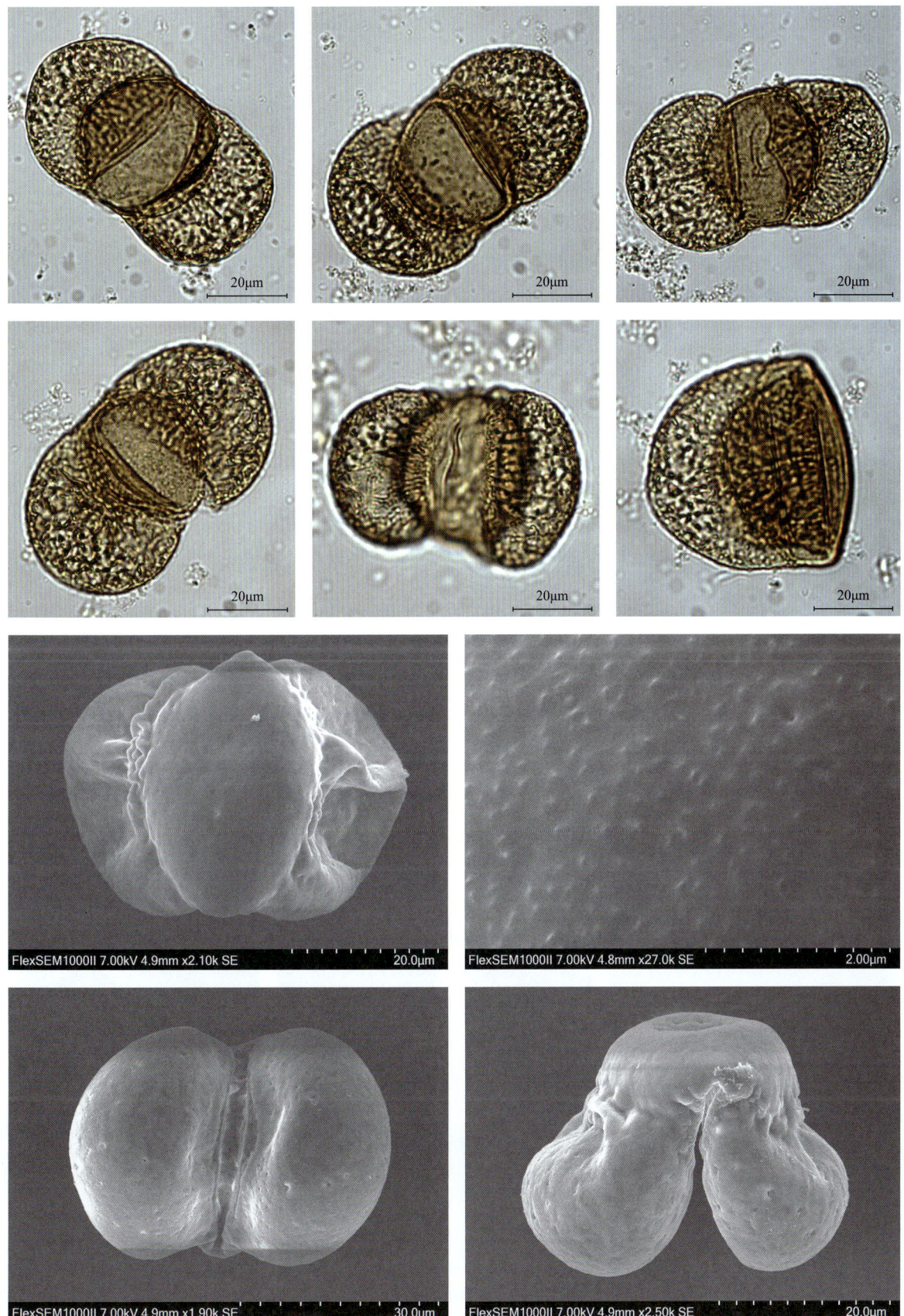

183

## Taxaceae 红豆杉科
### *Amentotaxus* 穗花杉属
*Amentotaxus argotaenia* (Hance) Pilg. 穗花杉

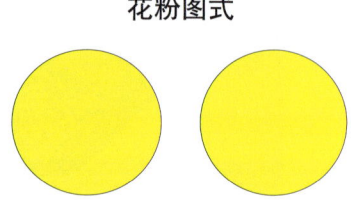

花粉图式

**【形态特征】** 灌木或小乔木，高可达 7 米；树皮灰褐色或淡红褐色，裂成片状脱落；小枝斜展或向上伸展，圆或近方形，一年生枝绿色，二、三年生枝绿黄色、黄色或淡黄红色；叶基部扭转成两列，条状披针形，直或微弯镰状，先端尖或钝，基部渐窄，楔形或宽楔形，有极短的叶柄，边缘微向下曲，下面白色气孔带与绿色边带等宽或较窄；萌生枝的叶较长，通常镰状，稀直伸，先端有渐尖的长尖头，气孔带较绿色边带为窄；雄球花穗 1~3（多为 2）穗，长 5~6.5 厘米，雄蕊有 2~5（多为 3）个花药；种子椭圆形，成熟时假种皮鲜红色，长 2~2.5 厘米，径约 1.3 厘米，顶端有小尖头露出，基部宿存苞片的背部有纵脊，梗长约 1.3 厘米，扁四棱形。

**【花果期】** 花期 4 月，果期 10 月。

**【生境】** 海拔 300~1100 米地带的阴湿溪谷两旁或林内。

**【分布】** 江西、湖北、湖南、四川、西藏、甘肃、广西、广东等省区。

**【别名】** 华西穗花杉。

**【保护级别】** 国家二级重点保护野生植物；近危（NT）；我国特有种；地方保护野生植物。

**【花粉形态】** 花粉粒圆形，略具棱角，具不规则褶皱，直径为 29~38μm；无显著的萌发孔，具一薄壁区；外壁层次清楚，外层较薄；表面的颗粒较模糊；轮廓线不平。

第四章 裸子植物的花粉形态

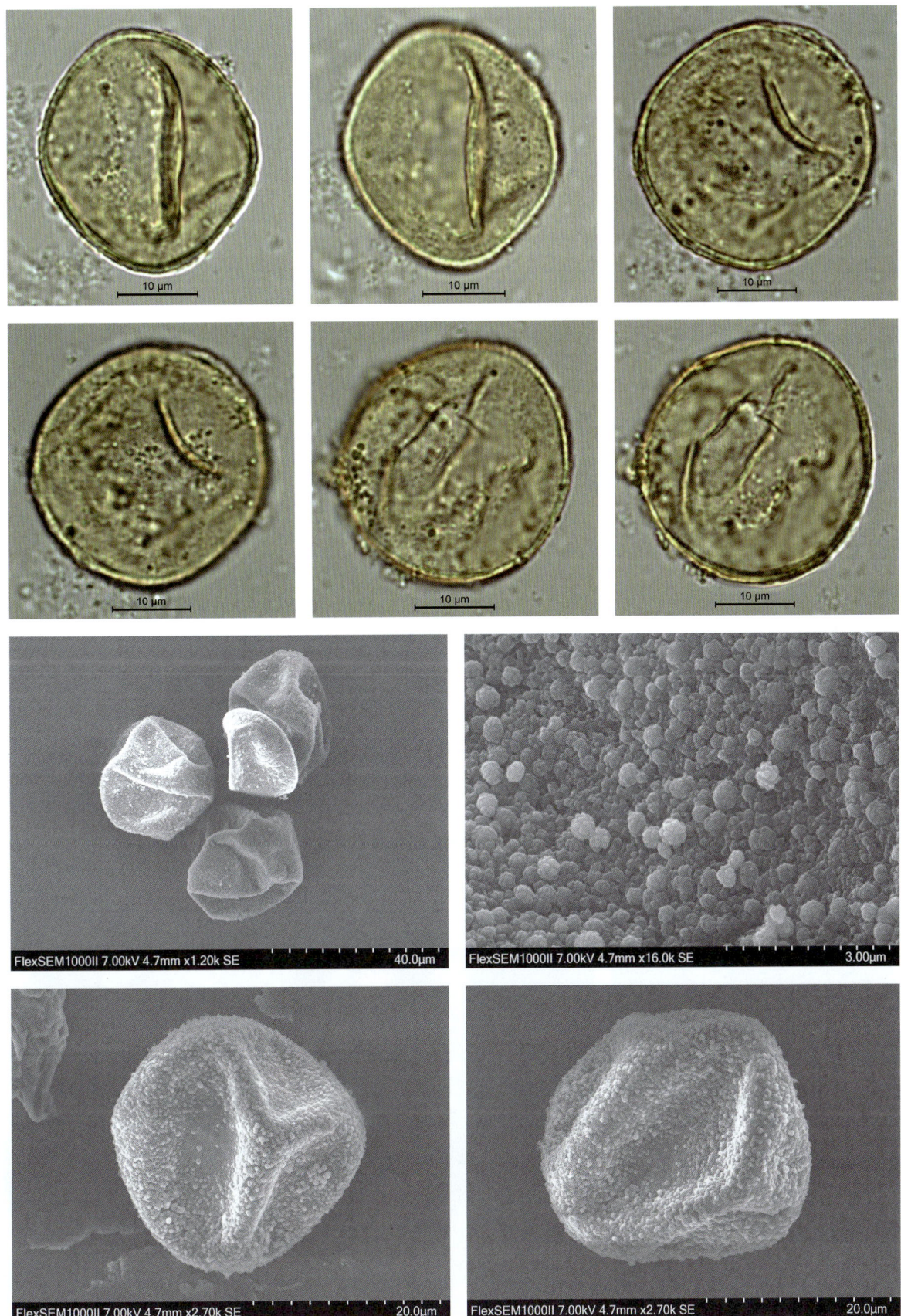

## Taxus 红豆杉属

### *Taxus wallichiana* var. *mairei* (Lemée & H. Lév.) L. K. Fu & Nan Li 南方红豆杉

【形态特征】乔木，高可达 38 米；树皮薄，淡红色、紫褐色或灰色，裂成条片或不规则片状脱落；顶芽较小，卵圆形，芽鳞圆形，覆瓦状紧密排列，早期脱落或仅少数残留；叶在小枝上螺旋状着生，有短柄或近无柄，排列生两列，较疏松；叶披针形，常呈"S"形或镰形，基部楔形，不对称，先端急渐尖，无突尖头，叶缘平直，稀外卷；叶近轴面深绿色，有光泽，中脉凸起，叶远轴面为浅绿色，有两条淡黄绿色气孔带，中脉带上无乳头状突起，中脉与叶缘带颜色，比气孔带深，有光泽，叶缘带比中脉宽或近等宽；雄球花腋生，单生，在可育枝两侧排成行，卵形，具短梗；雄球花淡黄色；种子生于杯状红色肉质的假种皮中，间或生于近膜质盘状的种托之上，常呈卵圆形，上部渐窄，稀倒卵状，微扁或圆，上部常具二钝棱脊，稀上部三角状具三条钝脊，先端有突起的短钝尖头，种脐近圆形或宽椭圆形，稀三角状圆形。

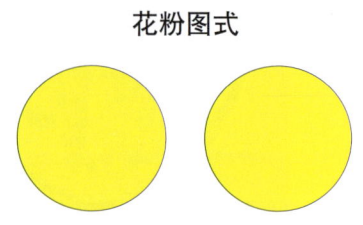

花粉图式

【花果期】花期 3—4 月，果期 11 月。

【生境】常生于海拔 1000~1200 米以下的地方。

【分布】安徽、浙江、台湾、福建、江西、广东、广西、湖南、湖北等省区。

【别名】血柏、红叶水杉、海罗松、榧子木、赤椎、杉公子、美丽红豆杉。

【保护级别】国家一级重点保护野生植物；易危（VU）；中国特有种。

【花粉形态】花粉粒球形，形状不规则，常具褶皱，直径 15~27μm；具有一不明显的沟；外壁层次不显著，沟部分的外壁较其他的部分薄；表面颗粒较模糊；轮廓线不平。

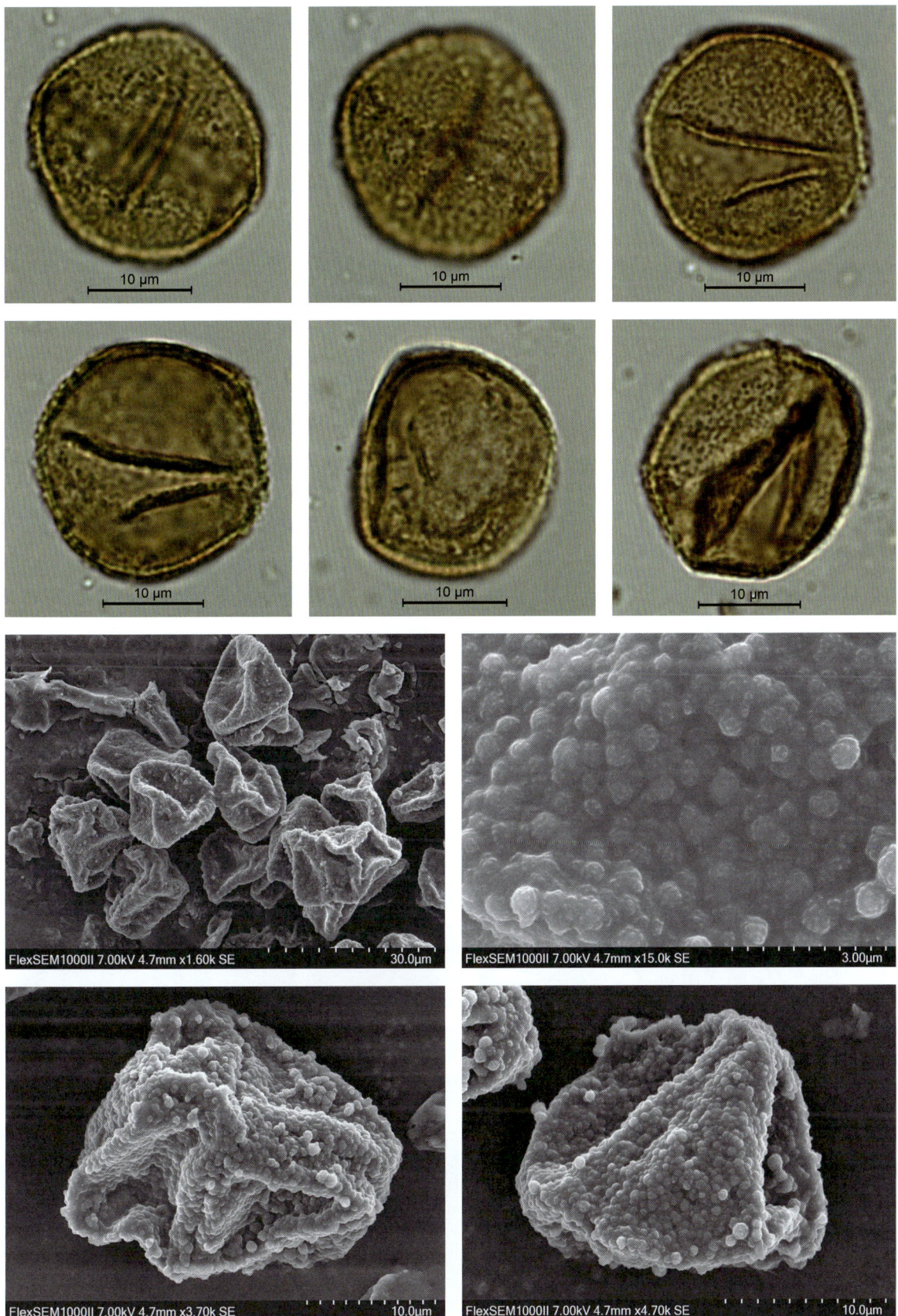

## *Torreya* 榧属

***Torreya grandis*** Fortune ex Lindl. 榧

【形态特征】乔木，高可达 25 米；树皮浅黄灰色、深灰色或灰褐色，不规则纵裂；一年生枝绿色，无毛，二、三年生枝黄绿色、淡褐黄色或暗绿黄色，稀淡褐色；叶条形，列成两列，通常直，先端凸尖，上面光绿色，无隆起的中脉，下面淡绿色，气孔带常与中脉带等宽，绿色边带与气孔带等宽或稍宽；雄球花圆柱状，长约 8 毫米，基部的苞片有明显的背脊，雄蕊多数，各有 4 个花药，药隔先端宽圆有缺齿；种子椭圆形、卵圆形、倒卵圆形或长椭圆形，熟时假种皮淡紫褐色，有白粉，顶端微凸，基部具宿存的苞片，胚乳微皱；初生叶三角状鳞形。

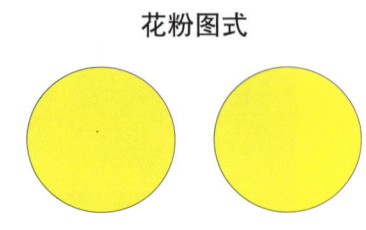

花粉图式

【花果期】花期 4 月，果期 10 月。

【生境】生于海拔 1400 米以下温暖多雨的黄壤、红壤和黄褐土地区。

【分布】江苏南部、浙江、福建北部、江西北部、安徽南部，湖南西南部及贵州松桃等地。

【别名】香榧、小果榧、凹叶榧、小果榧树、钝叶榧树、药榧、野杉等。

【保护级别】国家二级重点保护野生植物；无危（LC）；我国特有种。

【花粉形态】花粉粒球形，形状不规则，直径 28~36μm；外壁层次明显，外层表面具颗粒状雕纹；表面具薄壁区，相当于一个残存的萌发孔，有时薄壁部分会向外突出。

第四章 裸子植物的花粉形态

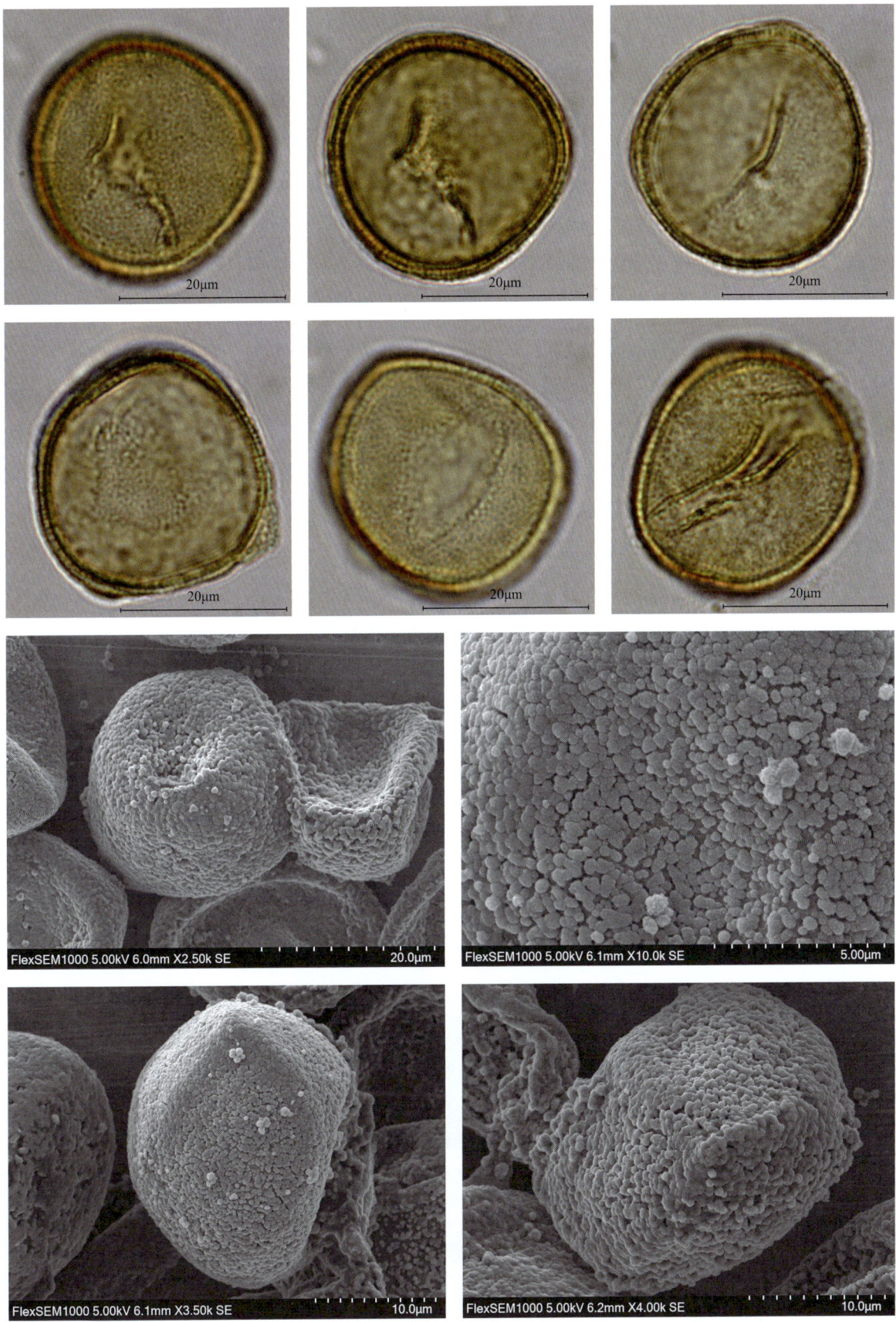

## Taxodiaceae 杉科
### *Glyptostrobus* 水松属
*Glyptostrobus pensilis* (Staunton ex D. Don) K. Koch 水松

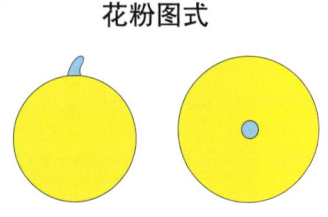

花粉图式

【形态特征】半常绿性乔木，高 8~10 米，稀高达 25 米；树干基部膨大成柱槽状，并且有伸出土面或水面的吸收根，树干有扭纹；树皮褐色或灰白色而带褐色，纵裂成不规则的长条片；枝条稀疏，大枝近平展，上部枝条斜伸；短枝从二年生枝的顶芽或多年生枝的腋芽伸出，冬季脱落；主枝则从多年生及二年生的顶芽伸出，冬季不脱落；叶多型；鳞形叶较厚或背腹隆起，螺旋状着生于多年生或当年生的主枝上，冬季不脱落；条形叶两侧扁平、薄，常列成二列，先端尖，基部渐窄，淡绿色；条状钻形叶两侧扁，背腹隆起，先端渐尖或尖钝，微向外弯，辐射伸展或列成三列状；球果倒卵圆形，种鳞木质，扁平，中部的倒卵形，基部楔形，先端圆；苞鳞与种鳞几全部合生，仅先端分离，三角状，向外反曲，位于种鳞背面的中部或中上部；种子椭圆形，稍扁，褐色，下端有长翅；子叶 4~5 枚，条状针形，无气孔线；初生叶条形，轮生、对生或互生，主茎有白色小点。

【花果期】花期 1—2 月，球果秋后成熟。

【生境】喜光树种，喜温暖湿润的气候及水湿的环境，耐水湿不耐低温，对土壤的适应性较强，除盐碱土之外，在其他各种土壤上均能生长，在水分较多的冲渍土上生长最好。

【分布】为我国特有树种，主要分布在珠江三角洲和福建中部及闽江下游海拔 1000 米以下地区；广东东部及西部、福建西部及北部、江西东部、四川东南部、广西及云南东南部零星分布。

【别名】无

【保护级别】国家一级重点保护野生植物；易危（VU）；中国特有种。

【花粉形态】花粉粒球形，大小不一致，直径为 25~39μm；在远极面有 1 个明显向一边弯曲、形状像玫瑰刺的乳头状突起，高度约为 3.5μm；外壁厚薄比较均匀，内外层不容易区分出来；表面比较光滑，看不到雕纹和斑点。

# 第四章 裸子植物的花粉形态

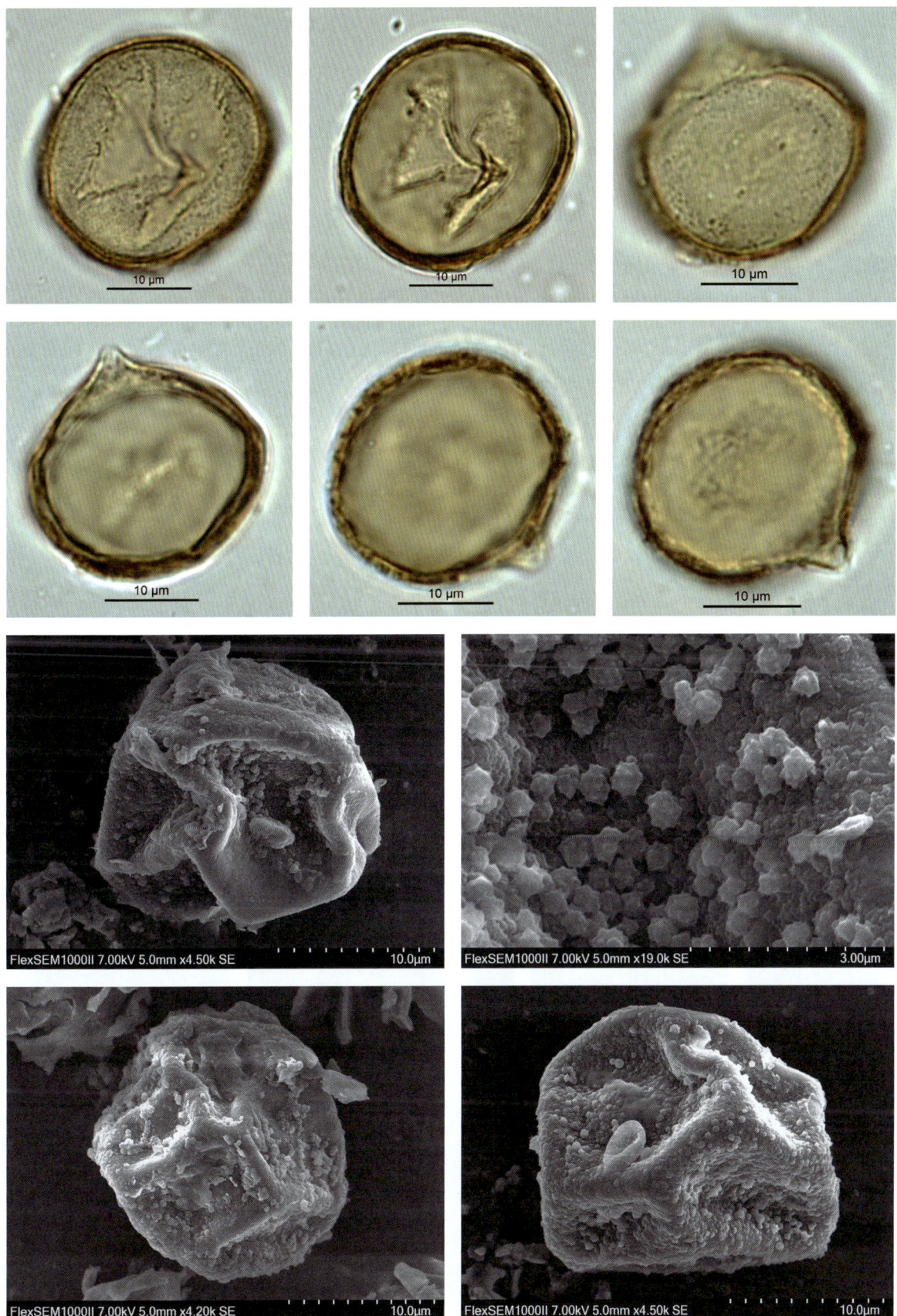

## *Metasequoia* 水杉属

### *Metasequoia glyptostroboides* Hu & W. C. Cheng 水杉

【形态特征】落叶乔木，高可达35米；树干基部常膨大；树皮灰色、灰褐色或暗灰色，幼树裂成薄片脱落，大树裂成长条状脱落，内皮淡紫褐色；枝斜展，小枝下垂，幼树树冠尖塔形，老树树冠广圆形，枝叶稀疏；侧生小枝排成羽状，冬季凋落；主枝上的冬芽卵圆形或椭圆形，顶端钝，芽鳞宽卵形，先端圆或钝，长宽几相等，边缘薄而色浅，背面有纵脊；叶条形，上面淡绿色，下面色较淡，沿中脉有两条较边带稍宽的淡黄色气孔带，叶在侧生小枝上列成二列，羽状，冬季与枝一同脱落；球果下垂，近四棱状球形或矩圆状球形，成熟前绿色，熟时深褐色，其上有交对生的条形叶；种鳞木质，盾形，交叉对生，鳞顶扁菱形，中央有一条横槽，基部楔形；种子扁平，倒卵形，间或圆形或矩圆形，周围有翅，先端有凹缺；子叶2枚，条形，两面中脉微隆起，上面有气孔线，下面无气孔线；初生叶条形，交叉对生。

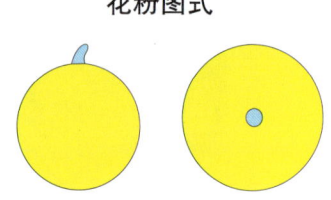

花粉图式

【花果期】花期4—5月，果期10—11月。

【生境】多分布于具温暖湿润气候及深厚肥沃酸性土的河流两旁、湿润山坡及沟谷，海拔750~1500米。

【分布】水杉这一古老稀有的珍贵树种为我国特产，仅分布于四川石柱县、湖北利川市磨刀溪、水杉坝一带及湖南西北部龙山及桑植等地；自水杉被发现以后，我国各地普遍引种；约50个国家和地区引种栽培。

【别名】无

【保护级别】国家一级重点保护野生植物；极危（CR）；中国特有种。

【花粉形态】花粉粒球形，两极稍扁，大小不太一致，直径20~32μm；有1个基部明显向一边弯曲、末端很尖的乳头状突起，高度约为4.4μm；外壁内外层厚度相等，内层厚薄均匀，外层在光切面上有锯齿状轮廓线；外壁表面比较粗糙，整个外层包住花粉粒（突起变薄部分除外）。

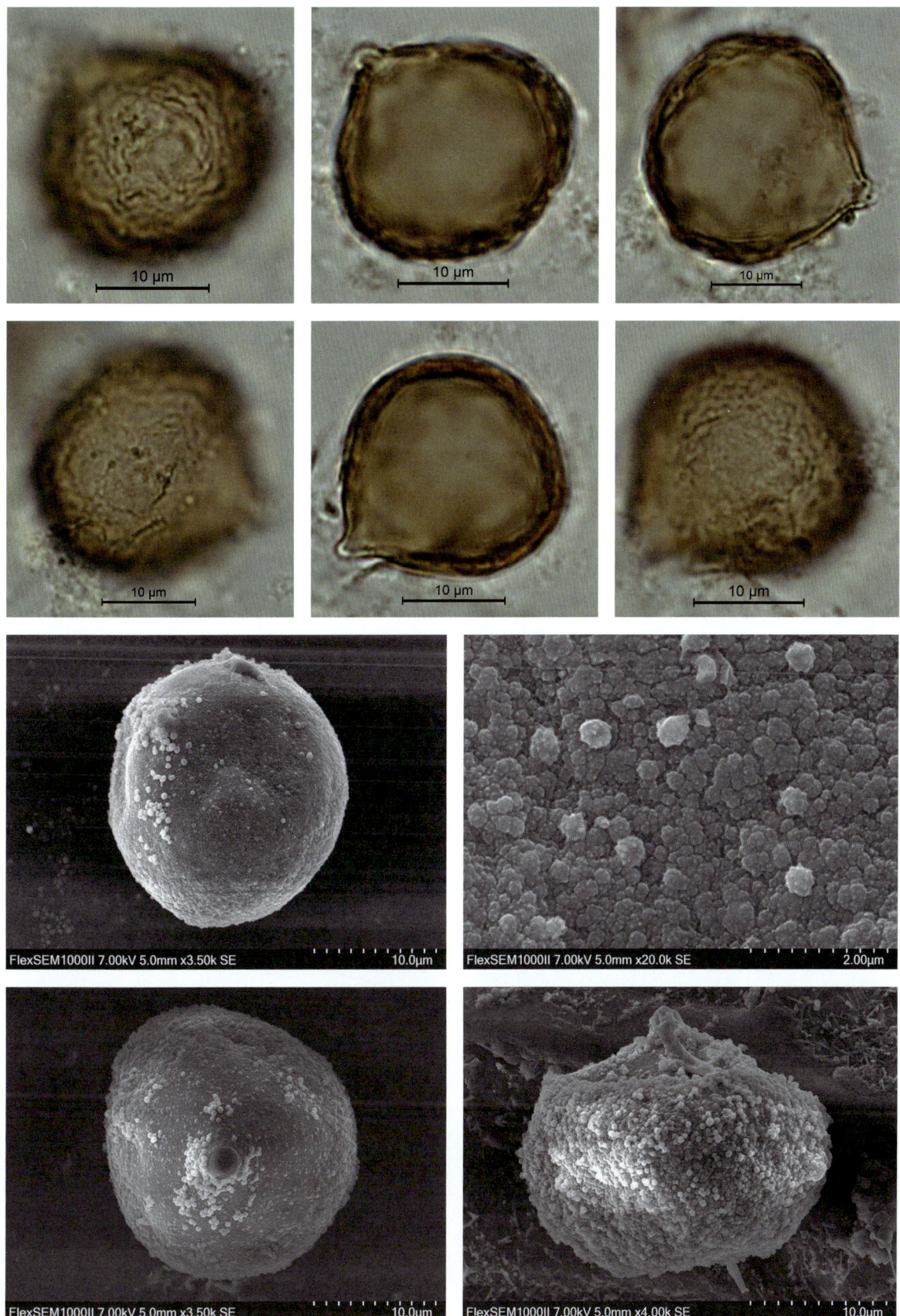

# 第五章

# 被子植物的花粉形态

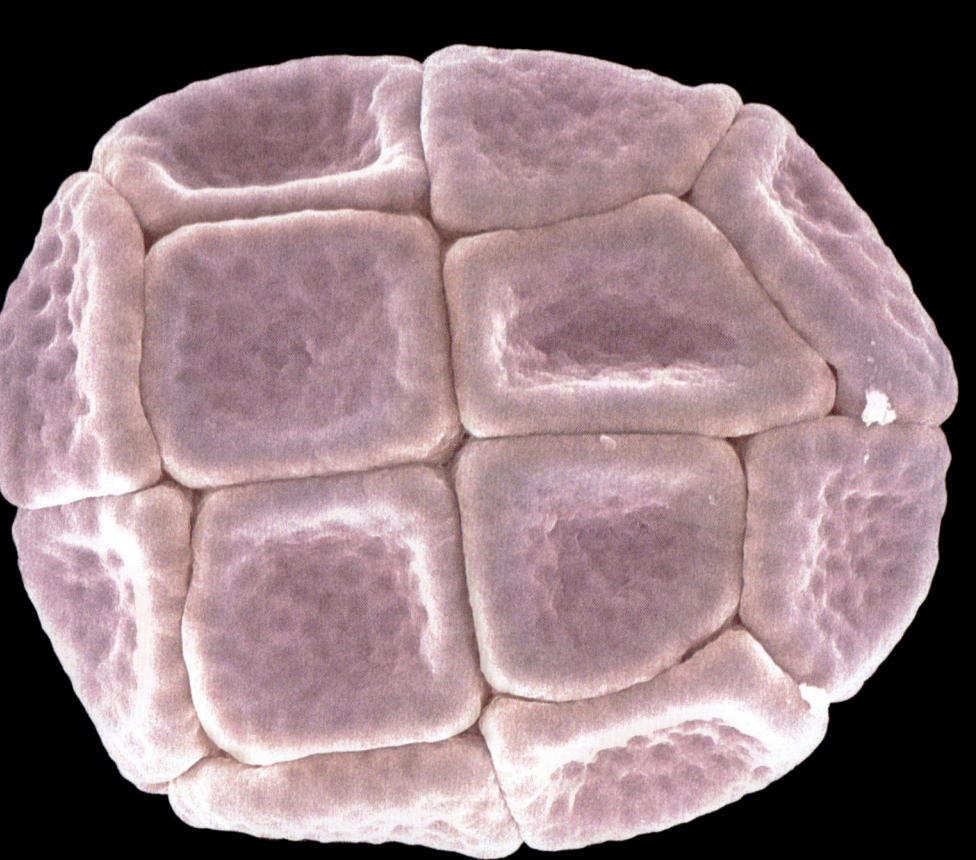

台灣相思
*Acacia confusa*

## Acanthaceae 爵床科
### *Acanthus* 老鼠簕属
*Acanthus ilicifolius* L. 老鼠簕

【形态特征】直立灌木，高可达2米；茎粗壮，上部有分枝，无毛；叶长圆形或长圆状披针形，边缘4~5羽状浅裂，两面无毛，主、侧脉在下面明显凸起，顶端突出成尖锐硬刺；托叶成刺状；穗状花序顶生；苞片对生，宽卵形，无刺，早落；小苞片卵形，革质；花萼裂片4，花冠白色，花冠管的上唇退化，下唇倒卵形，先端3裂，外面被柔毛，内面上部两侧各有1条3~4毫米宽的被毛带；雄蕊4，花药纵裂，裂缝两侧各有1列髯毛；子房顶部软骨质，花柱有纵纹，柱头2裂；蒴果椭圆形，有种子4颗；种子扁平，圆肾形，淡黄色。

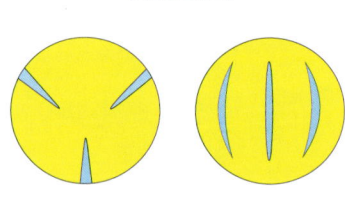

花粉图式

【花果期】花期5—6月，果期6—7月。

【生境】我国南部海岸及潮汐能至的滨海地带。

【分布】海南、广东和福建。

【别名】冬青叶老鼠簕、离苞厦门老鼠簕、淡蓝紫老鼠簕、厦门老鼠簕。

【保护级别】无危（LC）。

【花粉形态】花粉粒长球形，极面观3裂圆形，大小为28（25~31）×40（38~48）μm；具3沟，沟细长，边缘不同；外壁两层，内层稍厚，两极部分的外壁较薄；表面具清晰的网状雕纹，网脊粗，网眼小而形状不规则，网至沟边缘和两极部分变细；轮廓线不平。

第五章 被子植物的花粉形态

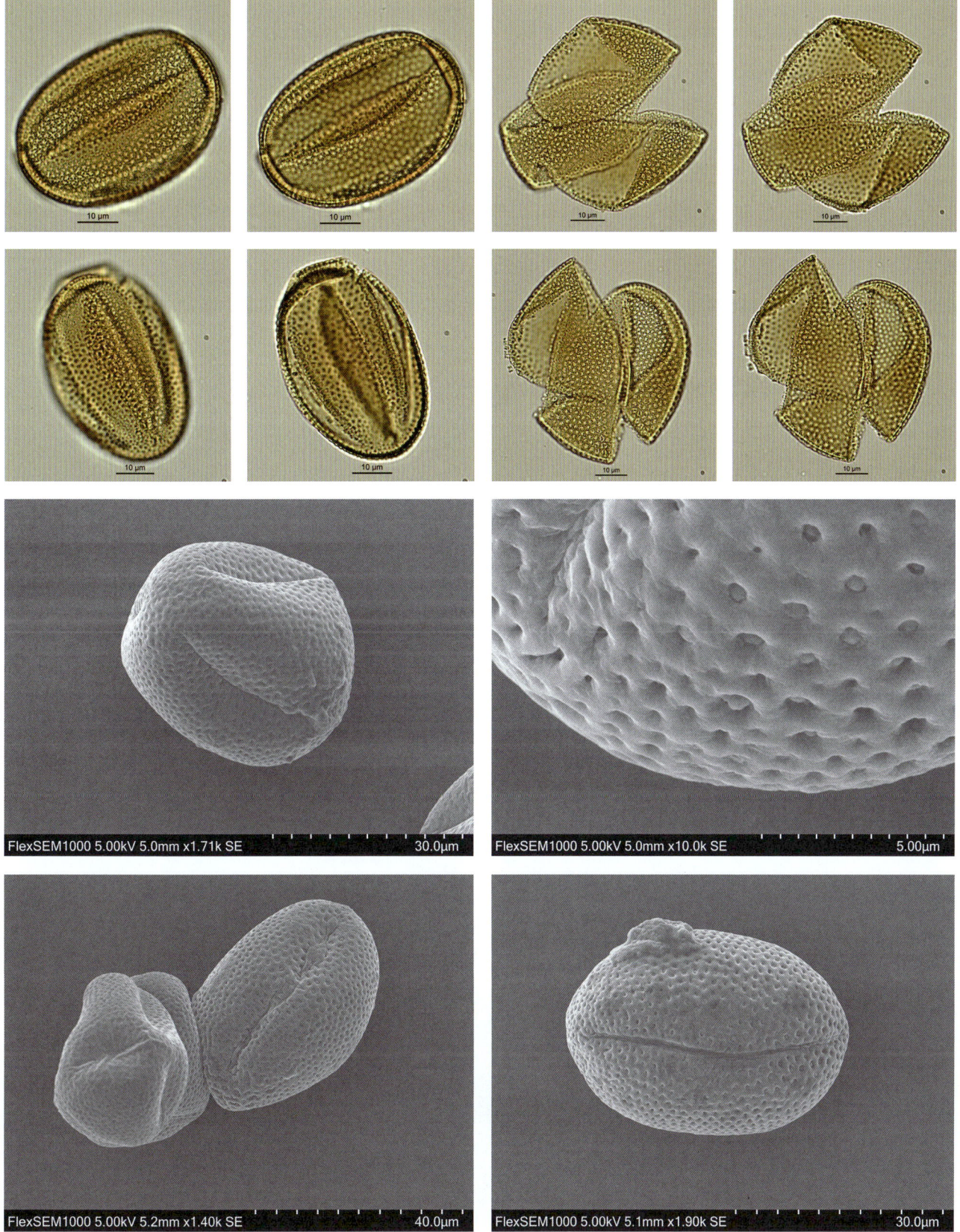

199

## *Gymnostachyum* 裸柱草属

***Gymnostachyum subrosulatum*** H. S. Lo 矮裸柱草

花粉图式

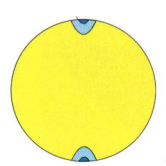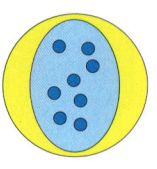

【形态特征】莲座状草本；茎极短，不分枝，具节结和突起的叶痕；叶纸质，阔卵形，顶端短尖，钝头，边全缘或呈不明显的浅波状，两面无毛或上面微粗糙，干时变黑色；中脉粗大，侧脉7~9，在背面凸起，稍宽而平扁，几达叶缘；叶柄粗壮；花序总状，顶生和近顶部腋生；苞片和小苞片均小，钻形；花萼5深裂，裂片钻形，亦被粉状柔毛；花冠的冠管喉部扩大，上唇直立，阔三角形，2齿裂，下唇伸展，深3裂，钝圆；雄蕊2，生喉部的近底部，花药2室，药室线形，平行；子房每室有4粒胚珠，柱头小；蒴果线形，果爿外弯，种子8粒。

【花果期】花果期8—9月。

【生境】生于海拔1000~2400米的阔叶林边或灌丛中。

【分布】广西（龙州）。

【别名】广西裸柱草。

【保护级别】易危（VU）。

【花粉形态】花粉粒左右对称，极面观椭圆形，大小为20（17~21）×35（30~38）μm；具2孔沟，位于赤道长轴的中部，沟的轮廓较模糊，具较厚的沟膜，在2孔沟的中间排列4~6列共20~30个孔，孔横向椭圆形，大小为2~3μm；外壁两层，外层厚于内层；表面具细网状纹饰。

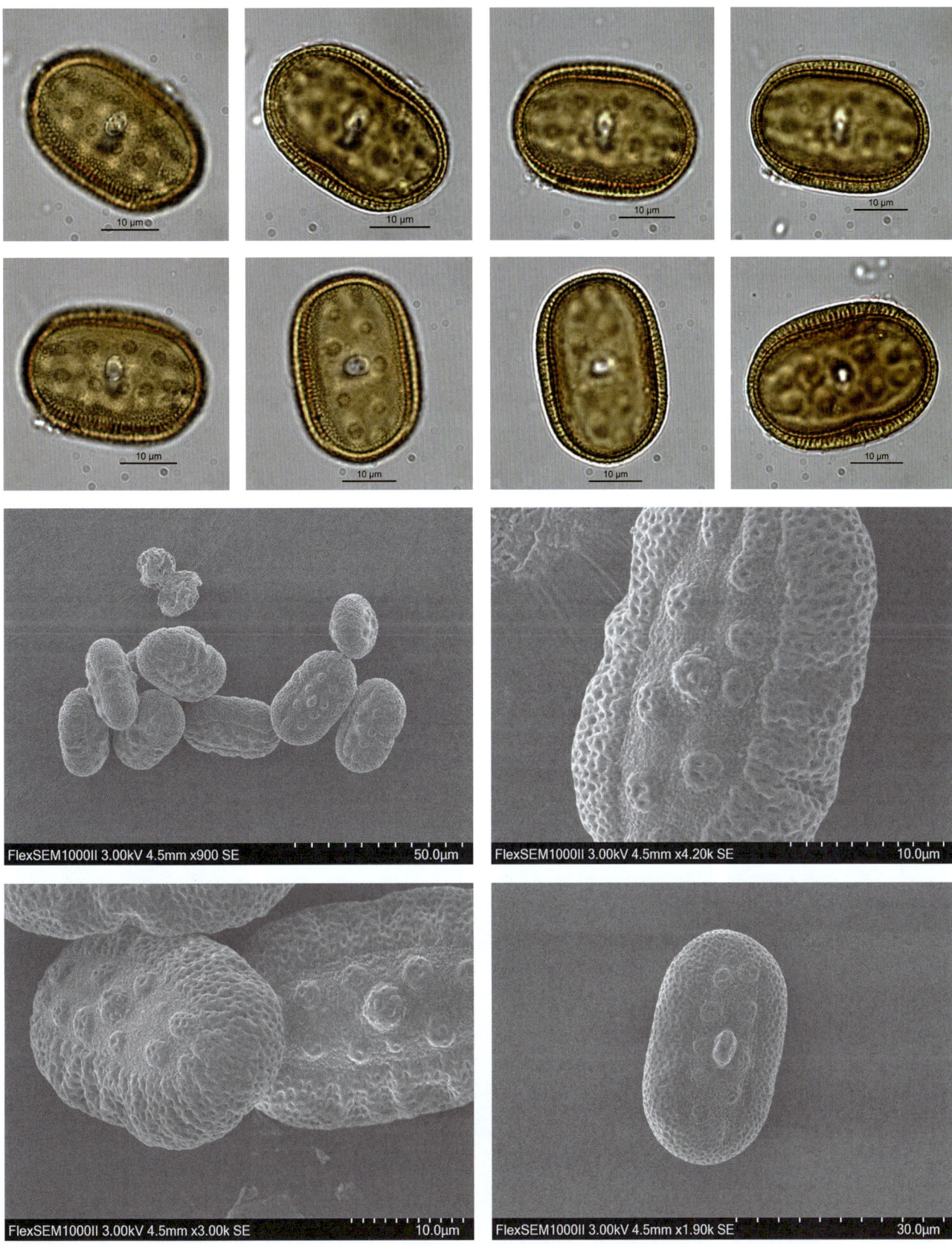

## Odontonema 红楼花属

### *Odontonema tubaeforme* (Bertol.) Kuntze 鸡冠爵床

【形态特征】多年生常绿小灌木，丛生，株高 60~120 厘米；茎枝自地下伸长，圆柱形，茎节肿大，自然分枝少；叶卵状披针形或卵圆形，叶面有波皱，对生，先端渐尖；穗状花序，花红色，花梗细长；花萼钟状，5 裂；花冠长管形，二唇形，上唇 2 裂，下唇 3 裂；可孕雄蕊 2，不孕雄蕊 2；雌蕊心皮 2，合生；花柱 1，柱头 2 裂，子房 2 室，上位；蒴果，背裂 2 瓣。

【花果期】花果期 9—12 月。

【生境】生长适宜温度 18~28℃，不择土壤，以肥沃的中性或微酸性壤土为佳。

【分布】国内分布：华南热带雨林区；国外分布：中美洲热带雨林区。

【别名】红楼花。

【保护级别】无危（LC）。

【花粉形态】花粉粒近球形，大小为 45（37~47）×55（45~60）μm；具 4 孔沟及 12~16 条假沟，沟中部较宽，内孔圆形，较大；外壁较薄；表面具网状雕纹。

花粉图式

第五章 被子植物的花粉形态

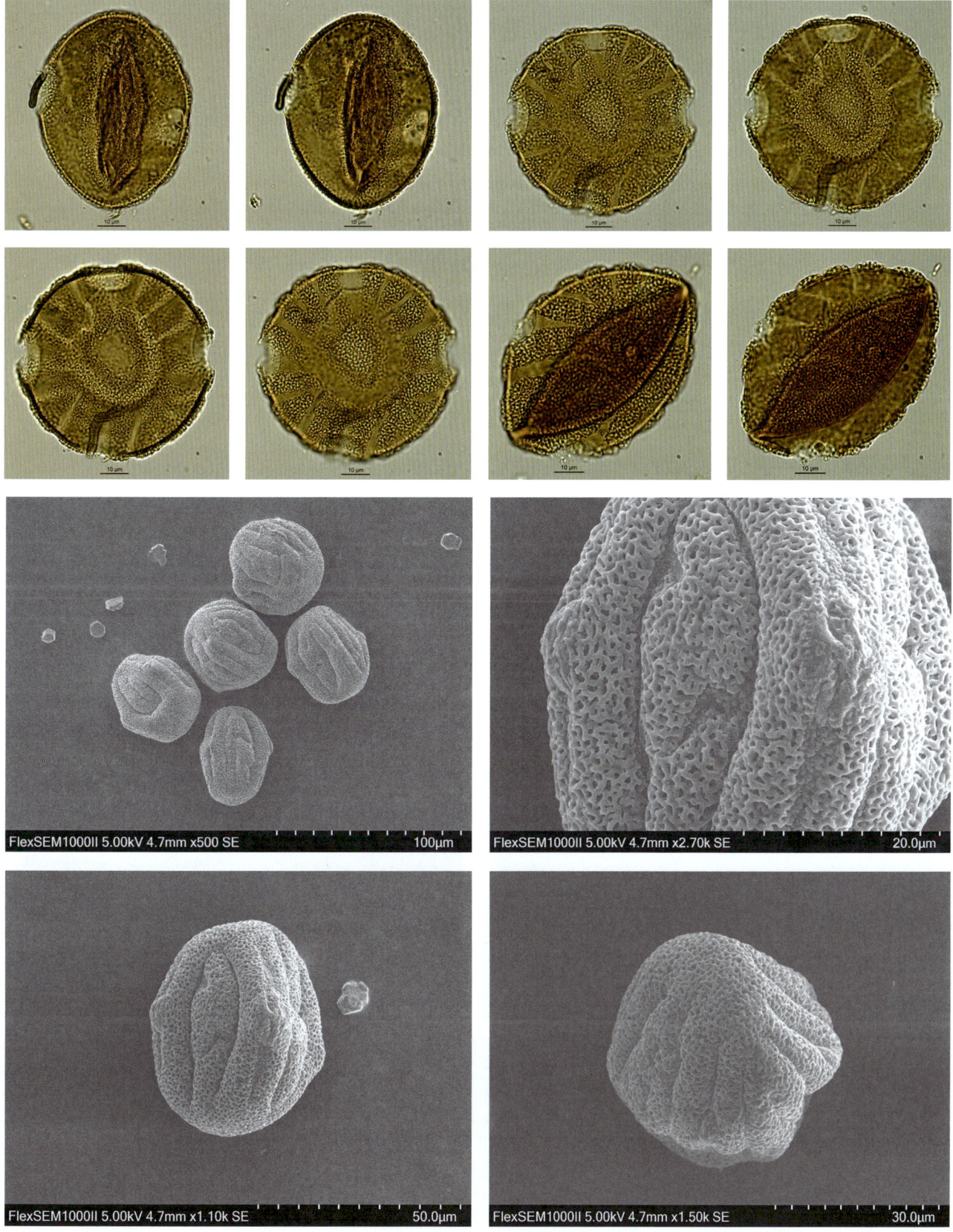

## Achariaceae 青钟麻科
## *Hydnocarpus* 大风子属

*Hydnocarpus hainanensis* (Merr.) Sleumer 海南大风子

花粉图式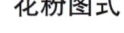

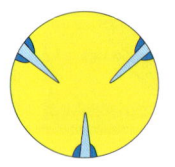 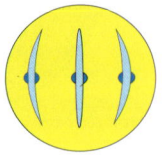

【形态特征】常绿乔木，高 6~9 米；树皮灰褐色；小枝圆柱形，无毛；叶薄革质，长圆形，长 9~13 厘米，先端短渐尖，有钝头，基部楔形，边缘有不规则浅波状锯齿，侧脉 7~8 对，网脉明显；叶柄长约 1.5 厘米，无毛；花 15~20 朵，呈总状花序，腋生或顶生；花梗长 8~15 毫米，无毛；萼片 4，椭圆形，无毛；花瓣 4，肾状卵形，边缘有睫毛，内面基部有肥厚鳞片，鳞片不规则 4~6 齿裂，被长柔毛；雄蕊约 12 枚，花丝基部粗壮，有疏短毛，花药长圆形，长 1.5~2 毫米；子房卵状椭圆形，密生黄棕色茸毛，柱头 3 裂；1 室，侧膜胎座 5，胚珠多数，花柱缺，柱头 3 裂，裂片三角形，顶端 2 浅裂；浆果球形，直径 4~5 厘米，密生棕褐色茸毛，果皮革质，果梗粗壮，长 6~7 毫米；种子约 20 粒，长约 1.5 厘米。

【花果期】花期 4—5 月，果期 6—10 月。

【生境】生于常绿阔叶林中。

【分布】国内分布：海南和广西；国外分布：越南。

【别名】海南麻风树、乌壳子、高根、龙角。

【保护级别】国家二级重点保护野生植物；易危（VU）。

【花粉形态】花粉粒扁球形至近球形，极面观浅 3 裂圆形，大小为 34（33~36）× 35（32~40）μm；具 3 孔沟，沟细长，似线形；外壁厚约 2μm，外层厚于内层；表面具网状雕纹，条脊突起，网眼大小和形状不规则。

# 第五章 被子植物的花粉形态

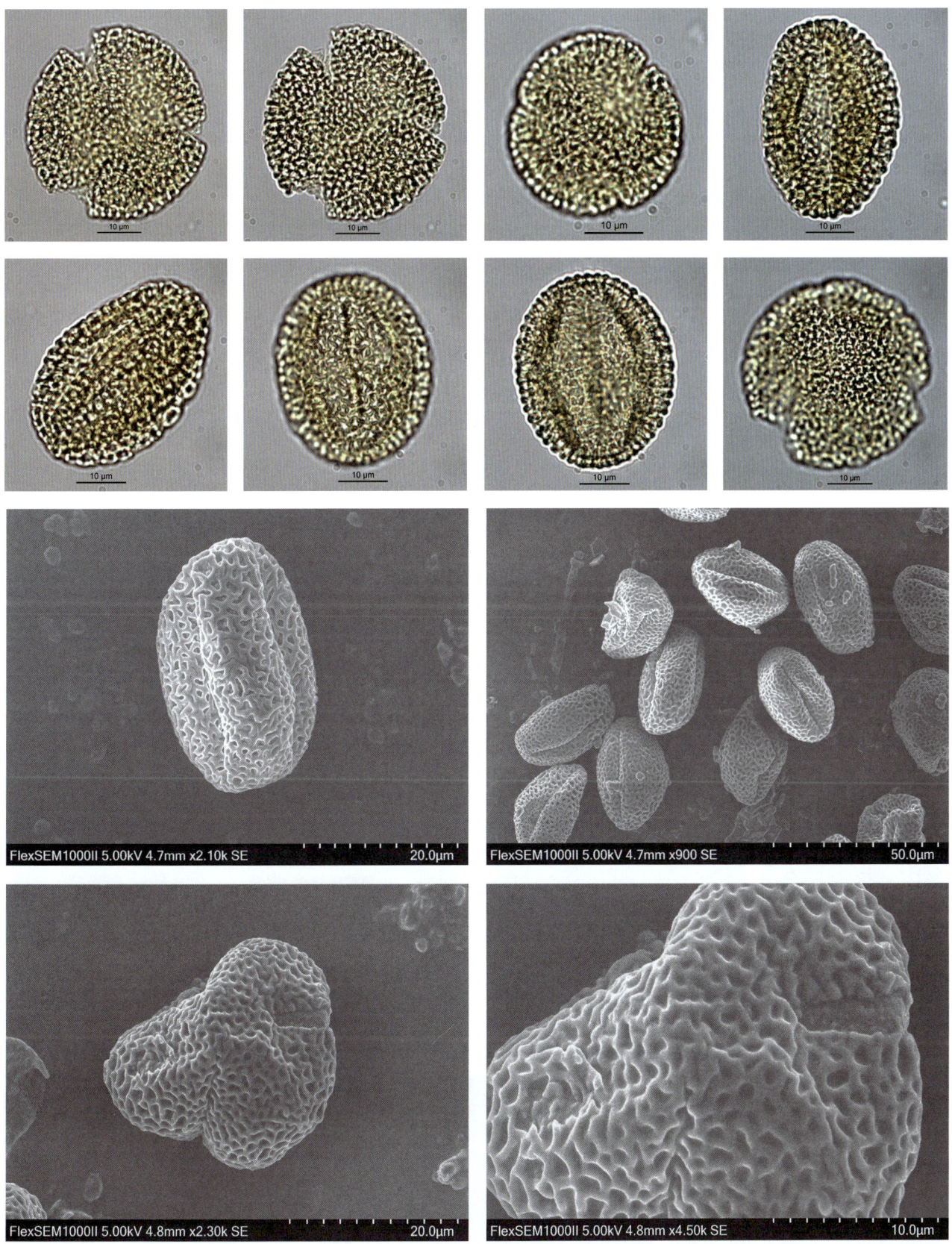

205

## Actinidiaceae 猕猴桃科
### *Actinidia* 猕猴桃属
*Actinidia arguta* (Siebold & Zucc.) Planch. ex Miq. 软枣猕猴桃

**花粉图式**

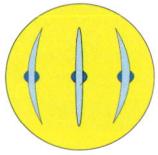

【形态特征】大型落叶藤本；小枝基本无毛或幼嫩时星散地薄被柔软茸毛，隔年枝灰褐色；叶膜质或纸质，卵形、长圆形、阔卵形至近圆形，顶端急短尖，基部圆形至浅心形，横脉和网状小脉细，不发达，可见或不可见，侧脉稀疏；叶柄无毛或略被微弱的卷曲柔毛；花序腋生或腋外生，为 1~2 回分枝，1~7 花，或厚或薄地被淡褐色短茸毛，苞片线形；花绿白色或黄绿色；萼片 4~6 枚，卵圆形至长圆形；花瓣 4~6 片，楔状倒卵形或瓢状倒阔卵形；花丝丝状，花药黑色或暗紫色，长圆形箭头状；子房瓶状，洁净无毛；果圆球形至柱状长圆形，具钝喙及宿存花柱，无毛，无斑点，基部无宿萼，成熟时绿黄色或紫红色；种子纵径约 2.5 毫米。

【花果期】花期 4—5 月，果期 8—9 月。

【生境】生于混交林或水分充足的杂木林中、溪旁或湿润处，海拔 700~3600 米。

【分布】本种分化强烈，分布广阔，从最北的黑龙江岸至南方广西境内的五岭山地都有分布。

【别名】软枣子、紫果猕猴桃、心叶猕猴桃。

【保护级别】国家二级重点保护野生植物；无危（LC）；地方保护野生植物。

【花粉形态】花粉粒扁球形、近球形或长球形，极面观 3 裂圆形，少数为四角形或近圆形，大小为 15（13~17）× 24（22~27）μm；具 3 孔沟，少数为 4 孔沟，沟狭，内孔可能为椭圆形；外壁厚度为 0.9~1.6μm，外层厚于内层；表面具模糊的细网状雕纹或光滑。

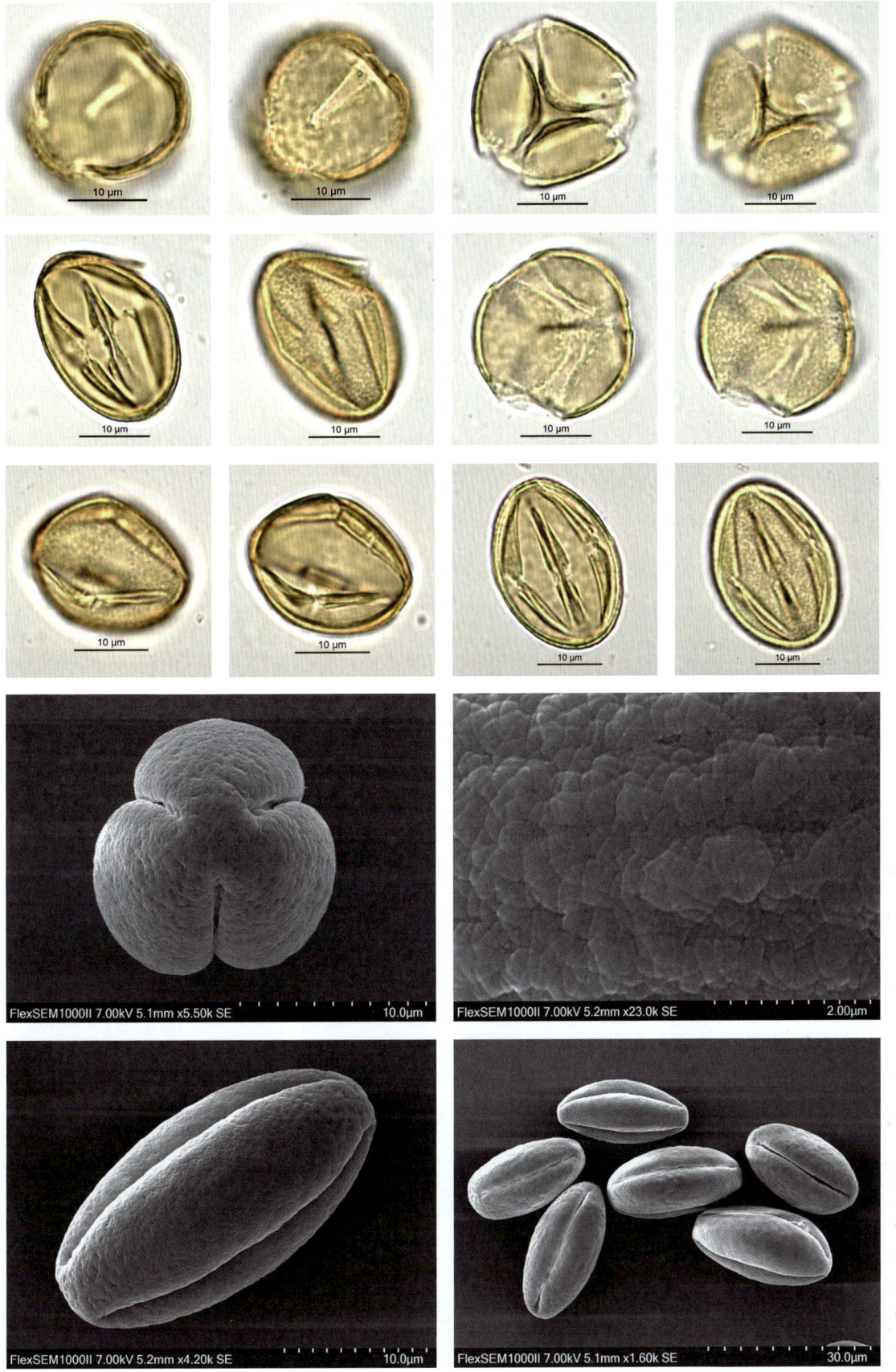

### *Actinidia fortunatii* Finet & Gagnep. 条叶猕猴桃

**花粉图式**

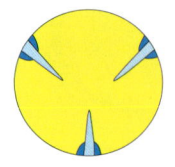
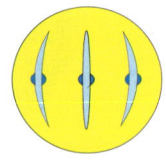

【形态特征】小型半常绿藤本；着花小枝一般长 2~4 厘米，密被红褐色长茸毛，隔年枝直径 1.5~2 毫米，秃净，皮孔完全不见，幼枝上皮孔小而少，几不可见；枝髓心白色，片层状；叶坚纸质，长条形或条状披针形，顶端渐尖，基部耳状 2 裂或钝圆形，小脉网状；叶柄圆柱形，略被绵毛，老时秃净；花序腋生，聚伞式，1~3 花，花序柄极短，被红褐色茸毛；花柄长 9 毫米；小苞片钻形，长 2.5 毫米；花粉红色，罩形；萼片 5 片，边缘有睫状毛，靠外者卵形钝尖，靠内者较长，两面均无毛；花瓣 5 片，倒卵形，内外两面薄被柔毛或无毛；花药长 1.5 毫米，花丝与药等长、稍长或为药长之 2 倍；子房密被黄褐色茸毛，圆柱状近球形，雄花退化子房圆锥形；浆果矩圆形，幼时有柔毛，很快变无毛，成熟时有斑点。

【花果期】花期 5—6 月，果期 10—11 月。

【生境】生于海拔 900 米的山地树林中。

【分布】贵州平坝、黔南。

【别名】纤小猕猴桃、华南猕猴桃、耳叶猕猴桃、粗叶猕猴桃。

【保护级别】国家二级重点保护野生植物；中国特有种。

【花粉形态】花粉粒扁球形、近球形或长球形，极面观 3 裂圆形，少数为四角形或近圆形，直径为 13~16μm；具 3 孔沟，少数为 4 孔沟，沟狭，内孔可能为椭圆形；外壁厚度为 1μm，外层厚于内层；表面具细颗粒或模糊的细网状雕纹。

# 第五章 被子植物的花粉形态

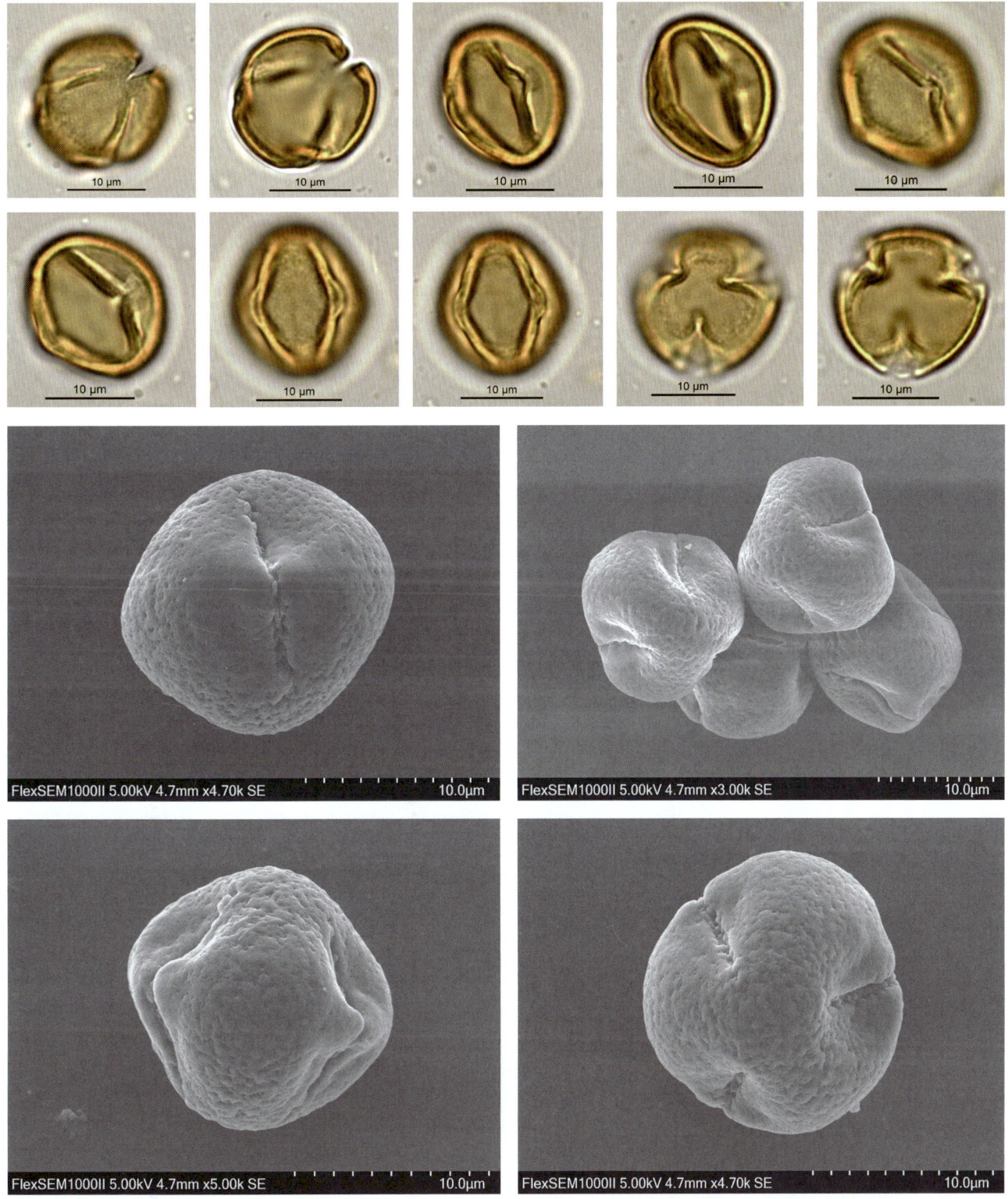

## Alangiaceae 八角枫科
### *Alangium* 八角枫属
#### *Alangium chinense* (Lour.) Harms 八角枫

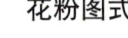

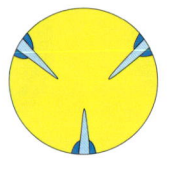 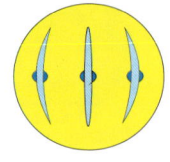

【形态特征】落叶乔木或灌木，高 3~5 米，稀达 15 米；小枝略呈"之"字形，幼枝紫绿色，无毛或被疏柔毛；冬芽锥形，生于叶柄的基部内，鳞片细小；叶纸质，近圆形或椭圆形、卵形，顶端短锐尖或钝尖，基部两侧常不对称；不定芽长出的叶常 5 裂，基部心形；聚伞花序腋生，具 7~30 花；花序梗及花序分枝均无毛；花萼具齿状萼片 6~8；花瓣与萼齿同数，线形，白或黄色；雄蕊与瓣同数而近等长，花丝被短柔毛，微扁；花药长 6~8 毫米，药隔无毛；子房 2 室，花柱无毛或疏生短柔毛，柱头头状，常 2~4 裂；花盘近球形；核果卵圆形，幼时绿色，成熟后黑色，顶端有宿存萼齿及花盘；种子 1 颗。

【花果期】花期 6—7 月，果期 10—11 月。

【生境】生于海拔 1800 米以下的山地或疏林中。

【分布】国内分布：华中、华东至西南各省；国外分布：东南亚及东非各国。

【别名】枢木、华瓜木、豆腐柴。

【保护级别】无危（LC）；地方保护野生植物。

【花粉形态】花粉粒扁球形，极面观为近 3 裂圆形，直径为 67~80μm；具 3 孔沟，少数具 4 孔沟，沟明显，宽而长，达到极区，末端渐尖，内孔大，或多或少呈圆形，直径约 13μm，内孔沿赤道向两旁延伸，末端尖，内孔边缘清楚；外壁两层清楚，外层具细密的基柱，稍厚于内层；表面具网状雕纹。

第五章 被子植物的花粉形态

## Alismataceae 泽泻科
### *Caldesia* 泽苔草属
*Caldesia parnassifolia* (Bassi ex L.) Parl. 泽苔草

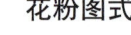

【形态特征】多年生水生草本；根状茎细长，横走；沉水叶较小，卵形或椭圆形，淡绿色；浮水叶较大，先端钝圆，基部心形至深心形，叶脉 9~15 条；花葶直立，或斜卧，高 30~125 厘米；花序长 20~35 厘米，分枝轮生，组成大型圆锥状聚伞花序；苞片披针形，先端尖；花两性；花柱直立，柱头很小；雄蕊 6 枚；小坚果倒卵形或椭圆形，果喙直立，果柄很短，外果皮海绵质，内果皮革质；种子微弯，浅褐色。

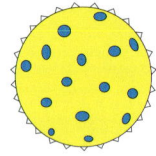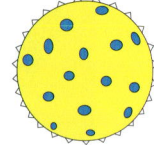

【花果期】花果期 5—10 月。

【生境】生于湖泊、水塘、沼泽等静水水域。

【分布】国内分布：黑龙江、内蒙古、江苏、云南等省区。

【别名】泽薹草。

【保护级别】无危（LC）。

【花粉形态】花粉粒球形，直径 20~30μm；具散孔，孔 16~20 个，孔的界限不明显，孔膜上具颗粒状雕纹；表面密布小刺。

第五章 被子植物的花粉形态

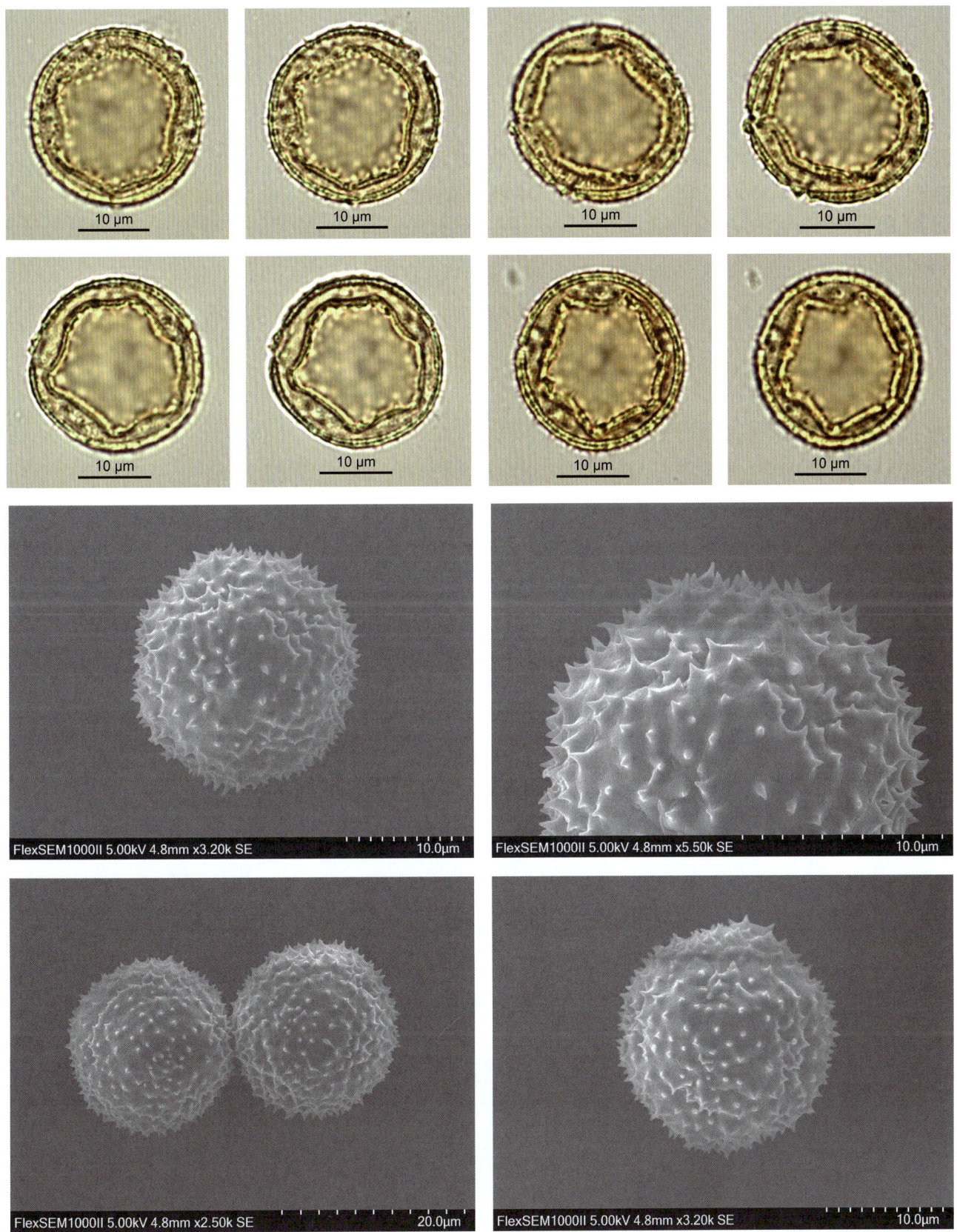

213

## Amaranthaceae 苋科
### Anabasis 假木贼属
*Anabasis brevifolia* C. A. Mey. 短叶假木贼

**【形态特征】** 半灌木，高 5~20 厘米；根粗壮，黑褐色；木质茎极多分枝，呈丛生状；小枝灰白色，常具环状裂隙；当年枝黄绿色，大多成对生于小枝顶端，具 4~8 节间，不分枝或稍分枝；节间平滑或有乳头状突起；叶半圆柱状，开展并向下弧曲，先端有半透明短刺尖；小苞片短于叶，腹面凹，边缘膜质；花被片卵形，果时背面具翅，翅膜质，杏黄色或紫红色，较少为暗褐色；花盘裂片半圆形，带橙黄色；花药先端急尖；子房表面常有乳头状小突起；柱头黑褐色，直立或稍外弯，内侧有小突起；胞果卵形至宽卵形，黄褐色；种子近圆形，直径约 1.5 毫米。

**【花果期】** 花期 7—8 月，果期 9—10 月。

**【生境】** 生于戈壁、冲积扇和干旱山坡等处。

**【分布】** 国内分布：内蒙古、宁夏、甘肃及新疆；国外分布：蒙古、俄罗斯及哈萨克斯坦。

**【别名】** 无

**【保护级别】** 地方保护野生植物。

**【花粉形态】** 花粉粒球形，直径为 19~22μm；具散孔，萌发孔 20~22 个，孔直径约 1.5μm，具孔膜，孔膜表面覆盖数量不等的瘤状突起物，在瘤状突起物上还有小颗粒；表面具颗粒状雕纹。

花粉图式

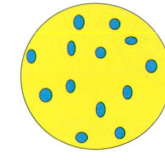
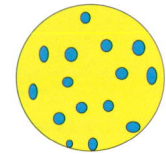

第五章 被子植物的花粉形态

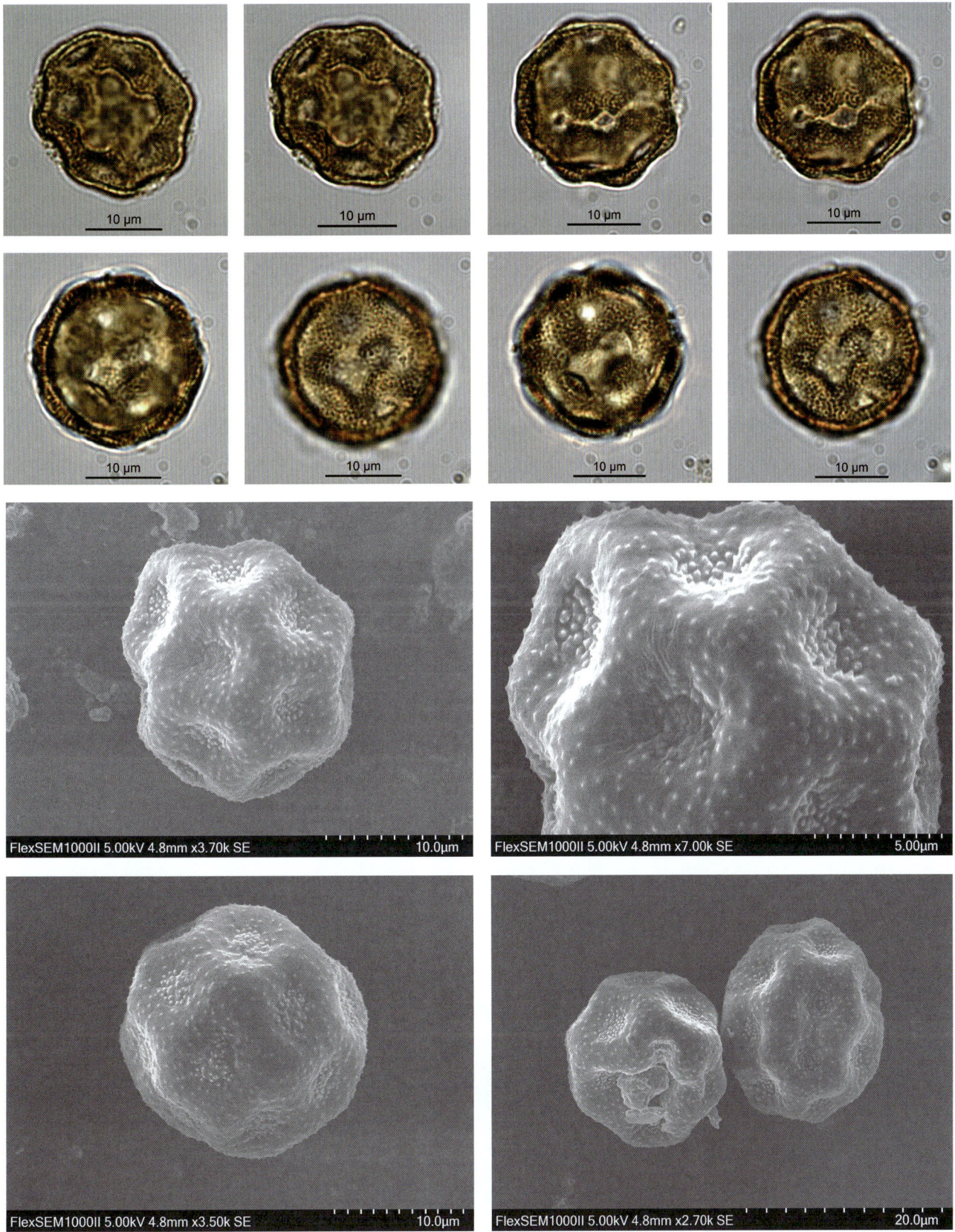

215

## *Cornulaca* 单刺蓬属

***Cornulaca alaschanica* C. P. Tsien & G. L. Chu 阿拉善单刺蓬**

花粉图式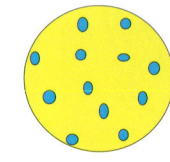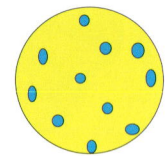

【形态特征】一年生草本，植株呈塔形，高可达 20 厘米；根细瘦，圆柱状，苍白色，通常弯曲；茎直立，圆柱状；分枝近平展；叶针刺状，长 5~8 毫米，黄绿色，稍开展，劲直或稍外曲，基部三角形或宽卵形，具膜质边缘；花常 2~3 朵簇生；小苞片舟状，先端具长 2~4 毫米刺尖；花被顶端的裂片，狭三角形，白色，长约 0.4 毫米，果时花被与刺状附属物的结合体长约 6.5 毫米；雄蕊 5，花药狭椭圆形，长约 0.5 毫米，先端具点状附属物，药囊基部 1/5 分离；子房微小，花柱和柱头均为丝状，柱头伸出花被裂片外；胞果卵形，背腹扁，长 1~1.2 毫米；种子直立。

【花果期】花果期 5—10 月。

【生境】生于流沙边缘及沙丘间的洪积层上。

【分布】甘肃民勤和内蒙古阿拉善右旗、阿拉善左旗一带。

【别名】无

【保护级别】国家二级重点保护野生植物；近危（NT）；中国特有种。

【花粉形态】花粉粒球形，直径为 16~23μm；具散孔，萌发孔为 22~25 个，孔口直径约为 1.5μm，具孔膜，孔膜完整且微下陷，孔膜表面覆盖数量不等的瘤状突起物，在瘤状突起上还有小颗粒；表面具颗粒状雕纹。

第五章 被子植物的花粉形态

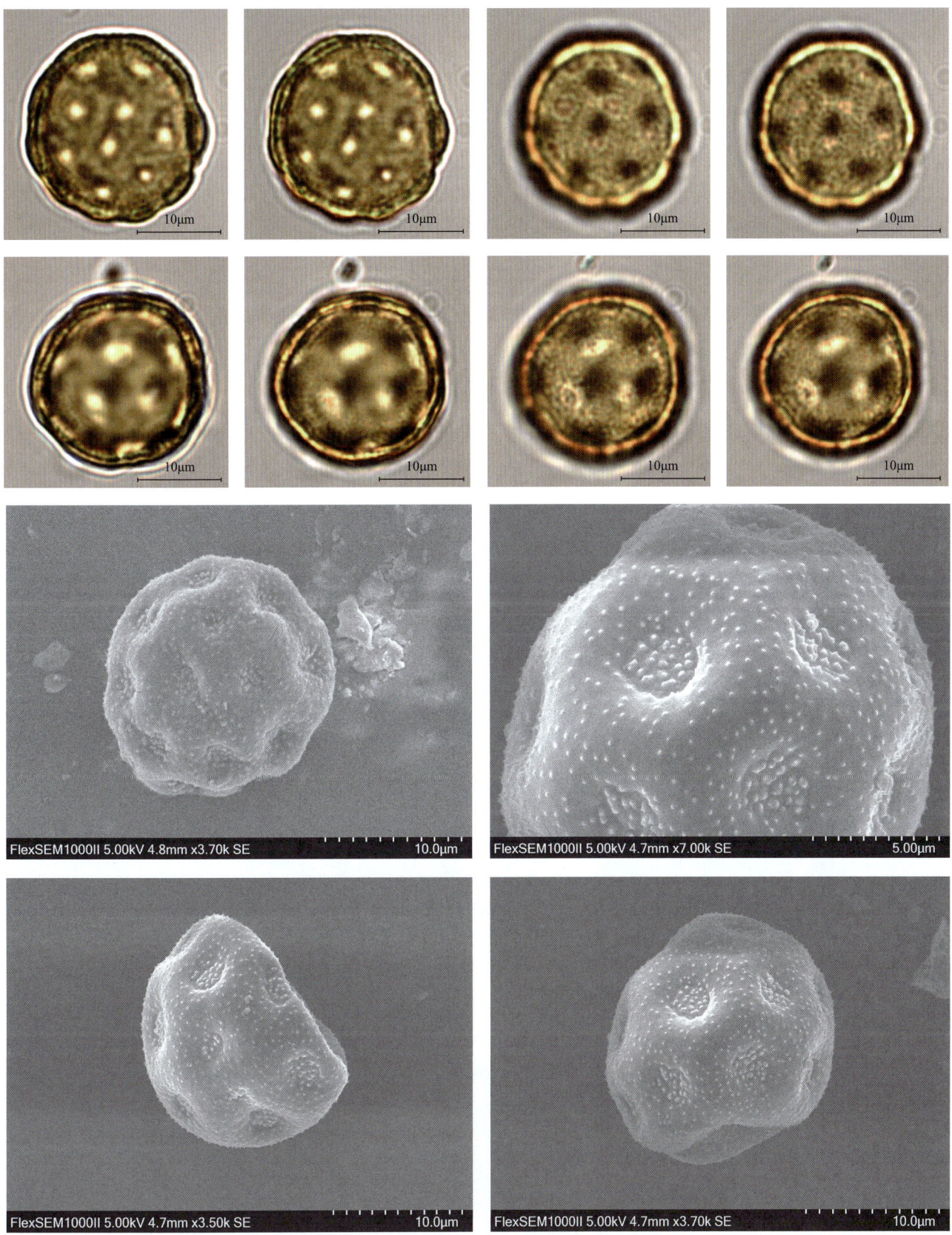

217

## Salsola 猪毛菜属

### *Salsola arbuscula* Pall. 木本猪毛菜

【形态特征】小灌木，高可达 1 米；多分枝，枝条开展，老枝淡灰褐色，有纵裂纹，小枝平滑，乳白色；叶互生，老枝上的叶簇生于短枝的顶部，叶片半圆柱形；花序穗状；小苞片卵形，顶端尖，基部的边缘为膜质，比花被长或与花被等长；花被片矩圆形，顶端有小凸尖，背部有 1 条明显的中脉，果时自背面中下部生翅，翅半圆形，膜质，有多数细而明显的脉；花被果时（包括翅）直径为 8~12 毫米，花被片在翅以上部分，向中央聚集，包覆果实，上部膜质，稍反折，成莲座状；花药附属物狭披针形，顶端急尖；柱头钻状；胞果倒圆锥形，果皮膜质，黄褐色；种子横生，直径 2~2.5 毫米。

花粉图式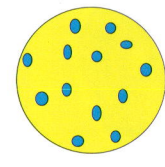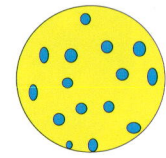

【花果期】花期 7—8 月，果期 8—10 月。

【生境】生于山麓、砾质荒漠或戈壁滩上。

【分布】国内分布：新疆、宁夏、内蒙古和甘肃；国外分布：伊朗和蒙古。

【别名】无

【保护级别】无危（LC）。

【花粉形态】花粉粒球形，直径为 17~25μm；具散孔，孔数 23~26，孔直径为 1.5~3.5μm，孔间距离为 2~3μm，孔内有颗粒；外壁厚度为 2μm；表面具颗粒状雕纹。

# 第五章 被子植物的花粉形态

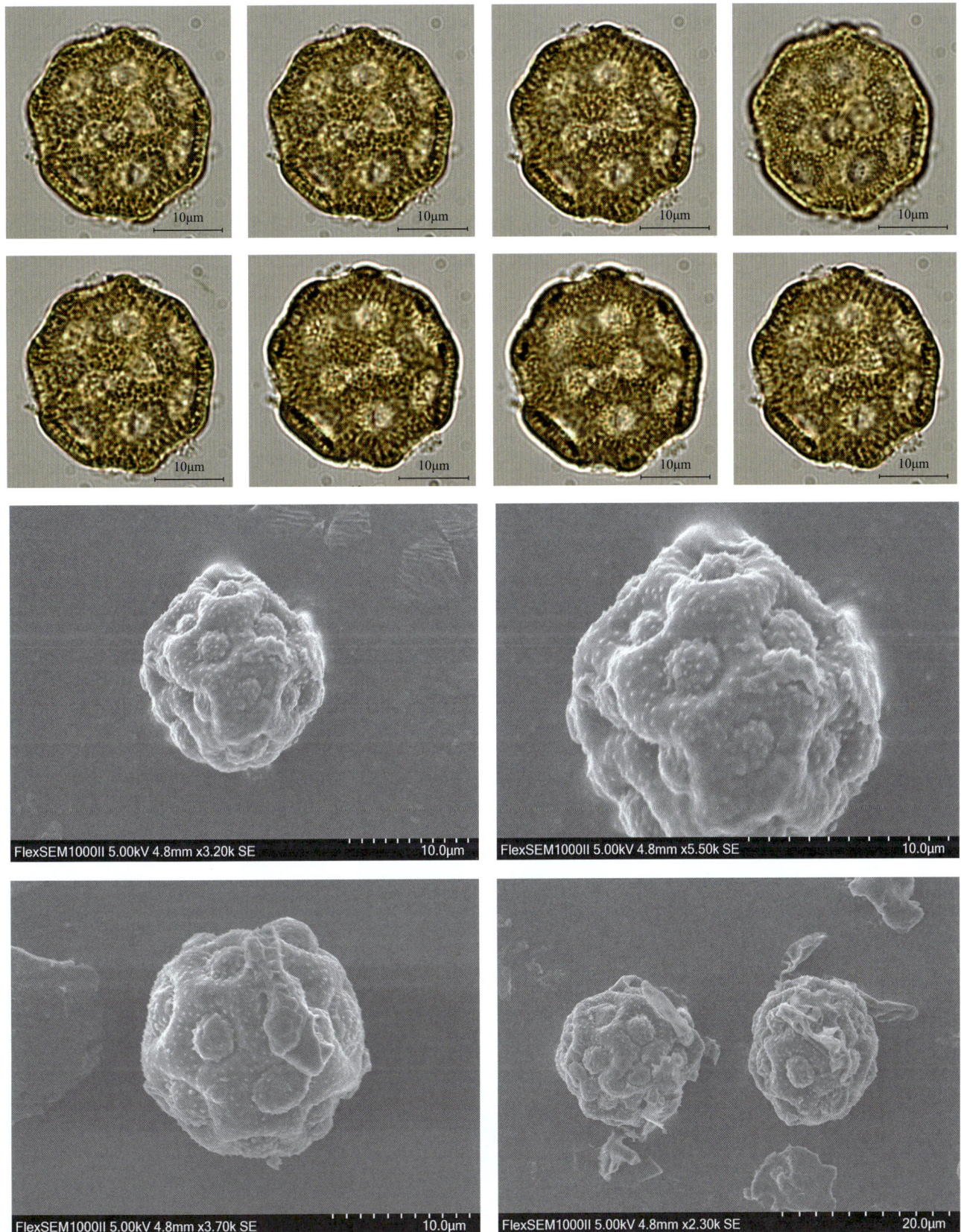

219

## Amaryllidaceae 石蒜科
### *Allium* 葱属
*Allium mongolicum* Regel 蒙古韭

【形态特征】鳞茎密集地丛生，圆柱状；鳞茎外皮褐黄色，破裂成纤维状，呈松散的纤维状；叶半圆柱状至圆柱状，比花葶短；花葶圆柱状，高 10~30 厘米，下部被叶鞘；总苞单侧开裂，宿存；伞形花序半球状至球状，具多而通常密集的花；小花梗近等长，从与花被片近等长直至比其长 1 倍，基部无小苞片；花淡红色、淡紫色至紫红色，大；花被片卵状矩圆形，长 6~9 毫米，先端钝圆，内轮的常比外轮的长；花丝近等长，为花被片长度的 1/2~2/3，基部合生并与花被片贴生，内轮基部的约 1/2 扩大成卵形，外轮的为锥形；子房倒卵状球形；花柱略比子房长，不伸出花被外。

花粉图式

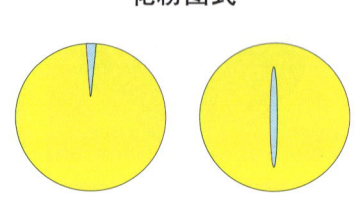

【花果期】花果期 7—9 月。

【生境】生于海拔 800~2800 米的荒漠、沙地或干旱山坡。

【分布】国内分布：新疆、青海、甘肃、宁夏、陕西、内蒙古和辽宁；国外分布：蒙古西南部。

【别名】无

【保护级别】无危（LC）。

【花粉形态】花粉粒椭球形，极面观为卵圆形，大小为 19（17~21）× 36（34~39）μm；具单沟；外壁两层，厚度约相等；表面具细网状雕纹，网至沟边显著变细。

# 第五章 被子植物的花粉形态

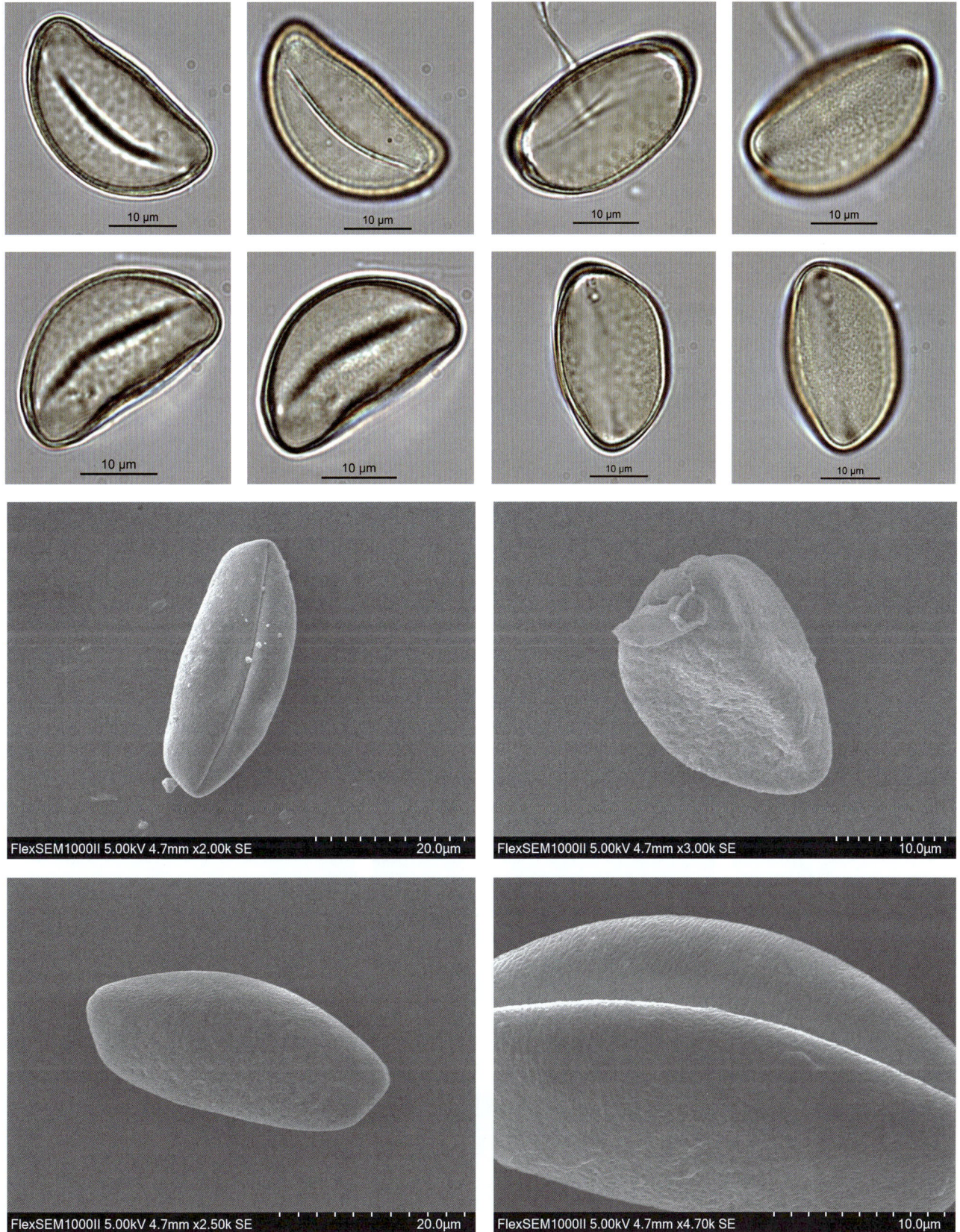

## Anacardiaceae 漆树科
### *Choerospondias* 南酸枣属
*Choerospondias axillaris* (Roxb.) B. L. Burtt & A. W. Hill 南酸枣

花粉图式

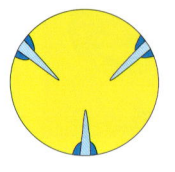
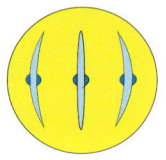

【形态特征】高大落叶乔木，高可达 30 米；树皮灰褐色，片状剥落，小枝粗壮，暗紫褐色，无毛，具皮孔；奇数羽状复叶，小叶对生，窄长卵形或窄卵形，先端长渐尖，基部宽楔形；花单性或杂性异株，雄花和假两性花组成圆锥花序，雌花单生上部叶腋；萼片 5，被微柔毛；花瓣 5，长圆形，长 2.5~3 厘米，外卷；雄蕊 10，与花瓣等长；花盘 10 裂，无毛；子房 5 室，每室 1 胚珠，花柱离生；核果椭圆状球形，成熟时黄色，长 2.5~3 厘米，中果皮肉质浆状，果核顶端具 5 小孔；种子无胚乳。

【花果期】花期 4 月，果期 8—10 月。

【生境】生于海拔 300~2000 米的山坡、丘陵或沟谷林中。

【分布】国内分布：西南、两广至华东；国外分布：印度、中南半岛和日本。

【别名】啃不死、棉麻树、醋酸果、花心木、鼻涕果、鼻子果、酸枣、五眼睛果、五眼果、山桉果、枣、山枣子、山枣。

【保护级别】无危（LC）。

【花粉形态】花粉粒近球形至长球形，极面观为钝三角形，大小 15（13~20）× 29（25~39）μm；具 3 孔沟，沟较细长，宽度均匀，具加厚的边缘，内孔横长，较宽，宽度为 3~5μm；外壁厚度约 2μm，两层，外层稍厚于内层；表面具显著的条纹状雕纹，电镜下条纹由颗粒组成。

第五章 被子植物的花粉形态

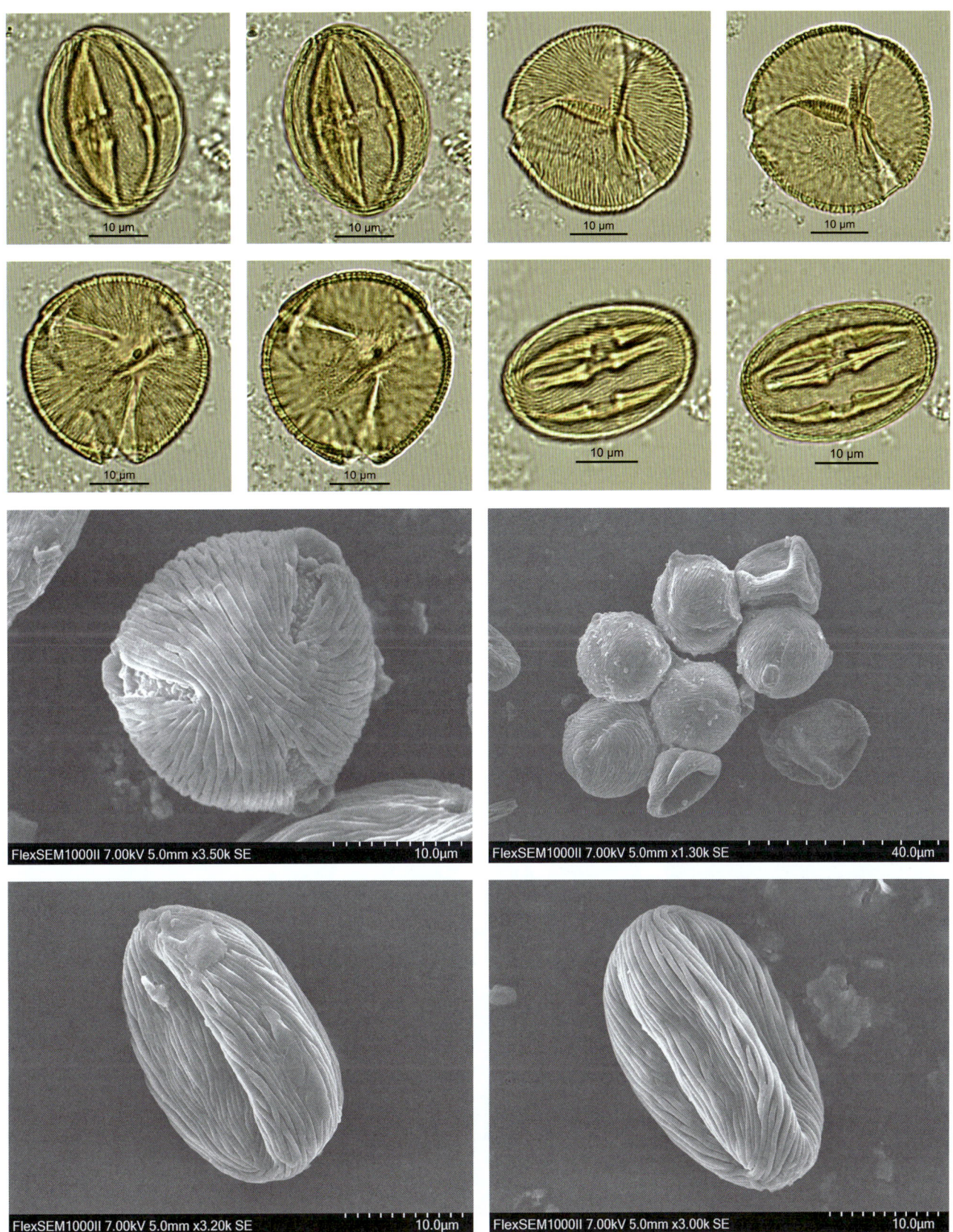

223

## Annonaceae 番荔枝科
## *Fissistigma* 瓜馥木属

*Fissistigma chloroneurum* (Hand.-Mazz.) Tsiang 阔叶瓜馥木

【形态特征】攀援灌木，长可达 12 米；枝条幼时被微毛，老渐无毛；叶纸质，长圆形，顶端短渐尖或钝，基部截平略呈浅心形，叶面深绿色，无毛，叶背粉绿色，幼时被微毛，老渐无毛；花黄白色，2~8 朵丛生，与叶对生或近对生；花梗长 5~23 毫米，被黄褐色短柔毛，中部有卵形被短柔毛的小苞片；花蕾宽卵形；萼片小，外面被短柔毛；外轮花瓣卵状长圆形，外轮被黄褐色短柔毛，内轮花瓣卵状三角形，外面被短柔毛，内面无毛；雄蕊长圆形，药隔顶端圆形；心皮卵状长圆形，密被柔毛，花柱短，柱头顶端全缘，每心皮有胚珠 10 颗，2 排；果近圆球状，无毛，内有种子 10 颗，2 排。

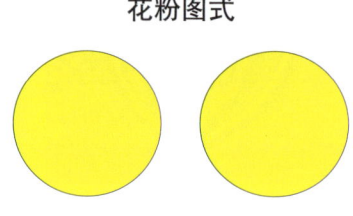

花粉图式

【花果期】花期 3—11 月，果期 7 月至翌年 1 月。

【生境】生于海拔 100~650 米的丘陵山地疏林潮湿地。

【分布】国内分布：广西和云南；国外分布：越南。

【别名】香藤。

【保护级别】无危（LC）。

【孢粉形态】花粉粒球形，直径为 20~35 μm；无萌发孔；外壁厚约 1 μm，外层厚于内层；表面具网状纹饰。

第五章 被子植物的花粉形态

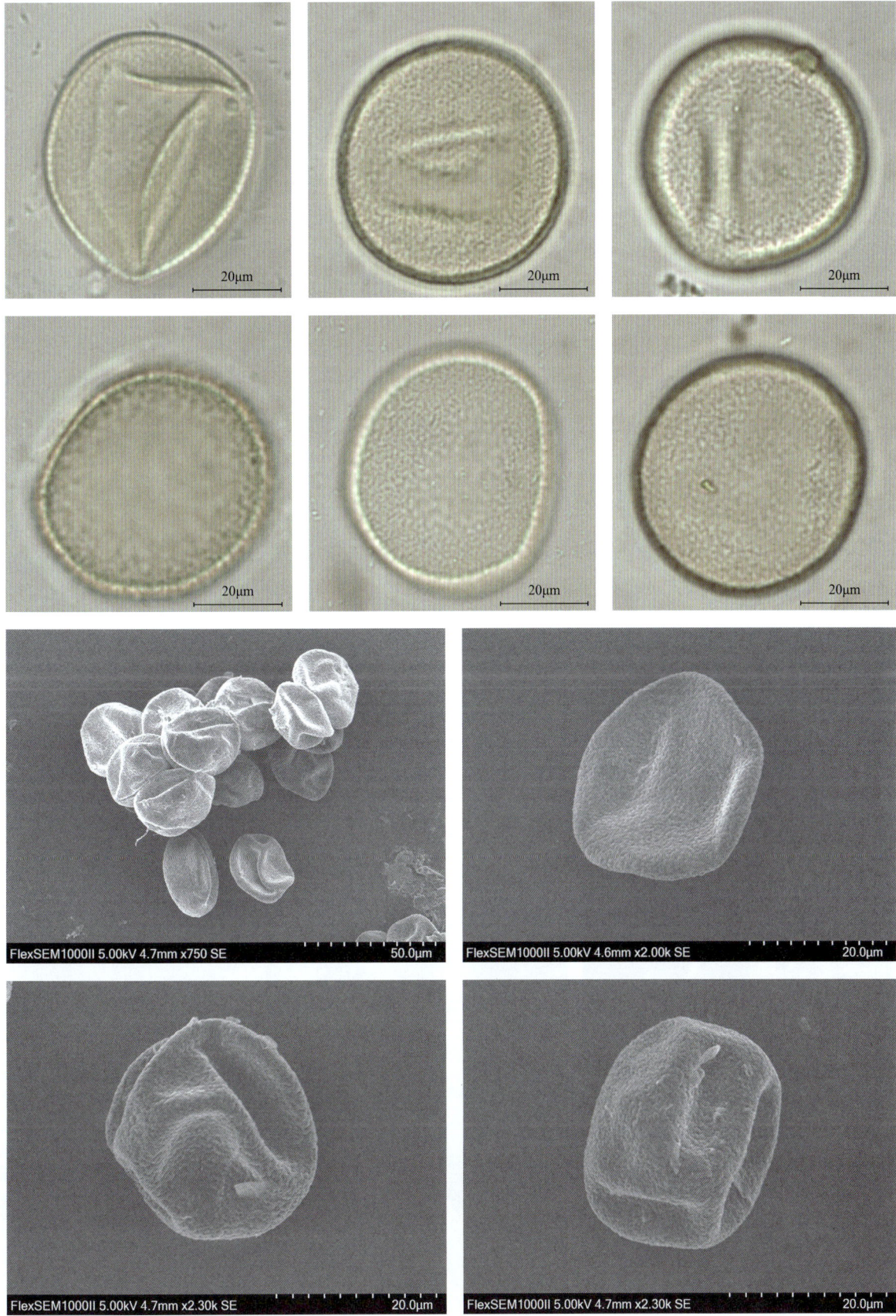

## Apiaceae 伞形科
### *Bupleurum* 柴胡属
*Bupleurum sibiricum* Vest 兴安柴胡

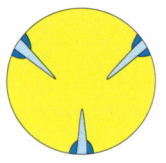
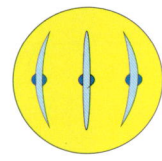

花粉图式

【形态特征】多年生草本；数茎成丛生状，高 30~70 厘米，表面有纵槽纹，上部稍有分枝，基部常带紫红色，有纤维状叶鞘；基生叶很多，狭长披针形，7~9 脉；茎下部叶柄短而阔，中部叶狭披针形，上部叶狭卵状披针形或披针形，最顶端的叶同形，但更小；复伞形花序少数，直径 4~6 厘米；伞辐 5~14，粗壮，略呈弧形弯曲，不等长；总苞片 1~2，不等大，与茎顶部小叶同形，但更小，常早落；小总苞片 7（或 5）~12，椭圆状披针形，顶端渐尖或急尖，有小突尖头，基部楔形，淡黄绿色，5~7 脉，各脉再分枝；小伞形花序直径 8~15 毫米，有花 10~22；花柄长 2~3 毫米；花瓣鲜黄色，小舌片大，近长方形；花柱基深黄色，宽于子房；果实成熟时暗褐色，微有白霜，广卵状椭圆形；果棱狭翼状。

【花果期】花期 7—8 月，果期 8—9 月。

【生境】生长于海拔 300~800 米的山坡。

【分布】国内分布：黑龙江、辽宁、内蒙古等省区；国外分布：俄罗斯。

【别名】无

【保护级别】地方保护野生植物。

【花粉形态】花粉粒长球形，极面观圆三角形，赤道面观椭圆形，大小为 14（12~16）×25（22~30）μm；具 3 孔沟，沟细长，几达两极，内孔横长，与沟相交成十字形，与邻孔几乎相连；外壁两层，外层略厚于内层，柱状层基柱明显，两极部分的外壁较其他部分稍厚；表面具颗粒 - 细网状雕纹。

第五章 被子植物的花粉形态

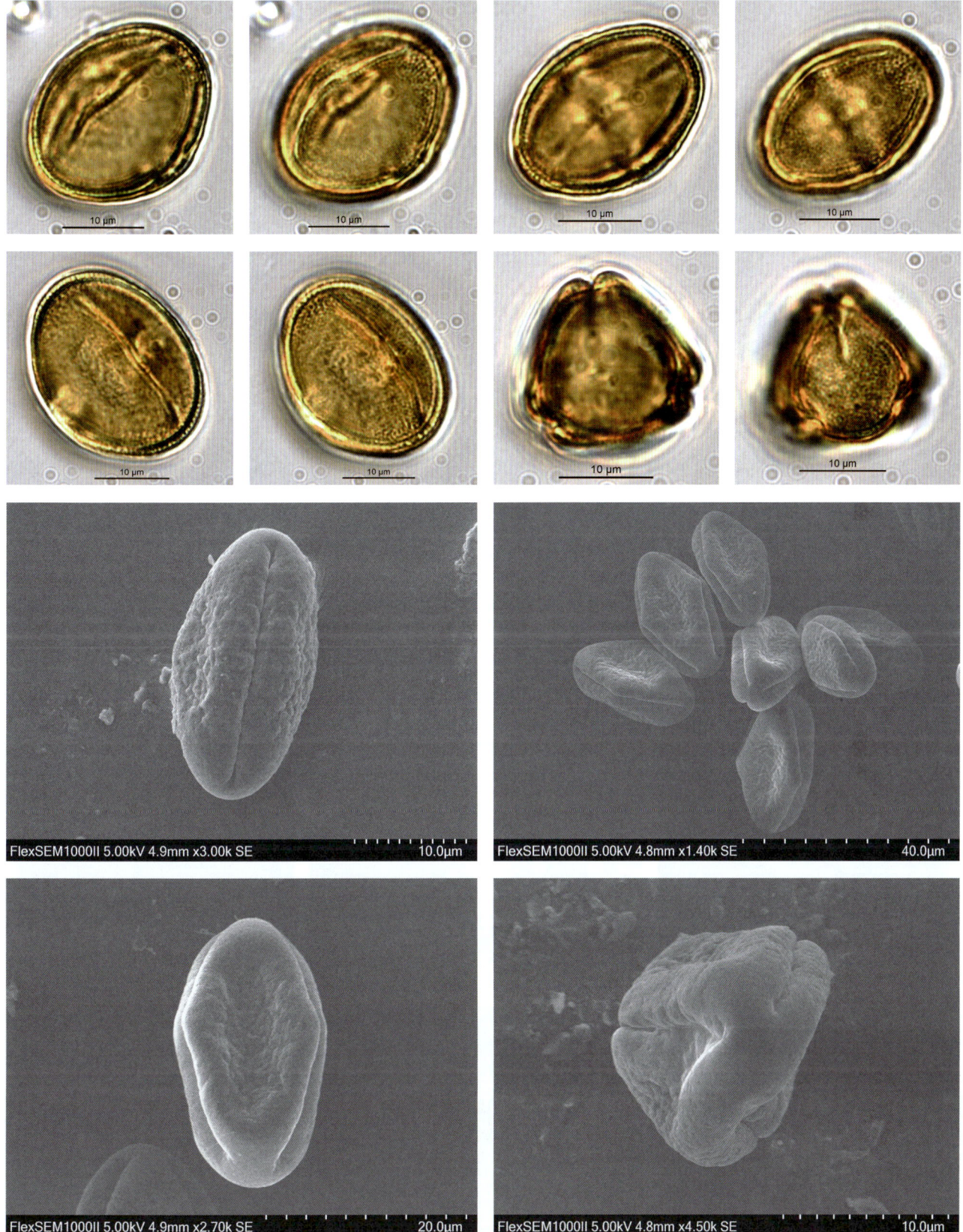

227

## *Cnidium* 蛇床属

*Cnidium monnieri* (L.) Spreng. 蛇床

【形态特征】一年生草本，高可达60厘米；根圆锥状，较细长；茎直立或斜上，多分枝，中空，表面具深条棱，粗糙；下部叶具短柄，叶鞘短宽，边缘膜质，上部叶柄全部鞘状；叶片轮廓卵形至三角状卵形，2~3回三出式羽状全裂，羽片轮廓卵形至卵状披针形；复伞形花序直径2~3厘米；伞辐8~20，不等长，棱上粗糙；总苞片6~10，线形至线状披针形，边缘膜质，具细睫毛；小总苞片多数，线形，边缘具细睫毛；小伞形花序具花15~20，萼齿无；花瓣白色，先端具内折小舌片；花柱基略隆起，花柱长1~1.5毫米，向下反曲；分生果长圆状，横剖面近五角形，主棱5，均扩大成翅，胚乳腹面平直。

花粉图式

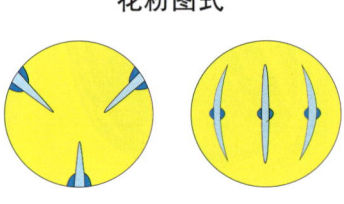

【花果期】花期4—7月，果期6—10月。

【生境】生于田边、路旁、草地及河边湿地。

【分布】国内分布：华东、中南、西南、西北、华北和东北；国外分布：俄罗斯、朝鲜、越南、北美地区及其他欧洲国家。

【别名】山胡萝卜、蛇米、蛇粟、蛇床子。

【保护级别】地方保护野生植物。

【花粉形态】花粉粒超长球形，大小为12（10~15）×25（23~32）μm；具3孔沟，沟细，内孔横长，有时向外突出；外壁两层，外层较厚；表面具清楚的网状纹理；赤道部分的外壁轮廓线呈波浪形。

第五章 被子植物的花粉形态

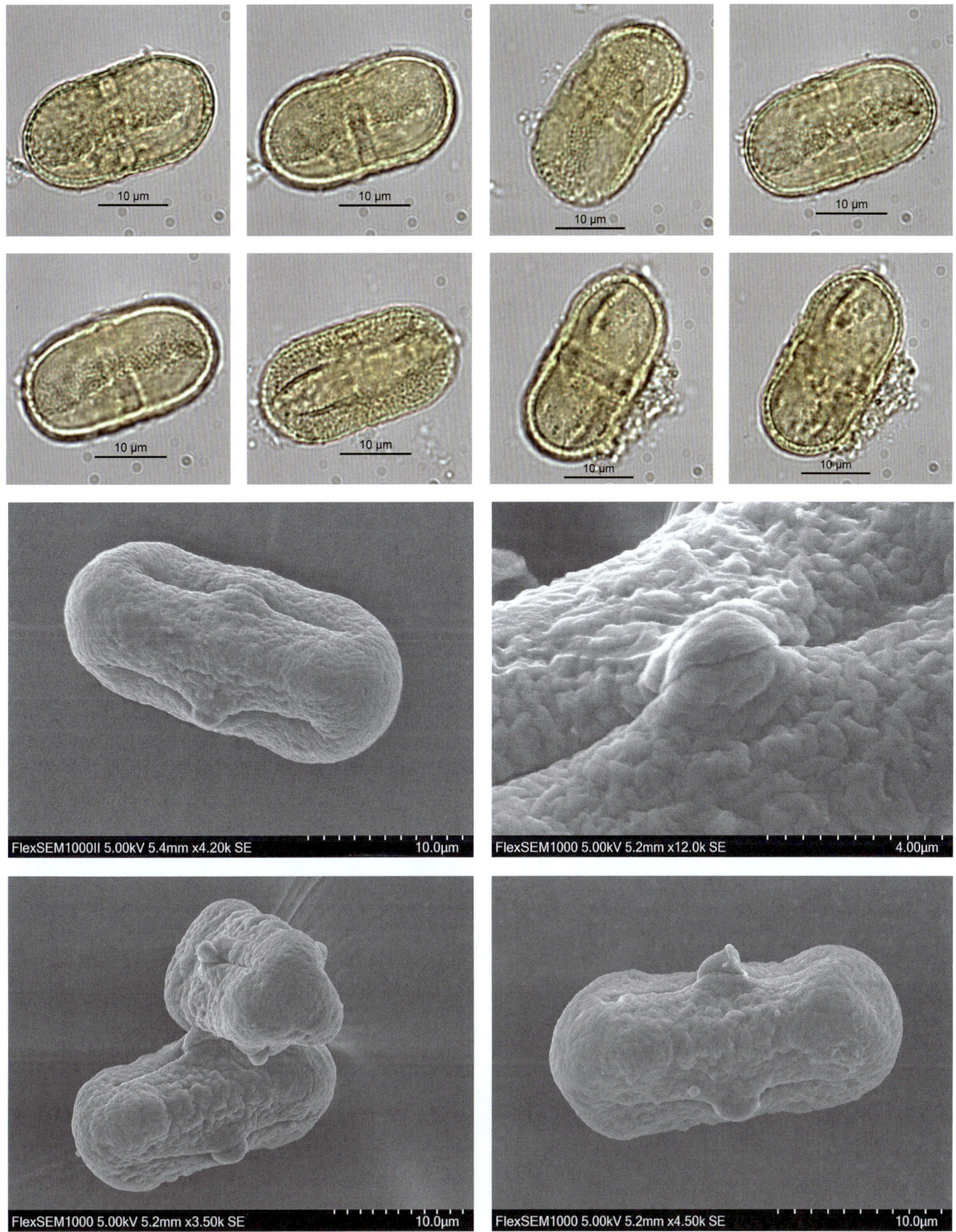

## *Saposhnikovia* 防风属

*Saposhnikovia divaricata* (Turcz.) Schischk. 防风

**【形态特征】** 多年生草本，高约 80 厘米；根粗壮，细长圆柱形，分歧，淡黄棕色，根头处被有纤维状叶残基及明显的环纹；茎单生，自基部分枝较多，斜上升，与主茎近于等长，有细棱；基生叶丛生，有扁长的叶柄，基部有宽叶鞘；叶片卵形或长圆形，二回或近于三回羽状分裂；复伞形花序多数，生于茎和分枝，顶端花序梗长 2~5 厘米；伞辐 5~7，无毛；小伞形花序有花 4~10，无总苞片；小总苞片 4~6，线形或披针形，先端长，萼齿短三角形；花瓣倒卵形，白色，无毛，先端微凹，具内折小舌片；双悬果狭圆形或椭圆形，幼时有疣状突起，成熟时渐平滑；胚乳腹面平坦。

花粉图式

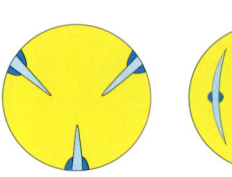
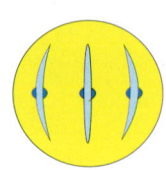

**【花果期】** 花期 8—9 月，果期 9—10 月。

**【生境】** 生长于草原、丘陵和多砾石山坡。

**【分布】** 国内分布：黑龙江、吉林、辽宁、内蒙古、河北、宁夏、甘肃、陕西、山西、山东等省区；国外分布：朝鲜、蒙古和俄罗斯。

**【别名】** 无

**【保护级别】** 无危（LC）；地方保护野生植物。

**【花粉形态】** 花粉粒超长球形，极面观 3 裂圆形，大小为 10（8~15）× 22（20~26）μm；具 3 孔沟，沟细长，内孔横长，稍外凸；外壁两层，两极外壁较薄；表面具颗粒 – 细网状纹饰，网在极面较粗。

第五章 被子植物的花粉形态

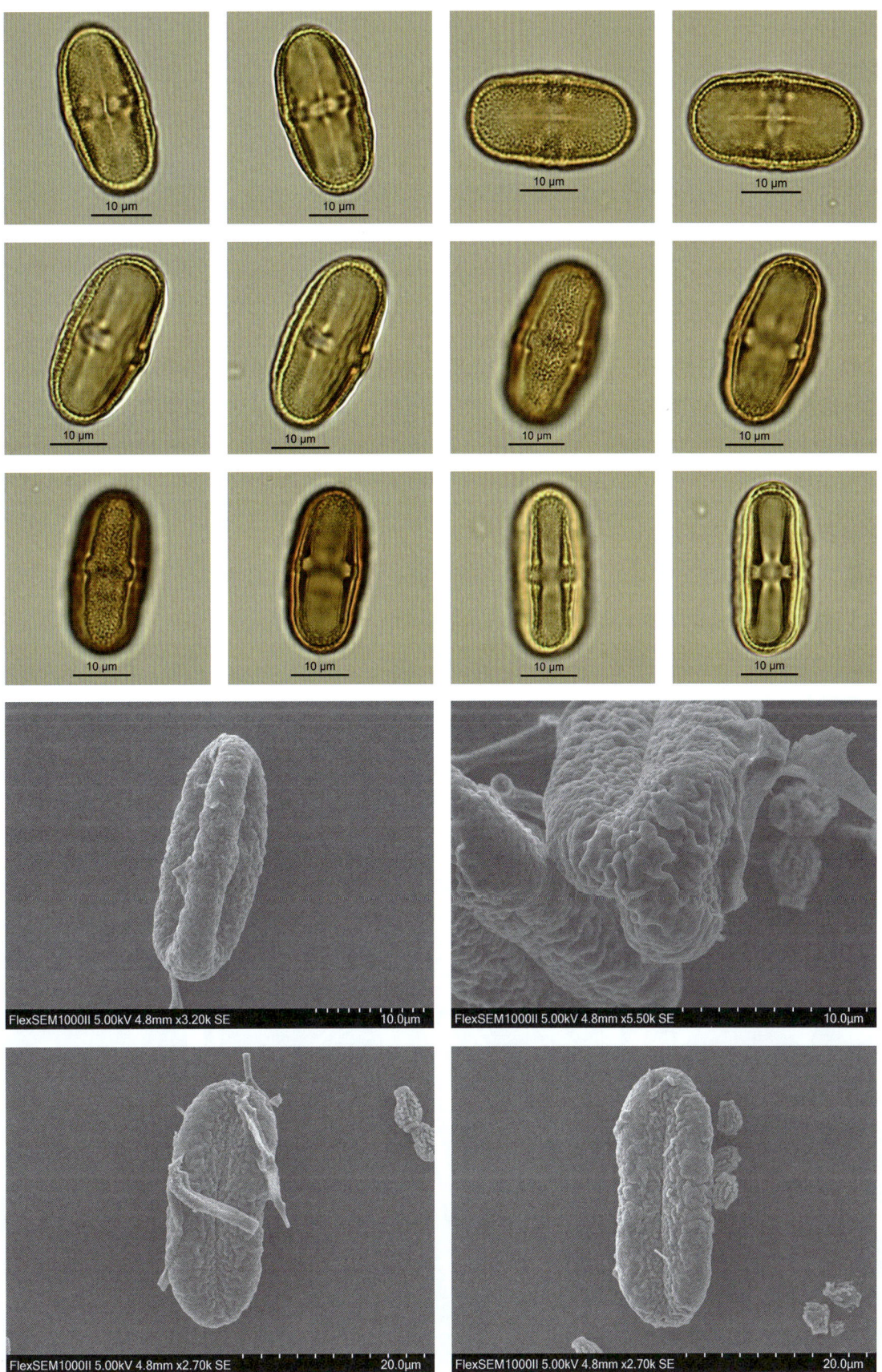

231

## Apocynaceae 夹竹桃科
### *Apocynum* 罗布麻属
*Apocynum pictum* Schrenk 白麻

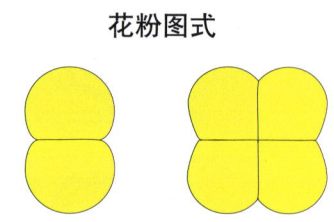

花粉图式

【形态特征】直立半灌木，高可达 2.5 米，植株含乳汁；幼枝被短柔毛，后渐无毛；叶常互生，长圆形或卵形，两面被颗粒状凸起，密生细齿；圆锥状的聚伞花序一至多歧，顶生；总花梗、花梗、苞片及花萼外面均被白色短柔毛；苞片披针形，花萼裂片卵形或三角形；花冠粉红或紫红色，花冠筒盆状，花冠裂片宽三角形；副花冠着生花冠筒基部，裂片宽三角形，先端长渐尖；雄蕊 5 枚，着生在花冠筒基部，与副花冠裂片互生；雌蕊 1 枚，花柱短，上部膨大，下部缩小，柱头顶端钝，2 裂，基部盘状，子房半下位；蓇葖 2 枚，叉生或平行，倒垂，长而细，圆筒状，顶端渐尖，幼嫩时绿色，成熟后黄褐色；种子卵状长圆形，顶端具一簇白色绢质的种毛；种毛长 1.5~2.5 厘米；子叶长卵圆形，与胚根几乎等长。

【花果期】花期 4—9 月，果期 7—12 月。

【生境】主要生在盐碱荒地、沙漠边缘、河流两岸冲积平原水田和湖泊周围。

【分布】国内分布：甘肃、青海、新疆等省区；国外分布：俄罗斯。

【别名】大叶白麻、大花罗布麻。

【保护级别】地方保护野生植物。

【花粉形态】花粉粒为四合花粉，直径为 30~55μm，四合花粉的排列为十字形；具孔，圆形；外壁两层，外层和内层厚度相等；表面光滑或具稀疏的颗粒状雕纹。

第五章 被子植物的花粉形态

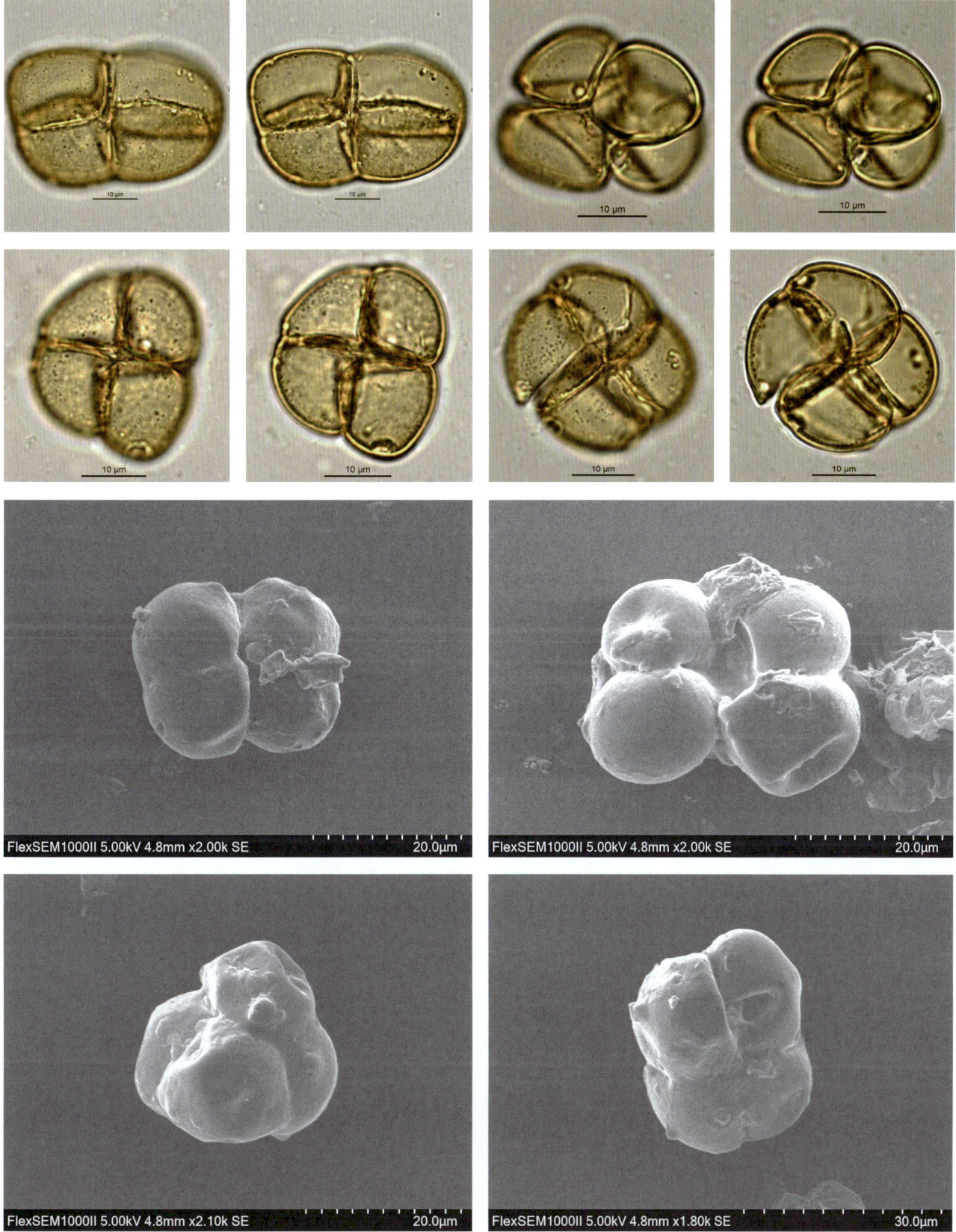

233

### *Apocynum venetum* L. 罗布麻

【形态特征】直立亚灌木，高可达 4 米，具乳汁；枝条对生或互生，圆筒形，光滑无毛，紫红色或淡红色；除花序外全株无毛；叶常对生，窄椭圆形或窄卵形，长 1~8 厘米，基部圆形或宽楔形；萼裂片窄椭圆形或窄卵形，长约 1.5 毫米；花冠紫红或粉红色，花冠筒钟状，长 6~8 毫米，被颗粒状凸起，花冠裂片长 3~4 毫米；花盘肉质，5 裂，基部与子房合生；蓇葖果长 8~20 厘米，径 2~3 厘米；种子卵球形或椭圆形，黄褐色，长 2~3 毫米，直径 0.5~0.7 毫米，顶端有一簇白色绢质的种毛；种毛长 1.5~2.5 厘米；子叶长卵圆形，与胚根近等长，长约 1.3 毫米，胚根在上。

【花果期】花期 4—9 月，果期 7—12 月。

【生境】生于沙漠边缘、河漫滩、湖泊周围、盐碱地、沟谷及河岸沙地等。

【分布】国内分布：新疆、青海、甘肃、陕西、山西、河南、河北、江苏、山东、辽宁及内蒙古等省区；国外分布：北美洲、欧洲及亚洲的温带地区。

【别名】红麻、茶叶花、红柳子、羊肚拉角。

【保护级别】无危（LC）；地方保护野生植物。

【花粉形态】花粉粒为四合花粉，四合体直径为 23~32μm，单花粉直径为 10~12μm；具 9~12 孔；表面光滑。

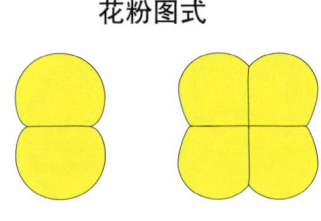
花粉图式

第五章 被子植物的花粉形态

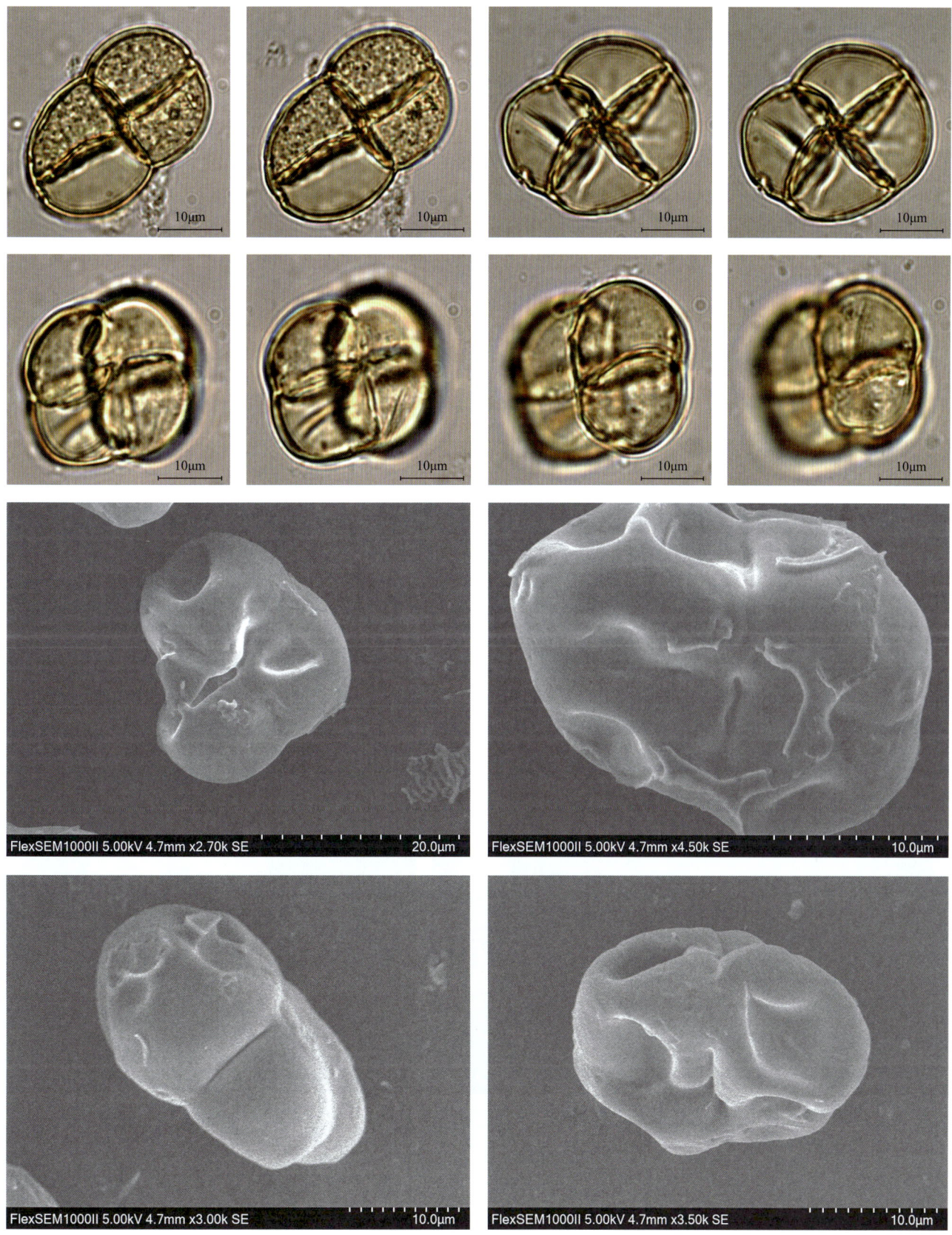

235

### *Beaumontia* 清明花属

*Beaumontia grandiflora* Wall. 清明花

【形态特征】高大藤本；枝幼时有锈色柔毛，老时无毛；茎有皮孔；叶长圆状倒卵形，长6~15厘米，宽3~8厘米，顶端短渐尖，幼时略被柔毛，老渐无毛，稀叶背被浓毛；侧脉约15对；叶柄长2厘米；聚伞花序顶生，着花3~5朵，有时更多；花梗有锈色柔毛，长2~4厘米；花萼裂片长圆状披针形或倒卵形，或倒披针形，长2.5~4厘米；花冠长约10厘米，外面有微毛，裂片卵圆形；雄蕊着生于花冠筒的喉部，花药箭头状；蓇葖果形状多变，内果皮亮黄色；种子长约2厘米；种毛白色绢质，长约4厘米。

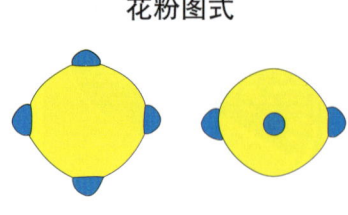

花粉图式

【花果期】花期4—5月，果期7—10月。

【生境】常生于海拔300~1500米的山地林中或沟谷、河边。

【分布】国内分布：云南、广西、广东和福建；国外分布：印度。

【别名】炮弹果。

【保护级别】地方保护野生植物。

【花粉形态】花粉粒扁球形，极面观圆形、近方形或4~5边形，直径为45~55μm；具3、4或5孔，孔圆形；外壁厚1~1.5μm，外层厚于内层，孔边外壁加厚，层次模糊；表面具细网状纹饰。

第五章 被子植物的花粉形态

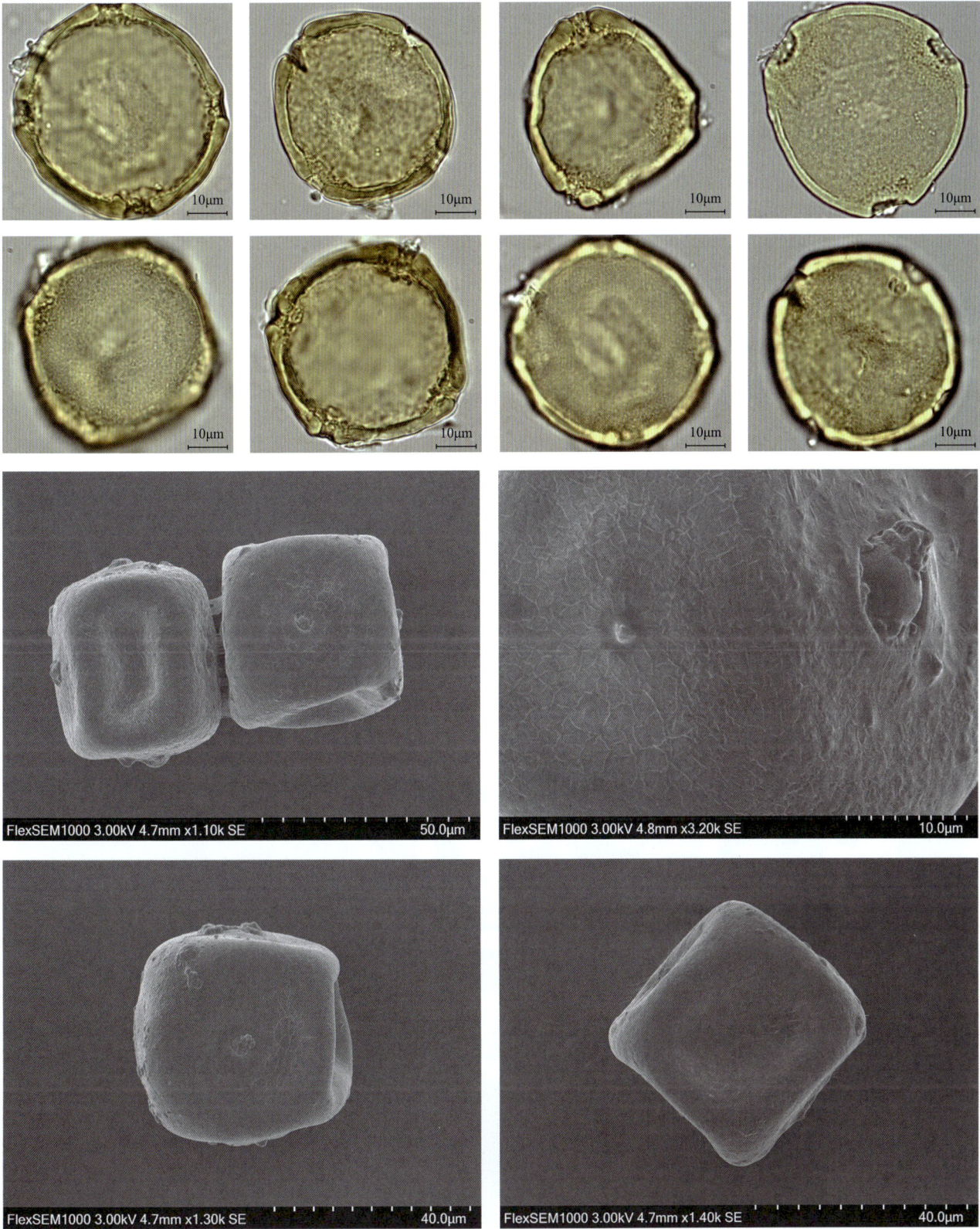

## *Ervatamia* 狗牙花属

***Ervatamia divaricata*** (L.) Burk. cv. Gouyahua 狗牙花

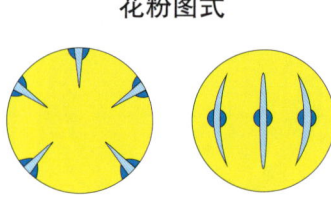

花粉图式

**【形态特征】**灌木，高 1~3 米，具乳汁，全株无毛；枝和小枝淡灰色，有皮孔，干时有纵的条纹；叶早落，常聚生于上部小枝的顶端，椭圆状长圆形；聚伞花序腋生或假顶生，单花或双花；小苞片卵形；花蕾圆筒状，急尖；花冠白色，花冠裂片近四方状三角形；雄蕊着生于花冠筒的近基部，比花冠筒短三倍，花药线状披针形，基部略叉开；子房长 2.5 毫米，心皮下部合生，上部分离，向上渐狭，再汇合成短花柱，花柱短圆筒状，长 0.8 毫米，柱头 2 深裂，长 1 毫米；蓇葖双生，线状披针形；种子 3~6 个，长圆形。

**【花果期】**花期 4—9 月，果期 7—11 月。

**【生境】**生于海拔 1000~1600 米的山地灌木丛中。

**【分布】**国内分布：云南南部野生，广西、广东、台湾等省区栽培；国外分布：印度，现广泛栽培于亚洲热带和亚热带地区。

**【别名】**单瓣狗牙花、扇形狗牙花。

**【保护级别】**濒危（EN）。

**【花粉形态】**花粉粒长球形，极面观 5 裂圆形，大小为 30（27~33）× 47（35~53）μm；具 5 孔沟，沟细长，宽 1~2μm，孔横长，近纺锤形，末端钝或尖，具膜，孔与孔几乎连接，成环带状；外壁厚约 3μm，外层薄于内层，沟孔处外层加厚；表面具颗粒 – 拟网状雕纹。

# 第五章 被子植物的花粉形态

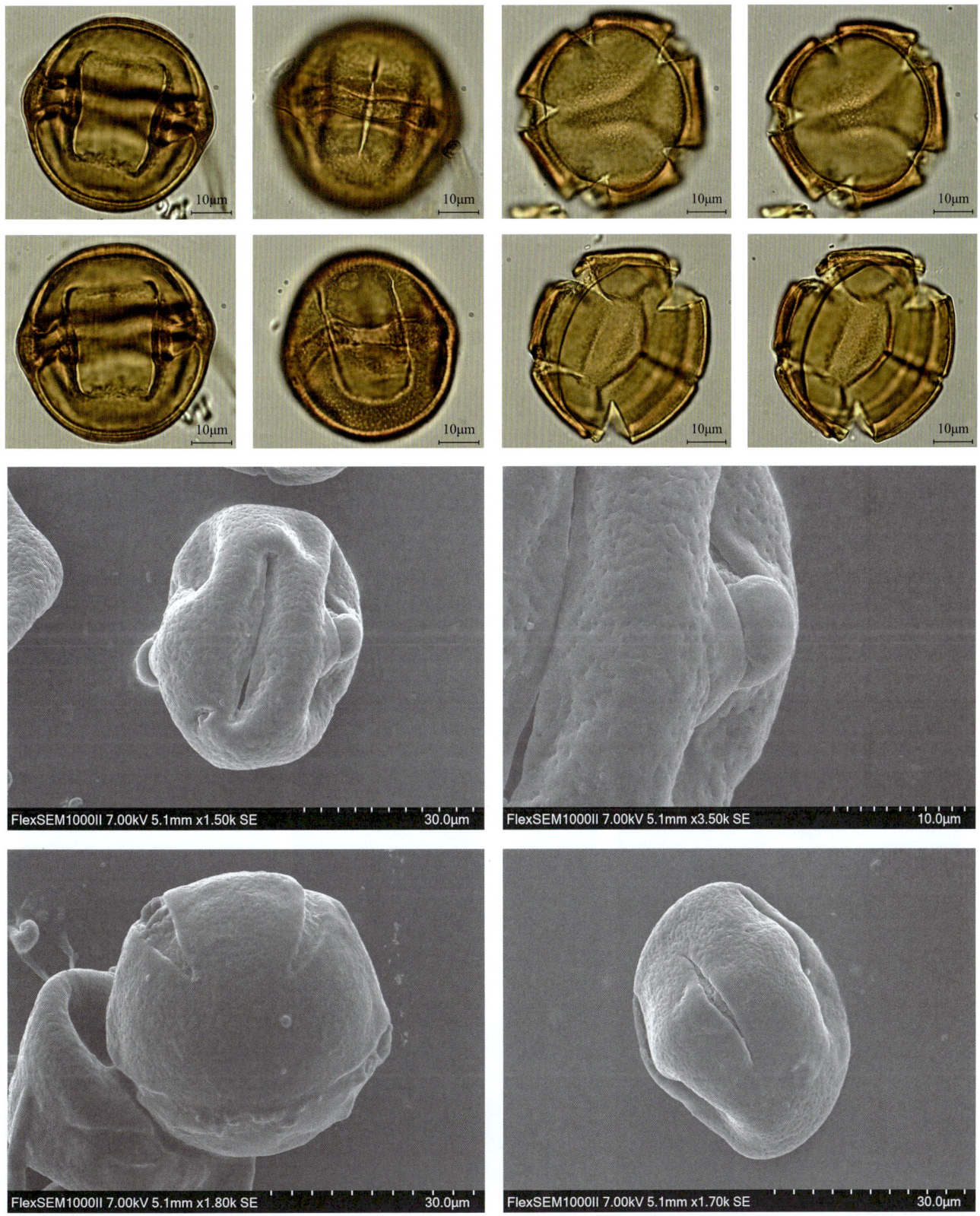

## *Parepigynum* 富宁藤属

***Parepigynum funingense*** Tsiang & P. T. Li 富宁藤

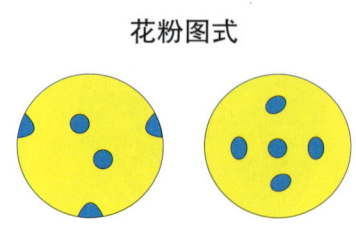

花粉图式

**【形态特征】** 粗壮高大藤本，除花序及幼嫩部分外，全株无毛；叶腋间及腋内均有钻状腺体；叶对生，长圆状椭圆形至长圆形，端部短渐尖，基部楔形，叶脉远距，每边 10~13 条；聚伞花序伞房状，顶生及腋生，着花 6~13 朵；花萼 5 深裂，裂片双盖覆瓦状排列，长圆状披针形；花冠黄色，浅高脚碟状，花冠筒长 1.2 厘米；雄蕊着生于花冠筒的近基部，花药箭头状，基部有耳；花盘肉质，将子房全部包围，5 深裂，裂片近四方形；子房半下位，由 2 个心皮组成，每心皮具多数胚珠，端部具长硬毛，花柱丝状，柱头头状，端部锐尖；蓇葖 2 枚合生，成熟时上部裂开，狭披针形，向端部渐尖，外果皮绿色，干时暗褐色，有纵条纹；果柄粗壮，种子棕褐色，线状长圆形，端部具短阔之喙，沿喙围生黄白色种毛。

**【花果期】** 花期 2—9 月，果期 8 月至翌年 3 月。

**【生境】** 生于海拔 1000~1600 米的山地密林中。

**【分布】** 云南（富宁、马关、西畴和麻栗坡）、贵州等地。

**【别名】** 无。

**【保护级别】** 国家二级重点保护野生植物；濒危（EN）；中国特有种。

**【花粉形态】** 花粉粒近球形，直径为 24~35μm；具 5~8 孔，孔圆形；表面具模糊的细网状纹饰或光滑。

第五章 被子植物的花粉形态

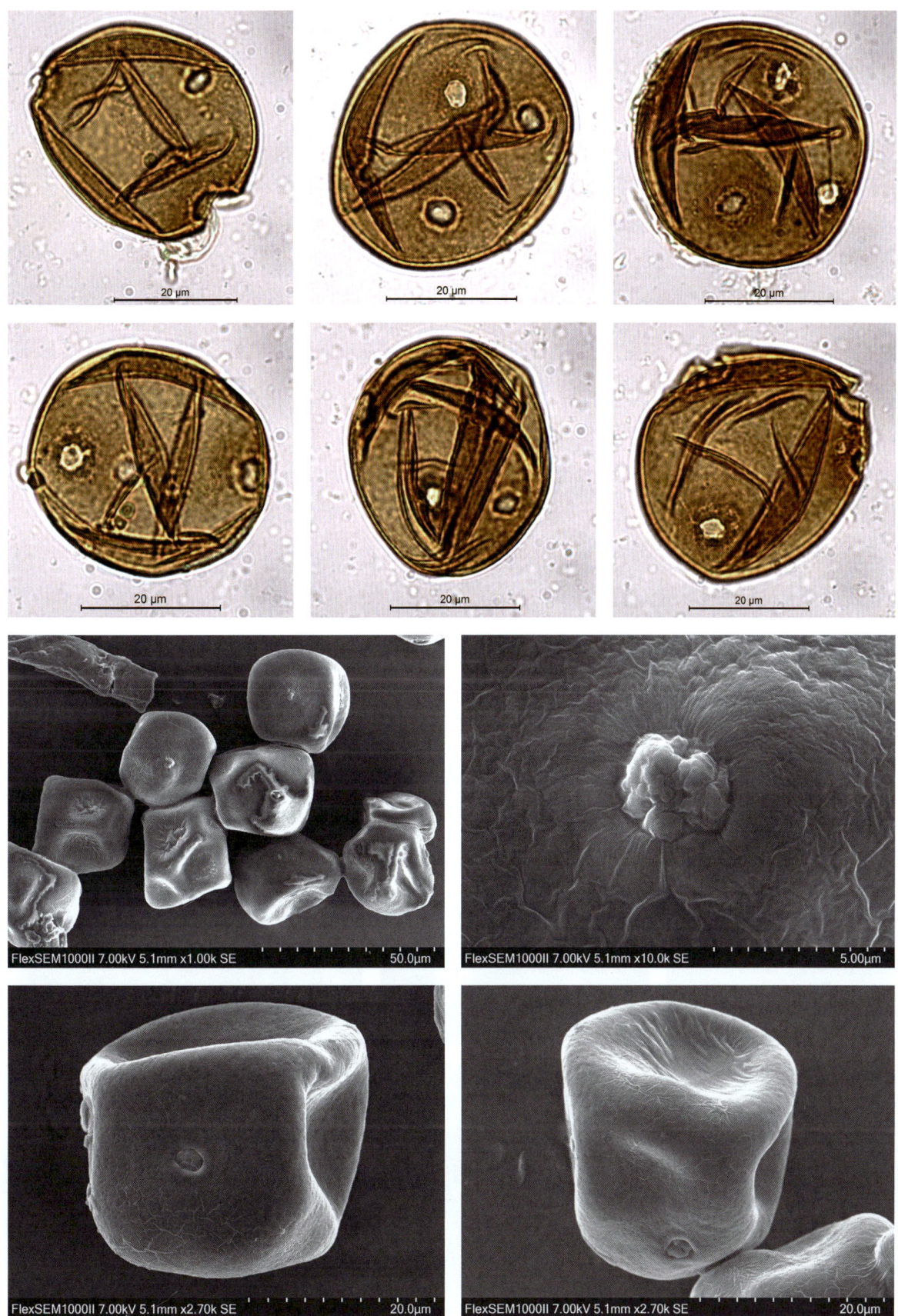

241

## *Rauvolfia* 萝芙木属

### *Rauvolfia verticillata* (Lour.) Baill. 萝芙木

【形态特征】灌木，高可达 3 米；多枝，树皮灰白色；幼枝绿色，被稀疏的皮孔；小枝下部叶对生，叶 3~4 轮生枝顶，近纸质至膜质，长椭圆状披针形或卵状披针形，先端长渐尖，基部窄楔形，侧脉 6~7 对；叶柄长 0.5~1.5 厘米；叶膜质，对生或三叶轮生，椭圆状卵圆形或具倒卵形的轮廓，先端渐尖或急尖，基部楔形；聚伞花序较疏，花序梗长 2~15 厘米；花梗长 3~6 毫米；花冠白色，裂片宽椭圆形或卵形，花冠筒圆筒形，长 1~1.8 厘米，中部至喉部膨大，被长柔毛；雄蕊着生花冠筒中部；心皮 2，离生；核果椭圆形或卵圆形，离生；种子具皱纹；胚小，子叶叶状，胚根在上。

【花果期】花期 2—10 月，果期 4—12 月。

【生境】生于林边、丘陵地带的林中或溪边较潮湿的灌木丛中。

【分布】国内分布：西南、华南及台湾等地区；国外分布：越南。

【别名】霹雳萝芙木、台湾萝芙木、云南萝芙木、风湿木、海南萝芙木、倒披针叶萝芙木。

【保护级别】无危（LC）。

【花粉形态】花粉粒扁球形，直径为 46~81μm；具 3 孔沟及 6 假沟，偶有 4 孔沟及 8 假沟，真沟短而宽，假沟明显向外突出，内孔横长，长约 16μm；外壁层次不明显；表面具穴状雕纹。

花粉图式

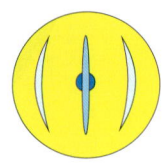

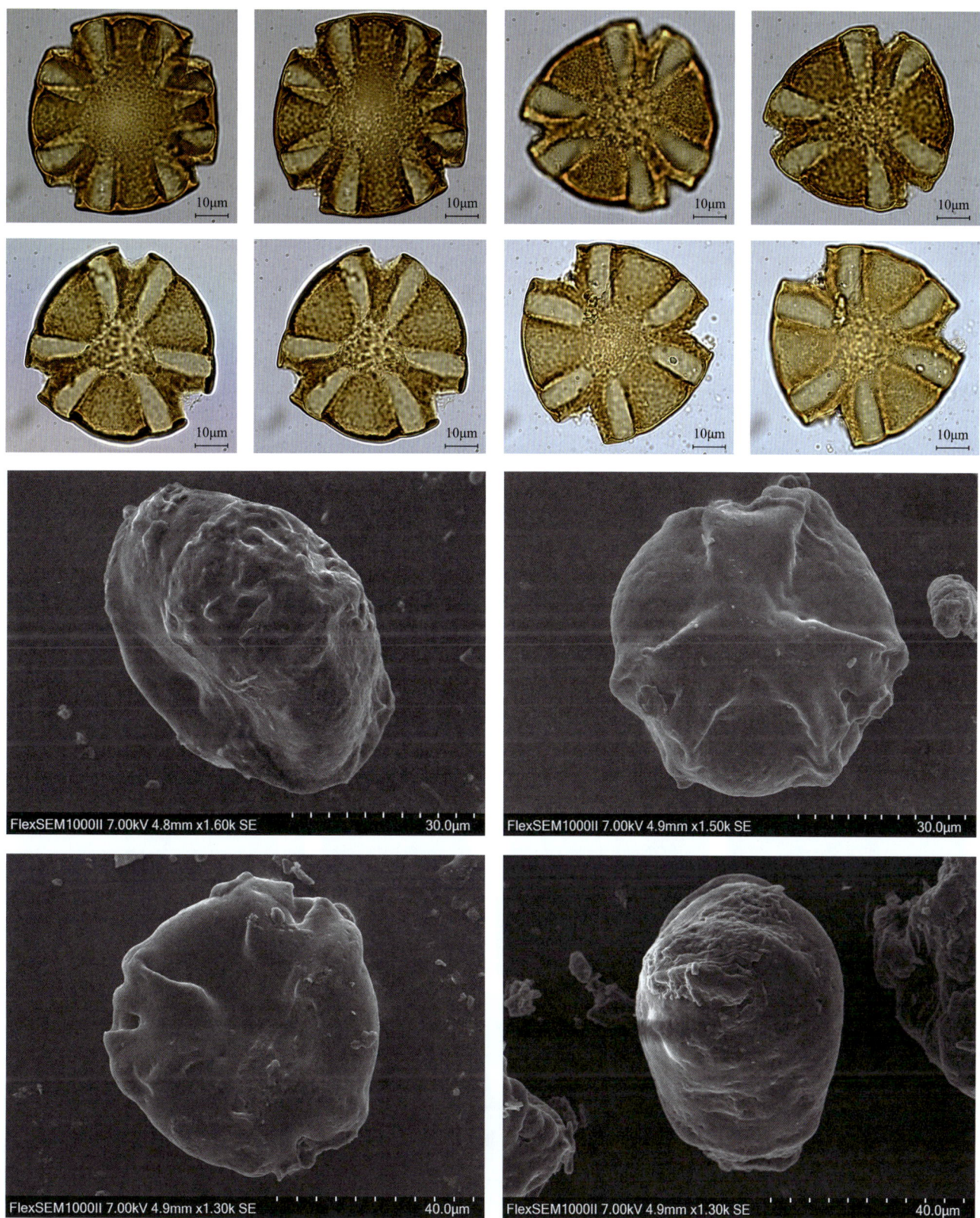

## *Trachelospermum* 络石属

### *Trachelospermum jasminoides* (Lindl.) Lem. 络石

花粉图式

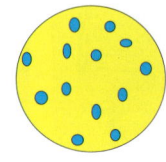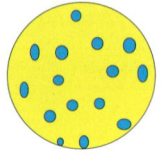

【形态特征】常绿木质藤本，长可达10米，具乳汁；茎赤褐色，圆柱形，有皮孔；小枝被黄色柔毛，老时渐无毛；叶革质，椭圆形至卵状椭圆形或宽倒卵形，叶面无毛，叶背被疏短柔毛，老渐无毛；叶柄短，被短柔毛，老渐无毛；聚伞花序腋生或顶生圆锥状，与叶等长或较长；花白色，芳香；总花梗长2~5厘米，被柔毛，老时渐无毛；苞片及小苞片狭披针形，长1~2毫米；花萼5深裂，裂片线状披针形，顶部反卷，长2~5毫米；花蕾顶端钝，花冠筒圆筒形，中部膨大，外面无毛，内面在喉部及雄蕊着生处被短柔毛；雄蕊内藏；花盘环状5裂与子房等长；子房由2个离生心皮组成，无毛；蓇葖双生，叉开，无毛，线状披针形，向先端渐尖；种子多颗，褐色，长圆形，顶端具白色绢质种毛；种毛长1.5~3厘米。

【花果期】花期3—8月，果期6—12月。

【生境】生于山野、溪边、路旁、林缘或杂木林中，常缠绕于树上或攀援于墙壁、岩石上，亦可移栽于园圃以供观赏。

【分布】国内分布：山东、安徽、江苏、浙江、福建、台湾、江西、河北、河南、湖北、湖南、广东、广西、云南、贵州、四川、陕西等省区；国外分布：日本、朝鲜和越南。

【别名】万字茉莉、络石藤、风车藤、花叶络石、三色络石、黄金络石、变色络石、石血。

【保护级别】地方保护野生植物。

【花粉形态】花粉粒近球形，直径为33~43μm；具散孔，孔数15~22个，一般为17~18个，椭圆形，具厚缘，大小不一致，分布也不规则；外壁薄，层次不明显；表面具小穴或细颗粒状突起。

第五章 被子植物的花粉形态

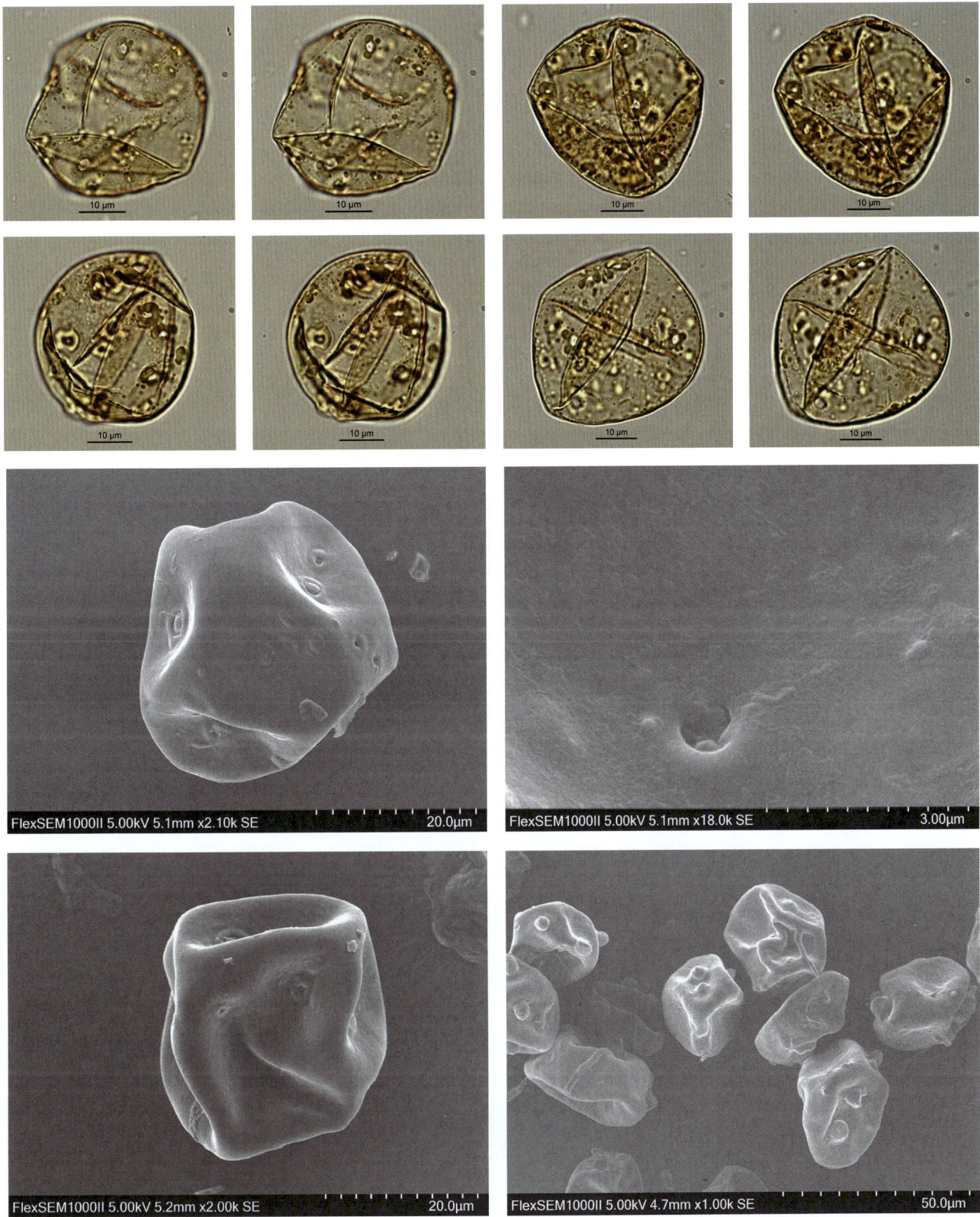

245

## Araceae 天南星科
### *Cryptocoryne* 隐棒花属

***Cryptocoryne crispatula* var. *balansae* (Gagnep.) N. Jacobsen 广西隐棒花**

【形态特征】多年生沉水草本，叶少，丛生；叶柄明显，长 10~12 厘米，干时稻黄色，膜质，鞘状，宽 7~8 毫米，向上渐狭；叶片薄膜质，线形，干时黑褐色，长 16~19 厘米，宽 1.1~1.7 厘米，先端锐尖，基部楔形，全缘；中肋明显，宽 1.5~2 毫米，侧脉细弱上举，网脉极稀少，微弱；佛焰苞长约 20 厘米，短于叶，不具花序的管部（上部）长 16~18 厘米，粗 2.5 毫米，檐部长 3~4 厘米，螺状左旋，展开宽约 4 毫米，线形，长渐尖，边缘浅波状。

【花果期】花期 5—7 月，果期 8 月。

【生境】水生植物，主要生长在河滩水边。

【分布】广西西北部。

【别名】无

【保护级别】地方保护野生植物；中国特有种。

【花粉形态】花粉粒圆球形，常具褶皱，形成不规则形状，直径为 25~28μm；无萌发孔；表面光滑。

花粉图式

# 第五章 被子植物的花粉形态

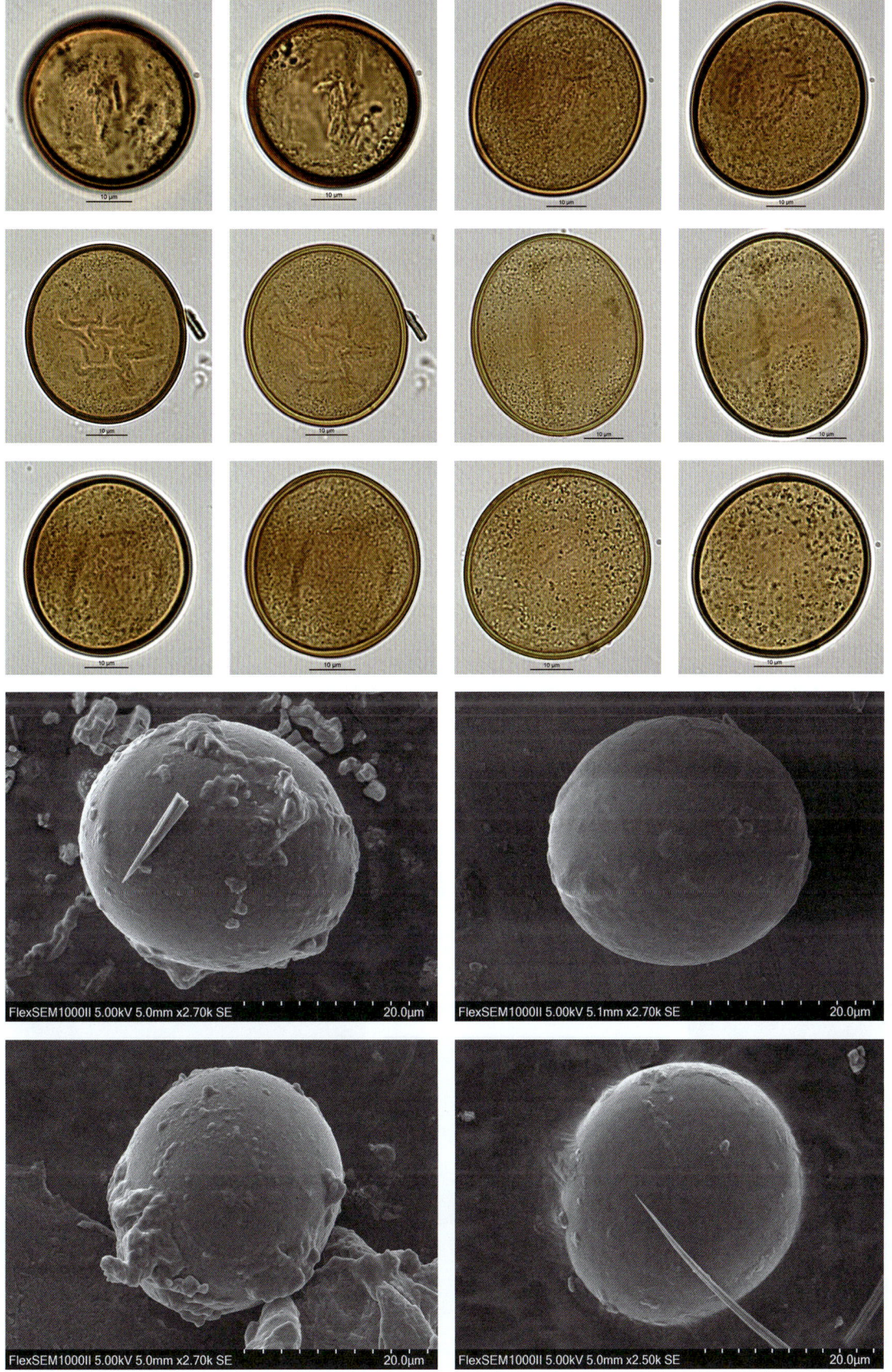

247

## *Pinellia* 半夏属

### *Pinellia ternata* (Thunb.) Ten. ex Breitenb. 半夏

**【形态特征】** 块茎圆球形，径 1~2 厘米，具须根；叶 2~5 枚，有时 1 枚；叶柄长 15~20 厘米，基部具鞘，鞘内、鞘部以上或叶片基部（叶柄顶头）有直径 3~5 毫米的珠芽，珠芽在母株上萌发或落地后萌发；幼叶卵状心形或戟形，全缘，老株叶 3 全裂，裂片绿色，长圆状椭圆形或披针形；花序梗长 25~30（有的可达 35）厘米；佛焰苞绿或绿白色，管部窄圆柱形，檐部长圆形，绿色，有时边缘青紫色；雌肉穗花序长 2 厘米，雄花序长 5~7 毫米；附属器绿至青紫色，长 6~10 厘米，直立，有时"S"形弯曲；浆果卵圆形，黄绿色，花柱宿存。

**【花果期】** 花期 5—7 月，果期 8 月。

**【生境】** 常见于草坡、荒地、玉米地、田边或疏林下。

**【分布】** 国内分布：除内蒙古、新疆、青海和西藏尚未发现野生的外，全国各地广布；国外分布：朝鲜和日本。

**【别名】** 地珠半夏、守田、和姑、地文、三兴草、三角草、三开花、三片叶、半子、野半夏、土半夏、生半夏、扣子莲等。

**【保护级别】** 无危（LC）；地方保护野生植物。

**【花粉形态】** 花粉粒圆球形，常具褶皱，形成不规则形状，直径为 18~22μm；无萌发孔；光镜下表面平滑，电镜下密布小刺。

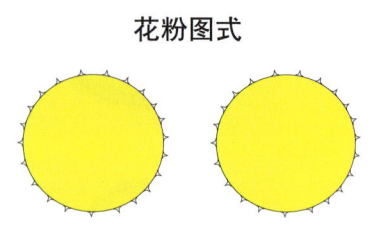

花粉图式

第五章 被子植物的花粉形态

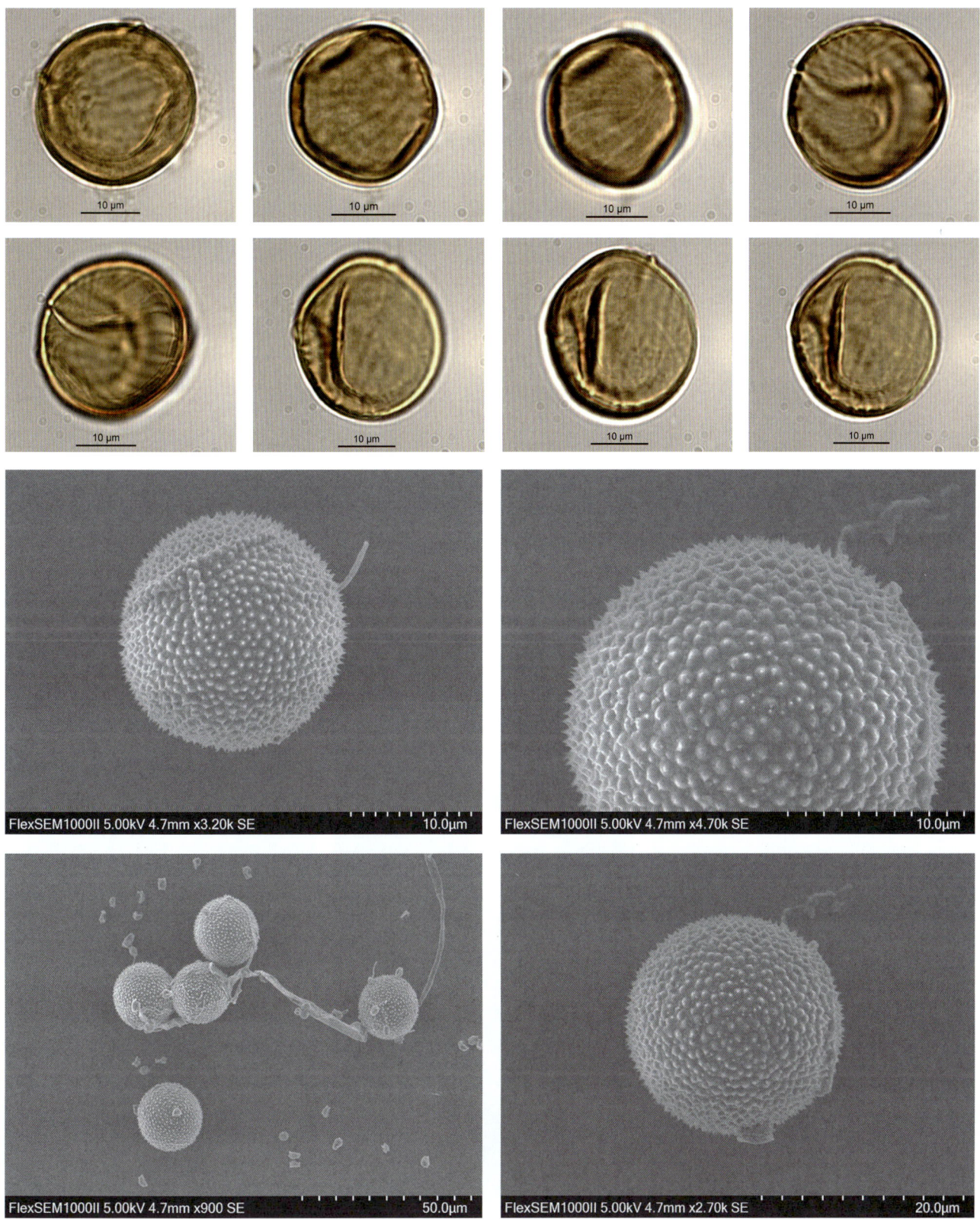

249

## Araliaceae 五加科
### *Hydrocotyle* 天胡荽属
*Hydrocotyle vulgaris* L. 野天胡荽

【形态特征】多年生挺水或浮叶观赏植物，植株呈蔓生性生长，全株光滑无毛；根状茎发达，多呈网状密集交错生长，偶露地表呈匍匐状，节上密生不定根；茎顶端呈褐色；叶互生，有长柄，圆盾形，缘波状，有钝圆锯齿，叶面油绿具光泽，呈放射状；花两性，伞形花序，小花白色或粉黄绿色，密集成头状；果为分果，扁圆形，背棱和中棱明显。

花粉图式

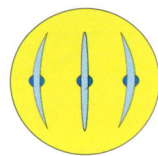

【花果期】花果期4—9月。

【生境】常生长在潮湿的路边、林地及田坎等。

【分布】长江以南各地区。

【别名】显脉香菇草、铜钱草、香菇草、毛天胡荽、毛香菇草、少脉香菇草。

【保护级别】无危（LC）。

【花粉形态】花粉粒长球形，极面观为圆三角形，赤道面观椭圆形，大小为 12（10~15）× 27（24~33）μm；具3孔沟，沟细长，内孔比较大，横长；外壁两层，外层厚于内层，或内外层等厚；光镜下表面具颗粒–细网状雕纹，电镜下为明显的网状雕纹。

第五章 被子植物的花粉形态

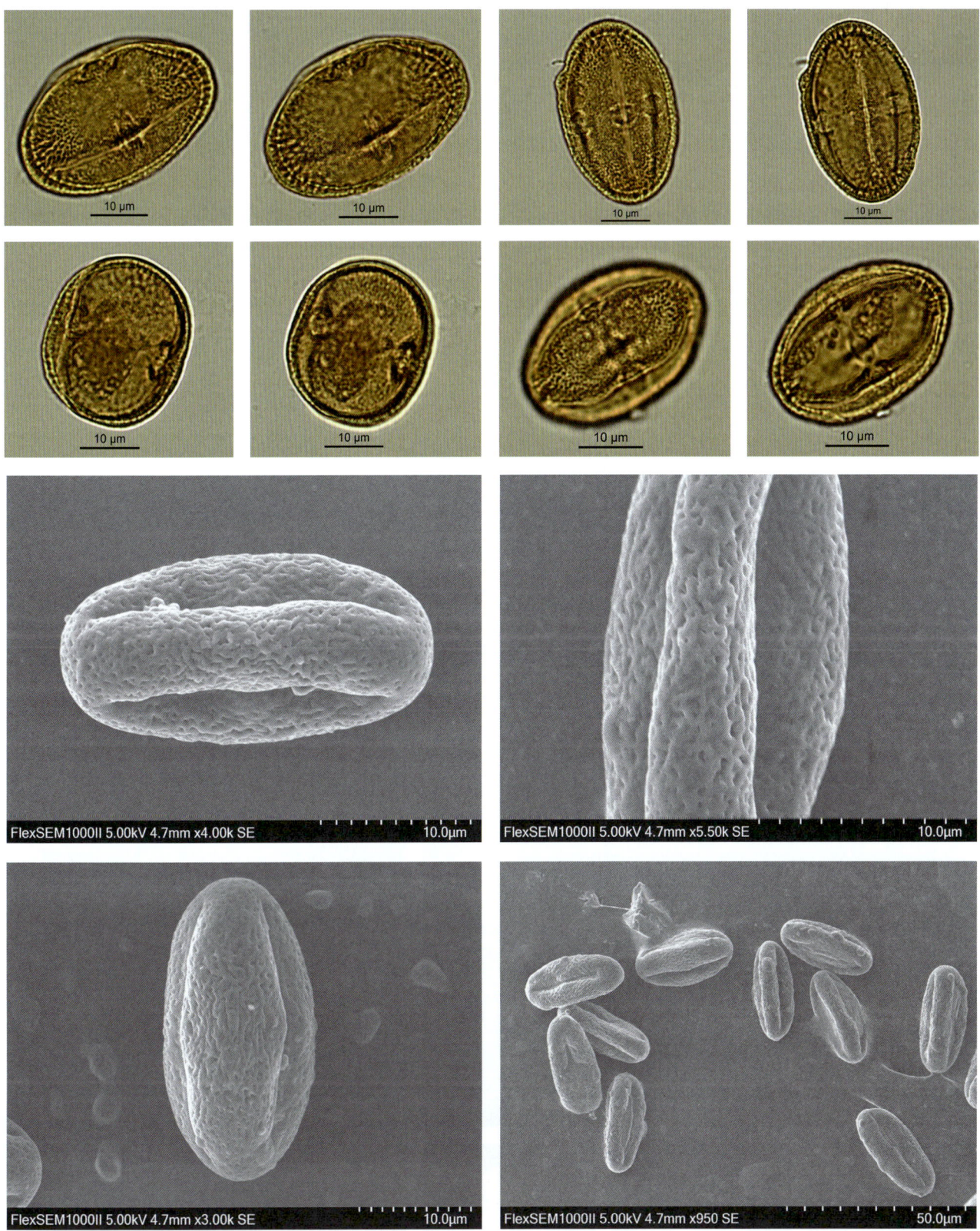

251

## *Panax* 人参属

***Panax ginseng*** C. A. Mey. 人参

**【形态特征】**多年生草本，高可达60厘米；根状茎短；主根纺锤形；茎单生；地上茎单生，高30~60厘米，有纵纹，无毛，基部有宿存鳞片；叶为掌状复叶，3~6枚轮生茎顶，幼株的叶数较少；叶柄长3~8厘米，有纵纹，无毛，基部无托叶；小叶片3~5，幼株常为3，薄膜质，中央小叶片椭圆形至长圆状椭圆形，最外一对侧生小叶片卵形或菱状卵形，长2~4厘米，先端长渐尖，基部宽楔形，具细密锯齿；伞形花序单个顶生，直径约1.5厘米，有花30~50朵，稀5~6朵；总花梗通常较叶长，长15~30厘米，有纵纹；花梗丝状，长0.8~1.5厘米；花淡黄绿色；萼无毛，边缘有5个三角形小齿；花瓣5，卵状三角形；雄蕊5，花丝短；子房2室，花柱2，离生；果实扁球形，鲜红色；种子肾形，乳白色。

**【花果期】**花期5—6月，果期6—9月。

**【生境】**生于海拔数百米的落叶阔叶林或针叶阔叶混交林下。

**【分布】**国内分布：辽宁东部、吉林东部和黑龙江东部；国外分布：俄罗斯和朝鲜。

**【别名】**棒槌。

**【保护级别】**国家二级重点保护野生植物；极危（CR）；地方保护野生植物。

**【花粉形态】**花粉粒长球形，极面观为圆三角形，赤道面观椭圆形，大小为22（20~25）×30（27~37）μm；具3孔沟，沟细长，内孔大，横长；外壁两层，外层厚于内层；表面具网状雕纹，网眼形状不规则。

花粉图式

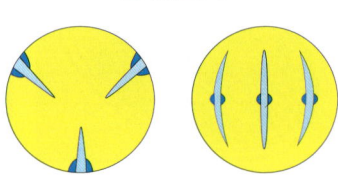

# 第五章 被子植物的花粉形态

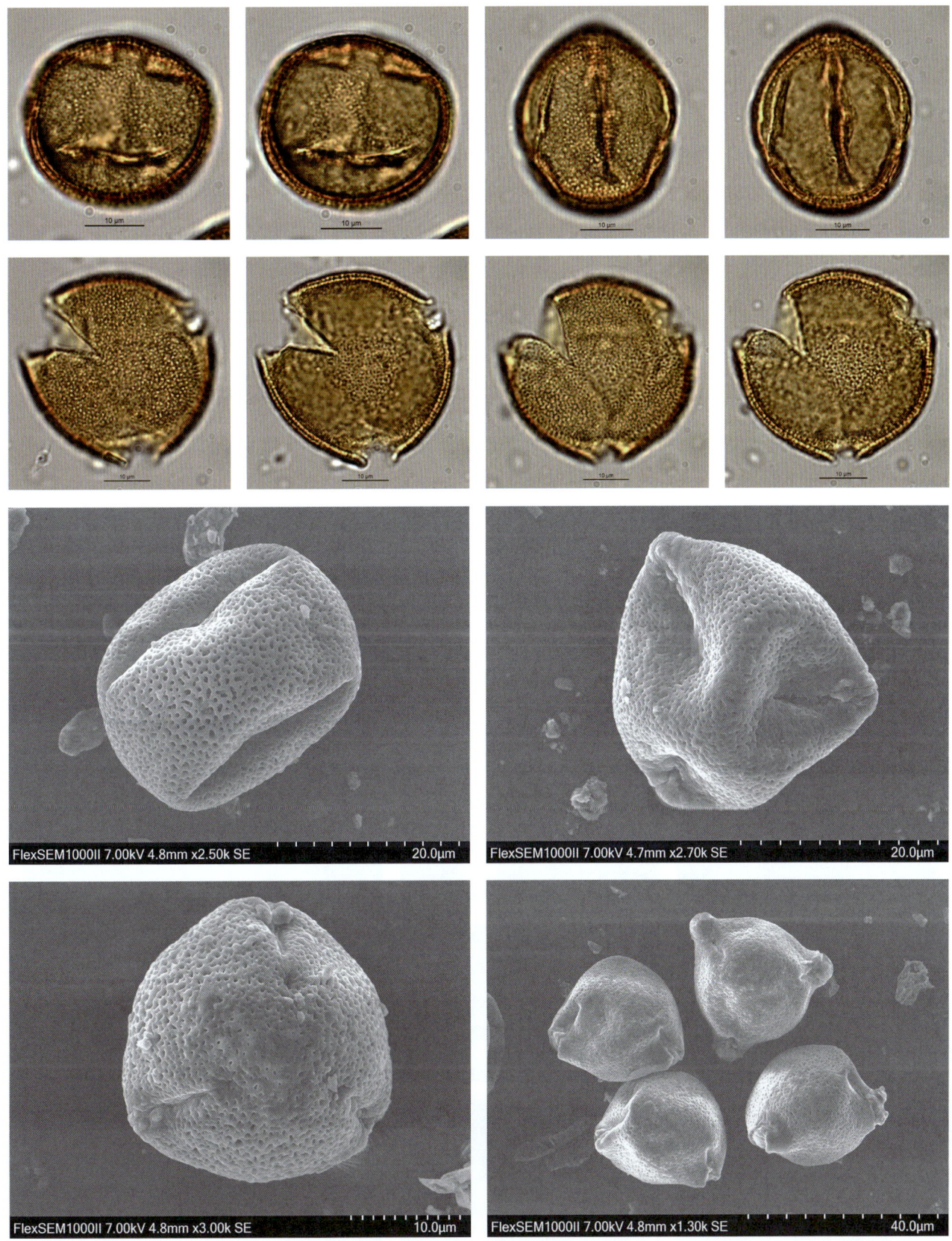

## *Panax notoginseng* (Burkill) F. H. Chen ex C. H. Chow 三七

花粉图式

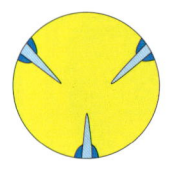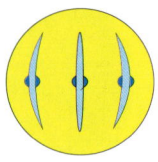

【形态特征】多年生草本，高可达 60 厘米；主根纺锤形；茎无毛；掌状复叶 3~6 轮生茎顶；叶柄长 5~12 厘米，无毛；小叶长椭圆形、倒卵形或倒卵状长椭圆形，长 3.5~13 厘米，先端渐尖，具重锯齿，齿尖具短尖头，两面沿脉疏被刺毛；伞形花序单生茎顶，具 80~100 花，花序梗长 7~25 厘米，无毛或疏被柔毛；花梗长 1~2 厘米，被柔毛；花淡黄绿色；萼具 5 小齿；花瓣 5，花丝与花瓣等长；子房 2 室，花柱 2，连合至中部，果时顶端反曲；果扁球状肾形，鲜红色；种子 2，白色，三角状卵形，稍具 3 棱。因其播种后三至七年挖采而且每株长三个叶柄，每个叶柄生七个叶片，故名"三七"。

【花果期】花期 6—8 月，果期 8—10 月。

【生境】野生于山坡丛林下，今多栽培于海拔 800~1000 米的山脚斜坡、土丘缓坡上或人工荫棚下。

【分布】云南、广西、四川、湖北、江西等地。

【别名】山漆、四七、野生三七、假人参。

【保护级别】国家二级重点保护野生植物；野外灭绝（EW）。

【花粉形态】花粉粒长球形至近球形，极面观为圆三角形，赤道面观椭圆形，大小为 22（20~26）× 28（24~33）μm；具 3 孔沟，沟细长，内孔横长，与沟相交呈十字形；外壁两层，外层厚于内层；表面具细网状雕纹。

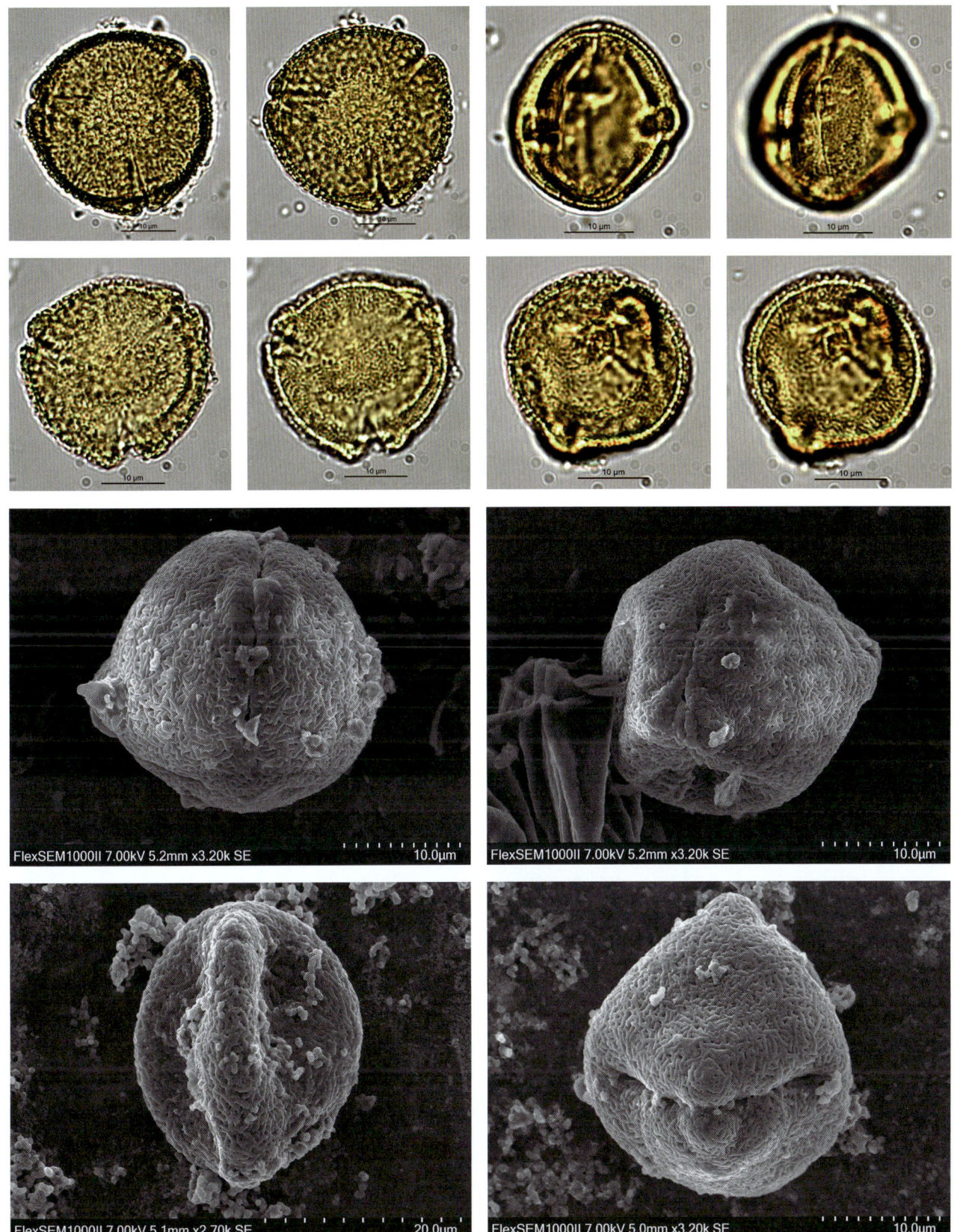

## Aristolochiaceae 马兜铃科
### *Aristolochia* 马兜铃属
*Aristolochia longgangensis* C. F. Liang 弄岗马兜铃

【形态特征】草质藤本植物；茎无毛；叶纸质或膜质，叶片卵状心形、心形或近圆形，基部心形，两侧裂片近圆形，上面绿色，下面浅绿色，网脉较稀疏，叶柄柔弱；总状花序，有花，花梗基部有小苞片；小苞片卵形，无柄；花被基部膨大呈球形，舌片三角状披针形，口部具圆形黑紫斑；花药卵形；子房圆柱形，裂片三角形，稍覆盖雄蕊；蒴果长圆形，成熟时褐色，果梗下垂；种子卵状心形，褐色。

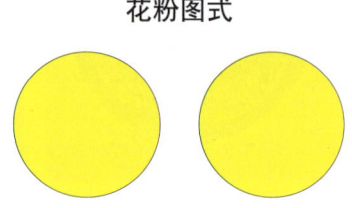

花粉图式

【花果期】花期 2 月，果期 9 月。

【生境】生长在海拔 100~200 米的石灰岩山上。

【分布】国内分布：广西（龙州）；国外分布：越南。

【别名】弄岗通城虎。

【保护级别】濒危（EN）。

【花粉形态】花粉粒圆球形，直径为 30~40μm；无明显的萌发孔，但外壁有个凹陷处；外壁厚 2~3μm，外层厚于内层；表面具颗粒–细网状雕纹。

第五章 被子植物的花粉形态

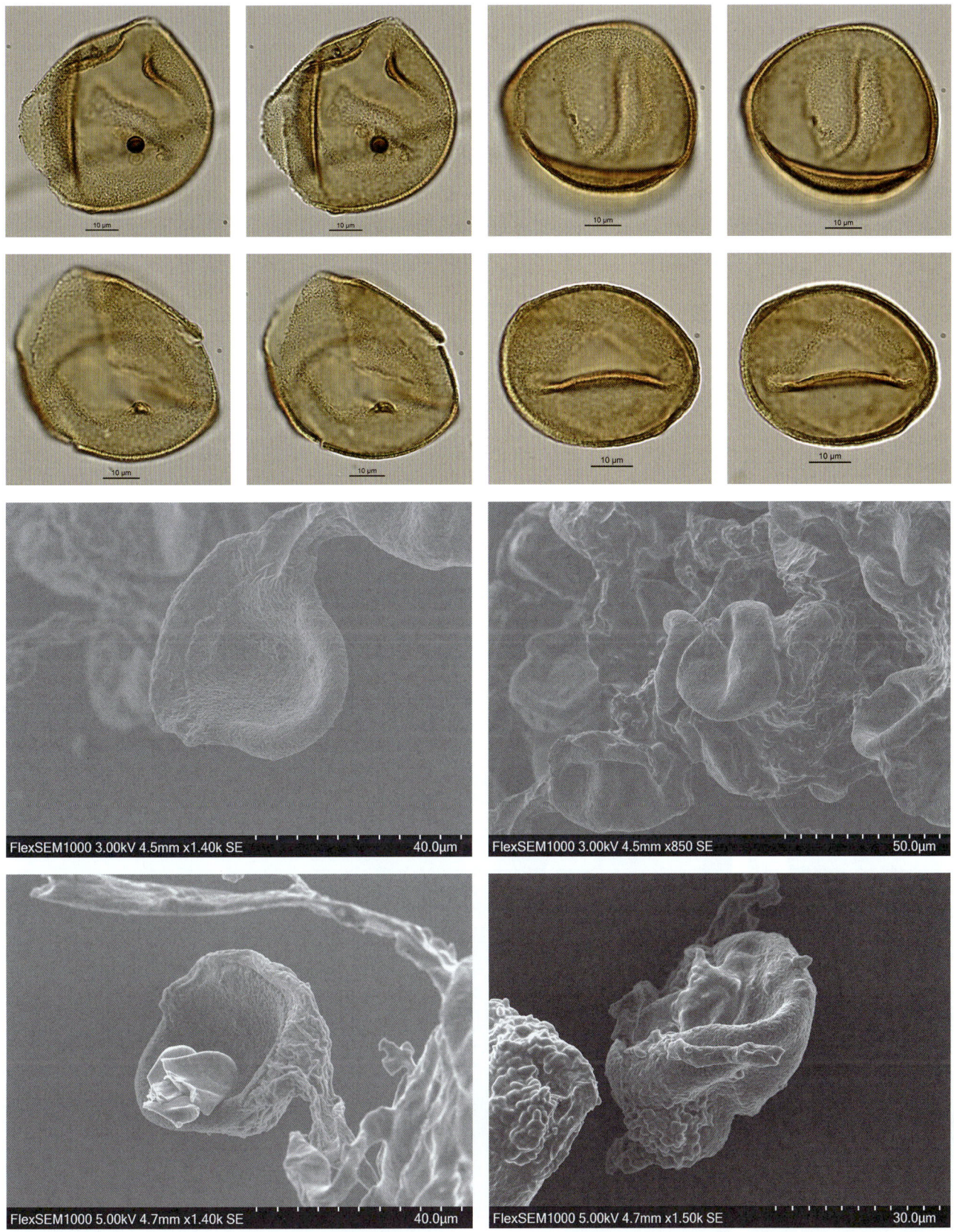

## Asarum 细辛属

***Asarum geophilum*** Hemsl. 地花细辛

【形态特征】多年生草本，全株散生柔毛；根状茎横走，直径 1~3 毫米；根细长；叶圆心形、卵状心形或宽卵形，长 5~10 厘米，先端钝或急尖，基部心形，后渐脱落；叶柄长 3~15 厘米，密被黄棕色柔毛；芽苞叶卵形或长卵形，长约 8 毫米，密生柔毛；花紫色；花梗长 5~15 毫米，常向下弯垂，有毛；花被与子房合生部分球状或卵状，花被管短，长约 5 毫米，具凸环，花被片直伸或平展，卵圆形，淡绿色，密被紫色点状簇生毛，边缘黄色，长约 8 毫米，直伸或平展；雄蕊花丝比花药稍短，药隔伸出，锥尖或舌状；子房下位，具 6 棱，被毛，花柱合生，短于雄蕊，顶端 6 裂，柱头顶生，向外下延成线形；果卵状，褐黄色，花被宿存。

【花果期】花果期 4—6 月。

【生境】生于海拔 250~700 米的密林下或山谷湿地中。

【分布】广东、广西和贵州南部。

【别名】无

【保护级别】无危（LC）。

【花粉形态】花粉粒圆球形，直径为 32~47μm；无明显的萌发孔，但外壁有凹陷处；外壁两层，外层厚于内层；表面具瘤状雕纹。

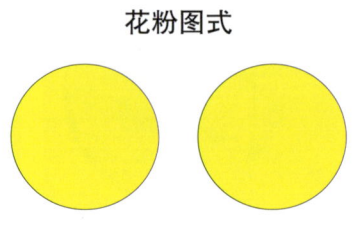

花粉图式

# 第五章 被子植物的花粉形态

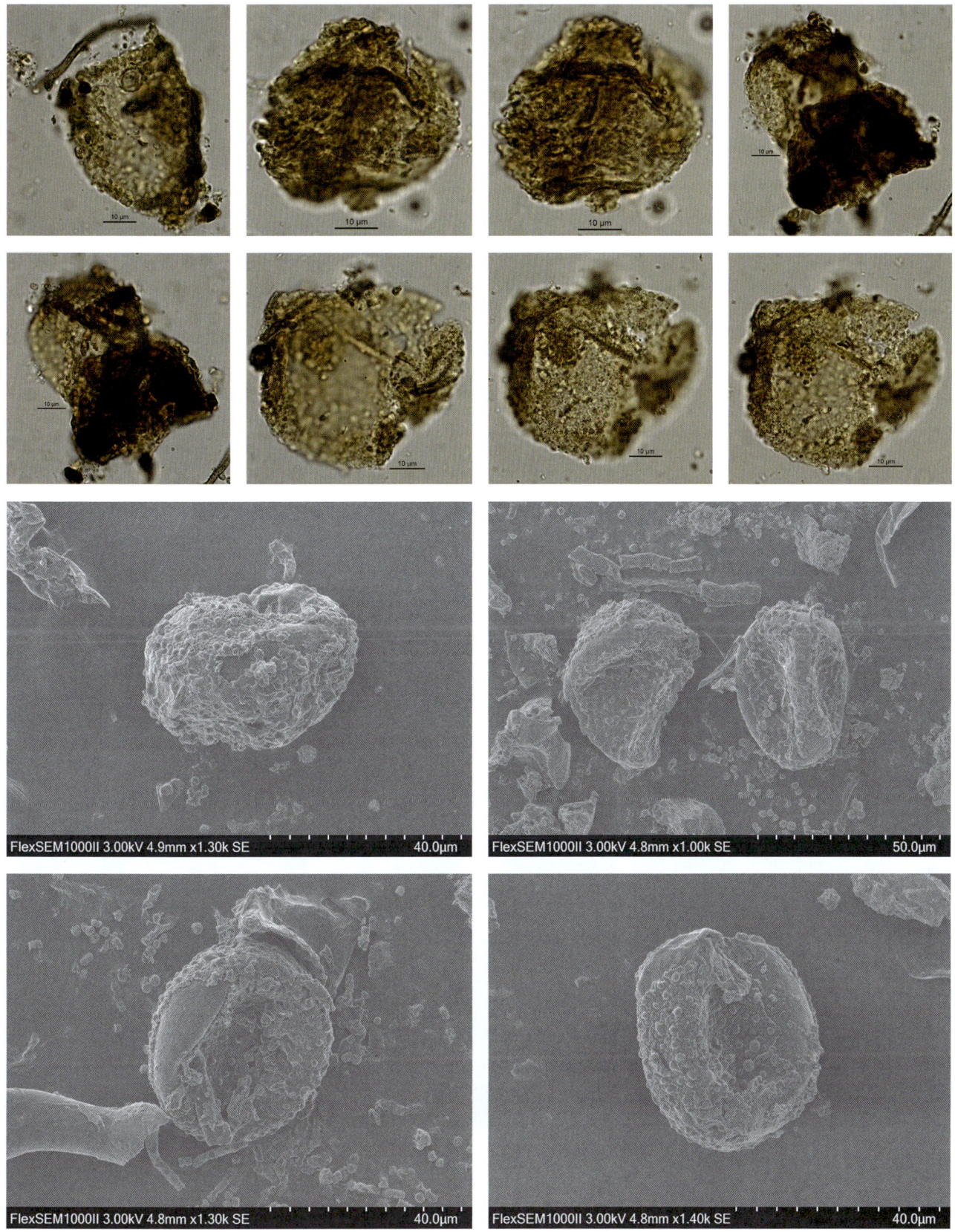

259

### *Asarum insigne* Diels 金耳环

【形态特征】多年生草本；根状茎粗短；根丛生，稍肉质，有浓烈的麻辣味；叶卵形，长 10~15 厘米，先端尖或渐尖，基部深耳状，上面中脉两侧有细油点，脉上及边缘被柔毛；叶柄长 10~20 厘米，被柔毛；芽苞叶卵形，边缘具睫毛；花紫色，径 3.5~5.5 厘米；花梗长 2~9.5 厘米；花被筒钟状，长 1.5~2.5 厘米，径约 1.5 厘米，上部具凸起圆环，内壁具纵皱，喉部窄三角形，无膜环；花被片宽卵形或肾状卵形，长 1.5~2.5 厘米，中部至基部具白色半圆形垫状斑块；药隔伸出；子房下位，具 6 棱，花柱 6，顶端 2 裂，柱头侧生。

花粉图式

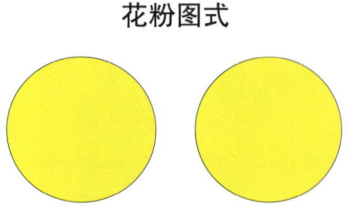

【花果期】花期 3—4 月，果期 5—6 月。

【生境】生于海拔 450~700 米的林下阴湿地或土石山坡上。

【分布】广东、广西和江西。

【别名】马蹄细辛、一块瓦、小犁头。

【保护级别】国家二级重点保护野生植物；易危（VU）。

【花粉形态】花粉粒圆球形，直径为 34~45μm；无明显的萌发孔，但外壁有凹陷处；外壁厚 2~3μm，外层厚于内层；表面具瘤状纹饰。

第五章 被子植物的花粉形态

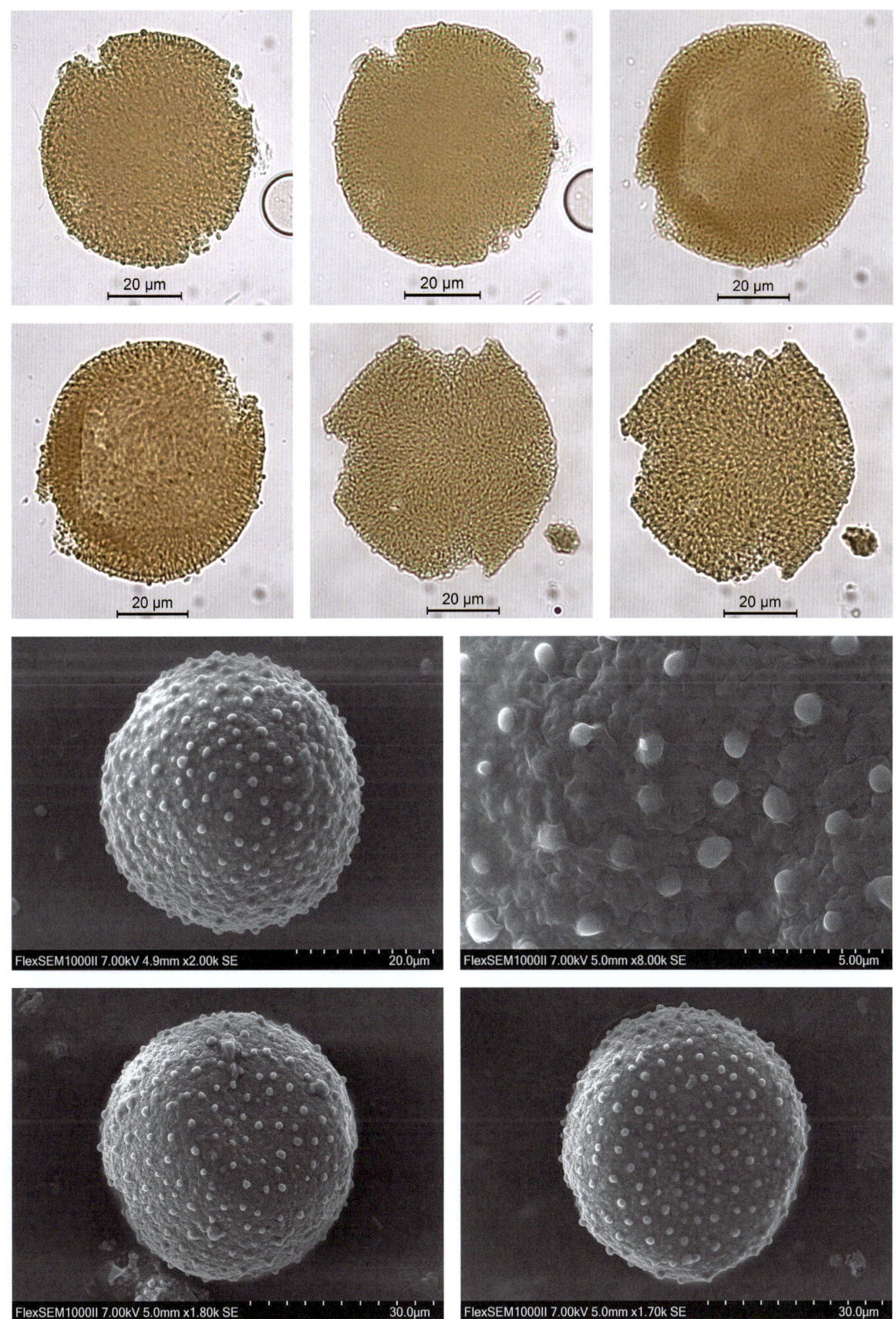

261

## *Isotrema* 关木通属

***Isotrema kwangsiense*** (Chun & F. C. How ex C. F. Liang) X. X. Zhu, S. Liao & J. S. Ma 广西关木通

【形态特征】木质大藤本；块根椭圆形或纺锤形；幼枝、叶下面及花序常密被褐黄或淡褐色长硬毛；老茎具厚木栓层；叶卵状心形或圆形，长 11~15 厘米，先端钝或短尖，基部宽心形，弯缺深 3~5 厘米；叶柄长 6~15 厘米；总状花序具 2~3 花；花梗长 2.5~3.5 厘米；小苞片钻形；花被筒中部膝状弯曲，下部长 2~3.5 厘米；檐部盘状，近圆三角形，径 3.5~4.5 厘米，上面蓝紫色，被暗红色棘状突起，3 浅裂，裂片常外反，喉部黄色，具领状环；花药长圆形，合蕊柱 3 裂；蒴果长圆柱形，长 8~10 厘米；种子长约 5 毫米，被疣点。

花粉图式

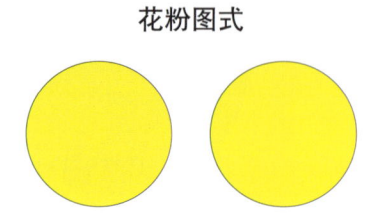

【花果期】花期 4—5 月，果期 8—9 月。

【生境】生于海拔 600~1600 米的山谷林中。

【分布】广西（龙州和陆川）、云南（广南和富宁）、重庆（南川）、贵州（赤水）、湖南（宜章）、浙江（丽水）、广东（从化）、福建（南靖）等地。

【别名】广西马兜铃。

【保护级别】濒危（EN）。

【花粉形态】花粉粒圆球形，直径为 22~27μm；无萌发孔；表面具脑纹状雕纹。

第五章 被子植物的花粉形态

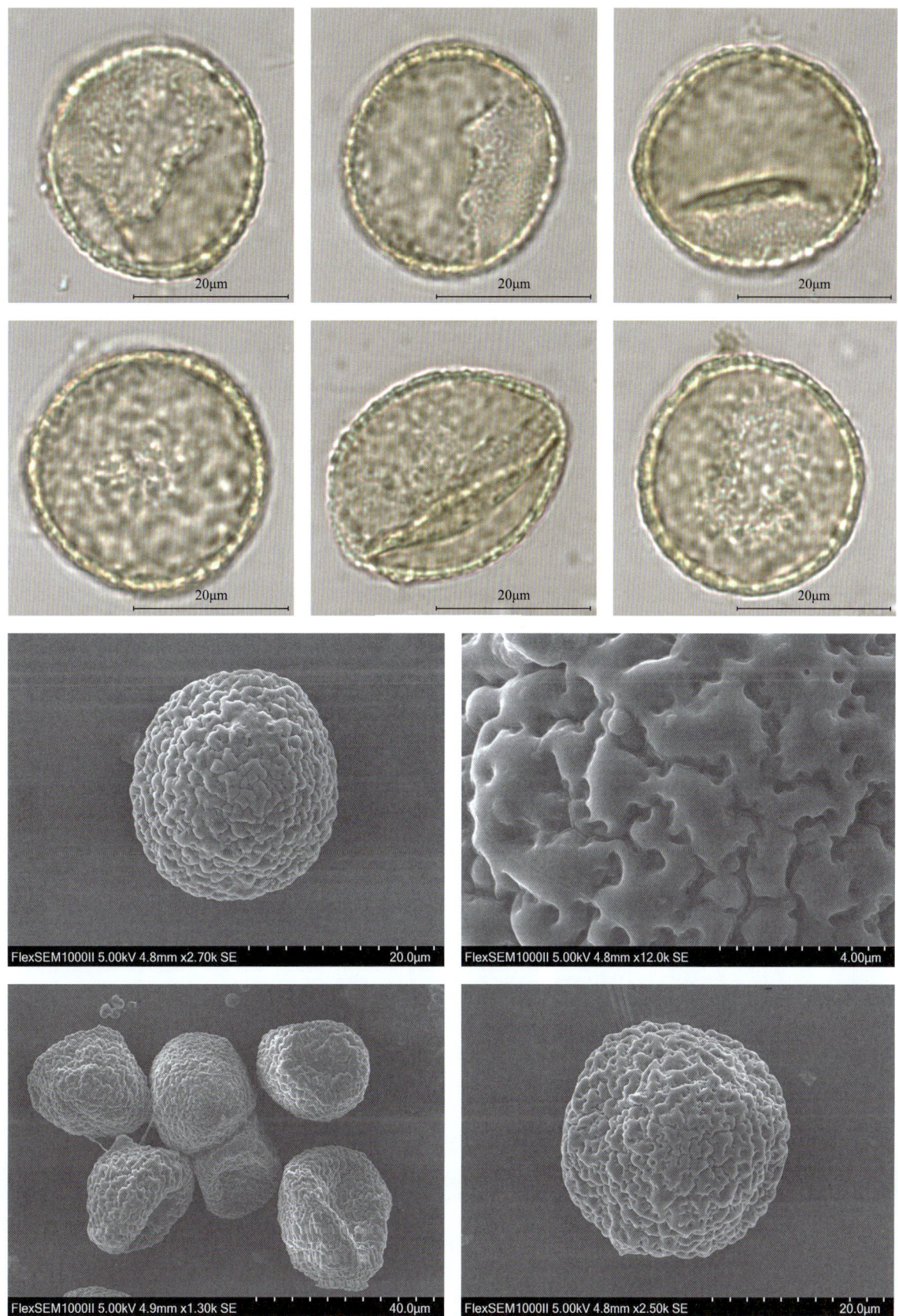

## Asparagaceae 天门冬科
## *Agave* 龙舌兰属

***Agave americana*** L. 龙舌兰

【形态特征】多年生植物；叶呈莲座式排列，通常 30~40 枚，有时 50~60 枚，大型、肉质，倒披针状线形，长 1~2 米，中部宽 15~20 厘米，基部宽 10~12 厘米，叶缘具有疏刺，顶端有 1 硬尖刺，刺暗褐色，长 1.5~2.5 厘米；圆锥花序大型，长 6~12 米，多分枝；花黄绿色，花被管长约 1.2 厘米，花被裂片长 2.5~3 厘米；雄蕊长约为花被的 2 倍；蒴果长圆形，长约 5 厘米；开花后花序上生成的珠芽极少。

【花果期】花期 5—6 月，果期 7—8 月。

【生境】喜光，喜温热气候，耐干旱瘠薄，不耐涝，喜疏松透水的土壤。

【分布】原产美洲热带；我国华南及西南各省区常引种栽培，在云南已逸生多年。

【别名】金边龙舌兰。

【保护级别】无危（LC）。

【花粉形态】花粉粒椭球形，极面观为卵圆形，赤道面观椭圆形，大小为 34（30~38）×55（51~58）μm；具单沟；外壁两层，外层较厚；表面具网状雕纹。

花粉图式

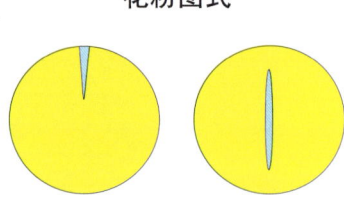

第五章 被子植物的花粉形态

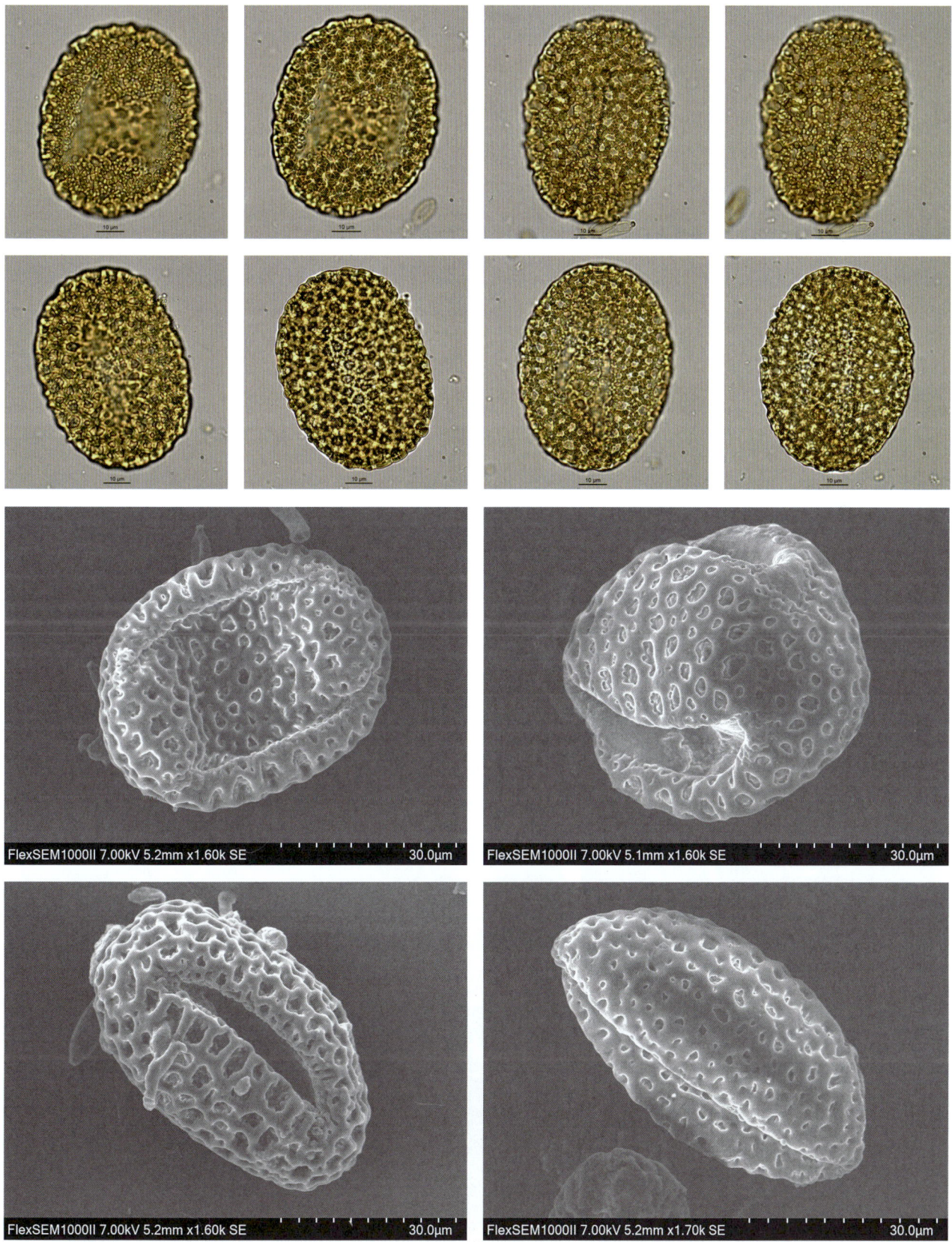

265

### *Anemarrhena* 知母属

*Anemarrhena asphodeloides* Bunge 知母

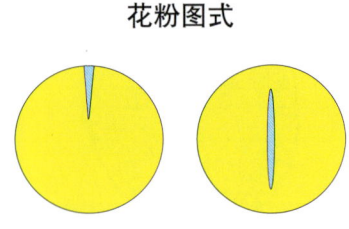

花粉图式

【形态特征】根较粗；根状茎横走，径 0.5~1.5 厘米，为残存叶鞘覆盖；叶基生，禾叶状，叶长 15~60 厘米；花葶生于叶丛中或侧生，直立；花 2~3 朵簇生，排成总状花序，花序长 20~50 厘米；苞片小，卵形或卵圆形，先端长渐尖；花粉红、淡紫或白色；花被片 6，基部稍合生，条形，长 0.5~1 厘米，中央具 3 脉，宿存；雄蕊 3，生于内花被片近中部，花丝短，扁平，花药近基着，内向纵裂；子房 3 室，每室 2 胚珠，花柱与子房近等长，柱头小；蒴果窄椭圆形，长 0.8~1.3 厘米，径 5~6 毫米，顶端有短喙，室背开裂，每室 1~2 种子；种子长 0.7~1 厘米，黑色，具 3~4 窄翅。

【花果期】花果期 6—9 月。

【生境】生于海拔 1450 米以下的山坡、草地或路旁较干燥或向阳的地方。

【分布】国内分布：河北、山西、山东、陕西、甘肃、内蒙古、辽宁、吉林和黑龙江；国外分布：朝鲜。

【别名】无

【保护级别】地方保护野生植物。

【花粉形态】花粉粒椭球形，极面观为卵圆形，赤道面观椭圆形，大小为 29（21~34）× 47（39~53）μm；具单沟（远极沟）；外壁两层清楚，外层较厚；表面具颗粒–网状雕纹，雕纹至沟边缘变细。

第五章 被子植物的花粉形态

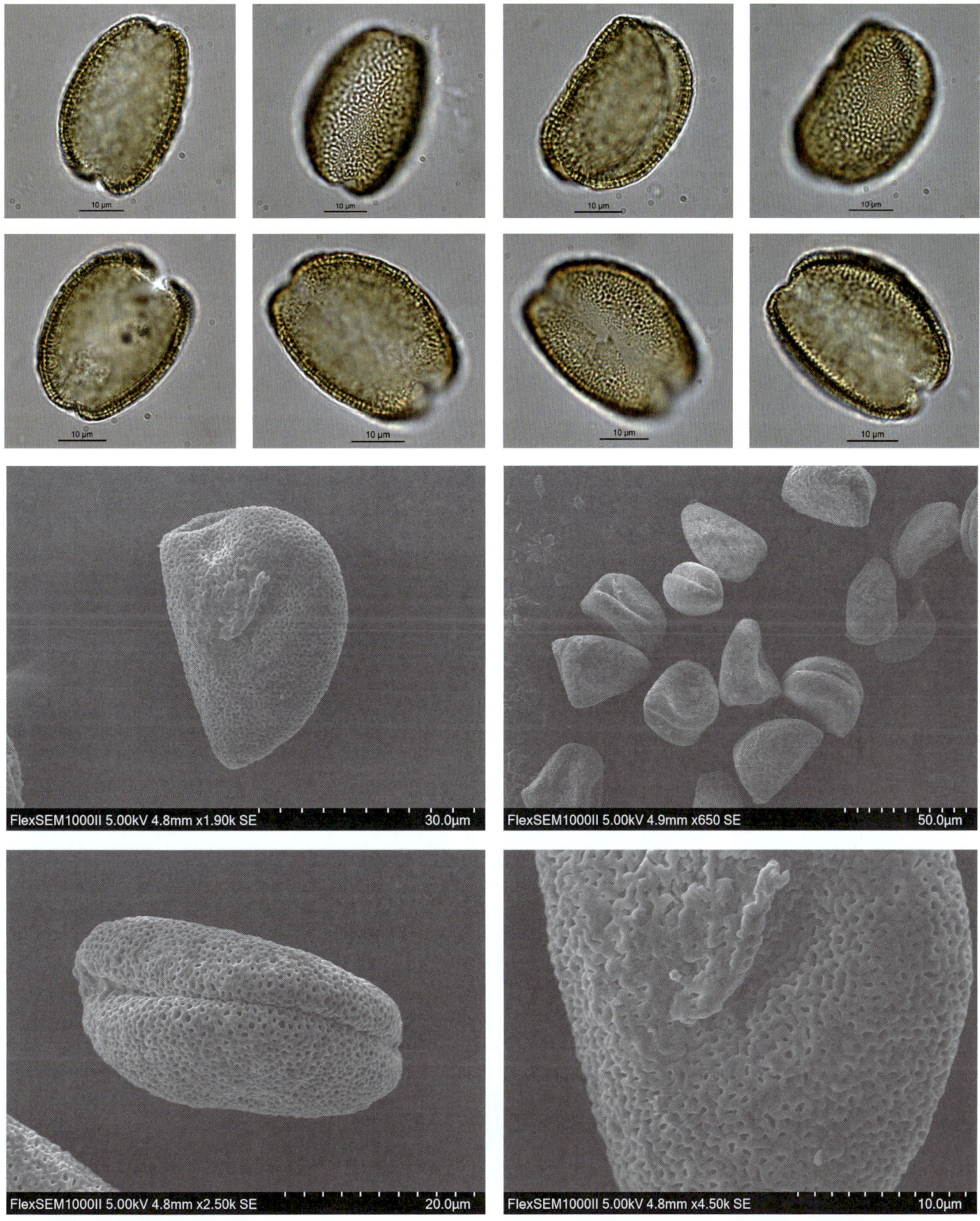

## *Asparagus* 天门冬属

### *Asparagus densiflorus* (Kunth) Jessop 非洲天门冬

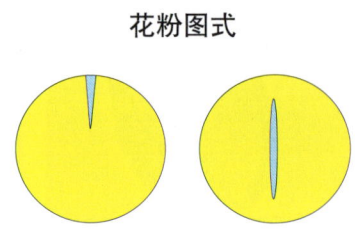

花粉图式

【形态特征】半灌木，多少攀援，高可达 1 米；茎和分枝有纵棱；叶状枝每 3~5 枚成簇，扁平，条形，先端具锐尖头；茎上的鳞片状叶基部具长 3~5 毫米的硬刺，分枝上的无刺；总状花序单生或成对，通常具十几朵花；苞片近条形；花白色，直径 3~4 毫米；花被片矩圆状卵形；雄蕊具很短的花药；浆果直径 8~10 毫米，熟时红色，具 1~2 颗种子。

【花果期】花期 6—8 月，果期 10—12 月。

【生境】喜温暖、光照充足的环境，极耐旱瘠，较耐阴，忌积水，生长期要求土壤湿润。

【分布】原产非洲南部，现已被全世界广泛栽培；我国各地公园都很常见，供观赏。

【别名】丝冬、野鸡食。

【保护级别】列入《濒危野生动植物种国际贸易公约》（CITES）2019 年版附录 I。

【花粉形态】花粉粒椭球形，两端稍尖，大小为 16（14~20）× 37（34~40）μm；具单沟；外壁层次不明显；表面具细网状雕纹，网眼圆形，网至沟边缘变细。

第五章 被子植物的花粉形态

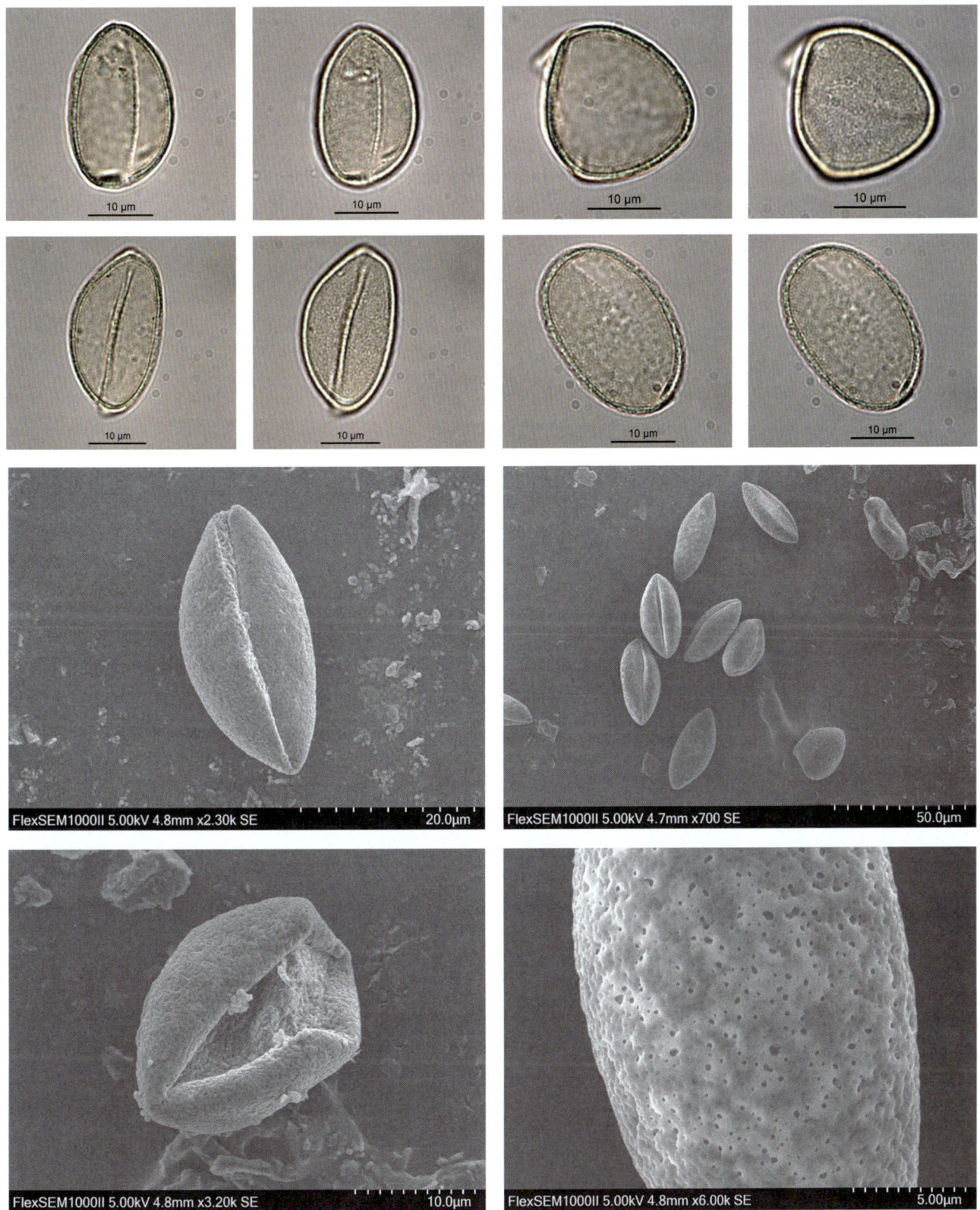

269

## *Aspidistra* 蜘蛛抱蛋属

***Aspidistra obliquipeltata*** D. Fang & L. Y. Yu 歪盾蜘蛛抱蛋

【形态特征】根状茎匍匐，近圆柱状，具节和鳞片；叶单生，叶片狭卵形至椭圆形，先端短渐尖至渐尖，基部稍钝，下延，全缘，两侧不对称，具不规则的黄白色斑；叶柄长 22.5~38 厘米；总花梗长 4.5~5 厘米，外倾，具 5~6 枚苞片；花单生；花被黄色，长 3~3.5 厘米；筒部宽钟状；裂片狭三角状线形；雄蕊 6~10，与柱头近等高，花药卵形，长 2.5 毫米，近无柄；雌蕊长 4 毫米；子房稍膨大，花柱长 3.5 毫米，柱头盾状膨大，近宽椭圆形；总果梗长 11 厘米，平卧；浆果具疣状突起。

【花果期】花果期 10—11 月。

【生境】海拔 250~1000 米石灰岩上的常绿阔叶林和针叶林。

【分布】广西宁明。

【别名】无

【保护级别】无危（LC）。

【花粉形态】花粉粒近球形，直径为 25~34μm；无萌发孔；表面具颗粒状雕纹。

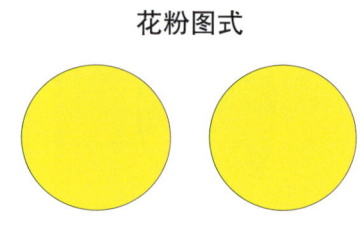

花粉图式

# 第五章 被子植物的花粉形态

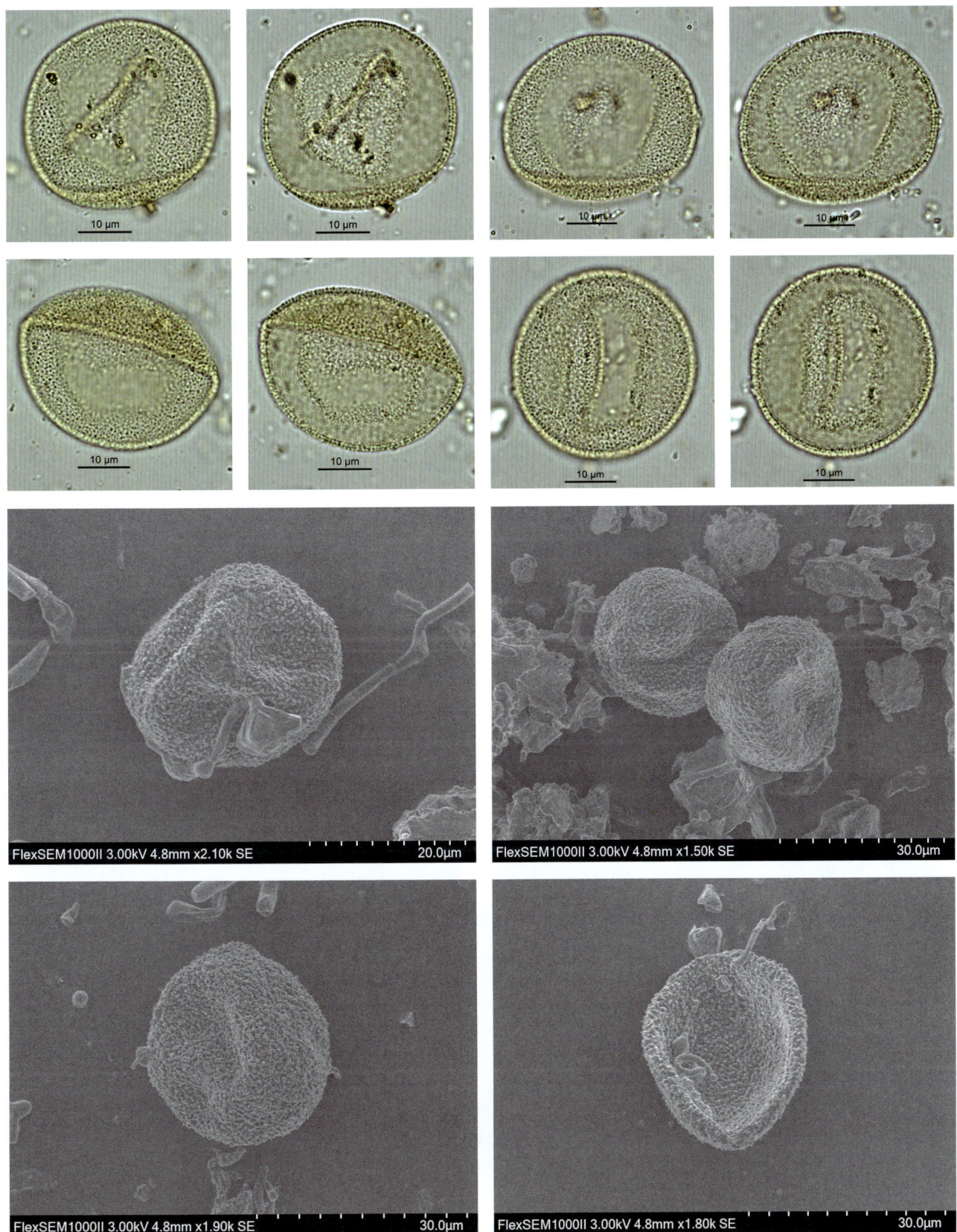

271

## Chlorophytum 吊兰属

### *Chlorophytum malayense* Ridley 大叶吊兰

**【形态特征】** 根状茎粗而长，近直生，直径 1~2 厘米，节上散生有具绵毛的根；叶狭矩圆状披针形或披针形，宽 2~5 厘米，基部渐狭成长柄，连柄长 50~70 厘米，干后常变黑色；花葶稍长于叶或近等长；花白色，通常每 2 朵着生，排成圆锥花序；圆锥花序有时具较多的分枝；花梗长 3~5 毫米，关节位于近中部；花被片长 8~10 毫米；雄蕊短于花被片；花药长 3~4 毫米，比花丝稍长；蒴果三棱状球形，长 6~7 毫米，宽 7~9 毫米，每室具 4 颗种子。

**【花果期】** 花果期 4—5 月。

**【生境】** 生于海拔 1100~1450 米的林下或灌丛、峡谷中。

**【分布】** 国内分布：云南南部（西双版纳和澜沧）；国外分布：老挝、越南、泰国和马来西亚。

**【别名】** 无

**【保护级别】** 无危（LC）。

**【花粉形态】** 花粉粒椭球形，极面观为卵圆形，赤道面观椭圆形，大小为 17（15~20）× 44（37~49）μm；具单沟；外壁两层，内外层厚度约相等；表面具细网状雕纹。

花粉图式

# 第五章 被子植物的花粉形态

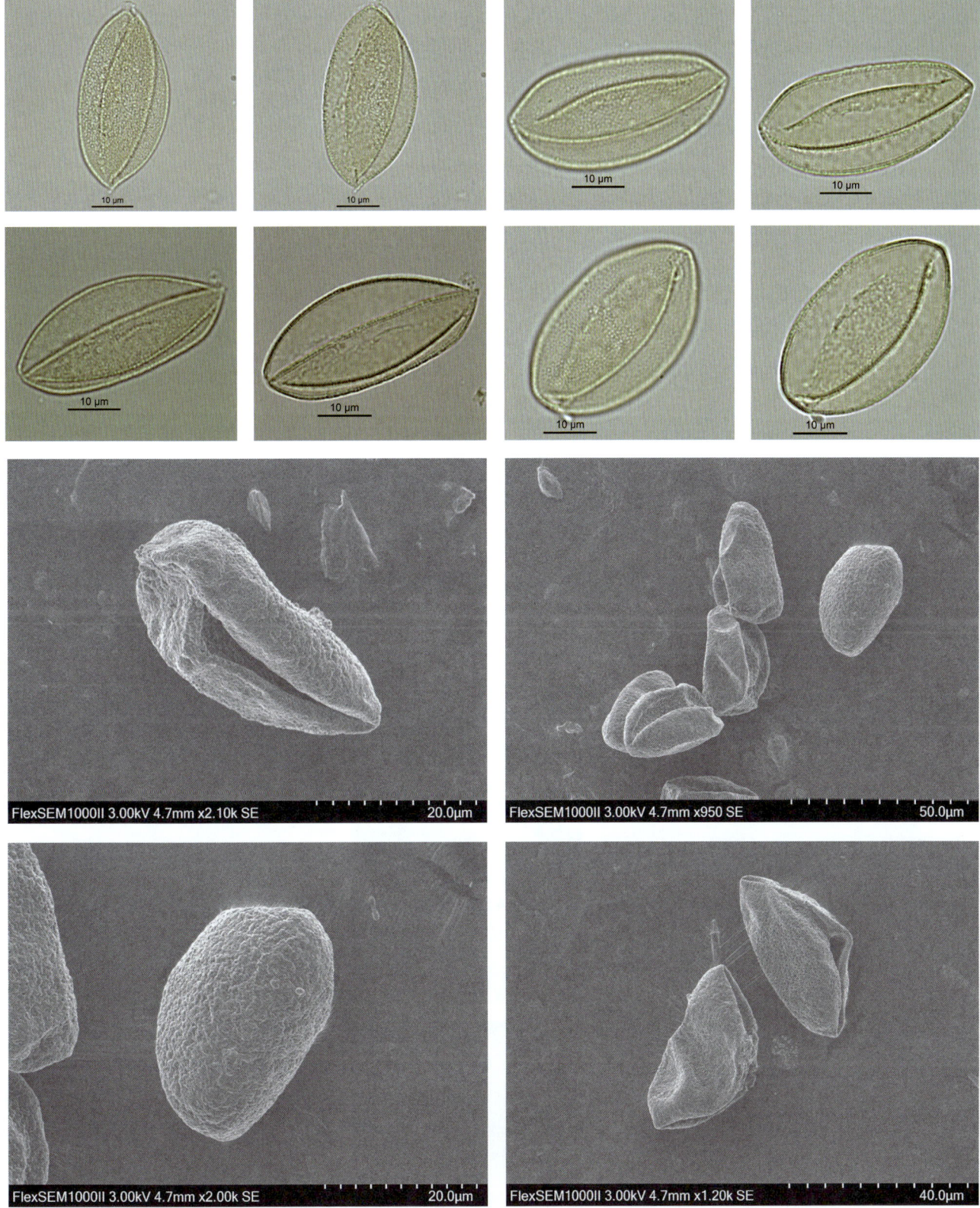

273

## *Disporopsis* 竹根七属
### *Disporopsis fuscopicta* Hance 竹根七

【形态特征】根状茎连珠状，粗 1~1.5 厘米；茎高 25~50 厘米；叶纸质，卵形、椭圆形或矩圆状披针形，先端渐尖，基部钝楔形、宽楔形或稍心形，具柄，两面无毛；花 1~2 朵生于叶腋，白色，内带紫色，稍俯垂；花梗长 7~14 毫米；花被钟形，长 15~22 毫米；花被筒长约为花被的 2/5，口部不缢缩，裂片近矩圆形；副花冠裂片膜质，与花被裂片互生，卵状披针形，长约 5 毫米，先端通常 2~3 齿或 2 浅裂；花药长约 2 毫米，背部以极短花丝着生于副花冠两个裂片之间的凹缺处；雌蕊长 8~9 毫米；花柱与子房近等长；浆果近球形，直径 7~14 毫米，具 2~8 颗种子。

【花果期】花期 4—5 月，果期 11 月。

【生境】生于海拔 500~2400 米的林下或山谷中。

【分布】广东、广西、福建、江西、湖南、四川、贵州和云南。

【别名】散花竹根七。

【保护级别】无危（LC）。

【花粉形态】花粉粒长球形，左右对称，侧面观为椭圆形，大小为 25（22~30）× 50（45~57）μm；具远极单沟；外壁薄，两层；表面具清晰的网状雕纹，网脊为两排颗粒，网眼中也有颗粒，网眼大小不一致，网在近极面较粗，至沟边缘及花粉两端变细。

花粉图式

第五章 被子植物的花粉形态

275

## *Dracaena* 龙血树属

***Dracaena cambodiana*** Pierre ex Gagnep. 柬埔寨龙血树

【形态特征】乔木状，高 3~4 米；茎不分枝或分枝；树皮带灰褐色；幼枝有密环状叶痕；叶聚生于茎、枝顶端，几乎互相套叠，剑形，薄革质，长可达 70 厘米，宽 1.5~3 厘米，向基部略变窄而后扩大，抱茎，无柄；圆锥花序长 30 厘米以上；花序轴无毛或近无毛；花每 3~7 朵簇生，绿白色或淡黄色；花梗长 5~7 毫米，关节位于上部 1/3 处；花被片长 6~7 毫米，下部 1/4~1/5 合生成短筒；花丝扁平，宽约 0.5 毫米，无红棕色疣点；花药长约 1.2 毫米；花柱稍短于子房；浆果直径约 1 厘米。

【花果期】花期 3 月，果期 7—8 月。

【生境】生于林中或干燥沙壤土上。

【分布】国内分布：海南岛（崖县和乐东）；国外分布：越南和柬埔寨。

【别名】云南龙血树、山海带、小花龙血树、海南龙血树。

【保护级别】国家二级重点保护野生植物；易危（VU）。

【花粉形态】花粉粒长球形，直径为 26~40μm；具单沟，沟较宽，长达两极；表面具较为模糊的细网状雕纹。

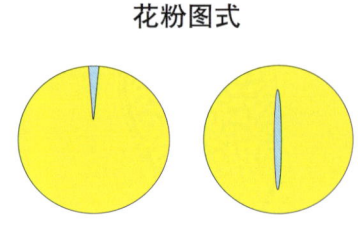

花粉图式

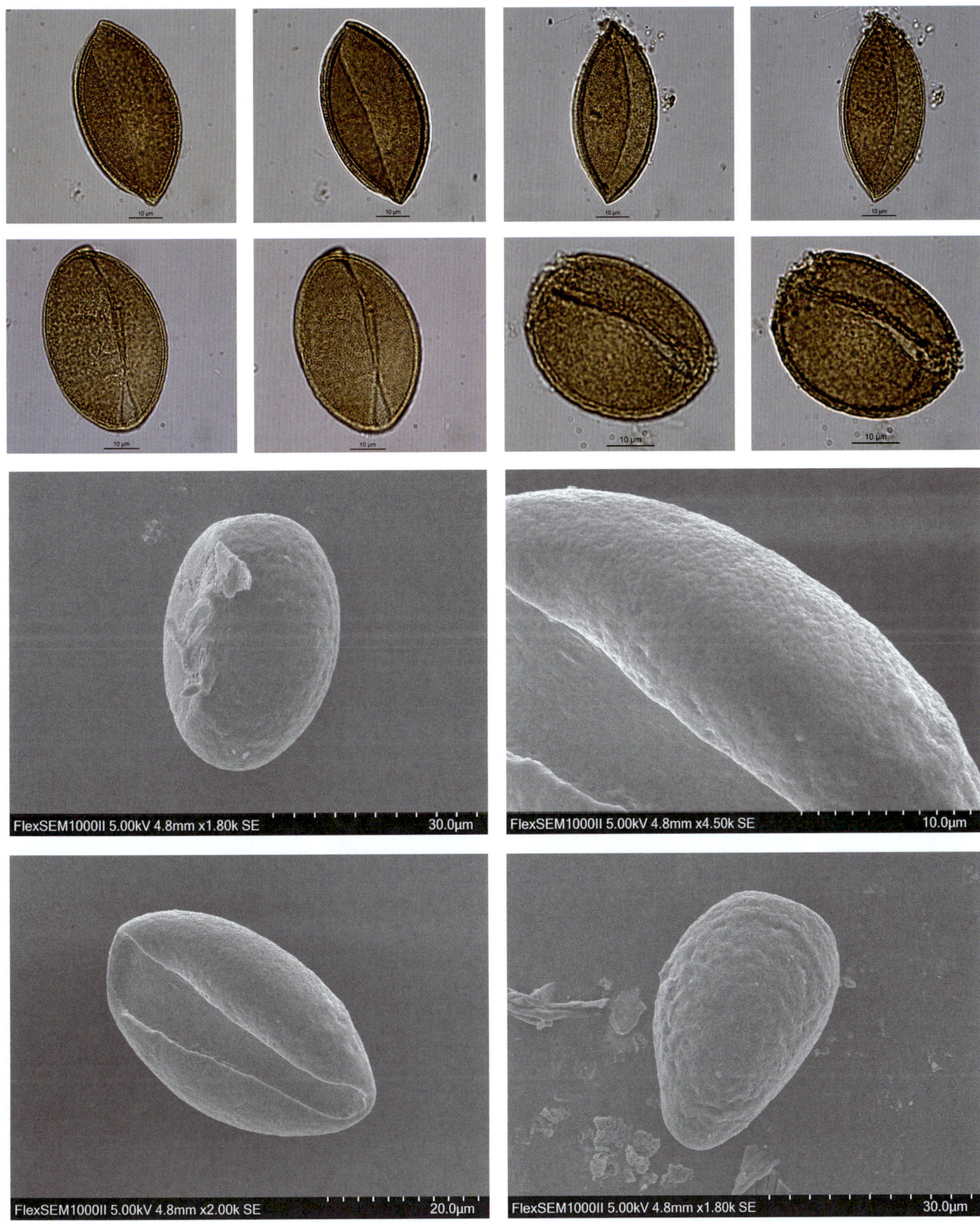

### *Hosta* 玉簪属

*Hosta ensata* F. Maek. 东北玉簪

【形态特征】多年生草本植物；根状茎粗约1厘米，有长的走茎；叶基生，矩圆状披针形、狭椭圆形至卵状椭圆形，叶片长10~15厘米，先端尖或渐尖，基部楔形，具4~8对弧形脉；叶柄长5~26厘米，由叶片下延而至上部具狭翅，翅每侧宽2~5毫米；花葶高33~55厘米，具几朵至二十几朵花；苞片近宽披针形，长5~7毫米，膜质；花单生，长4~4.5厘米，盛开时从花被管向上逐渐扩大，紫色；花梗长5~10毫米；雄蕊稍伸出花被之外，完全离生；子房圆柱形，3室，每室有多数胚珠，花柱细长，明显伸出花被外；蒴果长圆形，室背开裂；种子多数，黑色。

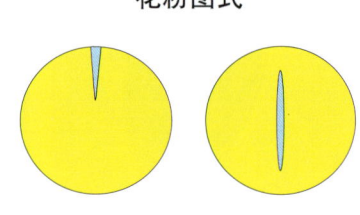

花粉图式

【花果期】花期8—9月，果期9—10月。

【生境】生于海拔约420米的河边湿地、阴湿山地、林下及林缘等处，常成片聚生。

【分布】国内分布：吉林东部及辽宁；国外分布：朝鲜和俄罗斯。

【别名】无

【保护级别】无危（LC）；地方保护野生植物。

【花粉形态】花粉粒椭球形，极面观椭圆形，大小为45（37~53）×102（99~110）μm；具单沟，沟长，沟宽约7.5μm；外壁两层，厚约5.5μm，外层厚度约为内层的4倍，柱状层基柱明显；表面具瘤状雕纹。

第五章 被子植物的花粉形态

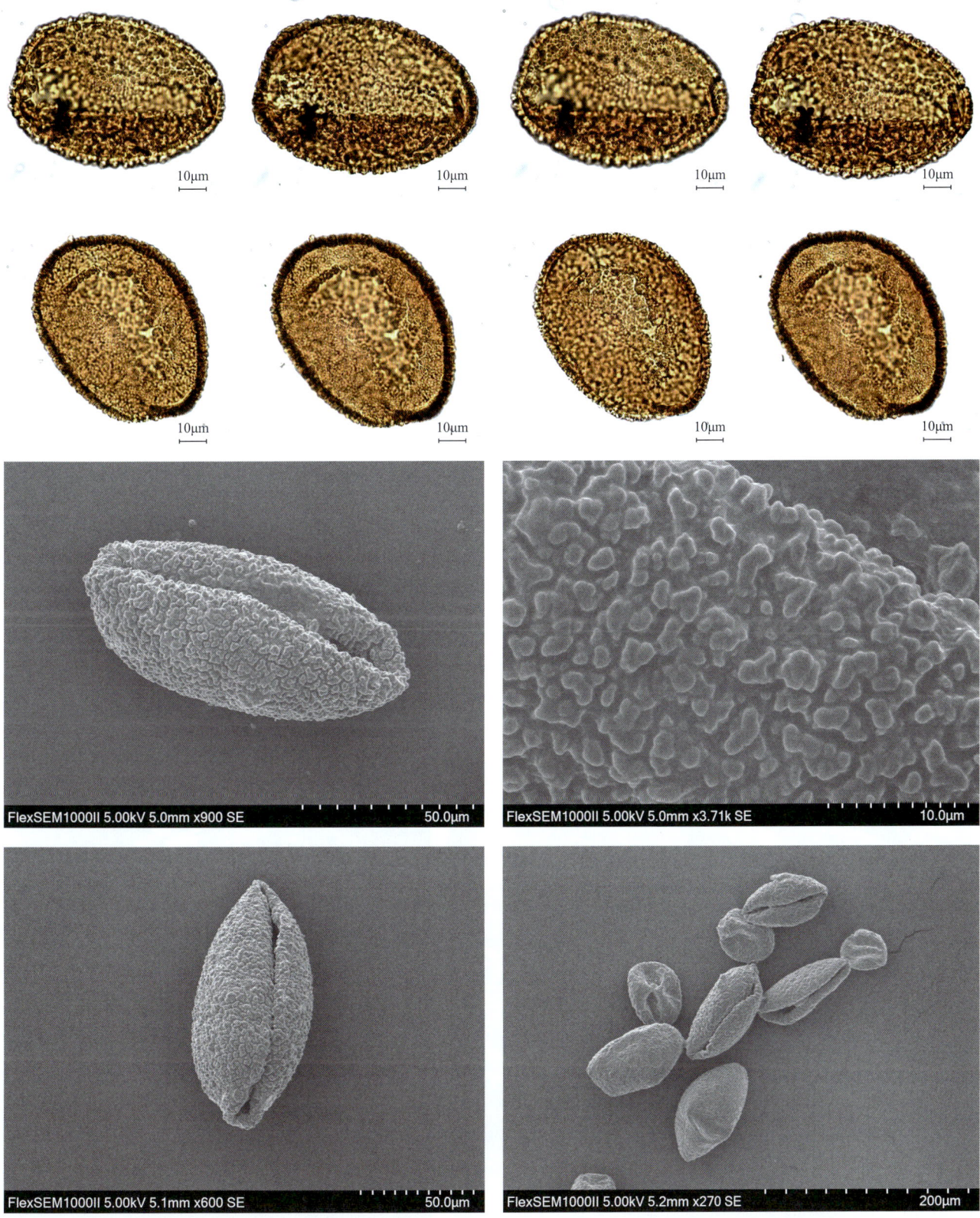

## *Ophiopogon* 沿阶草属

*Ophiopogon marmoratus* Pierre ex Rodrig. 丽叶沿阶草

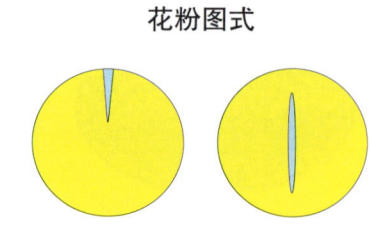

花粉图式

**【形态特征】**根细而软；茎短；叶基生成丛，狭矩圆形，长 13~18 厘米，宽 18~25 毫米，先端急尖或短渐尖，基部渐狭，上面绿色，下面淡绿色，具多数脉，其中 7 条脉较明显；叶柄长 8~12 厘米；花葶长于或稍短于叶，长 15~30 厘米；总状花序长约 13 毫米或稍短，具 10~20 朵花，花常单生或 2~3 朵簇生于苞片腋内；苞片卵形或宽卵形，先端具长尖，最下面的长约 1 厘米，膜质；花梗长约 8 毫米，关节位于中部以下；花被片狭矩圆形，长约 8 毫米，白色；花丝很短；花药狭披针形，长约 4 毫米；花柱细长，长约 8 毫米。

**【花果期】**花果期 7—10 月。

**【生境】**生于山谷密林下。

**【分布】**国内分布：广西西南部（龙津一带）；国外分布：越南。

**【别名】**无

**【保护级别】**无危（LC）。

**【花粉形态】**花粉粒椭球形，极面观为卵圆形，大小为 20（17~23）× 45（37~49）μm；具单沟；外壁薄，外层厚于内层；表面具细网状雕纹，雕纹至沟边变细。

# 第五章 被子植物的花粉形态

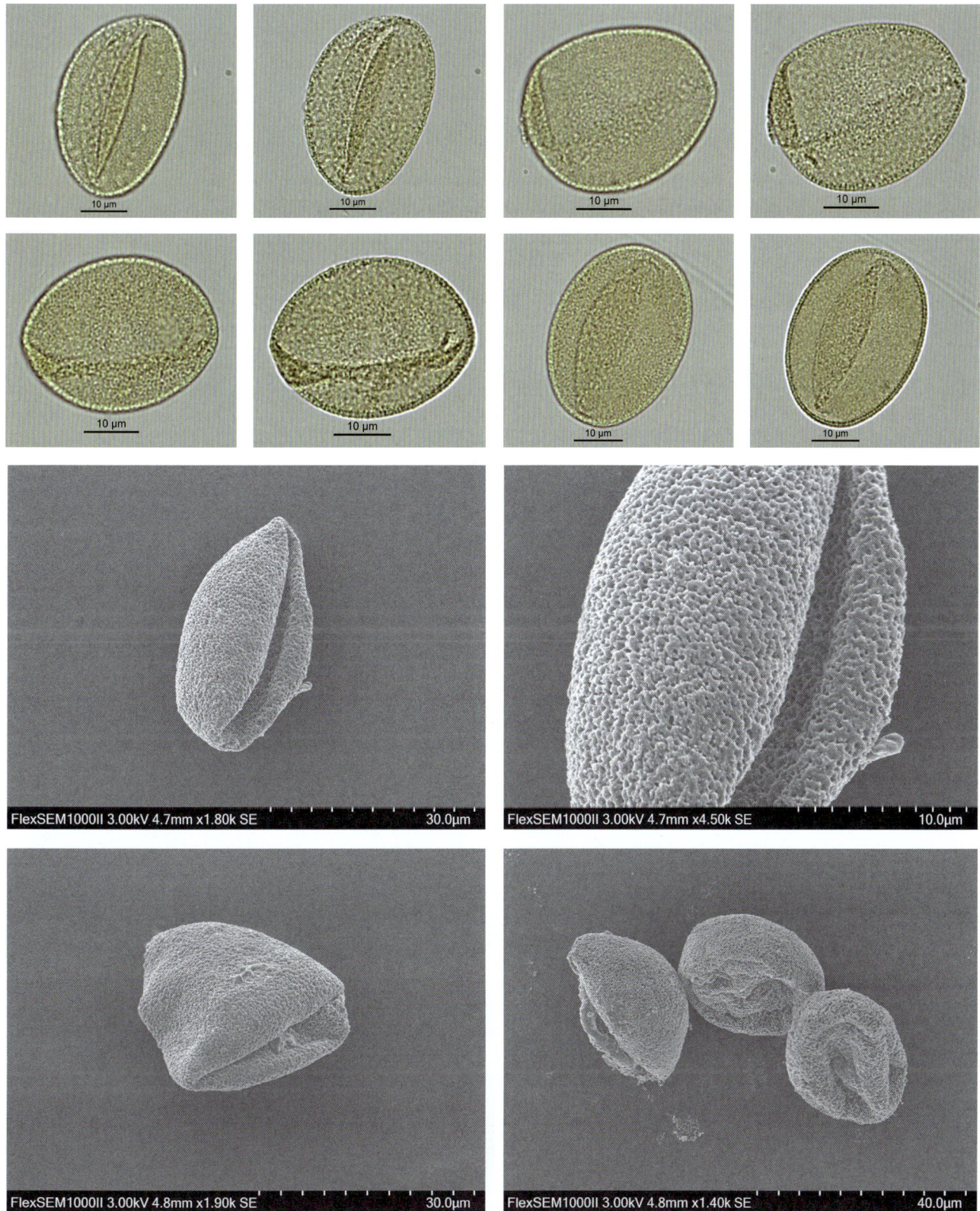

281

## *Polygonatum* 黄精属

### *Polygonatum odoratum* (Mill.) Druce 玉竹

【形态特征】多年生草本；根状茎圆柱形，直径 5~14 毫米；茎高 20~50 厘米，具 7~12 叶；叶互生，椭圆形至卵状矩圆形，长 5~12 厘米，宽 3~16 厘米，先端尖，下面带灰白色，下面脉上平滑至呈乳头状粗糙；花序具 1~4 花（在栽培情况下，可多至 8 朵），总花梗长 1~1.5 厘米，无苞片或有条状披针形苞片；花被黄绿色至白色，全长 13~20 毫米；花被筒较直，裂片长 3~4 毫米；花丝丝状，近平滑至具乳头状突起，花药长约 4 毫米；子房长 3~4 毫米，花柱长 10~14 毫米；浆果蓝黑色，直径 7~10 毫米，具 7~9 颗种子。

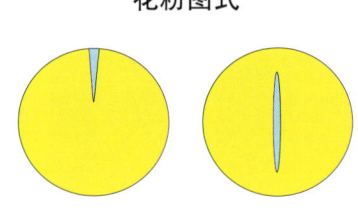

花粉图式

【花果期】花期 5—6 月，果期 7—9 月。

【生境】生于海拔 500~3000 米的林下或山野阴坡。

【分布】国内分布：黑龙江、吉林、辽宁、河北、山西、内蒙古、甘肃、青海、山东、河南、湖北、湖南、安徽、江西、江苏和台湾；国外分布：欧亚大陆温带地区。

【别名】铃铛菜、尾参、地管子。

【保护级别】地方保护野生植物。

【花粉形态】花粉粒长球形，极面观为长椭圆形，大小为 38（23.5~47.5）×73.5（63~81.5）μm；具远极单沟，沟长；外壁很薄，两层，内外层厚度相等；表面具细网状雕纹。

第五章 被子植物的花粉形态

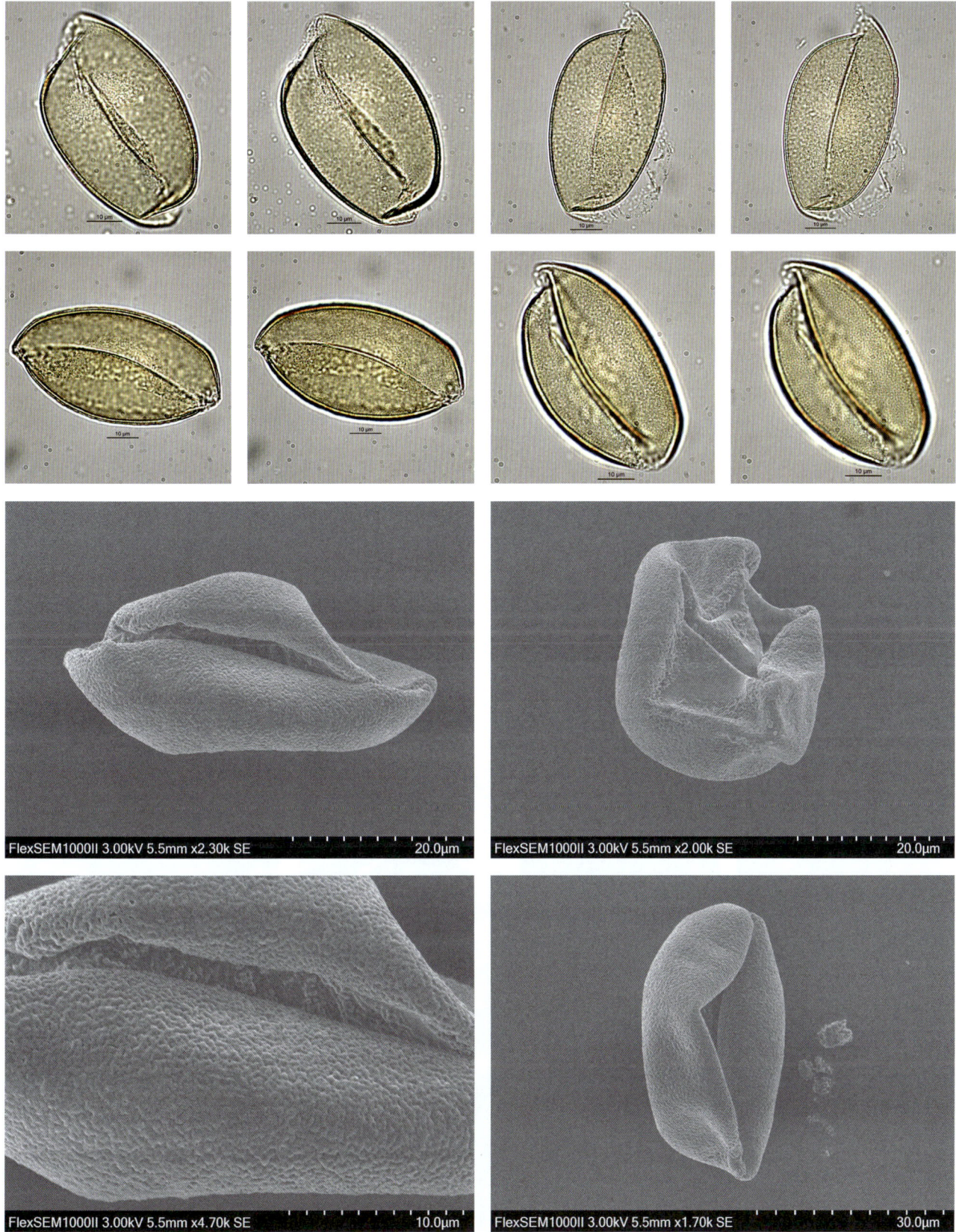

283

## Asphodelaceae 阿福花科
### *Dianella* 山菅兰属
*Dianella ensifolia* (L.) DC. 山菅兰

【形态特征】植株高 1~2 米；根状茎圆柱状，横走，粗 5~8 毫米；叶狭条状披针形，长 30~80 厘米，宽 1~2.5 厘米，基部稍收狭成鞘状，套叠或抱茎，边缘和背面中脉具锯齿；顶端圆锥花序长 10~40 厘米，分枝疏散；花常多朵生于侧枝上端；花梗长 7~20 毫米，常稍弯曲；苞片小；花被片条状披针形，长 6~7 毫米，绿白色、淡黄色至青紫色，5 脉；花药条形，比花丝略长或近等长，花丝上部膨大；浆果近球形，深蓝色，直径约 6 毫米，具 5~6 颗种子。

花粉图式

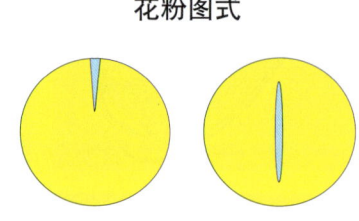

【花果期】花果期 3—8 月。

【生境】生于海拔 1700 米以下的林下或山坡、草丛中。

【分布】国内分布：云南、四川、贵州、广西、广东、江西、浙江、福建和台湾；国外分布：亚洲热带地区至非洲的马达加斯加岛。

【别名】桔梗兰、山菅。

【保护级别】无危（LC）。

【花粉形态】花粉粒椭球形，极面观为长椭圆形，大小为 14（12~23）× 36（32~42）μm；具远极单沟；外壁两层；表面具模糊的细网状雕纹。

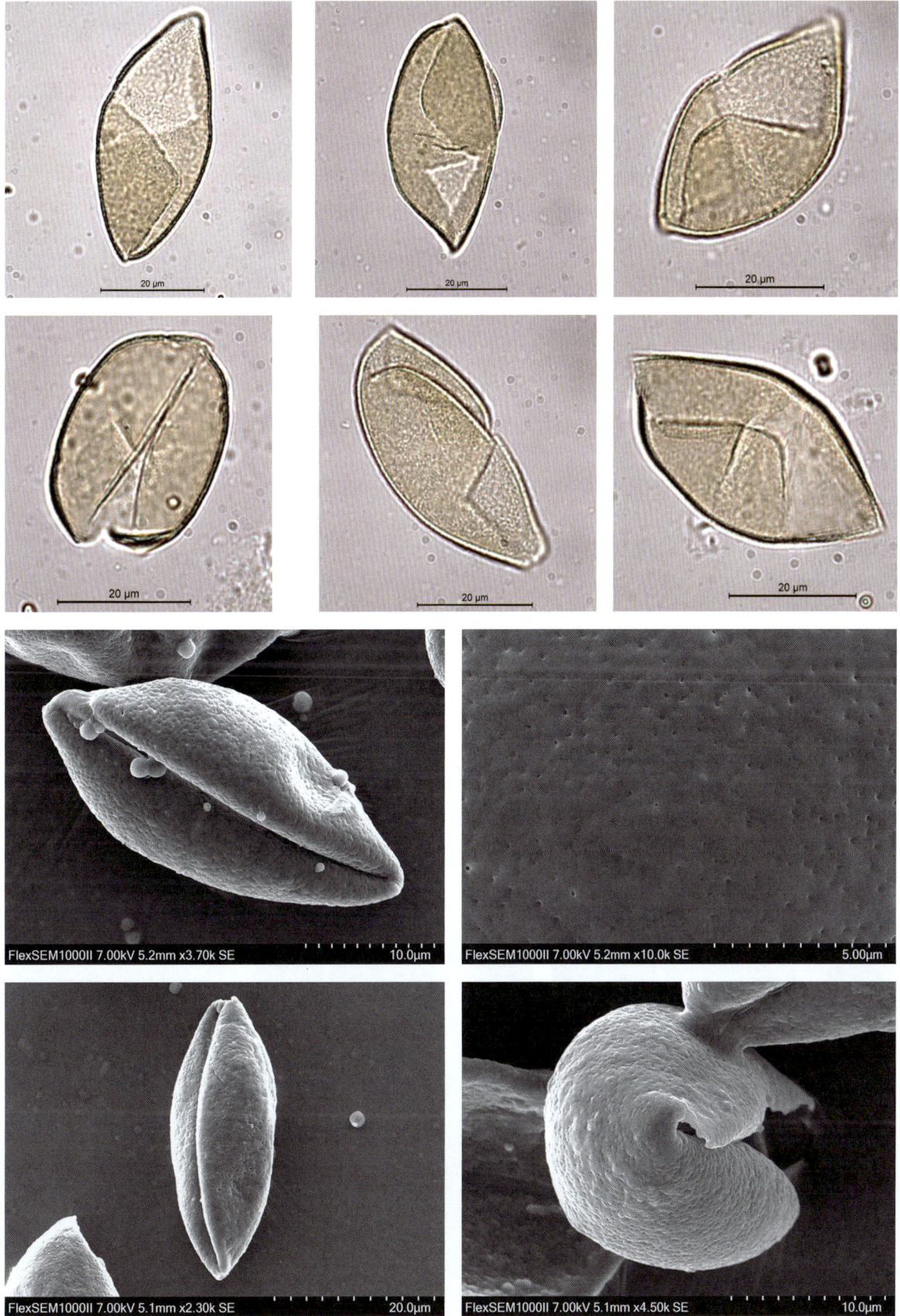

## *Hemerocallis* 萱草属

### *Hemerocallis minor* Mill. 小黄花菜

【形态特征】多年生草本；根一般较细，绳索状，粗 1.5~4 毫米，不膨大；叶长 20~60 厘米，宽 3~14 毫米；花葶稍短于叶或近等长，顶端具 1~2 花，少有具 3 花；花梗很短；苞片近披针形，长 8~25 毫米，宽 3~5 毫米；花被淡黄色；花被管通常长 1~2.5 厘米，极少能近 3 厘米；花被裂片长 4.5~6 厘米，内三片宽 1.5~2.3 厘米；蒴果椭圆形或矩圆形，长 2~2.5 厘米，宽 1.2~2 厘米。

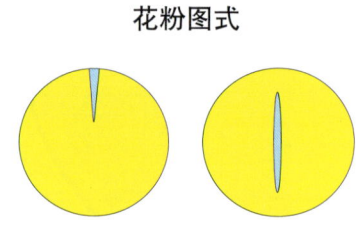

花粉图式

【花果期】花果期 5—9 月。

【生境】生于海拔 2300 米以下的草地、山坡或林下。

【分布】国内分布：黑龙江、吉林、辽宁、内蒙古、河北、山西、山东、陕西和甘肃；国外分布：朝鲜和俄罗斯。

【别名】无

【保护级别】无危（LC）；地方保护野生植物。

【花粉形态】花粉粒椭球形，侧面观为椭圆形，大小为 35（30~43）× 95（84~103）μm；具远极单沟；外壁两层，外层较厚；表面具清楚的网状雕纹，网眼大小不规则，网脊由大小形状不一致的单行颗粒组成。

第五章 被子植物的花粉形态

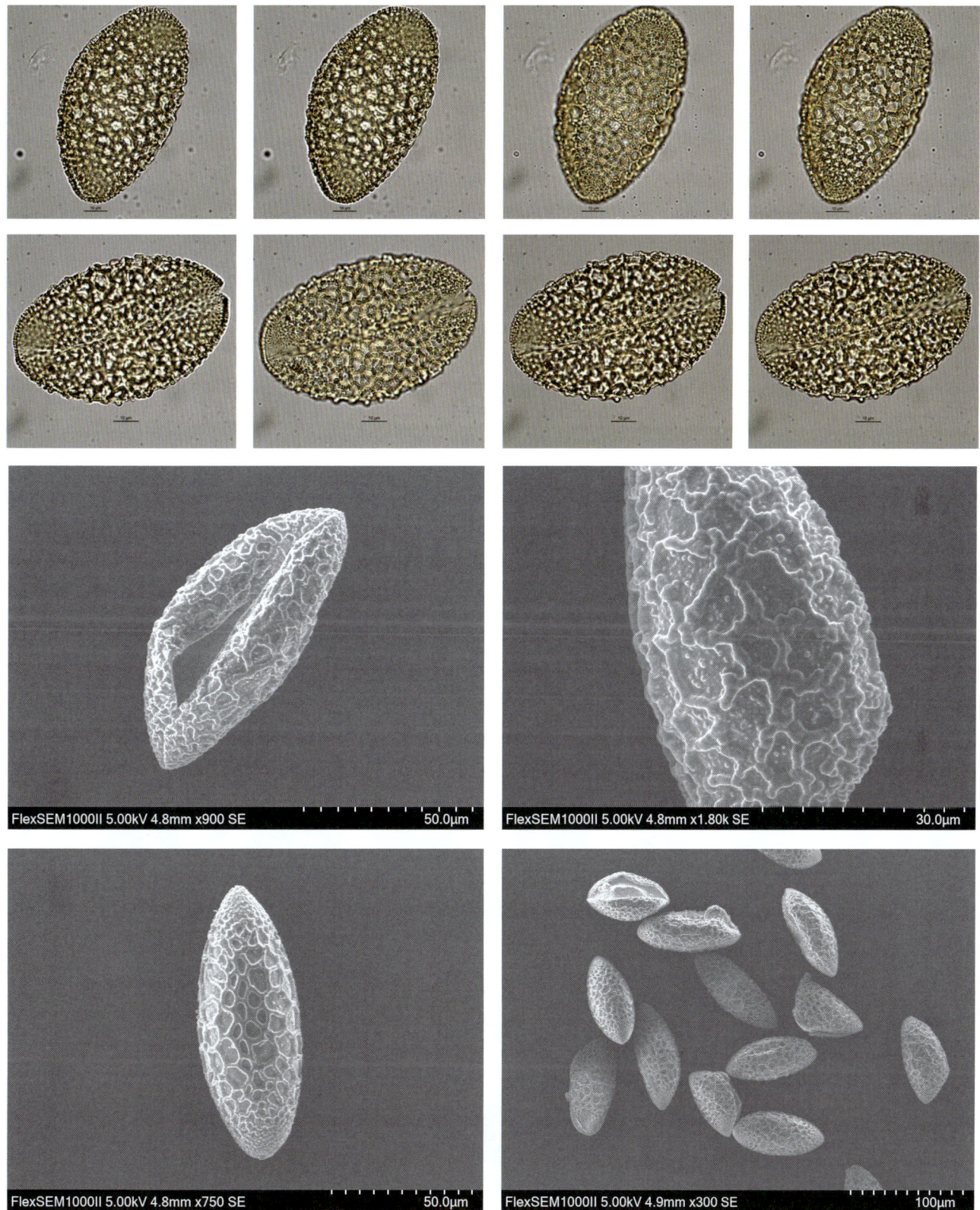

## Asteraceae 菊科
### *Artemisia* 蒿属
*Artemisia blepharolepis* Bess. 白莎蒿

花粉图式

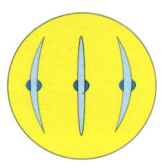

【形态特征】一年生草本，植株有臭味；根垂直、单一，细；茎单生，高 20~60 厘米，纵棱不明显，分枝多；茎、枝密被灰白色细、短柔毛；叶两面密被灰白色柔毛；二回栉齿状的羽状分裂，基部有小型栉齿状分裂的假托叶；头状花序椭圆形或长椭圆形，具短梗及小苞叶；总苞片卵形，背面绿色，疏被灰白色柔毛；雌花 2~3 朵，花冠狭圆锥形，花柱伸出花冠外，先端 2 叉，叉端尖；两性花 3~6 朵，不孕育，花冠短管状或长圆形，花药线形，先端附属物尖，长三角形，基部圆钝，花柱短，先端圆，2 裂，不叉开，退化子房细小；瘦果椭圆形。

【花果期】花果期 7—10 月。

【生境】生于低海拔地区的干山坡、草原（荒漠草原）、荒地、路旁及河岸沙滩上。

【分布】国内分布：内蒙古、陕西、宁夏、甘肃等省区；国外分布：蒙古

【别名】糜蒿、白沙蒿、白里蒿。

【保护级别】无危（LC）。

【花粉形态】花粉粒长球形，极面观 3 裂圆形，赤道面观椭圆形，大小为 15（12~18）× 25（22~27）μm；具 3 孔沟，内孔稍外突，沟长而细，沟缘较整齐，两端较钝；外壁厚，内层较薄，外层具明显基柱，具覆盖层；表面具小刺状雕纹。

# 第五章 被子植物的花粉形态

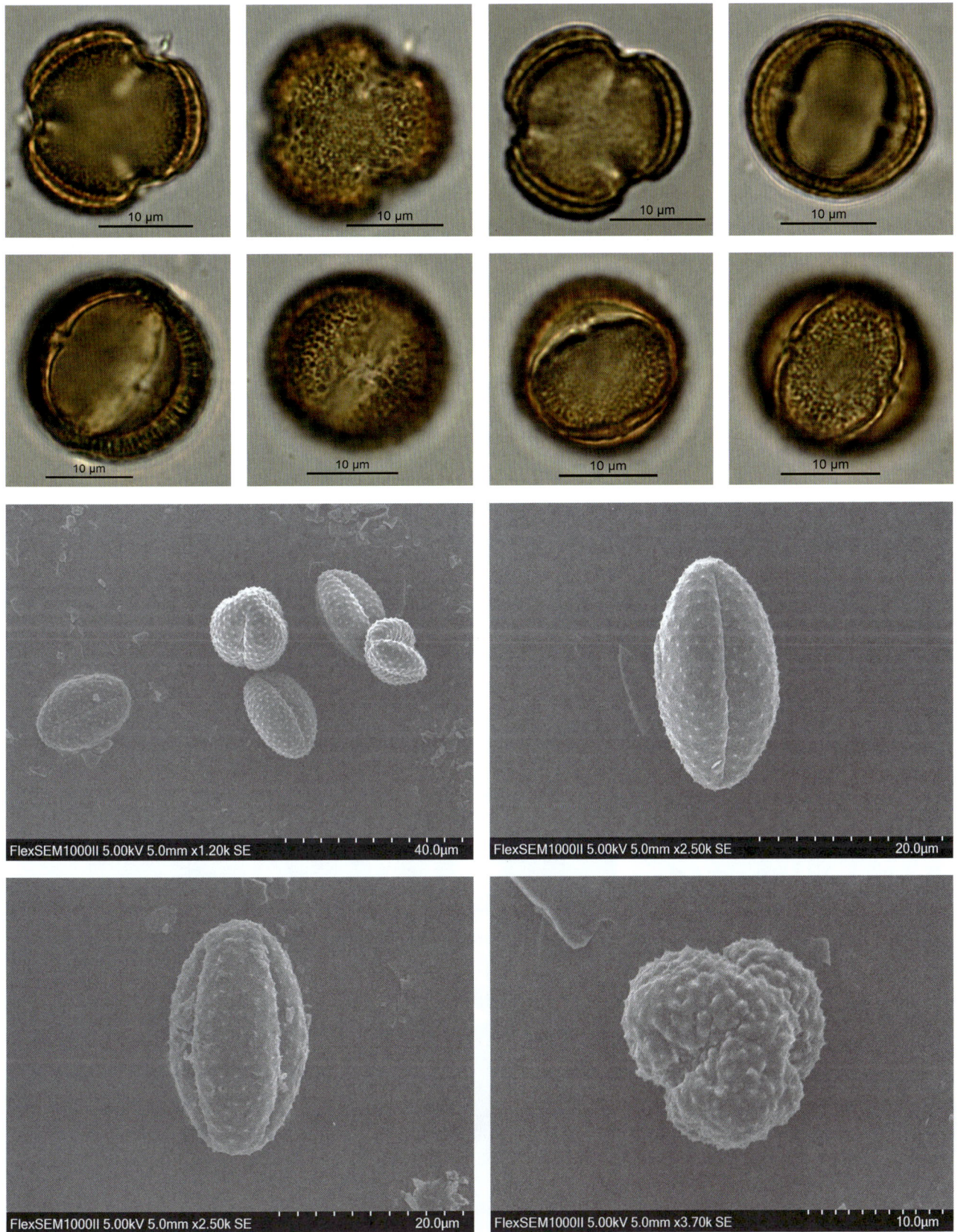

289

### *Artemisia halodendron* Turcz. ex Besser 盐蒿

**【形态特征】**小灌木；主根、侧根均木质，主根粗，长，侧根多；根状茎粗大，木质；茎高可达 80 厘米，直立或斜向上长；叶质稍厚，初时微有灰白色短柔毛，后无毛，干时质硬；茎下部叶与营养枝叶宽卵形或近圆形，二回羽状全裂，基部有小型狭线形的假托叶；头状花序多数，卵球形，直立，具短梗或近无梗，基部有小苞叶，在分枝上端排成复总状花序，并在茎上组成大型、开展的圆锥花序；总苞片无毛，绿色；雌花 4~8；两性花 8~15；瘦果长卵圆形或倒卵状椭圆形，果壁有细纵纹及胶质。

**【花果期】**花果期 7—10 月。

**【生境】**生于中、低海拔地区的流动、半流动或固定的沙丘上，也见于荒漠草原、森林草原、砾质坡地等。

**【分布】**国内分布：黑龙江、吉林、辽宁、内蒙古、河北、山西、陕西、宁夏、甘肃及新疆；国外分布：蒙古和俄罗斯。

**【别名】**无

**【保护级别】**无危（LC）。

**【花粉形态】**花粉粒长球形，极面观 3 裂圆形，赤道面观椭圆形，大小为 15（12~18）× 24（21~26）μm；具 3 孔沟，内孔稍外突，沟长而细，沟缘较整齐，两端较钝；外壁厚，内层较薄，外层具明显基柱，具覆盖层；表面具颗粒–小刺状突起。

花粉图式

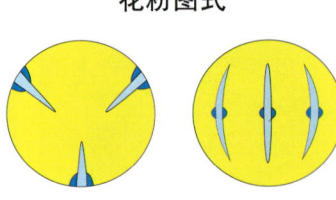

第五章 被子植物的花粉形态

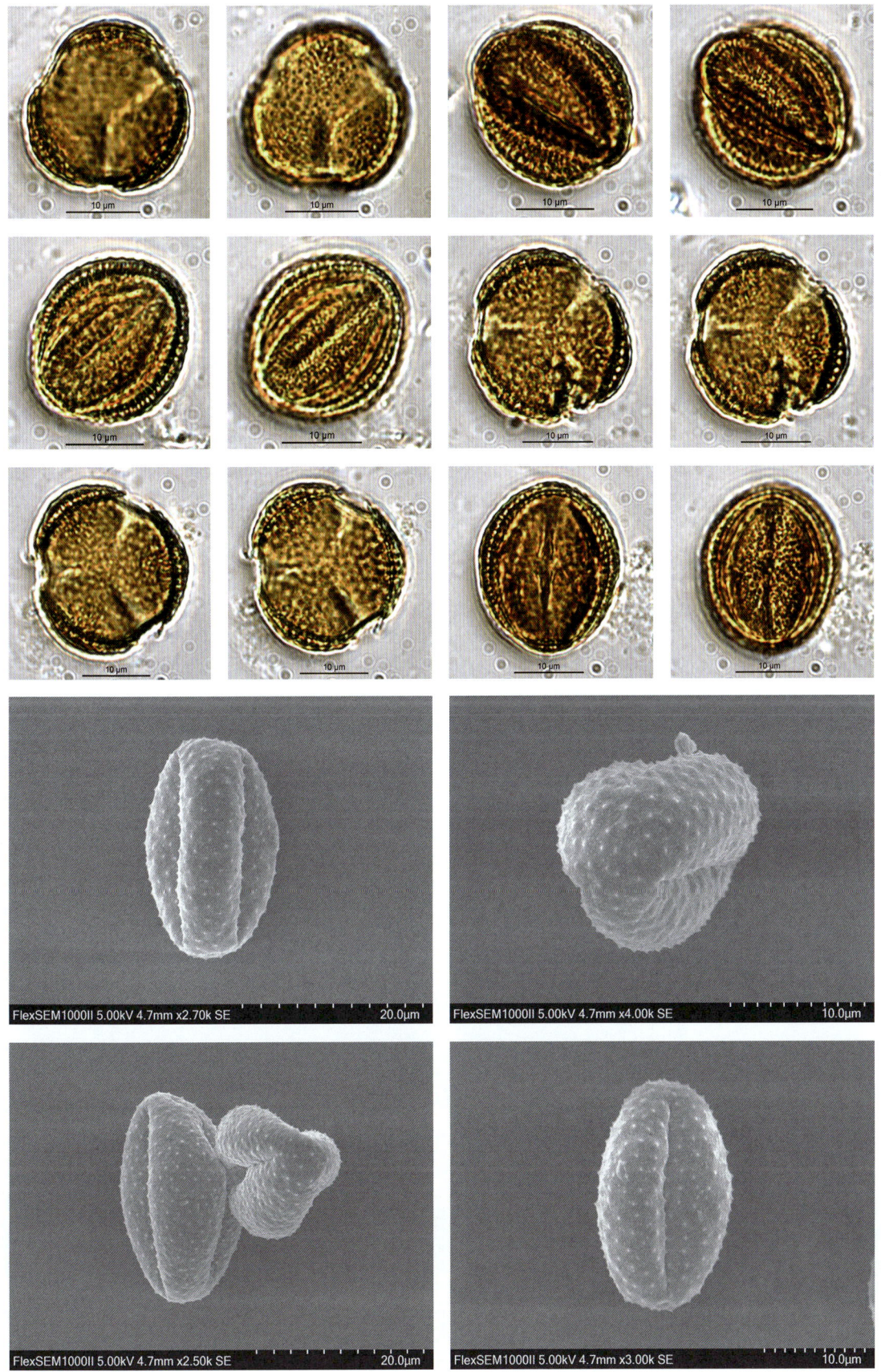

### *Artemisia wudanica* Liou & W. Wang 乌丹蒿

花粉图式

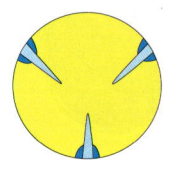
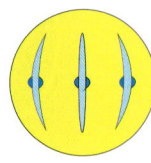

【形态特征】小灌木；主根粗壮，灰黑色；根状茎粗大，木质；茎高可达 2 米，茎皮灰白色，光滑无毛，有明显纵纹，常有短枝；叶质厚，营养枝叶与茎下部及中部叶宽卵形，二回羽状全裂，小裂片狭线形；头状花序大，球形或近球形，具短梗及线形的小苞叶；总苞片 3 层，外、中层总苞片长卵形或宽卵形，内层总苞片长卵形或倒卵形，花序托圆锥形，凸起；雌花 7~9 朵，花冠狭圆锥形，檐部具 2 裂齿，花柱伸出花冠外；两性花 14~22 朵，不孕育，花冠管状，花药线形，花柱短，先端膨大，2 裂，不叉开，退化子房不明显；瘦果长圆状倒卵形，果壁有细纵纹并含胶质物。

【花果期】花果期 8—10 月。

【生境】生于流动及半固定沙丘上。

【分布】内蒙古赤峰翁牛特旗（乌丹）及河北北部围场附近。

【别名】无

【保护级别】无危（LC）。

【花粉形态】花粉粒球形或近球形，极面观 3 裂圆形，大小为 15（12~17）× 19（16~21）μm；具 3 孔沟；外壁厚，内层较薄，外层具明显基柱，具覆盖层；表面具小刺状突起。

第五章 被子植物的花粉形态

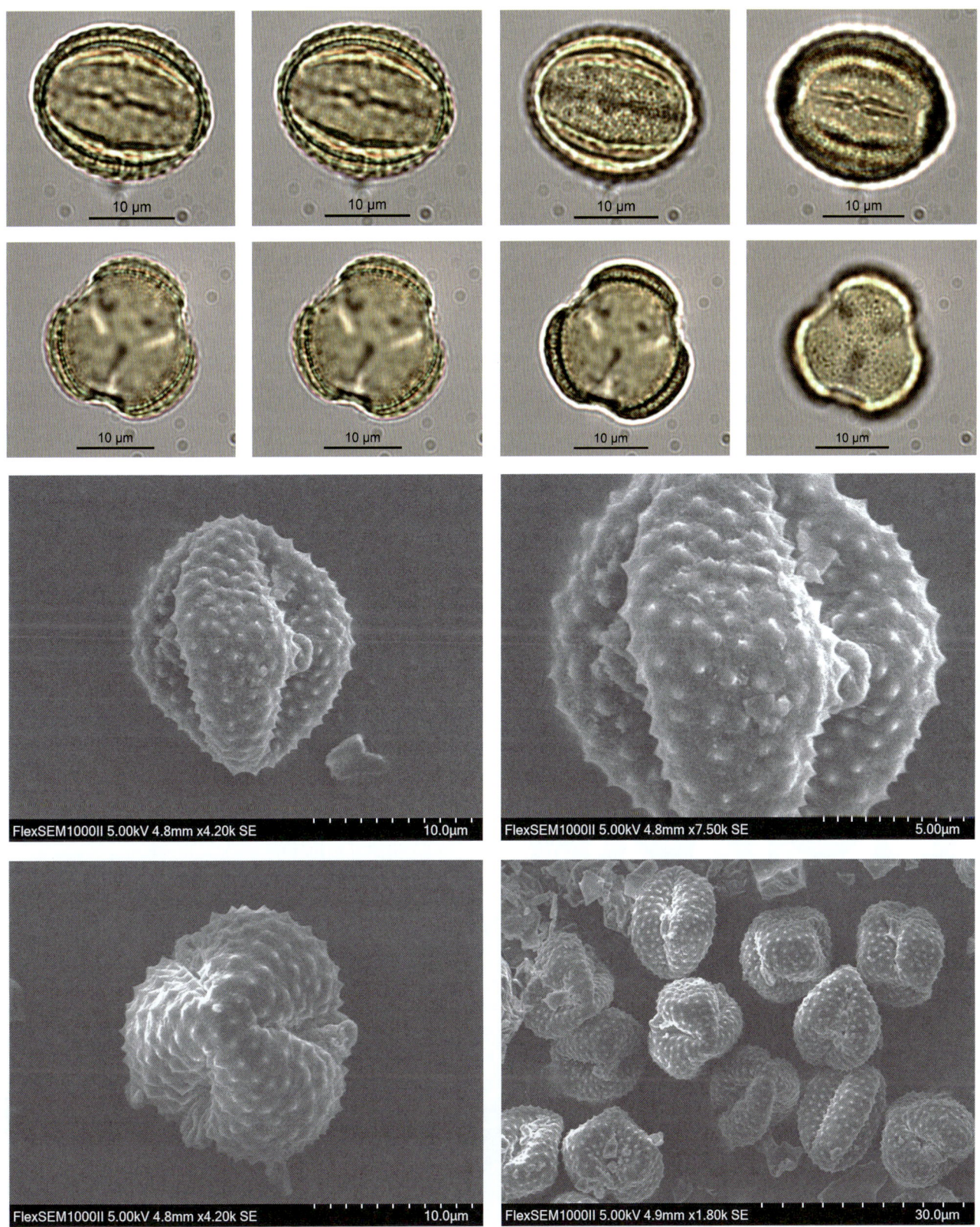

## *Asterothamnus* 紫菀木属

***Asterothamnus centraliasiaticus*** Novopokr. 中亚紫菀木

花粉图式

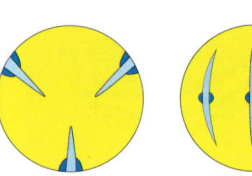

【形态特征】多分枝半灌木，高 20~40 厘米；根状茎粗壮；茎多数，簇生；叶较密集，斜上或直立，长圆状线形或近线形，先端尖，基部渐狭，边缘反卷，具 1 明显的中脉；头状花序较大，在茎枝顶端排成疏散的伞房花序，花序梗较粗壮，长或较短，少有具短花序梗而排成密集的伞房花序；总苞宽倒卵形，总苞片 3~4 层，覆瓦状；外围有 7~10 个舌状花，舌片开展，淡紫色；中央的两性花 11~12 个，花冠管状，黄色，檐部钟状，有 5 个披针形的裂片；花药基部钝，顶端具披针形的附片；花柱分枝顶端有短三角状卵形的附器；瘦果长圆形，稍扁，基部缩小，具小环，被白色长伏毛；冠毛白色，糙毛状，与花冠等长。

【花果期】花果期 7—9 月。

【生境】生于草原或荒漠地区。

【分布】国内分布：青海、甘肃、宁夏和内蒙古；国外分布：蒙古南部。

【别名】无

【保护级别】地方保护野生植物。

【花粉形态】花粉粒近球形，极面观为 3 裂圆形，赤道面观为椭圆形，大小为 25（21~28）× 32（27~37）μm；具 3 孔沟，内孔外突；外壁具刺，刺中等大小，长约 3μm，刺末端较尖，排列密集，刺基部膨大。

第五章 被子植物的花粉形态

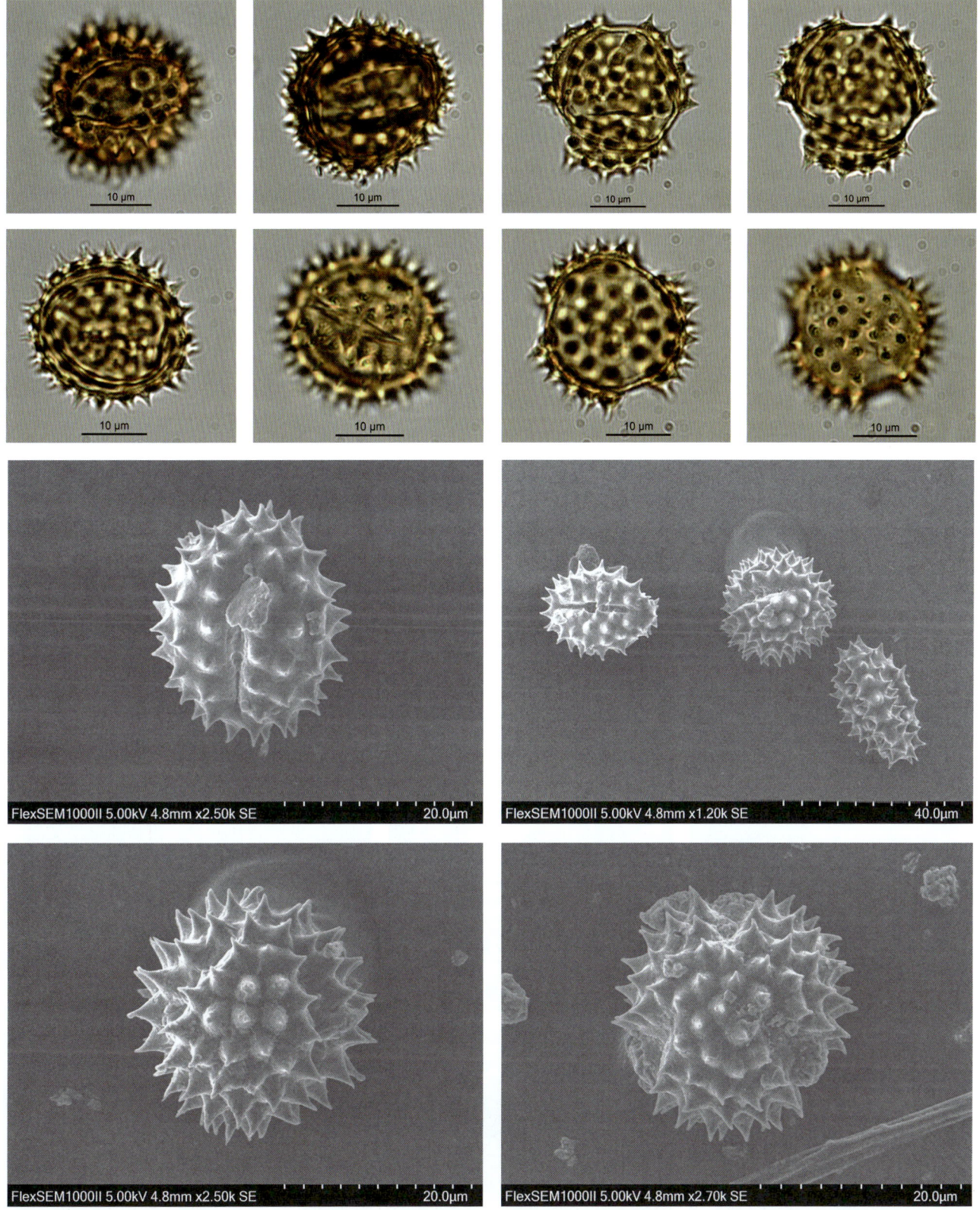

### *Farfugium* 大吴风草属

*Farfugium japonicum* (L. f.) Kitam. 大吴风草

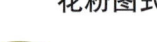

【形态特征】多年生葶状草本；根状茎粗壮；花葶高可达 70 厘米；基生叶莲座状，肾形，长 9~13 厘米，宽 11~22 厘米，先端圆，全缘或有小齿或掌状浅裂，基部弯缺宽，两面幼时被灰白色柔毛，后无毛；茎生叶 1~3，苞叶状，长圆形或线状披针形，长 1~2 厘米；头状花序辐射状，2~7，排列成伞房状花序；花序梗长 2~13 厘米，被毛；总苞钟形或宽陀螺形；舌状花 8~12，黄色，舌片长圆形或匙状长圆形；管状花多数，花药基部有尾，冠毛白色，与花冠等长；瘦果圆柱形，长可达 7 毫米，有纵肋，被成行的短毛。

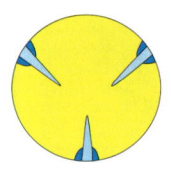 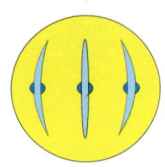

【花果期】花果期 8 月至翌年 3 月。

【生境】生于低海拔地区的林下、山谷及草丛。

【分布】国内分布：湖北、湖南、广西、广东、福建和台湾；国外分布：日本。

【别名】活血莲、独脚莲、斑点大吴风草、石蕗。

【保护级别】无危（LC）。

【花粉形态】花粉粒近球形，极面观 3 裂圆形，赤道面观为椭圆形，大小为 25（22~27）× 35（27~37）μm；具 3 孔沟，内孔外突；外壁具刺状雕纹，刺钝，长 4~6μm，极面观每裂片具 5~7 刺。

第五章 被子植物的花粉形态

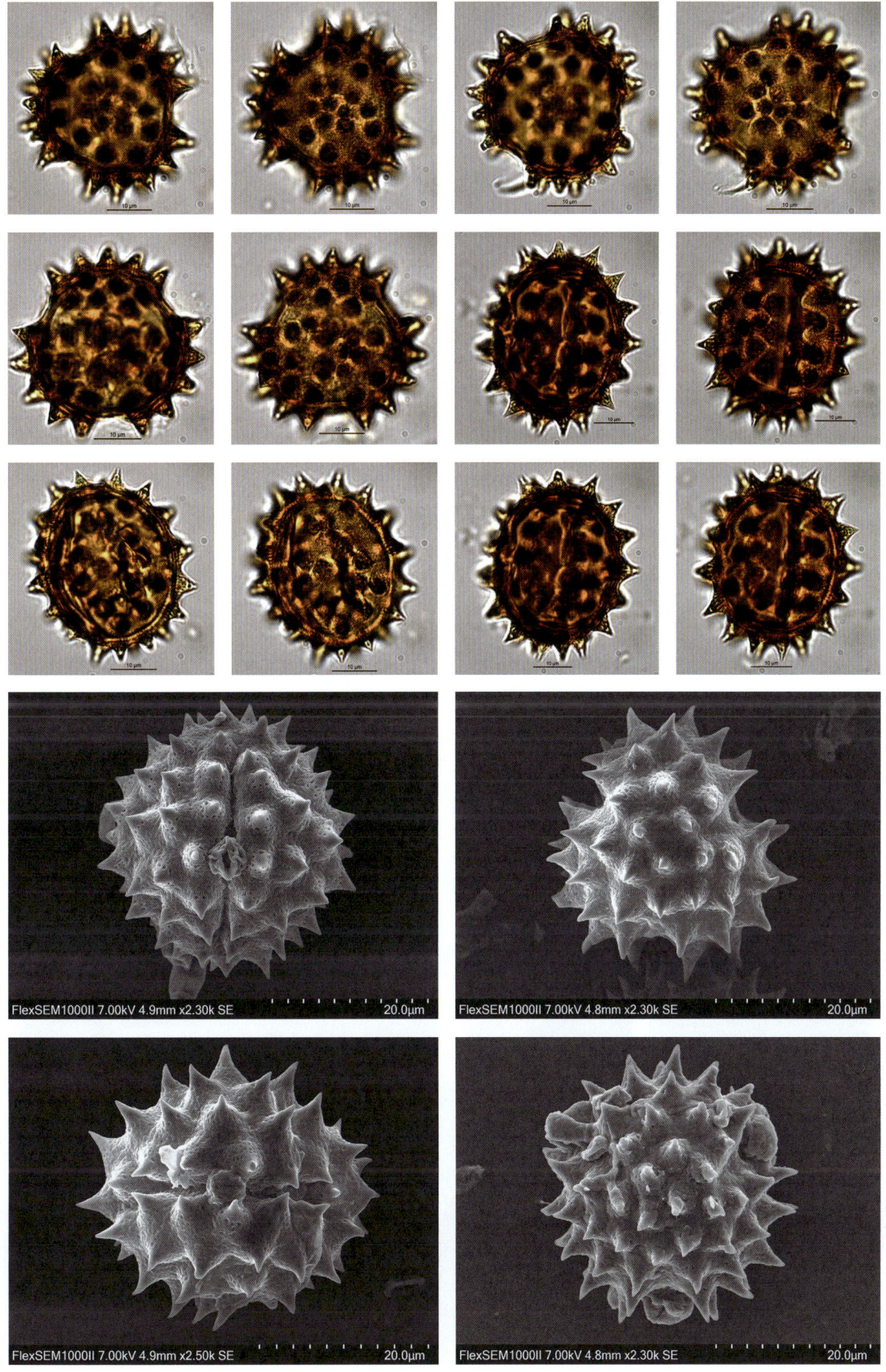

### *Filifolium* 线叶菊属

*Filifolium sibiricum* (L.) Kitam. 线叶菊

**【形态特征】** 多年生草本；根粗壮，直伸，木质化；茎丛生，密集，基部具密厚的纤维鞘，高 20~60 厘米，不分枝或上部稍分枝；基生叶有长柄，倒卵形或矩圆形，茎生叶较小，互生，全部叶 2~3 回羽状全裂；末次裂片丝形，无毛，有白色乳头状小凸起；头状花序在茎枝顶端排成伞房花序，花梗长 1~11 毫米；总苞球形或半球形，无毛；总苞片 3 层，卵形至宽卵形，边缘膜质，黄褐色；边花约 6 朵，花冠筒状，压扁，顶端稍狭，具 2~4 齿，有腺点；盘花多数，花冠管状，黄色，顶端 5 裂齿，下部无狭管；瘦果倒卵形或椭圆形，稍压扁，黑色，无毛，腹面有 2 条纹。

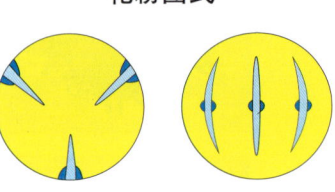

花粉图式

**【花果期】** 花果期 6—9 月。

**【生境】** 生于山坡草地。

**【分布】** 国内分布：黑龙江、吉林、辽宁、内蒙古、河北和山西；国外分布：朝鲜、日本和俄罗斯。

**【别名】** 无

**【保护级别】** 无危（LC）。

**【花粉形态】** 花粉粒近球形，极面观为 3 裂圆形，赤道面观为椭圆形，大小为 17（15~20）× 25（22~27）μm；具 3 孔沟，内孔外突；外壁厚，内层较薄，外层具明显基柱，具覆盖层；表面具小刺状突起。

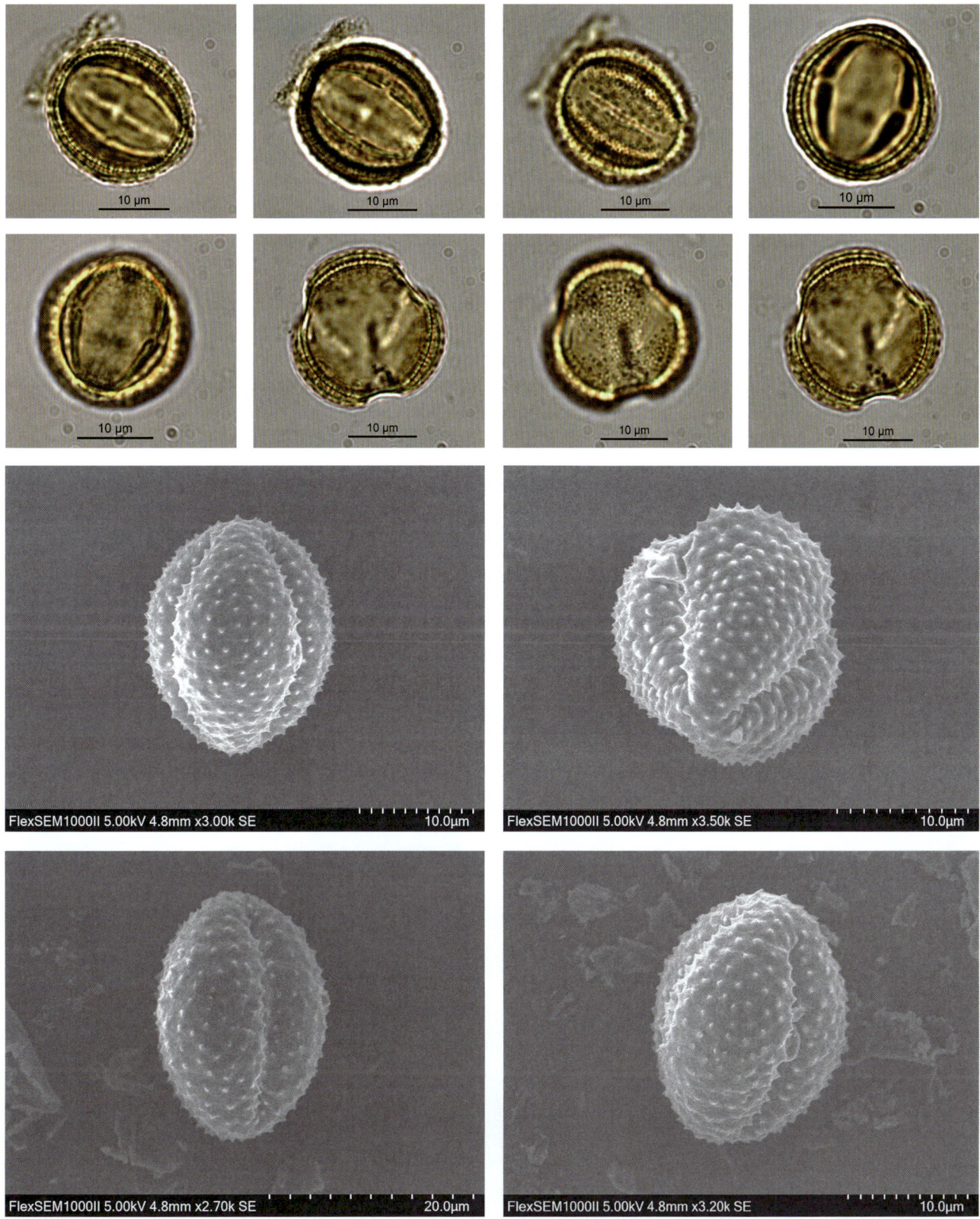

## *Jacobaea* 疆千里光属

***Jacobaea argunensis*** (Turcz.) B. Nord. 额河千里光

**【形态特征】**多年生草本；茎被蛛丝状柔毛，有时脱毛；基生叶和下部茎生叶花期枯萎；中部茎生叶卵状长圆形或长圆形，羽状全裂或羽状深裂，顶生裂片小而不明显，侧裂片约 6 对，窄披针形或线形，具 1~2 齿或窄细裂，或全缘；上部叶渐小，羽状分裂；头状花序有舌状花，排成复伞房花序；花序梗细，有蛛丝状毛，有苞片和数个线状钻形小苞片；总苞近钟状，外层苞片约 10，线形，总苞片约 13，长圆状披针形，上端具短髯毛，绿色或紫色，背面疏被蛛丝毛；舌状花 10~13，舌片黄色，长圆状线形；管状花多数，花冠黄色；瘦果圆柱形，无毛；冠毛淡白色。

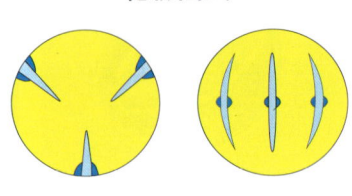

花粉图式

**【花果期】**花果期 8—10 月。

**【生境】**生于海拔 500~3300 米的草坡和山地草甸上。

**【分布】**国内分布：黑龙江、吉林、辽宁、内蒙古、河北、青海、山西、陕西、甘肃、湖北和四川；国外分布：朝鲜、俄罗斯和蒙古。

**【别名】**大蓬蒿、羽叶千里光。

**【保护级别】**地方保护野生植物。

**【花粉形态】**花粉粒圆球形，极面观 3 裂圆形，直径为 25~30μm；具 3 孔沟，内孔明显，往外突出，沟膜上具颗粒；表面具刺状雕纹，刺长为 3.5μm，刺基部膨大，刺顶部渐尖。

# 第五章 被子植物的花粉形态

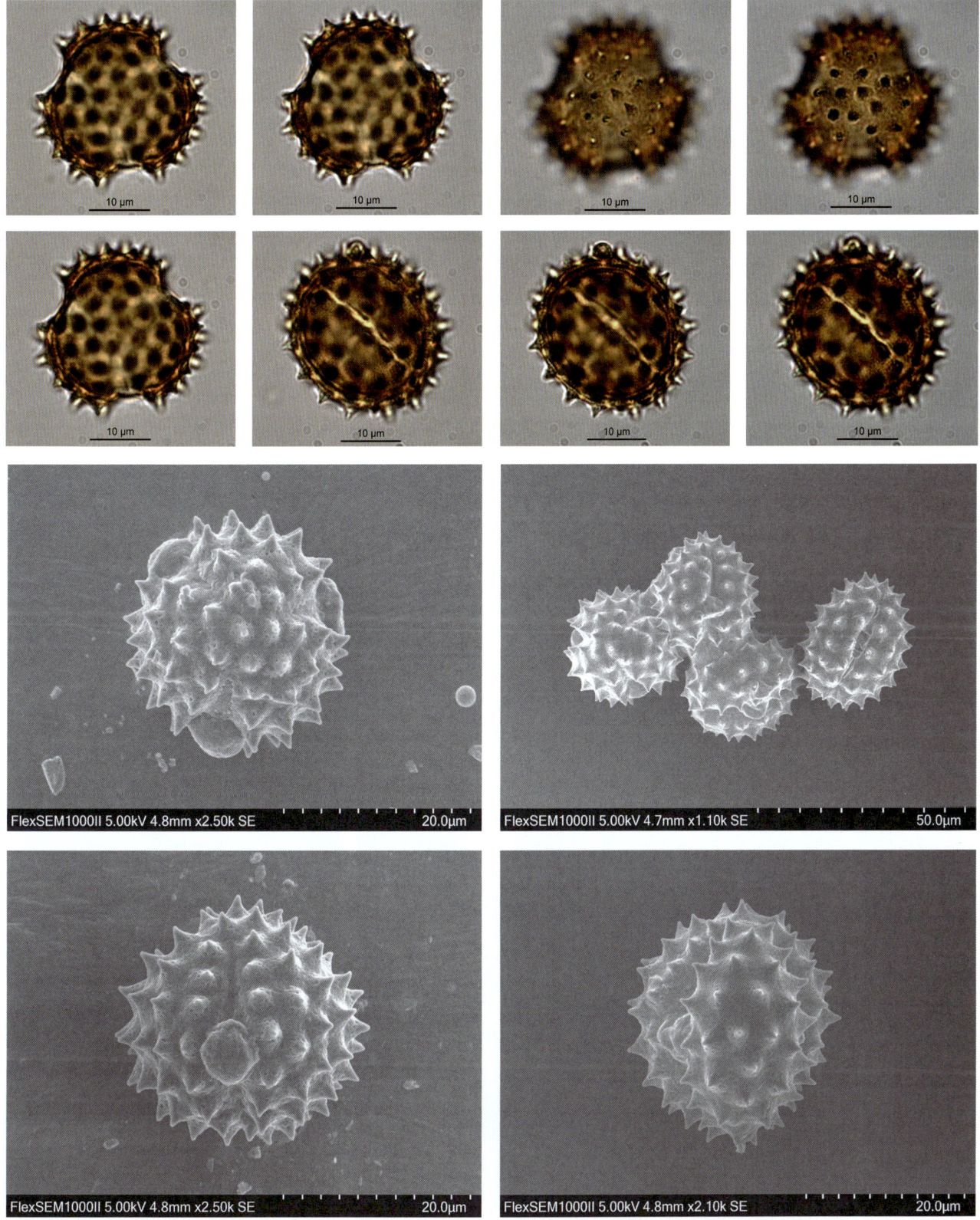

301

### *Jurinea* 苓菊属

*Jurinea mongolica* Maxim. 蒙疆苓菊

花粉图式

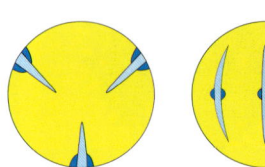

【形态特征】多年生草本，高可达 25 厘米；根直伸，粗厚；茎基密被绵毛及残存褐色叶柄；茎粗壮，分枝，茎枝被蛛丝状绵毛至无毛；基生叶长椭圆形或长椭圆状披针形，叶羽状深裂、浅裂或齿裂，侧裂片 3~4 对；茎生叶与基生叶同形，披针形或倒披针形；茎生叶两面几同色，绿或灰绿色，疏被蛛丝毛；头状花序大，单生枝端；总苞碗状，绿或黄绿色，总苞片 4~5 层；苞片革质，直立；花冠红色；瘦果淡黄色，倒圆锥状，无刺瘤；冠毛褐色，冠毛刚毛短羽毛状，基部不连合成环，不脱落，永久固结在瘦果上。

【花果期】花果期 5—8 月。

【生境】主要生长在海拔 1040~1500 米的沙地上。

【分布】国内分布：新疆东北部（阿勒泰）、内蒙古西部、宁夏北部及陕西北部；国外分布：蒙古。

【别名】地棉花。

【保护级别】无危（LC）；地方保护野生植物。

【花粉形态】花粉粒长球形，极面观 3 裂圆形，赤道面观椭圆形，大小为 35（30~42）× 60（56~67）μm；具 3 孔沟，内孔不明显，沟细长，达两极，沟缘不整齐，呈细锯齿状；表面为刺状雕纹，刺较小，长约 1.2μm，顶部圆滑，基部膨大。

# 第五章　被子植物的花粉形态

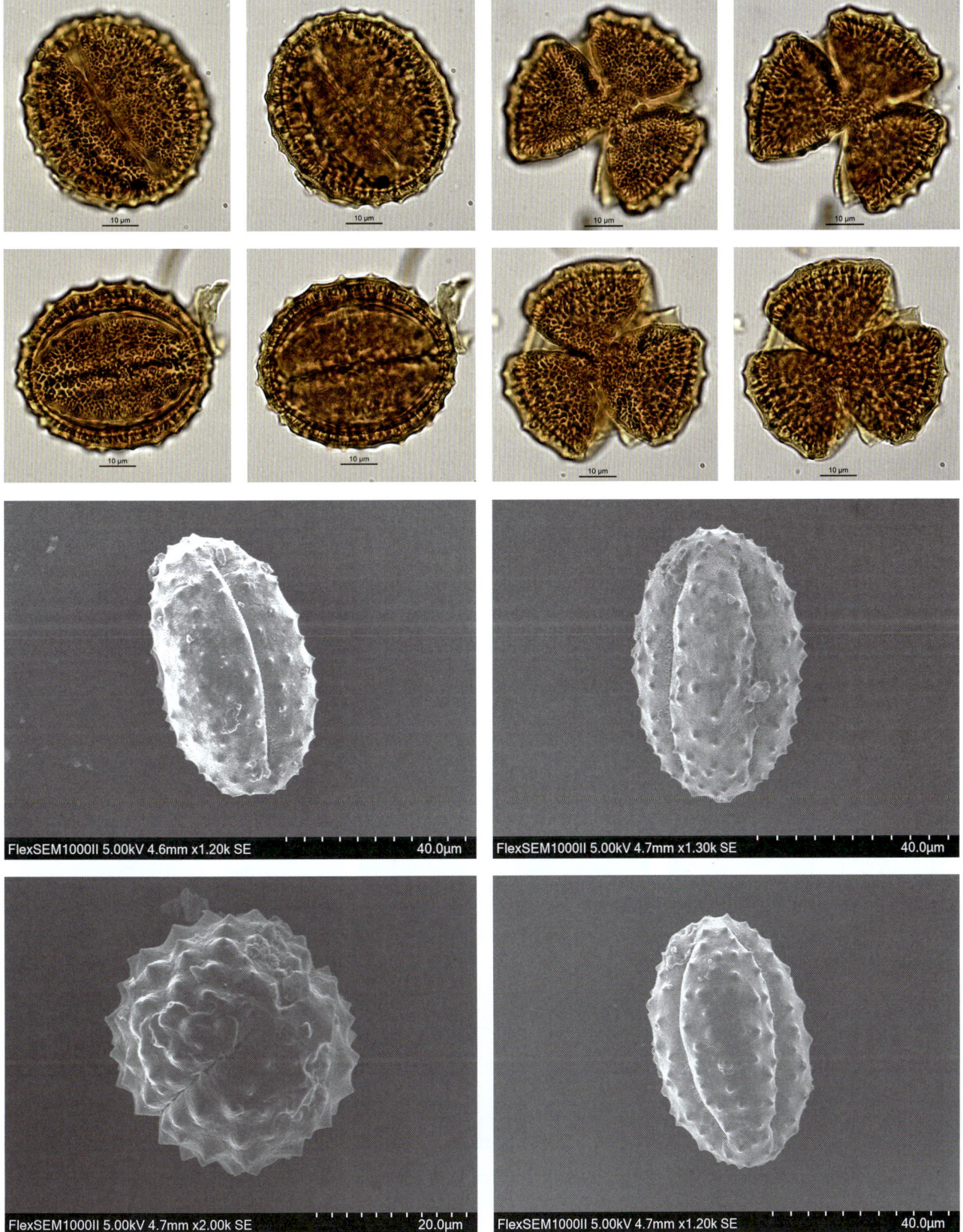

## Onopordum 大翅蓟属

*Onopordum acanthium* L. 大翅蓟

**【形态特征】** 二年生草本，高可达2米；茎无毛或被蛛丝毛；基生叶及下部茎生叶长椭圆形或宽卵形，叶缘有三角形刺齿或羽状浅裂，两面无毛或被薄蛛丝毛，或两面灰白色，被厚绵毛；茎翅羽状半裂或有三角形刺齿，裂片宽三角形，裂顶及齿顶有黄褐色针刺；头状花序排成伞房状，稀单生茎顶；总苞卵圆形或球形，幼时被蛛丝毛，后无毛；总苞片多层，向内层渐长，有缘毛，背面有腺点；小花紫红或粉红色；瘦果倒卵圆形或长椭圆形，3棱状，灰或灰黑色，有黑或棕色斑；冠毛土红色，多层，睫毛状。

花粉图式

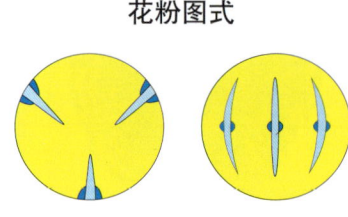

**【花果期】** 花果期6—9月。

**【生境】** 生于山坡、荒地或水沟边。

**【分布】** 国内分布：天山、准噶尔盆地及准噶尔阿拉套地区；国外分布：欧洲、中亚、西伯利亚和伊朗。

**【别名】** 无

**【保护级别】** 无危（LC）。

**【花粉形态】** 花粉粒近球形，极面观3裂圆形，直径为32~45μm；具3孔沟，沟短，末端渐尖，内孔横长，孔椭圆形；外壁厚约3μm，外壁两层，外层厚于内层，表面具刺，刺长3~5μm。

# 第五章 被子植物的花粉形态

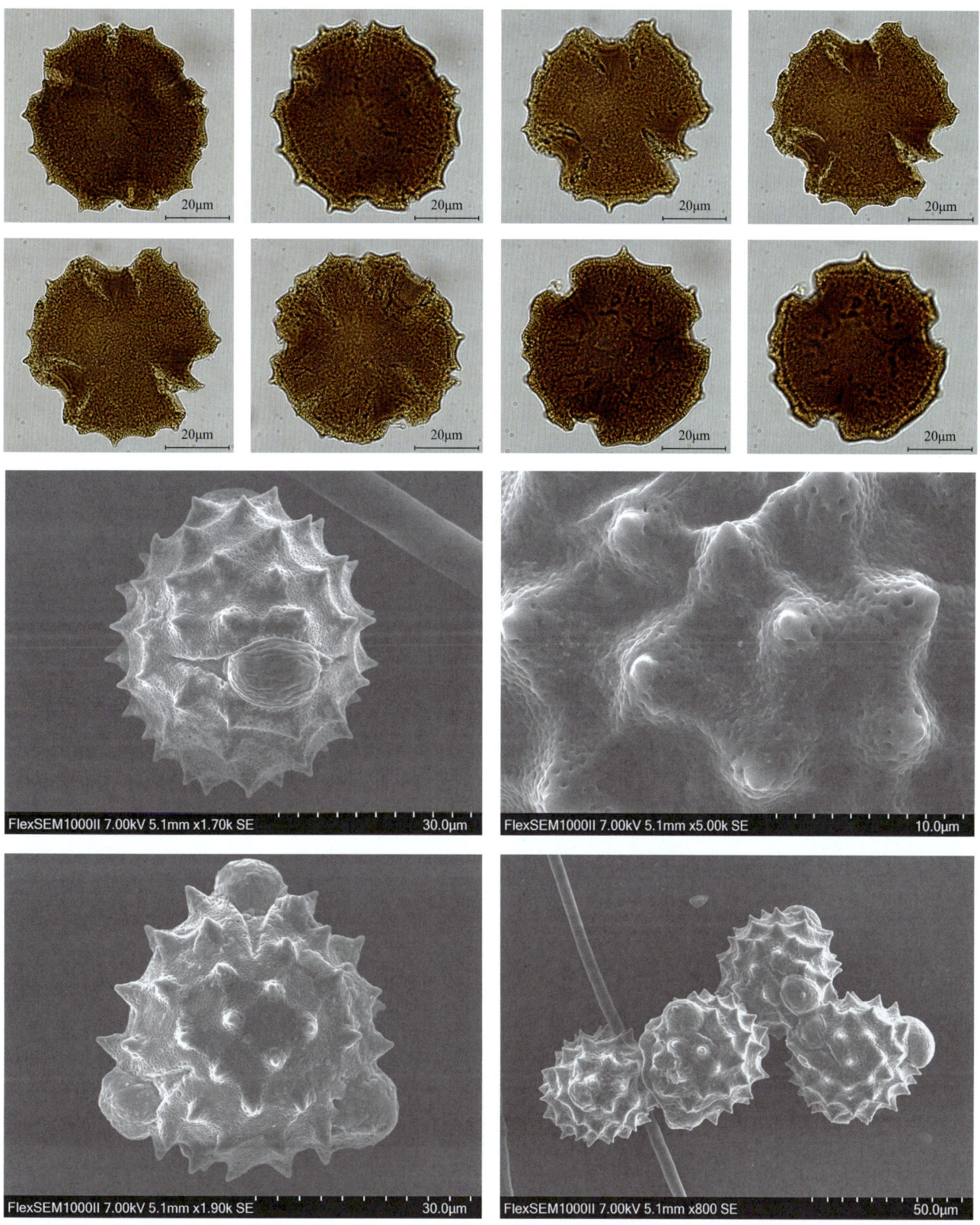

## *Paraprenanthes* 假福王草属

*Paraprenanthes sororia* (Miq.) C. Shih 假福王草

【形态特征】一年生草本，高 50~150 厘米；茎直立，单生，上部圆锥状花序分枝，全部茎枝光滑无毛；基生叶花期枯萎；下部及中部茎叶大头羽状半裂、深裂或几全裂，极少羽状深裂或几全裂；羽轴有宽或狭翼；上部茎叶小，不裂，戟形、卵状戟形、披针形或长椭圆形，有短翼柄或无柄；全部叶两面无毛；头状花序多数，沿茎枝顶端排成圆锥状花序；总苞圆柱状；总苞片 4 层，外层及最外层短，卵形至披针形，顶端急尖，内层及最内层长，线状披针形，顶端钝或圆形；全部苞片外面无毛，有时淡紫红色；舌状小花粉红色，约 10 枚；瘦果黑色，稍粗厚，纺锤状，顶端窄，淡黄白色，每面有 5 条高起纵肋；冠毛 2 层，白色微糙毛状。

【花果期】花果期 5—8 月。

【生境】生于海拔 200~3200 米的山坡、山谷灌丛和林下。

【分布】国内分布：江苏、安徽、浙江、江西、福建、湖北、湖南、广东、广西、四川、贵州和西藏；国外分布：日本、朝鲜和中南半岛。

【别名】堆莴苣、毛轴山苦荬、三角叶假福王草、绿春假福王草、节毛假福王草。

【保护级别】无危（LC）。

【花粉形态】花粉粒近球形，极面观 3 裂圆形，直径 30~44μm；具 3 孔沟；外壁具大网，由 12~15 个网胞组成，网脊上具刺，刺尖，长 2~3μm，极区具刺两行，排列整齐。

花粉图式

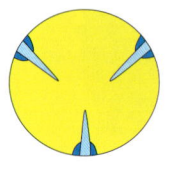
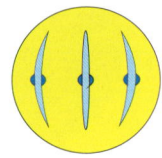

第五章 被子植物的花粉形态

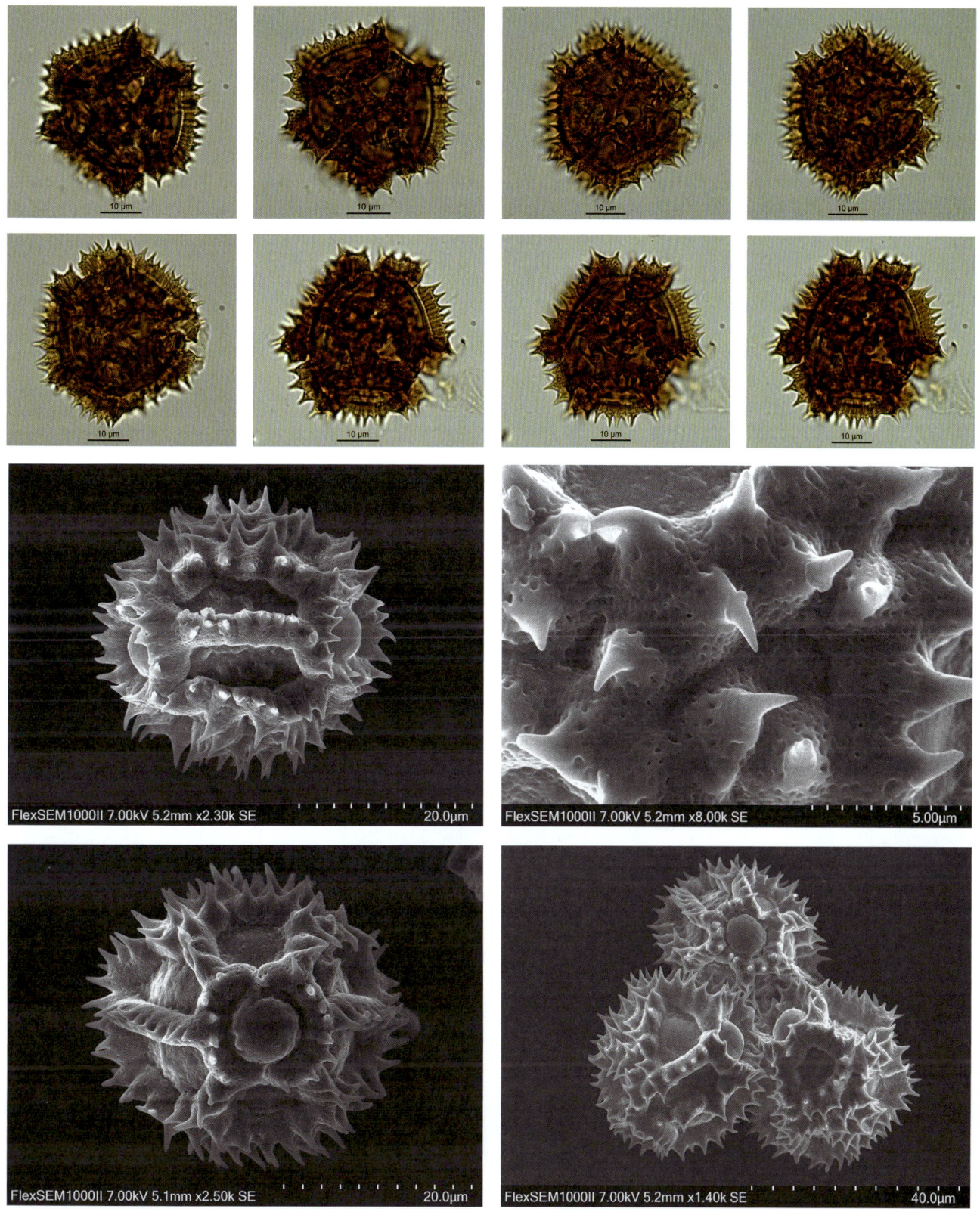

## Saussurea 风毛菊属

### *Saussurea involucrata* (Kar. & Kir.) Sch. Bip. 雪莲花

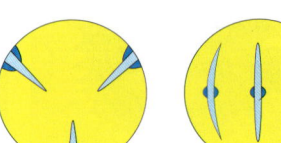

花粉图式

【**形态特征**】多年生草本，高 15~35 厘米；根状茎粗；茎无毛；叶密集，基生叶和茎生叶无柄，叶椭圆形或卵状椭圆形，基部下延，有尖齿，两面无毛；最上部叶苞叶状，宽卵形，边缘有尖齿，膜质，淡黄色，包被总花序；头状花序在茎顶密集成球形总花序；总苞半球形，总苞片 3~4 层，边缘或全部紫褐色，外层长圆形，疏被长柔毛，中层及内层披针形；小花紫色；瘦果长圆形；冠毛污白色，2 层，外层小，糙毛状，长约 3 毫米，内层长，羽毛状，长约 1.5 厘米。

【**花果期**】花果期 7—9 月。

【**生境**】生于海拔 2400~3470 米的山坡、山谷、石缝、水边和草甸。

【**分布**】国内分布：新疆（乌鲁木齐、博格达山及和硕）；国外分布：俄罗斯及哈萨克斯坦。

【**别名**】荷莲、雪莲。

【**保护级别**】国家二级重点保护野生植物；濒危（EN）；地方保护野生植物。

【**花粉形态**】花粉粒球形，极面观为 3 裂圆形，直径 38~50μm；具 3 孔沟，内孔大，椭圆形；外壁厚约 5μm；表面具刺状雕纹。

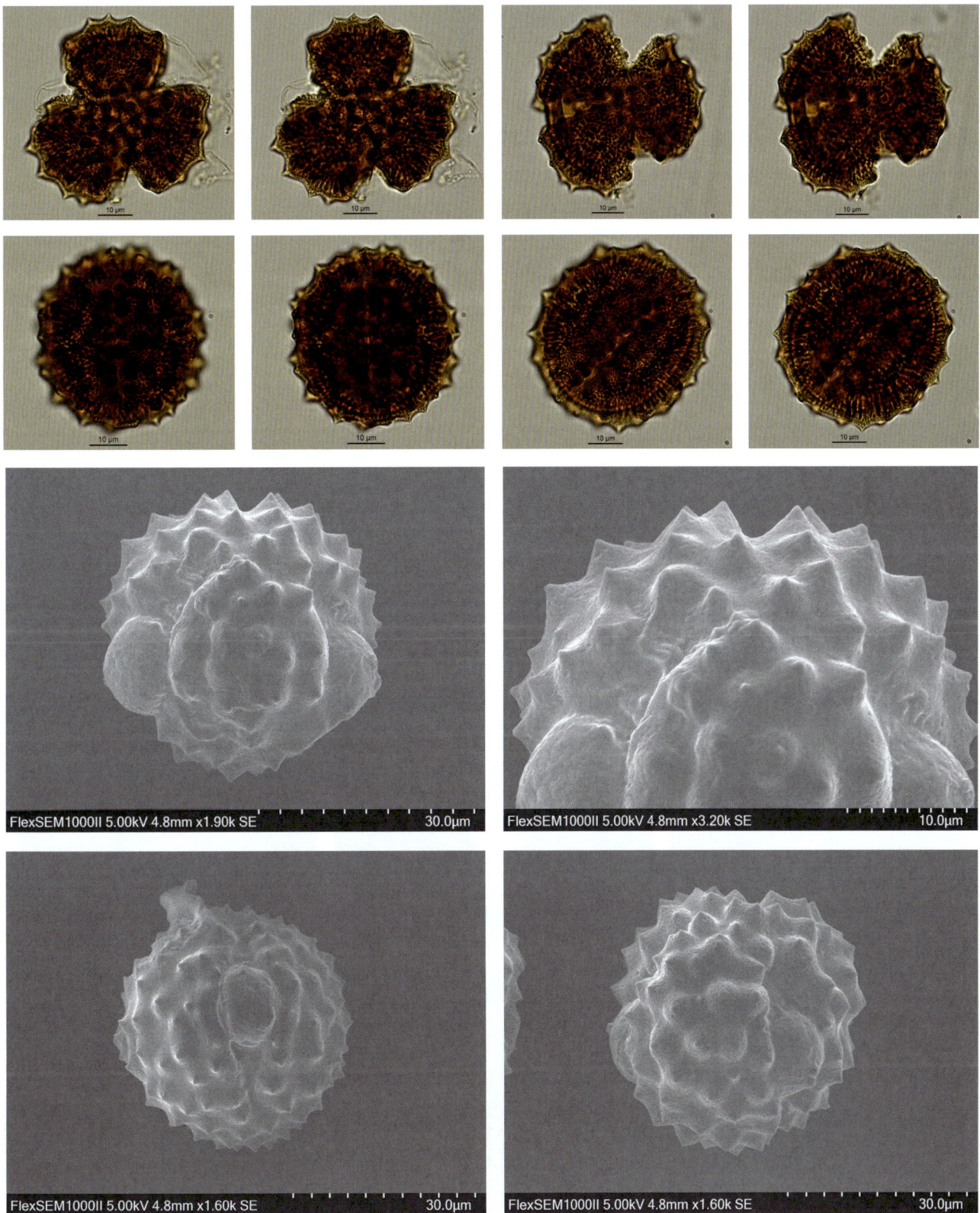

### *Senecio* 千里光属

**Senecio scandens** Buch.-Ham. ex D. Don 千里光

【形态特征】多年生攀援草本；根状茎木质；茎长 2~5 米，多分枝，被柔毛或无毛；叶具柄，叶片卵状披针形至长三角形；羽状脉，侧脉 7~9 对，弧状，叶脉明显；叶柄具柔毛或近无毛，无耳或基部有小耳；头状花序有舌状花，多数，在茎枝端排列成顶生复聚伞圆锥花序；分枝和花序梗被密至疏短柔毛；舌状花 8~10，舌片黄色，长圆形，钝，具 3 细齿，具 4 脉；管状花多数；花冠黄色，檐部漏斗状；裂片卵状长圆形，尖，上端有乳头状毛；花药基部有钝耳；附片卵状披针形；花药颈部伸长，向基部略膨大；花柱顶端截形，有乳头状毛；瘦果圆柱形，被柔毛；冠毛白色。

【花果期】花期 8 月至翌年 4 月，果期 2~5 月。

【生境】常生于森林、灌丛中，攀援于灌木、岩石上。

【分布】国内分布：西藏、陕西、湖北、四川、贵州、云南、安徽、浙江、江西、福建、湖南、广东、广西、台湾等省区；国外分布：印度、尼泊尔、不丹、缅甸、泰国、老挝、越南、菲律宾和日本。

【别名】蔓黄菀、九里明。

【保护级别】无危（LC）。

【花粉形态】花粉粒圆球形，极面观 3 裂圆形，直径为 23~29μm；具 3 孔沟，内孔明显，往外突出；表面具刺，刺渐尖，长约 3μm。

花粉图式

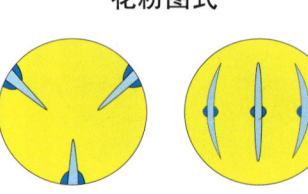

第五章 被子植物的花粉形态

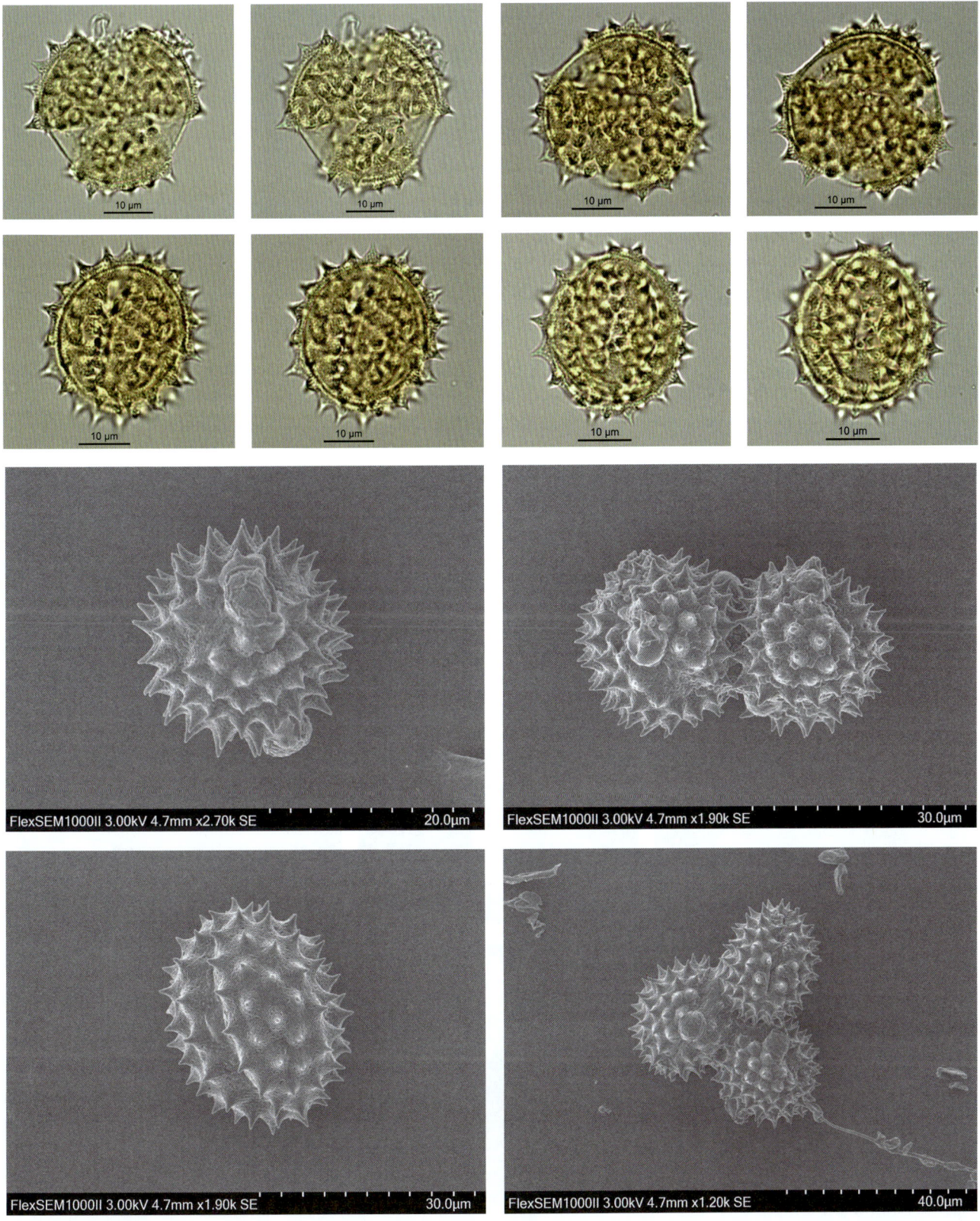

311

## *Sinosenecio* 蒲儿根属

### *Sinosenecio guangxiensis* C. Jeffrey & Y. L. Chen 广西蒲儿根

花粉图式

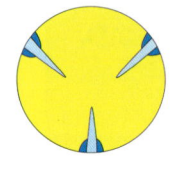
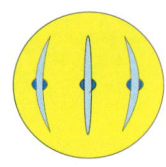

【形态特征】多年生草本；根状茎短粗；茎单生，葶状，纤细，直立，不分枝；基生叶少数，莲座状，花期生存，具长柄，叶片近圆形或肾形；叶柄较粗，被密黄褐色长柔毛，基部略扩大；头状花序 2~7 个排列成顶生伞房花序；花序梗细，被疏短柔毛或近无毛，基部常具 1 苞片；总苞半球形；头状花约 13，1 层，管部长约 2.5 毫米，无毛，舌片黄色，长圆形或宽长圆形，顶端钝，具 3 小齿，4 条脉；管状花多数，花冠黄色；裂片卵状披针形，顶端尖；花药长约 1.3 毫米，基部钝，附片卵状长圆形；花柱分枝外弯，顶端截形，被乳头状微毛；瘦果圆柱形，具肋，被短柔毛；冠毛白色。

【花果期】花果期 6—7 月。

【生境】生于海拔 940~1600 米的林下、溪边及岩石潮湿处。

【分布】特产于广西（资源、龙胜和兴安）。

【别名】无

【保护级别】中国特有种；数据缺乏（DD）。

【花粉形态】花粉粒长球形，极面观为三角形，大小为 18（16~20）× 26（22~32）μm；具 3 孔沟；表面具刺，刺基部膨大，渐尖，长 2.5~3.5μm。

## 第五章 被子植物的花粉形态

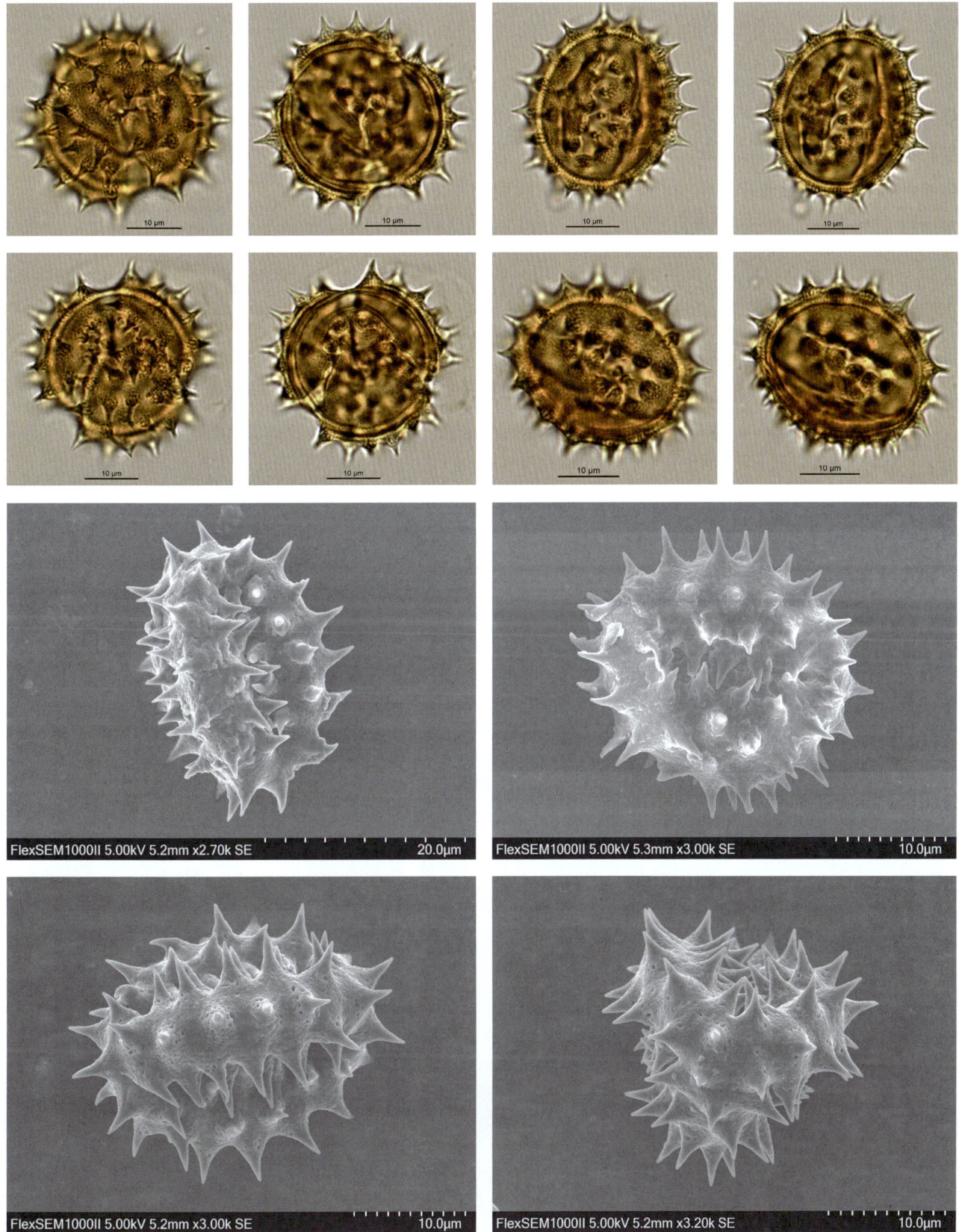

## *Stilpnolepis* 百花蒿属

*Stilpnolepis centiflora* (Maxim.) Krasch. 百花蒿

**【形态特征】** 一年生草本，具粗壮纺锤形的根；茎有纵条纹；枝被绢状柔毛；叶线形，无柄，具3脉，两面被疏柔毛，顶端渐尖，基部有2~3对羽状裂片，裂片条形，平展；头状花序半球形，下垂，多数头状花序排成疏松伞房花序；总苞片外层3~4枚，草质，有膜质边缘，中内层卵形或宽倒卵形，宽约5毫米，全部膜质或边缘宽膜质，顶端圆形，背部有长柔毛；花托半球形，无托毛；小花极多数，全为两性，结实；花冠长4毫米，黄色，膜质；花药顶端具宽披针形附片；花柱分枝顶端截形；瘦果近纺锤形，有不明显的纵肋，被稠密腺点，无冠毛。

花粉图式

**【花果期】** 花果期9—10月。

**【生境】** 生于海拔1067~1350米的山坡干燥地和沙丘上。

**【分布】** 国内分布：内蒙古、陕西北部和甘肃河西走廊；国外分布：蒙古南部。

**【别名】** 无

**【保护级别】** 无危（LC）；地方保护野生植物。

**【花粉形态】** 花粉粒近圆球形，极面观为3裂圆形，大小为27（24~31）× 36（32~42）μm；具3孔沟，内孔外突，具孔膜，孔膜完整，沟长达两级，沟缘不整齐；表面具刺状雕纹，刺长为3~4μm，刺分布稀疏，刺基部膨大。

第五章 被子植物的花粉形态

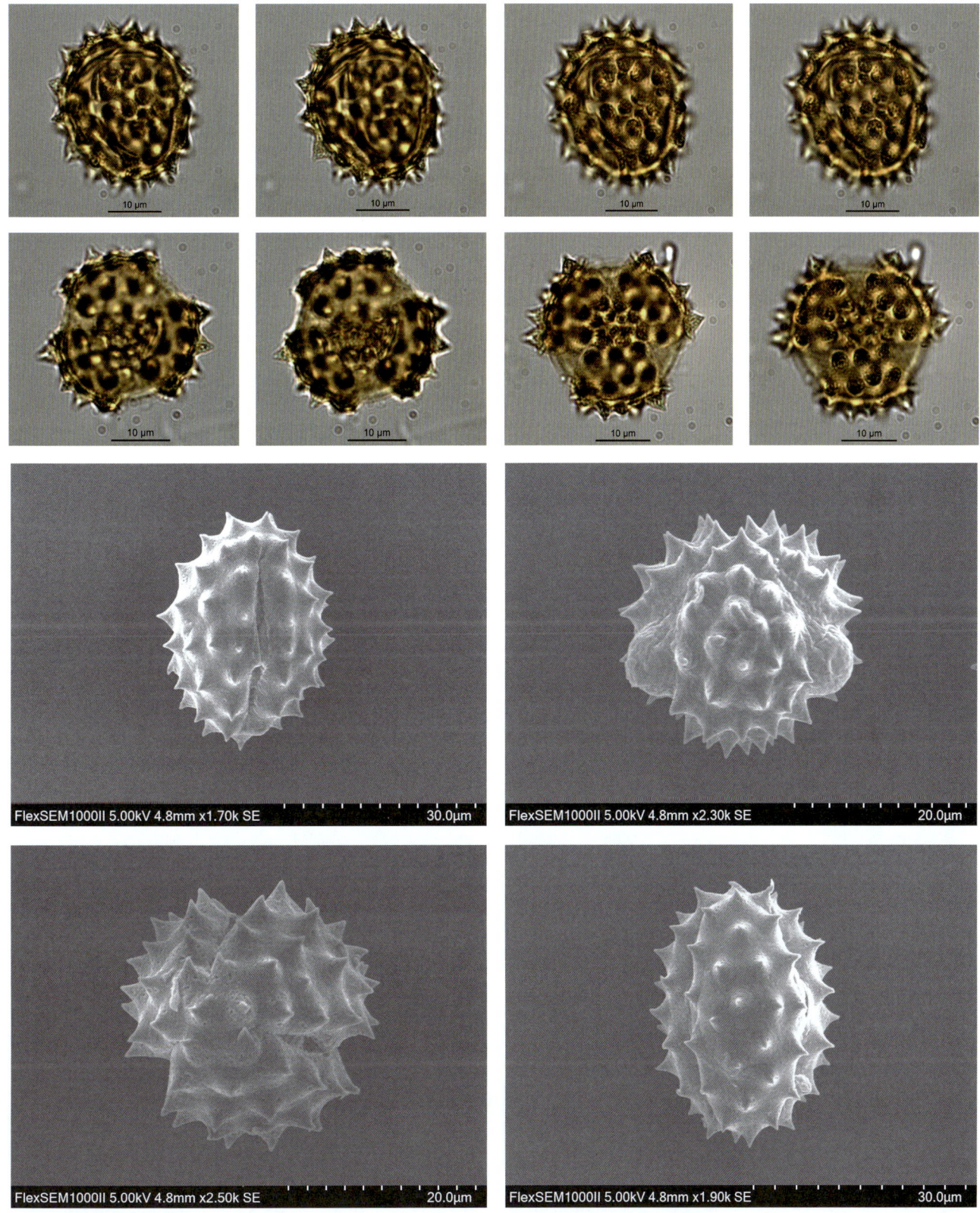

## *Tugarinovia* 革苞菊属

***Tugarinovia mongolica*** Iljin 革苞菊

【形态特征】多年生低矮草本；根状茎粗壮，上端有少数稀多数簇生或单生的花茎；花茎不分枝，长 2~4 厘米，密被白色茸毛；叶多数簇生茎基成莲座状，叶革质，长圆形，羽状深裂或浅裂，裂片有浅齿，齿端有长 2~4 毫米的硬刺；头状花序单生花茎顶端，下垂，具多数同形的盘状两性花；总苞倒卵圆形，长约 1.5 厘米，总苞片 3~4 层，先端有刺；小花多数，花冠管状，褐黄色，5 裂，裂片卵圆状披针形；花药顶端尖，基部有丝状全缘长尾部，花丝无毛；花柱分枝卵圆形，有泡状突起，花柱基部在子房上围有冠状具 5 齿的附片；瘦果有细沟，无毛。

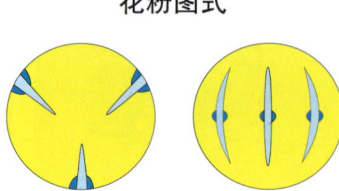

花粉图式

【花果期】花果期 5—6 月。

【生境】生于海拔 1500 米的干旱草地。

【分布】国内分布：内蒙古中部；国外分布：蒙古南部。

【别名】无

【保护级别】国家二级重点保护野生植物；易危（VU）。

【花粉形态】花粉粒近球形，极面观为 3 裂圆形，赤道面观为椭圆形，大小为 28（25~30）× 52（42~57）μm；具 3 孔沟，内孔外突；外壁厚，内层较薄，外层具明显基柱，具覆盖层；表面具小刺状突起。

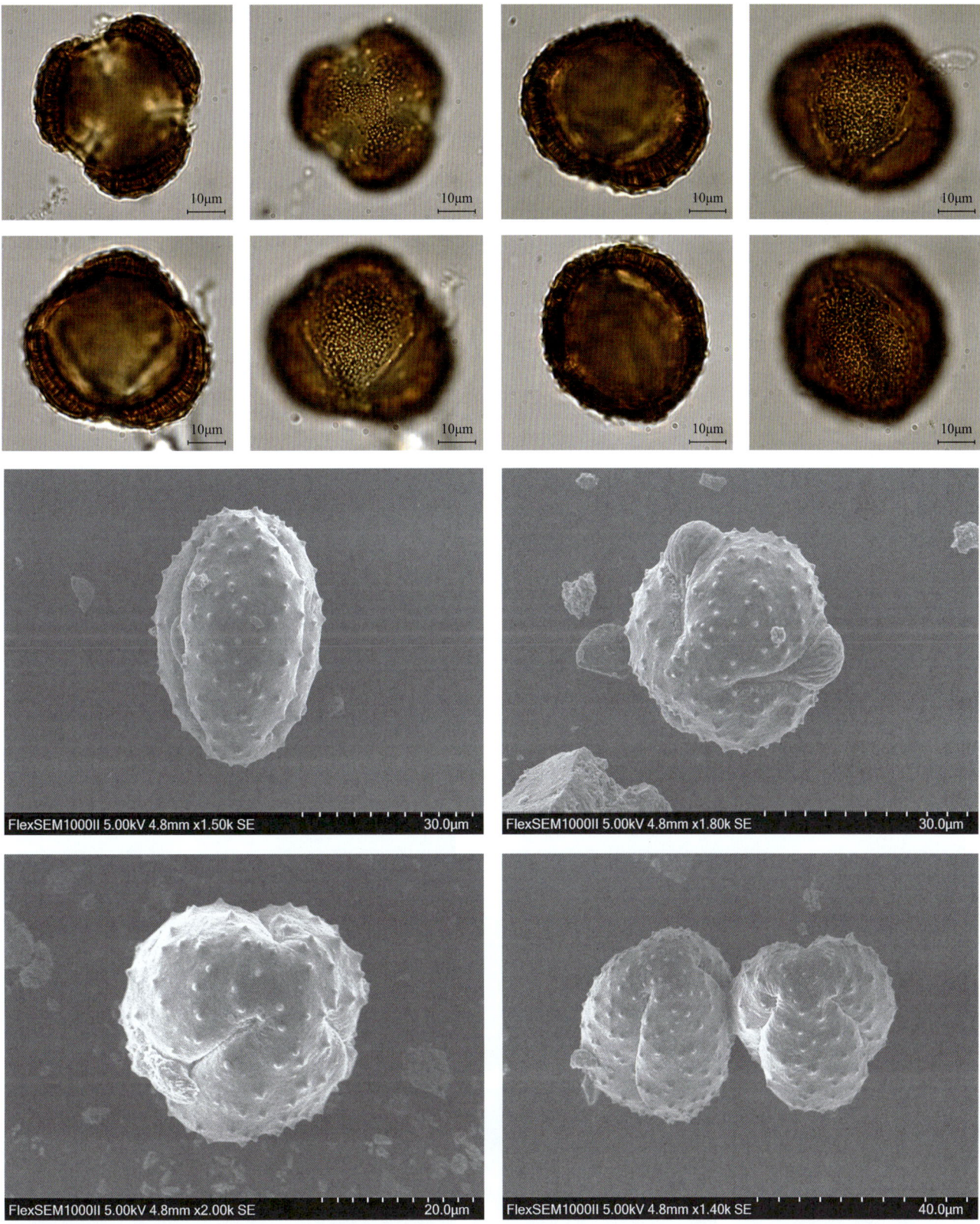

## Balsaminaceae 凤仙花科
### *Impatiens* 凤仙花属

*Impatiens macrovexilla* var. *yaoshanensis* S. X. Yu, Y. L. Chen & H. N. Qin 瑶山凤仙花

【形态特征】一年生草本，高 20~30 厘米，全株无毛，具少数支柱根；茎肉质，直立，不分枝或中部分枝，下部长裸露，节肿胀，有时长出不定根；叶互生，具柄，叶片膜质，卵圆形或卵状矩圆形；总花梗单生于上部叶腋，稀单花；花梗细，上部具苞片；苞片披针形，顶端渐尖，宿存；花紫色，侧生萼片全缘，绿色，宽卵形，顶端长突尖，边缘具细齿；旗瓣大，扁圆形或肾形；翼瓣的上部裂片全缘，翼瓣背部的小耳明显；唇瓣窄漏斗形，花丝线形；花药顶端钝；子房纺锤状，直立，顶端具 5~6 小齿裂；蒴果长圆形，顶端具 3~5 齿裂；种子多数，球形，褐色，光滑。

花粉图式

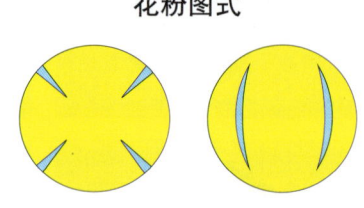

【花果期】花果期 6—9 月。

【生境】多生于阴凉潮湿的山林幽谷或者溪流边的湿地环境，海拔 100~1640 米的山谷阴处、林下或路边草地。

【分布】广西金秀县。

【别名】无

【保护级别】无危（LC）；中国特有种。

【花粉形态】花粉粒扁球形，左右对称，极面观为近正方形，赤道面观为扁圆形，直径为 27~38μm；具 4 沟，沟细而短，位于长方形的角上；外壁两层，外层稍厚于内层；表面具明晰的粗网状雕纹，网眼中具稀疏的颗粒。

第五章 被子植物的花粉形态

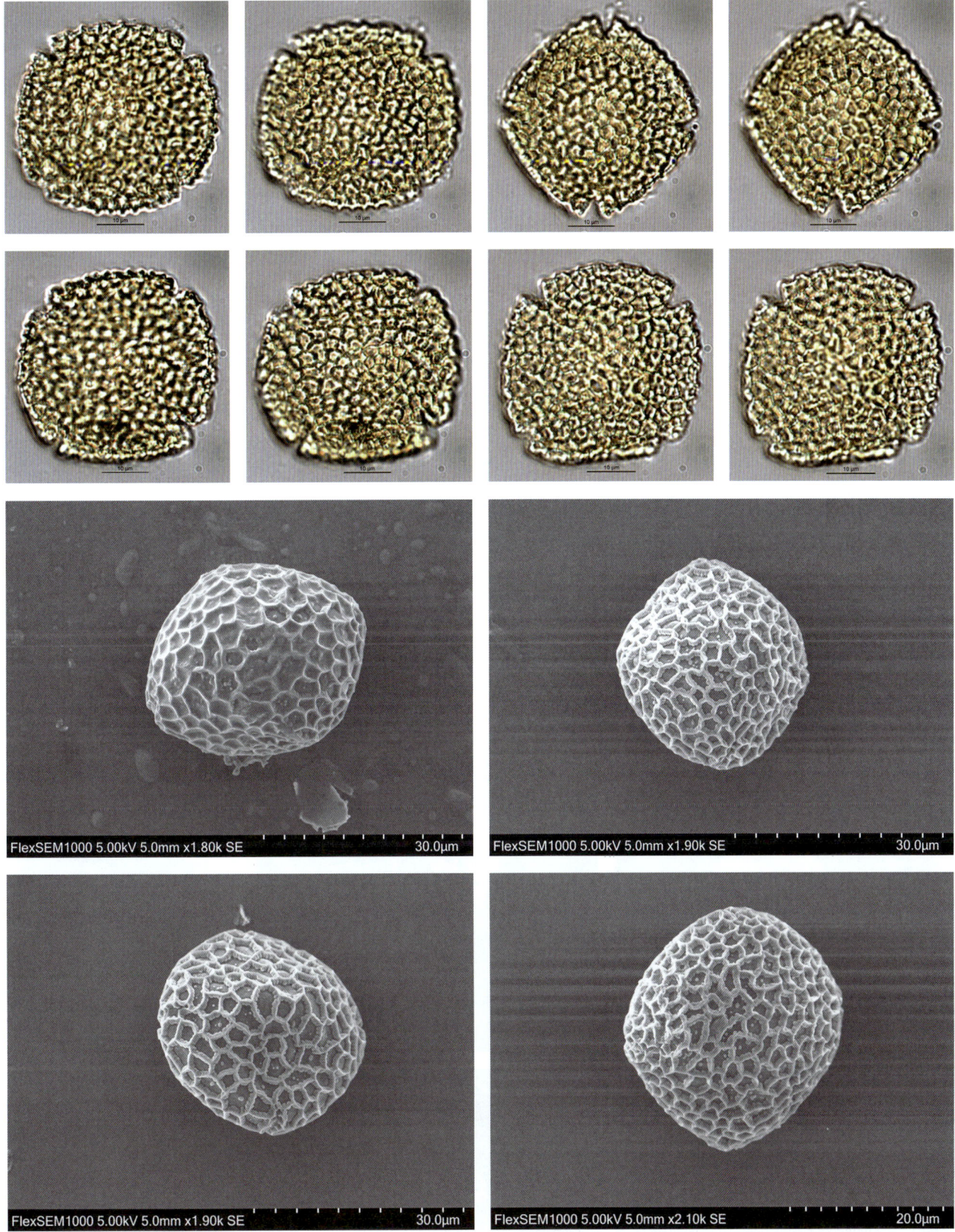

### *Impatiens monticola* Hook. f. 山地凤仙花

【形态特征】一年生多汁草本，高 30~60 厘米，全株无毛；茎粗壮，不分枝，长裸露或有分枝，小枝肉质；叶互生，具长柄，叶片膜质，卵状椭圆形或倒卵形，顶端渐尖，基部楔状，边缘具圆齿状齿或圆齿状锯齿，齿间具稀刚毛，侧脉 5~7 对；总花梗生于上部叶腋，具 2 花，结果时伸长；苞片绿色，草质，披针形或卵状披针形，宿存；花浅黄色，侧生萼片 2，卵圆形或圆形，绿色，膜质，背面中肋不增厚，具 3~5 脉，顶端具小尖；旗瓣圆形，背面中肋增厚，绿色，具狭鸡冠状突起，顶端突尖；翼瓣无柄，2 裂；唇瓣檐部舟状；翼瓣和唇瓣具橙红色条纹；花丝丝状，花药卵圆形，钝；子房线形，渐尖；蒴果长纺锤形，直立，具短柄，长喙尖；种子多数，长圆形，黄褐色，平滑。

【花果期】花期 7—9 月，果期 10 月。

【生境】生于海拔 900~1800 米的林缘阴湿处或路边石缝中。

【分布】四川（峨眉山）和重庆（缙云山）。

【别名】无

【保护级别】无危（LC）。

【花粉形态】花粉粒超扁球形，左右对称，极面观为钝角长方形，赤道面观为扁圆形，大小为 19（17~22）× 45（44~48）μm；具 4 沟，沟细而短，位于长方形的角上；外壁两层，外层稍厚于内层；表面具明晰的粗网状雕纹，网眼中具不明显的颗粒。

花粉图式

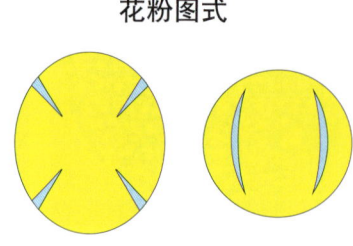

第五章 被子植物的花粉形态

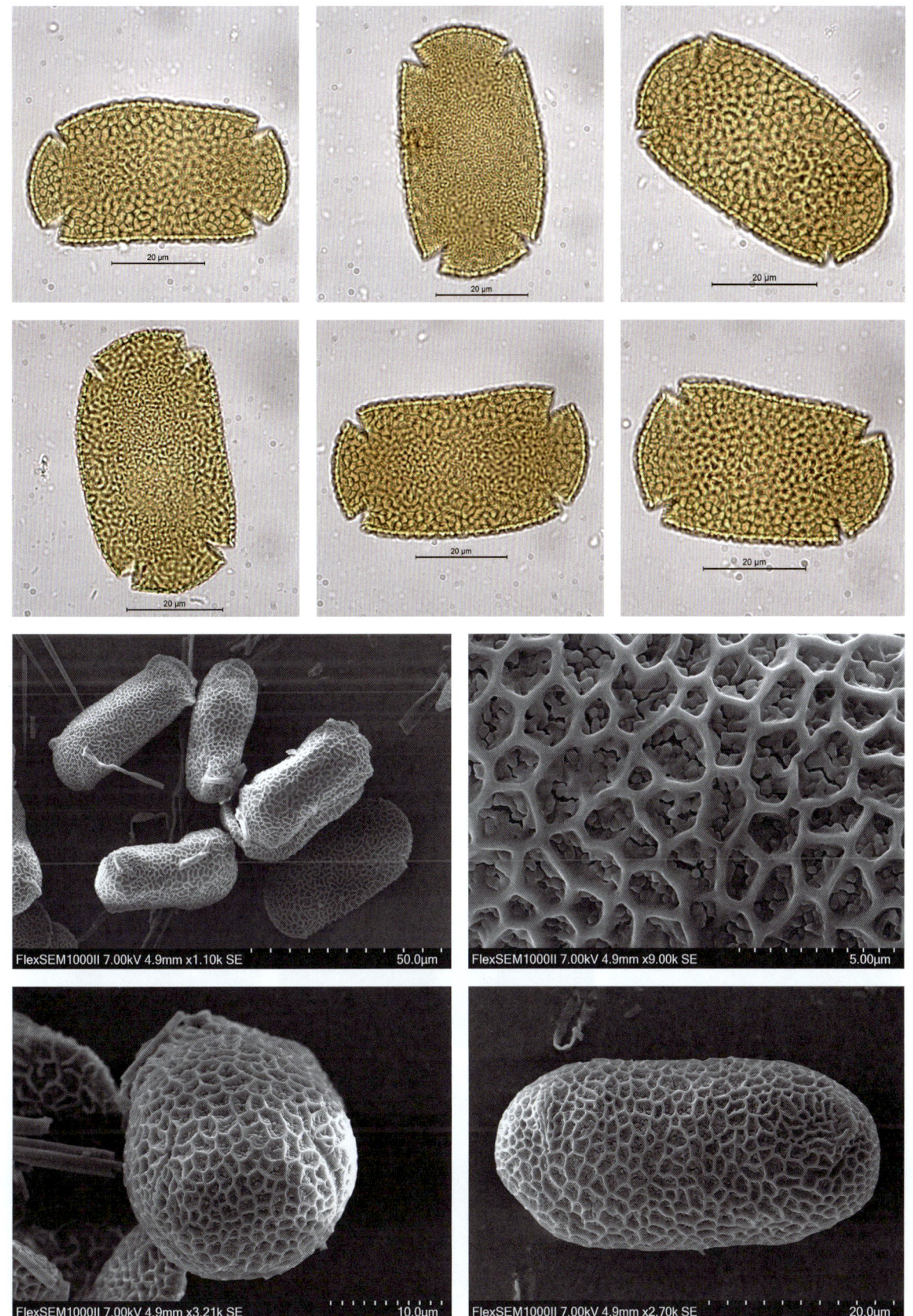

### *Impatiens morsei* Hook. f. 龙州凤仙花

**【形态特征】**一年生草本，全株无毛；茎粗壮，肉质，直立，分枝或不分枝，带紫褐色，下部长裸露；叶互生，具柄，常密集于茎上部，叶片较厚，卵形、椭圆形或卵状长圆形，顶端短尖或急尖，基部楔形或渐尖，边缘具细锯齿或小圆齿；叶柄粗；无总花梗，花梗单生于上部叶腋，无苞片，花后伸长；花白色、粉红色或紫色，内面具橙色斑点；侧生萼片 2，绿色，斜圆形，质较厚，具多条脉，中脉明显，顶端具小尖；旗瓣圆形，顶端 2 裂，背面中肋增厚；翼瓣具柄，2 裂，基部裂片镰刀状扇形，上部裂片长圆形，合生成 2 裂的片状，背部具不明显的小耳；唇瓣檐部舟状或漏斗状，口部平展，基部急狭成内弯，短于檐部的短矩；花丝长，线形，上部宽扁；花药钝；子房纺锤形，顶端弯喙尖。

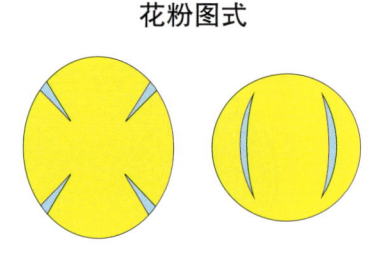

花粉图式

**【花果期】**花期 5—10 月，果期 10—11 月。

**【生境】**生于海拔 400~950 米的山谷水旁密林下阴湿处。

**【分布】**广西（龙津、龙州、陆川和那坡）。

**【别名】**无

**【保护级别】**无危（LC）；中国特有种。

**【花粉形态】**花粉粒超扁球形，左右对称，极面观为钝角长方形，赤道面观为扁圆形，大小为 20（17~22）× 40（37~46）μm；具 4 沟，沟细而短，位于长方形的角上；外壁两层，外层稍厚于内层；表面具明晰的粗网状雕纹，网眼中具模糊的颗粒。

# 第五章 被子植物的花粉形态

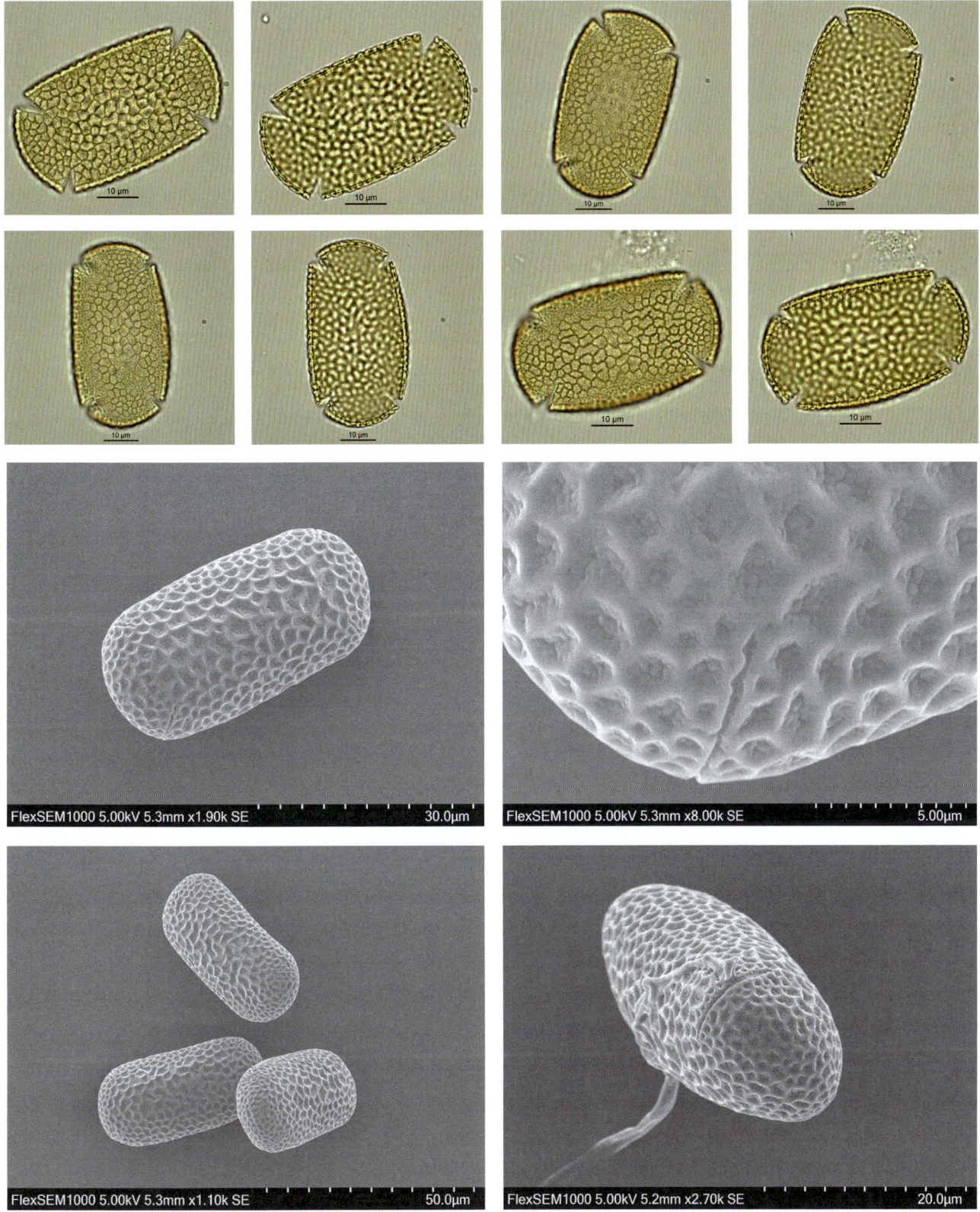

## *Impatiens pingxiangensis* H. Y. Bi & S. X. Yu 凭祥凤仙花

**【形态特征】**多年生草本植物，全株无毛；叶片卵形或倒披针形，表面光滑，颜色为深绿色，较薄；总花梗短，生于上部叶腋，有2朵花，花粉红色或淡紫色；唇瓣漏斗状，基部急狭成内弯的短矩；蒴果长椭圆形，顶端喙状。

**【花果期】**花果期10月。

**【生境】**生于石灰岩山坡向阳处或疏林灌丛下，海拔200~500米；为凤仙花科为数不多的耐旱种类。

**【分布】**广西。

**【别名】**无

**【保护级别】**中国特有种。

**【花粉形态】**花粉粒超扁球形，左右对称，极面观为钝角长方形，赤道面观为扁圆形，大小为16（14~19）×38（33~43）μm；具4沟，沟细而短，位于长方形的角上；外壁两层，外层稍厚于内层；表面具明晰的粗网状雕纹，网眼中具不明显的颗粒。

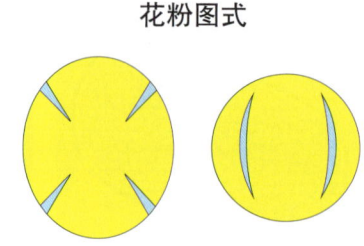

花粉图式

# 第五章　被子植物的花粉形态

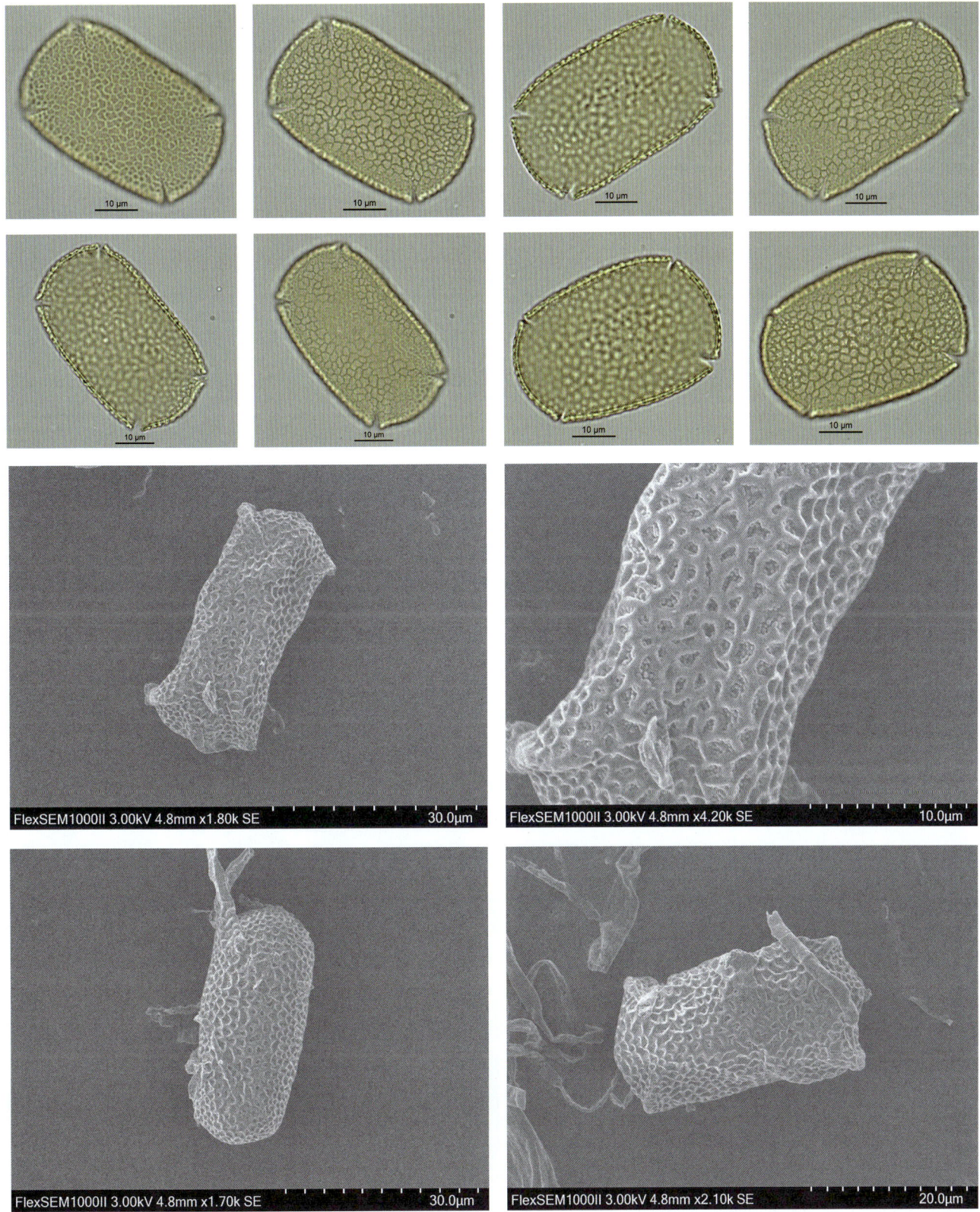

325

### *Impatiens uliginosa* Franchet 滇水金凤

花粉图式

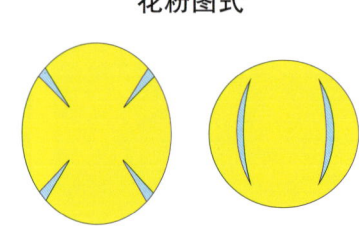

【形态特征】一年生草本，高 60~80 厘米，全株无毛；茎粗壮，直立，肉质，下部具粗大的节，有不定根；上部分枝，小枝短，开展；叶互生，近无柄或具短柄，叶片膜质披针形或狭披针形，顶端渐尖，基部狭成极短的叶柄，边缘具圆齿状锯齿或细锯齿；叶柄基部有 1 对球状的腺体；总花梗多数生于上部叶腋；近伞房状排列，具 3~5 花；花梗细，基部有苞片；苞片卵形，渐尖，脱落；花红色；侧生萼片 2，斜卵圆形；旗瓣圆形，背面中肋增厚，具龙骨状突起；翼瓣短，无柄，背部具小耳；唇瓣檐部漏斗形，口部斜上；花丝线形，花药小，顶端钝；子房纺锤形，直立，喙尖；蒴果近圆柱形，渐尖；种子少数，长圆形，黑色。

【花果期】花期 7—8 月，果期 9 月。

【生境】生于海拔 1500~2600 米的林下、水沟边潮湿处或溪边。

【分布】广西和云南。

【别名】无

【保护级别】近危（NT）；中国特有种。

【花粉形态】花粉粒超扁球形，左右对称，极面观为钝角长方形，赤道面观为扁圆形，大小为 16（15~18）× 35（33~38）μm；具 4 沟，沟细而短，位于长方形的角上；外壁两层，外层稍厚于内层；表面具明晰的粗网状纹饰，网眼中具不明显的颗粒。

# 第五章 被子植物的花粉形态

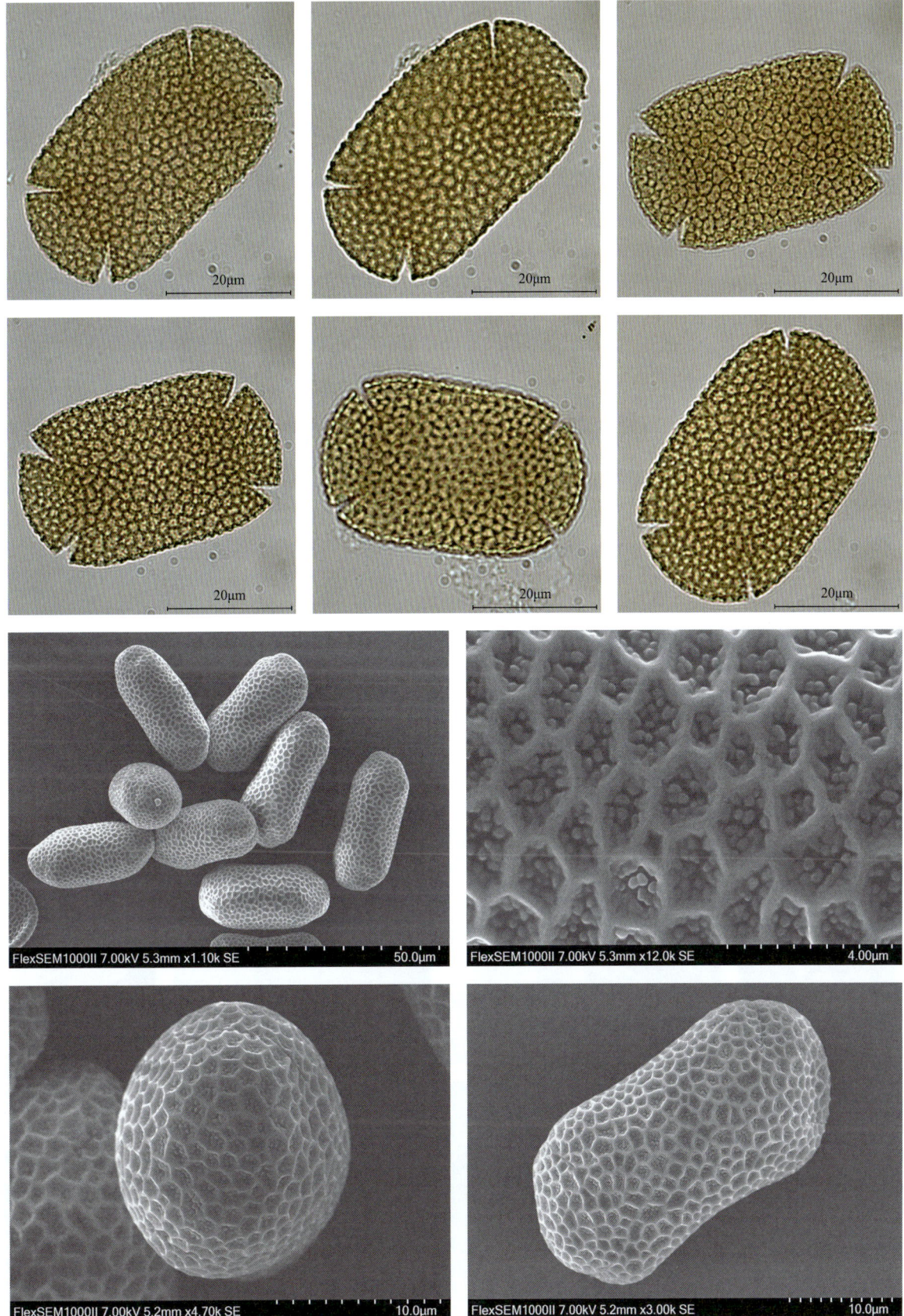

## Begoniaceae 秋海棠科
### *Begonia* 秋海棠属
*Begonia cavaleriei* H. Lév. 昌感秋海棠

**【形态特征】**多年生草本；根状茎伸长，匍伏，长圆柱状，表面不平整，呈结节状或似念珠状，节明显，被膜质褐色的鳞片和粗壮细长纤维状之根；叶盾形，全部基生，具长柄；叶片厚纸质，轮廓近圆形，中部以上分叉；叶柄长7~25厘米，有棱，无毛；托叶早落；花葶高约20厘米，有棱，无毛；花淡粉红色，数朵，呈聚伞状；雄花花梗长2~3厘米，无毛；苞片倒卵形，无毛；雄蕊多数，花丝长1.5~2厘米，花药倒卵形至长圆形；雌花被片3，外面2枚宽卵形或近圆形，内面1枚长圆形；子房长圆形，无毛，3室，中轴胎座，每室胎座具2裂片，具不等3翅，花柱3，仅基部合生，上部分枝，柱头外向膨大，螺旋状扭曲，并带刺状乳头；蒴果下垂，果梗长约3.5厘米，无毛；轮廓长圆形，无毛，具不等3翅，翅呈新月形，均无毛；种子多数，小，淡褐色，光滑。

**【花果期】**花期5—7月，果期从7月开始。

**【生境】**生于海拔700~1000米的山沟阴湿处岩石边、山脚阴密林下、山谷潮湿处密林下。

**【分布】**贵州、云南和广西。

**【别名】**盾叶秋海棠。

**【保护级别】**无危（LC）。

**【花粉形态】**花粉粒为长球形，极面观3裂圆形，大小为11（9~14）×24（22~27）μm；具3孔沟，沟长，沟内具颗粒；表面具条纹状雕纹。

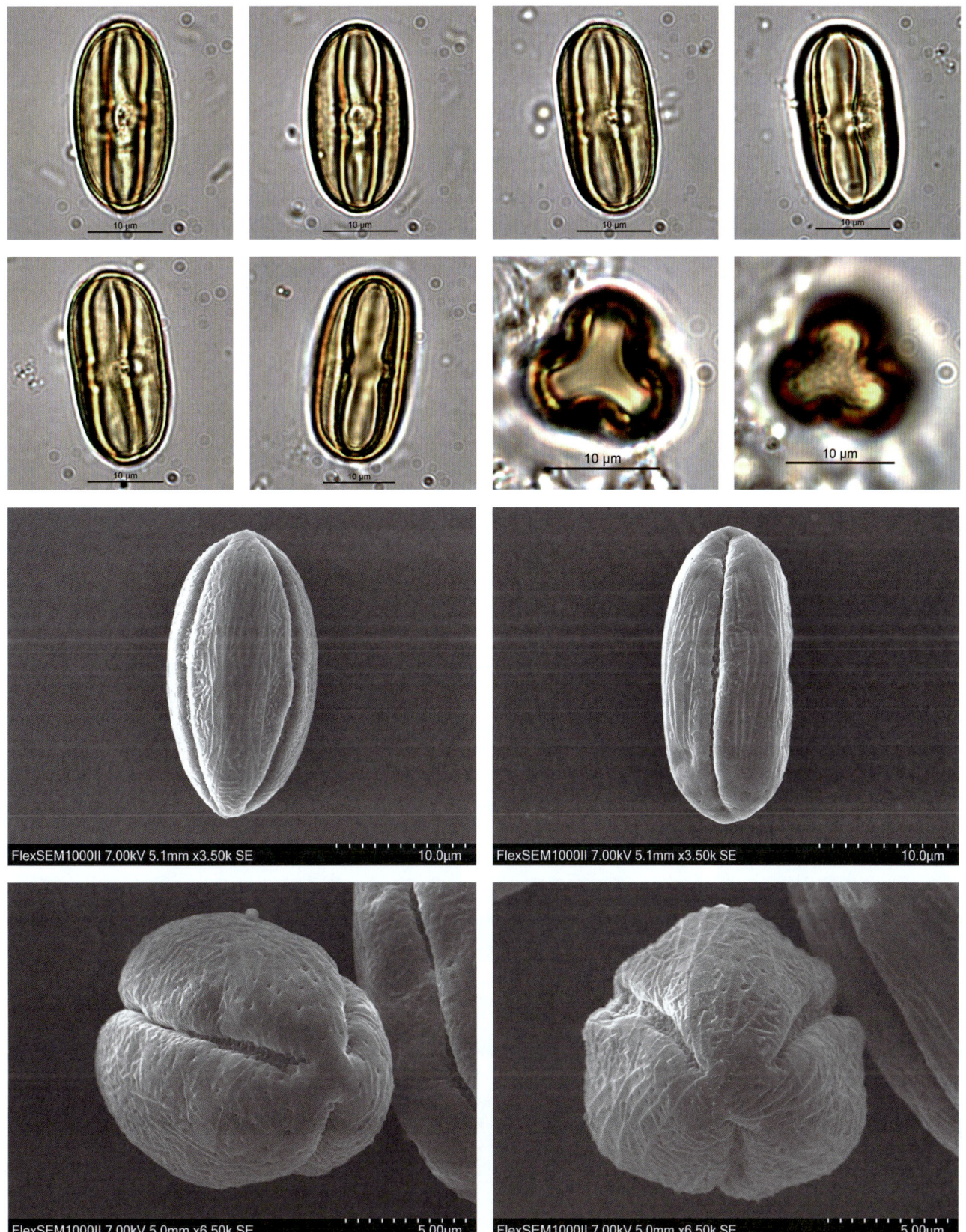

### *Begonia ferox* C. I Peng & Yan Liu 黑峰秋海棠

**【形态特征】** 草本；根状茎粗壮，匍匐，叶柄基部附近具长柔毛；托叶最后脱落，卵状三角形，草质，明显龙骨状，背面沿中脉有毛，先端具芒；叶互生，叶柄圆柱状，幼时具长柔毛，后变为棕色茸毛；叶片不对称，卵形，先端渐尖，基部明显斜心形，边缘呈残波状，黄绿色，幼时具长柔毛，正面绿色，表面有泡状隆起，脉间区域密布着黑棕色和具毛的泡状隆起，圆锥形，顶端略带红色，背面浅绿色，脉和泡状隆起微红色，脉被茸毛；花序腋生，二歧聚伞花序，直接生于根状茎；雄花：花被片4个，白色；雌花：花被片3片，粉白色；子房三棱椭圆形，带红色，具3翅，翅不等长，花柱3；蒴果三棱椭圆形，翅不等长；种子多数，棕色，椭圆形。

**【花果期】** 花果期5—10月。

**【生境】** 生于石灰岩山区。

**【分布】** 仅分布于广西壮族自治区崇左市龙州县水口镇陇相屯，石灰岩山体海拔130米的一处阔叶林下。

**【别名】** 刺秋海棠。

**【保护级别】** 国家二级重点保护野生植物；濒危（EN）。

**【花粉形态】** 花粉粒为长球形，极面观3裂圆形，大小为9（8~12）×25（22~28）μm；具3孔沟，沟长，沟内具颗粒；表面具条纹状雕纹。

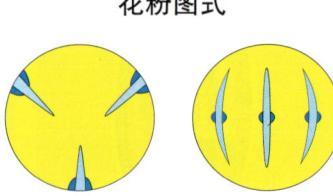

花粉图式

# 第五章 被子植物的花粉形态

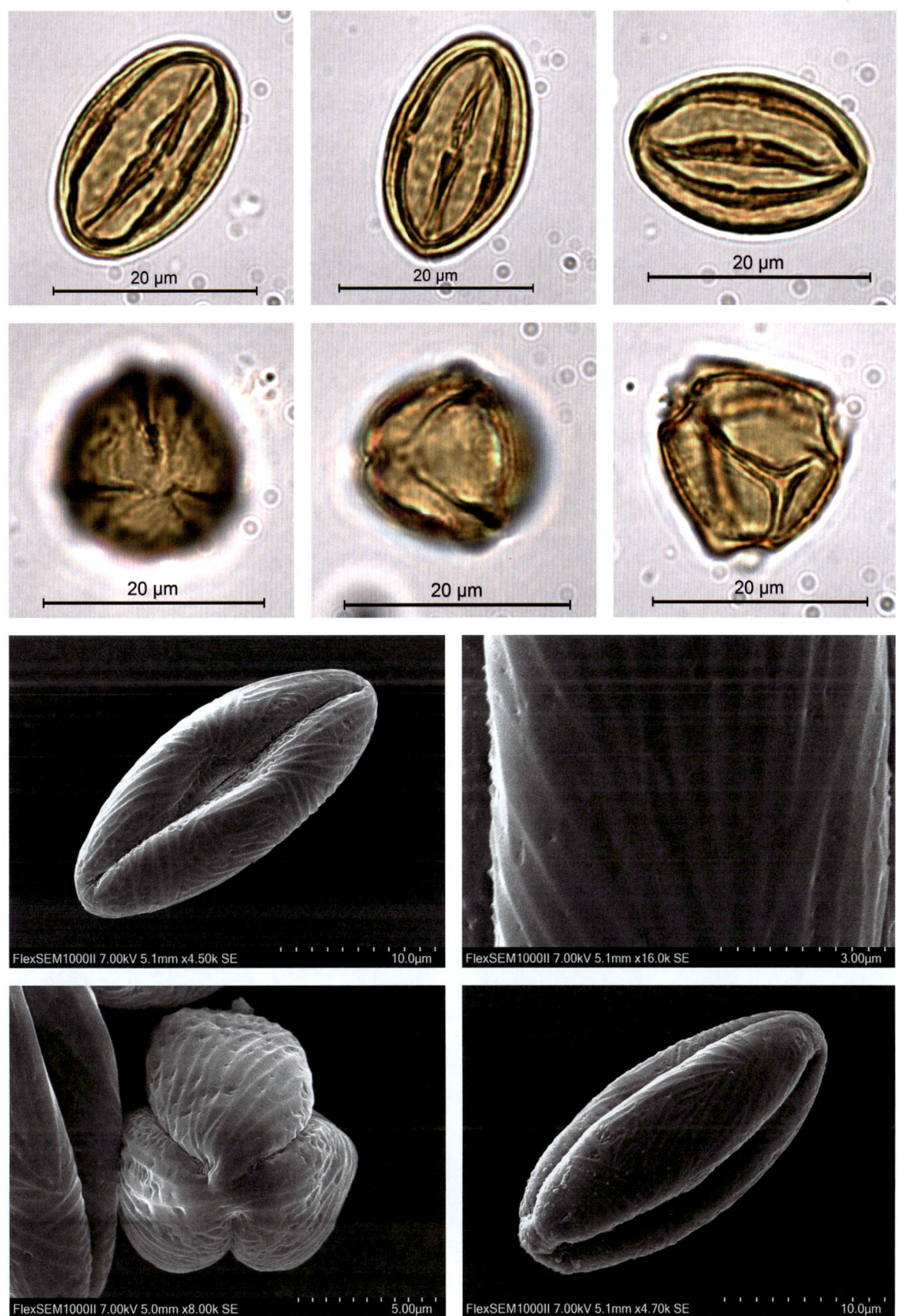

### *Begonia filiformis* Irmsch. 丝形秋海棠

花粉图式

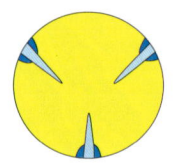
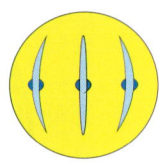

【形态特征】多年生草本；根状茎粗壮、扭曲，有残存的褐色鳞片，节密，具多数长短不等纤维状根；叶均基生，具长柄；叶片膜质，两侧极不相等，轮廓宽卵形或近圆形；托叶早落；花葶高 25~38 厘米，被褐色开展长毛；花绿色或带白色，4~12 朵，呈二歧聚伞状，苞片长圆状披针形，先端有刺芒，边缘有较长的腺睫毛；雄花被褐色平展长毛，花被片 4，外轮 2 枚大，长卵形，内轮 2 枚小，长圆形；雄蕊多数，花丝长约 1.5 毫米，花药倒卵球形；雌花花梗长 2~3 厘米，被褐色平展长腺毛，花被片 3，外轮 2 枚宽卵形，内轮 1 枚，长圆形；子房椭圆形，3 室，有中轴胎座，每室胎座具 1 裂片，花柱 3，基部合生，2 分枝，柱头外向螺旋状扭曲，并带刺状乳头；蒴果具不等 3 翅，大的近舌状，其余 2 翅窄，近三角形，被褐色长毛。

【花果期】花期 4 月，果期 5 月开始。

【生境】生于路边林下潮湿的岩石穴内。

【分布】广西（龙州、隆安和德保）。

【别名】无

【保护级别】近危（NT）；中国特有种。

【花粉形态】花粉粒长球形，极面观 3 裂圆形，大小为 19（9~20）× 32（28~42）μm；具 3 孔沟，沟长，中部缢缩，沟内具颗粒，孔明显；光镜下表面光滑，电镜下具条网状雕纹。

第五章 被子植物的花粉形态

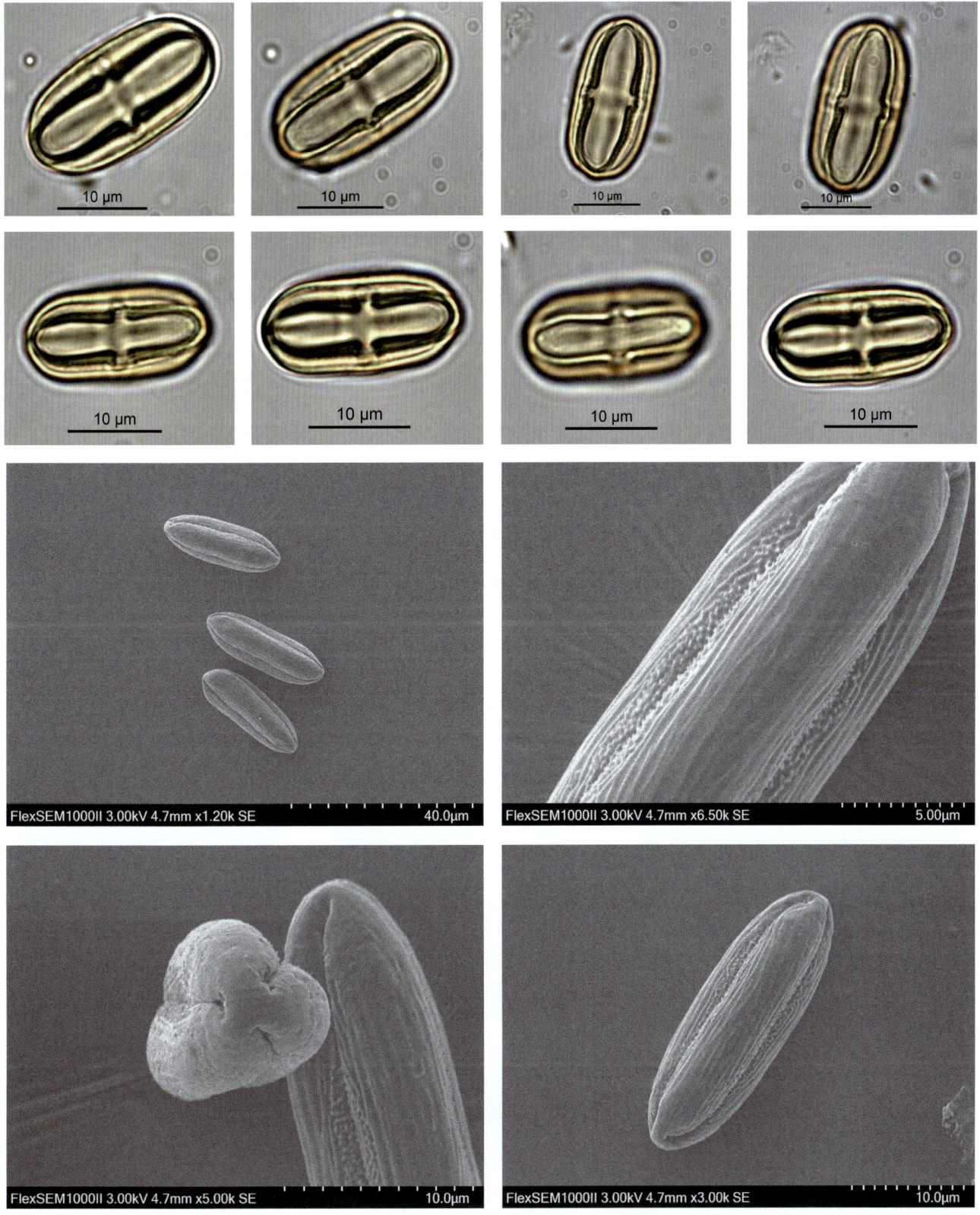

## *Begonia glechomifolia* C. M. Hu ex C. Y. Wu & T. C. Ku 金秀秋海棠

花粉图式

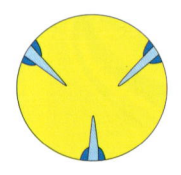
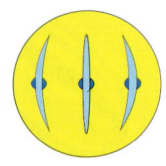

【形态特征】多年生草本；根状茎球形，周围长出细长纤维状之根；茎具棱，无毛或近于无毛；基生叶未见；茎生叶 1~2，具长柄；叶片轮廓心形或近肾形；叶柄长 3~9 厘米，有棱，无毛或近于无毛；托叶早落；花 2 朵，聚伞状，自叶腋抽出，花序梗有棱，无毛；花梗长 1~1.3 厘米，无毛；苞片早落；雄花被片 4，外轮 2 枚，长圆形，或宽卵形，内轮 2 枚，倒卵形；雄蕊多数，整个呈球状，花丝离生，花药近圆形；雌花被片 3，外轮 2 枚，宽卵形，内轮花被片 1，长圆形；子房长圆形，3 室，每室胎座具 2 裂片，花柱 3，柱头呈螺旋状扭曲；蒴果具 3 翅，一翅特大，呈镰刀状，另 2 翅短小，呈新月形，种子极多数，小，长圆形，淡褐色，光滑。

【花果期】花期 7—8 月，果期 10—11 月。

【生境】生于石山上，海拔 3000 米左右。

【分布】广西（金秀和象州）。

【别名】心叶秋海棠。

【保护级别】无危（LC）。

【花粉形态】花粉粒为长球形，极面观为 3 裂圆形，大小为 12（9~15）×35（31~42）μm；具 3 孔沟，沟长，中部缢缩，沟内具颗粒，孔明显；光镜下表面光滑，电镜下具条网状雕纹。

第五章 被子植物的花粉形态

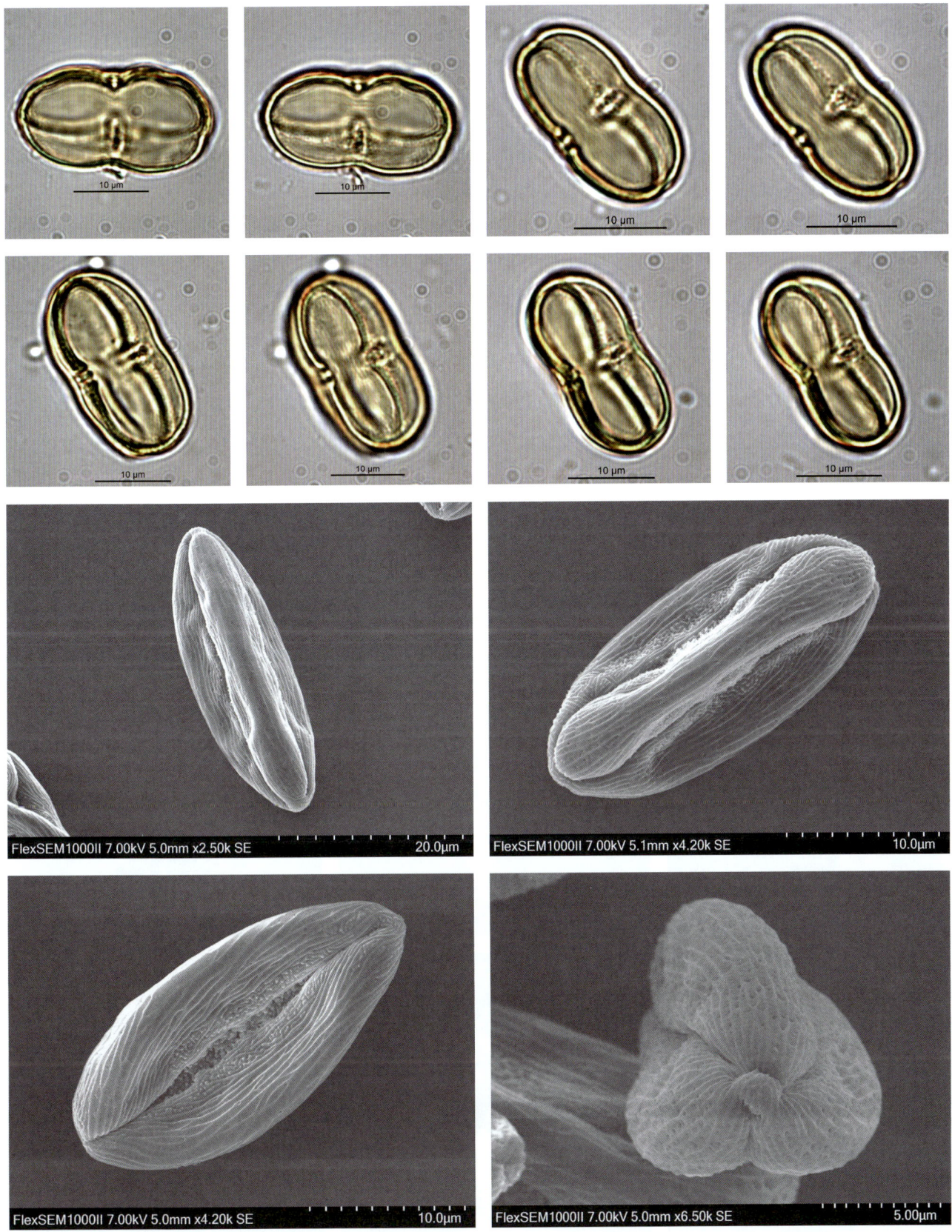

335

### *Begonia grandis* subsp. *sinensis* (A. DC.) Irmsch. 中华秋海棠

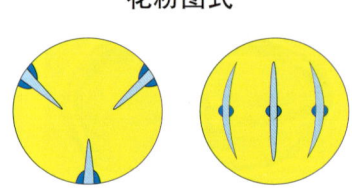

花粉图式

【形态特征】中型草本；茎高 20~70 厘米，几无分枝，外形近金字塔形；叶较小，椭圆状卵形至三角状卵形，先端渐尖，下面色淡，偶带红色，基部心形，宽侧下延呈圆形；花序较短，呈伞房状至圆锥状二歧聚伞花序；花小，雄蕊多数，短于 2 毫米，整体呈球状；花柱基部合生或微合生，有分枝，柱头呈螺旋状扭曲，稀呈 "U" 字形；蒴果具 3 不等大之翅；种子极多数，小，光滑。

【花果期】花果期 7—10 月。

【生境】生于山谷阴湿岩石上、滴水的石灰岩边、疏林阴处、荒坡阴湿处以及山坡林下，海拔 300~2900 米。

【分布】河北、山东、河南、山西、甘肃（南部）、陕西、四川（东部）、贵州、广西、湖北、湖南、江苏、浙江和福建。

【别名】无

【保护级别】无危（LC）。

【花粉形态】花粉粒为长球形，极面观 3 裂钝三角形，大小为 12（10~15）× 24（22~27）μm；具 3 孔沟，沟长，沟内具颗粒；表面具条纹状雕纹。

第五章 被子植物的花粉形态

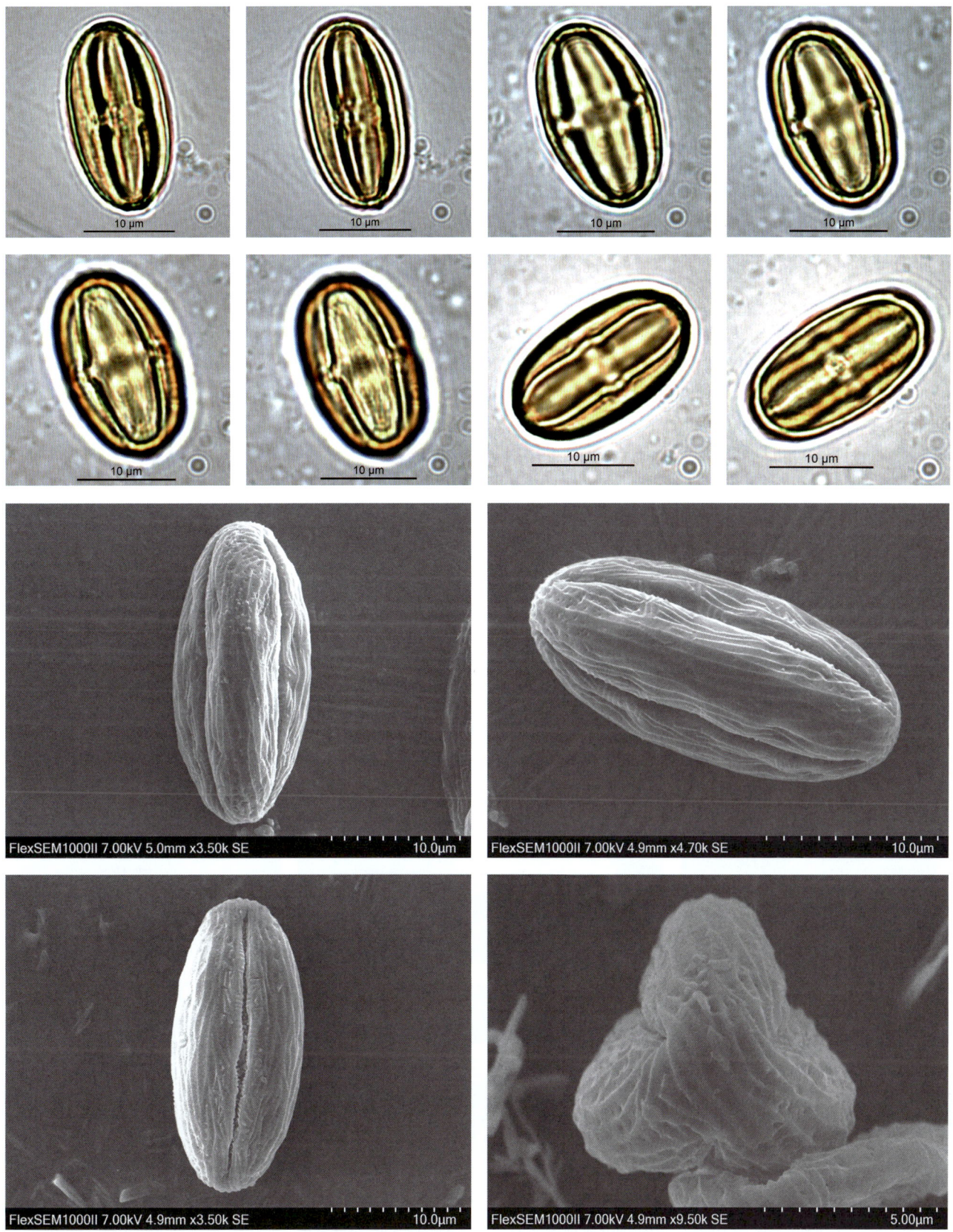

### *Begonia luzhaiensis* T. C. Ku 鹿寨秋海棠

【形态特征】草本；根状茎圆柱状，有残存褐色鳞片和纤维状之根；叶全部基生，具长柄；叶片两侧极不相等，轮廓宽卵形至近圆形，先端尾状渐尖，基部深心形；叶柄长 5~19 厘米，红褐色，散生长硬毛，近顶端较密；托叶膜质，脱落；花葶高可达 24 厘米，无毛；花白色，8~12 朵；呈 3~4 回二歧聚伞状；苞片早落；雄花被片 3，外面 2 枚，宽卵形，内面 1 枚长圆形；雄蕊多数，花药长圆形；雌花被片 2，子房无毛，1 室，具 3 侧膜胎座，胎座裂片 2；花柱 3，基部合生，柱头环状或头状；蒴果下垂，无毛；轮廓椭圆形，无毛，具不等 3 翅，1 个大，呈长圆方形，先端钝，另 2 翅小，呈新月形，先端圆；种子极多数，小。

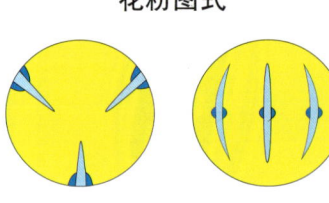

花粉图式

【花果期】花期 7—8 月，果期 9—11 月。

【生境】生于山坡下部石灰岩山地峭壁岩石缝中。

【分布】广西（鹿寨）。

【别名】无

【保护级别】无危（LC）。

【花粉形态】花粉粒为长球形，极面观 3 裂圆形，大小为 10（9~12）×40（38~52）μm；具 3 孔沟，沟长，中部缢缩，沟内具颗粒，孔明显；光镜下表面光滑，电镜下具条网状雕纹。

第五章 被子植物的花粉形态

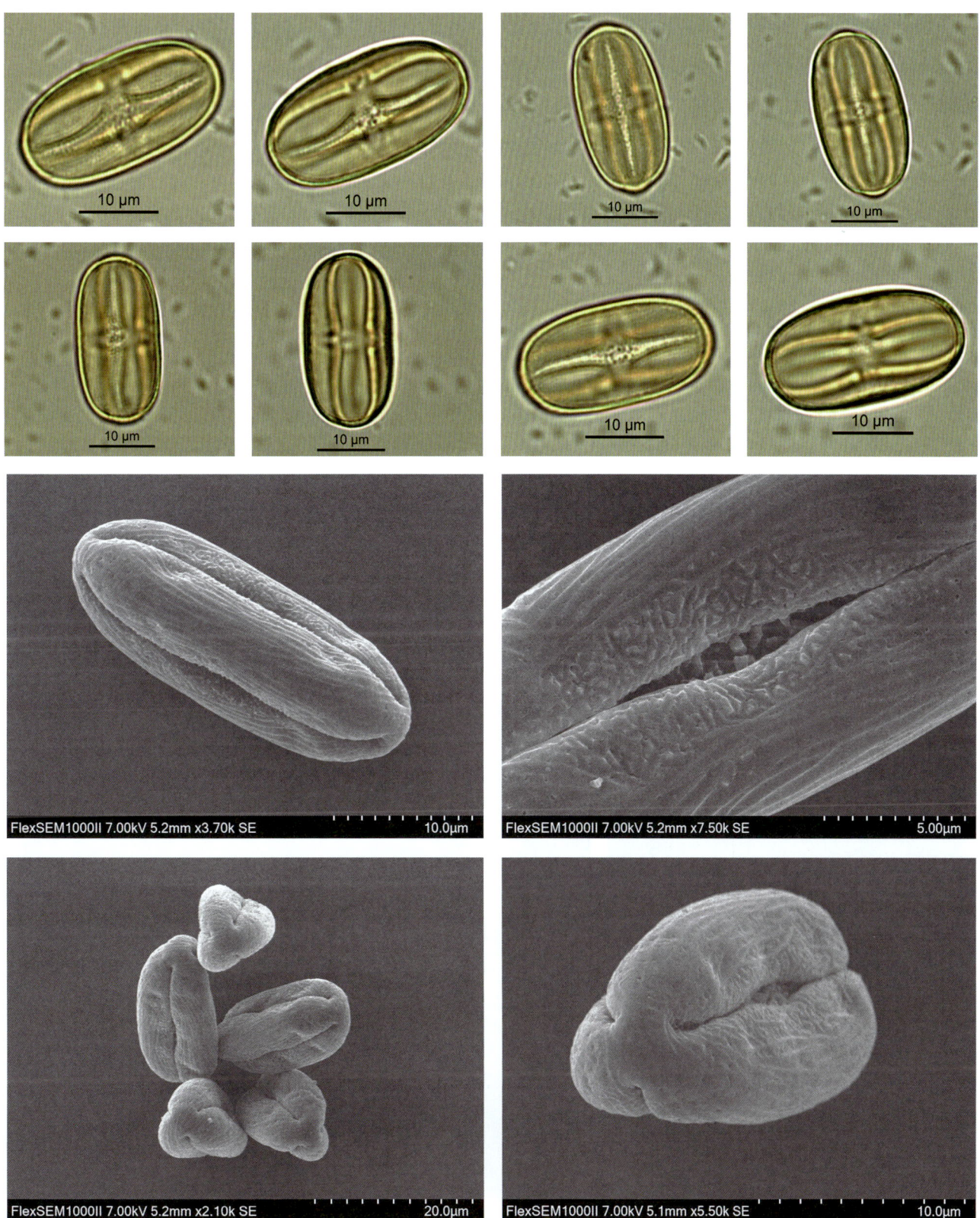

### *Begonia ornithophylla* Irmsch. 鸟叶秋海棠

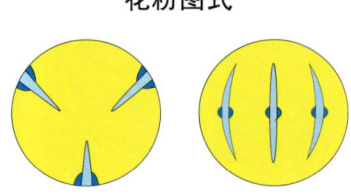

花粉图式

**【形态特征】**无茎草本，细弱；根状茎伸长，匍匐，节密，似结节状，不分枝，无毛；叶近草质，均基生，具长柄；叶片两侧极不相等，轮廓斜长卵形至斜卵状宽披针形，先端长渐尖，基部极偏斜，呈浅心形，两面均无毛；掌状 6 条脉，窄侧 2 条，宽侧 3 条，均不达边缘；叶柄有纵棱，无毛；托叶膜质，宽卵形或近圆形；花葶高 10~14 厘米，通常有花 6 朵，呈 3~4 回二歧聚伞花序；花梗无毛；苞片和小苞片卵形；花粉红色；雄花被片 4，外面 2 枚，宽卵形，内面 2 枚，长圆形或倒卵长圆形；雄蕊多数，基部微合生，花药楔状倒卵形，药隔较窄；雌花被片 3，外面 2 枚，宽卵形，内面 1 片长圆形；子房长圆状卵形，1 室，具 3 侧膜胎座，每胎座具 2 裂片，裂片偶有分枝，花柱 3，基部合生；蒴果具近等长 3 翅，翅呈直角。

**【花果期】**花果期 5—9 月。

**【生境】**生于腐叶土层的林下或岩石缝隙中。

**【分布】**广西（龙州）。

**【别名】**乌叶秋海棠。

**【保护级别】**无危（LC）。

**【花粉形态】**花粉粒长球形，极面观 3 裂圆形，大小为 8（6~10）× 17（15~20）μm；具 3 孔沟，沟长，中部缢缩，沟内具颗粒，孔明显；光镜下表面光滑，电镜下具条网状雕纹。

# 第五章 被子植物的花粉形态

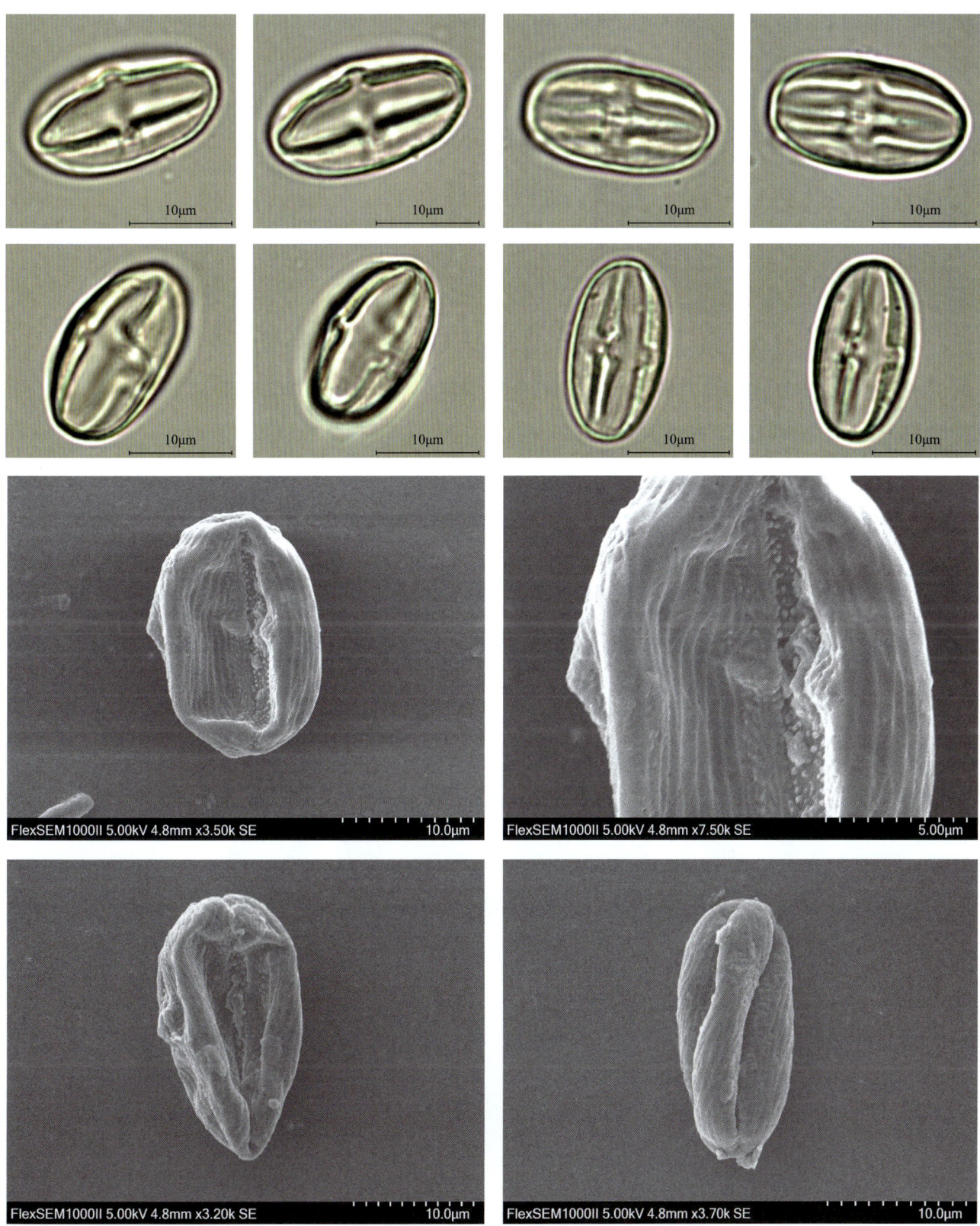

### *Begonia rex* Putz. 大王秋海棠

花粉图式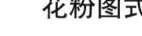

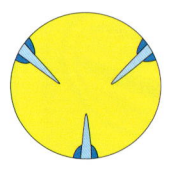 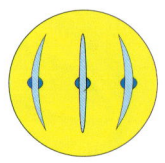

【形态特征】多年生草本，高可达 23 厘米；根状茎圆柱形，呈结节状，周围长出密集细长之根；叶均基生，长卵形；叶柄长 4~11.2 厘米，有棱，密被褐色长硬毛；托叶膜质，褐色，早落；花葶高 10~13 厘米，具棱，近无毛；花 2 朵，生于茎顶；花梗长 1.2~2.1 厘米，具棱，近无毛；雄花被片 4，外轮 2 枚，长圆状卵形，内轮花被片 2，长圆状披针形；雄蕊多数，整体呈椭圆形，花丝长约 2 毫米，花药长圆形；蒴果 3 翅，一翅特大，呈宽披针形，长 1.5~2.5 厘米，先端圆，无毛，有明显脉纹，其余 2 翅较窄，长约 3.5 毫米，呈新月形。

【花果期】花期 5 月，果期 8 月。

【生境】生于海拔 990~1100 米的山沟岩石上和山沟密林中。

【分布】国内分布：云南、贵州和广西；国外分布：越南北部、印度东北部和喜马拉雅山区。

【别名】长纤秋海棠、毛叶秋海棠。

【保护级别】无危（LC）。

【花粉形态】花粉粒为长球形，极面观 3 裂圆形，大小为 9（7~12）×20（17~24）μm；具 3 孔沟，沟长，沟内具颗粒；表面具条纹状雕纹。

第五章 被子植物的花粉形态

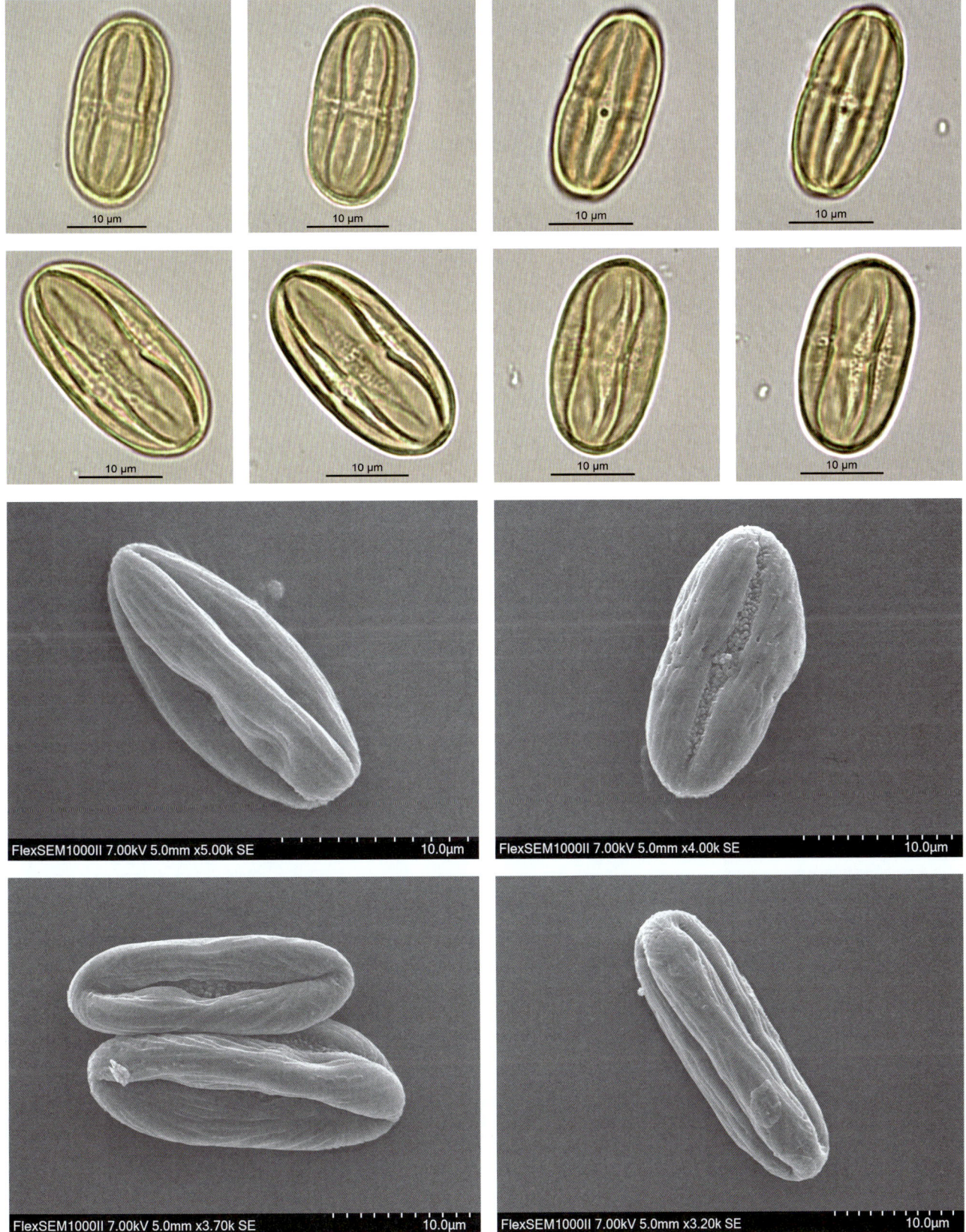

### *Begonia sinofloribunda* Dorr 多花秋海棠

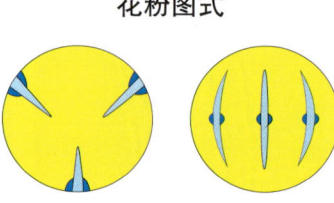

花粉图式

【形态特征】多年生草本；根状茎伸长，粗壮，直立或铺地生根，常有分枝，节密，被多数膜质褐色的卵状披针形鳞片，具有多数纤维状之根；叶盾形，均基生，具长柄，叶片两侧略不相等，轮廓长圆状披针形或卵状披针形；叶柄近无毛，有棱；托叶早落；花葶高 2~4 厘米，花多数；5~6 回二歧聚伞花序，紫色；花梗长 7~10 毫米，和分枝均无毛；苞片膜质，长圆形，无毛；雄花被片 2，半圆形；雄蕊多数，花丝离生，花药倒卵形；雌花被片 2，宽卵形；子房长圆形，无毛，2 室，每室胎座具 2 裂片，具 3 翅；花柱 2，约 1/2 基部合生，柱头膨大，外向螺旋状扭曲，并带刺状乳突；蒴果下垂；轮廓长圆状倒卵球形，无毛，有 3 不等之翅，较大的呈斧形，其余 2 翅窄，均无毛。

【花果期】花期 7—8 月，果期 8 月开始。

【生境】石山地的林下。

【分布】广西（龙州）。

【别名】无

【保护级别】无危（LC）。

【花粉形态】花粉粒长球形，极面观 3 裂圆形，大小为 10（9~12）× 27（25~32）μm；具 3 孔沟，内孔稍向里凹，沟内具颗粒；光镜下表面光滑，电镜下具条网状雕纹。

第五章 被子植物的花粉形态

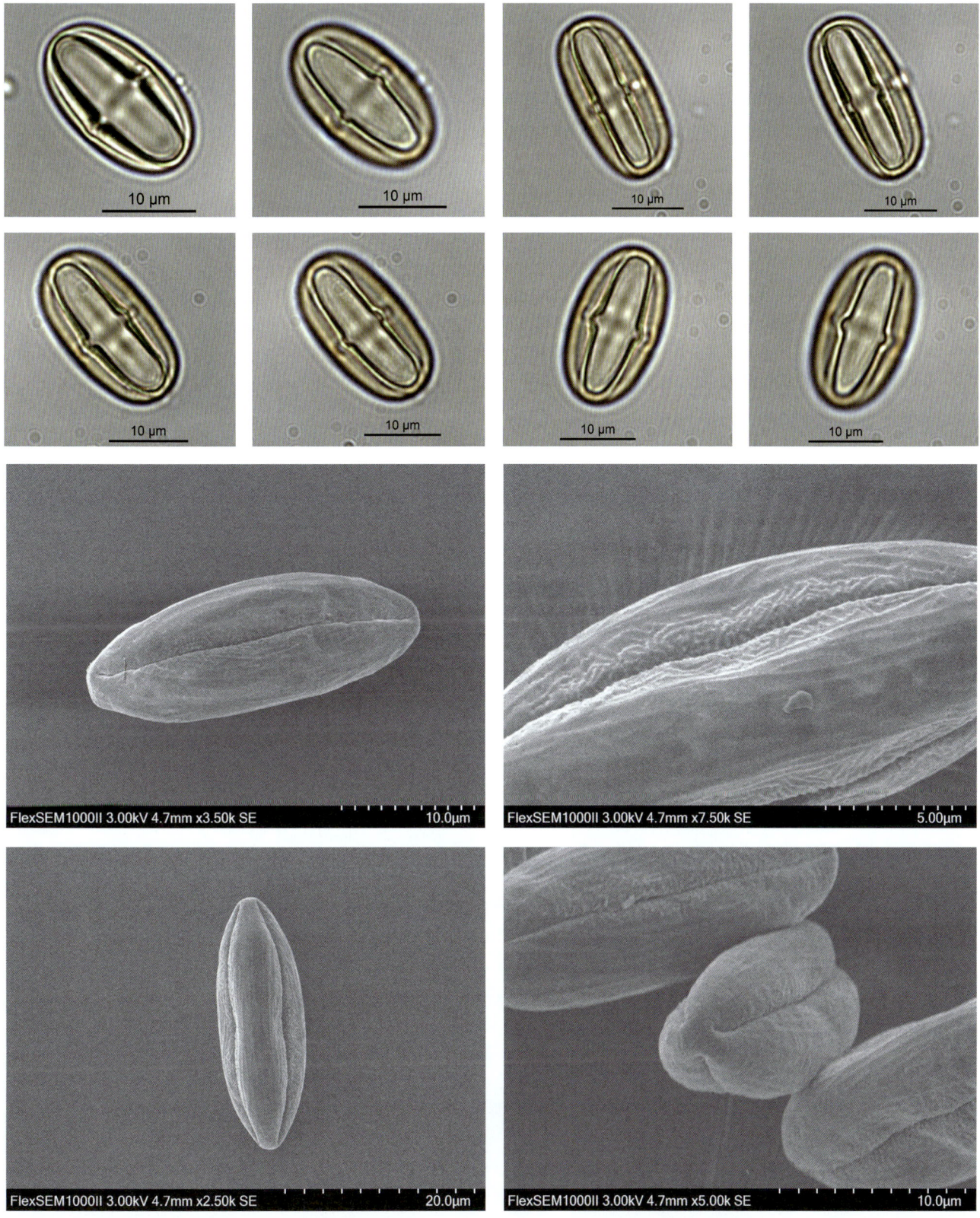

345

## Berberidaceae 小檗科
### *Berberis* 小檗属

*Berberis ferdinandi-coburgii* C. K. Schneid. 大叶小檗

【形态特征】常绿灌木，高约 2 米；老枝具棱槽，散生黑色疣点；茎刺细弱，三分叉，腹面具槽；叶革质，椭圆状倒披针形，先端急尖，具 1 刺尖，基部楔形；叶柄长 2~4 毫米；花 8~18 朵簇生；花梗细弱，长 1~2 厘米，无毛；花黄色；小苞片红色，长约 1.5 毫米，萼片 2 轮，外萼片披针形，先端急尖，内萼片卵形；花瓣狭倒卵形，先端缺裂，基部缢缩成爪，具 2 枚分离腺体；雄蕊长约 3 毫米，药隔先端平截；胚珠单生，近无柄。浆果黑色，椭圆形或卵形，顶端具明显宿存花柱，不被白粉或有时微被白粉。

花粉图式

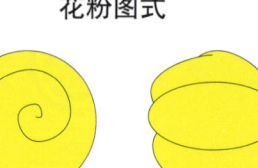

【花果期】花果期 6—10 月。

【生境】生于海拔 100~2700 米的山坡及路边灌丛中。

【分布】云南。

【别名】无

【保护级别】地方保护野生植物。

【花粉形态】花粉粒球形，直径为 34~40μm；具螺旋状萌发孔，或具不规则散沟或环沟，沟膜上具明显颗粒；外壁两层，厚约 1.5μm，外层与内层厚度约相等；表面具颗粒 – 网状雕纹。

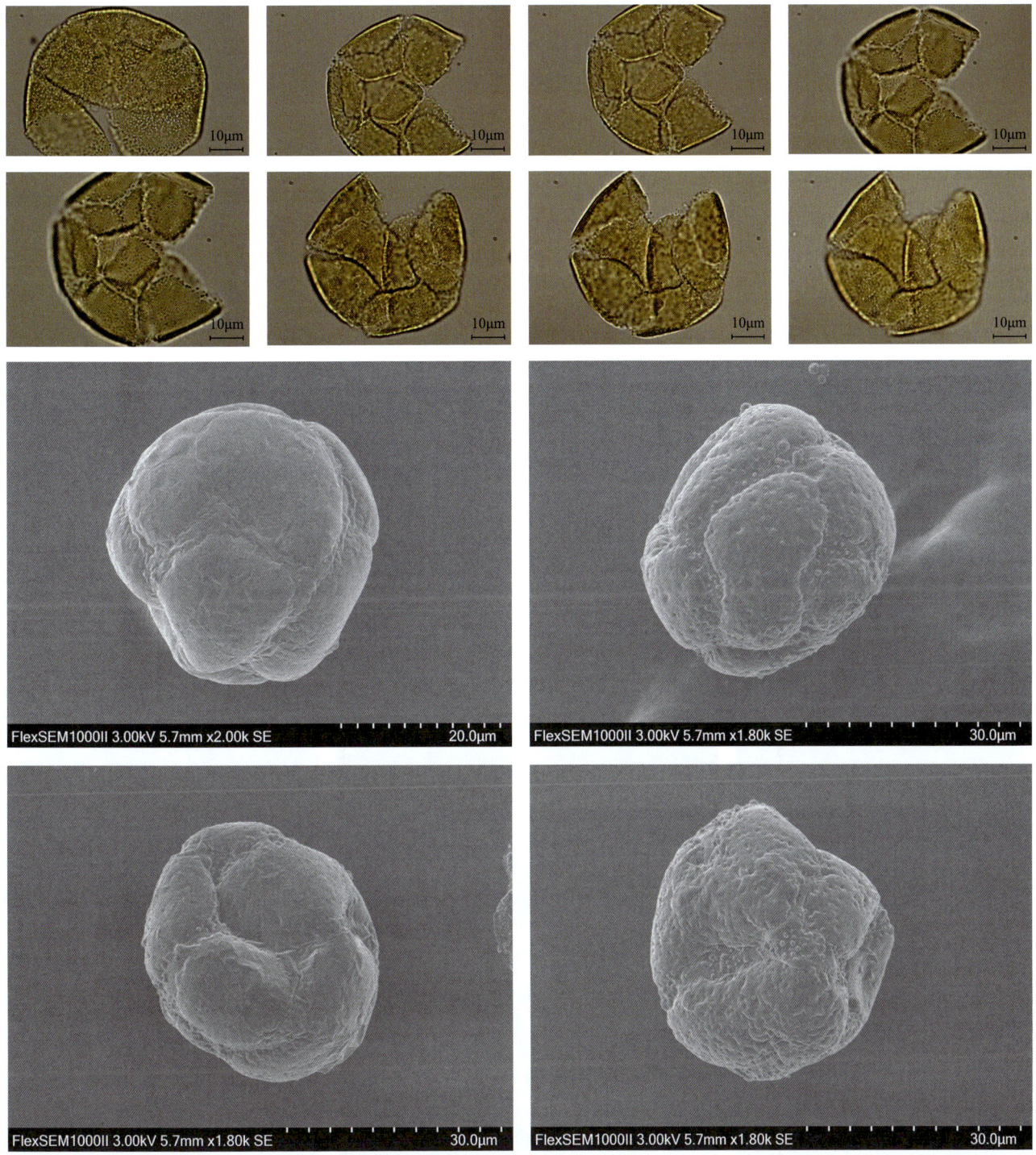

## *Dysosma* 鬼臼属

### *Dysosma versipellis* (Hance) M. Cheng 八角莲

【形态特征】多年生草本植物，植株高可达1.5米；根状茎粗壮，横生，多须根；茎直立，不分枝，无毛，淡绿色；茎生叶2枚，薄纸质，互生，盾状，近圆形，4~9掌状浅裂，裂片阔三角形，卵形或卵状长圆形；花梗纤细，下弯，被柔毛；花深红色，5~8朵簇生于离叶基部不远处，下垂；萼片6，长圆状椭圆形，先端急尖，外面被短柔毛，内面无毛；花瓣6，勺状倒卵形，无毛；雄蕊6，花丝短于花药，药隔先端急尖，无毛；子房椭圆形，无毛，花柱短，柱头盾状；浆果椭圆形；种子多数。

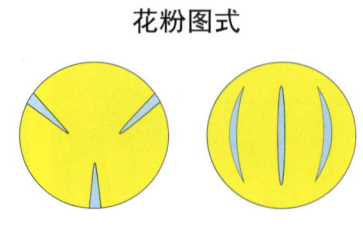

花粉图式

【花果期】花期3—6月，果期5—9月。

【生境】生长于山坡林下、灌丛中、溪旁阴湿处、竹林下或石灰岩山常绿林下。

【分布】湖南、湖北、浙江、江西、安徽、广东、广西、云南、贵州、四川、河南和陕西。

【别名】无

【保护级别】国家二级重点保护野生植物；易危（VU）；地方保护野生植物。

【花粉形态】花粉粒近球形至长球形，极面观为3裂圆形，大小为35（29~40）×50（41~60）μm；具3沟，沟长，3沟排列有时不完全平行，沟边缘往往不平；外壁两层，内外层厚度相等；表面具细网状雕纹。

# 第五章 被子植物的花粉形态

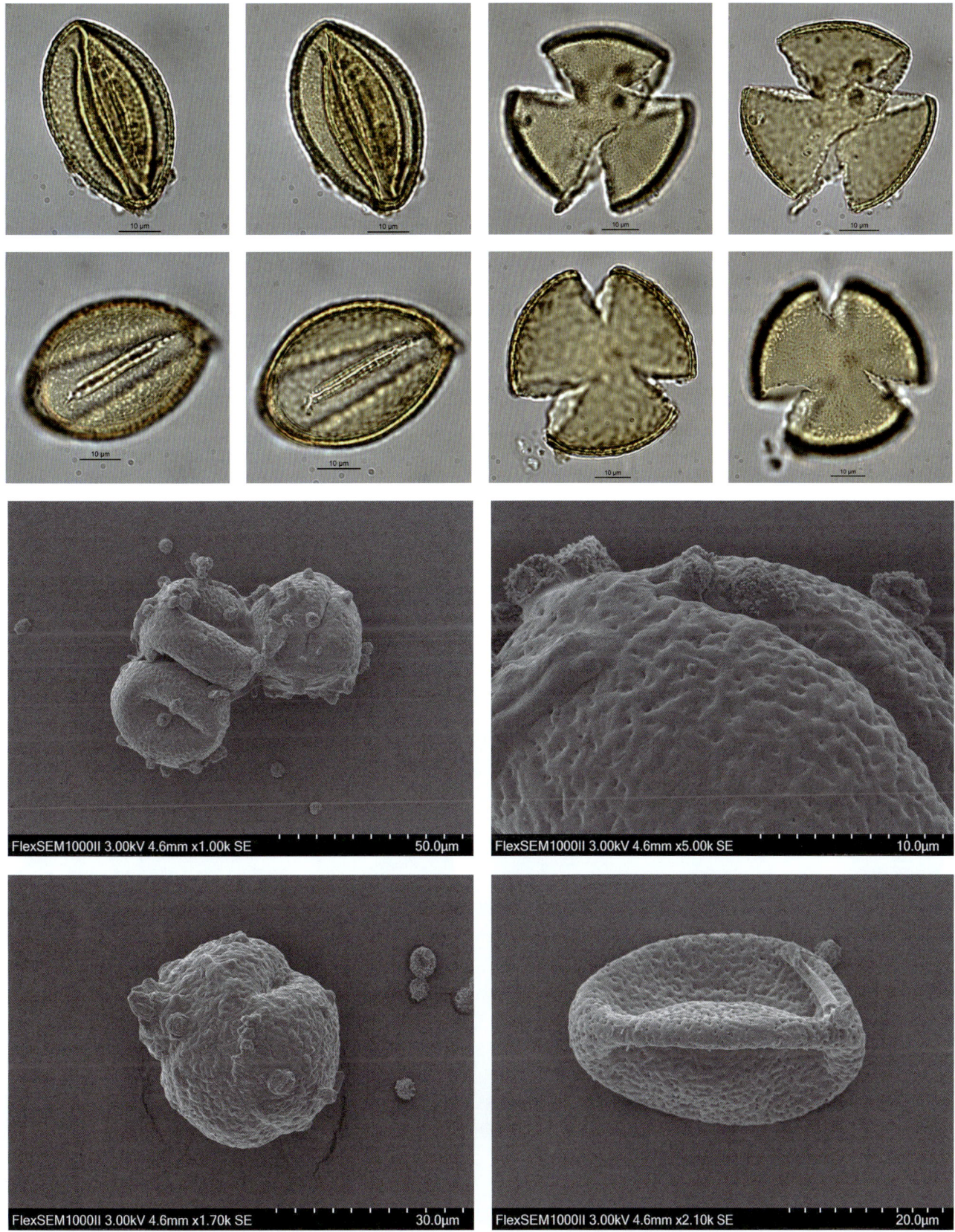

## Epimedium 淫羊藿属

### *Epimedium brevicornu* Maxim. 淫羊藿

【形态特征】多年生草本，植株高 20~60 厘米；根状茎粗短，木质化，暗棕褐色；二回三出复叶基生和茎生，具 9 枚小叶，基生叶 1~3 枚丛生，具长柄，茎生叶 2 枚，对生；小叶纸质或厚纸质，卵形或阔卵形；花茎具 2 枚对生叶；圆锥花序长 10~35 厘米，具 20~50 朵花，序轴及花梗被腺毛；花梗长 5~20 毫米；花白色或淡黄色；萼片 2 轮，外萼片卵状三角形，暗绿色，内萼片披针形，白色或淡黄色；花瓣远较内萼片短，距呈圆锥状，瓣片很小；雄蕊长 3~4 毫米，伸出，花药长约 2 毫米，瓣裂；蒴果长约 1 厘米，宿存花柱喙状，长 2~3 毫米。

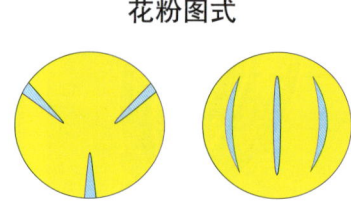

花粉图式

【花果期】花期 5—6 月，果期 6—8 月。

【生境】生于海拔 650~3500 米的林下、沟边灌丛中或山坡阴湿处。

【分布】陕西、甘肃、山西、河南、青海、湖北和四川。

【别名】短角淫羊藿。

【保护级别】近危（NT）；中国特有种。

【花粉形态】花粉粒长球形，极面观 3 裂圆形，赤道面观椭圆形，大小为 21（18~29）×42（39~48）μm；具 3 沟，沟长，两端较尖；外壁两层，外层与内层厚度约相等，柱状层基柱不明显；表面具细网状雕纹。

第五章 被子植物的花粉形态

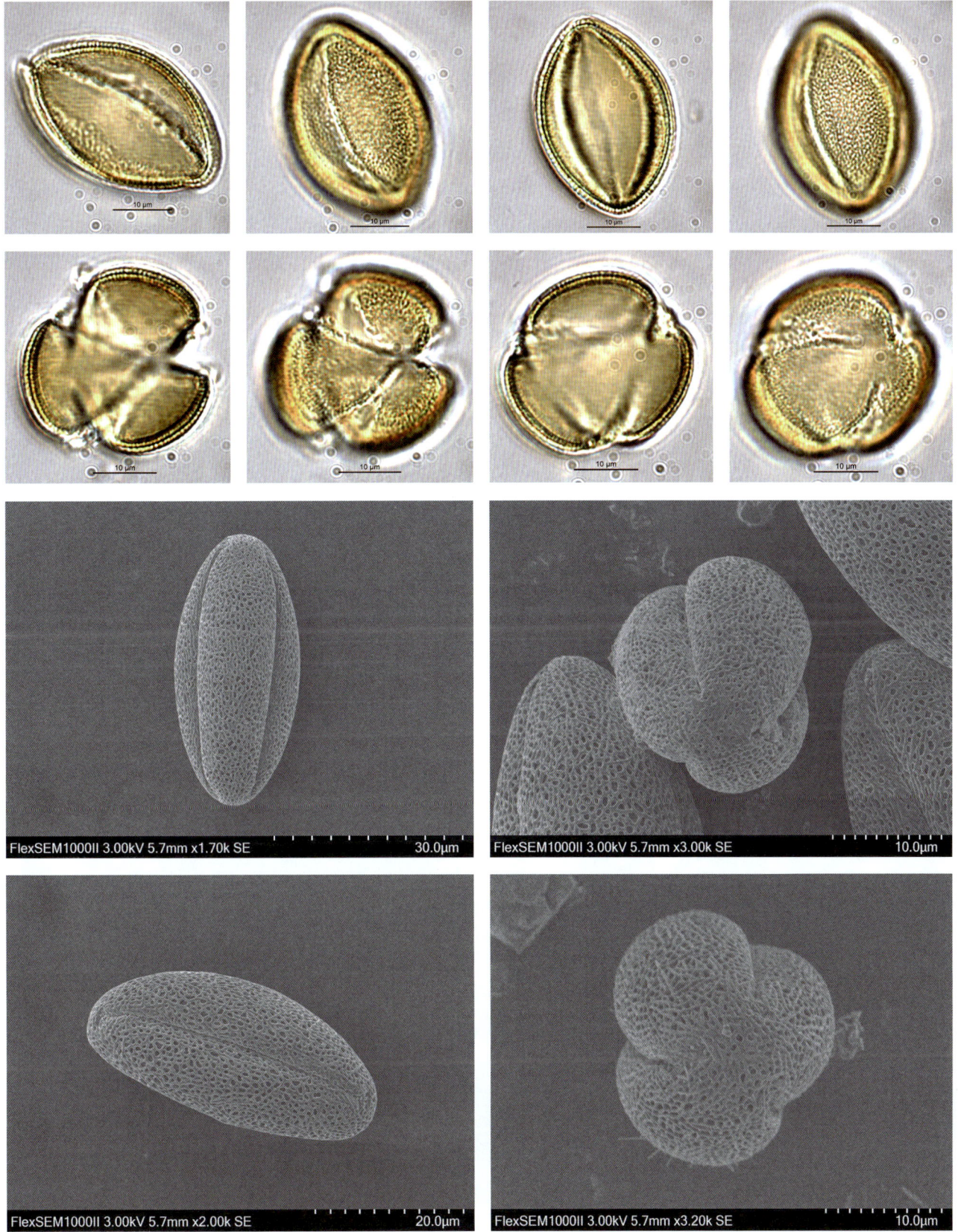

351

## Betulaceae 桦木科
### *Alnus* 桤木属

***Alnus nepalensis*** D. Don 尼泊尔桤木

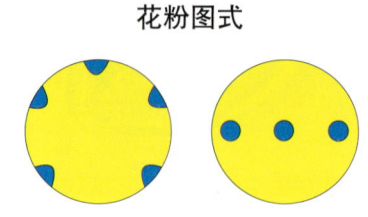

花粉图式

【形态特征】乔木，高可达 15 米；树皮灰色或暗灰色，平滑；枝条暗褐色，无毛，幼枝褐色，疏被黄色短柔毛或近无毛；芽具柄，具 2 枚芽鳞，光滑；叶厚纸质，倒卵状披针形、倒卵形、椭圆形或倒卵状矩圆形，顶端骤尖或锐尖，较少渐尖，基部楔形或宽楔形，很少近圆形，边缘全缘或具疏细齿，上面绿色，微光亮，无毛，下面粉绿色，密生腺点，幼时疏被长柔毛，以后沿脉被黄色短柔毛，脉腋间具簇生的髯毛，侧脉 8~16 对；叶柄粗壮，近无毛；雄花序多数，排成圆锥状，下垂；果序多数，呈圆锥状排列，矩圆形，序梗短；果苞木质，宿存，顶端圆，具 5 枚浅裂片；小坚果矩圆形，膜质翅宽为果的 1/2，较少与之等宽。

【花果期】花期 9—10 月，果期翌年 11—12 月。

【生境】生于海拔 700~3600 米的山坡林中、河岸阶地及村落中。

【分布】国内分布：西藏、云南、贵州、四川西南部和广西；国外分布：印度、不丹和尼泊尔。

【别名】无

【保护级别】无危（LC）。

【花粉形态】花粉粒扁球形，赤道面观为宽椭圆形，在极面观具棱角，大小为 17（15~20）× 28（22~32）μm；多数为 4~5 孔，故呈四角或五角形，孔直径为 1.5~2.9μm，孔的结构很特殊；外壁明显分为两层，内外层至孔边分离，外层突出于轮廓线，而内层仍沿着原来的轮廓线，内外层之间形成典型的孔室；表面具颗粒组成的细条纹。

## 第五章 被子植物的花粉形态

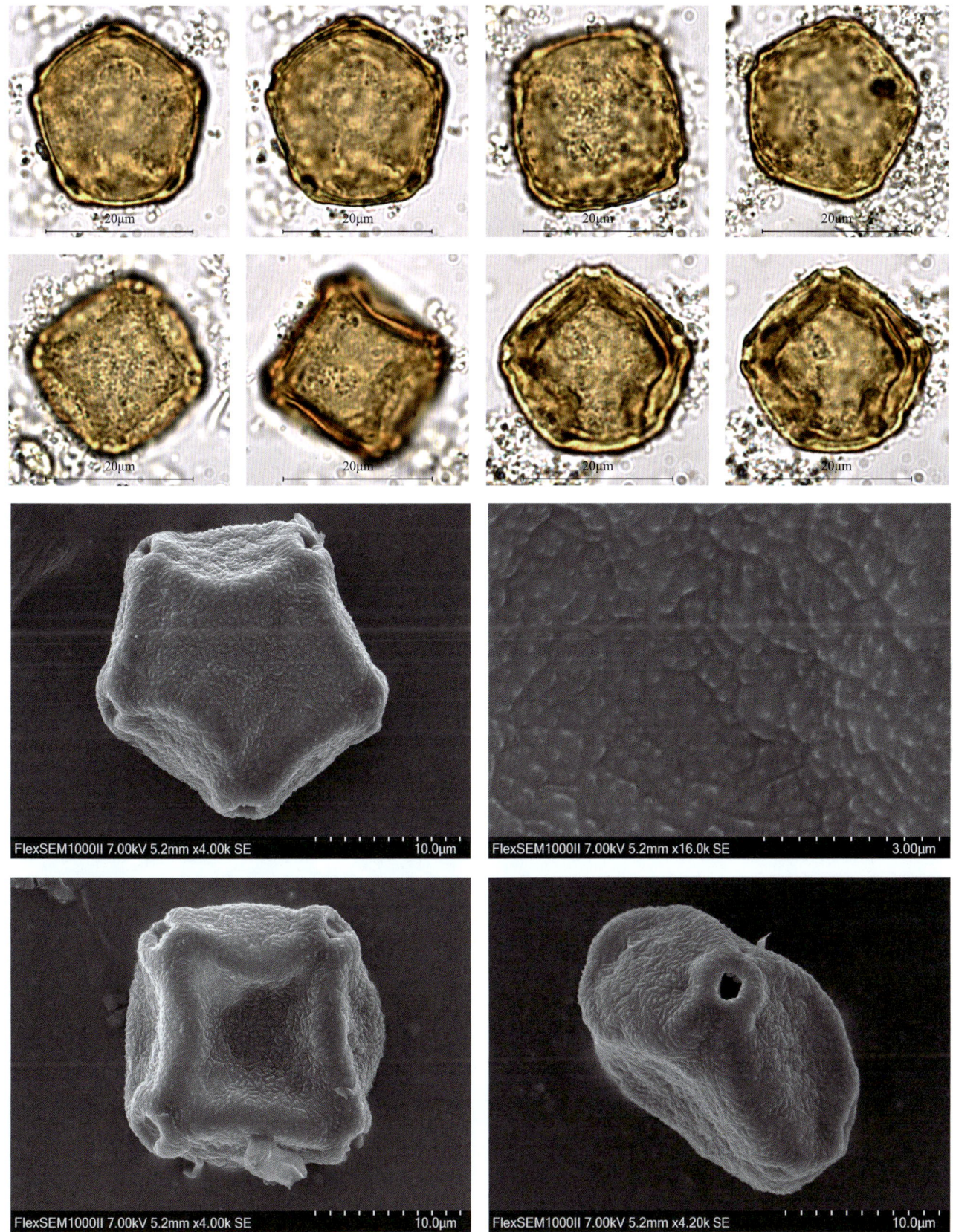

## *Betula* 桦木属

### *Betula austrosinensis* Chun ex P. C. Li 华南桦

【形态特征】乔木，高可达 25 米；树皮褐色、灰褐色或暗褐色，成块状开裂；枝条褐色或灰褐色，无毛；小枝黄褐色，初被淡黄色柔毛，瞬即无毛；叶厚纸质，长卵形、椭圆形、矩圆形或矩圆状披针形；叶柄粗壮，幼时密被白色长柔毛，后渐变无毛；果序单生，直立，圆柱状；序梗短而粗，多少被短柔毛；果苞长 8~13 毫米，背面密被短柔毛，边缘具短纤毛，脱落后常以纤维与序轴相连，中裂片矩圆披针形，顶端常具一束长纤毛，钝或渐尖，侧裂片矩圆形，微开展，长及中裂片 1/2；小坚果狭椭圆形或矩圆状倒卵形，长 4~5 毫米，宽约 2 毫米，膜质翅宽为果的 1/2。

花粉图式

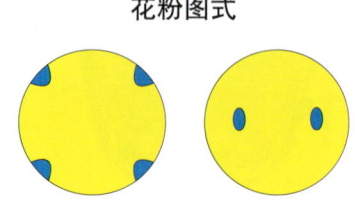

【花果期】花期 6—7 月，果期 8—9 月。

【生境】生于海拔 1000~1800 米的山顶或山坡杂木林。

【分布】广东、广西、湖南、贵州、云南和四川。

【别名】无

【保护级别】无危（LC）。

【花粉形态】花粉粒扁球形，极面观带棱角，棱角的数目与孔数相一致，赤道面观为阔椭圆形，直径为 21~30μm；具 3~6 孔，多数为 4 孔，孔圆形，孔处外壁升高，形成突出的孔；外壁内外层都加厚，形成孔室；表面具颗粒状雕纹。

第五章 被子植物的花粉形态

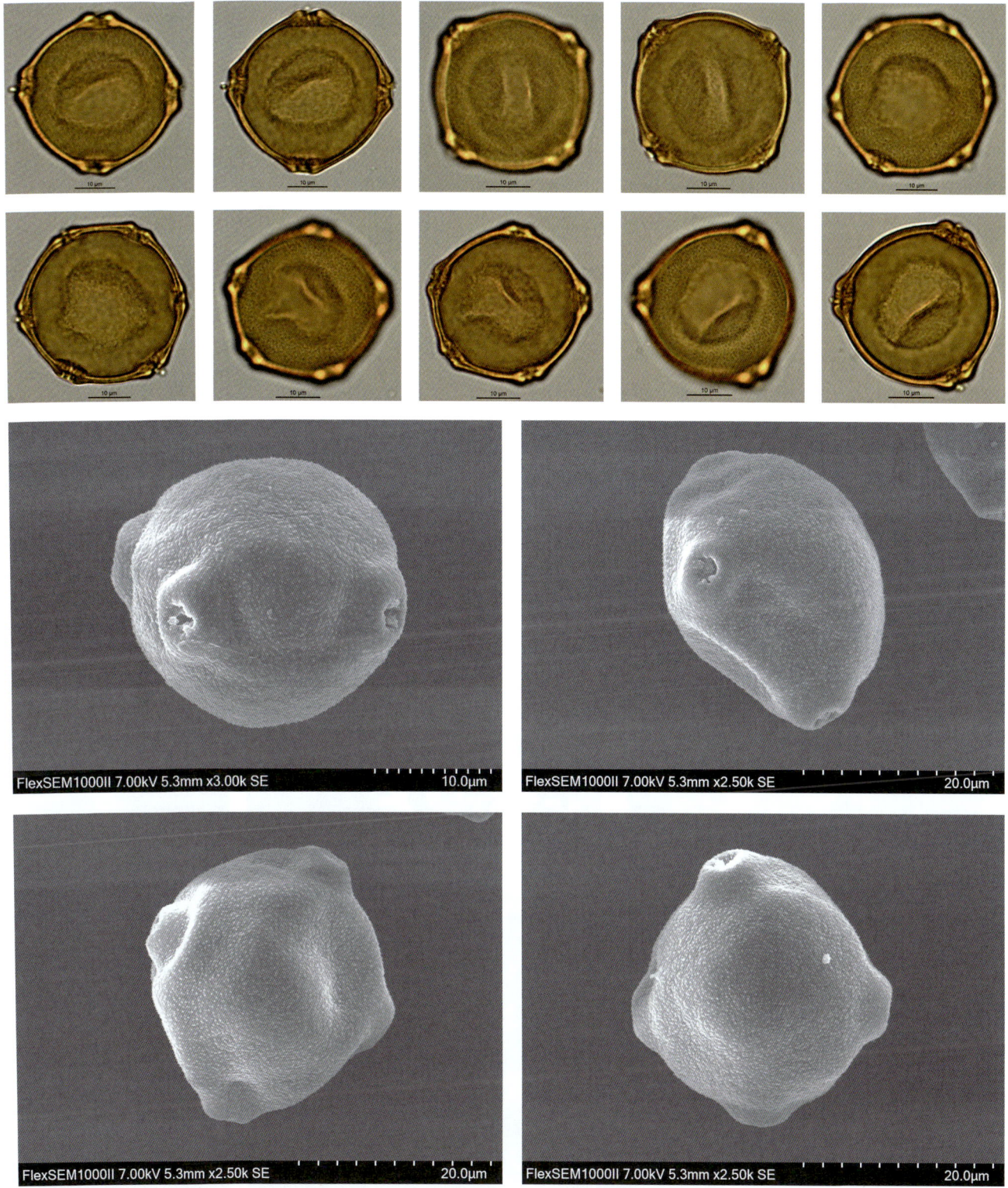

## *Ostrya* 铁木属

### *Ostrya rehderiana* Chun 天目铁木

**【形态特征】** 乔木，高可达 18 米；树皮深灰色，粗糙；枝条灰褐色或暗灰色，无毛，皮孔疏生；小枝细瘦，褐色，幼时密被短柔毛，以后渐变疏至几无毛，具条棱，疏生皮孔；芽长卵圆形，锐尖，芽鳞亮绿色，覆瓦状排列，卵形，渐尖，无毛；叶长椭圆形或矩圆状卵形，先端长渐尖，基部宽楔形或圆，叶缘有不规则的锐齿；雄柔荑花序常 3 个簇生；雌花序单生，直立，有花 7~12 朵；果多数，聚生成稀疏的总状，果序长 3.5~5 厘米，果苞膜质，囊状，长倒卵状，顶端圆，有短尖，网脉显著；小坚果红褐色，卵状披针形，有细纵肋。其木材坚硬如铁，抗劈强度高，故称"铁木"。

花粉图式

**【花果期】** 花期 2—4 月，果期 6—10 月。

**【生境】** 生于海拔 400~500 米的林中。

**【分布】** 仅分布于浙江西天目山，野生植株现仅存 5 株。

**【别名】** 无

**【保护级别】** 国家一级重点保护野生植物；极危（CR）；浙江特有种。

**【花粉形态】** 花粉粒近球形，极面观为 3 裂圆形，赤道面观为椭圆形，大小为 20（17~24）× 35（30~38）μm；具 3 孔沟，沟长，孔圆形，稍突出；外壁两层，外层厚于内层；表面具负网状雕纹，电镜下为复杂的蠕虫状雕纹组成的负网。

第五章 被子植物的花粉形态

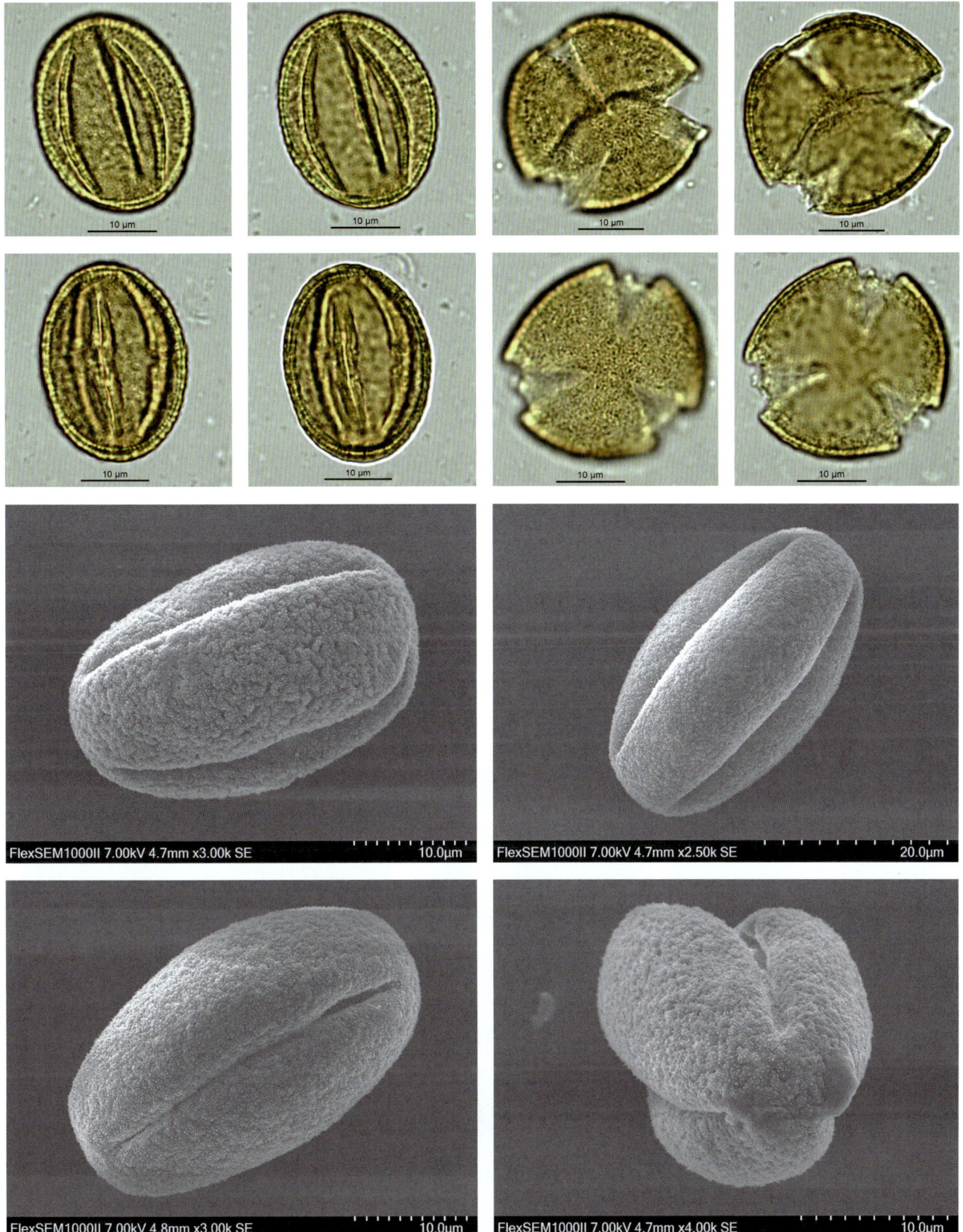

## Bignoniaceae 紫葳科
## *Catalpa* 梓属

*Catalpa bungei* C. A. Mey. 楸

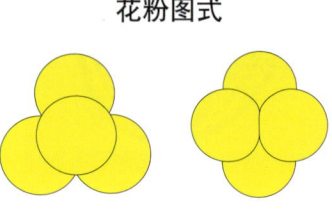

花粉图式

【形态特征】小乔木，高 8~12 米；叶三角状卵形或卵状长圆形，长 6~15 厘米，宽可达 8 厘米，顶端长渐尖，基部截形、阔楔形或心形，有时基部具有 1~2 牙齿，叶面深绿色，叶背无毛；叶柄长 2~8 厘米；顶生伞房状总状花序，有花 2~12 朵；花萼蕾时圆球形，2 唇开裂，顶端有 2 尖齿；花冠淡红色，内面具有 2 黄色条纹及暗紫色斑点，长 3~3.5 厘米；蒴果线形，长 25~45 厘米，宽约 6 毫米；种子狭长椭圆形，长约 1 厘米，宽约 2 毫米，两端生长毛。

【花果期】花期 5—6 月，果期 6—10 月。

【生境】喜光树种，喜温暖湿润气候，不耐寒冷，适生于年平均气温 10~15℃、年降水量 700~1200 毫米的地区。

【分布】河北、河南、山东、山西、陕西、甘肃、江苏、浙江和湖南。

【别名】金丝楸、楸树。

【保护级别】无危（LC）；地方保护野生植物。

【花粉形态】花粉粒为四合花粉，四合体扁球形，直径为 37~60μm，四合花粉的排列为四面体形和十字形两种；无萌发孔；外壁两层；表面具大负网状雕纹，网脊下凹、窄，较为模糊，由颗粒形成。

第五章 被子植物的花粉形态

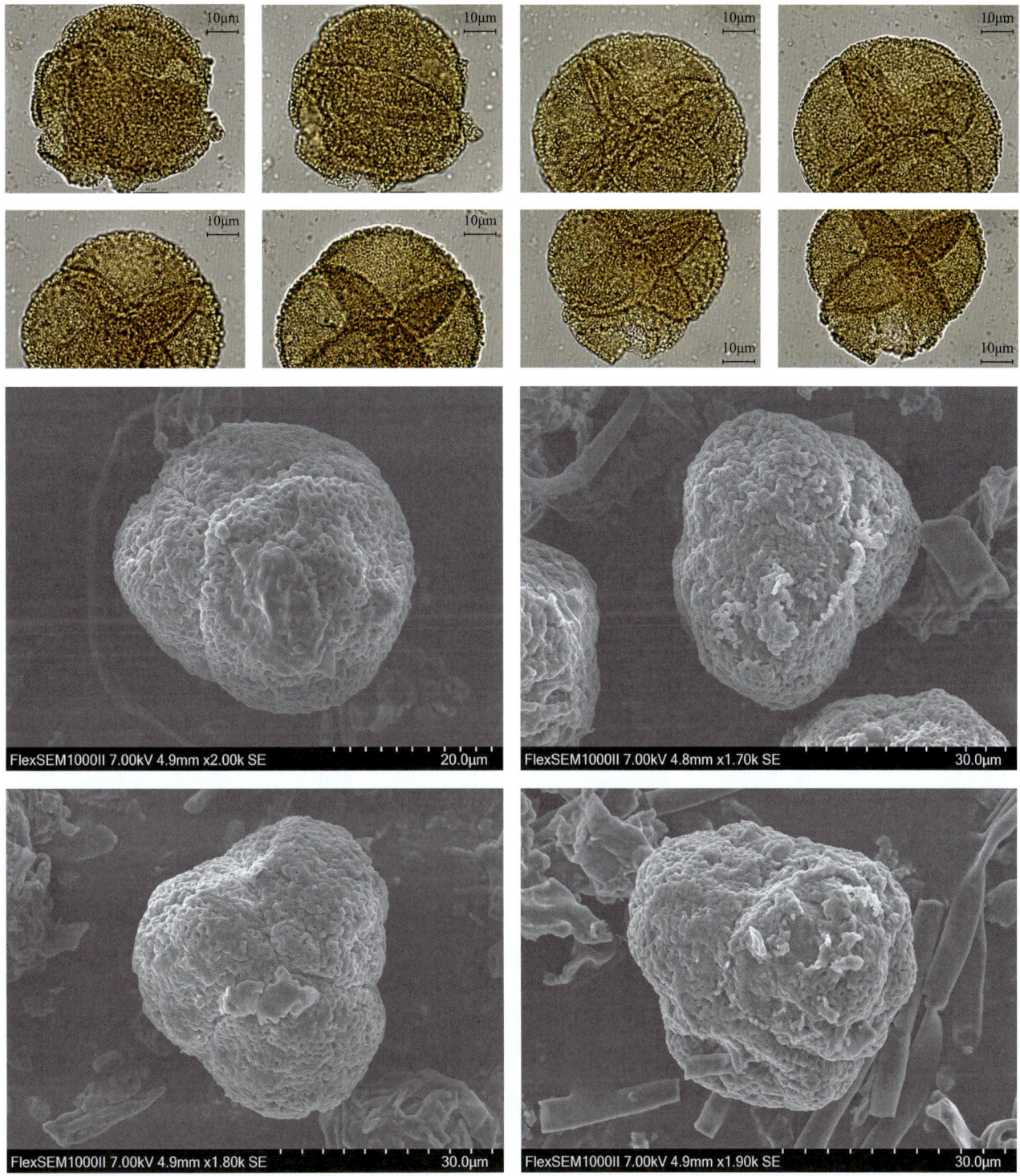

## *Catalpa ovata* G. Don 梓

【形态特征】乔木，高可达 15 米；树冠伞形，主干通直，嫩枝具稀疏柔毛；叶对生或近于对生，有时轮生，阔卵形，长宽近相等，长约 25 厘米，顶端渐尖，基部心形，全缘或浅波状，常 3 浅裂，叶片上面及下面均粗糙，微被柔毛或近于无毛，侧脉 4~6 对，基部掌状脉 5~7 条；叶柄长 6~18 厘米；顶生圆锥花序；花序梗微被疏毛，长 12~28 厘米；花萼蕾时圆球形，2 唇开裂，长 6~8 毫米；花冠钟状，淡黄色，内面具 2 黄色条纹及紫色斑点；能育雄蕊 2，花丝插生于花冠筒上，花药叉开；退化雄蕊 3；子房上位，棒状；花柱丝形，柱头 2 裂；蒴果线形，下垂；种子长椭圆形，长 6~8 毫米，宽约 3 毫米，两端具有平展的长毛。

【花果期】花期 5—6 月，果期 10—11 月。

【生境】生于低山河谷，喜湿润土壤。

【分布】国内分布：长江流域及以北地区；国外分布：日本。

【别名】梓树、花楸、水桐、河楸、臭梧桐、黄花楸等。

【保护级别】无危（LC）。

【花粉形态】花粉粒为四合花粉，四合体扁球形，大小为 41（37~43）× 51（46~53）μm，四合体的排列为四面体形及十字形两种；无萌发孔；外壁两层；表面具大负网状雕纹，网脊较细而清楚，由颗粒形成。

第五章 被子植物的花粉形态

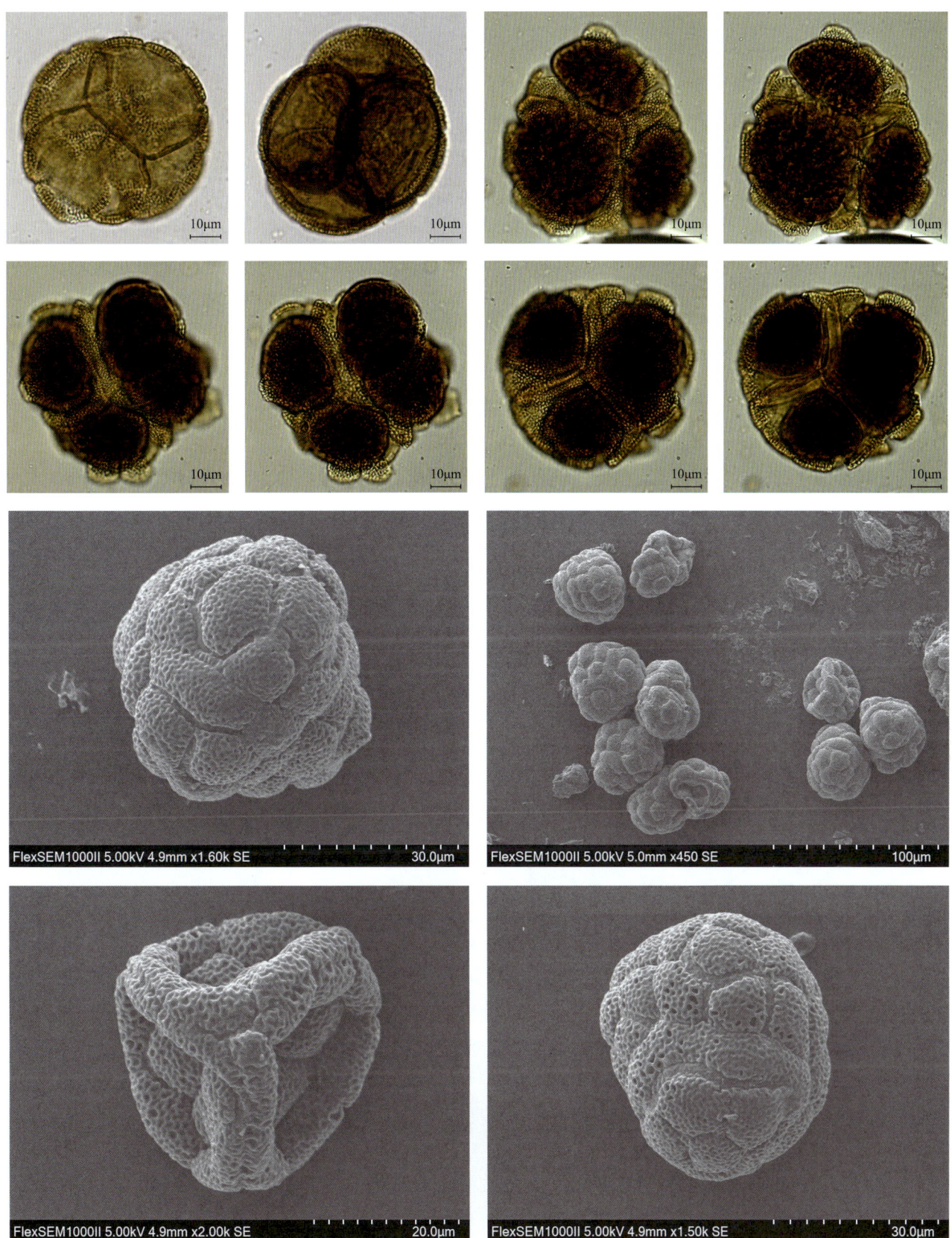

## *Handroanthus* 风铃木属

### *Handroanthus chrysanthus* (Jacq.) S.O.Grose 黄花风铃木

花粉图式

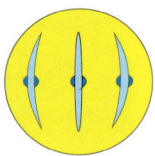

【形态特征】落叶或半常绿乔木，高 4~6 米；树干直立，树皮有深刻裂纹，树冠圆伞形；掌状复叶对生，小叶 4~5 枚，倒卵形，有疏锯齿，被褐色细茸毛，叶面粗糙；圆锥花序顶生；花冠漏斗形，风铃状，花缘皱曲，花色鲜黄，颇为美丽；蒴果卵形或近球形，长条形向下开裂；种子浅褐色，长条形，有茸毛，具膜状薄翅。

【花果期】花期 2—4 月，果期 5—6 月。

【生境】常生长在海拔 400~1700 米的潮湿热带生物群落中，喜光喜肥，但不耐寒，对土壤要求不严格。

【分布】原产美洲，华南地区有栽培。

【别名】黄钟木、巴西风铃木、黄金风铃木。

【保护级别】易危（VU）。

【花粉形态】花粉粒长球形至扁球形，极面观为 3 裂圆形，大小为 24（20~26）×35（29~42）μm；具 3 孔沟，沟较宽，内孔圆形，突出；外壁外层厚于内层；表面具网状雕纹。

第五章 被子植物的花粉形态

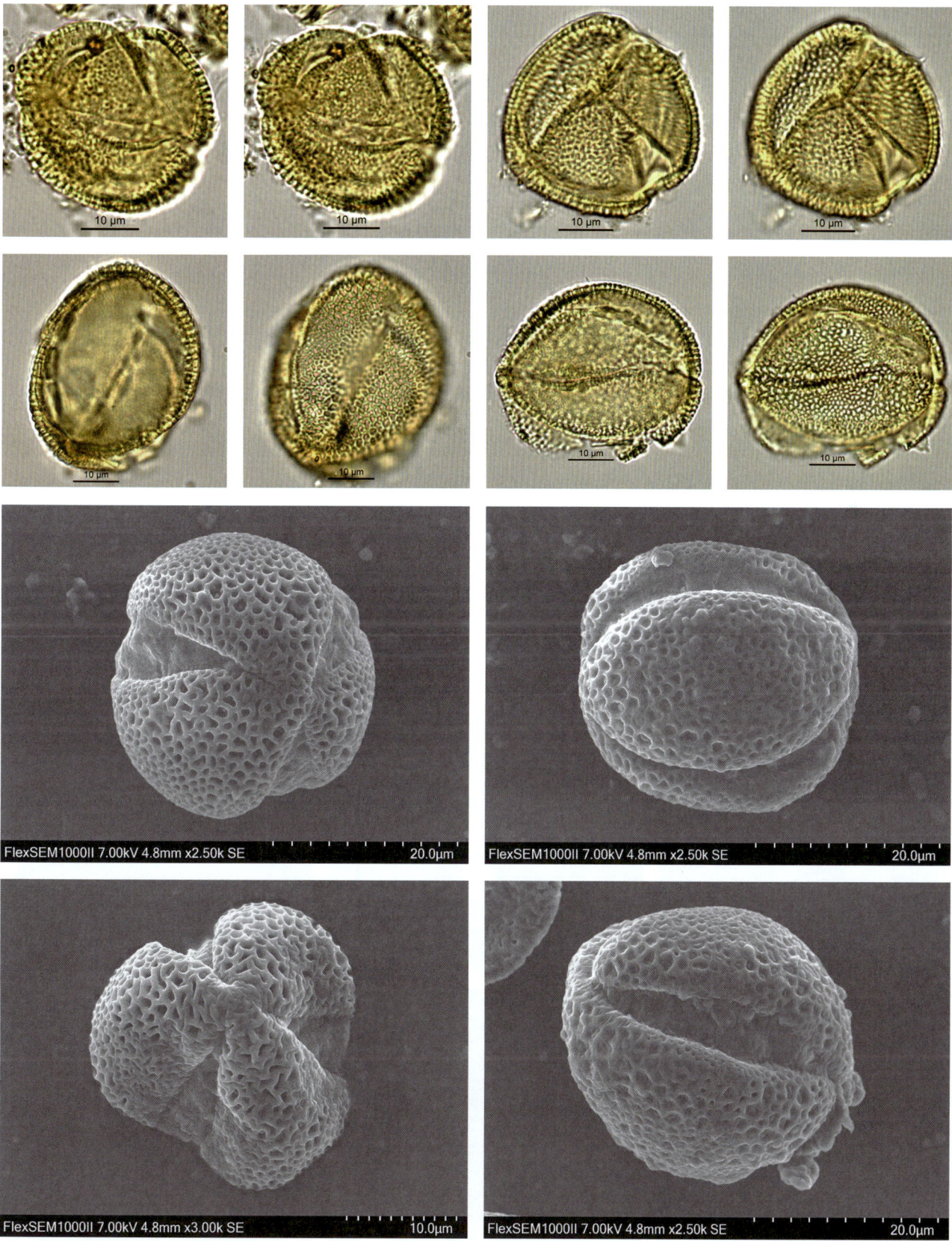

## *Jacaranda* 蓝花楹属

### *Jacaranda mimosifolia* D. Don 蓝花楹

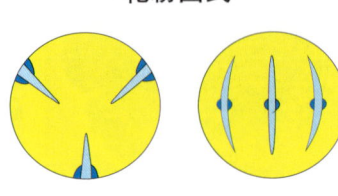

花粉图式

**【形态特征】**落叶大乔木，高可达15米；叶对生，为二回羽状复叶，羽片通常在16对以上，每1羽片有小叶16~24对；小叶椭圆状披针形至椭圆状菱形，长6~12毫米，宽2~7毫米，顶端急尖，基部楔形，全缘；花蓝色，花序长可达30厘米，直径约18厘米；花萼筒状，长宽约5毫米，萼齿5；花冠筒细长，蓝色，下部微弯，上部膨大，长约18厘米；花冠裂片圆形；雄蕊4，2强，花丝着生于花冠筒中部；子房圆柱形，无毛；蒴果木质，扁卵圆形，长宽均约5厘米，中部较厚，四周逐渐变薄，不平展。

**【花果期】**花期4—6月，果期8—10月。

**【生境】**性喜阳光充足和温暖、多湿气候，要求土壤肥沃、疏松、深厚、湿润且排水良好。

**【分布】**原产南美洲（巴西、玻利维亚和阿根廷），中国广东（广州）、海南、广西、福建和云南南部（西双版纳）有引种栽培。

**【别名】**蓝楹、含羞草叶楹、含羞草叶蓝花楹。

**【保护级别】**易危（VU）。

**【花粉形态】**花粉粒近球形至扁球形，极面观3裂圆形，大小为34（27~36）×45（37~48）μm；具3孔沟，沟较宽，内孔椭圆形，稍突出；外壁层次模糊；表面具细网状雕纹，在极部较明显。

第五章 被子植物的花粉形态

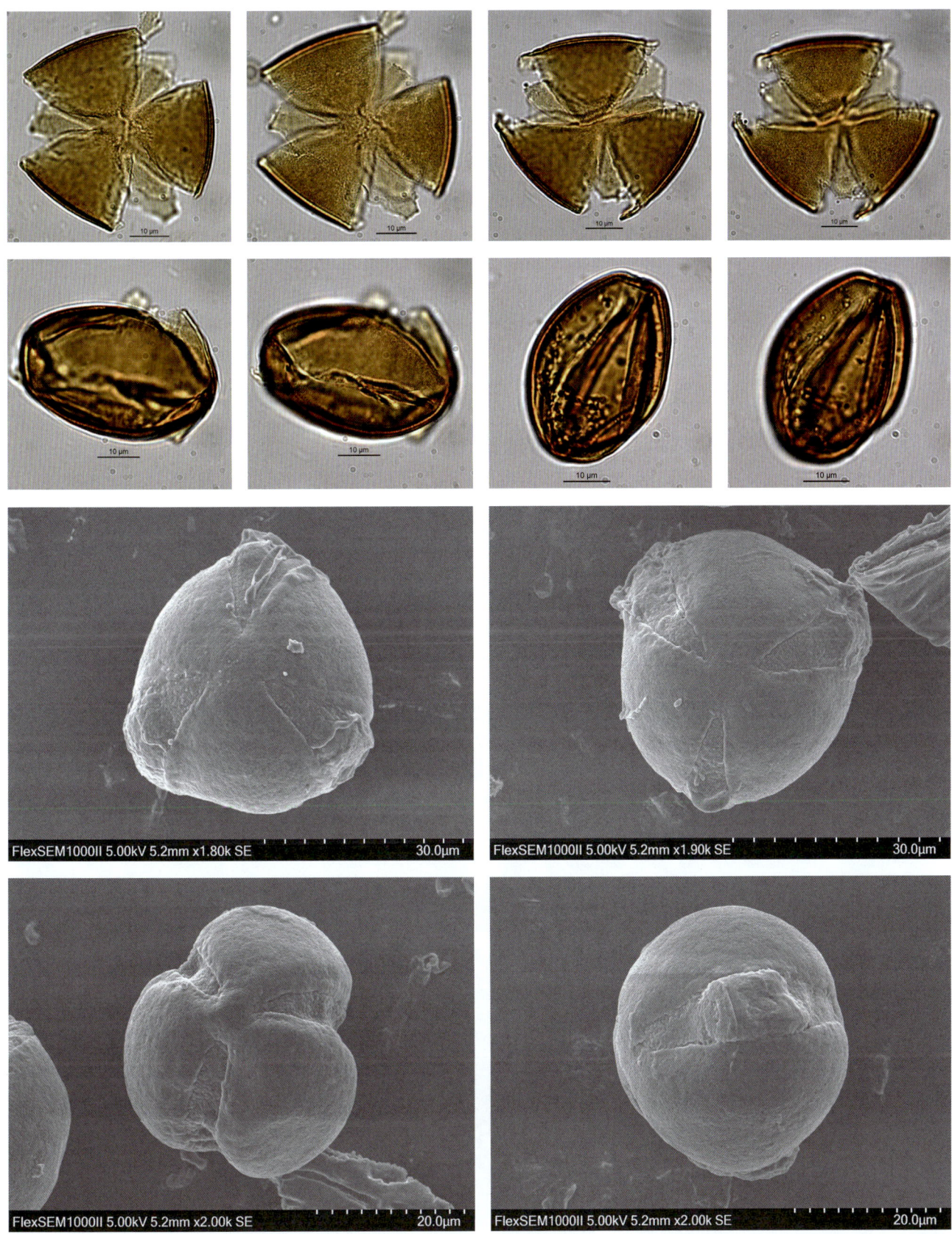

## Mayodendron 火烧花属

*Mayodendron igneum* (Kurz) Kurz 火烧花

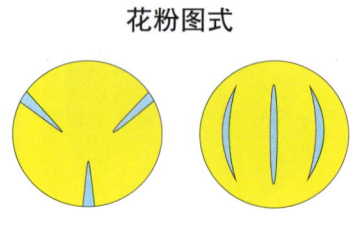

花粉图式

【形态特征】常绿乔木，高可达 15 米；树皮光滑，嫩枝具长椭圆形白色皮孔；大型奇数二回羽状复叶，中轴圆柱形，有沟纹；小叶卵形至卵状披针形，顶端长渐尖，基部阔楔形，偏斜，全缘，两面无毛，侧脉 5~6 对；花序有花 5~13 朵，组成短总状花序，着生于老茎或侧枝上；花梗长 5~10 毫米；花萼长约 10 毫米，佛焰苞状，外面密被微柔毛；花冠橙黄色至金黄色，筒状，基部微收缩；花丝长约 4.5 厘米，基部被细柔毛；花药个字形着生，药 2 室，药隔顶端延伸成芒尖，花药及柱头微露出花冠管外；子房长圆柱形，柱头 2 裂，胚珠多数；蒴果长线形，下垂，果爿 2，薄革质，隔膜细圆柱形，木栓质；种子卵圆形，薄膜质，丰富，具白色透明的膜质翅，连翅长 13~16 毫米。

【花果期】花期 2—5 月，果期 5—9 月。

【生境】常生于海拔 150~1900 米的干热河谷和低山丛林。

【分布】国内分布：台湾、广东、广西和云南南部；国外分布：越南、老挝、缅甸和印度。

【别名】缅木。

【保护级别】无危（LC）。

【花粉形态】花粉粒长球形，极面观为 3 裂圆形，赤道面观椭圆形，大小为 22（17~24）×37（32~43）μm；具 3 沟，沟较宽，末端钝；外壁两层，外层显著厚于内层，外层内基柱清楚；表面具明显的网状雕纹。

第五章 被子植物的花粉形态

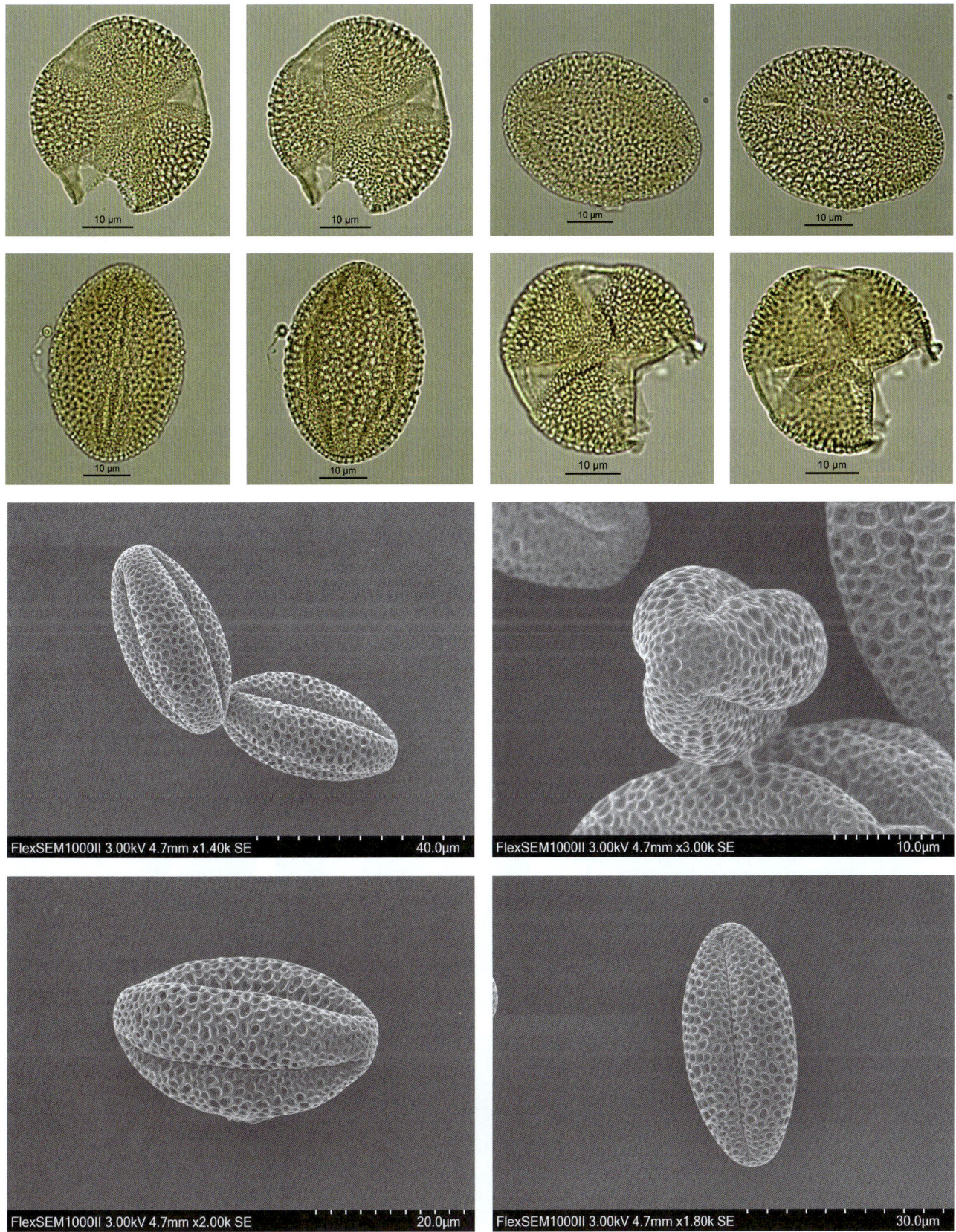

## Spathodea 火焰树属

### *Spathodea campanulata* P. Beauv. 火焰树

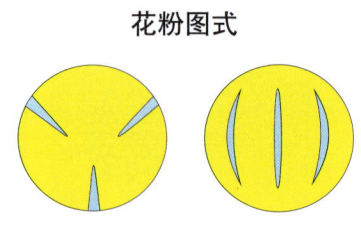

花粉图式

【形态特征】乔木，高可达 10 米；树皮平滑，灰褐色；奇数羽状复叶，对生，连叶柄长可达 45 厘米；小叶椭圆形至倒卵形，顶端渐尖，基部圆形，全缘，背面脉上被柔毛，基部具 2~3 枚脉体；叶柄短，被微柔毛；伞房状总状花序，顶生，密集；花序被褐色微柔毛，具有明显的皮孔；苞片披针形；小苞片 2 枚；花萼佛焰苞状，外面被短茸毛，顶端外弯并开裂，基部全缘；花冠一侧膨大，基部紧缩成细筒状，檐部近钟状，橘红色，具紫红色斑点，内面有突起的条纹，裂片 5，阔卵形，不等大，具纵褶纹；雄蕊 4，花丝长 5~7 厘米，花药长约 8 毫米，"个"字形着生；花柱长约 6 厘米，柱头卵圆状披针形，2 裂；花盘环状，高 4 毫米；蒴果黑褐色；种子具周翅，近圆形。

【花果期】花期 4—5 月，果期 5—9 月。

【生境】生性强健，性喜高温，生长适温 23~30℃，水分要求充足，对土质要求不严，以排水良好的壤土或砂质壤土为佳，亦不耐寒。

【分布】原产非洲，我国广东、福建、台湾和云南（西双版纳）均有栽培。

【别名】火焰木、火烧花、喷泉树、苞萼木。

【保护级别】无危（LC）。

【花粉形态】花粉粒长球形，极面观为 3 裂圆形，赤道面观椭圆形，大小为 35（27~38）× 60（57~66）μm；具 3 沟，沟较宽，末端钝；外壁两层，外层显著厚于内层，外层内基柱清楚；表面具明显的网状雕纹。

第五章 被子植物的花粉形态

## Bombacaceae 木棉科
### *Bombax* 木棉属
*Bombax ceiba* L. 木棉

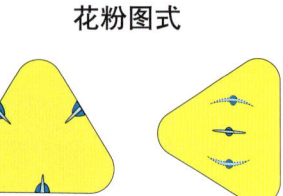

花粉图式

【形态特征】落叶大乔木，高可达 25 米；树皮灰白色；幼树的树干通常有圆锥状的粗刺；分枝平展；掌状复叶，小叶 5~7 片，长圆形至长圆状披针形；叶柄长 10~20 厘米；小叶柄长 1.5~4 厘米；托叶小；花单生枝顶叶腋，通常红色，有时橙红色；萼杯状，外面无毛，内面密被淡黄色短绢毛，萼齿 3~5，半圆形；花瓣肉质，倒卵状长圆形，两面被星状柔毛，但内面较疏；雄蕊管短，花丝较粗，基部粗，向上渐细，内轮部分花丝上部分 2 叉，中间 10 枚雄蕊较短，不分叉，外轮雄蕊多数，集成 5 束，每束花丝 10 枚以上，较长；花柱长于雄蕊；蒴果长圆形，钝，密被灰白色长柔毛和星状柔毛；种子多数，倒卵形，光滑。

【花果期】花期 3—4 月，果期 6—7 月。

【生境】生于海拔 1400~1700 米以下的干热河谷、稀树草原及沟谷季雨林内。

【分布】国内分布：云南、四川、贵州、广西、江西、广东、福建、台湾等省区；国外分布：印度、斯里兰卡、中南半岛、马来西亚、印度尼西亚至菲律宾及澳大利亚北部。

【别名】攀枝、斑芝树、斑芝棉、攀枝花、英雄树、红棉。

【保护级别】无危（LC）。

【花粉形态】花粉粒扁球形，赤道面观为阔椭圆形，极面观为钝三角形，直径为 46~65μm；具 3 孔沟，沟位于三角形三条边的中部，沟短，两端渐尖，内孔大，占去沟长度的大部分，不明显，少数仅具 2 孔沟；外壁两层明显，外层较厚，基柱清楚；表面具明晰的网状雕纹，网眼大而清楚，至三个角上网眼变细，网脊由单行颗粒组成；在三角形边的中部轮廓线呈明显的波浪形。

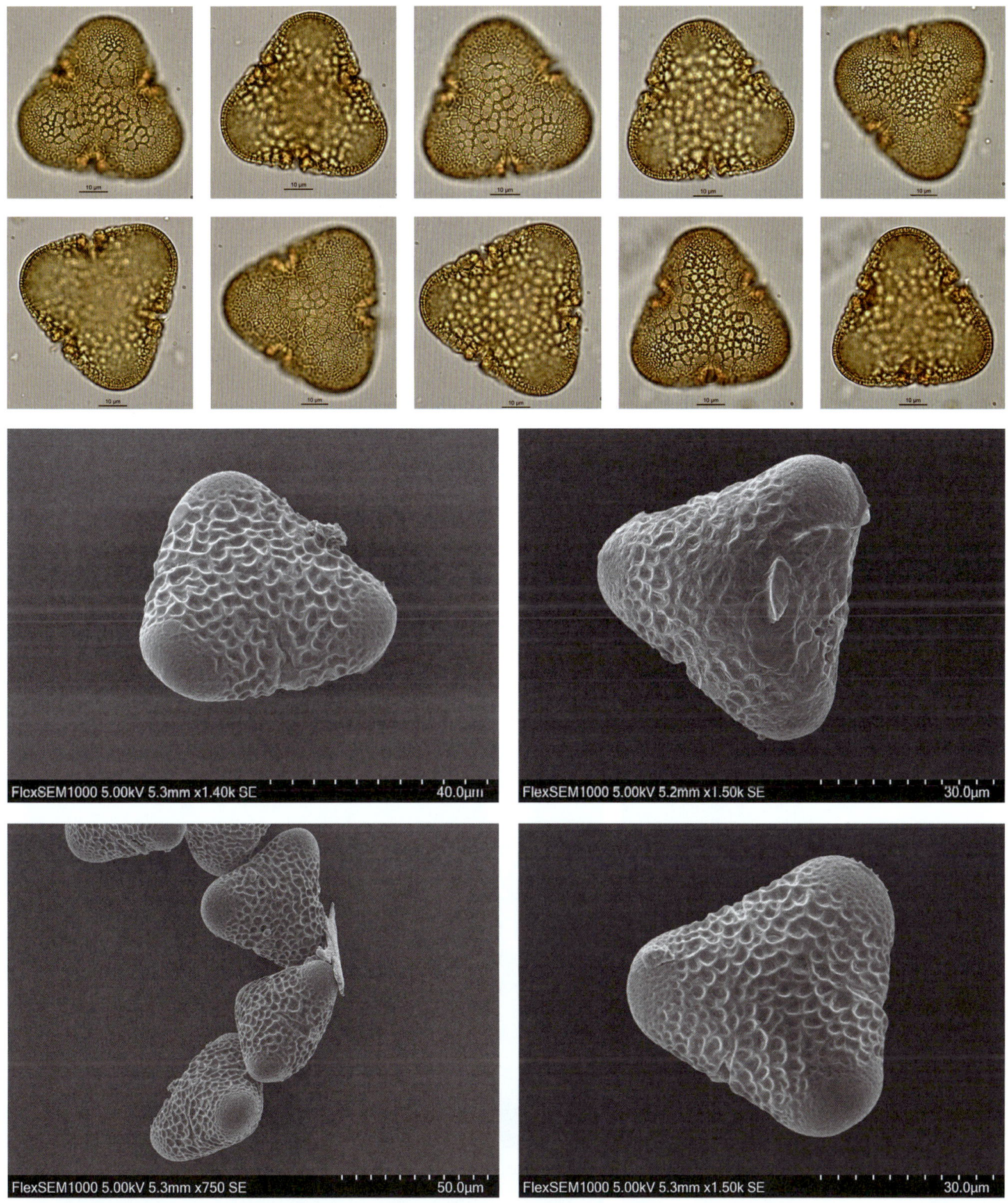

## Boraginaceae 紫草科
### *Tournefortia* 紫丹属
*Tournefortia montana* Lour. 紫丹

**【形态特征】** 攀援灌木，高 1~2 米；小枝具毛；叶披针形或卵状披针形，干后变黑，长 8~14 厘米，宽 1.5~4 厘米，先端渐尖或尾尖，基部楔形或圆钝，上下面均被稀疏糙伏毛；叶柄长 5~10 毫米；镰状聚伞花序生具叶枝条顶端，分枝稀疏，被糙伏毛，长 2~15 厘米，宽 4~10 厘米；花无梗，着生花序分枝的一侧；花萼长约 2 毫米，裂至中部或中部稍下，被糙伏毛，具披针形或三角状披针形裂片；核果近圆球形，直径约 5 毫米，成熟时内果皮分裂为 2 个各含 2 粒种子的分核，但通常有 1 粒种子不育。

花粉图式

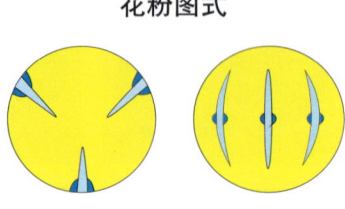

**【花果期】** 花期 4—5 月，果期 6—8 月。

**【生境】** 喜中性土壤，散生于密林。

**【分布】** 国内分布：广东及其沿海岛屿、云南；国外分布：越南。

**【别名】** 无

**【保护级别】** 无危（LC）。

**【花粉形态】** 花粉粒长球形，大小为 20（17~23）× 27（25~33）μm；具 3 孔沟，沟细，内孔位于沟的中部，椭圆形，向外突出，直径为 4~6μm；外壁两层，内外层约相等，在极区显著增厚 5~8μm，其余外壁厚 1~2μm；表面具颗粒或极细的网状雕纹。

第五章 被子植物的花粉形态

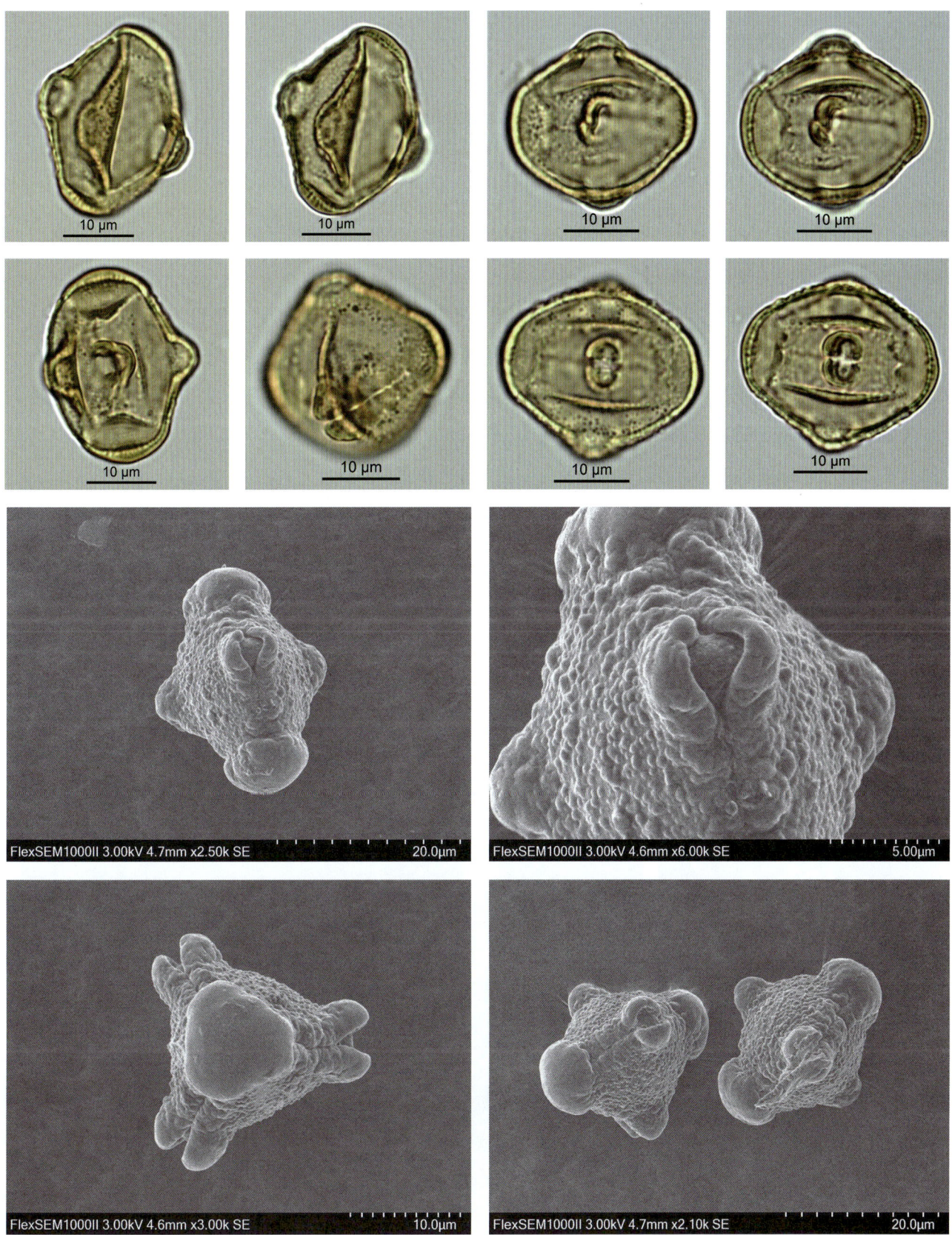

## Brassicaceae 十字花科
## *Catolobus* 垂果南芥属
*Catolobus pendulus* (L.) Al-Shehbaz 垂果南芥

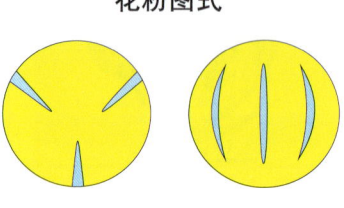

花粉图式

【形态特征】二年生草本，高 30~150 厘米，全株被硬单毛，杂有 2~3 叉毛；主根圆锥状，黄白色；茎直立，上部有分枝；茎下部的叶长椭圆形至倒卵形，长 3~10 厘米，宽 1.5~3 厘米，顶端渐尖，边缘有浅锯齿，基部渐狭而成叶柄，长可达 1 厘米；茎上部的叶狭长椭圆形至披针形，较下部的叶略小，基部呈心形或箭形，抱茎，上面黄绿色至绿色；总状花序顶生或腋生，有花 10 余朵；萼片椭圆形，长 2~3 毫米，背面被有单毛、2~3 叉毛及星状毛，花蕾期更密；花瓣白色，匙形，长 3.5~4.5 毫米，宽约 3 毫米；长角果线形，长 4~10 厘米，宽 1~2 毫米，弧曲，下垂；种子每室 1 行，椭圆形，褐色，长 1.5~2 毫米，边缘有环状的翅。

【花果期】花期 6—9 月，果期 7—10 月。

【生境】生于山坡、路旁、河边草丛中及高山灌木林下和荒漠地区。

【分布】国内分布：黑龙江、吉林、辽宁、内蒙古、河北、山西、湖北、陕西、甘肃、青海、新疆、四川、贵州、云南和西藏；国外分布：亚洲北部和东部。

【别名】毛果南芥、疏毛垂果南芥、粉绿垂果南芥。

【保护级别】地方保护野生植物。

【花粉形态】花粉粒长球形，极面观为 3 裂圆形，赤道面观为椭圆形，大小为 15（14~18）× 32（27~40）μm；具 3 沟，沟细长，直达两极，沟缘较整齐，两极较尖；外壁两层明显，外层厚，基柱清楚，基柱末端稍膨大，造成轮廓线的波浪形；表面具清楚的网状雕纹，网眼形状一般不规则，较细小。

# 第五章 被子植物的花粉形态

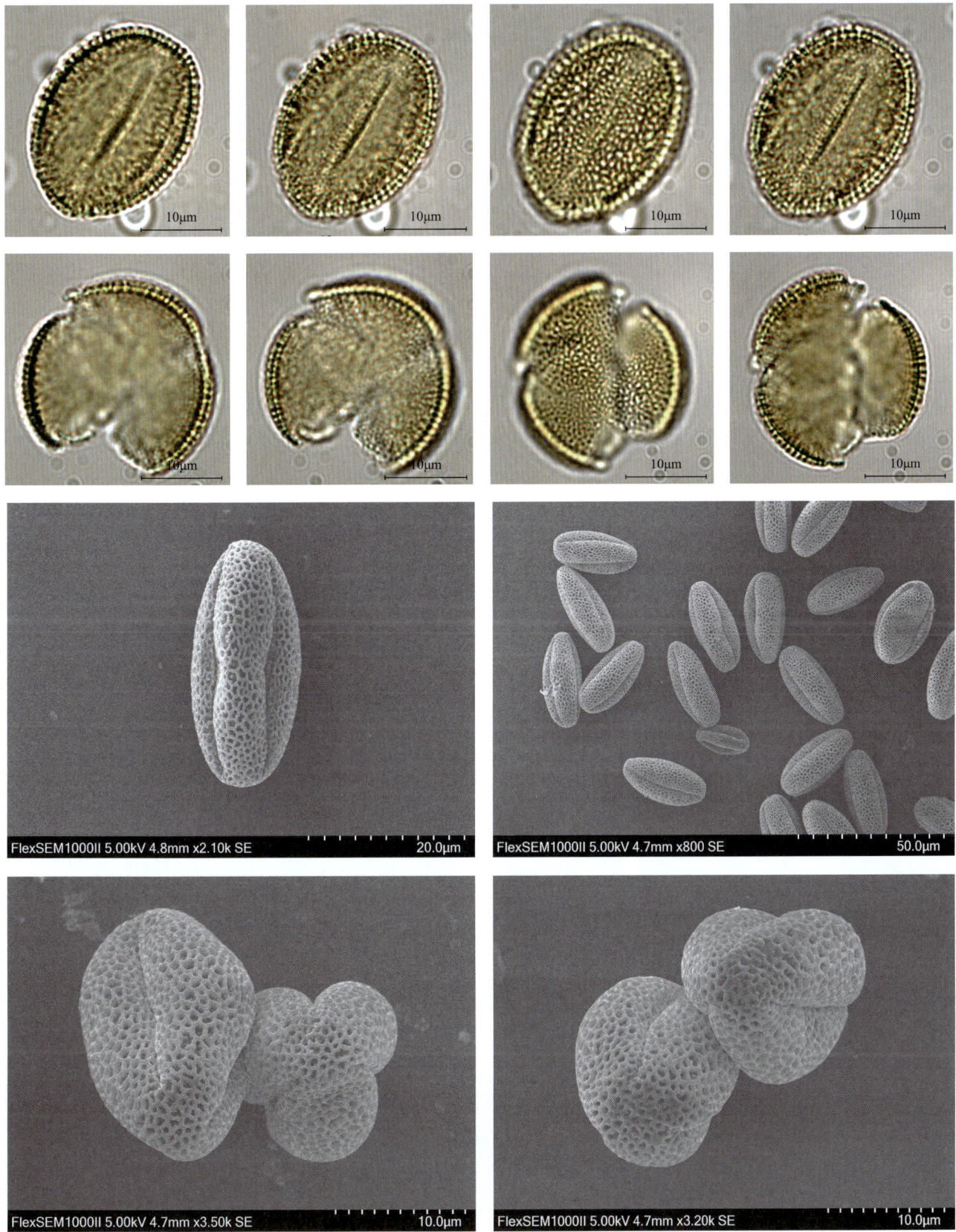

## *Pugionium* 沙芥属

*Pugionium dolabratum* var. *latipterum* S.L.Yang 宽翅沙芥

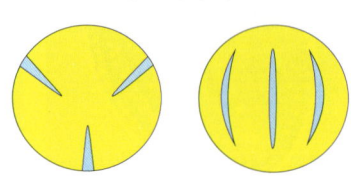

花粉图式

【形态特征】一年生草本，高 60~100 厘米，全株无毛；茎直立，多数缠结成球形；茎下部叶二回羽状全裂至深裂，裂片线形或线状披针形，顶端急尖；茎中部叶一回羽状全裂，裂片 5~7，窄线形；茎上部叶丝状线形，全缘，稍内卷，无叶柄；总状花序顶生，有时成圆锥花序；萼片长圆形或倒披针形；花瓣浅紫色，线形或线状披针形，上部内弯；短角果连翅长 3~3.5 厘米，心室宽 5~6 毫米，长为宽的 3~4 倍，翅长 5~15 毫米，宽 8~11 毫米，翅比心室宽，心室两面有齿状突起，并有数个长短不等的刺。

【花果期】花果期 6—8 月。

【生境】生于草原（主要是荒漠草原）及草原化荒漠地带的半固定沙地。

【分布】内蒙古。

【别名】无

【保护级别】地方保护野生植物。

【花粉形态】花粉粒近圆球形，极面观为 3 裂圆形，赤道面观为椭圆形，大小为 21（18~23）× 28（25~30）μm；具 3 沟，沟短而宽，沟膜完整；外壁两层明显，外层厚，基柱清楚，基柱末端稍膨大，造成轮廓线的波浪形；表面具粗网状雕纹，网眼形状一般不规则，网脊较高，由颗粒组成。

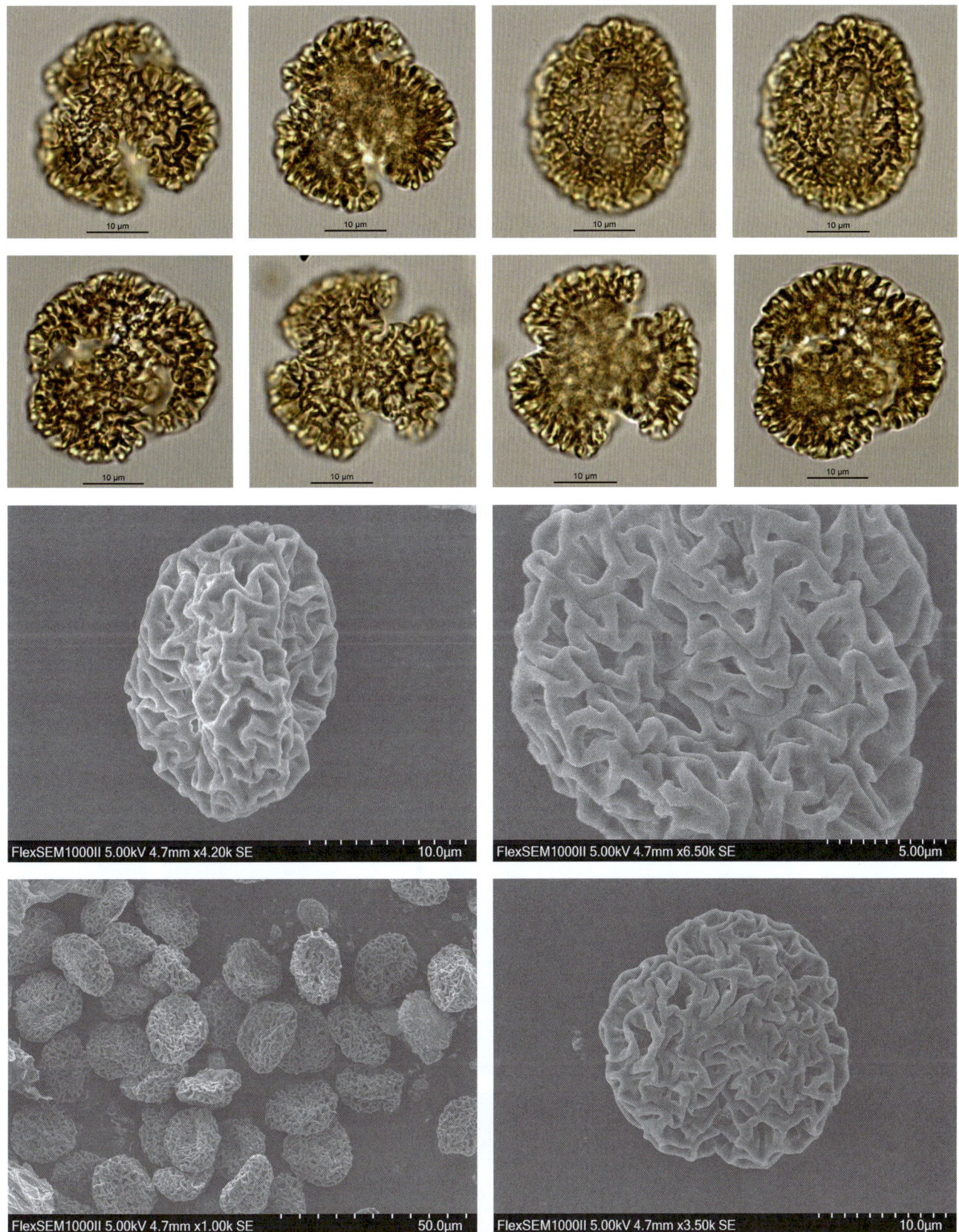

## Bretschneideraceae 伯乐树科
### *Bretschneidera* 伯乐树属
*Bretschneidera sinensis* Hemsl. 伯乐树

**【形态特征】**乔木，高 10~20 米；树皮灰褐色；小枝有较明显的皮孔；羽状复叶通常长 25~45 厘米，总轴有疏短柔毛或无毛；小叶 7~15 片，纸质或革质，狭椭圆形，全缘，顶端渐尖或急短渐尖，基部钝圆或短尖，楔形，叶面绿色，无毛，叶背粉绿色或灰白色，有短柔毛，常在中脉和侧脉两侧较密；叶脉在叶背明显，侧脉 8~15 对；总花梗、花梗、花萼外面有棕色短茸毛；花淡红色，直径约 4 厘米；花萼直径约 2 厘米，顶端具短的 5 齿，内面有疏柔毛或无毛；花瓣阔匙形或倒卵楔形，顶端浑圆，无内面，有红色纵条纹；子房有光亮、白色的柔毛，花柱有柔毛；果椭球形、近球形或阔卵形，被极短的棕褐色毛，常混生疏白色小柔毛，有或无明显的黄褐色小瘤体；种子椭球形，平滑。

花粉图式

**【花果期】**花期 3—9 月，果期 5 月至翌年 4 月。

**【生境】**生于低海拔至中海拔的山地林中。

**【分布】**国内分布：四川、云南、贵州、广西、广东、湖南、湖北、江西、浙江、福建等省区；国外分布：越南北部。

**【别名】**钟萼木。

**【保护级别】**国家二级重点保护野生植物；近危（NT）。

**【花粉形态】**花粉粒呈椭球形，极面观为 3 裂圆形，大小为 43（40~48）× 70（65~75）μm；具 3 孔沟；表面具明显的网状雕纹，网眼里有颗粒状雕纹。

# 第五章 被子植物的花粉形态

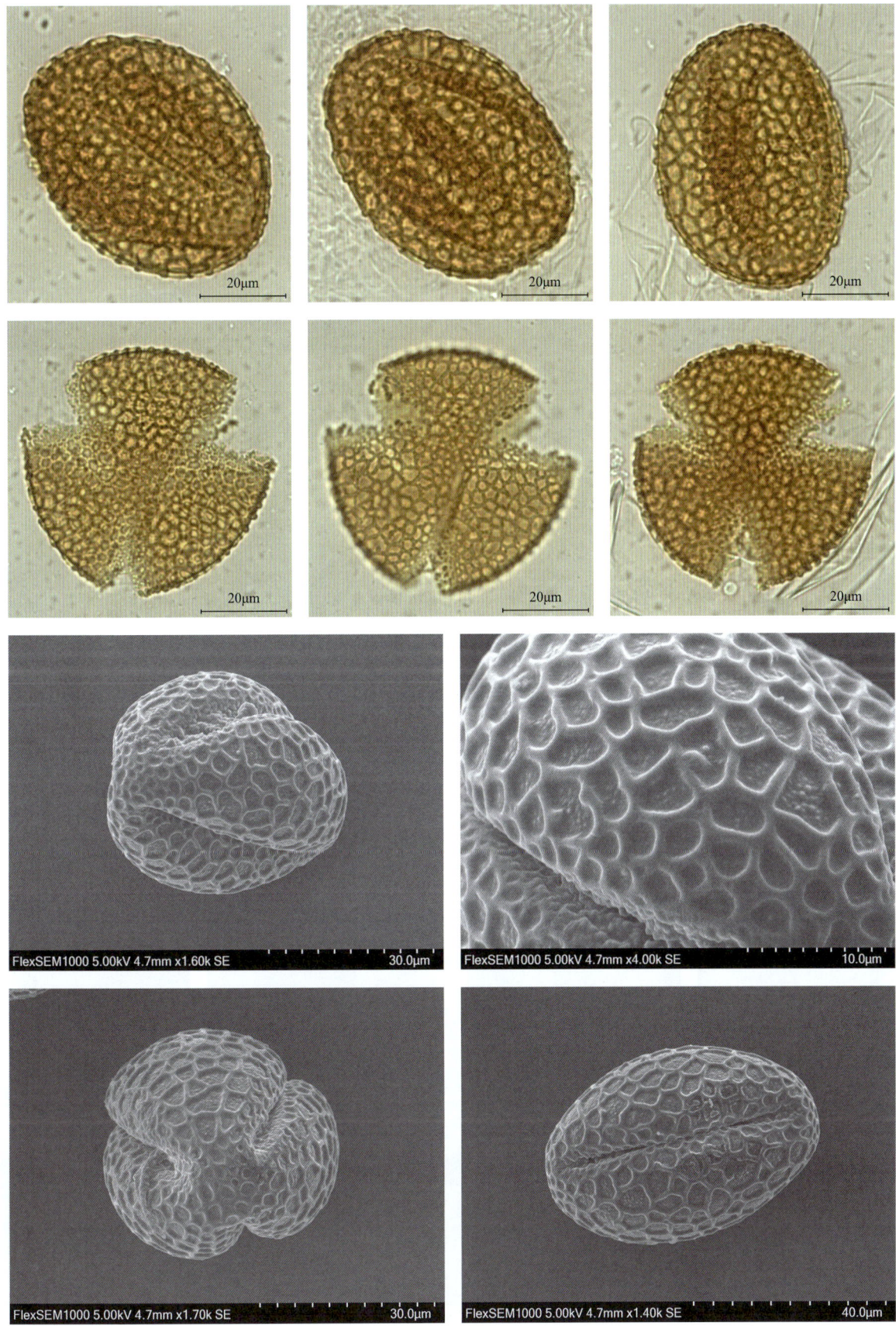

## Cactaceae 仙人掌科
### *Pereskia* 木麒麟属
*Pereskia aculeata* Mill. 木麒麟

**花粉图式**

【形态特征】攀援灌木，高 3~10 米；分枝多数，圆柱状，具长的节间，绿色或带红褐色，无毛；小窠生叶腋，垫状，具灰色或淡褐色茸毛，于老枝上增大并突起呈结节状，具刺；刺针状至钻形，褐色；叶呈卵形、宽椭圆形至椭圆状披针形，先端急尖至短渐尖，基部楔形至圆形，全缘，稍肉质；花于分枝上部组成总状或圆锥状花序，花为白色或略带黄色，芳香；浆果淡黄色，呈倒卵球形或球形；花梗长 5~10 毫米；花托外面散生披针形至线状披针形叶质鳞片及腋生小窠，小窠具黄褐色至淡灰色茸毛和细刺；萼状花被片 2~6，卵形至倒卵形；瓣状花被片 6~12，倒卵形至匙形，白色，或略带黄色或粉红色；雄蕊多数，无毛；花丝长 5~7 毫米，白色；花药椭圆形，黄色；雌蕊无毛，子房上位；少数胚珠着生于侧膜胎座下部呈基底胎座状；花柱白色，柱头直立，白色；浆果淡黄色，倒卵球形或球形，具刺；种子 2~5，双凸镜状，黑色，平滑；种脐略凹陷。

【花果期】花果期 5—8 月。

【生境】喜暖，喜半阴，畏寒，好生于疏松、肥沃和排水良好的中性土。

【分布】国内分布：云南、广西、广东、福建、台湾、浙江及江苏南部栽培，河北及辽宁等地温室栽培，在福建南部呈半野生状态；国外分布：中美洲、南美洲北部及东部，以及西印度群岛。

【别名】叶仙人掌、虎刺。

【保护级别】无危（LC）。

【花粉形态】花粉粒球形，直径为 50~58μm；具散沟，8~16 个，短沟长 13~20μm，沟上具颗粒；外壁两层，外层厚于内层；表面具网状雕纹，电镜下为小刺或颗粒状雕纹。

# 第五章 被子植物的花粉形态

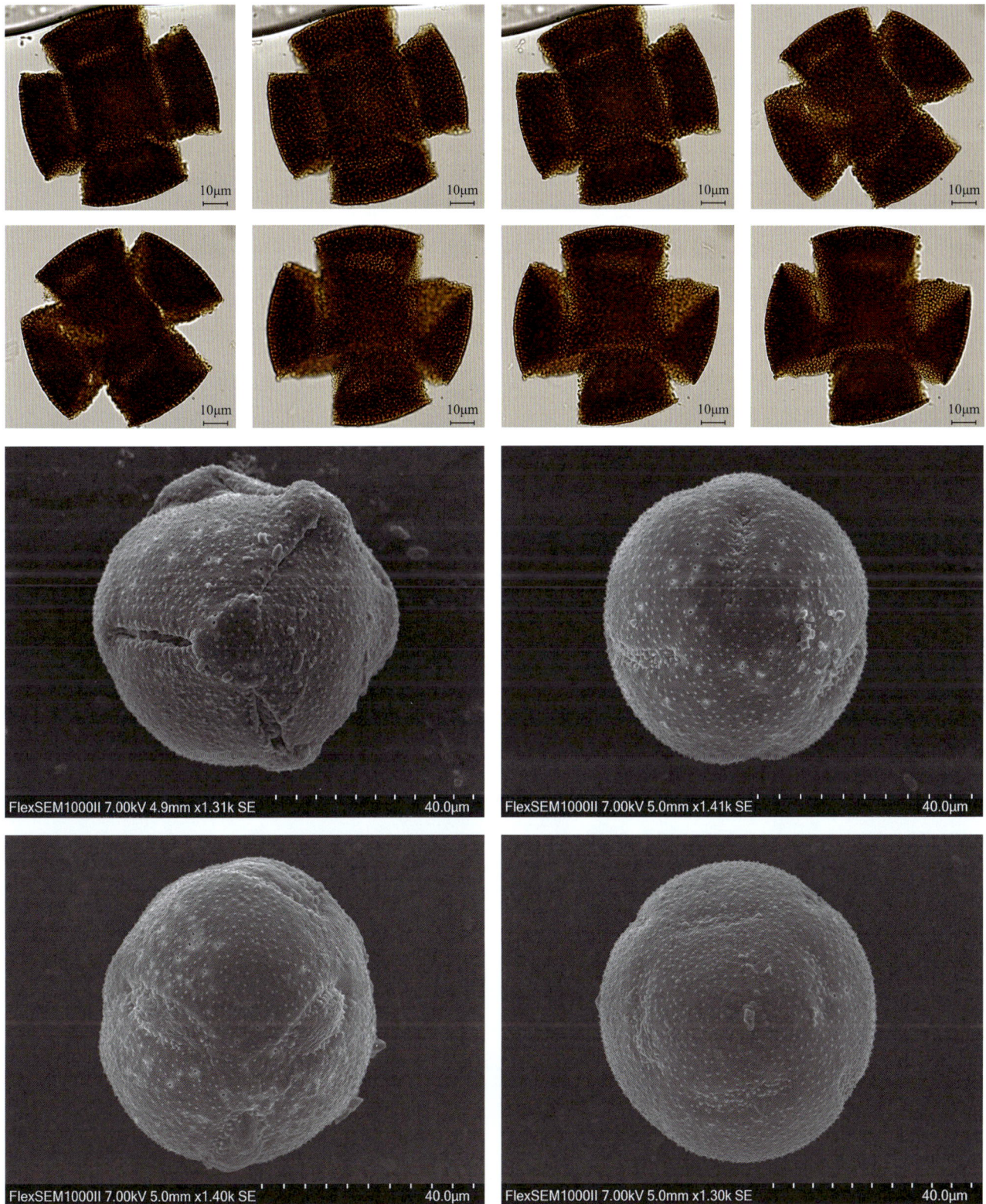

381

## Calycanthaceae 蜡梅科
### *Calycanthus* 夏蜡梅属
*Calycanthus chinensis* W. C. Cheng & S. Y. Chang 夏蜡梅

**【形态特征】** 灌木，高 1~3 米；树皮灰白色或灰褐色，皮孔凸起；小枝对生，无毛或幼时被疏微毛；芽藏于叶柄基部之内；叶宽卵状椭圆形、卵圆形或倒卵形，叶缘全缘或有不规则的细齿，叶面有光泽；花无香气，直径 4.5~7 厘米；苞片 5~7 个；花被片螺旋状着生于杯状或坛状的花托上，外面的花被片 12~14，倒卵形，白色，边缘淡紫红色，有脉纹；内面的花被片 9~12，椭圆形，中部以上淡黄色，中部以下白色，内面基部有淡紫红色斑纹；果托钟状，密被柔毛，顶端有 14~16 个披针状钻形的附生物；瘦果长圆形，被绢毛。

花粉图式

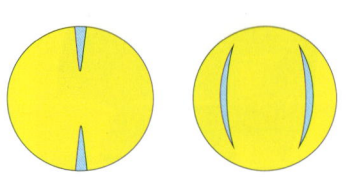

**【花果期】** 花期 5 月中下旬，果期 10 月上旬。

**【生境】** 生于海拔 600~1000 米的山地沟边林下。

**【分布】** 浙江昌化及天台等地。

**【别名】** 夏腊梅、黄梅花、蜡木、大叶柴、牡丹木、夏梅。

**【保护级别】** 国家二级重点保护野生植物；濒危（EN）。

**【花粉形态】** 花粉粒长球形，极面观为 2 裂圆形，赤道面观为椭圆形，大小为 30（25~38）× 55（50~60）μm；具 2 沟，沟长达两极；表面具蠕虫状雕纹。

第五章 被子植物的花粉形态

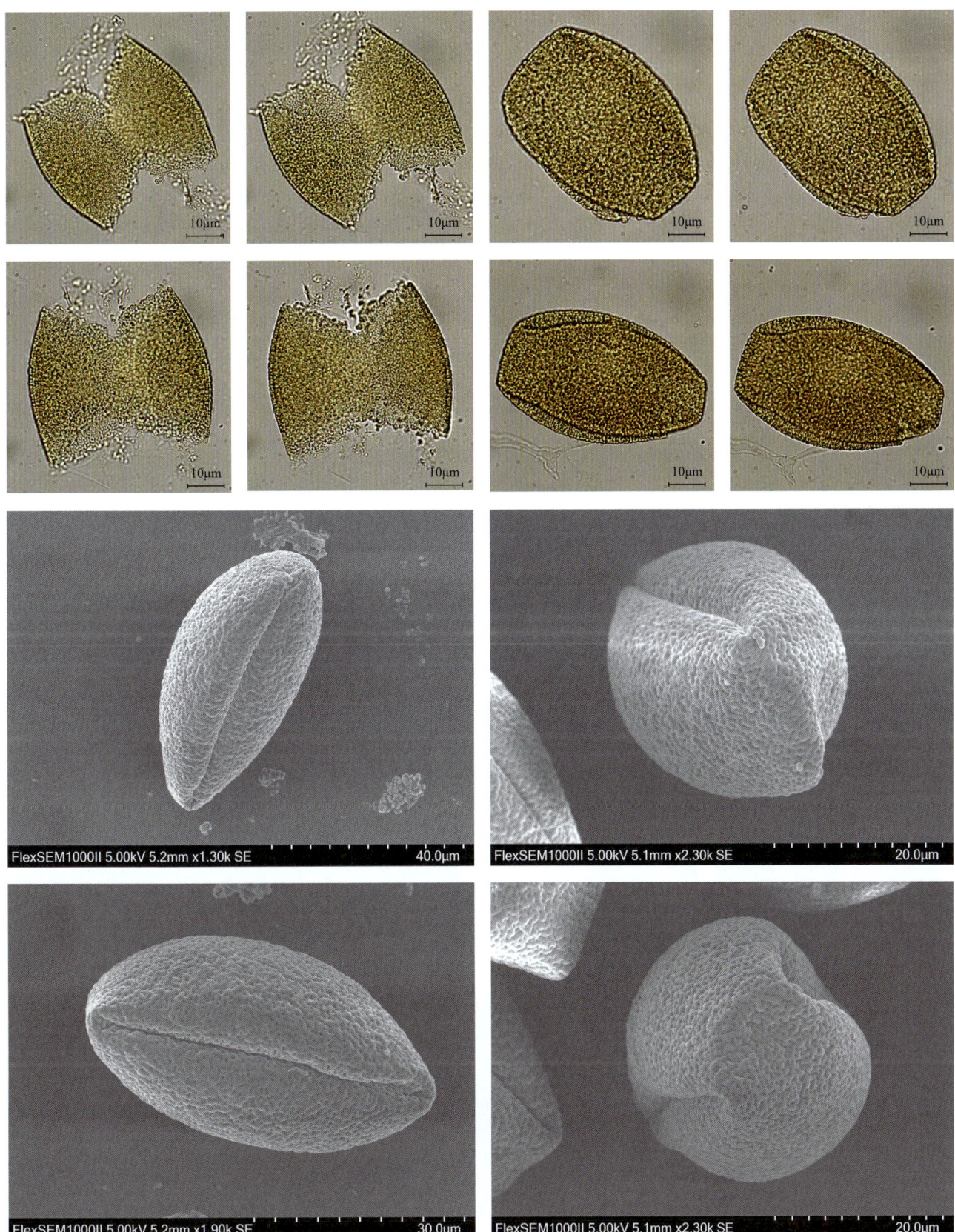

## Campanulaceae 桔梗科
### *Campanula* 风铃草属
*Campanula punctata* Lam. 紫斑风铃草

【形态特征】多年生草本，全体被刚毛，具细长而横走的根状茎；茎直立，粗壮，高 20~100 厘米，通常在上部分枝；基生叶具长柄，叶片心状卵形；茎生叶下部有带翅的长柄，上部无柄，三角状卵形至披针形，边缘具不整齐钝齿；花顶生于主茎及分枝顶端，下垂；花萼裂片长三角形，裂片间有一个卵形至卵状披针形而反折的附属物，它的边缘有芒状长刺毛；花冠白色，带紫斑，筒状钟形，长 3~6.5 厘米，裂片有睫毛；蒴果半球状倒锥形，脉很明显；种子灰褐色，矩圆状，稍扁，长约 1 毫米。

【花果期】花期 6—9 月，果期 9—10 月。

【生境】生于山地林中、灌丛及草地中。

【分布】国内产地：东北地区、内蒙古、河北、山西、河南、陕西、甘肃、四川和湖北；国外分布：朝鲜、日本和俄罗斯。

【别名】吊钟花、灯笼花、山萤袋。

【保护级别】无危（LC）；地方保护野生植物。

【花粉形态】花粉粒近球形，直径 23~27μm；具 3 孔，圆形，孔膜上具模糊的颗粒，孔的周围外壁加厚；外壁两层，外层厚于内层；表面具小刺状雕纹。

花粉图式
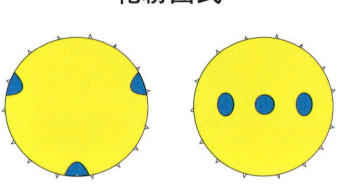

第五章 被子植物的花粉形态

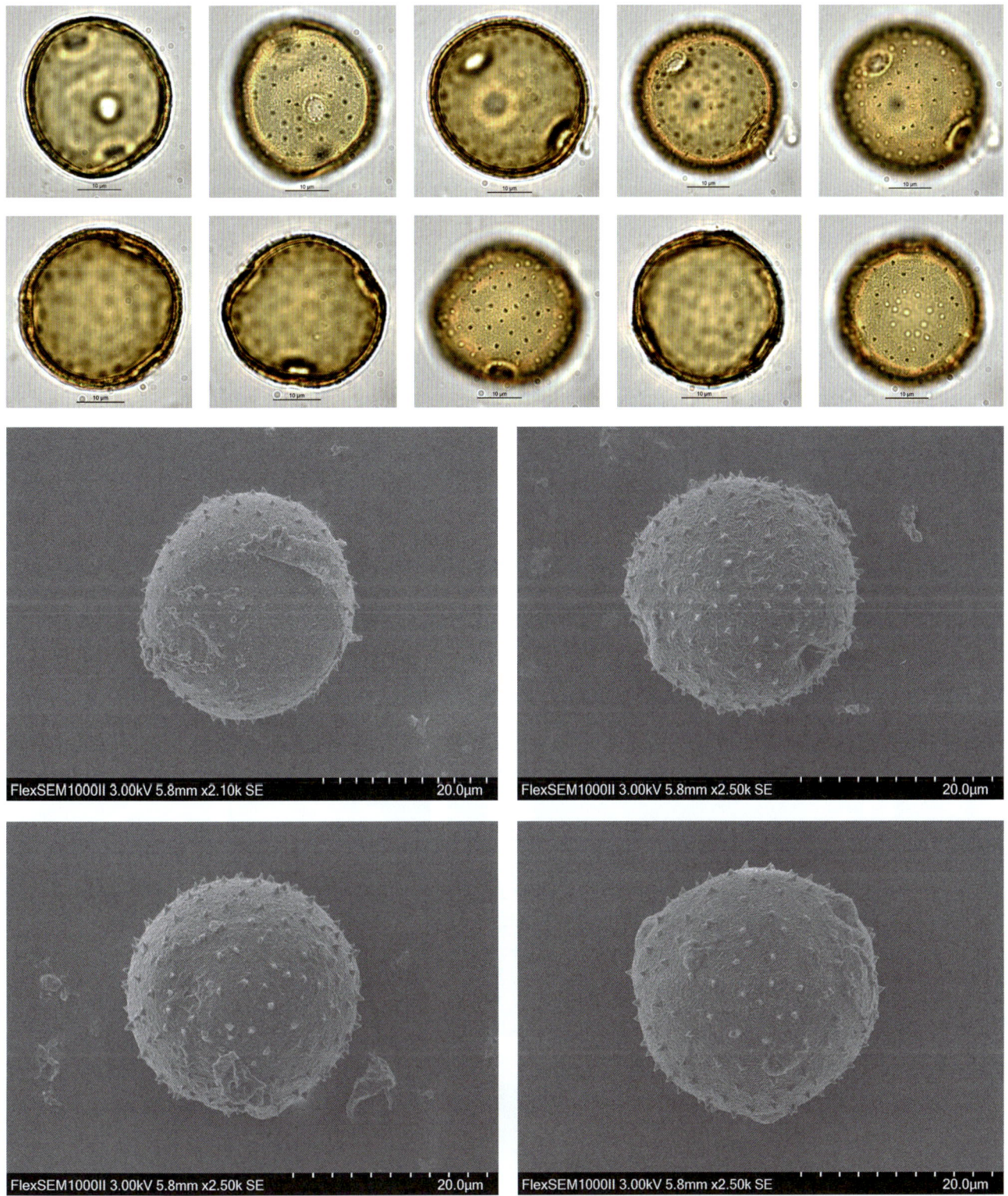

## *Platycodon* 桔梗属

*Platycodon grandiflorus* (Jacq.) A. DC. 桔梗

【形态特征】多年生草本，有白色乳汁；根胡萝卜状；茎直立，高20~120厘米，通常无毛，偶密被短毛，不分枝，极少上部分枝；叶全部轮生，部分轮生至全部互生，无柄或有极短的柄，叶片卵形、卵状椭圆形至披针形，基部宽楔形至圆钝，顶端急尖，上面无毛而绿色，下面常无毛而有白粉，有时脉上有短毛或瘤突状毛，边缘具细锯齿；花单朵顶生，或数朵集成假总状花序，或有花序分枝而集成圆锥花序；花萼筒部半圆球状或圆球状倒锥形，被白粉，裂片三角形或狭三角形，有时齿状；花冠大，蓝色或紫色；蒴果球状、球状倒圆锥形或倒卵状；种子多数，熟后黑色，一端斜截，一端急尖，侧面有一条棱。

花粉图式

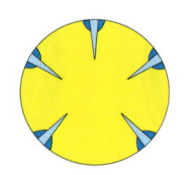
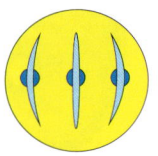

【花果期】花期7—9月，果期8—10月。

【生境】生于海拔2000米以下的阳处草丛、灌丛中，少生于林下。

【分布】国内分布：东北、华北、华东、华中各省以及广东、广西、贵州、云南、四川和陕西；国外分布：朝鲜、日本和俄罗斯。

【别名】铃铛花、包袱花。

【保护级别】无危（LC）；地方保护野生植物。

【花粉形态】花粉粒近球形至长球形，极面观为4~6裂圆形，直径为50~56μm；具4~6孔沟，沟边缘不整齐，内孔不清楚或无；外壁两层，外层厚于内层，或约相等；表面具稀疏分布的小刺，小刺较清楚。

# 第五章 被子植物的花粉形态

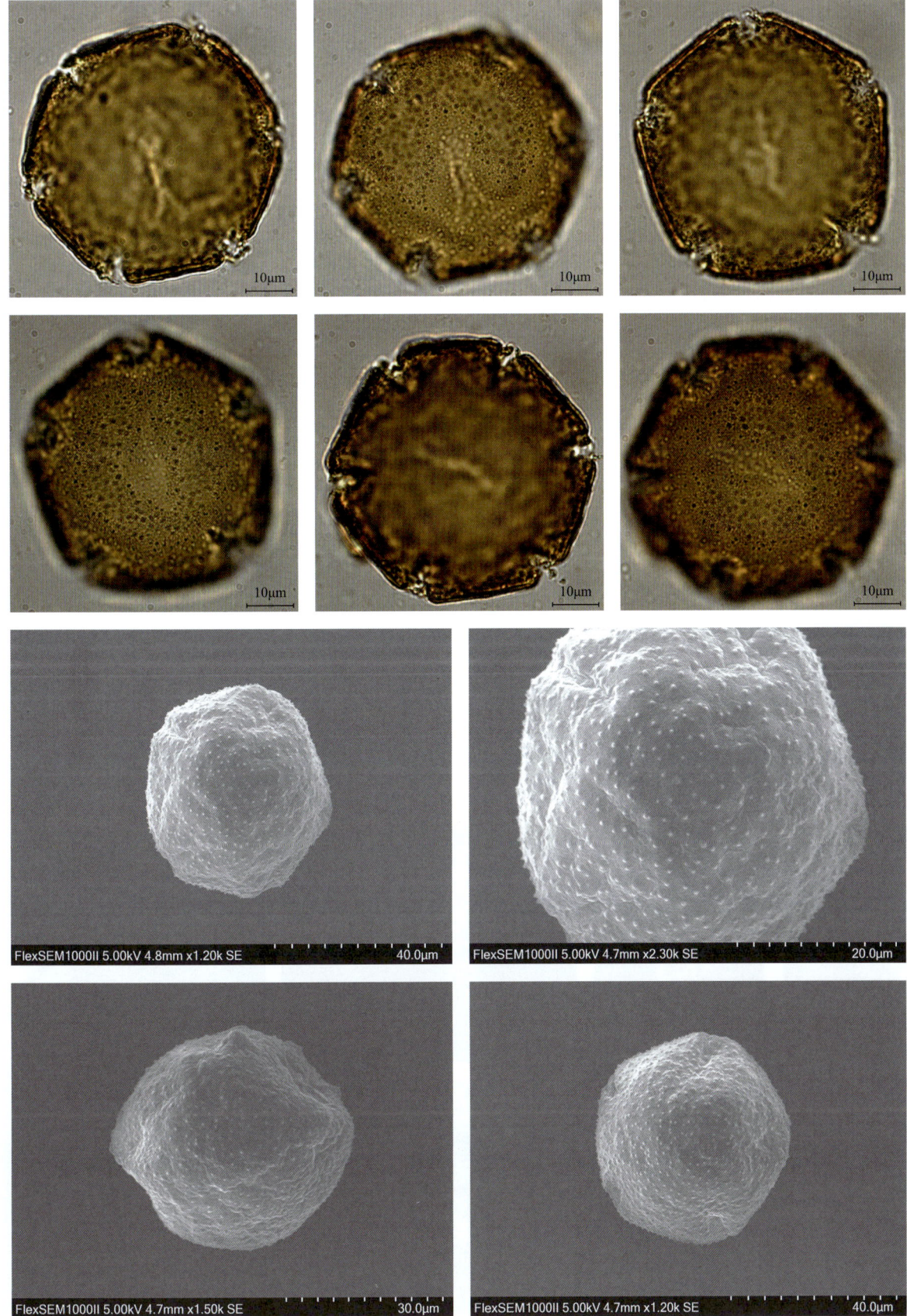

387

## Caprifoliaceae 忍冬科
### *Abelia* 六道木属
*Abelia chinensis* R. Br. 糯米条

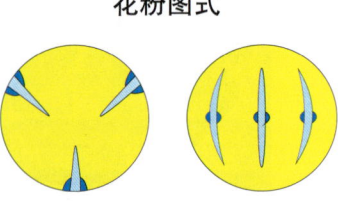

花粉图式

【形态特征】落叶多分枝灌木，高可达2米；嫩枝纤细，红褐色，被短柔毛，老枝树皮纵裂；叶有时三枚轮生，圆卵形至椭圆状卵形，顶端急尖或长渐尖，基部圆或心形，边缘有稀疏圆锯齿；聚伞花序生于小枝上部叶腋，由多数花序集合成一圆锥状花簇，总花梗被短柔毛，果期光滑；花芳香，具3对小苞片；小苞片矩圆形或披针形，具睫毛；萼筒圆柱形，被短柔毛，稍扁，具纵条纹；萼檐5裂，裂片椭圆形或倒卵状矩圆形，果期变红色；花冠白色至红色，漏斗状，为萼齿的一倍，外面被短柔毛，裂片5，圆卵形；雄蕊着生于花冠筒基部，花丝细长，伸出花冠筒外；花柱细长，柱头圆盘形；果实具宿存而略增大的萼裂片。

【花果期】花期9—11月，果期10月至翌年1月。

【生境】海拔170~1500米的山地常见。

【分布】我国长江以南各省区广泛分布。

【别名】无

【保护级别】无危（LC）。

【花粉形态】花粉粒扁球形至近球形，极面观为3裂圆形或2裂圆形，大小为53（48~57）×62（56~68）μm；具3孔沟，偶有2孔沟，沟狭而短，微弯曲，内孔大，界限不清楚；外壁厚，外层明显厚于内层，基柱形成小颗粒状雕纹；表面分布有小刺，刺长小于1μm。

第五章 被子植物的花粉形态

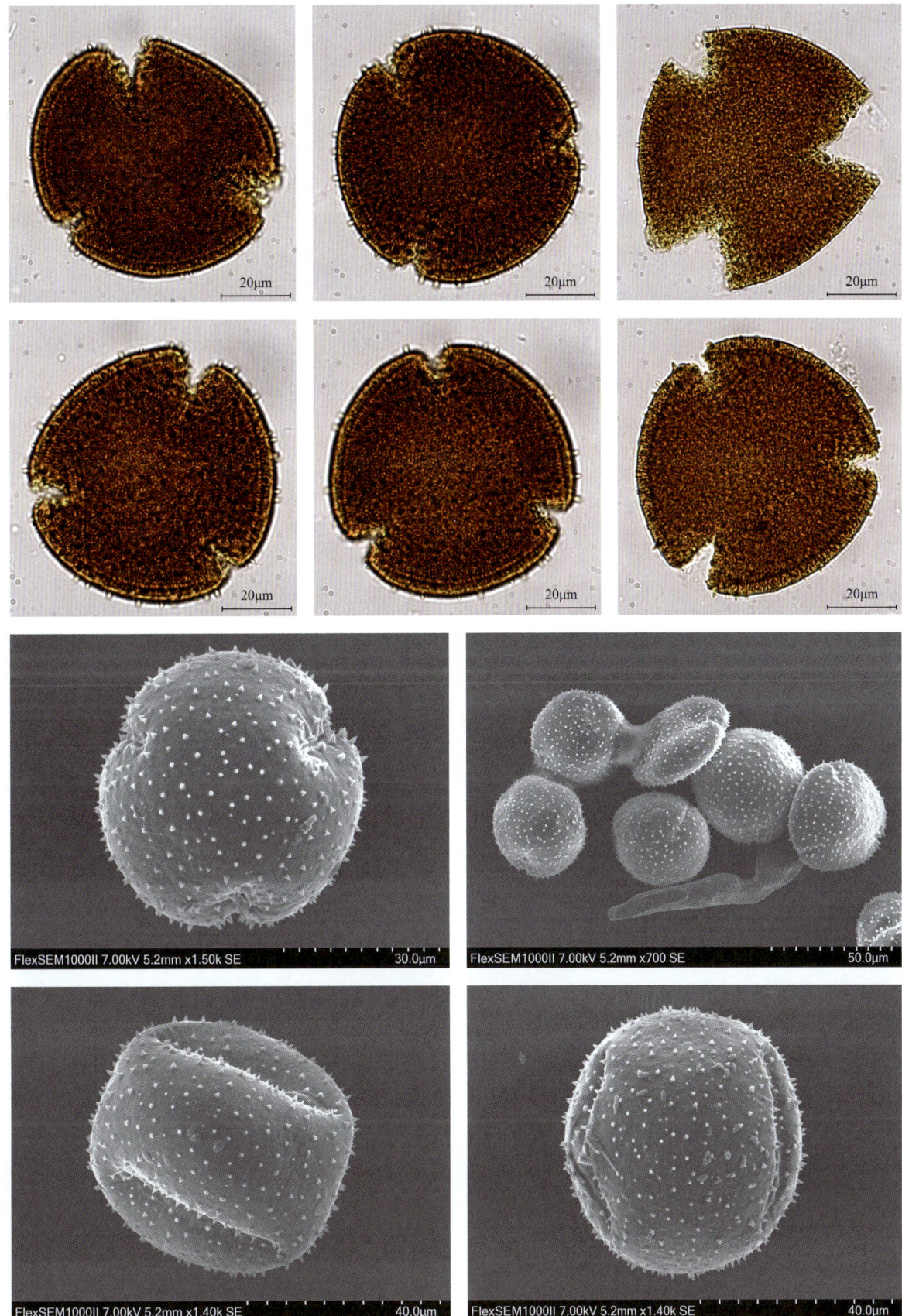

## *Kolkwitzia* 猬实属

### *Kolkwitzia amabilis* Graebn. 猬实

【形态特征】多分枝直立灌木，高可达 3 米；幼枝红褐色，被短柔毛及糙毛，老枝光滑；茎皮剥落；叶椭圆形至卵状椭圆形，顶端尖或渐尖，基部圆或阔楔形，全缘，少有浅齿状，上面深绿色，两面散生短毛，脉上和边缘密被直柔毛和睫毛；叶柄长 1~2 毫米；2 花聚伞花序组成伞房状，顶生或腋生于具叶侧枝之顶；花几无梗；苞片披针形，紧贴子房基部；萼筒外面密生长刚毛，上部缢缩似茎，裂片钻状披针形，有短柔毛；花冠淡红色，基部甚狭，中部以上突然扩大，外有短柔毛，裂片不等，其中 2 枚稍宽短，内面具黄色斑纹；花药宽椭圆形；花柱有软毛，柱头圆形，不伸出冠筒；2 瘦果状核果合生，密被黄色刺刚毛，顶端角状，萼齿宿存。

花粉图式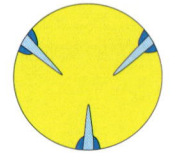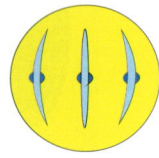

【花果期】花期 5—6 月，果期 8—9 月。

【生境】生于海拔 350~1340 米的山坡、路边和灌丛中。

【分布】山西、陕西、甘肃、河南、湖北及安徽等省。

【别名】美人木、蝟实、猥实。

【保护级别】易危（VU）；地方保护野生植物；中国特有种。

【花粉形态】花粉粒近球形，极面观钝三角形，直径为 37~51μm；具 3 孔沟，沟较短，未达两极，沟缘整齐，沟膜完整，内孔大，椭圆形；表面具刺状雕纹，刺较小，刺长约为 1.5μm，刺基部微膨大，顶端微尖，呈大颗粒状，小刺分布均匀，但略显稀疏。

# 第五章 被子植物的花粉形态

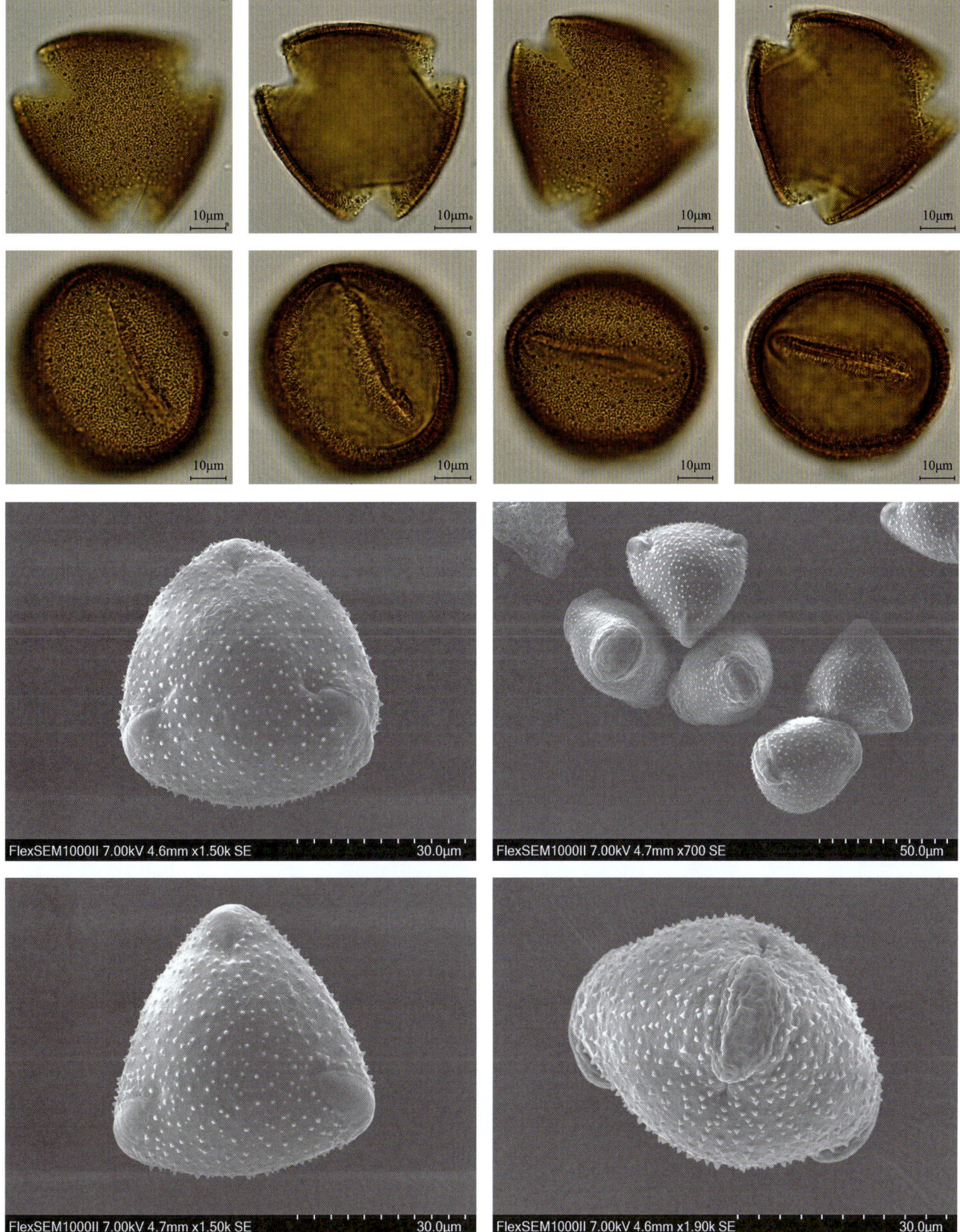

391

## *Lonicera* 忍冬属

***Lonicera japonica* Thunb. 忍冬**

**【形态特征】**半常绿藤本；幼枝暗红褐色，密被硬直糙毛、腺毛和柔毛，下部常无毛；叶纸质，卵形或长圆状卵形，基部圆或近心形，有糙缘毛；叶柄长 4~8 毫米，密被柔毛；总花梗通常单生于小枝上部叶腋，与叶柄等长或稍短；小苞片先端圆或平截，有糙毛和腺毛；萼筒长约 2 毫米，无毛，萼齿卵状三角形或长三角形，有长毛，外面和边缘有密毛；花冠白色，后黄色，唇形，冠筒稍长于唇瓣，被倒生糙毛和长腺毛，上唇裂片先端钝，下唇带状反曲；雄蕊和花柱高出花冠；果圆形，熟时蓝黑色；种子卵圆形或椭圆形，褐色。

**【花果期】**花期 4—6 月，果期 10—11 月。

**【生境】**生于山坡灌丛或疏林中、乱石堆、山足路旁及村庄篱笆边，海拔最高达 1500 米。

**【分布】**国内分布：除黑龙江、内蒙古、宁夏、青海、新疆、海南和西藏无自然生长外，全国各省均有分布；国外分布：日本和朝鲜。

**【别名】**老翁须、鸳鸯藤、蜜桶藤、子风藤、右转藤、二宝藤、二色花藤、银藤、金银藤、金银花、双花。

**【保护级别】**无

**【花粉形态】**花粉粒近球形至扁球形，大小为 63（58~67）× 74（66~78）μm；具 3 孔沟，偶有 4 孔沟，沟细而短，长度与内孔相接近或略长，内孔大，横长，椭圆形，内孔与赤道平行的两边加厚，内孔界限不清楚；外壁两层，外层厚于内层；表面具均匀分布的小刺。

花粉图式

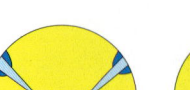
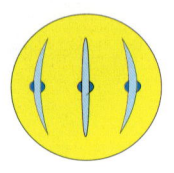

# 第五章 被子植物的花粉形态

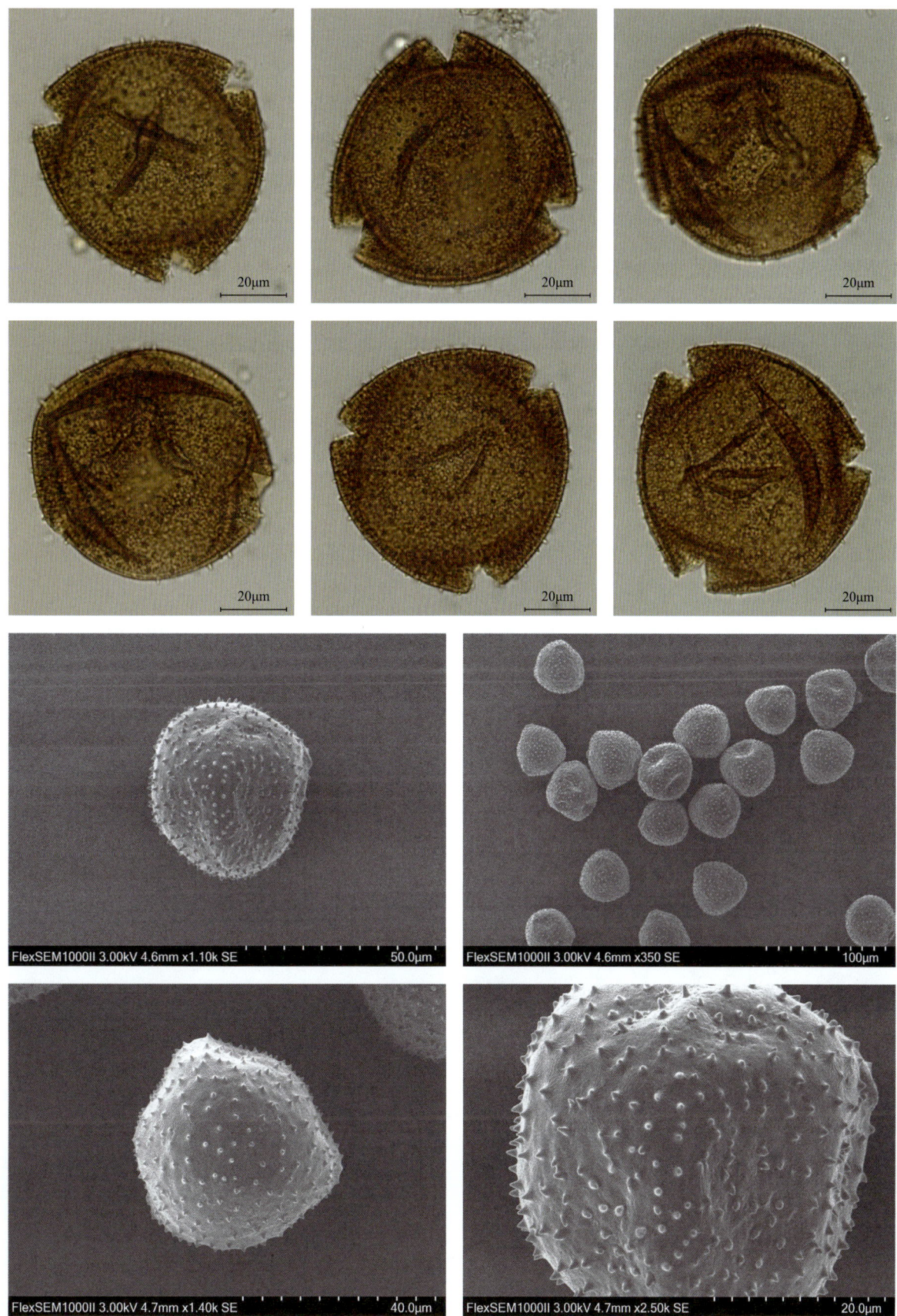

## Sambucus 接骨木属

**Sambucus javanica** Reinw. ex Blume 接骨草

【形态特征】高大草本或半灌木，高 1~2 米；茎有棱条，髓部白色；羽状复叶的托叶叶状或成蓝色腺体；小叶 2~3 对，互生或对生，狭卵形，嫩时上面被疏长柔毛，先端长渐尖，基部钝圆，两侧不等，边缘具细锯齿，近基部或中部以下边缘常有 1 或数枚腺齿；顶生小叶卵形或倒卵形，基部楔形，有时与第一对小叶相连，小叶无托叶，基部 1 对小叶有时有短柄；杯形不孕性花宿存，可孕性花小；萼筒杯状，萼齿三角形；花冠白色，基部联合；花药黄或紫色；子房 3 室；果熟时红色，近圆形，径 3~4 毫米；核 2~3，卵圆形，长约 2.5 毫米，有小疣状突起。

花粉图式

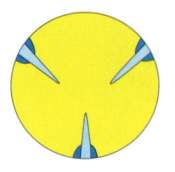
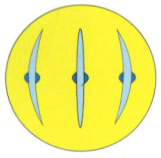

【花果期】花期 4—5 月，果期 8—9 月。

【生境】生于海拔 300~2600 米的山坡、林下、沟边和草丛中。

【分布】国内分布：陕西、甘肃、江苏、安徽、浙江、江西、福建、台湾、河南、湖北、湖南、广东、广西、四川、贵州、云南、西藏等省区；国外分布：日本。

【别名】臭草、八棱麻、陆英、蒴藋、青稞草、走马箭、七叶星、蒴藋。

【保护级别】无危（LC）。

【花粉形态】花粉粒长球形至近球形，极面观 3 裂圆形，大小为 19（15~24）× 20（18~27）μm；具 3 孔沟，沟细长，内孔不明显，横长；外壁两层明显，内外层厚度相等，外壁外层内基柱明显；表面具明显的网状雕纹，网至两极及沟边缘变细。

第五章 被子植物的花粉形态

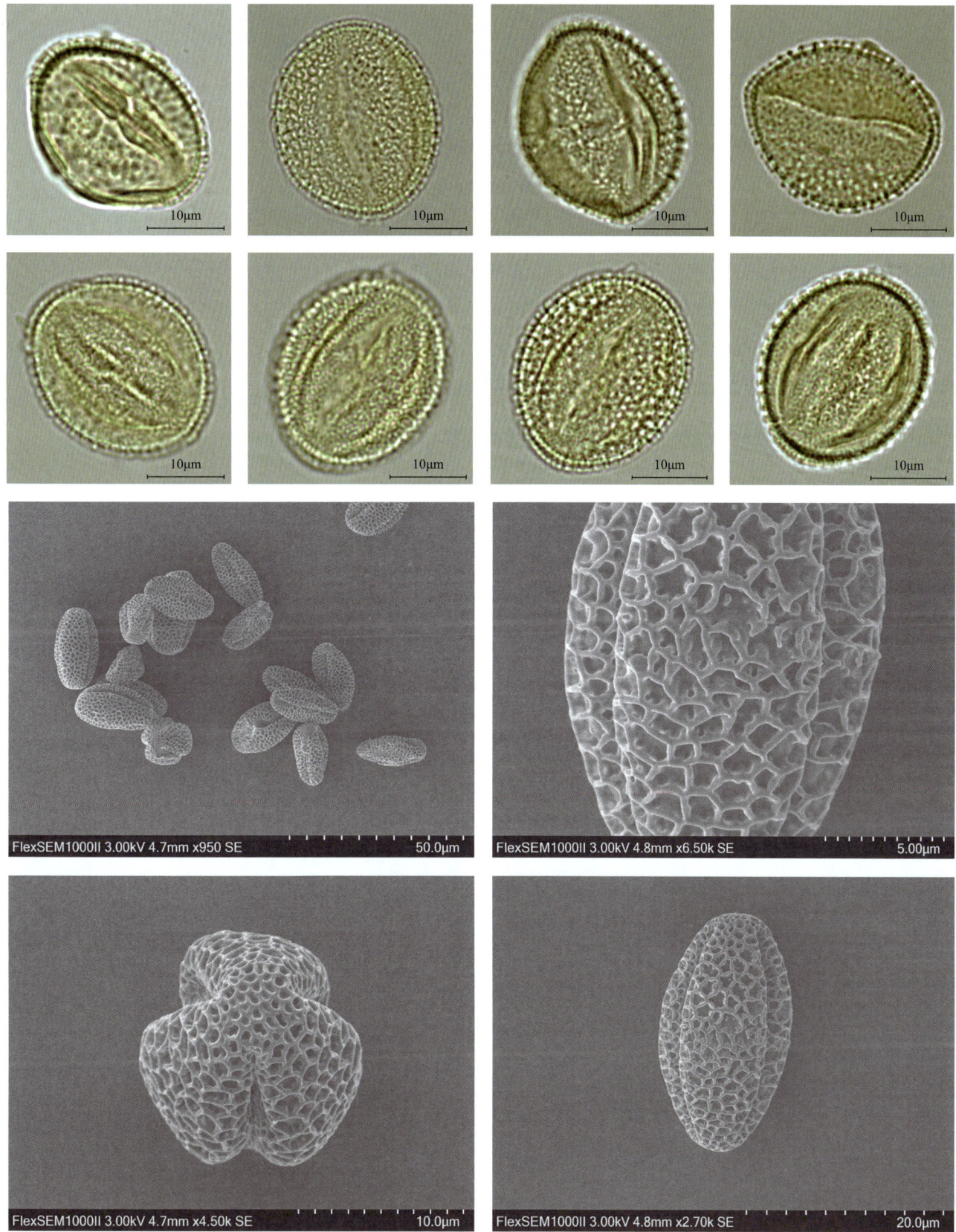

395

## Viburnum 荚蒾属

### *Viburnum fordiae* Hance 南方荚蒾

【形态特征】灌木或小乔木，高可达 5 米；幼枝、芽、叶柄、花序、萼和花冠外面均被由暗黄色或黄褐色簇状毛组成的茸毛；枝灰褐色或黑褐色；叶纸质至厚纸质，宽卵形或菱状卵形，顶端钝、短尖或短渐尖；叶柄长 0.5~1.5 厘米，有时更短，无托叶；复伞形式聚伞花序顶生或生于具 1 对叶的侧生小枝之顶；萼筒倒圆锥形，萼齿钝三角形；花冠白色，辐状，裂片卵形，长约 1.5 毫米，比筒长；雄蕊与花冠等长或略超出，花药小，近圆形；花柱高出萼齿，柱头头状；果实红色，卵圆形；核扁，有 2 条腹沟和 1 条背沟。

花粉图式

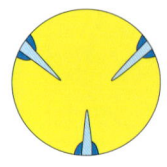
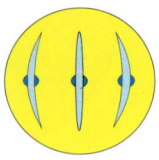

【花果期】花期 4—5 月，果期 10—11 月。

【生境】生于海拔 600~1300 米的山谷溪涧旁疏林、山坡灌丛中或平原旷野。

【分布】安徽、浙江、江西、福建、湖南、广东、广西、贵州及云南。

【别名】无

【保护级别】无危（LC）。

【花粉形态】花粉粒近球形，极面观 3 裂圆形，赤道面观椭圆形，大小为 15（13~17）×25（22~28）μm；具 3 孔沟，沟细长，两端尖，内孔横长；外壁两层明显，外层厚；表面具网状雕纹，网脊由颗粒组成，电镜下网眼中也具颗粒；轮廓线呈波浪形。

# 第五章 被子植物的花粉形态

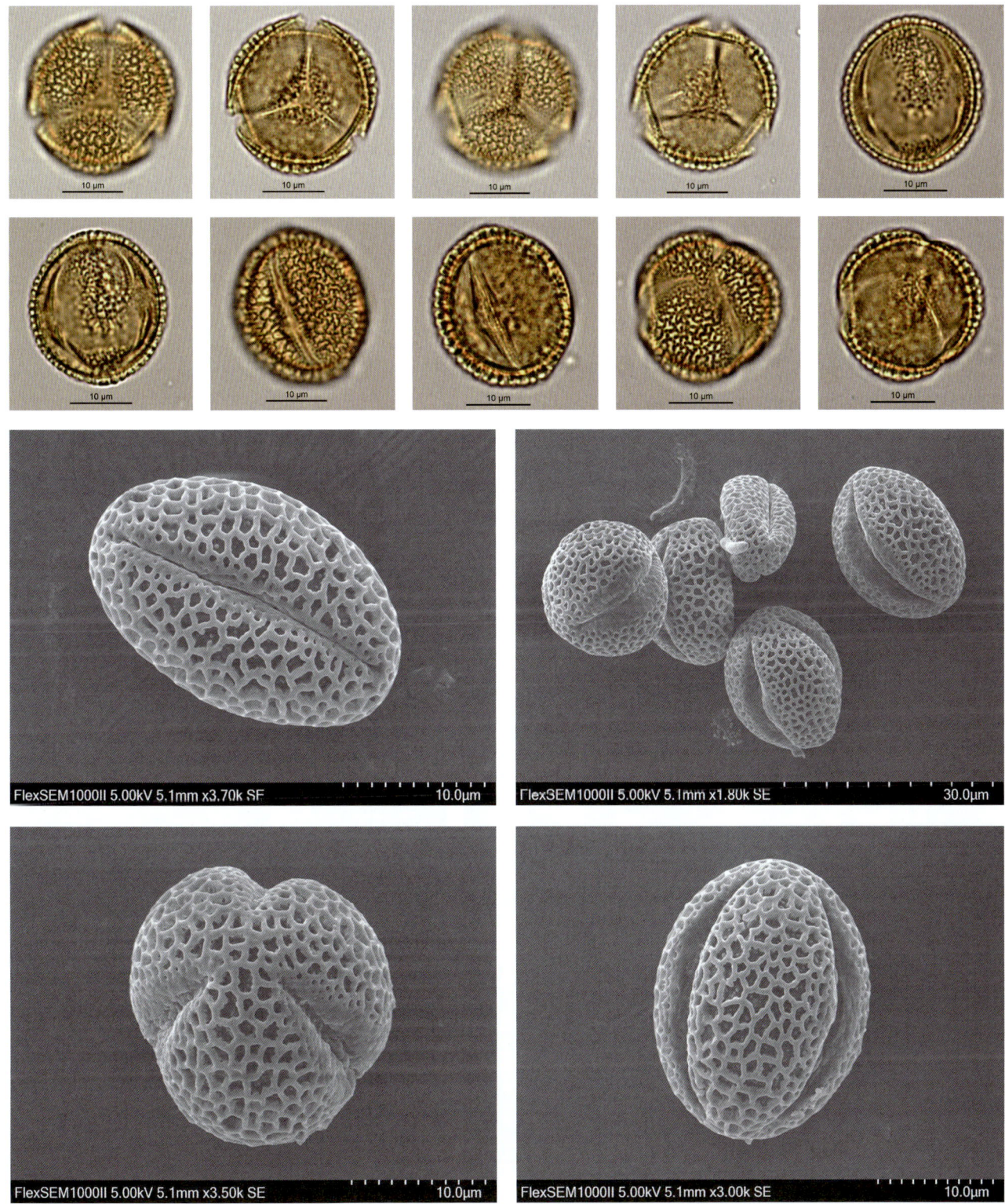

397

## *Weigela* 锦带花属

*Weigela florida* (Bunge) A. DC. 锦带花

【形态特征】落叶灌木，高 1~3 米；幼枝稍四方形，有 2 列短柔毛；树皮灰色；芽顶端尖，具 3~4 对鳞片，常光滑；叶矩圆形、椭圆形至倒卵状椭圆形，顶端渐尖，基部阔楔形至圆形，边缘有锯齿；花单生或成聚伞花序生于侧生短枝的叶腋或枝顶；萼筒长圆柱形，疏被柔毛，萼齿长约 1 厘米，深达萼檐中部；花冠紫红色或玫瑰红色，外面疏生短柔毛，裂片不整齐，内面浅红色；花丝短于花冠，花药黄色；子房上部的腺体黄绿色，花柱细长，柱头 2 裂；果实长 1.5~2.5 厘米，顶有短柄状喙，疏生柔毛；种子无翅。

【花果期】花期 4—6 月，果期 10 月。

【生境】生于海拔 100~1450 米的杂木林下或山顶灌木丛中。

【分布】国内分布：黑龙江、吉林、辽宁、内蒙古、山西、陕西、河南、山东北部、江苏北部等地区；国外分布：俄罗斯、朝鲜和日本。

【别名】旱锦带花、海仙、锦带、早锦带花。

【保护级别】无危（LC）；地方保护野生植物。

【花粉形态】花粉粒近球形，极面观为 3 裂圆形，直径为 35~40μm；具 3 孔沟，沟短，不明显，内孔圆而大，周围加厚，向外突出，孔膜上具颗粒状雕纹；外壁较薄；表面具刺状雕纹，刺长短不一，刺长为 1.4~4.2μm。

花粉图式

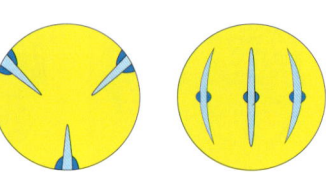

# 第五章 被子植物的花粉形态

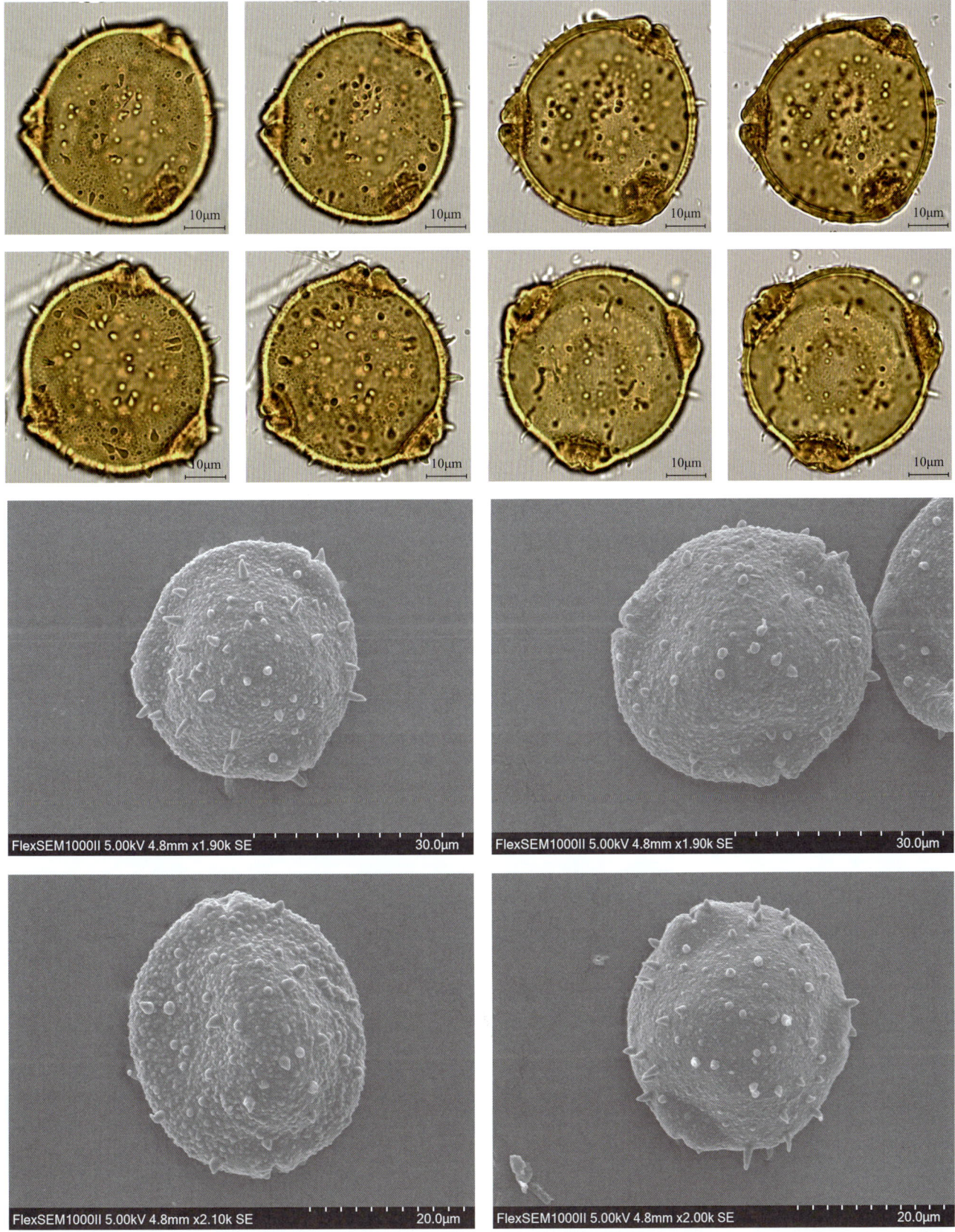

## Caryophyllaceae 石竹科
### *Dianthus* 石竹属
*Dianthus chinensis* L. 石竹

【形态特征】多年生草本，高可达 50 厘米，全株无毛，带粉绿色；茎由根颈生出，疏丛生，直立，上部分枝；叶片线状披针形，顶端渐尖，基部稍狭，全缘或有细小齿，中脉较显；花单生枝端或数花集成聚伞花序；花梗长 1~3 厘米；苞片 4，卵形，顶端长渐尖，长达花萼 1/2 以上；花萼圆筒形，有纵条纹，萼齿披针形，直伸，顶端尖，有缘毛；花瓣倒卵状三角形，紫红色、粉红色、鲜红色或白色，顶缘不整齐齿裂，喉部具斑纹，疏生髯毛；雄蕊露出喉部外，花药蓝色；子房长圆形，花柱线形；蒴果圆筒形，包于宿存萼内，顶端 4 裂；种子黑色，扁圆形。

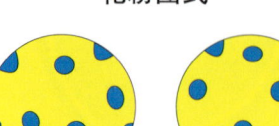

花粉图式

【花果期】花期 5—6 月，果期 7—9 月。

【生境】生于草原和山坡草地。

【分布】国内分布：原产我国北方，现在南北方普遍生长；国外分布：俄罗斯和朝鲜。

【别名】丝叶石竹、蒙古石竹、北石竹、山竹子、大菊、瞿麦、蘧麦、三脉石竹、林生石竹、长苞石竹、辽东石竹、高山石竹、钻叶石竹、兴安石竹。

【保护级别】无危（LC）。

【花粉形态】花粉粒球形，直径为 42~48μm；具散孔，孔圆形，孔的数目为 11~16，孔直径为 7~8μm，孔间距离为 11~12μm；外壁厚度约 4μm；表面具小刺状雕纹。

# 第五章 被子植物的花粉形态

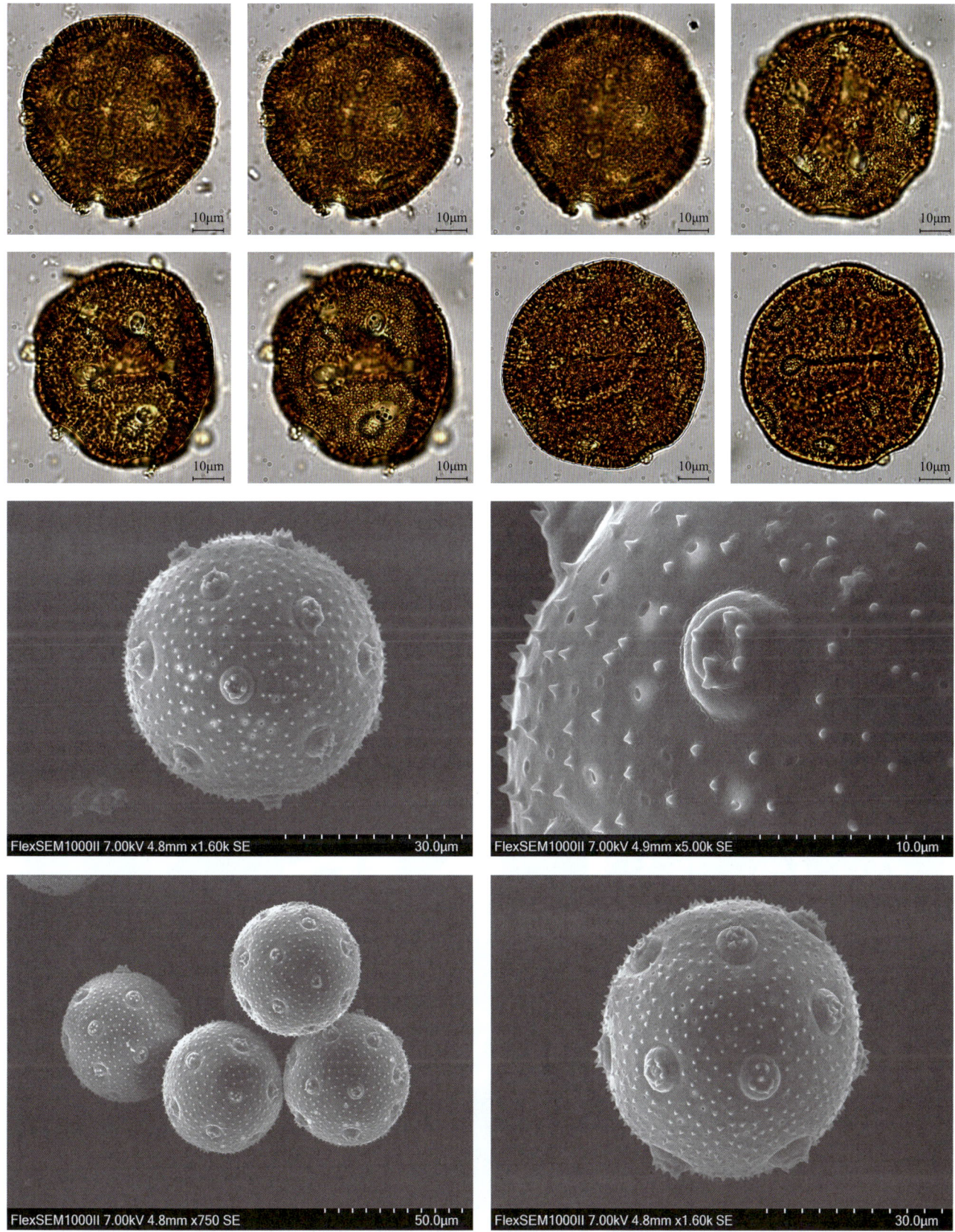

## *Gypsophila* 石头花属

### *Gypsophila vaccaria* Sm. 麦蓝菜

**【形态特征】**一年生或二年生草本，高 30~70 厘米，全株无毛，微被白粉，呈灰绿色；根为主根系；茎单生，直立，上部分枝；叶片卵状披针形或披针形，基部圆形或近心形，微抱茎，顶端急尖，具 3 基出脉；伞房花序稀疏；花梗细；苞片披针形，着生花梗中上部；花萼卵状圆锥形；雌雄蕊柄极短；花瓣淡红色，爪狭楔形，淡绿色，瓣片狭倒卵形，斜展或平展，微凹缺，有时具不明显的缺刻；雄蕊内藏；花柱线形，微外露；蒴果宽卵形或近圆球形；种子近圆球形，红褐色至黑色。

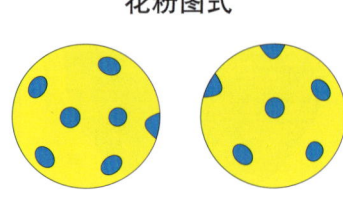

花粉图式

**【花果期】**花期 5—7 月，果期 6—8 月。

**【生境】**生于草坡、撂荒地或麦田中，为麦田常见杂草。

**【分布】**国内分布：除华南外，都有分布；国外分布：欧洲和亚洲。

**【别名】**麦蓝子、王不留行。

**【保护级别】**地方保护野生植物。

**【花粉形态】**花粉粒圆球形，直径为 32~42μm；具散孔，孔数为 12，孔口直径约为 4.9μm，孔较大、下陷，孔环光滑，孔膜外突明显，其上分布有 7~10 个较大的瘤状突起物，在突起物上还分布有数量不等的小颗粒；表面具颗粒状雕纹。

第五章 被子植物的花粉形态

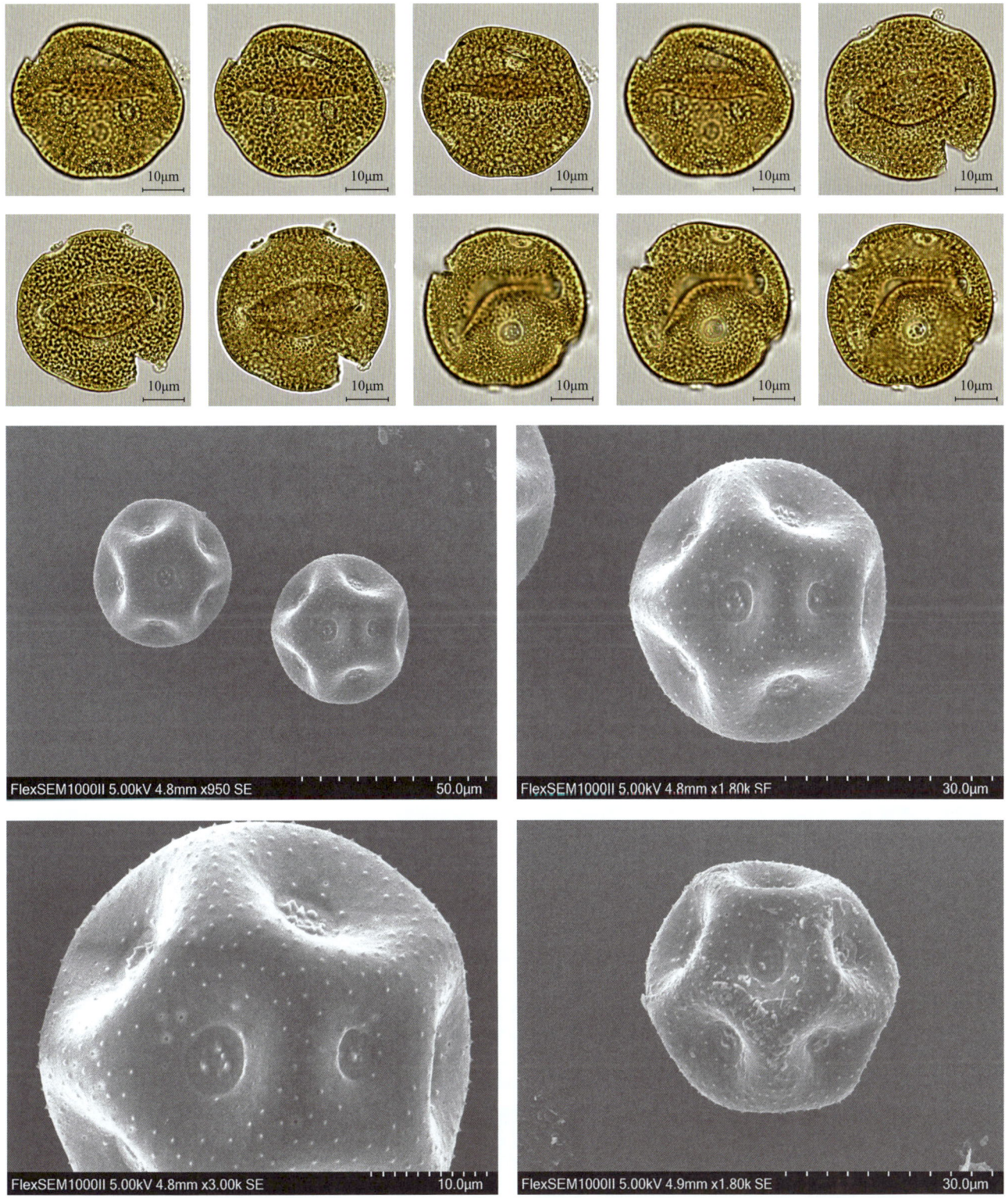

403

## Casuarinaceae 木麻黄科
### *Casuarina* 木麻黄属

*Casuarina equisetifolia* L. 木麻黄

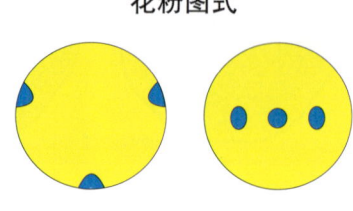

花粉图式

【形态特征】常绿乔木，高可达 30 米；大树根部无萌蘖；树干通直；树冠狭长圆锥形；枝红褐色，有密集的节；鳞片状叶每轮通常 7 枚，少为 6 或 8 枚，披针形或三角形，紧贴小枝；花雌雄同株或异株；雄花序棒状圆柱形，具覆瓦状排列、被白色柔毛的苞片，小苞片具缘毛；花被片 2；花药两端凹入；雌花序常顶生于侧生短枝上；球果状果序椭圆形，两端近平截或钝，幼嫩时外被灰绿色或黄褐色茸毛，成长时毛常脱落；小苞片变木质，阔卵形，顶端略钝或急尖，背无隆起的棱脊；小坚果连翅长 4~7 毫米，宽 2~3 毫米。

【花果期】花期 4—5 月，果期 7—10 月。

【生境】强阳性树种，喜高温多湿，适生于海岸的疏松沙地，在离海较远的酸性土壤亦能生长良好，尤其在土层深厚、疏松肥沃的冲积土上生长得更为繁茂。

【分布】国内分布：广西、广东、福建和台湾沿海地区；国外分布：原产于澳大利亚和太平洋岛屿，现在美洲热带地区和亚洲东南部沿海地区广泛栽植。

【别名】短枝木麻黄、马毛树、驳骨树。

【保护级别】无危（LC）。

【花粉形态】花粉粒近扁球形，极面观为钝圆三角形，直径为 25~33μm；具孔，以 3 孔为主，少数 4 孔，孔圆形，直径 2~3μm；外壁两层，外层厚于内层，孔周围的外壁加厚成盾状区；表面具颗粒或不清晰的条纹状雕纹。

第五章 被子植物的花粉形态

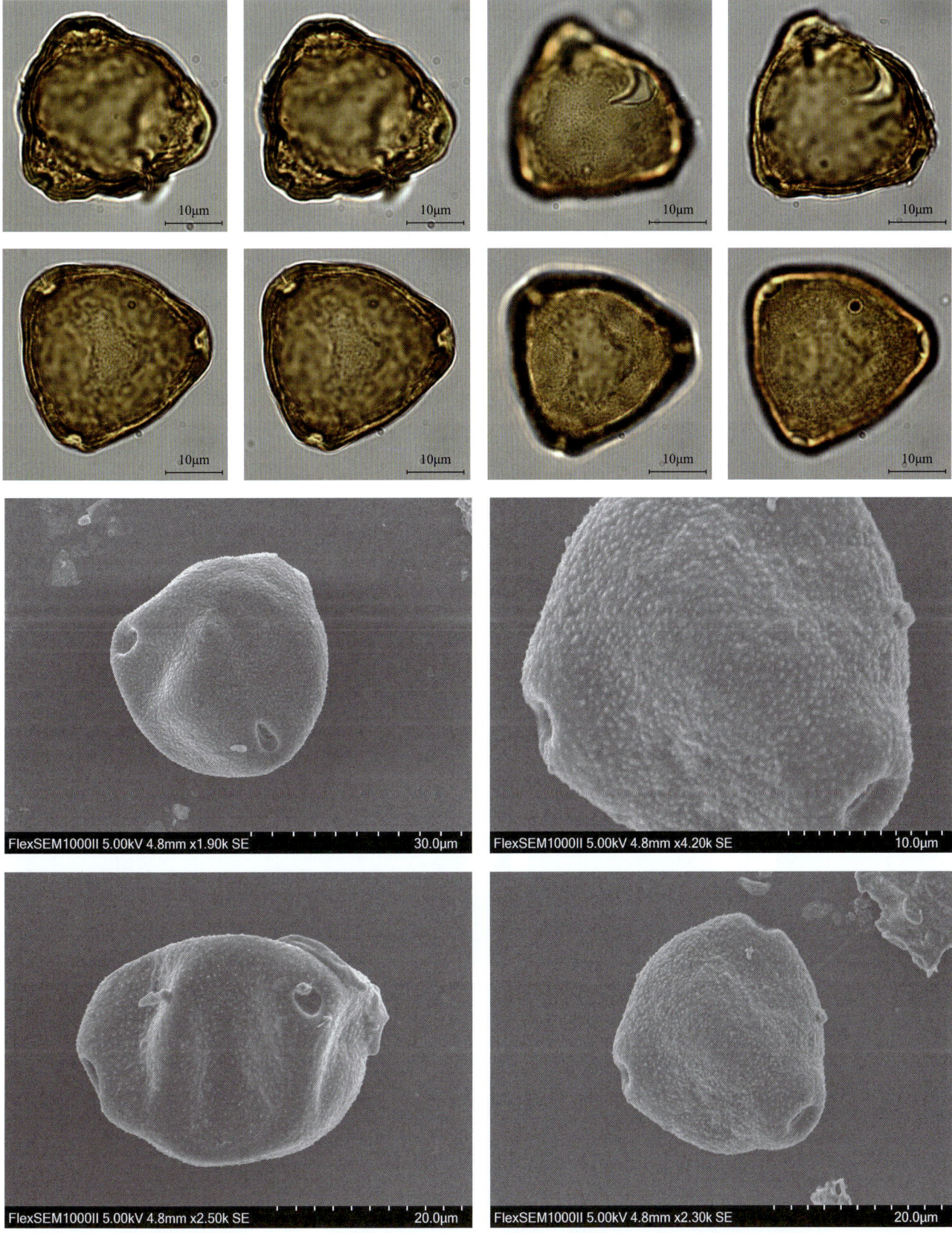

405

## Celastraceae 卫矛科
### *Euonymus* 卫矛属
*Euonymus dielsianus* Loes. & Diels 裂果卫矛

**【形态特征】** 灌木和小乔木；叶片革质，窄长椭圆形或长倒卵形，先端渐尖或短长尖，近全缘，少有疏浅小锯齿，齿端常具小黑腺点；叶柄长可达 1 厘米；聚伞花序 1~7 花；花序梗长可达 1.5 厘米；小花梗长 3~5 毫米；花 4 数，黄绿色；萼片偏阔圆形，边缘具锯齿，齿端具黑色腺点；花瓣长圆形，边缘稍呈浅齿状；花盘近方形；雄蕊花丝极短，着生花盘角上，花药近顶裂；子房 4 棱形，无花柱，柱头细小头状；蒴果 4 深裂，裂瓣卵状，斜升，1~3 裂成熟，每裂有成熟种子一个；种子长圆状，枣红色或黑褐色，假种皮橘红色，盔状，包围种子上半部。

花粉图式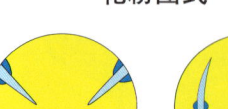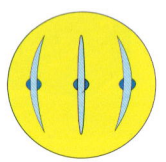

**【花果期】** 花期 6—7 月，果期 10 月。

**【生境】** 生长于小山顶、山尖岩石和山坡上、河边的疏林及山谷中。

**【分布】** 湖北、湖南、四川、云南、贵州、广东和广西。

**【别名】** 全育卫矛、宽蕊卫矛。

**【保护级别】** 无危（LC）。

**【花粉形态】** 花粉粒近球形至长球形，极面观 3 裂圆形，大小为 19（17~23）× 30（27~34）μm；具 3 孔沟，沟宽，两端尖，内孔大，横长；外壁较厚，外层稍厚于内层，至沟边缘明显变薄；表面具明显的网状雕纹，网在近沟处变细；轮廓线呈波浪形。

第五章 被子植物的花粉形态

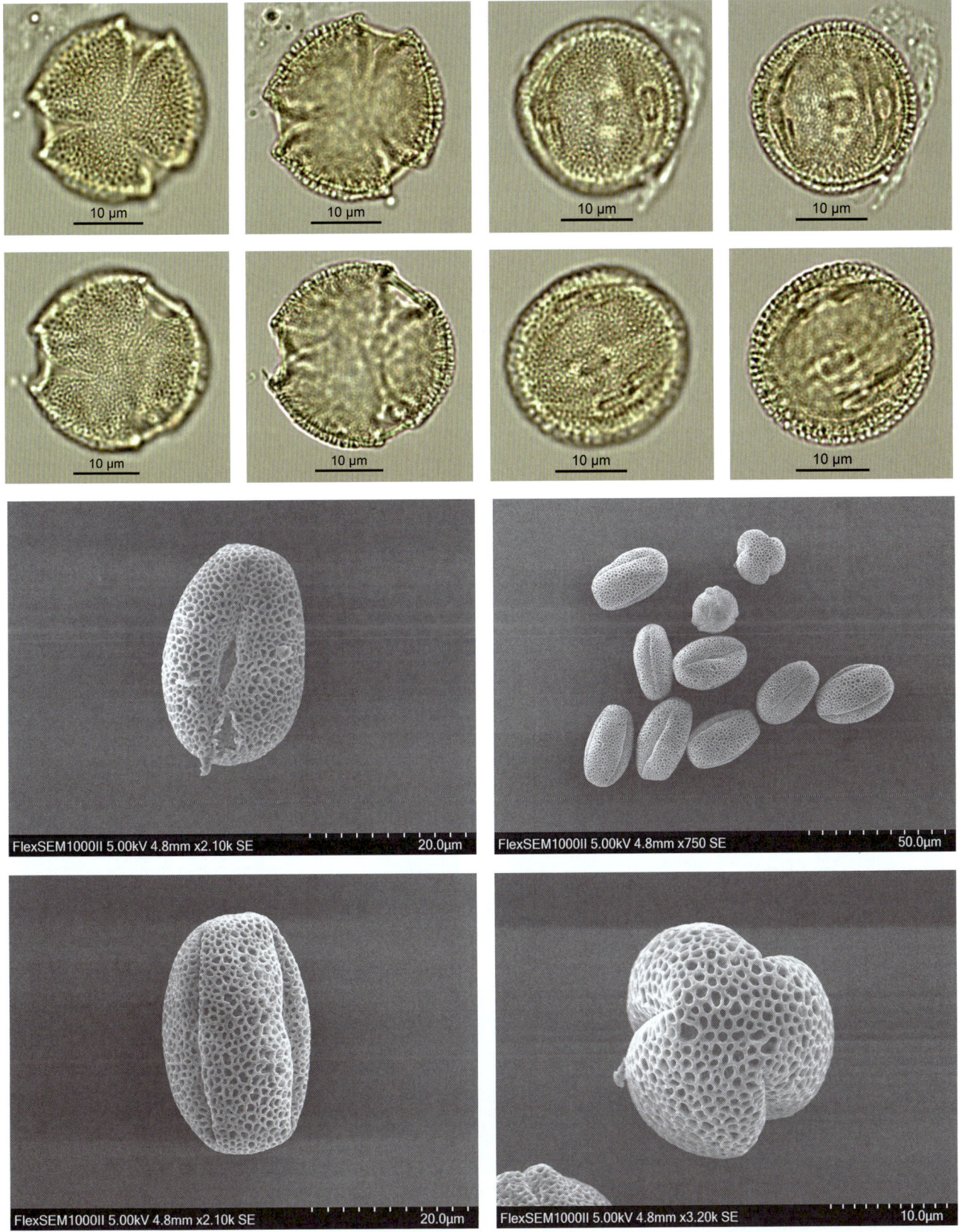

407

## *Glyptopetalum* 沟瓣木属

### *Glyptopetalum continentale* (Chun & F. C. How) C. Y. Cheng & Q. S. Ma 大陆沟瓣木

【形态特征】灌木或小乔木，高 2~5 米；小枝粗壮，绿色，圆柱状或具 4 棱；叶厚革质，椭圆形或阔椭圆形，偶为倒卵状椭圆形，先端短渐尖或长渐尖，偶为急尖，基部楔形至阔楔形，边缘有较疏锯齿，侧脉 7~10 对，在叶两面都细而不甚显著；叶柄粗壮；花未见，蒴果淡黄色或灰白色，密被细鳞斑，圆球状，直径约 1.5 厘米，果序梗长 2~4 厘米，小果梗长 2~3 厘米；种子椭圆状或倒卵状，鲜时与假种皮均为红色，假种皮包围种子 1/2 以上，顶端不规则开裂。

花粉图式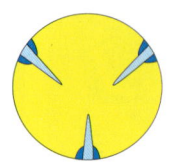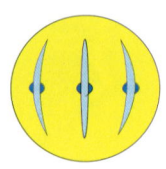

【花果期】花期 7—8 月，果期 12 月至翌年 2 月。

【生境】生于海拔 550 米的山地、石灰岩疏林中。

【分布】广东（连州、三江、阳山等地）和广西（河池）。

【别名】大陆沟瓣。

【保护级别】极危（CR）。

【花粉形态】花粉粒扁球形或近球形，极面观 3 裂圆形，大小为 28（25~32）× 38（34~40）μm；具 3 孔沟，沟较宽，有时较窄，两端尖，沟膜光滑，内孔圆形，较大；外壁两层，外层厚于内层，基柱明显；表面具网状雕纹，网至沟边显著变细；轮廓线呈波浪形。

第五章 被子植物的花粉形态

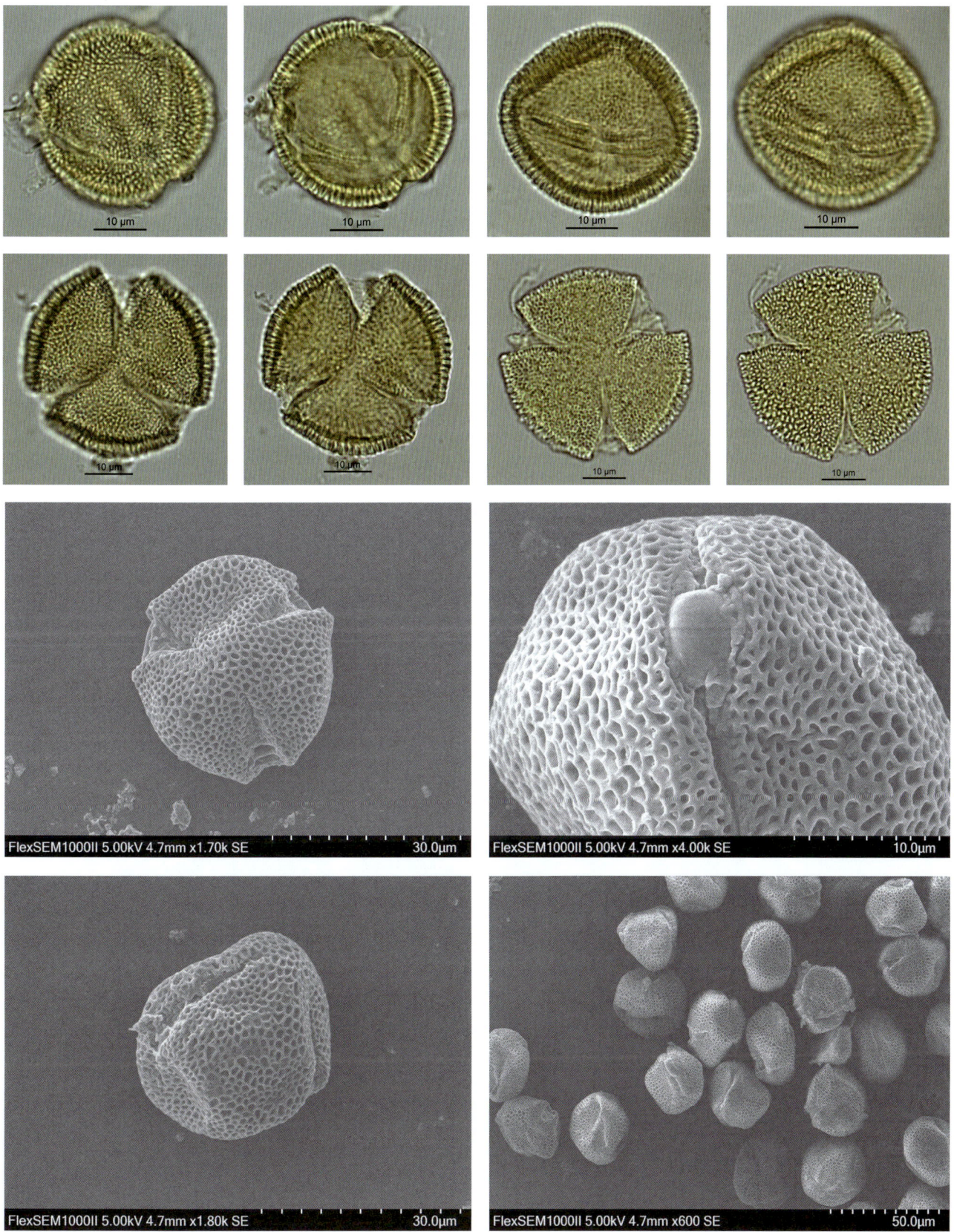

## Centroplacaceae 安神木科
### *Bhesa* 膝柄木属
*Bhesa robusta* (Roxb.) Ding Hou 膝柄木

【形态特征】乔木，高 10 米以上；小枝粗，紫棕色，粗糙，有较大叶痕和芽鳞痕；叶长圆状窄椭圆形或窄卵形，先端尖或短渐尖，基部圆或宽楔形，稀平截或浅心形，侧脉 14~18 对；叶柄圆柱状，粗壮，先端与叶基部连接处增大呈膝状弯曲；聚伞圆锥花序侧生于小枝上部，呈假顶生状；花序梗短或近无梗；花序轴有 3~5 分枝；花 5 数，黄绿色；萼片线状披针形；花瓣窄倒卵形或长圆状披针形；花盘浅盘状，雄蕊插生其外缘；子房近扁球形，上部近花柱处有疏毛丛；蒴果窄长卵形，顶端喙状；种子 1，椭圆状卵圆形，棕红或棕褐色；假种皮淡棕色。

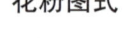
花粉图式
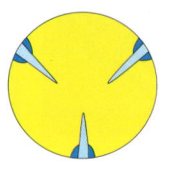
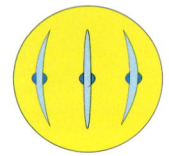

【花果期】花期 7—9 月，果期翌年 3—4 月。

【生境】生长于海拔 50 米近海岸的坡地杂木林中。

【分布】国内分布：广西；国外分布：印度、越南和马来西亚。

【别名】无

【保护级别】国家一级重点保护野生植物；极危（CR）。

【花粉形态】花粉粒长球形，极面观为 3 裂圆形，赤道面观椭圆形，大小为 16（14~18）×25（23~29）μm；具 3 孔沟，沟长达两极，内孔横长；外壁两层，内外层厚度相等；表面光滑，电镜下具微弱的条纹状雕纹。

第五章 被子植物的花粉形态

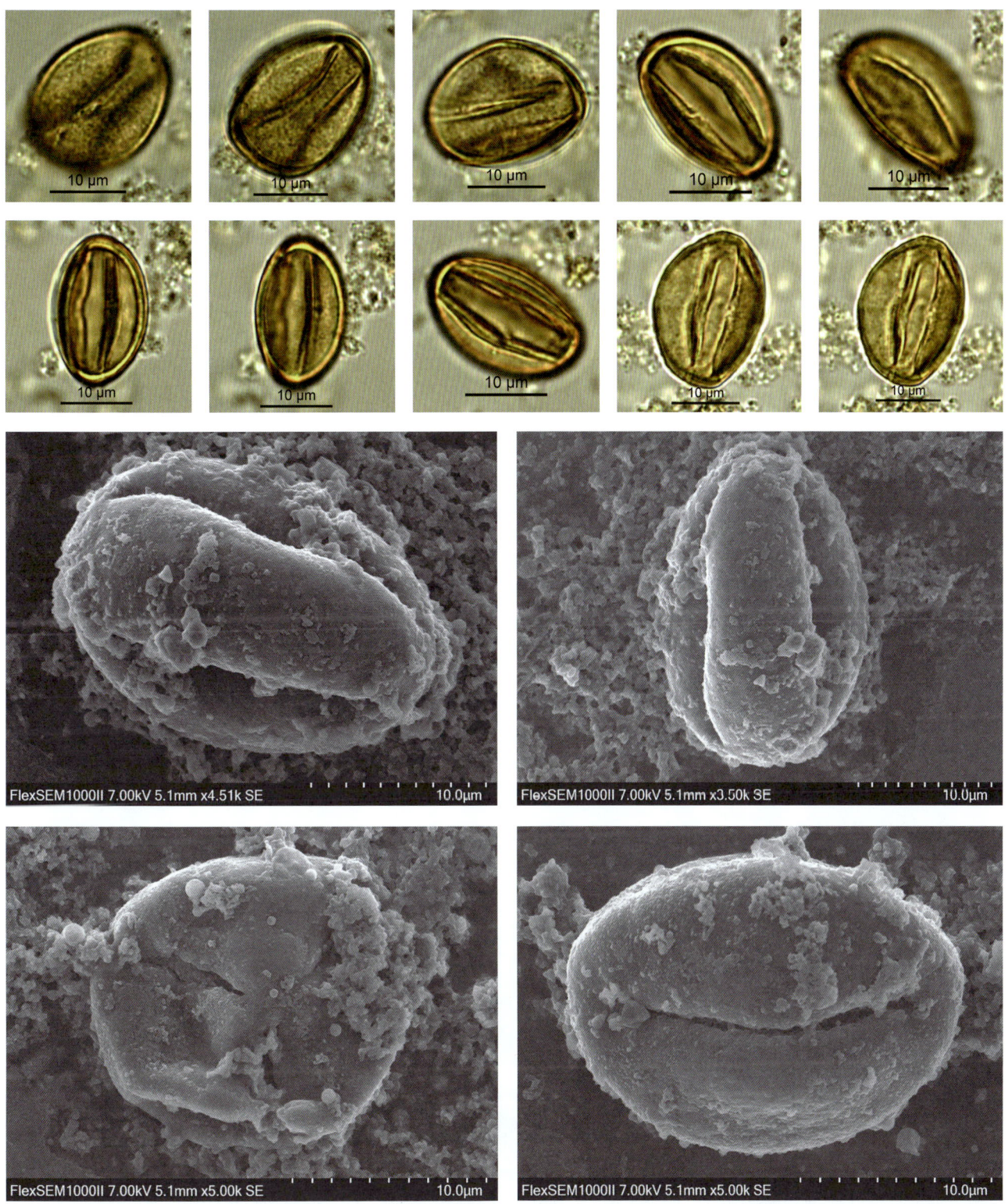

## Chloranthaceae 金粟兰科
### *Chloranthus* 金粟兰属
*Chloranthus spicatus* (Thunb.) Makino 金粟兰

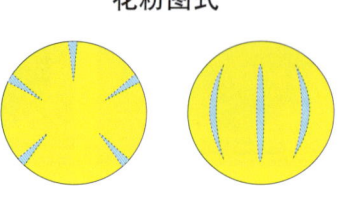

花粉图式

**【形态特征】** 半灌木，直立或稍平卧，高 30~60 厘米；茎圆柱形，无毛；叶对生，厚纸质，椭圆形或倒卵状椭圆形，长 5~11 厘米，宽 2.5~5.5 厘米，顶端急尖或钝，基部楔形，边缘具圆齿状锯齿，齿端有一腺体，腹面深绿色，光亮，背面淡黄绿色，侧脉 6~8 对，两面稍凸起；叶柄长 8~18 毫米；托叶微小；穗状花序排列成圆锥花序状，通常顶生，少有腋生；苞片三角形；花小，黄绿色，极芳香；雄蕊 3 枚，药隔合生成一卵状体，上部不整齐 3 裂，中央裂片较大，有时末端有浅 3 裂，有 1 个 2 室的花药，两侧裂片较小，各有 1 个 1 室的花药；子房倒卵形。

**【花果期】** 花期 4—7 月，果期 8—9 月。

**【生境】** 生于海拔 150~990 米的山坡和沟谷密林下。

**【分布】** 云南、四川、贵州、福建和广东，现多为栽培。

**【别名】** 鸡爪兰、珠兰、米子兰。

**【保护级别】** 无危（LC）。

**【花粉形态】** 花粉粒扁球形，有时为长球形，极面观为 5~7 裂圆形，直径为 17~20μm；具 5~7 拟沟，较短，很细窄，边缘破碎状；外壁厚度约为 2μm，两层，内外层厚度相等，基柱明显；表面具明显的细网状雕纹。

# 第五章 被子植物的花粉形态

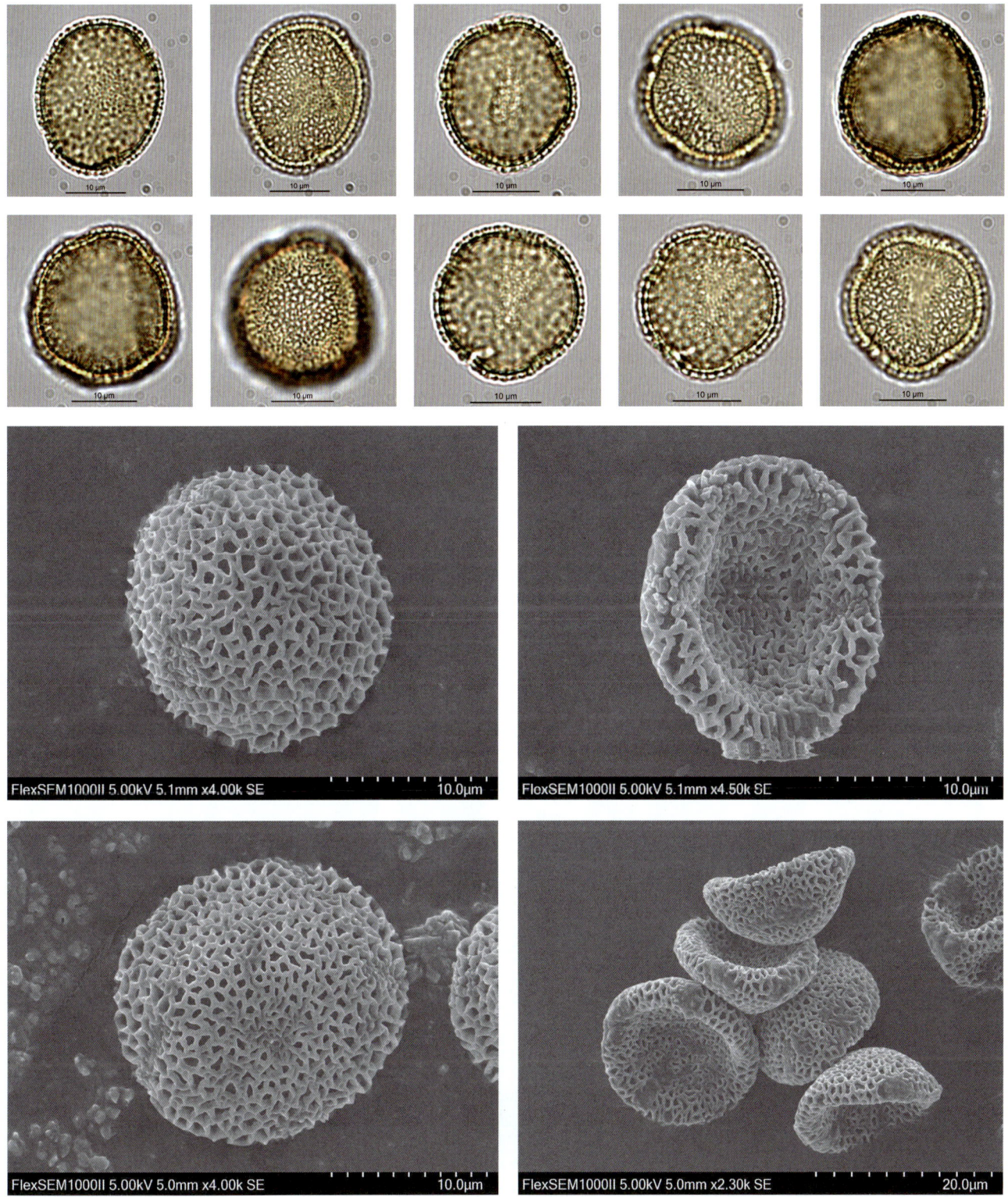

## Cistaceae 半日花科
### *Helianthemum* 半日花属
*Helianthemum songaricum* Schrenk ex Fisch. & C. A. Mey. 半日花

**花粉图式**

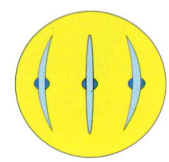

**【形态特征】**矮小灌木，多分枝，垫状丛生；分枝对生，顶端成刺状；叶对生，革质，具短柄或几无柄，披针形或狭卵形，长5~7毫米，宽约1.5毫米，全缘，边缘反卷，两面均密生白色短柔毛；花单生枝顶；萼片5，外面密生短柔毛，不等大，外面的2片线形，长约2毫米，内面的3片卵形，长5~7毫米，背部有3条纵肋；花瓣黄色，倒卵形；雄蕊多数；子房密生柔毛，花柱丝形；蒴果卵形，外被短柔毛；种子卵圆形，长约3毫米，褐棕色，有棱角，具纲纹，有时有皱缩。半日花传说开花只有半天，通常是上午开放，傍晚闭合，因此得名。

**【花果期】**花果期5—9月。

**【生境】**超旱生植物，为古老的残遗种，生于草原化荒漠区的石质和砾质山坡。

**【分布】**国内分布：新疆、甘肃河西和内蒙古鄂尔多斯西部；国外分布：俄罗斯。

**【别名】**无

**【保护级别】**国家二级重点保护野生植物；濒危（EN）；地方保护野生植物。

**【花粉形态】**花粉粒长球形，极面观浅3裂圆形，赤道面观为椭圆形，大小为24（21~27）×45（37~54）μm；具3孔沟，沟长达两极，孔圆形；表面具颗粒－细网状雕纹。

# 第五章 被子植物的花粉形态

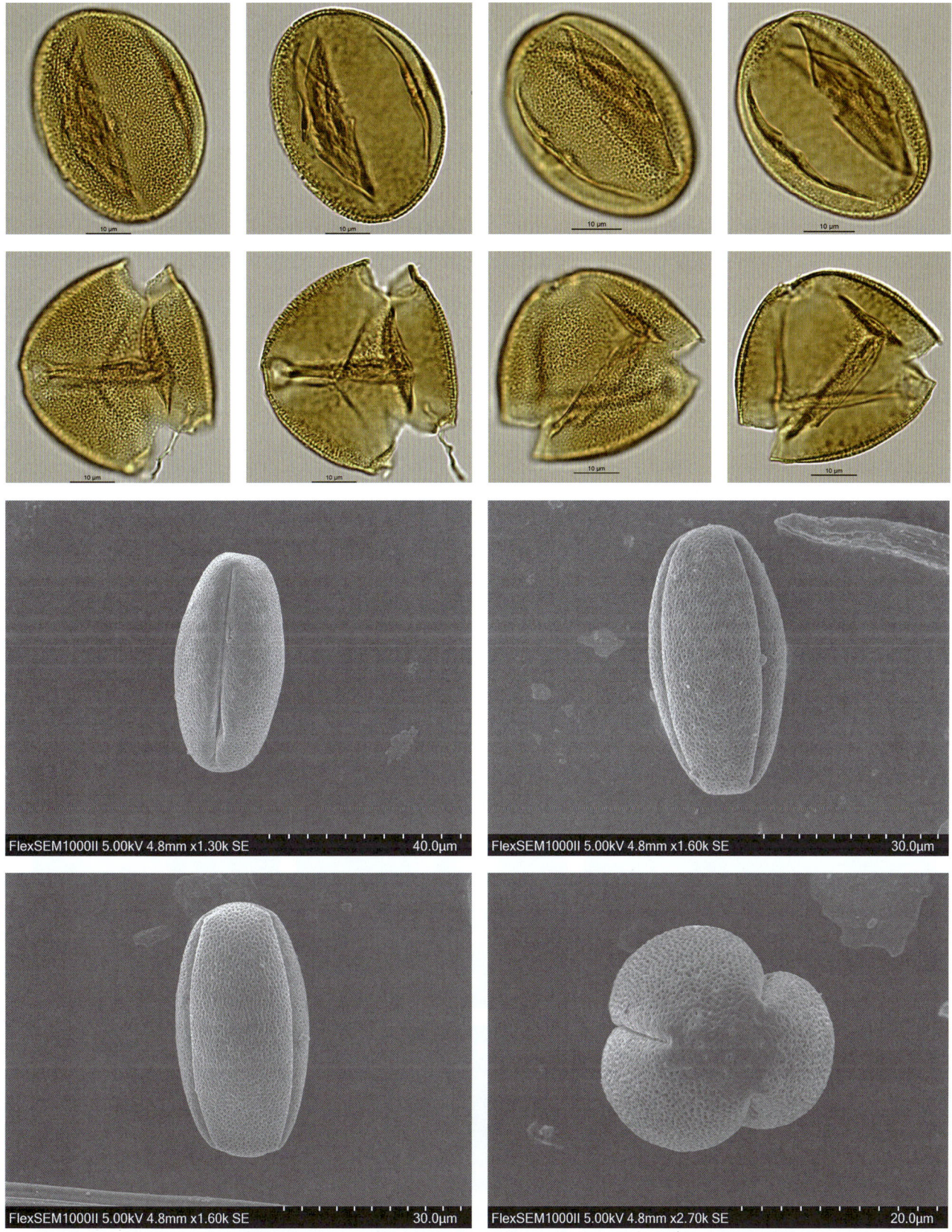

## Clusiaceae 藤黄科
### *Garcinia* 藤黄属
*Garcinia multiflora* Champ. ex Benth. 木竹子

**【形态特征】** 乔木，稀灌木，高 5~15 米；树皮灰白色，粗糙；小枝绿色，具纵槽纹；叶片革质，卵形、长圆状卵形或长圆状倒卵形，顶端急尖、渐尖或钝，基部楔形或宽楔形，边缘微反卷；叶柄长 0.6~1.2 厘米；花杂性，同株；雄花序成聚伞状圆锥花序，有时单生，总梗和花梗具关节；雄花直径 2~3 厘米，花梗长 0.8~1.5 厘米，萼片 2 大 2 小，花瓣橙黄色，倒卵形，花丝合生成 4 束，高于退化雌蕊，束柄长 2~3 毫米，每束约有花药 50 枚，聚合成头状，有时部分花药成分枝状，花药 2 室；退化雌蕊柱状，具明显的盾状柱头，4 裂；雌花序有雌花 1~5 朵，退化雄蕊束短，束柄长约 1.5 毫米，短于雌蕊；子房长圆形，上半部略宽，2 室，无花柱，柱头大而厚，盾形；果卵圆形至倒卵圆形，成熟时黄色，盾状柱头宿存；种子 1~2，椭圆形。

**【花果期】** 花期 6—8 月，果期 11—12 月。

**【生境】** 生于山坡疏林或密林中，沟谷边缘、次生林或灌丛中。

**【分布】** 国内分布：台湾、福建、江西、湖南、广东、海南、广西、贵州、云南等省区；国外分布：越南北部。

**【别名】** 多花山竹子。

**【保护级别】** 无危（LC）。

**【花粉形态】** 花粉粒长球形，极面观为 3 裂近圆形，大小为 18（17~22）× 30（27~33）μm；具 3 孔沟，沟边不平，中部缢缩，两端尖，内孔横长；外壁外层厚于内层；表面具模糊的网状雕纹；轮廓波浪形。

花粉图式

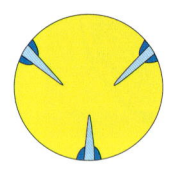
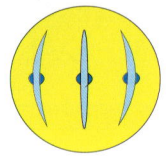

第五章 被子植物的花粉形态

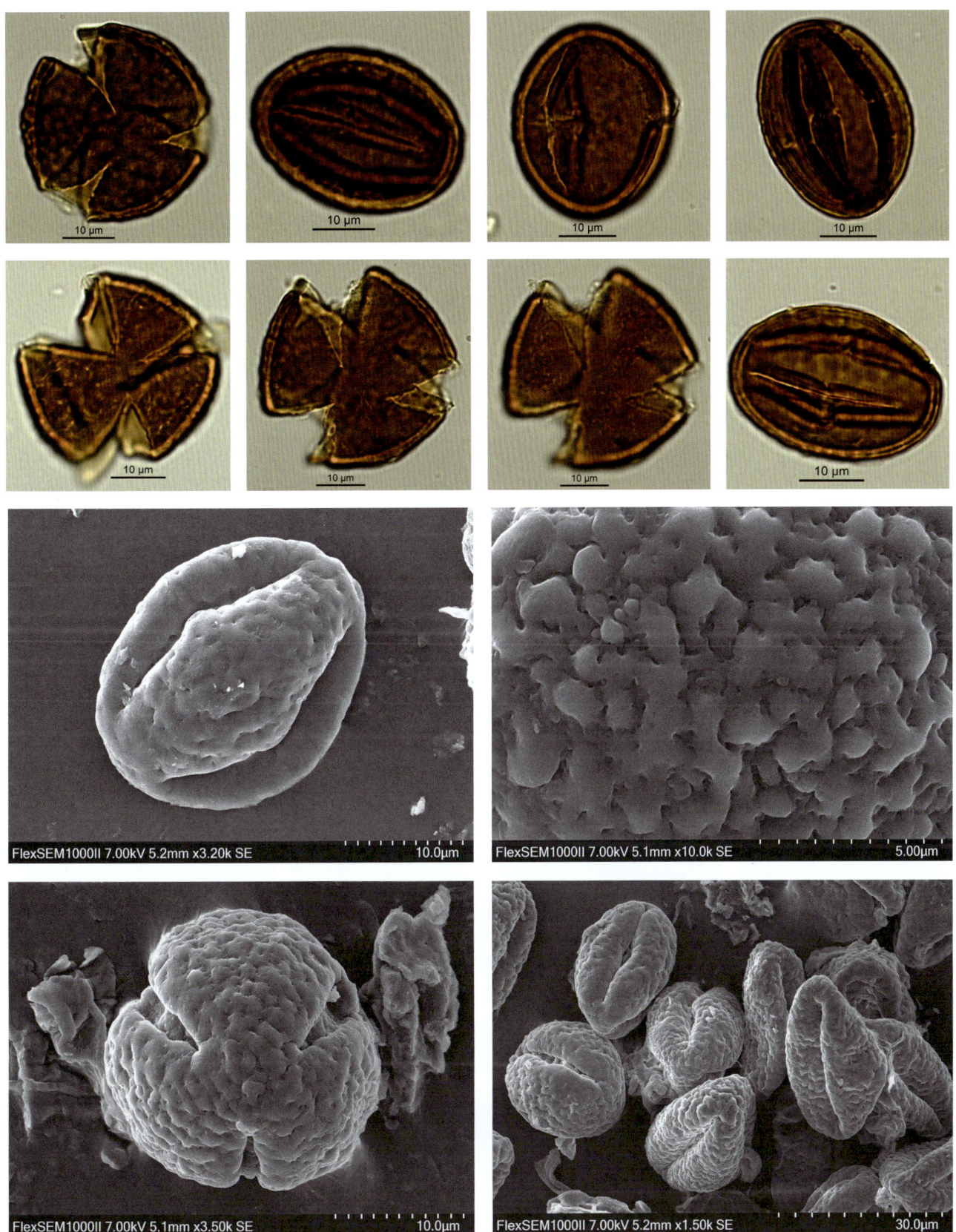

417

## Colchicaceae 秋水仙科
### *Disporum* 万寿竹属
***Disporum cantoniense*** (Lour.) Merr. 万寿竹

【形态特征】根状茎横出，质地硬，呈结节状；根粗长，肉质；茎高 50~150 厘米，上部有较多的叉状分枝；叶纸质，披针形至狭椭圆状披针形，长 5~12 厘米，先端渐尖至长渐尖，基部近圆形，有明显的 3~7 脉，下面脉上和边缘有乳头状突起；叶柄短；伞形花序有花 3~10 朵，着生在与上部叶对生的短枝顶端；花梗稍粗糙；花紫色；花被片斜出，倒披针形，先端尖，边缘有乳头状突起，基部有长 2~3 毫米的距；雄蕊内藏，花药长 3~4 毫米，花丝长 8~11 毫米；子房长约 3 毫米，花柱连同柱头长为子房的 3~4 倍；浆果直径 8~10 毫米，具 2~5 颗种子；种子暗棕色，直径约 5 毫米。

【花果期】花期 5—7 月，果期 8—10 月。

【生境】生海拔 700~3000 米的灌丛中或林下。

【分布】国内分布：台湾、福建、安徽、湖北、湖南、广东、广西、贵州、云南、四川、陕西和西藏；国外分布：不丹、尼泊尔、印度和泰国。

【别名】广东万寿竹、山竹花。

【保护级别】无危（LC）。

【花粉形态】花粉粒长球形，大小为 25（19~30）× 35（32~45）μm；具单沟；表面具网状雕纹。

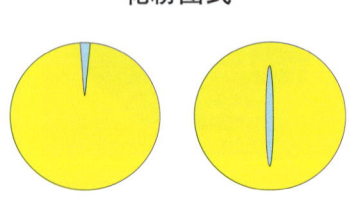

花粉图式

第五章 被子植物的花粉形态

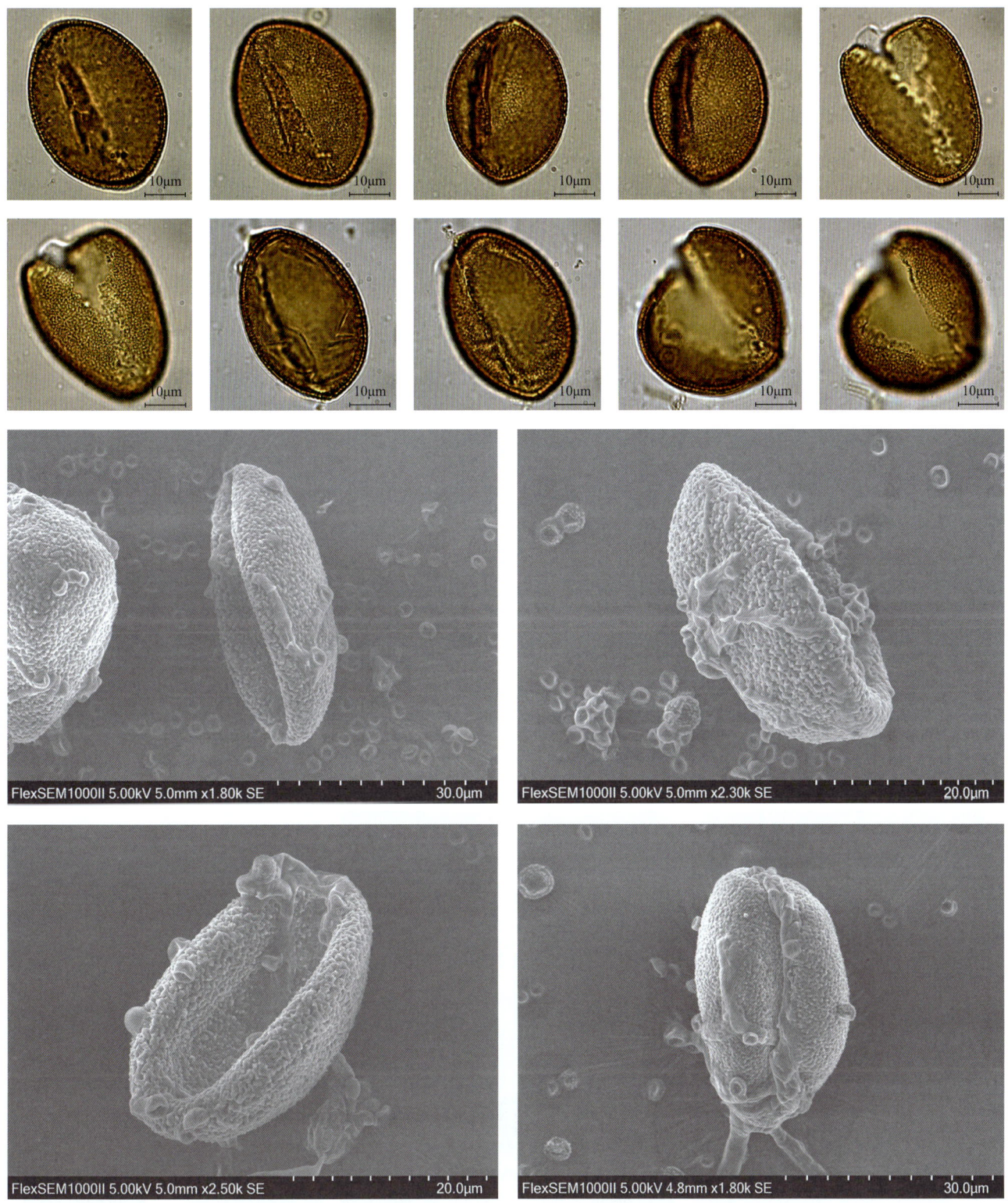

419

## Combretaceae 使君子科
### Combretum 风车子属
*Combretum indicum* (L.) Jongkind 使君子

**花粉图式**

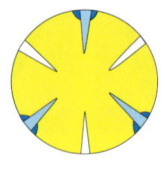

【形态特征】攀援状灌木，高可达 8 米；小枝被棕黄色柔毛；叶对生或近对生，卵形或椭圆形，长 5~11 厘米，先端短渐尖，基部钝圆，侧脉 7~8 对；叶柄长 5~8 毫米，无关节，幼时密被锈色柔毛；顶生穗状花序组成伞房状；苞片卵形或线状披针形，被毛；萼筒长 5~9 厘米，被黄色柔毛，先端具广展、外弯萼齿；花瓣长 1.8~2.4 厘米，先端钝圆，初白色，后淡红色；雄蕊 10，不伸出冠外，外轮生于花冠基部，内轮生于中部；子房具 3 胚珠；果卵圆形，具短尖，无毛，具 5 条锐棱，熟时外果皮脆薄，青黑或栗色；种子圆柱状纺锤形，白色。

【花果期】花期初夏，果期秋末。

【生境】喜温润，深根性，根系分布广而深，宜栽于向阳背风处；对土质要求不严，但以排水良好的肥沃砂质壤土为最佳。

【分布】国内分布：福建、台湾（栽培）、江西南部、湖南、广东、广西、四川、云南和贵州；国外分布：印度、缅甸至菲律宾。

【别名】四君子、史君子、舀求子、西蜀使君子、毛使君子。

【保护级别】易危（VU）。

【花粉形态】花粉粒长球形至近球形，极面观为 6 裂圆形，大小为 32（29~40）× 43（37~51）μm；具 3 孔沟与 3 条假沟，相互交替排列，沟细长，3 条假沟在一极汇合，形成合沟或副合沟，也有不汇合的，内孔圆形至椭圆形，孔比沟宽；外壁厚度约 1.5μm，内外层厚度几乎相等；表面具颗粒－细网状雕纹。

第五章 被子植物的花粉形态

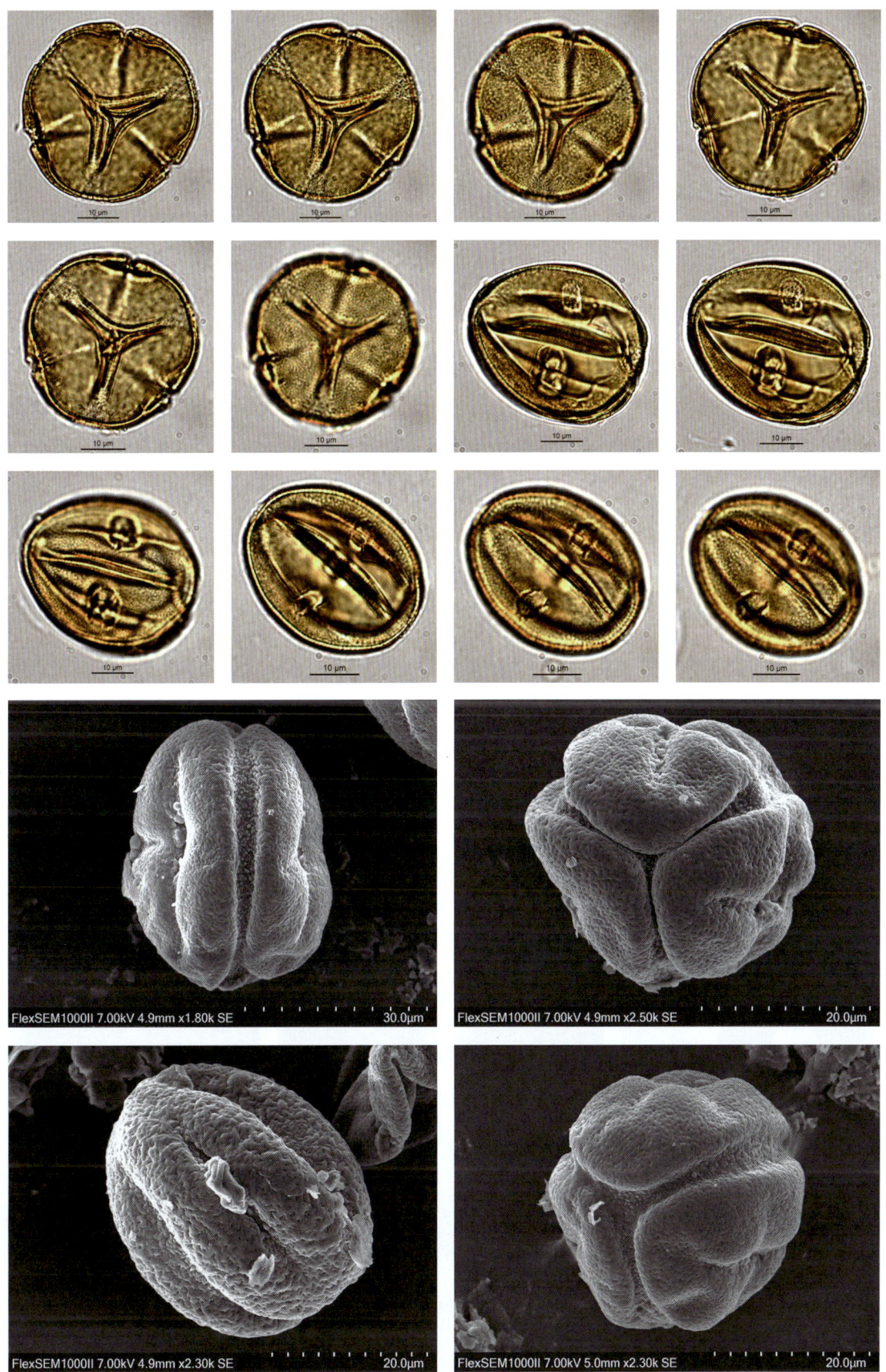

421

## *Lumnitzera* 榄李属

### *Lumnitzera racemosa* Willd. 榄李

【形态特征】常绿灌木或小乔木，高约 8 米；树皮褐色或灰黑色，粗糙，枝红色或灰黑色，具明显的叶痕，初时被短柔毛，后变无毛；叶常聚生枝顶，叶片厚，肉质，绿色，匙形或狭倒卵形；无叶柄，或具极短的柄；总状花序腋生；花序梗压扁，有花 6~12 朵；小苞片 2 枚，鳞片状三角形，着生于萼管的基部，宿存；萼管延伸于子房之上；花瓣 5 枚，白色，与萼齿互生；雄蕊 10 或 5 枚，插生于萼管上；子房纺锤形；花柱圆柱状；胚珠 4 枚，扁平，长椭圆形；果成熟时褐黑色，木质，坚硬，卵形至纺锤形；种子 1 颗，圆柱状，种皮棕色。

花粉图式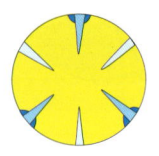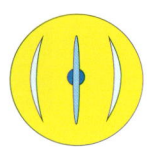

【花果期】花果期 12 月至翌年 3 月。

【生境】生于热带地区的海岸潮间带，尤其是中潮滩或高潮滩区域。

【分布】国内分布：广西、广东及台湾海岸边；国外分布：东非热带地区、亚洲热带地区等。

【别名】滩疤树。

【保护级别】无危（LC）；地方保护野生植物。

【花粉形态】花粉粒长球形，极面观为 6 裂圆形或近圆形，大小为 17（15~23）× 35（32~40）μm；具 3 孔沟与 3 条假沟，相互交替排列，沟细长，沟边缘有颗粒，内孔大，圆形，边缘不整齐和模糊，稍突出；外壁内外层厚度几乎相等；表面具网状雕纹。

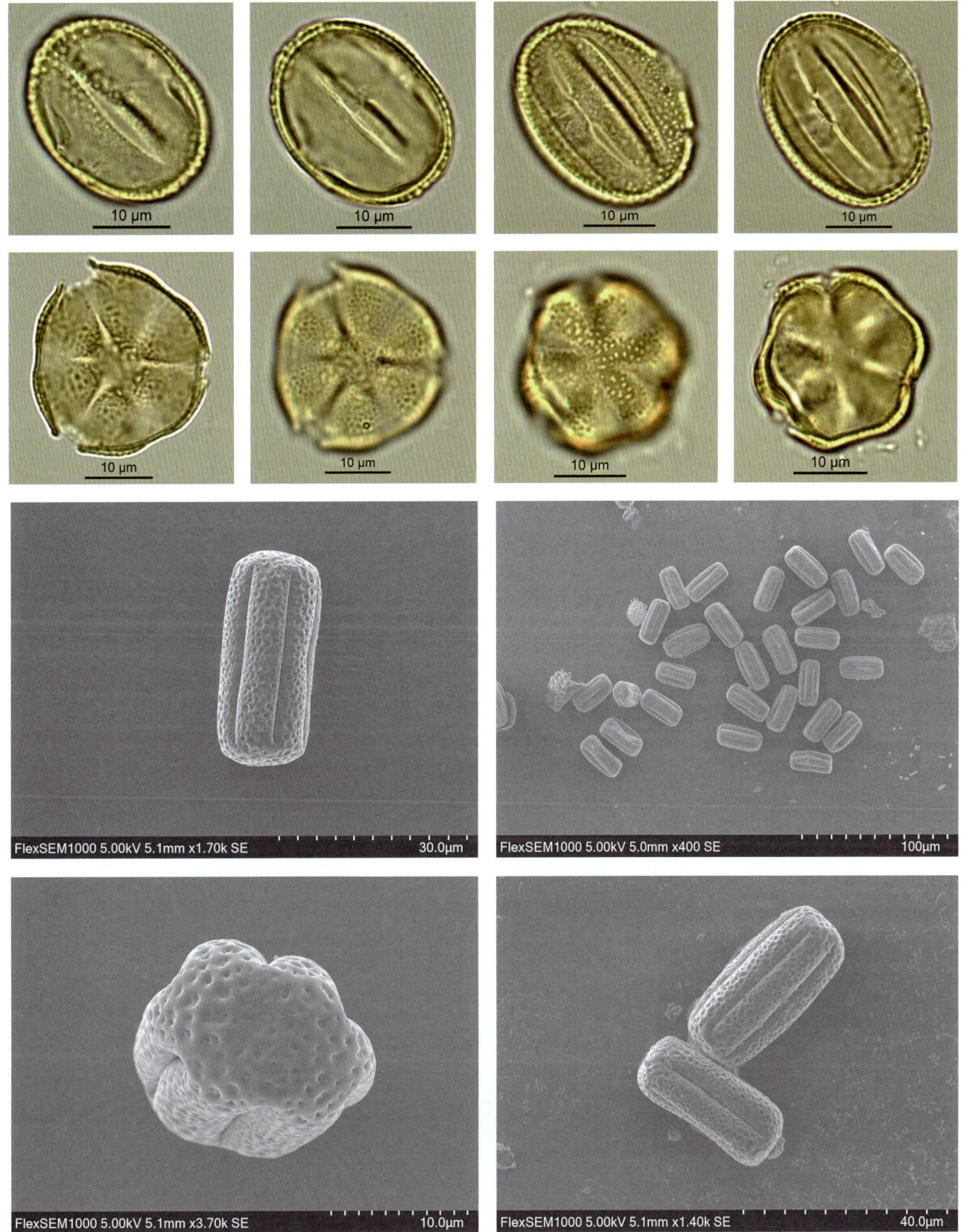

## Convolvulaceae 旋花科
### *Convolvulus* 旋花属
*Convolvulus tragacanthoides* Turcz. 刺旋花

【形态特征】匍匐有刺亚灌木，全体被银灰色绢毛，高可达15厘米；茎密集分枝，形成披散垫状；小枝坚硬，具刺；叶狭线形，稀倒披针形，长0.5~2厘米，密被银灰色绢毛；花2~6朵密集于枝端，稀单花；花冠漏斗形，粉红色；雄蕊5，不等长，花丝丝状，无毛；子房有毛，2室，每室2胚珠；花柱丝状，柱头2，线形；蒴果球形，有毛；种子卵圆形，无毛。

【花果期】花期5—7月，果期8—10月。

【生境】生于石缝中及戈壁滩。

【分布】国内分布：河北、陕西、甘肃、内蒙古、宁夏、新疆和四川；国外分布：蒙古和俄罗斯。

【别名】无

【保护级别】无危（LC）。

【花粉形态】花粉粒长球形至扁球形，极面观3裂圆形，大小为35（27~43）×60（58~63）μm；具3沟，沟较宽，具沟膜，沟膜完整并微外突，沟膜上分布大小不等的粗颗粒；外壁厚，厚度约5μm，外层明显厚于内层；表面具明显的颗粒状雕纹。

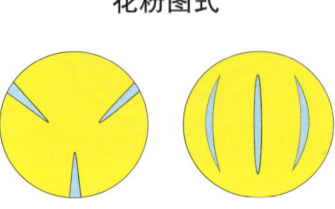

花粉图式

第五章 被子植物的花粉形态

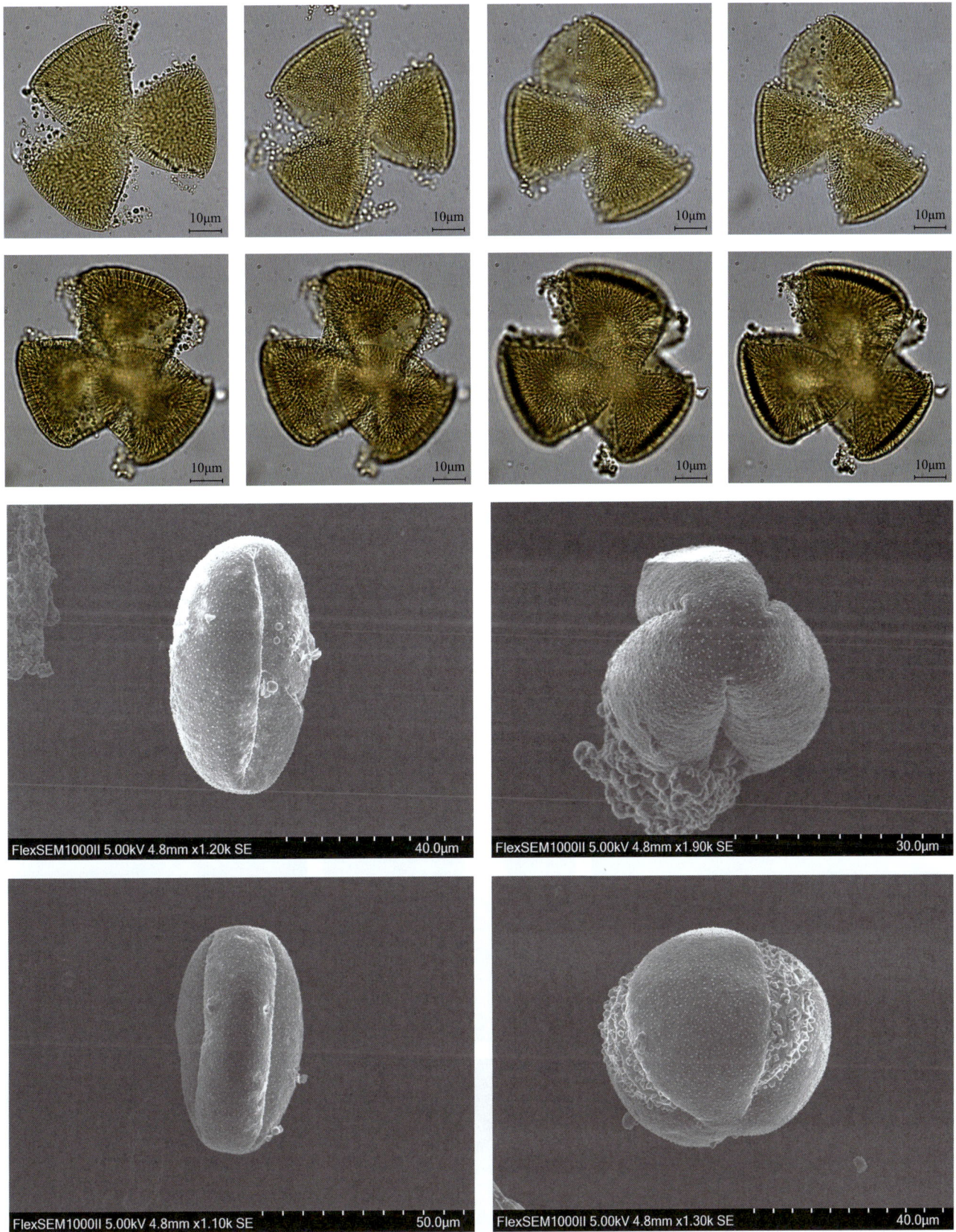

425

### *Cuscuta* 菟丝子属

#### *Cuscuta japonica* Choisy 金灯藤

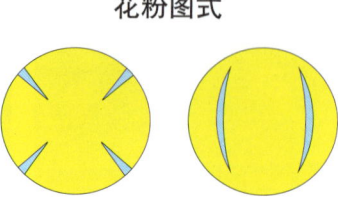

花粉图式

【形态特征】一年生寄生缠绕草本，茎较粗壮，肉质，直径 1~2 毫米，黄色，常带紫红色瘤状斑点，无毛，多分枝，无叶；花无柄或几无柄，形成穗状花序，长达 3 厘米，基部常多分枝；苞片及小苞片鳞片状，卵圆形，长约 2 毫米，顶端尖，全缘，沿背部增厚；花萼碗状，肉质，长约 2 毫米，5 裂几达基部，裂片卵圆形或近圆形，背面常有紫红色瘤状突起；花冠钟状，淡红色或绿白色，长 3~5 毫米，顶端 5 浅裂，裂片卵状三角形；雄蕊 5，着生于花冠喉部裂片之间，花药卵圆形，黄色，花丝无或几无；鳞片 5，长圆形，边缘流苏状，着生于花冠筒基部，伸长至冠筒中部或中部以上；子房球状，平滑，无毛，2 室，花柱细长，合生为一，与子房等长或稍长，柱头 2 裂；蒴果卵圆形，长约 5 毫米，近基部周裂；种子 1~2，光滑。

【花果期】花期 8 月，果期 9 月。

【生境】生于海拔 50~100 米的路旁、林缘或灌丛中，寄生于草本或灌木上。

【分布】国内分布：我国南北各省区；国外分布：越南、朝鲜和日本。

【别名】无量藤、天蓬草、飞来花、黄丝藤、金丝草、大粒菟丝子、红雾水藤、雾水藤、金丝藤、无根草、飞来藤、金灯笼、无娘藤、大菟丝子和日本菟丝子等。

【保护级别】地方保护野生植物。

【花粉形态】花粉粒近球形，极面观为 4~5 裂圆形，赤道面观椭圆形，大小为 25（20~28）× 35（34~38）μm；具 4~5 沟，沟较宽，沟膜上具颗粒；外壁厚，外层明显厚于内层，柱状层基柱明显；表面具明显的网状雕纹，电镜下网脊具小刺。

# 第五章 被子植物的花粉形态

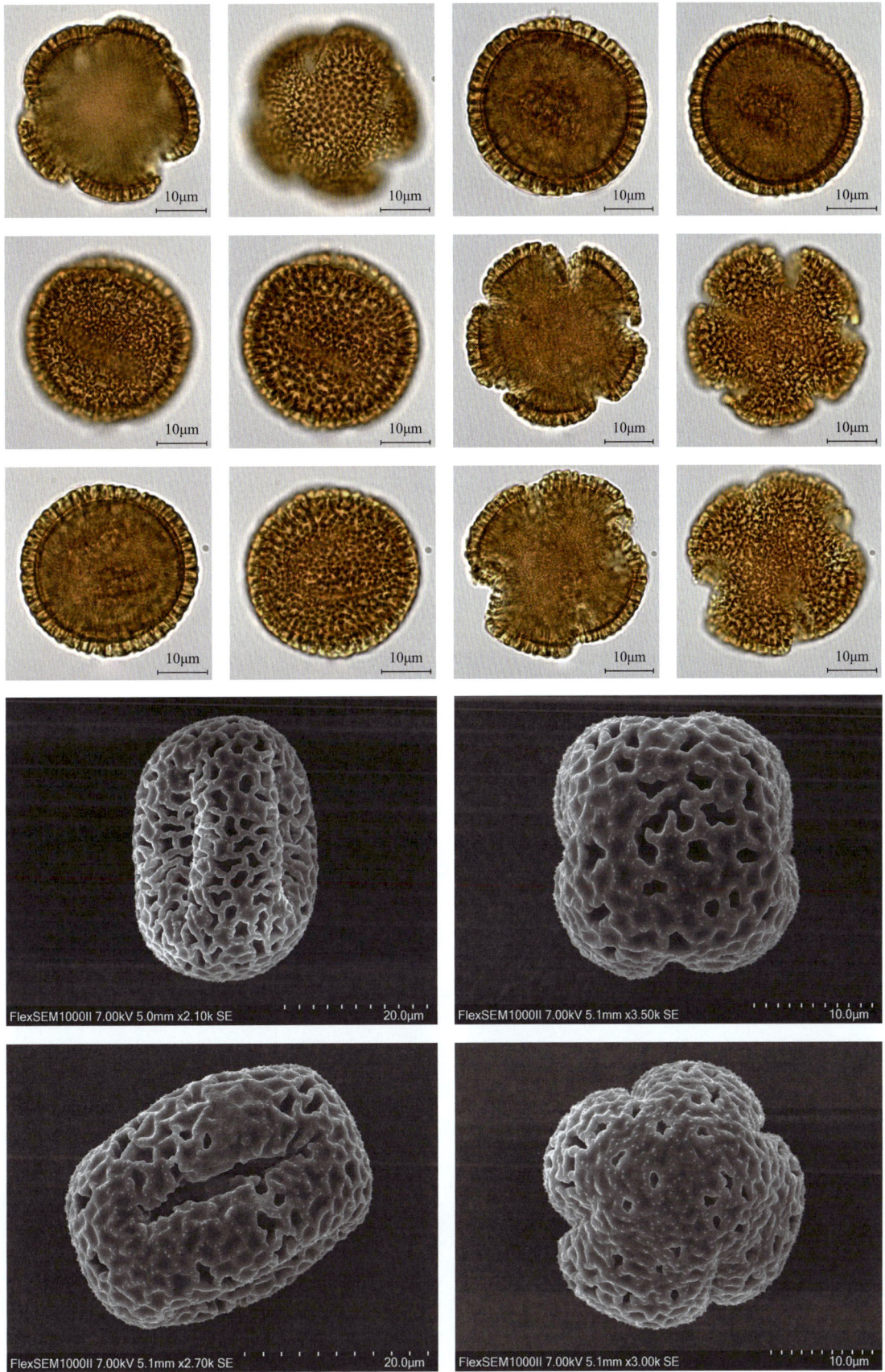

## *Ipomoea* 番薯属

***Ipomoea pes-caprae*** (L.) R. Br. 厚藤

花粉图式

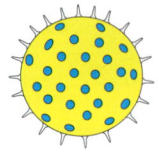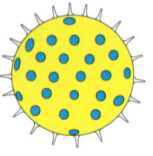

【形态特征】多年生草本，全株无毛；茎平卧，有时缠绕；叶肉质，干后厚纸质，卵形、椭圆形、圆形、肾形或长圆形，顶端微缺或2裂，裂片圆，裂缺浅或深，有时具小凸尖，基部阔楔形、截平至浅心形，在背面近基部中脉两侧各有1枚腺体；侧脉8~10对；多歧聚伞花序，腋生，有时仅1朵发育；花序梗粗壮，苞片小，阔三角形，早落；萼片厚纸质，卵形，顶端圆形，具小凸尖；花冠紫色或深红色，漏斗状；雄蕊和花柱内藏；蒴果球形，2室，果皮革质，4瓣裂；种子三棱状圆形，长7~8毫米，密被褐色茸毛。

【花果期】花果期5—10月。

【生境】海滨常见，多生长在沙滩上及路边向阳处。

【分布】广布于浙江、福建、台湾、广西、广东、海南等地及邻近岛屿。

【别名】沙藤、白花藤、马六藤、走马风、海薯、鲎藤、马蹄草、马鞍藤、海牵牛。

【保护级别】无危（LC）。

【花粉形态】花粉粒球形，体积较大，直径为65~94μm；具散孔，孔圆形或椭圆形；外壁厚度5~12μm，分层不明显；表面具大刺状雕纹，刺基部膨大，末端钝圆，刺长约10μm。

## 第五章 被子植物的花粉形态

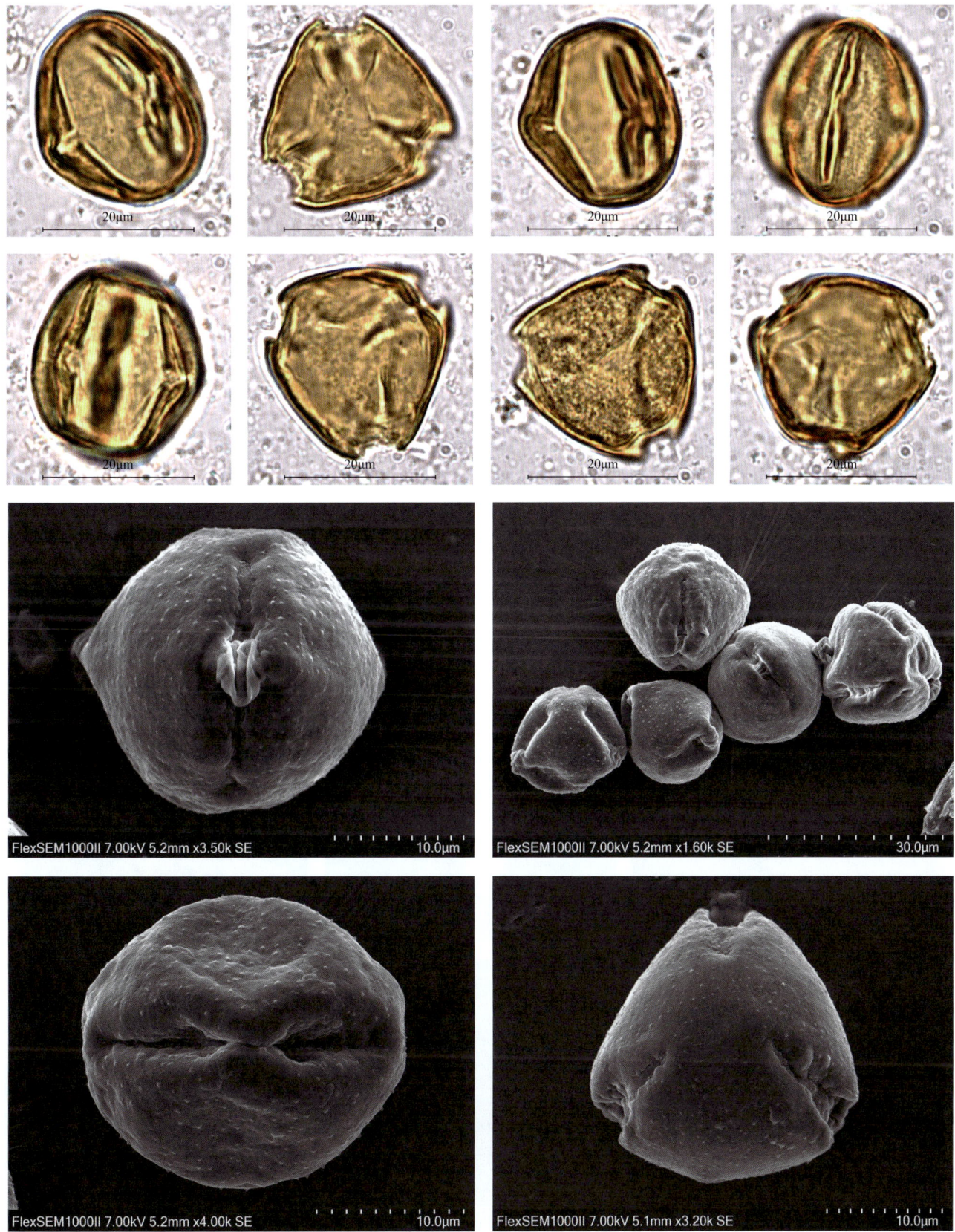

433

### *Cornus officinalis* Siebold & Zucc. 山茱萸

**花粉图式**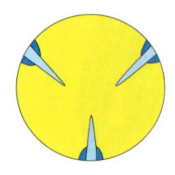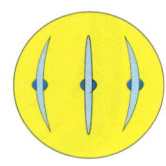

**【形态特征】**落叶乔木或灌木，高4~10米；树皮灰褐色；小枝细圆柱形，无毛或稀被贴生短柔毛，冬芽顶生及腋生，卵形至披针形，被黄褐色短柔毛；叶对生，纸质，卵状披针形或卵状椭圆形；叶柄细圆柱形；伞形花序生于枝侧，有总苞片4，卵形，厚纸质至革质；总花梗粗壮，微被灰色短柔毛；花小，两性，先叶开放；花萼裂片4，阔三角形；花瓣4，舌状披针形，黄色，向外反卷；雄蕊4，与花瓣互生，花丝钻形，花药椭圆形，2室；花盘垫状，无毛；子房下位，花托倒卵形，密被贴生疏柔毛，花柱圆柱形，柱头截形；花梗纤细，密被疏柔毛；核果长椭圆形，红色至紫红色；核骨质，狭椭圆形，有几条不整齐的肋纹。

**【花果期】**花期3—4月，果期9—10月。

**【生境】**生于海拔400~1500米，稀达2100米的林缘或森林中。

**【分布】**国内分布：山西、陕西、甘肃、山东、江苏、浙江、安徽、江西、河南、湖南等省；国外分布：朝鲜和日本。

**【别名】**枣皮。

**【保护级别】**近危（NT）；地方保护野生植物。

**【花粉形态】**花粉粒长球形，极面观3裂圆形，赤道面观椭圆形，大小为51（47~53）×70（67~73）μm；具3（拟）孔沟，沟中部缢缩，沟宽约2μm；外壁两层，厚度为3μm，外层与内层厚度约相等，柱状层基柱明显；表面具模糊的细网状或颗粒状雕纹。

第五章 被子植物的花粉形态

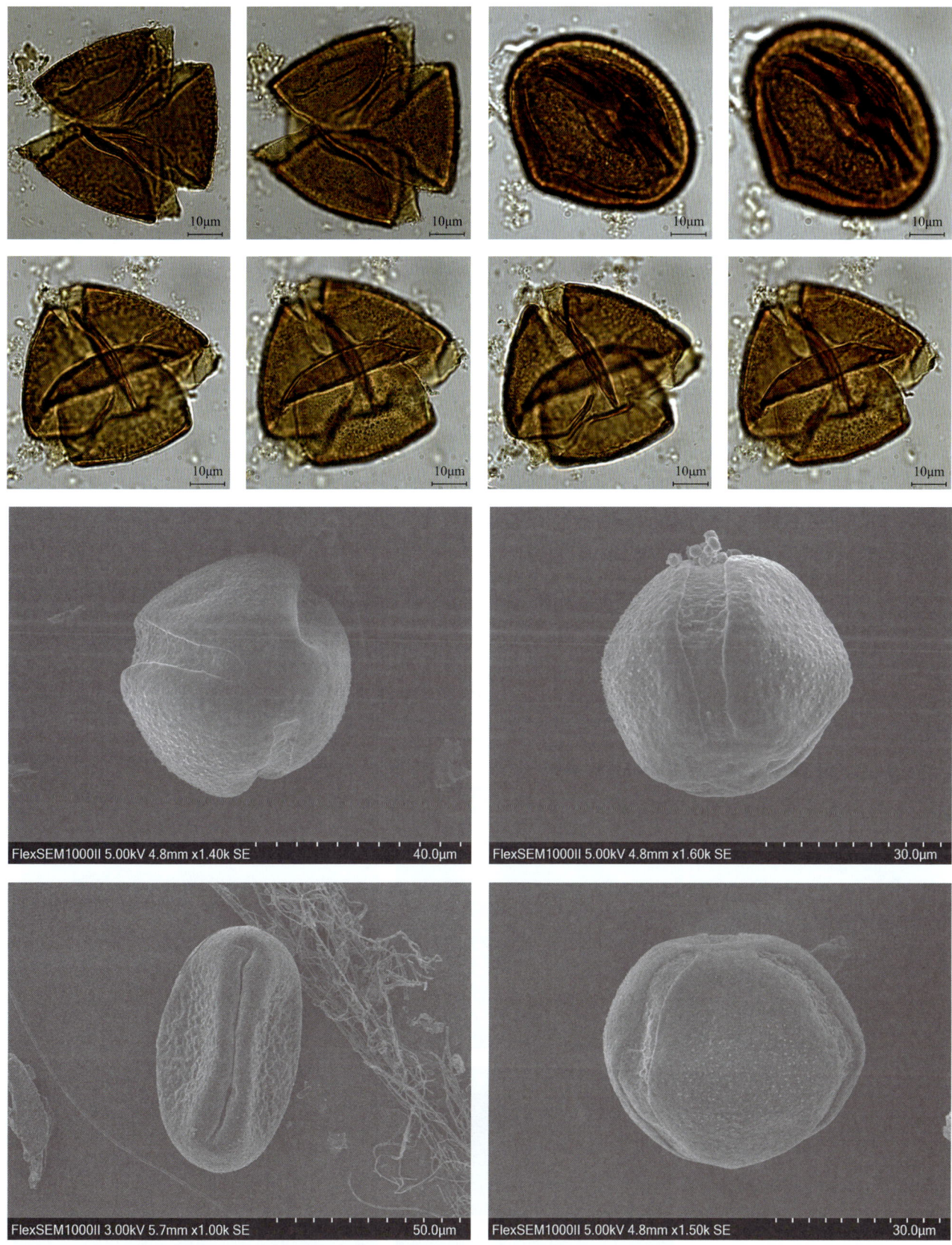

### *Cornus wilsoniana* Wangerin 光皮梾木

**【形态特征】** 落叶乔木，高 5~18 米，稀达 40 米；树皮灰色至青灰色，块状剥落；幼枝灰绿色，略具 4 棱，被灰色平贴短柔毛，老枝皮孔显著；冬芽长圆锥形，密被灰白色平贴短柔毛；叶对生，纸质，椭圆形或卵状椭圆形；叶柄细圆柱形；顶生圆锥状聚伞花序，被灰白色疏柔毛；总花梗细圆柱形，被平贴短柔毛；花小，白色，直径约 7 毫米；花萼裂片 4，三角形，长于花盘，外侧被白色短柔毛；花瓣 4，长披针形；雄蕊 4，花丝线形；花盘垫状，无毛；花柱圆柱形，子房下位，花托倒圆锥形；核果球形，成熟时紫黑色至黑色，被平贴短柔毛或近于无毛；核骨质，球形，肋纹不明显。

**【花果期】** 花期 5 月，果期 10—11 月。

**【生境】** 生于海拔 130~1130 米的森林中。

**【分布】** 陕西、甘肃、浙江、江西、福建、河南、湖北、湖南、广东等省区。

**【别名】** 光皮树。

**【保护级别】** 无危（LC）。

**【花粉形态】** 花粉粒长球形，极面观 3 裂圆形，大小为 25（22~31）× 50（46~54）μm；具 3 孔沟，沟长达两极，两端渐尖，孔较大；外壁两层，外层厚于内层；表面具颗粒状雕纹。

花粉图式

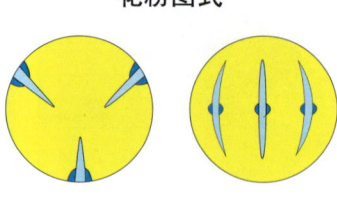

# 第五章 被子植物的花粉形态

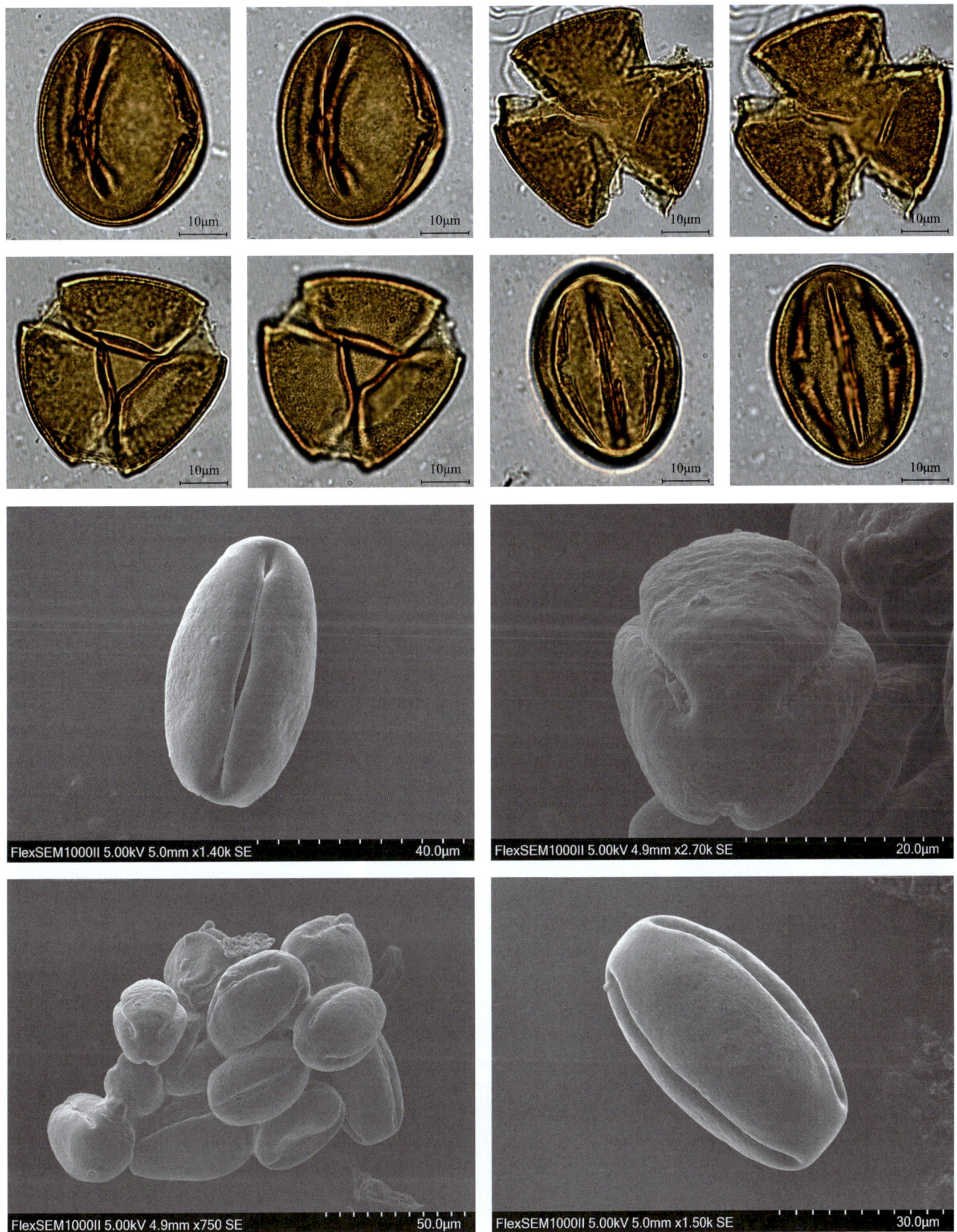

## *Cornus quinquenervis* Franch. 小梾木

花粉图式

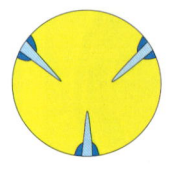
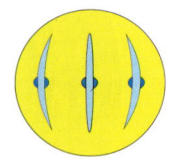

【形态特征】落叶灌木，高 1~3 米；树皮灰黑色，光滑；幼枝对生，绿色或带紫红色，略具 4 棱，被灰色短柔毛，老枝褐色，无毛；冬芽顶生及腋生，圆锥形至狭长形，被疏生短柔毛；叶对生，纸质，椭圆状披针形，先端钝尖或渐尖，基部楔形，全缘；叶柄黄绿色；伞房状聚伞花序顶生，被灰白色贴生短柔毛；总花梗圆柱形，略有棱角，密被贴生灰白色短柔毛；花小，白色至淡黄白色；花萼裂片 4，披针状三角形至尖三角形；花瓣 4，狭卵形至披针形；雄蕊 4，花丝淡白色，无毛，花药长圆卵形，2 室；花盘垫状；子房下位，花托倒卵形，花柱棍棒形，淡黄白色，近于无毛，柱头小，截形；花梗细，圆柱形，被灰色及少数褐色贴生短柔毛；核果圆球形，成熟时黑色；核近于球形，骨质，有 6 条不明显的肋纹。

【花果期】花期 6—7 月，果期 10—11 月。

【生境】生于海拔 50~2500 米的河岸旁或溪边灌丛中。

【分布】陕西和甘肃南部以及江苏、福建、湖北、湖南、广东、广西、四川、贵州、云南等省区。

【别名】无

【保护级别】无危（LC）。

【花粉形态】花粉粒长球形，极面观钝三角形，大小为 57（54~61）× 38（36~41）μm；具 3 孔沟，沟端渐尖，孔较大，从正面看内孔轮廓往往不清楚，从侧面看可以看出孔处内层断裂；外壁较薄，层次一般不清楚，内外层厚度相等；表面具颗粒状雕纹。

# 第五章 被子植物的花粉形态

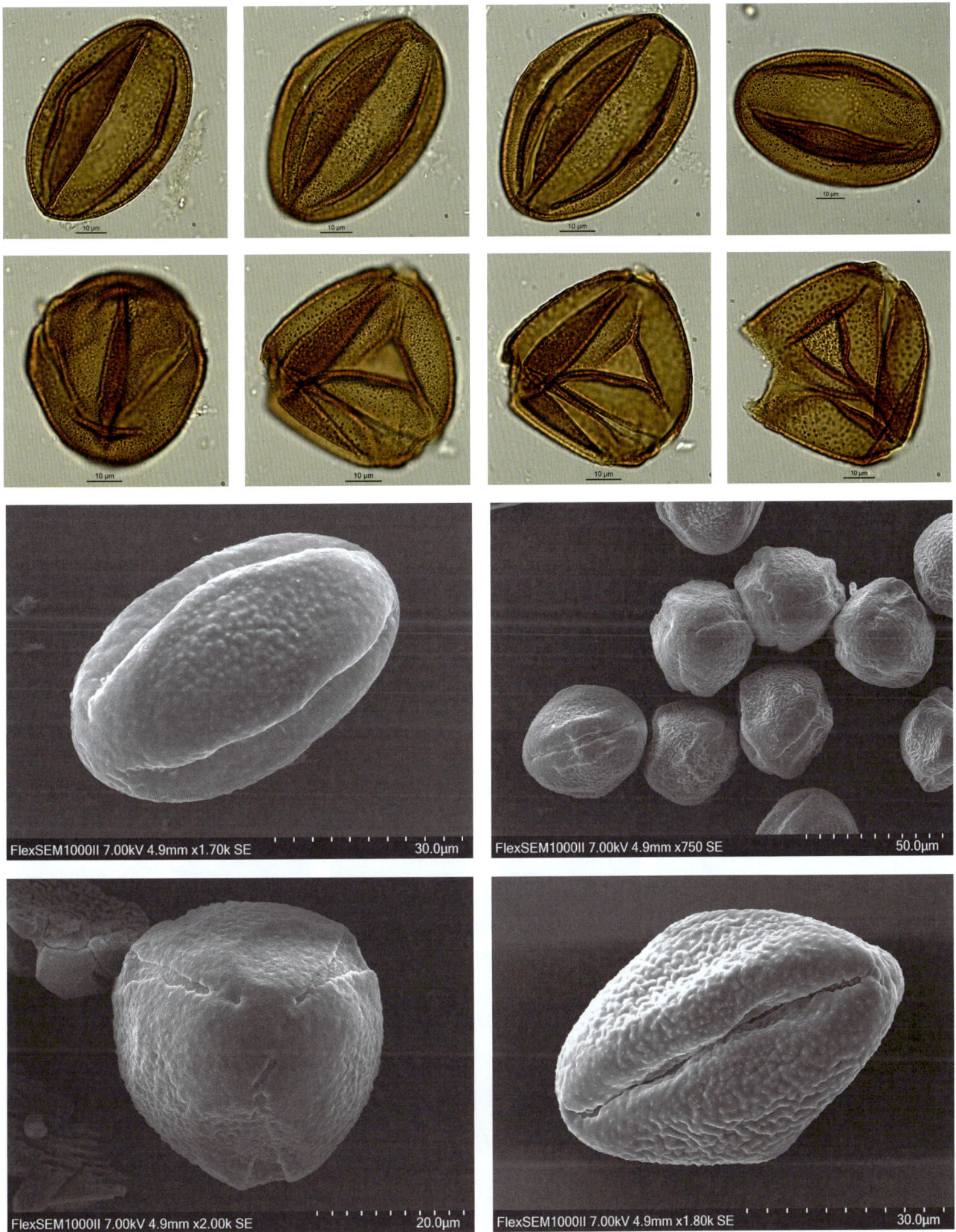

439

## Crassulaceae 景天科
## *Phedimus* 费菜属
### *Phedimus aizoon* (L.) 't Hart 费菜

【形态特征】多年生草本；根状茎短；粗茎高 20~50 厘米，有 1~3 条茎，直立，无毛，不分枝；叶互生，狭披针形、椭圆状披针形至卵状倒披针形，先端渐尖，基部楔形，边缘有不整齐的锯齿；叶坚实，近革质；聚伞花序有多花，水平分枝，平展，下托以苞叶；萼片 5，线形，肉质，不等长，先端钝；花瓣 5，黄色，长圆形至椭圆状披针形，长 6~10 毫米，有短尖；雄蕊 10，较花瓣短；鳞片 5，近正方形，长 0.3 毫米；心皮 5，卵状长圆形，基部合生，腹面凸出，花柱长钻形；蓇葖星芒状排列，长约 7 毫米；种子椭圆形，长约 1 毫米。

花粉图式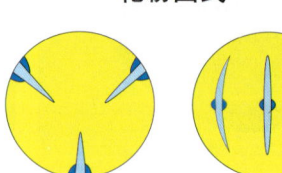

【花果期】花期 6—7 月，果期 8—9 月。

【生境】生于海拔 1350 米的山坡阴地。

【分布】国内分布：甘肃、陕西、山东、河北、内蒙古、吉林和黑龙江；国外分布：朝鲜和俄罗斯。

【别名】土三七、三七景天、景天三七、养心草、兴安景天、宽叶费菜、乳毛费菜、狭叶费菜、兴安费菜。

【保护级别】地方保护野生植物。

【花粉形态】花粉粒长球形，赤道面观椭圆形，极面观 3 裂圆形，大小为 11（9~12）× 25（20~28）μm；具 3 孔沟，内孔横长，椭圆形，孔径约 4μm；外壁两层，外层与内层厚度约相等，柱状层基柱不明显；表面具颗粒–网状雕纹。

# 第五章 被子植物的花粉形态

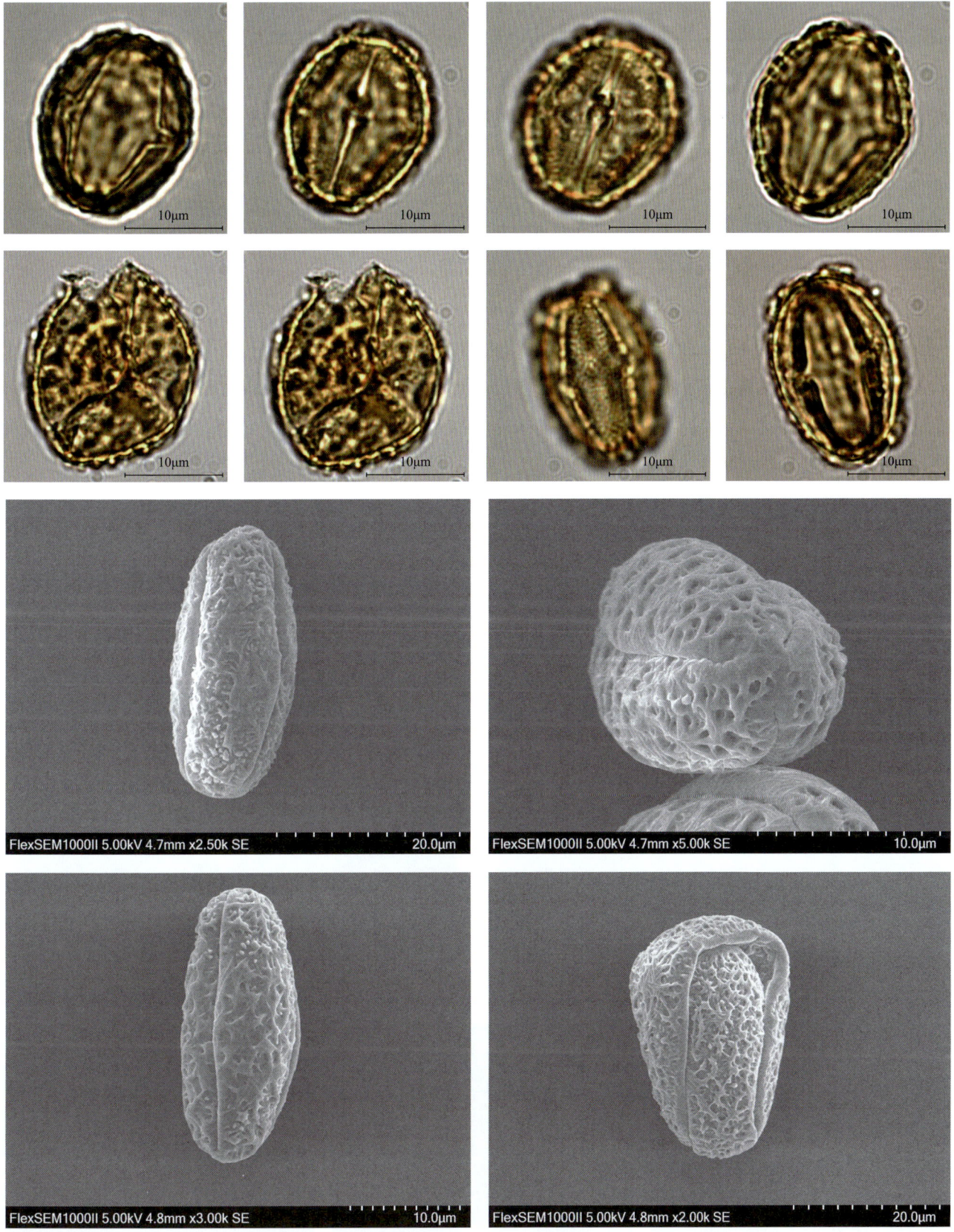

## *Rhodiola* 红景天属

### *Rhodiola cretinii* subsp. *Sinoalpina* (Fröd.) H. Ohba 高山红景天

**【形态特征】**多年生草本植物，植株矮小，一般高 5~10 厘米；根系粗壮，直立或横生；单株花茎很多，呈丛状生长；被鳞片状叶；叶互生，椭圆状、长圆状匙形至狭倒卵形，长 5~9 毫米，宽 2~3.2 毫米，先端圆，基部下延，全缘，边上疏被微乳头状突起；花茎全部疏生；花序顶生，雌雄异株，雌花萼片线状、披针状钻形，先端钝；雌花花瓣分离，淡绿色或白色，线状倒披针形至线状匙形，先端圆；茎 2~3 条，上升至直立不分枝，高 2~5 厘米，被微乳头状突起。

花粉图式

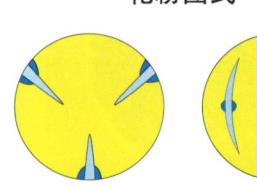

**【花果期】**花期 6—7 月，果期 7—8 月。

**【生境】**生于海拔 4300~4400 米的高山冻原、山坡林中和石坡上。

**【分布】**云南西北部的贡山、德钦之间，长白山区及张广才岭东南部的部分高山区岳桦林内及高山冻原带均有分布。

**【别名】**无

**【保护级别】**地方保护野生植物；数据缺乏（DD）。

**【花粉形态】**花粉粒长球形，极面观 3 裂圆形，赤道面观椭圆形，大小为 12（10~15）×18（16~22）μm；具 3 孔沟，中部缢缩，边缘加厚，内孔轮廓不明显；外壁两层，厚约 1.5μm，外层与内层厚度约相等，柱状层基柱不明显；表面具条纹状雕纹。

# 第五章 被子植物的花粉形态

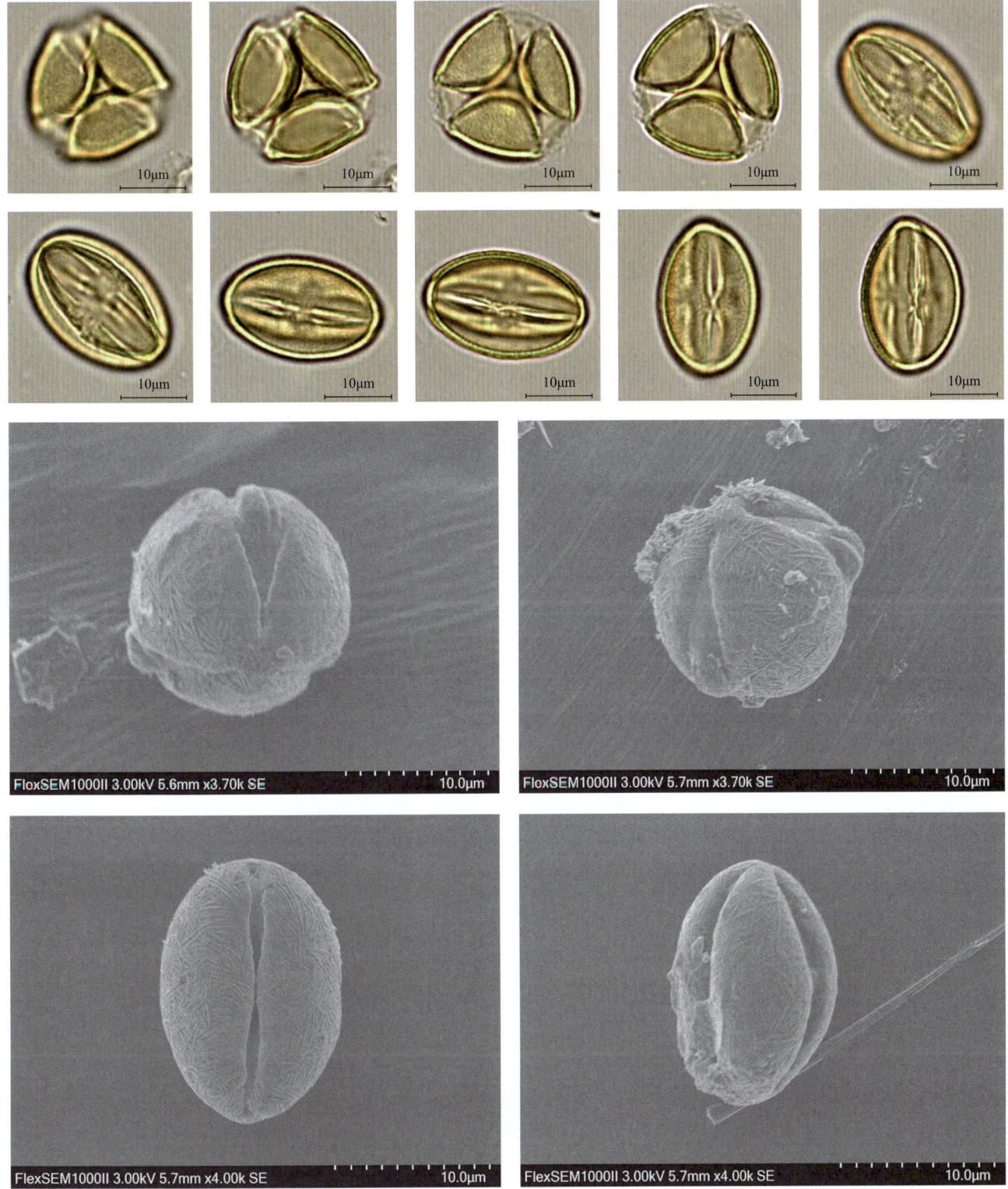

***Rhodiola dumulosa*** (Franch.) S. H. Fu 小丛红景天

花粉图式
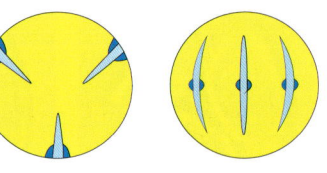

【形态特征】多年生草本；根颈粗壮，分枝，地上部分常被有残留的老枝；花茎聚生主轴顶端，直立或弯曲，不分枝；叶互生，线形至宽线形，先端稍急尖，基部无柄，全缘；花序聚伞状，有4~7花；萼片5，线状披针形，先端渐尖，基部宽；花瓣5，白或红色，披针状长圆形，直立；雄蕊10，较花瓣短，对萼片的长7毫米，对花瓣的长3毫米，着生花瓣基部上3毫米处；鳞片5，横长方形，长约0.4毫米，宽0.8~1毫米，先端微缺；心皮5，卵状长圆形，直立，长6~9毫米，基部1~1.5毫米合生；种子长圆形，长约1.2毫米，有微乳头状突起，有狭翅。

【花果期】花期6—7月，果期8—10月。

【生境】生于海拔1600~3900米的山坡石上。

【分布】四川西北部、青海、甘肃、陕西、湖北、山西、河北、内蒙古和吉林。

【别名】无

【保护级别】无危（LC）；地方保护野生植物。

【花粉形态】花粉粒长球形，赤道面观椭圆形，极面观3裂圆形，大小为10（9~12）×20（19~25）μm；具三孔沟，内孔突出，孔径4~5μm；外壁两层，外层与内层厚度约相等；表面具细颗粒状雕纹，电镜下呈颗粒–条纹状雕纹。

# 第五章 被子植物的花粉形态

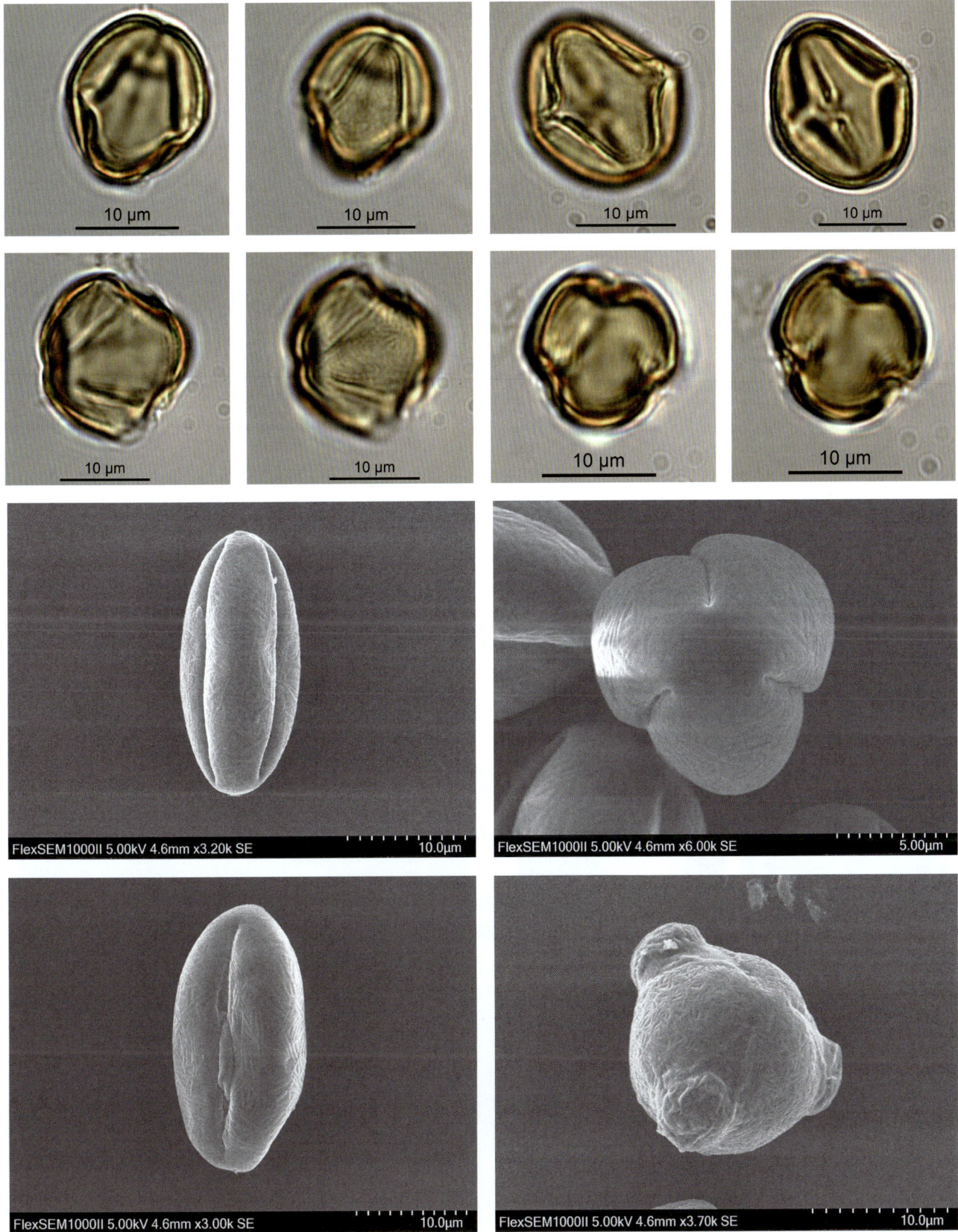

## Cucurbitaceae 葫芦科
### *Thladiantha* 赤瓟属
*Thladiantha dentata* Cogn. 齿叶赤瓟

【形态特征】粗壮攀援或匍匐草本，全株几乎无毛；茎、枝光滑，有棱沟；叶柄稍粗壮，有不明显的沟纹；叶片卵状心形或宽卵状心形；卷须稍粗壮，有不明显的纵纹，上部2歧，有时在幼枝顶端出现不分歧的情况；雌雄异株，雄花花序总状或上部分枝成圆锥花序，雌花单生或2~5朵生在长仅1~1.5厘米的粗壮总梗顶端；果梗较粗壮；果实长椭圆形或长卵形，两端圆形，顶端有小尖头，表面平滑；种子长卵形，黄白色，基部圆形，顶端稍狭，两面平滑，有不明显的小疣状突起。

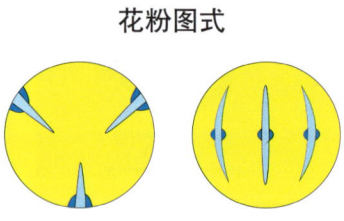

花粉图式

【花果期】花期6—8月，果期8—10月。

【生境】常生于海拔500~2100米的路旁、山坡、沟边或灌丛中。

【分布】湖北西部、四川、湖南和贵州。

【别名】水葡萄、野苦瓜藤、野瓜、苦瓜蔓、龙须尖、猫儿瓜、水瓜、鄂赤瓟。

【保护级别】无危（LC）。

【花粉形态】花粉粒扁球形至近球形，极面观为3裂圆形，大小为38（32~39）×45（37~49）μm；具3孔沟；外壁外层厚于内层，外壁基柱明显；表面具非常大而明显的网状雕纹，网脊上出现大小、形状不一致，成单行排列的颗粒；轮廓波浪形。

第五章 被子植物的花粉形态

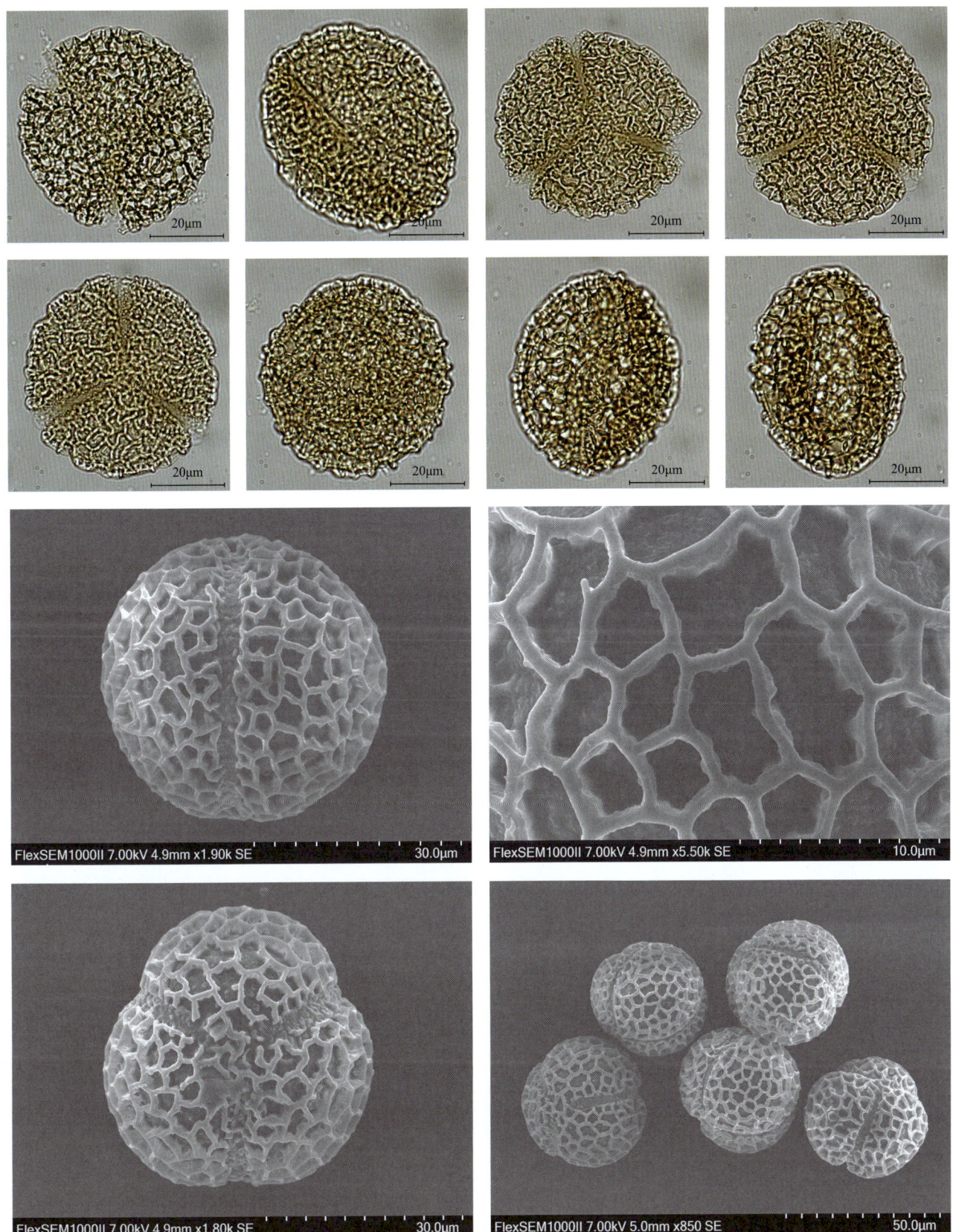

## *Trichosanthes* 栝楼属
### *Trichosanthes costata* Blume 金瓜

【形态特征】草质藤本；根多年生，近木；叶柄长 2~4 厘米；叶膜质，卵状心形，五角形或 3~5 中裂，长、宽均 4~8 厘米，两面粗糙，疏被刚毛；卷须不分歧或 2 歧；雌雄同株；雄花单生或 3~8 朵成总状花序，每花常具一叶状苞片；苞片菱形，常 3 中裂；萼筒管状，上部膨大；花冠白色，裂片长圆状卵形，长 1.5~2 厘米；雄蕊 3，花丝粗，长约 0.5 毫米，花药长约 7 毫米，药室折曲；雌花单生，花梗长 1~4 厘米，子房被黄褐色长柔毛；果长圆状卵形，橙红色，长 4~5 厘米，具 10 条凸起纵肋，两端尖；种子长圆形，长约 7 毫米。

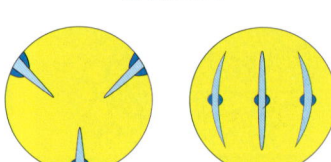

花粉图式

【花果期】花期 7—9 月，果期 9—12 月。

【生境】生于山坡、路旁、疏林及灌丛中，海拔 430~900 米。

【分布】国内分布：云南、广西、广东和海南岛；国外分布：越南、印度和马来西亚。

【别名】越南裸瓣瓜。

【保护级别】易危（VU）。

【花粉形态】花粉粒扁球形至近球形，极面观为 3 裂圆形，大小为 38（32~39）× 43（38~46）μm；具 3 孔沟；外壁两层，外层厚于内层；表面具非常大而明显的网状雕纹；轮廓波浪形。

第五章 被子植物的花粉形态

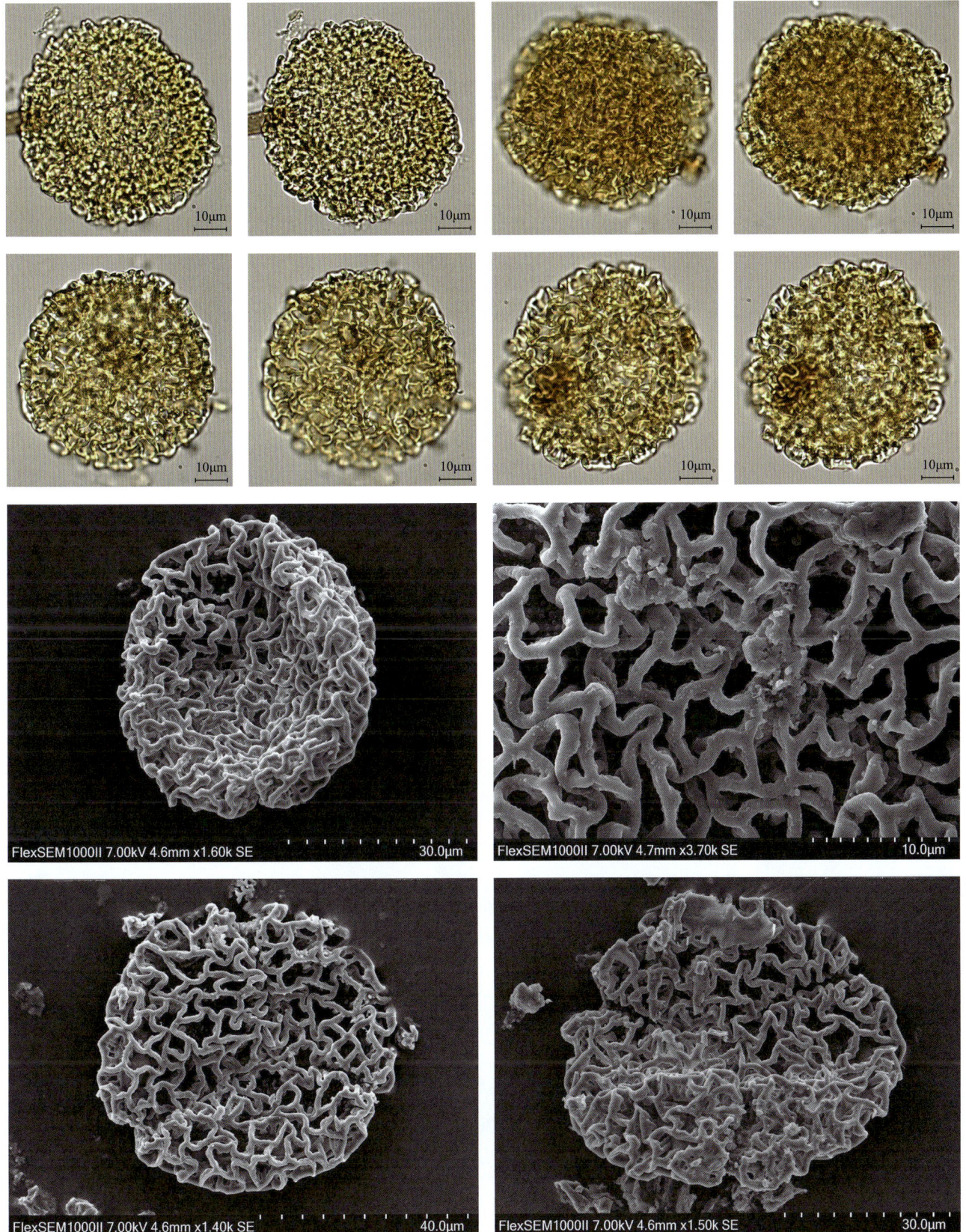

## Cynomoriaceae 锁阳科
## *Cynomorium* 锁阳属
### *Cynomorium songaricum* Rupr. 锁阳

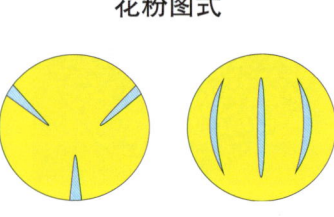

花粉图式

【形态特征】多年生肉质寄生草本，无叶绿素，全株红棕色，高 15~100 厘米，大部分埋于沙中；寄生根上着生大小不等的芽体，初近球形，后变椭圆形或长柱形，具多数须根与脱落的鳞片叶；茎圆柱状，直立，棕褐色，有散生鳞片；肉穗花序生于茎顶，伸出地面，棒状，其上着生非常密集的小花；雄花、雌花和两性花相伴杂生，有香气，花序中散生鳞片状叶；雄花花被裂片 1~6，条形，雄蕊 1，长于花被，退化雌蕊不显著或有时呈倒卵状白色突起；雌花花被片棒状，子房下位或半下位，1 室，花柱棒状；坚果球形，很小，果皮白色，顶端有宿存浅黄色花柱；种子近球形，径约 1 毫米，深红色，种皮坚硬而厚。

【花果期】花期 5—7 月，果期 6—7 月。

【生境】生于荒漠草原，草原化荒漠与荒漠地带的河边、湖边和池边。

【分布】国内分布：新疆、青海、甘肃、宁夏、内蒙古等省区；国外分布：中亚地区、伊朗和蒙古。

【别名】羊锁不拉、地毛球、乌兰高腰。

【保护级别】国家二级重点保护野生植物；易危（VU）；地方保护野生植物。

【花粉形态】花粉粒长球形，极面观为 3 裂圆形，赤道面观椭圆形，大小为 15（12~17）× 30（28~33）μm；具 3 沟，沟较深，细长达两极，沟缘不整齐；表面具网状雕纹。

# 第五章 被子植物的花粉形态

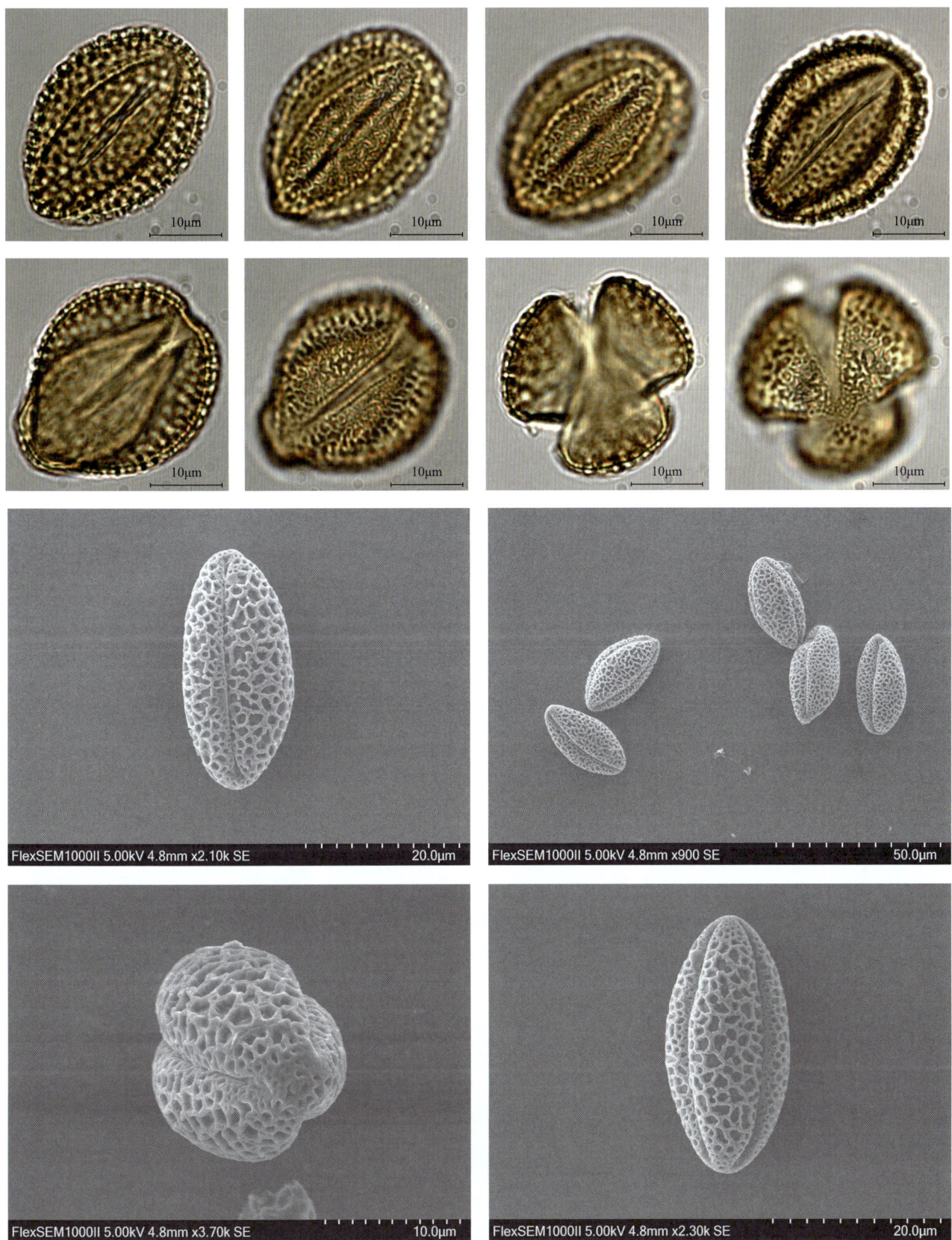

## Cyperaceae 莎草科
### *Cyperus* 莎草属
*Cyperus rotundus* L. 香附子

【形态特征】匍匐根状茎长，具椭圆形块茎；秆高 15~95 厘米，稍细，锐三棱形，平滑，基部呈块茎状；叶较多，短于秆，平展；叶鞘棕色，常裂成纤维状；叶状苞片 2~5 枚，常长于花序，或有时短于花序；穗状花序轮廓为陀螺形，稍疏松，具 3~10 个小穗；小穗斜展开，线形，具 8~28 朵花；小穗轴具较宽的、白色透明的翅；雄蕊 3，花药长，线形，暗血红色，药隔突出于花药顶端；花柱长，柱头 3，细长，伸出鳞片外；小坚果长圆状倒卵形，三棱形，长为鳞片的 1/3~2/5，具细点。

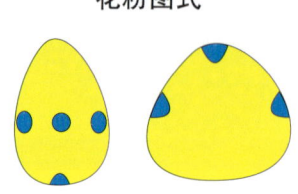

花粉图式

【花果期】花果期 5—11 月。

【生境】生于山坡荒地草丛中或水边潮湿处。

【分布】广布于世界各地。

【别名】香附、香头草、梭梭草、金门莎草。

【保护级别】无危（LC）。

【花粉形态】花粉粒瓶状或卵圆形，直径为 17~25μm；具 4~7 孔，一个处于远极（相对于瓶口），另外 3~6 个分布于赤道上（相对于瓶的周围），孔椭圆形，孔膜上具颗粒；外壁较薄，层次不清楚；表面具颗粒状雕纹，电镜下为小刺。

# 第五章 被子植物的花粉形态

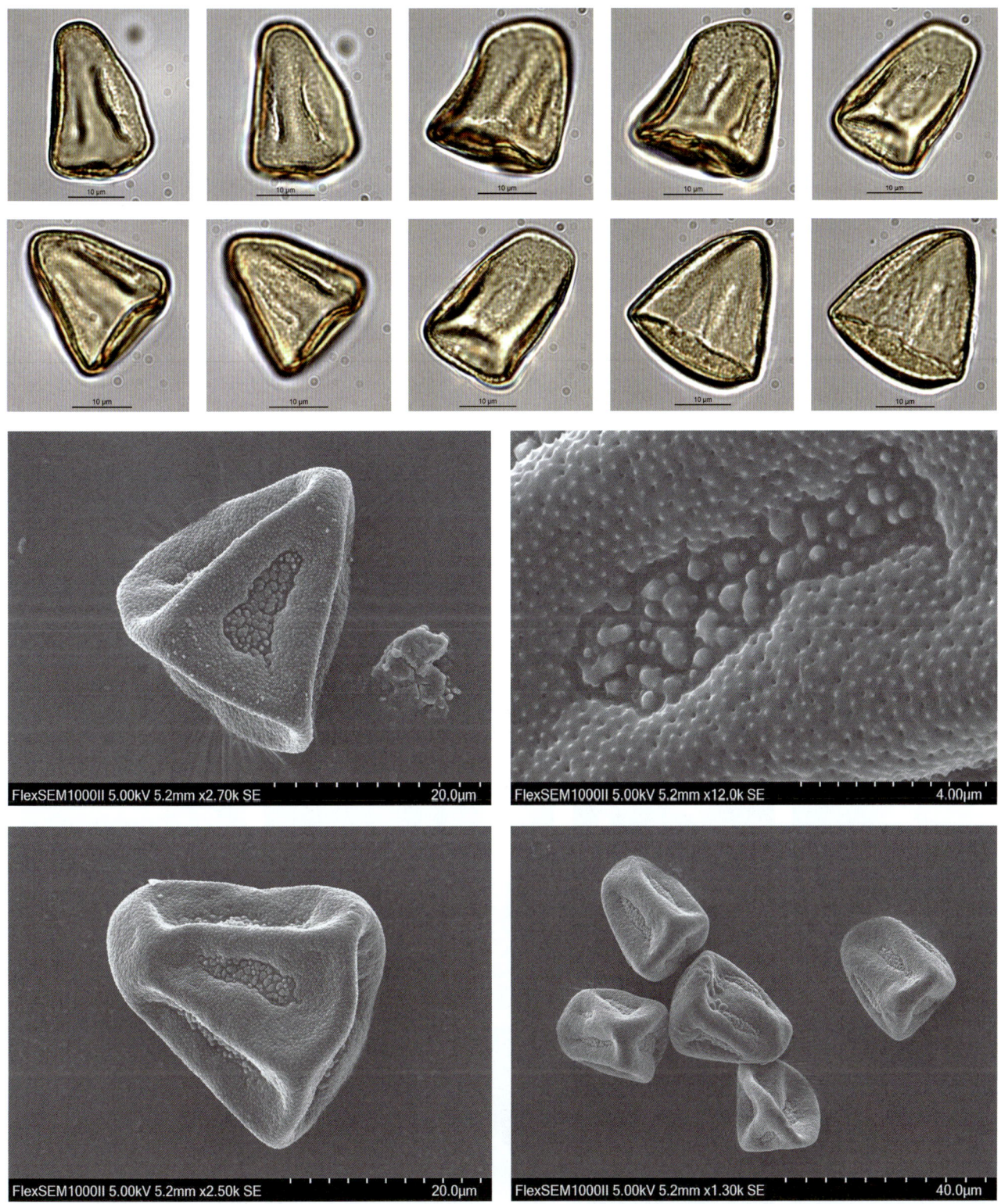

### *Kyllinga* 水蜈蚣属

*Kyllinga polyphylla* Kunth 水蜈蚣

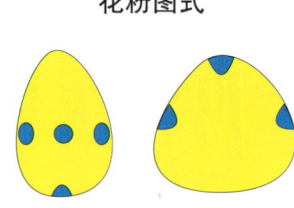

花粉图式

【形态特征】多年生草本植物，丛生，全株光滑无毛；茎丛生，直立，三棱形，有光泽，绿色；叶簇生下部，叶片线形，先端渐尖，基部鞘状抱茎，全缘，两面绿色、下面中脉明显；花顶生，单一，花柱细长，长于叶；头状花序，球形或卵球形，具极多数密生小穗，下面有向下反折的叶状苞片3枚（所以又有"三荚草"之称），绿色；小花稠密；总苞叶状，平展，无花被；花药线形；花柱细长，柱头2，长不及花柱的1/2；坚果卵形，极小，表面具密的细点。水蜈蚣根状茎近圆柱形，细长有节，匍匐平卧地上，形似蜈蚣，故名。

【花果期】花果期5—9月。

【生境】生于田边沟旁和旷野湿地。

【分布】中国华南、华东、西南、华中等地区。

【别名】三荚草。

【保护级别】地方保护野生植物。

【花粉形态】花粉粒瓶状或卵圆形，直径为12~23μm；具4~7孔，一个处于远极（相对于瓶口），另外3~6个分布于赤道上（相对于瓶的周围），孔圆形至椭圆形，孔膜上具颗粒；外壁较薄，层次不清楚；表面具小刺。

# 第五章 被子植物的花粉形态

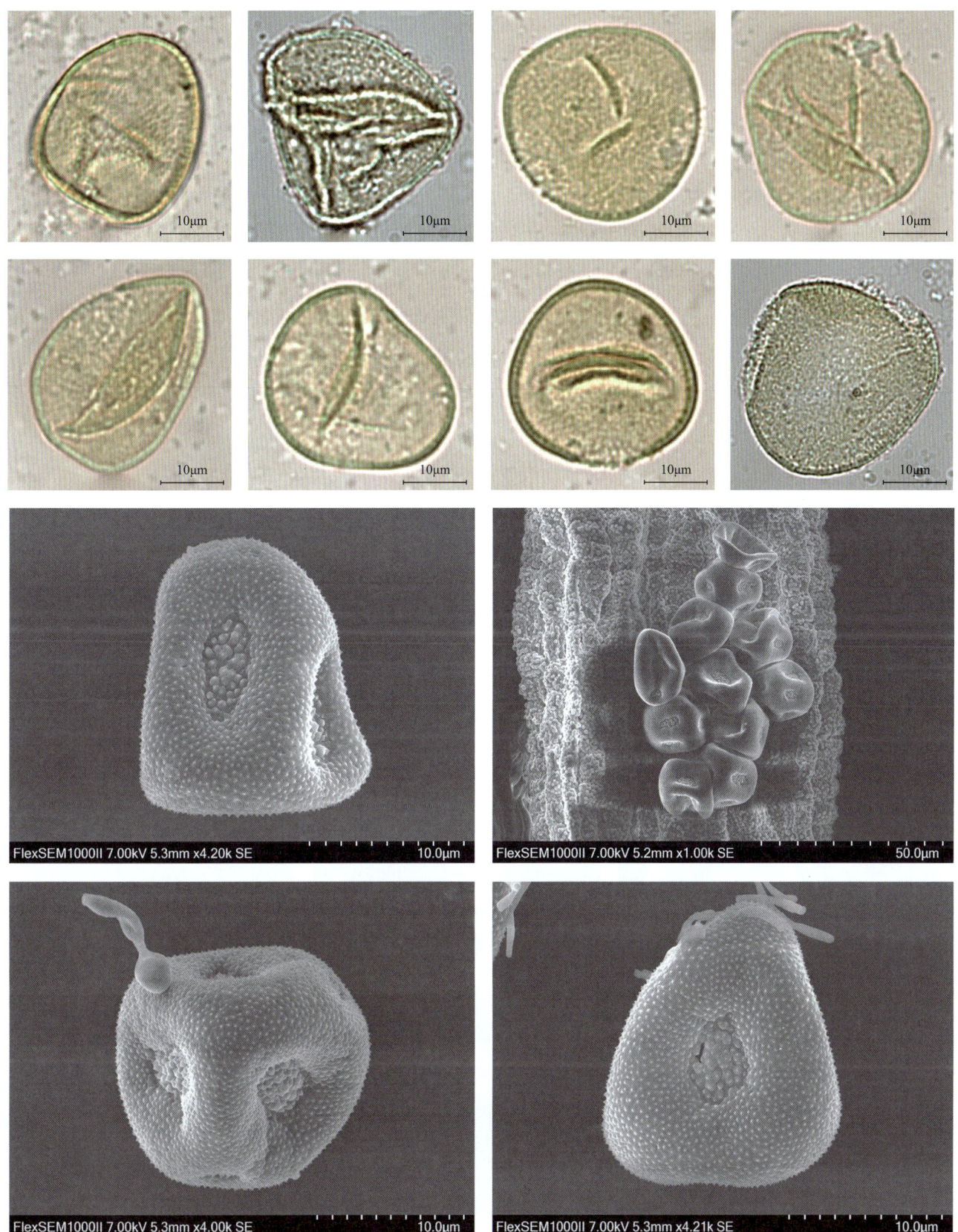

## Daphniphyllaceae 虎皮楠科
### *Daphniphyllum* 虎皮楠属
*Daphniphyllum calycinum* Benth. 牛耳枫

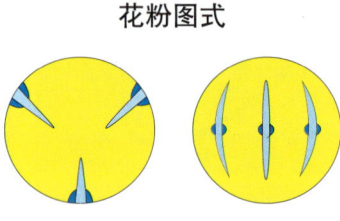

花粉图式

【形态特征】灌木，高可达 5 米；小枝灰褐色，具稀疏皮孔；叶纸质，阔椭圆形或倒卵形，先端钝或圆形，具短尖头，基部阔楔形，全缘；叶柄长 4~8 厘米，上面平或略具槽；总状花序腋生；雄花花梗长 8~10 毫米；花萼盘状，3~4 浅裂，裂片阔三角形；雄蕊 9~10 枚，花药长圆形，侧向压扁，药隔发达伸长，先端内弯，花丝极短；雌花花梗长 5~6 毫米；苞片卵形；萼片 3~4，阔三角形；子房椭圆形，花柱短，柱头 2，直立，先端外弯；果序长 4~5 厘米，密集排列；果卵圆形，较小，被白粉，具小疣状突起，先端具宿存柱头，基部具宿萼。

【花果期】花期 4—6 月，果期 8—11 月。

【生境】生于海拔 250~700 米的疏林或灌丛中。

【分布】国内分布：广西、广东、福建、江西等省区；国外分布：越南和日本。

【别名】南岭虎南楠。

【保护级别】无危（LC）。

【花粉形态】花粉粒扁球形，极面观为 3 裂圆形，大小为 12（11~13）× 15（13~17）μm；3 孔沟，沟纺锤形，末端钝，具沟膜，内孔方形，约 3 × 3μm；外壁厚约 1μm，外层稍厚于内层；表面光滑，具穴状雕纹。

# 第五章 被子植物的花粉形态

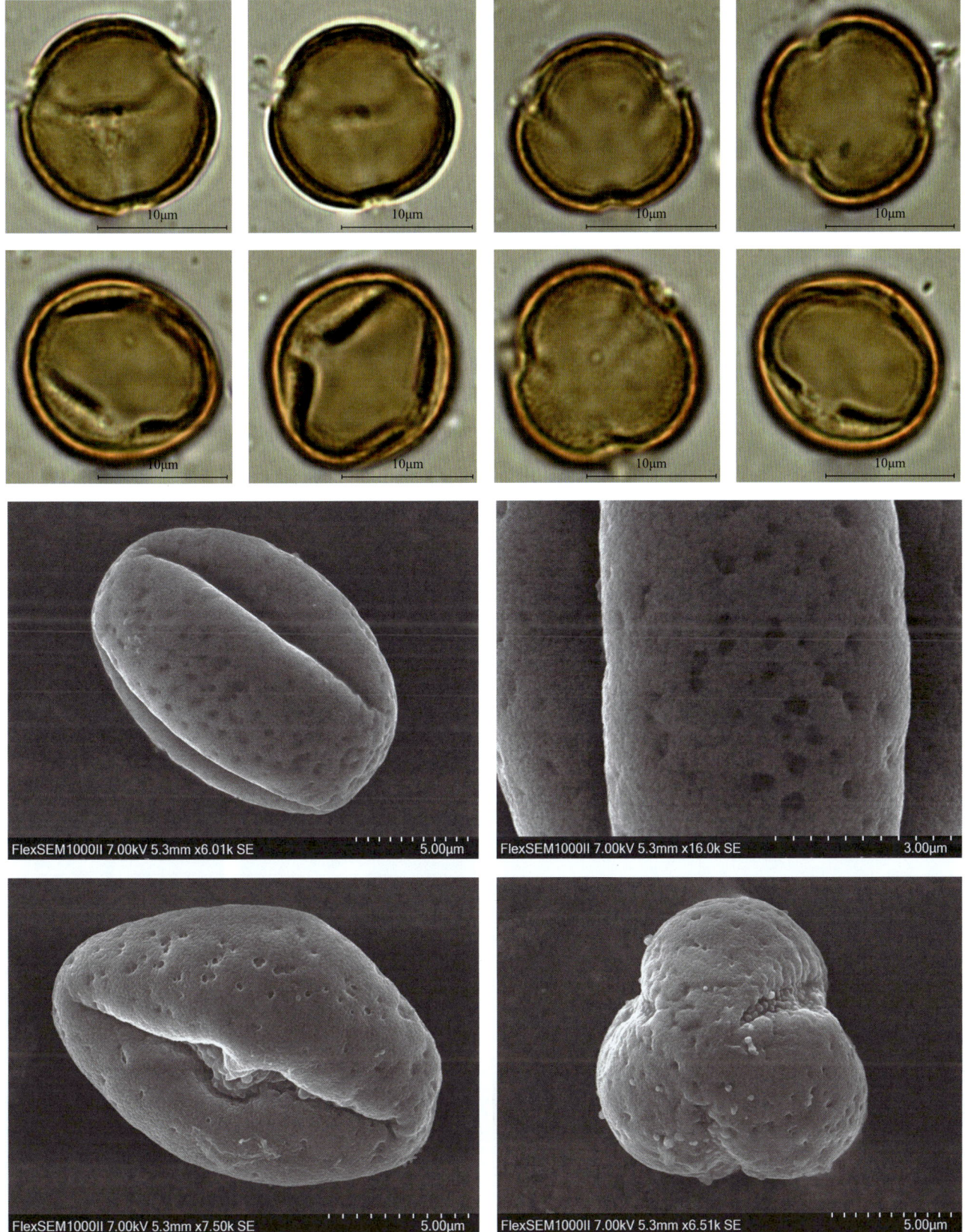

457

## Dioscoreaceae 薯蓣科
## *Dioscorea* 薯蓣属

### *Dioscorea nipponica* Makino 穿龙薯蓣

【形态特征】缠绕草质藤本；根状茎横生，圆柱形，多分枝，栓皮片状剥离；茎左旋，近无毛；单叶互生，叶掌状心形，不等大三角状浅裂、中裂或深裂，顶端叶片近全缘，下面无毛或被疏毛；花雌雄异株；雄花无梗，常 2~4 朵花簇生，集成小聚伞花序再组成穗状花序，花序顶端常为单花；花被碟形，顶端 6 裂；雄蕊 6；雌花序穗状，常单生，雌蕊柱头 3 裂，裂片再 2 裂；蒴果成熟后枯黄色，三棱形，顶端凹入，基部近圆形，每棱翅状，大小不一；种子每室 2 枚，有时仅 1 枚发育，着生于中轴基部，四周有不等的薄膜状翅，上方呈长方形，长约比宽大 2 倍。

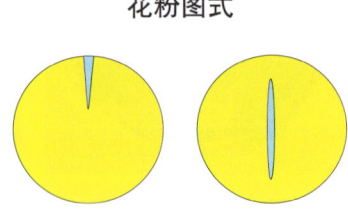

花粉图式

【花果期】花期 6—8 月，果期 8—10 月。

【生境】常生于山腰的河谷两侧半阴半阳的山坡灌木丛中和稀疏杂木林内及林缘，喜肥沃、疏松、湿润、腐殖质较深厚的黄砾壤土和黑砾壤土，海拔 100~1700 米。

【分布】国内分布：东北、华北、山东、河南、安徽、浙江、江西、陕西、甘肃、宁夏、青海和四川；国外分布：日本本州以北、朝鲜和俄罗斯。

【别名】山常山、穿山龙、穿地龙。

【保护级别】地方保护野生植物。

【花粉形态】花粉粒极面观为两端变尖的长椭圆形，赤道面观近舟形，大小为 20（16~23）× 36（34~38）μm；具单槽，槽细长，边缘不平；外壁厚度约 2μm；表面具颗粒或蠕虫状雕纹。

第五章 被子植物的花粉形态

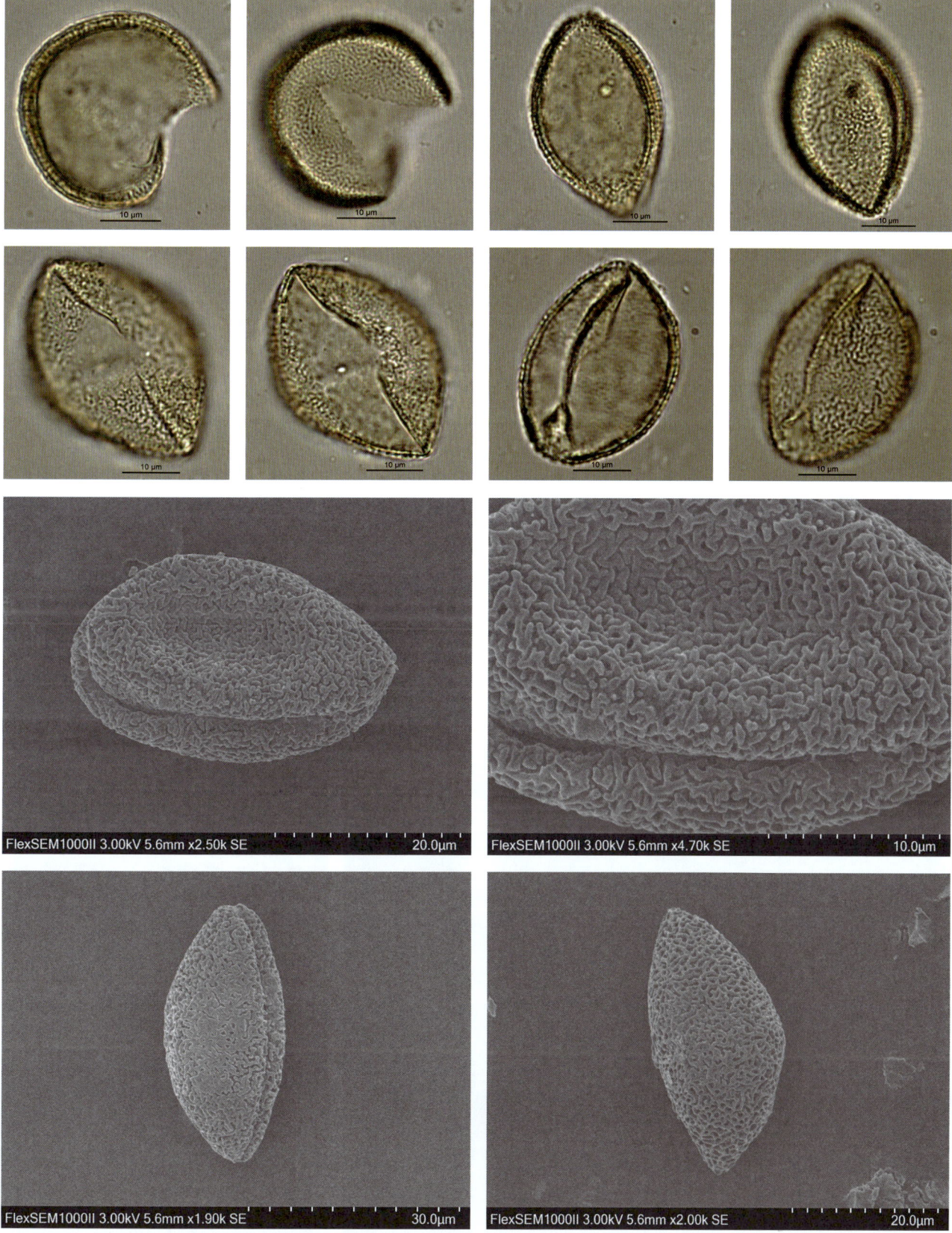

## *Tacca* 蒟蒻薯属

### *Tacca chantrieri* André 箭根薯

【形态特征】多年生草本；根状茎粗壮，近圆柱形；叶片长圆形或长圆状椭圆形，顶端短尾尖，基部楔形或圆楔形，两侧稍不相等，无毛或背面有细柔毛；叶柄长 10~30 厘米，基部有鞘；总苞片 4 枚，暗紫色，外轮 2 枚卵状披针形，顶端渐尖，内轮 2 枚阔卵形；小苞片线形；伞形花序有花 5~18 朵；花被裂片 6，紫褐色，外轮花被裂片披针形，内轮花被裂片较宽，顶端具小尖头；雄蕊 6，花丝顶部兜状，柱头弯曲成伞形，3 裂，裂片较宽，每裂片又 2 浅裂；浆果肉质，椭圆形，具 6 棱，紫褐色，顶端有宿存的花被裂片；种子肾形。

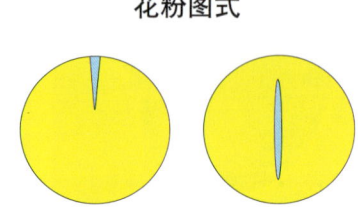

花粉图式

【花果期】花果期 4—11 月。

【生境】生于海拔 170~1300 米的水边、林下和山谷阴湿处。

【分布】国内分布：湖南南部、广东、广西和云南；国外分布：越南、老挝、柬埔寨、泰国、新加坡、马来西亚等地。

【别名】大叶屈头鸡、蒟蒻薯、老虎须。

【保护级别】近危（NT）。

【花粉形态】花粉粒极面观为两端变尖的长椭圆形，赤道面观近舟形，大小为 31（26~33）× 44（37~46）μm；具单槽，槽细长，边缘不平，具槽膜，上有颗粒；外壁厚度约 1μm；表面具颗粒或微弱条纹状雕纹；轮廓线不平，稍呈波浪形。

第五章 被子植物的花粉形态

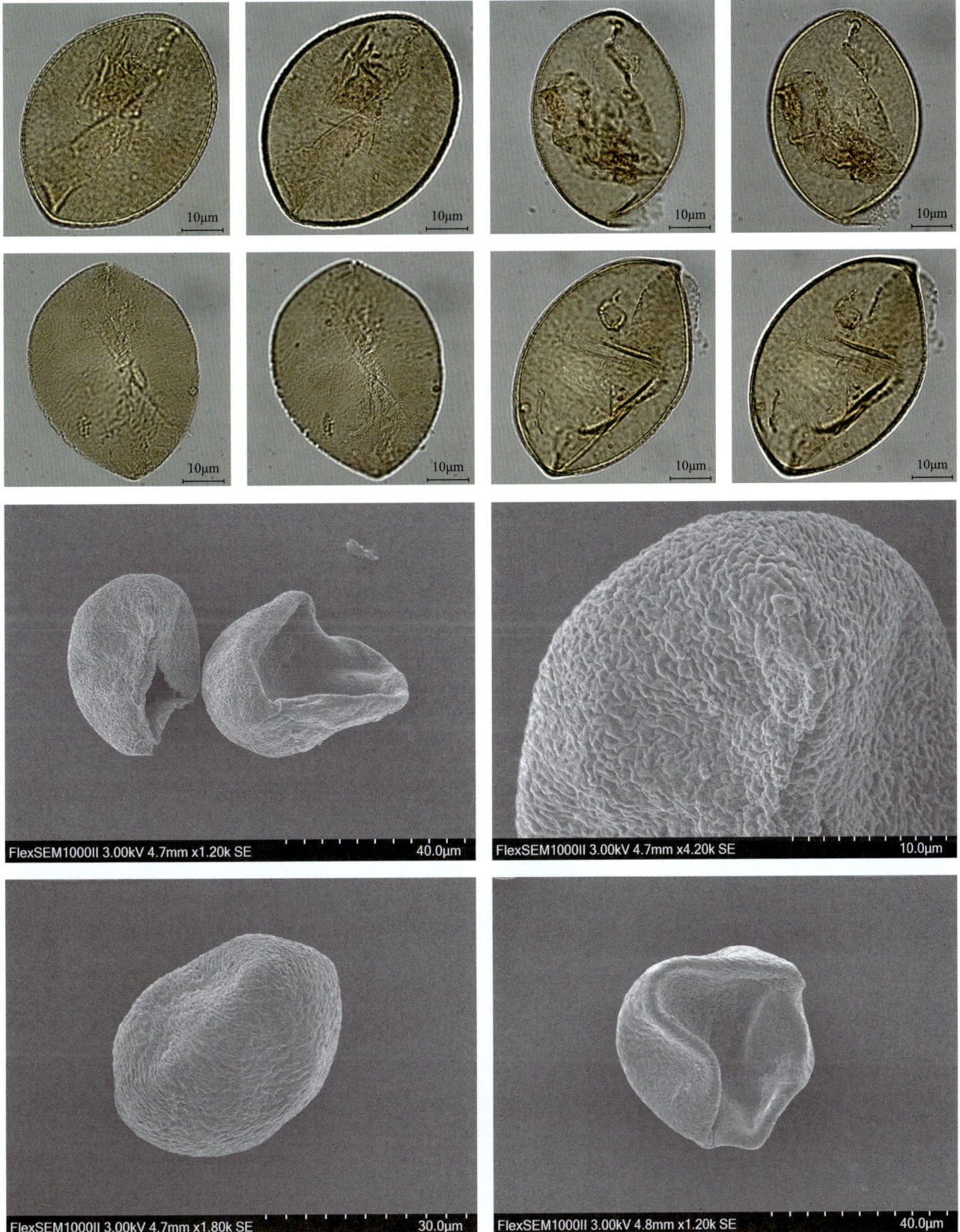

461

## Dipsacaceae 川续断科
## *Scabiosa* 蓝盆花属

*Scabiosa comosa* Fisch. ex Roem. & Schult. 窄叶蓝盆花

【形态特征】多年生草本，高可达80厘米；茎直立，黄白色或带紫色，具棱，疏或密被贴伏白色短柔毛，在茎基部和花序下最密；基生叶成丛，叶片轮廓窄椭圆形，羽状全裂，稀为齿裂，裂片线形；花时常枯萎；茎生叶对生，基部连接成短鞘，抱茎，具短柄或无柄，叶片轮廓长圆形，1~2回狭羽状全裂，裂片线形；总花梗长10~25厘米，近顶端处密生卷曲白色短纤毛；头状花序单生或3出，球形；总苞苞片6~10片，披针形；小总苞倒圆锥形，方柱状，淡黄白色，具8条肋棱；花冠蓝紫色，外面密生短柔毛，中央花冠筒状，先端5裂，裂片等长，边缘花二唇形、倒卵形；雄蕊4，花丝细长，外伸；花柱长1厘米，外伸，柱头头状；瘦果长圆形，长约3毫米，具5条棕色脉，顶端冠以宿存的萼刺。

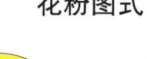

花粉图式

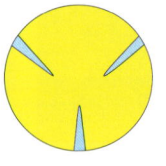

【花果期】花期7—8月，果期9月。

【生境】生于海拔500~1600米的干燥砂质地、沙丘、干山坡及草原上。

【分布】国内分布：黑龙江、吉林、辽宁、河北北部和内蒙古；国外分布：俄罗斯和蒙古。

【别名】细叶山萝卜、山萝卜、华北蓝盆花、大花蓝盆花、毛叶蓝盆花、蓝盆花。

【保护级别】无危（LC）；地方保护野生植物。

【花粉形态】花粉粒近球形，极面观为3裂圆形，直径为50~65μm；具3沟，沟较短；外壁两层，外层比内层厚得多；表面具刺状雕纹，电镜下为颗粒与小刺相间的雕纹。

第五章 被子植物的花粉形态

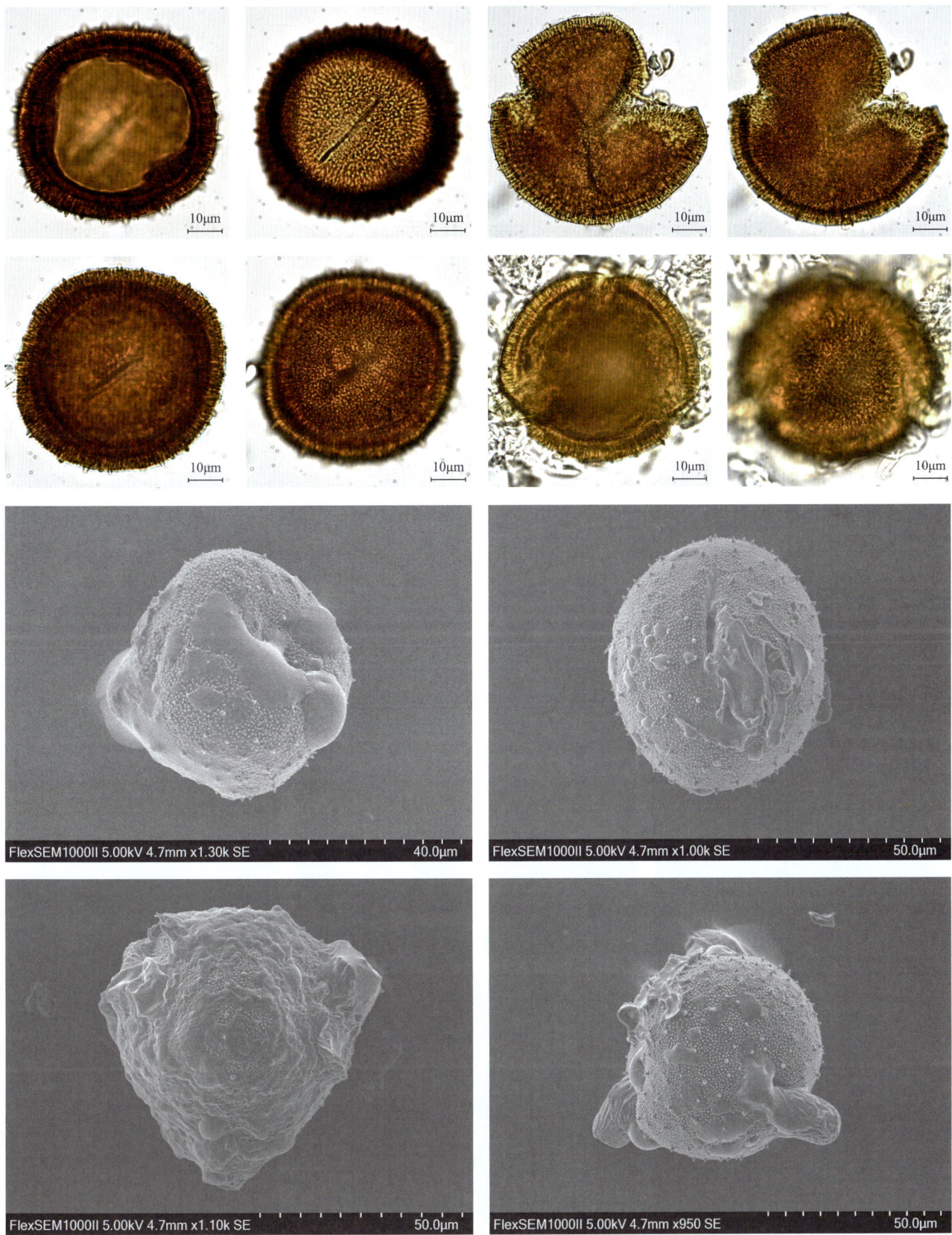

## Dipterocarpaceae 龙脑香科
### *Hopea* 坡垒属

*Hopea chinensis* (Merr.) Hand.-Mazz. 狭叶坡垒

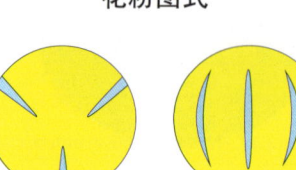

花粉图式

【形态特征】乔木，高 15~20 米，具白色芳香树脂；树皮灰黑色，平滑；枝条红褐色，具白色皮孔，被灰色星状毛或短茸毛；叶互生，全缘，革质，长圆状披针形或披针形，侧脉 7~12 对，在下面明显突起，先端渐尖或尾状渐尖，基部圆形或楔形，两侧略不等，上面无毛，下面被疏毛或无毛；叶柄长约 1 厘米，黑褐色，具环状裂纹，无毛或被疏毛；圆锥花序腋生，纤细，少花，被疏毛；花萼裂片 5 枚，覆瓦状排列，无毛；花瓣 5 枚，淡红色，扭曲，椭圆形，被黄色长茸毛；雄蕊 15 枚，花药卵圆形，近相等，药隔附属体丝状，长约 2 毫米；子房 3 室，每室具胚珠 2 枚；果实卵形，黑褐色，具尖头；增大的 2 枚花萼裂片为长圆状披针形或长圆形，先端圆形，具纵脉 12 条，无毛。

【花果期】花期 6—7 月，果期 10—12 月。

【生境】生于山谷、坡地和丘陵地区，海拔 600 米左右。

【分布】国内分布：广西（十万大山和龙州大青山）；国外分布：越南北部。

【别名】龙袍树、窄叶坡垒、河内坡垒、多毛坡垒。

【保护级别】国家二级重点保护野生植物；极危（CR）。

【花粉形态】花粉粒近球形或椭球形，极面观为 3 裂圆形，赤道面观为椭圆形，大小为 20（19~22）× 32（28~35）μm；具 3 沟，沟纺锤形，两端渐尖，沟膜具颗粒；外壁两层，外层厚于内层；表面具网状雕纹，电镜下为排列整齐的花纹状雕纹。

# 第五章 被子植物的花粉形态

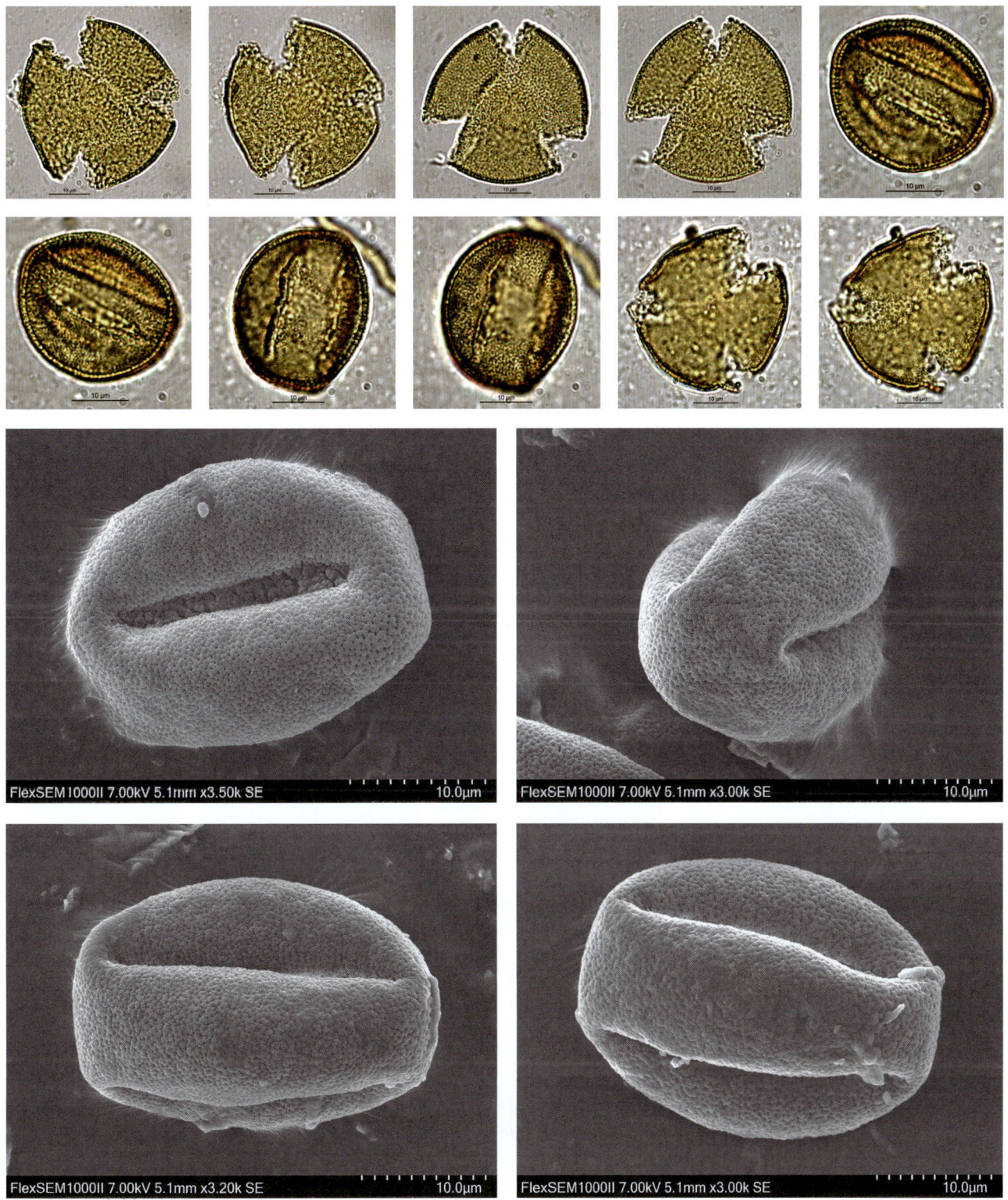

465

## *Parashorea* 柳安属

### *Parashorea chinensis* H. Wang 望天树

**【形态特征】** 大乔木，高可达 80 米；树皮灰或深褐色，块状脱落；叶革质，椭圆形或椭圆状披针形，先端渐尖，基部圆，全缘，被毛，侧脉 14~19 对；叶柄长 1~3 厘米，密被毛；托叶早落，卵形，被毛；圆锥花序顶生或腋生，密被毛；每个小分枝具 3~8 花；花萼裂片 5 枚，覆瓦状排列；花瓣 5 枚，黄白色，芳香，具纵脉 10~14 条；雄蕊 12~15 枚，两轮排列，花药线状披针形，药室顶部具尖头，药隔附属体锥状；子房长卵形，3 室，每室具胚珠 2 枚，花柱细柱状，无毛，柱头小，略 3 裂；果长卵球形，密被银灰色绢毛；增大花萼裂片近革质，3 长 2 短，长 6~8 厘米，具纵脉 5~7，基部窄，不包被果实。是中国最高的树种，因其高大的特点，被命名为"望天树"。

花粉图式

**【花果期】** 花期 5—6 月，果期 8—9 月。

**【生境】** 生于海拔 300~1100 米的沟谷、坡地、丘陵及石灰岩山密林中。

**【分布】** 云南（勐腊和河口）、广西（那坡、巴马、龙州等地）。

**【别名】** 擎天树。

**【保护级别】** 国家一级重点保护野生植物；濒危（EN）。

**【花粉形态】** 花粉粒扁球形至球形，极面观为 3 裂圆形，大小为 17（15~21）× 20（19~22）μm；具 3 沟，沟纺锤形，两端渐尖，沟膜具颗粒；外壁厚 2~3μm，外层厚于内层；表面具粗糙的网状雕纹。

# 第五章 被子植物的花粉形态

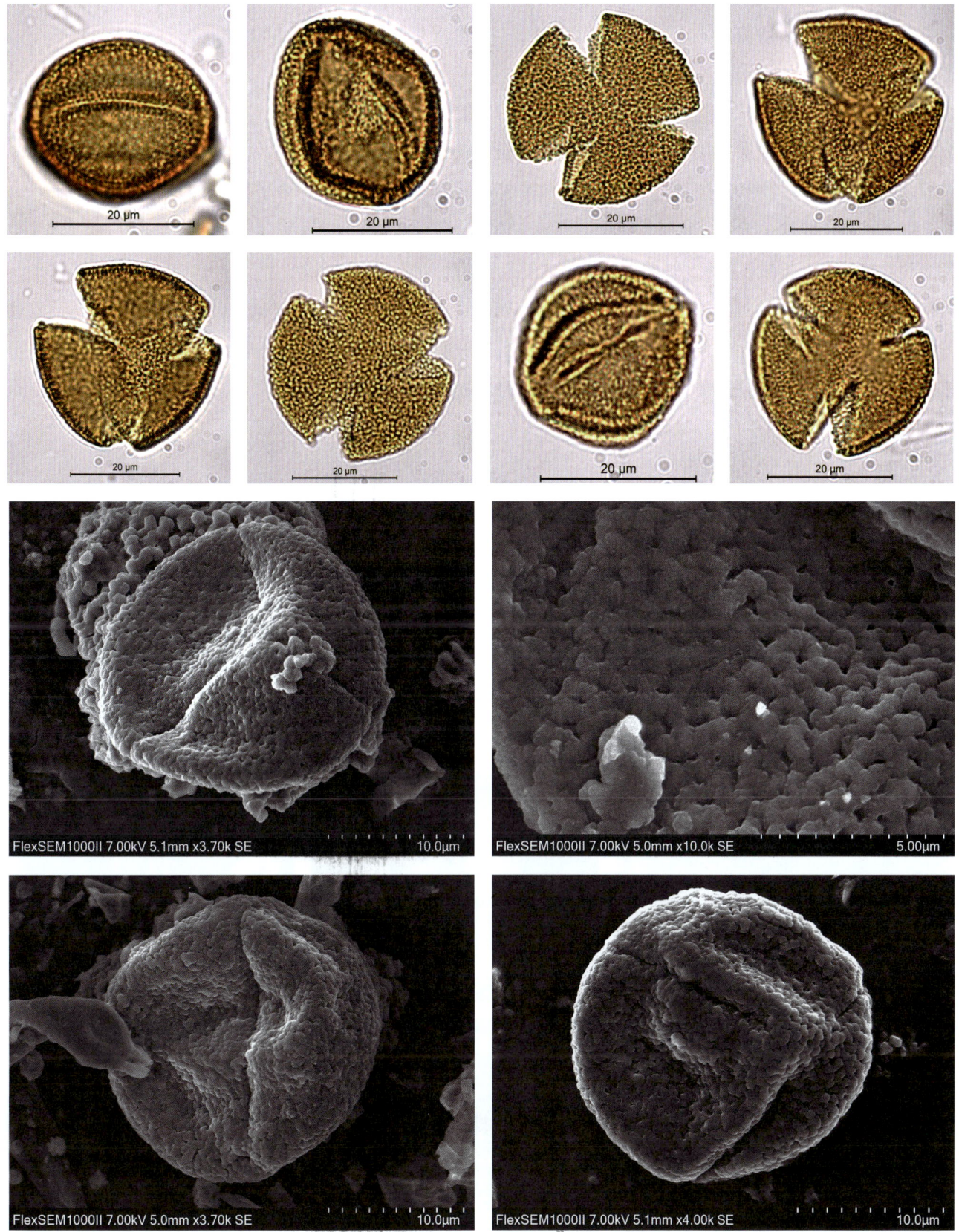

467

## Elaeocarpaceae 杜英科
### *Elaeocarpus* 杜英属
*Elaeocarpus hainanensis* Oliv. 水石榕

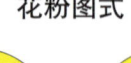

花粉图式

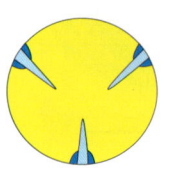 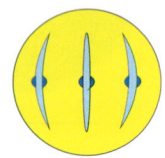

【形态特征】小乔木，树冠宽广，嫩枝无毛；叶革质，狭窄倒披针形，先端尖，基部楔形，侧脉 14~16 对，边缘密生小钝齿；叶柄长 1~2 厘米；总状花序生当年枝的叶腋内，长 5~7 厘米，有花 2~6 朵；花较大，直径 3~4 厘米；苞片叶状，无柄，卵形，宿存；花柄长约 4 厘米，有微毛；萼片 5 片，披针形，长约 2 厘米，被柔毛；花瓣白色，与萼片等长，倒卵形，外侧有柔毛；雄蕊多数，约和花瓣等长，有微毛，药隔突出成芒刺状，长约 4 毫米；花盘多裂而连续，围着子房基部；子房 2 室，无毛，花柱长约 1 厘米，有毛；胚珠每室 2 颗；核果纺锤形，两端尖；内果皮坚骨质，表面有浅沟，腹缝线 2 条，厚 1.5 毫米，1 室；种子长约 2 厘米。

【花果期】花期 6—7 月，果期 7—11 月。

【生境】喜生于低湿处及山谷水边。

【分布】国内分布：海南、广西南部及云南东南部；国外分布：越南和泰国。

【别名】海南胆八树、海南杜英。

【保护级别】无危（LC）。

【花粉形态】花粉粒近球形，极面观为 3 裂圆形，赤道面观椭圆形，大小为 9（6~11）×11（9~12）μm；具 3 孔沟，少数具 4 孔沟，沟的轮廓较模糊，条状，中间略缢缩；内孔横长，轮廓模糊；外壁厚约 1μm，分层不明显；表面光滑。

# 第五章 被子植物的花粉形态

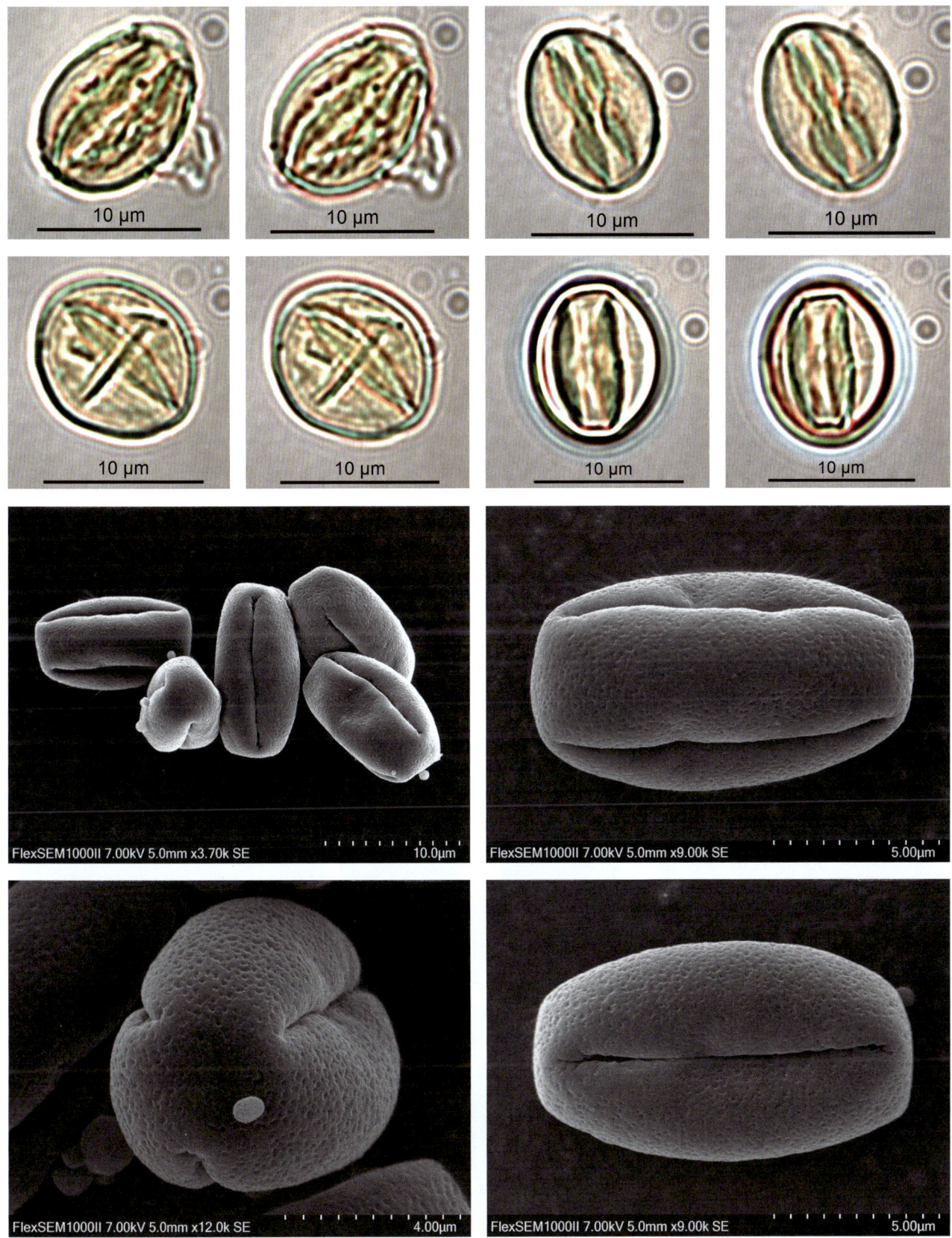

469

## *Sloanea* 猴欢喜属

### *Sloanea hemsleyana* (Ito) Rehder & E. H. Wilson 仿栗

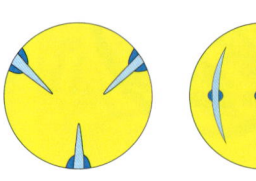

花粉图式

【形态特征】大乔木，高可达 25 米；幼枝无毛；叶簇生枝顶，薄革质，常窄倒卵形或卵形，先端骤尖或渐尖，基部窄，有时微心形，两面无毛；具波状钝齿；花生于枝顶，组成总状花序，花序轴及花柄有柔毛；萼片 4 片，卵形，长 6~7 毫米，两面有柔毛；花瓣白色，与萼片等长，或稍超出，先端有撕裂状缺齿，被微毛；雄蕊与花瓣等长，花药长 5 毫米，先端有长 1.5 毫米的芒刺；子房被褐色茸毛，花柱突出雄蕊之上，长 5~6 毫米；蒴果大小不一，4~5 片裂开，稀为 3 或 6 片；内果皮紫红色或黄褐色；针刺长 1~2 厘米；果柄长 2.5~6 厘米，通常粗壮；种子黑褐色，发亮，长 1.2~1.5 厘米，下半部有黄褐色假种皮。

【花果期】花期 7 月，果期 8—9 月。

【生境】生长于海拔 1110~1400 米的常绿林里。

【分布】国内分布：湖南、湖北、四川、云南、贵州及广西；国外分布：越南。

【别名】无

【保护级别】无危（LC）；地方保护野生植物。

【花粉形态】花粉粒长球形，极面观为 3 裂圆形，赤道面观椭圆形，花粉粒小，大小为 9（8~11）× 13（10~15）μm；具 3 孔沟，沟纺锤形，两端渐尖，具沟膜，内孔轮廓模糊，横长矩形；外壁厚约 1μm，分层不明显；表面具颗粒或细网状雕纹。

第五章 被子植物的花粉形态

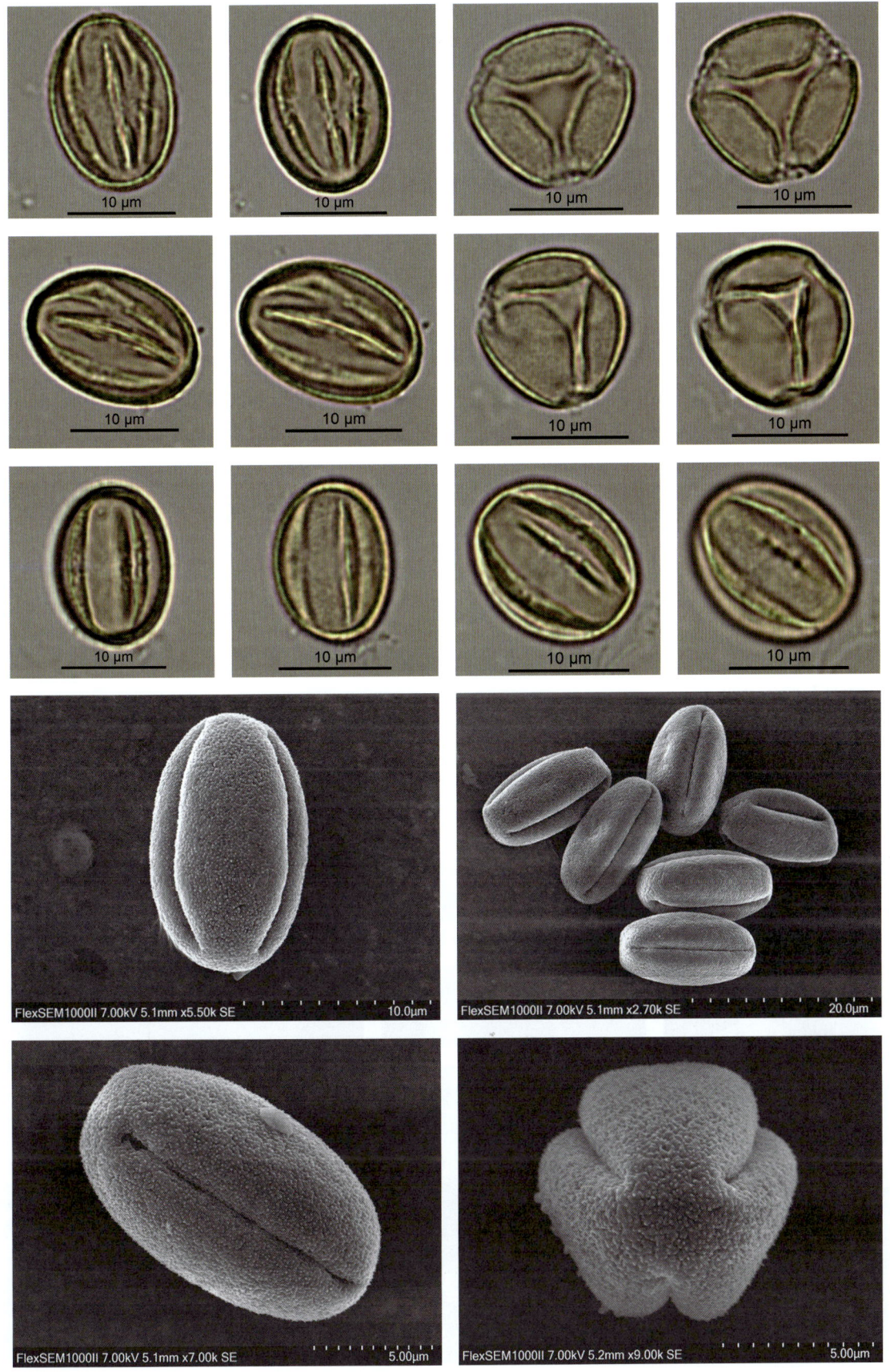

471

## Ericaceae 杜鹃花科
### *Cheilotheca* 假水晶兰属

*Cheilotheca macrocarpa* (Andres) Y. L. Chou 大果假水晶兰

【形态特征】腐生草本植物，多年生，全株无色，干后变黑，肉质，无毛，高 8~20 厘米，茎粗 3~6 毫米；根细而有分枝，集成鸟巢状，质脆；叶鳞片状，无柄，互生，在茎之基部较密，长圆形或长圆状卵形，先端圆钝，全缘，在茎顶端密集；花单一，顶生，下垂，无色，无毛，花冠管状钟形，长 1.5~2.2 厘米，直径 1.4~1.7 厘米；萼片 4~5，长圆形或长圆状卵形，先端圆钝头；花瓣 4~5，长方状长圆形，先端圆截形或截形，反卷，基部成小囊状，两面无毛；雄蕊 8~10，花药橙黄色，光滑，紧贴在柱头周缘，花丝扁平，无毛；子房近球形或椭圆状球形，无毛，侧膜侧座 5~8；花柱粗短，柱头较宽，中央凹入呈漏斗状，常铅蓝色；浆果椭圆状球形或阔椭圆形，下垂；种子宽椭圆形或椭圆形，淡褐色，有光泽及网状突起。

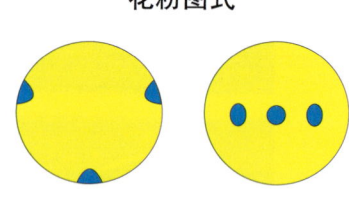

花粉图式

【花果期】花期 3—6 月，果期 7—9 月。

【生境】生于海拔 800~3100 米的山地阔叶林或针阔叶混交林下。

【分布】浙江、台湾、四川、贵州、云南和广西。

【别名】大果拟水晶兰、台湾拟水晶兰、拟水晶兰、假水晶兰、浙江假水晶兰、台湾假水晶兰。

【保护级别】近危 (NT)。

【花粉形态】花粉粒球形，直径为 20~28μm；具散孔，孔 3~5 个，圆形，直径 2.5~3.5μm，孔缘清晰，孔膜具不规则的粗颗粒；表面光滑，电镜下具脑纹状雕纹。

第五章 被子植物的花粉形态

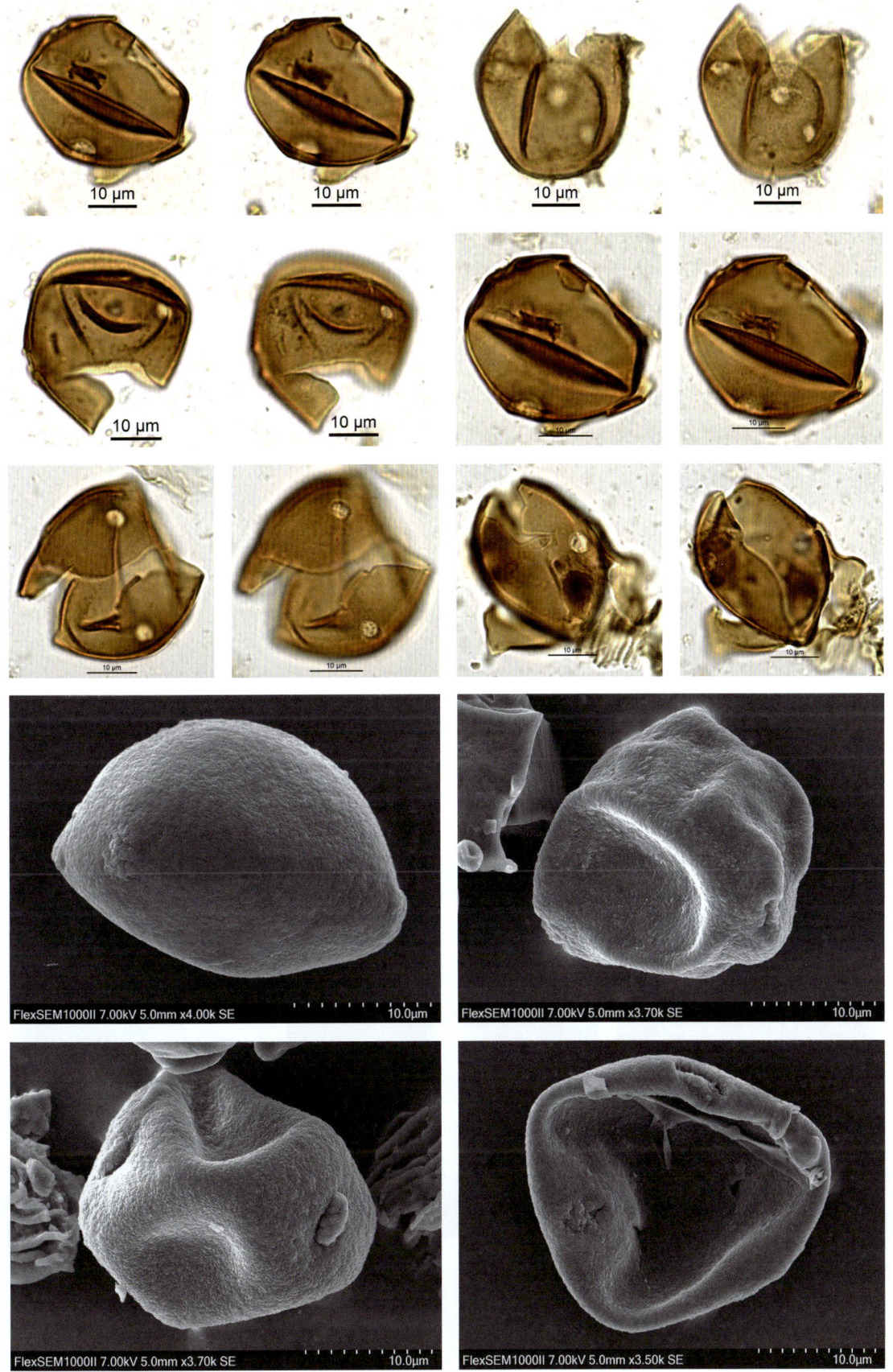

473

## *Enkianthus* 吊钟花属

### *Enkianthus chinensis* Franch. 灯笼树

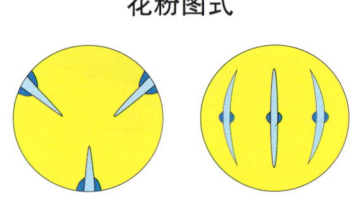

花粉图式

【形态特征】落叶灌木或小乔木，高3~6米，稀达10米；幼枝灰绿色，无毛，老枝深灰色；芽圆柱状，芽鳞宽披针形，微红色，先端有小突尖，边缘具缘毛；叶常聚生枝顶，纸质，长圆形至长圆状椭圆形，先端钝尖，具短凸尖头，基部宽楔形或楔形，边缘具钝锯齿，两面无毛；叶柄粗壮，具槽，无毛；花多数组成伞形花序状总状花序；花梗纤细，无毛；花下垂；花萼5裂，裂片三角形，有缘毛；花冠阔钟形，肉红色，口部5浅裂；雄蕊10枚，着生于花冠基部，花丝长4.5毫米，中部以下膨大，被微柔毛，花药2裂，芒长约1毫米；子房球形，具5纵纹，疏被白色短毛，花柱长约5.5毫米，被疏微毛；蒴果卵圆形，室背开裂为5果瓣，果爿长约6毫米，果爿中间具微纵槽；种子长约6毫米，微有光泽，具皱纹，有翅，每室有种子多数，种子着生于中轴之上部。

【花果期】花期5—7月，果期7—10月。

【生境】生于海拔900~3600米的山坡疏林中。

【分布】安徽、浙江、江西、福建、湖北、湖南、广西、四川、贵州和云南。

【别名】灯笼吊钟花、灯笼花、贞榕、女儿红、荔枝木、息利素落、钩钟花、钩钟。

【保护级别】无危（LC）；地方保护野生植物。

【花粉形态】花粉粒为单粒花粉，近球形，略扁，极面观为3裂圆形，大小为17（15~19）×24（20~28）μm；具3孔沟，沟边不平，内孔横长，不明显；外壁较薄，层次不明，内外层厚度相等；表面具颗粒或微弱的网状雕纹。

## 第五章 被子植物的花粉形态

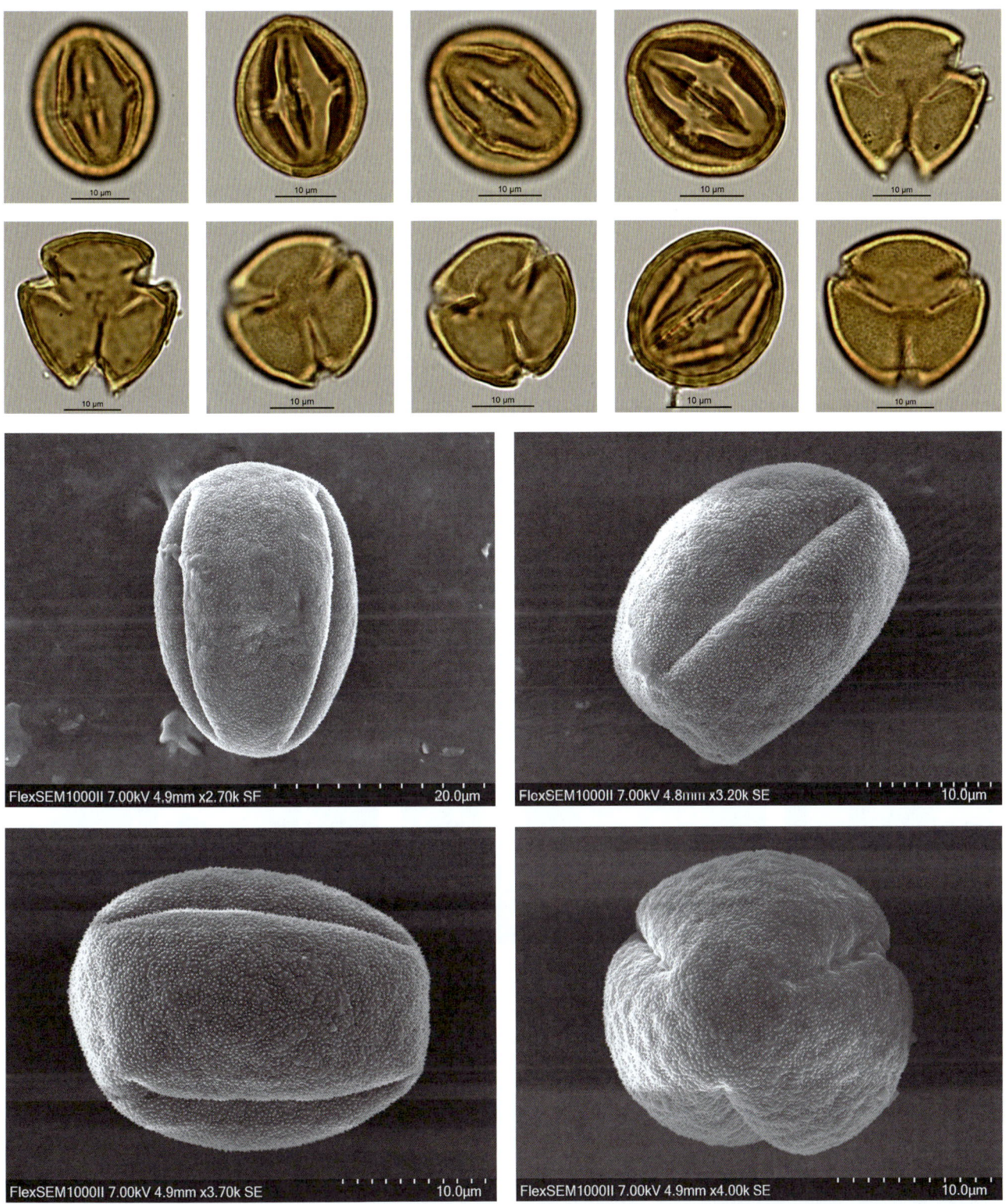

## Rhododendron 杜鹃花属

### *Rhododendron cavaleriei* H. Lév. 多花杜鹃

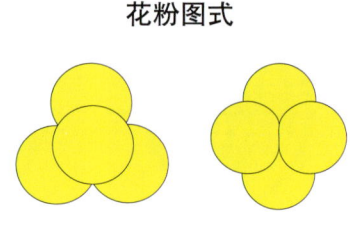

花粉图式

【形态特征】常绿灌木，高可达 3 米；小枝纤细，淡灰色，无毛；叶薄革质，披针形或倒披针形，先端渐尖，具短尖头，基部楔形或狭楔形，边缘微反卷，侧脉和细脉于两面不明显，无毛；叶柄无毛；花芽圆锥状，鳞片倒卵形或长圆状倒卵形，被淡黄色微柔毛；伞形花序生枝顶叶腋；花梗密被灰色短柔毛；花萼裂片不明显，稀为线状，无毛；花冠白色至蔷薇色，狭漏斗形，5 深裂，裂片长圆状披针形，具条纹，花冠管狭圆筒状；雄蕊 10，略比花冠短或与花冠等长，中部以下被短柔毛，花药长圆形，黄色；子房长卵圆形，长约 5 毫米，密被白色短柔毛；花柱比雄蕊长，伸出于花冠外，无毛，柱头头状，褐色；蒴果圆柱形，先端渐尖，密被褐色短柔毛；种子两端有短附属物。

【花果期】花期 4—5 月，果期 6—11 月。

【生境】生于海拔 1000~2000 米的疏林或密林中。

【分布】江西、湖南、广东、广西和贵州。

【别名】羊角杜鹃。

【保护级别】无危（LC）。

【花粉形态】花粉粒为四合花粉，四面体形或十字形，复合体直径为 42~52μm；每粒花粉具 3 孔沟，沟边明显加厚；外壁两层，外层与内层厚度约相等；表面具细网状雕纹。

第五章 被子植物的花粉形态

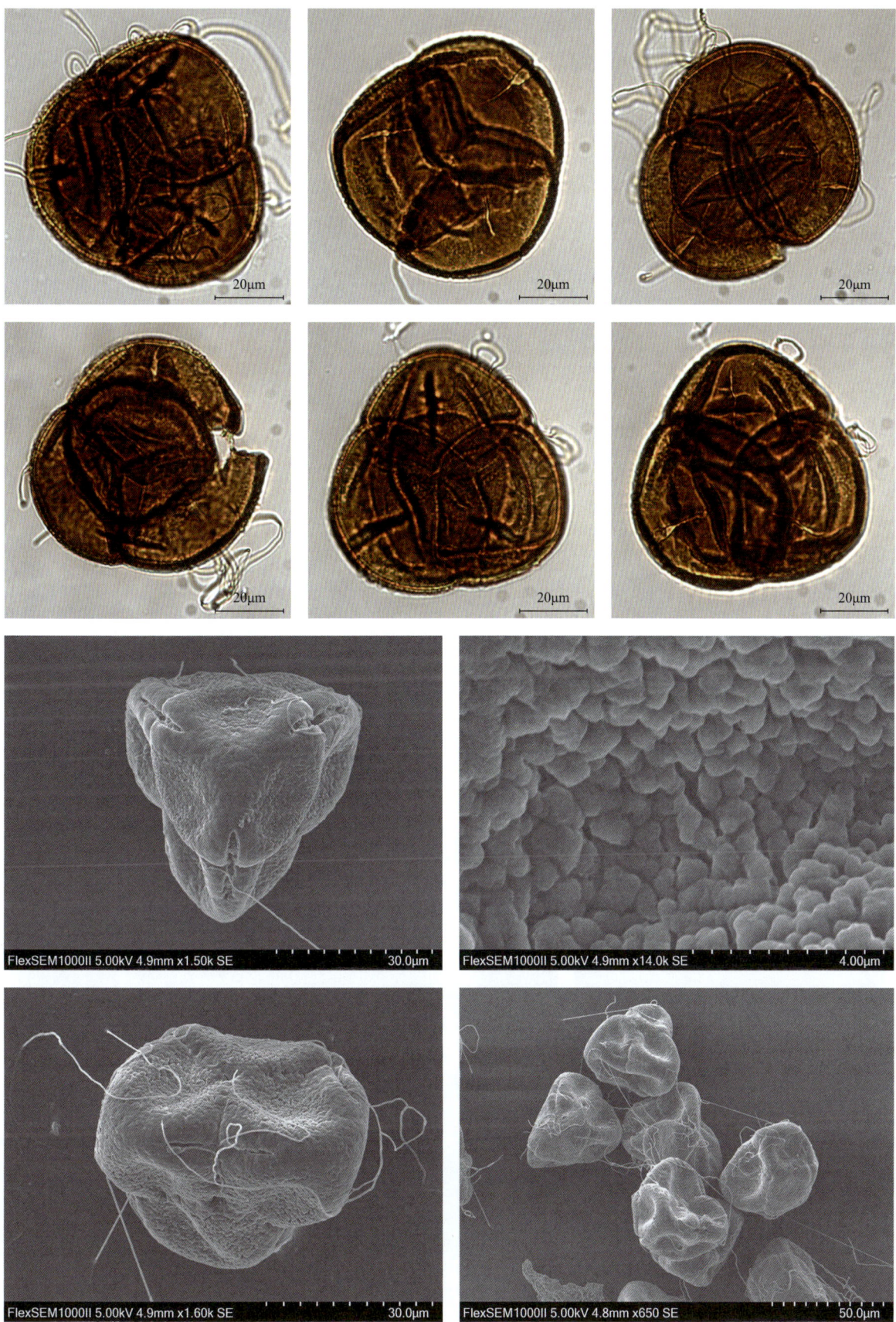

## *Rhododendron dauricum* L. 兴安杜鹃

【形态特征】半常绿灌木，高可达 2 米，多分枝；幼枝细而弯曲，被柔毛和鳞片；叶近革质，散生，椭圆形，两端钝，有时基部宽楔形，全缘或有细钝齿，上面深绿，散生鳞片，下面淡绿，密被鳞片，鳞片不等大，褐色，覆瓦状或彼此邻接；叶柄长 2~6 毫米，被微柔毛；花序腋生枝顶或假顶生，1~4 花，先叶开放，伞形着生；花芽鳞早落或宿存；花梗长 2~8 毫米；花萼短，5 裂，密被鳞片；花冠宽漏斗状，粉红色或紫红色，外面无鳞片，通常有柔毛；雄蕊 10，短于花冠，花药紫红色，花丝下部有柔毛；子房 5 室，密被鳞片，花柱紫红色，光滑，长于花冠；蒴果长圆形，先端 5 瓣开裂。

【花果期】花期 5—6 月，果期 7 月。

【生境】生于山地落叶松林、桦木林下或林缘。

【分布】国内分布：黑龙江（大兴安岭）、内蒙古（锡林郭勒盟和满洲里）和吉林；国外分布：蒙古、日本、朝鲜和俄罗斯。

【别名】达子香。

【保护级别】国家二级重点保护野生植物；无危（LC）。

【花粉形态】花粉粒为四合花粉，四面体形或十字形，复合体直径为 39~55μm；每粒花粉具 3 孔沟；外壁两层，厚约 2μm，外层与内层厚度约相等；表面具细网状雕纹。

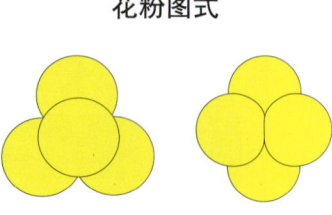

花粉图式

第五章 被子植物的花粉形态

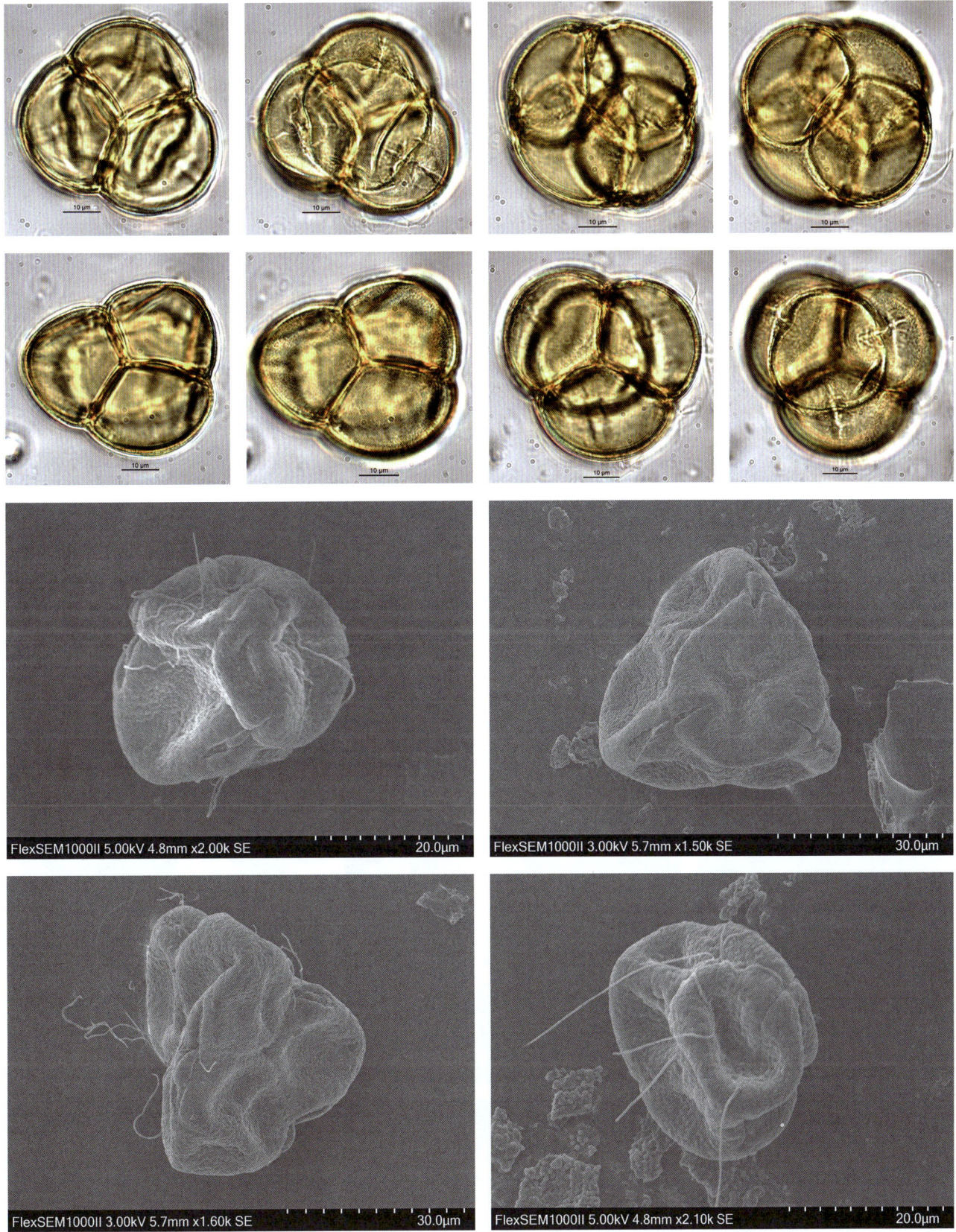

479

### *Rhododendron faithiae* Chun 大云锦杜鹃

**【形态特征】**常绿灌木或小乔木，高 4~12 米；树皮灰褐色至褐色，呈不规则的片状剥落；幼枝粗壮，淡黄褐色，无毛；冬芽顶生，卵圆形或近于球形，无毛；叶厚革质，椭圆状长圆形至长圆形，先端宽急尖，有小尖头，基部钝至圆形，边缘为软骨质，侧脉 15~22 对；叶柄粗壮，无毛；顶生伞形总状花序，有花 8~12 朵；总轴长近 5 厘米，有棱角，略有腺体；花梗长 2.5~3 厘米，密被腺体；花萼短，几不分裂，外面稍有腺体；花冠宽漏斗状钟形，白色，基部外面疏生短柄腺体，内面无毛，裂片 7，倒卵形或宽长圆卵形，顶端有缺刻；雄蕊 14，不等长，花丝无毛，花药长圆状倒卵形；子房长圆状圆锥形，密被黄红色的短柄腺体，花柱稍粗壮，有短柄腺体，柱头盘状；蒴果圆柱形，9 室，有平坦的肋纹和腺体残迹，褐色。

**【花果期】**花期 7—8 月，果期 11 月。

**【生境】**生长于海拔 1000~1350 米的森林中。

**【分布】**广东西南部和广西东部。

**【别名】**信宜杜鹃。

**【保护级别】**易危（VU）；中国特有种。

**【花粉形态】**花粉粒四面体形，四合体直径为 50~55μm；每粒花粉具 3 孔沟，沟边明显加厚，沟（一对）长约为 19μm，孔椭圆形，直径约 5μm；在四合花粉上附着少量的黏丝；表面具粗糙的颗粒状雕纹。

花粉图式

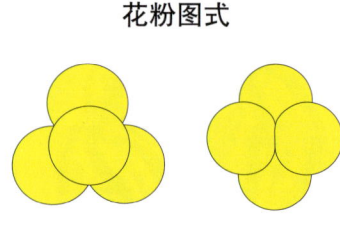

第五章 被子植物的花粉形态

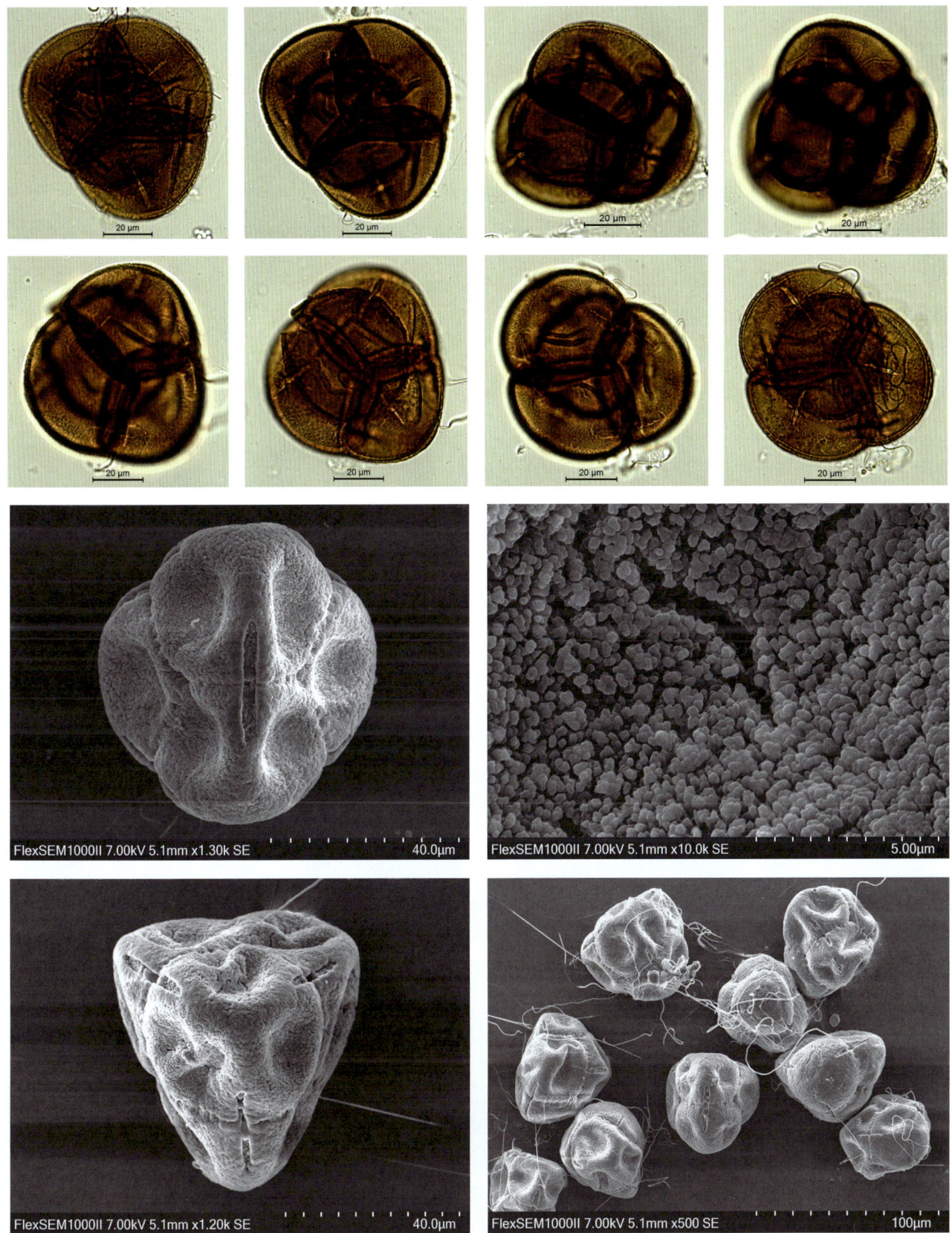

### *Rhododendron farrerae* Sweet 丁香杜鹃

【形态特征】落叶灌木，高可达3米；枝短而坚硬，黄褐色，幼时被铁锈色长柔毛，后渐近无毛；叶近于革质，常3叶集生枝顶，卵形，先端钝，具软角质的短尖头，基部圆形，边缘具开展的睫毛；花1~2朵顶生，先花后叶；花梗长6毫米，密被锈红色柔毛；花萼极不明显，裂片被锈色长柔毛；花冠辐状漏斗形，紫丁香色，花冠管短而狭筒状，5裂，裂片开展，边缘多波状；雄蕊8~10，不等长，比花冠短，花丝中部以下被短腺毛；子房卵球形，密被红棕色长柔毛，花柱弯曲，无毛，柱头微裂；蒴果长圆柱形，长约1厘米，密被锈色柔毛；果梗长约1厘米，弯曲，密被红棕色长柔毛。

【花果期】花期5—6月，果期7—8月。

【生境】主要生于海拔800~2100米的山地密林中。

【分布】江西、福建、湖南、广东和广西。

【别名】守城满山红、马礼士杜鹃、山石榴、满山红。

【保护级别】无危（LC）。

【花粉形态】花粉粒为四合花粉，四面体形或十字形，复合体直径为38~47μm；每粒花粉具3孔沟，沟边明显加厚；外壁两层，外层与内层厚度约相等；表面具细网状雕纹。

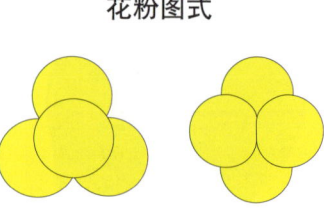

花粉图式

# 第五章 被子植物的花粉形态

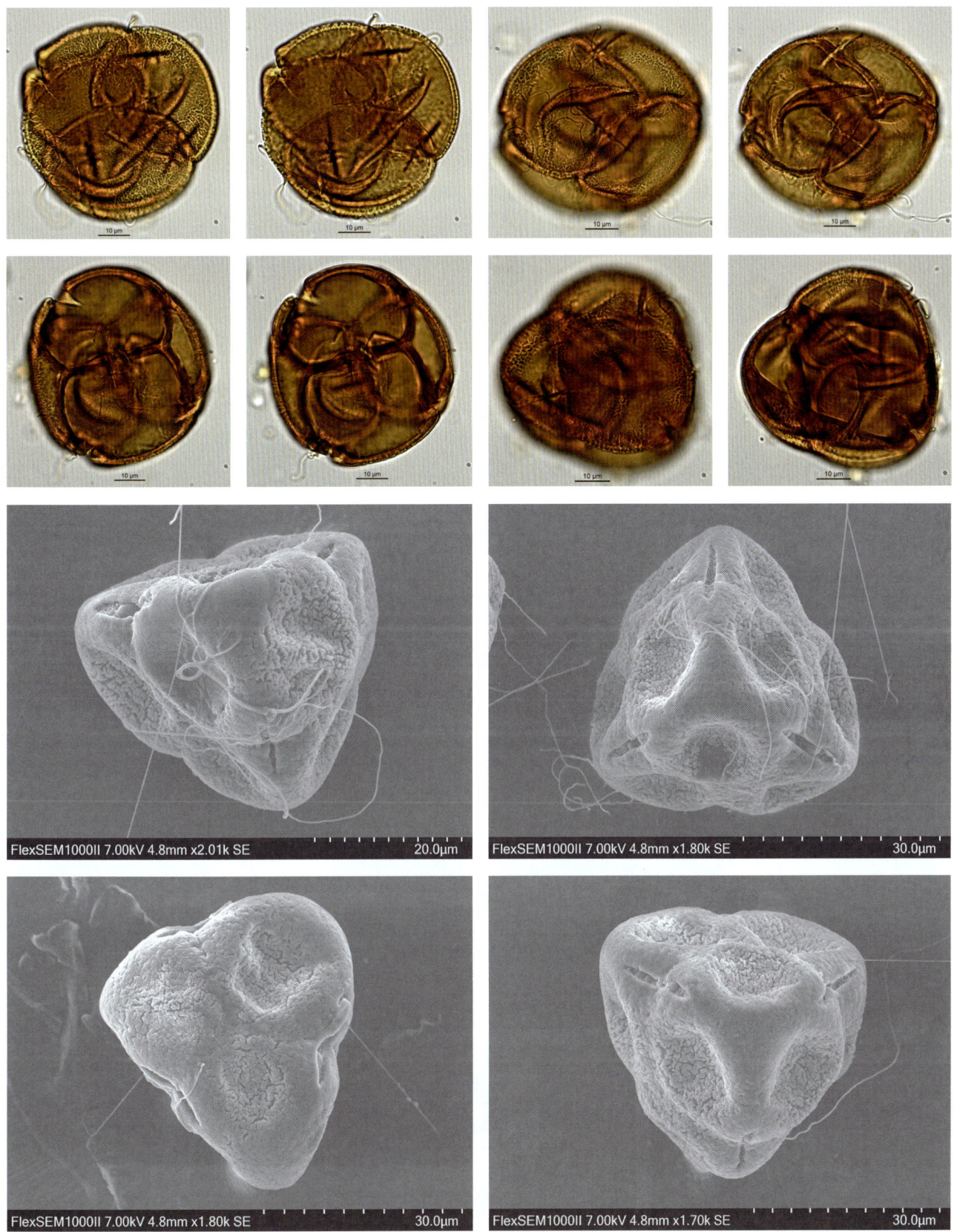

483

### *Rhododendron lapponicum* (L.) Wahlenb. 高山杜鹃

花粉图式

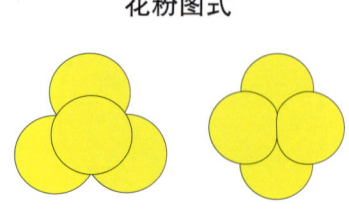

【形态特征】常绿小灌木，高 20~45 厘米，分枝繁密，短或细长，伏地或挺直；幼枝密生锈棕色鳞片并杂有细柔毛，后渐脱落；叶革质，长圆状椭圆形至卵状椭圆形，或长圆状倒卵形，顶端圆钝，有短突尖头，基部宽楔形，边缘稍反卷；叶柄长 1.5~4 毫米，被鳞片；花序顶生，伞形，有花 2~6 朵；花芽鳞脱落；花萼小，红色或紫色，裂片 5，卵状三角形或近圆形，被疏或密的鳞片，边缘被长缘毛或偶有鳞片；花冠宽漏斗状，淡紫蔷薇色至紫色，罕为白色，外面无鳞片，无毛；雄蕊 5~10，约与花冠等长，花丝基部被绵毛；子房 5 室，密被鳞片，花柱比雄蕊长，光滑；蒴果长圆状卵形，密被鳞片。

【花果期】花期 5—7 月，果期 9—10 月。

【生境】生于高山、苔原、多岩石地方或沼泽地带。

【分布】国内分布：东北大兴安岭、长白山和内蒙古；国外分布：格陵兰岛、斯堪的纳维亚半岛、朝鲜北部、俄罗斯、加拿大和美国阿拉斯加。

【别名】小叶杜鹃、毛毡杜鹃。

【保护级别】地方保护野生植物。

【花粉形态】花粉粒为复合体，形成四合花粉，四面体形或十字形，复合体直径为 30~45μm；每粒花粉具 3 孔沟，沟两端尖，沟边加厚，内孔不明显；外壁两层，厚约 2μm，外层与内层厚度约相等；表面具脑纹状雕纹。

第五章 被子植物的花粉形态

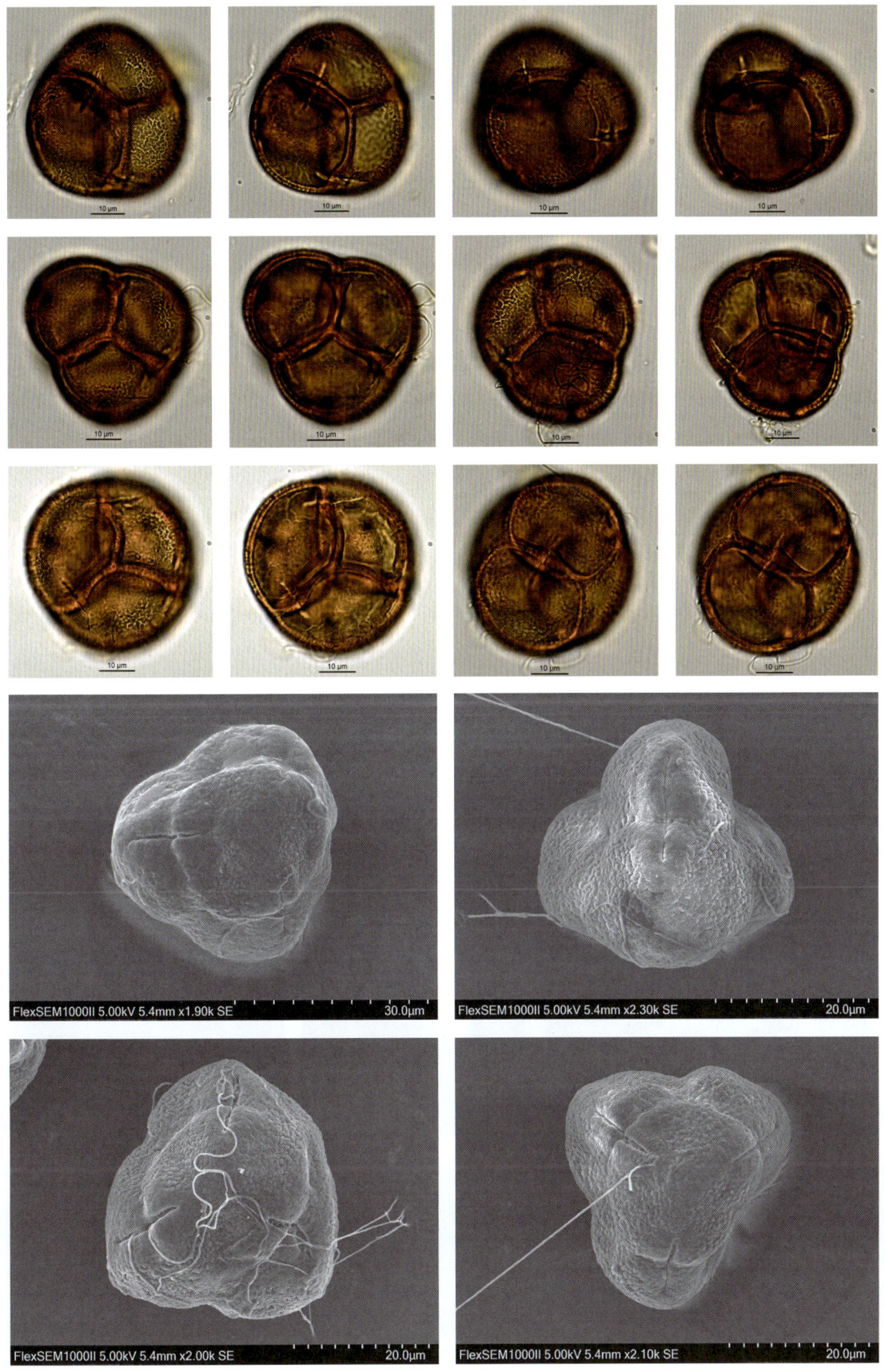

485

### *Rhododendron latoucheae* Franch. 鹿角杜鹃

**【形态特征】**常绿灌木或小乔木，高可达 7 米；小枝细长，无毛，常 3 枝轮生；叶集生枝顶，近于轮生，革质，卵状椭圆形或长圆状披针形，先端短渐尖，基部楔形或近于圆形，边缘反卷，两面无毛；叶脉不明显；叶柄长 1.2 厘米，无毛；花芽圆锥形，芽鳞宿存，倒卵形，外面无毛，边缘有微柔毛和细腺点；单花腋生，枝顶常 1~4 花；花梗长 1~2.7 厘米，无毛；花萼短；花冠窄漏斗状，长 3.5~4 厘米，白或粉红色，外面微被柔毛，5 深裂；雄蕊 10，伸出花冠，花丝中下部被毛；子房与花柱无毛，柱头 5 裂；蒴果圆柱状，长 3~4 厘米，具纵肋，先端截形，花柱宿存；种子两端有短附属物。

**【花果期】**花期 3—6 月，果期 7—10 月。

**【生境】**生于海拔 1000~2000 米的杂木林内。

**【分布】**浙江、江西、福建、湖北、湖南、广东、广西、四川和贵州。

**【别名】**光脚杜鹃、岩杜鹃、西施花。

**【保护级别】**无危（LC）。

**【花粉形态】**花粉粒为四合花粉，四面体形或十字形，复合体直径为 38~49μm；每粒花粉具 3 孔沟，沟边明显加厚；外壁两层，外层与内层厚度约相等；表面具细网状雕纹。

第五章 被子植物的花粉形态

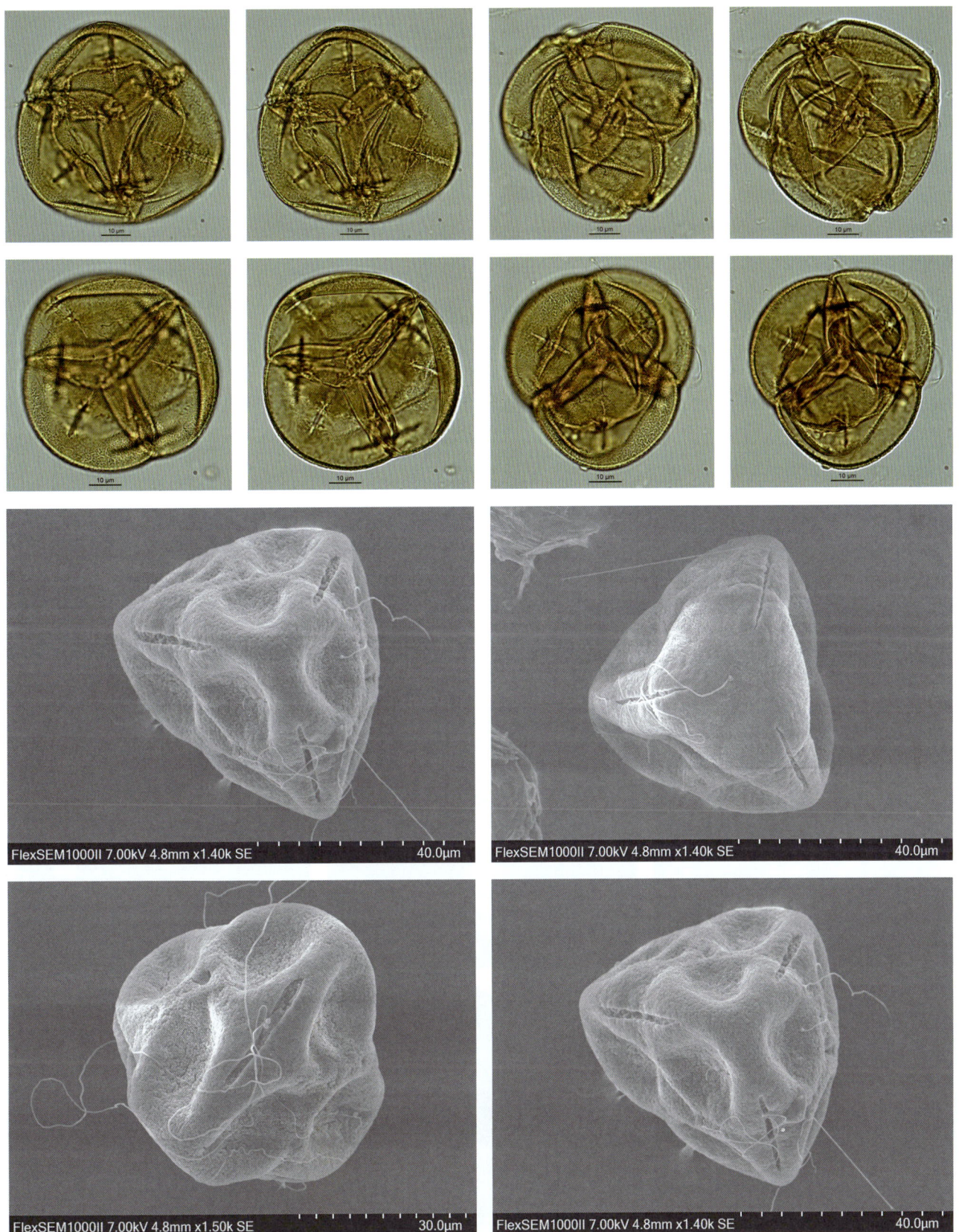

### *Rhododendron mariae* Hance 岭南杜鹃

**【形态特征】** 落叶灌木，高可达 3 米；分枝密，叶革质，二型；春叶较大，椭圆状披针形，长 3.2~8.2 厘米，先端渐尖，有短尖头，基部楔形；夏叶较小，椭圆形或倒卵形，先端钝，有尖头；叶柄长 4~10 毫米，被糙伏毛；花芽卵球形，鳞片阔卵形，外面近顶部被淡黄棕色糙伏毛，边缘具睫毛；伞形花序顶生，具花 7~16 朵；花梗密被棕褐色柔毛；花萼极小，被淡黄褐色柔毛；花冠狭漏斗状，丁香紫色，花冠管圆柱状，无毛，裂片 5，开展，长圆状披针形，顶端钝尖；雄蕊 5，不等长，伸出于花冠外，花丝基部较宽，无毛，花药长圆形；子房卵球形，干后黑色，密被绢状红棕色长糙伏毛，花柱比雄蕊长，无毛；蒴果长卵球形，密被红棕色糙伏毛。

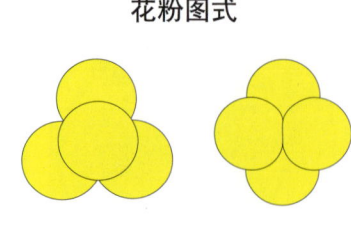

花粉图式

**【花果期】** 花期 3—6 月，果期 7—11 月。

**【生境】** 生于海拔 500~1250 米的山丘灌丛中。

**【分布】** 安徽、江西、福建、湖南、广东、广西和贵州。

**【别名】** 紫花杜鹃、玛丽杜鹃、淡红杜鹃、钝圆杜鹃、广西杜鹃、荔叶杜鹃。

**【保护级别】** 无危（LC）。

**【花粉形态】** 花粉粒为复合体，形成四合花粉，四面体形或十字形，复合体直径为 34~40μm；每粒花粉具 3 孔沟，沟两端尖，沟长 10~14μm，沟边加厚，内孔不明显；外壁两层，厚约 2μm，外层与内层厚度约相等；表面具脑纹状雕纹。

第五章 被子植物的花粉形态

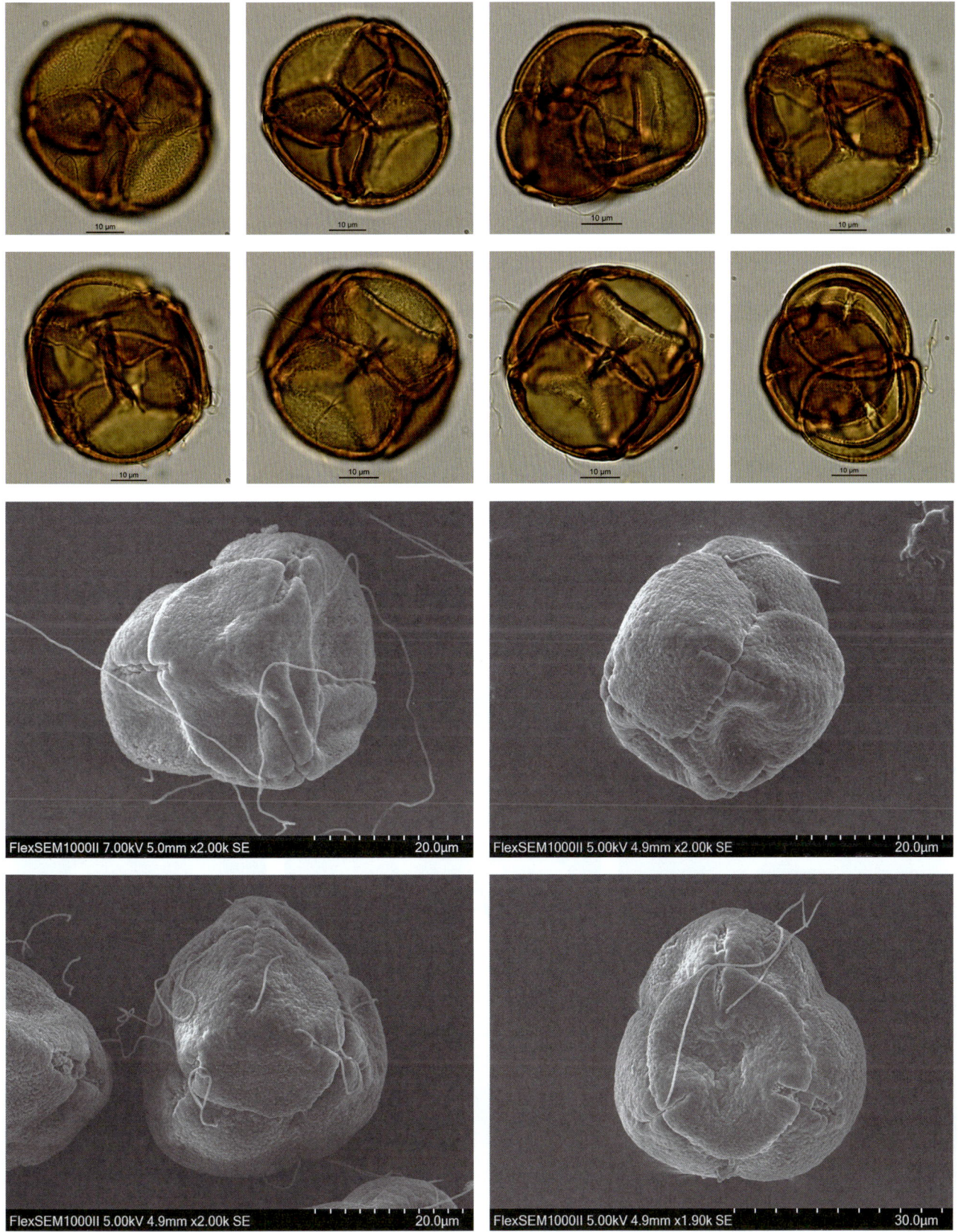

489

### *Rhododendron molle* (Blume) G. Don 羊踯躅

**【形态特征】** 落叶灌木，高 0.5~2 米；分枝稀疏，枝条直立；叶纸质，长圆形至长圆状披针形，先端钝，具短尖头，基部楔形，边缘具睫毛；叶柄长 2~6 毫米，被柔毛和少数刚毛；总状伞形花序顶生，花多达 13 朵，先花后叶或与叶同时开放；花梗长 1~2.5 厘米，被微柔毛及疏刚毛；花萼裂片小，圆齿状，被微柔毛和刚毛状睫毛；花冠阔漏斗形，黄色或金黄色，内有深红色斑点，花冠管向基部渐狭，圆筒状，外面被微柔毛，裂片 5，椭圆形或卵状长圆形，外面被微柔毛；雄蕊 5，不等长，长不超过花冠，花丝扁平，中部以下被微柔毛；子房圆锥状，密被灰白色柔毛及疏刚毛，花柱长可达 6 厘米，无毛；蒴果圆锥状长圆形，具 5 条纵肋，被微柔毛和疏刚毛。

**【花果期】** 花期 3—5 月，果期 7—8 月。

**【生境】** 生于海拔 1000 米的山坡草地或丘陵地带的灌丛或山脊杂木林下。

**【分布】** 江苏、安徽、浙江、江西、福建、河南、湖北、湖南、广东、广西、四川、贵州和云南。

**【别名】** 玉枝、羊不食草、闹羊花、黄杜鹃。

**【保护级别】** 无危（LC）。

**【花粉形态】** 花粉粒为复合体，形成四合花粉，排列成四面体形，少数为不规则形，四合体直径为 50~68μm；每粒花粉具 3 孔沟，沟边明显加厚；外壁两层，内外层厚度约相等；表面具颗粒或极细的网状雕纹。

花粉图式
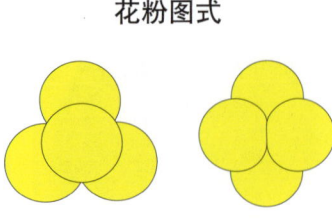

# 第五章 被子植物的花粉形态

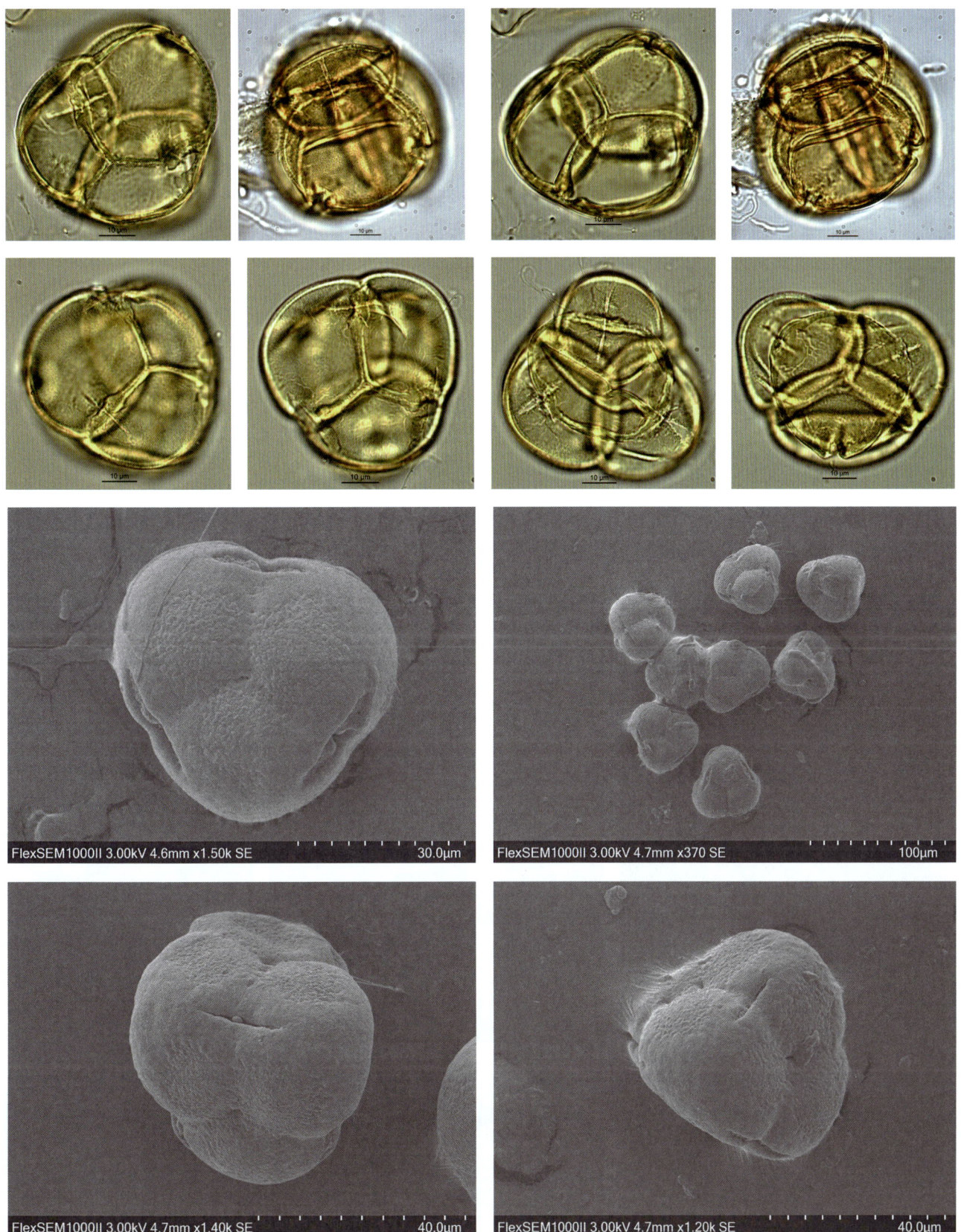

491

### *Rhododendron moulmainense* Hook. 毛棉杜鹃

【形态特征】常绿灌木或小乔木；幼枝无毛，老枝褐色或灰褐色；叶厚革质，集生枝端，近于轮生，长圆状披针形或椭圆状披针形，先端渐尖至短渐尖，基部楔形或宽楔形，边缘反卷，无毛；叶柄粗壮，无毛；花芽长圆锥状卵形，鳞片阔卵形或长倒卵形，两面无毛或外面近顶部被微柔毛，边缘被柔毛；数伞形花序生枝顶叶腋，每花序有花 3~5 朵；花梗长 1~2 厘米，无毛；花萼小，裂片 5，波状浅裂，无毛；花冠淡紫色、粉红色或淡红白色，狭漏斗形，5 深裂，裂片开展，匙形或长倒卵形，顶端浑圆或微凸起，花冠管长 2~2.5 厘米；雄蕊 10，不等长，花丝扁平；子房长圆筒形，微具纵沟，无毛；花柱无毛；蒴果圆柱状，先端渐尖，花柱宿存；种子两端有短附属物。

【花果期】花期 4—5 月，果期 7—12 月。

【生境】生于海拔 700~1500 米的灌丛或疏林中。

【分布】国内分布：江西、福建、湖南、两广及西南东部；国外分布：中南半岛和印度尼西亚。

【别名】丝线吊芙蓉、白杜鹃。

【保护级别】无危（LC）。

【花粉形态】花粉粒为四合花粉，排列成四面体形，少数为不规则形，四合体直径为 50~65μm；每粒花粉具 3 孔沟，沟边明显加厚；外壁两层，内外层厚度约相等；表面具颗粒或极细的网状雕纹。

花粉图式

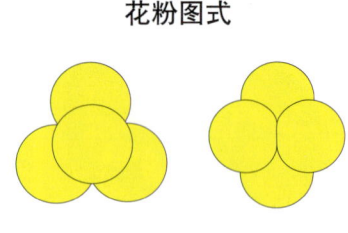

第五章 被子植物的花粉形态

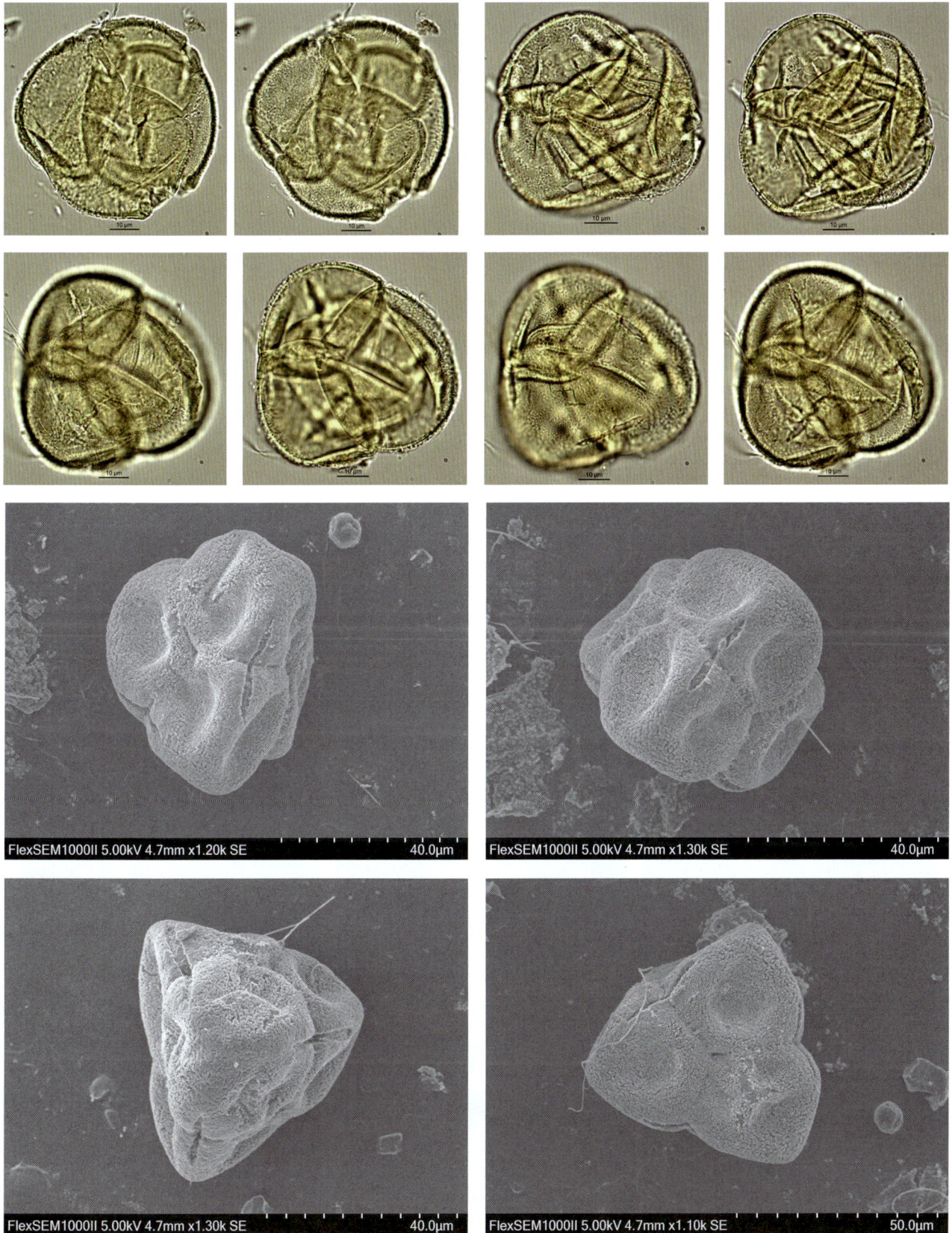

493

### *Rhododendron rivulare* Kingdon-Ward 溪畔杜鹃

**【形态特征】** 常绿灌木，高可达 3 米；幼枝纤细，圆柱形，淡紫褐色，密被锈褐色短腺头毛，疏生扁平糙伏毛和刚毛状长毛；老枝灰褐色，近于无毛；叶纸质，卵状披针形或长圆状卵形，先端渐尖，具短尖头，基部近于圆形，边缘全缘，密被腺头睫毛，侧脉未达叶缘连结；叶柄长 5~10 毫米，密被锈褐色短腺头毛及扁平糙伏毛；花芽圆锥状卵形，鳞片阔卵形，内面无毛，外面中部以上被黄棕色硬毛；伞形花序顶生，有花多达 10 朵以上；花梗长 1.5 厘米，密被短腺头毛及扁平长糙伏毛；花萼裂片狭三角形，被淡黄褐色短腺头毛及长糙伏毛；花冠漏斗形，紫红色，花冠管狭圆筒形，向基部渐窄，外面无毛，内面被微柔毛，上部扩大，裂片 5，长圆状卵形；雄蕊 5，不等长，伸出于花冠外，花丝基部被微柔毛，花药紫色，长圆形；子房卵球形，褐色，密被红棕色刚毛；蒴果长卵球形，密被刚毛状长毛。

**【花果期】** 花期 4—6 月，果期 7—11 月。

**【生境】** 生于海拔 750~1200 米的山谷密林中。

**【分布】** 湖北、湖南、广东、广西、四川及贵州。

**【别名】** 贵州杜鹃。

**【保护级别】** 无危（LC）。

**【花粉形态】** 花粉粒为四合花粉，四面体形或十字形，复合体直径为 45~60μm；每粒花粉具 3 孔沟；外壁两层，内外层厚度约相等；表面具颗粒状雕纹。

花粉图式

第五章 被子植物的花粉形态

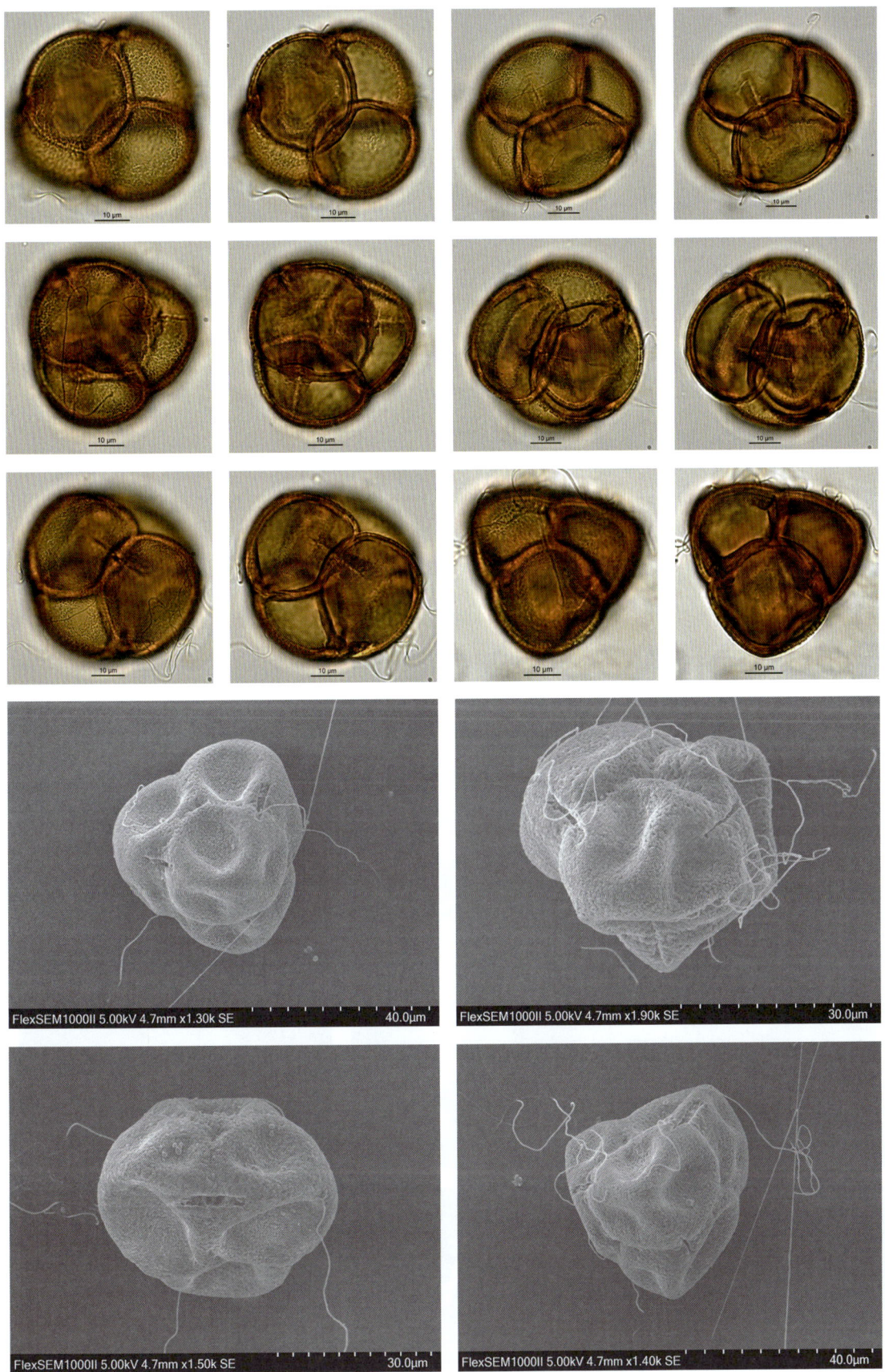

### *Rhododendron wumingense* Fang 武鸣杜鹃

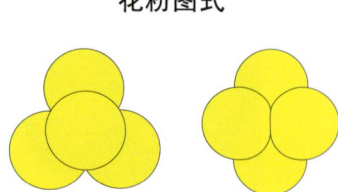

花粉图式

【形态特征】灌木，高 2~4 米；枝细长，圆柱形，幼枝紫绿色，被鳞片，无毛或疏生刚毛；叶厚革质，长圆状倒卵形或长圆状椭圆形，顶端近圆形，稀锐尖，有短尖头，基部渐狭或宽楔形，边缘疏生刚毛，干后微向背面弯，有侧脉 10~12 对；叶柄长 4~6 毫米，被淡黄色鳞片；花序顶生，通常 2 朵花，伞形着生；花梗长 6~8 毫米，散生淡黄色鳞片；花萼短小，淡黄紫色，裂片 5，三角状，外面被鳞片；花冠宽漏斗状，长 4~5 厘米，白色，外面疏生鳞片，无毛；雄蕊 9~10，不等长，花丝中部以下被长柔毛或白色短柔毛；子房 5 室，密被鳞片，花柱长约 5 厘米，全部被鳞片；蒴果长圆状圆锥形，长 8~9 毫米，密被褐色鳞片。

【花果期】花期 3—5 月，果期 6—8 月。

【生境】生于海拔 1000 米左右的杂木林中。

【分布】广西中南部（武鸣）。

【别名】无

【保护级别】易危（VU）；中国特有种。

【花粉形态】花粉粒为复合体，形成四合花粉，四面体形或十字形，复合体直径为 50~55μm；每粒花粉具 3 孔沟，沟短，长 4~6μm，沟边加厚，内孔不明显；外壁两层，厚约 2μm，外层与内层厚度约相等；表面具脑纹状雕纹。

# 第五章 被子植物的花粉形态

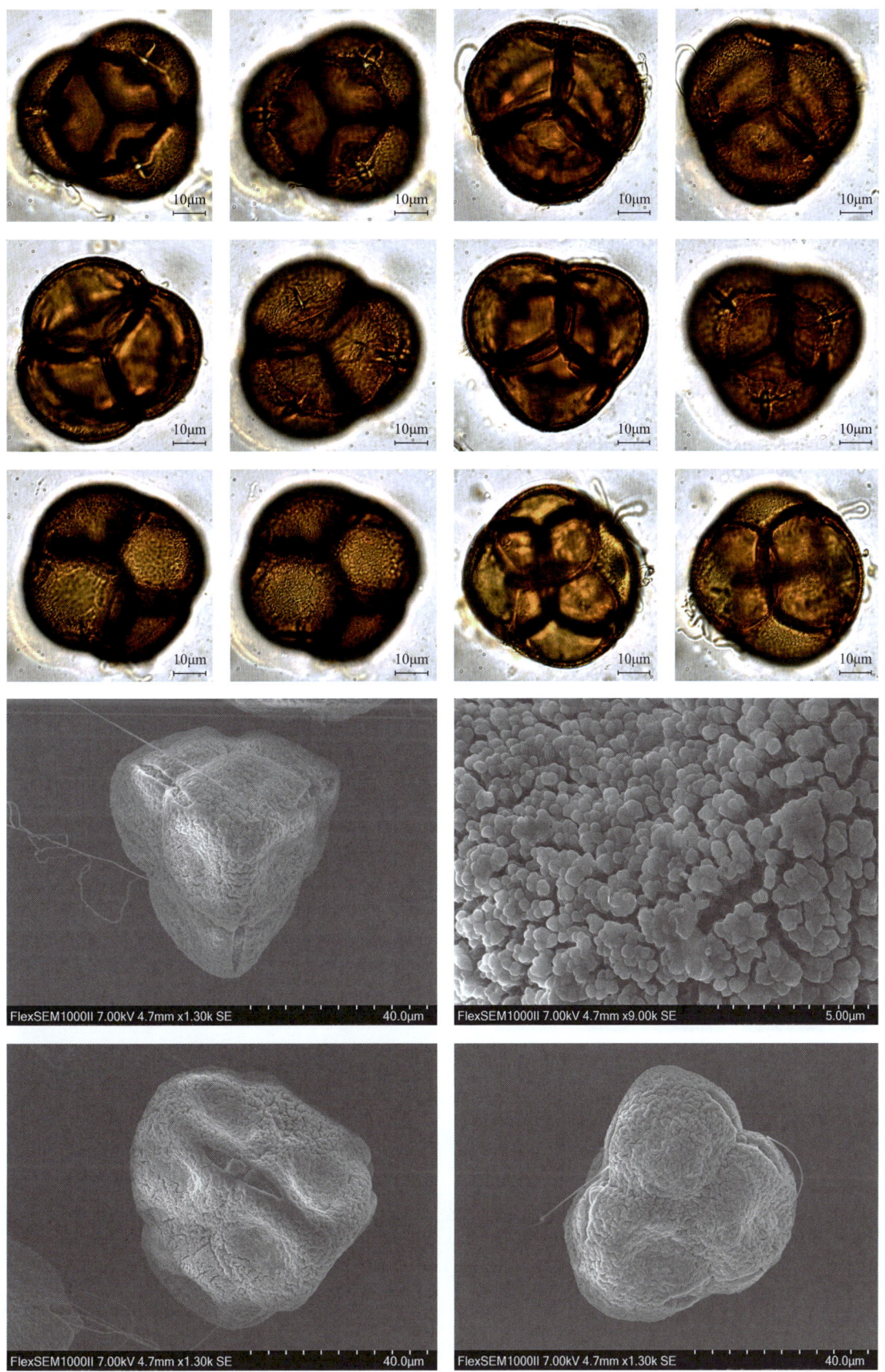

## Erythroxylaceae 古柯科
### *Erythroxylum* 古柯属
*Erythroxylum sinense* C. Y. Wu 东方古柯

【形态特征】小乔木或灌木状，高可达 6 米；叶长椭圆形、倒披针形或倒卵形，长 2~14 厘米，宽 1~4 厘米，先端短渐尖，基部楔形；叶柄长 3~8 毫米，托叶宽三角形或披针形，长 1~3 毫米，齿裂、深裂或流苏状；花 2~7 簇生或单花腋生；花梗长 4~6 毫米；萼片 5，基部连成浅杯状，长 1~1.5 毫米，深裂，裂片宽卵形；花瓣卵状长圆形，长 3~6 毫米；雄蕊 10，基部连成浅杯状；核果长圆形或宽椭圆形，具 3 纵棱，稍弯，长 0.6~1.7 厘米。

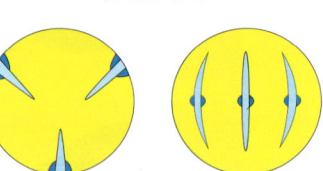

花粉图式

【花果期】花期 4—5 月，果期 5—10 月。

【生境】生于海拔 230~2200 米的山地、路旁和谷地树林中。

【分布】国内分布：浙江、福建、江西、湖南、广东、广西、云南和贵州；国外分布：印度和缅甸东北部。

【别名】木豇豆、猫腩木、大茶树。

【保护级别】无危（LC）；地方保护野生植物。

【花粉形态】花粉粒长球形或近球形，极面观为 3 裂近圆形，大小为 15（14~17）× 32（27~35）μm；3 孔沟，沟狭长，末端较钝，内孔横长；外壁厚度约 1.7μm，外层稍厚于内层；表面具细网状雕纹。

第五章 被子植物的花粉形态

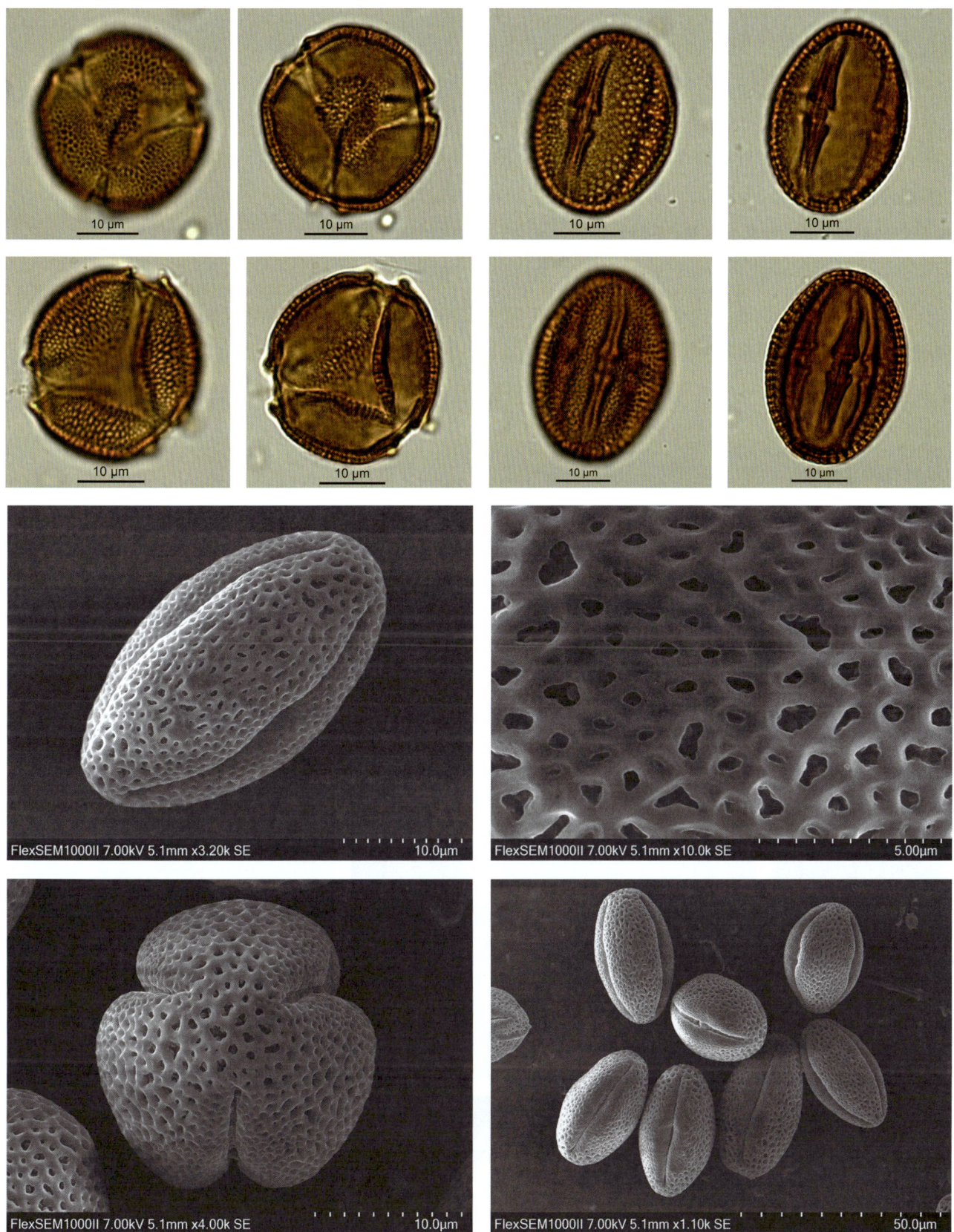

## Eucommiaceae 杜仲科
### *Eucommia* 杜仲属
*Eucommia ulmoides* Oliv. 杜仲

**【形态特征】** 落叶乔木，高可达20米；树皮灰褐色，粗糙，内含橡胶，折断拉开有多数细丝；叶椭圆形、卵形或矩圆形，薄革质；基部圆形或阔楔形，先端渐尖，边缘有锯齿；叶柄长1~2厘米，上面有槽，被散生长毛；花生于当年枝基部，雄花无花被；花梗长约3毫米，无毛；苞片倒卵状匙形，长6~8毫米，顶端圆形，边缘有睫毛，早落；雄蕊长约1厘米，无毛，花丝长约1毫米，药隔突出，花粉囊细长，无退化雌蕊；雌花单生，苞片倒卵形，花梗长8毫米，子房无毛，1室，扁而长，先端2裂，子房柄极短；翅果扁平，长椭圆形，先端2裂，基部楔形，周围具薄翅；坚果位于中央，稍突起，子房柄长2~3毫米，与果梗相接处有关节；种子扁平，线形，两端圆形。

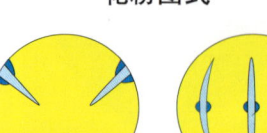

花粉图式

**【花果期】** 花期4—5月，果期9—11月。

**【生境】** 生长于海拔300~500米的低山、谷地或低坡的疏林里。

**【分布】** 分布于华中、西南东部至浙江等地，现各地广泛栽种。

**【别名】** 无

**【保护级别】** 易危（VU）；地方保护野生植物；中国特有种。

**【花粉形态】** 花粉粒长球形，极面观为3裂圆形，赤道面观椭圆形，大小为23（20~32）×32（28~40）μm；具3拟孔沟，沟狭长，常不等长，有时排列也不整齐，具不明显的沟膜，内孔界限微弱或不清楚；外壁厚度约为1.5μm，分层不清楚；表面光滑，电镜下具稀疏的颗粒状雕纹。

第五章 被子植物的花粉形态

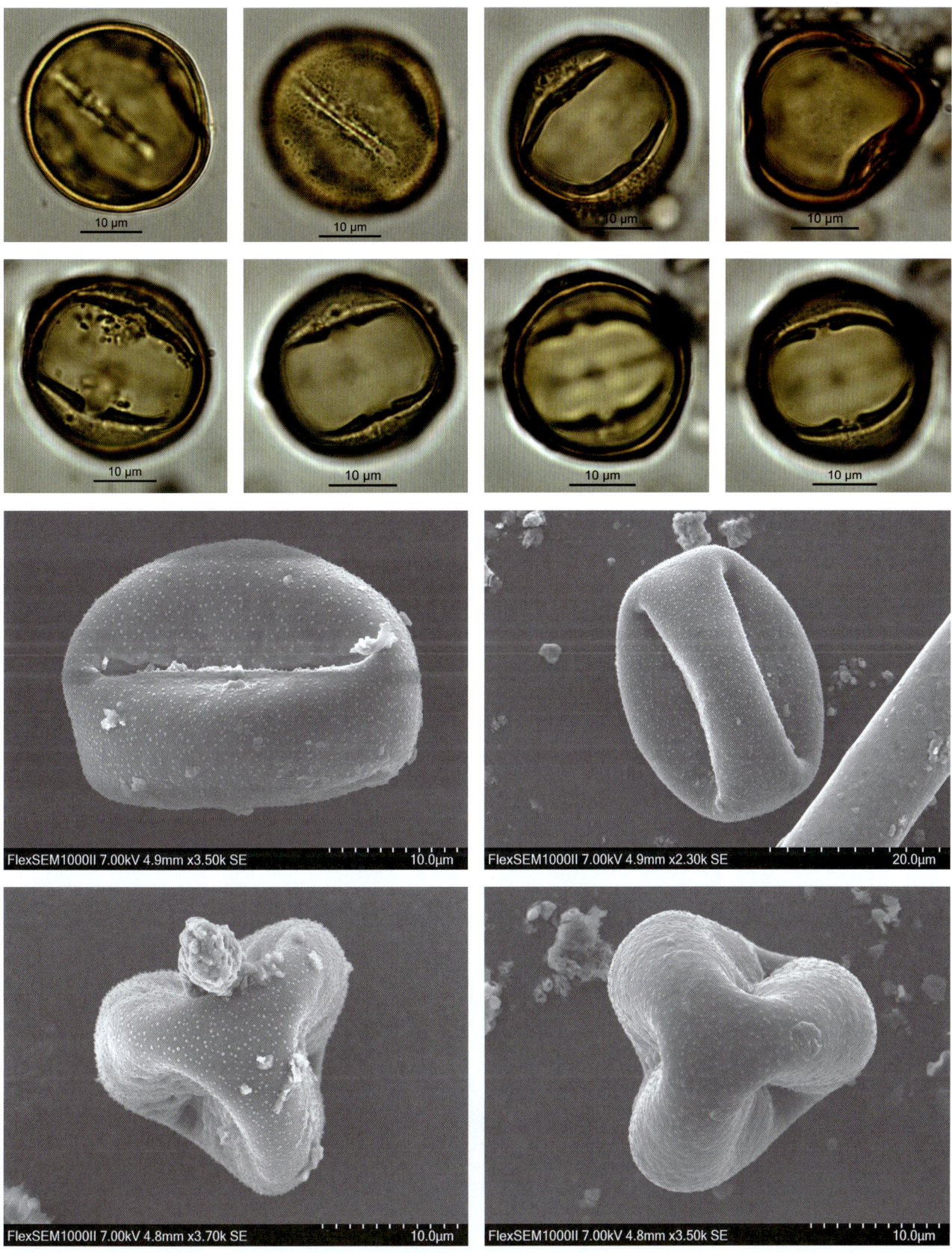

## Euphorbiaceae 大戟科
### *Cleidiocarpon* 蝴蝶果属
*Cleidiocarpon cavaleriei* (H. Lév.) Airy Shaw 蝴蝶果

花粉图式

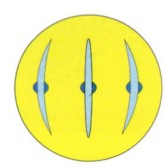

【形态特征】乔木，高可达 25 米；幼枝、叶疏生微星状毛，后变无毛；叶纸质，椭圆形、长圆状椭圆形或披针形，顶端渐尖，稀急尖，基部楔形；小托叶 2 枚，钻状；叶柄长 1~4 厘米，顶端枕状，基部具叶枕；托叶钻状，长 1.5~2.5 毫米；花序圆锥状，长 10~15 厘米，密生灰黄色微星状毛，雄花 7~13 朵密集成团伞花序，疏生于花序轴，雌花 1~6 朵，生于花序的基部或中部；苞片披针形；雄蕊 4~5 枚，花丝长 3~5 毫米，花药长约 0.5 毫米；不育雌蕊柱状，长约 1 毫米；花梗短或几无；雌花萼片 5~8 枚，卵状椭圆形或阔披针形，被短茸毛；子房被短茸毛，2 室，花柱长约 7 毫米；果呈偏斜的卵球形或双球形，具微毛，基部骤狭呈柄状，花柱基喙状，外果皮革质，中果皮薄革质，不开裂；种子近球形，种皮骨质，厚约 1 毫米。

【花果期】花果期 5—11 月。

【生境】生于海拔 150~1000 米的山地、石灰岩山的山坡或沟谷常绿林中。

【分布】国内分布：贵州南部，广西西北部、西部和西南部，云南东南部；国外分布：越南北部。

【别名】无

【保护级别】易危（VU）；地方保护野生植物。

【花粉形态】花粉粒近球形，极面观为 3 裂圆形，大小为 28（25~32）× 32（27~32）μm；具 3 孔沟，沟细长，内孔横长，矩形，其大小为（3~4）×（13~16）μm，具孔室；外壁厚 2~3μm，孔附近的外壁厚 5~7μm，外层远厚于内层，孔周围的内层明显加厚并下陷；表面具网状雕纹。

第五章 被子植物的花粉形态

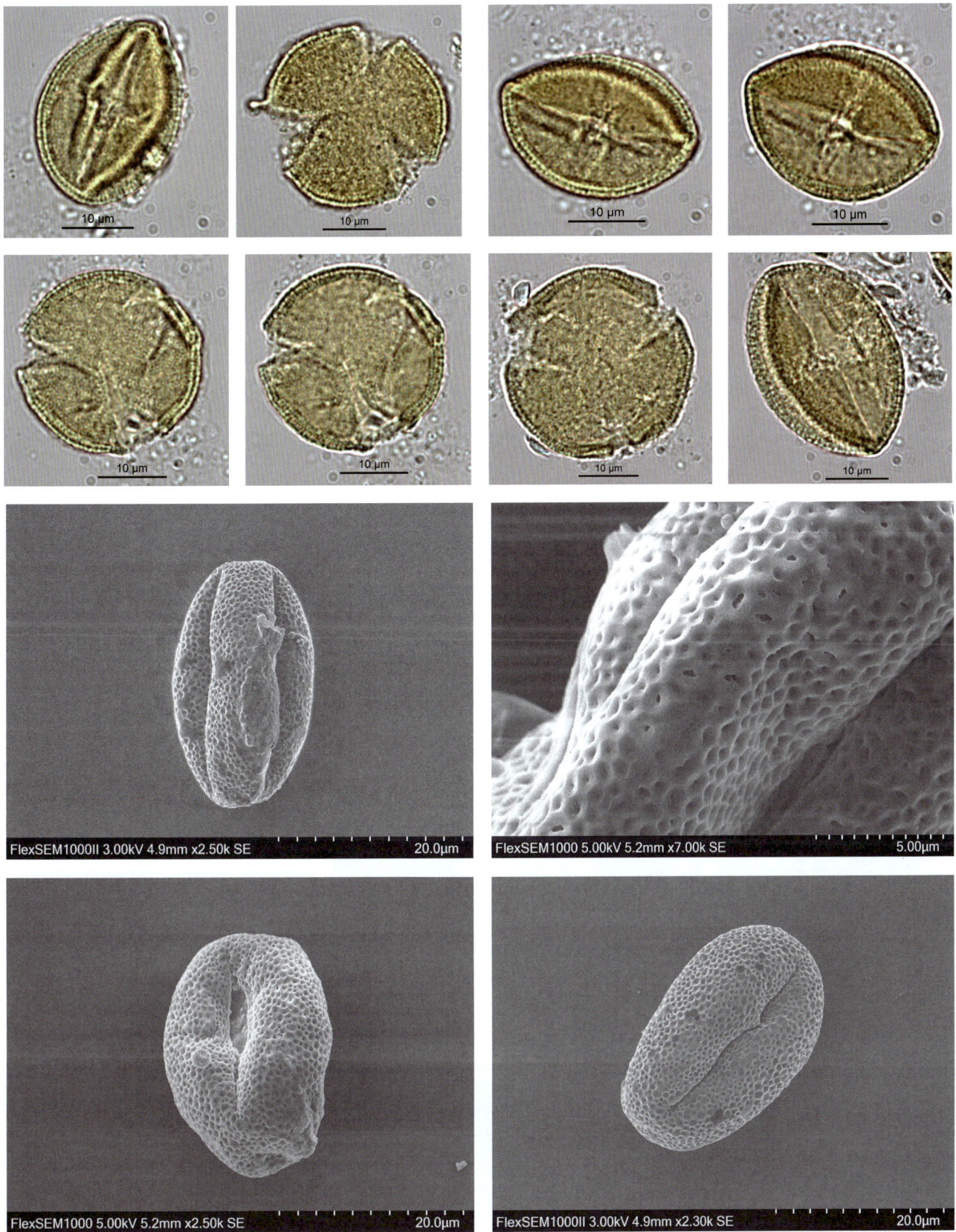

## *Deutzianthus* 东京桐属

***Deutzianthus tonkinensis*** Gagnep. 东京桐

【形态特征】乔木，高可达 12 米；嫩枝密被星状毛，枝条有明显叶痕；叶椭圆状卵形，顶端短尖至渐尖，基部楔形至近圆形，全缘；叶柄无毛，顶端有 2 枚腺体；雌雄异株，花序顶生；雄花花萼钟状，具短裂片，萼裂片三角形，花瓣长圆形，舌状，两面被毛，花盘 5 深裂；雄蕊 7 枚，花药伸出，花丝被毛；雌花花萼、花瓣与雄花同，花盘杯状，5 裂；子房被绢毛，花柱顶端 2 次分叉；果稍扁球形，直径约 4 厘米，被灰色短毛，外果皮厚壳质，内果皮木质；种子椭圆状，种皮硬壳质，平滑、有光泽。

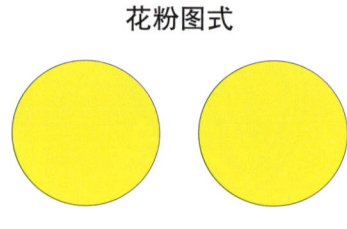

花粉图式

【花果期】花期 4—6 月，果期 7—9 月。

【生境】生于海拔 900 米以下的密林中。

【分布】国内分布：广西西南部和云南南部；国外分布：越南北部。

【别名】无

【保护级别】国家二级重点保护野生植物；濒危（EN）。

【花粉形态】花粉粒球形，直径为 48~58μm；无萌发孔；外壁厚 6~8μm，外壁两层，表面具由棒构成的巴豆式图案，每个图案由 5~7 个棒组成，棒为圆柱状，末端圆形，高 5~6μm，排列较密集。

# 第五章 被子植物的花粉形态

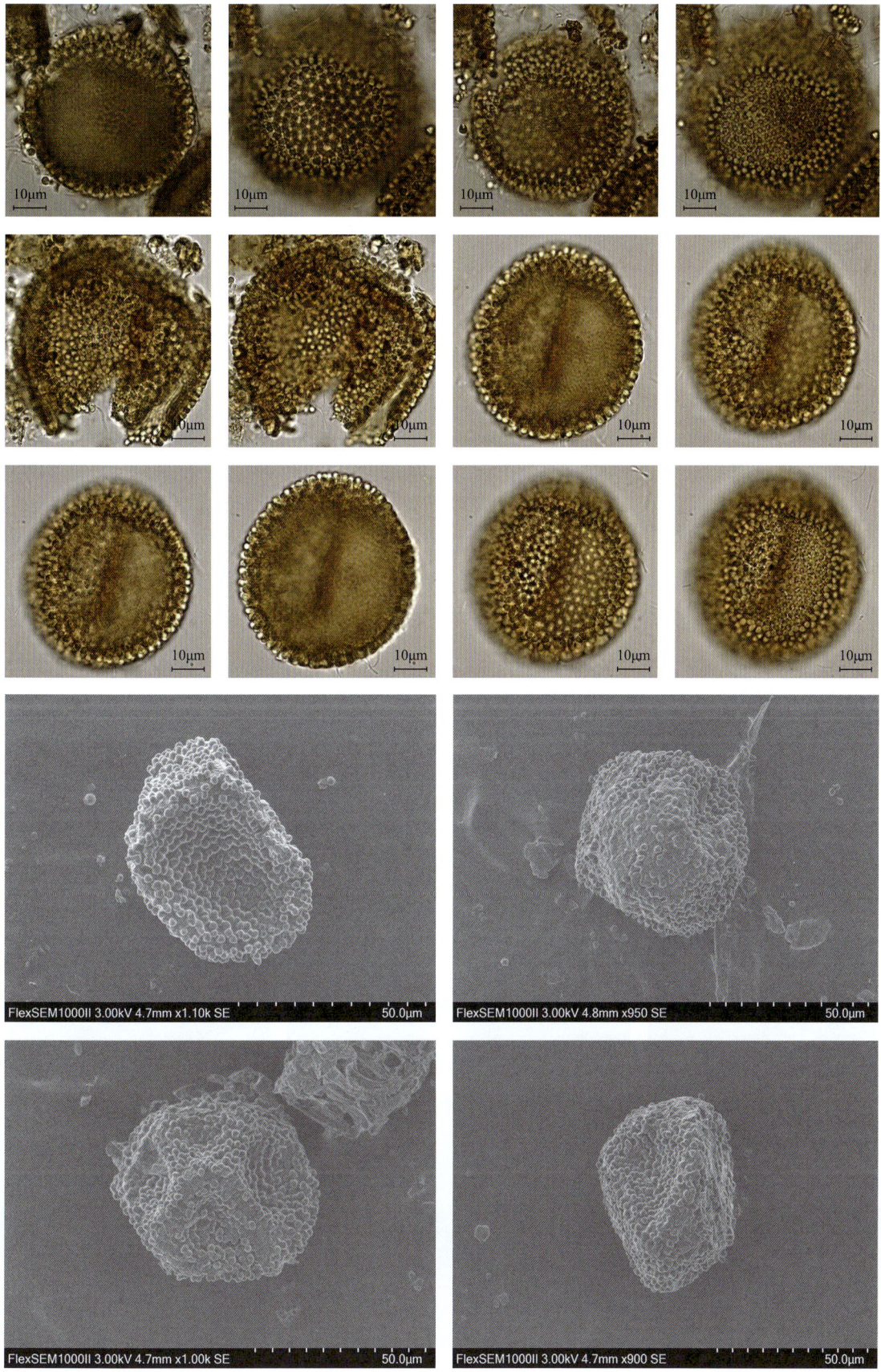

## Mallotus 野桐属

### *Mallotus microcarpus* Pax & Hoffm. 小果野桐

花粉图式

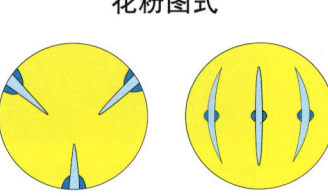

【形态特征】灌木，高可达3米；幼枝被白色微柔毛；叶互生，纸质，卵形或卵状三角形，长5~15厘米，顶端急尖或长渐尖，基部截平，稀心形或圆形，边缘有锯齿；基脉3~5条，侧脉4~5对，小脉横出，彼此平行；基部具斑状腺体2~4个；叶柄长3~13厘米，细长，被微柔毛；托叶卵状披针形，顶端渐尖，被毛；花雌雄同株或异株，总状花序，1~2个顶生或腋生，被黄色微柔毛；雄花序长12~15厘米，苞片卵形；花萼裂片卵形，不等大，长约2毫米；雄蕊50~70；雌花苞片钻形，长约1毫米；子房密被长柔毛和疏生短刺，花柱3，基部稍合生，柱头长1~2毫米，密生羽状突；蒴果扁球形，钝三棱，具3个分果爿，疏生粗短软刺和密生灰白色长柔毛，散生橙黄色颗粒状腺体；种子卵形，灰黑色，直径约2毫米。

【花果期】花期4—7月，果期8—10月。

【生境】生于海拔300~1000米的疏林中或林缘灌丛中。

【分布】国内分布：贵州、广西、湖南、广东、江西和福建；国外分布：越南。

【别名】无

【保护级别】无危（LC）。

【花粉形态】花粉粒球形或略扁，极面观3裂圆形，大小为16（14~19）×19（17~22）μm；具3孔沟，沟细、短，内孔横长，与沟相交成十字形，与邻孔几乎相连；外壁内层在萌发孔处加厚；表面具细网状雕纹。

# 第五章 被子植物的花粉形态

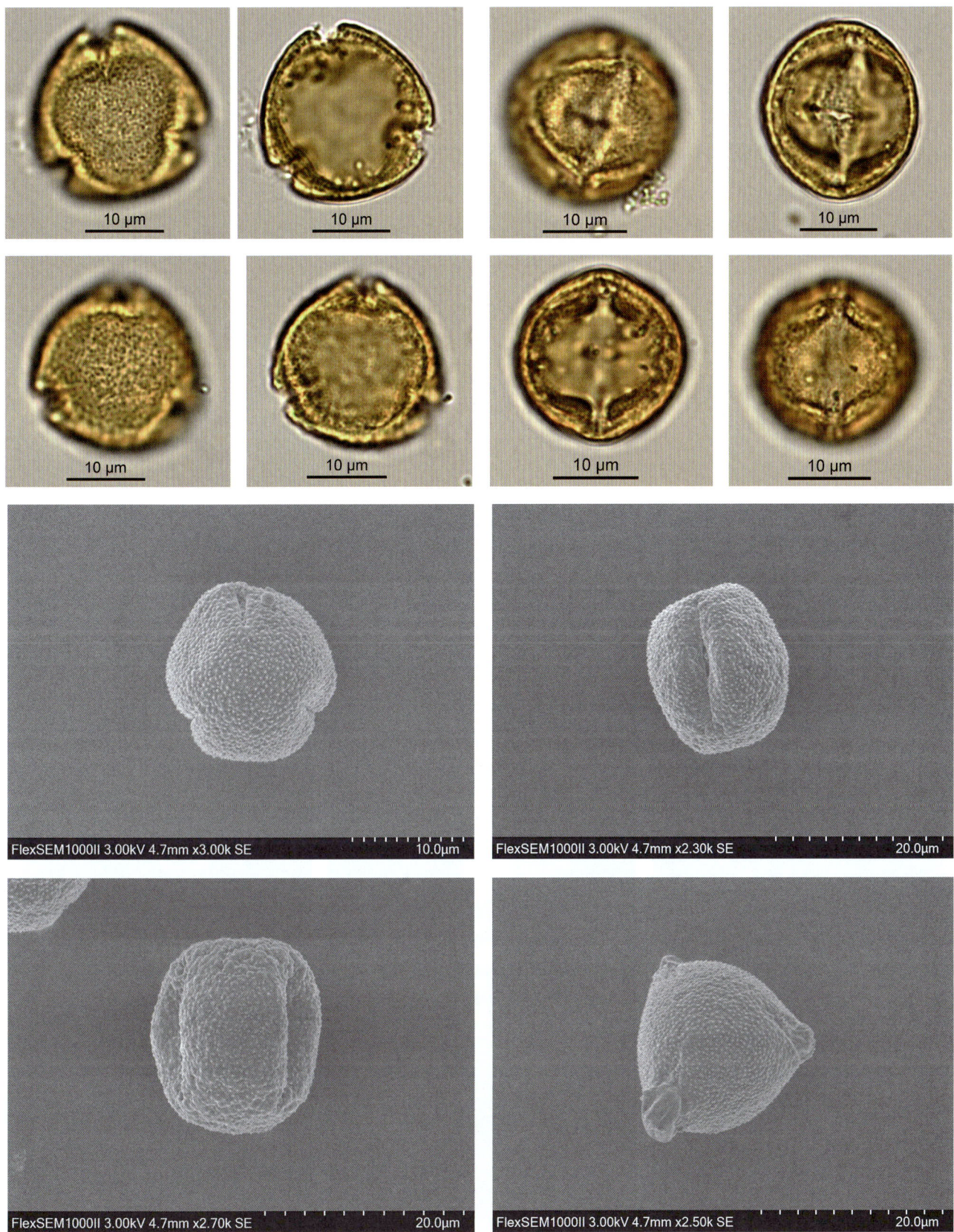

## *Trigonostemon* 三宝木属
### *Trigonostemon bonianus* Gagnep. 勐仑三宝木

【形态特征】灌木或小乔木，高 2~4 米；嫩枝被微柔毛，老枝无毛；叶纸质，狭长椭圆形至长圆状披针形，长 10~17 厘米，顶端渐尖至尾状渐尖，尖头钝，基部楔形，全缘或具疏生细锯齿，两面无毛；基出脉 3 条，伸达叶片中部以上，侧脉每边 3~5 条；叶柄长 0.6~2 厘米，被微柔毛至近无毛，顶端有 2 枚细腺体；圆锥花序，顶生，开展，长可达 15 厘米，被微柔毛，苞片线形，长 3~10 毫米；雄花萼片 5 枚，披针形；花瓣黄色；雌花萼片披针形，长 5~6 毫米；花瓣椭圆形，长约 1.2 厘米，黄色；子房无毛，花柱 3 枚，短，柱头头状；蒴果近球形，无毛，直径约 1.5 厘米，具 3 纵沟，果皮薄壳质；果梗棒状，长 1.5 厘米；种子椭圆状，长约 7 毫米。

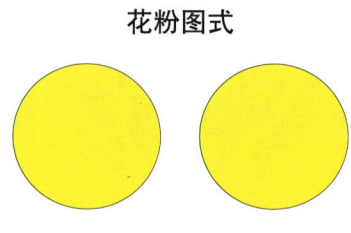

花粉图式

【花果期】花果期 3—8 月。

【生境】生于石灰岩山灌木林中。

【分布】广西西南部和云南东部。

【别名】孟仑三宝木、丝梗三宝木。

【保护级别】近危（NT）。

【花粉形态】花粉粒球形，直径为 40~48μm；无萌发孔；表面具颗粒状雕纹。

# 第五章 被子植物的花粉形态

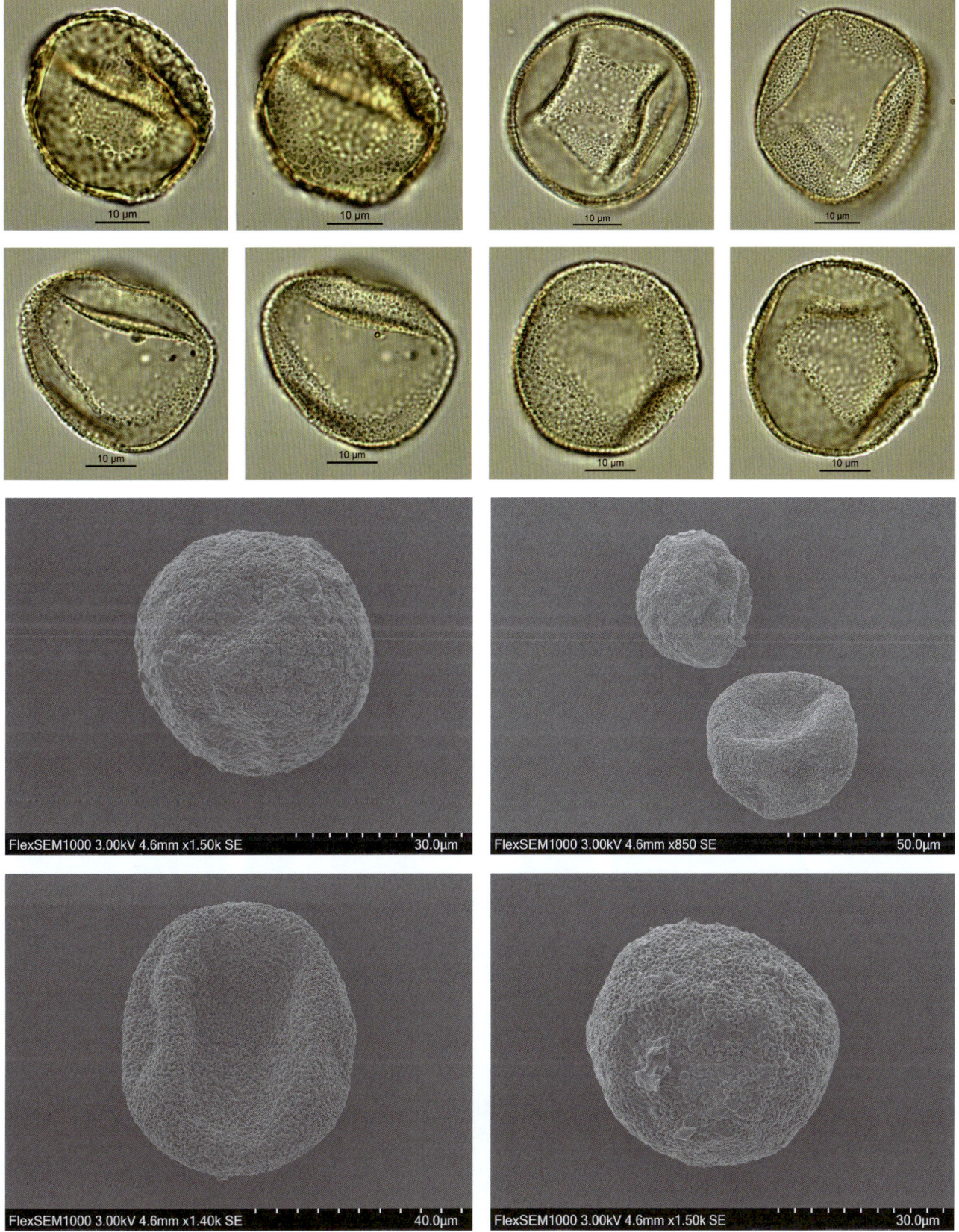

509

## *Vernicia* 油桐属

### *Vernicia fordii* (Hemsl.) Airy Shaw 油桐

**【形态特征】**落叶乔木，高可达 10 米；树皮灰色，近光滑；枝条粗壮，无毛，具明显皮孔；叶卵圆形，顶端短尖，基部截平至浅心形，全缘；掌状脉 5~7 条；叶柄与叶片近等长，几无毛，顶端有 2 枚扁平、无柄腺体；花雌雄同株，先叶或与叶同时开放；花萼长约 1 厘米，2~3 裂，外面密被棕褐色微柔毛；花瓣白色，有淡红色脉纹，倒卵形，顶端圆形，基部爪状；雄蕊 8~12 枚，2 轮，外轮离生，内轮花丝中部以下合生；子房密被柔毛，3~8 室，每室有 1 颗胚珠，花柱与子房室同数，2 裂；核果近球状，果皮光滑；种子 3~8 颗，种皮木质。

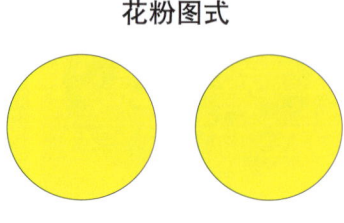

花粉图式

**【花果期】**花期 3—4 月，果期 8—9 月。

**【生境】**通常栽培于海拔 1000 米以下的丘陵山地。

**【分布】**国内分布：陕西、河南、江苏、安徽、浙江、江西、福建、湖南、湖北、广东、海南、广西、四川、贵州、云南等省区；国外分布：越南。

**【别名】**三年桐。

**【保护级别】**无危（LC）。

**【花粉形态】**花粉粒球形，直径为 55~85μm；无萌发孔；外壁两层，外层厚于内层；表面具瘤状雕纹，瘤形状不一，有的伸长，末端圆，成为棒状，这些瘤或棒多为圆形，由 6~8 个排成一圈，在表面形成巴豆式图案；轮廓线为波浪形。

第五章 被子植物的花粉形态

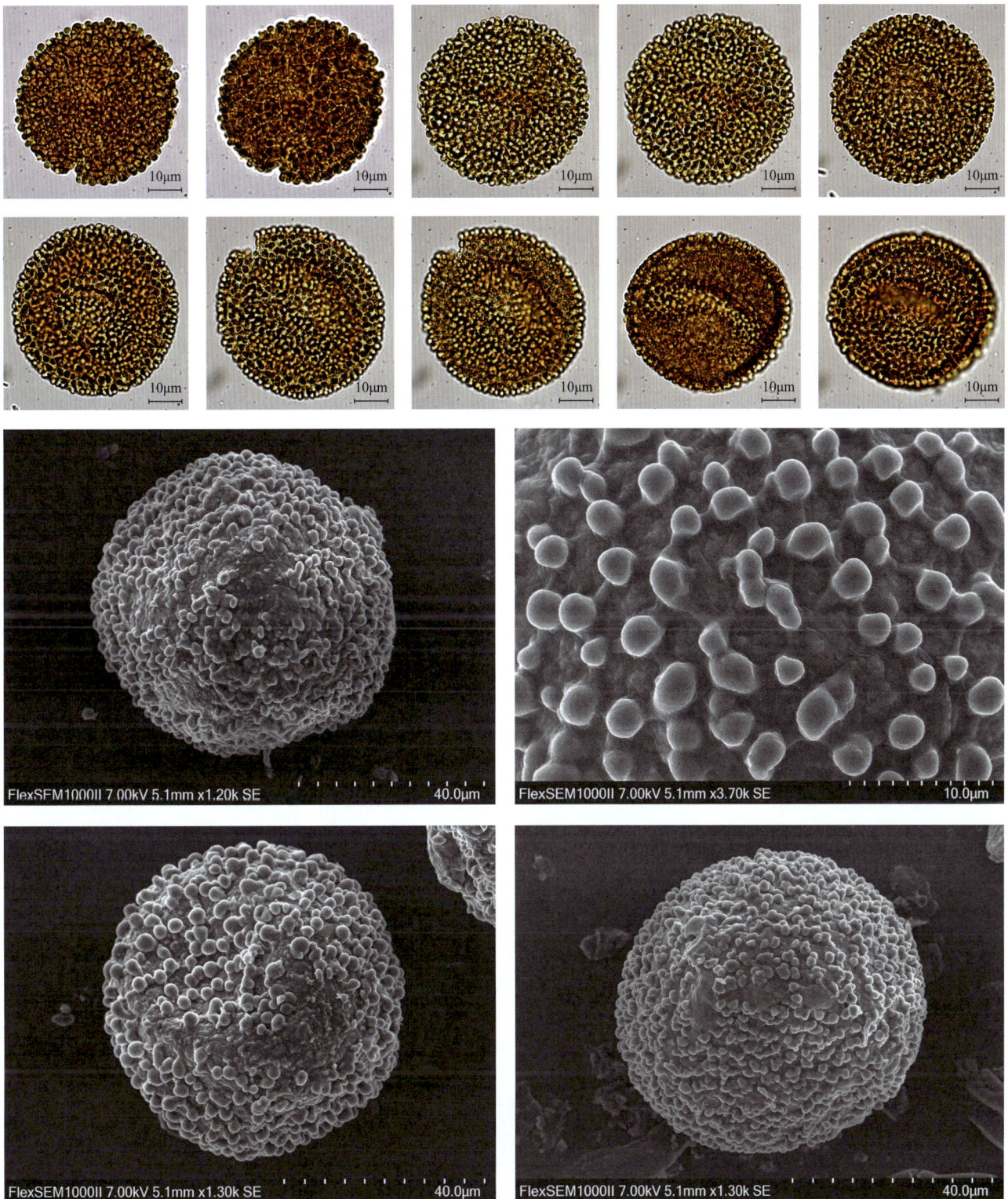

511

## Fabaceae 豆科
### *Acacia* 金合欢属
*Acacia confusa* Merr. 台湾相思

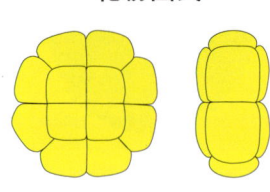

花粉图式

【形态特征】常绿乔木，高 6~15 米，无毛；枝灰色或褐色，无刺，小枝纤细；苗期第一片真叶为羽状复叶，长大后小叶退化，叶柄变为叶状柄；叶状柄革质，披针形，长 6~10 厘米，直或微呈弯镰状，两端渐狭，先端略钝，两面无毛，有明显的纵脉 3~8 条；头状花序球形，单生或 2~3 个簇生于叶腋，直径约 1 厘米；总花梗纤弱，长 8~10 毫米；花金黄色，有微香；花萼长约为花冠之半；花瓣淡绿色，长约 2 毫米；雄蕊多数，明显超出花冠之外；子房被黄褐色柔毛，花柱长约 4 毫米；荚果扁平，长 4~12 厘米，干时深褐色，有光泽，于种子间微缢缩，顶端钝而有凸头，基部楔形；种子 2~8 颗，椭圆形，压扁，长 5~7 毫米。

【花果期】花期 3—10 月，果期 8—12 月。

【生境】生长于热带和亚热带地区，对土壤条件要求不高，极耐干旱和瘠薄，在土壤冲刷严重的酸性粗骨土、砂质土上均能生长。

【分布】国内分布：台湾、福建、广东、广西和云南；国外分布：菲律宾、印度尼西亚和斐济。

【别名】相思仔、台湾柳、相思树。

【保护级别】无危（LC）。

【花粉形态】花粉粒为 16 合体，扁球形，侧面观为椭圆形，上下各有 4 粒呈方形的花粉粒，四周为 8 个花粉粒，大小为 24（21~27）× 38（32~45）μm；表面具负网状雕纹。

第五章 被子植物的花粉形态

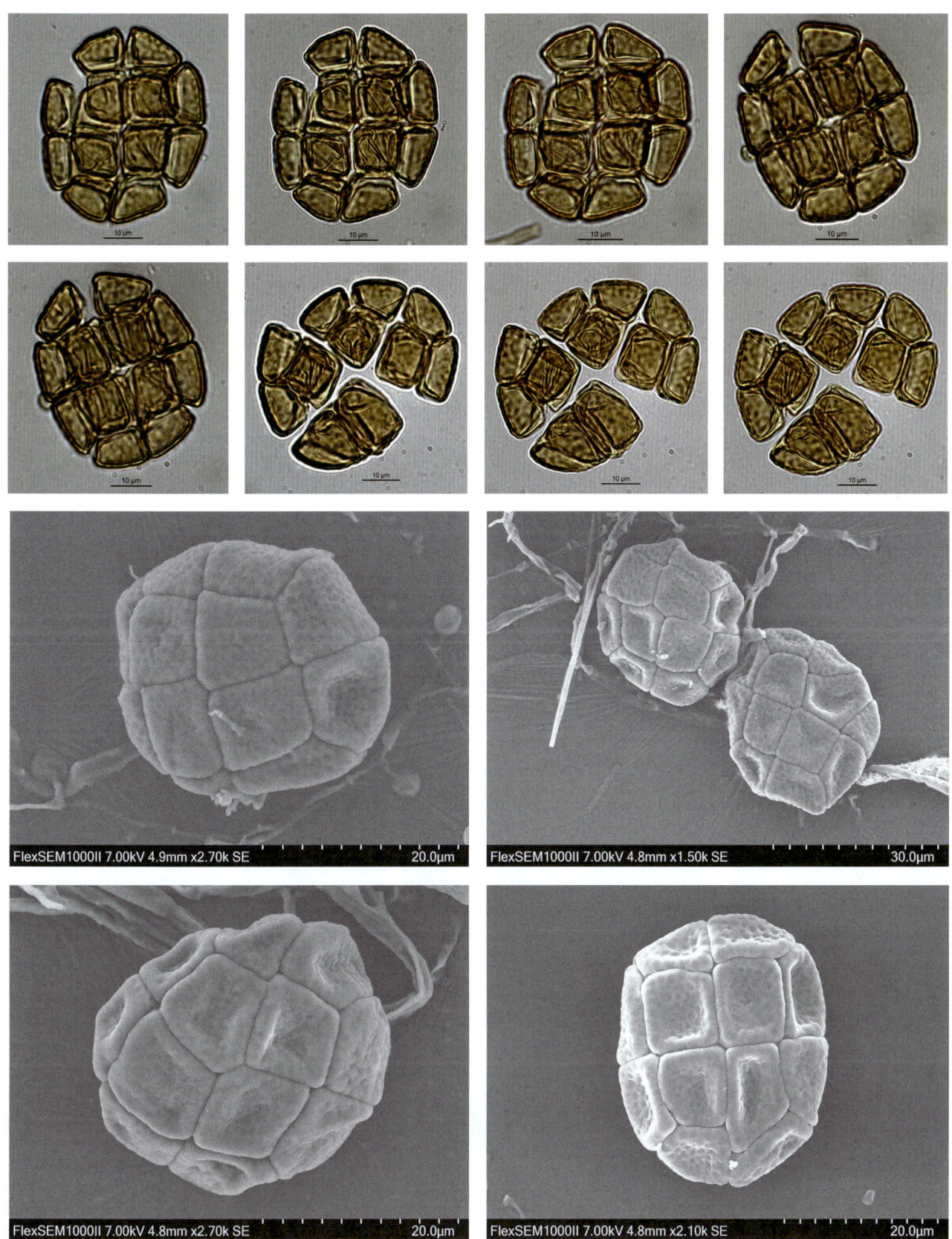

513

## *Adenanthera* 海红豆属

*Adenanthera microsperma* Teijsm. & Binn. 海红豆

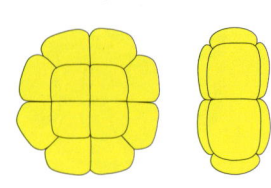

花粉图式

【形态特征】落叶乔木，高 5~20 米；嫩枝被微柔毛；二回羽状复叶；叶柄和叶轴被微柔毛，无腺体；羽片 3~5 对，小叶 4~7 对，互生，长圆形或卵形，长 2.5~3.5 厘米，两端圆钝，两面均被微柔毛，具短柄；总状花序单生于叶腋或在枝顶排成圆锥花序，被短柔毛；花小，白色或黄色，有香味，具短梗；花萼长不足 1 毫米，与花梗同被金黄色柔毛；花瓣披针形，长 2.5~3 毫米，无毛，基部稍合生；雄蕊 10 枚，与花冠等长或稍长；子房被柔毛，几无柄，花柱丝状，柱头小；荚果狭长圆形，盘旋，长 10~20 厘米，宽 1.2~1.4 厘米，开裂后果瓣旋卷；种子近圆形至椭圆形，长 5~8 毫米，宽 4.5~7 毫米，鲜红色，有光泽。

【花果期】花期 4—7 月，果期 7—10 月。

【生境】多生于山沟、溪边、林中或栽培于园庭。

【分布】国内分布：云南、贵州、广西、广东、福建和台湾；国外分布：缅甸、柬埔寨、老挝、越南、马来西亚和印度尼西亚。

【别名】相思格、孔雀豆、红豆。

【保护级别】无危（LC）。

【花粉形态】花粉粒为 16 合体，偶尔也有 8 合体，扁球形，大小为 25（23~28）× 38（30~42）μm；具 3~4 孔，孔缘增厚；外壁厚；表面具细颗粒状雕纹。

第五章 被子植物的花粉形态

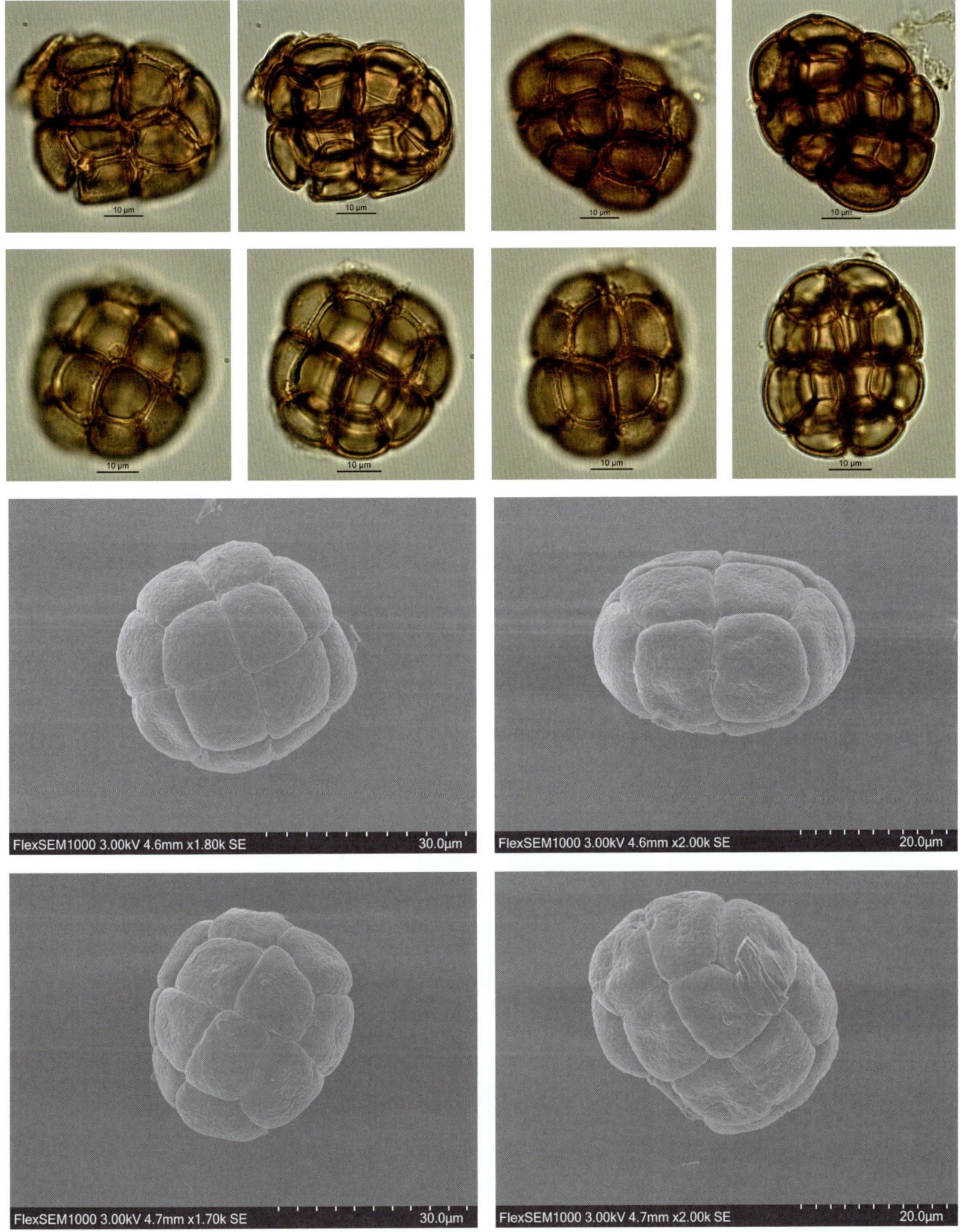

## *Afzelia* 缅茄属

### *Afzelia xylocarpa* (Kurz) Craib 缅茄

**【形态特征】**乔木，高 15~25 米；树皮褐色；小叶 3~5 对，对生，卵形、阔椭圆形至近圆形，长 4~40 厘米，纸质，先端圆钝或微凹，基部圆而略偏斜；小叶柄短，长不及 5 毫米；花序各部密被灰黄绿色或灰白色短柔毛；苞片和小苞片卵形或三角状卵形，大小相若，长约 6 毫米，宿存；花萼管长 1~1.3 厘米，裂片椭圆形，长 1~1.5 厘米，先端圆钝；花瓣淡紫色，倒卵形至近圆形，其柄被白色细长柔毛；能育雄蕊 7 枚，基部稍合生，花丝长 3~3.5 厘米，突出，下部被柔毛；子房狭长形，被毛，花柱长而突出；荚果扁长圆形，长 11~17 厘米，黑褐色，木质，坚硬；种子 2~5 颗，卵形或近圆形，略扁，长约 2 厘米，暗褐红色，有光泽，基部有一角质、坚硬的假种皮状种柄，其长略等于种子。

花粉图式

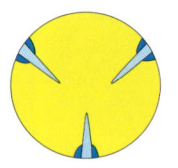
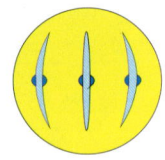

**【花果期】**花期 4—5 月，果期 11—12 月。

**【生境】**生于气候温暖湿润，土壤肥沃的热带亚热带地区。

**【分布】**国内分布：广东、海南、广西、云南南部（石屏和西双版纳）；国外分布：缅甸、越南、老挝、泰国和柬埔寨。

**【别名】**细茄、沔茄、木茄。

**【保护级别】**濒危（EN）。

**【花粉形态】**花粉粒近球形，极面观为 3 裂圆形，赤道面观为椭圆形，大小为 40（32~46）× 63（58~65）μm；具 3 孔沟，沟长条状，两端钝圆，沟膜上具颗粒，在沟的中央有个近圆形的内孔，直径约 5μm；外壁厚 5~7μm，外层远厚于内层；表面具粗网状雕纹，网脊宽 3~4μm，上具颗粒状突起，网眼大小形状不规则，网眼内也具有少许颗粒状突起。

第五章 被子植物的花粉形态

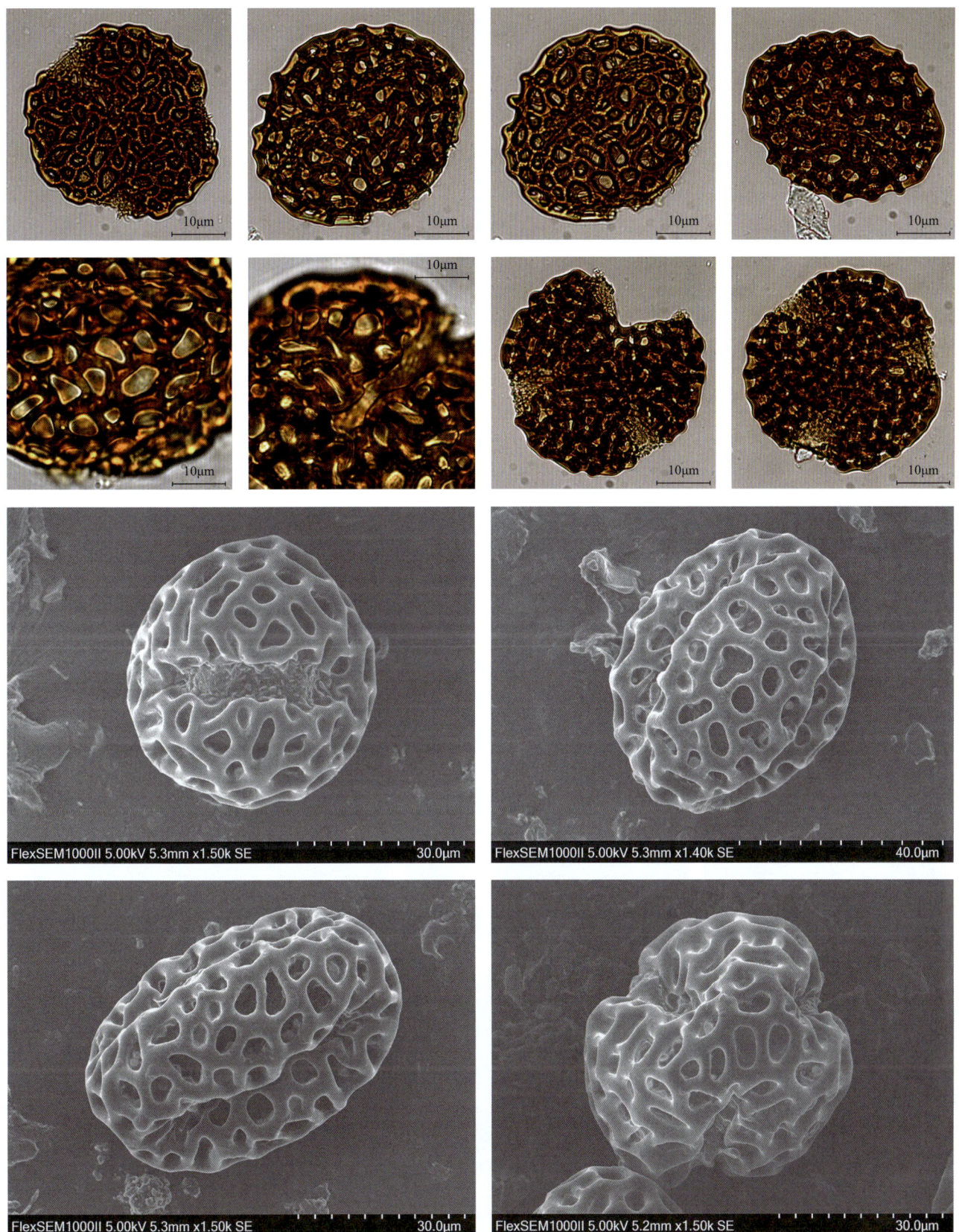

## *Albizia* 合欢属

***Albizia odoratissima*** (L. f.) Benth. 香合欢

【形态特征】常绿大乔木，高 5~15 米，无刺；小枝初被柔毛；二回羽状复叶；总叶柄近基部和叶轴的顶部 1~2 对羽片间各有腺体 1 枚；羽片 2~6 对；小叶 6~14 对，纸质，长圆形，长 2~3 厘米，先端钝，有时有小尖头，基部斜截形，两面稍被贴生、稀疏短柔毛，中脉偏于上缘，无柄；头状花序排成顶生、疏散的圆锥花序，被锈色短柔毛；花无梗，淡黄色，有香味；花萼杯状，长不及 1 毫米，与花冠同被锈色短柔毛；花冠长约 5 毫米，裂片披针形；子房被锈色茸毛；荚果长圆形，长 10~18 厘米，宽 2~4 厘米，扁平，嫩荚密被极短的柔毛，成熟时变稀疏；种子 6~12 颗。

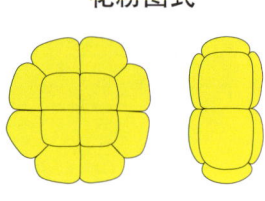

花粉图式

【花果期】花期 4—7 月，果期 6—10 月。

【生境】生于低海拔的疏林中。

【分布】国内分布：福建、广东、广西、贵州和云南；国外分布：印度和马来西亚。

【别名】黑格、香须树、香茜藤。

【保护级别】无危（LC）。

【花粉形态】花粉粒 16 合体，扁球形，上下各有 4 粒呈方形的花粉粒，四周为 8 个花粉粒，直径为 59~66μm；外壁外层厚于内层；表面几乎光滑。

# 第五章 被子植物的花粉形态

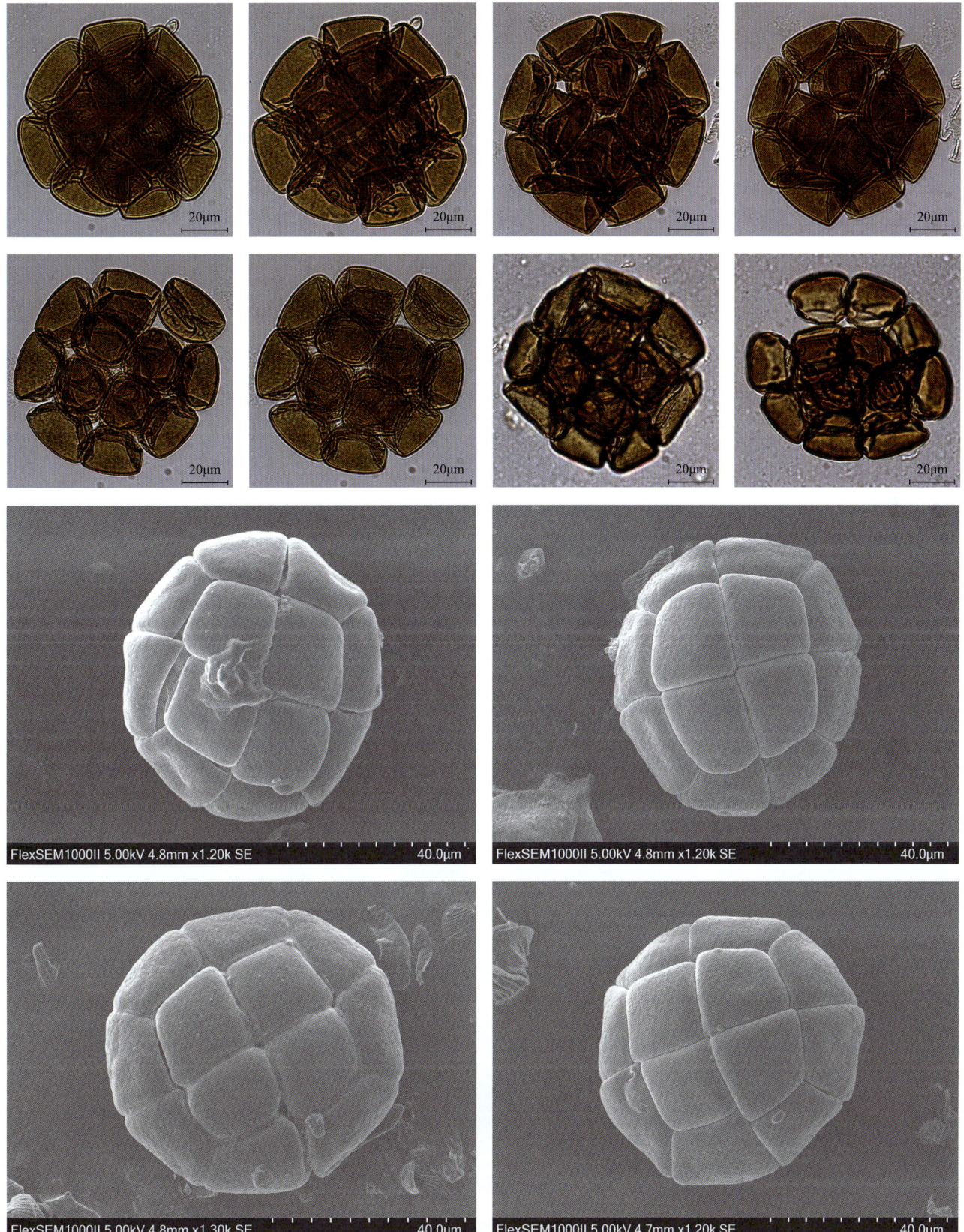

## *Ammopiptanthus* 沙冬青属

*Ammopiptanthus mongolicus* (Maxim. ex Kom.) S. H. Cheng 沙冬青

花粉图式

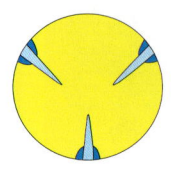
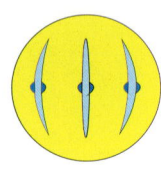

【形态特征】常绿灌木，高 1.5~2 米，粗壮；树皮黄绿色，木材褐色；茎多叉状分枝，圆柱形，具沟棱，幼被灰白色短柔毛，后渐稀疏；叶为掌状 3 出复叶，少有单叶；托叶小，与叶柄连合而抱茎；叶柄长 5~15 毫米，密被灰白色短柔毛；小叶菱状椭圆形或阔披针形，先端急尖或钝，微凹，基部楔形，两面密生银白色绵毛；总状花序顶生枝端，花互生，8~12 朵密集；苞片卵形，长 5~6 毫米，密被短柔毛，脱落；花梗长约 1 厘米，近无毛，中部有 2 枚小苞片；萼钟形，薄革质，长 5~7 毫米，萼齿 5，阔三角形；花冠黄色，花瓣均具长瓣柄，旗瓣倒卵形，长约 2 厘米，翼瓣比龙骨瓣短，长圆形，长 1.7 厘米，龙骨瓣分离，基部有长 2 毫米的耳；子房具柄，线形，无毛；荚果扁平，线形，长 5~8 厘米，宽 15~20 毫米，无毛，先端锐尖，基部具果颈，果颈长 8~10 毫米；有种子 2~5 粒；种子圆肾形，径约 6 毫米。

【花果期】花期 4—5 月，果期 5—6 月。

【生境】生于沙丘、河滩边台地，是良好的固沙植物。

【分布】国内分布：内蒙古、宁夏和甘肃；国外分布：蒙古南部。

【别名】小沙冬青、蒙古黄花木。

【保护级别】国家二级重点保护野生植物；易危（VU）。

【花粉形态】花粉粒球形，极面观为 3 裂圆形，大小为 14（12~17）× 27（23~33）μm；具 3 孔沟，孔大，微外突，沟长达两极，沟略宽，具较完整的孔膜；表面具颗粒 – 细网状雕纹。

# 第五章 被子植物的花粉形态

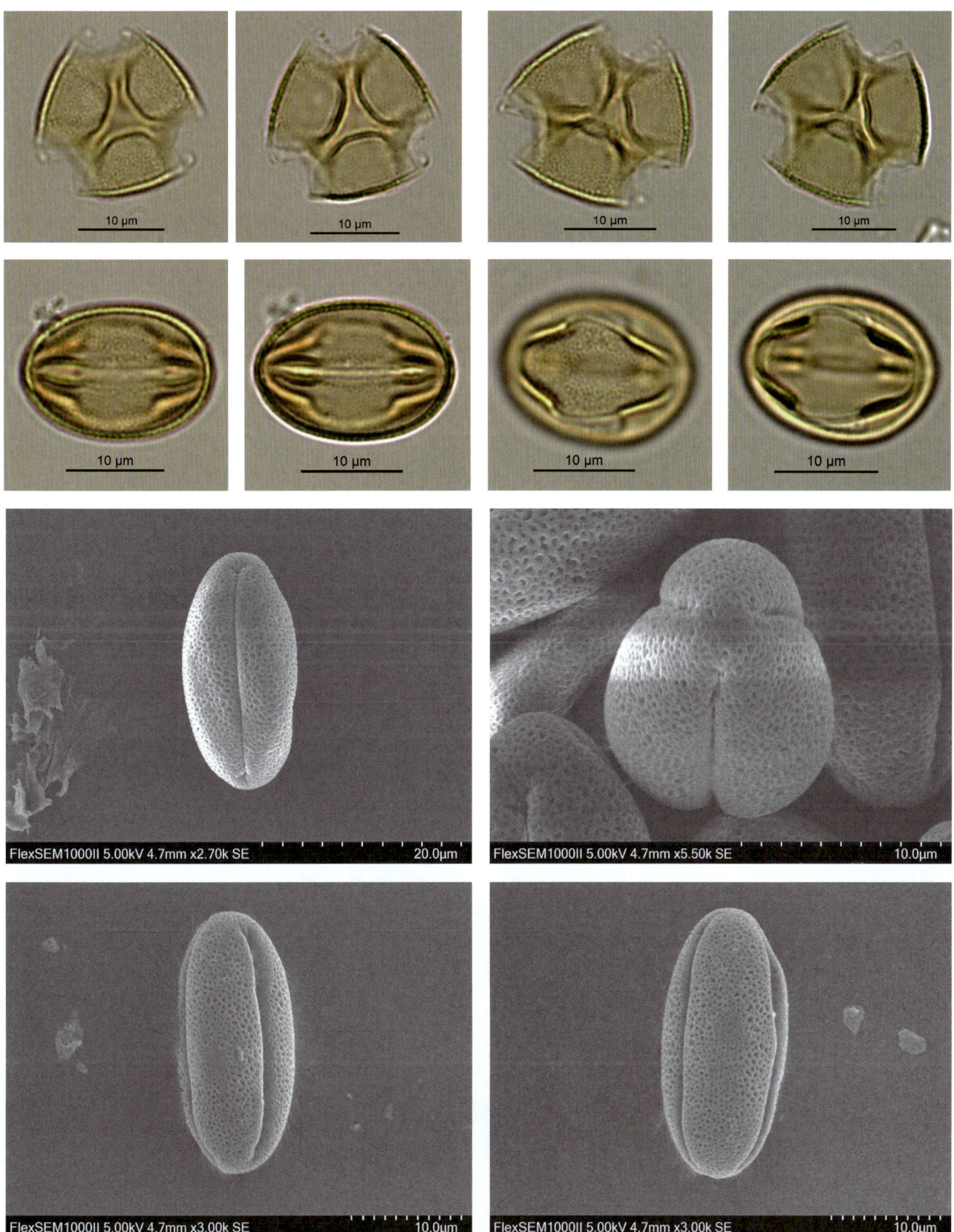

## Astragalus 黄芪属

### *Astragalus hoantchy* Franch. 乌拉特黄芪

【形态特征】茎直立，高 90~50 厘米，有细棱，无毛或有极稀白色长柔毛，分枝；羽状复叶有 17~25 片小叶，叶柄长 5~15 毫米，连同叶轴散生白色长柔毛；托叶三角状披针形，先端渐尖，散生长柔毛；小叶宽卵形或近圆形；小叶柄长 1~1.5 毫米，近无毛；总状花序疏生 12~15 花，花序轴被黑色或混生白色长柔毛；总花梗长 10~20 厘米，无毛；苞片线状披针形，被黑色和白色长柔毛；花梗长 7~8 毫米，被黑色长柔毛；小苞片线形，无毛；花萼钟状，疏被褐色或混生白长柔毛，萼筒长 8~10 毫米，萼齿线状披针形，长 6~8 毫米，被黑色长毛；花冠粉红或紫白色，旗瓣宽倒卵形，瓣片长圆形，子房无毛，柱头被簇毛；荚果长圆形，先端喙状，基部狭入果颈，无毛，具网脉，近假 2 室，有 12~16 颗种子，果颈长可达 2 厘米；种子褐色，近肾形，长约 3.5 毫米，横宽约 6 毫米，具凹窝。

花粉图式

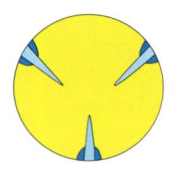
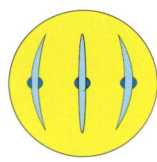

【花果期】花期 5—6 月，果期 7—10 月。

【生境】生于海拔 1500~2250 米的山谷、水旁、滩地或山坡。

【分布】内蒙古西部（乌拉特）、宁夏（贺兰山）、甘肃（兰州、靖远和肃北）和青海（循化和同仁）。

【别名】粗壮黄耆、鱼鳔黄耆、乌拉特黄耆。

【保护级别】无危（LC）；地方保护野生植物。

【花粉形态】花粉粒长球形，极面观 3 裂圆形，赤道面观椭圆形，大小为 14（11~15）× 22（15~25）μm；具 3 孔沟，沟宽，长达两极，沟膜完整，具瘤状突起，内孔大，椭圆形，明显外突；外壁两层，厚度约为 2μm，外层与内层厚度约相等，柱状层基柱不明显；表面具明显的网状雕纹。

# 第五章 被子植物的花粉形态

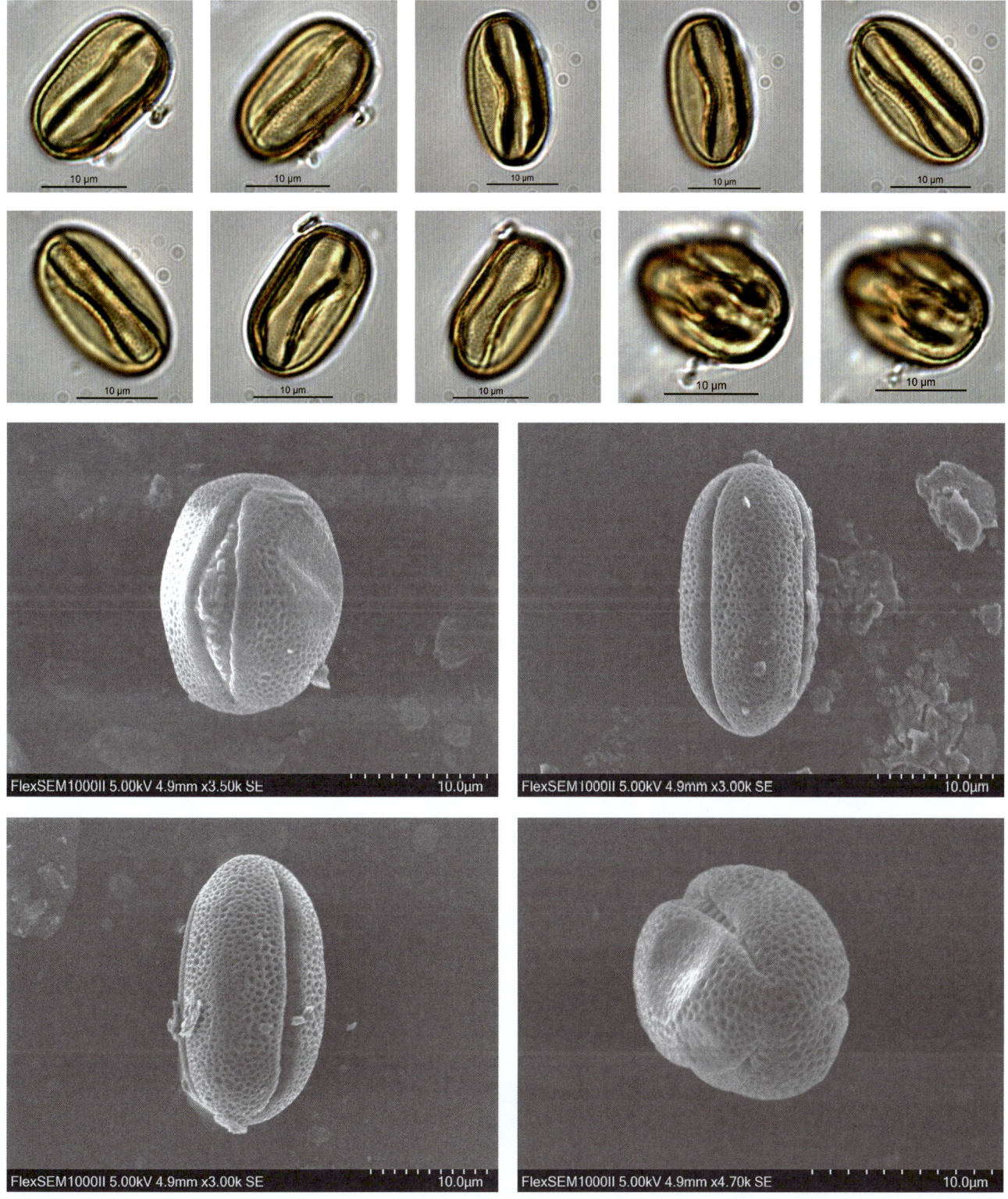

### *Astragalus membranaceus* (Fisch.) Bunge 黄芪

花粉图式

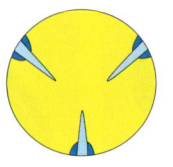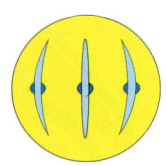

【形态特征】多年生草本，高 50~100 厘米；主根肥厚，木质，常分枝，灰白色；茎直立，上部多分枝，有细棱，被白色柔毛；羽状复叶有 13~27 片小叶，长 5~10 厘米；叶柄长 0.5~1 厘米；托叶离生，卵形、披针形或线状披针形；小叶椭圆形或长圆状卵形，长 7~30 毫米，先端钝圆或微凹，基部圆形；总状花序稍密，有 10~20 朵花；总花梗与叶近等长或较长，至果期显著伸长；苞片线状披针形，背面被白色柔毛；花梗长 3~4 毫米，连同花序轴稍密被棕色或黑色柔毛；小苞片 2；花萼钟状，长 5~7 毫米，外面被白色或黑色柔毛；花冠黄色或淡黄色，旗瓣倒卵形；子房有柄，被细柔毛；荚果薄膜质，稍膨胀，半椭圆形，顶端具刺尖，两面被白色或黑色细短柔毛，果颈超出萼外；种子 3~8 颗。

【花果期】花期 6—8 月，果期 7—9 月。

【生境】生于林缘、灌丛或疏林下，亦见于山坡草地或草甸中，全国各地多有栽培。

【分布】国内分布：东北、华北及西北，全国各地多有栽培；国外分布：俄罗斯。

【别名】东北黄芪、膜荚黄耆、绵芪。

【保护级别】无危（LC）；地方保护野生植物。

【花粉形态】花粉粒长球形，极面观 3 裂圆形，赤道面观椭圆形，大小为 13（11~15）× 19（16~24）μm；具 3 孔沟，沟宽而短，沟缘稍加厚，沟膜完整，沟膜具颗粒，内孔大，椭圆形，明显外突；外壁两层，厚度约为 2μm，外层与内层厚度约相等，柱状层基柱不明显；表面具明显的细网状雕纹。

# 第五章 被子植物的花粉形态

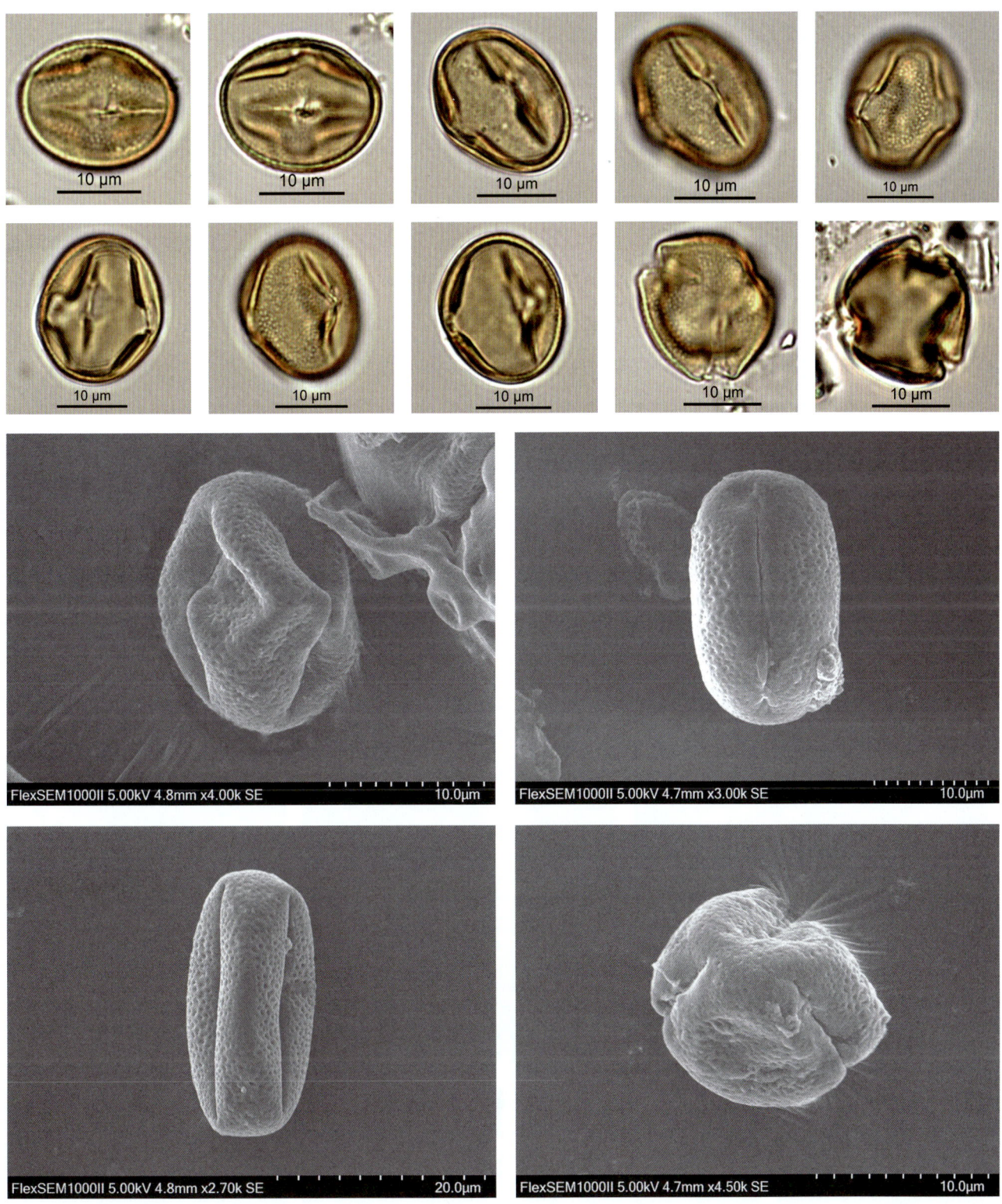

## *Biancaea* 云实属

### *Biancaea sappan* (L.) Tod. 苏木

**花粉图式**

【形态特征】小乔木，高可达 6 米，具疏刺，除老枝、叶下面和荚果外，多少被细柔毛；二回羽状复叶长 30~45 厘米；羽片 7~13 对，长 8~12 厘米；小叶 10~17 对，紧靠，无柄，长圆形或长圆状菱形，长 1~2 厘米，先端微缺，基部歪斜，以斜角着生于羽轴上；侧脉明显；花梗长 1.5 厘米，被细柔毛；花托浅钟形；萼片 5，稍不等，下面 1 片较大，呈兜状；花瓣黄色，宽倒卵形，长约 9 毫米，最上面 1 片基部带粉红色，具瓣柄；雄蕊稍伸出，花丝下部密被柔毛；子房被灰色茸毛，具柄，花柱细长，被毛，柱头截平；荚果木质，稍压扁，近长圆形或长圆状倒卵形，长约 7 厘米，宽 2.5~4 厘米，基部稍窄，先端斜向平截，上角有外弯或上翘的硬喙，不开裂，红棕色，有光泽，具 3~4 种子。

【花果期】花期 5—10 月，果期 7 月至翌年 3 月。

【生境】一般在海拔 500 米以下的岩溶低山与丘陵地区以及气候温暖湿润地区。

【分布】国内分布：云南、贵州、四川、广西、广东、福建和台湾有栽培；国外分布：原产于印度、缅甸、越南、马来半岛及斯里兰卡。

【别名】苏方、苏方木、苏枋。

【保护级别】无危（LC）；地方保护野生植物。

【花粉形态】花粉粒扁球形，大小为 35（32~38）× 43（41~49）μm；具 3 沟和 3 拟沟，交错分布，拟沟末端钝圆，达至极区，内孔纵长，在极面观突出轮廓线之外，沟间区外壁具明显的网状雕纹，拟沟上具细网状雕纹，差别明显；外壁外层具明显的基柱。

第五章 被子植物的花粉形态

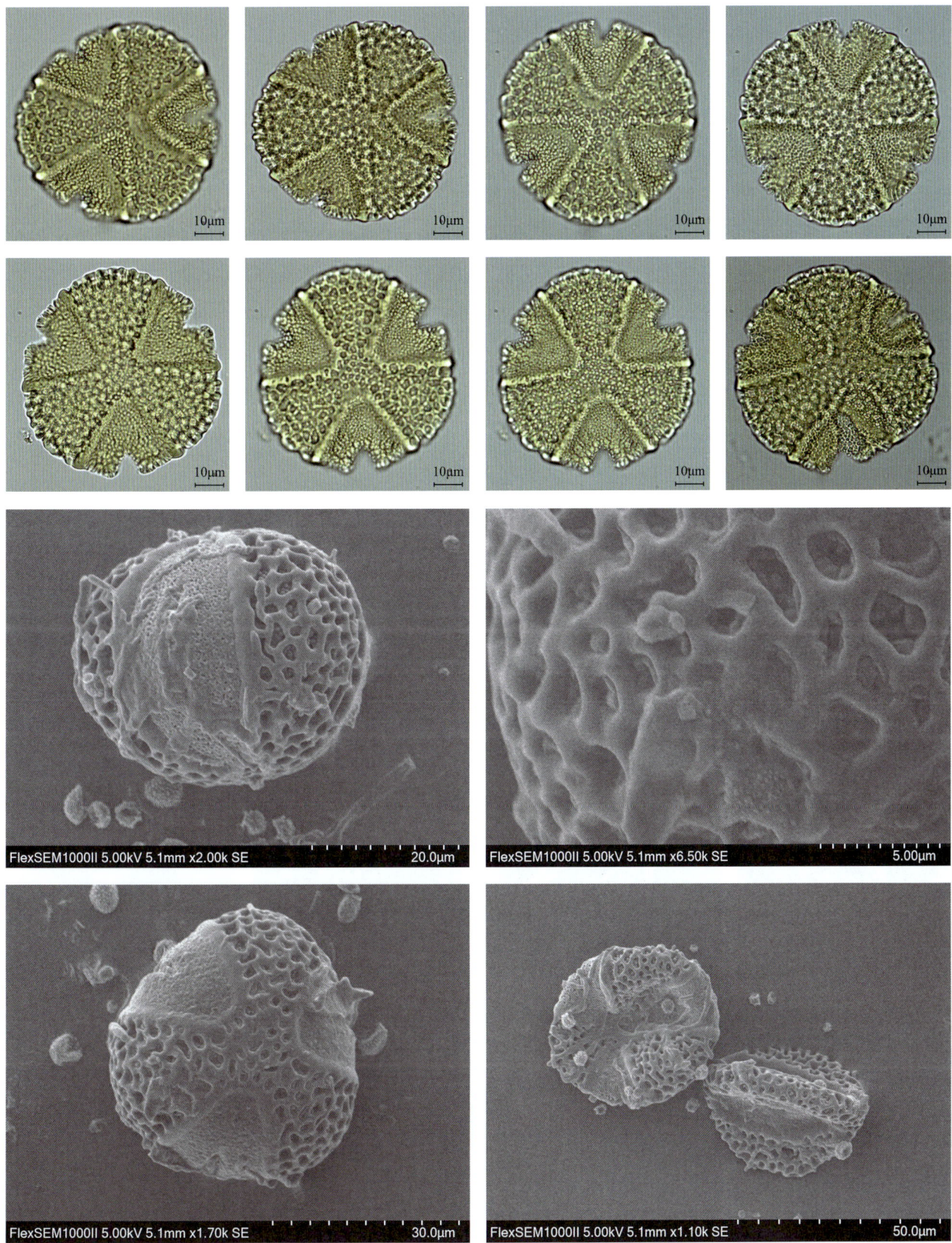

## *Caesalpinia pulcherrima* (L.) Sw. 洋金凤

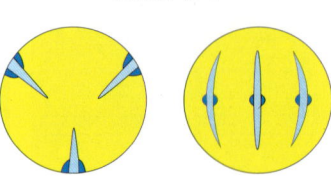

花粉图式

【形态特征】大灌木或小乔木；枝光滑，绿色或粉绿色，散生疏刺；二回羽状复叶长 12~26 厘米；羽片 4~8 对，对生，长 6~12 厘米；小叶 7~11 对，长圆形或倒卵形，长 1~2 厘米，顶端凹缺，有时具短尖头，基部偏斜；小叶柄短；总状花序近伞房状，顶生或腋生，疏松，长可达 25 厘米；花梗长短不一，长 4.5~7 厘米；花托凹陷成陀螺形，无毛；萼片 5，无毛，最下一片长约 14 毫米，其余的长约 10 毫米；花瓣橙红色或黄色，圆形，长 1~2.5 厘米，边缘皱波状，柄与瓣片几乎等长；花丝红色，远伸出于花瓣外，长 5~6 厘米，基部粗，被毛；子房无毛，花柱长，橙黄色；荚果狭而薄，倒披针状长圆形，无翅，先端有长喙，无毛，不开裂，成熟时黑褐色；种子 6~9 颗。

【花果期】几乎全年可开花结果。

【生境】属阳生树种，喜温暖湿润和阳光充足的环境，不耐寒，稍耐阴，在富含腐殖质、排水良好、疏松肥沃的微酸性土壤中生长良好。

【分布】原产于热带地区，云南、广西、广东和台湾均有栽培。

【别名】金凤花。

【保护级别】无危（LC）。

【花粉形态】花粉粒扁球形，极面观 3 裂圆形，大小为 55（53~59）× 63（57~72）μm；具 3 萌发孔，拟沟中有 3 个相当于内孔的结构，拟沟末端钝圆，达至极区，少数花粉粒具合沟，拟沟间区外壁具明显的网状雕纹，拟沟上具细网状雕纹，内孔纵长，在极面观凸出于轮廓线外；外壁外层具明显的基柱。

第五章 被子植物的花粉形态

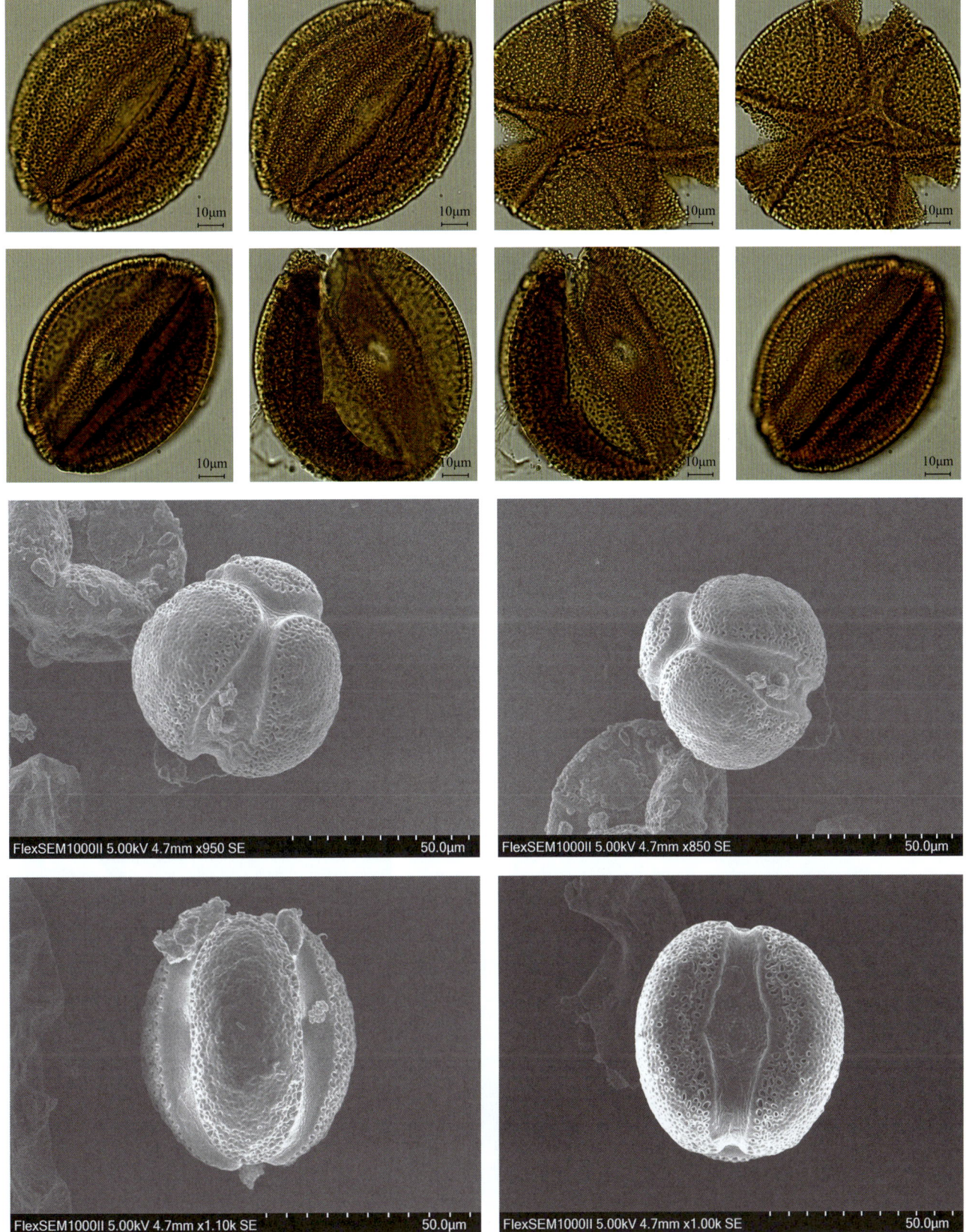

## *Chesneya* 雀儿豆属

### *Chesneya macrantha* S. H. Cheng ex P. C. Li 大花雀儿豆

花粉图式

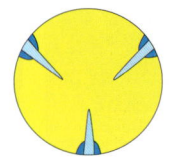
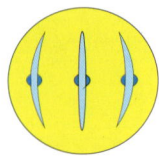

【形态特征】垫状草本，茎极短缩，高 5~10 厘米；羽状复叶长 2~4 厘米，有 7~9 片小叶；托叶近膜质，卵形，长约 4 毫米，密被白色伏贴的长柔毛，1/2 以下与叶柄基部贴生，宿存；叶柄和叶轴疏被白色开展的长柔毛，宿存并硬化呈针刺状；小叶椭圆形或倒卵形，长 5~6 毫米，先端锐尖，具刺尖，基部楔形，两面密被白色伏贴绢质短柔毛；花单生；花梗长 4~5 毫米；苞片线形，长约 8 毫米；小苞片与苞片同形；花萼管状，长约 1.5 厘米，密被长柔毛及暗褐色腺体，基部一侧膨大呈囊状，萼齿线形，与萼筒近等长，先端亦具腺体；花冠紫红色，旗瓣长约 25 毫米，瓣片长圆形，背面密被短柔毛，翼瓣长约 20 毫米，龙骨瓣短于翼瓣；子房密被长柔毛，无柄。

【花果期】花期 6 月，果期 7 月。

【生境】生于干旱山坡。

【分布】内蒙古。

【别名】无。

【保护级别】易危（VU）。

【花粉形态】花粉粒近圆球形，极面观 3 裂圆形，大小为 17（15~20）× 28（25~33）μm；具 3 孔沟，内孔外突，椭圆形，沟长达两极；表面具细网状雕纹。

第五章 被子植物的花粉形态

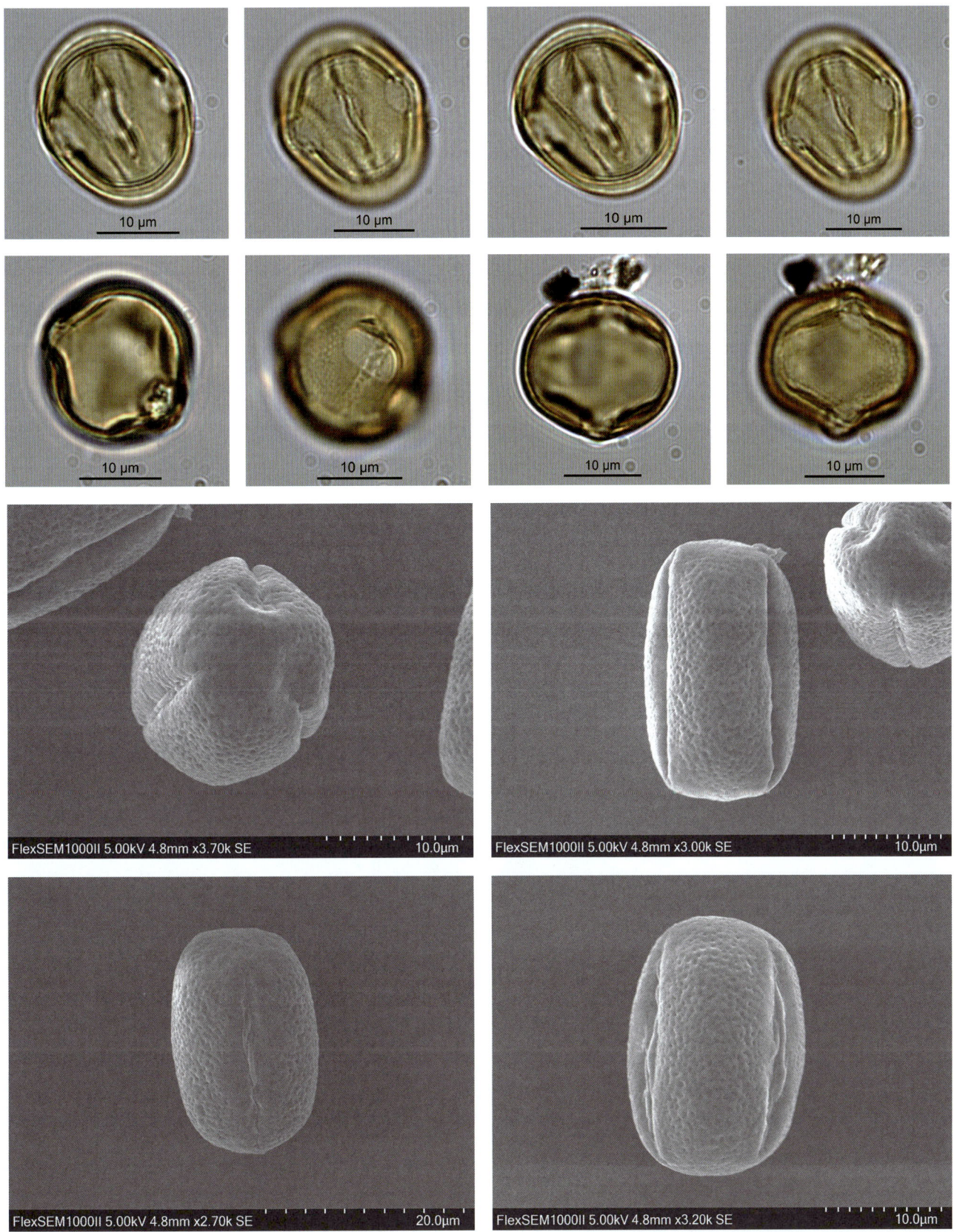

531

## *Dalbergia* 黄檀属

***Dalbergia assamica* Benth. 秧青**

【形态特征】乔木，高 7~10 米，具平展的分枝；羽状复叶长 25~30 厘米；叶轴长 23~25 厘米；托叶大，叶状，卵形至卵状披针形；小叶 6~10 对，纸质，长圆形或长圆状椭圆形；圆锥花序腋生，稀疏，长 10~15 厘米；总花梗、花序分枝和花梗均密被黄褐色茸毛；基生小苞片和副萼状小苞片卵形，被毛，脱落；花长 6~8 毫米；花萼钟状；花冠白色，内面有紫色条纹，花瓣具长柄，旗瓣圆形，翼瓣阔卵形，龙骨瓣半月形，与翼瓣内侧同具向下的耳；雄蕊 10；子房具柄，被柔毛，有胚珠 1~4 粒，花柱纤细，锥状，柱头微小；荚果阔舌状，长圆形至带状，顶端急尖，基部渐狭，楔形，果瓣革质，对种子部分有不显著网纹，有种子 1~4 粒；种子肾形，扁平。

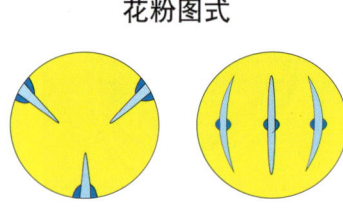

花粉图式

【花果期】花期 4—6 月，果期 10—12 月。

【生境】生于海拔 650~1700 米的山地疏林、河边或村旁旷野。

【分布】广西和云南，喜马拉雅山东部也有分布。

【别名】茶丫藤、黄类树、水相思、南岭檀、紫花黄檀、思茅黄檀、南岭黄檀。

【保护级别】濒危（EN）。

【花粉形态】花粉粒长球形，极面观 3 裂圆形，赤道面观为椭圆形，大小为 16（13~20）×25（23~29）μm；具 3 孔沟，沟长达两极，宽 2~3μm，边缘不平，中间略缢缩，孔横长，圆形，宽于沟，具孔室；外壁厚约 1.5μm，内外层几等厚；表面具模糊的细网状雕纹。

# 第五章 被子植物的花粉形态

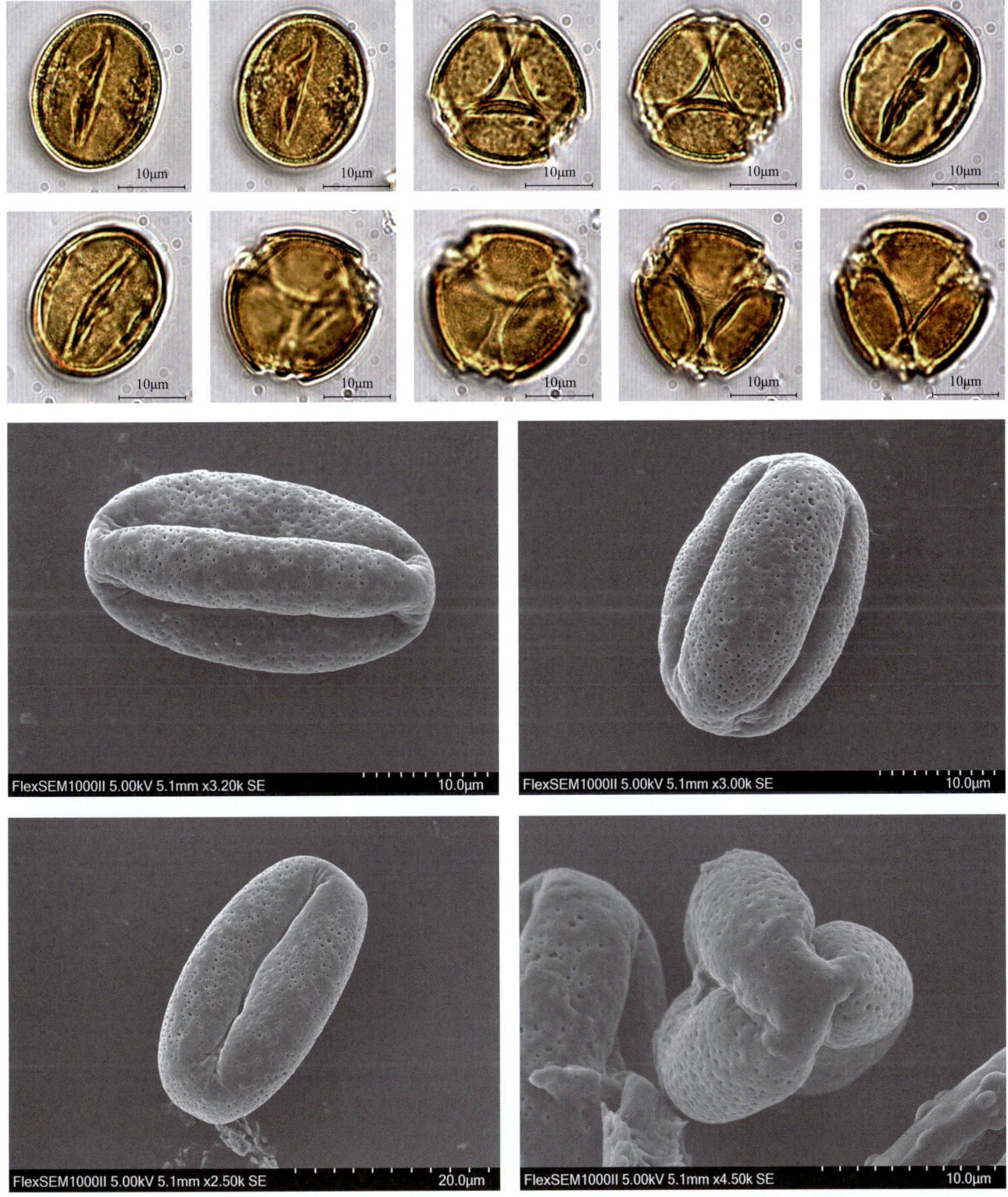

## *Derris* 鱼藤属

### *Derris taiwaniana* (Hayata) Z. Q. Song 厚果鱼藤

**【形态特征】** 大型藤本，长可达 15 米；茎中空，嫩枝褐色，密被黄色茸毛，后渐秃净；老枝黑色，无毛，散生褐色皮孔；羽状复叶长 30~50 厘米，托叶宽卵形，贴生鳞芽两侧，宿存；小叶 13~17，对生，长椭圆形或长圆状披针形，纸质，长 10~18 厘米，先端锐尖，基部楔形或钝圆，侧脉 12~15 对；总状圆锥花序，长 15~30 厘米，2~6 枝生于新枝下部；苞片和小苞片均甚小；花梗长 6~8 毫米；花萼宽钟形，密被褐色茸毛；花冠淡紫色，长 2.1~2.3 厘米，旗瓣卵形，无毛，基部无胼胝体，翼瓣与龙骨瓣稍短于旗瓣；子房密被茸毛，胚珠 5~7；荚果肿胀，长圆形，单粒种子时卵圆形，茸毛秃净，表皮黄褐色，密布浅黄色疣点，果瓣厚木质，迟裂，具 1~5 种子；种子暗褐色，肾形，或挤压时呈棋子形。

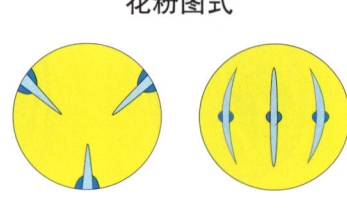

花粉图式

**【花果期】** 花期 4—6 月，果期 6—11 月。

**【生境】** 生于山坡常绿阔叶林内，海拔 2000 米以下。

**【分布】** 国内分布：浙江南部、江西、福建、台湾、湖南、广东、广西、四川、贵州、云南和西藏；国外分布：缅甸、泰国、越南、老挝、孟加拉国、印度、尼泊尔和不丹。

**【别名】** 毛蕊崖豆藤、冲天子、苦檀子、罗藤、厚果鸡血藤、厚果崖豆藤。

**【保护级别】** 地方保护野生植物。

**【花粉形态】** 花粉粒近圆球形至扁圆球形，极面观 3 裂圆形；大小为 25（22~28）× 30（27~34）μm；具 3 孔沟，沟狭长，中间缢缩，孔较大，呈哑铃形；外壁厚 1~2 μm，外层厚于内层；表面具网状雕纹。

第五章 被子植物的花粉形态

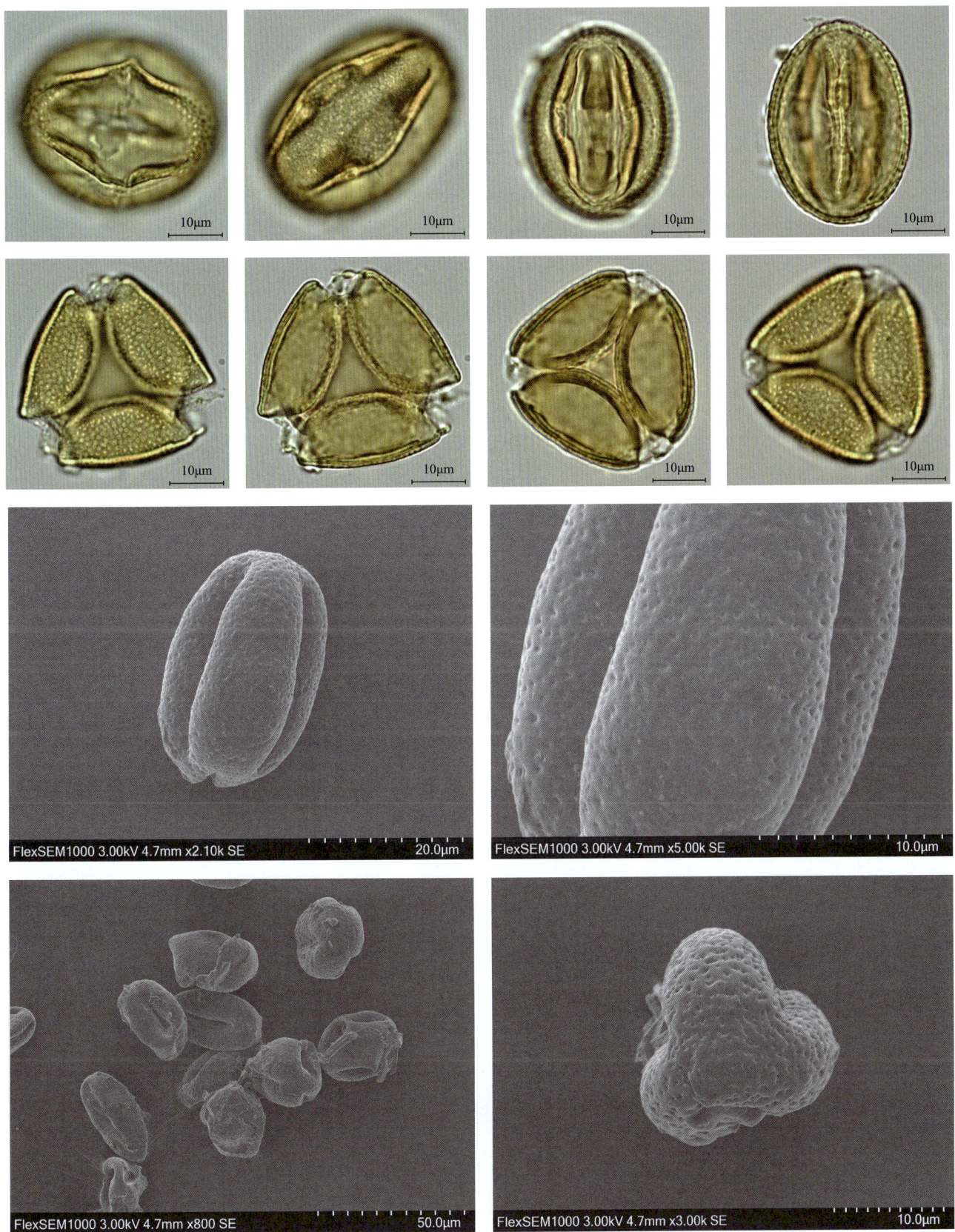

535

## *Erythrophleum* 格木属

*Erythrophleum fordii* Oliv. 格木

【形态特征】常绿乔木，高 6~12 米；嫩枝和幼芽被铁锈色短柔毛；叶互生，二回羽状复叶，无毛；羽片通常 3 对，对生或近对生，长 20~30 厘米，每羽片有小叶 8~12 片；小叶互生，卵形或卵状椭圆形，长 5~8 厘米，先端渐尖，基部圆形，两侧不对称，边全缘；小叶柄长 2.5~3 毫米；总状花序圆柱形，数枚排列为腋生的圆锥花序；总花梗上被铁锈色柔毛；萼钟状，裂片 5，有短柔毛；花瓣 5，淡黄绿色，长于萼裂片，倒披针形，内面和边缘密被柔毛；雄蕊 10 枚，无毛，长为花瓣的 2 倍；子房长圆形，具柄，外面密被黄白色柔毛，有胚珠 10~12 颗，荚果长圆形，扁平，厚革质，有网脉；种子长圆形，稍扁平，种皮黑褐色。

花粉图式

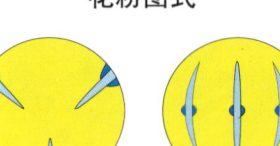

【花果期】花期 5—6 月，果期 8—10 月。

【生境】生于山地密林或疏林中。

【分布】国内分布：广西、广东、福建、台湾、浙江等省区；国外分布：越南。

【别名】赤叶柴、孤坟柴、斗登风。

【保护级别】国家二级重点保护野生植物；易危（VU）。

【花粉形态】花粉粒近球形至近长球形，极面观为 3 裂圆形，大小为 18（15~21）× 29（26~32）μm；具 3 孔沟，沟两端渐尖，中部稍缢缩，具沟膜，内孔纵长矩形，略比沟宽；外壁厚约 1.5μm，外层稍厚于内层；表面具颗粒 – 网状雕纹。

# 第五章 被子植物的花粉形态

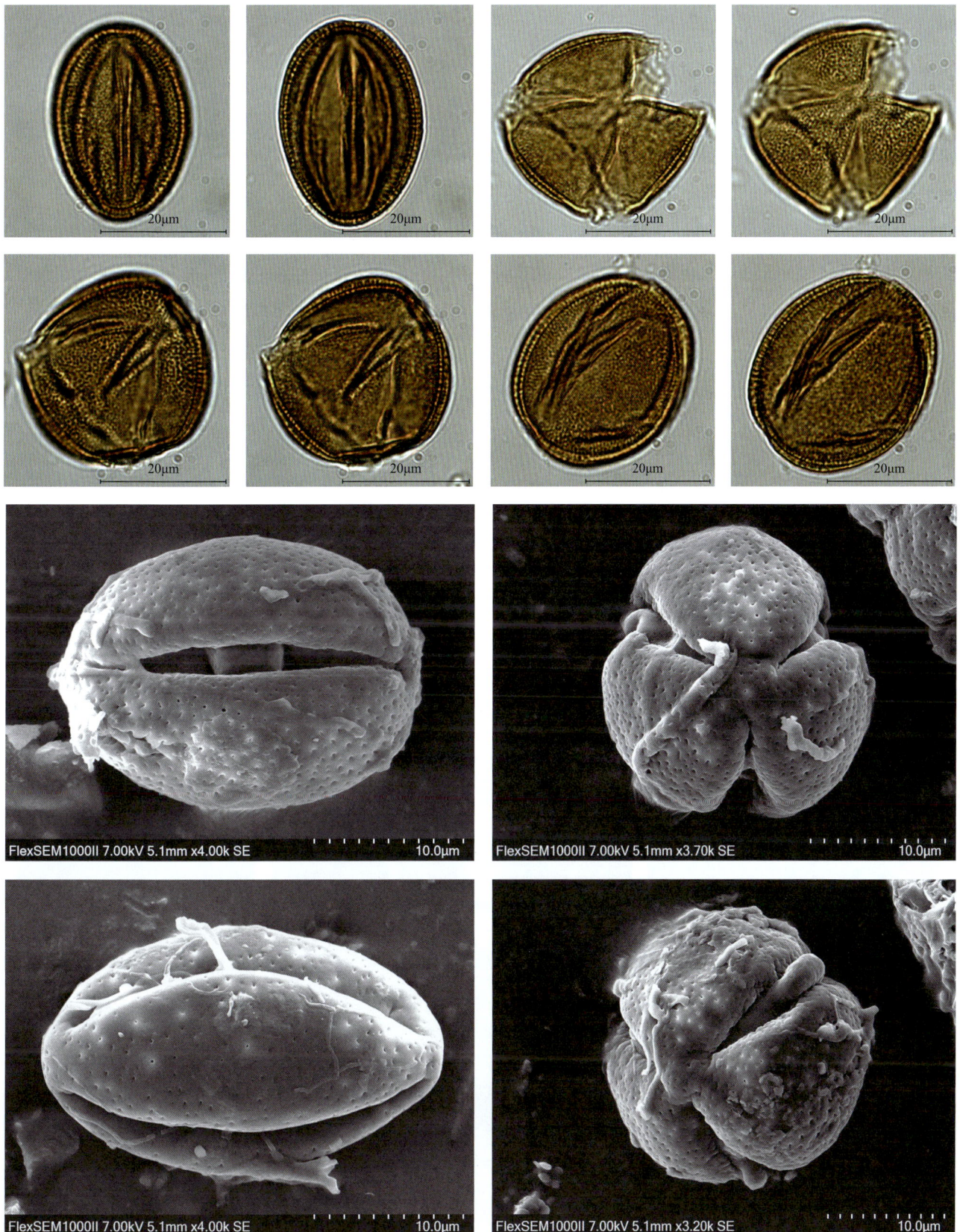

537

## *Glycine* 大豆属

### *Glycine soja* Siebold & Zucc. 野大豆

【形态特征】一年生缠绕草本，长1~4米，茎细瘦，全体疏被褐色长硬毛；叶具3小叶，长可达14厘米；托叶卵状披针形，急尖，被黄色柔毛；顶生小叶卵圆形或卵状披针形，长3.5~6厘米，先端急尖，基部圆形，侧生小叶斜卵状披针形；总状花序腋生；花梗密生黄色长硬毛；苞片披针形；花萼钟状；花冠淡红紫色或白色，旗瓣近圆形，先端微凹，基部具短瓣柄，翼瓣斜倒卵形，有明显的耳，龙骨瓣比旗瓣、翼瓣短小，密被长毛；花柱短而向一侧弯曲；荚果长圆形，稍弯，两侧稍扁，密被长硬毛，种子间稍缢缩，干时易裂；种子2~3颗，椭圆形，稍扁，褐色至黑色。

花粉图式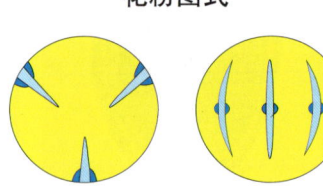

【花果期】花期7—8月，果期8—10月。

【生境】生于海拔150~2650米的潮湿田边、园边、沟旁、河岸、湖边、沼泽、草甸、沿海和岛屿向阳的矮灌木丛或芦苇丛中，稀见于河岸疏林下。

【分布】除新疆、青海和海南外，遍布全国。

【别名】乌豆、野黄豆、白花宽叶蔓豆、白花野大豆、豆、山黄豆、小落豆。

【保护级别】国家二级重点保护野生植物；地方保护野生植物。

【花粉形态】花粉粒近球形，极面观为浅3裂圆形，大小为17（15~19）×24（21~27）μm；具3孔沟，沟细长，轮廓不清晰，孔圆形，直径约为5μm；外壁层次分明，外层与内层几等厚；表面具模糊的细网状雕纹，电镜下为脑纹状雕纹。

第五章 被子植物的花粉形态

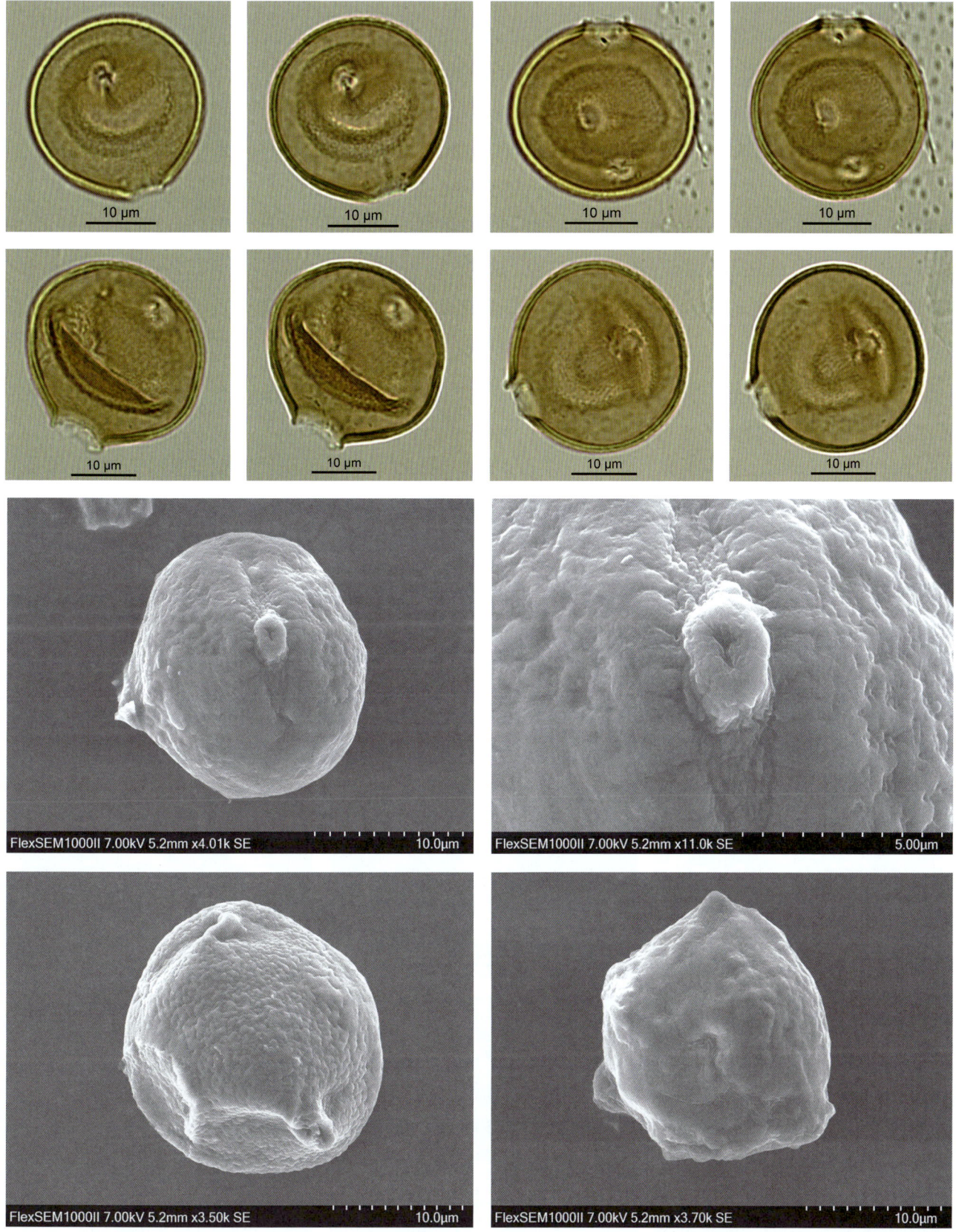

## *Lysidice* 仪花属

### *Lysidice rhodostegia* Hance 仪花

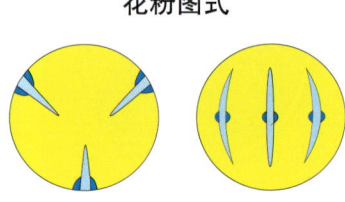

花粉图式

【形态特征】灌木或小乔木，高 2~5 米；小叶 3~5 对，纸质，长椭圆形或卵状披针形，先端尾状渐尖，基部圆钝；侧脉纤细，近平行，两面明显；小叶柄粗短，长 2~3 毫米；圆锥花序长 20~40 厘米，总轴、苞片、小苞片均被短疏柔毛；苞片、小苞片粉红色，卵状长圆形或椭圆形，苞片长 1.2~2.8 厘米，小苞片小，长 2~5 毫米；萼管长 1.2~1.5 厘米；花瓣紫红色，阔倒卵形，连柄长约 1.2 厘米，先端圆而微凹；能育雄蕊 2 枚，花药长约 4 毫米；退化雄蕊通常 4 枚，钻状；子房被毛，有胚珠 6~9 颗，花柱细长，被毛；荚果倒卵状长圆形，基部 2 缝线不等长，腹缝较长而弯拱，开裂，果瓣常成螺旋状卷曲；种子 2~7 颗，长圆形，褐红色，边缘不增厚，种皮较薄而脆，表面微皱，里面无胶质层。

【花果期】花期 6—8 月，果期 9—11 月。

【生境】生于海拔 500 米以下的山地丛林中，常见于灌丛、路旁与山谷溪边。

【分布】国内分布：广东高要、茂名、五华等地以及广西龙州和云南；国外分布：越南。

【别名】单刀根。

【保护级别】无危（LC）。

【花粉形态】花粉粒近球形至长球形，极面观 3 裂圆形，大小为 45（38.5~57）× 49（43~60）μm；具 3 孔沟，沟长达两极，内孔大而阔，直径约 6μm；外壁厚约 3.2μm，外层显著厚于内层；表面具条纹–网状雕纹，网脊粗，由大小形状不同的颗粒形成，网脊往往连成长条，但无一定方向。

第五章 被子植物的花粉形态

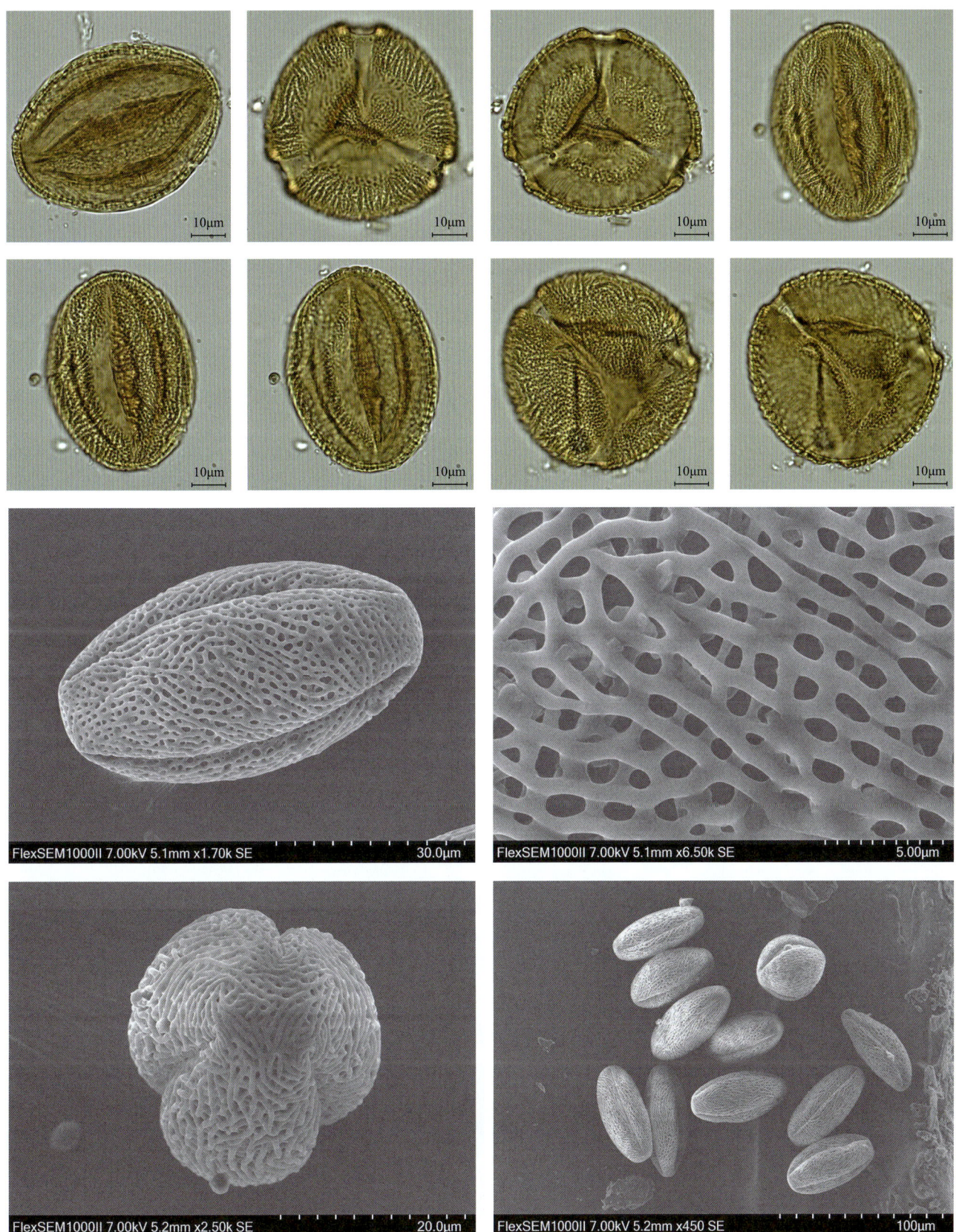

## *Medicago* 苜蓿属

### *Medicago falcata* L. 野苜蓿

【形态特征】多年生草本；主根粗壮，须根发达；茎平卧或上升，圆柱形，多分枝；羽状三出复叶；托叶披针形至线状披针形，先端长渐尖，基部戟形，全缘或稍具锯齿，脉纹明显；叶柄细，比小叶短；小叶倒卵形至线状倒披针形，先端近圆形，具刺尖，基部楔形；顶生小叶稍大；花序短总状，长 1~24 厘米，具花 6~25 朵，稠密；总花梗腋生，挺直，与叶等长或稍长；苞片针刺状，长约 1 毫米；花长 6~11 毫米；花梗长 2~3 毫米，被毛；萼钟形，被贴伏毛，萼齿线状锥形，比萼筒长；花冠黄色，旗瓣长倒卵形，翼瓣和龙骨瓣等长，均比旗瓣短；子房线形，被柔毛，花柱短，略弯，胚珠 2~5 粒；荚果镰形，脉纹细，斜向，被贴伏毛，有种子 2~4 粒；种子卵状椭圆形，胚根处凸起。

花粉图式

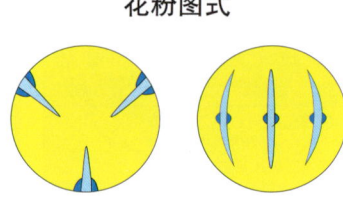

【花果期】花期 6—8 月，果期 7—9 月。

【生境】生于砂质偏旱耕地、山坡、草原及河岸杂草丛中。

【分布】国内分布：东北、华北和西北各地；国外分布：欧洲盛产，也见于哈萨克斯坦、乌兹别克斯坦、土库曼斯坦、吉尔吉斯斯坦、塔吉克斯坦、蒙古、伊朗等地区。

【别名】黄花苜蓿、镰荚苜蓿。

【保护级别】地方保护野生植物。

【花粉形态】花粉粒长球形，极面观为 3 裂圆形，大小为 25（23~27）× 42（36~47）μm；具 3 孔沟，孔圆形，沟长达两极；表面具颗粒状雕纹，电镜下为小穴状雕纹。

# 第五章 被子植物的花粉形态

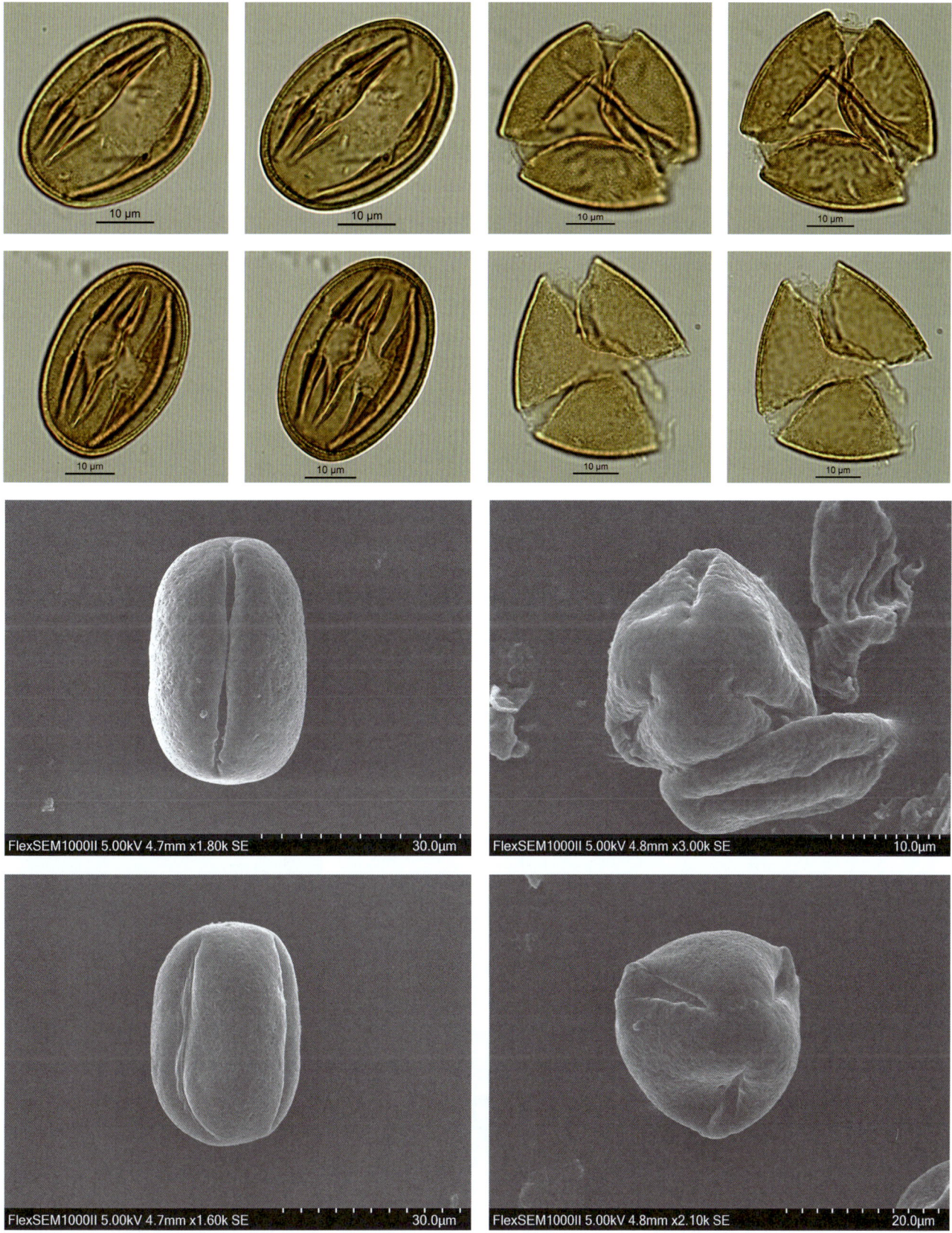

543

## *Medicago alaschanica* Vassilcz. 阿拉善苜蓿

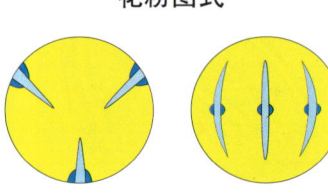

花粉图式

【形态特征】多年生草本，高50厘米以上；根系发达，主根粗壮；茎直立或斜生，粗壮，分枝繁茂，疏被短柔毛或近无毛；羽状三出复叶，顶生小叶较大；托叶卵状披针形，先端呈锥状，全缘或稍具粗锯齿，下部与叶柄合生；小叶矩圆状倒卵形，先端圆或截形，基部楔形，叶缘上部有锯齿；总状花序腋生，花多而密集；苞片小，呈锥形；花萼钟状，密被柔毛，萼齿狭三角形；花冠白色、淡黄色，旗瓣长倒卵形；子房条形，稍弯曲，花柱向内弯曲，柱头头状；荚果稍扁，马蹄形或卷曲1圈的环形，密被柔毛；有种子2~4粒。

【花果期】花果期5—7月。

【生境】生于荒漠带的绿洲。

【分布】内蒙古自治区阿拉善盟。

【别名】无

【保护级别】国家二级重点保护野生植物；地方保护野生植物；荒漠特有种。

【花粉形态】花粉粒长球形，极面观为3裂圆形，赤道面观为椭圆形，大小为25（23~27）×40（37~45）μm；具3孔沟，孔圆形，沟长达两极；表面具颗粒状雕纹，电镜下为小穴状雕纹。

第五章 被子植物的花粉形态

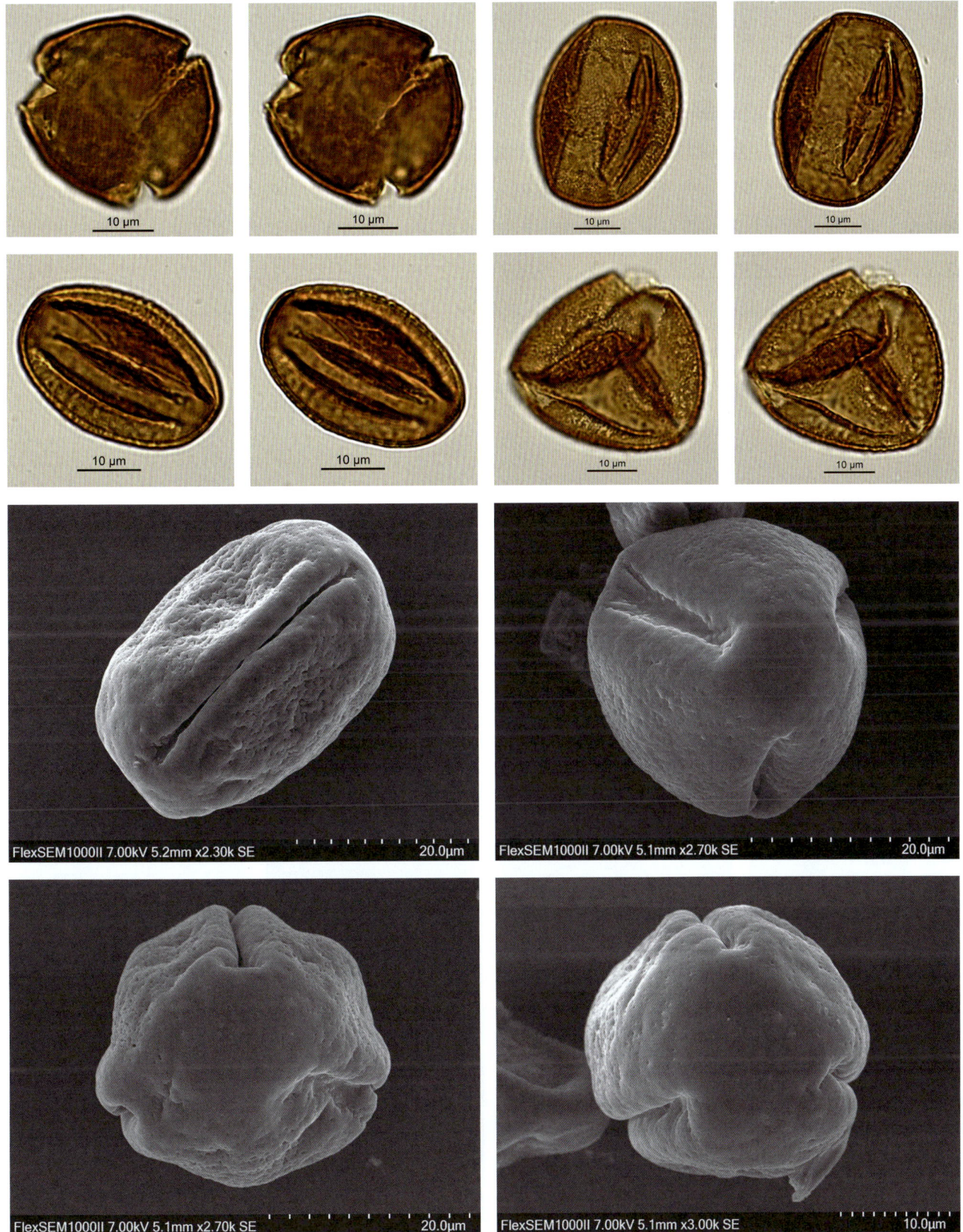

## *Mimosa* 含羞草属

### *Mimosa pudica* L. 含羞草

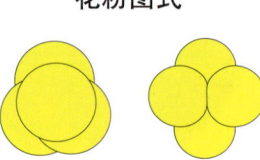

花粉图式

【形态特征】披散、亚灌木状草本，高可达 1 米；茎圆柱状，具分枝，有散生、下弯的钩刺及倒生刺毛；托叶披针形，长 5~10 毫米，有刚毛；羽片和小叶触之即闭合而下垂；羽片通常 2 对，指状排列于总叶柄之顶端，长 3~8 厘米；小叶 10~20 对，线状长圆形，先端急尖，边缘具刚毛；头状花序圆球形，具长总花梗，单生或 2~3 个生于叶腋；花小，淡红色，多数；苞片线形；花萼极小；花冠钟状，裂片 4，外面被短柔毛；雄蕊 4 枚，伸出于花冠之外；子房有短柄，无毛；胚珠 3~4 颗，花柱丝状，柱头小；荚果长圆形，扁平，稍弯曲，荚缘波状，具刺毛，成熟时荚节脱落，荚缘宿存；种子卵形。

【花果期】花果期 3—11 月。

【生境】生于旷野荒地、灌木丛中，长江流域常有栽培供观赏。

【分布】国内分布：台湾、福建、广东、广西、云南等地；国外分布：原产热带美洲，现广布于世界热带地区。

【别名】怕羞草、害羞草、怕丑草、呼喝草、知羞草。

【保护级别】无危（LC）。

【花粉形态】花粉粒球形，四合体，体积很小，直径约为 10μm；表面光滑。

第五章 被子植物的花粉形态

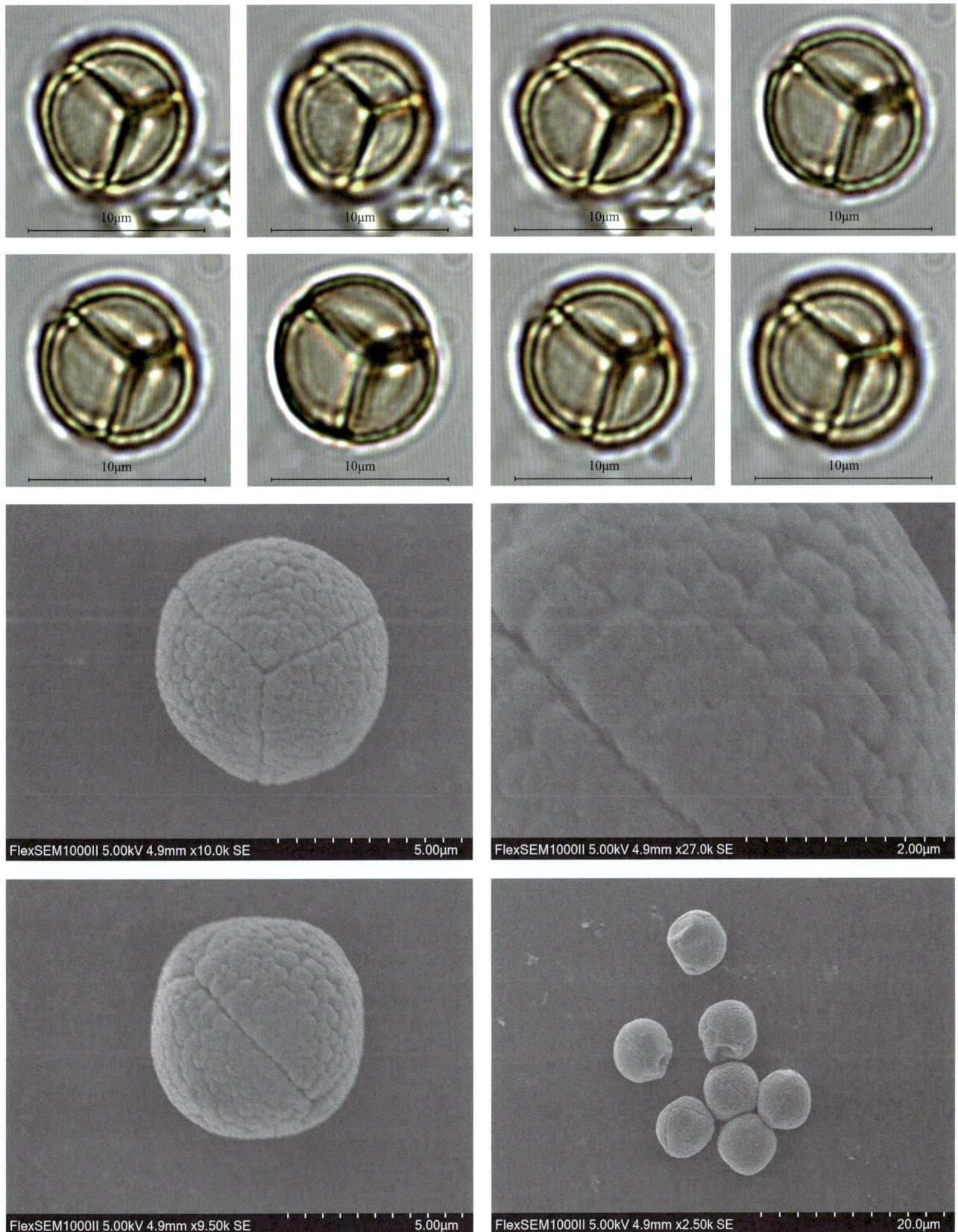

547

## Ormosia 红豆属

### *Ormosia emarginata* (Hook. & Arn.) Benth. 凹叶红豆

**【形态特征】**常绿小乔木，有时呈灌木状；幼树树皮绿色，渐变为灰绿色；小枝绿色，平滑无毛，无明显皮孔；芽有锈褐色毛；奇数羽状复叶；小叶 1~3 对，厚革质，倒卵形或倒卵状椭圆形，先端钝圆而有凹缺，基部圆或楔形，侧脉 7~8 对，纤细，与中脉成 45°角，细脉纤细，两面均隆起，下面较明显；小叶柄长 3~5 毫米，粗短，有凹槽及皱纹；圆锥花序顶生；花疏，有香气；花梗长 3~5 毫米，细柔，无毛；花萼 5 裂达中部，萼齿等大，边缘及内面有灰色茸毛；花冠白色或粉红色，旗瓣半圆形，翼瓣篦形，有长柄，基部耳状，龙骨瓣为不整齐的长圆形；雄蕊 10；子房无毛；荚果扁平，黑褐色或黑色，菱形或长圆形，两端尖，果颈长 2~3 毫米，果瓣木质，内面有隔膜，有种子 1~4 粒；种子近圆形或椭圆形，微扁，种皮鲜红色，种脐小，有黄白色残留珠柄。

**【花果期】**花期 5—6 月，果期 10—11 月。

**【生境】**生于山坡和山谷混交林内。

**【分布】**国内分布：广东、海南和广西（东兴）；国外分布：越南。

**【别名】**无

**【保护级别】**国家二级重点保护野生植物；无危（LC）。

**【花粉形态】**花粉粒近球形至长球形，极面观 3 裂圆形，大小为 15（14~18）× 25（22~27）μm；具 3 孔沟，沟近纺锤形，末端钝尖，具沟膜，孔横长，矩形；外壁厚 2~3μm，外层厚于内层；表面具网状雕纹。

花粉图式

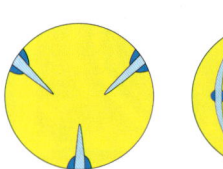
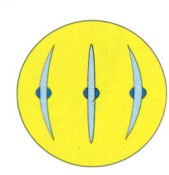

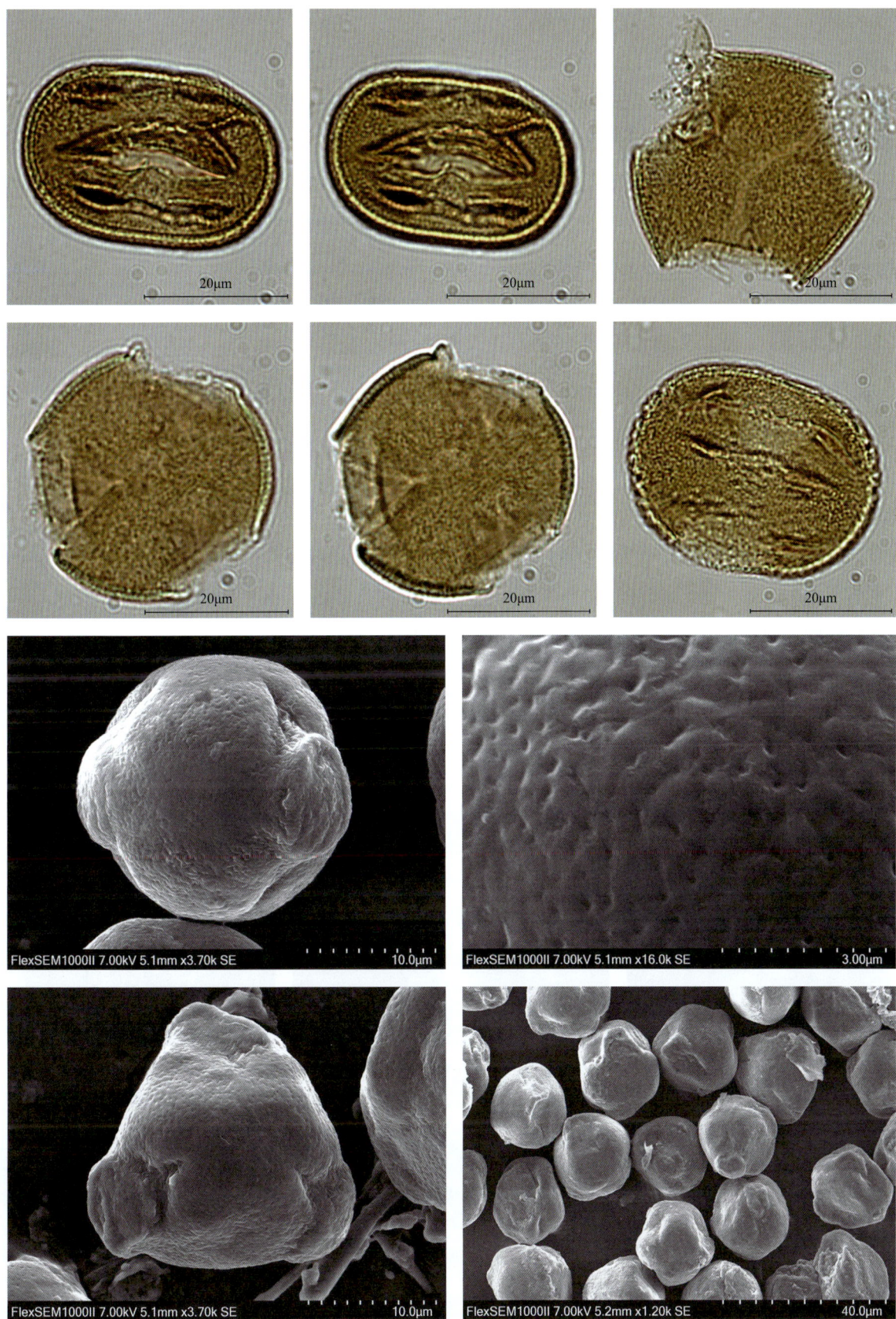

## *Ormosia merrilliana* H. Y. Chen 云开红豆

**【形态特征】**常绿乔木，高可达 20 米；树皮灰褐色，有较浅的纵裂纹，全体被黄褐色茸毛；奇数羽状复叶，长 20~25 厘米，托叶三角形，密被黄褐色茸毛；叶柄长 4~5 厘米，叶轴长 8~10.5 厘米，叶轴在最上部一对小叶处不延长；小叶 2~3 对，革质，椭圆状倒披针形至倒披针形；小叶柄粗，密被褐色短柔毛；小托叶披针形，密被茸毛；圆锥花序顶生，略开展，密被柔毛；花梗长约 2 毫米；萼齿三角形，密被锈褐色柔毛；花冠白色，旗瓣阔圆形，翼瓣阔椭圆形，基部耳形，龙骨瓣基部一侧略成耳形；雄蕊 10 枚，花丝无毛，长 6~12 毫米；子房阔卵形，无柄，密被柔毛，胚珠 1 粒，花柱丝状，一侧基部有柔毛；荚果阔卵形或倒卵形，肿胀，先端钝或短凸头，基部圆，无果颈，果瓣外面密被茸毛，内壁无隔膜，有种子 1 粒；种子近圆形或阔倒卵形，微扁，暗栗色或黑色，有光泽，种皮密布小凹点，种脐小，椭圆形。

**【花果期】**花期 6 月，果期 10 月。

**【生境】**生于海拔 80~1200 米的山坡、山谷疏林中或林缘。

**【分布】**国内分布：广东、广西和云南（富宁）；国外分布：越南。

**【别名】**两广红豆、青竹木、皮青木、梅氏红豆。

**【保护级别】**国家二级重点保护野生植物；无危（LC）。

**【花粉形态】**花粉粒近球形至长球形，极面观 3 裂圆形，大小为 16（15~19）× 34（26~37）μm；具 3 孔沟，具沟膜，孔横长；外壁厚 2~3μm，外层厚于内层；表面具细网状雕纹。

花粉图式

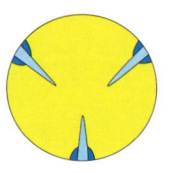
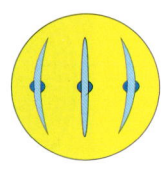

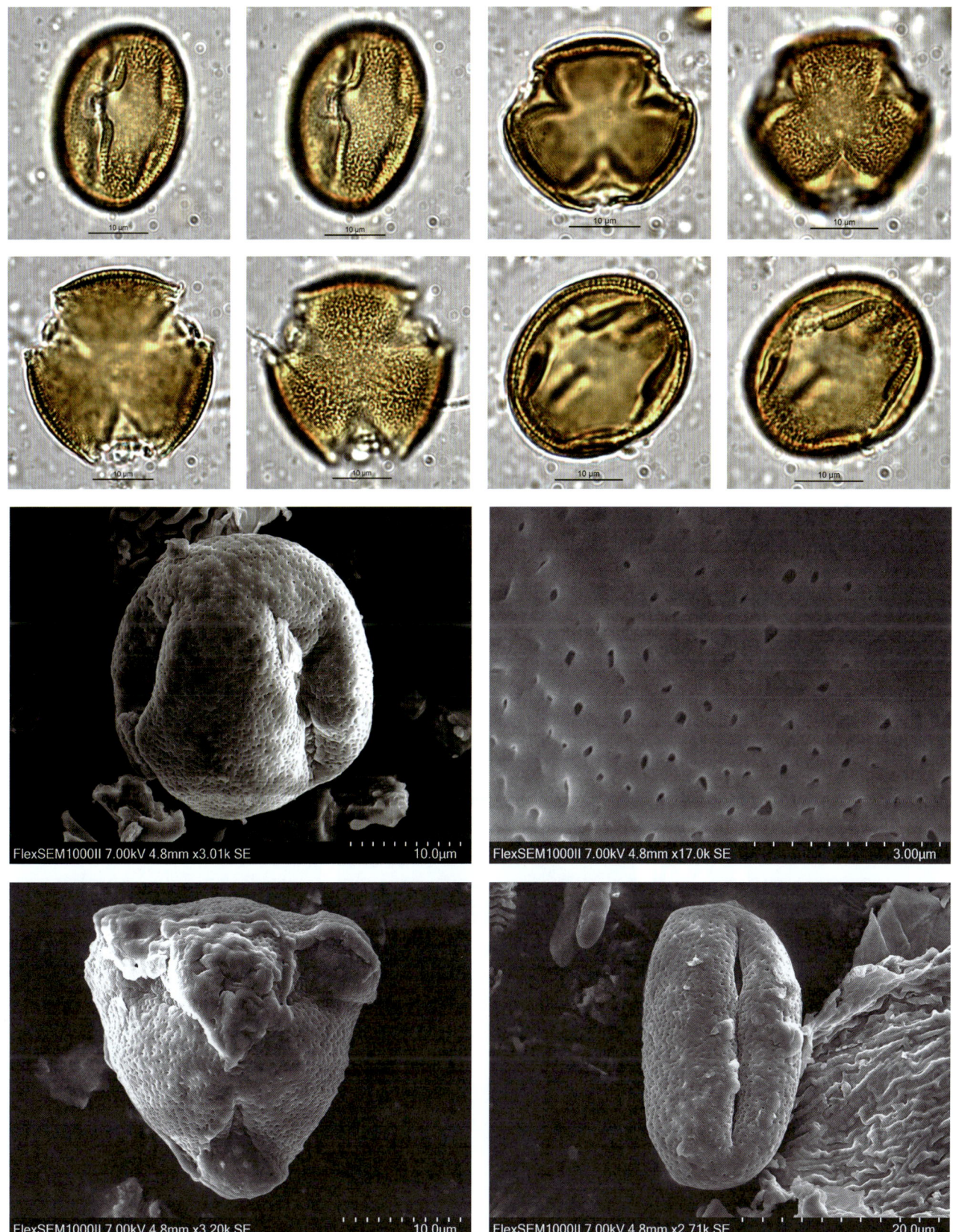

## *Ormosia olivacea* H. Y. Chen 榄绿红豆

**【形态特征】**乔木，高 20~25 米；小枝密被褐色柔毛；芽密被锈色柔毛；奇数羽状复叶，长 17~38 厘米；叶柄长约 5.3 厘米，叶轴长约 18.5 厘米，密被褐色短柔毛，叶轴最上部一对小叶延长 7 毫米生顶小叶；小叶 4~8 对，在叶轴下部的近对生，上部的对生，厚纸质，长椭圆形，先端渐尖，基部圆，上面无毛或仅在中脉处微有毛，下面有褐色柔毛，中脉上面凹下，下面隆起，侧脉 5~8 对，直伸不弧曲，上面微凹，下面隆起，小叶柄长 2~4 毫米，有短柔毛，总状花序或圆锥花序顶生，或总状花序腋生，密被褐色柔毛或近无毛；荚果扁，椭圆形或倒卵状披针形，先端尖头，果颈长 5~8 毫米，常有黄褐色粗毛，果瓣内有木质横隔膜；宿存萼密被锈褐色柔毛，有种子 2~4 粒；种子倒卵形或近肾形，微扁，种皮鲜红色，坚硬，有光泽，种脐长约 3 毫米。

**【花果期】**花期 5—6 月，果期 11—12 月。

**【生境】**生长在海拔 700~2100 米的林缘或山坡次生林内。

**【分布】**广西（北部）和云南（南部）。

**【别名】**胭脂树、红果树、相思红豆。

**【保护级别】**国家二级重点保护野生植物；近危（NT）。

**【花粉形态】**花粉粒近球形至长球形，极面观 3 裂圆形，大小为 17（15~19）× 39（32~42）μm；具 3 孔沟，沟近纺锤形，具沟膜，孔横长；外壁厚 2~3μm，外层厚于内层；表面具细网状雕纹。

花粉图式

# 第五章 被子植物的花粉形态

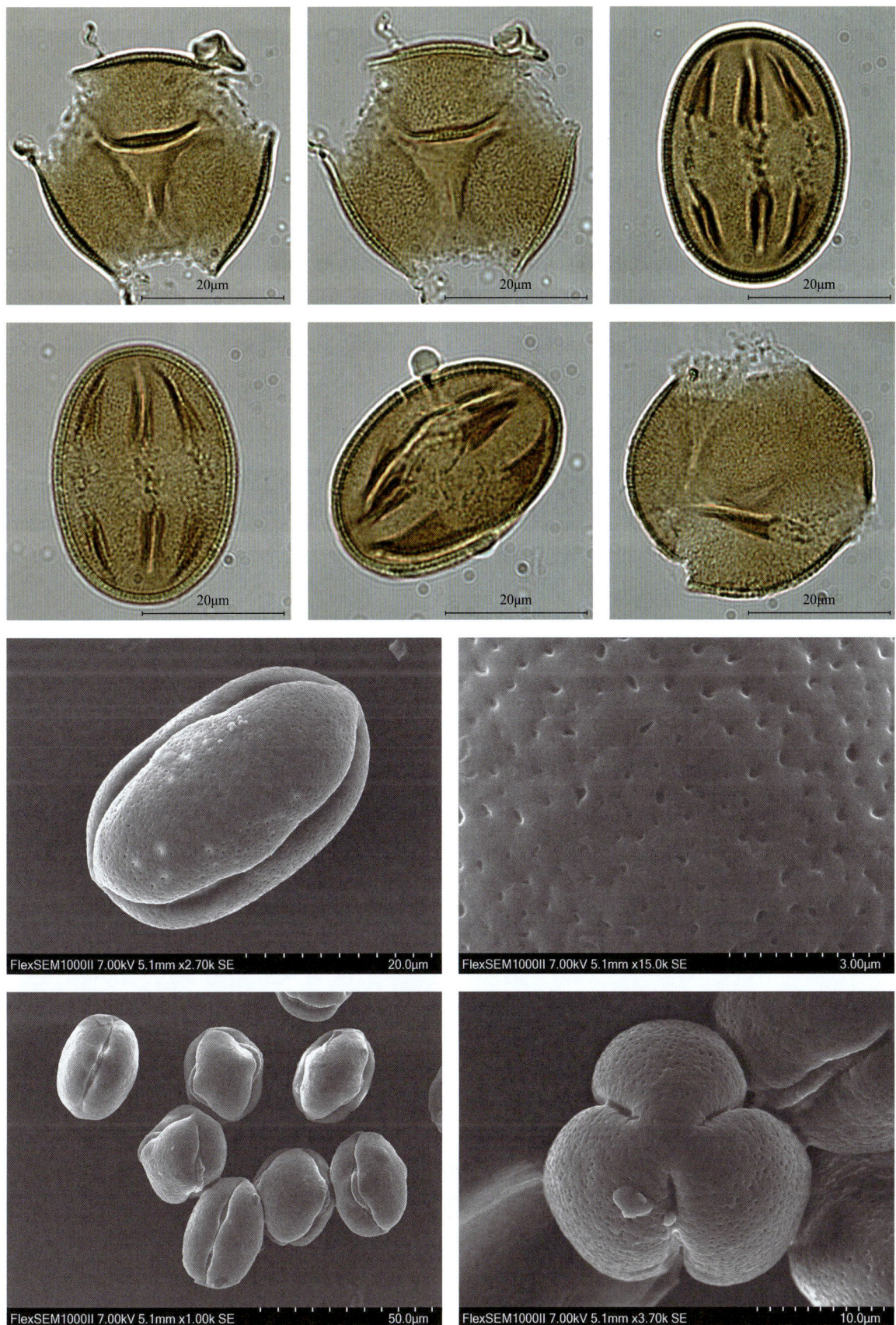

553

### *Oxytropis anertii* Nakai 长白棘豆

花粉图式

【形态特征】多年生草本，高 5~25 厘米；根圆锥状、圆柱状，侧根少，直伸；茎极缩短，丛生羽状复叶长 4~12 厘米；托叶膜质，卵状披针形，长约 15 毫米；2~7 朵花组成头形总状花序；总花梗与叶近等长，长 4~8 厘米，被微曲柔毛；苞片草质，卵状披针形至狭披针形；花长 17~20 毫米；花梗极短；花萼草质，筒状，密被白色柔毛，有时杂生黑色短柔毛，萼齿三角形；花冠淡蓝紫色；子房密被毛至无毛；荚果卵形至卵状长圆形，膨胀，先端渐尖，具弯曲长喙，基部稍圆，被棕色短糙毛并混生淡黄色毛或无毛，隔膜窄，宽 2~2.5 毫米，不完全 2 室；果梗长 3 毫米；种子多数，圆肾形，宽约 3 毫米，深褐色。

【花果期】花期 6—7 月，果期 7—9 月。

【生境】生于海拔 2000~2660 米的高山冻原、高山草甸、高山草原、高山石缝、林缘和阳山坡。

【分布】吉林长白山。

【别名】毛棘豆、白花长白棘豆。

【保护级别】地方保护野生植物。

【花粉形态】花粉粒长球形，极面观 3 裂圆形，赤道面观矩圆形，大小为 20（17~26）× 25（22~32）μm；具 3 孔沟，内孔大，内孔边缘加厚，椭圆形，横长，大小约 6.5 × 7.5μm；外壁两层，厚约 1.5μm，外层略厚于内层，柱状层基柱不明显；表面具细网状雕纹。

第五章 被子植物的花粉形态

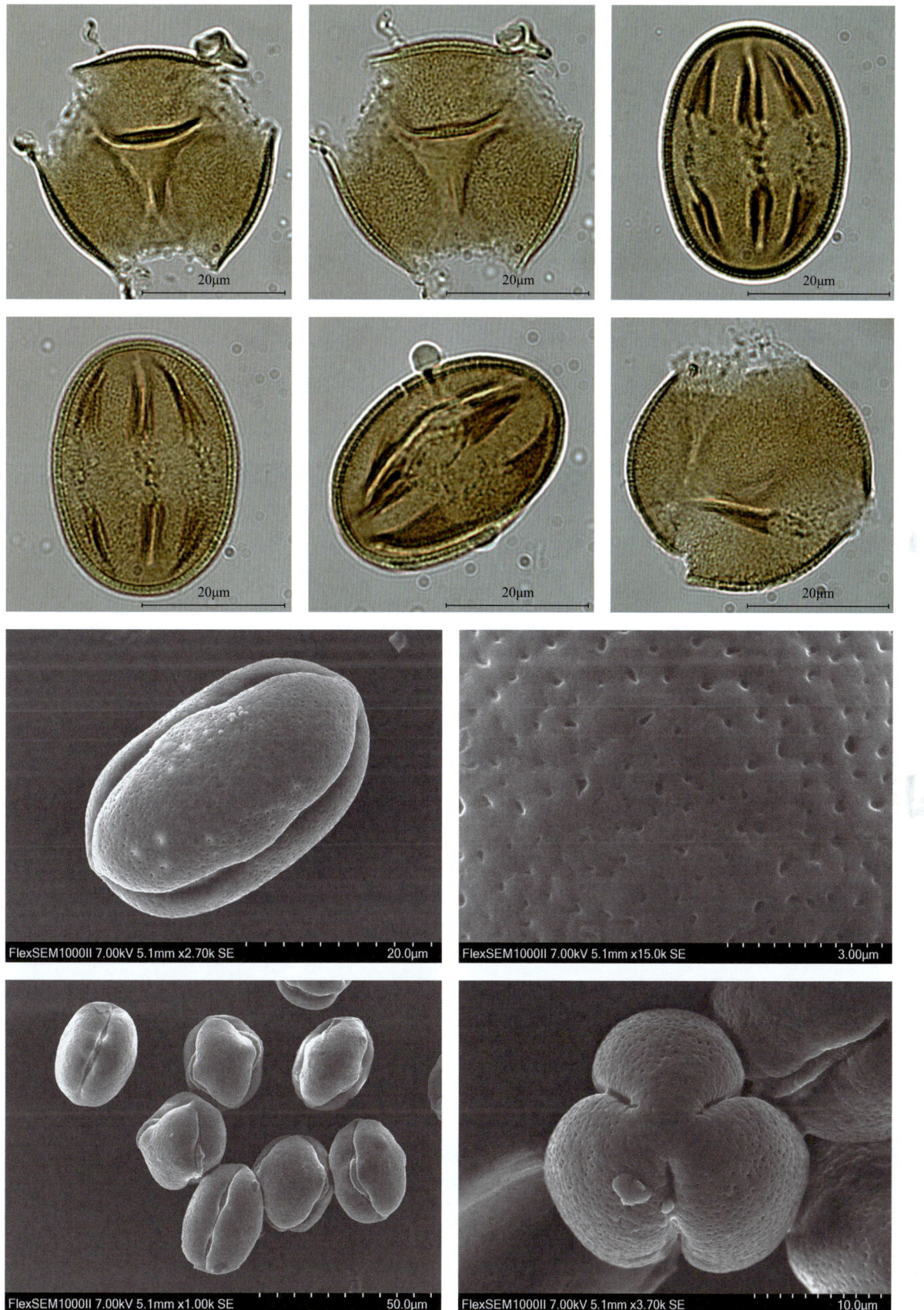

## *Oxytropis* 棘豆属

### *Oxytropis aciphylla* Ledeb. 猫头刺

花粉图式

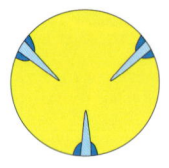 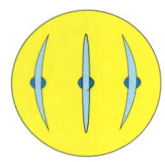

【形态特征】垫状矮小半灌木，高 8~20 厘米；根粗壮，根系发达；茎多分枝，开展，全体成球状植丛；偶数羽状复叶；托叶膜质，彼此合生；叶轴宿存，木质化；小叶 4~6，对生，线形或长圆状线形，先端渐尖，具刺尖，基部楔形；1~2 花组成腋生总状花序；总花梗长 3~10 毫米，密被贴伏白色柔毛；苞片膜质，披针状钻形，小；花萼筒状，长 8~15 毫米，花后稍膨胀，密被贴伏长柔毛，萼齿锥状，长约 3 毫米；花冠红紫色、蓝紫色以至白色，旗瓣倒卵形，先端钝，基部渐狭成瓣柄，翼瓣长 12~20 毫米，龙骨瓣长 11~13 毫米，喙长 1~1.5 毫米；子房圆柱形，花柱先端弯曲，无毛；荚果硬革质，长圆形，腹缝线深陷，密被白色贴伏柔毛，隔膜发达，不完全 2 室；种子圆肾形，深棕色。

【花果期】花期 5—6 月，果期 6—7 月。

【生境】生于海拔 1000~3250 米的砾石质平原、薄层沙地、丘陵坡地及沙荒地上。

【分布】国内分布：内蒙古、陕西、宁夏、甘肃、青海和新疆；国外分布：俄罗斯和蒙古。

【别名】老虎爪子、鬼见愁、刺叶柄棘豆、胀萼猫头刺。

【保护级别】地方保护野生植物。

【花粉形态】花粉粒长球形，极面观为 3 裂圆形，大小为 17（14~20）× 26（22~31）μm；具 3 孔沟，孔圆，沟细长，达两极；表面具网状雕纹。

第五章 被子植物的花粉形态

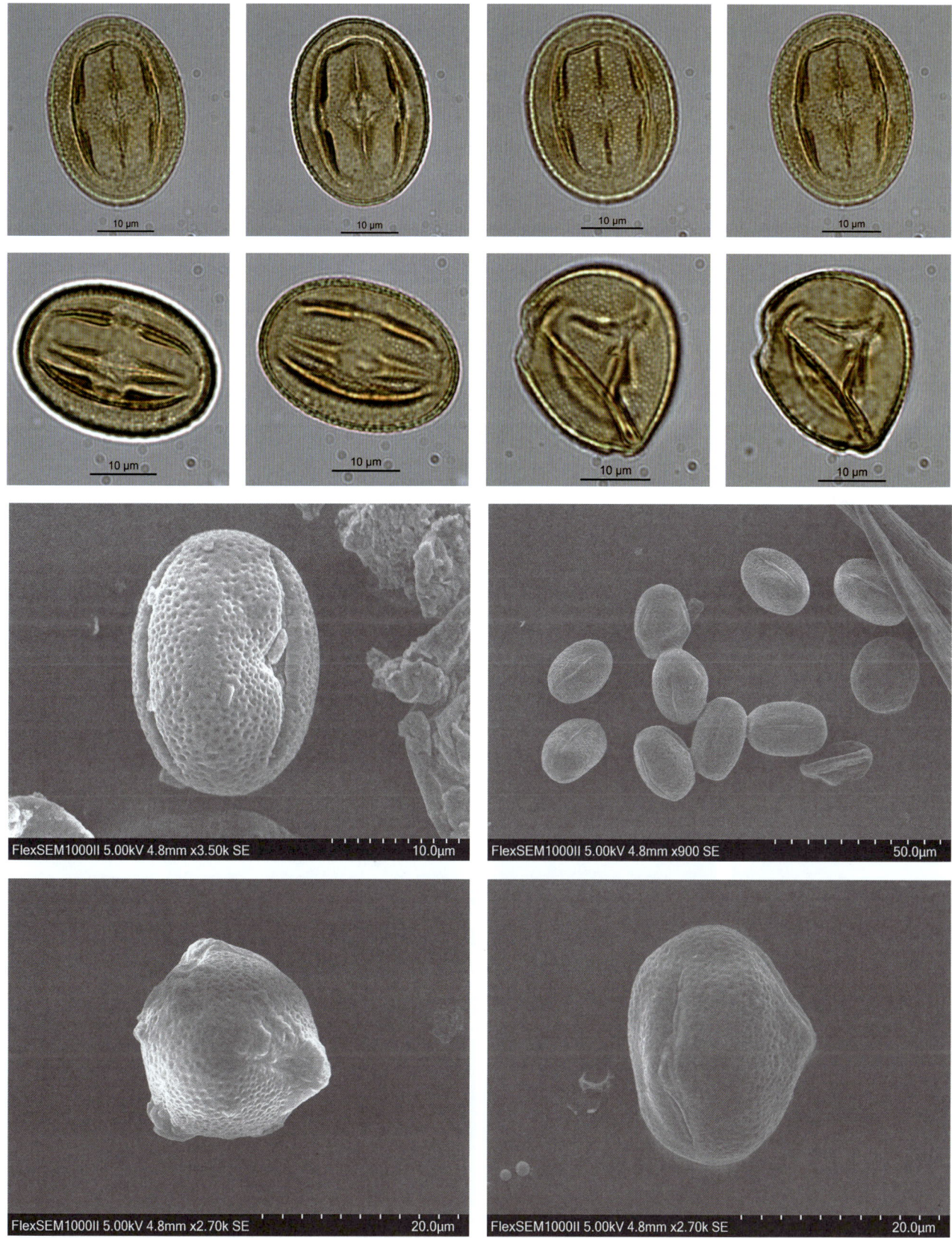

555

### *Oxytropis anertii* Nakai 长白棘豆

**【形态特征】**多年生草本，高 5~25 厘米；根圆锥状、圆柱状，侧根少，直伸；茎极缩短，丛生羽状复叶长 4~12 厘米；托叶膜质，卵状披针形，长约 15 毫米；2~7 朵花组成头形总状花序；总花梗与叶近等长，长 4~8 厘米，被微曲柔毛；苞片草质，卵状披针形至狭披针形；花长 17~20 毫米；花梗极短；花萼草质，筒状，密被白色柔毛，有时杂生黑色短柔毛，萼齿三角形；花冠淡蓝紫色；子房密被毛至无毛；荚果卵形至卵状长圆形，膨胀，先端渐尖，具弯曲长喙，基部稍圆，被棕色短糙毛并混生淡黄色毛或无毛，隔膜窄，宽 2~2.5 毫米，不完全 2 室；果梗长 3 毫米；种子多数，圆肾形，宽约 3 毫米，深褐色。

**【花果期】**花期 6—7 月，果期 7—9 月。

**【生境】**生于海拔 2000~2660 米的高山冻原、高山草甸、高山草原、高山石缝、林缘和阳山坡。

**【分布】**吉林长白山。

**【别名】**毛棘豆、白花长白棘豆。

**【保护级别】**地方保护野生植物。

**【花粉形态】**花粉粒长球形，极面观 3 裂圆形，赤道面观矩圆形，大小为 20（17~26）× 25（22~32）μm；具 3 孔沟，内孔大，内孔边缘加厚，椭圆形，横长，大小约 6.5 × 7.5μm；外壁两层，厚约 1.5μm，外层略厚于内层，柱状层基柱不明显；表面具细网状雕纹。

花粉图式

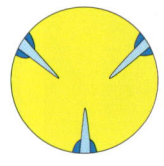
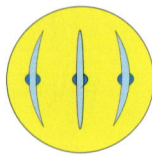

第五章 被子植物的花粉形态

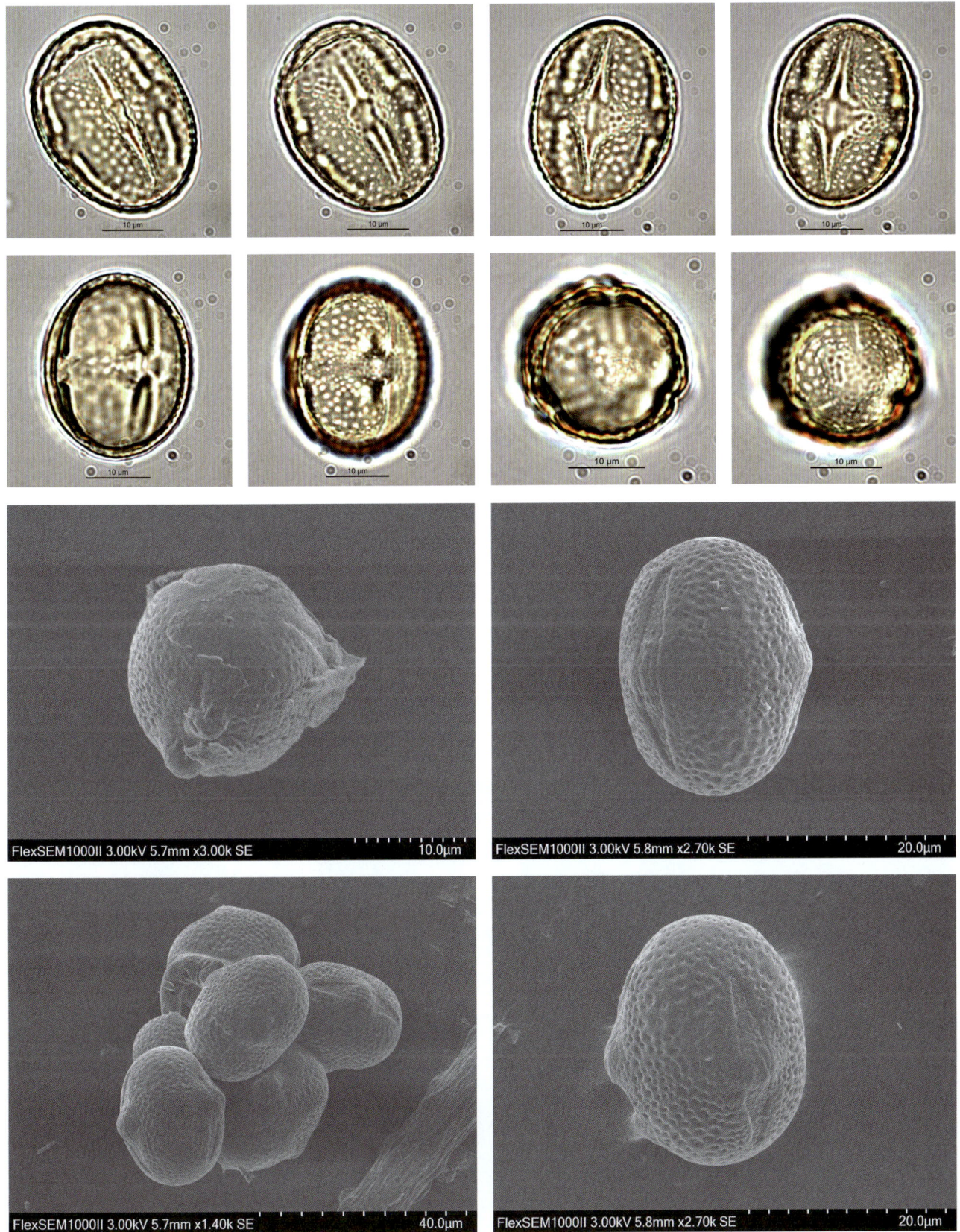

## *Saraca* 无忧花属

### *Saraca dives* Pierre 中国无忧花

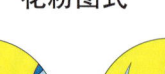
花粉图式

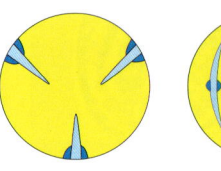
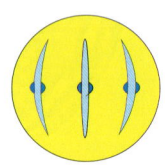

【形态特征】乔木，高 5~20 米；叶有小叶 5~6 对，嫩叶略带紫红色，下垂；小叶近革质，长椭圆形、卵状披针形或长倒卵形；小叶柄长 7~12 毫米；花序腋生，较大，总轴被毛或近无毛；总苞大，阔卵形，被毛，早落；苞片卵形、披针形或长圆形，长 1.5~5 厘米；下部的 1 片最大，往上逐渐变小，被毛或无毛，早落或迟落；小苞片与苞片同形，但远较苞片为小；花黄色，后部分（萼裂片基部及花盘、雄蕊、花柱）变红色，两性或单性；花梗短于萼管，无关节；萼管长 1.5~3 厘米，裂片长圆形，4 片，有时 5~6 片，具缘毛；雄蕊 8~10 枚，其中 1~2 枚常退化成钻状，花丝突出，花药长圆形；子房微弯；荚果棕褐色，扁平，果瓣卷曲；种子 5~9 颗，形状不一，扁平，两面中央有一浅凹槽。

【花果期】花期 4—5 月，果期 7—10 月。

【生境】生于海拔 200~1000 米的密林或疏林中，常见于河流或溪谷两旁。

【分布】国内分布：云南东南部至广西西南部、南部和东南部，广州华南植物园有少量栽培；国外分布：越南和老挝。

【别名】无忧花、中国无忧树、袈裟树、无忧树、火焰花。

【保护级别】易危（VU）。

【花粉形态】花粉粒长球形，极面观为 3 裂圆形，大小为 35（32~37）×65（60~75）μm；多具 3 孔沟，少数为 2 或 4 孔沟，沟长条状，末端钝，具沟膜，沟缘略隆起，2 孔沟在一极汇合，在另一极不汇合，内孔圆形，直径 6~8μm；外壁厚 1~2μm，外层厚于内层；表面具细网状雕纹，电镜下具瘤状突起。

# 第五章 被子植物的花粉形态

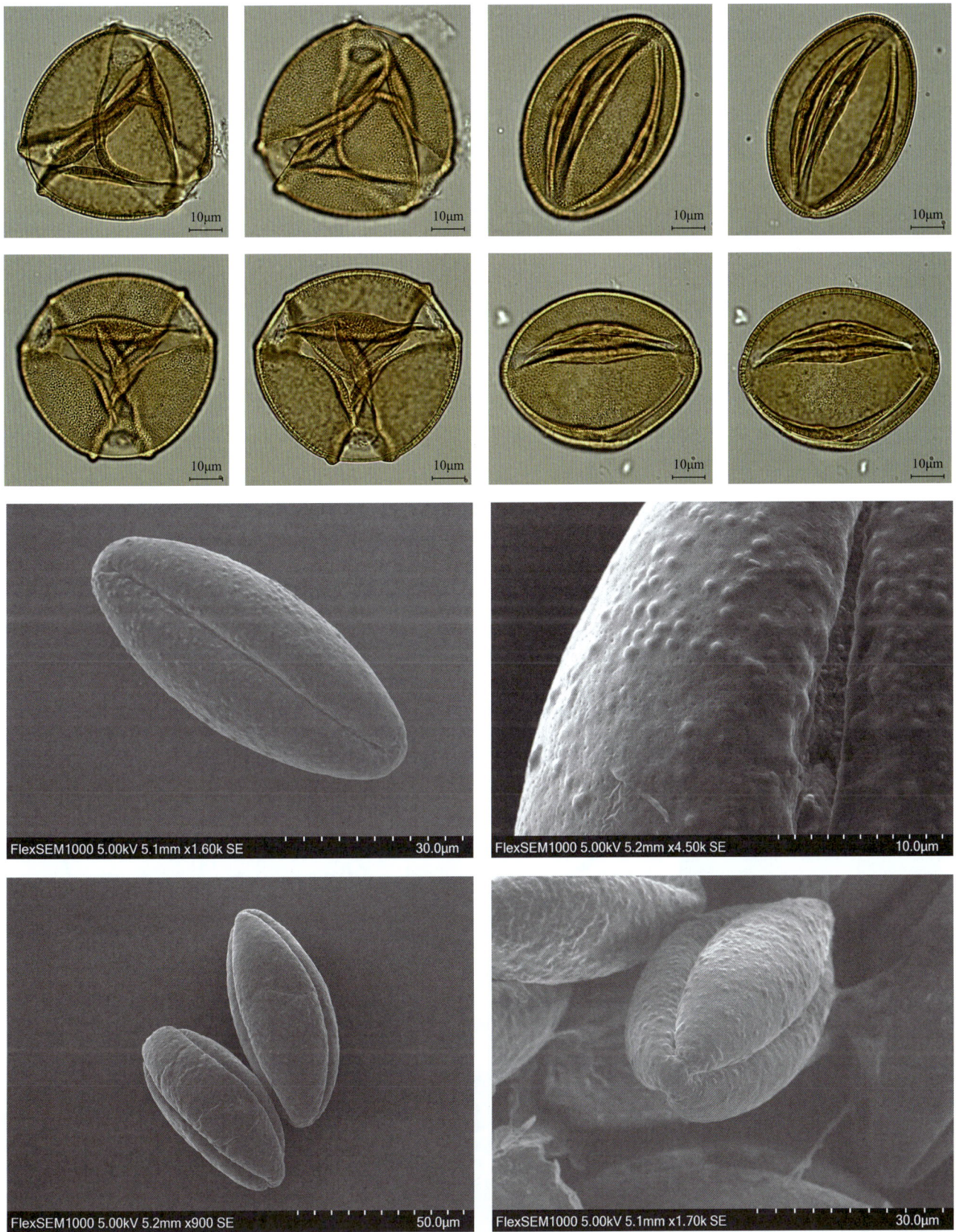

559

## *Sophora* 苦参属

### *Sophora alopecuroides* L. 苦豆子

【形态特征】草本，或基部木质化成亚灌木状，高约 1 米；枝被白色或淡灰白色长柔毛或贴伏柔毛；羽状复叶；叶柄长 1~2 厘米；托叶着生于小叶柄的侧面，钻状，常早落；小叶 7~13 对，对生或近互生，纸质，披针状长圆形或椭圆状长圆形；总状花序顶生；花多数，密生；花梗长 3~5 毫米；苞片似托叶，脱落；花萼斜钟状，5 萼齿明显，不等大，三角状卵形；花冠白色或淡黄色，旗瓣形状多变，通常为长圆状倒披针形，翼瓣常单侧生，稀近双侧生，卵状长圆形，具三角形耳，皱褶明显，龙骨瓣与翼瓣相似，下垂；雄蕊 10，花丝不同程度连合，有时近两体雄蕊，连合部分疏被极短毛；子房密被白色近贴伏柔毛，柱头圆点状，被稀少柔毛；荚果串珠状，长 8~13 厘米，直，具多数种子；种子卵球形，稍扁，褐色或黄褐色。

花粉图式

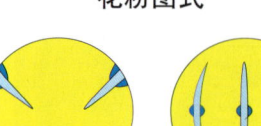
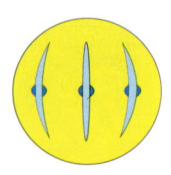

【花果期】花期 5—6 月，果期 8—10 月。

【生境】多生于干旱沙漠和草原边缘地带。

【分布】国内分布：内蒙古、山西、陕西、宁夏、甘肃、青海、新疆、河南和西藏；国外分布：俄罗斯、阿富汗、伊朗、土耳其、巴基斯坦和印度北部。

【别名】无

【保护级别】地方保护野生植物。

【花粉形态】花粉粒长球形，极面观为 3 裂圆形，大小为 16（14~21）×25（23~27）μm；具 3 孔沟，沟细长，沟缘光滑，内孔微外突；表面具网状雕纹。

第五章 被子植物的花粉形态

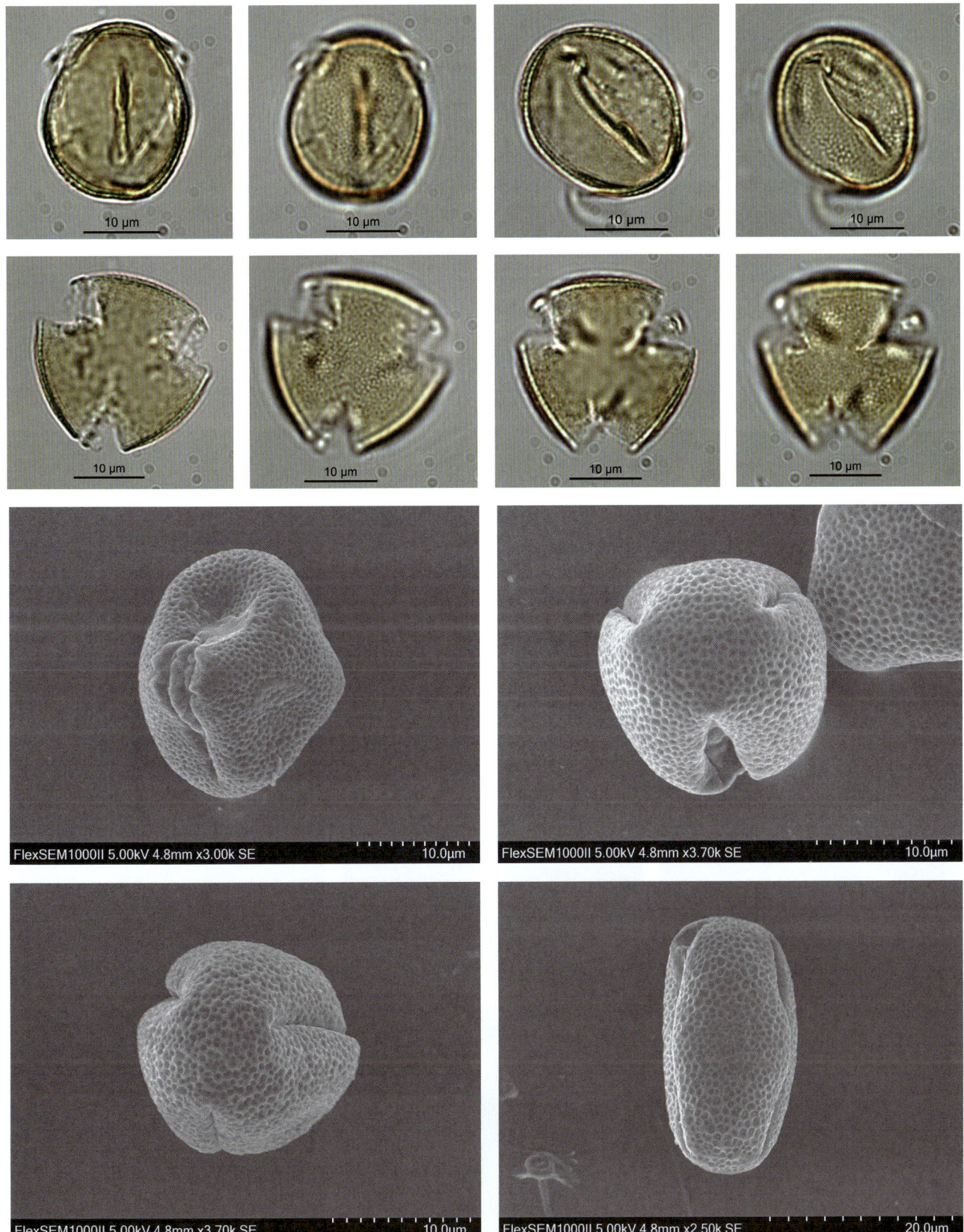

561

## *Wisteria* 紫藤属

***Wisteria sinensis*** (Sims) Sweet 紫藤

**【形态特征】** 落叶藤本；茎左旋；枝较粗壮，嫩枝被白色柔毛，后秃净；冬芽卵形；奇数羽状复叶长 15~25 厘米；托叶线形，早落；小叶 3~6 对，纸质，卵状椭圆形至卵状披针形；小叶柄长 3~4 毫米，被柔毛；小托叶刺毛状，长 4~5 毫米，宿存；总状花序发自去年短枝的腋芽或顶芽，长 15~30 厘米，花序轴被白色柔毛；苞片披针形，早落；花长 2~2.5 厘米，芳香；花梗细，长 2~3 厘米；花萼杯状，长 5~6 毫米，密被细绢毛；花冠紫色，旗瓣圆形，先端略凹陷，花开后反折，基部有 2 胼胝体，翼瓣长圆形，基部圆，龙骨瓣较翼瓣短，阔镰形，子房线形，密被茸毛，花柱无毛，上弯，胚珠 6~8 粒；荚果倒披针形，长 10~15 厘米，密被茸毛，悬垂枝上不脱落，有种子 1~3 粒；种子褐色，具光泽，圆形，宽约 1.5 厘米，扁平。

**【花果期】** 花期 4—5 月，果期 5—8 月。

**【生境】** 喜光，较耐阴，以向阳背风的地方栽培最适宜，多作庭园棚架栽培。

**【分布】** 河北以南的黄河长江流域及广西、贵州和云南。

**【别名】** 紫藤萝。

**【保护级别】** 无危（LC）；地方保护野生植物。

**【花粉形态】** 花粉粒椭球形，极面观为 3 裂圆形，赤道面观椭圆形，大小为 25（21~27）×27（25~32）μm；具 3 孔沟，沟长，两端渐尖，中间稍宽，内孔微外凸；表面具细网状雕纹。

**花粉图式**

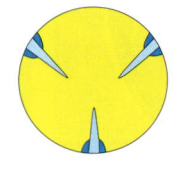
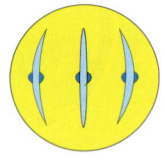

# 第五章 被子植物的花粉形态

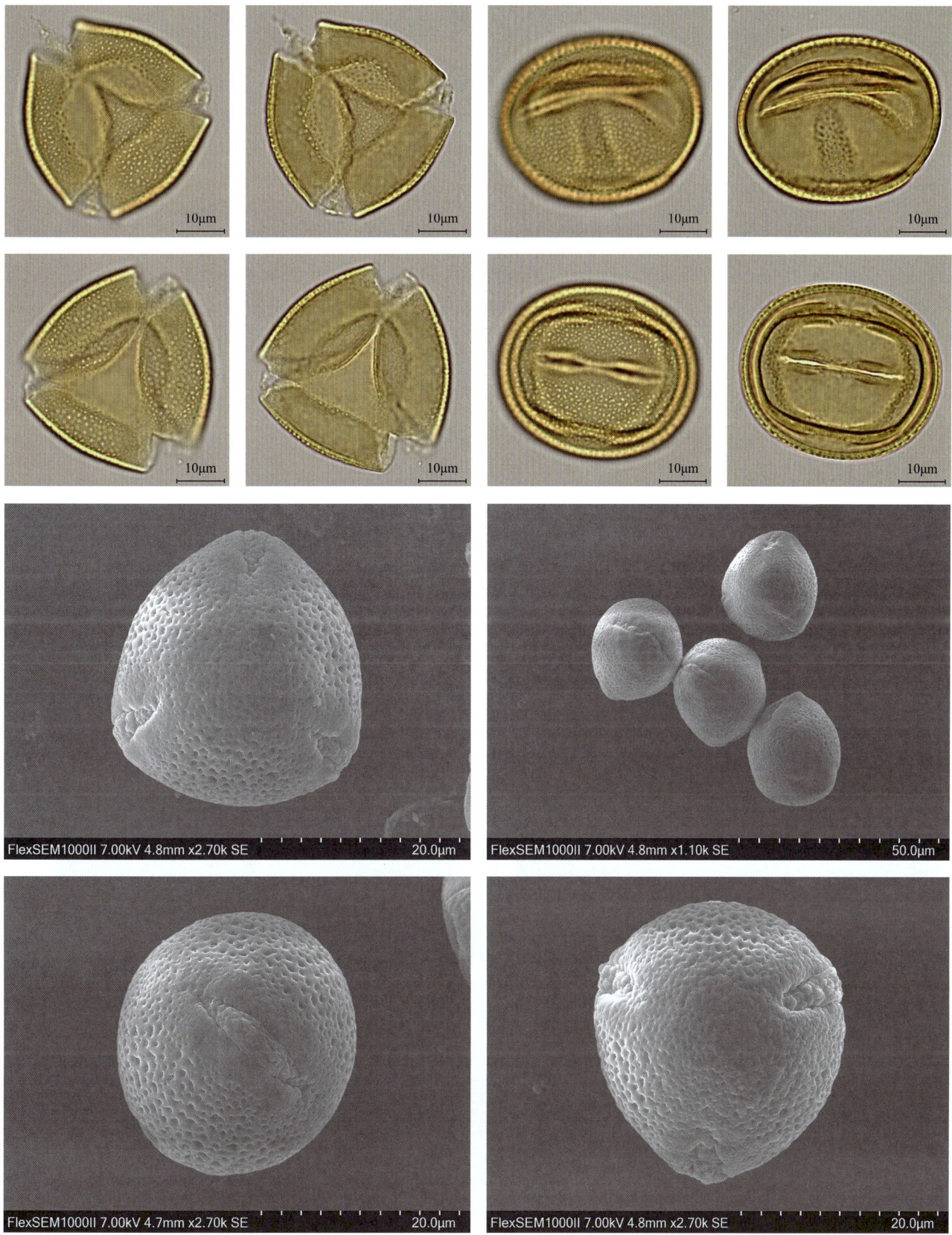

## *Zenia* 任豆属

### *Zenia insignis* Chun 任豆

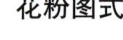
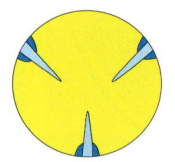
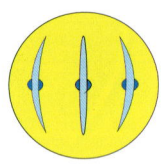

花粉图式

【形态特征】乔木，高 15~20 米；小枝黑褐色，散生有黄白色的小皮孔；树皮粗糙，成片状脱落；芽椭圆状纺锤形，有少数鳞片，初时被黄色柔毛，后渐脱落；叶长 25~45 厘米，叶柄短，叶轴及叶柄多少被黄色微柔毛；小叶薄革质，长圆状披针形，基部圆形，顶端短渐尖或急尖，全缘；小叶柄长 2~3 毫米；圆锥花序顶生；总花梗和花梗被黄色或棕色糙伏毛；花红色；苞片小，狭卵形，早落；萼片厚膜质，长圆形；花瓣稍长于萼片，倒卵形；雄蕊的花丝长 3 毫米，被微柔毛，花药长约 6 毫米；子房通常有胚珠 7~9 颗，边缘具伏贴疏柔毛，子房柄长约 4 毫米；荚果长圆形或椭圆状长圆形，红棕色；种子圆形，平滑，有光泽，棕黑色；珠柄丝状。

【花果期】花期 5 月，果期 6—8 月。

【生境】生长于海拔 200~2950 米的山地密林或疏林中。

【分布】国内分布：广东和广西；国外分布：越南。

【别名】任木、翅荚木、翅荚豆。

【保护级别】易危（VU）。

【花粉形态】花粉粒近球形至长球形，极面观为 3 裂圆形，大小为 22.1（21.1~23.1）× 29.9（28.9~30.9）μm；具 3 孔沟，沟长条状，中间稍宽，内孔大，纵向长矩形；外壁厚 1~1.5μm，外层厚于内层；表面具细网状雕纹。

# 第五章 被子植物的花粉形态

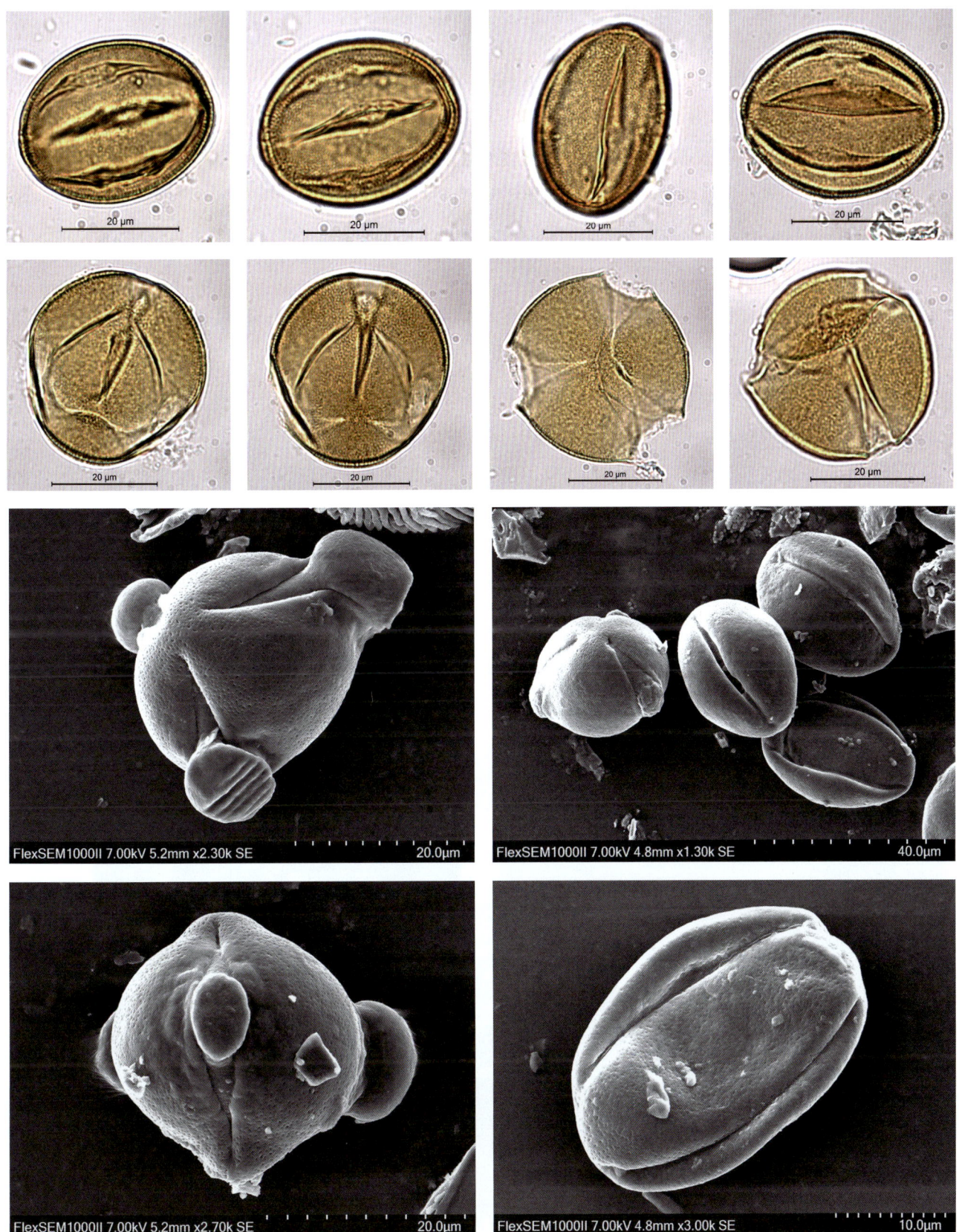

## Fagaceae 壳斗科
### *Castanopsis* 锥属

***Castanopsis concinna*** (Champ. ex Benth.) A. DC. 华南锥

**花粉图式**

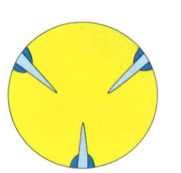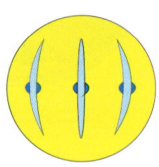

【形态特征】乔木，高 10~15 米；幼枝被毛，后脱落，老枝近无毛；叶革质，硬而脆，椭圆形或长圆形，基部圆或宽楔形，通常两侧对称，全缘；叶柄长 4~12 毫米；雄穗状花序通常单穗腋生，或为圆锥花序，雄蕊 10~12 枚；雌花序长 5~10 厘米，花柱 3 或 4 枚，少有 2 枚；果序长 4~8 厘米，轴横切面径 4~6 毫米；壳斗有 1 坚果，壳斗圆球形，连刺径 5~6 厘米，整齐地 4 瓣开裂，刺长 1~2 厘米，被微柔毛，下部合生成刺束，将壳壁完全遮蔽；坚果扁圆锥形，高约 1 厘米，横径约 1.4 厘米，密被短伏毛，果脐约占坚果面积的 1/3 至近一半。

【花果期】花期 4—5 月，果期翌年 9—10 月。

【生境】生于海拔约 500 米以下花岗岩风化的红壤丘陵坡地常绿阔叶林中。

【分布】广东珠江三角洲以西南至广西岑溪、防城一带，北限见于广东的广宁县（越过北回归线稍北），沿海还见于香港。

【别名】华南栲。

【保护级别】国家二级重点保护野生植物；近危（NT）；中国特有种。

【花粉形态】花粉粒长球形，极面观 3 裂圆形，大小为 15（13~17）× 22（19~25）μm；具 3 孔沟，沟细长，末端尖，在极面相距很近，内孔横长；外壁具颗粒状雕纹。

# 第五章　被子植物的花粉形态

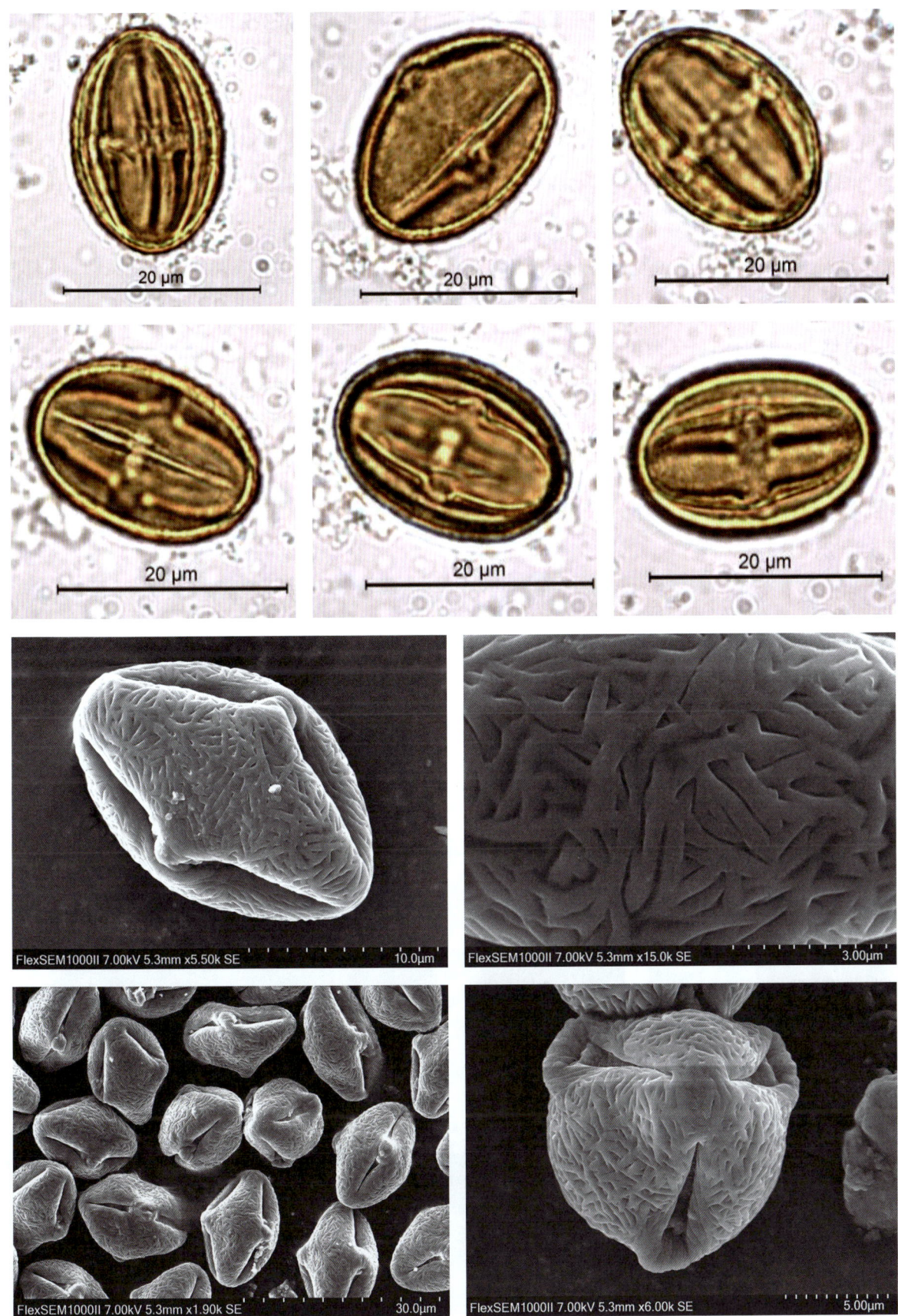

## *Castanopsis fissa* (Champ. ex Benth.) Rehder & E. H. Wilson 黧蒴锥

花粉图式

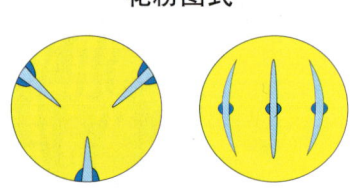

【形态特征】落叶乔木，高可达 20 米；芽鳞、新生枝顶段及嫩叶背面均被红锈色细片状腊鳞及棕黄色微柔毛，嫩枝红紫色，纵沟棱明显；叶长椭圆形或倒卵状长椭圆形，基部楔形，具波状钝齿；叶柄长 1.5~2.5 厘米；雄花多为圆锥花序，花序轴无毛；壳斗被暗红褐色粉末状蜡鳞，小苞片鳞片状，三角形或四边形，幼嫩时覆瓦状排列，成熟时多退化并横向连接成脊肋状圆环，成熟壳斗圆球形或宽椭圆形，顶部稍狭尖，通常全包坚果；坚果圆球形或椭圆形，顶部四周有棕红色细伏毛，果脐位于坚果底部。

【花果期】花期 4—6 月，果期 9—11 月。

【生境】生于海拔 700~2800 米的森林中，常与峨眉栲、高山栲、光皮桦等混生。

【分布】国内分布：生于海拔约 1600 米以下山地疏林中，阳坡较常见，为森林砍伐后萌生林的先锋树种之一；国外分布：越南北部。

【别名】闽粤栲、裂斗锥、大叶栲、黧蒴栲、黧蒴。

【保护级别】无危（LC）。

【花粉形态】花粉粒长球形，极面观为 3 裂圆形，赤道面观为椭圆形，大小为 8（7~11）× 17（15~20）μm；具 3 孔沟，内孔不明显；表面具颗粒状雕纹，电镜下为细网状雕纹；轮廓线为微波浪形。

# 第五章 被子植物的花粉形态

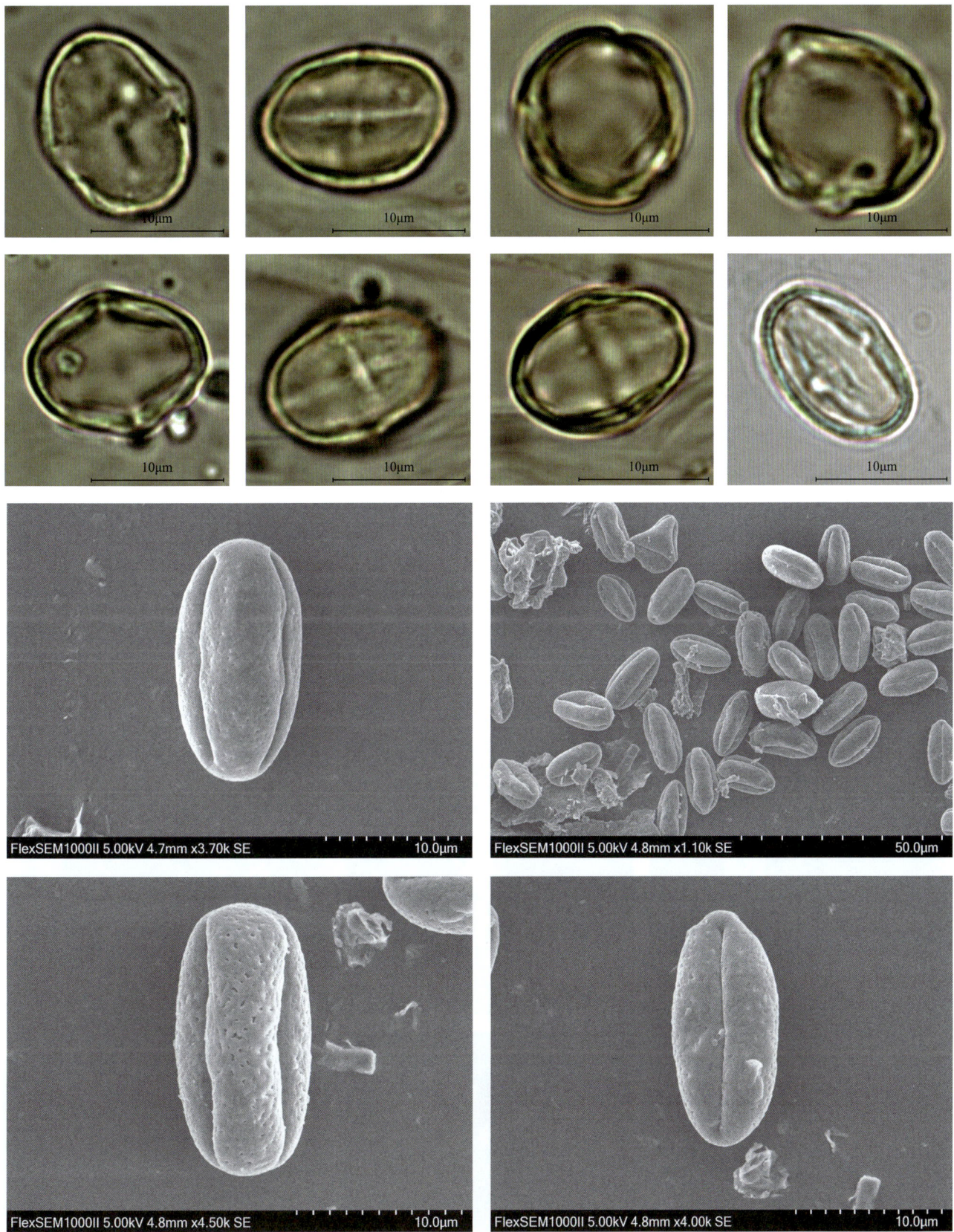

### *Castanopsis hystrix* Hook. f. & Thomson ex A. DC. 红锥

**【形态特征】**乔木，高可达 25 米；叶纸质或薄革质，披针形，有时兼有倒卵状椭圆形，顶部短至长尖，基部甚短尖至近于圆，一侧略短且稍偏斜，全缘或有少数浅裂齿，中脉在叶面凹陷，侧脉每边 9~15 条；雄花序为圆锥花序或穗状花序；雌穗状花序单穗位于雄花序之上部叶腋间，花柱 2 或 3 枚，斜展，通常被甚稀少的微柔毛，柱头位于花柱的顶端，增宽而平展，干后中央微凹陷；果序长可达 15 厘米；壳斗有坚果 1 个，连刺径 25~40 毫米，稀较小或更大，整齐地 4 瓣开裂，刺长 6~10 毫米，数条在基部合生成刺束，间有单生，将壳壁完全遮蔽，被稀疏微柔毛；坚果宽圆锥形，果脐位于坚果底部。

**【花果期】**花期 4—6 月，果期 8—11 月。

**【生境】**生于海拔 30~1600 米的缓坡及山地常绿阔叶林中。

**【分布】**国内分布：福建东部、湖南、广东、海南、广西、贵州、云南和西藏；国外分布：越南、老挝、柬埔寨、缅甸、印度等地。

**【别名】**无

**【保护级别】**无危（LC）；地方保护野生植物。

**【花粉形态】**花粉粒长球形，极面观 3 裂圆形，赤道面观为椭圆形，大小为 9（7~11）×17（15~20）μm；具 3 孔沟，沟细长，末端尖，在极面相距很近，内孔横长；表面具不明显的网状雕纹；轮廓线不平，边缘呈微波浪形。

花粉图式

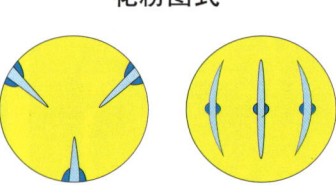

# 第五章 被子植物的花粉形态

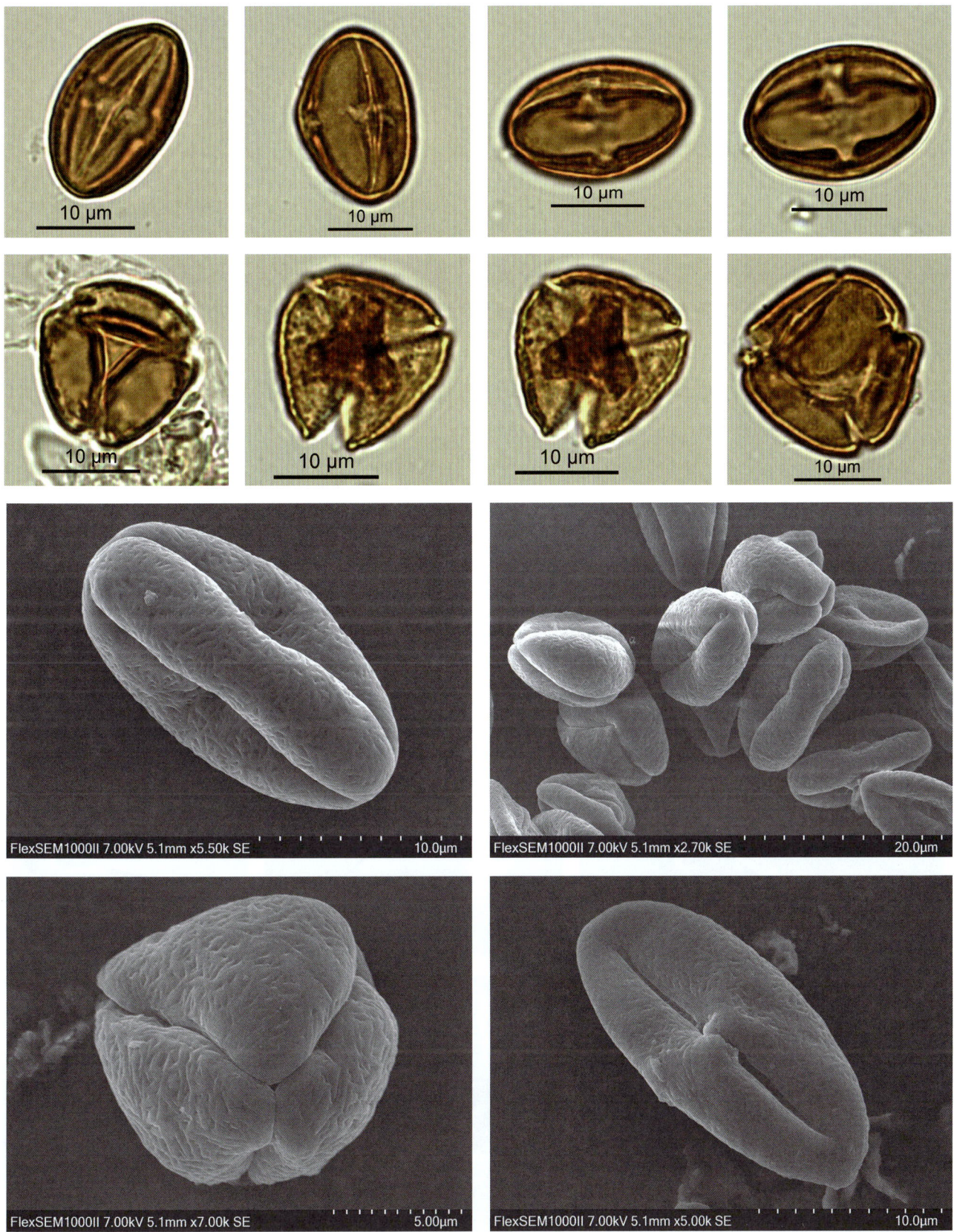

## *Lithocarpus* 柯属

### *Lithocarpus glaber* (Thunb.) Nakai 柯

【形态特征】乔木，高约 15 米；一年生枝、嫩叶叶柄、叶背及花序轴均密被灰黄色短茸毛，二年生枝的毛较疏且短，常变为污黑色；叶革质或厚纸质，倒卵形、倒卵状椭圆形或长椭圆形，顶部突急尖，短尾状，或长渐尖，基部楔形；叶柄长 1~2 厘米；雄穗状花序多排成圆锥花序或单穗腋生；雌花序常着生少数雄花，雌花每 3 朵（很少 5 朵）一簇，花柱 1~1.5 毫米；果序轴通常被短柔毛；壳斗碟状或浅碗状，通常为上宽下窄的倒三角形，顶端边缘甚薄，向下甚增厚，硬木质，小苞片三角形，甚细小，紧贴，覆瓦状排列或连生成圆环，密被灰色微柔毛；坚果椭圆形，顶端尖，或长卵形，有淡薄的白色粉霜，暗栗褐色。

【花果期】花期 7—11 月，果期翌年 7—11 月。

【生境】生于海拔约 1500 米以下的坡地杂木林中。

【分布】国内分布：秦岭南坡以南各地；国外分布：日本南部。

【别名】石栎、青刚栎。

【保护级别】无危（LC）。

【花粉形态】花粉粒长球形，大小为 10（9~11）× 17（15~20）μm；具 3 孔沟，沟细长，几达极面，内孔横长；外壁两层几相等；表面具微弱的颗粒状雕纹。

花粉图式

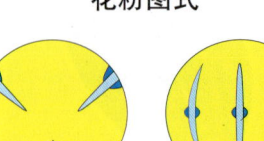

第五章 被子植物的花粉形态

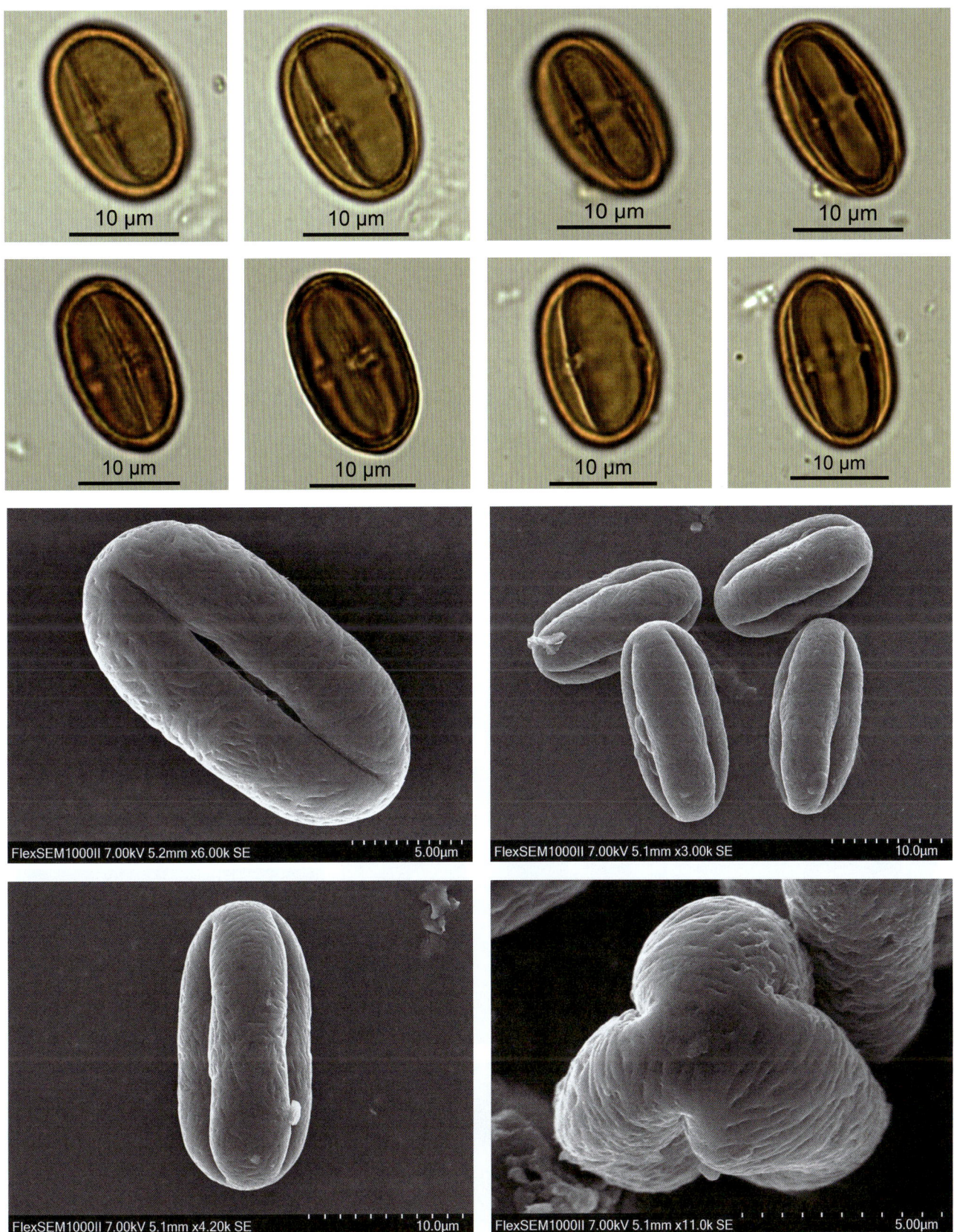

## *Quercus* 栎属

### *Quercus daimingshanensis* (S. Lee) C. C. Huang 大明山青冈

花粉图式

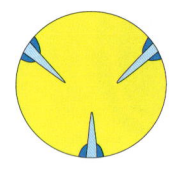
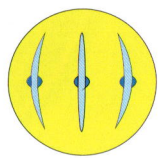

【形态特征】常绿乔木，高可达 15 米；小枝无毛；冬芽椭圆形，芽鳞多数，淡褐色，近无毛；叶片倒卵状椭圆形或椭圆形，顶端短突尖，基部楔形，叶缘近顶端有数对疏浅锯齿，侧脉每边 7~9 条，在叶面不明显，在叶背微凸起，叶面深绿色，叶背灰白色，无毛；叶柄长 5~8 毫米，无毛；雌花序长约 1 厘米，着生花 3~5 朵；壳斗碗形，包着坚果 1/3，直径约 1.2 厘米，高约 5 毫米，被灰白色短茸毛；小苞片合生成 5~6 条同心环带，除顶端 2 环有裂齿外均全缘；坚果长椭圆形，无毛，柱座明显，果脐平坦。

【花果期】花期 3—4 月，果期 10 月。

【生境】生于海拔 1000 米左右的杂木林中。

【分布】广西武鸣大明山。

【别名】无

【保护级别】濒危（EN）；中国特有种。

【花粉形态】花粉粒椭球形，极面观 3 裂圆形，赤道面观为椭圆形，大小为 10（8~12）×22（16~25）μm；具 3 孔沟，沟长达两极，沟具膜，膜上有细颗粒，孔明显；表面具细网状雕纹，电镜下为条纹状雕纹。

第五章 被子植物的花粉形态

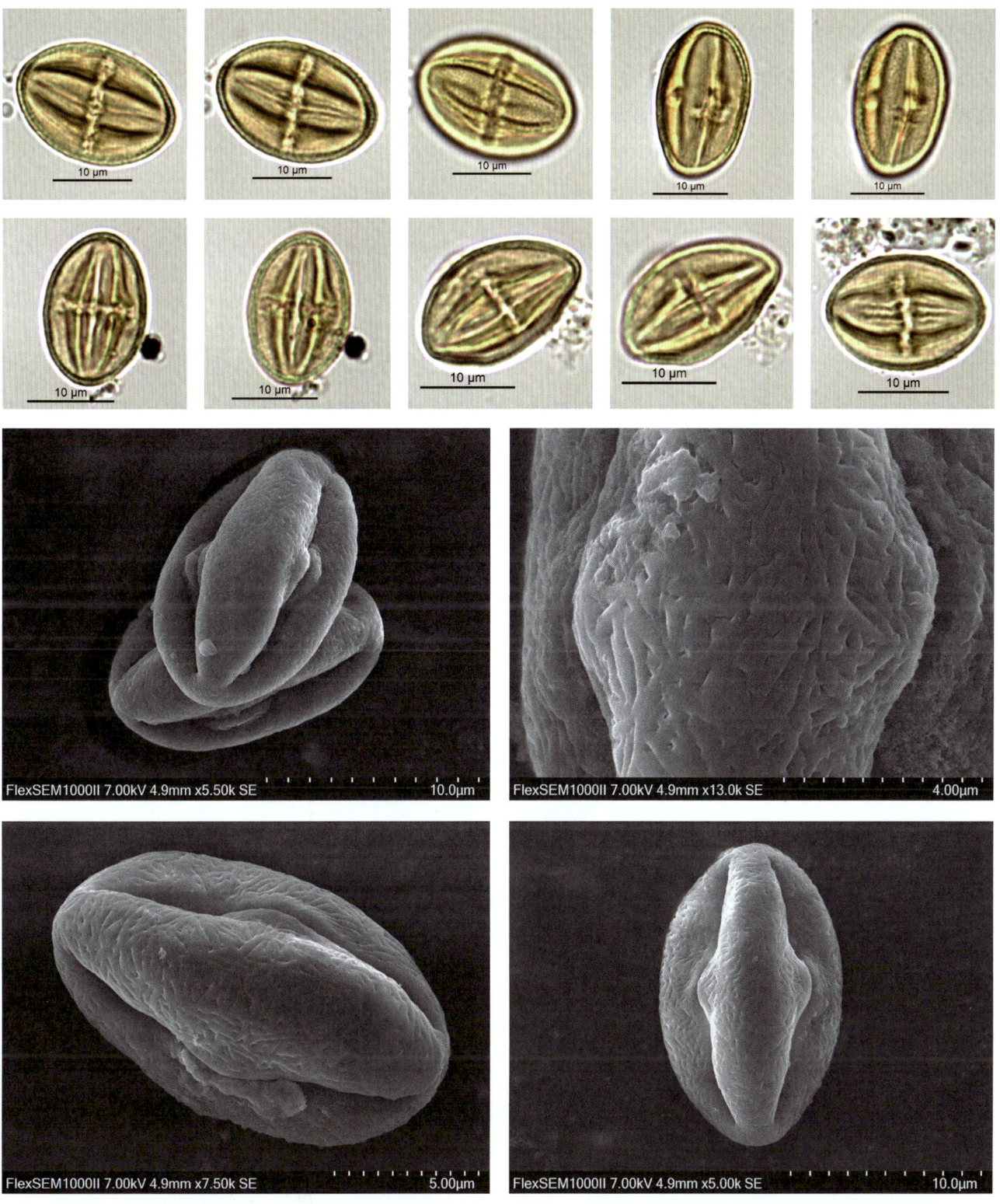

## *Quercus franchetii* Skan 锥连栎

**【形态特征】**常绿乔木，高可达 15 米；树皮暗褐色，纵裂；小枝密被灰黄色单毛和束毛；叶面平坦，叶片倒卵形或椭圆形，顶端渐尖或钝尖，基部楔形或圆形，叶缘中部以上有腺锯齿，幼叶两面密被灰黄色腺质束毛或单毛，老时背面密被灰黄色腺毛，侧脉每边 8~12 条，直达齿端；叶柄长 1~2 厘米，密被灰黄色茸毛；雄花序生于新枝基部，花序轴被灰黄色茸毛；雌花序长 1~2 厘米，有花 5~6 朵；果序长 1~2 厘米，果序轴密被灰黄色茸毛；壳斗杯形，有时盘形，高约 4 毫米；小苞片三角形；背部呈瘤状突起，被灰色茸毛；坚果矩圆形，被灰色细茸毛，顶端平截或凹陷，果脐突起。

**【花果期】**花期 2—3 月，果期 9—10 月。

**【生境】**生于海拔 800~2600 米的山地中。

**【分布】**国内分布：四川和云南；国外分布：泰国。

**【别名】**无

**【保护级别】**无危（LC）。

**【花粉形态】**花粉粒近扁球形或近长球形，极面观 3 裂圆形，大小为 16（14~18）× 21（19~23）μm；具 3 孔沟；外壁两层层次分明，外壁厚约 2μm，外层厚于内层；表面具颗粒状或同时具小瘤状雕纹；轮廓线为显著波浪形。

花粉图式

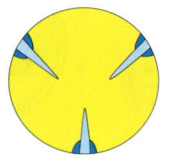
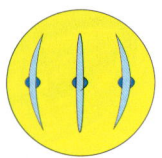

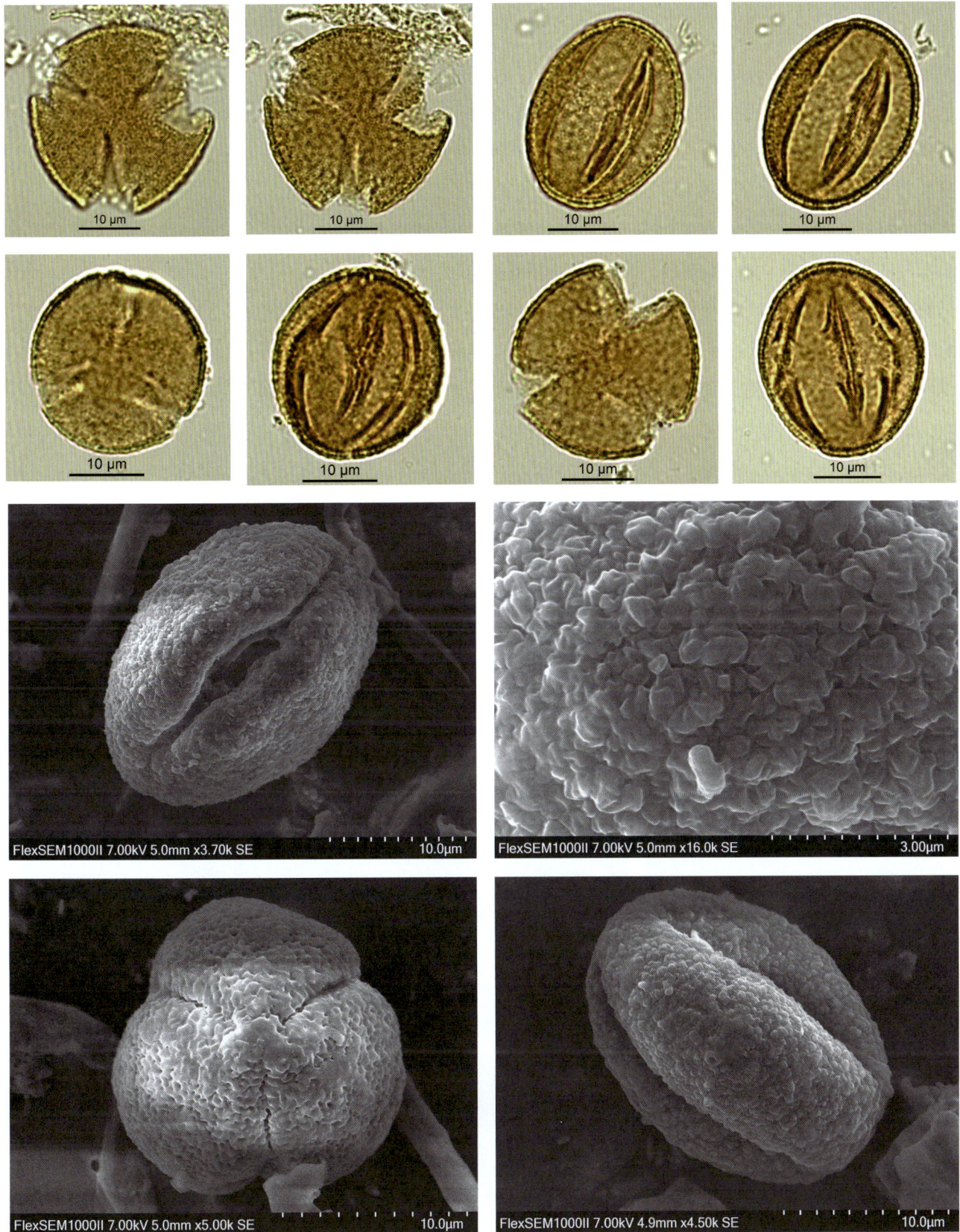

## Gentianaceae 龙胆科
### *Gentiana* 龙胆属
*Gentiana dahurica* Fischer 达乌里秦艽

【形态特征】多年生草本，高 10~25 厘米；枝丛生；莲座丛叶披针形或线状椭圆形，长 5~15 厘米，先端渐尖，基部渐窄，叶柄宽扁，长 2~4 厘米；茎生叶线状披针形或线形，长 2~5 厘米；聚伞花序顶生或腋生，花序梗长可达 5.5 厘米；花梗长可达 3 厘米；萼筒膜质，黄绿或带紫红色，长 0.7~1 厘米，不裂，稀一侧开裂，裂片 5，不整齐，线形，绿色，长 3~8 毫米；花冠深蓝色，有时喉部具黄色斑点，长 3.5~4.5 厘米，裂片卵形或卵状椭圆形，长 5~7 毫米，先端钝，全缘，褶整齐，三角形或卵形，长 1.5~2 毫米，先端钝，全缘或边缘啮蚀状；蒴果内藏，椭圆状披针形，长 2.5~3 厘米，无柄；种子淡褐色，有光泽，矩圆形，具细网纹。

【花果期】花果期 7—9 月。

【生境】生于田边、路旁、河滩、湖边沙地、水沟边、向阳山坡及干草原等地，海拔 870~4500 米。

【分布】国内分布：四川北部及西北部、西北、华北、东北等地区；国外分布：蒙古和俄罗斯。

【别名】小秦艽、达乌里龙胆。

【保护级别】地方保护野生植物。

【花粉形态】花粉粒长球形，极面观 3 裂圆形，赤道面观椭圆形，大小为 16（14~19）× 34（32~38）μm；具 3 孔沟，内孔圆，两侧各具 1 裂缝；表面具颗粒状雕纹，电镜下为条纹状雕纹。

花粉图式
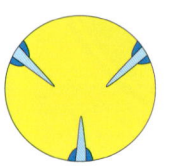
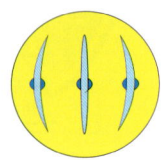

# 第五章 被子植物的花粉形态

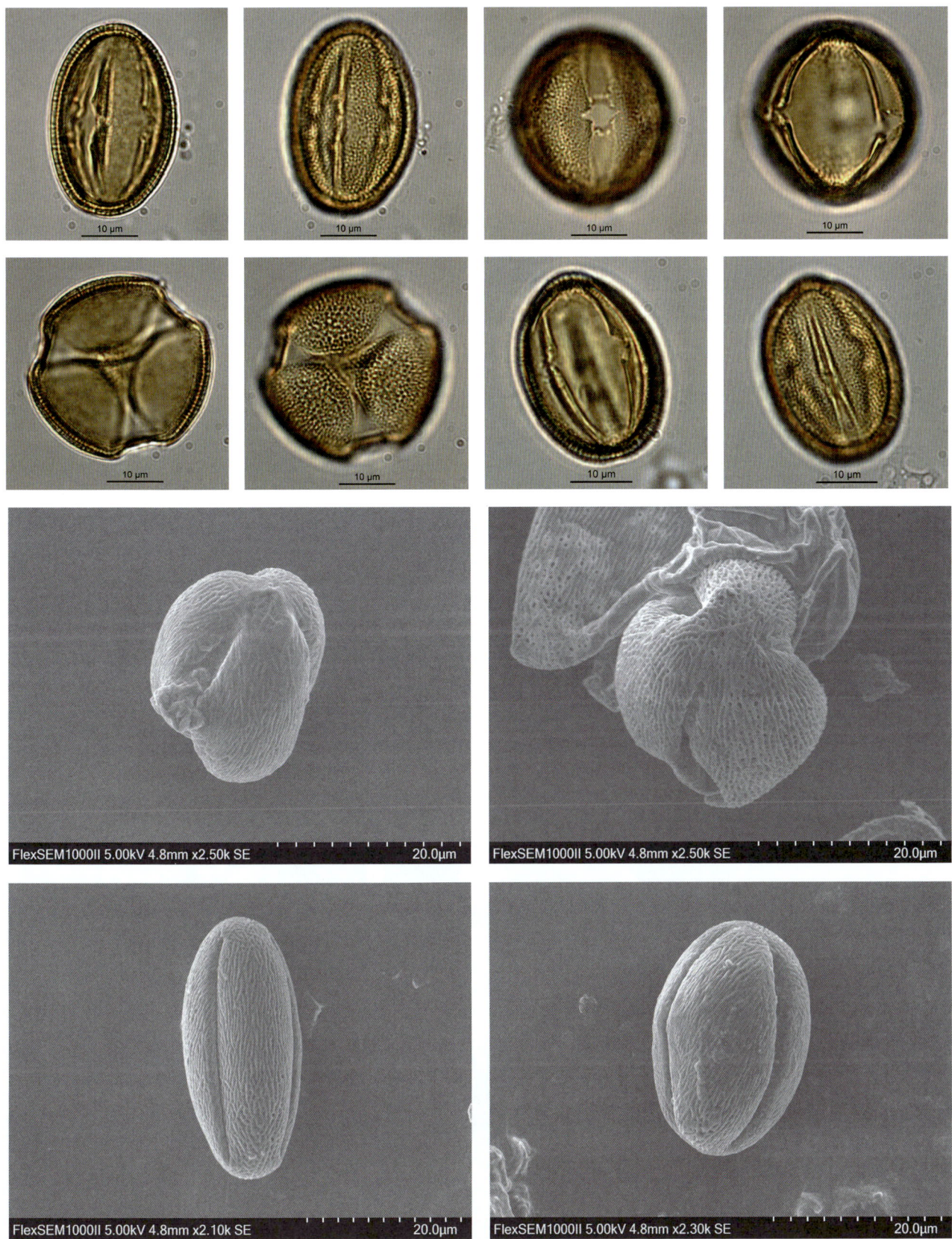

579

### *Gentiana macrophylla* Pall. 秦艽

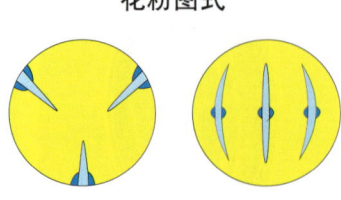

花粉图式

【形态特征】多年生草本，高 30~60 厘米，全株光滑无毛，基部被枯存的纤维状叶鞘包裹；须根多条，扭结或粘结成一个圆柱形的根；枝少数丛生，直立或斜生；莲座丛叶卵状椭圆形或狭椭圆形，长 6~28 厘米，先端钝或急尖，基部渐狭，边缘平滑，叶脉 5~7 条，在两面均明显；茎生叶椭圆状披针形或狭椭圆形，长 4.5~15 厘米；花多数，无花梗，簇生枝顶呈头状或腋生作轮状；花萼筒膜质，黄绿色或有时带紫色；花冠筒部黄绿色，冠檐蓝色或蓝紫色，壶形，裂片卵形或卵圆形，褶整齐，三角形，全缘；雄蕊着生于冠筒中下部，整齐，花丝线状钻形；子房无柄，椭圆状披针形或狭椭圆形，花柱线形，柱头 2 裂，裂片矩圆形；蒴果内藏或先端外露，卵状椭圆形，长 15~17 毫米；种子红褐色，有光泽，矩圆形，长 1.2~1.4 毫米，表面具细网纹。

【花果期】花果期 7—10 月。

【生境】生于海拔 400~2400 米的河滩、路旁、水沟边、山坡草地、草甸、林下及林缘。

【分布】国内分布：新疆、宁夏、陕西、山西、河北、内蒙古及东北地区；国外分布：蒙古和俄罗斯。

【别名】左拧根。

【保护级别】地方保护野生植物。

【花粉形态】花粉粒长球形，极面观 3 裂圆形，赤道面观椭圆形，大小为 17（15~21）× 32（30~34）μm；具 3 孔沟，内孔圆，两侧各具 1 裂缝；表面具颗粒状雕纹，电镜下为条纹状雕纹。

第五章 被子植物的花粉形态

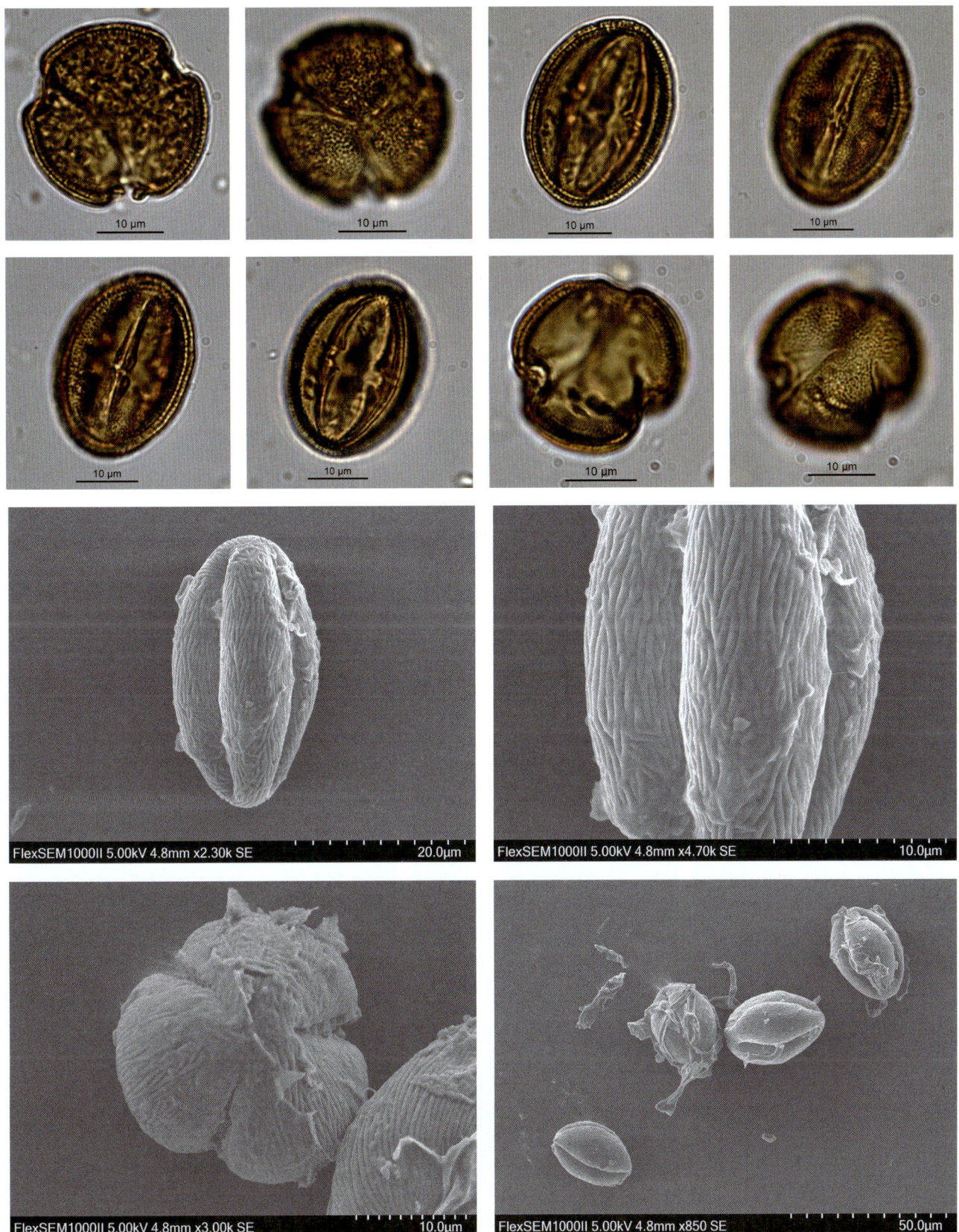

### *Gentiana scabra* Bunge 龙胆

【形态特征】多年生草本，高 30~60 厘米；根状茎平卧或直立；花枝单生，直立，黄绿色或紫红色，中空，近圆形，具条棱，棱上具乳突；枝下部叶膜质，淡紫红色，鳞片形，中部以下连成筒状抱茎；中上部叶卵形或卵状披针形，长 2~7 厘米，上面密被细乳突；花多数，簇生枝顶和叶腋；无花梗；每花具 2 苞片，苞片披针形或线状披针形，长 2~2.5 厘米；萼筒倒锥状筒形或宽筒形，长 1~1.2 厘米，裂片常外反或开展，线形或线状披针形；花冠蓝紫色，有时喉部具黄绿色斑点，筒状钟形，裂片卵形或卵圆形；雄蕊着生冠筒中部，整齐，花丝钻形，花药狭矩圆形；子房狭椭圆形或披针形，柱头 2 裂，裂片矩圆形；蒴果内藏，宽椭圆形，长 2~2.5 厘米，两端钝，柄长至 1.5 厘米；种子褐色，有光泽，线形或纺锤形，长 1.8~2.5 毫米，表面具增粗的网纹，两端具宽翅。

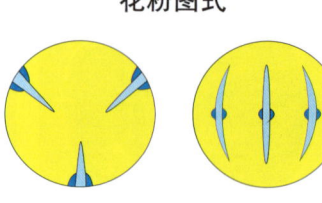

花粉图式

【花果期】花果期 5—11 月。

【生境】生于海拔 400~1700 米的山坡草地、草甸、路边、河滩、灌丛、林缘及林下。

【分布】国内分布：内蒙古、黑龙江、吉林、辽宁、贵州、陕西、湖北、湖南、安徽、江苏、浙江、福建、广东、广西等省区；国外分布：俄罗斯、朝鲜和日本。

【别名】无

【保护级别】无危（LC）；地方保护野生植物。

【花粉形态】花粉粒长球形，极面观 3 裂圆形，赤道面观椭圆形，大小为 25（22~28）×33（30~36）μm；具 3 孔沟，内孔圆，两侧各具 1 裂缝，沟内具颗粒；表面具明显的条纹状雕纹。

第五章 被子植物的花粉形态

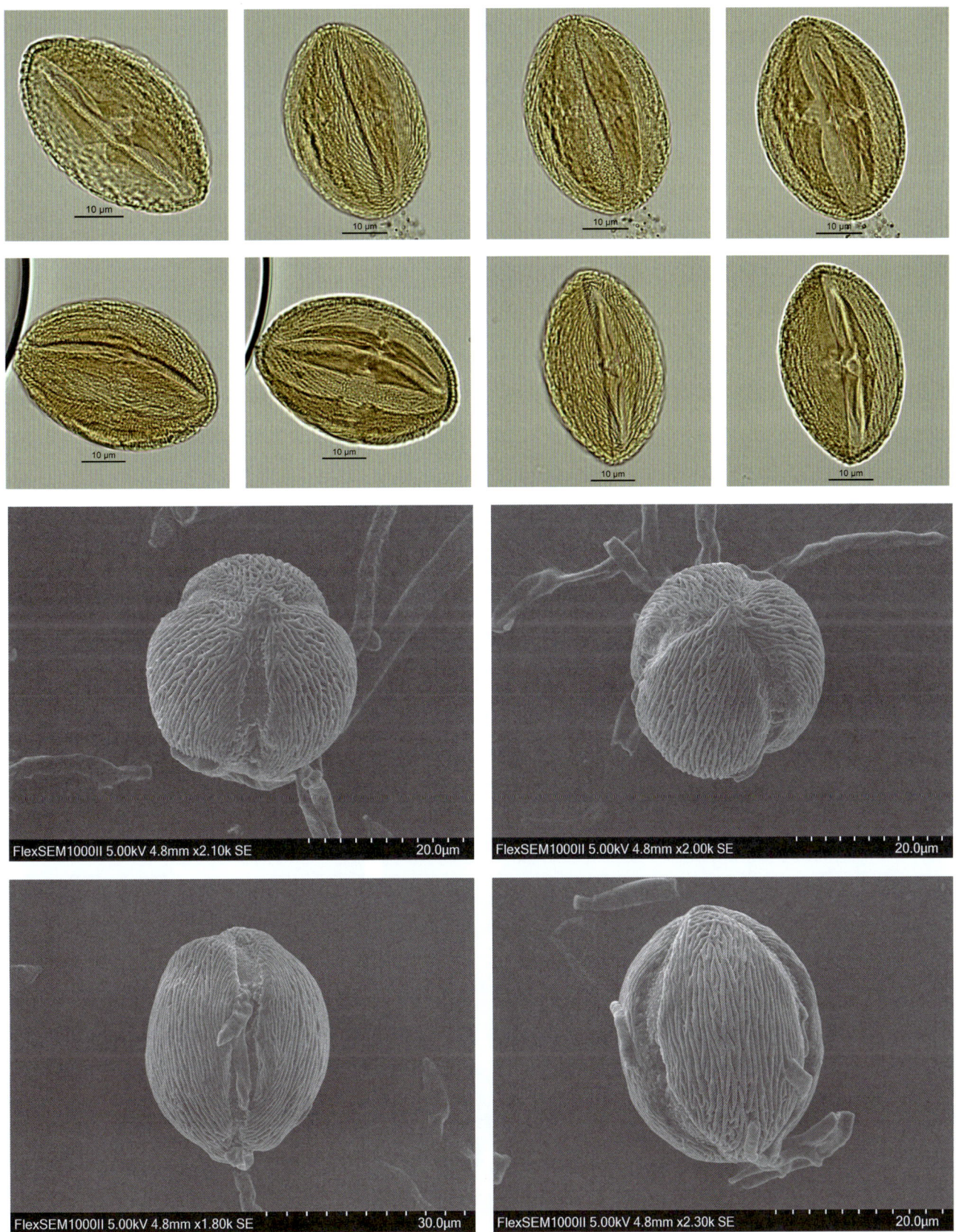

## Gesneriaceae 苦苣苔科
### *Oreocharis* 马铃苣苔属

***Oreocharis cotinifolia*** (W. T. Wang) Mich. Möller & A. Weber 瑶山苣苔

**花粉图式**

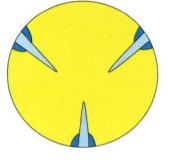 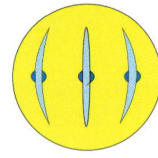

【形态特征】多年生无茎草本；根状茎近圆柱形；叶 9~17 枚，均基生，宽椭圆形、圆卵形或近圆形，长 2.5~5.5 厘米，近全缘或有不明显小浅钝齿，两面稍密被白色短柔毛，侧脉每侧 4~7；叶柄长 0.8~6 厘米，密被贴伏短柔毛；聚伞花序腋生 2~4 条，每花序有 1~2 花；苞片对生，线状披针形，长 5.5~9 毫米；花梗长 0.4~1.2 厘米；花萼钟状，5 全裂，裂片窄三角形或披针状线形，长 5~8 毫米；花冠近钟状，淡紫或白色，长 1.3~1.9 厘米，外面疏被短柔毛，筒部长 7~9 毫米，内面疏被短柔毛，檐部径 1~2 厘米，上唇长 0.7~1 厘米，2 裂，裂片宽卵形或圆卵形，下唇长 0.7~1.2 厘米，裂片三角形，边缘有短柔毛；雄蕊伸出，分生，花丝着生花冠筒近基；花盘环状，高约 1 毫米；雌蕊长 1~1.6 厘米，子房线形，长 4.5~9 毫米，密被短柔毛，花柱疏被短柔毛，柱头半圆形或宽卵形，宽约 0.6 毫米；蒴果线形，长约 2.5 厘米，被短柔毛。

【花果期】花期 9 月，果期 10 月。

【生境】生于海拔 860~1200 米的山地林中或路边林下。

【分布】广西金秀大瑶山。

【别名】无。

【保护级别】国家二级重点保护野生植物；极危（CR）；中国特有种。

【花粉形态】花粉粒长球形，极面观为圆三角形，大小为 12（10~16）× 25（23~28）μm；具 3 孔沟，沟较细窄而长，不具沟膜；外壁厚度约为 1.7 μm，层次模糊；表面具颗粒或模糊的细网状雕纹。

# 第五章 被子植物的花粉形态

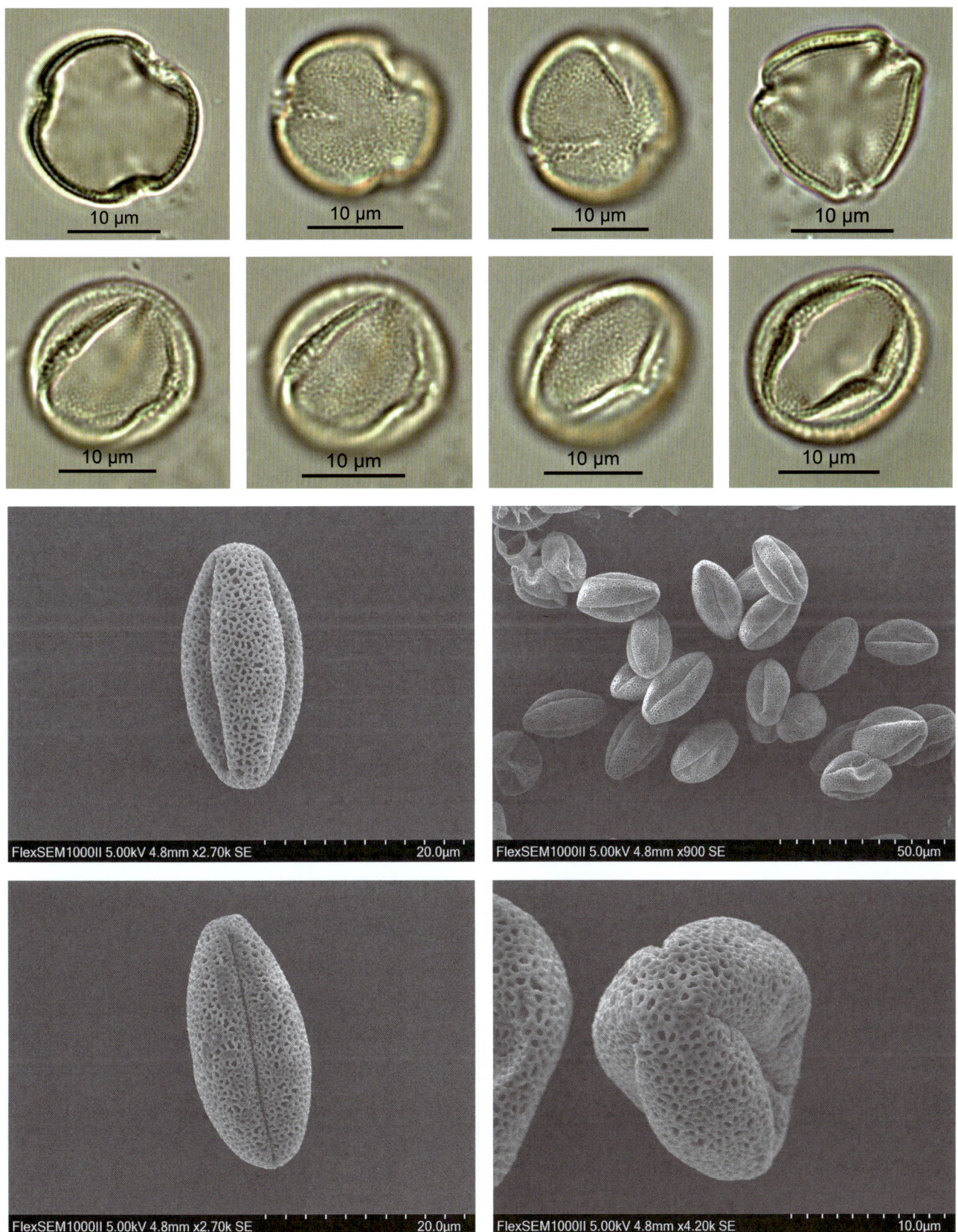

## *Paraboea* 蛛毛苣苔属

### *Paraboea sinensis* (Oliv.) Burtt 蛛毛苣苔

花粉图式

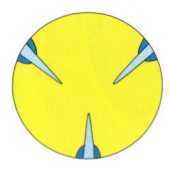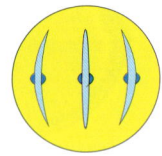

【形态特征】小灌木，茎常弯曲，高可达 30 厘米；幼枝具褐色毡毛，节间短；叶对生，具叶柄；叶片长圆形，长圆状倒披针形或披针形，顶端短尖，基部楔形或宽楔形，侧脉每边 10~13 条；叶柄长 3~6 厘米，被褐色毡毛；聚伞花序伞状，成对腋生，具 10 余花；花序梗密被褐色毡毛；苞片 2，圆卵形，顶端钝，基部合生，全缘；花梗具短绵毛；花萼绿白色，常带紫色，5 裂至近基部，裂片相等，倒披针状匙形；花冠紫蓝色，裂片近圆形，上唇稍短于下唇，裂片长约 7 毫米，下唇长约 5 毫米；花丝上部膨大似囊状，下部弯曲变细而扁平，无毛；子房长圆形，花柱圆柱形；蒴果线形，无毛，螺旋状卷曲；种子狭长圆形。

【花果期】花期 6—7 月，果期 8 月。

【生境】生于山坡林下石缝中或陡崖上。

【分布】国内分布：广西西南部，云南西南部及东南部，贵州、四川东南部及湖北西部；国外分布：缅甸、泰国及越南。

【别名】无

【保护级别】无危（LC）。

【花粉形态】花粉粒长球形，极面观为圆三角形，赤道面观为椭圆形，大小为 10（8~14）× 15（13~18）μm；具 3 孔沟，沟长，沟膜上具颗粒；外壁层次不清楚；表面具网状雕纹，网眼大小不一致。

# 第五章 被子植物的花粉形态

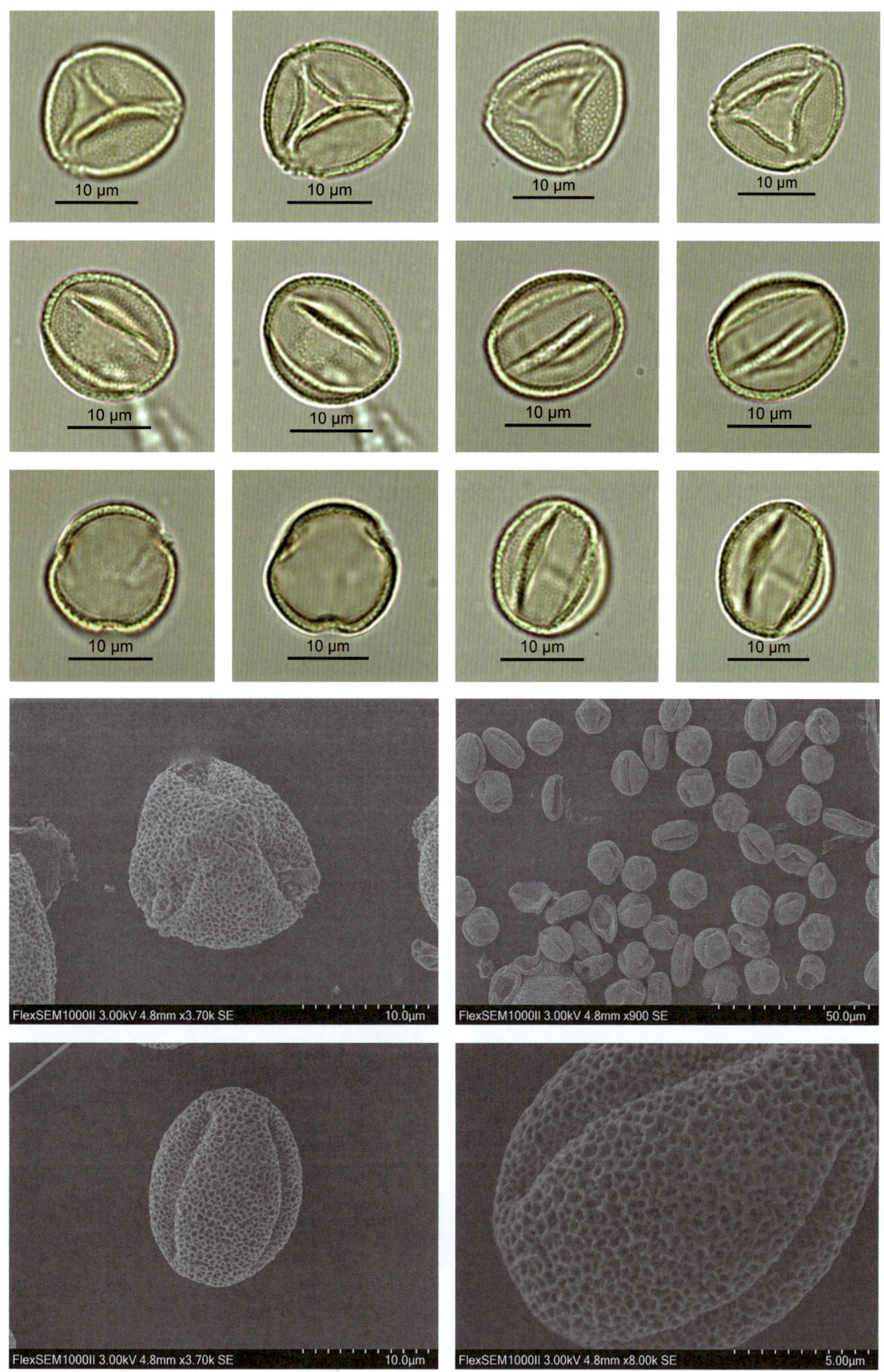

## *Paraboea swinhoei* (Hance) B. L. Burtt 锥序蛛毛苣苔

花粉图式

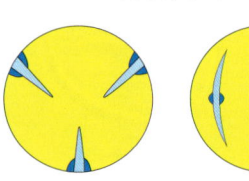

【形态特征】小灌木，高可达 60 厘米；茎圆柱形，不分枝，密被淡褐色毡毛；叶长圆状披针形或披针形，长 4~14 厘米，近全缘或具疏锯齿，上面被灰白色绵毛，下面密被淡褐色毡毛；叶柄长 1~5 厘米；聚伞花序顶生或成对腋生，组成圆锥状，具 10~20 花；花序梗被淡褐色绵毛；苞片卵形，长约 5 毫米，被淡褐色毡毛；花梗长 5~7 毫米，初被淡褐色绵毛；花萼绿色，裂片长圆形，长约 1.2 毫米，外面被疏柔毛；花冠白色，长 4~6 毫米，筒部长约 3 毫米，上唇裂片半圆形，长约 1.5 毫米，下唇裂片卵圆形，长约 2.3 毫米；花丝长约 2 毫米，不膨大；子房窄卵形，长约 2.5 毫米，花柱长约 3 毫米；蒴果线形，长 2~2.5 厘米，顶端具短尖，螺旋状卷曲，褐色，无毛。

【花果期】花期 6 月，果期 8 月。

【生境】生于山坡林下阴湿岩石上，海拔 300~750 米。

【分布】国内分布：贵州、广西和台湾；国外分布：泰国、越南和菲律宾。

【别名】无

【保护级别】无危（LC）。

【花粉形态】花粉粒长球形，极面观为圆三角形，大小为 7（6~11）× 17（15~26）µm；具 3 孔沟，沟较细窄而长，不具沟膜；外壁厚度约为 1µm，层次模糊；表面具颗粒或模糊的细网状雕纹。

# 第五章 被子植物的花粉形态

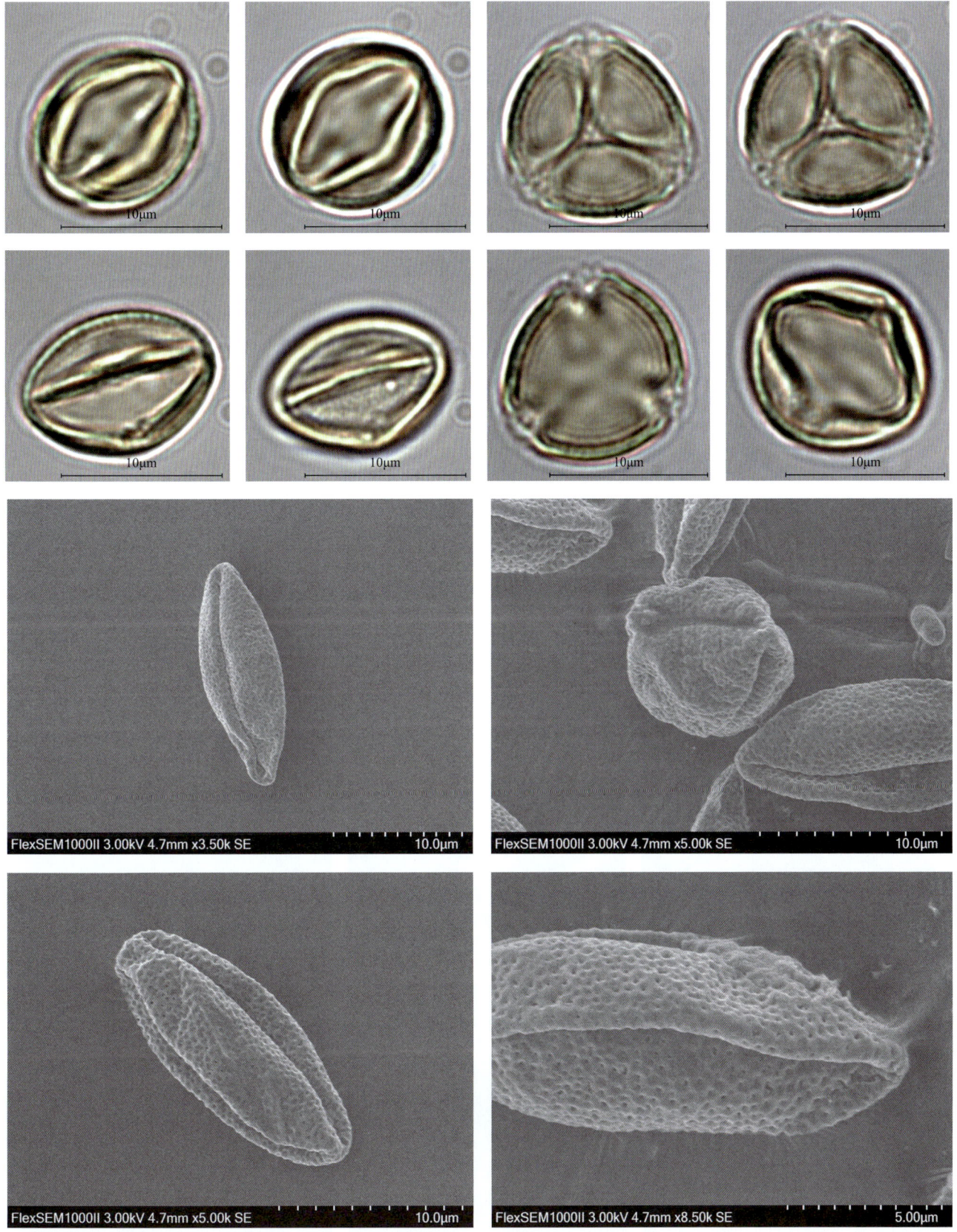

## Hamamelidaceae 金缕梅科
## *Rhodoleia* 红花荷属
*Rhodoleia parvipetala* Tong 小花红花荷

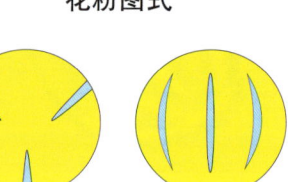

花粉图式

【形态特征】常绿乔木，高可达20米；小枝干后黑褐色，无毛；叶革质，矩圆形，先端尖锐，基部楔形；三出脉不很强烈，上面深绿色，发亮，下面灰白色，无毛，侧脉7~9对；叶柄长2~4.5厘米；头状花序长2~2.5厘米，花序柄长1~1.5厘米，无鳞状小苞片；总苞片5~7片，卵圆形，外面被暗褐色短柔毛；萼筒极短，先端平截；花瓣匙形；雄蕊6~8个，约与花瓣等长；子房无毛，基部围以短萼筒，花柱与雄蕊等长，先端尖细；头状果序宽2~2.5厘米，有蒴果5个，果序柄长1~2厘米；蒴果卵圆形，长约1厘米，果皮薄，木质，先端裂成4片；种子多数，扁平。

【花果期】花期3—4月，果期9—10月。

【生境】常生于海拔400~1050米的高山稀疏松、杉林地。

【分布】国内分布：云南东南部、贵州东南部及广西西部；国外分布：越南北部。

【别名】无

【保护级别】无危（LC）；地方保护野生植物。

【花粉形态】花粉粒长球形，极面观为3裂圆形，赤道面观为椭圆形，大小为17（14~20）×25（22~28）μm；具3沟，沟膜上具颗粒；外壁内外层等厚；表面具网状雕纹，网至沟边稍变细。

第五章 被子植物的花粉形态

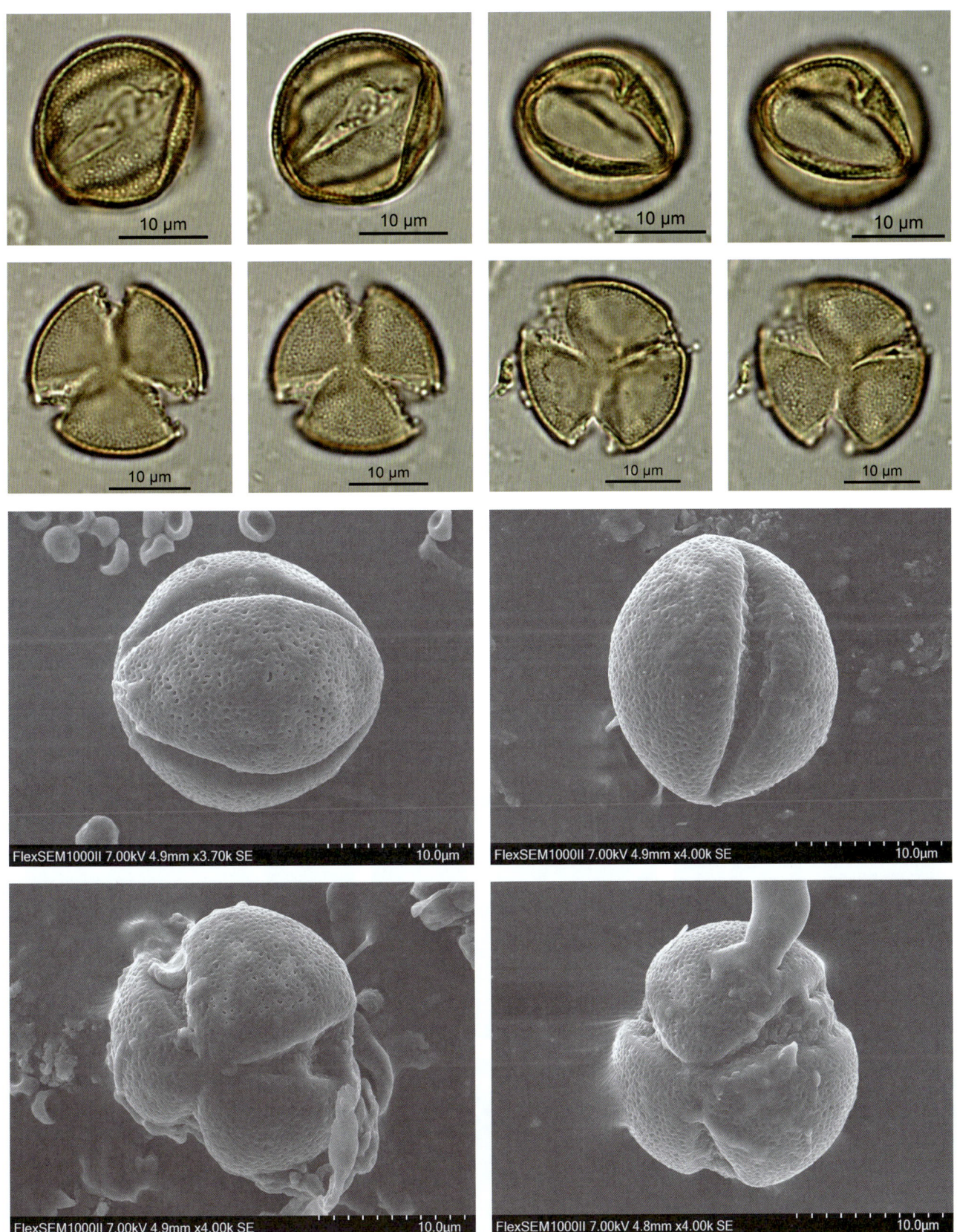

591

## Semiliquidambar 半枫荷属

### *Semiliquidambar cathayensis* H. T. Chang 半枫荷

花粉图式

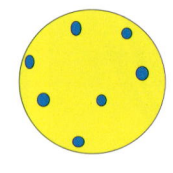 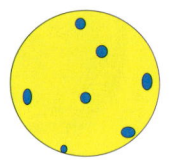

【形态特征】常绿乔木，高约17米；树皮灰色，稍粗糙；芽体长卵形，略有短柔毛；当年枝干后暗褐色，无毛，老枝灰色，有皮孔；叶簇生于枝顶，革质，异型，不分裂的叶片卵状椭圆形，或为掌状3裂，中央裂片长3~5厘米，两侧裂片卵状三角形，斜行向上，边缘有具腺锯齿，掌状脉3条，两侧的较纤细，在不分裂的叶上常离基5~8毫米，中央的主脉还有侧脉4~5对，与网状小脉在上面很明显，在下面突起；叶柄长3~4厘米，上部有槽，无毛；雄花的短穗状花序常数个排成总状，长约6厘米，花被全缺，雄蕊多数，花丝极短，花药先端凹入；雌花的头状花序单生，萼齿针形，有短柔毛，花柱长6~8毫米，先端卷曲，有柔毛，花序柄长4.5厘米，无毛；头状果序直径约2.5厘米，有蒴果22~28个，宿存萼齿比花柱短。

【花果期】花期5—6月，果期7—9月。

【生境】多生于溪旁林中。

【分布】江西南部、广西北部和贵州南部，广东和海南。

【别名】阿丁枫、闽半枫荷、小叶半枫荷。

【保护级别】易危（VU）；中国特有种。

【花粉形态】花粉粒近球形，直径22~27μm；具散孔，孔圆形，孔缘清晰，孔膜具不规则的粗颗粒；表面具细网状雕纹。

第五章 被子植物的花粉形态

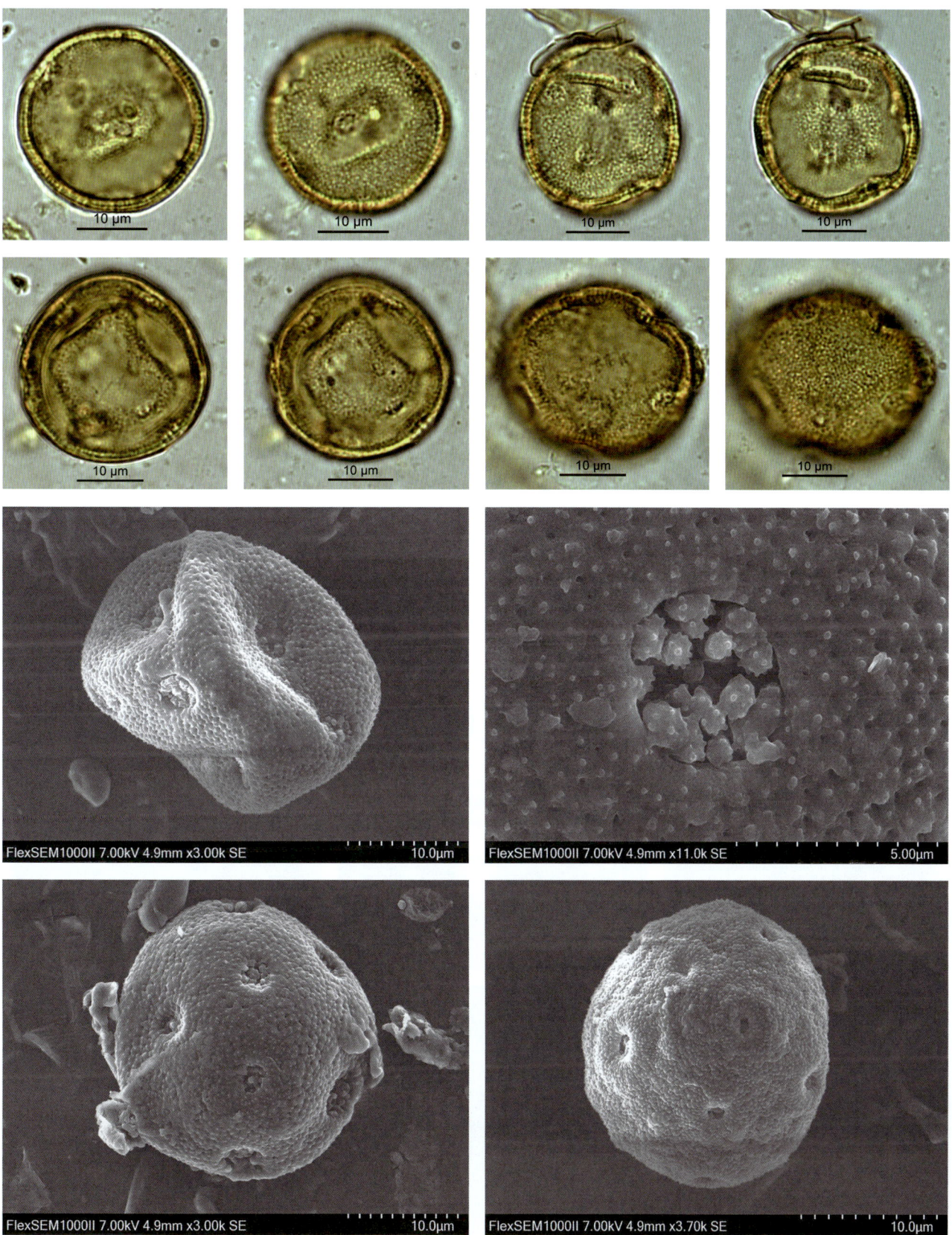

### *Shaniodendron* 银缕梅属

*Shaniodendron subaequale* (H. T. Chang) M. B. Deng & al. 银缕梅

**花粉图式**

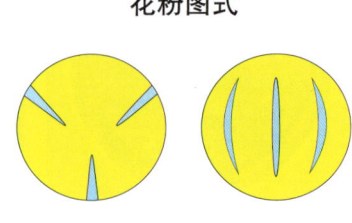

【形态特征】落叶小乔木，高4~5米，裸芽，被茸毛；芽及幼枝被星状毛；叶倒卵形，先端钝，上面有光泽，下面有星状柔毛，侧脉4~5对，托叶早落；短穗状花序腋生及顶生，具3~7花；雄花与两性花同序，外轮1~2朵为雄花，内轮4~5朵为两性花；花无梗，苞片卵形；萼筒浅杯状，萼具不整齐钝齿，宿存；无花瓣；雄蕊5~15，花丝长，直伸，花后弯垂，花药2室，具4个花粉囊，药隔突出；子房半下位，2室，花柱2，常卷曲；蒴果近圆形，花柱宿存；种子纺锤形，两端尖，褐色有光泽，种脐浅黄色。

【花果期】花期5月，果期8月。

【生境】喜温暖、稍阴湿环境，生于丘陵山区。

【分布】江苏宜兴铜官山及江西九江庐山。

【别名】单氏木。

【保护级别】国家一级重点保护野生植物；极危（CR）；中国特有种。

【花粉形态】花粉粒近球形或长球形，极面观为圆三角形或3裂圆形，赤道面观为椭圆形，大小为22（19~25）×35（27~37）μm；具3沟，沟狭长，几达两极；外壁厚2~3μm，两层，外层与内层几乎等厚，柱状层基柱明显；表面具细网状雕纹，电镜下为粗网状纹饰，网里面具刺瘤状雕纹。

第五章 被子植物的花粉形态

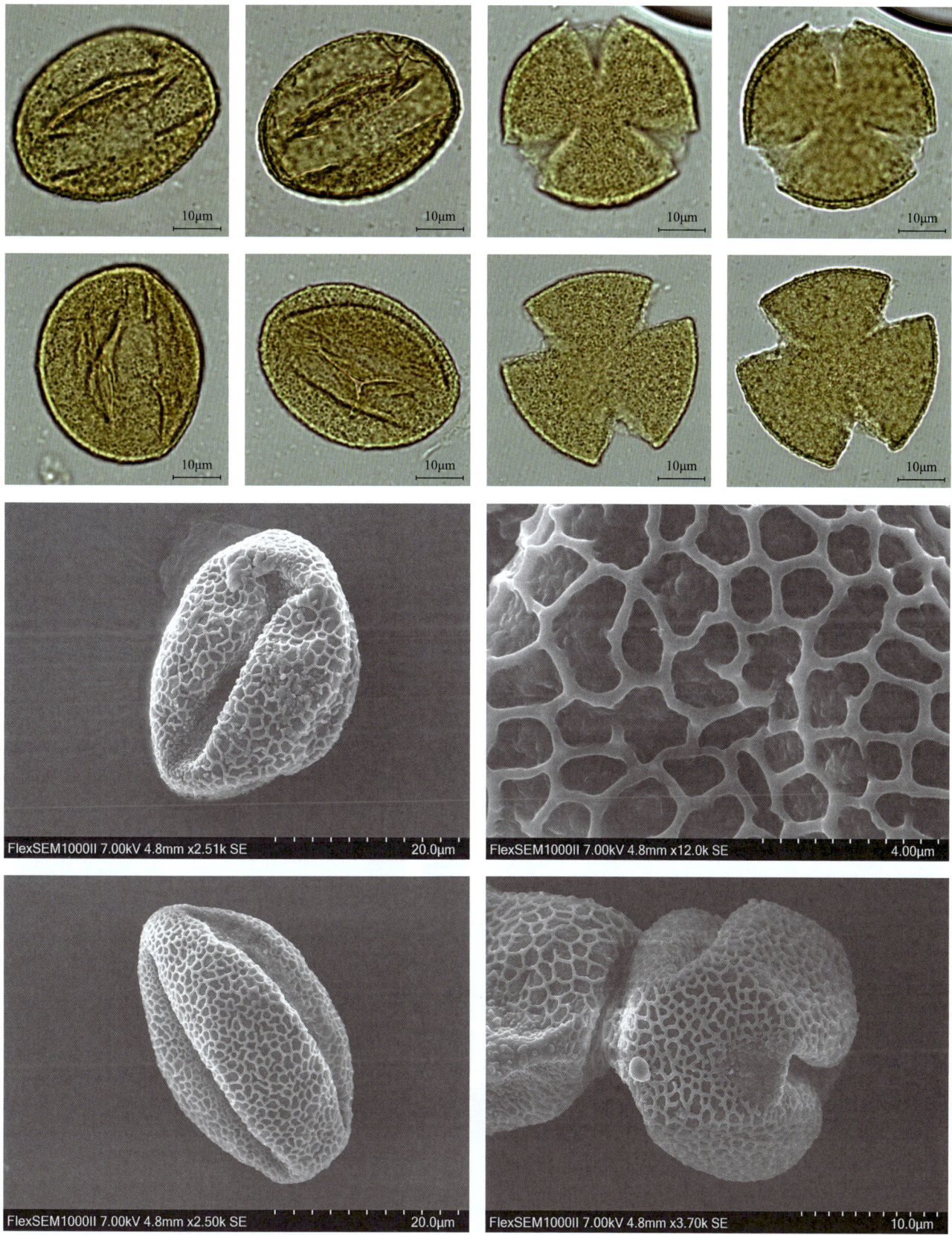

# Hydrocharitaceae 水鳖科
## *Ottelia* 水车前属

***Ottelia acuminata* var. *jingxiensis* H. Q. Wang & X. Z. Sun 靖西海菜花**

【形态特征】沉水草本，根状茎短，叶基生，同型；叶片长椭圆形或带状椭圆形，先端渐尖或钝，基部渐狭或浅心形，全缘，略有波状皱褶；叶脉 9 条，在叶背面凸起，光滑；叶柄长 30~60 厘米，扁平状三棱形，基部具鞘，白色；花单性，雌雄异株；佛焰苞扁平状椭圆形，光滑，中部隆起呈龙骨状，其上具 3 肋，两侧棱明显，先端 2 齿裂；佛焰苞梗扁圆柱形，弯曲或螺旋状扭曲；雄佛焰苞内含雄花 60~190 朵，甚至更多；萼片 3，阔披针形，向外反卷，绿色；花瓣 3，倒卵形，先端微凹，有纵纹，白色，基部黄色，花丝扁平，淡黄色，密被茸毛；雄花中的退化雄蕊先端 2 裂；退化雌蕊具 6 槽；雌佛焰苞内含雌花 8~9 朵；子房三棱形，淡紫色，1 室，侧膜胎座；果实三棱形，具疣点，长于佛焰苞；种子多数，长椭圆形，有极稀疏的毛。

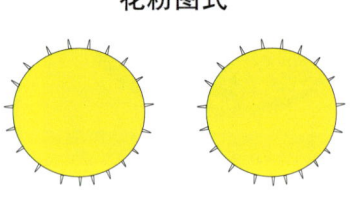

花粉图式

【花果期】花果期 5—10 月。

【生境】生于流水河湾处或溪沟中。

【分布】广西（靖西）。

【别名】无

【保护级别】国家二级重点保护野生植物。

【花粉形态】花粉粒圆球形，直径为 40~55μm；无萌发孔；表面具刺状雕纹，刺长为 2~2.6μm，刺末端较尖，基部略膨大。

第五章 被子植物的花粉形态

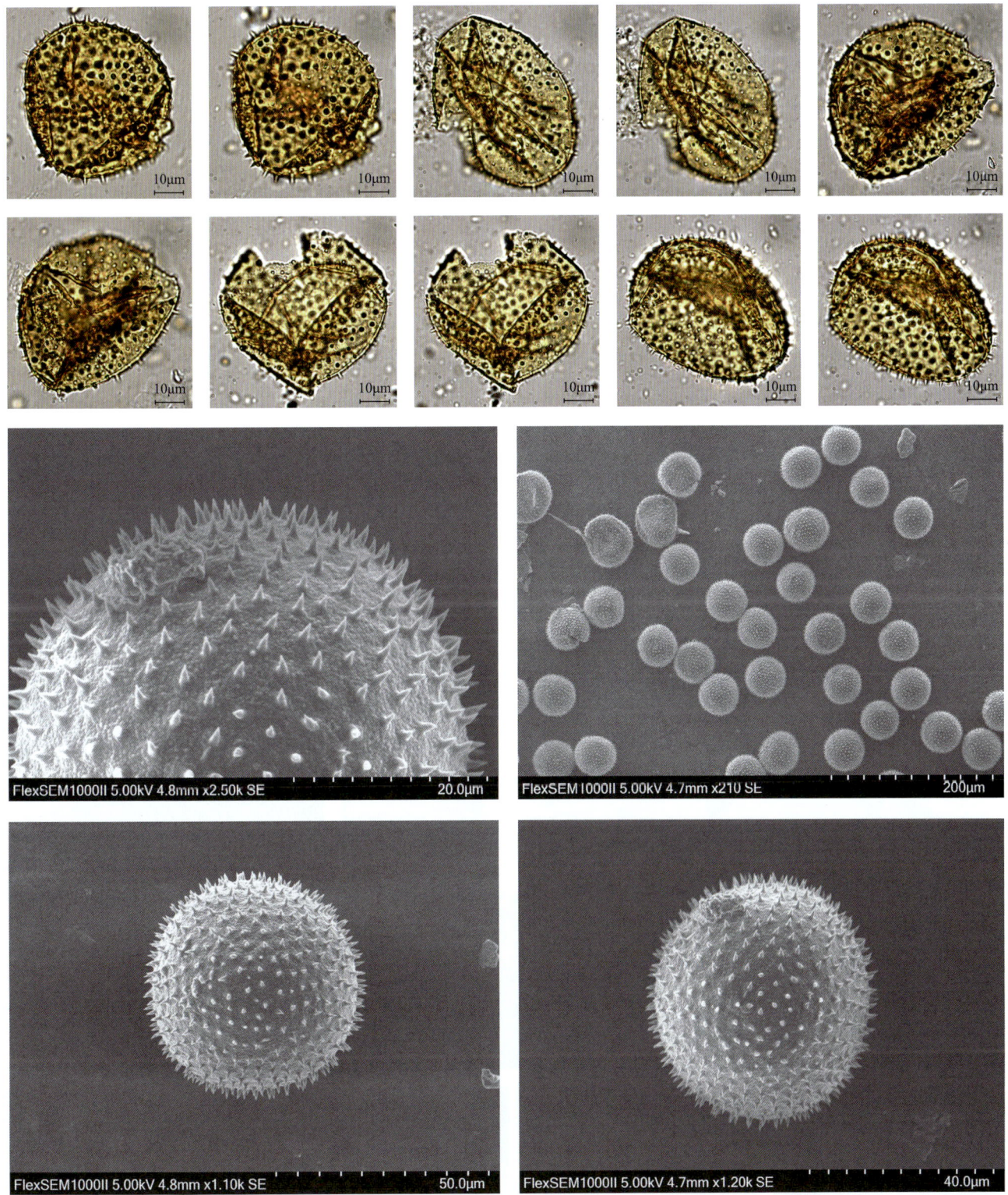

597

## *Ottelia fengshanensis* Z. Z. Li, S. Wu & Q. F. Wang 凤山水车前

**【形态特征】** 一年生或多年生草本植物；根状茎短；叶完全浸没水中，深绿色，线形或长圆形，基部圆形，先端锐尖或钝，纵脉 9；叶柄平滑，绿色，基部膨大成鞘；佛焰苞扁球形，沿边缘有疣或平滑，纵向有肋，侧缘具翅，含 3~4 朵花；花两性；萼片红绿色，具纵棱；花瓣白色，基部黄色，倒卵形，具纵向褶皱；雄蕊 3，与萼片对生，花药椭圆形，药隔不明显，花丝长 3~5 毫米；腺体 3，与花瓣对生，淡黄色；子房六角状圆筒形至圆筒形，具 3 心皮；花柱 3，白色，纤细，有毛，柱头 2 裂，分裂至基部；柱头 6，线形，有毛；果为六角状圆筒形蒴果，具 6 个不明显的翅，深绿色，具宿存花萼，长于佛焰苞；种子多数，纺锤形，长约 1 毫米，两端有毛。

**【花果期】** 花果期 4—11 月。

**【生境】** 生于喀斯特地貌深度小于 1.5 米的河流中，海拔 500 米。

**【分布】** 广西凤山县。

**【别名】** 无

**【保护级别】** 国家二级重点保护野生植物。

**【花粉形态】** 花粉粒圆球形，直径为 42~53μm；无萌发孔；表面具刺状雕纹，刺长为 1.6~2.7μm，刺末端较尖，基部略膨大。

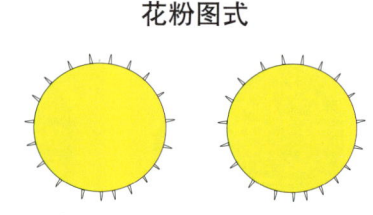

花粉图式

# 第五章 被子植物的花粉形态

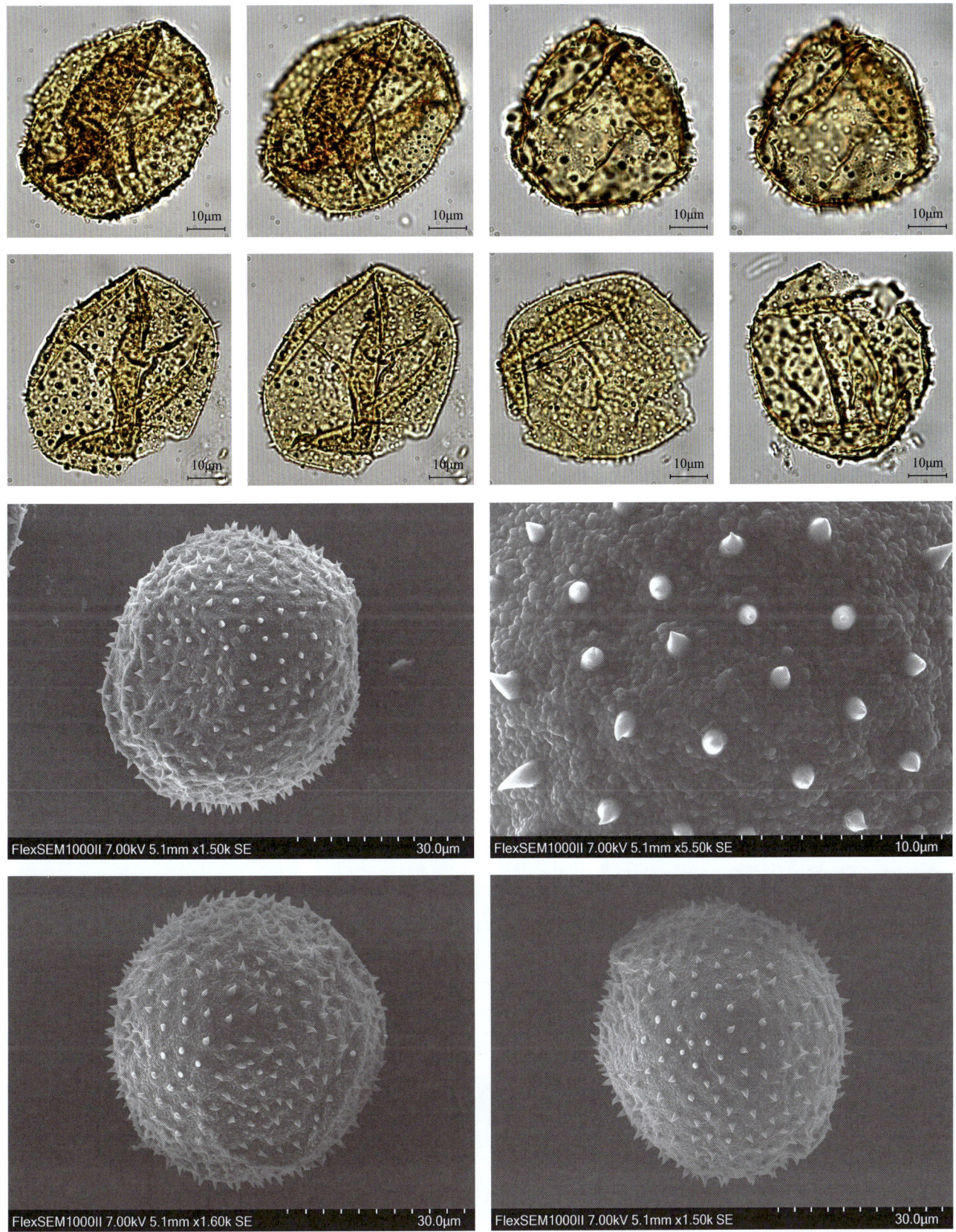

## Hypericaceae 金丝桃科
### *Cratoxylum* 黄牛木属
*Cratoxylum cochinchinense* (Lour.) Blume 黄牛木

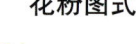

【形态特征】落叶灌木或乔木，全体无毛，树干下部有簇生的长枝刺；树皮灰黄色或灰褐色，平滑或有细条纹；枝条对生，幼枝略扁，无毛，淡红色，节上叶柄间线痕连续或间有中断；叶片椭圆形至长椭圆形或披针形，先端骤然锐尖或渐尖，基部钝形至楔形，坚纸质，两面无毛，侧脉每边8~12条，两面凸起，斜展，末端不呈弧形闭合；叶柄长2~3毫米，无毛；

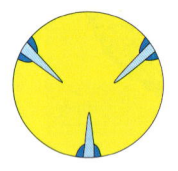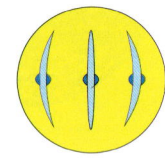

聚伞花序腋生或腋外生及顶生，有花2~3朵，具梗；总梗长3~10毫米或以上；花直径1~1.5厘米；花梗长2~3毫米；萼片椭圆形；花瓣粉红、深红至红黄色，倒卵形；雄蕊束3，柄宽扁至细长；子房圆锥形，无毛，3室；花柱3，线形；蒴果椭圆形，棕色，无毛，被宿存的花萼包被达2/3以上；种子倒卵形，基部具爪，不对称，一侧具翅。

【花果期】花期4—5月，果期6月。

【生境】生于海拔1240米以下的丘陵或山地的干燥阳坡上的次生林或灌丛中。

【分布】国内分布：广东、广西和云南南部；国外分布：缅甸、泰国、越南、马来西亚、印度尼西亚和菲律宾。

【别名】无

【保护级别】无危（LC）；地方保护野生植物。

【花粉形态】花粉粒长球形，极面观为3裂圆形，大小为12（10~15）×20（17~25）μm；具3孔沟，内孔横长，长约3μm，沟较宽，两端渐尖；外壁外层厚于内层；表面具网状雕纹，网至沟边缘变细；轮廓线显著不平。

第五章 被子植物的花粉形态

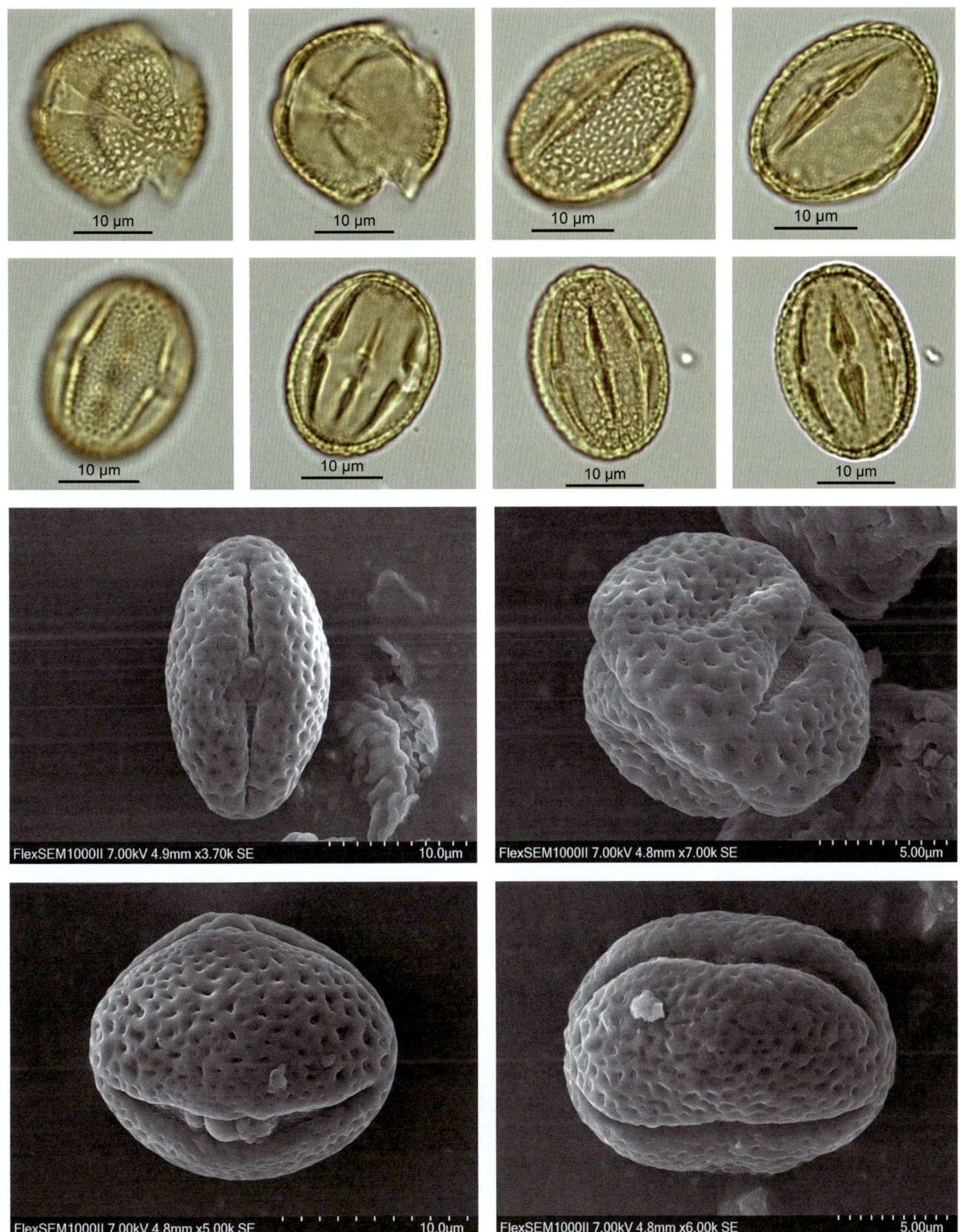

## Hypoxidaceae 仙茅科
## *Curculigo* 仙茅属
### *Curculigo capitulata* (Lour.) Kuntze 大叶仙茅

【形态特征】多年生草本，高可达 1 米；根状茎粗厚、块状，走茎细长；叶常 4~7，纸质，长圆状披针形或近长圆形，先端长渐尖，全缘，具折扇状脉，有时被短毛；叶柄长 30~80 厘米；花茎长 10~30 厘米，被褐色茸毛；总状花序密生多花，呈头状或近卵圆形，俯垂；花黄色，具长约 7 毫米的花梗；花被裂片卵状长圆形，顶端钝，外轮的背面被毛，内轮仅背面中脉或中脉基部被毛；雄蕊长约为花被裂片的 2/3；花丝很短，长不超过 1 毫米；花药线形；花柱比雄蕊长，纤细，柱头近头状，极浅的 3 裂；子房长圆形或近球形，被毛；浆果近球形，白色，无喙；种子黑色，表面具不规则的纵凸纹。

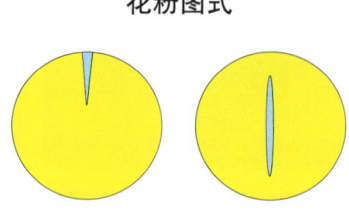

花粉图式

【花果期】花期 5—6 月，果期 8—9 月。

【生境】生于林下或阴湿处。

【分布】国内分布：福建、台湾、广东、广西、四川、贵州、云南和西藏；国外分布：印度、尼泊尔、孟加拉国、斯里兰卡、缅甸、越南、老挝和马来西亚。

【别名】假槟榔树、野棕。

【保护级别】无危（LC）。

【花粉形态】花粉粒左右对称，长球形，大小为 17（15~22）× 29（27~35）μm；具 1 远极沟（槽），沟长；外壁层次不清；表面具网状雕纹。

# 第五章 被子植物的花粉形态

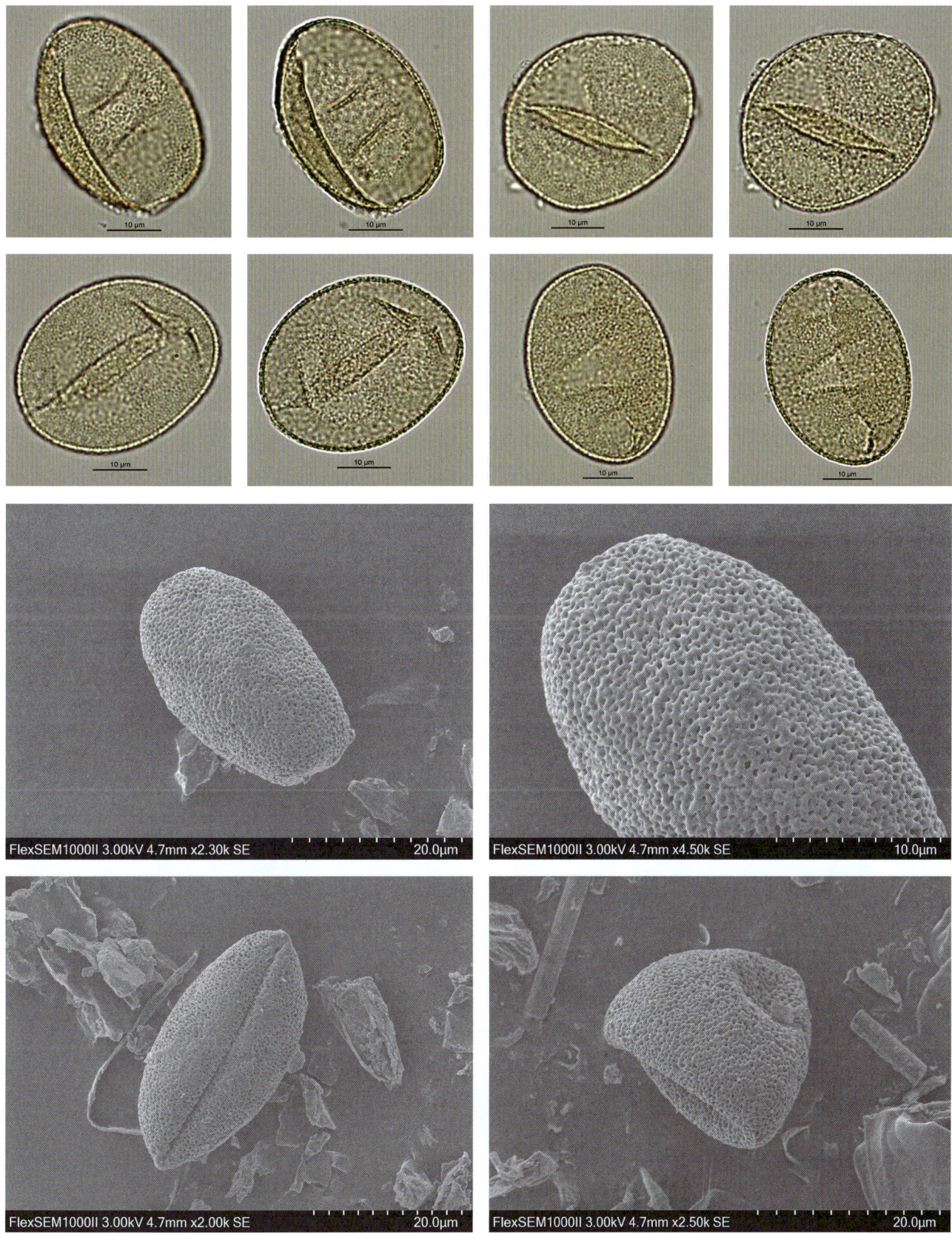

## Iridaceae 鸢尾科
### *Belamcanda* 射干属
*Belamcanda chinensis* (L.) Redouté 射干

花粉图式

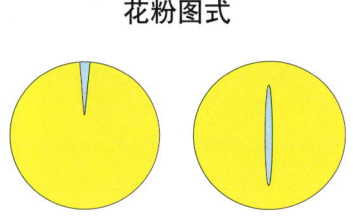

**【形态特征】**多年生草本；根状茎为不规则的块状，斜伸，黄色或黄褐色；茎高 1~1.5 米，实心；叶互生，剑形，基部鞘状抱茎，顶端渐尖，无中脉；花序顶生，叉状分枝，每分枝的顶端聚生有数朵花；花梗细；花梗及花序的分枝处均包有膜质的苞片，苞片披针形或卵圆形；花橙红色，散生紫褐色的斑点；花被裂片 6，2 轮排列；雄蕊 3，着生于外花被裂片的基部，花药条形，花丝近圆柱形，基部稍扁而宽；花柱上部稍扁，顶端 3 裂，裂片边缘略向外卷，有细而短的毛；子房下位，倒卵形，3 室，中轴胎座，胚珠多数；蒴果倒卵形或长椭圆形，顶端无喙，常残存有凋萎的花被，成熟时室背开裂，果瓣外翻，中央有直立的果轴；种子圆球形，黑紫色，有光泽，着生在果轴上。

**【花果期】**花期 6—8 月，果期 8—9 月。

**【生境】**生于林缘或山坡草地，大部分生于海拔较低的地方，但在西南山区海拔 2000~2200 米处也可生长。

**【分布】**国内分布：吉林、辽宁、河北、山西、山东、河南、安徽、江苏、浙江、福建、台湾、湖北、湖南、江西、广东、广西、陕西、甘肃、四川、贵州、云南和西藏；国外分布：朝鲜、日本、印度、越南和俄罗斯。

**【别名】**野萱花、交剪草。

**【保护级别】**无危（LC）；地方保护野生植物。

**【花粉形态】**花粉粒左右对称，椭球形，大小为 55（45~63）× 70（65~73）μm；具单沟（远极构）；外壁两层，外层厚于内层；表面具清楚的网状雕纹，网脊由单行大颗粒组成。

第五章 被子植物的花粉形态

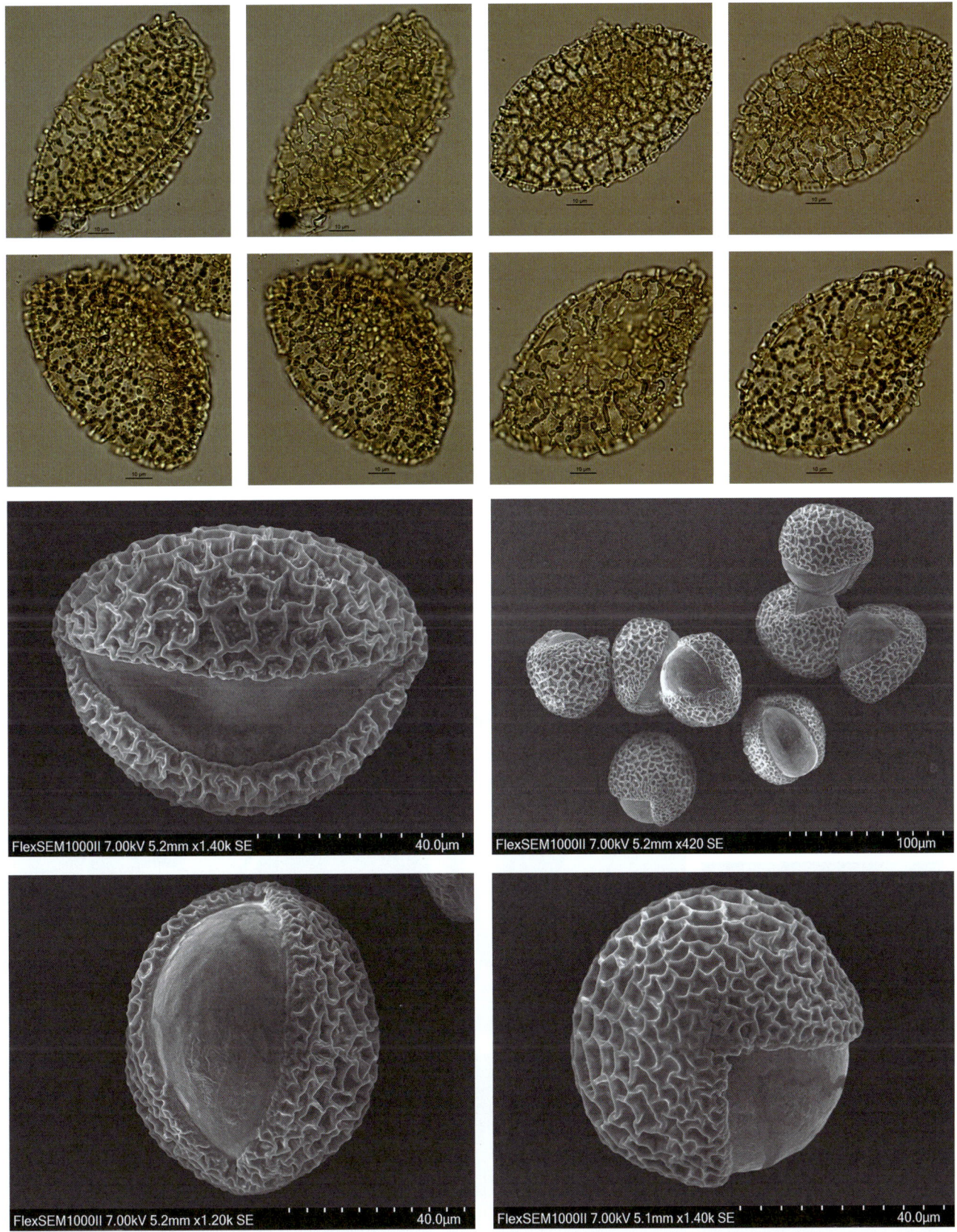

605

## *Iris* 鸢尾属

### *Iris pseudacorus* L. 黄菖蒲

**【形态特征】**多年生草本；根状茎粗壮，斜伸，节明显，黄褐色；须根黄白色，有皱缩的横纹；基生叶灰绿色，宽剑形，长 40~60 厘米，顶端渐尖，基部鞘状，中脉较明显；花茎粗壮，有明显的纵棱；苞片 3~4 枚，膜质，绿色，披针形；花黄色，花梗长 5~5.5 厘米，花被管长约 1.5 厘米，外花被裂片卵圆形或倒卵形；雄蕊长约 3 厘米，花丝黄白色，花药黑紫色；花柱分枝淡黄色，长约 4.5 厘米，宽约 1.2 厘米，顶端裂片半圆形，边缘有疏齿；子房绿色，三棱状柱形，长约 2.5 厘米，直径约 5 毫米。

**花粉图式**

**【花果期】**花期 5 月，果期 6—8 月。

**【生境】**河湖沿岸的湿地或沼泽地上。

**【分布】**原产欧洲，我国各地常见栽培。

**【别名】**黄花鸢尾、水生鸢尾、黄鸢尾。

**【保护级别】**无危（LC）。

**【花粉形态】**花粉粒左右对称，椭球形，大小为 51（45~63）× 90（83~103）μm；具单沟（远极沟）；外壁两层，外层厚于内层；表面具清楚的网状雕纹，电镜下网脊由大颗粒组成。

第五章 被子植物的花粉形态

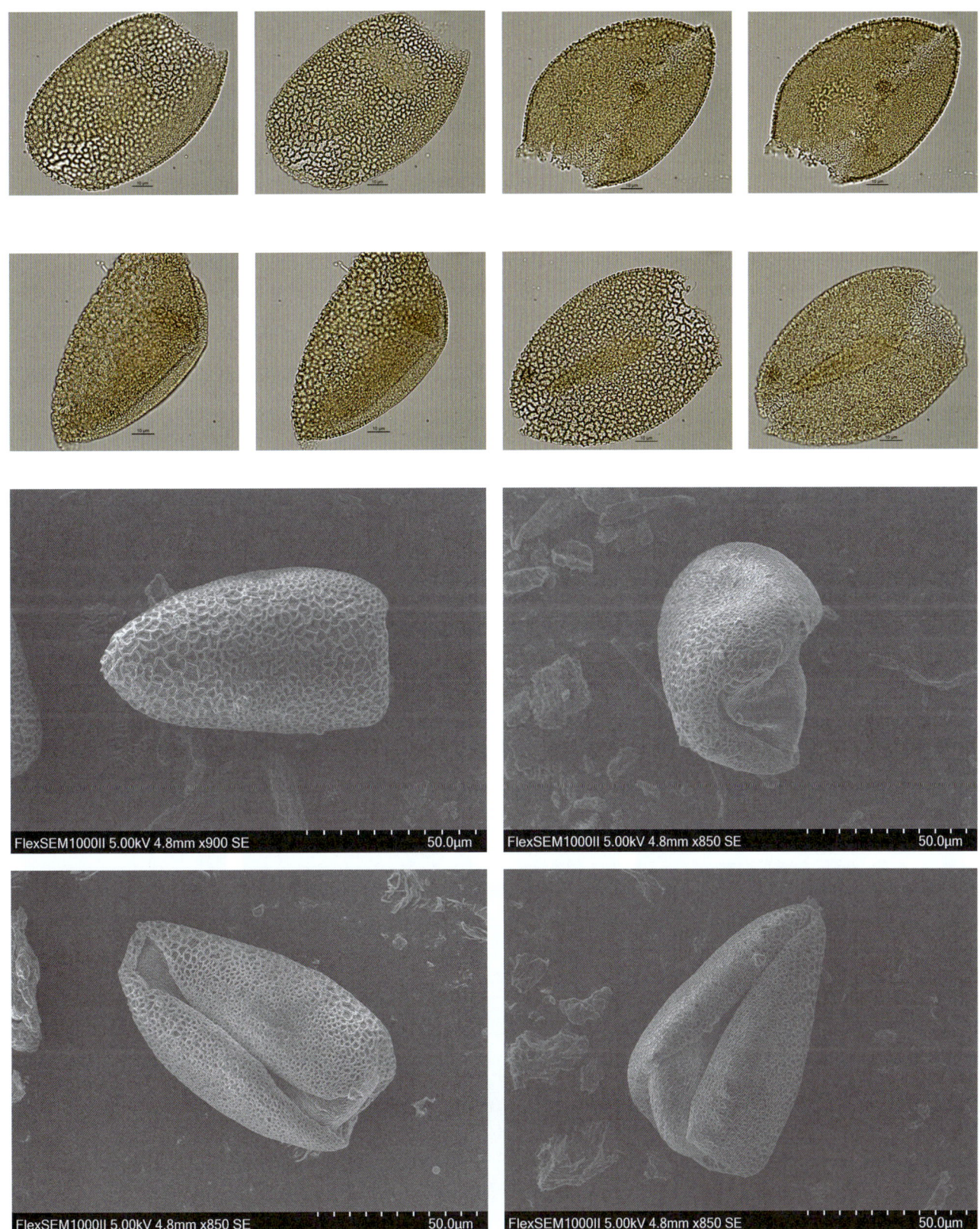

607

## Juglandaceae 胡桃科
### *Carya* 山核桃属
*Carya cathayensis* Sarg. 山核桃

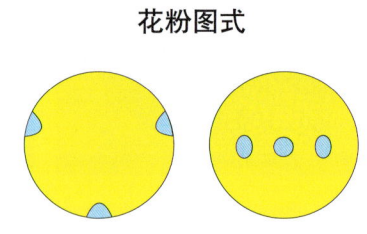

花粉图式

【形态特征】乔木，高 10~20 米；树皮平滑，灰白色；小枝细瘦，新枝密被盾状着生的橙黄色腺体；复叶长 16~30 厘米，有小叶 5~7 枚；小叶边缘有细锯齿；雄性柔荑花序 3 条成 1 束，花序轴被有柔毛及腺体；雄花具短柄；苞片狭，长椭圆状线形，小苞片三角状卵形，均被有毛和腺体；雄蕊 2~7 枚，着生于狭长的花托上，花药具毛；雌性穗状花序直立，花序轴密被腺体，具 1~3 雌花；雌花卵形或阔椭圆形，密被橙黄色腺体，总苞的裂片被有毛及腺体；果实倒卵形，向基部渐狭，幼时具 4 狭翅状的纵棱，密被橙黄色腺体，成熟时腺体变稀疏，纵棱亦变得不显著；外果皮干燥后革质，沿纵棱裂开成 4 瓣；果核倒卵形或椭圆状卵形，有时略侧扁，具极不显著的 4 纵棱；内果皮硬，淡灰黄褐色，隔膜内及壁内无空隙；子叶 2 深裂。

【花果期】花期 4—5 月，果期 9 月。

【生境】适生于山麓疏林中或腐殖质丰富的山谷，海拔 400~1200 米。

【分布】产于我国浙江和安徽。

【别名】长寿果。

【保护级别】易危（VU）；中国特有种。

【花粉形态】花粉粒扁球形，极面观为圆形，赤道面观为广椭圆形，直径为 30~40μm；具 3 孔，孔小，圆至椭圆形，排列略偏于一个半球，因而在极面观 3 个孔处于圆周之内；外壁层次不明显；表面具微弱的颗粒状雕纹。

第五章 被子植物的花粉形态

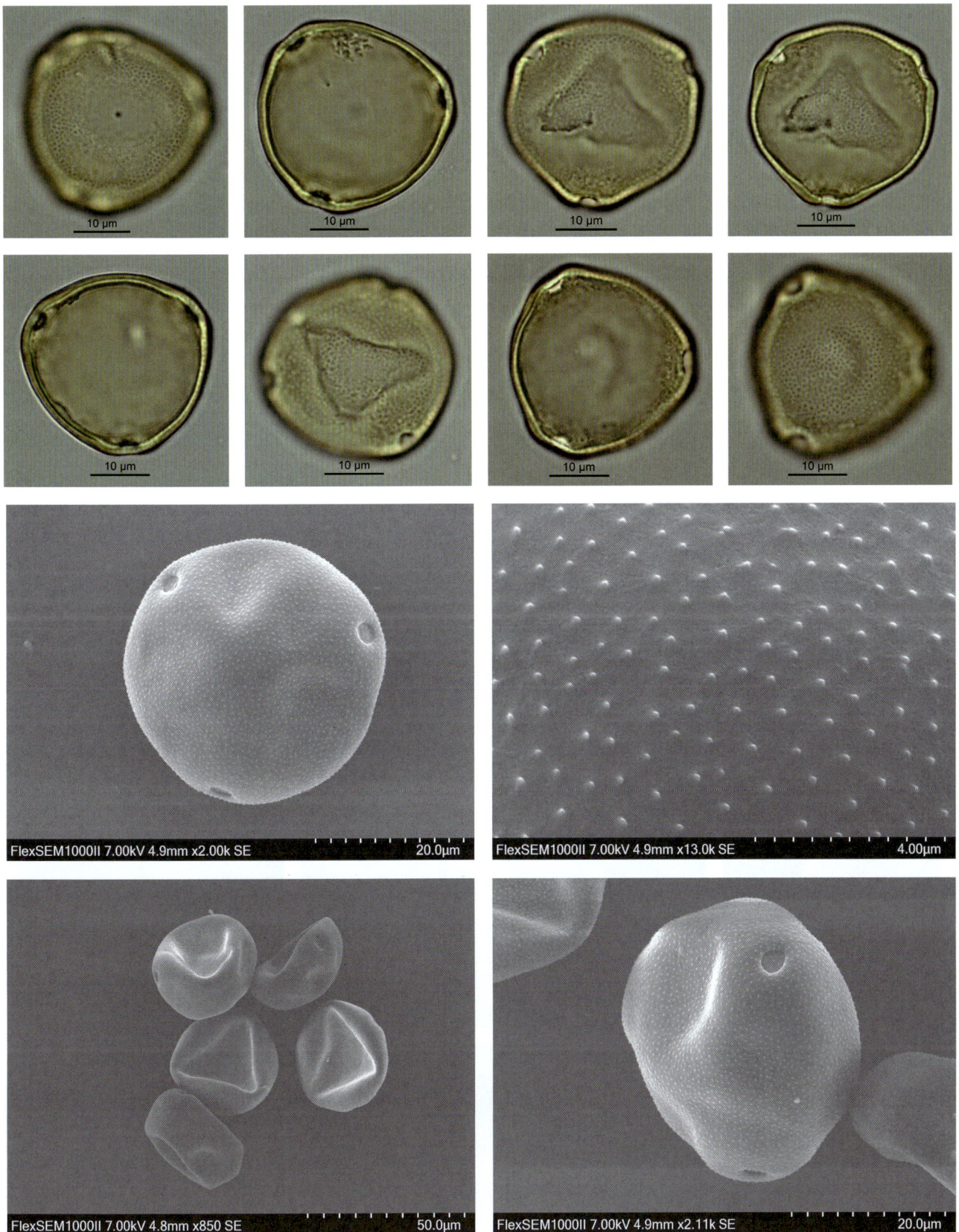

## *Juglans* 胡桃属

### *Juglans mandshurica* Maxim. 胡桃楸

【形态特征】乔木，高 20 余米；枝条扩展，树冠扁圆形；树皮灰色，具浅纵裂；奇数羽状复叶，基部膨大，叶柄及叶轴被有短柔毛或星芒状毛；小叶 9~17 枚，椭圆形至长椭圆形，边缘具细锯齿；侧生小叶对生，无柄，先端渐尖，基部歪斜，截形至近于心脏形；雄性柔荑花序长 9~20 厘米，花序轴被短柔毛；雄花具短花柄；苞片顶端钝；雄蕊 12 枚，花药长约 1 毫米，黄色，药隔急尖或微凹；雌性穗状花序具 4~10 雌花，花序轴被有茸毛；雌花长 5~6 毫米，被有茸毛，花被片披针形或线状披针形；果序俯垂，通常具 5~7 果实，序轴被短柔毛；果实球状、卵状或椭圆状，顶端尖，密被腺质短柔毛；果核表面具 8 条纵棱，其中两条较显著，各棱间具不规则皱曲及凹穴，顶端具尖头；内果皮壁内具多数不规则空隙，隔膜内亦具 2 空隙。

【花果期】花期 5 月，果期 8—9 月。

【生境】生于土质肥厚、湿润、排水良好的沟谷两旁或山坡的阔叶林中。

【分布】国内分布：黑龙江、吉林、辽宁、河北和山西；国外分布：朝鲜北部。

【别名】核桃楸、野核桃、华东野核桃、华核桃。

【保护级别】地方保护野生植物。

【花粉形态】花粉粒扁球形，极面观为多边形，大小为 31（28~36.5）×40（36.5~43）μm；具散孔，孔 5~10 个，孔分布于赤道及一个极面；表面具颗粒状雕纹。

花粉图式

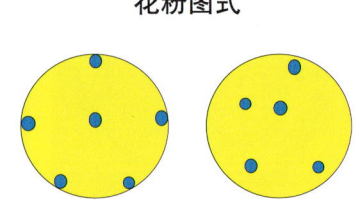

第五章 被子植物的花粉形态

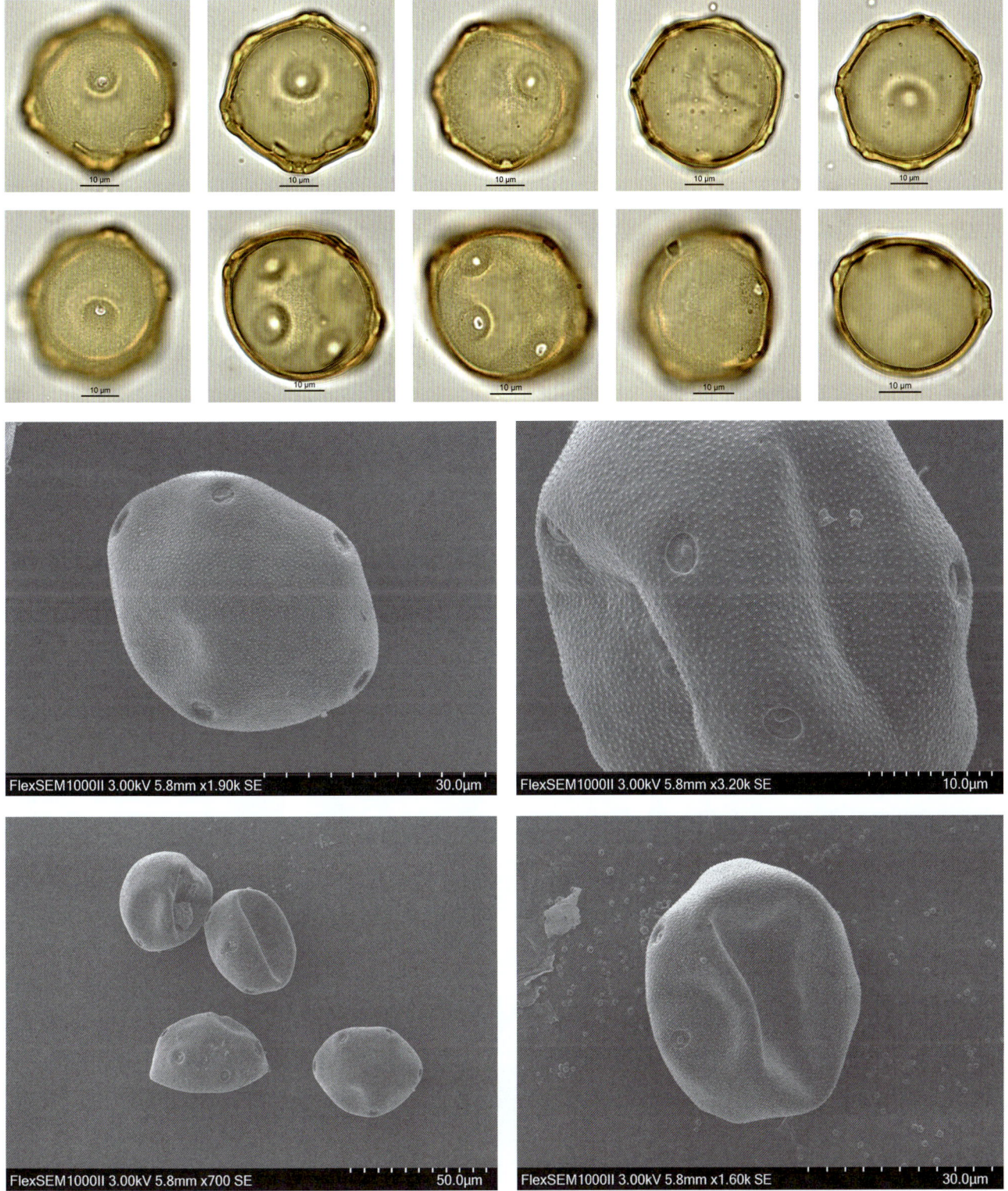

### *Juglans regia* L. 胡桃

花粉图式

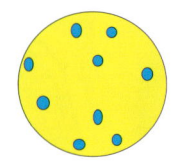
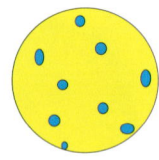

【形态特征】乔木，高 20~25 米；树冠广阔；树皮幼时灰绿色，老时则灰白色而纵向浅裂；小枝无毛，具光泽；奇数羽状复叶长 25~30 厘米，叶柄及叶轴幼时被有极短腺毛及腺体；小叶通常 5~9 枚，稀 3 枚，椭圆状卵形至长椭圆形，侧脉 11~15 对；雄性柔荑花序下垂；雄花的苞片、小苞片及花被片均被腺毛；雄蕊 6~30 枚，花药黄色，无毛；雌性穗状花序通常具 1~4 雌花；雌花的总苞被极短腺毛，柱头浅绿色；果序短，具 1~3 果实；果实近于球状，无毛；果核稍具皱曲，有 2 条纵棱，顶端具短尖头；隔膜较薄，内里无空隙；内果皮壁内具不规则的空隙或无空隙而仅具皱曲。

【花果期】花期 4—5 月，果期 9—10 月。

【生境】生于海拔 400~1800 米之山坡及丘陵地带，平原及丘陵地区常见栽培，喜肥沃湿润的砂质壤土，常见于山区河谷两旁土层深厚的地方。

【分布】国内分布：华北、西北、西南、华中、华南和华东；国外分布：中亚、西亚、南亚和欧洲。

【别名】核桃。

【保护级别】易危（VU）；地方保护野生植物。

【花粉形态】花粉粒扁球形，极面观为多边形，赤道面观为阔椭圆形，大小为 43（36~57）× 56（45~72）μm；具散孔，孔数 9~18 个，孔分布于赤道及一个极面；表面具颗粒状雕纹，电镜下为小刺状雕纹。

# 第五章 被子植物的花粉形态

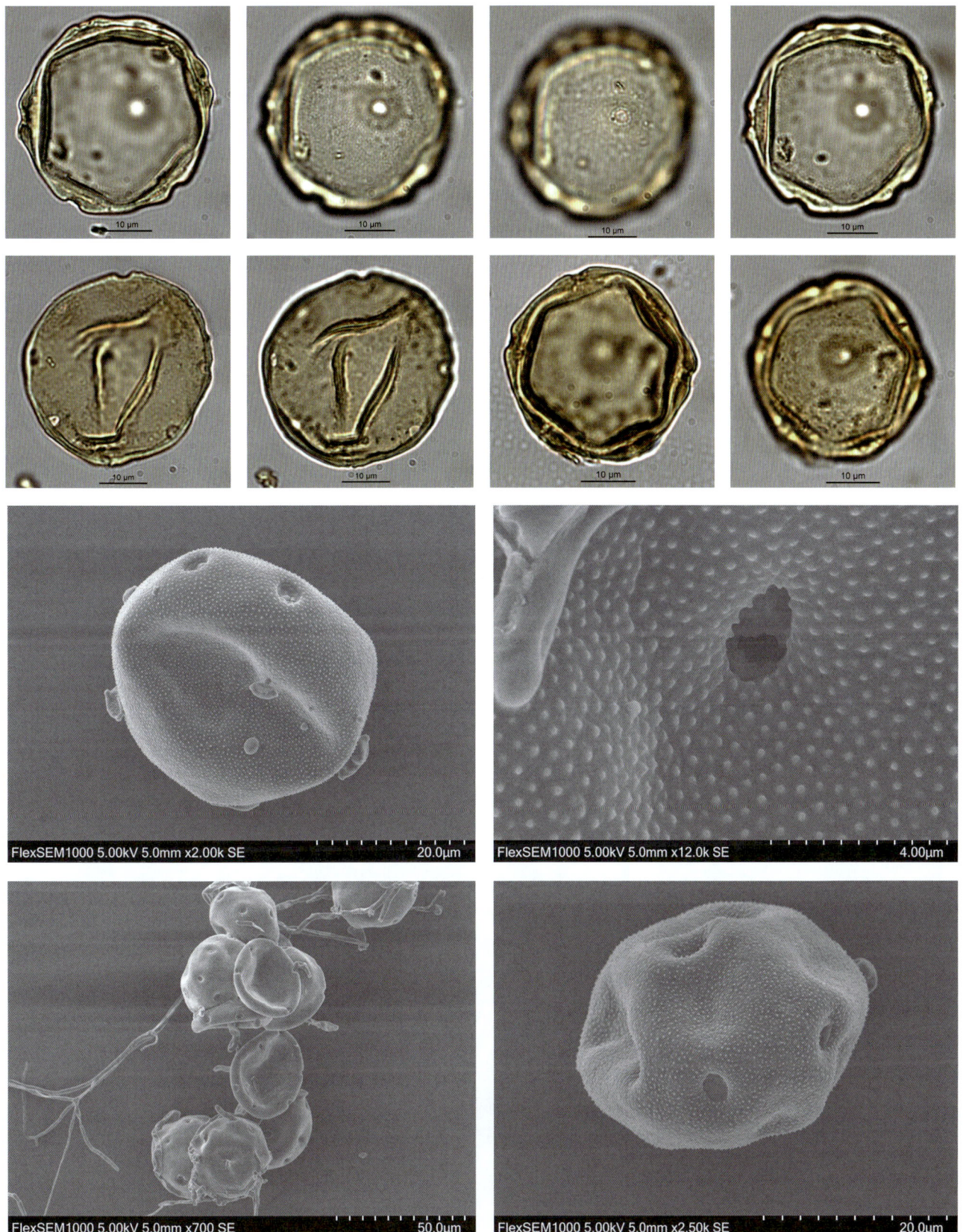

### *Rhoiptelea* 马尾树属

*Rhoiptelea chiliantha* Diels & Hand.-Mazz. 马尾树

花粉图式

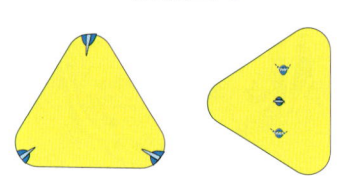

【形态特征】落叶乔木，高可达 20 米；树皮灰色或灰白色，浅纵裂；小枝初具棱后变圆，褐色或紫褐色，密生浅黄褐色皮孔；单数羽状复叶，互生，常具 6~8 对小叶；小叶互生，无柄；托叶叶状，扇状半圆形，全缘而成波状皱褶，无柄；复圆锥花序偏向一侧而俯垂，常由 6~8 束腋生的圆锥花序组成；团伞花序由 1~7 花组成，无柄，小苞片较小，花倒圆锥状球形，花被片倒卵状圆形，淡黄绿色，干后变成褐色，宿存于果实基部；小坚果倒梨形，略扁，外果皮薄纸质，两心皮的背脊凸出而成翅状，相连而形成围绕小坚果的近圆形或卵圆形的翅，中果皮木质，褐色，具不规则疣状凸起，内果皮白色；种子卵形。因其复圆锥花序俯垂于枝端颇似马尾，故名马尾树。

【花果期】花期 10—12 月，果期翌年 7—8 月。

【生境】生于海拔 700~2500 米的山坡、山谷及溪边之林中。

【分布】国内分布：贵州南部及东南部、云南东南部、广西北部至西部；国外分布：越南。

【别名】无

【保护级别】无危（LC）。

【花粉形态】花粉粒扁球形，极面观为钝三角形，大小为 23（17~25）× 30（28~33）μm；具 3 孔沟，内孔大而圆，具较大的孔腔，外壁外层在孔处加厚，但有时也不明显，沟很短，与孔的直径等长，而且很细窄，在孔之间具弓形加厚，类似于桤木的弓形加厚；外壁厚度约为 2μm，两层，外层稍厚于内层，或两层厚度相等；表面近光滑，或具模糊的细颗粒状雕纹。

第五章 被子植物的花粉形态

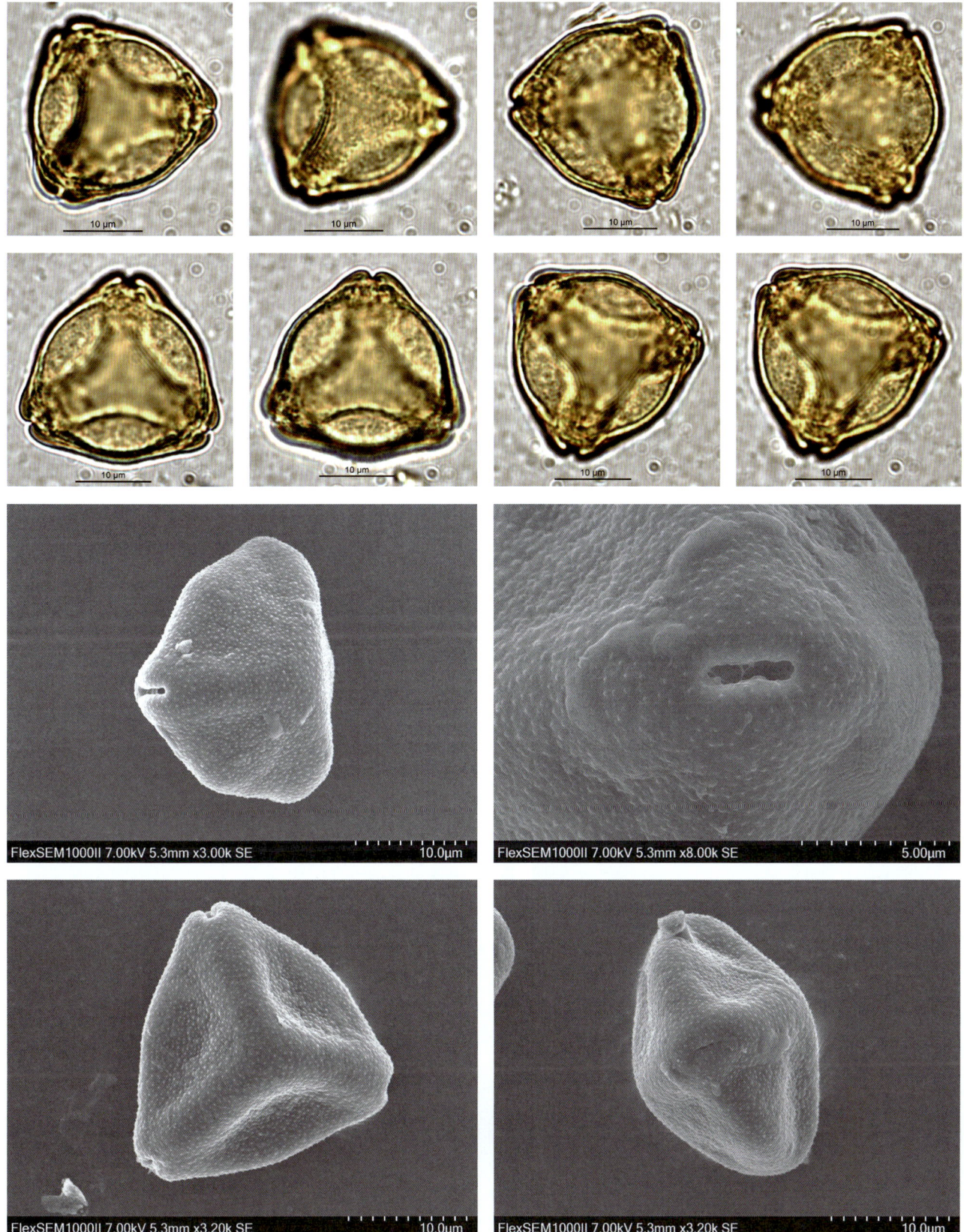

615

## Lamiaceae 唇形科
### *Callicarpa* 紫珠属
*Callicarpa giraldii* var. *subcanescens* Rehder 毛叶老鸦糊

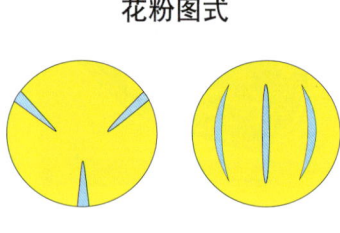

花粉图式

【形态特征】灌木，高 1~5 米；小枝圆柱形，灰黄色，被星状毛；叶片纸质，宽卵形至椭圆形；小枝、叶背面及花的各部分均密被灰白色星状柔毛；侧脉 8~10 对，主脉、侧脉和细脉在叶背隆起，细脉近平行；叶柄长 1~2 厘米；聚伞花序宽 2~3 厘米，4~5 次分歧，被毛与小枝同；花萼钟状，疏被星状毛，老后常脱落，具黄色腺点，萼齿钝三角形；花冠紫色，稍有毛，具黄色腺点，长约 3 毫米；雄蕊长约 6 毫米，花药卵圆形，药室纵裂，药隔具黄色腺点；子房被毛；果实球形，初时疏被星状毛，熟时无毛，紫色。

【花果期】花期 5—6 月，果期 7—10 月。

【生境】生于海拔 2300 米以下的林下或林边。

【分布】江苏南部、河南、安徽、浙江、江西、湖南、四川、贵州、广东、广西和云南。

【别名】无

【保护级别】无危（LC）。

【花粉形态】花粉粒扁球形至长球形，极面观为 3 裂圆形，赤道面观为长椭圆形，大小为 17（15~23）× 45（43~49）μm；具 3 沟，沟较宽，末端变尖，沟膜具颗粒；外壁厚度约 1.7μm，外层厚于内层，基柱明显；表面具网状雕纹。

第五章 被子植物的花粉形态

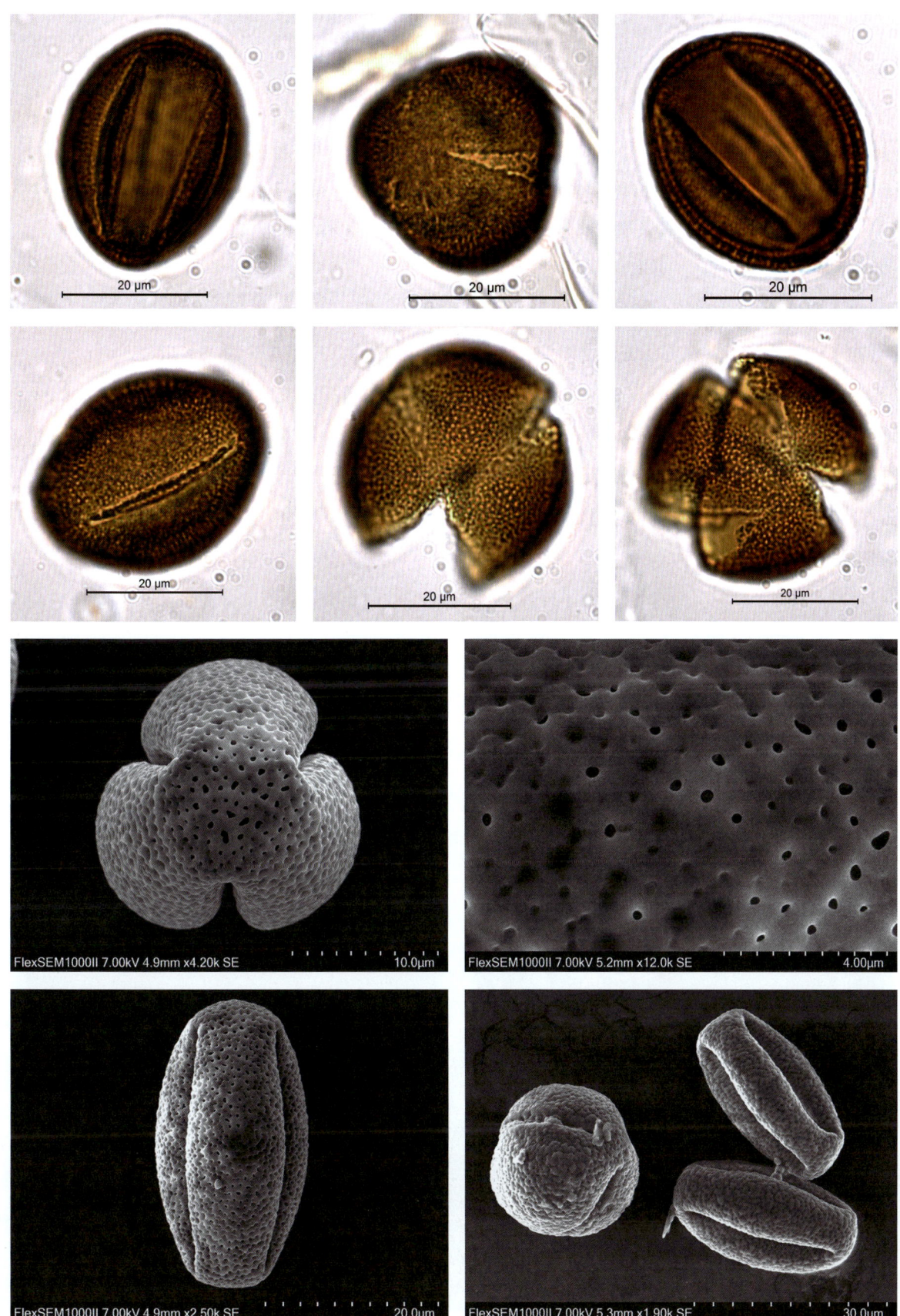

### *Callicarpa membranacea* Hung T. Chang 窄叶紫珠

**【形态特征】** 灌木，高约 2 米；小枝、叶柄和花序均被粗糠状星状毛；叶片质地较薄，倒披针形或披针形，绿色或略带紫色，两面常无毛，有不明显的腺点，侧脉 6~8 对，边缘中部以上有锯齿；叶柄长不超过 0.5 厘米；聚伞花序宽约 1.5 厘米，花序梗长约 6 毫米；萼齿不显著；花冠长约 3.5 毫米，花丝与花冠约等长；花药长圆形，药室孔裂；果实径约 3 毫米。

**【花果期】** 花期 5—6 月，果期 7—10 月。

**【生境】** 海拔 1300 米以下的山坡、溪旁林中或灌丛中。

**【分布】** 陕西、河南、江苏、安徽、浙江、江西、湖北、湖南、广东、广西、贵州和四川。

**【别名】** 无

**【保护级别】** 地方保护野生植物。

**【花粉形态】** 花粉粒扁球形至长球形，极面观为 3 裂圆形，赤道面观为椭圆形，大小为 21（17~23）× 53（52~57）μm；具 3 沟，沟较宽，末端变尖，沟膜上具颗粒；外壁厚度约 1.7μm，外层厚于内层，基柱明显；表面具细网状雕纹。

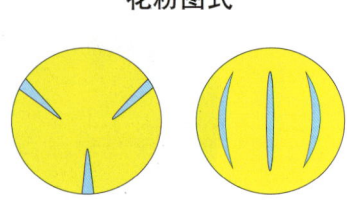

花粉图式

第五章 被子植物的花粉形态

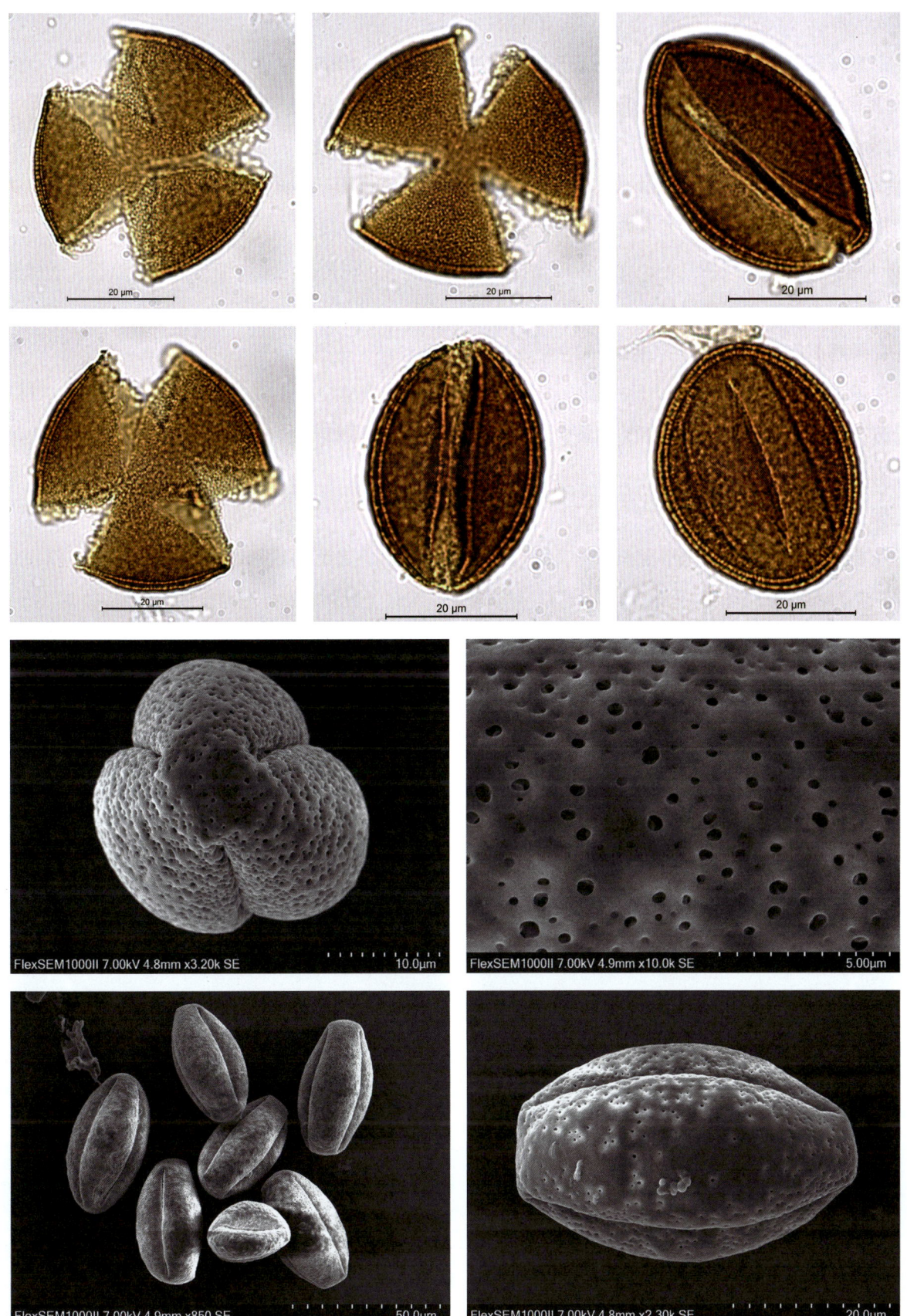

## *Callicarpa nudiflora* Hook. & Arn. 裸花紫珠

【形态特征】灌木至小乔木；老枝无毛而皮孔明显，小枝、叶柄与花序密生灰褐色分枝茸毛；叶片卵状长椭圆形至披针形，顶端短尖或渐尖，基部钝或稍呈圆形，侧脉 14~18 对，在背面隆起，边缘具疏齿或微呈波状；叶柄长 1~2 厘米；聚伞花序开展，6~9 次分歧，花序梗长 3~8 厘米，花柄长约 1 毫米；苞片线形或披针形；花萼杯状，通常无毛，顶端截平或有不明显的 4 齿；花冠紫色或粉红色，无毛；雄蕊长于花冠 2~3 倍，花药椭圆形，细小，药室纵裂；子房无毛；果实近球形，红色，干后变黑色。

【花果期】花期 6—8 月，果期 8—12 月。

【生境】生于海拔 1200 米以下的山坡、谷地、溪旁林中或灌丛中。

【分布】国内分布：广东和广西；国外分布：印度、越南、马来西亚和新加坡。

【别名】节节红、白花茶。

【保护级别】无危（LC）。

【花粉形态】花粉粒扁球形至长球形，极面观为 3 裂圆形，赤道面观椭圆形，大小为 22（17~25）× 32（27~37）μm；具 3 沟（拟孔沟），沟较宽，末端变尖，沟膜上具颗粒；外壁厚度约 1.6μm，外层厚于内层，基柱明显；表面具网状雕纹。

第五章 被子植物的花粉形态

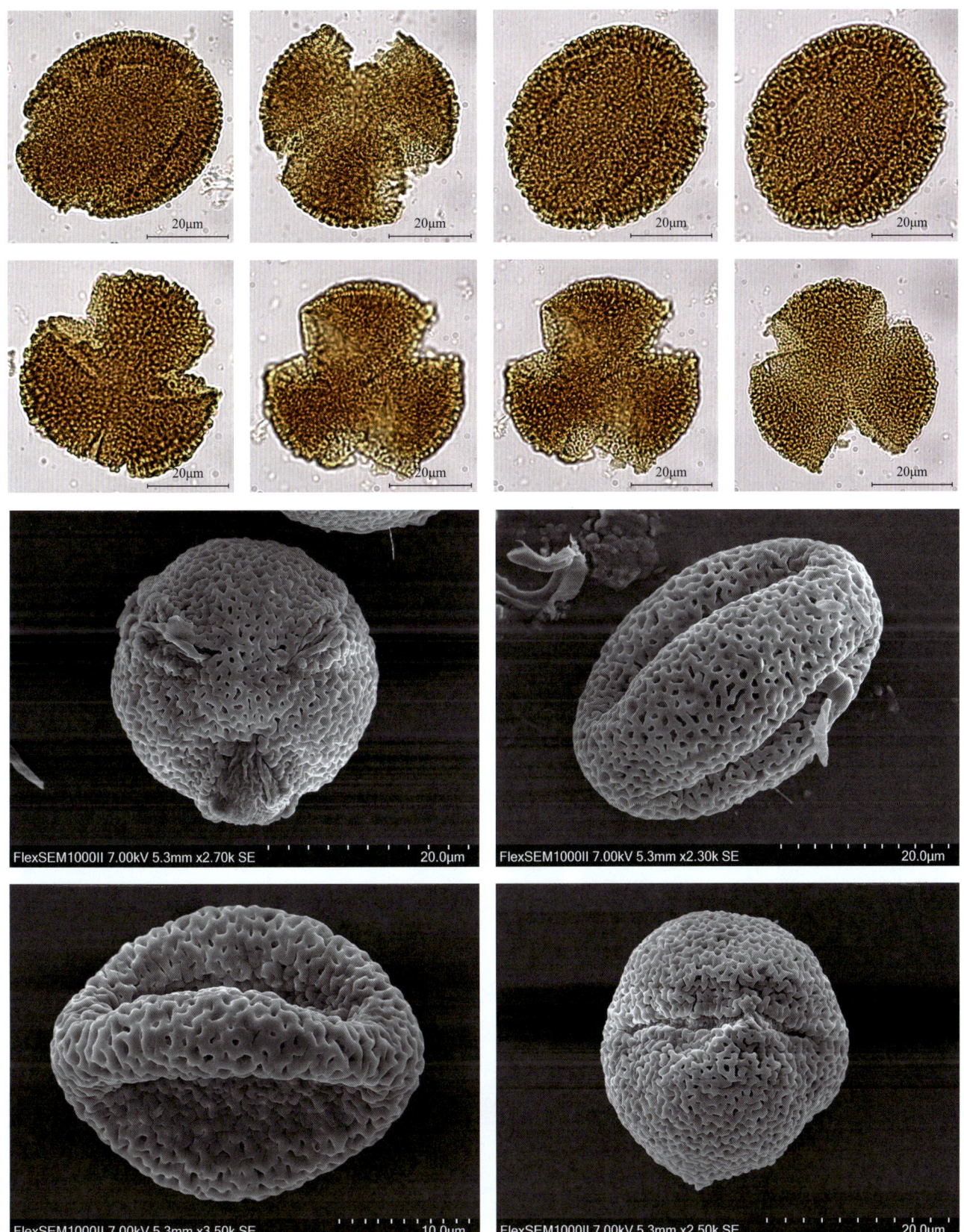

### *Callicarpa pedunculata* R. Br. 杜虹花

**【形态特征】** 灌木，高可达 3 米；叶卵状椭圆形或椭圆形，顶端通常渐尖，基部钝或浑圆，边缘有细锯齿；叶柄粗壮；聚伞花序，苞片细小；花萼杯状，被星状毛及黄腺点，萼齿 4，钝三角形；花冠淡紫或紫色，无毛，长约 2.5 毫米，裂片钝圆；花药椭圆形，药室纵裂；子房无毛；果实卵球形，紫色。

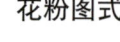

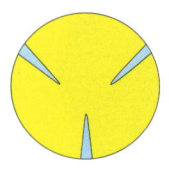

**【花果期】** 花期 5—7 月，果期 8—11 月。

**【生境】** 生长于海拔 1590 米以下的平地、山坡和溪边的林中或灌丛中。

**【分布】** 国内分布：江西、浙江、台湾、福建、广东、广西和云南；国外分布：菲律宾。

**【别名】** 老蟹眼、粗糠仔、杜虹紫珠、长叶杜虹花。

**【保护级别】** 无危（LC）。

**【花粉形态】** 花粉粒扁球形至近球形，极面观为 3 裂圆形，赤道面观椭圆形，大小为 19（17~23）× 52（48~56）μm；具 3 沟，沟中间宽而末端尖，具沟膜，沟膜上具颗粒；外壁厚度约 2μm，外层厚于内层，基柱明显；表面具细网状雕纹。

第五章 被子植物的花粉形态

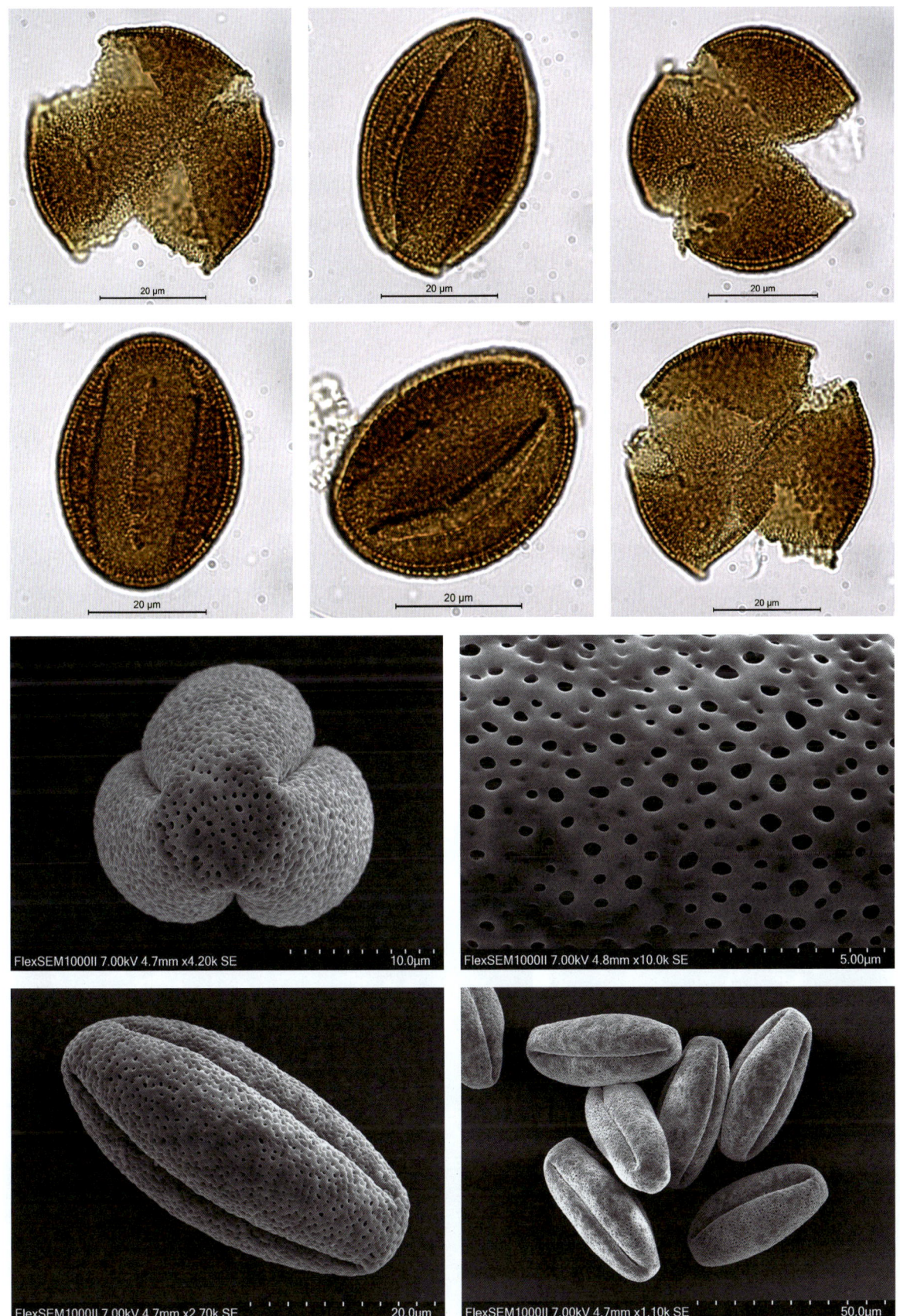

## *Caryopteris* 莸属

*Caryopteris mongholica* Bunge 蒙古莸

【形态特征】落叶小灌木，常自基部即分枝，高 0.3~1.5 米；嫩枝紫褐色，圆柱形，有毛，老枝毛渐脱落；叶片厚纸质，线状披针形或线状长圆形，全缘，很少有稀齿，表面深绿色，稍被细毛，背面密生灰白色茸毛；叶柄长约 3 毫米；聚伞花序腋生，无苞片和小苞片；花萼钟状，外面密生灰白色茸毛；花冠蓝紫色，外面被短毛，5 裂，下唇中裂片较长大，边缘流苏状，花冠管长约 5 毫米，管内喉部有细长柔毛；雄蕊 4 枚，几等长，与花柱均伸出花冠管外；子房长圆形，无毛，柱头 2 裂；蒴果椭圆状球形，无毛，果瓣具翅。

【花果期】花果期 8—10 月。

【生境】生长在海拔 1100~1250 米的干旱坡地、沙丘荒野及干旱碱质土壤上。

【分布】国内分布：河北、山西、陕西、内蒙古和甘肃；国外分布：蒙古。

【别名】兰花茶、山狼毒、白沙蒿。

【保护级别】无危（LC）；地方保护野生植物。

【花粉形态】花粉粒长球形，极面观为 3 裂圆形，赤道面观椭圆形，大小为 23（19~28）× 38（32~43）μm；具 3 沟，沟长达两极，沟膜上具大颗粒；外壁两层约等厚；表面具网状雕纹。

花粉图式

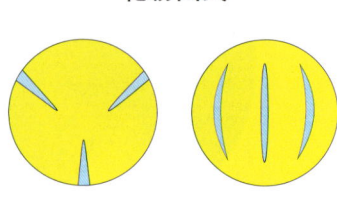

第五章 被子植物的花粉形态

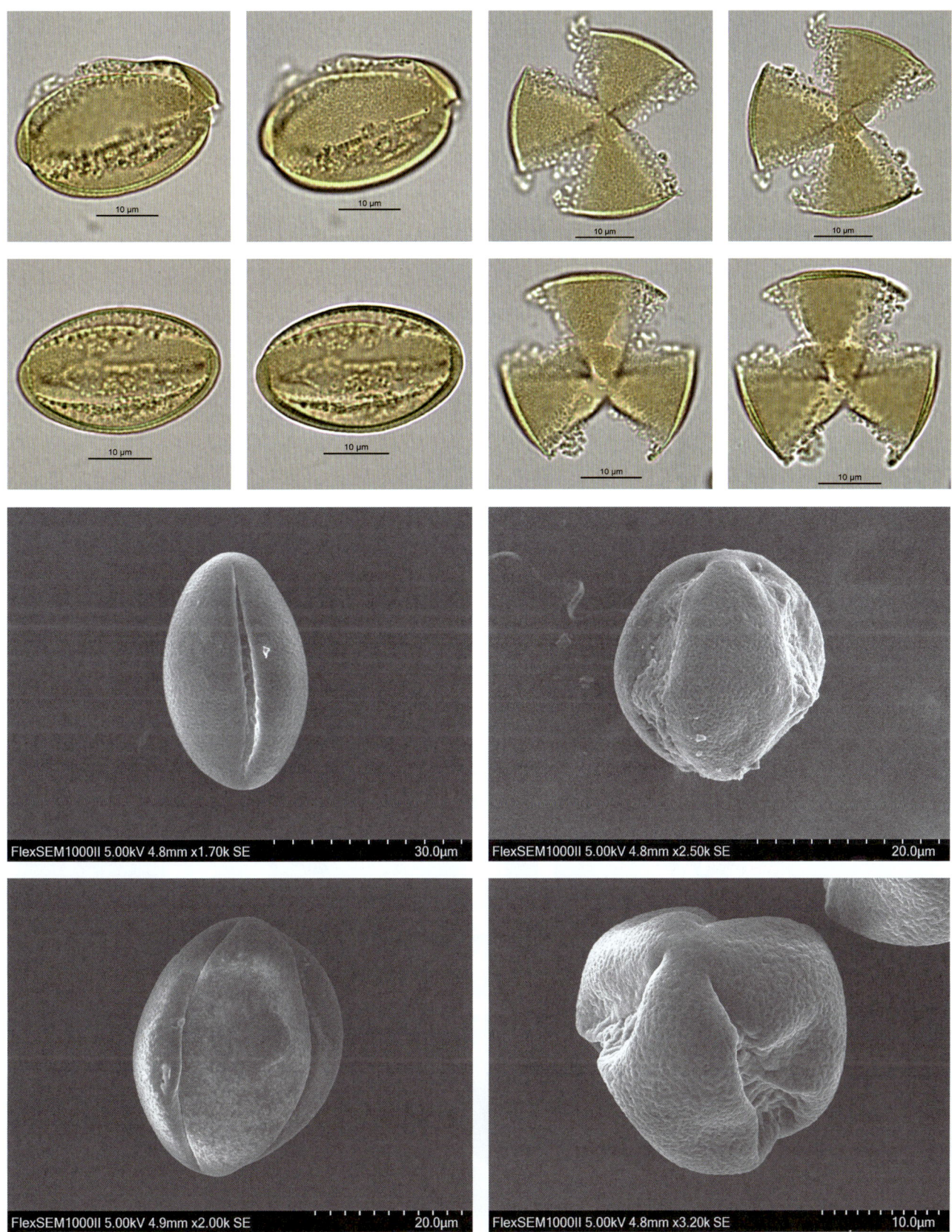

625

## *Clerodendrum* 大青属

*Clerodendrum canescens* Wall. 灰毛大青

【形态特征】灌木，高1~3.5米；小枝略四棱形，具不明显的纵沟，全体密被平展或倒向灰褐色长柔毛，髓疏松，干后不中空；叶片心形或宽卵形，少为卵形，顶端渐尖，基部心形至近截形，两面都有柔毛，脉上密被灰褐色平展柔毛，背面尤显著；聚伞花序密集成头状，通常2~5枝生于枝顶，花序梗较粗壮；苞片叶状，卵形或椭圆形，具短柄或近无柄；花萼由绿变红，钟状，有5棱角，有少数腺点，5深裂至萼的中部，裂片卵形或宽卵形，渐尖，花冠白色或淡红色，外有腺毛或柔毛，花冠管纤细，裂片向外平展，倒卵状长圆形；雄蕊4枚，与花柱均伸出花冠外；核果近球形，成熟时深蓝色或黑色，藏于红色增大的宿萼内。

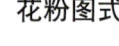
花粉图式

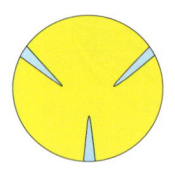

【花果期】花果期4—10月。

【生境】生于海拔220~880米的山坡路边或疏林中。

【分布】国内分布：浙江、江西、湖南、福建、台湾、广东、广西、四川、贵州和云南；国外分布：印度和越南北部。

【别名】毛赪桐、人瘦木、狮子球、六灯笼、粘毛贞桐、灰毛臭茉莉、毛贞桐、大花灯笼。

【保护级别】无危（LC）。

【花粉形态】花粉粒近球形至扁球形，极面观为3裂圆形，大小为39（32~43）×50（44~53）μm；具3沟；外壁外层厚于内层；表面具小刺状雕纹，刺长约2μm，小刺分布稀疏，大小较一致，刺末端尖。

第五章 被子植物的花粉形态

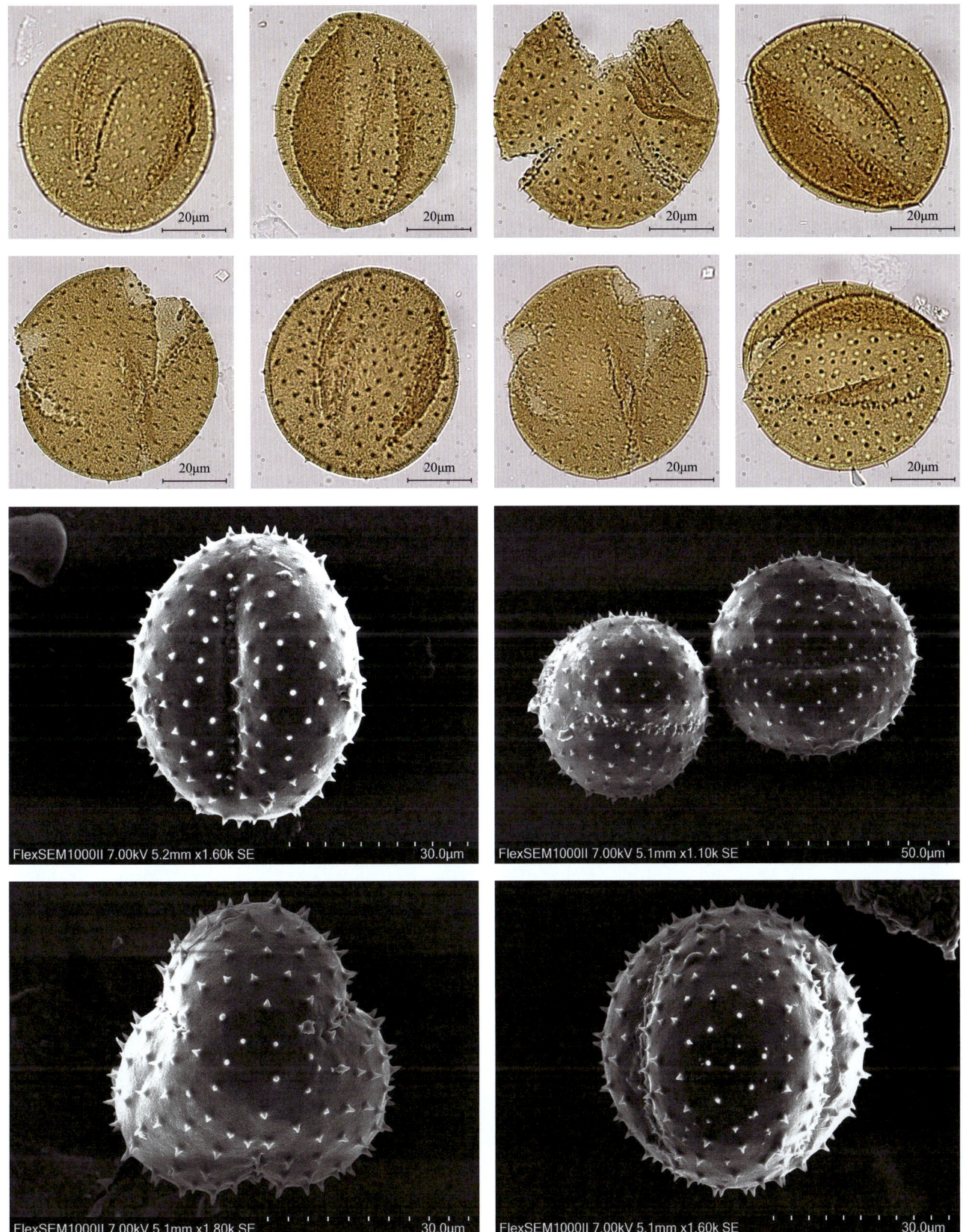

627

## *Dracocephalum* 青兰属

*Dracocephalum rigidulum* Hand.-Mazz. 微硬毛建草

花粉图式

【形态特征】根状茎多头分枝，木质，丛生；茎直立或渐升，高 20~30 厘米；基生叶少，近莲座状，三角状卵圆形或卵圆形；茎生叶 3~6 对；轮伞花序 1~2 轮，密集成顶生近球形的穗状花序，有 5~20 花；下部苞片叶状成对，宽卵圆形，近无柄，长约 1 厘米，具刺状三角齿；花柄短；小苞片钻形，具芒；花萼长 12~15 毫米，基部狭，渐扩大，具脉纹；花冠长 20~25 毫米，干时青紫色（或蓝紫色），冠筒狭而在萼以上渐扩大并密被白柔毛，冠檐被白柔毛，上唇微弯，2 浅裂，下唇约与之等长，3 浅裂，中裂片大，反折，宽倒卵形，侧裂片半圆形；花丝下部具疏长毛；花药叉开，无毛，干时深紫色；花柱 2 浅裂。

【花果期】花期 6—7 月，果期 8 月。

【生境】生于荒漠区的山地阴坡沟谷及低湿地，是内蒙古西部干旱地区狼山的特有种。

【分布】内蒙古。

【别名】无

【保护级别】无危（LC）；内蒙古特有种。

【花粉形态】花粉粒长球形，极面观为 6 裂圆形，大小为 31（27~35）× 44（40~48）μm；具 6 沟，沟细且较长，直达两极；表面具清楚的网状雕纹，网脊由单行颗粒组成，网眼中也出现颗粒，两极及沟边具颗粒状雕纹。

第五章 被子植物的花粉形态

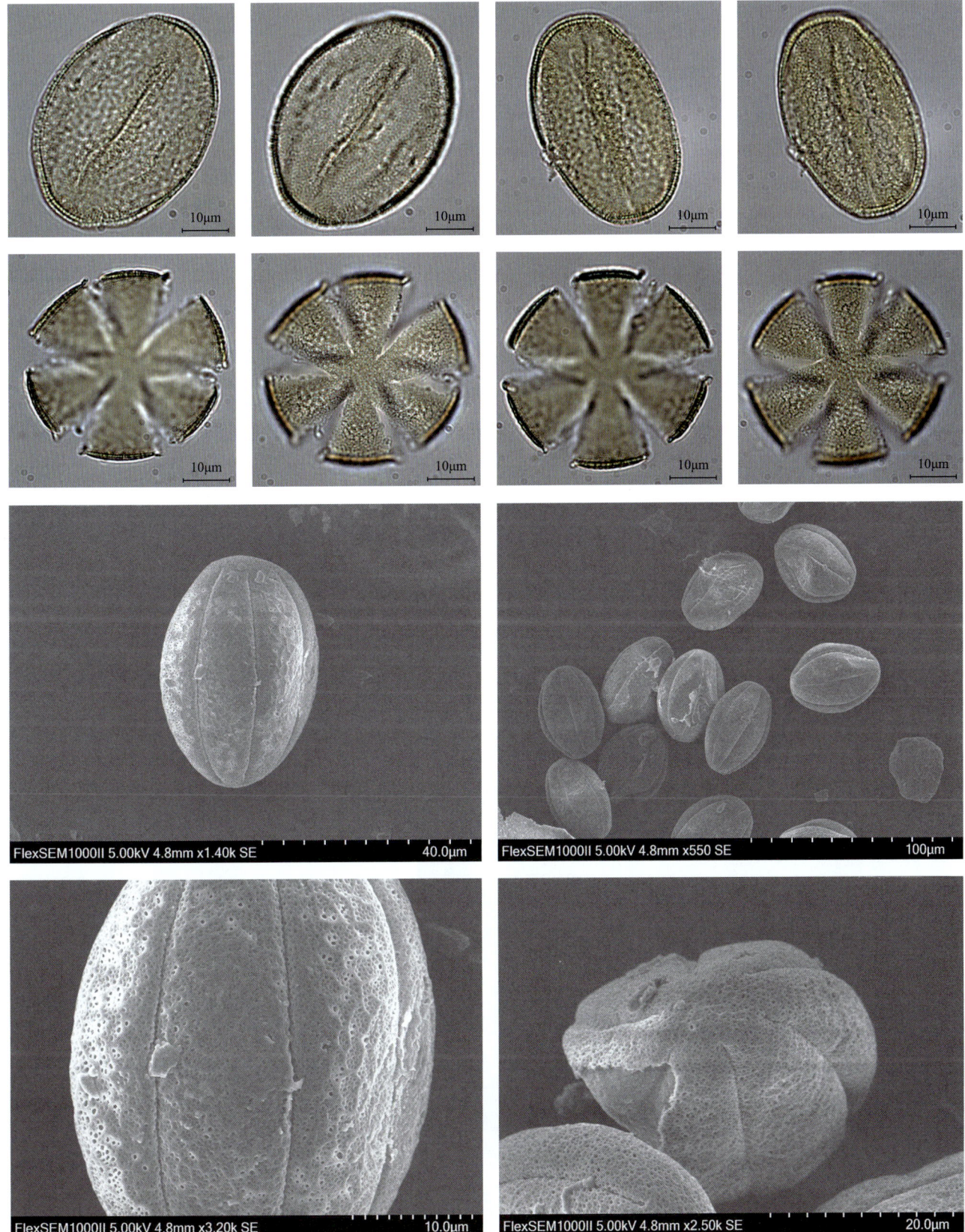

## *Elsholtzia* 香薷属

***Elsholtzia ciliata*** (Thunb.) Hyl. 香薷

**【形态特征】**直立草本，高 0.3~0.5 米，具密集的须根；茎通常自中部以上分枝，钝四棱形，具槽，无毛或被疏柔毛，常呈麦秆黄色，老时变紫褐色；叶卵形或椭圆状披针形，先端渐尖，基部楔状下延成狭翅，边缘具锯齿，侧脉 6~7 对，于中肋两面稍明显；叶柄长 0.5~3.5 厘米，背平腹凸，边缘具狭翅，疏被小硬毛；穗状花序长 2~7 厘米，偏向一侧，由多花的轮伞花序组成；苞片宽卵圆形或扁圆形；花梗纤细，近无毛，序轴密被白色短柔毛；花萼钟形，萼齿 5，三角形；花冠淡紫色，雄蕊 4，前对较长，外伸，花丝无毛，花药紫黑色；花柱内藏，先端 2 浅裂；小坚果长圆形，棕黄色，光滑。

花粉图式

**【花果期】**花期 7—10 月，果期 10 月至翌年 1 月。

**【生境】**生于路旁、山坡、荒地、林内和河岸。

**【分布】**国内分布：除新疆、青海外分布全国各地；国外分布：俄罗斯、蒙古、朝鲜、日本、印度和中南半岛。

**【别名】**五香、野芭子、野芝麻、蚂蟥痧、香茹草、鱼香草、野紫苏、蜜蜂草、香草、排香草、酒饼叶、臭荆芥、真荆芥、臭香麻、小荆芥、水芳花等。

**【保护级别】**无危（LC）；地方保护野生植物。

**【花粉形态】**花粉粒近球形，极面观为 6 裂圆形，大小为 25（22~28）× 26（23~28）μm；具 6 沟；外壁两层，厚度约相等，两极外壁稍厚；表面具网状雕纹，网眼中可见模糊的小颗粒。

# 第五章 被子植物的花粉形态

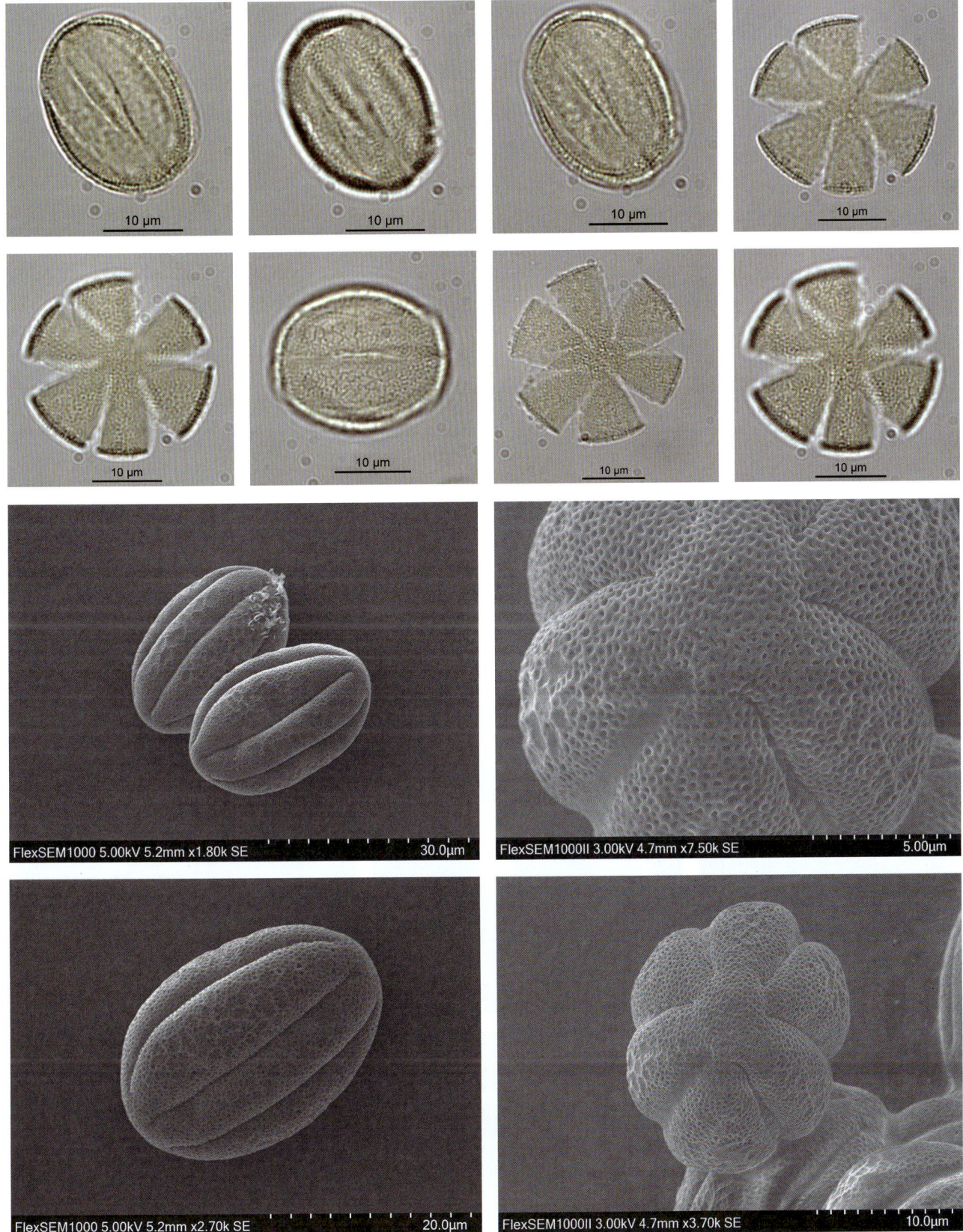

## *Gmelina* 石梓属

### *Gmelina arborea* Roxb. 云南石梓

【形态特征】落叶乔木，高可达 15 米；树干直；树皮灰棕色，呈不规则块状脱落；幼枝、叶柄、叶背及花序均密被黄褐色茸毛；幼枝方形略扁，有棱，老后渐圆，具皮孔，叶痕明显突起；叶片厚纸质，广卵形，顶端渐尖，基部浅心形至阔楔形；叶柄圆柱形，有纵沟；聚伞花序组成顶生的圆锥花序；花萼钟状；花冠黄色，外面密被黄褐色茸毛；雄蕊 4，长雄蕊及花柱略伸出花冠喉部；子房无毛，具腺点；花柱疏生腺点，柱头不等长，2 裂；核果椭圆形或倒卵状椭圆形，成熟时黄色，干后黑色，常仅有 1 颗种子。

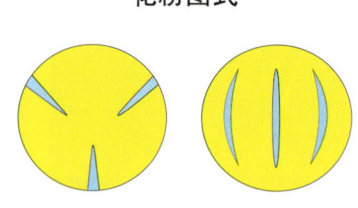

花粉图式

【花果期】花期 4—5 月，果期 5—7 月。

【生境】生于海拔 1500 米以下的路边、村舍及疏林中。

【分布】国内分布：云南南部（思茅和西双版纳）；国外分布：印度、孟加拉国、斯里兰卡、缅甸、泰国、老挝及马来西亚。

【别名】酸树、滇石梓。

【保护级别】易危（VU）。

【花粉形态】花粉粒长球形，极面观为 3 裂圆形，大小为 27（22~30）× 50（45~55）μm；具 3 沟，沟长达两极，末端变尖；外壁厚度约 2μm，外层稍厚于内层；表面具细网状雕纹。

# 第五章 被子植物的花粉形态

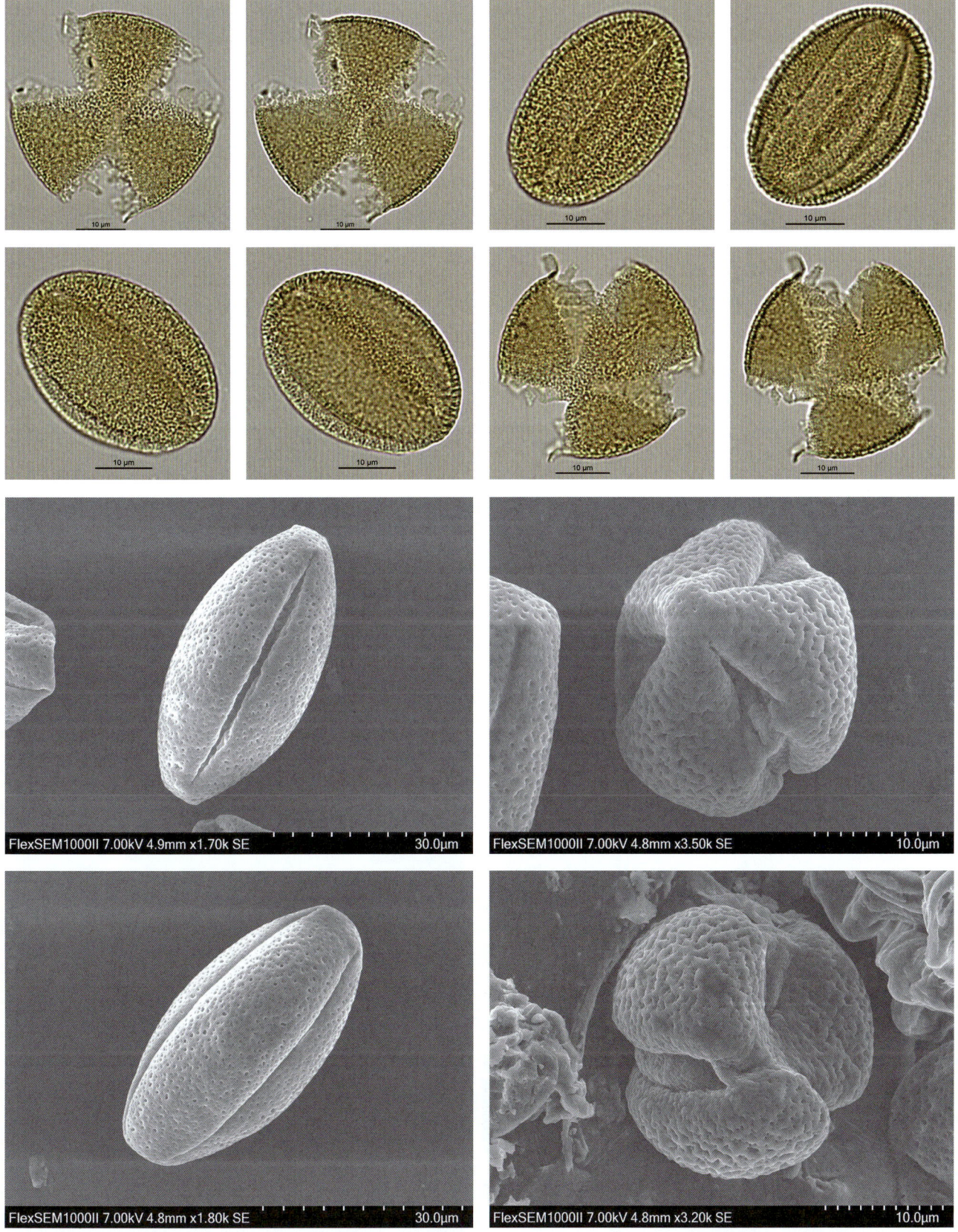

## *Panzerina* 脓疮草属

### *Panzerina alashanica* Kupr 阿拉善脓疮草

**【形态特征】** 多年生草本，高 15~35 厘米；茎多分枝，从基部生出，密被白色绵状茸毛或短茸毛；叶宽卵形，茎生叶掌状 3~5 裂，裂片分裂常达基部，狭楔形，裂片宽 2~6 毫米，小裂片卵形至披针形，上面密被贴生短毛，下面密被茸毛，呈灰白色；叶具柄，细长，密被白色茸毛；苞叶较小，3 深裂；轮伞花序，具多数花，组成密集的穗状花序；小苞片钻形，密被茸毛；花萼管状钟形，外面密被茸毛；萼齿 5，长 2~3 毫米，前 2 齿稍长，宽三角形；花冠黄色或白色，被丝状长柔毛；雄蕊 4，花药 2 室；花柱略短于雄蕊，先端 2 浅裂；花盘平顶；小坚果卵圆状三棱形，具疣点，顶端圆，长约 3 毫米。

**【花果期】** 花期 6—7 月，果期 7—8 月。

**【生境】** 旱生植物，生长于荒漠地区和典型草原地区的沙地、沙砾质地和丘陵，也见于荒漠地区的山麓、沟谷及干河床。

**【分布】** 内蒙古中西部及西部的鄂尔多斯、巴彦淖尔和阿拉善，在陕西北部、宁夏和甘肃河西走廊沙地也有分布。

**【别名】** 白龙昌菜。

**【保护级别】** 无危（LC）；地方保护野生植物。

**【花粉形态】** 花粉粒近球形，极面观为 3 裂圆形，大小为 20（18~23）× 31（28~35）μm；具 3 沟，沟较宽，沟膜外突，沟膜表面具颗粒，沟长达两极，沟缘不整齐，微加厚；外壁两层，外层厚于内层；表面具颗粒 – 细网状雕纹。

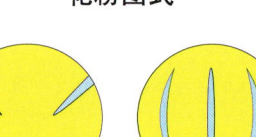

花粉图式

# 第五章 被子植物的花粉形态

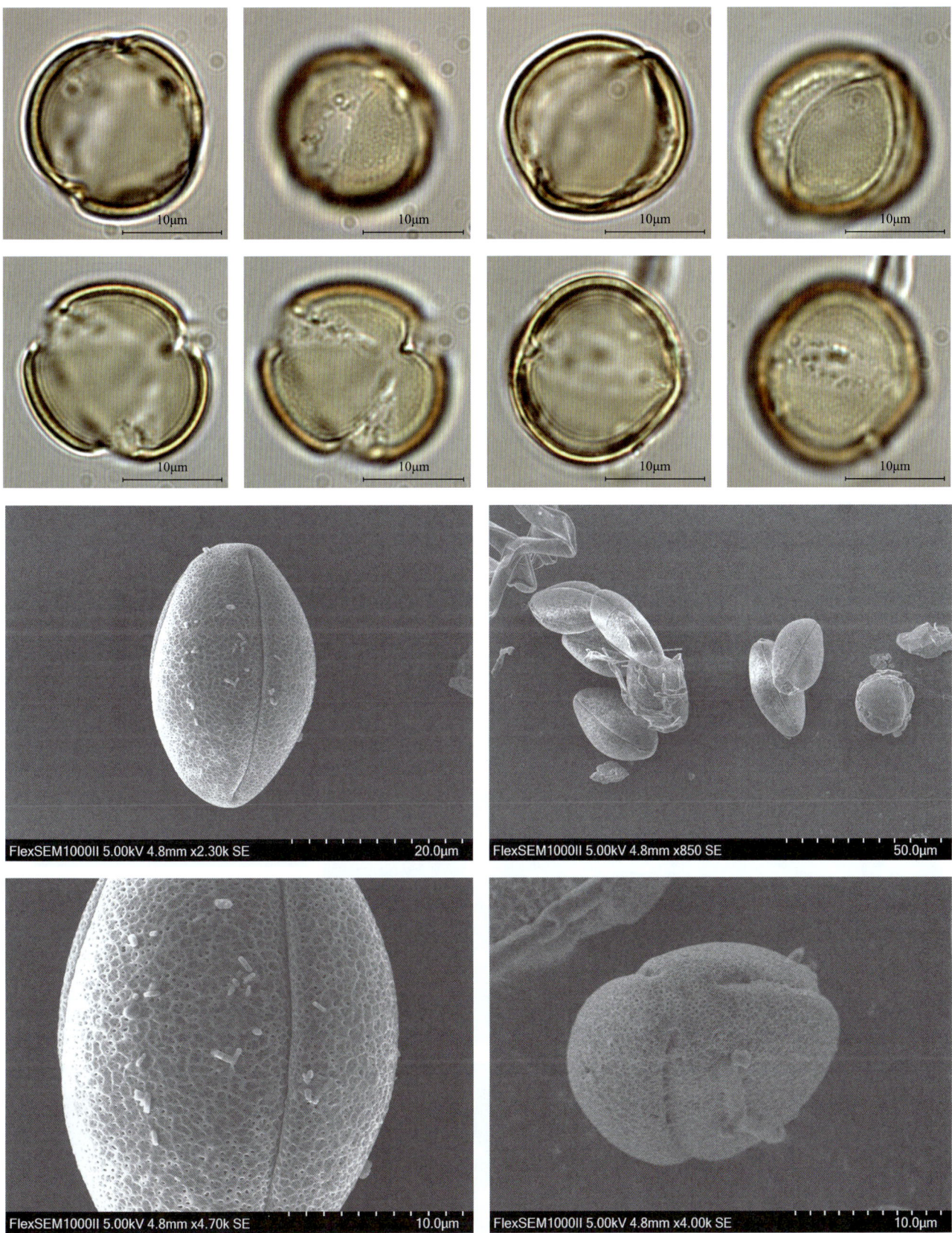

## Vitex 牡荆属

### *Vitex kwangsiensis* C. Pei 广西牡荆

【形态特征】乔木；小枝四棱形，无毛，青灰色，干后不呈紫黑色，皮孔不显著；掌状复叶，叶柄长 2~7 厘米，小叶 2~5，通常 3，中间的小叶片卵形至卵状披针形，全缘，顶端渐尖或尾状尖，基部宽楔形至楔形，表面绿色，有光泽，脉上稍有毛，沿主脉的毛较明显，背面青绿色、无毛，有金黄色腺点；两侧小叶较小；圆锥状聚伞花序顶生，花序梗近无毛；花萼钟状，顶端有 5 齿，外面无毛而有腺点；花冠橙黄色，花冠管顶端 5 裂，二唇形，下唇中间裂片较大，外面被微毛和腺点；雄蕊着生在花冠管的下部，伸出花冠外，花丝下半部有毛；子房无毛，顶端有金黄色腺点；花柱无毛，柱头 2 裂；核果球形。

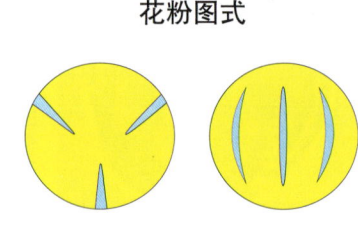

花粉图式

【花果期】花期 5—6 月，果期 7—9 月。

【生境】生于海拔 300~550 米的山坡疏林荫处。

【分布】广西（龙州和宁明）。

【别名】无

【保护级别】易危（VU）；中国特有种。

【花粉形态】花粉粒长球形，极面观为 3 裂圆形，大小为 22（18~25）× 40（35~45）μm；具 3 沟，沟长达两极，沟边缘不整齐，具沟膜；表面具清晰的网状雕纹。

# 第五章 被子植物的花粉形态

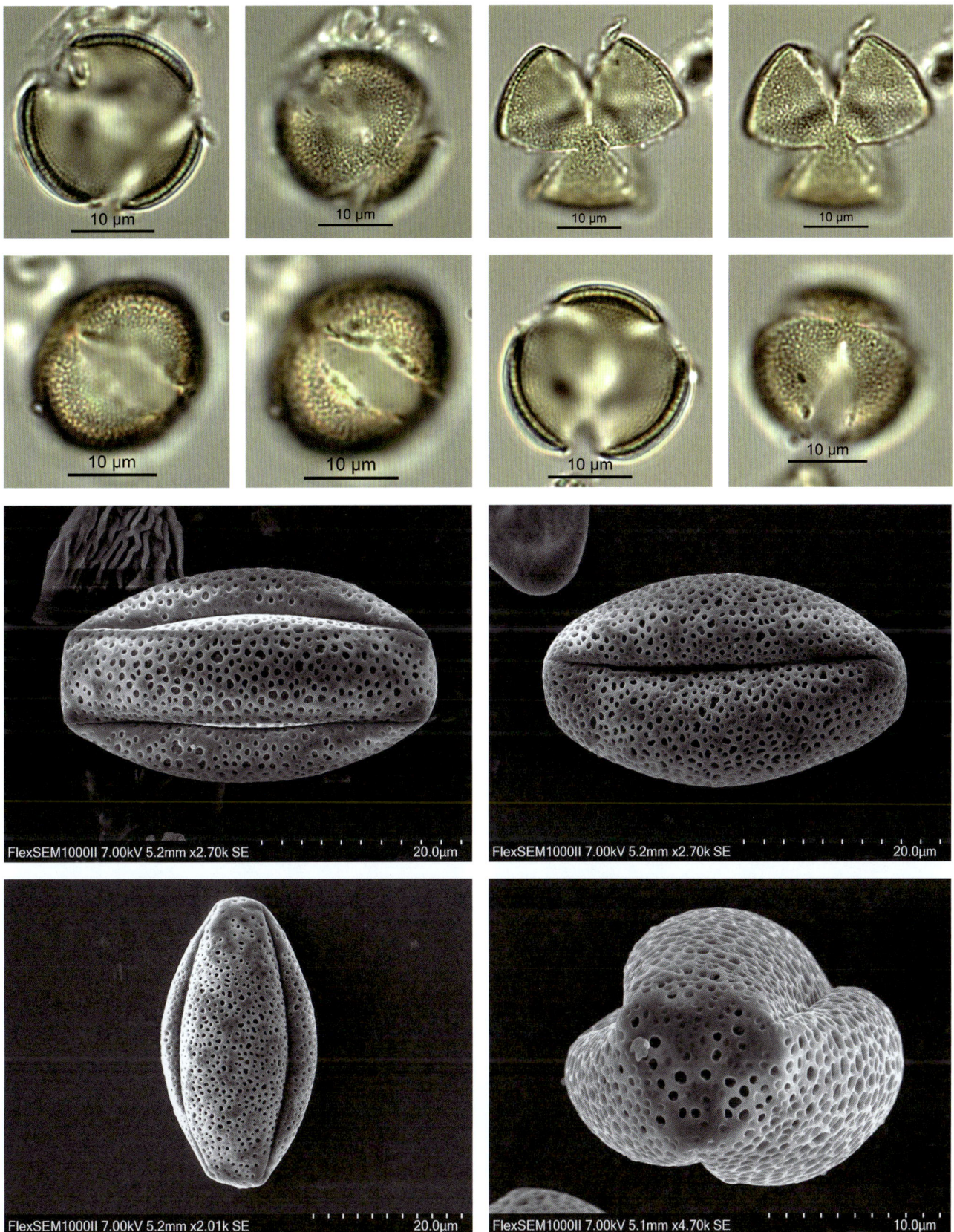

637

### *Vitex rotundifolia* L. f. 单叶蔓荆

**【形态特征】** 落叶灌木，罕为小乔木，高 1.5~5 米，有香味；小枝四棱形，密生细柔毛；通常三出复叶，有时在侧枝上可有单叶，叶柄长 1~3 厘米；小叶片卵形、倒卵形或倒卵状长圆形，顶端钝或短尖，基部楔形，全缘，侧脉约 8 对，两面稍隆起；圆锥花序顶生，花序梗密被灰白色茸毛；花萼钟形，顶端 5 浅裂，外面有茸毛；花冠淡紫色或蓝紫色，外面及喉部有毛，花冠管内有较密的长柔毛，顶端 5 裂，二唇形，下唇中间裂片较大；雄蕊 4，伸出花冠外；子房无毛，密生腺点；花柱无毛，柱头 2 裂；核果近圆形，成熟时黑色；果萼宿存，外被灰白色茸毛。

**【花果期】** 花期 7—8 月，果期 8—10 月。

**【生境】** 生于沙滩、海边及湖畔。

**【分布】** 国内分布：辽宁、河北、山东、江苏、安徽、浙江、江西、福建、台湾和广东；国外分布：日本、印度、缅甸、泰国、越南、马来西亚、澳大利亚和新西兰。

**【别名】** 无

**【保护级别】** 无危（LC）；地方保护野生植物。

**【花粉形态】** 花粉粒长球形，极面观为 3 裂圆形，大小为 17（15~20）× 26（22~30）μm；具 3 沟，沟较宽，末端尖；表面具细网状雕纹，电镜下为脑纹状雕纹。

花粉图式

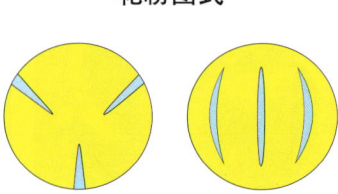

第五章 被子植物的花粉形态

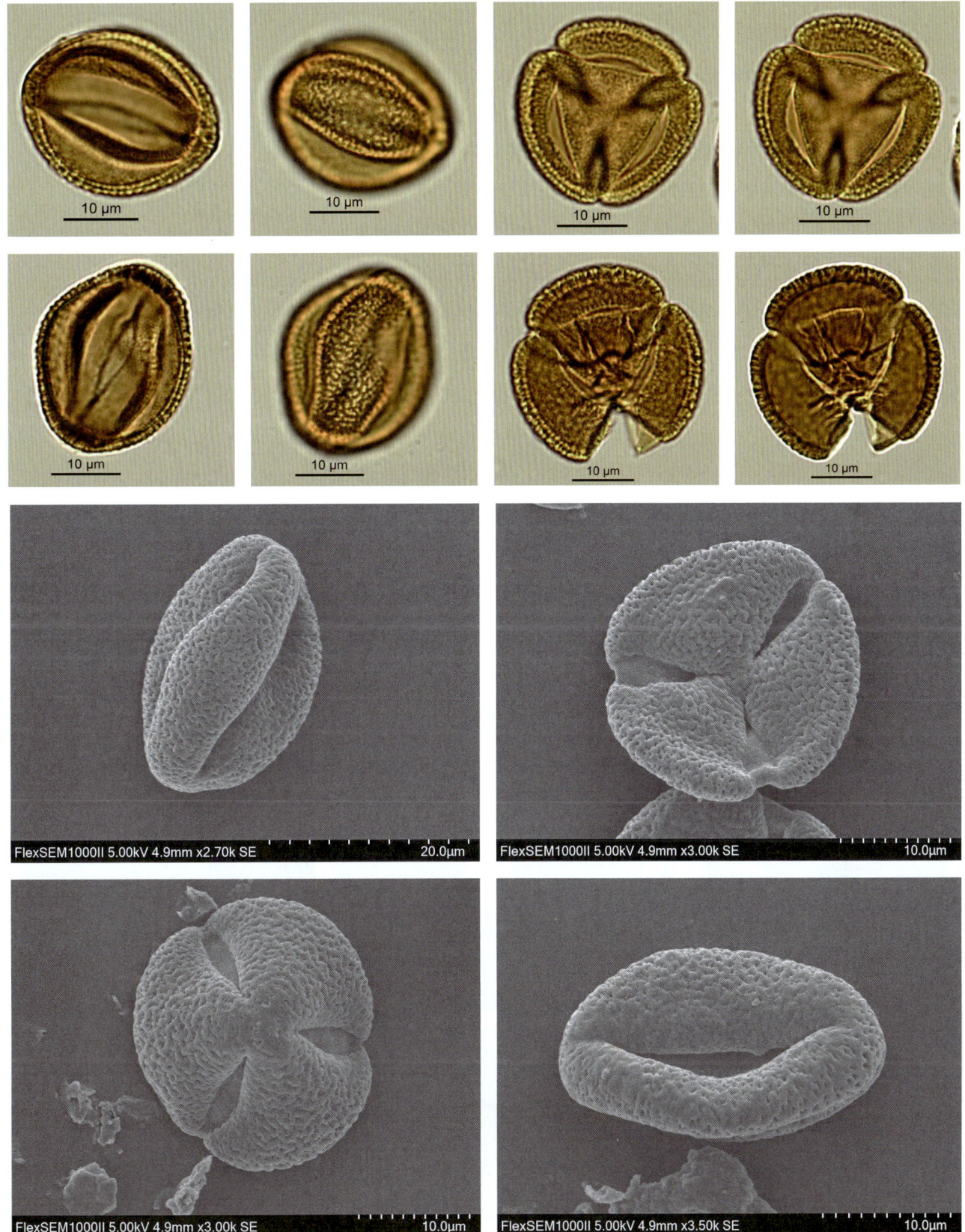

639

## Lauraceae 樟科
### *Cinnamomum* 樟属

*Cinnamomum burmanni* (Nees & T. Nees) Blume 阴香

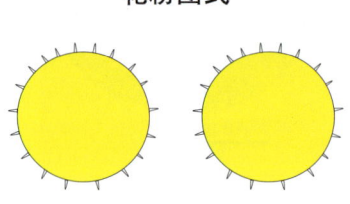

花粉图式

【形态特征】乔木，高可达 14 米；树皮光滑，灰褐色至黑褐色，内皮红色，味似肉桂；枝条纤细，绿色或褐绿色，具纵向细条纹，无毛；叶互生或近对生，卵圆形、长圆形至披针形，先端短渐尖，基部宽楔形，革质；叶柄长 0.5~1.2 厘米，腹平背凸，近无毛；圆锥花序腋生或近顶生，少花，疏散，密被灰白微柔毛；花绿白色；花梗纤细，被灰白微柔毛；花被内外两面密被灰白微柔毛，花被筒短小，倒锥形；花丝稍长于花药，无腺体，花药长圆形，退化雄蕊 3；子房近球形，长约 1.5 毫米，略被微柔毛，花柱长的 2 毫米，具棱角，略被微柔毛，柱头盘状；果卵球形；果托具齿裂，齿顶端截平。

【花果期】花期 10 月至翌年 2 月，果期 12 月至翌年 4 月。

【生境】生于海拔 100~1400 米的疏林、密林、灌丛中或溪边路旁等处。

【分布】广东、广西、云南及福建。

【别名】小桂皮、阿尼茶、桂秧、炳继树、大叶樟、八角、香柴、香桂、山桂。

【保护级别】无危（LC）；地方保护野生植物。

【花粉形态】花粉粒球形，直径为 28~40μm；无萌发孔；表面具小刺，刺基部膨大，末端尖，长 1~2μm。

第五章 被子植物的花粉形态

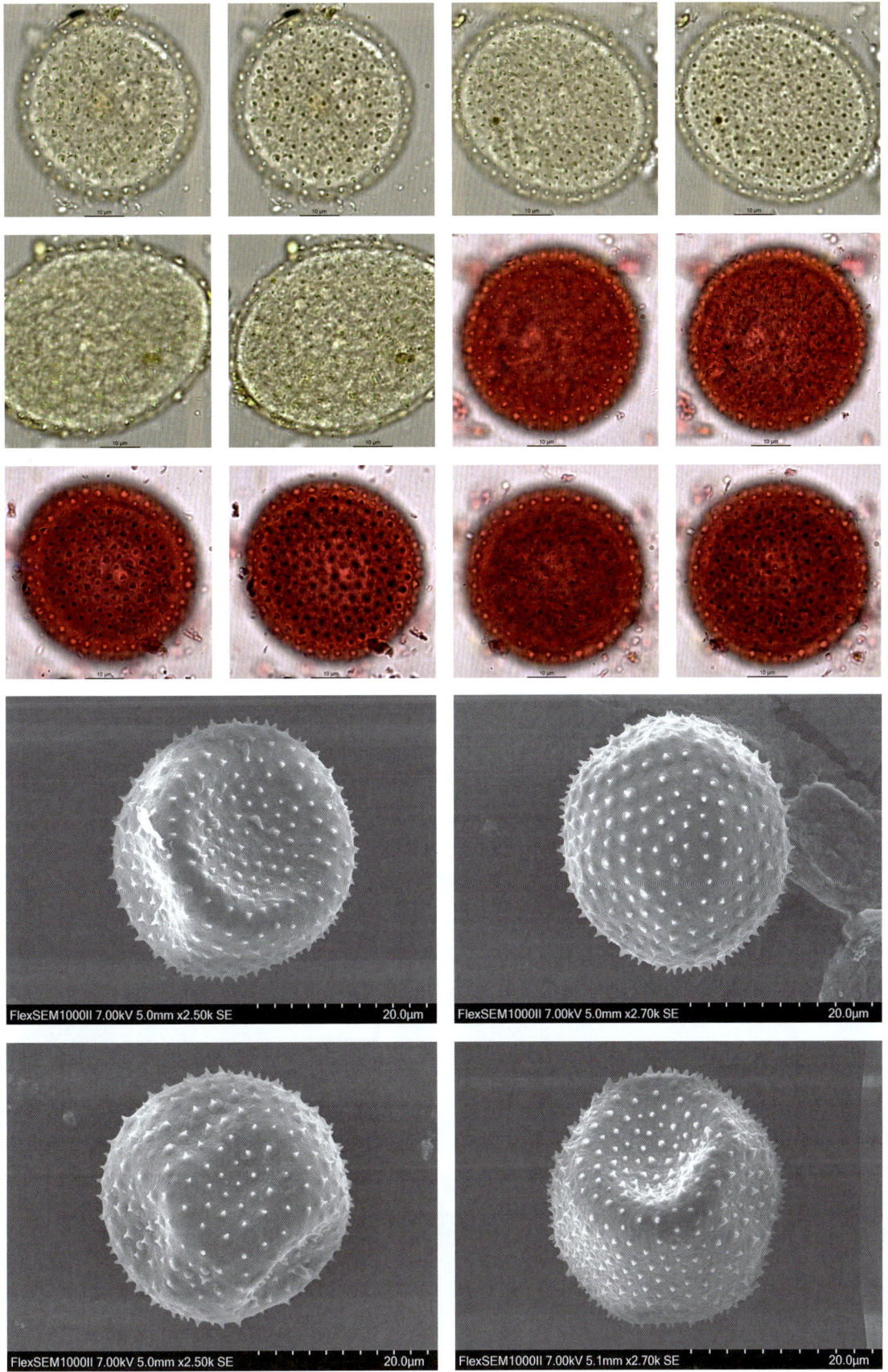

### *Cinnamomum cassia* (L.) D. Don 肉桂

【形态特征】中等大乔木；树皮灰褐色，老树皮厚可达 13 毫米；一年生枝条圆柱形；顶芽小，芽鳞宽卵形；叶互生或近对生，长椭圆形至近披针形，先端稍急尖，基部急尖，革质；叶柄粗壮，腹面平坦或下部略具槽，被黄色短茸毛；圆锥花序腋生或近顶生，三级分枝，分枝末端为 3 花的聚伞花序，总梗长约为花序长之半，与各级序轴被黄色茸毛；花白色；花梗被黄褐色短茸毛；花被内外两面密被黄褐色短茸毛，花被筒倒锥形，花被裂片卵状长圆形；能育雄蕊 9，花丝被柔毛；退化雄蕊 3，位于最内轮，连柄长约 2 毫米，柄纤细，扁平，被柔毛，先端箭头状正三角形；子房卵球形，无毛，花柱纤细，与子房等长，柱头小，不明显；果椭圆形，长约 1 厘米，成熟时黑紫色，无毛；果托浅杯状，边缘截平或略具齿裂。

【花果期】花期 6—8 月，果期 10—12 月。

【生境】喜温暖气候，喜湿润，要求雨量充沛，属半阴性树种，幼苗喜阴，成龄树在较多阳光下才能正常生长，要求土层深厚、质地疏松、排水良好、通透性强的砂壤土。

【分布】国内分布：广东、广西、福建、台湾、云南等省区；国外分布：印度、老挝、越南、印度尼西亚等地。

【别名】筒桂、桂皮、桂枝、玉桂、桂。

【保护级别】无危（LC）；地方保护野生植物。

【花粉形态】花粉粒球形，直径为 20~30μm；无萌发孔；表面具小刺，刺基部膨大，末端尖，长 1~2μm。

花粉图式
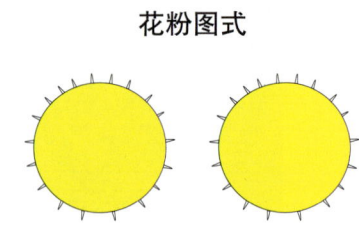

第五章 被子植物的花粉形态

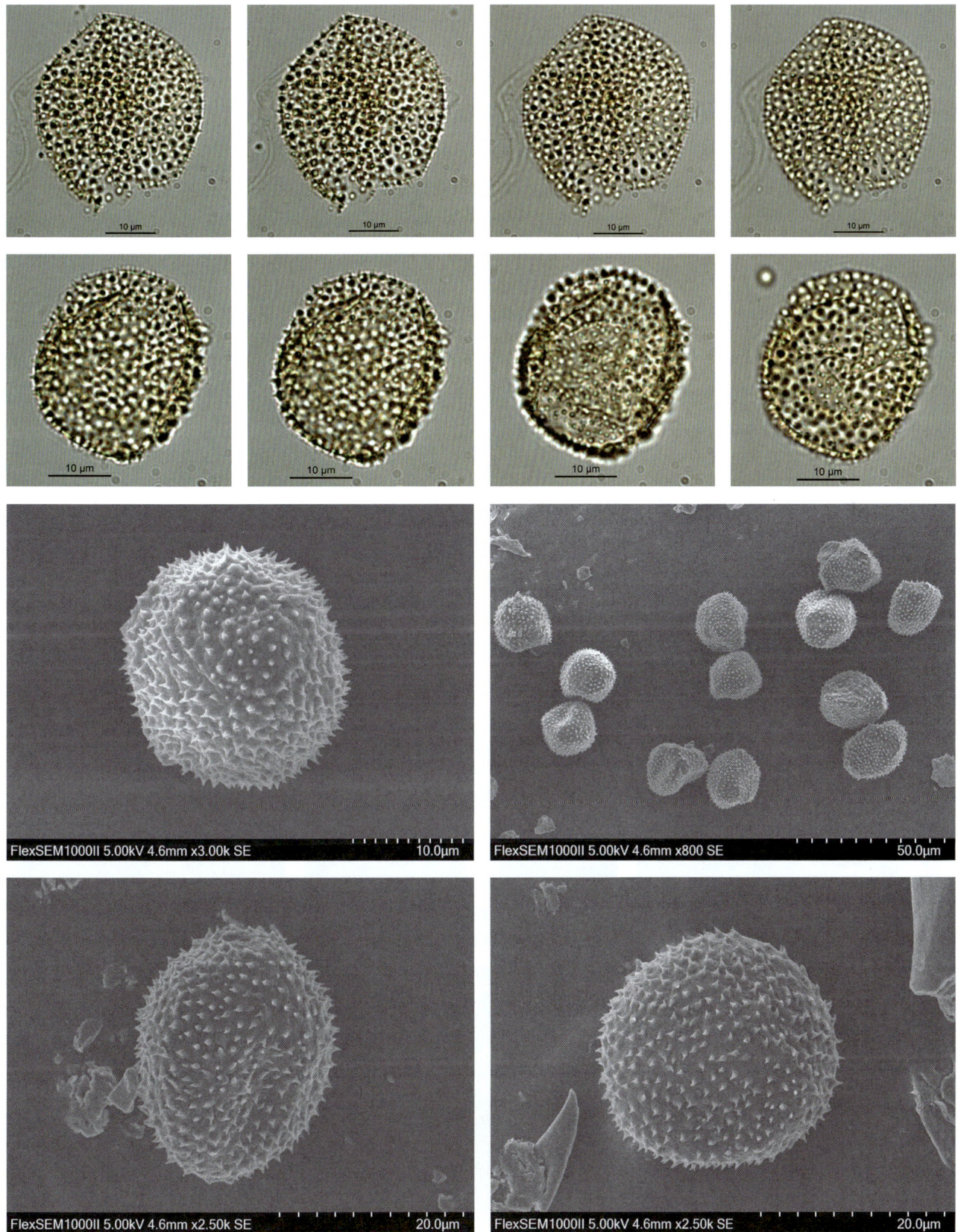

643

## *Litsea* 木姜子属

### *Litsea glutinosa* (Lour.) C. B. Rob. 潺槁木姜子

花粉图式

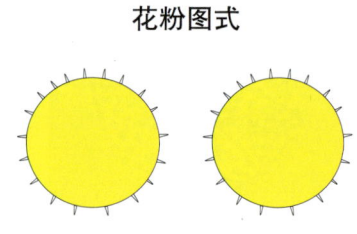

【形态特征】常绿小乔木或乔木，高 3~15 米；树皮灰色或灰褐色，内皮有黏质；小枝灰褐色，幼时有灰黄色茸毛；顶芽卵圆形，鳞片外面被灰黄色茸毛；叶互生，倒卵形、倒卵状长圆形或椭圆状披针形，先端钝或圆，基部楔形，革质；叶柄有灰黄色茸毛；伞形花序生于小枝上部叶腋，单生或几个生于短枝上；苞片 4；每一花序有花数朵；花梗被灰黄色茸毛；花被不完全或缺；能育雄蕊通常 15，或更多，花丝长，有灰色柔毛，腺体有长柄，柄有毛；退化雌蕊椭圆形，无毛；雌花中子房近于圆形，无毛，花柱粗大，柱头漏斗形；退化雄蕊有毛；果球形，果梗长 5~6 毫米，先端略增大。

【花果期】花期 5—6 月，果期 9—10 月。

【生境】生于海拔 500~1900 米的山地林缘、溪旁、疏林或灌丛中。

【分布】国内分布：广东、广西、福建及云南南部；国外分布：越南、菲律宾和印度。

【别名】青野槁、胶樟、油槁树、潺槁树。

【保护级别】无危（LC）。

【花粉形态】花粉粒球形，直径为 20~26μm；无萌发孔；表面具刺状雕纹，刺长为 1~2μm。

# 第五章 被子植物的花粉形态

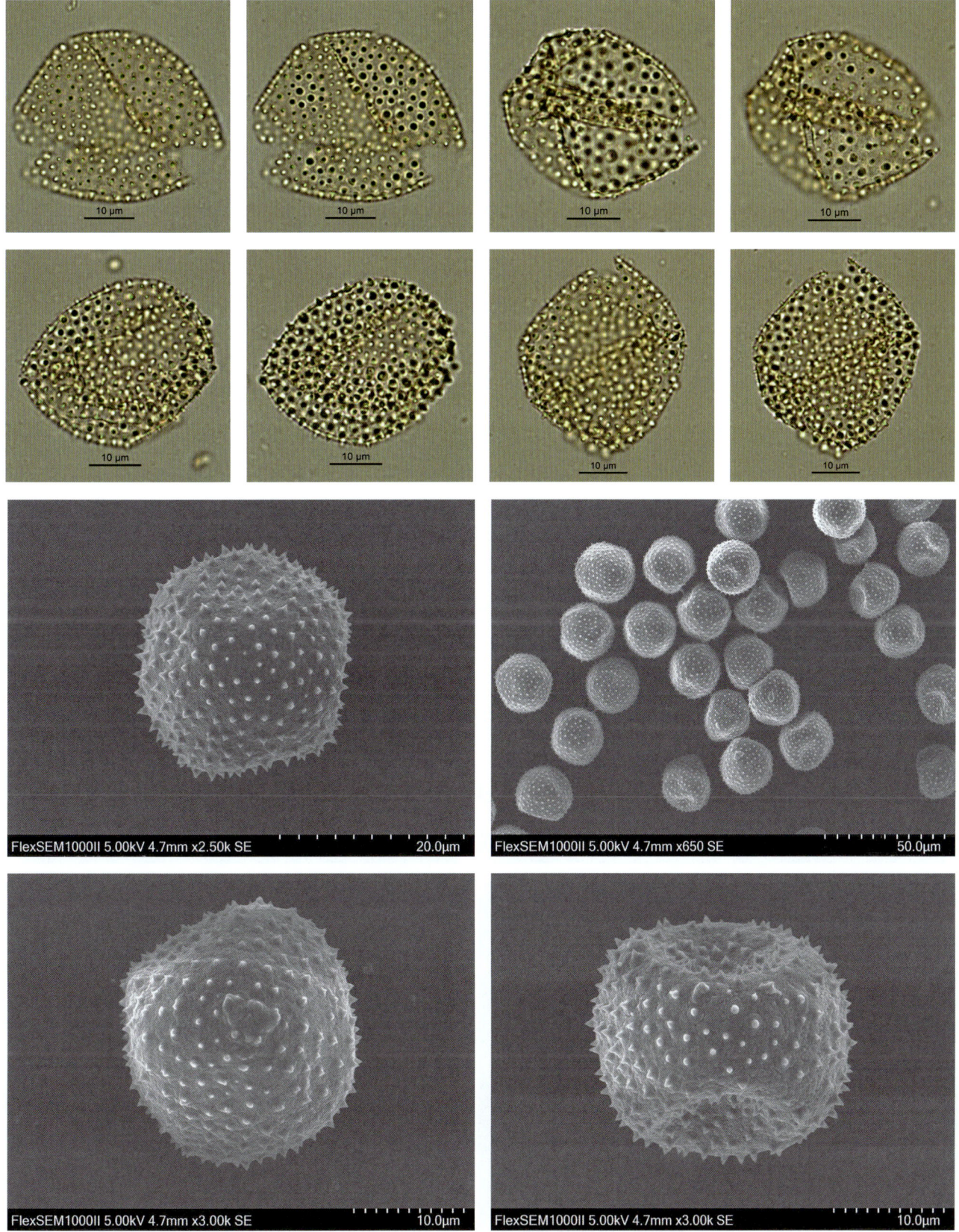

## *Phoebe* 楠属

*Phoebe neurantha* var. *cavaleriei* H. Liu 兴义楠

【形态特征】与白楠（原变种）不同在于叶较狭小，长 4.5~7.5 厘米，宽 1~2 厘米，中脉上面突起；花序近总状；各部分毛被均较稀疏；其他形态特征同白楠。

【花果期】花期 5 月，果期 8—10 月。

【生境】生于山坡阳处以及海拔 700~1000 米的石灰岩山地林中。

【分布】贵州兴义。

【别名】无

【保护级别】近危（NT）；中国特有种。

【花粉形态】花粉粒球形，直径为 20~28μm；无萌发孔；表面具小刺，刺基部膨大，末端尖，长约 1μm。

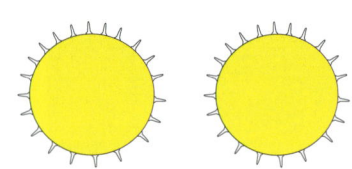

花粉图式

第五章 被子植物的花粉形态

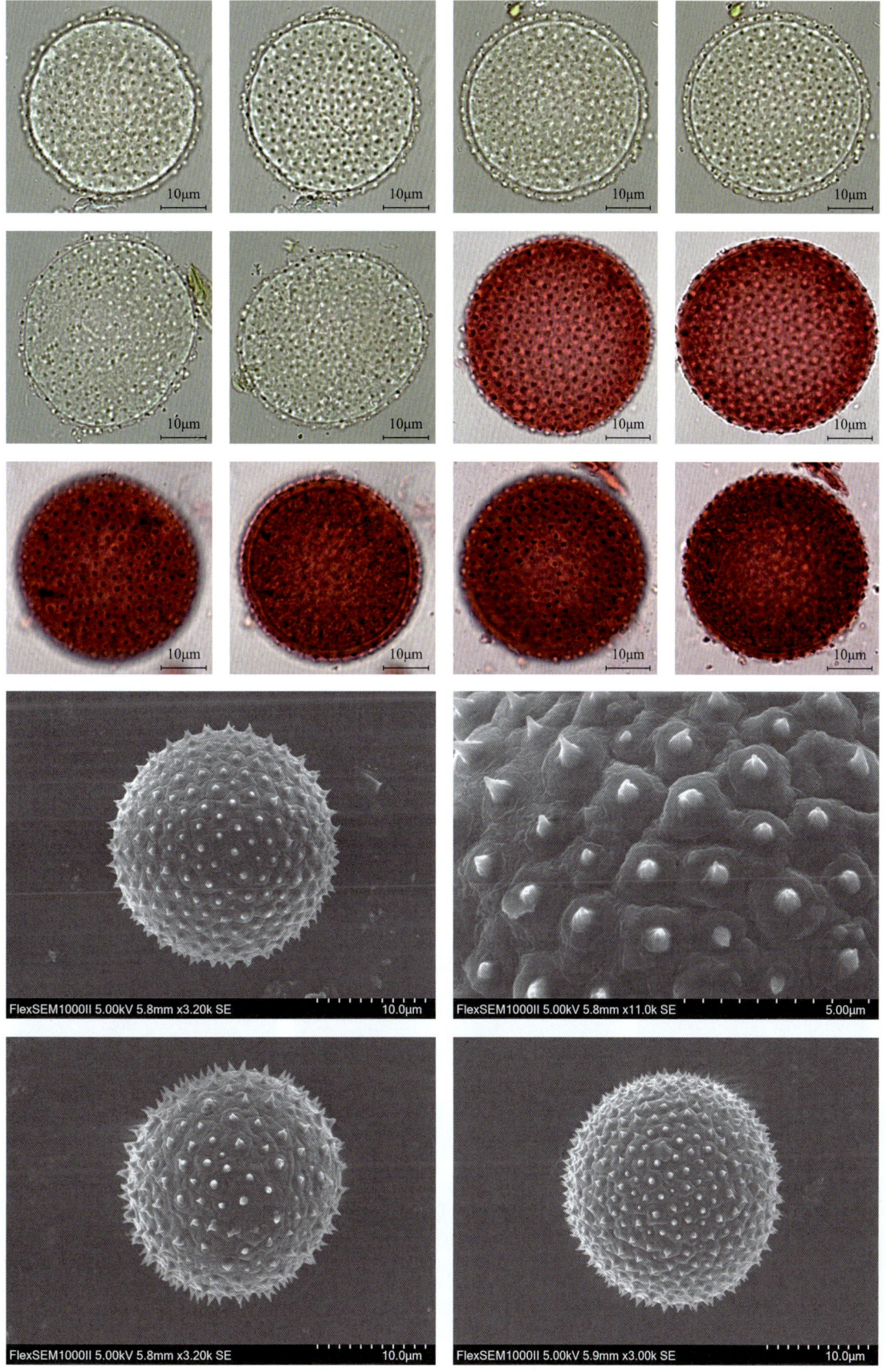

## *Phoebe glaucophylla* H. W. Li 粉叶楠

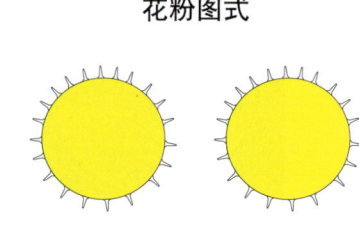

花粉图式

【形态特征】乔木，高可达 20 米；芽鳞外面被柔毛；小枝近圆柱形，干时有皱纹，无毛，有大而明显的叶痕及皮孔；叶革质，倒卵状阔披针形或近长圆形，长 6~18 厘米，宽 3~9 厘米，先端圆钝或微具短尖头，少为短尖，基部渐狭式楔形，上面光亮无毛，下面被白粉或无白粉，有贴生细微柔毛，中脉上面下陷，下面突起，侧脉每边 7~11 条，斜展，近叶缘消失，横脉及小脉两面不明显或下面明显；叶柄长 1~2.3 厘米，粗壮，被毛；聚伞状圆锥花序长 7.5~20 厘米，粗壮，被细微柔毛，在顶部分枝，最下部分枝长约 7.5 厘米；花淡黄绿色，长 4~5 毫米；花梗长 4~7 毫米，被小柔毛；花被片近等大，卵形，长 3.5~4 毫米，宽约 2.5 毫米，先端锐尖，两面被短柔毛；各轮花丝被毛，第三轮花丝基部腺体具短柄；子房卵形，上半部被短柔毛，花柱线状，无毛，柱头不扩大或稍扩大；果长卵形，长约 1.8 厘米，直径约 1 厘米；宿存花被片硬，长可达 5 毫米，紧贴并被毛。

【花果期】花期 6 月，果期 11 月。

【生境】生于海拔 900~1200 米的石灰岩山上杂木林中。

【分布】云南东南部。

【别名】无

【保护级别】极危（CR）；中国特有种。

【花粉形态】花粉粒球形，直径为 25~45μm；无萌发孔；表面具小刺，刺基部膨大，末端尖，长 1~1.5μm。

# 第五章　被子植物的花粉形态

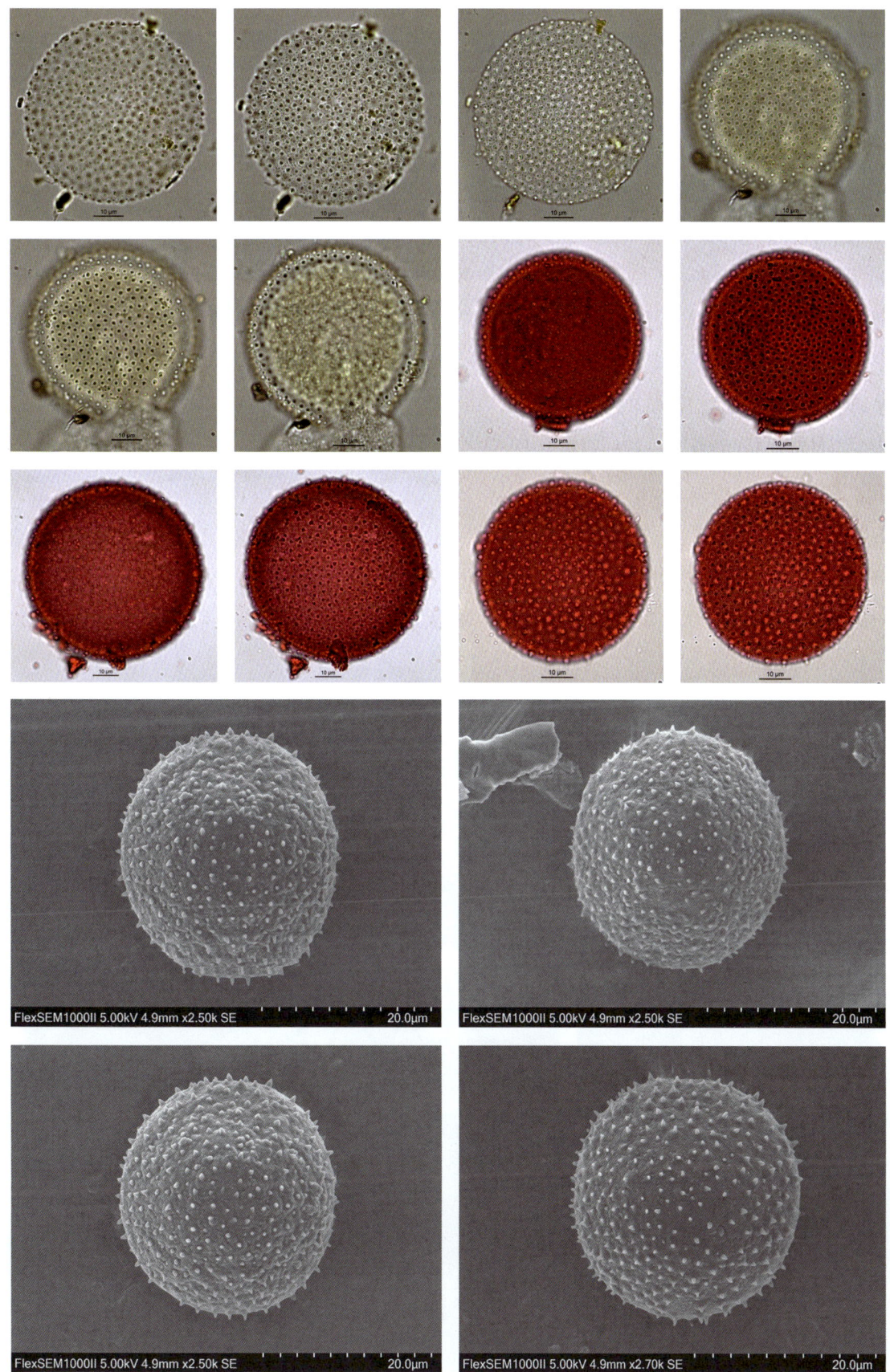

649

## *Phoebe calcarea* S. K. Lee & F. N. Wei 石山楠

【形态特征】常绿乔木，高可达 13 米；小枝有棱，板栗色，直径约 2.5 毫米，无毛；叶革质，椭圆形，长 11~19 厘米，宽 3.5~6 厘米，先端长渐尖，基部渐狭或楔形，两面无毛，光亮，中脉及侧脉两面凸起，侧脉每边 9~13 条，纤细，网脉密集，通常两面明显；叶柄长 1.5~3 厘米，无毛，上面具沟槽；圆锥花序多枝，顶生，长 15~25 厘米，无毛；花柄长 1~1.3 厘米；花被裂片卵形，近等大，长 3~4 毫米，宽约 2 毫米，外轮 3 裂片两面无毛，内轮 3 裂片外面无毛，里面密被灰白色长柔毛；第一、二轮花丝疏被长柔毛，第三轮花丝密被长柔毛，腺体肾形；退化雄蕊长 2 毫米，箭形，具柄；子房卵形，柱头头状；果卵形，长 8~10 毫米，直径 5~6 毫米；宿存花被裂片革质，紧贴于果的基部。

【花果期】花期 4—5 月，果期 8 月。

【生境】生长于海拔 1000 米左右的石灰岩山区。

【分布】贵州和广西。

【别名】无

【保护级别】无危（LC）；中国特有种。

【花粉形态】花粉粒球形，直径为 19~25μm；无萌发孔；表面具小刺，刺基部膨大，末端尖，长 1~1.5μm。

花粉图式

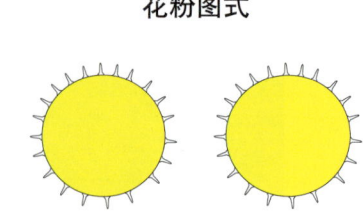

# 第五章 被子植物的花粉形态

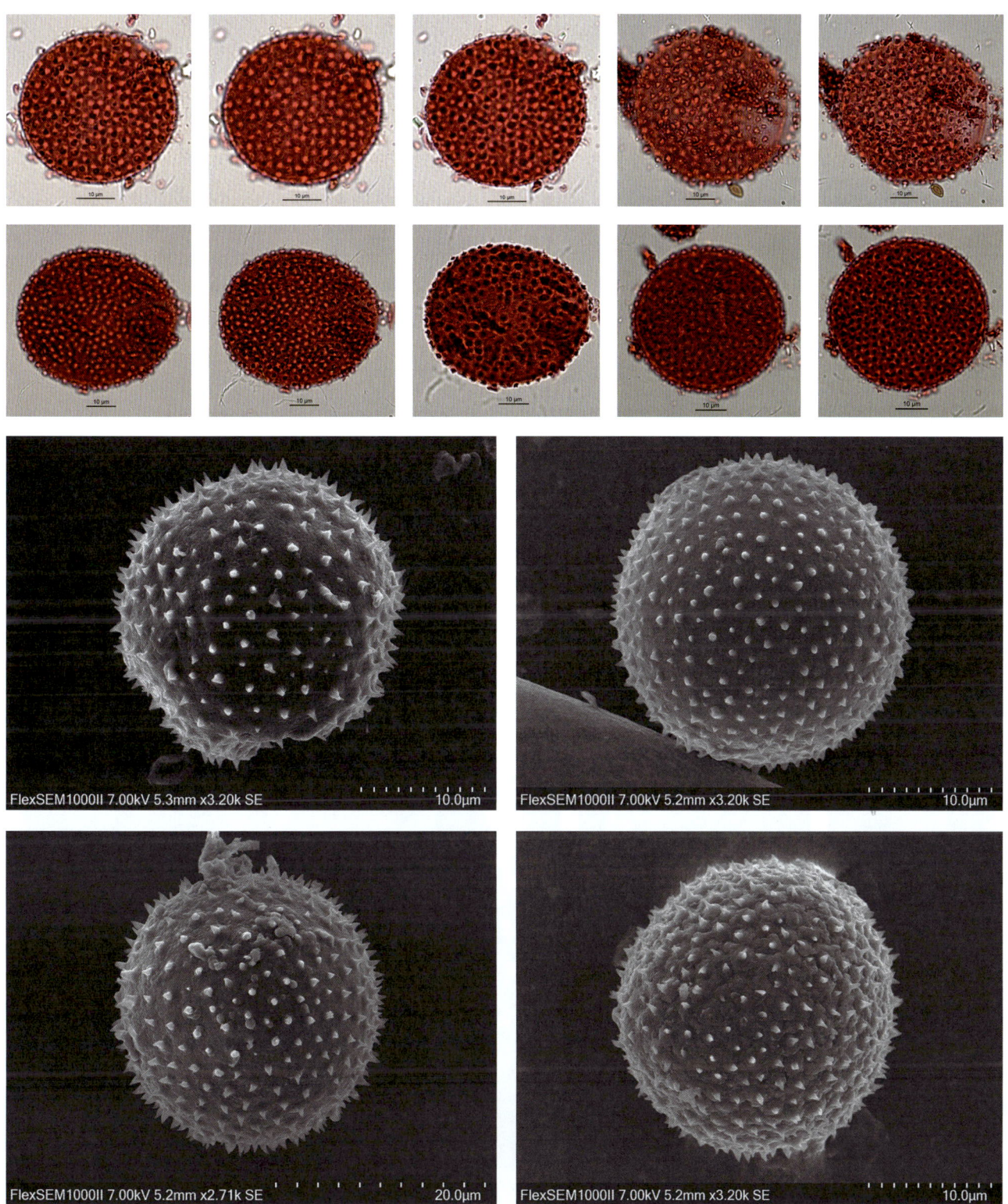

## Lecythidaceae 玉蕊科
### *Barringtonia* 玉蕊属
*Barringtonia racemosa* (L.) Spreng. 玉蕊

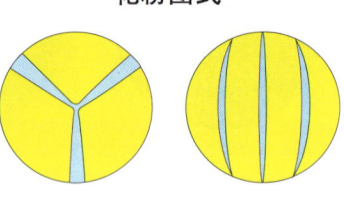

花粉图式

【形态特征】常绿小乔木或中等大乔木，稀灌木状，高可达20米；小枝稍粗壮，干燥时灰褐色；叶常丛生枝顶，有短柄，纸质，倒卵形至倒卵状椭圆形或倒卵状矩圆形，顶端短尖至渐尖，基部钝形，常微心形，边缘有圆齿状小锯齿；侧脉10~15对，稍粗大，两面凸起，网脉清晰；总状花序顶生，稀在老枝上侧生，下垂；总梗直径2~5毫米；花疏生；花梗长0.5~1.5厘米；苞片小而早落；萼裂为2~4片，椭圆形至近圆形；花瓣4，椭圆形至卵状披针形；雄蕊通常6轮，最内轮为不育雄蕊，发育雄蕊花丝长3~4.5厘米；子房常3~4室，隔膜完全，胚珠每室2~3颗；果实卵圆形，微具4钝棱，果皮稍肉质，内含网状交织纤维束；种子卵形。

【花果期】花期6—10月，果期8—11月。

【生境】常生长于树林边缘、山谷两旁的密林或疏林、海滨林中。

【分布】国内分布：台湾、广东和海南；国外分布：广布于非洲、亚洲和大洋洲的热带、亚热带地区。

【别名】水茄苳、穗花棋盘脚。

【保护级别】濒危（EN）。

【花粉形态】花粉粒长球形，极面观为3裂圆形，大小为34（30~36）×45（39~48）μm；具3合沟，沟在极区及近赤道处变窄，沟缘突起，具透明沟膜；外壁在极区显著加厚8~10μm，其余的外壁厚1.5~2μm，外层厚于内层；表面具粗网状雕纹，沟间区中间部分的网纹较细。

# 第五章 被子植物的花粉形态

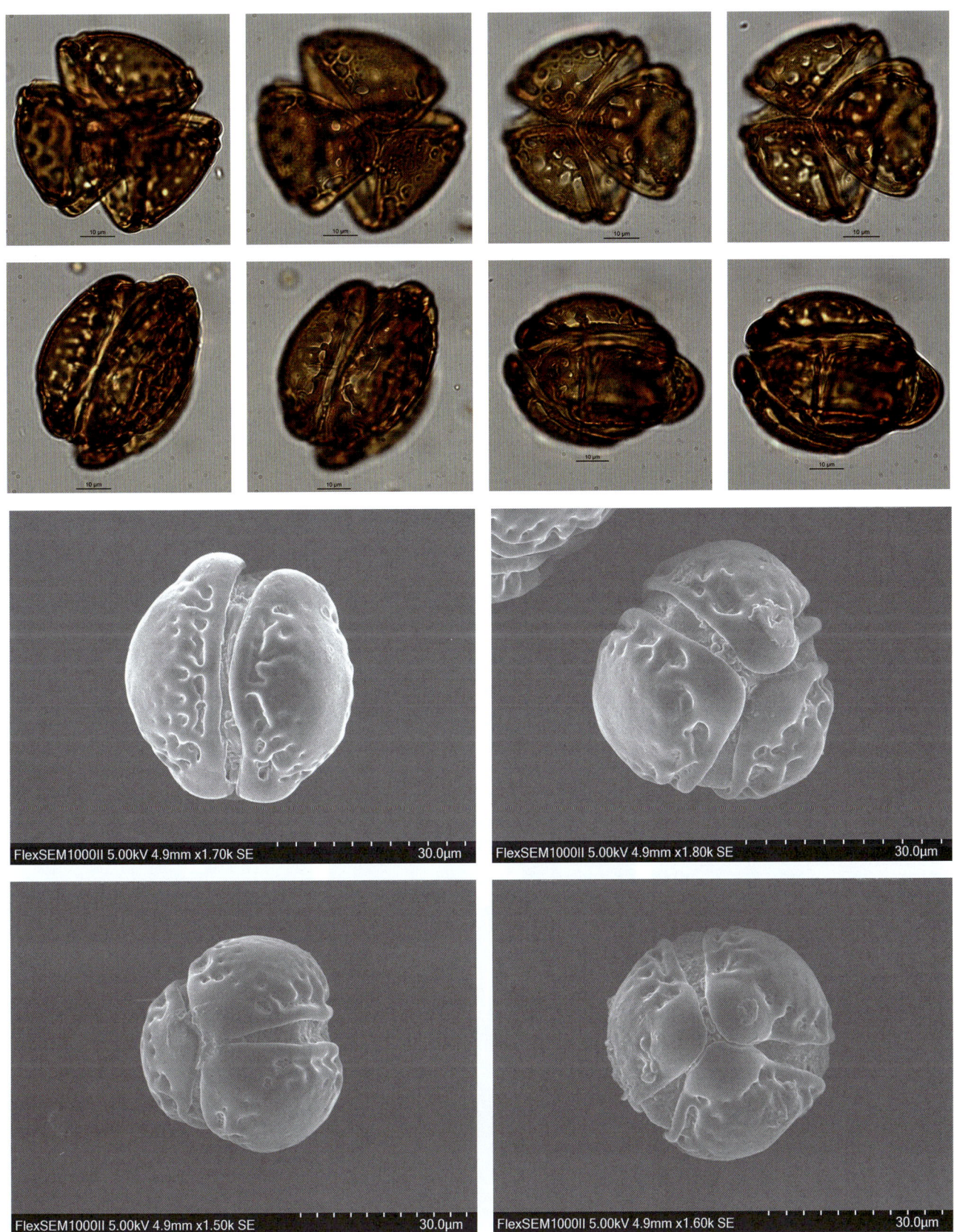

## Lentibulariaceae 狸藻科
### *Utricularia* 狸藻属
#### *Utricularia striatula* Sm. 圆叶挖耳草

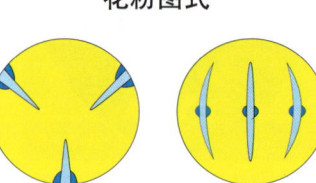

花粉图式

【形态特征】陆生小草本；假根少数，丝状，不分枝；匍匐枝丝状，具分枝；叶器多数，于花期宿存，簇生成莲座状和散生于匍匐枝上；捕虫囊多数，散生于匍匐枝上，斜卵球形，侧扁，具柄，口侧生；花序直立，上部具 1~10 朵疏离的花，无毛；花序梗丝状，具少数鳞片；苞片、小苞片与鳞片相似，中部着生，披针形，顶端钝或急尖，基部截形或急尖；花梗丝状；花萼 2 裂达基部，裂片极不相等，密生乳头状突起，无毛；花冠白色、粉红色或淡紫色，喉部具黄斑；距钻形或筒状，常弯曲；雄蕊无毛，花丝线形，上部膨大，2 个药室近分离；雌蕊无毛，子房球形，花柱短而明显，柱头下唇半圆形，上唇消失呈截形；蒴果斜倒卵球形，背腹扁，果皮膜质，室背开裂；种子少数，梨形或倒卵球形，种脐突出，种皮具纵向延长的网褶和倒钩毛。

【花果期】花期 6—10 月，果期 7—11 月。

【生境】生于潮湿的岩石或树干上，常生于苔藓丛中，海拔 400~3600 米。

【分布】国内分布：安徽南部、浙江、江西、福建、台湾、湖南、广东、广西、四川、贵州、云南和西藏东南部；国外分布：非洲热带地区及印度、斯里兰卡、中南半岛、马来西亚、印度尼西亚和菲律宾。

【别名】条纹挖耳草、圆叶狸藻。

【保护级别】无危（LC）。

【花粉形态】花粉粒近球形，大小为 15（12~17）× 26（22~33）μm；具 3 孔沟，沟极短，内孔横长；表面具细网状雕纹。

第五章 被子植物的花粉形态

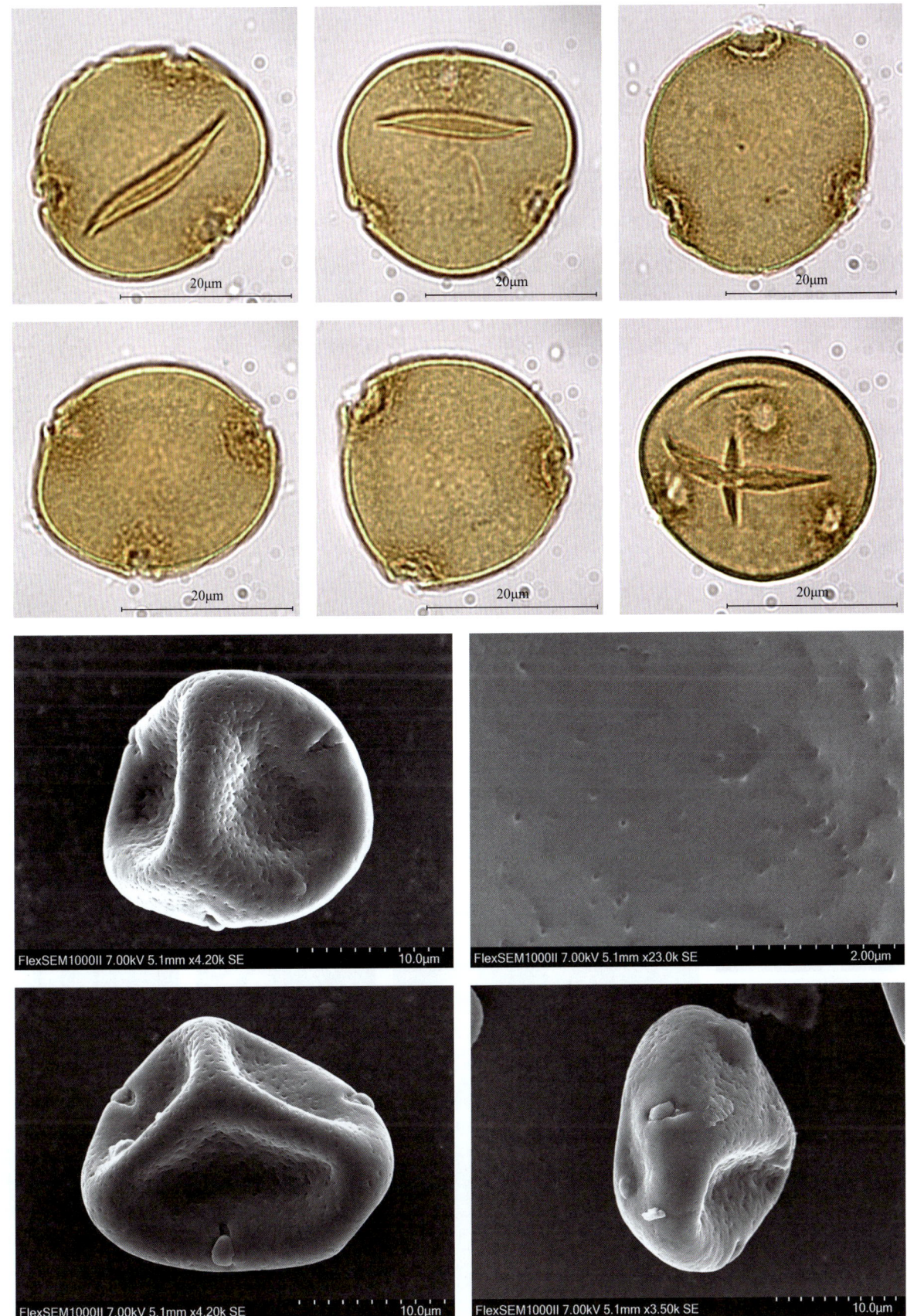

## Liliaceae 百合科
### *Cardiocrinum* 大百合属

*Cardiocrinum giganteum* (Wall.) Makino 大百合

【形态特征】多年生草本植物，高 1~2 米；叶纸质，网状脉；基生叶卵状心形或近宽矩圆状心形，向上渐小；茎生叶卵状心形；总状花序有花 10~16 朵，无苞片；花狭喇叭形，白色，里面具淡紫红色条纹；花被片条状倒披针形；雄蕊长 6.5~7.5 厘米，长约为花被片的 1/2；花丝向下渐扩大，扁平；花药长椭圆形；子房圆柱形；花柱长 5~6 厘米，柱头膨大，微 3 裂；蒴果近球形；种子呈扁钝三角形，红棕色，周围具淡红棕色半透明的膜质翅。

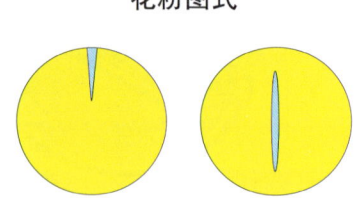

花粉图式

【花果期】花期 6—7 月，果期 9—10 月。

【生境】生于海拔 1450~2300 米的林下草丛中。

【分布】国内分布：西藏、四川、陕西、湖南和广西；国外分布：印度、尼泊尔和不丹。

【别名】无

【保护级别】无危（LC）。

【花粉形态】花粉粒椭球形，侧面观为椭圆形，大小为 45（37~53）× 78（66~83）μm；具远极单沟；外壁两层，外层较厚；表面具清楚的网状雕纹，网眼大小不规则，在沟间区中部较大，在沟缘及两极较小，网脊由大小形状不一致的单行颗粒组成。

第五章 被子植物的花粉形态

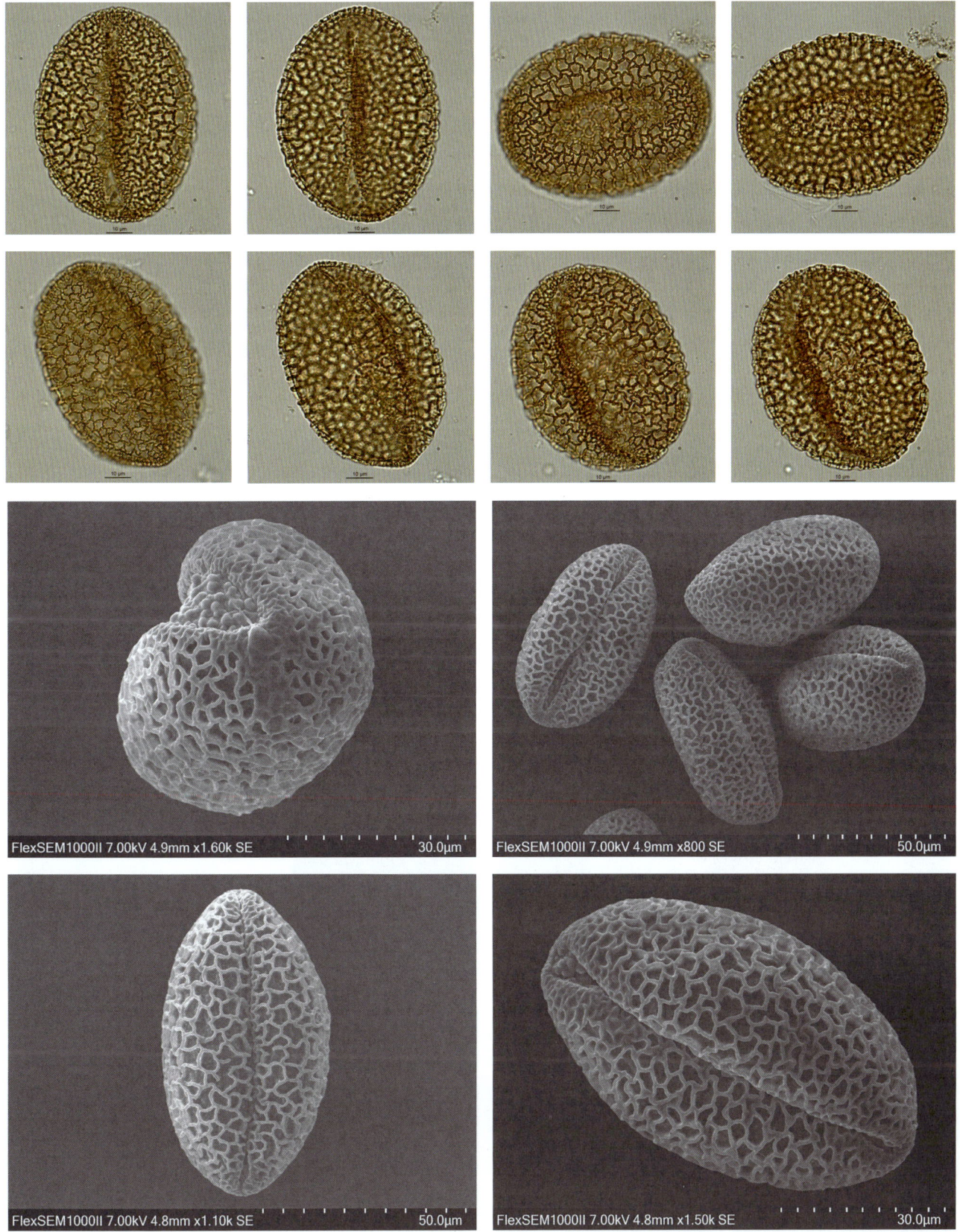

657

## *Lilium* 百合属

***Lilium brownii*** F. E. Br. ex Miellez 野百合

【形态特征】鳞茎球形，直径 2~4.5 厘米；鳞片披针形，无节，白色；茎高 0.7~2 米，有的有紫色条纹，有的下部有小乳头状突起；叶散生，通常自下向上渐小，披针形、窄披针形至条形，先端渐尖，基部渐狭，具 5~7 脉，全缘，两面无毛；花单生或几朵排成近伞形；花梗稍弯；苞片披针形；花喇叭形，有香气，乳白色，外面稍带紫色，无斑点，向外张开或先端外弯而不卷，长 13~18 厘米；外轮花被片宽 2~4.3 厘米，先端尖；内轮花被片宽 3.4~5 厘米，蜜腺两边具小乳头状突起；雄蕊向上弯，花丝长 10~13 厘米，中部以下密被柔毛，少有具稀疏的毛或无毛，花药长椭圆形；子房圆柱形，花柱长 8.5~11 厘米，柱头 3 裂；蒴果矩圆形，有棱，具多数种子。

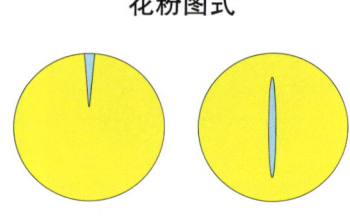

花粉图式

【花果期】花期 5—6 月，果期 9—10 月。

【生境】生于海拔 100~2150 米的山坡、灌木林下、路边、溪旁或石缝中。

【分布】广东、广西、湖南、湖北、江西、安徽、福建、浙江、四川、云南、贵州、陕西、甘肃和河南。

【别名】羊屎蛋、倒挂山芝麻、紫花野百合、新疆野百合。

【保护级别】国家二级重点保护野生植物。

【花粉形态】花粉粒椭球形，侧面观为椭圆形，大小为 75（63~83）× 125（115~132）μm；具远极单沟；外壁两层，外层较厚；表面具清楚的网状雕纹，网脊由大小形状不一致的单行颗粒组成，网脊上的颗粒排列较紧密。

第五章 被子植物的花粉形态

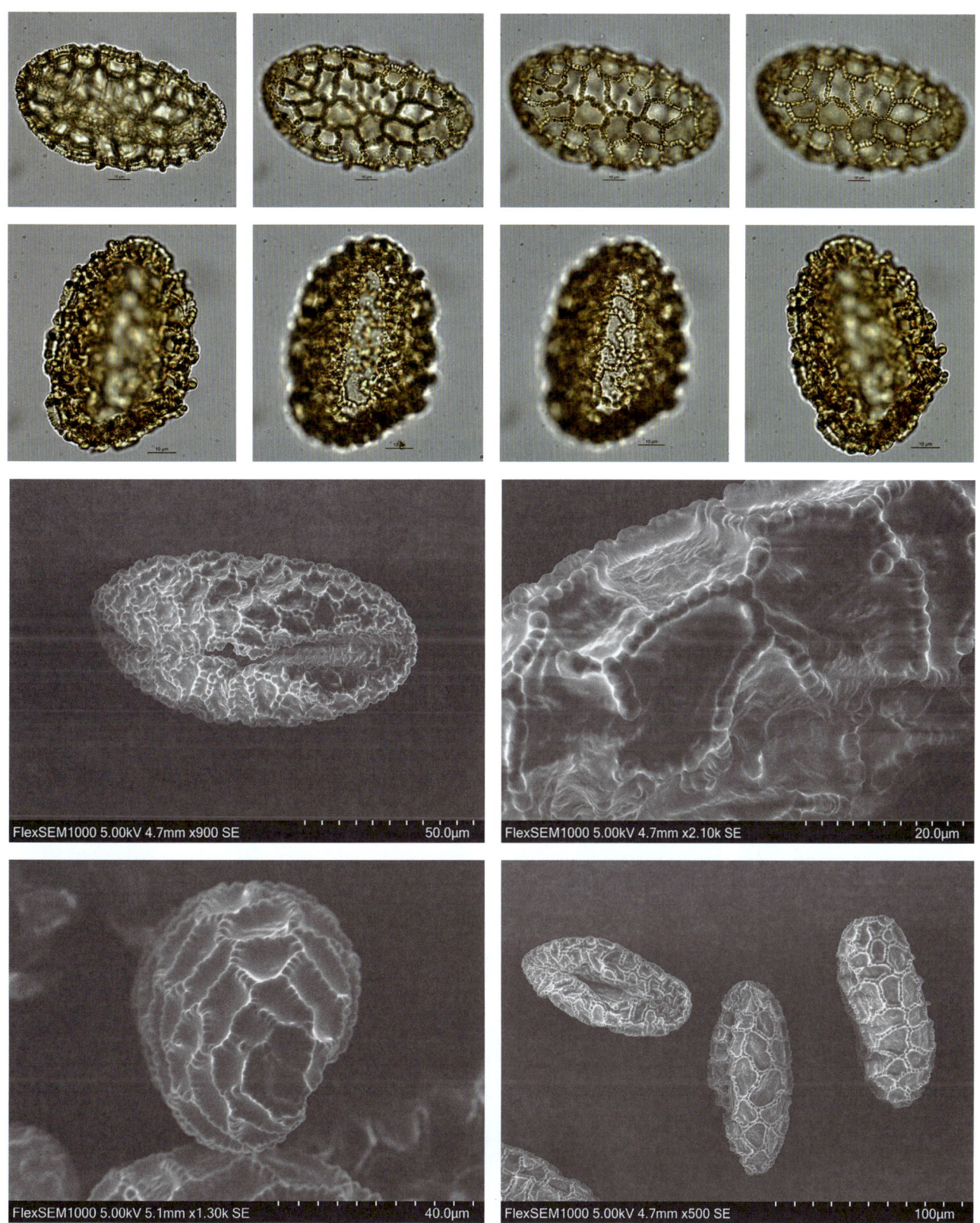

659

## *Lilium concolor* var. *pulchellum* (Fisch.) Regel 有斑百合

【形态特征】茎卵球形，高 2~3.5 厘米，直径 2~3.5 厘米；鳞片卵形或卵状披针形；叶散生，条形，长 3.5~7 厘米，宽 3~6 毫米，脉 3~7 条；花 1~5 朵排成近伞形或总状花序；花被片有斑点，矩圆状披针形，长 2.2~4 厘米，宽 4~7 毫米；蒴果矩圆形，长 3~3.5 厘米，宽 2~2.2 厘米。是百合科百合属渥丹的变种，与渥丹的区别为花被片有斑点。

【花果期】花期 6—7 月，果期 8—9 月。

【生境】生于海拔 600~2170 米的阳坡草地和林下湿地。

【分布】国内分布：河北、山东、山西、内蒙古、辽宁、黑龙江和吉林；国外分布：朝鲜和俄罗斯。

【别名】无

【保护级别】无危（LC）；地方保护野生植物。

【花粉形态】花粉粒椭球形，侧面观为椭圆形，大小为 35（30~43）× 68（47~83）μm；具远极单沟；外壁两层，外层较厚；表面具清楚的网状雕纹，网脊由大小形状不一致的单行颗粒组成。

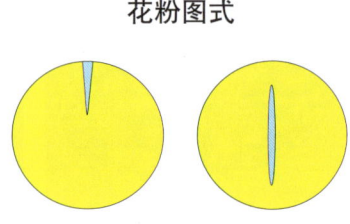

花粉图式

# 第五章 被子植物的花粉形态

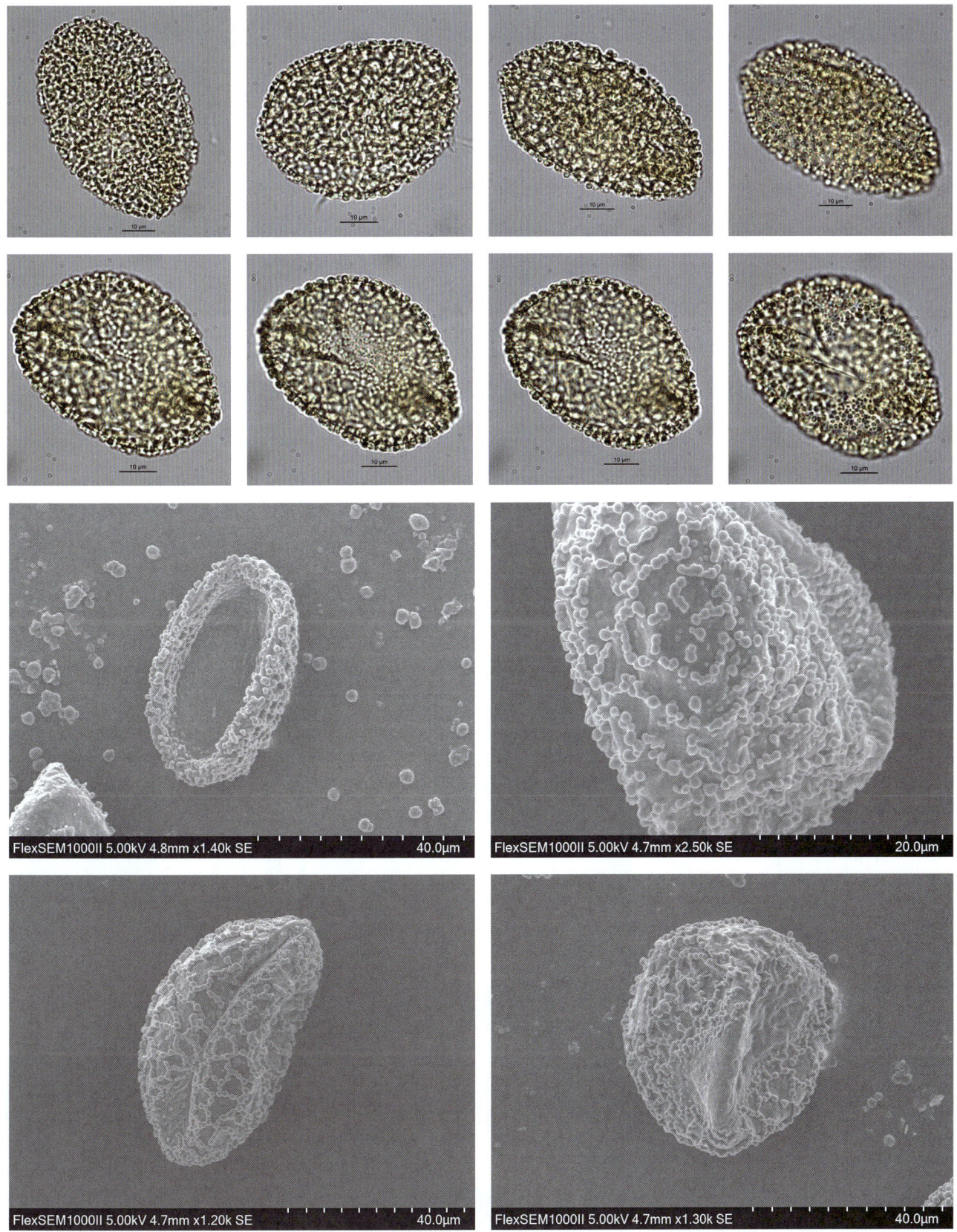

661

### *Lilium pensylvanicum* Ker Gawl. 毛百合

【形态特征】鳞茎卵状球形，高约 1.5 厘米；鳞片宽披针形，白色，有节或无节；叶散生，在茎顶端有 4~5 枚叶片轮生，基部有一簇白绵毛，边缘有小乳头状突起，有的还有稀疏的白色绵毛；苞片叶状；花梗有白色绵毛；花 1~2 朵顶生，橙红色或红色，有紫红色斑点；外轮花被片倒披针形，先端渐尖，基部渐狭，外面有白色绵毛；内轮花被片稍窄，蜜腺两边有深紫色的乳头状突起；雄蕊向中心靠拢，花丝无毛，花药长约 1 厘米；子房圆柱形，长约 1.8 厘米；花柱长为子房的 2 倍以上，柱头膨大，3 裂；蒴果矩圆形。

【花果期】花期 6—7 月，果期 8—9 月。

【生境】生于海拔 450~1500 米的山坡灌丛间、疏林下、路边及湿润的草甸中。

【分布】国内分布：黑龙江、吉林、辽宁、内蒙古和河北；国外分布：朝鲜、日本、蒙古和俄罗斯。

【别名】朝鲜百合。

【保护级别】地方保护野生植物。

【花粉形态】花粉粒椭球形，侧面观为椭圆形，大小为 45（37~53）× 107（94~113）μm；具远极单沟；外壁两层，外层较厚；表面具清楚的网状雕纹，网眼大小不规则，在沟间区中部较大，在沟缘及两极较小，网脊由大小形状不一致的单行颗粒组成。

花粉图式

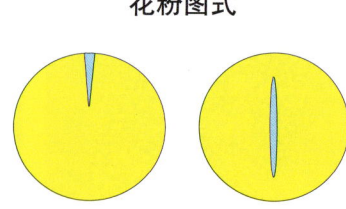

# 第五章 被子植物的花粉形态

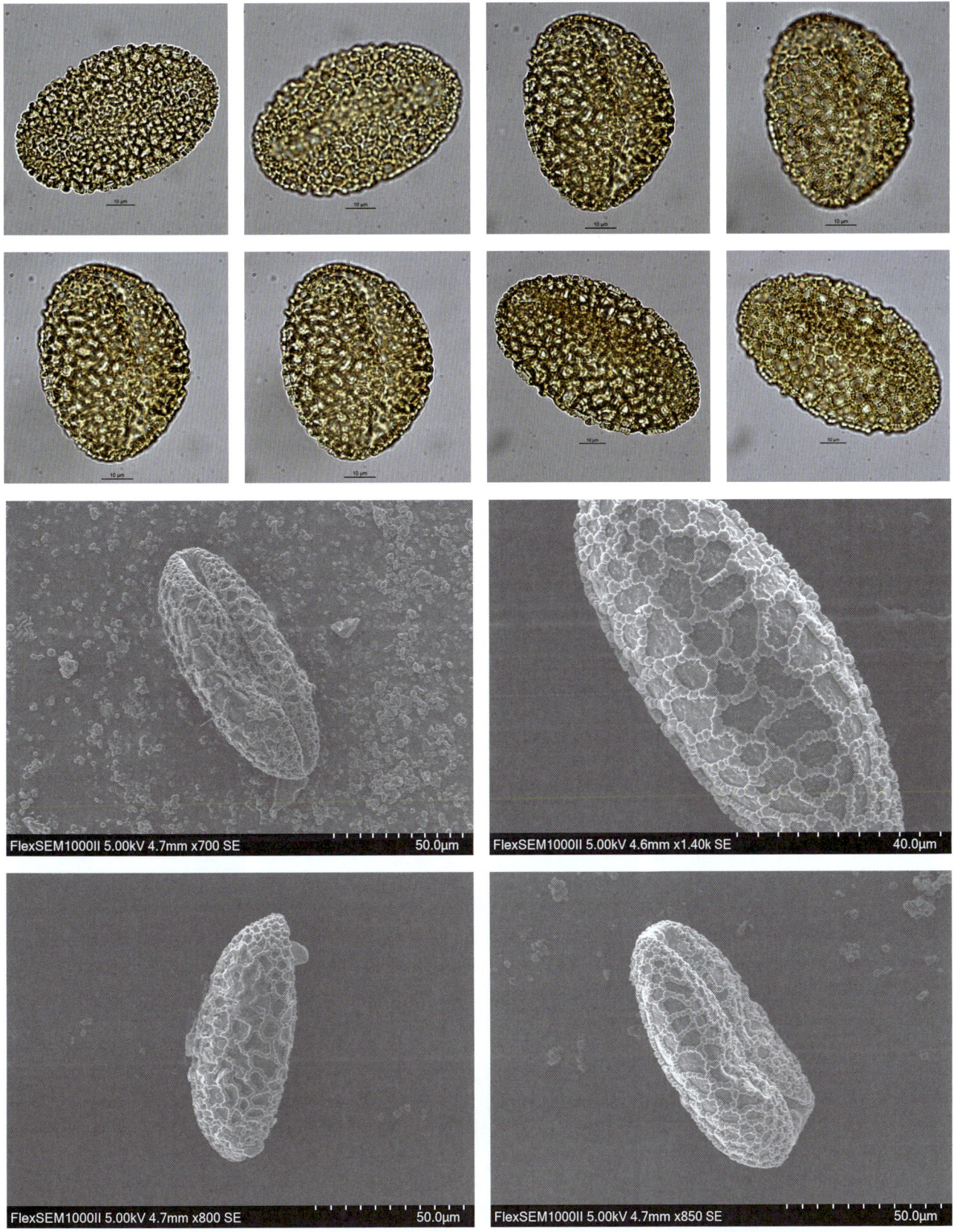

### *Lilium pumilum* Redouté 山丹

**【形态特征】** 鳞茎卵形或圆锥形，高 2.5~4.5 厘米；鳞片矩圆形或长卵形，长 2~3.5 厘米，白色；茎高 15~60 厘米，有小乳头状突起，有的带紫色条纹；叶散生于茎中部，条形，中脉下面突出，边缘有乳头状突起；花单生或数朵排成总状花序，鲜红色，通常无斑点，有时有少数斑点，下垂；花被片反卷，蜜腺两边有乳头状突起；花丝长 1.2~2.5 厘米，无毛，花药长椭圆形，长约 1 厘米，黄色，花粉近红色；子房圆柱形；花柱稍长于子房或长 1 倍多，柱头膨大，3 裂；蒴果矩圆形。

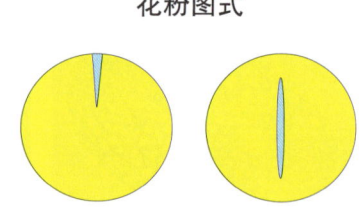

花粉图式

**【花果期】** 花期 7—8 月，果期 9—10 月。

**【生境】** 生于海拔 400~2600 米的山坡草地或林缘。

**【分布】** 国内分布：河北、河南、山西、陕西、宁夏、山东、青海、甘肃、内蒙古、黑龙江、辽宁和吉林；国外分布：俄罗斯、朝鲜和蒙古。

**【别名】** 细叶百合、山丹丹花、焉支花、簪簪花。

**【保护级别】** 无危（LC）；地方保护野生植物。

**【花粉形态】** 花粉粒椭球形，侧面观为椭圆形，大小为 42（36~43）× 60（54~67）μm；具远极单沟；外壁两层，外层较厚；表面具清楚的网状雕纹，网脊由大小形状不一致的单行颗粒组成。

第五章 被子植物的花粉形态

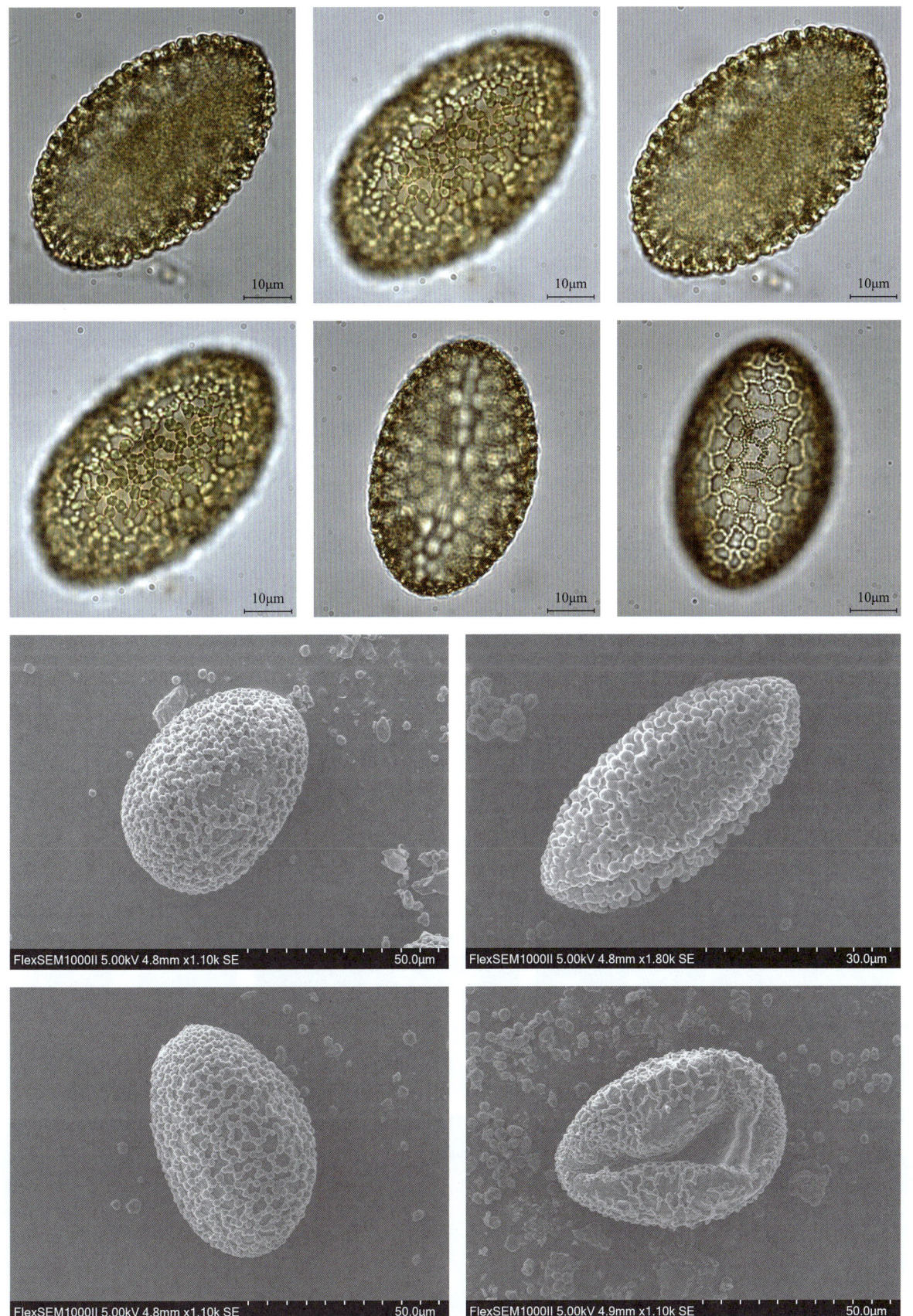

## Lythraceae 千屈菜科
### *Lagerstroemia* 紫薇属
#### *Lagerstroemia indica* L. 紫薇

花粉图式

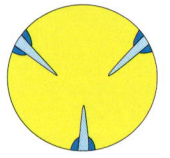 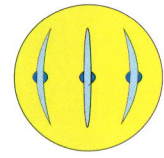

【形态特征】落叶灌木或小乔木，高可达 7 米；树皮平滑，灰色或灰褐色；枝干多扭曲，小枝纤细，具 4 棱，略成翅状；叶互生或有时对生，纸质，椭圆形、阔矩圆形或倒卵形，顶端短尖或钝形，有时微凹，基部阔楔形或近圆形，无毛或下面沿中脉有微柔毛，侧脉 3~7 对，小脉不明显；无柄或叶柄很短；花淡红色或紫色、白色，常组成 7~20 厘米的顶生圆锥花序；花梗长 3~15 毫米，中轴及花梗均被柔毛；花萼外面平滑无棱，但鲜时萼筒有微突起的短棱，两面无毛，裂片 6，三角形，直立，无附属体；花瓣 6，皱缩，具长爪；雄蕊 36~42，外面 6 枚着生于花萼上，比其余的长得多；子房 3~6 室，无毛；蒴果椭圆状球形或阔椭圆形，幼时绿色至黄色，成熟时或干燥时呈紫黑色，室背开裂；种子有翅。

【花果期】花期 6—9 月，果期 9—12 月。

【生境】半阴生，喜生于肥沃湿润的土壤上，也能耐旱，不论在钙质土或酸性土中都生长良好。

【分布】国内分布：广东、广西、湖南、福建、江西、浙江、江苏、湖北、河南、河北、山东、安徽、陕西、四川、云南、贵州及吉林等省区；国外分布：原产亚洲，现广植于热带地区。

【别名】千日红、无皮树、百日红、西洋水杨梅、蚊子花、紫兰花、紫金花、痒痒树、痒痒花。

【保护级别】无危（LC）。

【花粉形态】花粉粒为长球形至近球形，极面观为钝三角形，边孔型，大小为 33（29~38）× 45（33~52）μm；具 3 孔沟，沟长，具沟膜，内孔圆形，较显著；外壁厚 3~4μm，外层厚于内层，极区外壁明显加厚；表面具细颗粒状雕纹。

第五章 被子植物的花粉形态

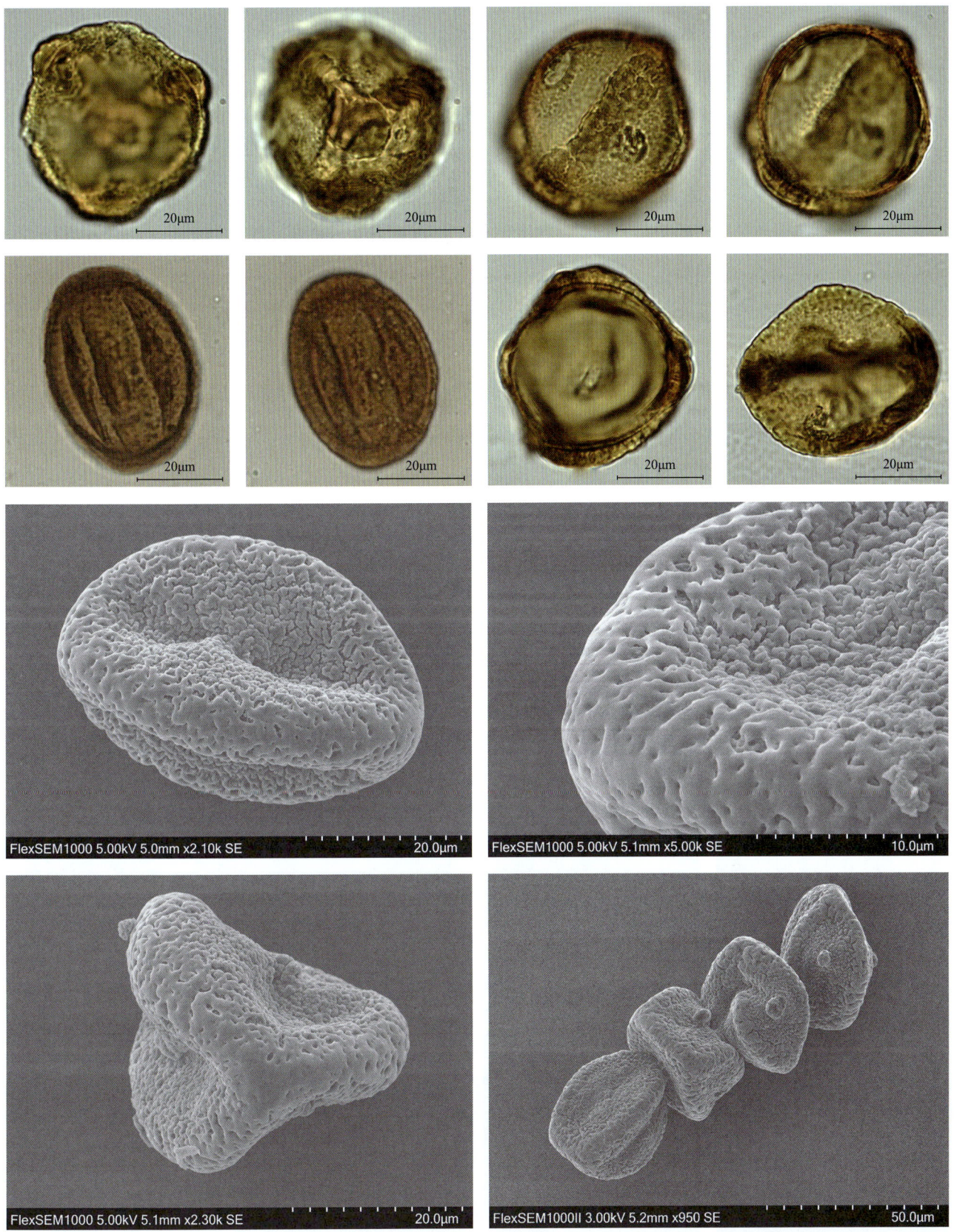

### *Lagerstroemia speciosa* (L.) Pers. 大花紫薇

**【形态特征】**大乔木，高可达 25 米；树皮灰色，平滑；小柱圆柱形，无毛或微被糠秕状毛；叶革质，矩圆状椭圆形或卵状椭圆形，稀披针形，甚大，顶端钝形或短尖，基部阔楔形至圆形，两面均无毛，侧脉 9~17 对，在叶缘弯拱连接；叶柄长 6~15 毫米，粗壮；花淡红色或紫色，顶生圆锥花序长 15~25 厘米，有时可达 46 厘米；花梗长 1~1.5 厘米，花轴、花梗及花萼外面均被黄褐色糠秕状的密毡毛；花萼有棱 12 条，被糠秕状毛，6 裂，裂片三角形，反曲，内面无毛，附属体鳞片状；花瓣 6，近圆形至矩圆状倒卵形，几不皱缩，有短爪；雄蕊多数，达 100~200；子房球形，4~6 室，无毛，花柱长 2~3 厘米；蒴果球形至倒卵状矩圆形，褐灰色，6 裂；种子多数。

**【花果期】**花期 5—7 月，果期 10—11 月。

**【生境】**生长于低海拔湿润地带，如沿河一带和沼泽地，但也能生长于冲积土上的森林里。

**【分布】**国内分布：广东、广西、福建、海南等地有栽培；国外分布：斯里兰卡、印度、马来西亚、越南及菲律宾。

**【别名】**百日红、大叶紫薇。

**【保护级别】**无危（LC）。

**【花粉形态】**花粉粒为长球形，极面观为钝三角形，赤道面观椭圆形，大小为 32（28~36）× 45（34~50）μm；具 3 孔沟，沟长，沟膜上具颗粒，内孔圆形，较显著；外壁厚 3~4μm，外层厚于内层，极区外壁明显加厚，厚 7~9μm；表面具细网状雕纹。

花粉图式

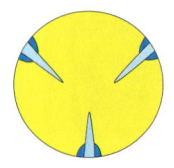
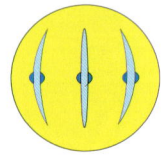

# 第五章 被子植物的花粉形态

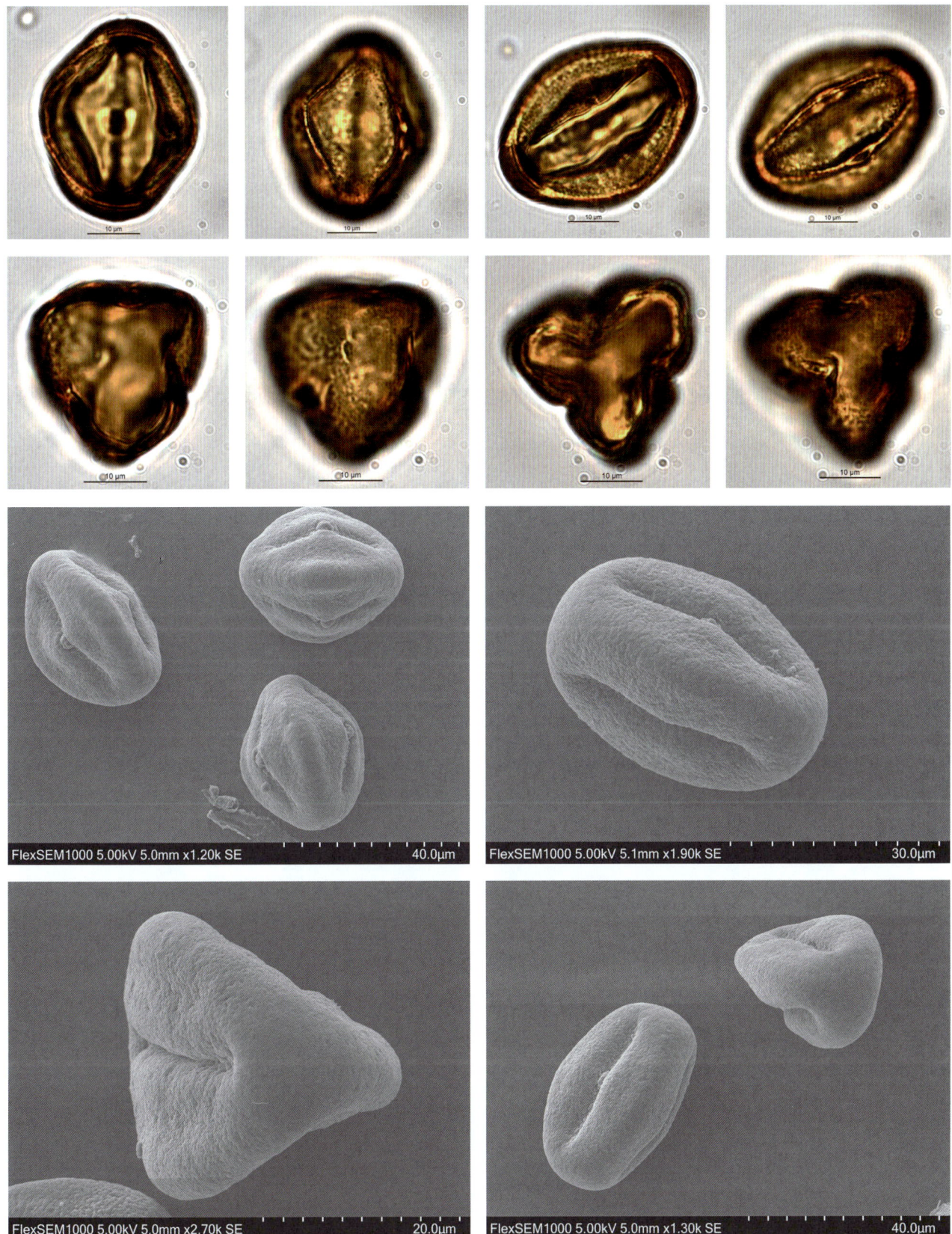

### *Lagerstroemia subcostata* Koehne 南紫薇

**【形态特征】**落叶乔木或灌木，高可达 14 米；树皮薄，灰白色或茶褐色，无毛或稍被短硬毛；叶膜质，矩圆形，矩圆状披针形，稀卵形，顶端渐尖，基部阔楔形，侧脉 3~10 对，顶端连结；叶柄短；花小，白色或玫瑰色，组成顶生圆锥花序，具灰褐色微柔毛，花密生；花萼有棱 10~12 条，5 裂，裂片三角形，直立，内面无毛；花瓣 6，皱缩，有爪；雄蕊 15~30，5~6 枚较长，12~14 条较短，着生于萼片或花瓣上，花丝细长；子房无毛，5~6 室；蒴果椭圆形，3~6 瓣裂；种子有翅。

**【花果期】**花期 6—8 月，果期 7—10 月。

**【生境】**喜湿润肥沃的土壤，常生于林缘和溪边。

**【分布】**国内分布：台湾、广东、广西、湖南、湖北、江西、福建、浙江、江苏、安徽、四川及青海等省区；国外分布：日本。

**【别名】**拘那花、苞饭花、九芎、蚊仔花、马铃花。

**【保护级别】**无危（LC）。

**【花粉形态】**花粉粒为长球形至近球形，极面观为钝三角形，大小为 20（18~22）× 26（25~28）μm；具 3 孔沟，沟长，内孔圆形，较显著；外壁厚 3~4μm，外层厚于内层，沟间区外壁特别加厚，有时极区也加厚；表面具细颗粒 – 网状雕纹。

花粉图式

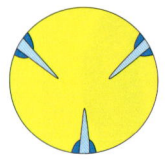
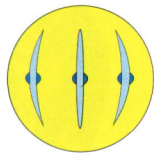

# 第五章 被子植物的花粉形态

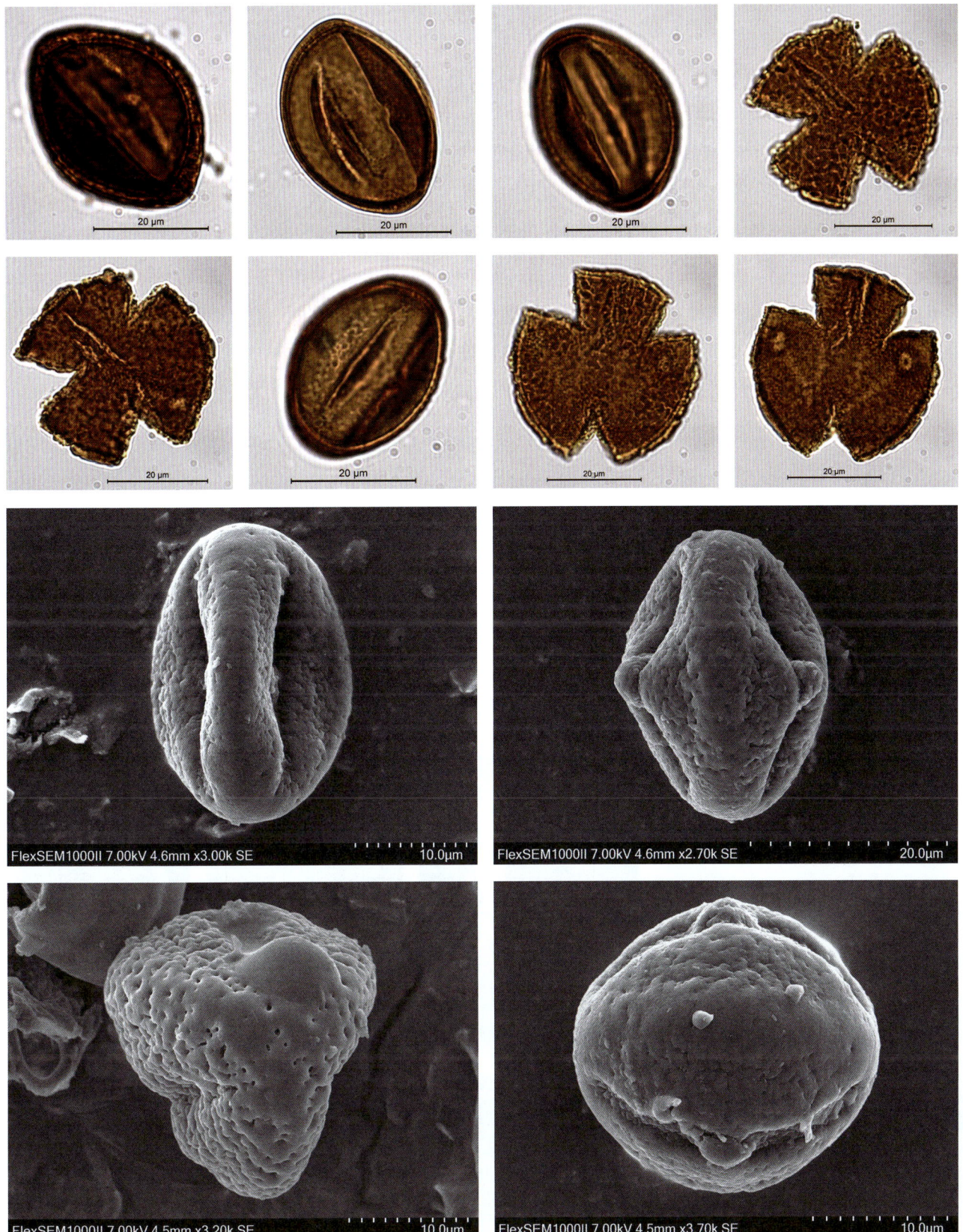

671

## *Lythrum* 千屈菜属

### *Lythrum salicaria* L. 千屈菜

**【形态特征】** 多年生草本；根状茎横卧于地下，粗壮；茎直立，多分枝，高30~100厘米，全株青绿色，略被粗毛或密被茸毛；枝通常具4棱；叶对生或三叶轮生，披针形或阔披针形，顶端钝形或短尖，基部圆形或心形，有时略抱茎，全缘，无柄；花组成小聚伞花序，簇生，因花梗及总梗极短，花枝全形似一大型穗状花序；苞片阔披针形至三角状卵形，长5~12毫米；萼筒长5~8毫米，有纵棱12条，稍被粗毛，裂片6，三角形；附属体针状，直立，长1.5~2毫米；花瓣6，红紫色或淡紫色，倒披针状长椭圆形，基部楔形，长7~8毫米，着生于萼筒上部，有短爪，稍皱缩；雄蕊12，6长6短，伸出萼筒之外；子房2室，花柱长短不一；蒴果扁圆形。

**花粉图式**

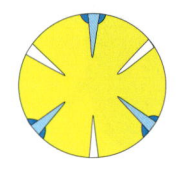

**【花果期】** 花期7—9月，果期9—10月。

**【生境】** 生于河岸、湖畔、溪沟边和潮湿草地。

**【分布】** 全国各地，亦有栽培。

**【别名】** 水柳、中型千屈菜、光千屈菜。

**【保护级别】** 无危（LC）。

**【花粉形态】** 花粉粒扁球形，极面观6裂圆形，大小为20（14~22）×38（30×44）μm；具3孔沟及3假沟，沟较宽，长几达两极（真沟），沟具圆形而明显的内孔，3假沟较短，无内孔，真沟与假沟相间排列，沟膜上具大颗粒；表面具条纹状雕纹。

# 第五章 被子植物的花粉形态

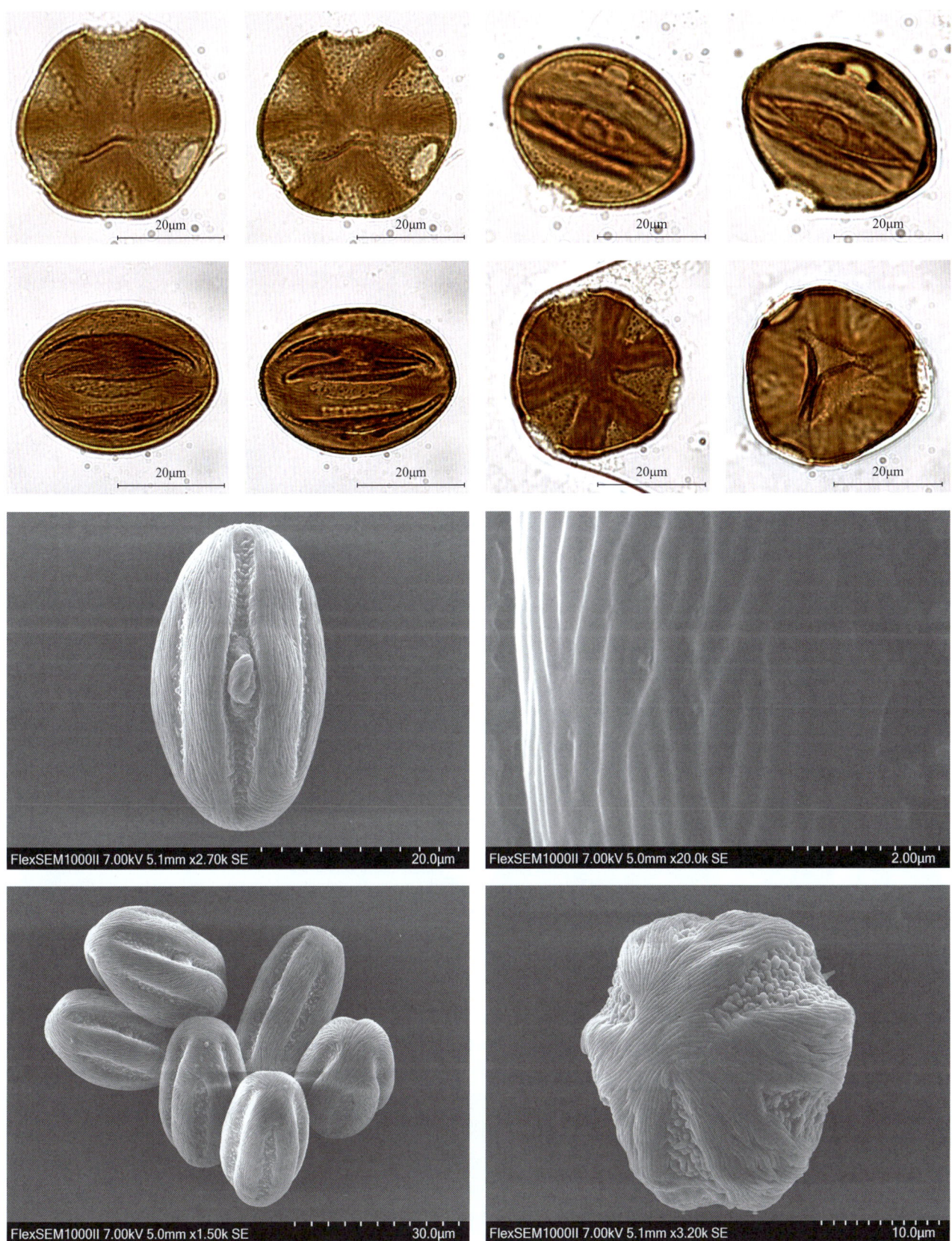

## Sonneratia 海桑属

### *Sonneratia caseolaris* (L.) Engler 海桑

**【形态特征】**乔木；小枝通常下垂，有隆起的节，幼时具钝 4 棱，稀锐 4 棱或具狭翅；叶形状变异大，阔椭圆形、矩圆形至倒卵形，顶端钝尖或圆形，基部渐狭而下延成一短宽的柄，中脉在两面稍凸起，侧脉纤细，不明显；叶柄极短，有时不显著；花具短而粗壮的梗；萼筒平滑无棱，浅杯状，果熟时碟形，裂片平展，内面绿色或黄白色，比萼筒长；花瓣条状披针形，暗红色；花丝粉红色或上部白色，下部红色；花柱长 3~3.5 厘米，柱头头状；成熟的果实直径 4~5 厘米。

**【花果期】**花期冬季，果期春夏季。

**【生境】**生于海边泥滩上。

**【分布】**国内分布：海南琼海、万宁和陵水；国外分布：东南亚热带至澳大利亚北部。

**【别名】**无

**【保护级别】**近危（NT）；地方保护野生植物。

**【花粉形态】**花粉粒长球形，极面观为圆三角形或近六边形，大小为 35（30~40）× 55（50~60）μm；具 3 孔，圆形，直径 7~8μm，呈短圆柱状突出；外壁厚 3~4μm，外层远厚于内层，孔周围的外层明显加厚；表面具脑纹状的负网状雕纹，网眼在极区渐小，在极区的表面无雕纹，外层较其他部分显著加厚，呈透明的半圆形突起。

第五章　被子植物的花粉形态

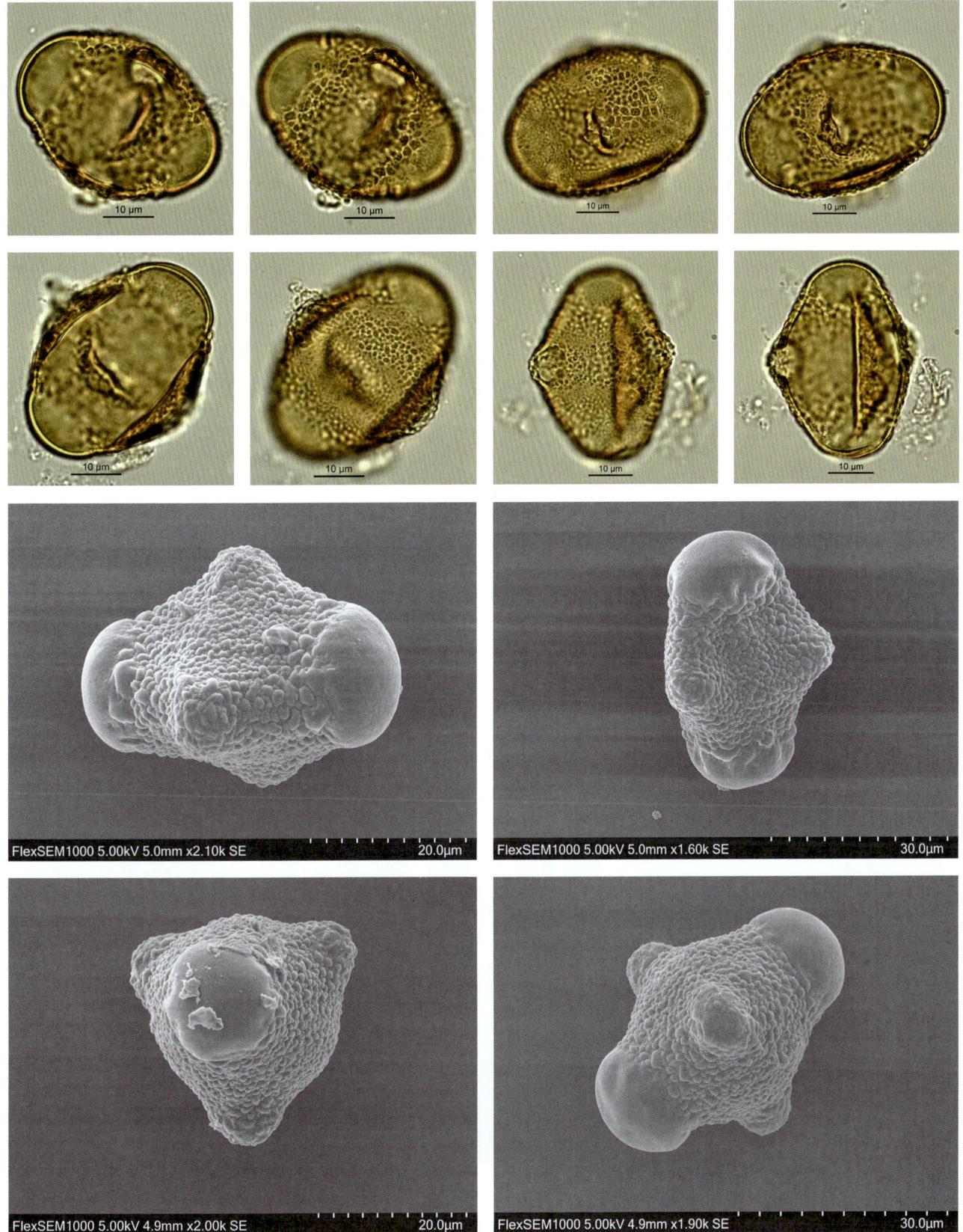

## *Woodfordia* 虾子花属
### *Woodfordia fruticosa* (L.) Kurz 虾子花

【形态特征】灌木，高 3~5 米，有长而披散的分枝；幼枝有短柔毛，后脱落；叶对生，近革质，披针形或卵状披针形，顶端渐尖，基部圆形或心形；无柄或近无柄；1~15 花组成短聚伞状圆锥花序，被短柔毛；花梗长 3~5 毫米；萼筒花瓶状，鲜红色，裂片矩圆状卵形；花瓣小而薄，淡黄色，线状披针形，与花萼裂片等长，稀过；雄蕊 12，突出萼外；子房矩圆形，2 室，花柱细长，超过雄蕊；蒴果膜质，线状长椭圆形，开裂成 2 果瓣；种子甚小，卵状或圆锥形，红棕色。

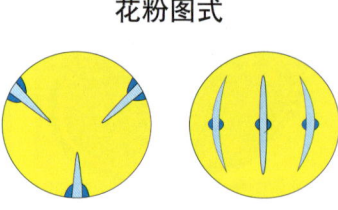

花粉图式

【花果期】花期 2—3 月，果期 3—4 月。

【生境】常生于干旱炎热的河谷地带。

【分布】国内分布：广东、广西及云南；国外分布：越南、缅甸、印度、斯里兰卡、印度尼西亚及马达加斯加。

【别名】虾仔花。

【保护级别】无危（LC）。

【花粉形态】花粉粒长球形，极面观为 3 裂圆形，赤道面观为椭圆形，大小为 9（8~11）×14（11~19）μm；具 3 孔沟，沟细，中部缢缩，内孔横长；外壁层次不明显；表面具模糊的细网状雕纹。

第五章 被子植物的花粉形态

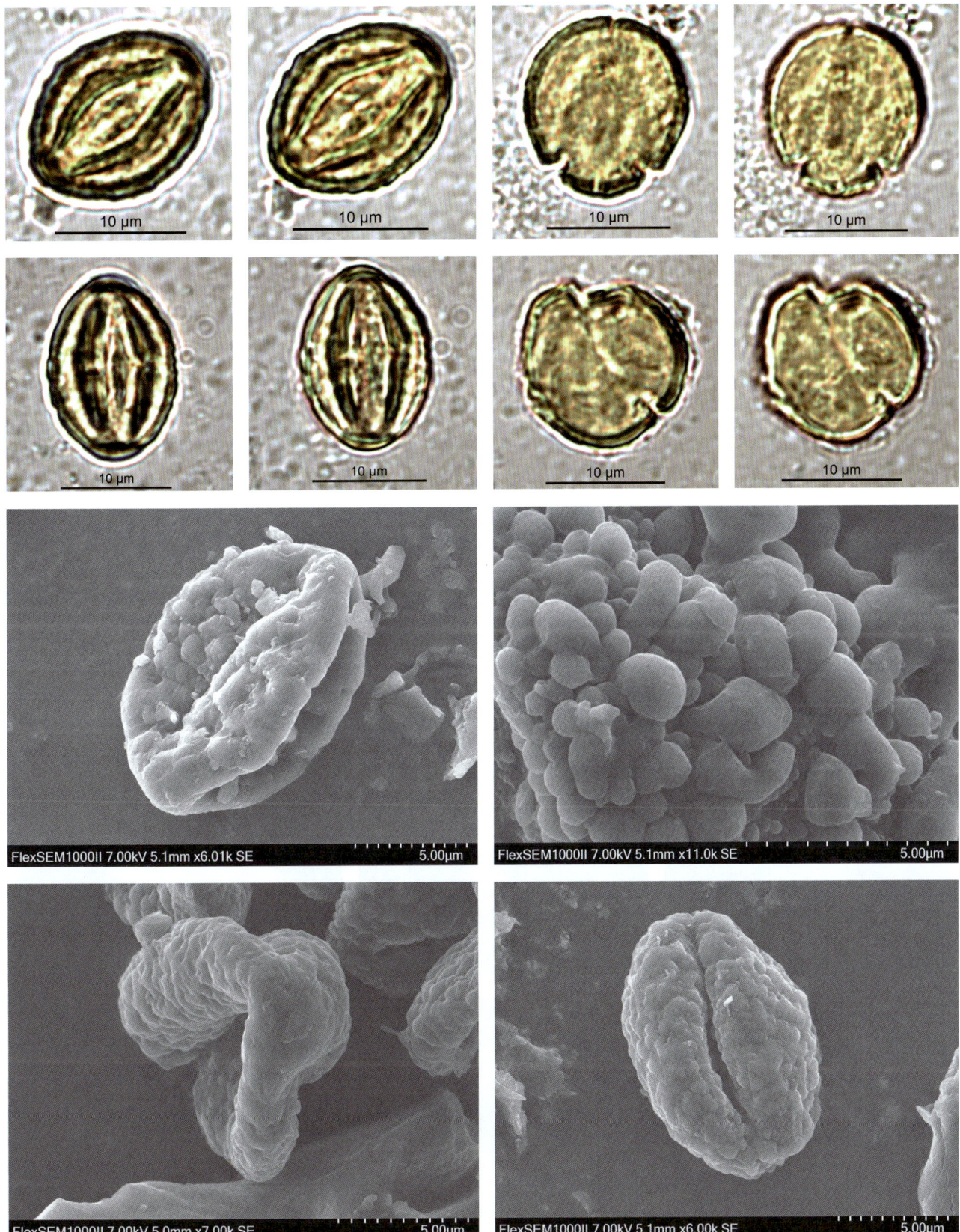

## Magnoliaceae 木兰科
### *Alcimandra* 长蕊木兰属

*Alcimandra cathcartii* (Hook. f. & Thomson) Dandy 长蕊木兰

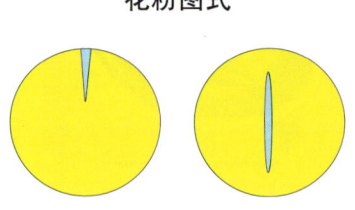

花粉图式

【形态特征】乔木，高可达 50 米；嫩枝被柔毛；顶芽长锥形，被白色长毛；叶革质，卵形或椭圆状卵形，长 8~14 厘米，先端渐尖或尾状渐尖，基部圆或阔楔形，上面有光泽，侧脉每边 12~15 条，纤细，末端与密致的网脉网结而不明显；叶柄长 1.5~2 厘米，无托叶痕；花白色，佛焰苞状苞片绿色，紧接花被片；花梗长约 1.5 厘米；花被片 9，有透明油点，具约 9 条脉纹，外轮 3 片长圆形，长 5.5~6 厘米；内两轮倒卵状椭圆形，比外轮稍短小，药隔伸长成短尖；雄蕊长约 4 厘米，花药长约 2.8 厘米，内向开裂；雌蕊群圆柱形，长约 2 厘米，具约 30 枚雌蕊，雌蕊群柄长约 1 厘米；聚合果长 3.5~4 厘米；蓇葖扁球形，有白色皮孔。

【花果期】花期 5 月，果期 8—9 月。

【生境】生于海拔 1800~2700 米的山林中，常与壳斗科和樟科树种混交成林。

【分布】国内分布：云南西南部至东南部、西藏南部和东南部；国外分布：印度。

【别名】无

【保护级别】国家二级重点保护野生植物；易危（VU）。

【花粉形态】花粉粒左右对称，侧面观为椭圆形，大小为 19（16~22）×35（27~42）μm；具 1 远极沟，多数沟闭合成皱纹状，沟膜上具模糊的颗粒；外壁较薄，厚约 1.5μm，内外层约等厚；表面具细网状雕纹。

第五章 被子植物的花粉形态

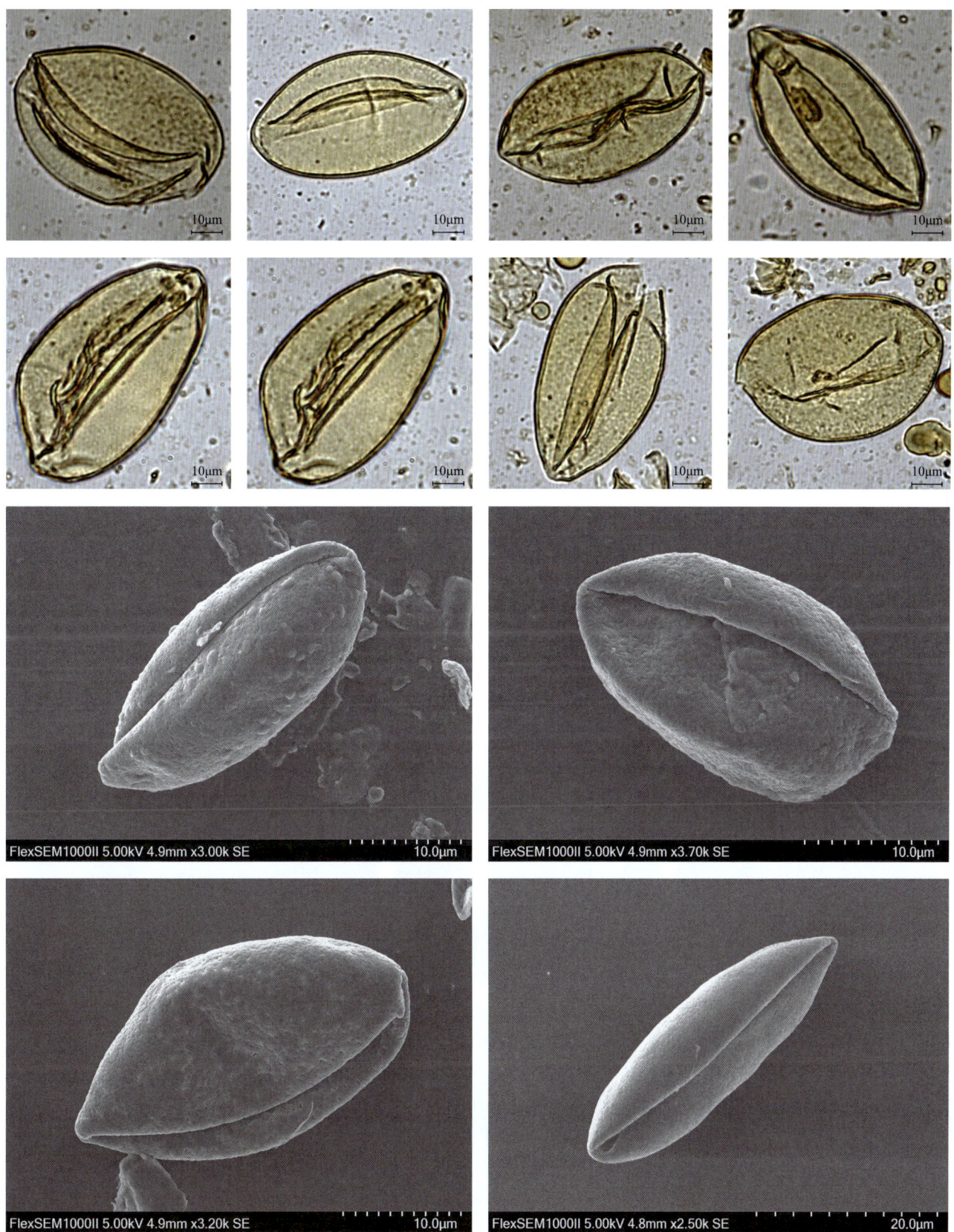

## *Houpoea* 厚朴属

### *Houpoea officinalis* (Rehder & E. H. Wilson) N. H. Xia & C. Y. Wu 厚朴

花粉图式

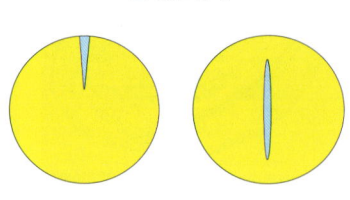

【形态特征】落叶乔木，高可达 20 米；树皮厚，褐色，不开裂；小枝粗壮，淡黄色或灰黄色，幼时有绢毛；顶芽大，狭卵状圆锥形，无毛；叶大，近革质，7~9 片聚生于枝端，长圆状倒卵形，长 22~45 厘米，先端具短急尖或圆钝，基部楔形，全缘而微波状；叶柄粗壮；花白色，径 10~15 厘米，芳香；花梗粗短，被长柔毛，离花被片下 1 厘米处具包片脱落痕；花被片 9~12，厚肉质；雄蕊约 72 枚，长 2~3 厘米，花药长 1.2~1.5 厘米，内向开裂，花丝长 4~12 毫米，红色；雌蕊群椭圆状卵圆形，长 2.5~3 厘米；聚合果长圆状卵圆形，长 9~15 厘米；蓇葖具长 3~4 毫米的喙；种子三角状倒卵形，长约 1 厘米。

【花果期】花期 5—6 月，果期 8—10 月。

【生境】为喜光的中生性树种，常混生于海拔 300~1500 米的落叶阔叶林内，或生于常绿阔叶林区；现多栽培于山麓和村舍附近。

【分布】安徽、浙江西部、江西、福建、湖南、广东和广西。

【别名】凹叶厚朴、紫油厚朴。

【保护级别】国家二级重点保护野生植物；近危（NT）；中国特有种。

【花粉形态】花粉粒两侧对称，侧面观为椭圆形，两端略尖，大小为 35（32~38）× 70（66~82）μm；具 1 远极沟，沟多闭合成皱纹状；外壁厚 2~5μm，外层厚于内层；表面具较细颗粒或拟网状雕纹。

第五章 被子植物的花粉形态

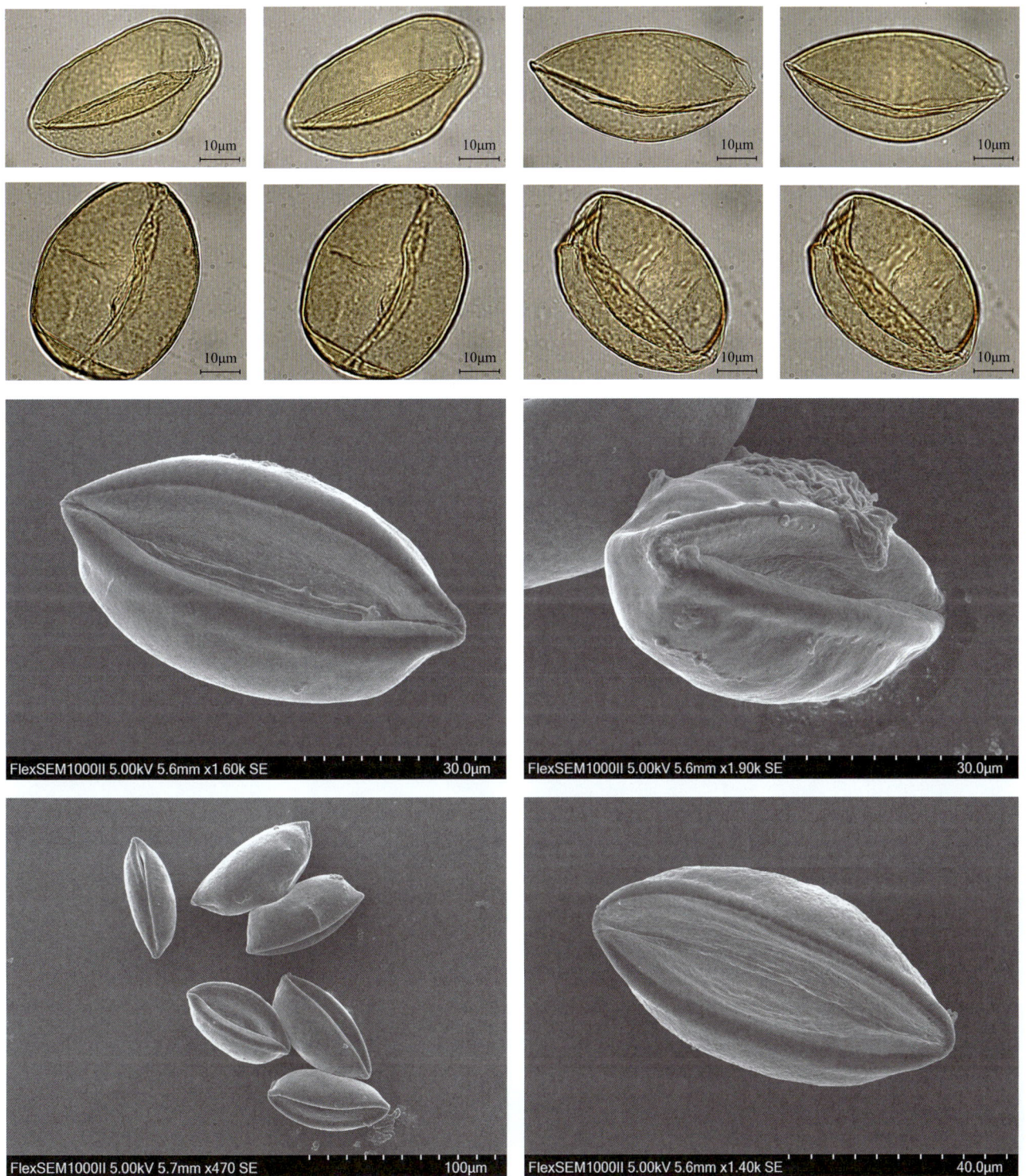

## *Lirianthe* 长喙木兰属

### *Lirianthe coco* (Lour.) N. H. Xia & C. Y. Wu 夜香木兰

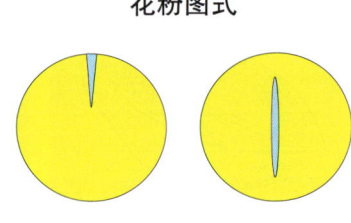

花粉图式

【形态特征】常绿灌木或小乔木，高 2~4 米，全株各部无毛；树皮灰色，小枝绿色，平滑，稍具棱角而有光泽；叶革质，椭圆形、狭椭圆形或倒卵状椭圆形，先端长渐尖，基部楔形，上面深绿色有光泽，稍起波皱，边缘稍反卷，侧脉每边 8~10 条，网眼稀疏；叶柄长 5~10 毫米，托叶痕达叶柄顶端；花梗向下弯垂，具 3~4 苞片脱落痕；花圆球形；花被片 9，肉质，倒卵形，腹面凹；雄蕊长 4~6 毫米；花药长约 3 毫米，药隔伸出成短尖头；花丝白色，长约 2 毫米；雌蕊群绿色，卵形，长 1.5~2 厘米；心皮约 10 枚，狭卵形，背面有 1 纵沟至花柱基部；柱头短，脱落后顶端平截；聚合果长约 3 厘米；蓇葖近木质；种子卵圆形，内种皮褐色，腹面顶端具侧孔，腹沟不明显，基部尖。

【花果期】花期夏季，果期秋季。

【生境】生于海拔 600~900 米的湿润肥沃土壤林下，现广栽植于亚洲东南部。

【分布】国内分布：浙江、福建、台湾、广东、广西和云南；国外分布：越南。

【别名】夜合花、簸箕花。

【保护级别】濒危（EN）。

【花粉形态】花粉粒左右对称，侧面观为椭圆形，大小为 30（23~36）×78（66~82）μm；具 1 远极沟，沟膜上具模糊的颗粒；外壁较薄，层次不清，具细网状雕纹，有的网脊紧密相连，成为弯曲而短的蠕虫状条纹。

# 第五章 被子植物的花粉形态

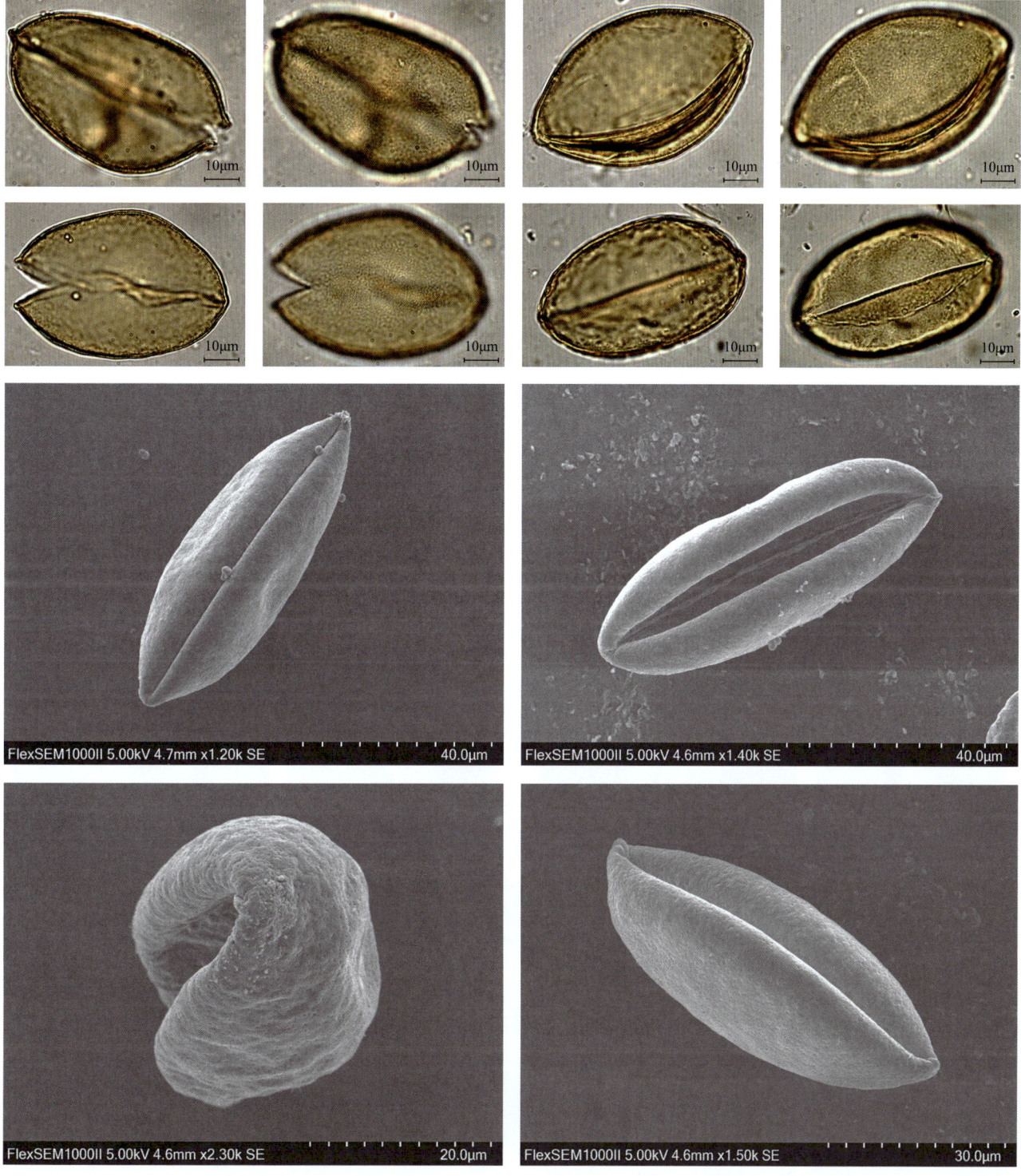

683

## *Lirianthe delavayi* (Franch.) N. H. Xia & C. Y. Wu 山木兰

【形态特征】常绿乔木，高可达 12 米；树皮灰色或灰黑色，粗糙而开裂；嫩枝橄榄绿色，被淡黄褐色平伏柔毛，老枝粗壮，具圆点状皮孔；叶厚革质，卵形或卵状长圆形，先端圆钝，很少有微缺，基部宽圆，有时微心形，边缘波状，叶面初被卷曲长毛，后无毛，中脉在叶面平坦或凹入，残留有毛，叶背密被交织长茸毛及白粉，后仅脉上残留有毛；侧脉每边 11~16 条，网脉致密，干时两面凸起；叶柄长 5~10 厘米，初密被柔毛，托叶痕几达叶柄全长；花梗直立；花芳香，杯状；花被片 9~10；雄蕊约 210 枚，两药室隔开，药隔伸出成三角锐尖头；雌蕊群卵圆形，顶端尖，具约 100 枚雌蕊，被细黄色柔毛；聚合果卵状长圆形；蓇葖狭椭球形，背缝线两瓣全裂，被细黄色柔毛，顶端缘外弯。

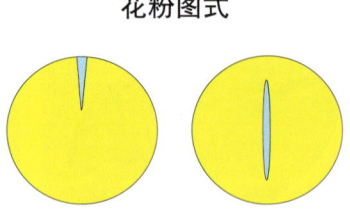

花粉图式

【花果期】花期 4—6 月，果期 8—10 月。

【生境】生于海拔 1500~2800 米的石灰岩山地阔叶林中或沟边较潮湿的坡地。

【分布】四川西南部、贵州西部和云南。

【别名】红花山玉兰、山波萝、优昙花、山玉兰。

【保护级别】无危（LC）。

【花粉形态】花粉粒长球形，左右对称，侧面观为椭圆形，大小为 26（23~40）× 95（81~111）μm；具 1 远极沟，沟细长，长达两极；外壁较薄，层次不清；表面光滑或具模糊的细颗粒雕纹。

# 第五章 被子植物的花粉形态

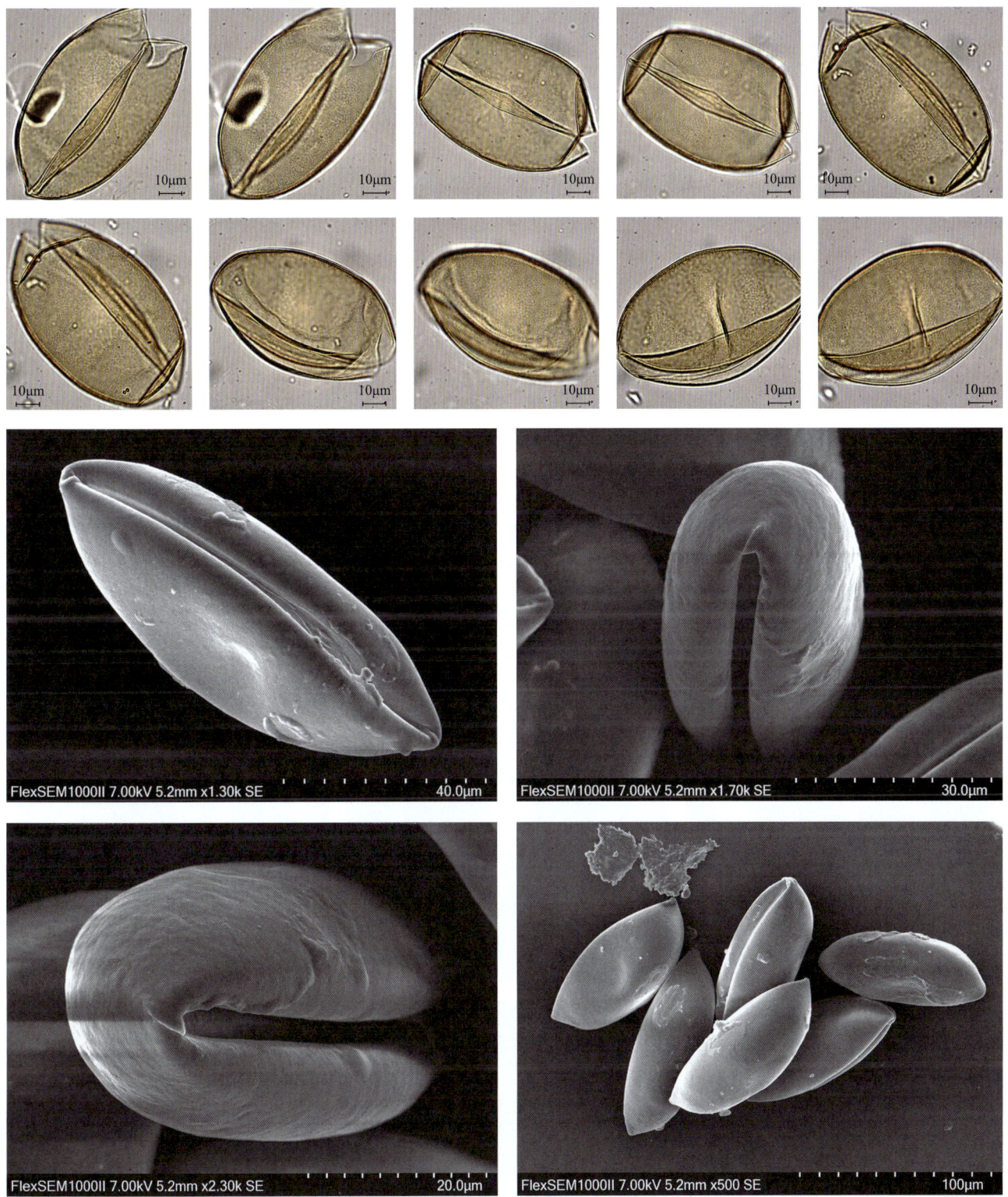

685

## *Lirianthe fistulosa* (Finet & Gagnep.) N. H. Xia & C. Y. Wu 显脉木兰

【形态特征】小乔木；全株无毛，树皮灰色而平滑；幼枝绿色，干时灰色，被白粉；叶常绿，厚革质，倒卵形或倒卵状椭圆形，顶端急尖或短尖，基部狭楔形，上面极光亮，深绿，下面浅绿；花顶生，花蕾卵形，苞片3枚绿色，干时黑色，背面具颗粒状乳突；花梗下弯；花被3轮，2~3数，花被片8枚，凹弯；雄蕊多数，雌蕊群狭卵形。

【花果期】花期4—6月，果期10—12月。

【生境】生于海拔200~1600米的山谷密林中。

【分布】国内分布：云南和广西；国外分布：越南。

【别名】无

【保护级别】易危（VU）；中国特有种。

【花粉形态】花粉粒左右对称，侧面观为椭圆形，大小为35（28~39）×84（69~92）μm；具1远极沟；外壁较薄，层次不清；表面具颗粒–细网状雕纹。

花粉图式

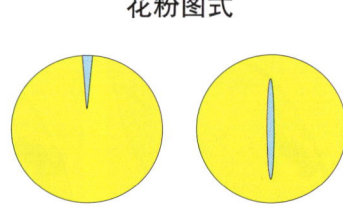

# 第五章 被子植物的花粉形态

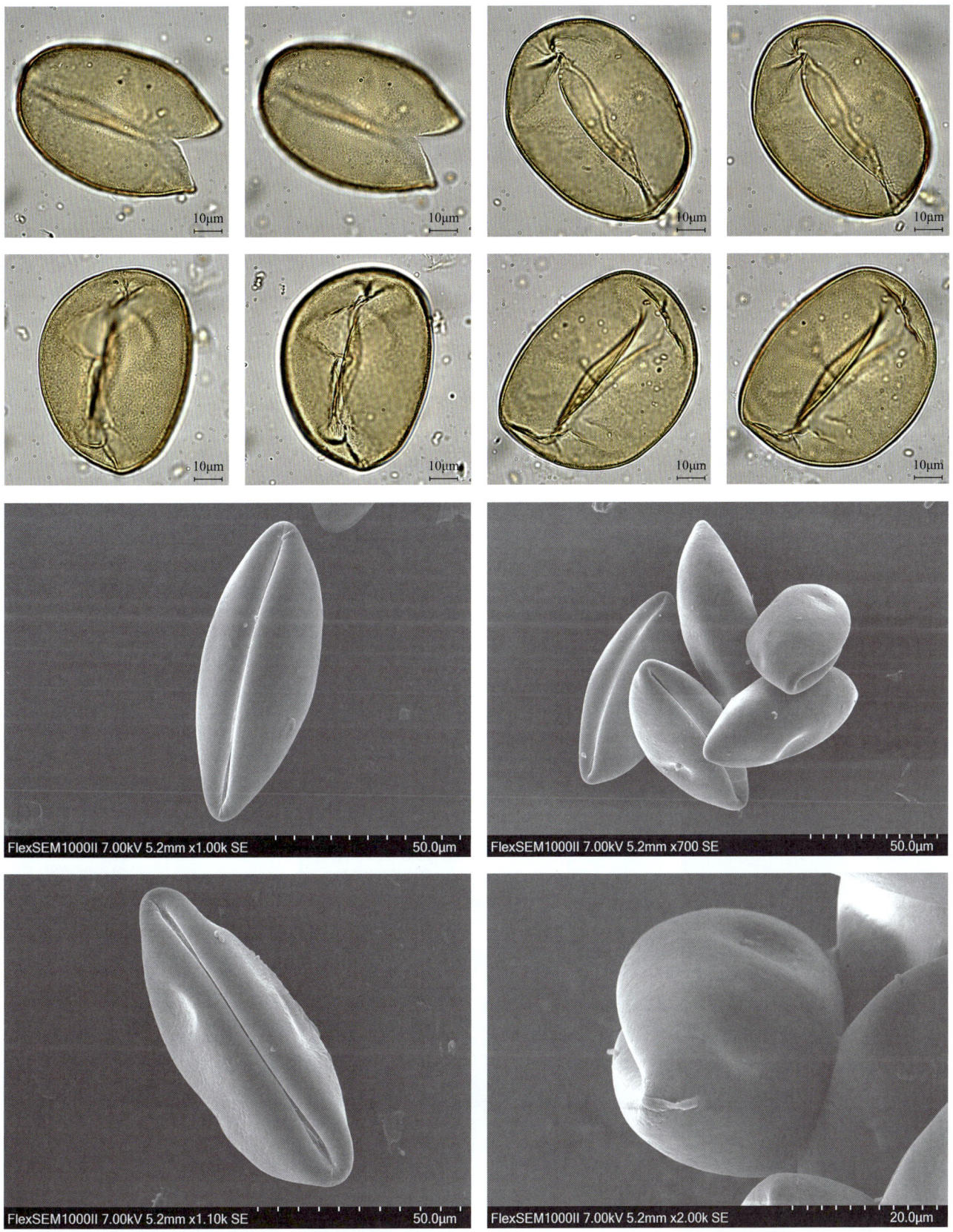

*Lirianthe odoratissima* (Y. W. Law & R. Z. Zhou) N. H. Xia & C. Y. Wu 馨香木兰

【形态特征】常绿乔木，高 5~6 米；嫩枝密被白色长毛；小枝淡灰褐色；叶革质，卵状椭圆形、椭圆形或长圆状椭圆形，先端渐尖或短急尖，基部楔形或阔楔形；托叶与叶柄连生，托叶痕几达叶柄全长；花直立，白色，极芳香，花被片 9，凹弯，肉质，外轮 3 片较薄，倒卵形或长圆形，具约 9 条纵脉纹；中轮 3 片倒卵形，内轮 3 片倒卵状匙形；雄蕊约 175 枚，花药内向开裂，花丝长约 5 毫米，药隔伸出三角短尖。

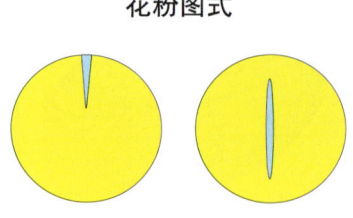

花粉图式

【花果期】花期 5 月，果期 8—9 月。

【生境】生长于海拔 1100~1600 米的常绿阔叶林中。

【分布】仅分布于云南省的麻栗坡县、西畴县和广南县岩溶地区裸露石灰岩山地。

【别名】馨香玉兰。

【保护级别】国家二级重点保护野生植物；极危（CR）；云南特有种。

【花粉形态】花粉粒左右对称，侧面观为椭圆形，大小为 34（29~36）×85（76~92）μm；具 1 远极沟，沟膜上具模糊的颗粒；外壁较薄，层次不清；表面具细网状雕纹，有的网脊紧密相连，成为弯曲而短的蠕虫状条纹。

第五章 被子植物的花粉形态

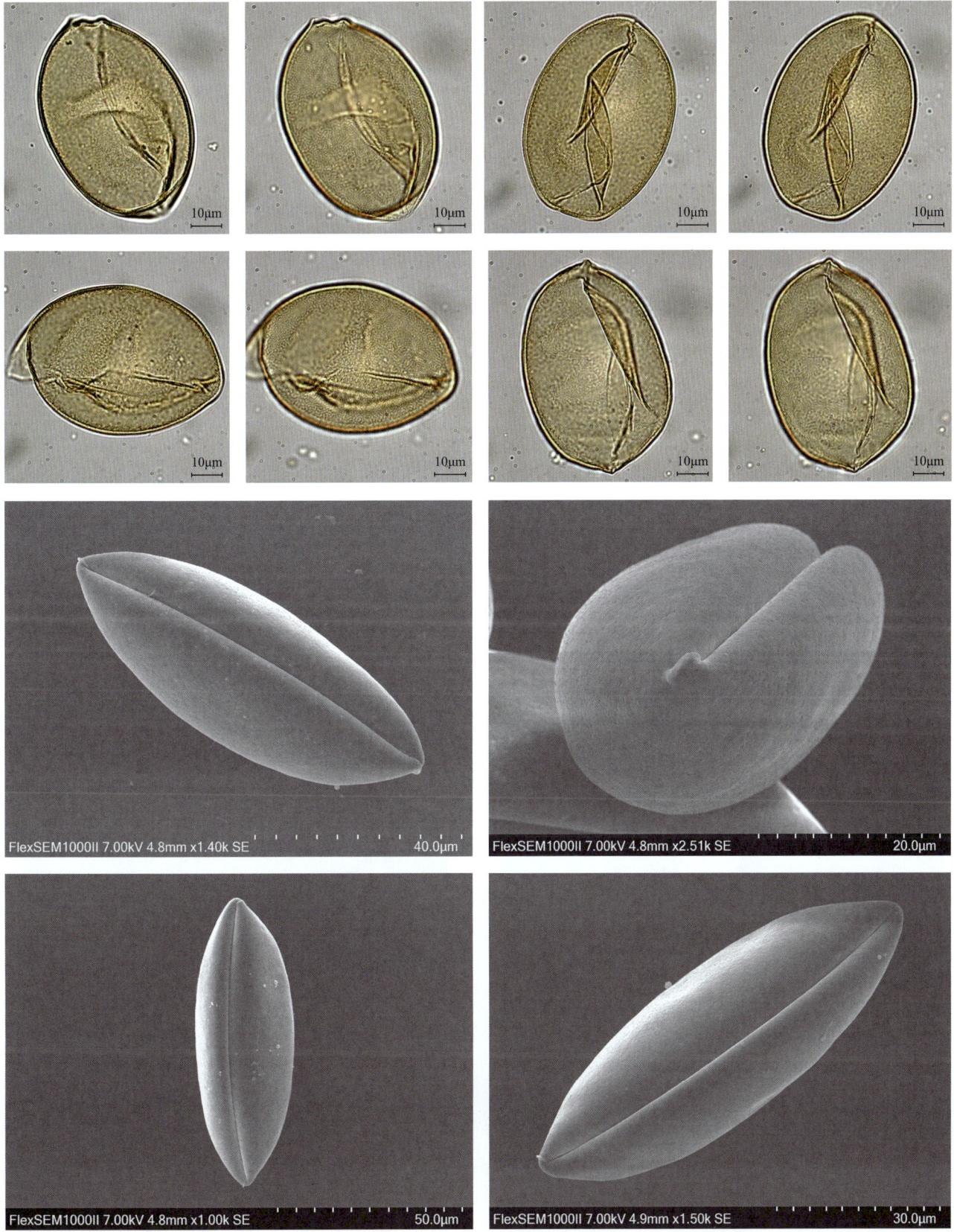

## *Liriodendron* 鹅掌楸属

***Liriodendron chinense*** (Hemsl.) Sarg. 鹅掌楸

**【形态特征】** 乔木，高可达40米；小枝灰色或灰褐色；叶马褂状，长4~12厘米，近基部每边具1侧裂片，先端具2浅裂，下面苍白色，叶柄长4~8厘米；花杯状；花被片9，外轮3片绿色，萼片状，向外弯垂，内两轮6片，直立；花瓣倒卵形，长3~4厘米，绿色，具黄色纵条纹；花药长10~16毫米，花丝长5~6毫米；花期时雌蕊群超出花被之上，心皮黄绿色；聚合果长7~9厘米，小坚果具翅，顶端钝或钝尖，具种子1~2颗。

**【花果期】** 花期5月，果期9—10月。

**【生境】** 生于海拔900~1000米的山地林中。

**【分布】** 国内分布：陕西、安徽、浙江、江西、福建、湖北、湖南、广西、四川、贵州、云南和台湾有栽培；国外分布：越南北部。

**【别名】** 马褂木。

**【保护级别】** 国家二级重点保护野生植物；无危（LC）。

**【花粉形态】** 花粉粒椭球形，左右对称，大小为24（19~26）× 56（46~62）μm；具1远极沟，分解后，有的沟闭合，有的开裂很大；外壁两层，外层厚于内层；表面具穴状雕纹，穴间有小瘤状突起，小瘤大小略有差异；轮廓线凸波形。

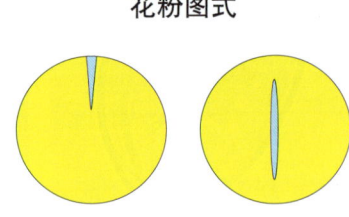

花粉图式

# 第五章 被子植物的花粉形态

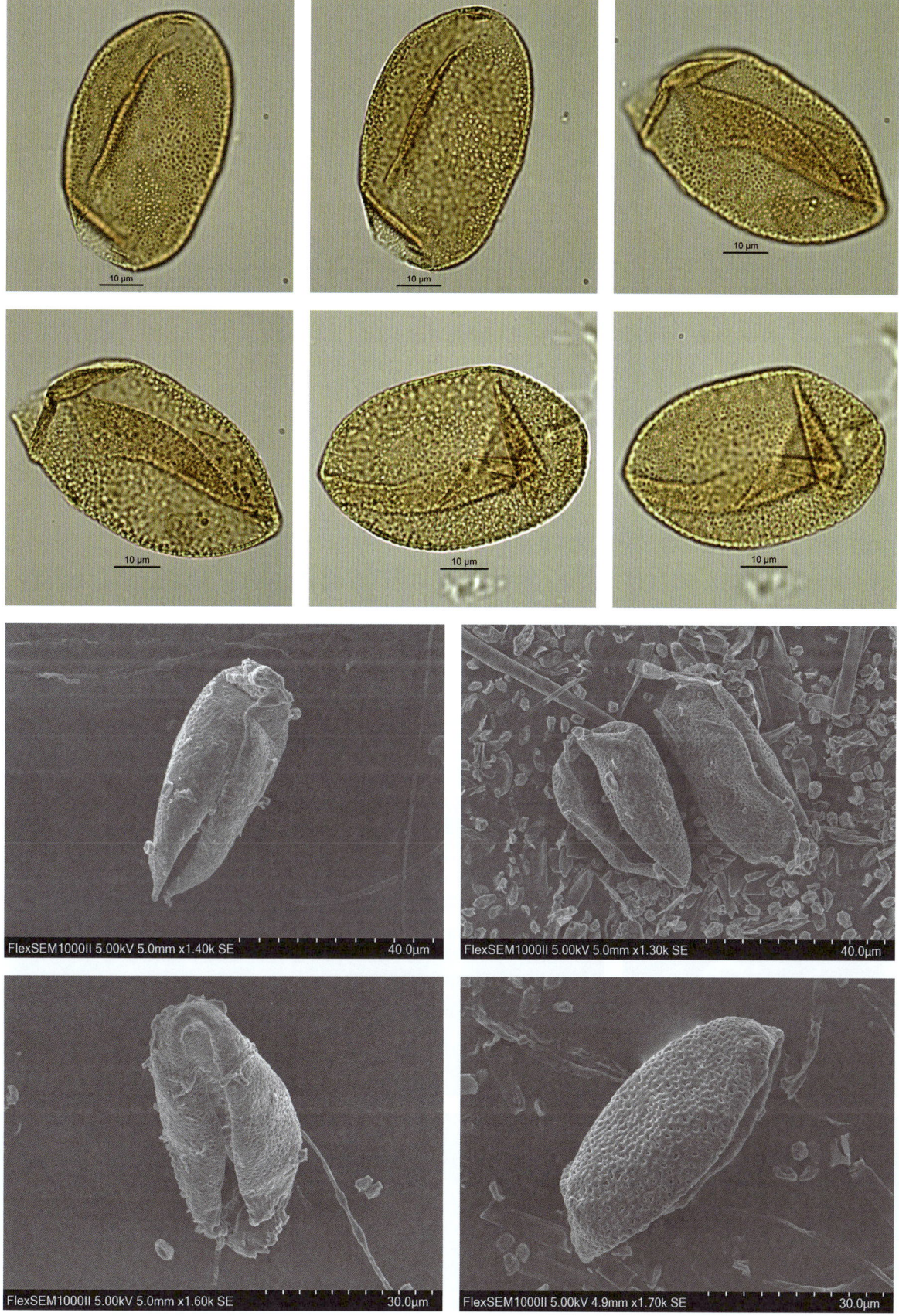

## *Manglietia* 木莲属

### *Manglietia aromatica* Dandy 香木莲

【形态特征】乔木，高可达 35 米；树皮灰色，光滑；顶芽椭圆柱形；叶薄革质，倒披针状长圆形或倒披针形，先端短渐尖或渐尖，网脉稀疏，干时两面凸起；叶柄长 1.5~2.5 厘米，托叶痕长为叶柄的 1/4~1/3；花梗粗壮，果时变长，苞片脱落痕 1；花被片白色，11~12 片，4 轮排列，每轮 3 片，外轮 3 片，近革质，倒卵状长圆形，内数轮厚肉质，倒卵状匙形，基部成爪；雄蕊约 100 枚，花药长 0.7~1 厘米，药隔伸出长 2 毫米的尖头；雌蕊群卵球形，心皮无毛；聚合果鲜红色，近球形或卵状球形；成熟蓇葖沿腹缝及背缝开裂。

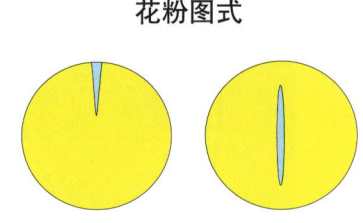

花粉图式

【花果期】花期 5—6 月，果期 9—10 月。

【生境】生于海拔 900~1600 米的山地、丘陵常绿阔叶林中。

【分布】云南东南部和广西西南部。

【别名】无

【保护级别】国家二级重点保护野生植物；易危（VU）。

【花粉形态】花粉粒两侧对称，侧面观为椭圆形，大小为 40（32~42）× 75（68~82）μm；具 1 远极沟，沟多闭合成皱纹状；外壁两层，内外层等厚；表面具细网状雕纹。

# 第五章 被子植物的花粉形态

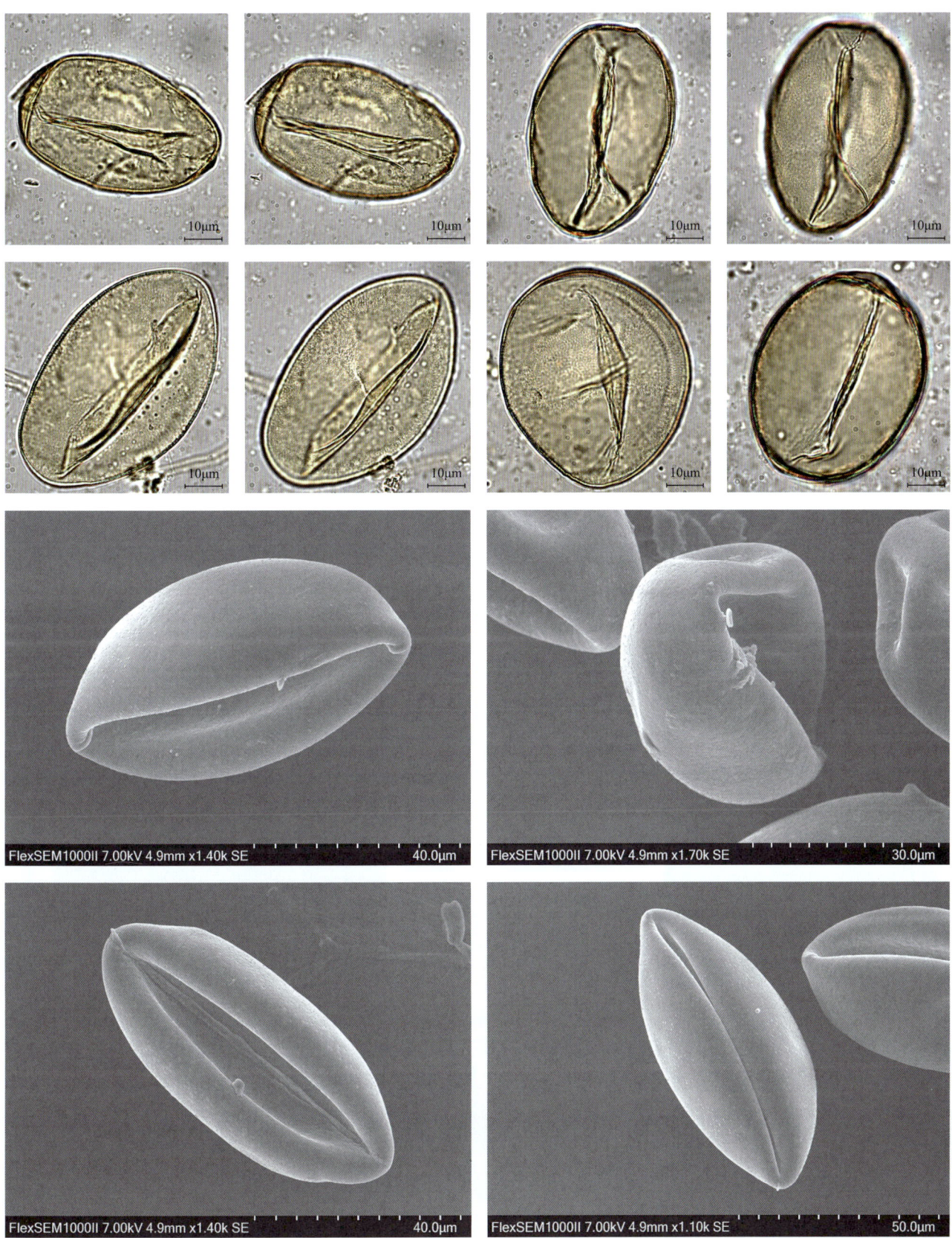

## *Manglietia conifera* Dandy 桂南木莲

**【形态特征】**常绿乔木，高可达20米；树皮灰色，光滑；芽、嫩枝有红褐色短毛；叶革质，倒披针形或狭倒卵状椭圆形，先端短渐尖或钝，基部狭楔形或楔形；侧脉每边12~14条；叶柄长2~3厘米；托叶痕长3~5毫米；花蕾卵圆形，花梗细长，向下弯垂，仅花被下有1环苞片痕；花被片9~11片，每轮3片，外轮3片常绿色，质较薄，椭圆形，中轮肉质，倒卵状椭圆形，内轮肉质，倒卵状匙形；雄蕊长1.3~1.5厘米，花药长8~9毫米，药隔伸出成三角形的尖头，2药室为药隔分开；雌蕊群长1.5~2厘米，下部心皮长0.8~1厘米，背面具3~4纵沟，花柱长约2毫米；聚合果卵圆形；蓇葖具凸起疣点，顶端具短喙；种子内种皮具突起点。

**【花果期】**花期5—6月，果期9—10月。

**【生境】**生于海拔700~1300米的砂页岩山地、山谷潮湿处。

**【分布】**国内分布：广东、云南、广西和贵州；国外分布：越南。

**【别名】**球果木莲。

**【保护级别】**无危（LC）。

**【花粉形态】**花粉粒两侧对称，侧面观为椭圆形，大小为44（38~46）×75（68~82）μm；具1远极沟，沟多闭合成皱纹状；外壁厚约1.5μm，内外层约等厚；表面具细网状雕纹。

花粉图式

第五章 被子植物的花粉形态

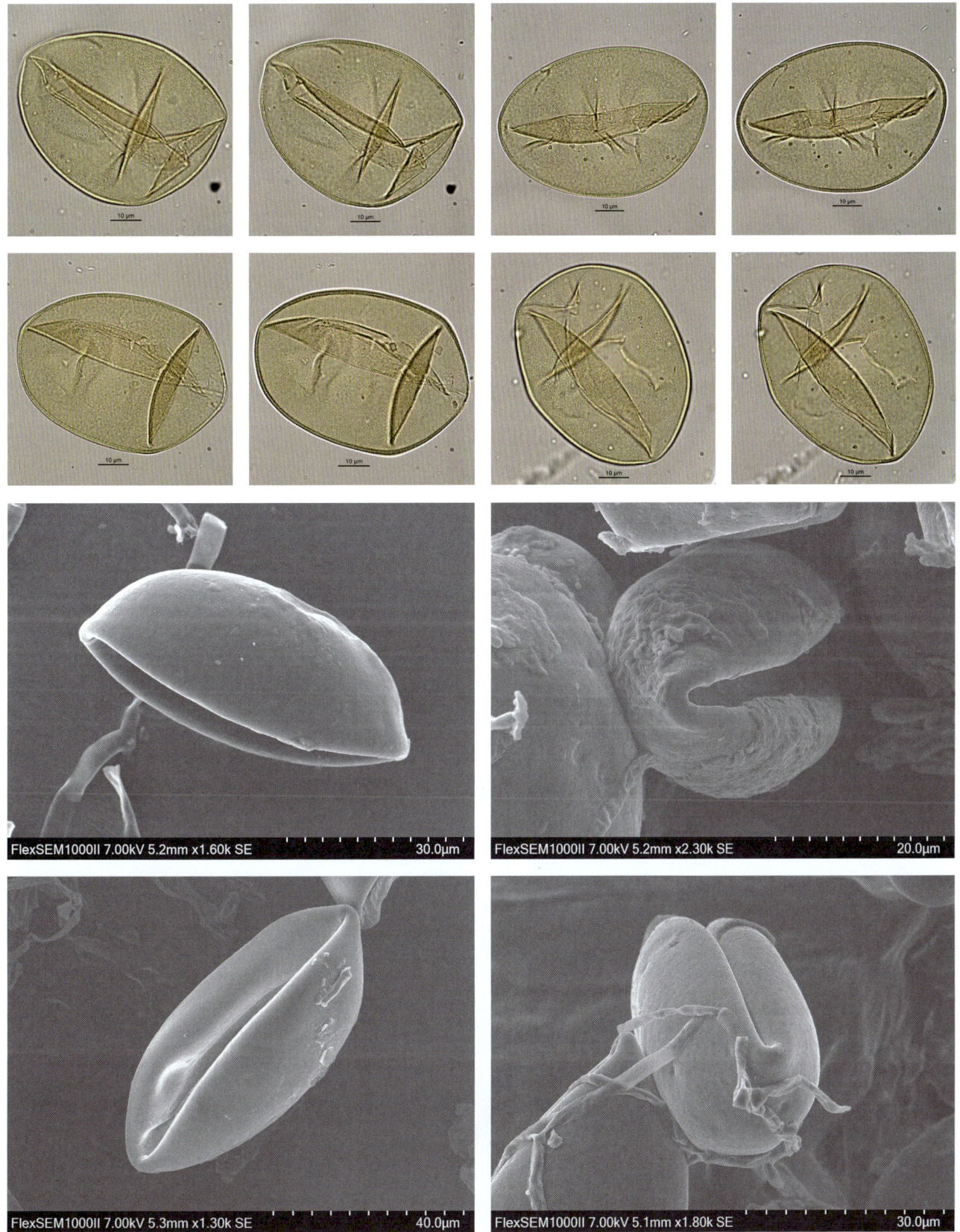

### *Manglietia hookeri* Cubitt & W. W. Sm. 中缅木莲

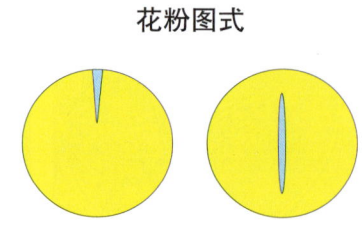

花粉图式

【形态特征】大乔木，高可达 25 米，幼嫩部分被灰白色或淡褐色平伏柔毛；叶披针形、长圆状倒卵形或狭倒卵形，长 20~30 厘米，先端急尖或短渐尖，基部楔形，两面无毛；侧脉每边 16~20 条，网脉干时两面均凸起；叶柄长 3~5 厘米；托叶痕钝三角形，长 2~3 厘米；花白色，盛开时直径约 10 厘米；花被片 9~12，外轮 3 片基部绿色，上部乳白色，倒卵状长圆形，中内 2 轮厚肉质，倒卵形或匙形，基部狭长成爪；在离花被 5~10 毫米处有苞片脱落痕；聚合果卵状长圆形或近圆柱形，平滑，无瘤点突起，约有百枚以上蓇葖；蓇葖露出面菱形，具短喙，背缝开裂，具 1~4 种子。

【花果期】花期 4—5 月，果期 9 月。

【生境】生于海拔 1400~3000 米的山坡密林中。

【分布】国内分布：云南（西双版纳和景东）和贵州（望谟）；国外分布：缅甸。

【别名】无

【保护级别】易危（VU）。

【花粉形态】花粉粒两侧对称，侧面观为椭圆形，大小为 60（42~72）×80（76~92）μm；具 1 远极沟，沟多闭合成皱纹状；外壁两层，内外层等厚；表面具细网状雕纹。

# 第五章 被子植物的花粉形态

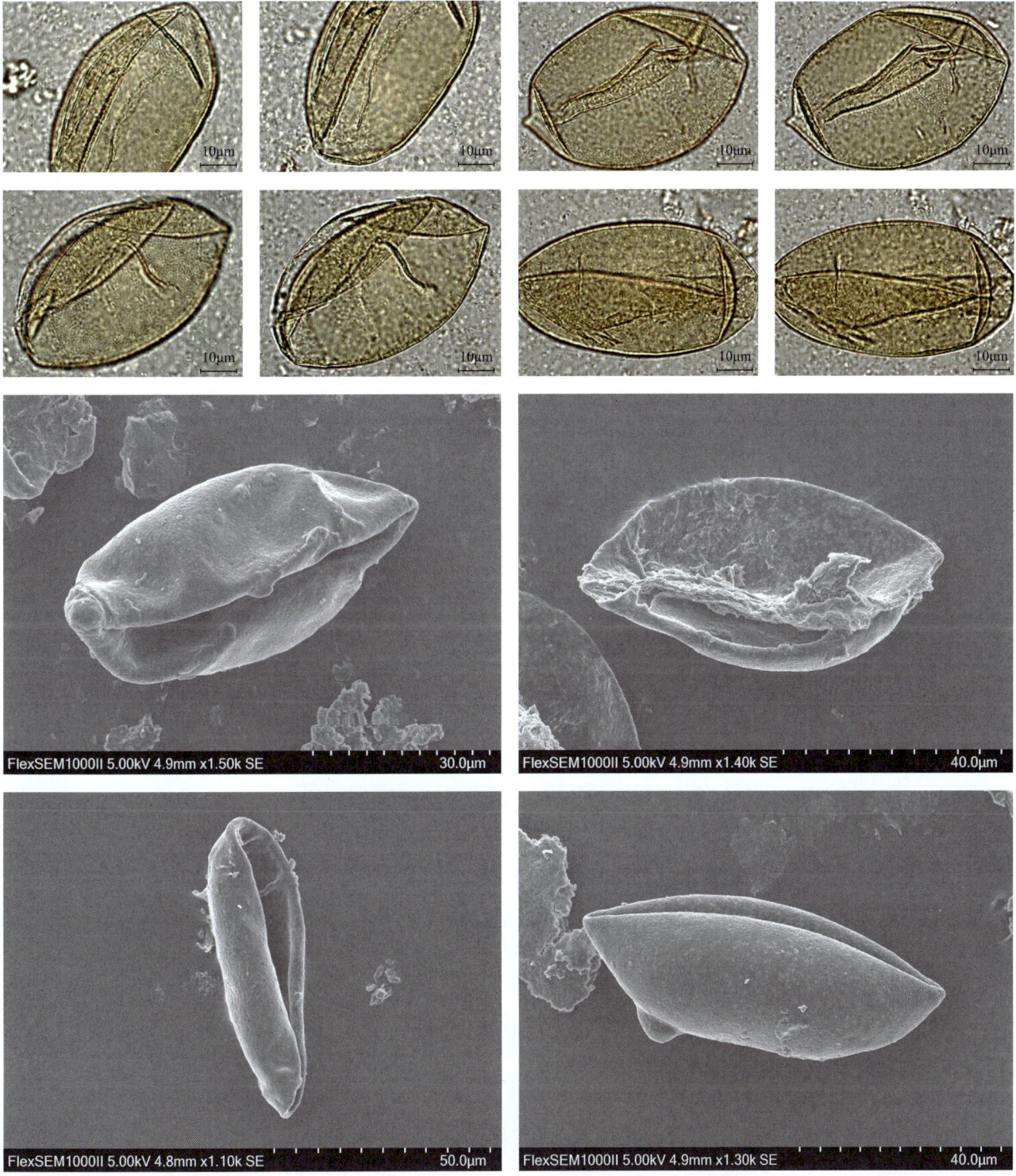

## *Manglietia insignis* (Wall.) Blume 红花木莲

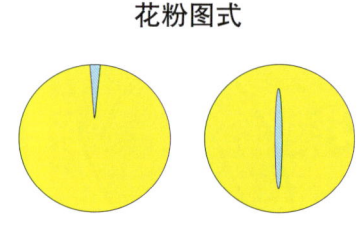

花粉图式

【形态特征】常绿乔木，高可达 30 米；小枝无毛或幼嫩时在节上被锈色或黄褐毛柔毛；叶革质，倒披针形、长圆形或长圆状椭圆形；侧脉每边 12~24 条；叶柄长 1.8~3.5 厘米，托叶痕长 0.5~1.2 厘米；花芳香，花梗粗壮，离花被片下约 1 厘米处具 1 苞片脱落环痕；花被片 9~12，外轮 3 片褐色，腹面染红色或紫红色，倒卵状长圆形，长约 7 厘米，向外反曲，中内轮 6~9 片，直立，乳白色染粉红色，倒卵状匙形，长 5~7 厘米，1/4 以下渐狭成爪；雄蕊长 10~18 毫米，两药室稍分离，药隔伸出成三角尖，花丝与药隔伸出部分近等长；雌蕊群圆柱形，心皮卵圆形；聚合果，鲜时紫红色，卵状长圆形；蓇葖背缝全裂，具乳头状突起。

【花果期】花期 5—6 月，果期 8—9 月。

【生境】生于海拔 900~1200 米的林间。

【分布】国内分布：湖南、广西、四川、贵州和西藏；国外分布：缅甸、尼泊尔、印度等地。

【别名】红色木莲。

【保护级别】易危（VU）；地方保护野生植物。

【花粉形态】花粉粒两侧对称，侧面观为椭圆形，大小为 26（22~32）× 70（58~77）μm；具 1 远极沟，沟多闭合成皱纹状；外壁厚 1~1.5μm，内外层等厚；表面具细网状雕纹。

第五章 被子植物的花粉形态

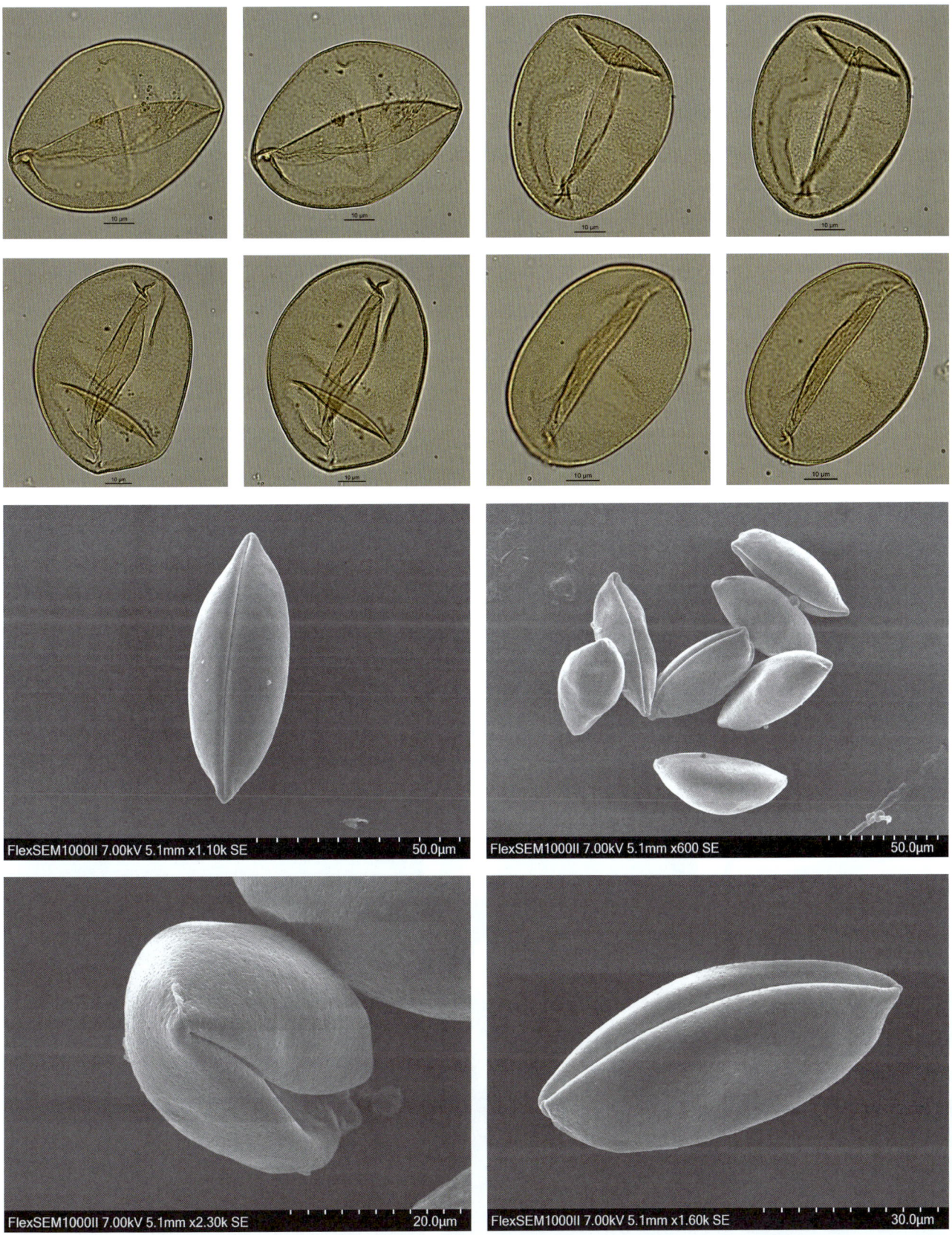

699

## *Michelia* 含笑属

### *Michelia chapensis* Dandy 乐昌含笑

【形态特征】乔木,高 15~30 米;树皮灰色至深褐色;小枝无毛或嫩时节上被灰色微柔毛;叶薄革质,倒卵形、狭倒卵形或长圆状倒卵形;叶柄长 1.5~2.5 厘米,无托叶痕;花梗长 4~10 毫米,被平伏灰色微柔毛,具 2~5 苞片脱落痕;花被片淡黄色,6 片,芳香,2 轮,外轮倒卵状椭圆形,内轮较狭;雄蕊长 1.7~2 厘米,花药长 1.1~1.5 厘米,药隔伸长成 1 毫米的尖头;雌蕊群狭圆柱形,雌蕊群柄长约 7 毫米,密被银灰色平伏微柔毛,心皮卵圆形,花柱长约 1.5 毫米,胚珠约 6 枚;聚合果长约 10 厘米,果梗长约 2 厘米;蓇葖长圆形或卵圆形,顶端具短细弯尖头,基部宽;种子红色,卵形或长圆状卵圆形。

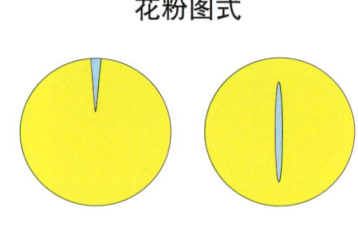

花粉图式

【花果期】花期 3—4 月,果期 8—9 月。

【生境】生于海拔 500~1500 米的山地林间。

【分布】国内分布:江西、湖南、广东和广西;国外分布:越南。

【别名】无

【保护级别】近危(NT);地方保护野生植物。

【花粉形态】花粉粒两侧对称,侧面观为椭圆形,大小为 19(16~26)× 40(38~47)μm;具 1 远极沟,沟多闭合;外壁两层,内外层等厚;表面具模糊的拟网状雕纹。

第五章 被子植物的花粉形态

## *Michelia figo* (Lour.) Spreng. 含笑花

**【形态特征】** 常绿灌木，高 2~3 米；树皮灰褐色，分枝繁密；芽、嫩枝、叶柄、花梗均密被黄褐色茸毛；叶革质，狭椭圆形或倒卵状椭圆形，先端钝短尖，基部楔形或阔楔形；花直立，长 12~20 毫米，宽 6~11 毫米，淡黄色而边缘有时红色或紫色，具甜浓的芳香；花被片 6，肉质，较肥厚，长椭圆形，长 12~20 毫米，宽 6~11 毫米；雄蕊长 7~8 毫米，药隔伸出成急尖头；雌蕊群无毛，长约 7 毫米，超出于雄蕊群，雌蕊群柄长约 6 毫米，被淡黄色茸毛；聚合果长 2~3.5 厘米；蓇葖卵圆形或球形，顶端有短尖的喙。

花粉图式

**【花果期】** 花期 3—5 月，果期 7—8 月。

**【生境】** 生于阴坡杂木林中，溪谷沿岸尤为茂盛。

**【分布】** 原产自华南南部各省区，广东鼎湖山有野生种群，现广植于全国各地。

**【别名】** 香蕉花、含笑。

**【保护级别】** 无危（LC）；地方保护野生植物。

**【花粉形态】** 花粉粒两侧对称，侧面观为椭圆形，大小为 15（13~20）× 36（30~40）μm；具 1 远极沟，沟多闭合成皱纹状；外壁两层，内外层等厚；表面具拟网状雕纹。

# 第五章 被子植物的花粉形态

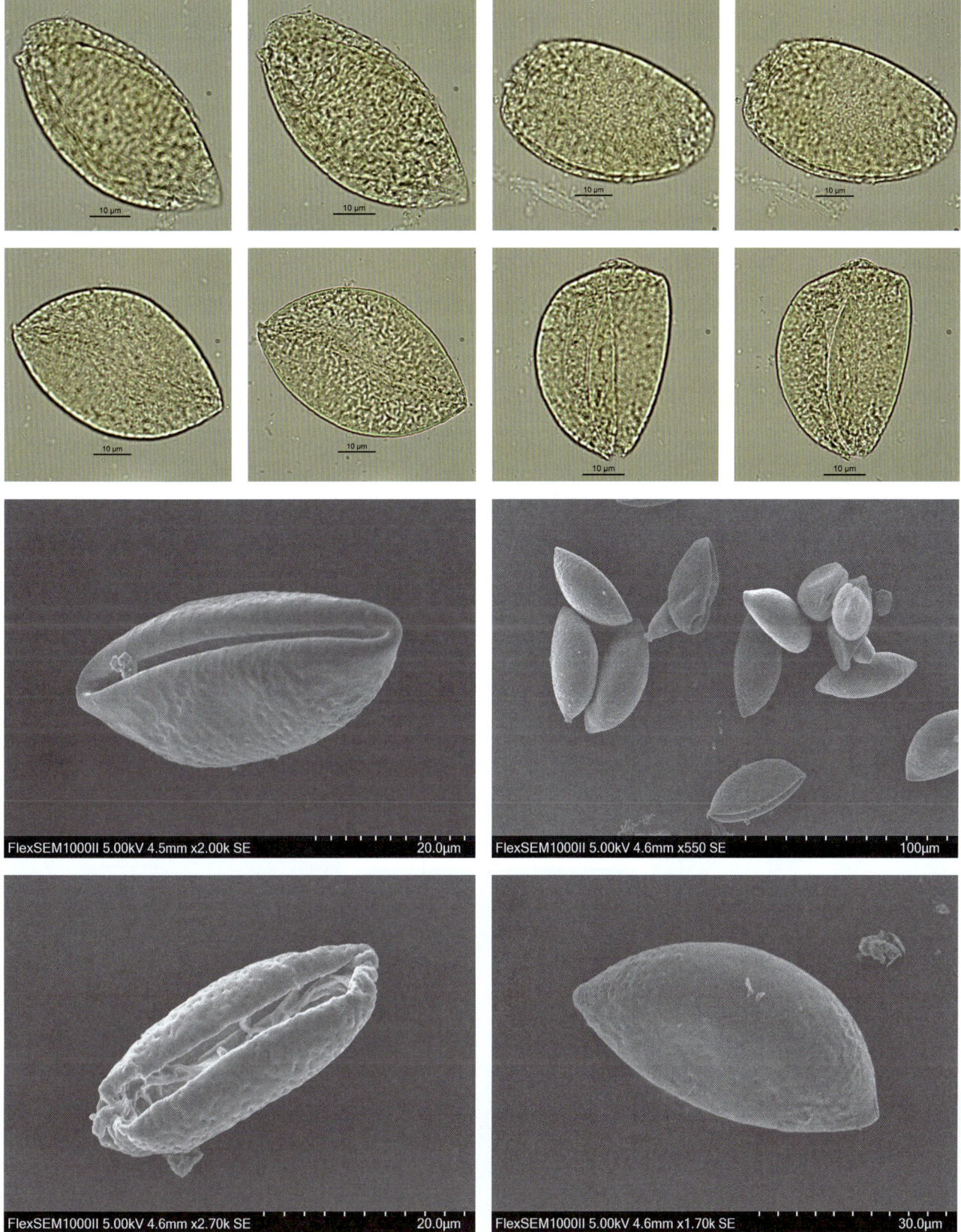

## *Michelia maudiae* Dunn 深山含笑

**【形态特征】** 乔木，高可达 20 米，各部均无毛；树皮薄、浅灰色或灰褐色；芽、嫩枝、叶下面、苞片均被白粉；叶革质，长圆状椭圆形，很少卵状椭圆形，先端骤狭短渐尖或短渐尖而尖头钝，基部楔形、阔楔形或近圆钝；叶柄长 1~3 厘米，无托叶痕；花梗绿色，具 3 环状苞片脱落痕；佛焰苞状苞片淡褐色，薄革质；花芳香；花被片 9 片，纯白色，基部稍呈淡红色，外轮的倒卵形，顶端具短急尖，基部具长约 1 厘米的爪，内两轮则渐狭小；雄蕊长 1.5~2.2 厘米，药隔伸出长 1~2 毫米的尖头，花丝宽扁，淡紫色；雌蕊群长 1.5~1.8 厘米，雌蕊群柄长 5~8 毫米；聚合果长 7~15 厘米，蓇葖长圆形、倒卵圆形、卵圆形、顶端圆钝或具短突尖头；种子红色，斜卵圆形，稍扁。

**【花果期】** 花期 2—3 月，果期 9—10 月。

**【生境】** 生于海拔 600~1500 米的密林中。

**【分布】** 浙江南部、福建、湖南、广东、广西和贵州。

**【别名】** 莫夫人含笑花、光叶白兰花。

**【保护级别】** 无危（LC）；地方保护野生植物。

**【花粉形态】** 花粉粒两侧对称，侧面观为椭圆形，大小为 22（18~26）× 43（38~49）μm；具 1 远极沟，沟多闭合；外壁两层，内外层等厚；表面具拟网状雕纹。

花粉图式

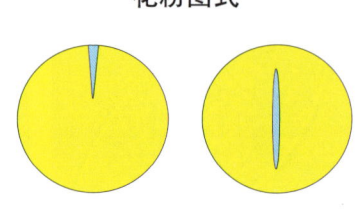

第五章 被子植物的花粉形态

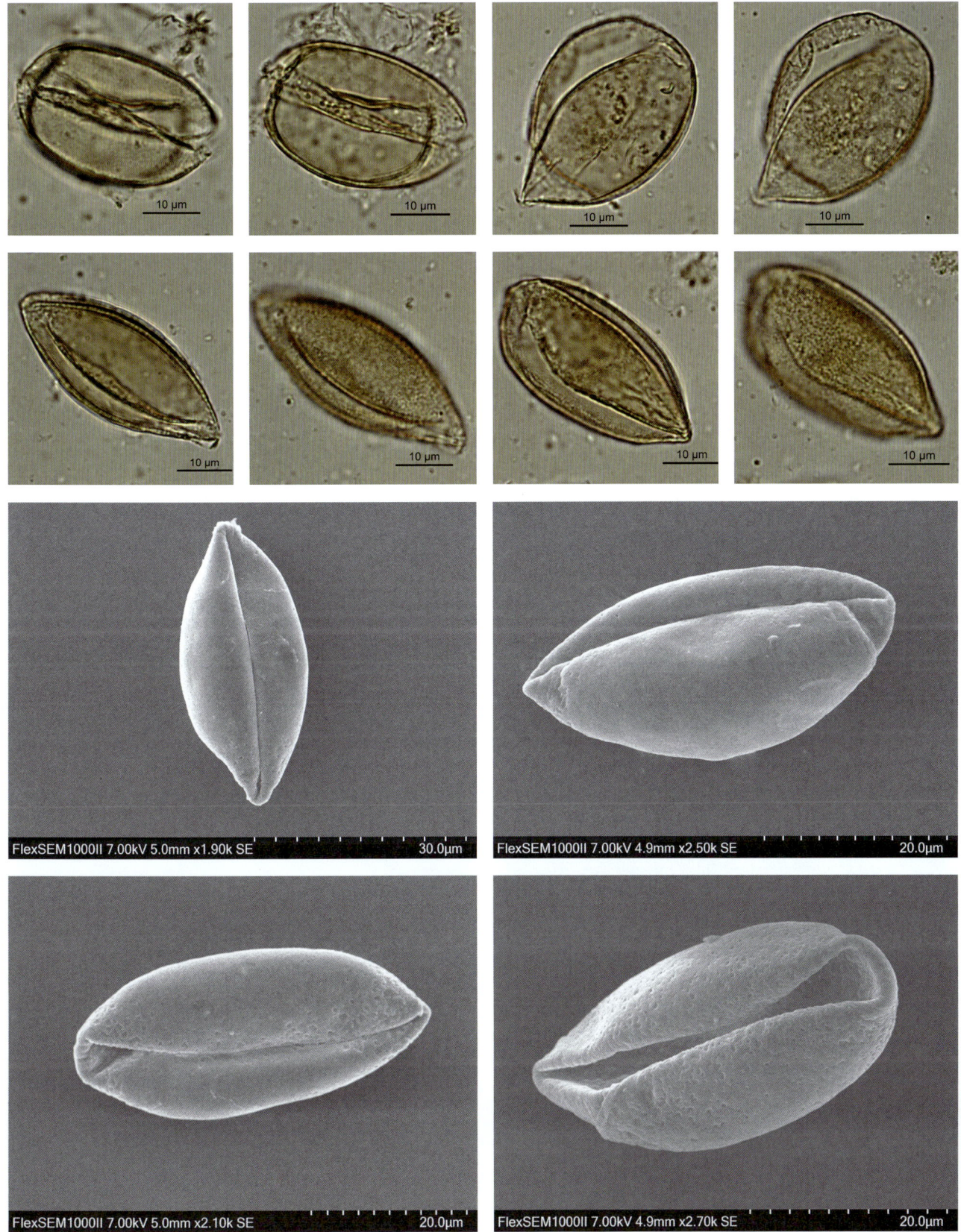

## *Michelia skinneriana* Dunn 野含笑

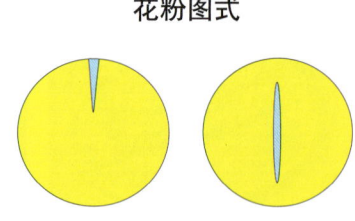

花粉图式

【**形态特征**】乔木，高可达 15 米；树皮灰白色，平滑；芽、嫩枝、叶柄、叶背中脉及花梗均密被褐色长柔毛；叶革质，狭倒卵状椭圆形、倒披针形或狭椭圆形，先端长尾状渐尖，基部楔形；叶柄长 2~4 毫米，托叶痕达叶柄顶端；花梗细长，花淡黄色，芳香；花被片 6 片，倒卵形，长 16~20 毫米，外轮 3 片基部被褐色毛；雄蕊长 6~10 毫米，花药长 4~5 毫米，侧向开裂，药隔伸出长约 0.5 毫米的短尖；雌蕊群长约 6 毫米，心皮密被褐色毛，雌蕊群柄长 4~7 毫米，密被褐色毛；聚合果长 4~7 厘米，常因部分心皮不育而弯曲或较短，具细长的总梗；蓇葖黑色，球形或长圆形，具短尖的喙。

【**花果期**】花期 5—6 月，果期 8—9 月。

【**生境**】生于海拔 1200 米以下的山谷、山坡和溪边密林中。

【**分布**】浙江、江西、福建、湖南、广东和广西。

【**别名**】无

【**保护级别**】无危（LC）；地方保护野生植物。

【**花粉形态**】花粉粒两侧对称，侧面观为椭圆形，大小为 21（16~26）× 55（49~59）μm；具 1 远极沟，沟多闭合成皱纹状；外壁两层，内外层等厚；表面具拟网状雕纹。

# 第五章 被子植物的花粉形态

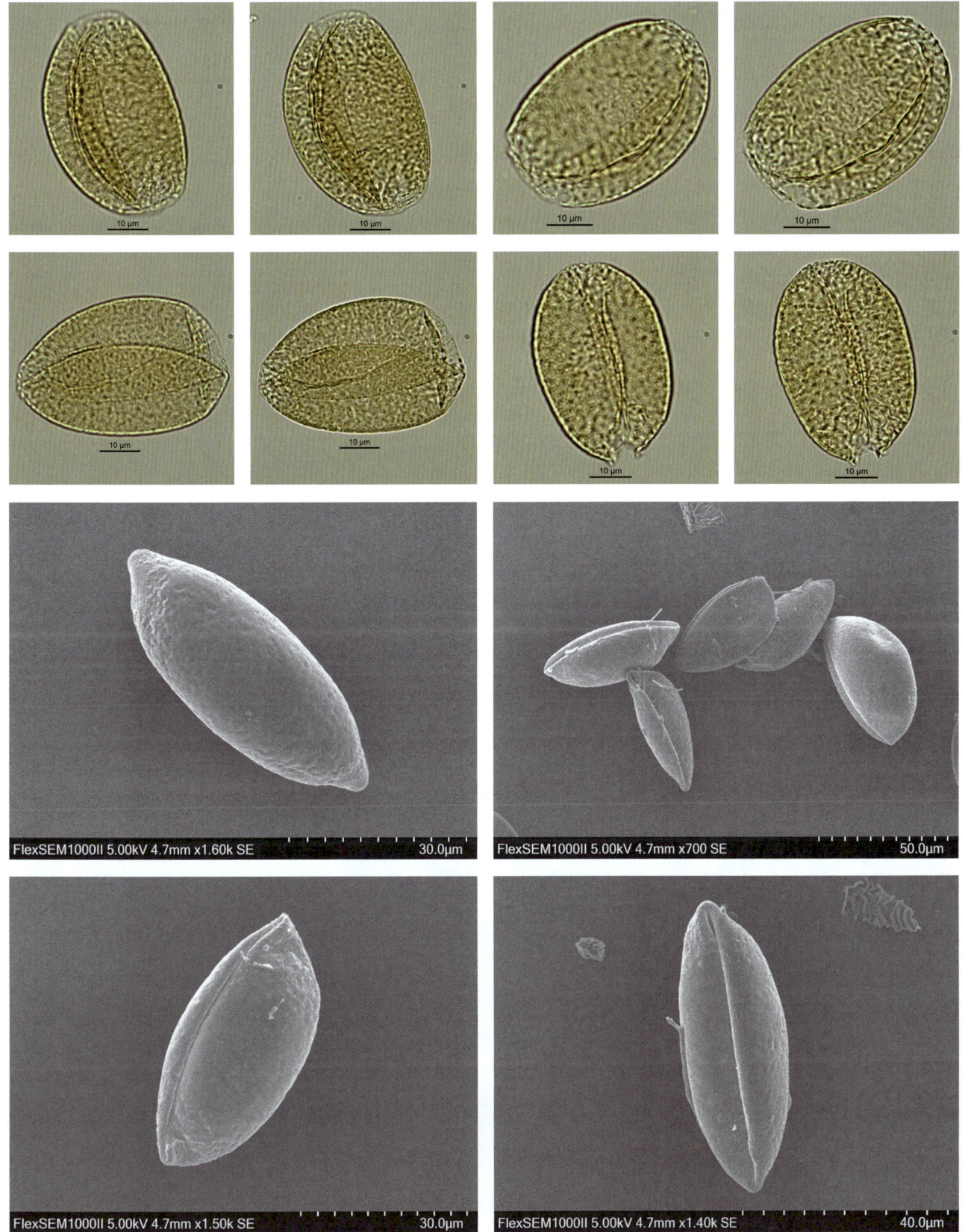

707

## *Michelia yunnanensis* Franch. ex Finet & Gagnep. 云南含笑

【形态特征】灌木，枝叶茂密，高可达4米；芽、嫩枝、嫩叶上面及叶柄、花梗密被深红色平伏毛；叶革质，倒卵形、狭倒卵形、狭倒卵状椭圆形，先端圆钝或短急尖，基部楔形；侧脉每边7~9条，干时网脉两面凸起；叶柄长4~5毫米，托叶痕为叶柄长的2/3或达顶端；花梗粗短，有1苞片脱落痕；花白色，极芳香；花被片6~17片，倒卵形或倒卵状椭圆形，内轮的狭小；雄蕊长0.5~1厘米，花药侧向开裂，花丝白色，药隔伸出成1~3毫米的短尖头；雌蕊群及雌蕊群柄均被红褐色平伏细毛，雌蕊群卵圆形或长圆状卵圆形，心皮8~20，卵圆形，花柱长约1毫米，花柱具纵沟；胚珠5~6枚；聚合果通常仅5~9个蓇葖发育；蓇葖扁球形，顶端具短尖，残留有毛；种子1~2粒。

【花果期】花期3—4月，果期8—9月。

【生境】生于海拔1100~2300米的山地林间。

【分布】云南中部和南部。

【别名】皮袋香、溜叶含笑。

【保护级别】无危（LC）。

【花粉形态】花粉粒两侧对称，侧面观为椭圆形，大小为20（17~22）×38（37~39）μm；具1远极沟，沟多闭合成皱纹状；外壁两层，内外层等厚；表面具拟网状雕纹。

花粉图式

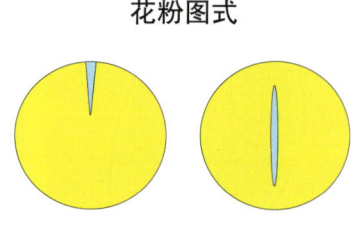

第五章 被子植物的花粉形态

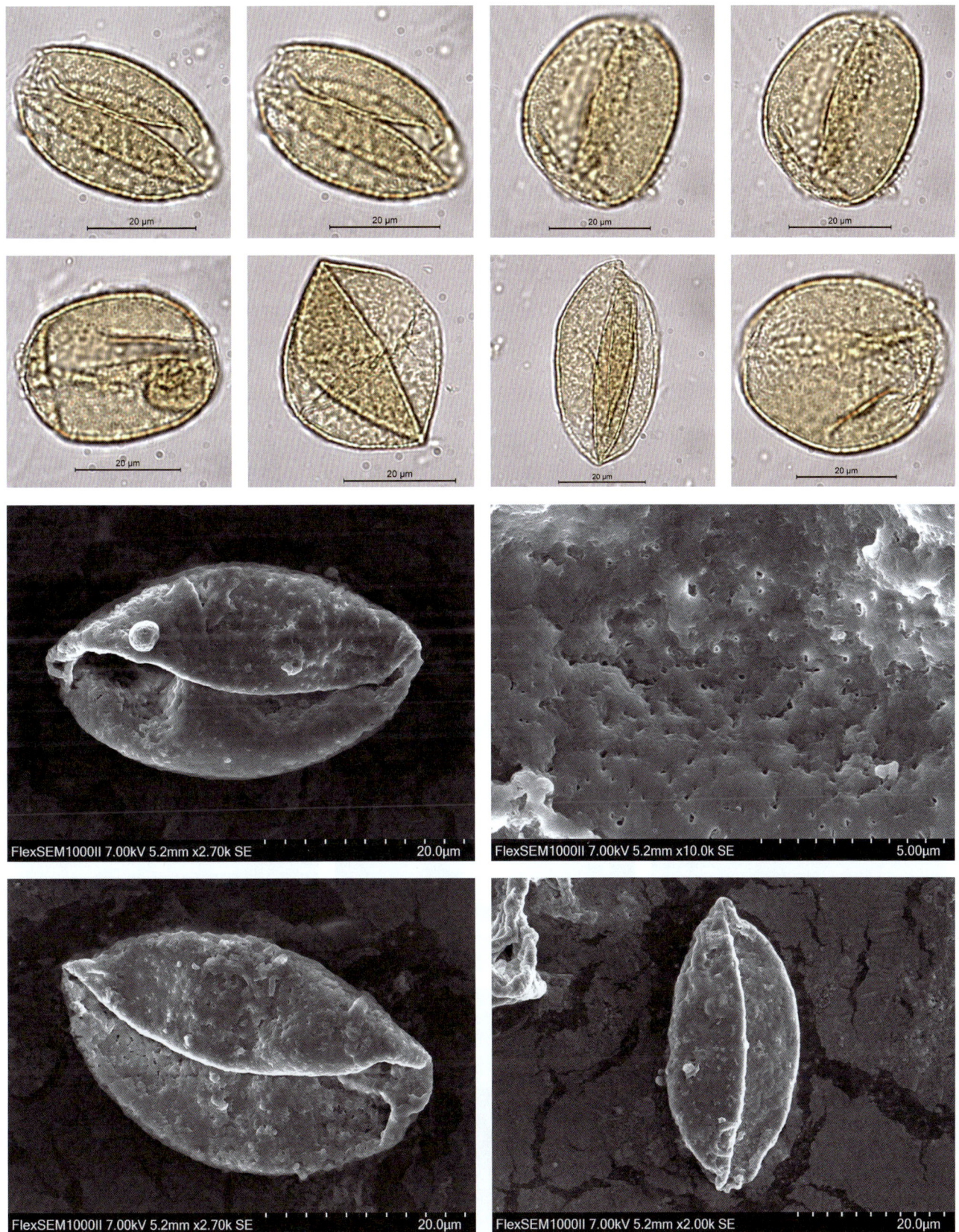

## *Oyama* 天女花属

***Oyama sieboldii*** (K. Koch) N. H. Xia & C. Y. Wu 天女花

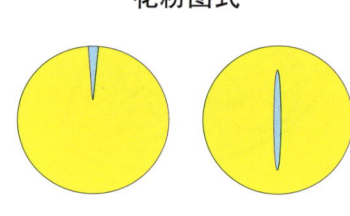

花粉图式

【形态特征】落叶小乔木，高可达10米；叶膜质，倒卵形或宽倒卵形，先端骤狭急尖或短渐尖，基部阔楔形、钝圆、平截或近心形；叶柄被褐色及白色平伏长毛，托叶痕约为叶柄长的1/2；花与叶同时开放，白色，芳香，杯状，盛开时碟状；花梗密被褐色及灰白色平伏长柔毛，着生平展或稍垂的花朵；花被片9，近等大，外轮3片长圆状倒卵形或倒卵形，内两轮6片，较狭小，基部渐狭成短爪；雄蕊紫红色，花药长约6毫米，两药室邻接，内向纵裂，顶端微凹或药隔平，不伸出，花丝长3~4毫米；雌蕊群椭圆形，绿色；聚合果熟时红色，倒卵圆形或长圆形；蓇葖狭椭圆形，沿背缝线二瓣全裂，顶端具长约2毫米的喙；种子心形，外种皮红色，内种皮褐色，顶孔细小末端具尖。

【花果期】花期5—6月，果期8—9月。

【生境】生于海拔1600~2000米的山地。

【分布】国内分布：辽宁、安徽、浙江、江西、福建和广西；国外分布：朝鲜和日本。

【别名】小花木兰、天女木兰。

【保护级别】近危（NT）。

【花粉形态】花粉粒椭球形，左右对称，大小为36（29~39）×65（56~72）μm；具1远极沟；外壁两层，外层厚于内层；表面具细网状雕纹。

# 第五章 被子植物的花粉形态

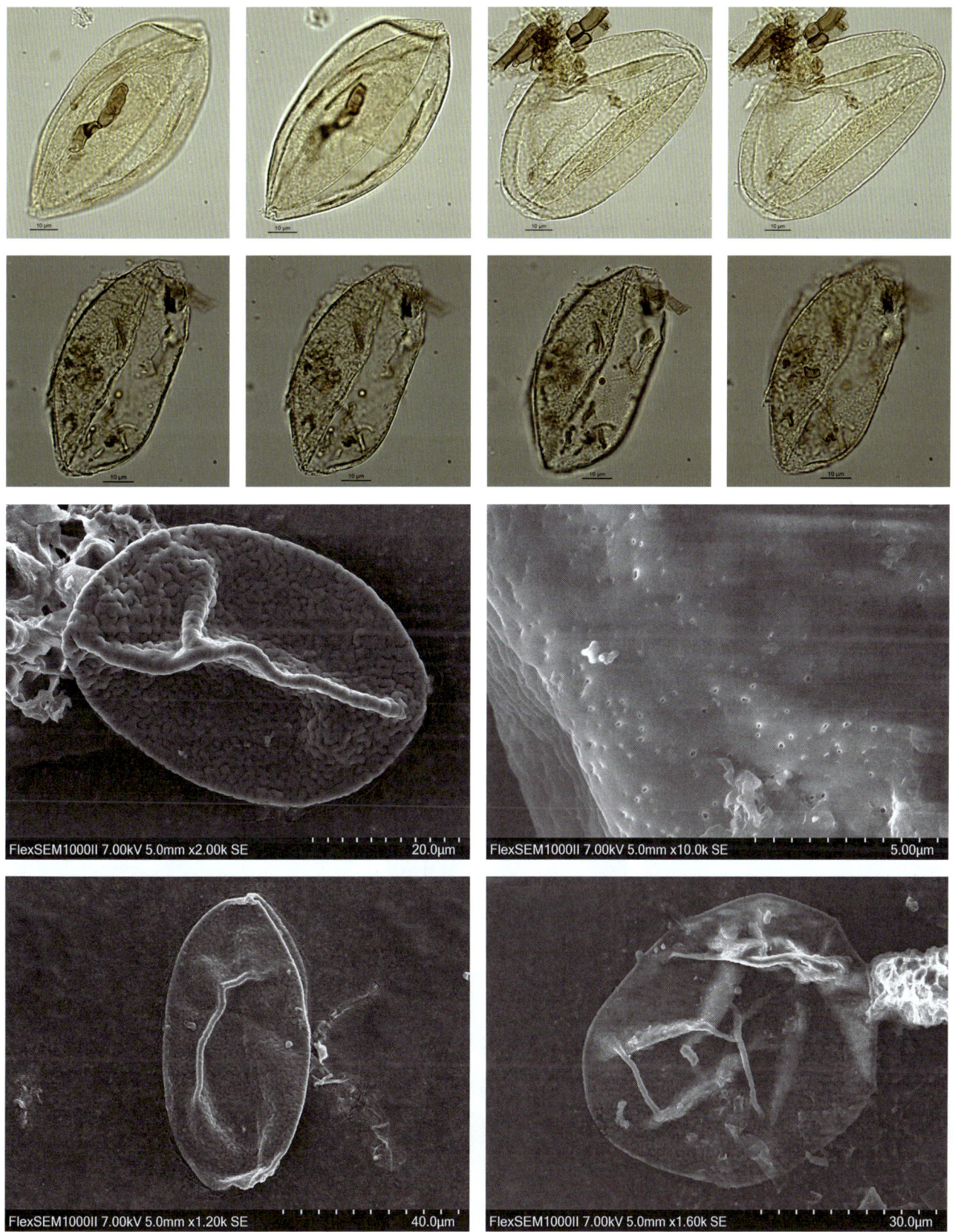

## *Woonyoungia* 焕镛木属

### *Woonyoungia septentrionalis* (Dandy) Y. W. Law 焕镛木

花粉图式

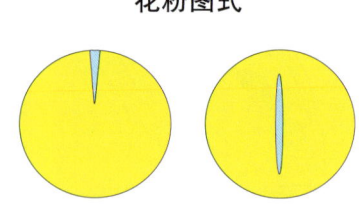

【形态特征】乔木，高可达18米；树皮灰色；小枝绿色，初被平伏短柔毛；叶革质，椭圆状长圆形或倒卵状长圆形，先端钝圆微缺，基部宽楔形，无毛，全缘；托叶贴生叶柄，叶柄具托叶痕；雌雄异株，花单生枝顶；雄花花被片5，白带淡绿色，内凹，外轮3片倒卵形，内轮2片较小；雄蕊群淡黄色，倒卵圆形，雄蕊多数；雌花花被片外轮3片内凹，倒卵形，内轮8~11片，线状倒披针形；雌蕊群倒卵圆形，具6~9枚雌蕊，花柱短，柱头面鸡冠状，每心皮具胚珠2颗，胚珠有短柄；聚合果近球形，果皮革质，熟时红色；蓇葖背缝开裂，具种子1~2颗；种子外种皮红色，豆形或心形，去外种皮种子黑褐色，顶端平或稍凹，具狭长沟，中具柄，腹背两面具数块不规则凸起。为致敬陈焕镛对中国木兰研究的先驱性贡献，特命名。

【花果期】花期5—6月，果期10—11月。

【生境】生于海拔300~500米的石灰岩山地林中。

【分布】广西北部（罗城和环江）和贵州东南部（荔波）。

【别名】单性木兰。

【保护级别】国家一级重点保护野生植物；易危（VU）；中国特有种。

【花粉形态】花粉粒侧面观为椭圆形，左右对称，大小为19（16~23）×50（46~62）μm；具1远极沟；外壁两层，外层厚于内层；表面具细网状雕纹。

# 第五章 被子植物的花粉形态

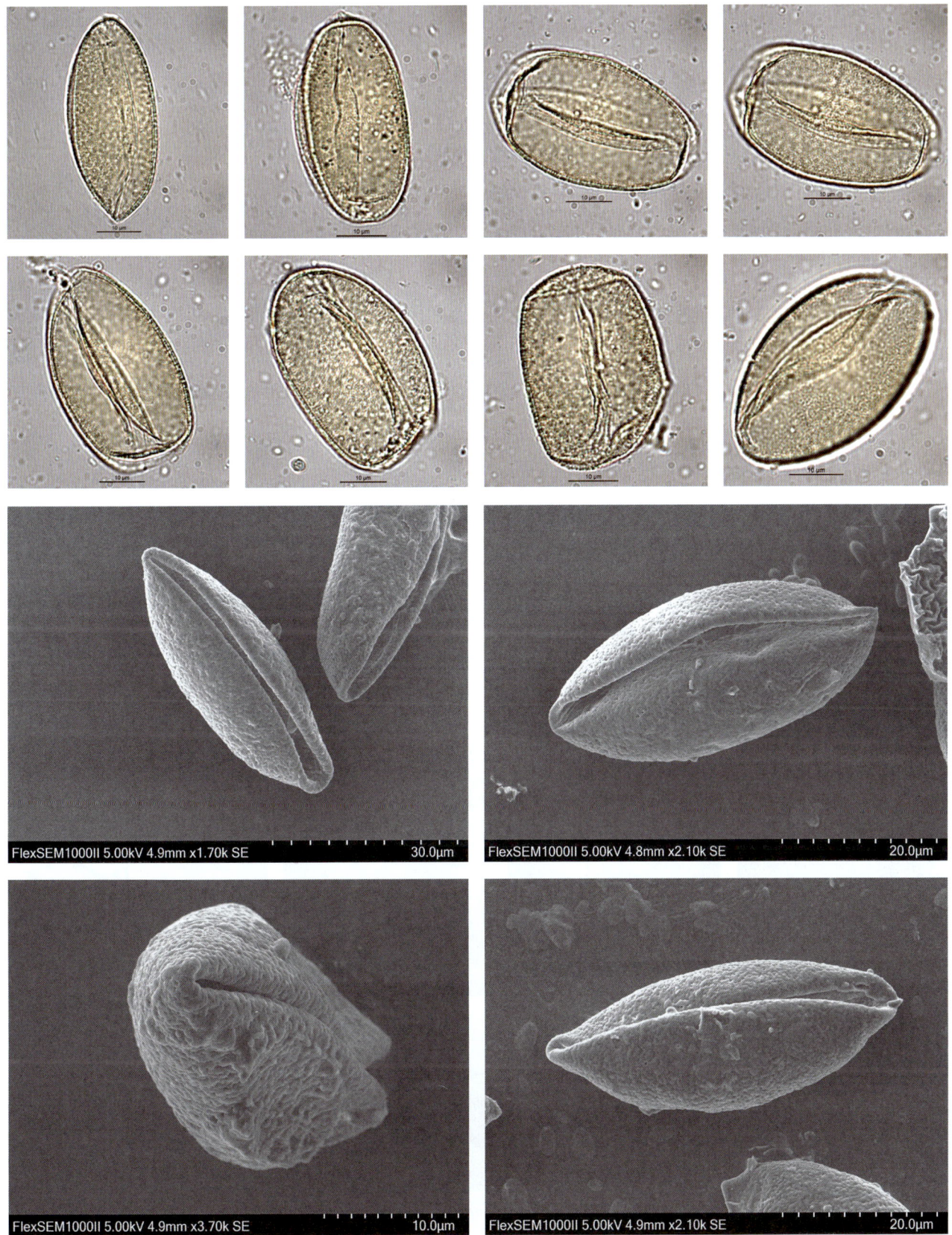

## *Yulania* 玉兰属

### *Yulania denudata* (Desr.) D. L. Fu 玉兰

【形态特征】落叶乔木，高可达 25 米，枝广展形成宽阔的树冠；树皮深灰色，粗糙开裂；小枝稍粗壮，灰褐色；冬芽及花梗密被淡灰黄色长绢毛；叶纸质，倒卵形或宽倒卵形，先端宽圆、平截或稍凹，具短突尖，侧脉每边 8~10 条，网脉明显；叶柄长 1~2.5 厘米，被柔毛，上面具狭纵沟；花蕾卵圆形，花先叶开放，直立，芳香；花梗显著膨大，密被淡黄色长绢毛；花被片 9 片，白色，基部常带粉红色，长圆状倒卵形；雄蕊长 7~12 毫米，花药长 6~7 毫米，侧向开裂，药隔宽约 5 毫米，顶端伸出成短尖头；雌蕊群淡绿色，无毛，圆柱形；雌蕊狭卵形，具锥尖花柱；聚合果圆柱形；蓇葖厚木质，褐色，具白色皮孔；种子心形，侧扁，外种皮红色，内种皮黑色。玉兰因其"色白微碧、香味似兰"而得名。

花粉图式

【花果期】一年开花两次，花期 2—3 月和 7—9 月，果期 8—9 月。

【生境】生于海拔 500~1000 米的林中。

【分布】产自江西（庐山）、浙江（天目山）、湖南（衡山）和贵州，现全国各大城市园林广泛栽培。

【别名】应春花、白玉兰、望春花、迎春花、玉堂春、木兰。

【保护级别】近危（NT）；地方保护野生植物。

【花粉形态】花粉粒左右对称，侧面观为椭圆形，大小为 42（37~49）× 95（87~102）μm；具 1 远极沟，沟膜上具模糊的颗粒；外壁较薄，层次不清；表面具细网状雕纹。

第五章 被子植物的花粉形态

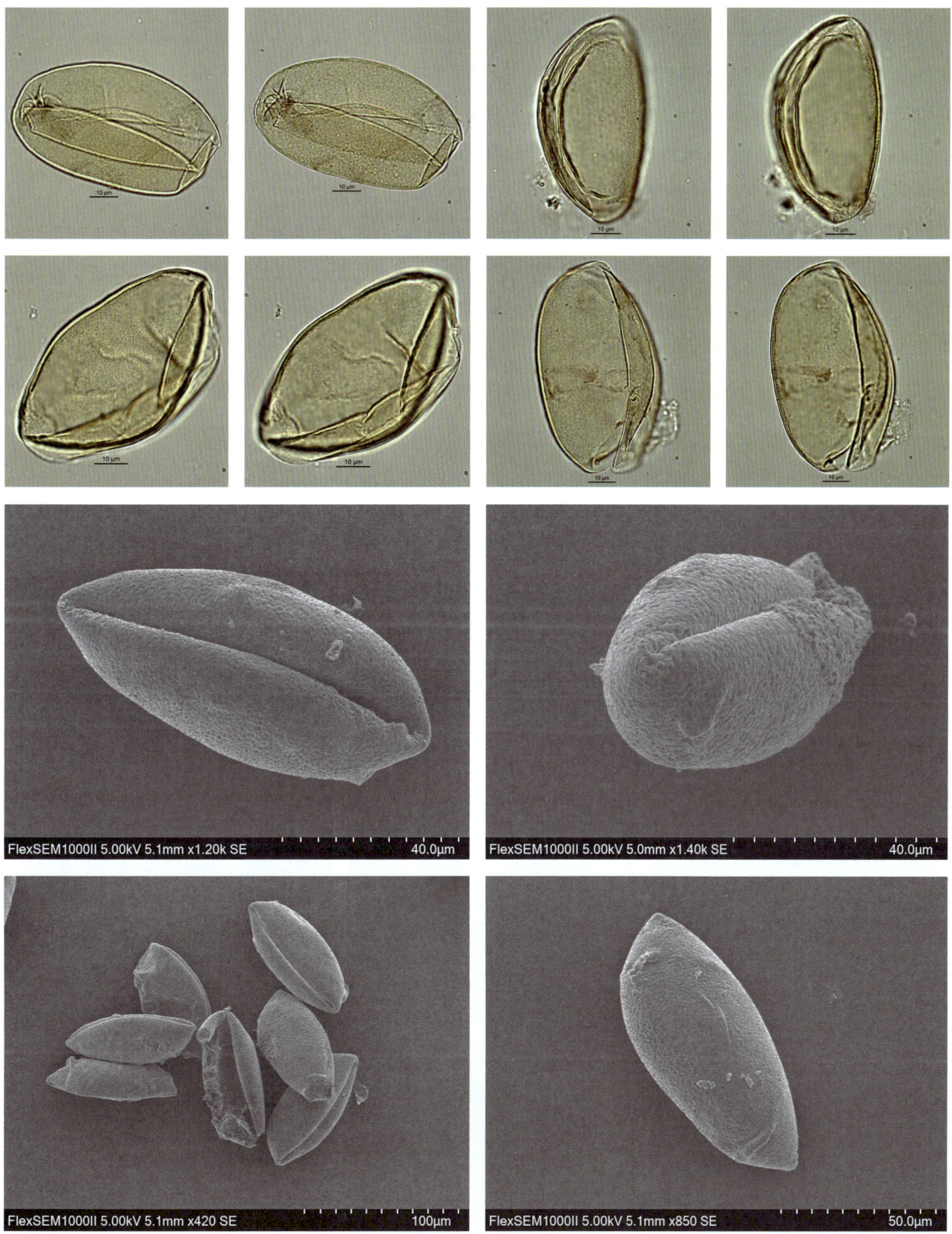

715

### *Yulania liliiflora* (Desr.) D. L. Fu 紫玉兰

**【形态特征】** 落叶灌木，高可达 3 米，常丛生；树皮灰褐色；小枝绿紫色或淡褐紫色；叶椭圆状倒卵形或倒卵形，长 8~18 厘米，宽 3~10 厘米，先端急尖或渐尖，基部沿叶柄下延至托叶痕渐狭，侧脉每边 8~10 条；叶柄长 8~20 毫米，托叶痕约为叶柄长之半；花蕾卵圆形，被淡黄色绢毛；花叶同时开放，瓶形，直立于粗壮、被毛的花梗上，稍有香气；花被片 9~12，外轮 3 片，萼片状，紫绿色，披针形，长 2~3.5 厘米，常早落，内两轮肉质，外面紫色或紫红色，内面带白色，花瓣状，椭圆状倒卵形；雄蕊紫红色，花药长约 7 毫米，侧向开裂，药隔伸出成短尖头；雌蕊群长约 1.5 厘米，淡紫色，无毛；聚合果深紫褐色，变褐色，圆柱形；成熟蓇葖近圆球形，顶端具短喙。

**【花果期】** 花期 3—4 月，果期 8—9 月。

**【生境】** 生于海拔 300~1600 米的山坡林缘。

**【分布】** 福建、湖北、四川和云南西北部。

**【别名】** 木笔、辛夷、狭萼辛夷。

**【保护级别】** 易危（VU）；地方保护野生植物。

**【花粉形态】** 花粉粒左右对称，侧面观为椭圆形，大小为 40（32~42）× 75（68~82）μm；具 1 远极沟，沟膜上具模糊的颗粒；外壁较薄，层次不清；表面具细网状雕纹。

花粉图式

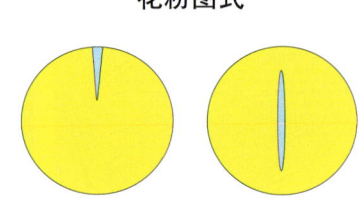

## 第五章 被子植物的花粉形态

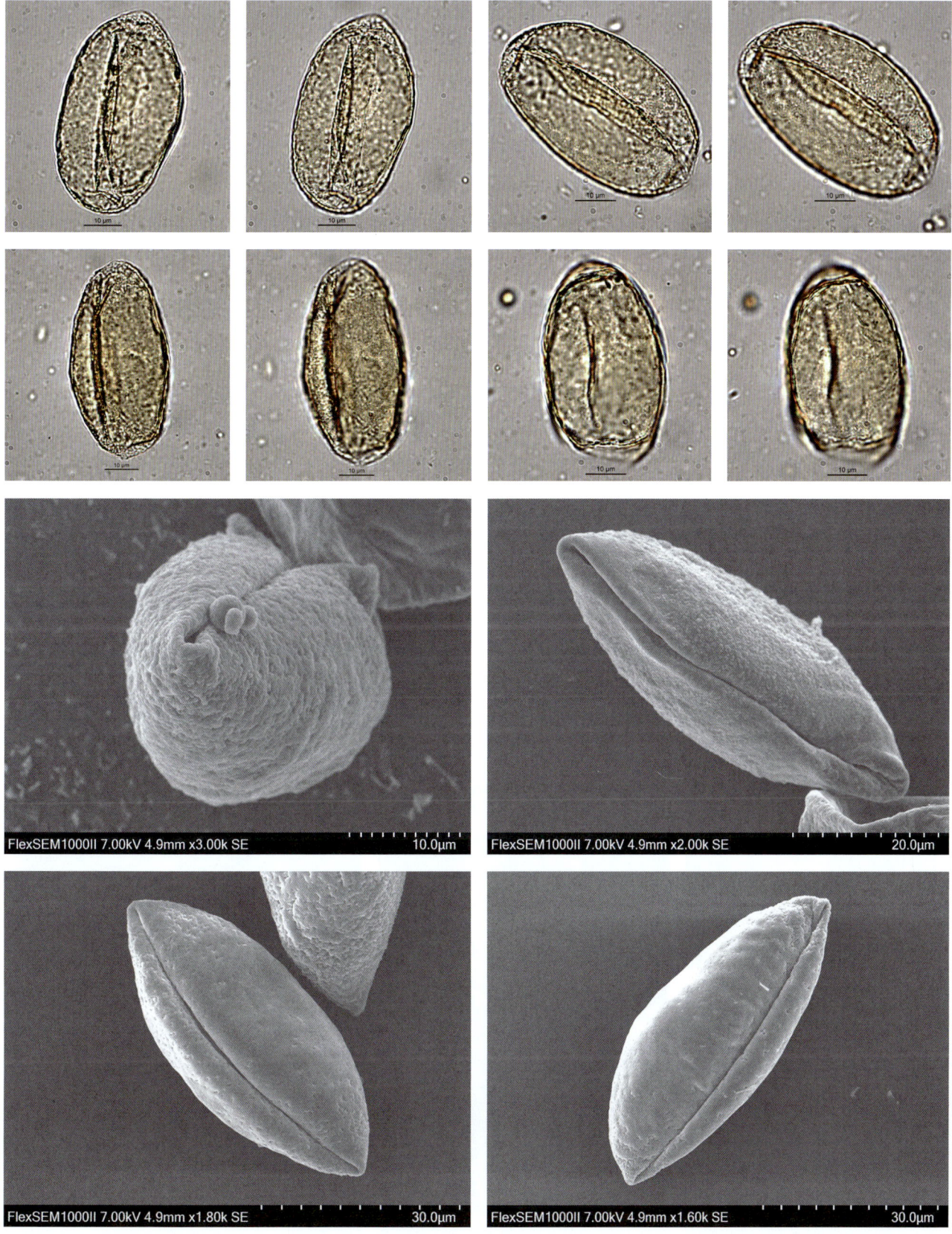

717

## Malvaceae 锦葵科
## *Abelmoschus* 秋葵属
*Abelmoschus moschatus* Medicus 黄葵

花粉图式

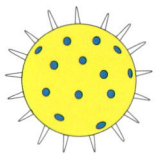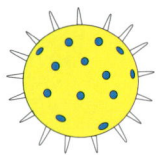

【形态特征】一年生或二年生草本，高 1~2 米，被粗毛；叶通常掌状，5~7 深裂，直径 6~15 厘米，裂片披针形至三角形，边缘具不规则锯齿，偶有浅裂似槭叶状，基部心形，两面均疏被硬毛；叶柄长 7~15 厘米，疏被硬毛；托叶线形，长 7~8 毫米；花单生于叶腋间，花梗长 2~3 厘米，被倒硬毛；小苞片 8~10，线形，长 10~13 毫米；花萼佛焰苞状，长 2~3 厘米，5 裂，常早落；花黄色，内面基部暗紫色，直径 7~12 厘米；雄蕊柱长约 2.5 厘米，平滑无毛；花柱分枝 5，柱头盘状；蒴果长圆形，长 5~6 厘米，顶端尖，被黄色长硬毛；种子肾形，具腺状脉纹，具香味。

【花果期】花期 6—10 月，果期 9—12 月。

【生境】常生于平原、山谷、溪涧旁或山坡灌丛中。

【分布】国内分布：台湾、广东、广西、江西、湖南和云南等省区栽培或野生，现广植于热带地区；国外分布：越南、老挝、柬埔寨、泰国和印度。

【别名】麝香秋葵、山芙蓉、假三稔、鸟笼胶、芙蓉麻、野棉花、野油麻、山油麻、黄蜀葵、假棉花。

【保护级别】无危（LC）。

【花粉形态】花粉粒球形，体积较大，直径为 130~150μm；具散孔，孔大，直径为 9~10μm；表面具刺，刺为长锥状，刺长为 19~27μm，刺表面光滑。

# 第五章 被子植物的花粉形态

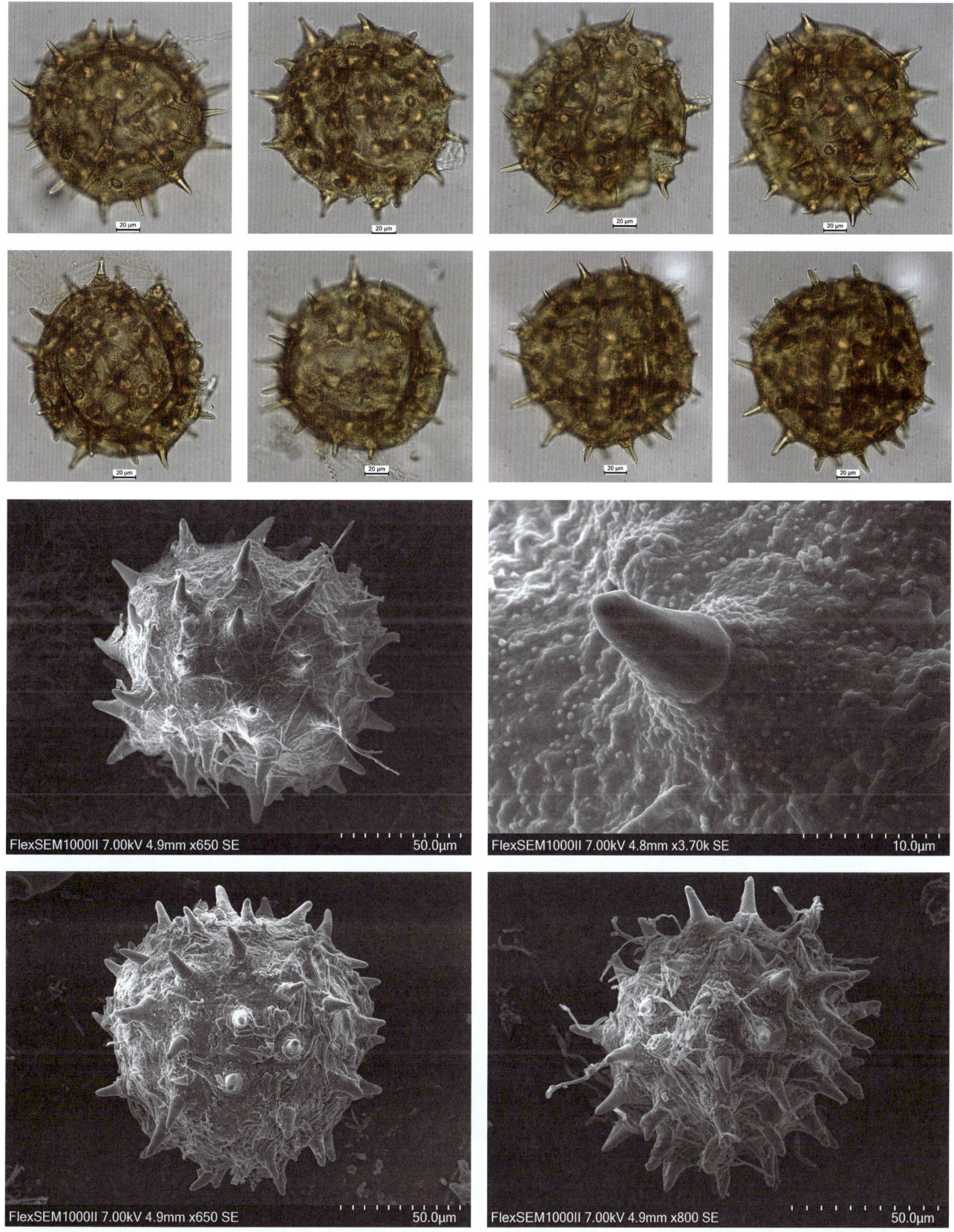

719

### *Excentrodendron* 蚬木属

***Excentrodendron tonkinense*** (A. Chev.) H. T. Chang & R. H. Miao 蚬木

【形态特征】常绿乔木；叶革质，卵形，先端渐尖，基部圆形，基出脉 3；叶柄长 3~6 厘米，圆柱形，无毛；圆锥花序或总状花序，有花 3~6 朵；花柄有节，被星状柔毛；苞片早落；萼片长圆形，外面有星状柔毛，内面无毛，基部无腺体或内侧数片，每片有 2 个球形腺体；花瓣倒卵形，无柄；雄蕊 18~35 枚，花丝基部略相连，分为 5 组，各组雄蕊不等数，花药长 3 毫米；子房 5 室，每室有胚珠 2 颗，具中轴胎座，花柱 5 条，离生，极短；蒴果纺锤形；果柄有节。

花粉图式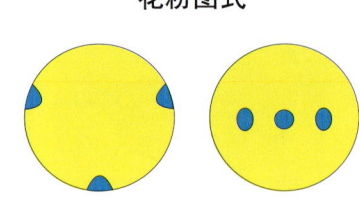

【花果期】花期 3 月，果期 6 月。

【生境】常见于石灰岩的常绿林里。

【分布】国内分布：广西；国外分布：越南北部。

【别名】节花蚬木、菱叶蚬木。

【保护级别】国家二级重点保护野生植物；濒危（EN）。

【花粉形态】花粉粒近球形，直径为 55（51~72）μm；具散孔，孔少，一般为 3~4 个，孔圆形，直径 5~6 μm；外壁厚 8~10μm，外层由基柱组成，纹理清晰，外层远厚于内层；表面具粗网状雕纹，网眼形状大小不一，网脊由紧密排列的颗粒组成。

# 第五章 被子植物的花粉形态

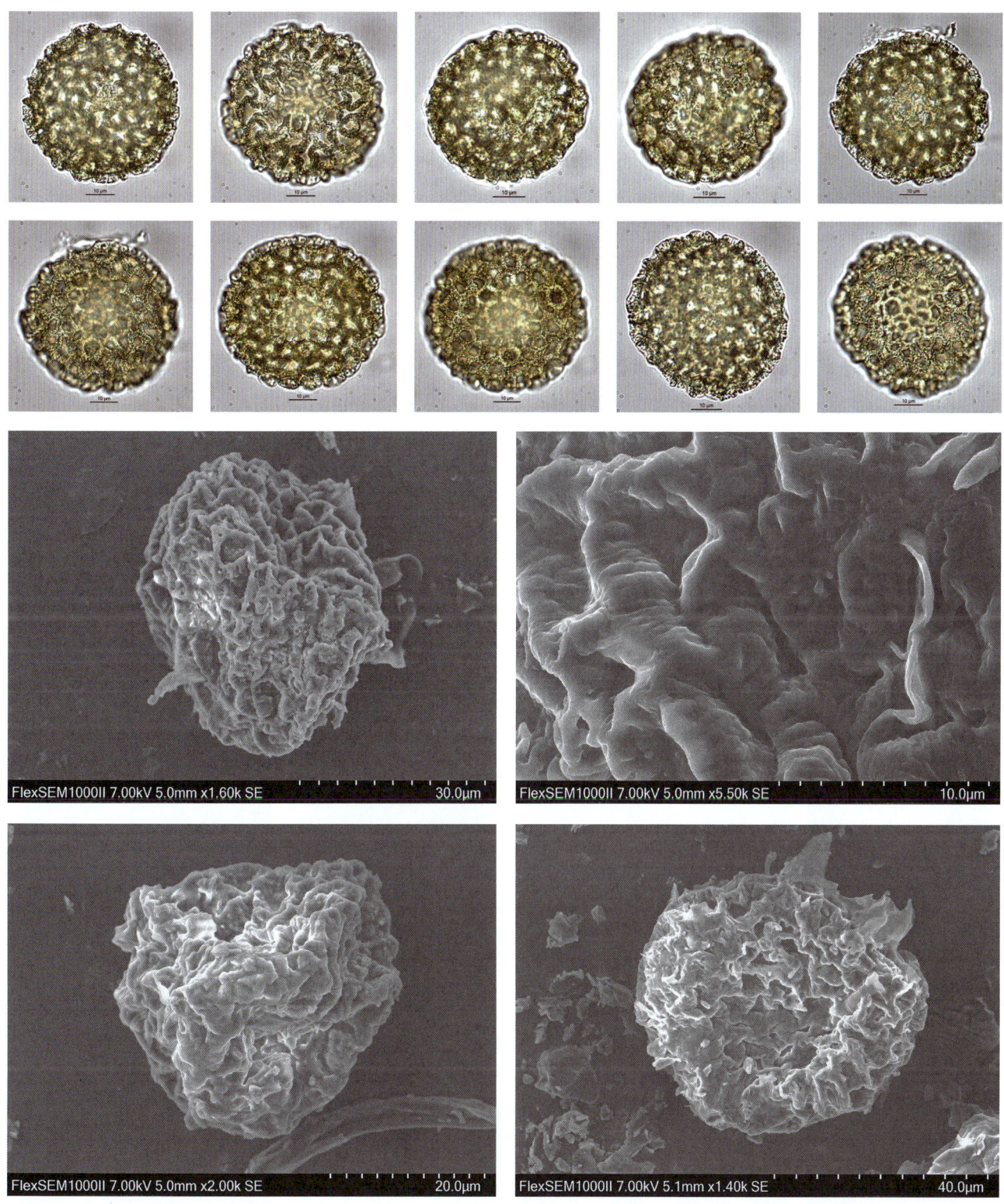

## *Firmiana* 梧桐属

### *Firmiana kwangsiensis* H. H. Hsue 广西火桐

**【形态特征】**落叶乔木，高可达 10 米；树皮灰白色，不裂；小枝干时灰黑色，几无毛；嫩芽密被淡黄褐色星状短柔毛；叶纸质，广卵形或近圆形，全缘或在顶端 3 浅裂，裂片楔状短渐尖，基部截形或浅心形，两面均被很稀疏的短柔毛；小脉在两面均凸出，几乎互相平行；叶柄长可达 20 厘米，略被稀疏的淡黄褐色星状短柔毛；聚伞状总状花序长 5~7 厘米，花梗长 4~8 毫米，均密被金黄色且带红褐色的星状茸毛；萼圆筒形，顶端 5 浅裂，外面密被金黄色且带红褐色的星状茸毛，内面鲜红色，被星状小柔毛，萼的裂片三角状卵形，长约 4 毫米；雄花的雌雄蕊柄长 28 毫米，雄蕊 15 枚，集生在雌雄蕊柄的顶端成头状。

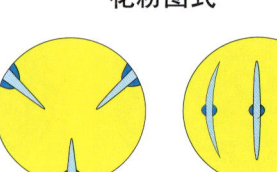

花粉图式

**【花果期】**花期 6 月，果期 9—10 月。

**【生境】**生于海拔约 910 米的山谷缓坡灌丛中。

**【分布】**广西和贵州。

**【别名】**广西梧桐。

**【保护级别】**国家一级重点保护野生植物；极危（CR）；中国特有种。

**【花粉形态】**花粉粒长球形至近球形，极面观为 3 裂圆形，大小为 30（24~38）× 41（39~45）μm；具 3 孔沟，内孔较大，横长，两端渐尖；外壁外层厚于内层，柱状层基柱明显；表面具清楚的网状雕纹，网眼大小不一致，网至沟边变细，网眼中及网脊上有颗粒分布；轮廓线显著不平。

# 第五章 被子植物的花粉形态

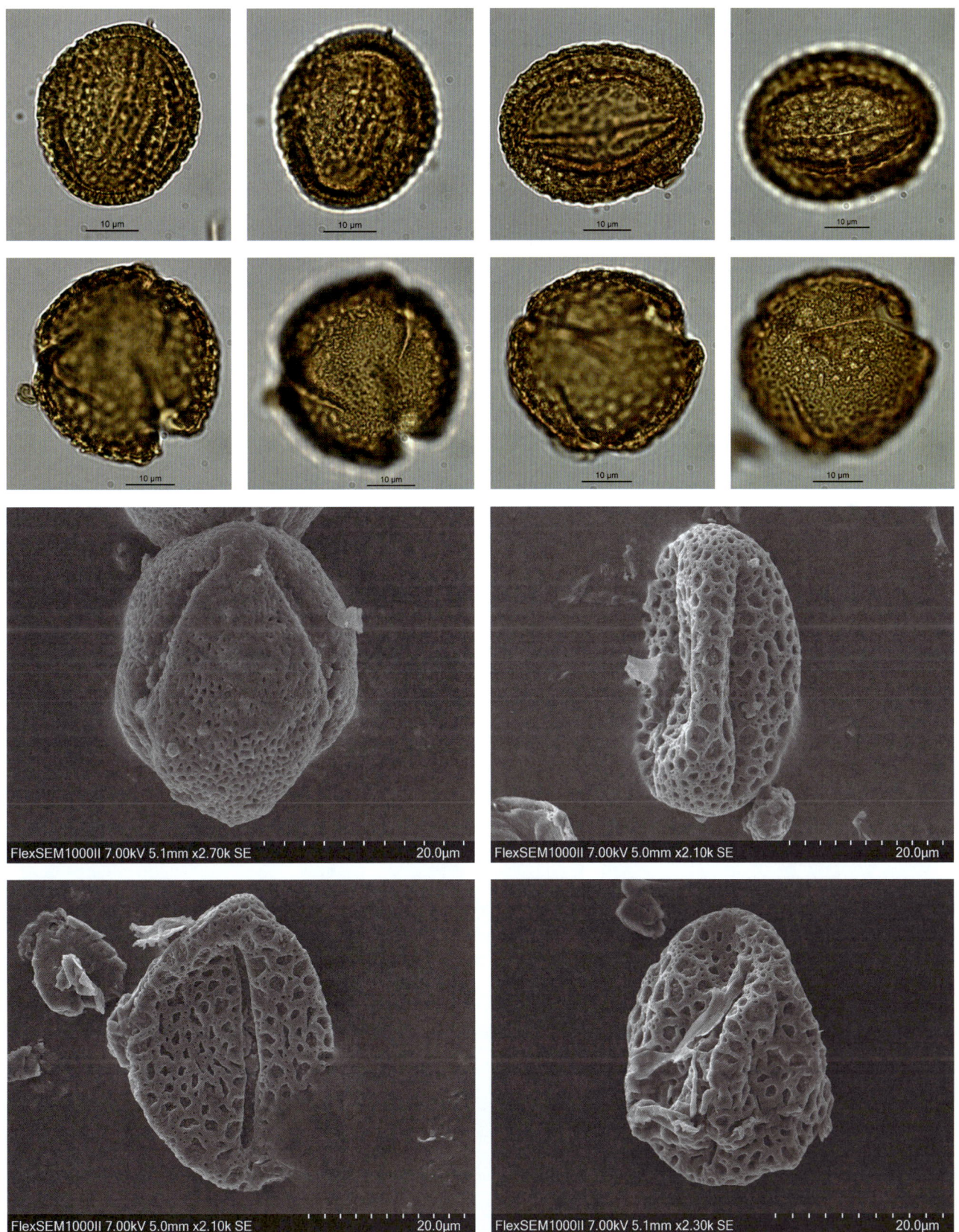

### *Firmiana pulcherrima* H. H. Hsue 美丽火桐

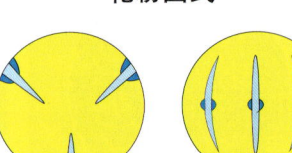

花粉图式

**【形态特征】** 落叶乔木，高可达 18 米；树皮灰白色或褐黑色；嫩枝干时紫色，近于无毛；叶异形，薄纸质，掌状 3~5 裂或全缘，顶端尾状渐尖，基部截形或浅心形，仅在主脉的基部略被褐色星状短柔毛，中间的裂片长可达 14 厘米，两侧的裂片长可达 9 厘米，基生脉 5 条，叶脉在两面均凸出；叶柄长 6~17 厘米，无毛；聚伞花序作圆锥花序式排列，密被棕红褐色星状短柔毛；花梗长 3~4 毫米；萼近钟形，顶端 5 浅裂，两面均密被棕红褐色星状短柔毛，在内面近基部有一圈白色长茸毛，萼的裂片三角形，长 3 毫米；雄花的雌雄蕊柄长 2.4 厘米，被星状毛，花药 15~25 枚聚生在雌雄蕊柄的顶端成头状并围绕退化雌蕊；退化雌蕊的心皮 5 枚，近于分离。

**【花果期】** 花期 4—5 月，果期 9—10 月。

**【生境】** 生于森林中和山谷溪旁。

**【分布】** 广东，海南的琼海、万宁、三亚等地。

**【别名】** 美丽梧桐。

**【保护级别】** 濒危（EN）；中国特有种；地方保护野生植物。

**【花粉形态】** 花粉粒长球形至近球形，极面观为 3 裂圆形，大小为 28（25~30）× 35（32~38）μm；具 3 孔沟，内孔较大，两端渐尖；外壁外层厚于内层，柱状层基柱明显；表面具清楚的网状雕纹，网眼大小不一致，网至沟边变细，网眼中及网脊上有颗粒分布；轮廓线显著不平。

# 第五章 被子植物的花粉形态

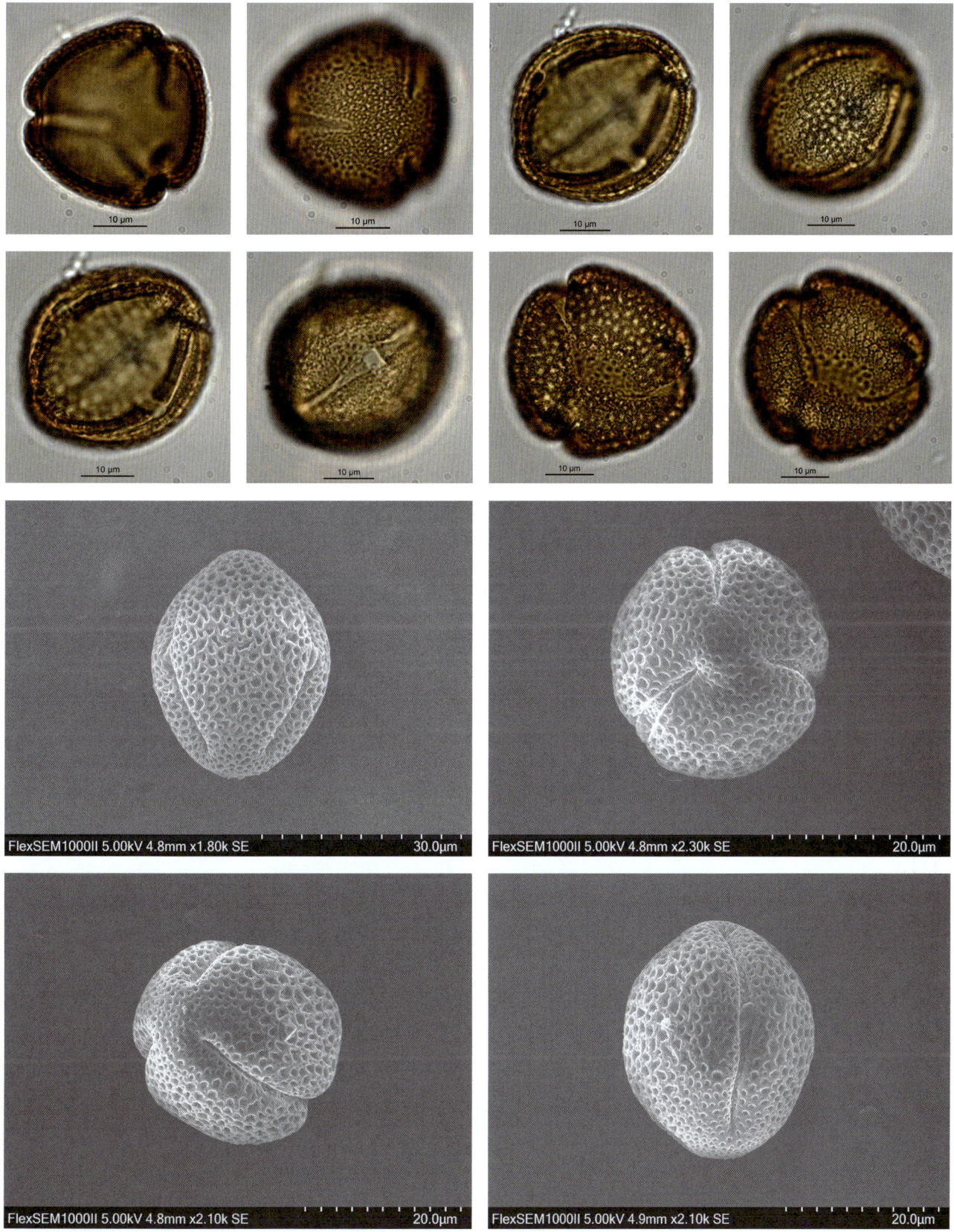

### *Grewia* 扁担杆属

#### *Grewia abutilifolia* W. Vent ex Juss. 苘麻叶扁担杆

**【形态特征】**灌木至小乔木，高 1~5 米；叶纸质，阔卵圆形或近圆形，先端急短尖，基部圆形或微心形，上面有分散的星状粗毛，下面密被黄褐色而略粗糙的星状茸毛，基出脉 3 条，两条侧生基出脉上行过半，并各有第二次支脉 7~9 条，中脉亦有侧脉 3~4 对，边缘有细锯齿，先端常有浅裂；叶柄长 1~2 厘米，被星状粗茸毛；聚伞花序 3~7 枝簇生于叶腋，花序柄长 3~6 毫米；花柄长 4~8 毫米；苞片线形，早落；萼片狭长圆形，外面被毛，内面秃净；花瓣长 2~3 毫米；雌雄蕊柄无毛；雄蕊长 4~5 毫米；子房被长毛，花柱与萼片平齐，柱头 2 裂；核果被毛，有 2~4 颗分核。

**【花果期】**花期 6—7 月，果期 7—9 月。

**【生境】**生于荒野灌丛草地上。

**【分布】**国内分布：云南、广西、广东及台湾；国外分布：印度尼西亚、中南半岛及印度。

**【别名】**无

**【保护级别】**无危（LC）。

**【花粉形态】**花粉粒长球形，极面观为 3 裂圆形，大小为 36（32~40）× 44（41~56）μm；3 孔沟，沟细长，内孔大，横长，矩形或纺锤形，孔直径约 8μm；外壁外层厚于内层；表面具网状雕纹，网眼大小不一致，网眼中具小颗粒，网脊由颗粒组成；轮廓成波浪形。

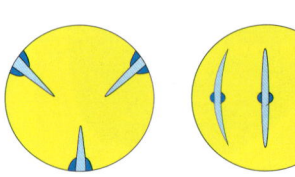

花粉图式

第五章 被子植物的花粉形态

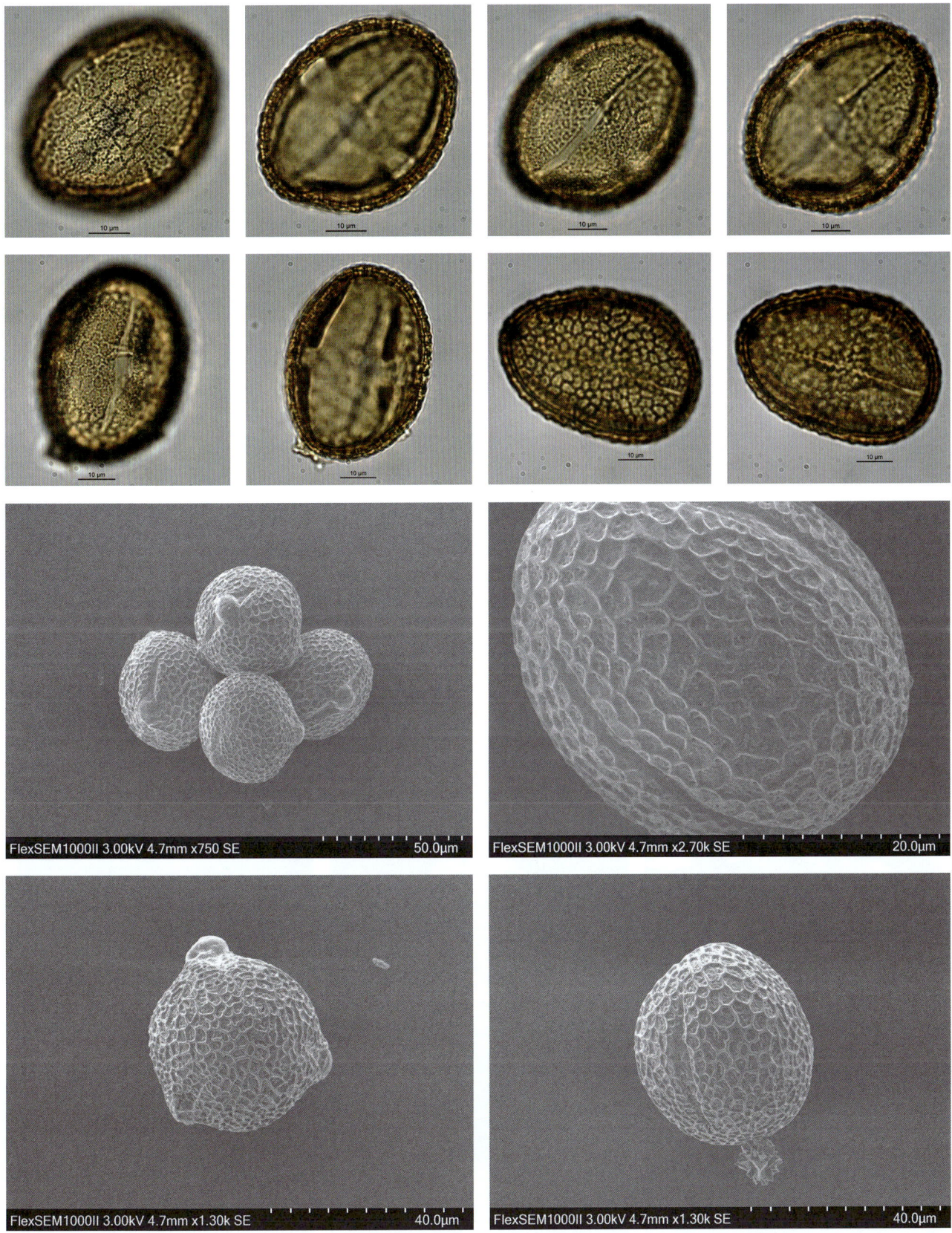

727

## *Hainania* 海南椴属

### *Hainania trichosperma* Merr. 海南椴

**【形态特征】**灌木或小乔木，高可达 15 米；树皮灰白色；嫩枝密被灰褐色茸毛，老枝暗褐色，秃净；叶薄革质，卵圆形，先端渐尖或锐尖，基部微心形或截形，全缘或微波状，或上部有小齿，基出脉 5~7 条；圆锥花序顶生，有花多数，花序柄密被灰黄色星状短茸毛；花柄长 5~7 毫米，被毛；苞片小，早落；花萼 2~5 裂，裂齿大小不等，外面密被淡黄色星状柔毛；花瓣黄或白色，倒披针形，钝头，无毛；雄蕊 20~30 枚，花丝基部连成 5 束，无毛；退化雄蕊 5 枚，披针形，顶端尖；子房卵圆形，5 室，密被星状短柔毛，花柱单生，柱头锥状；蒴果倒卵形，有 4~5 棱，熟时 5~4 片室背开裂，果片有深槽，内面无毛，外面密被淡黄色星状短柔毛；种子椭圆形，密被黄褐色长柔毛。

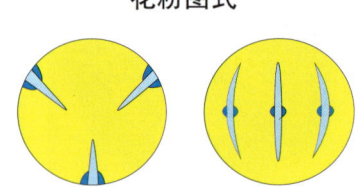

花粉图式

**【花果期】**花期 7—8 月，果期 9—10 月。

**【生境】**生长于中海拔的山地疏林中。

**【分布】**海南、广西等地。

**【别名】**无

**【保护级别】**国家二级重点保护野生植物；易危（VU）；中国特有种。

**【花粉形态】**花粉粒扁球形，极面观为 3 裂圆形，赤道面观为宽椭圆形，大小为 26（24~27）× 35（34~37）μm；具 3 孔沟，沟短，纺锤形，两端渐尖，沟两端具沟膜，内孔大，正面看不明显；外壁较薄，约 1.8μm，外层稍厚于内层，内外层在沟边加厚；表面具颗粒 – 网状雕纹。

第五章 被子植物的花粉形态

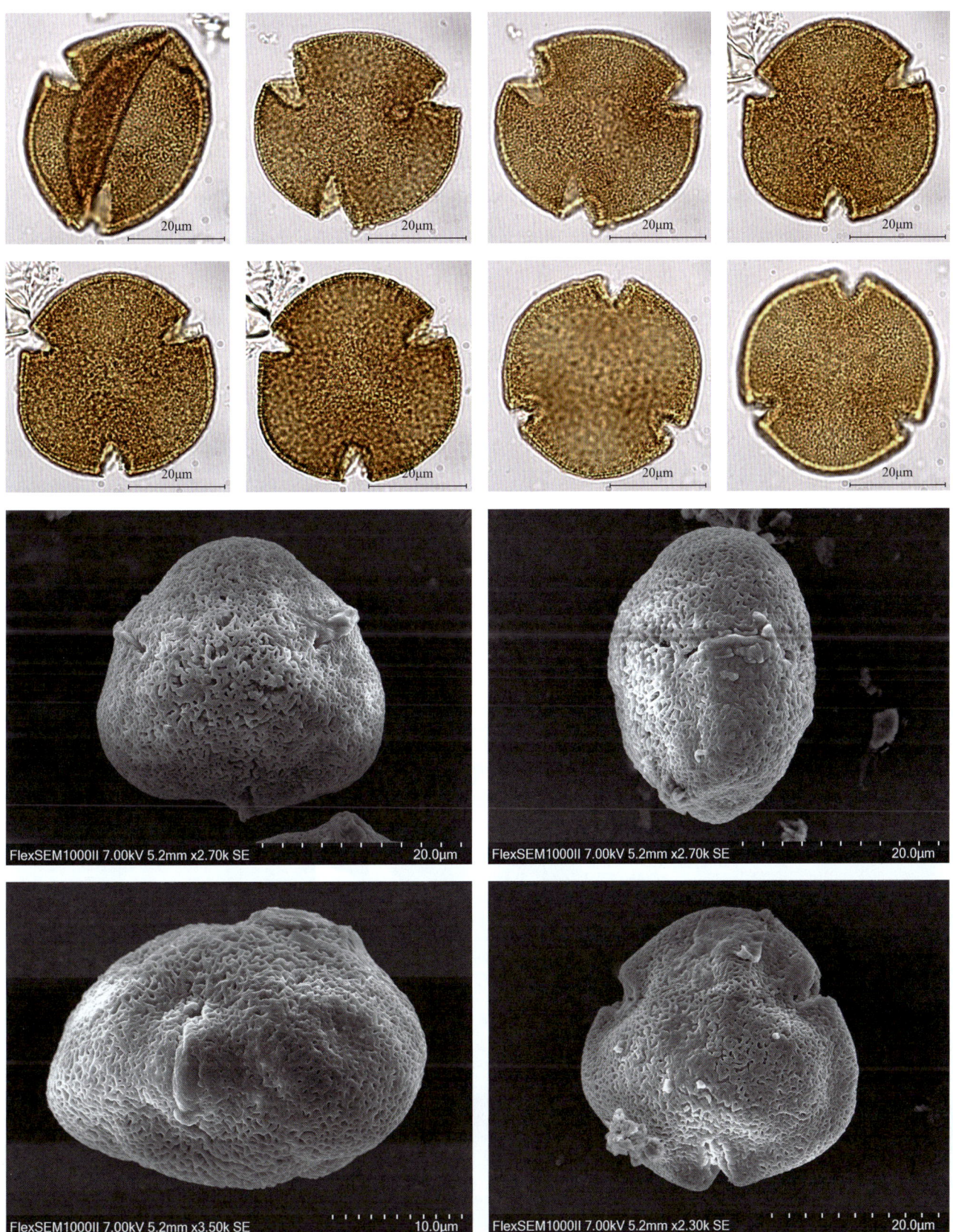

729

## *Hibiscus* 木槿属

### *Hibiscus aridicola* J. Anthony 旱地木槿

花粉图式

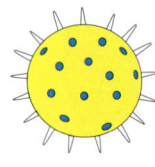
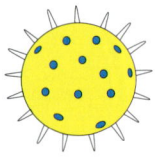

【形态特征】落叶灌木，高 1~2 米；嫩枝具棱，小枝圆柱形，密被黄色星状茸毛；叶厚革质，卵形或圆心形，长 5~8 厘米，宽 5~10 厘米，先端圆或钝，基部截形或心形，边缘具粗齿，两面均密被黄色星状茸毛；叶柄长 1~4 厘米，密被黄色星状茸毛；托叶线形，长 5~8 毫米，密被黄色星状茸毛；花单生于叶腋，花梗长 2.5~6 厘米，密被黄色星状茸毛，端具节；小苞片 6，匙形，长 8~12 毫米，基部合生，密被黄色星状茸毛；花萼杯状，密被黄色星状茸毛，裂片 5，三角状渐尖形，长为花萼的 1/2，外面密被黄色星状长茸毛，内面疏被长柔毛，基部具髯毛；雄蕊柱长 2~2.5 厘米，不外露，花药红黄色；花柱枝 5，具长丝状毛；蒴果卵圆形；种子肾形，被白色绵毛。

【花果期】花期 10—11 月，果期翌年 3 月。

【生境】生于海拔 1300~1400 米的干热河谷丛中。

【分布】云南西北部丽江市和四川南部盐边县。

【别名】光柱旱地木槿。

【保护级别】易危（VU）；中国特有种。

【花粉形态】花粉粒球形，直径 115~135μm；具散孔，孔数 16~48 个，孔直径 9~12μm；表面具刺，刺末端钝，刺长 15~23μm。

## 第五章 被子植物的花粉形态

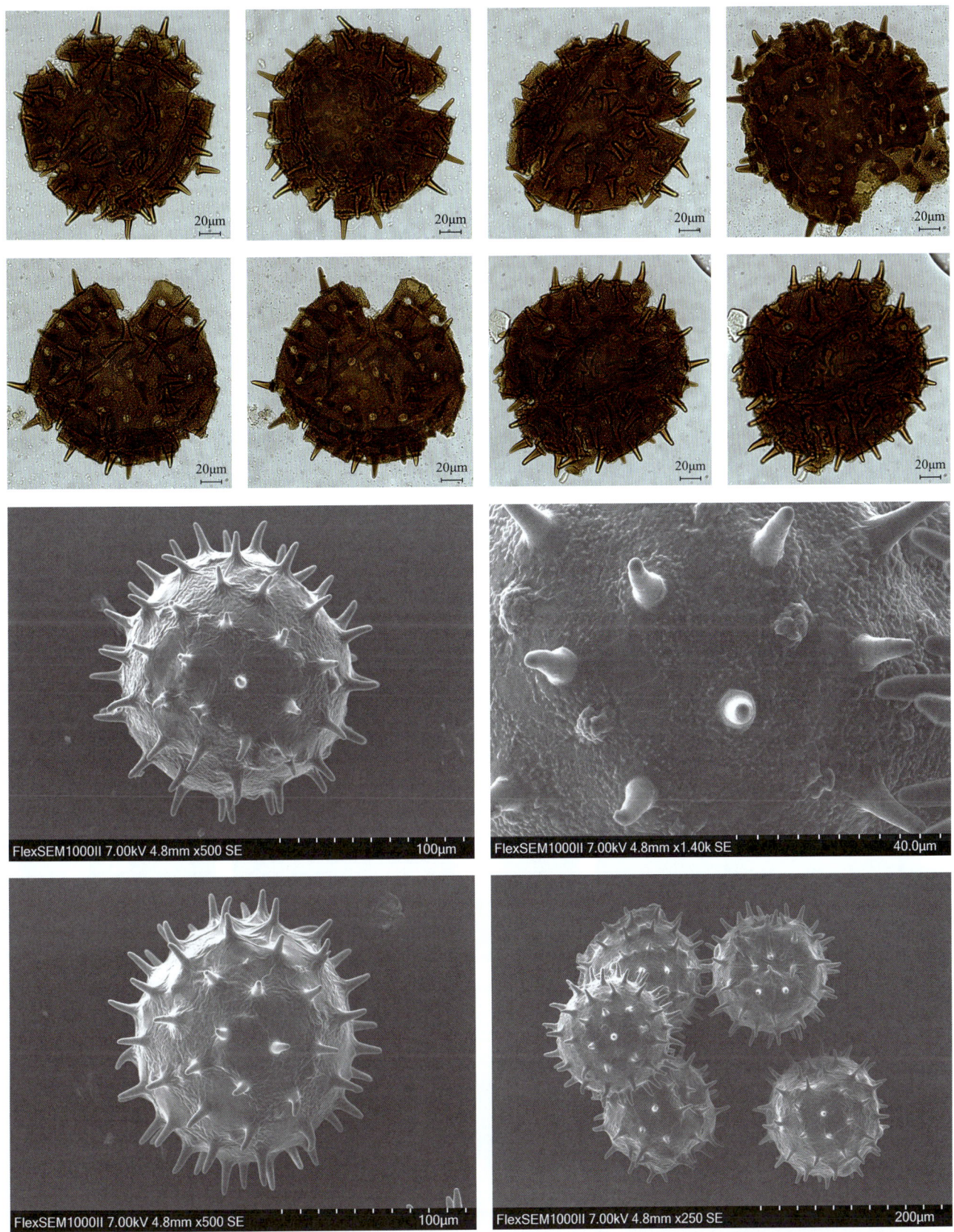

## *Hibiscus hamabo* Sieb. & Zucc. 海滨木槿

【形态特征】落叶灌木或小乔木，高 1~3 米；扁球形树冠，枝叶繁盛；分枝多，树皮灰白色；厚纸质单叶互生，叶阔倒卵形或椭圆形，先端钝近平，具短突尖，基部圆形或浅心形，叶缘中上部具细圆齿，叶面绿色光滑，具星状毛，叶背灰白色或灰绿色，密被毡状茸毛，掌状脉 5~7；叶柄长 0.8~2.5 厘米，托叶长 1 厘米，早落；花两性，单生于近枝端叶腋，直径 5~6 厘米，金黄色，后变橘红色，内面基部深红色，花瓣倒卵形；花梗长 0.5~1 厘米；小苞片数 8~10；花萼长 2 厘米；花冠呈钟状；花瓣 5，倒卵形，外卷，内侧基部暗紫色；蒴果倒卵形，密生褐色硬毛；褐色种子呈肾形，具腺状乳突。

【花果期】花期 7—10 月，果期 10—11 月。

【生境】生于海滨沙地和滩涂。

【分布】国内分布：浙江舟山群岛和福建沿海岛屿；国外分布：日本和朝鲜。

【别名】无

【保护级别】地方保护野生植物。

【花粉形态】花粉粒球形，直径 60~110μm；具散孔，孔数 16~48 个，孔直径 8~10μm；表面具刺，刺末端钝，刺长 15~25μm。

花粉图式

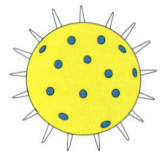
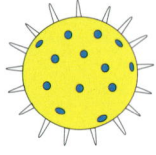

第五章 被子植物的花粉形态

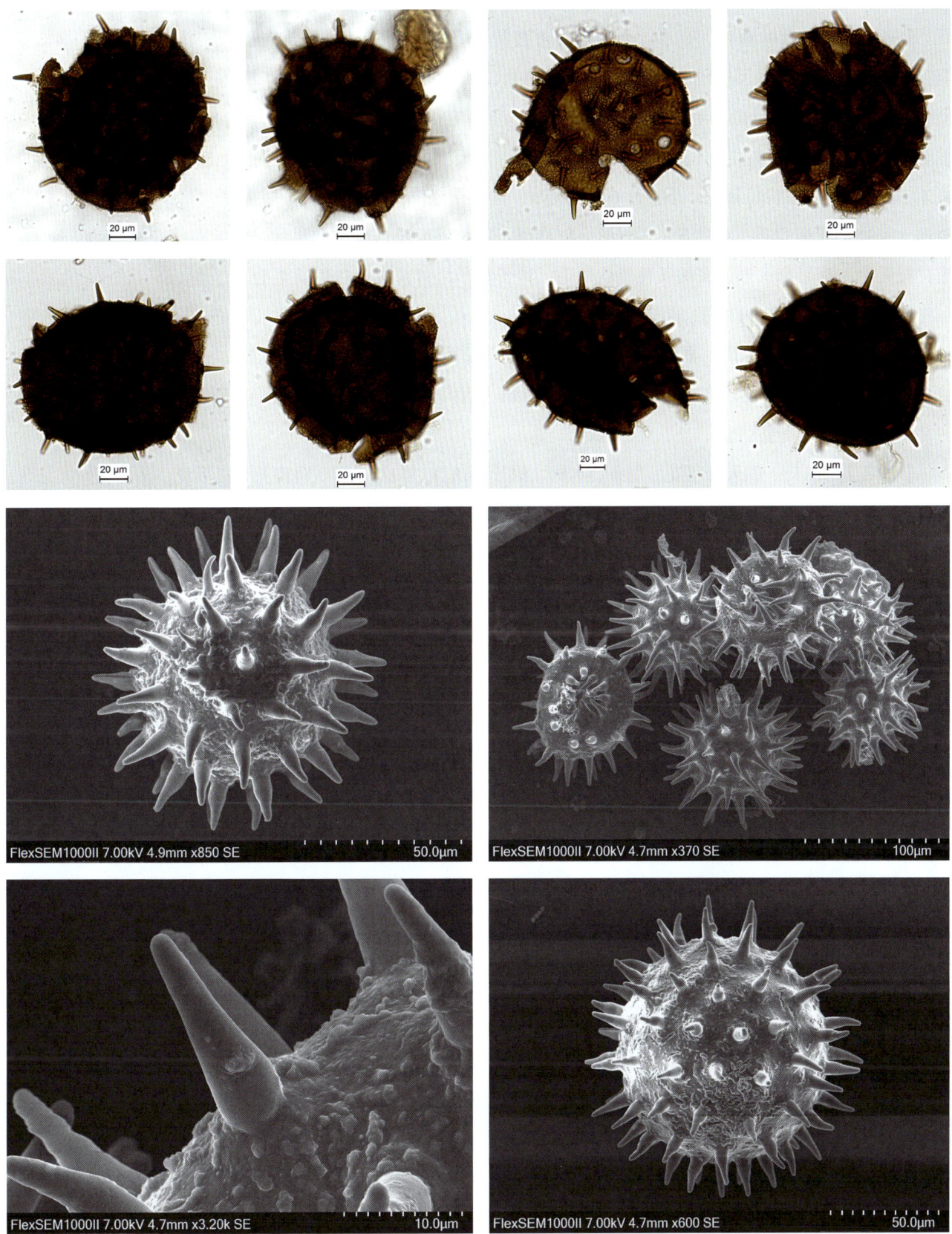

733

### *Hibiscus syriacus* L. 木槿

**【形态特征】** 落叶灌木，高 3~4 米；小枝密被黄色星状茸毛；叶菱形至三角状卵形，具深浅不同的 3 裂或不裂，先端钝，基部楔形，边缘具不整齐齿缺，下面沿叶脉微被毛或近无毛；叶柄长 5~25 毫米，上面被星状柔毛；托叶线形，疏被柔毛；花单生于枝端叶腋间，钟形，淡紫色；花梗长 4~14 毫米，被星状短茸毛；小苞片 6~8，线形，密被星状疏茸毛；花萼钟形，密被星状短茸毛，裂片 5，三角形；花瓣倒卵形，外面疏被纤毛和星状长柔毛；雄蕊柱长约 3 厘米；花柱枝无毛；蒴果卵圆形，密被黄色星状茸毛；种子肾形，背部被黄白色长柔毛。

**花粉图式**

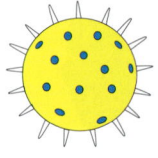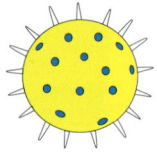

**【花果期】** 花期 7—10 月，果期 10—11 月。

**【生境】** 喜光，稍耐阴；喜温暖、湿润气候，耐热又耐寒；对土壤要求不严格。

**【分布】** 台湾、福建、广东、广西、云南、贵州、四川、湖南、湖北、安徽、江西、浙江、江苏、山东、河北、河南、陕西等省区。

**【别名】** 喇叭花、朝天暮落花、荆条、木棉、朝开暮落花、白花木槿、鸡肉花、白饭花、篱障花、大红花。

**【保护级别】** 地方保护野生植物。

**【花粉形态】** 花粉粒球形，直径 120~170μm；具散孔，孔数 18~28 个，孔直径 13~18μm；表面具刺，刺末端钝，刺长 17~28μm。

第五章 被子植物的花粉形态

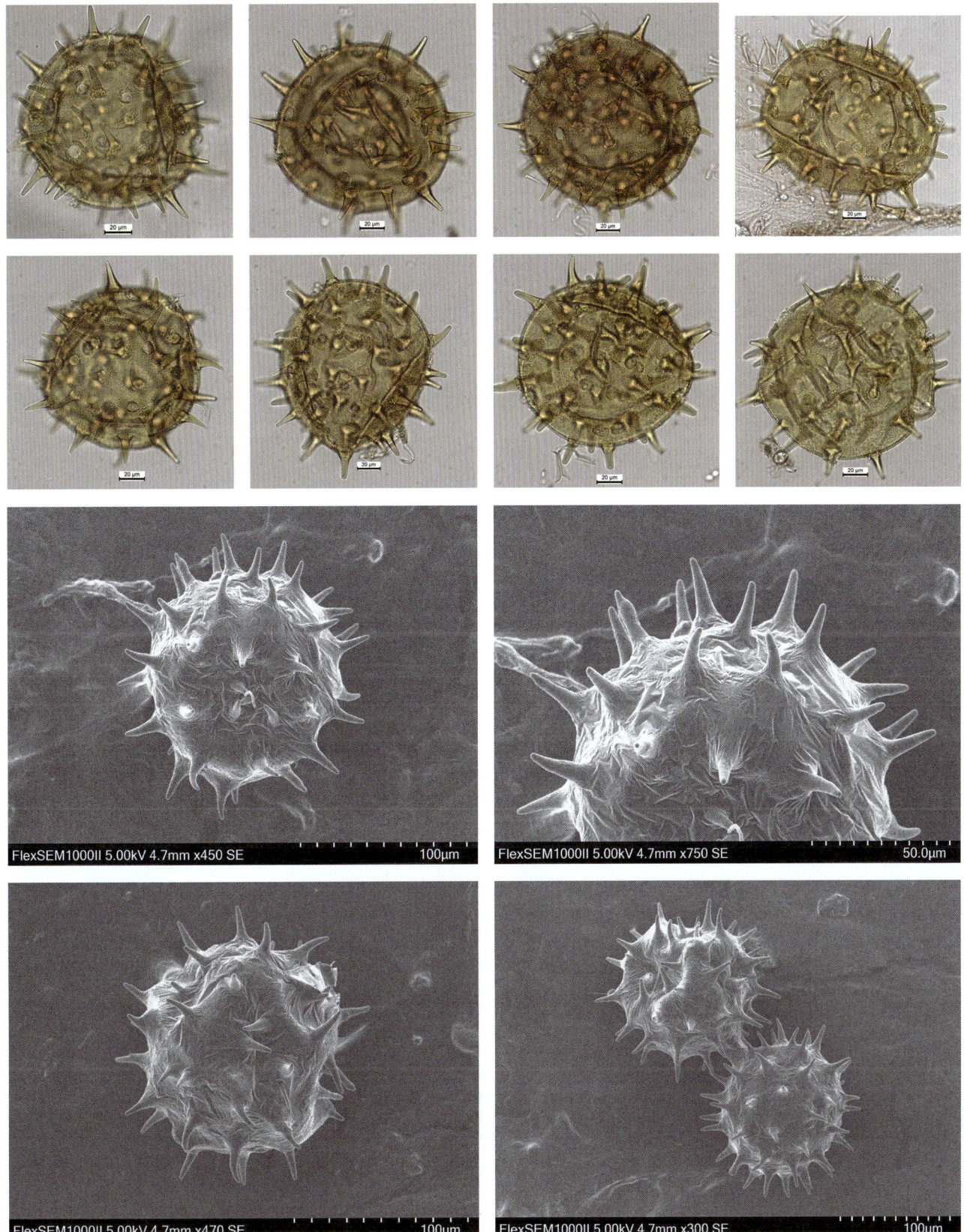

## *Plagiopteron* 斜翼属
*Plagiopteron suaveolens* Griff. 斜翼

【形态特征】蔓性灌木；叶膜质，卵形或卵状长圆形，先端急锐尖，基部圆形或微心形，上面脉上有稀疏茸毛，下面密被褐色星状茸毛，全缘，侧脉5~6对；叶柄长1~2厘米，被毛；圆锥花序生枝顶叶腋，通常比叶片短，花序轴被茸毛；花柄长6毫米；小苞片针形，长2~3毫米；萼片3片，披针形，长约2毫米，被茸毛；花瓣3片，长卵形，长约4毫米，两面被茸毛；雄蕊长约5毫米，花药球形，纵裂；子房被褐色长茸毛，胚珠侧生。

花粉图式

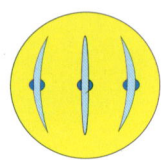

【花果期】花期7—8月，果期9月。

【生境】生长于海拔220米的丘陵灌木林里。

【分布】国内分布：广西龙州；国外分布：缅甸和泰国。

【别名】华斜翼。

【保护级别】国家二级重点保护野生植物；极危（CR）。

【花粉形态】花粉粒长球形，极面观为3裂圆形，赤道面观为长椭圆形，大小为15（12~17）× 25（23~27）μm；具3孔沟，沟长，两端渐尖，具沟膜，内有颗粒，内孔较大；外壁厚约2.8μm，外层稍厚于内层；表面具颗粒–细网状雕纹。

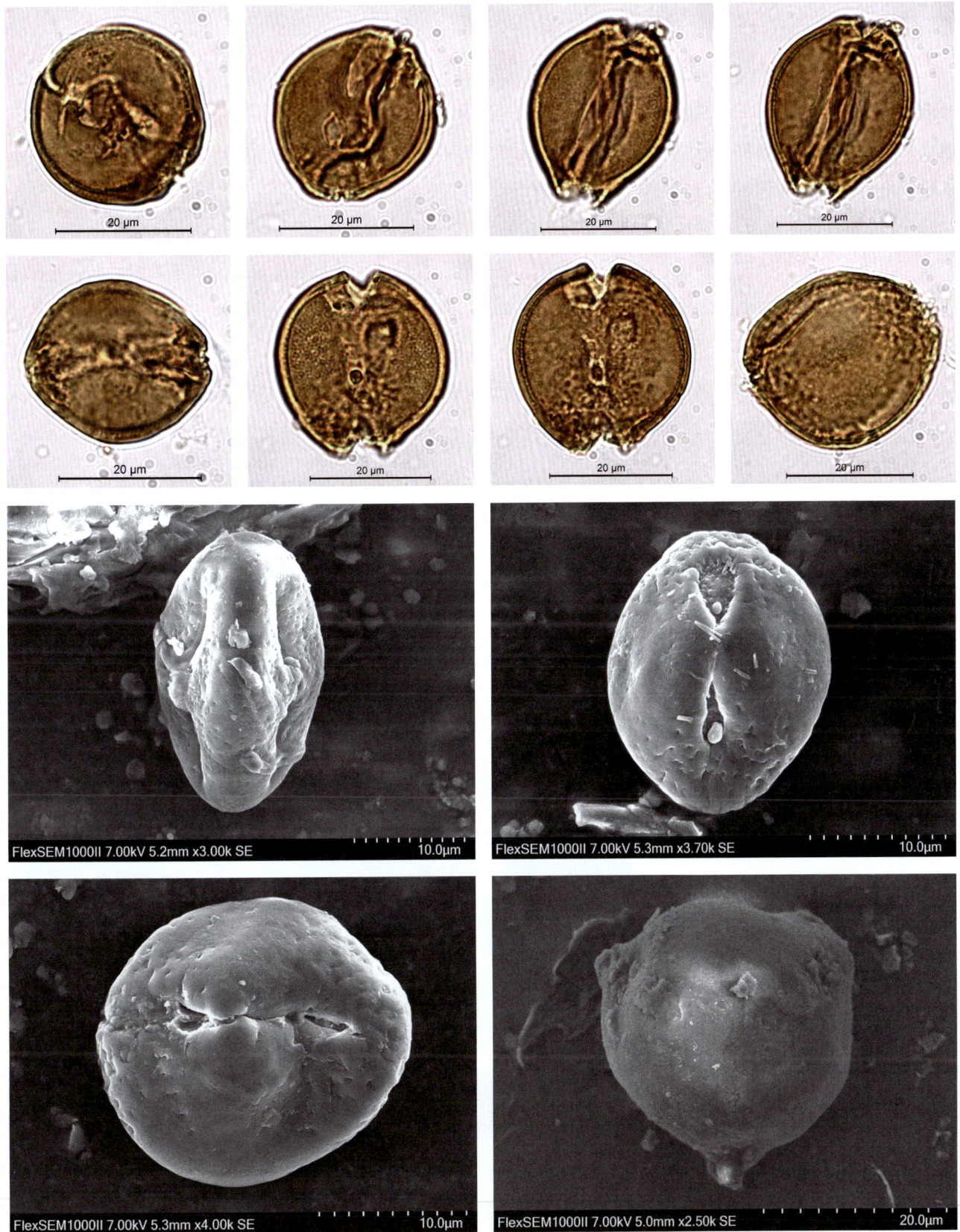

### *Sterculia* 苹婆属

***Sterculia euosma* W. W. Sm. 粉苹婆**

【形态特征】乔木；嫩枝密被淡黄褐色茸毛，后脱落；叶革质，卵状椭圆形，顶端短渐尖，基部圆形或略为斜心形，有基生脉 5 条，上面无毛或几无毛，下面密被淡黄褐色星状茸毛；叶柄长约 5 厘米；总状花序聚生于小枝上部，与幼叶同时抽出，略被淡黄褐色茸毛；花梗长 1~1.5 厘米；花暗红色，萼长约 1 厘米，5 裂几至基部，裂片条状披针形，外面被短柔毛，内面几无毛；雌雄蕊柄长约 2 毫米；子房卵圆形，密被毛，花柱弯曲，有长柔毛；蓇葖果熟时红色，矩圆形或矩圆状卵形，顶端渐尖成喙状，外面密被星状短茸毛；种子卵形，黑色。

花粉图式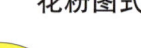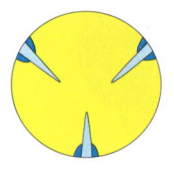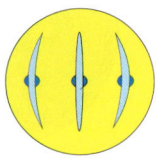

【花果期】花期 4—5 月，果期 7—8 月。

【生境】生于海拔 2000 米的石山山坡疏林中和密林中。

【分布】云南腾冲和广西靖西、罗城、柳州等地。

【别名】无

【保护级别】近危（NT）；中国特有种。

【花粉形态】花粉粒球形至长球形，极面观为 3 裂圆形，大小为 18（16~22）× 25（23~32）μm；3 孔沟，少数 4 孔沟，沟细长或长条状，内孔横长，矩形或纺锤形；外壁厚 1.5~2μm，外层厚于内层；表面为清晰的网状雕纹。

第五章 被子植物的花粉形态

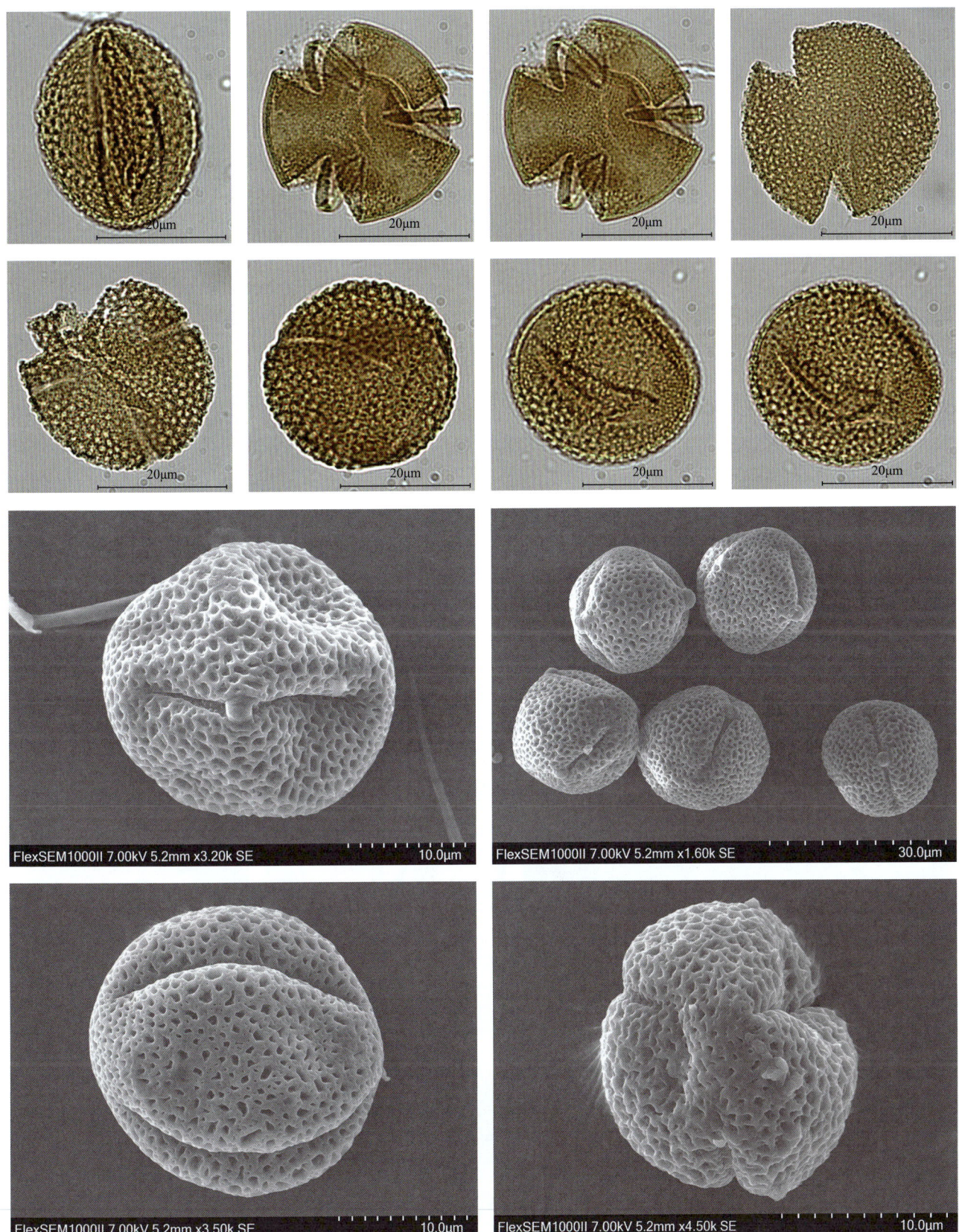

## *Sterculia monosperma* Vent. 苹婆

花粉图式

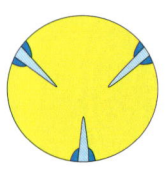 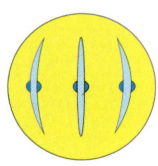

【**形态特征**】乔木；树皮褐黑色；小枝幼时略有星状毛；叶薄革质，矩圆形或椭圆形，顶端急尖或钝，基部浑圆或钝，两面均无毛；叶柄长 2~3.5 厘米，托叶早落；圆锥花序顶生或腋生，柔弱且披散，长可达 20 厘米，有短柔毛；花梗远比花长；萼初时乳白色，后转为淡红色，钟状，外面有短柔毛，长约 10 毫米，5 裂，裂片条状披针形，先端渐尖且向内曲，在顶端互相粘合，与钟状萼筒等长；雄花较多，雌雄蕊柄弯曲，无毛，花药黄色；雌花较少，略大，子房圆球形，有 5 条沟纹，密被毛，花柱弯曲，柱头 5 浅裂；蓇葖果鲜红色，厚革质，矩圆状卵形，顶端有喙，每果内有种子 1~4 个；种子椭圆形或矩圆形，黑褐色。

【**花果期**】花期 4—5 月，但在 10—11 月常可见少数植株开第二次花；果期 7—10 月。

【**生境**】喜生于排水良好的肥沃的土壤，且耐荫蔽；喜温暖湿润气候。

【**分布**】国内分布：广东、广西南部、福建东南部、云南南部和台湾；国外分布：印度、越南和印度尼西亚，多为人工栽培。

【**别名**】枇杷果、七姐果、凤眼果。

【**保护级别**】无危（LC）。

【**花粉形态**】花粉粒球形至长球形，极面观为 3 裂圆形，大小为 18（16~22）× 24（22~30）μm；3 孔沟，少数 4 孔沟，沟细长或长条状，内孔横长，矩形或纺锤形；外壁厚 1.5~2μm，外层厚于内层；表面为清晰的网状雕纹。

# 第五章 被子植物的花粉形态

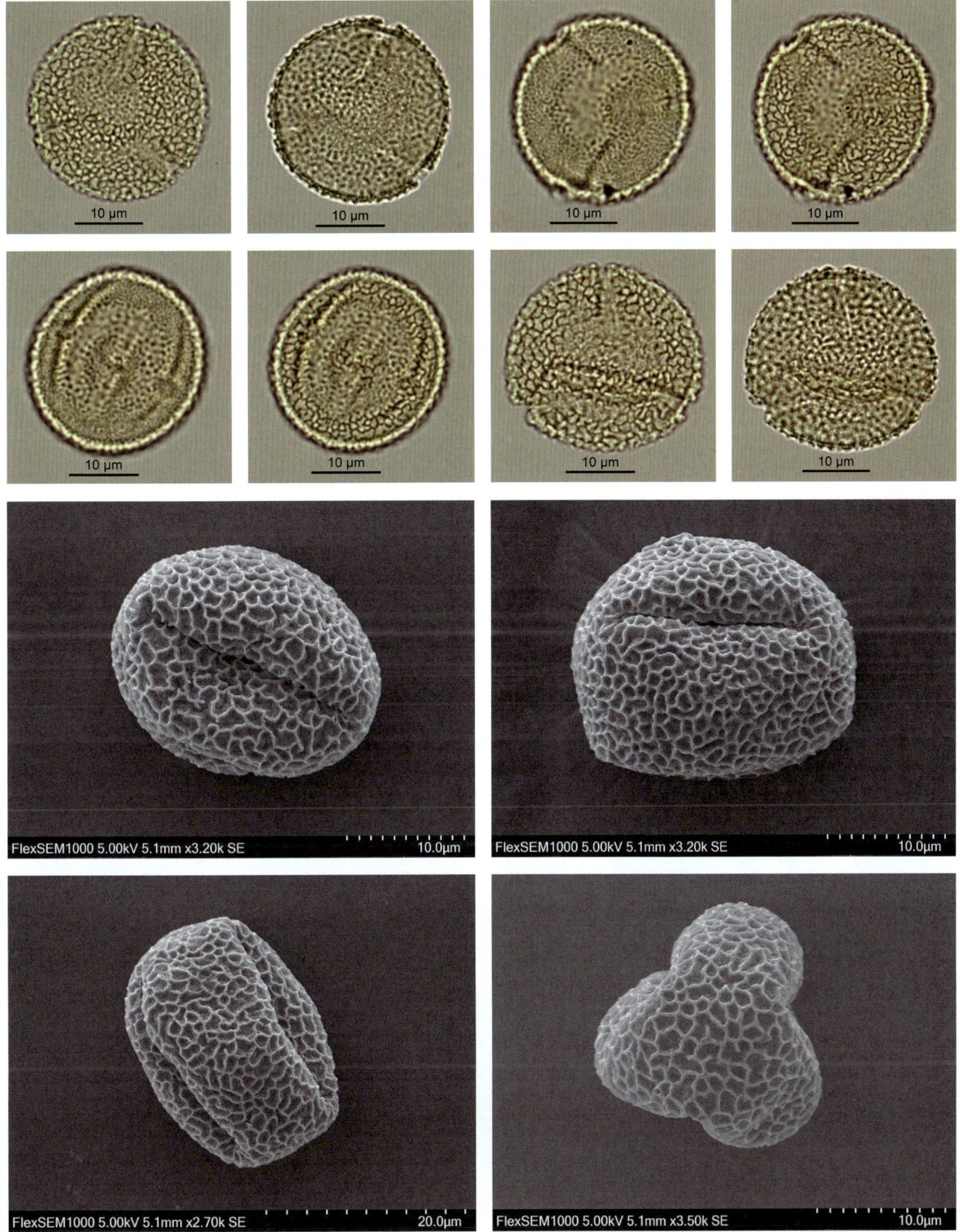

## *Talipariti* 黄槿属

### *Talipariti tiliaceum* (L.) Fryxell 黄槿

【形态特征】常绿灌木或小乔木，高可达 10 米；小枝无毛或疏被星状茸毛；叶近圆形或宽卵形，先端尖或短渐尖，基部心形，全缘或具细圆齿；叶柄长 2~8 厘米，托叶长圆形，早落；花单生叶腋或数朵花成腋生或顶生总状花序；花梗长 1~3 厘米，被茸毛；小苞片 7~10，线状披针形，被茸毛，中部以下连成杯状，被茸毛；花萼杯状，裂片 5，披针形，基部 1/3~1/4 合生，被茸毛；花冠钟形，黄色，内面基部暗紫色，花瓣 5，倒卵形，密被黄色柔毛；雄蕊柱长 2~3 厘米，无毛；花柱分枝 5，被腺毛；蒴果卵圆形，长约 2 厘米，具短喙，被茸毛，果爿 5，木质；种子肾形，具乳突。

【花果期】花期 6—8 月，果期 8—9 月。

【生境】生于高潮线上缘的海岸沙地、堤坝或村落附近和淡水湿地中。

【分布】国内分布：台湾、广东、福建等省；国外分布：越南、柬埔寨、老挝、缅甸、印度、印度尼西亚、马来西亚及菲律宾等热带国家。

【别名】盐水面头果、万年春、海麻、桐花、右纳。

【保护级别】无危（LC）。

【花粉形态】花粉粒球形，体积较大，直径为 80~110μm；具散孔，孔大，直径为 8~10μm；表面具刺，刺为长锥状，刺长为 17~25μm，刺表面光滑。

花粉图式

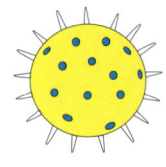
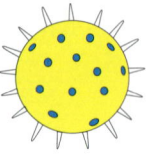

# 第五章 被子植物的花粉形态

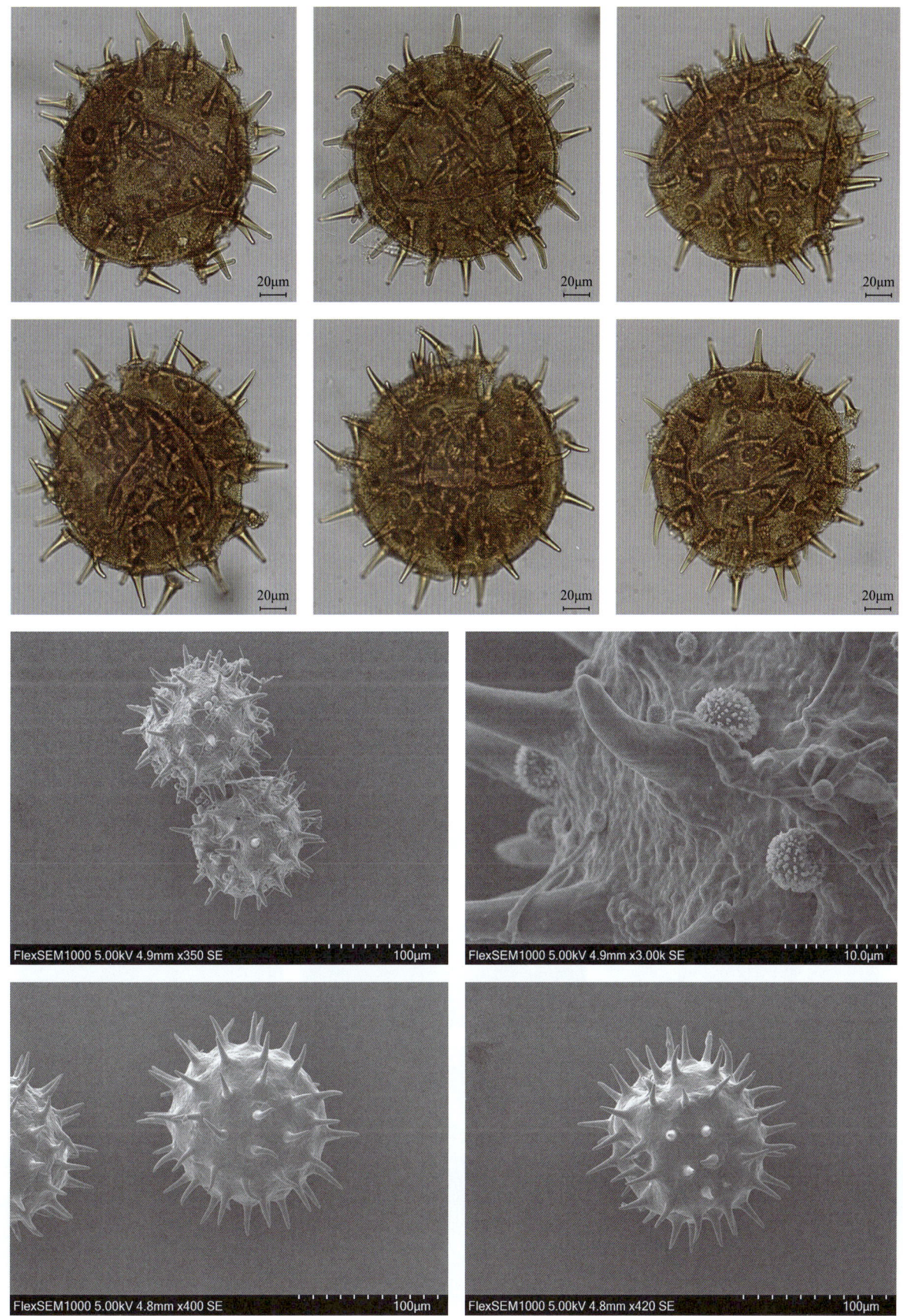

## *Tilia* 椴属

### *Tilia mandshurica* Rupr. & Maxim. 辽椴

**【形态特征】**乔木，高约 20 米，直径约 50 厘米；树皮暗灰色；嫩枝被灰白色星状茸毛，顶芽有茸毛；叶卵圆形，先端短尖，基部斜心形或截形，上面无毛，下面密被灰色星状茸毛，侧脉 5~7 对，边缘有三角形锯齿；叶柄长 2~5 厘米，圆柱形，较粗大，初时有茸毛，很快变秃净；聚伞花序长 6~9 厘米，有花 6~12 朵，花序柄有毛；花柄长 4~6 毫米，有毛；苞片窄长圆形或窄倒披针形，先端圆，基部钝，下半部 1/3~1/2 与花序柄合生，基部有柄；萼片外面有星状柔毛，内面有长丝毛；退化雄蕊花瓣状，稍短小；雄蕊与萼片等长；子房有星状茸毛，花柱长 4~5 毫米，无毛；果实球形，有 5 条不明显的棱。

**【花果期】**花期 7 月，果期 9 月。

**【生境】**常单株散生于疏林内或灌丛中。

**【分布】**国内分布：东北各省及河北、内蒙古、山东和江苏北部；国外分布：朝鲜及俄罗斯西伯利亚。

**【别名】**糠椴。

**【保护级别】**无危（LC）；地方保护野生植物。

**【花粉形态】**花粉粒扁球形，极面观浅 3 裂圆形，极少数为 2、4、5 裂圆形，赤道面观为宽椭圆形，直径为 36~40μm；具 3 孔沟，沟短，长约 6μm，纺锤形，两端渐尖，内孔圆形，具孔室；外壁厚约 2μm；外层稍厚于内层，内外层在沟边加厚至 6~7μm；表面具颗粒－细网状雕纹。

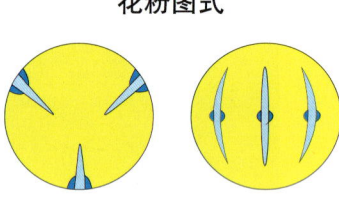

花粉图式

第五章 被子植物的花粉形态

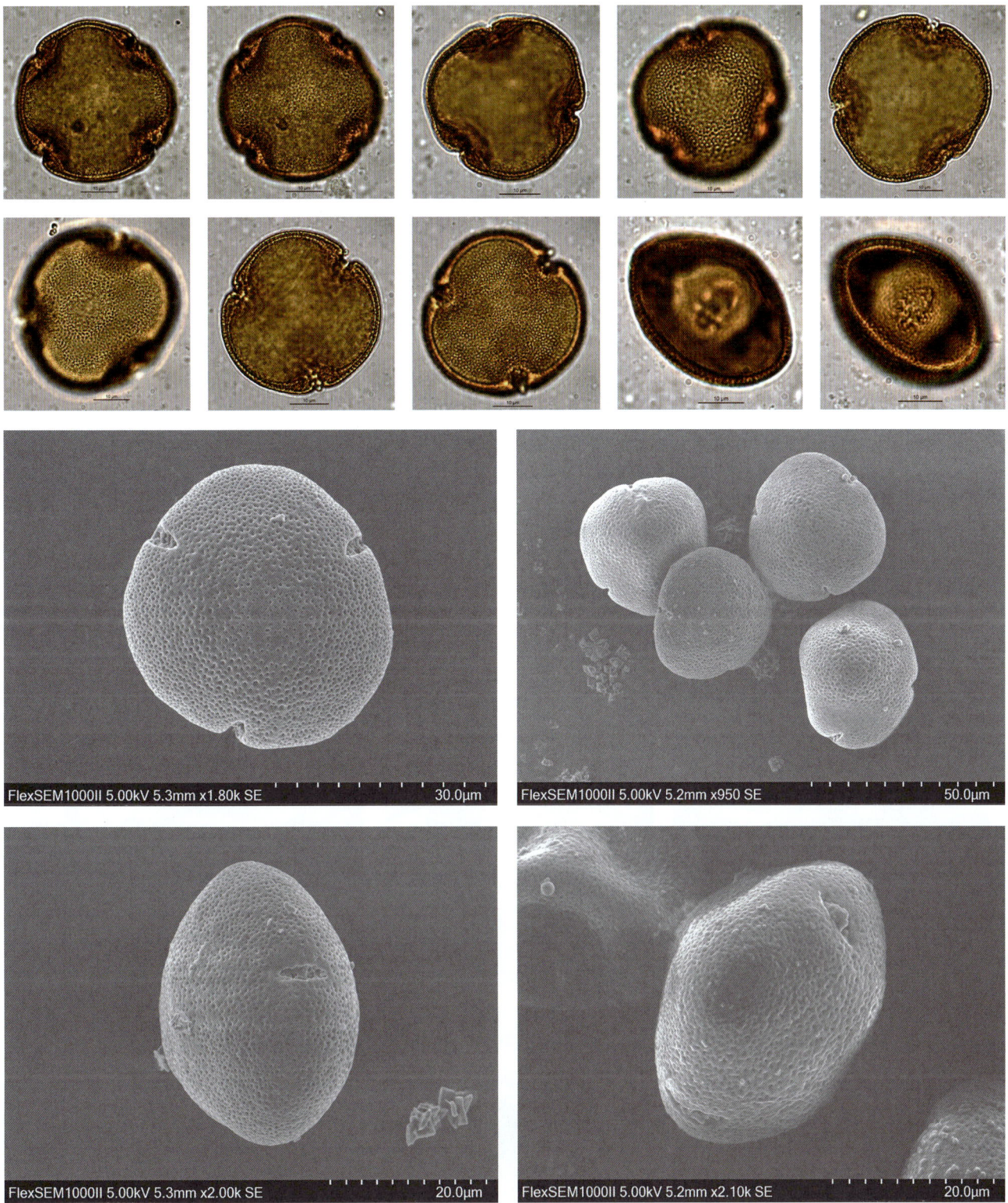

## Melanthiaceae 藜芦科
## *Chamaelirium* 仙杖花属
### *Chamaelirium chinense* (K. Krause) N. Tanaka 白丝草

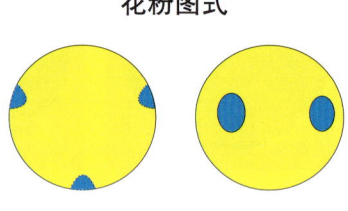

花粉图式

**【形态特征】**草本；叶椭圆形或长圆状披针形，长 1~6 厘米，宽 1~3.5 厘米，边缘皱波状；叶柄长 1~6 厘米；花葶高 14~40 厘米；穗状花序长 3~14 厘米，具多花；花芬香，近轴的 3~4 枚花被片匙状线形或近丝状，白色或淡黄色，长 3~8 毫米，上部宽 0.2~0.5 毫米，余 2~3 枚很短或无；雄蕊长 1~1.5 毫米，其中 3 枚较长，花药顶端常多少合成一室；蒴果狭倒卵状，长约 4 毫米，宽 2 毫米，上半部开裂；种子多数，梭形，长 1.8~2.8 毫米，下端有尾，尾长约为种子的 1/6~1/3。

**【花果期】**花期 4—5 月，果期 6 月。

**【生境】**生于海拔 650 米的山坡或路旁的荫蔽处或潮湿处。

**【分布】**广西东北部（全州、龙胜、兴安、融水和金秀）、广东（乳源和增城）、湖南南部（宜章）和福建北部（崇安）。

**【别名】**无

**【保护级别】**数据缺乏（DD）。

**【花粉形态】**花粉粒近球形，直径为 12~20μm；具 3 个拟萌发孔，拟萌发孔的界限不明显；外壁两层，外层厚于内层；表面具网状雕纹。

# 第五章 被子植物的花粉形态

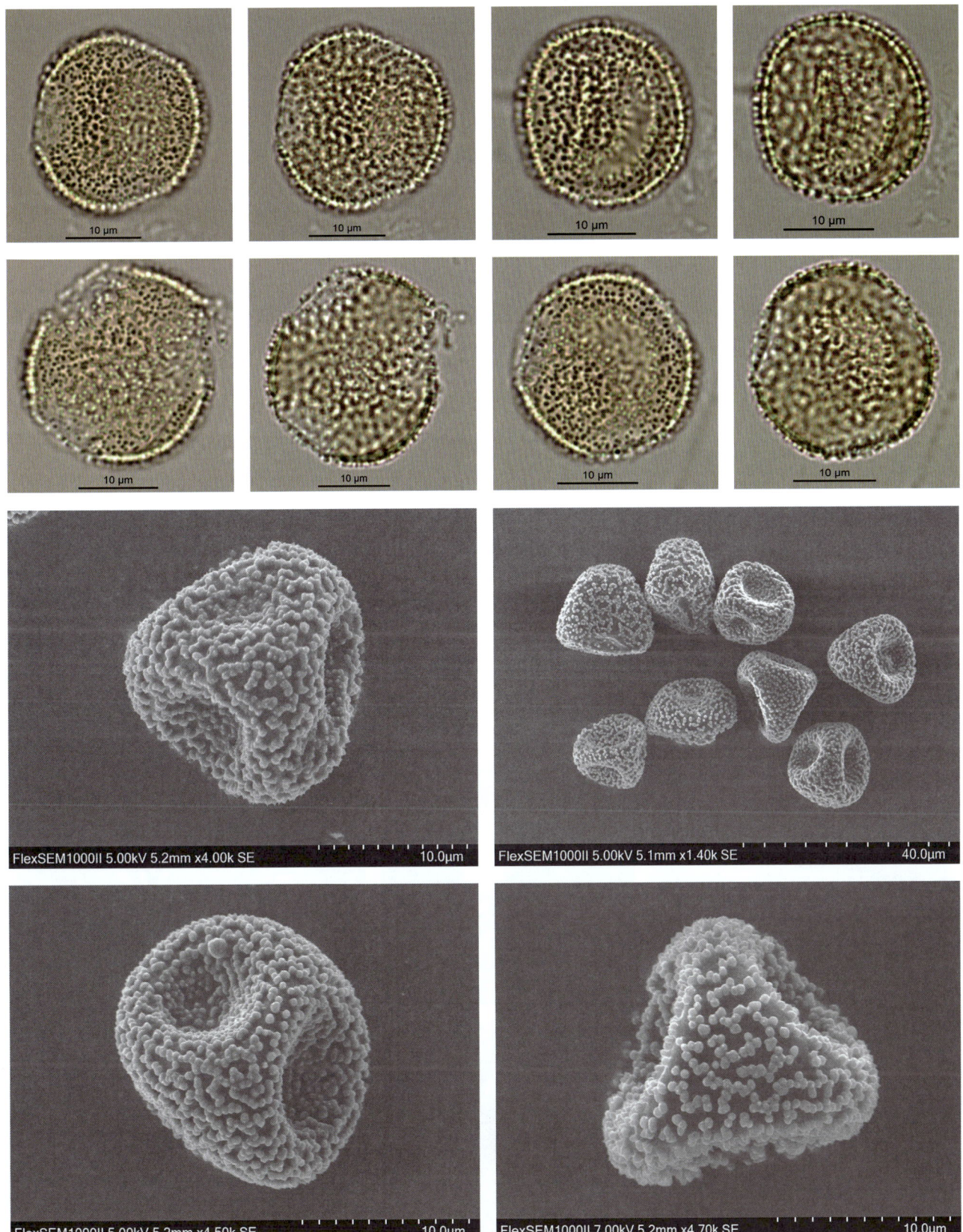

## *Paris* 重楼属

### *Paris dunniana* H. Lév. 海南重楼

【形态特征】高大草本；根状茎粗；茎高可达 1.6 米，绿或暗紫色；叶 4~8，倒卵状长圆形，先端具长 1~2 厘米的尖头；叶柄长 5~8 厘米；花梗长 0.6~1.4 米；花基数 5~8；萼片绿色，膜质，长圆状披针形，长 6.6~10 厘米，宽 1.5~2.4 厘米；花瓣绿色，丝状，长于萼片；雄蕊 3~6 轮，长 2~3 厘米，花丝长 0.8~1.3 厘米，花药长 1.2~2 厘米，药隔锐尖；子房淡绿色或紫色，具棱，长 8 毫米，径 5 毫米，1 室，侧膜胎座 6~8，胚珠多数，柱头 6~8；蒴果成熟时淡绿色，近球形，径 4 厘米，开裂；种子径约 4 毫米，外种皮橙黄色，肉质，多汁。因重楼属植物轮生叶为 7 片，其轮生叶顶着生黄绿色花 1 朵，故别名"七叶一枝花"。

【花果期】花期 3—4 月，果期 10—11 月。

【生境】生长在海拔 600~1350 米的林下阴处或沟谷边的草丛中。

【分布】贵州和海南。

【别名】宽瓣重楼。

【保护级别】国家二级重点保护野生植物；易危（VU）；中国特有种。

【花粉形态】花粉粒极面观为长椭圆形，有少数为近圆形，大小为 15（12~19）× 52（45~60）μm；具远极单沟，沟很宽，沟膜上具粗颗粒，沟膜经常破裂，沟边呈嚼烂状；外壁两层，外层较厚；表面具清楚的细网状雕纹。

花粉图式

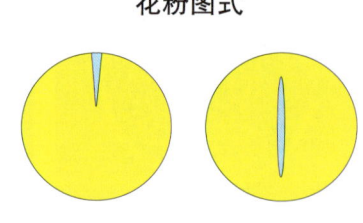

第五章 被子植物的花粉形态

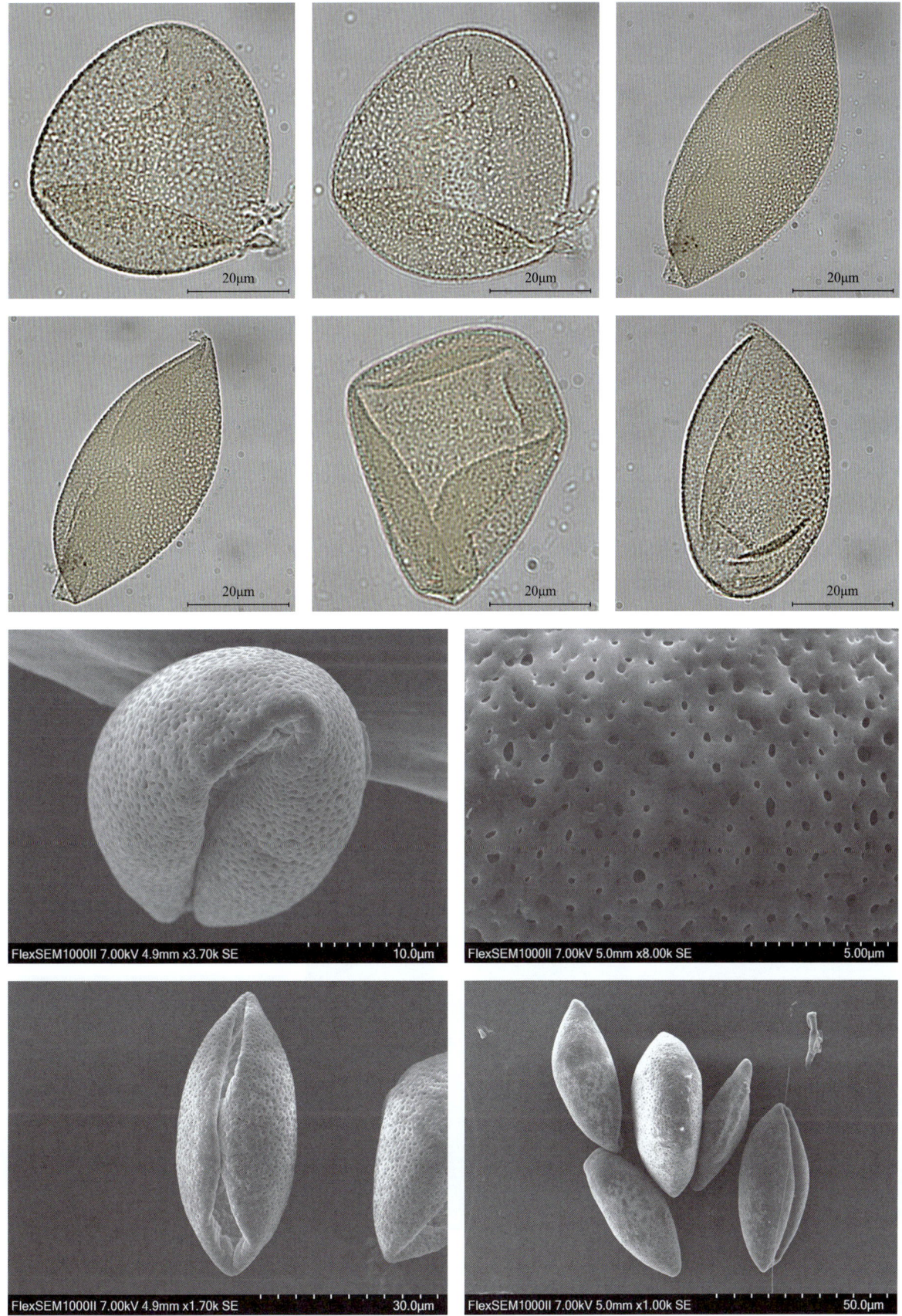

## *Paris polyphylla* var. *yunnanensis* (Franch.) Hand.-Mazz. 滇重楼

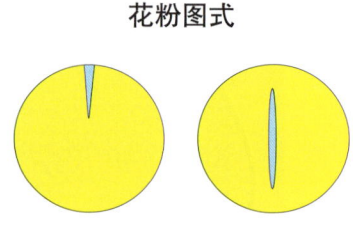

花粉图式

【形态特征】草本植物；茎高 20~30 厘米，常带紫红色，基部有膜质叶鞘抱茎；叶 6~12 枚，厚纸质，披针形、卵状矩圆形或倒卵状披针形；叶柄长 0.5~2 厘米；外轮花被片披针形或狭披针形，长 3~4.5 厘米；内轮花被片 6~12 枚，条形，中部以上宽 3~6 毫米，长为外轮的 1/2 或近等长；雄蕊 8~12 枚，花药长 1~1.5 厘米，花丝极短，药隔突出部分长 1~3 毫米；子房球形，花柱粗短，上端具 5~10 分枝；蒴果紫色，直径 1.5~2.5 厘米，3~6 瓣裂开；种子多数，具鲜红色多浆汁的外种皮。

【花果期】花期 6—7 月，果期 9—10 月。

【生境】生于海拔 1400~3600 米的林下或路边。

【分布】福建、湖北、湖南、广西、四川、贵州和云南。

【别名】宽瓣重楼。

【保护级别】国家二级重点保护野生植物；近危（NT）。

【花粉形态】花粉粒极面观为长椭圆形，有少数为近圆形，大小为 18（15~20）× 48（45~50）μm；具远极单沟，沟很宽，沟膜上具粗颗粒，沟膜经常破裂，沟边呈嚼烂状；外壁两层，外层较厚；表面具清楚的细网状雕纹。

第五章 被子植物的花粉形态

## *Paris vietnamensis* (Takht.) H. Li 南重楼

【形态特征】根状茎长 20 厘米；叶 4~6，绿色，倒卵形或倒卵状长圆形；叶柄长 3.5~10 厘米；花梗长 5.5~9 厘米；花基数 4~7；萼片 4~7，绿色，披针形或长圆形，常不等大，常具短爪；花瓣 4~7，黄绿色，线形，大都比萼片长或等长；雄蕊 2~3 轮，花丝紫色，长 0.4~1 厘米，花药长 1.1~1.2 厘米，药隔凸出部分常紫色，长 1~5 毫米；子房具 4~7 棱或窄翅，淡紫色，有时绿色，1 室，侧膜胎座 4~7，柱头 4~7，长 0.5~1 厘米；蒴果成熟时黄红色，开裂；种子近球形，长 1.5 毫米，径 2 毫米，外种皮橙黄色，多汁。

【花果期】花期 5—6 月，果期 10—12 月。

【生境】生于海拔 2000 米以下的常绿阔叶林内。

【分布】国内分布：云南、贵州和广西；国外分布：越南北部。

【别名】无

【保护级别】国家二级重点保护野生植物；易危（VU）。

【花粉形态】花粉粒极面观为长椭圆形，有少数为近圆形，大小为 22（17~23）× 48（44~50）μm；具远极单沟，沟很宽，沟膜上具粗颗粒，沟膜经常破裂，沟边呈嚼烂状；外壁两层，外层较厚；表面具清楚的细网状雕纹。

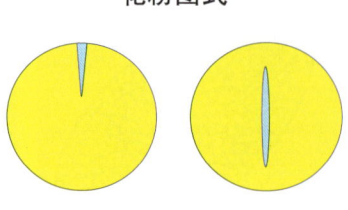

花粉图式

第五章 被子植物的花粉形态

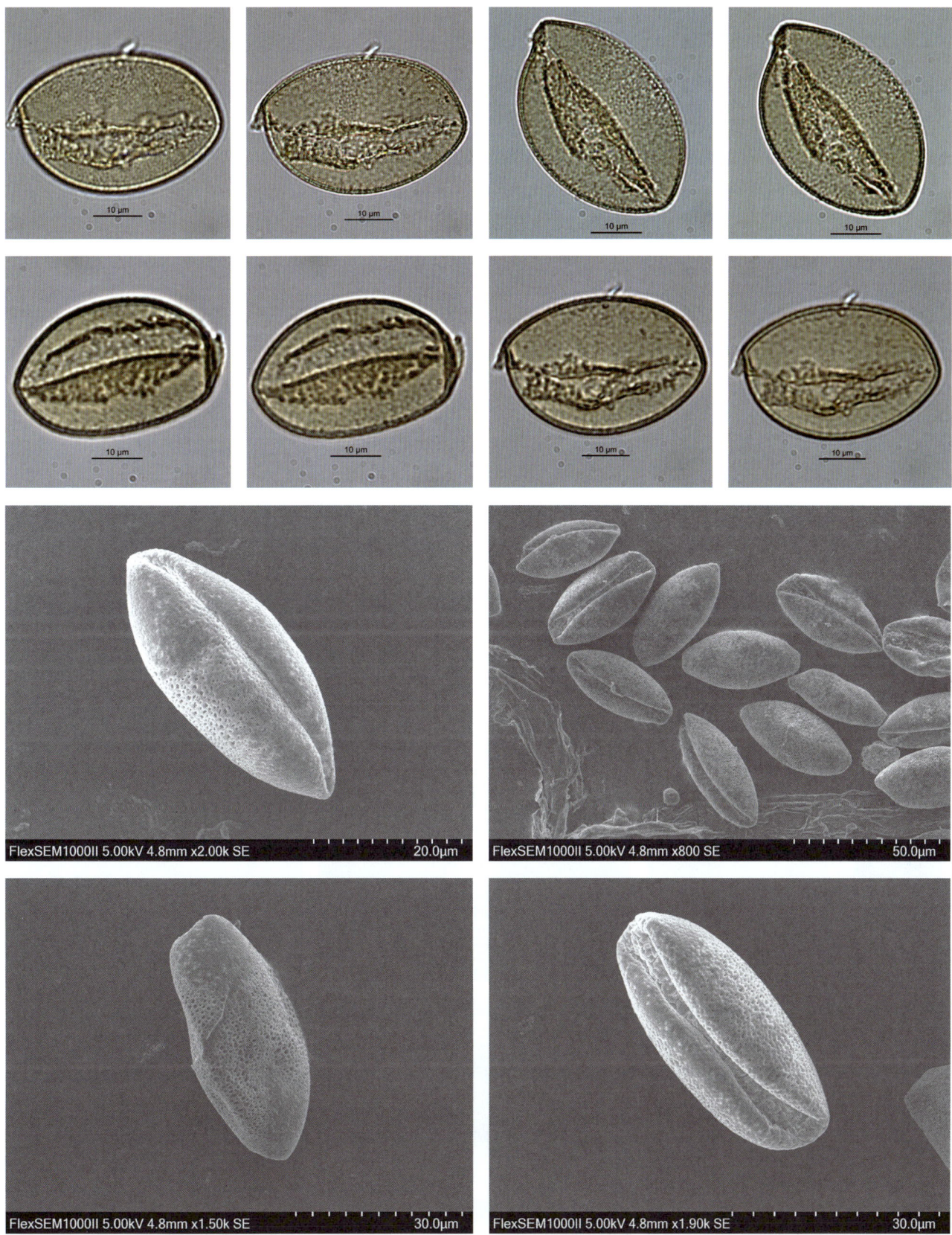

## Melastomataceae 野牡丹科
### *Melastoma* 野牡丹属
*Melastoma dodecandrum* Lour. 地稔

【形态特征】小灌木，长10~30厘米；茎匍匐上升，逐节生根，分枝多，披散，幼时被糙伏毛，以后无毛；叶片坚纸质，卵形或椭圆形，顶端急尖，基部广楔形，全缘或具密浅细锯齿，3~5基出脉；叶柄被糙伏毛；聚伞花序，顶生，有花1~3朵，基部有叶状总苞2，通常较叶小；花梗被糙伏毛，上部具苞片2；苞片卵形；花萼管长约5毫米，被糙伏毛；花瓣淡紫红色至紫红色，菱状倒卵形，上部略偏斜，顶端有1束刺毛，被疏缘毛；雄蕊长者药隔基部延伸，弯曲，末端具2小瘤；子房下位，顶端具刺毛；果坛状球形，平截，近顶端略缢缩，肉质，不开裂；宿存萼被疏糙伏毛。

花粉图式

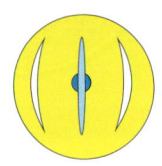

【花果期】花期5—7月，果期7—9月。

【生境】生于海拔1250米以下的山坡矮草丛中，为酸性土壤常见的植物。

【分布】国内分布：贵州、湖南、广西、广东、江西、浙江和福建；国外分布：越南。

【别名】地稔、乌地梨、铺地锦、埔淡、地茜。

【保护级别】无危（LC）。

【花粉形态】花粉粒长球形，极面观钝圆三角形或6裂圆形，大小为13（12~18）×32（29~35）μm；3孔沟与3假沟相间排列，沟细长，内孔横长，纺锤形，与沟相交处稍缢缩；外壁厚约1.5μm，外层稍厚于内层；表面光滑，电镜下有脑纹状或蠕虫状雕纹。

# 第五章　被子植物的花粉形态

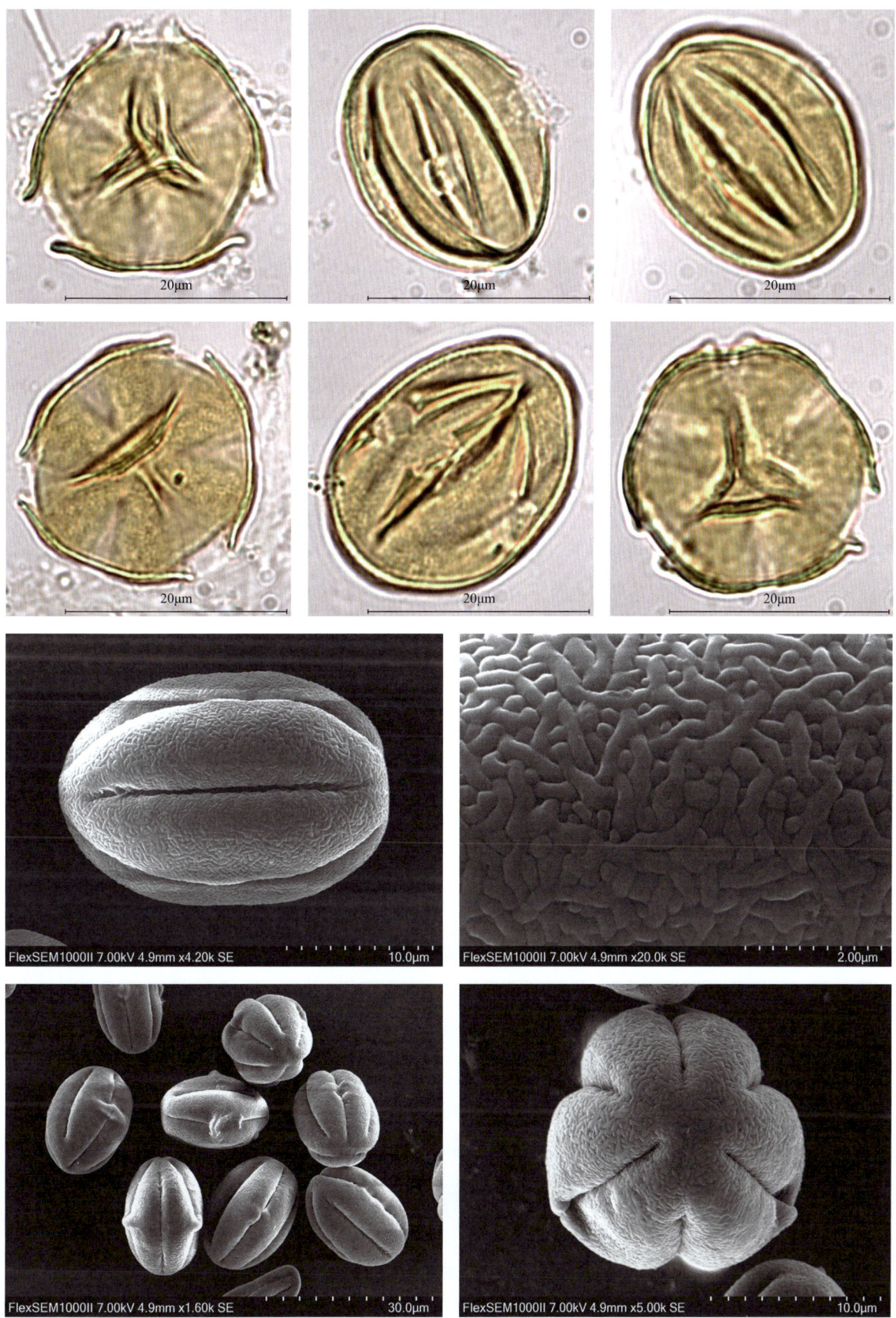

## *Tibouchina semidecandra* (Schrank & Mart. ex DC.) Cogn. 巴西野牡丹

花粉图式

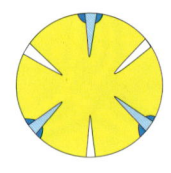
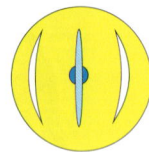

**【形态特征】**常绿灌木，高 0.6~1.5 米；茎四菱形，分枝多，枝条红褐色，株形紧凑美观；茎、枝几乎无毛；叶革质，披针状卵形，顶端渐尖，基部楔形，长 3~7 厘米，宽 1.5~3 厘米，全缘，叶表面光滑，无毛，5 基出脉，背面被细柔毛，基出脉隆起；伞形花序着生于分枝顶端，近头状，有花 3~5 朵；花瓣 5 枚；花萼长约 8 毫米，密被较短的糙伏毛，顶端圆钝，背面被毛；花瓣紫色，雄蕊白色且上曲；雌蕊明显比雄蕊伸长膨大；蒴果坛状球形。

**【花果期】**花果期全年。

**【生境】**常见于山坡或田边矮草丛中。

**【分布】**国内分布：广东、福建和海南等地常有栽培；国外分布：巴西等热带及亚热带地区广泛种植。

**【别名】**紫花野牡丹、艳紫野牡丹。

**【保护级别】**无危（LC）。

**【花粉形态】**花粉粒长球形，极面观钝圆三角形或 6 裂圆形，赤道面观椭圆形，大小为 16（14~18）× 30（29~34）μm；3 孔沟与 3 假沟相间排列，沟细长，内孔矩形，大小约 4 × 8μm，与沟相交处稍缢缩；外壁厚约 2μm，外层稍厚于内层；表面光滑，电镜下表面有脑纹状或蠕虫状雕纹。

第五章 被子植物的花粉形态

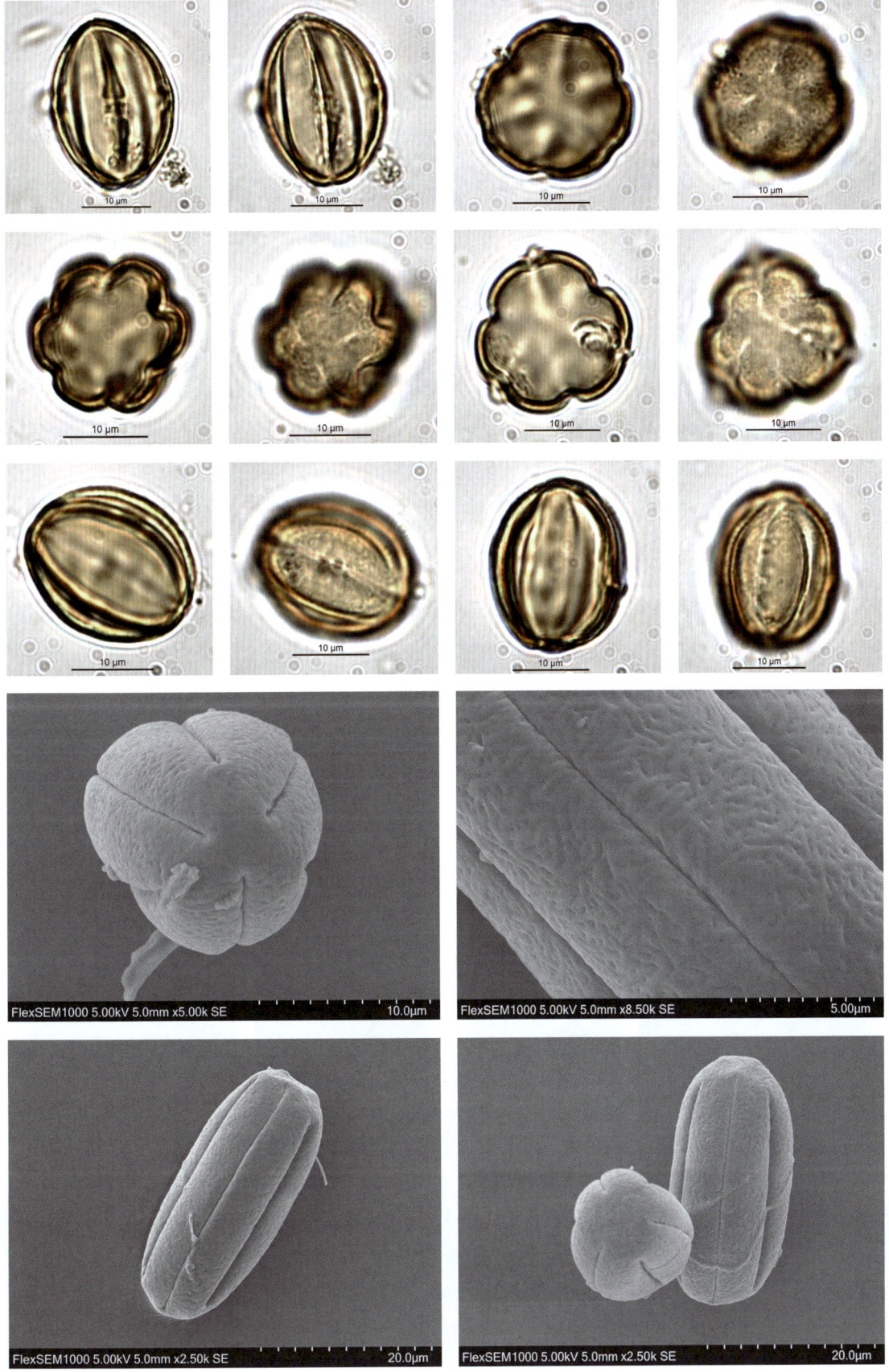

### *Tigridiopalma* 虎颜花属

*Tigridiopalma magnifica* C. Chen 虎颜花

花粉图式
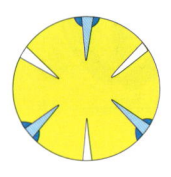 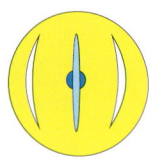

【形态特征】草本；茎极短，被红色粗硬毛；叶基生，叶片心形，顶端近圆形，基部心形，长宽 20~30 厘米或更大，边缘具不整齐的啮蚀状细齿，具缘毛，基出脉 9；叶柄圆柱形，肉质被红色粗硬毛，具槽；蝎尾状聚伞花序腋生，具长总梗（即花葶），无毛，钝四棱形；苞片极小，早落；花梗具棱，棱上具狭翅，多少被糠秕，有时具节；花萼漏斗状杯形，无毛，具 5 棱，萼片极短；花瓣暗红色，广倒卵形，一侧偏斜，几成菱形，顶端平、斜，具小尖头；雄蕊不等长；子房卵形，顶端具膜质冠，5 裂；蒴果漏斗状杯形，顶端平截，孔裂；宿存萼杯形，具 5 棱，棱上具狭翅。

【花果期】花期 11 月，果期翌年 3—5 月。

【生境】生于海拔约 480 米的山谷密林下阴湿处、溪旁、河边或岩石上积土。

【分布】广东西南部。

【别名】熊掌、大莲蓬。

【保护级别】国家二级重点保护野生植物；濒危（EN）。

【花粉形态】花粉粒扁球形或球形，极面观钝圆三角形或 6 裂圆形，大小为 8（7~9）× 12（10~15）μm；3 孔沟与 3 假沟相间排列，沟细长，内孔横长，与沟相交处稍缢缩；外壁薄，外层稍厚于内层；表面光滑。

第五章 被子植物的花粉形态

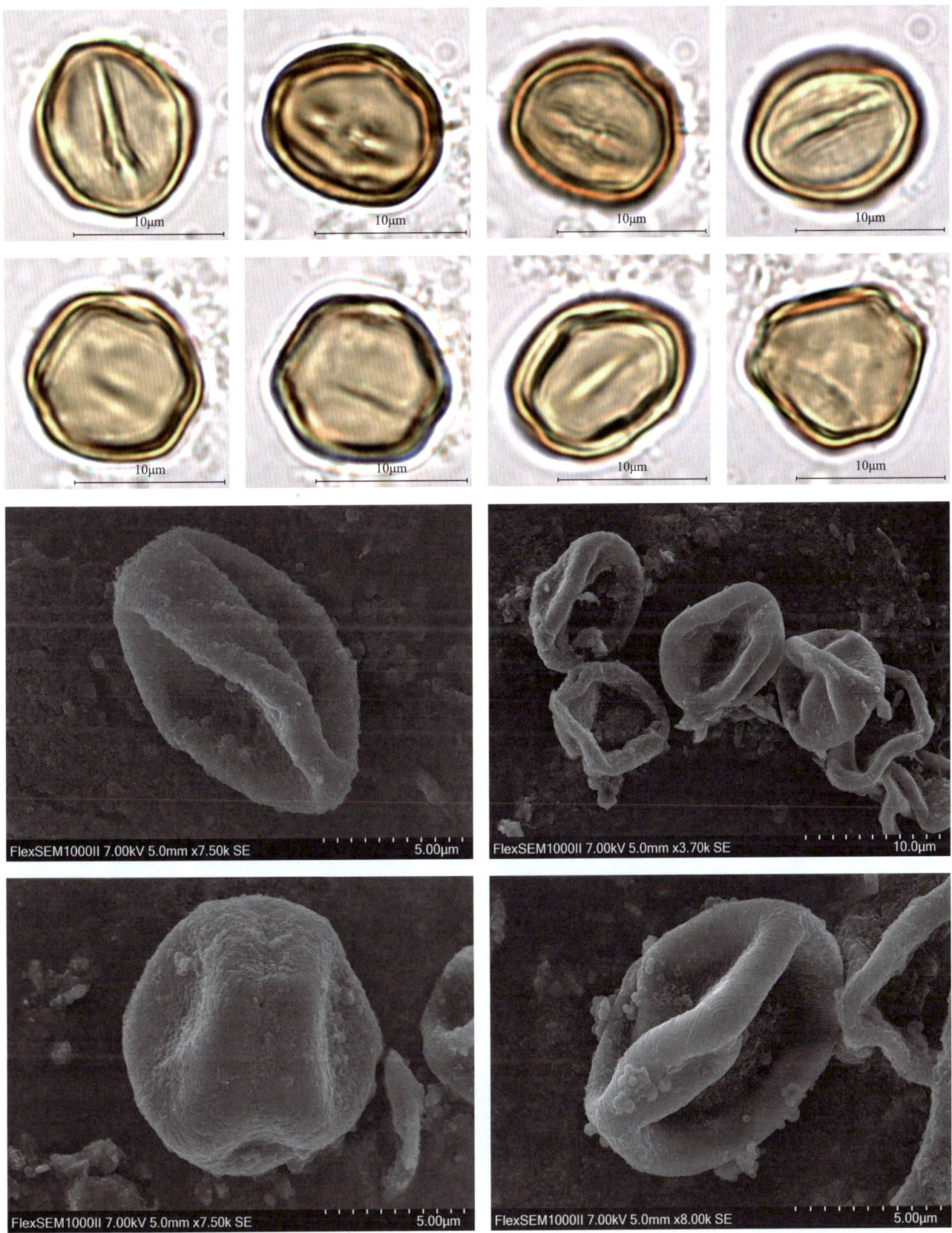

## Meliaceae 楝科
### *Chukrasia* 麻楝属
*Chukrasia tabularis* A. Juss. 麻楝

【形态特征】乔木，高可达 25 米；芽鳞被粗毛；小枝红褐色，无毛；偶数羽状复叶，无毛，小叶 5~8 对，互生，纸质，卵形或长圆状披针形；小叶柄长 4~8 毫米，无毛；圆锥花序顶生，花序轴及分枝无毛或近无毛；苞片线形，早落；花萼浅杯状，4~5 齿裂，被毛；花瓣 4~5，离生，旋转排列，黄色或稍带紫色，长圆形；雄蕊花丝筒圆筒形，顶端近平截或具 10 钝齿，花药 10，着生花丝筒口内缘，突出，花盘不发育；子房具短柄，3~5 室，被毛；蒴果木质，近球形或椭圆形，灰黄至褐色，无毛，具淡褐色小疣点，3~4 瓣裂；种子多数，扁平，椭圆形，下部具长翅。

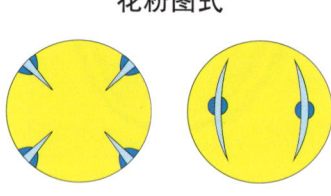

花粉图式

【花果期】花期 4—5 月，果期 7 月至翌年 1 月。

【生境】生于海拔 380~1530 米的山地杂木林或疏林中。

【分布】国内分布：广东、广西、贵州、云南等省区；国外分布：印度和斯里兰卡。

【别名】白椿、毛麻楝。

【保护级别】无危（LC）。

【花粉形态】花粉粒近球形至球形，赤道面观为椭圆形，极面观为 4 裂圆形或正方形，大小为 32（27~34）×45（42~48）μm；具 4 孔沟，孔沟处于角上，孔沟相交呈十字型；外壁两层，外层比内层厚；表面具细网状雕纹。

第五章 被子植物的花粉形态

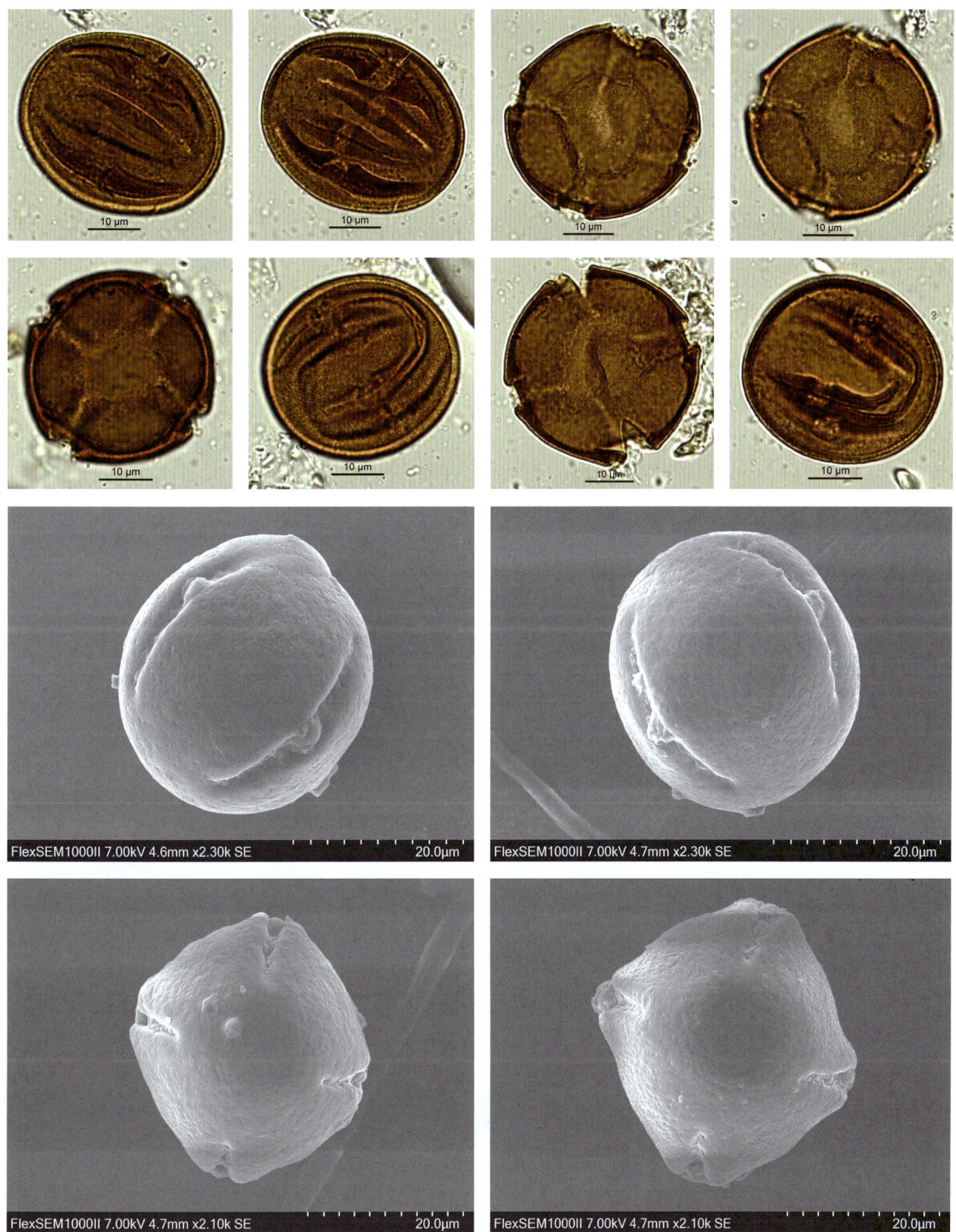

## *Melia* 楝属

***Melia azedarach* L. 楝**

**【形态特征】** 落叶乔木，高可达 30 米；二至三回奇数羽状复叶，长 20~40 厘米；小叶卵形、椭圆形或披针形，长 3~7 厘米，宽 2~3 厘米，先端渐尖，基部楔形或圆，具钝齿，幼时被星状毛，后脱落，侧脉 12~16 对；花芳香；花萼 5 深裂，裂片卵形或长圆状卵形；花瓣淡紫色，倒卵状匙形，长约 1 厘米，两面均被毛；花丝筒紫色，具 10 窄裂片，每裂片 2~3 齿裂，花药 10，着生于裂片内侧；子房 5~6 室；核果球形或椭圆形。

**【花果期】** 花期 4—5 月，果期 10—11 月。

**【生境】** 生于低海拔旷野、路旁或疏林中，目前已广泛栽培。

**【分布】** 国内分布：黄河以南各省区，较常见；国外分布：广布于亚洲热带和亚热带地区，温带地区也有栽培。

**【别名】** 苦楝树、金铃子、川楝子、森树、紫花树、楝树、苦楝、川楝。

**【保护级别】** 无危（LC）。

**【花粉形态】** 花粉粒近球形，极面观 3~5 裂圆形，赤道面观为椭圆形，大小为 46（37~49）× 51（48~54）cm；具 3~5 孔沟，多数为 4 孔沟，孔沟处于角上；外壁两层，外层比内层厚；表面光滑或具细颗粒状雕纹。

花粉图式

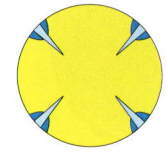
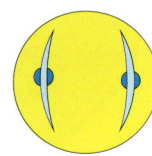

# 第五章 被子植物的花粉形态

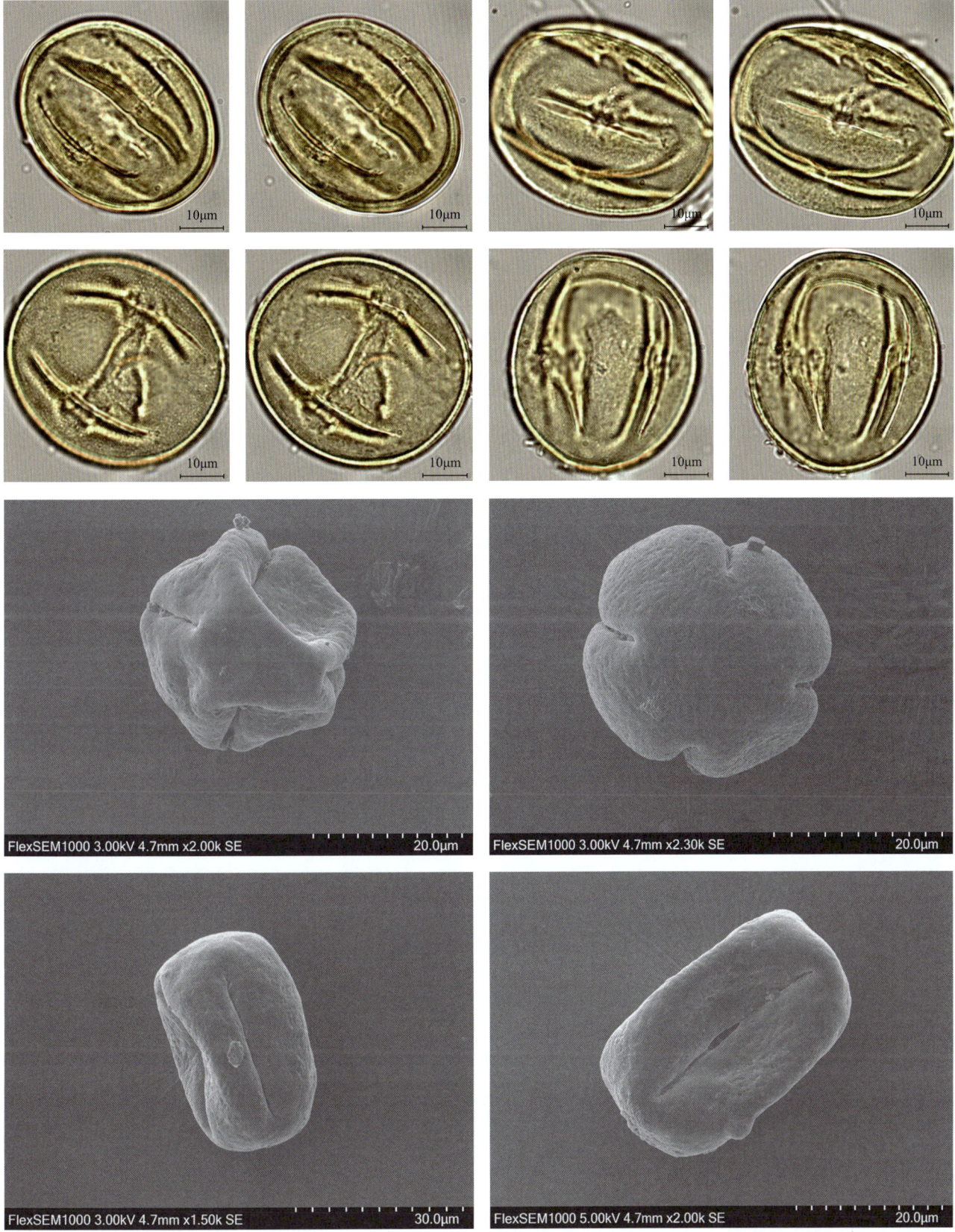

763

## *Toona* 香椿属

***Toona ciliata*** M. Roem. 红椿

【形态特征】大乔木，高 20 余米；小枝初时被柔毛，渐变无毛，有稀疏的苍白色皮孔；叶为羽状复叶，通常有小叶 7~8 对；叶柄长约为叶长的 1/4，圆柱形；小叶对生或近对生，纸质，长圆状卵形或披针形，长 8~15 厘米，边全缘，小叶柄长 5~13 毫米；圆锥花序顶生，花长约 5 毫米，具短花梗；花萼短，5 裂，裂片钝，被微柔毛及睫毛；花瓣 5，白色，长圆形，先端钝或具短尖；雄蕊 5，约与花瓣等长，花丝被疏柔毛，花药椭圆形；花盘与子房等长，被粗毛；子房密被长硬毛，每室有胚珠 8~10 颗，花柱无毛，柱头盘状，有 5 条细纹；蒴果长椭圆形，木质，干后紫褐色，有苍白色皮孔；种子两端具翅，翅扁平，膜质。

【花果期】花期 4—6 月，果期 10 月至翌年 2 月。

【生境】多生于低海拔沟谷林中或山坡疏林中。

【分布】国内分布：福建、湖南、广东、广西、四川和云南等省区；国外分布：印度、中南半岛、马来西亚、印度尼西亚等地。

【别名】双翅香椿、红棟子、赤昨工、毛红棟子、毛红椿、疏花红椿、滇红椿。

【保护级别】国家二级重点保护野生植物；无危（LC）。

【花粉形态】花粉粒近球形至球形，赤道面观为椭圆形，极面观为 4 裂圆形或正方形，大小为 17（14~19）×25（21~27）μm；具 4 孔沟，孔沟处于角上；外壁两层，外层厚于内层；表面光滑或具模糊的细网状雕纹。

花粉图式

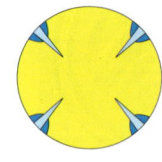
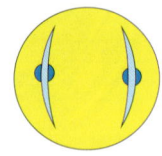

第五章 被子植物的花粉形态

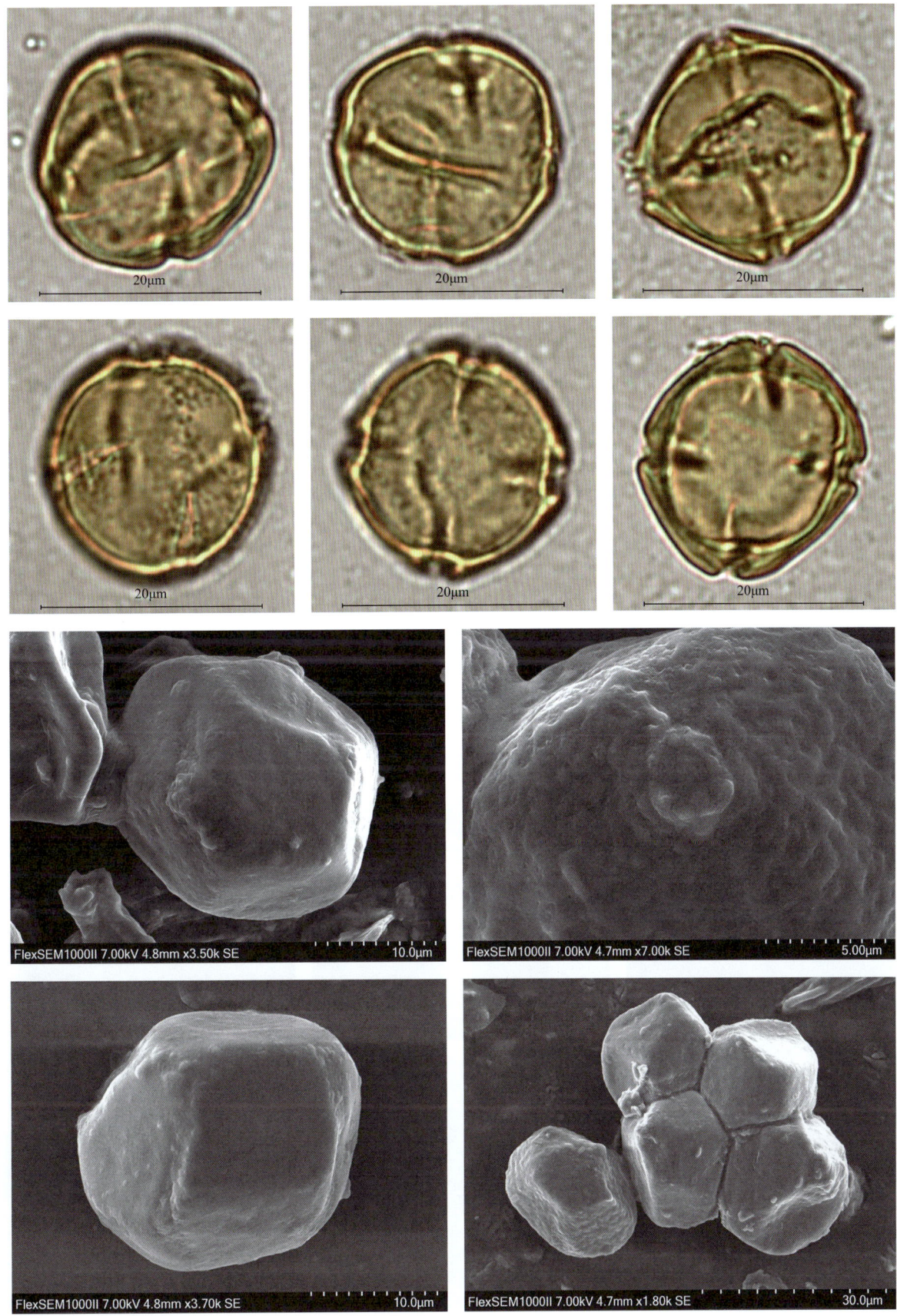

765

## Menispermaceae 防己科
### *Cyclea* 轮环藤属
***Cyclea racemosa*** Oliv. 轮环藤

【形态特征】藤本；老茎木质化，枝稍纤细，有条纹，被柔毛或近无毛；叶盾状或近盾状，纸质，卵状三角形或三角状近圆形，掌状脉 9~11 条；叶柄较纤细，被柔毛；聚伞圆锥花序狭窄，总状花序，密花，花序轴较纤细，密被柔毛，斜升；苞片卵状披针形，顶端尾状渐尖，背面被柔毛；雄花萼钟形，4 深裂几达基部，2 片阔卵形，2 片近长圆形；花冠碟状或浅杯状，全缘或 2~6 深裂几达基部；聚药雄蕊长约 1.5 毫米，花药 4 个；雌花萼片 2 或 1，基部囊状，中部缢缩，上部稍扩大而反折；花瓣 2 或 1，微小，常近圆形；子房密被刚毛，柱头 3 裂；核果扁球形，疏被刚毛，果核直径 3.5~4 毫米，背部中肋两侧各有 3 行圆锥状小凸体，胎座迹明显球形。

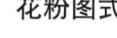
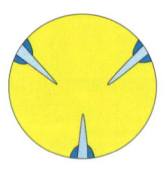
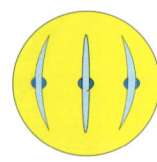

花粉图式

【花果期】花期 4—5 月，果期 8 月。

【生境】生于林中或灌丛中。

【分布】陕西、四川、湖北、浙江南部、贵州、广东、湖南和江西各地。

【别名】峨眉轮环藤。

【保护级别】无危（LC）。

【花粉形态】花粉粒长球形，极面观近钝三角形，大小为 11（9~13）× 12（10~13）μm；具 3 孔沟，沟细长；外壁厚约 1μm，外层厚于内层；表面具较粗的网状雕纹。

第五章 被子植物的花粉形态

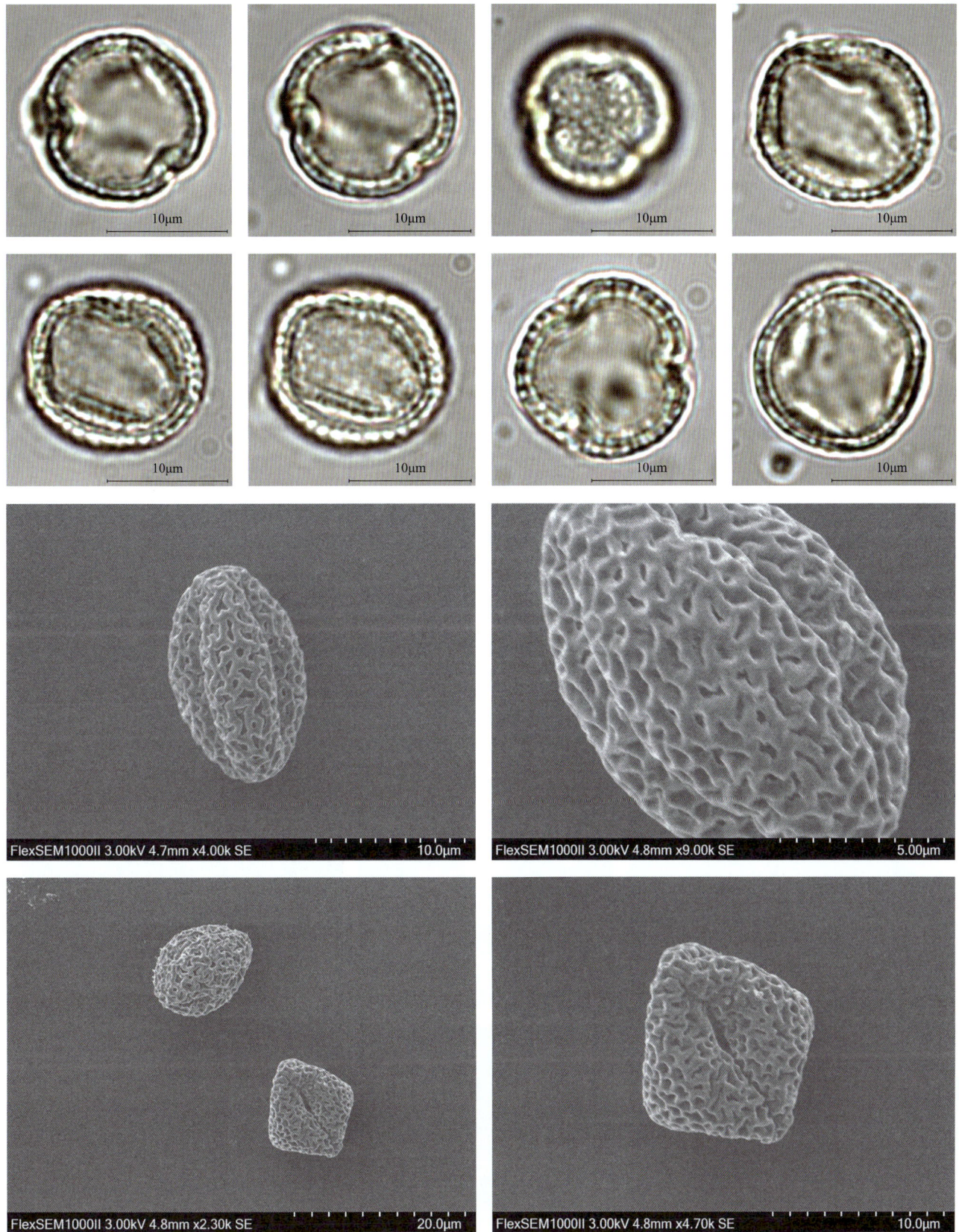

## Menyanthaceae 睡菜科
### *Nymphoides* 荇菜属
*Nymphoides peltata* (S. G. Gmel.) Kuntze 荇菜

【形态特征】多年生水生草本；茎圆柱形，多分枝，密生褐色斑点，节下生根；上部叶对生，下部叶互生，叶片飘浮，近革质，圆形或卵圆形，基部心形，全缘；叶柄圆柱形，基部变宽，呈鞘状，半抱茎；花常多数，簇生节上；花梗圆柱形；花冠金黄色，分裂至近基部，冠筒短，喉部具 5 束长柔毛，裂片宽倒卵形；雄蕊着生于冠筒上，整齐，花丝基部疏被长毛；在短花柱的花中，雌蕊长 5~7 毫米，花柱长 1~2 毫米，柱头小，花丝长 3~4 毫米，花药常弯曲，箭形；在长花柱的花中，雌蕊长 7~17 毫米，花柱长可达 10 毫米，柱头大，2 裂，裂片近圆形；腺体 5 个，黄色，环绕子房基部；蒴果无柄，椭圆形，宿存花柱长 1~3 毫米，成熟时不开裂；种子大，褐色，椭圆形，边缘密生睫毛。

花粉图式

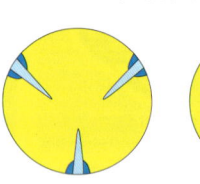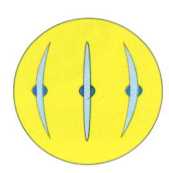

【花果期】花果期 4—10 月。

【生境】生于海拔 60~1800 米的池塘或不甚流动的河溪中。

【分布】国内分布：全国绝大多数省区；国外分布：中欧、俄罗斯、蒙古、朝鲜、日本、伊朗、印度和克什米尔地区。

【别名】凫葵、水荷叶、杏菜、莕菜。

【保护级别】无危（LC）。

【花粉形态】花粉粒扁球形，直径为 32~40μm；具 3 孔沟，萌发孔位于角上，副合沟，沟在极区为三角形；表面具条纹 – 脑纹状雕纹。

第五章 被子植物的花粉形态

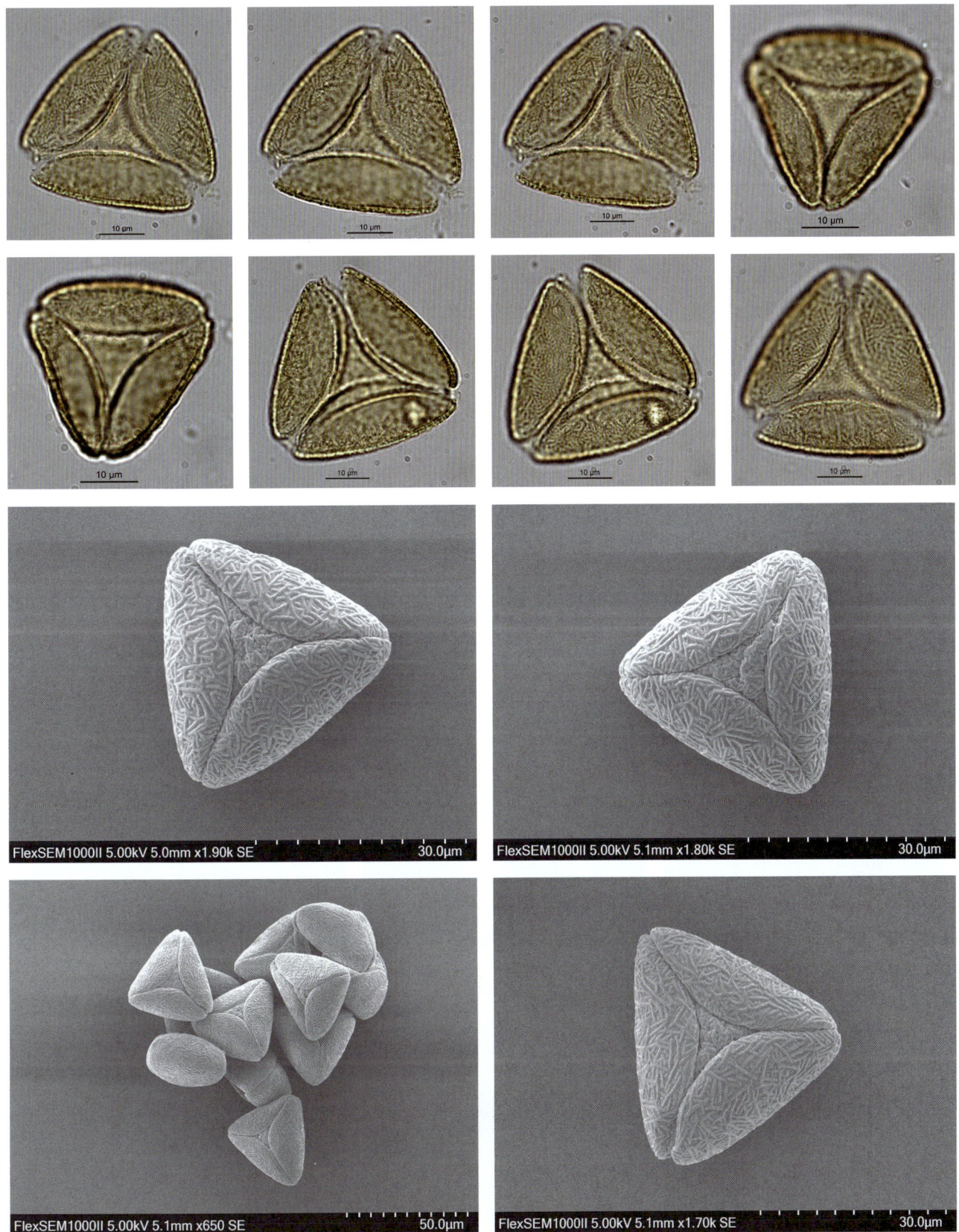

## Moraceae 桑科
### *Humulus* 葎草属
*Humulus scandens* (Lour.) Merr. 葎草

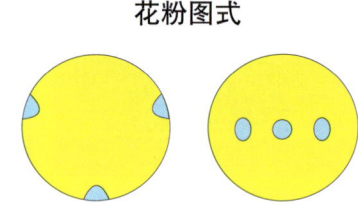

花粉图式

【形态特征】缠绕草本，茎、枝、叶柄均具倒钩刺；叶纸质，肾状五角形，掌状 5~7 深裂，稀为 3 裂，长宽 7~10 厘米，基部心脏形，表面粗糙，疏生糙伏毛，背面有柔毛和黄色腺体，裂片卵状三角形，边缘具锯齿；叶柄长 5~10 厘米；雄花小，黄绿色，圆锥花序，长 15~25 厘米；雌花序球果状，径约 5 毫米；苞片纸质，三角形，顶端渐尖，具白色茸毛；子房为苞片包围，柱头 2，伸出苞片外；瘦果成熟时露出苞片外。

【花果期】花期春夏季，果期秋季。

【生境】常生于沟边、荒地、废墟和林缘边。

【分布】国内分布：除新疆、青海外，南北各省区均有分布；国外分布：日本和越南。

【别名】锯锯藤、拉拉藤、葛勒子秧、勒草、拉拉秧、割人藤、拉狗蛋。

【保护级别】无

【花粉形态】花粉粒近球形，略扁，直径为 25~30μm；具 3~5 孔，圆形，孔边显著加厚，孔稍凸出于轮廓线，孔膜具颗粒；外壁层次不清楚，内外层约等厚；表面具微弱的细网状雕纹。

第五章 被子植物的花粉形态

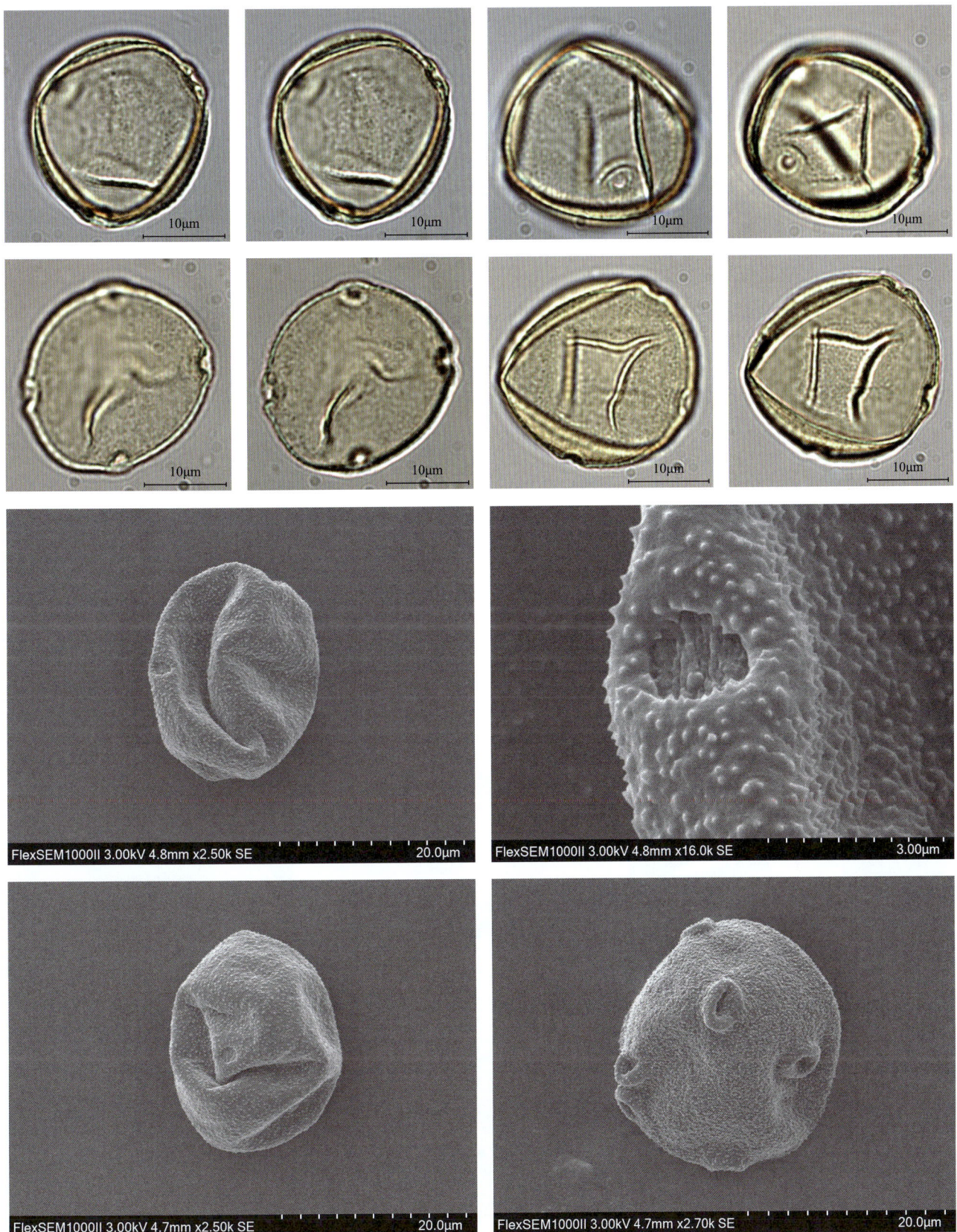

771

## Musaceae 芭蕉科
### *Musella* 地涌金莲属
*Musella lasiocarpa* (Franch.) C. Y. Wu ex H. W. Li 地涌金莲

【形态特征】多年生丛生草本，具水平向根状茎；假茎矮小，高不及60厘米，基部有宿存的叶鞘；叶片长椭圆形，先端锐尖，基部近圆形，两侧对称，有白粉；花序直立，直接生于假茎上，密集如球穗状，苞片干膜质，黄色或淡黄色，有花2列，每列4~5花；合生花被片卵状长圆形，先端具5齿裂，离生花被片先端微凹，凹陷处具短尖头；浆果三棱状卵形，外面密被硬毛，果内具多数种子；种子大，扁球形，黑褐色或褐色，光滑，腹面有大而白色的种脐。

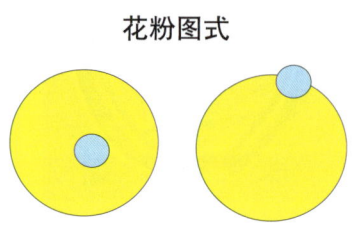

花粉图式

【花果期】花期8—9月，果期9—11月。

【生境】多生于山间坡地或栽于庭园内，海拔1500~2500米。

【分布】云南中部至西部。

【别名】无

【保护级别】濒危（EN）。

【花粉形态】花粉粒球形，直径为76~88μm；具单孔，孔圆形，大而突出，直径为15~20μm；表面粗糙，具脑纹状雕纹。

第五章 被子植物的花粉形态

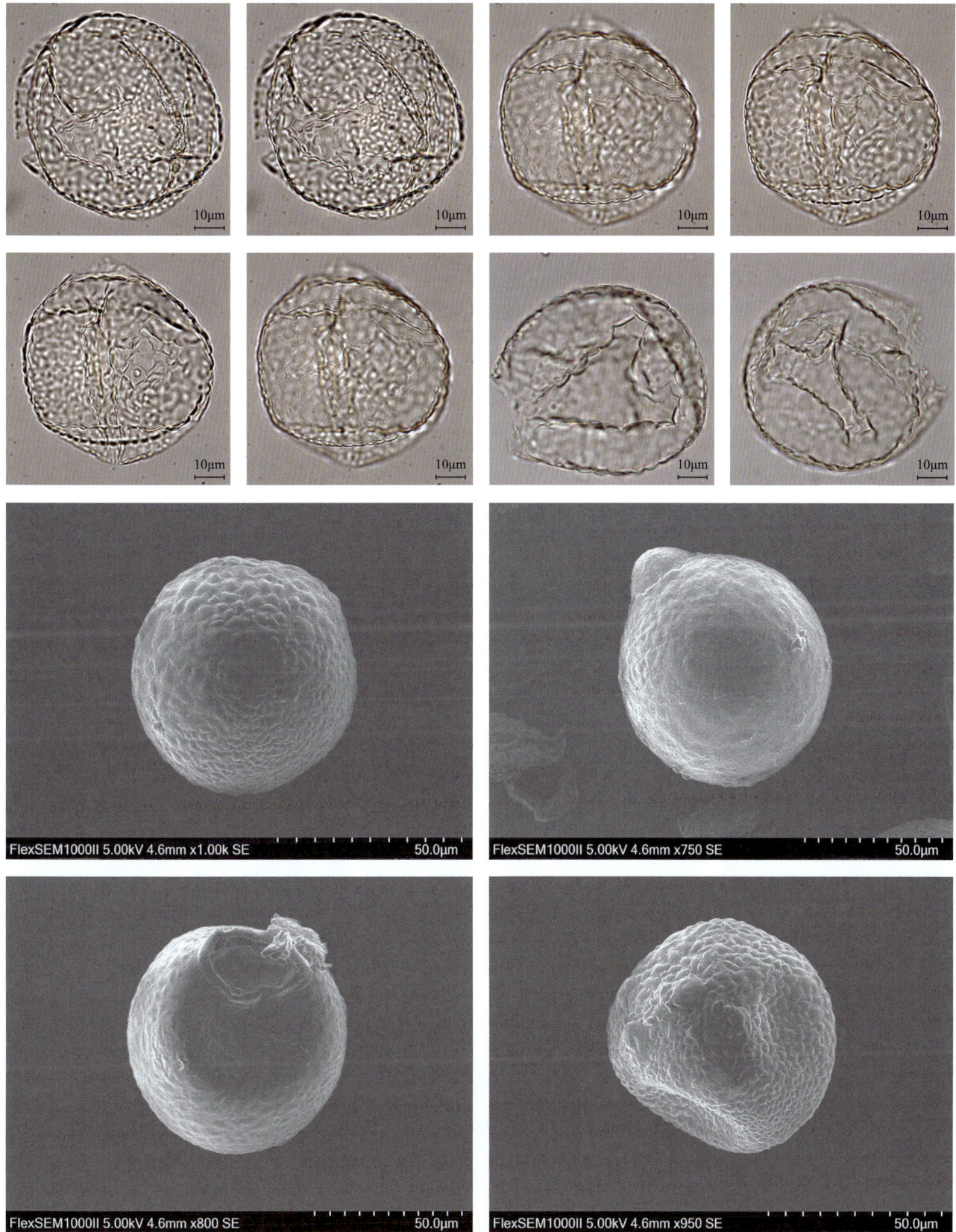

## Myricaceae 杨梅科
### *Morella* 杨梅属
*Morella rubra* Lour. 杨梅

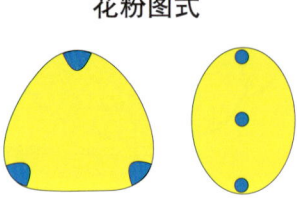

花粉图式

【形态特征】常绿乔木，高可达 15 米；小枝及芽无毛；叶革质，楔状倒卵形或长椭圆状倒卵形，长 6~16 厘米，先端圆钝或短尖，基部楔形，全缘，稀中上部疏生锐齿，下面疏被金黄色腺鳞；叶柄长 0.2~1 厘米；雄花序单生或数序簇生叶腋，圆柱状，长 1~3 厘米；雄花具 2~4 卵形小苞片，雄蕊 4~6，花药暗红色，无毛；雌花序单生叶腋，长 0.5~1.5 厘米；雌花具 4 卵形小苞片；核果球形，具乳头状凸起，果皮肉质，多汁液及树脂，味酸甜，熟时深红或紫红色；核宽椭圆形或圆卵形，稍扁，内果皮硬木质。

【花果期】花期 4 月，果期 6—7 月。

【生境】海拔 125~1500 米的山坡或山谷林中，喜酸性土壤。

【分布】江苏、浙江、台湾、福建、江西、湖南、贵州、四川、云南、广西和广东。

【别名】无

【保护级别】地方保护野生植物。

【花粉形态】花粉粒扁球形，极面观为钝三角形，赤道面观为宽椭圆形，大小为 16（13~19）× 27（25~29）μm；具 3~4 孔，孔圆形，大小为 3~5μm，孔里面外层表面不平，孔室具明显的锯齿；表面具颗粒状雕纹，电镜下为小刺。

第五章 被子植物的花粉形态

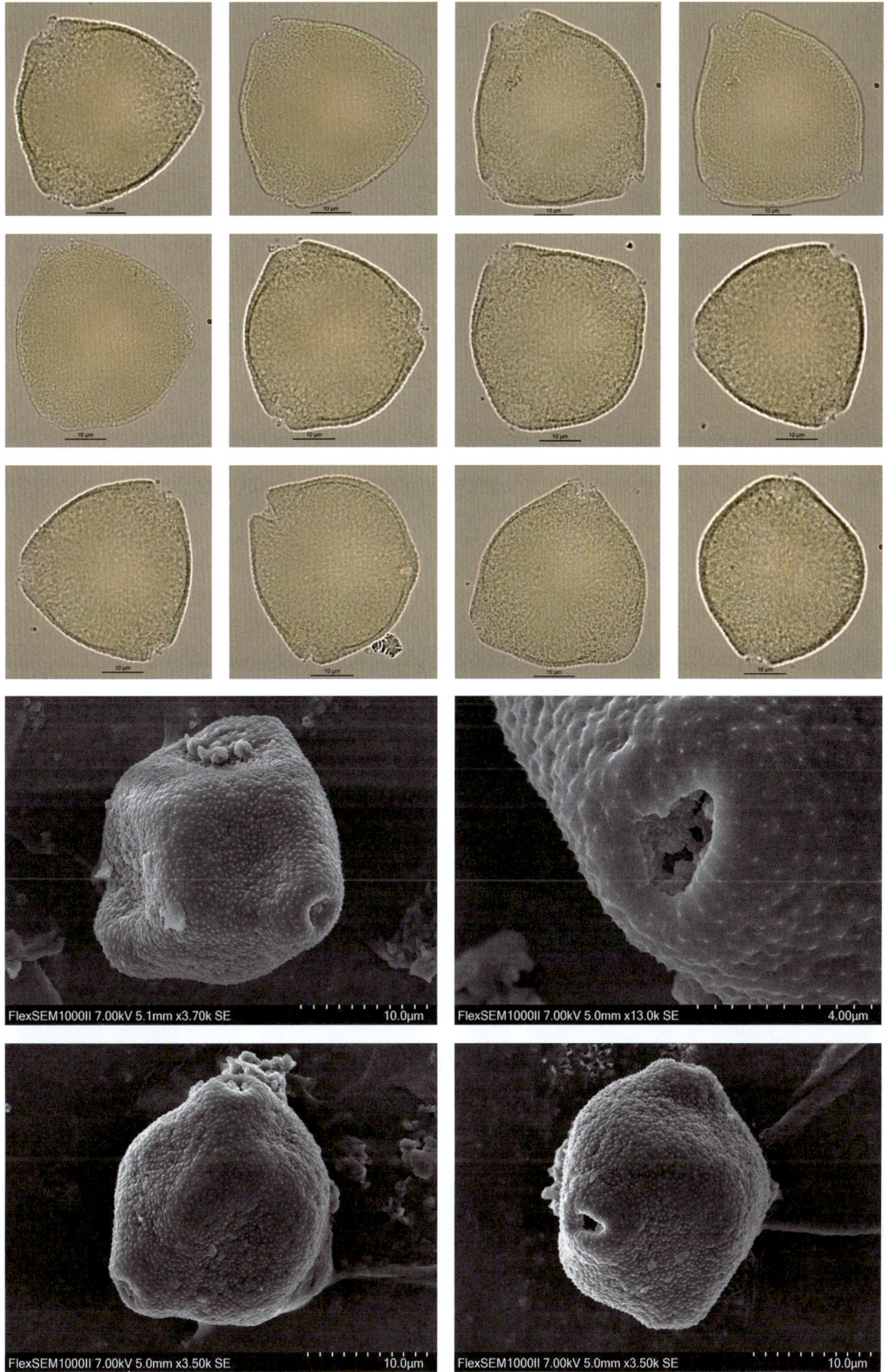

## Myrtaceae 桃金娘科
## *Callistemon* 红千层属
### *Callistemon rigidus* R. Br. 红千层

花粉图式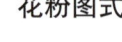

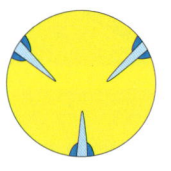 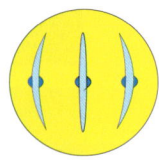

**【形态特征】** 小乔木；树皮坚硬，灰褐色；嫩枝有棱，初时有长丝毛，不久变无毛；叶片坚革质，线形，先端尖锐，初时有丝毛，不久脱落，油腺点明显，干后突起，中脉在两面均突起，侧脉明显，边脉位于边上，突起；叶柄极短；穗状花序生于枝顶；萼管略被毛，萼齿半圆形，近膜质；花瓣绿色，卵形，有油腺点；雄蕊长 2.5 厘米，鲜红色，花药暗紫色，椭圆形；花柱比雄蕊稍长，先端绿色，其余红色；蒴果半球形，先端平截，萼管口圆，果瓣稍下陷，3 片裂开，果片脱落；种子条状。

**【花果期】** 花期 6—8 月，果期 7—9 月。

**【生境】** 性喜温暖湿润气候，能耐烈日酷暑，较耐寒；喜肥沃、酸性土壤，也耐瘠薄地。

**【分布】** 原产于澳大利亚；中国引种，广东、广西、海南、福建、台湾等省区均有栽培。

**【别名】** 瓶刷木、金宝树、红瓶刷。

**【保护级别】** 地方保护野生植物。

**【花粉形态】** 花粉粒扁球形，极面观为三角形或四方形，边直或中部稍凹，角孔型，大小为 16（13~19）× 27（25~29）μm；具 3~4 孔沟，副合沟，沟界极区为三角形或四方形，内孔椭圆形，横长；表面光滑，或具微弱的颗粒状雕纹。

第五章 被子植物的花粉形态

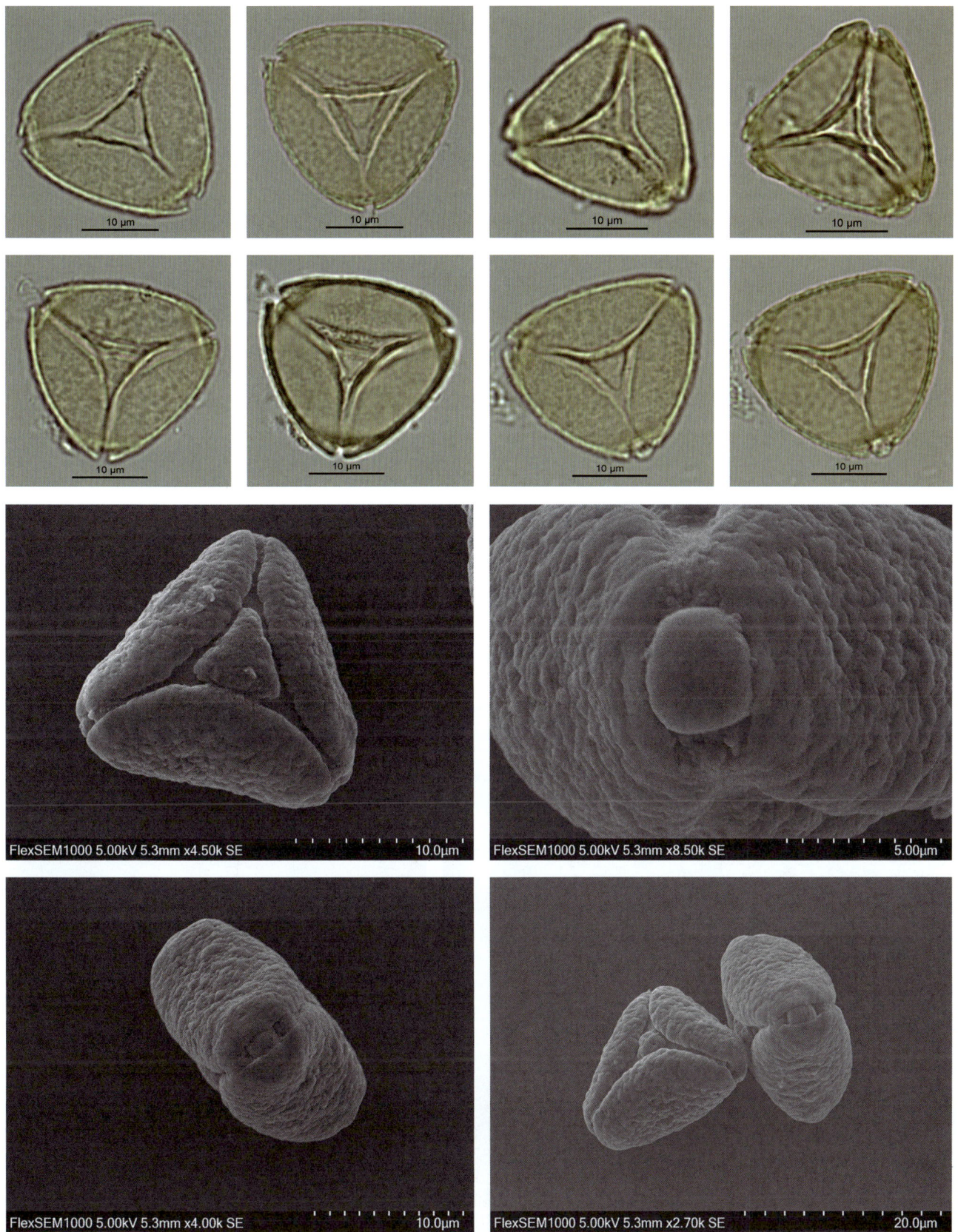

## *Decaspermum* 子楝树属

***Decaspermum gracilentum*** (Hance) Merr. & L. M. Perry 子楝树

**【形态特征】**灌木至小乔木；嫩枝被灰褐色或灰色柔毛，纤细，有钝棱；叶片纸质或薄革质，椭圆形，有时为长圆形或披针形，先端急锐尖或渐尖，基部楔形，初时两面有柔毛，以后变无毛，上面干后变黑色，有光泽，下面黄绿色，有细小腺点，侧脉 10~13 对，不很明显，有时隐约可见；叶柄长 4~6 毫米；聚伞花序腋生，长约 2 厘米，有时为短小的圆锥状花序，总梗有紧贴柔毛；小苞片细小，锥状；花梗长 3~8 毫米，被毛；花白，3 数，萼管被灰毛，萼片卵形，长 1 毫米，先端圆，有睫毛；花瓣倒卵形，长 2~2.5 毫米，外面有微毛；雄蕊比花瓣略短；浆果直径约 4 毫米，有柔毛，有种子 3~5 颗。

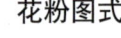
花粉图式
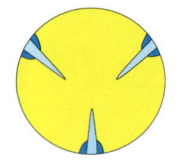
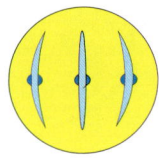

**【花果期】**花期 3—5 月，果期 10—12 月。

**【生境】**常见于低海拔至中海拔的森林中。

**【分布】**国内分布：台湾、广东、广西等省区；国外分布：越南。

**【别名】**华夏子楝树。

**【保护级别】**无危（LC）。

**【花粉形态】**花粉粒扁球形，极面观为三角形或四方形，边直或中部稍凹，角孔型，大小为 15 (12~17) × 24 (20~26) μm；具 3~4 孔沟，副合沟，沟界极区为三角形或四方形，内孔椭圆形，横长；表面具瘤状雕纹。

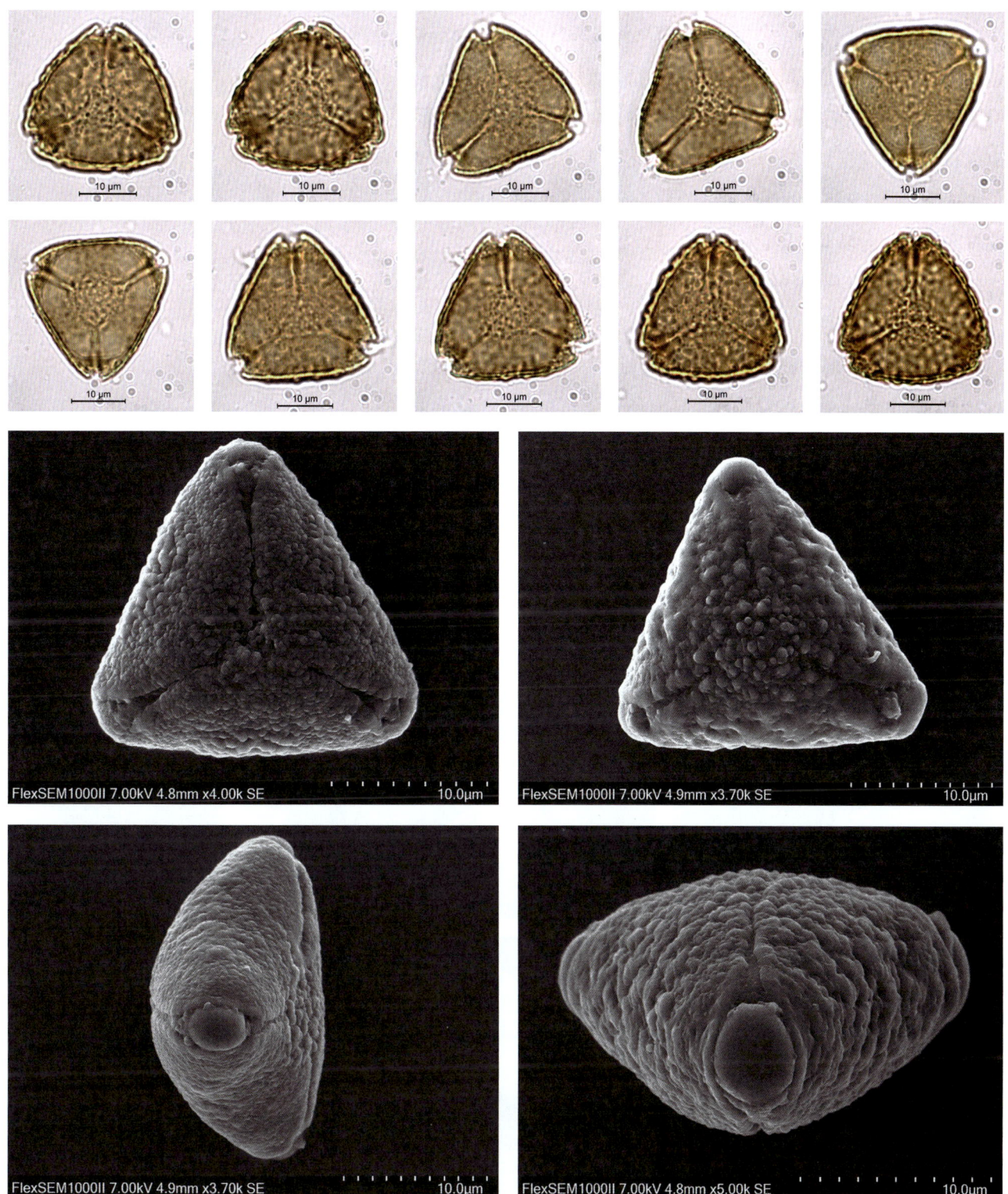

## *Melaleuca* 白千层属

*Melaleuca cajuputi* subsp. *cumingiana* (Turcz.) Barlow 白千层

【形态特征】乔木，高可达 18 米；树皮灰白色，厚而松软，呈薄层状剥落；嫩枝灰白色；叶互生，叶片革质，披针形或狭长圆形，两端尖，基出脉 3~7 条，多油腺点，香气浓郁；叶柄极短；花白色，密集于枝顶成穗状花序，花序轴常有短毛；萼管卵形，有毛或无毛，萼齿 5，圆形，长约 1 毫米；花瓣 5，卵形；雄蕊长约 1 厘米，常 5~8 枚成束；花柱线形，比雄蕊略长；蒴果近球形。

【花果期】花果期每年多次。

【生境】喜温暖潮湿环境。

【分布】原产澳大利亚，我国广东、台湾、福建、广西等地均有栽种。

【别名】无

【保护级别】无危（LC）。

【花粉形态】花粉粒扁球形，极面观为三角形或四方形，角孔型，大小为 14（11~16）× 22（19~26）μm；具 3~4 孔沟，副合沟，沟界极区为三角形或四方形，内孔椭圆形，横长，长约 3μm；外壁两层，外层较薄；表面具微弱的颗粒状雕纹。

花粉图式

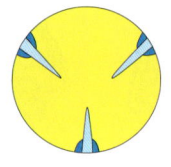
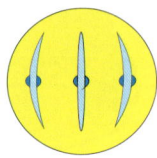

第五章 被子植物的花粉形态

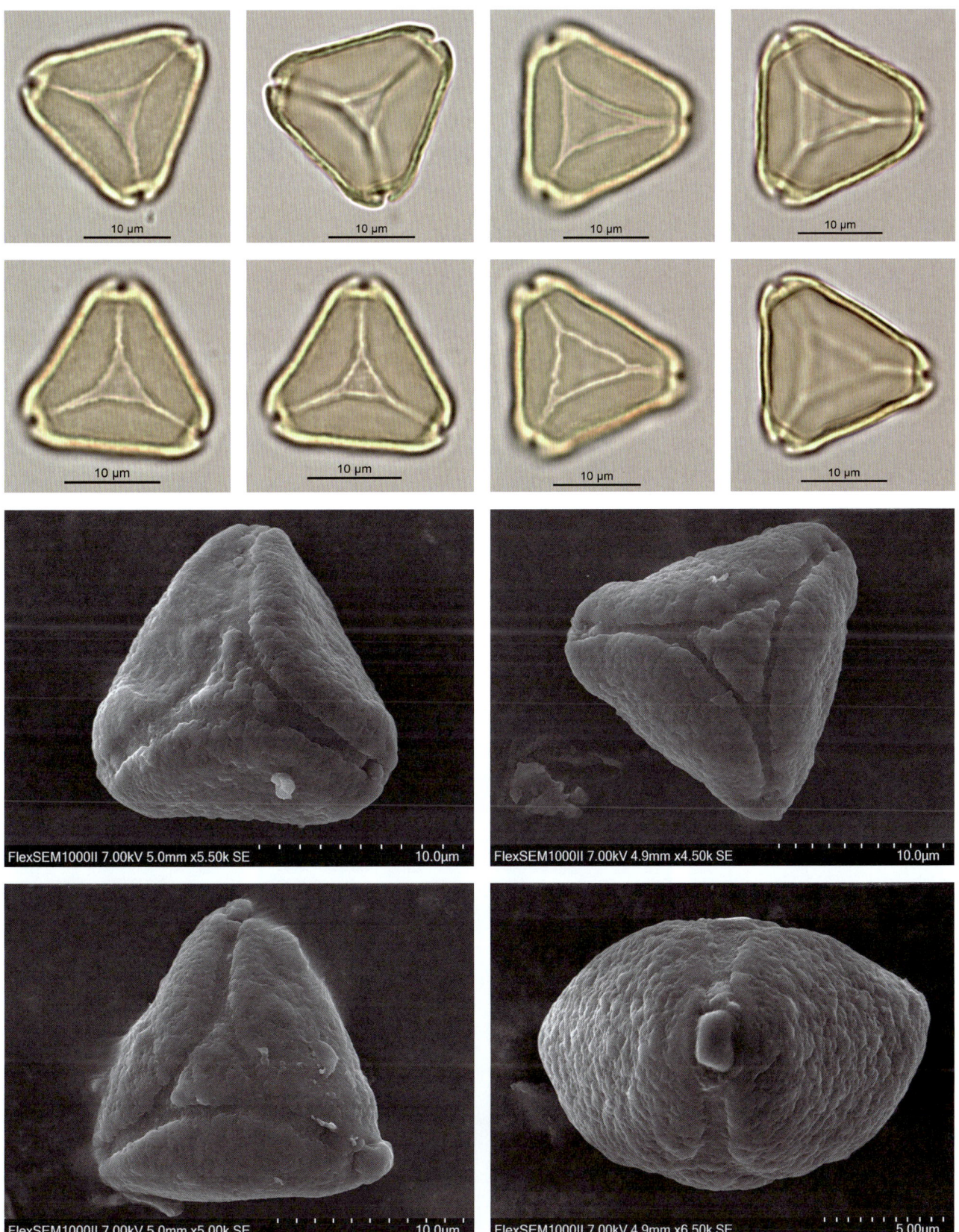

## *Rhodomyrtus* 桃金娘属

***Rhodomyrtus tomentosa*** (Aiton) Hassk. 桃金娘

【形态特征】灌木，高 1~2 米；嫩枝有灰白色柔毛；叶对生，革质，叶片椭圆形或倒卵形，先端圆或钝，常微凹入，有时稍尖，基部阔楔形；叶柄长 4~7 毫米；花有长梗，常单生，紫红色；萼管倒卵形，有灰茸毛，萼裂片 5，近圆形，宿存；花瓣 5，倒卵形；雄蕊红色；子房下位，3 室，花柱长 1 厘米；浆果卵状壶形，熟时紫黑色；种子每室 2 列。

【花果期】花期 4—5 月，果期 7—8 月。

【生境】生于丘陵坡地。

【分布】国内分布：台湾、福建、广东、广西、云南、贵州及湖南最南部；国外分布：中南半岛、菲律宾、日本、印度、斯里兰卡、马来西亚及印度尼西亚等地。

【别名】岗稔。

【保护级别】无危（LC）；地方保护野生植物。

【花粉形态】花粉粒扁球形，极面观多数为三角形，少数为四边形，角孔型，赤道直径为 25~30μm；绝大部分具 3 孔沟，少数为 4 孔沟，沟细长，中央稍膨大，两端渐尖，内孔横长，矩形，直径为 5~6μm，具孔室；外壁厚 1μm，孔周围的外壁稍有加厚，外层稍厚于内层；表面具颗粒-脑纹状雕纹，在沟孔边缘的雕纹略细；轮廓线不平。

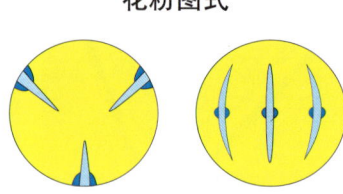

花粉图式

第五章 被子植物的花粉形态

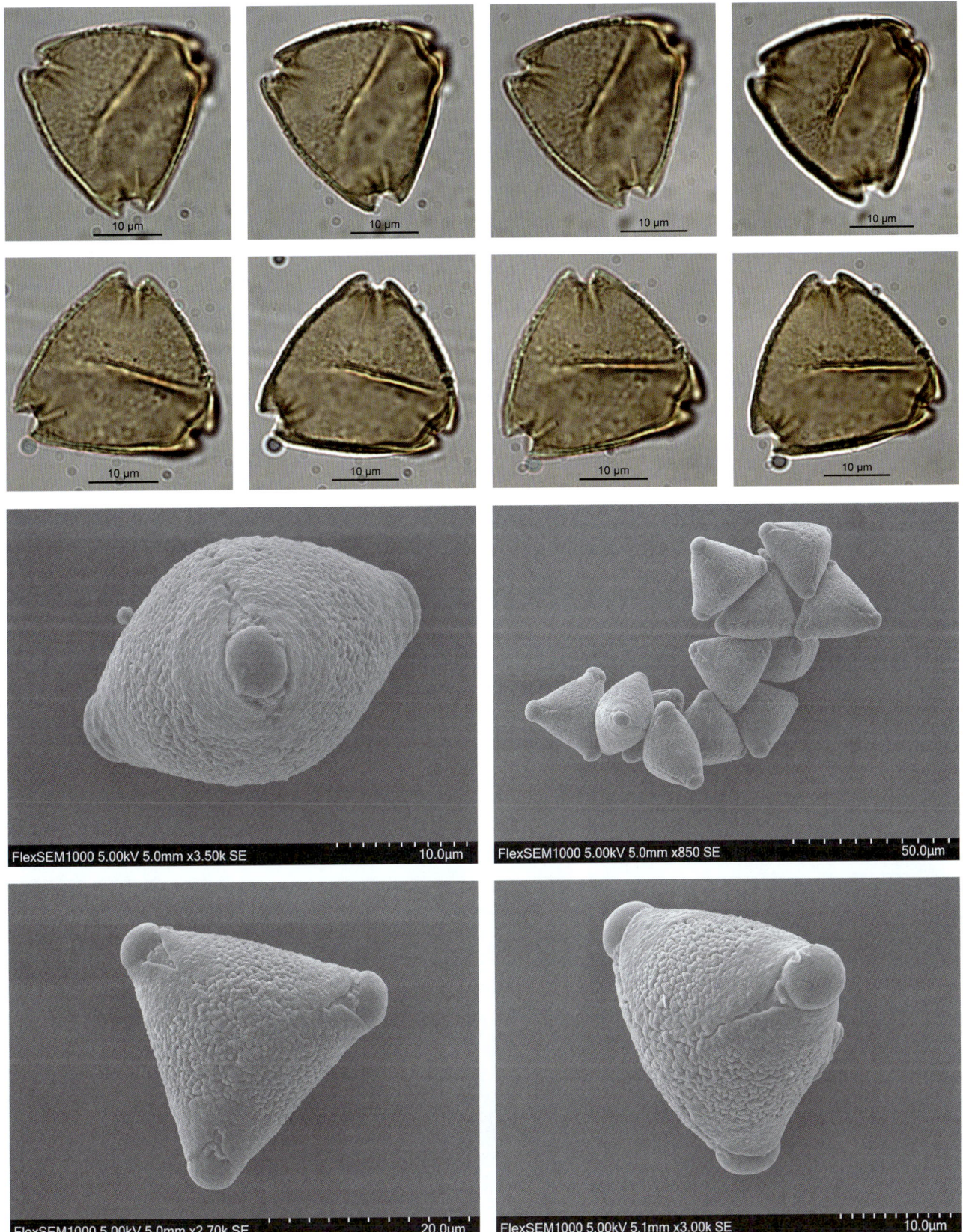

## *Syzygium* 蒲桃属

### *Syzygium cumini* (L.) Skeels 乌墨

**【形态特征】**乔木，高可达 15 米；嫩枝圆形，干后灰白色；叶片革质，阔椭圆形至狭椭圆形，先端圆或钝，有一个短的尖头，基部阔楔形，稀为圆形；叶柄长 1~2 厘米；圆锥花序腋生或生于花枝上，偶有顶生；有短花梗，花白色，3~5 朵簇生；萼管倒圆锥形，萼齿很不明显；花瓣 4，卵形略圆；雄蕊长 3~4 毫米；花柱与雄蕊等长；果实卵圆形或壶形，上部有长 1~1.5 毫米的宿存萼筒；种子 1 颗。

**【花果期】**花期 2—3 月，果期 7—8 月。

**【生境】**常见于平地次生林及荒地上。

**【分布】**国内分布：台湾、福建、广东、广西、云南等省区；国外分布：中南半岛、马来西亚、印度、印度尼西亚、澳大利亚等地。

**【别名】**海南蒲桃、乌楣、石棉果、十年果、羊屎果。

**【保护级别】**无危（LC）。

**【花粉形态】**花粉粒扁球形，极面观多数为钝三角形，少数为钝四边形，极区中央稍凹陷，角孔型，赤道直径为 10~15μm；绝大部分具 3 孔沟，少数为 4 孔沟，合沟或副合沟，沟内具颗粒，内孔横长，具孔室；外壁厚 1.5μm，外层厚于内层，在孔周围的外壁稍有加厚；表面光滑或具细颗粒，电镜下为负网状雕纹。

花粉图式

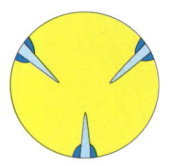
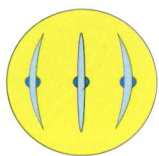

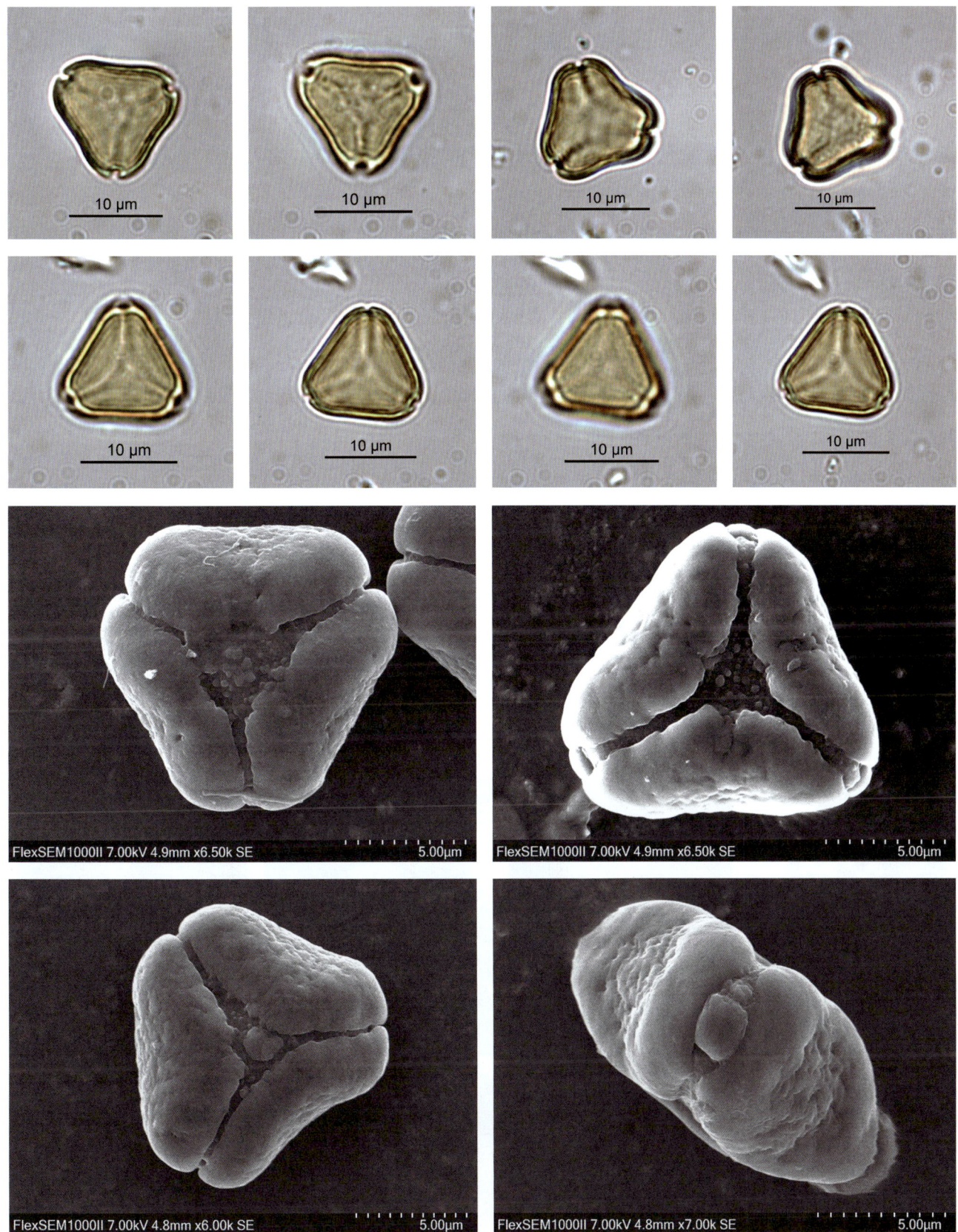

第五章 被子植物的花粉形态

## Nelumbonaceae 莲科
### *Nelumbo* 莲属
*Nelumbo nucifera* Gaertn. 莲

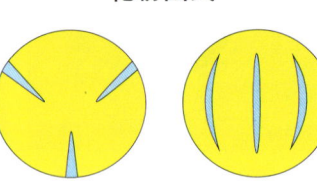

花粉图式

【形态特征】多年生水生草本；根状茎横生，长而肥厚，节间膨大，内有多数纵行通气孔道，节部缢缩，上生黑色鳞叶，下生须状不定根；叶圆形，盾状，高出水面，直径 25~90 厘米，全缘稍呈波状，上面光滑；叶柄粗壮，圆柱形，中空，外面散生小刺；花梗和叶柄等长或稍长，也散生小刺；花单生在花梗顶端，直径 10~20 厘米；萼片 4~5，早落；花瓣多数，红色、粉红色或白色；花药条形，花丝细长，着生在花托之下；花柱极短，柱头顶生；花托（莲房）直径 5~10 厘米；雄蕊多数，药隔先端伸出成一棒状附属物；心皮多数，离生，嵌生于花托穴内；花托于果期膨大，海绵质；坚果椭圆形或卵形，果皮革质，坚硬，熟时黑褐色；种子（莲子）卵形或椭圆形，种皮红色或白色。

【花果期】花期 6—8 月，果期 8—10 月。

【生境】自生或栽培在池塘或水田内。

【分布】国内分布：南北各省；国外分布：俄罗斯、朝鲜、日本、印度、越南和大洋洲。

【别名】荷花、菡萏、芙蓉、芙蕖、莲花、碗莲、缸莲。

【保护级别】国家二级重点保护野生植物；地方保护野生植物。

【花粉形态】花粉粒近球形或球形，极面观为 3 裂圆形，大小为 50（46~54）× 65（55~66）μm；具 3 沟，沟宽，沟膜上具粗颗粒；外壁两层，外层较厚，厚约 5μm，基柱明显；表面具由粗颗粒组成的蠕虫状雕纹，电镜下为皱波状雕纹；轮廓线呈凸波形。

# 第五章 被子植物的花粉形态

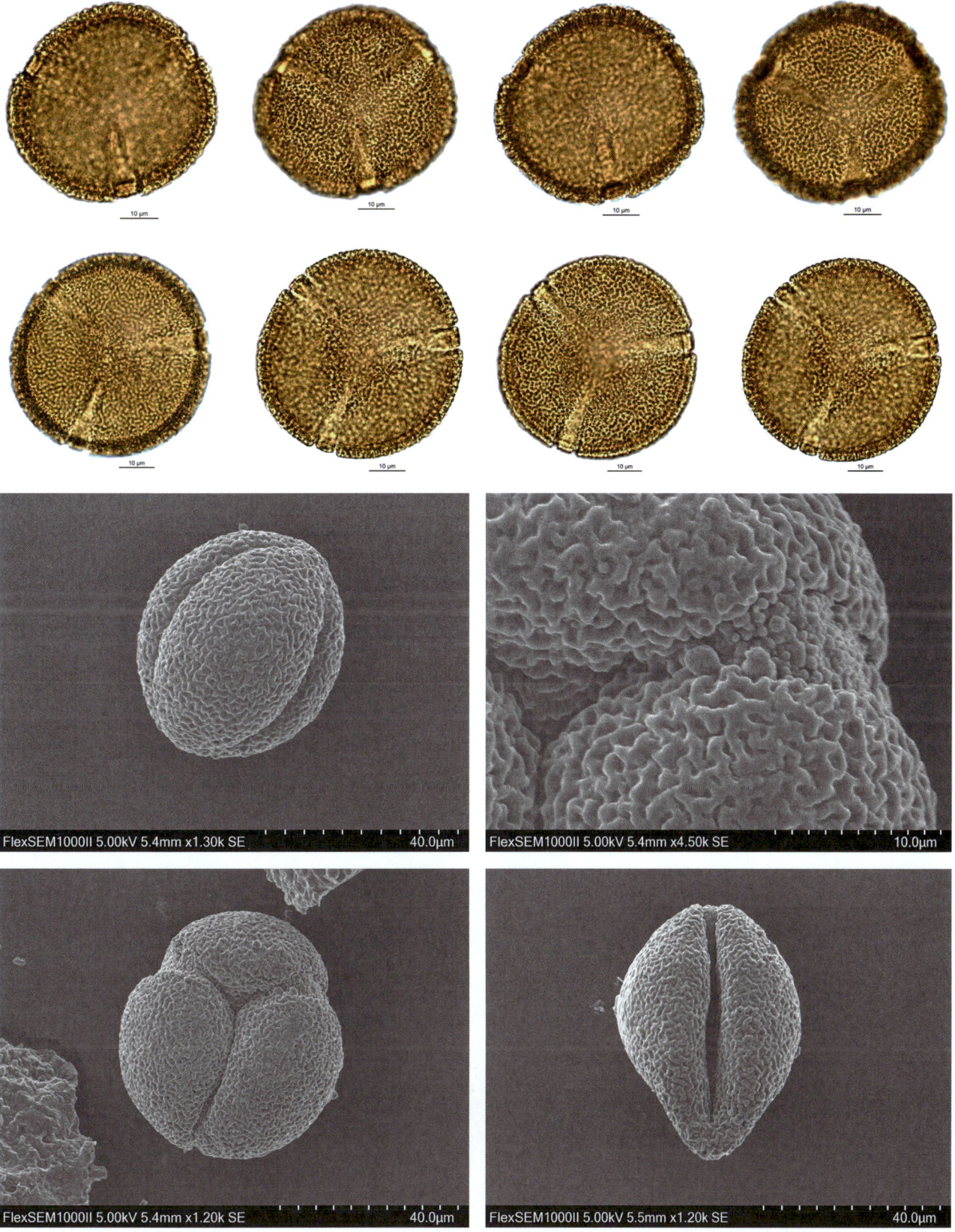

787

## Nitrariaceae 白刺科
### *Nitraria* 白刺属
*Nitraria sibirica* Pall. 小果白刺

【形态特征】灌木，高 0.5~1.5 米，弯，多分枝，枝铺散，少直立；小枝灰白色，不孕枝先端刺针状；叶近无柄，在嫩枝上 4~6 片簇生，倒披针形，长 6~15 毫米，宽 2~5 毫米，先端锐尖或钝，基部渐窄成楔形，无毛或幼时被柔毛；聚伞花序长 1~3 厘米，被疏柔毛；萼片 5，绿色，花瓣黄绿色或近白色，矩圆形，长 2~3 毫米；果椭圆形或近球形，两端钝圆，熟时暗红色，果汁暗蓝色，带紫色，味甜而微咸；果核卵形，先端尖。

【花果期】花期 5—6 月，果期 7—8 月。

【生境】生于湖盆边缘沙地、盐渍化沙地和沿海盐化沙地。

【分布】国内分布：我国各沙漠地区；国外分布：蒙古、中亚、西伯利亚及东北沿海沙区。

【别名】卡密、酸胖、白刺、西伯利亚白刺。

【保护级别】无危（LC）；地方保护野生植物。

【花粉形态】花粉粒长球形，极面观为 3 裂圆形，赤道面观为椭圆形，大小为 22（19~25）× 38（34~44）μm；具 3 孔沟，内孔细，横长，菱形，沟较深，长达两极，沟缘较整齐；表面具条纹状雕纹。

花粉图式

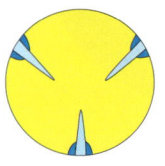
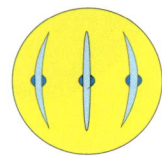

# 第五章 被子植物的花粉形态

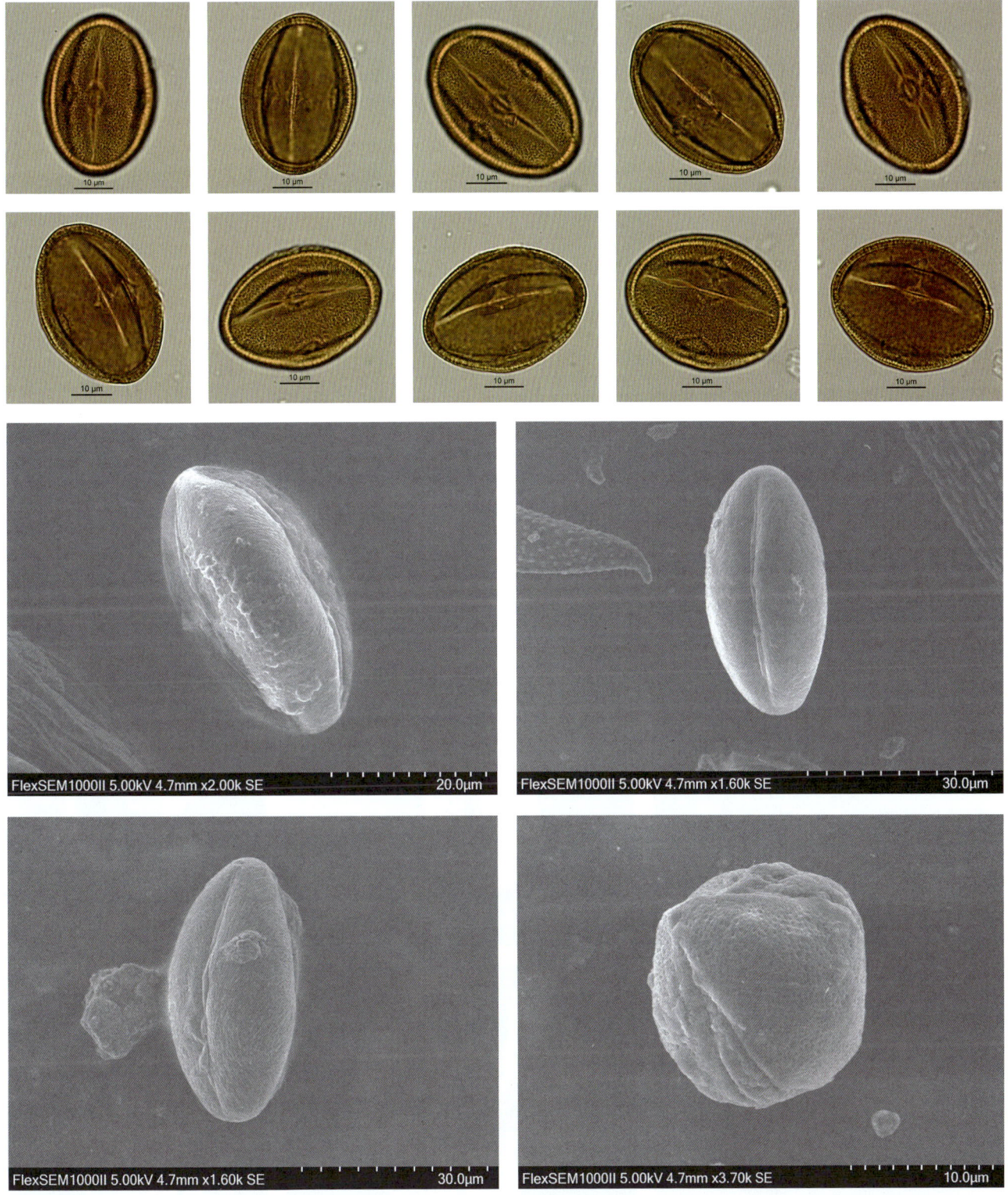

## Nymphaeaceae 睡莲科
### *Nuphar* 萍蓬草属
*Nuphar pumila* (Timm) DC. 萍蓬草

**【形态特征】** 多年水生草本；根状茎直径 2~3 厘米；叶纸质，宽卵形或卵形，少数椭圆形，先端圆钝，基部具弯缺，心形，裂片远离、圆钝，上面光亮、无毛，下面密生柔毛，侧脉羽状，几次二歧分枝；叶柄有柔毛；花直径 3~4 厘米；花梗长 40~50 厘米，有柔毛；萼片黄色，外面中央绿色，矩圆形或椭圆形；花瓣窄楔形，先端微凹；柱头盘常 10 浅裂，淡黄色或带红色；浆果卵形；种子矩圆形，褐色。

**【花果期】** 花期 5—7 月，果期 7—9 月。

**【生境】** 生于湖沼中。

**【分布】** 国内分布：黑龙江、吉林、河北、江苏、浙江、江西、福建和广东；国外分布：俄罗斯、日本、欧洲北部及中部

**【别名】** 贵州萍蓬草、台湾萍蓬草。

**【保护级别】** 易危（VU）；地方保护野生植物。

**【花粉形态】** 花粉粒侧面观为椭圆形，常有皱褶，大小为 39（36~43）× 52（49~54）μm；具单沟（远极沟）；外壁较薄，约 1μm，分层不明显；表面具刺，刺分布不均匀，基部常膨大，长 2~5.5μm。

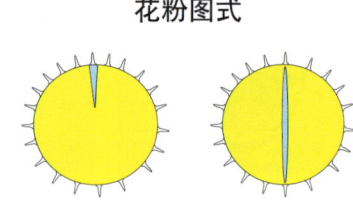

花粉图式

第五章 被子植物的花粉形态

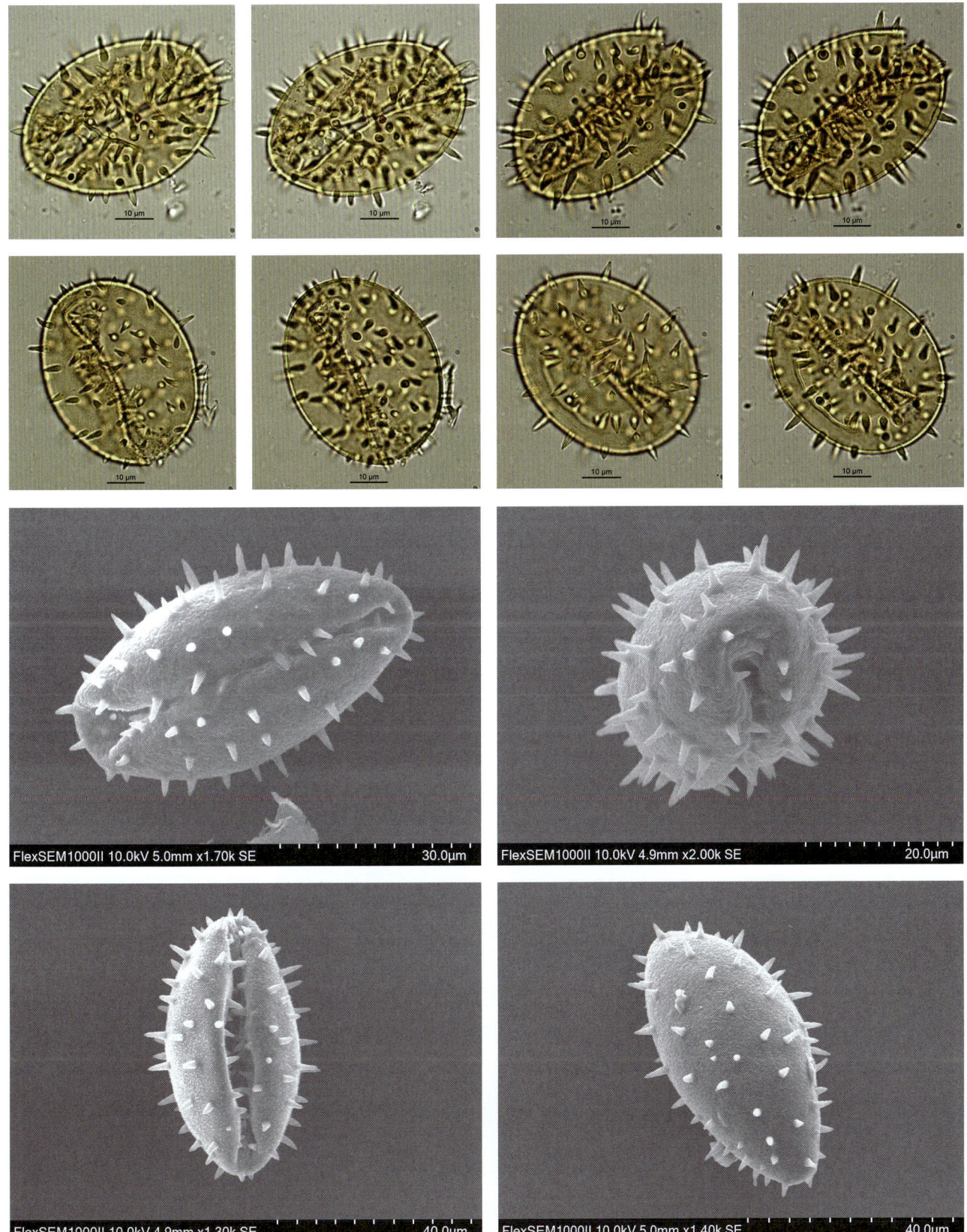

### *Nymphaea* 睡莲属

***Nymphaea tetragona* Georgi 睡莲**

**【形态特征】**多年水生草本；根状茎短粗；叶纸质，心状卵形或卵状椭圆形，基部具深弯缺，约占叶片全长的 1/3，裂片急尖，稍开展或几重合，全缘，上面光亮，下面带红色或紫色，两面皆无毛，具小点；叶柄长可达 60 厘米；花直径 3~5 厘米；花梗细长；花萼基部四棱形，萼片革质，宽披针形或窄卵形，宿存；花瓣白色，宽披针形、长圆形或倒卵形，内轮不变成雄蕊；雄蕊比花瓣短，花药条形；柱头具 5~8 辐射线；浆果球形，为宿存萼片包裹；种子椭圆形，黑色。

**【花果期】**花期 6—8 月，果期 8—10 月。

**【生境】**生在池沼中。

**【分布】**国内分布：广泛分布；国外分布：俄罗斯、朝鲜、日本、印度、越南和美国。

**【别名】**子午莲、粉色睡莲、野生睡莲、矮睡莲。

**【保护级别】**地方保护野生植物。

**【花粉形态】**花粉粒扁球形，极面观为圆形或近圆形，大小为 33（27~37）× 53（45~57）μm；具环槽，偏于远极一边，将花粉分割成不等的两半，槽膜上布满细颗粒；外壁厚度约 1.7μm，分层不明显，有时内层厚于外层；表面具棒 – 瘤状雕纹，棒大小不一，长 3~9μm。

花粉图式

# 第五章 被子植物的花粉形态

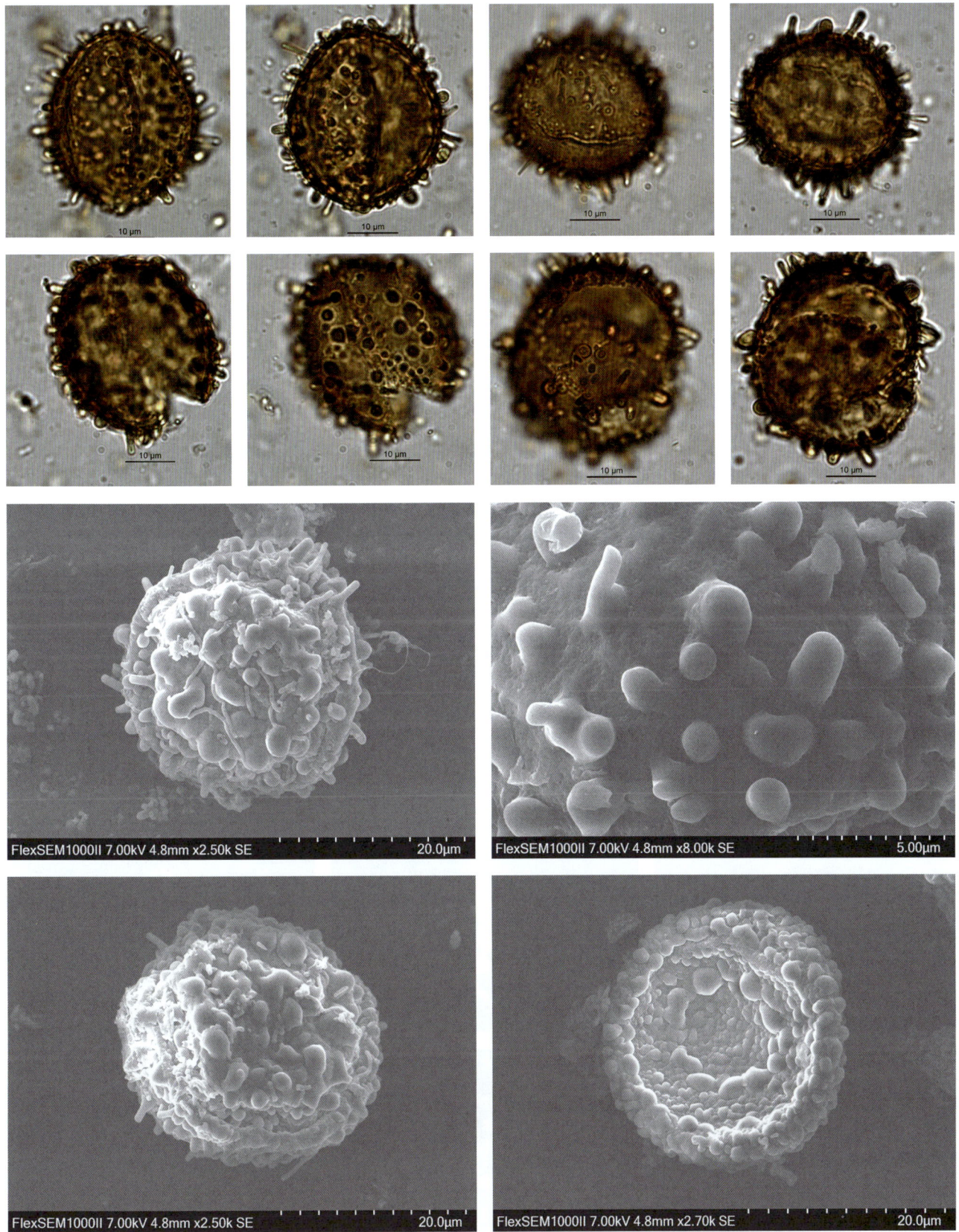

## Nyssaceae 蓝果树科
## *Camptotheca* 喜树属

*Camptotheca acuminata* Decne. 喜树

花粉图式

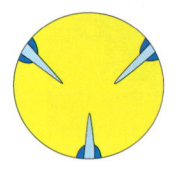
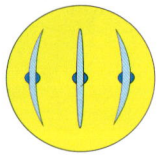

【形态特征】落叶乔木，高 20 余米；树皮灰色或浅灰色，纵裂成浅沟状；冬芽腋生，锥状，有 4 对卵形的鳞片；叶互生，纸质，矩圆状卵形或矩圆状椭圆形，顶端短锐尖，基部近圆形或阔楔形，全缘；头状花序近球形，常由 2~9 个头状花序组成圆锥花序，顶生或腋生，总花梗圆柱形；花杂性，同株；苞片 3 枚，三角状卵形，内外两面均有短柔毛；花萼杯状，5 浅裂；花瓣 5 枚，淡绿色，矩圆形或矩圆状卵形；花盘显著，微裂；雄蕊 10，花丝纤细，无毛，花药 4 室；子房在两性花中发育良好，下位，花柱无毛，顶端通常分 2 枝；翅果矩圆形，顶端具宿存的花盘，两侧具窄翅，幼时绿色，干燥后黄褐色，着生成近球形的头状果序。

【花果期】花期 5—7 月，果期 9 月。

【生境】常生于海拔 1000 米以下的林边或溪边。

【分布】分布于江苏、浙江、福建、江西、湖北、湖南、四川、贵州、广东、广西、云南等省区，在江苏南部、四川西部成都平原和江西东南部较常见。

【别名】千丈树、旱莲木、薄叶喜树。

【保护级别】无危（LC）。

【花粉形态】花粉粒扁球形，极面观为钝三（四）角形，直径为 30~48μm；具 3 孔沟，少数 4 孔沟，沟膜上具模糊而较稀的颗粒，内孔横长，上下各具两块加厚、沿沟两旁有外壁变薄的部分；外壁层次清楚，内外层约等厚；表面具颗粒状雕纹。

第五章 被子植物的花粉形态

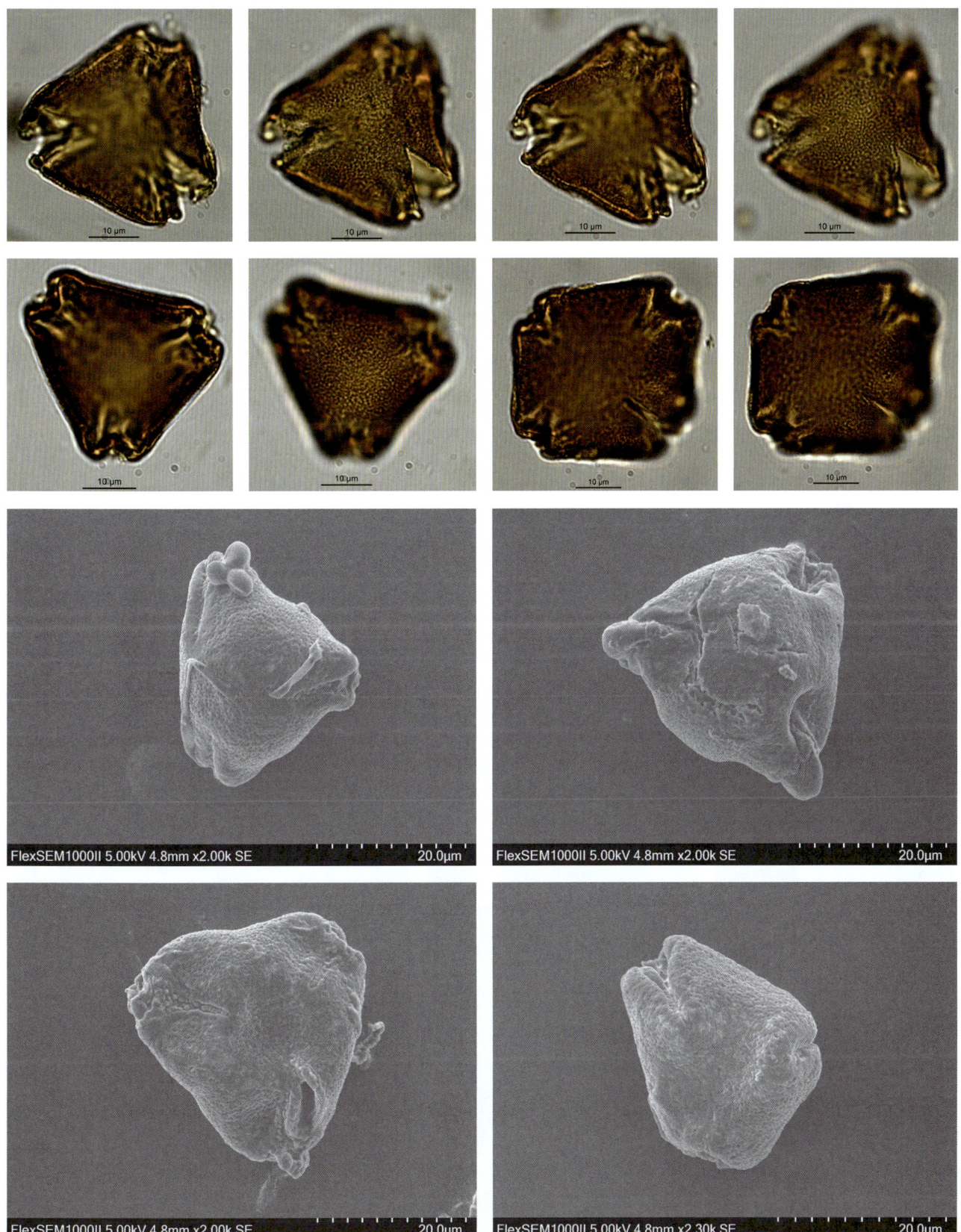

795

## *Davidia* 珙桐属

***Davidia involucrata*** Baill. 珙桐

**【形态特征】**乔木，高15~20米；树皮深灰褐色，常裂成不规则的薄片而脱落；冬芽锥形，具4~5对卵形鳞片，常成覆瓦状排列；叶纸质，互生，无托叶，常密集于幼枝顶端，阔卵形或近圆形，顶端急尖或短急尖，具微弯曲的尖头，基部心脏形或深心脏形，边缘有三角形而尖端锐尖的粗锯齿；叶柄圆柱形；花杂性，由多数雄花和一朵两性花组成顶生的头状花序，花序下有两片白色大苞片；苞片矩圆形或卵形，长7~15厘米，宽3~5厘米；果实为长卵圆形核果，紫绿色，具黄色斑点，外果皮很薄，中果皮肉质，内果皮骨质、具沟纹；种子3~5枚；果梗粗壮，圆柱形。

**【花果期】**花期4月，果期10月。

**【生境】**生于海拔1500~2200米的湿润的常绿阔叶或落叶阔叶混交林中。

**【分布】**湖北西部、湖南西部、四川以及贵州和云南两省的北部。

**【别名】**鸽子树、空桐、枢梨子。

**【保护级别】**国家一级重点保护野生植物；中国特有种。

**【花粉形态】**花粉粒近球形至长球形，极面观为3裂圆形，大小为27（25~28）×32（28~37）μm；具3孔沟，沟较长，中部缢缩，具沟膜；外壁厚约2μm，两层等厚；表面具颗粒状雕纹，电镜下为条纹–蠕虫状雕纹。

花粉图式

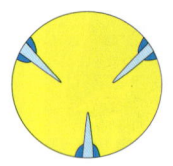
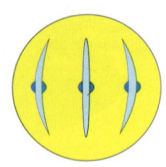

第五章 被子植物的花粉形态

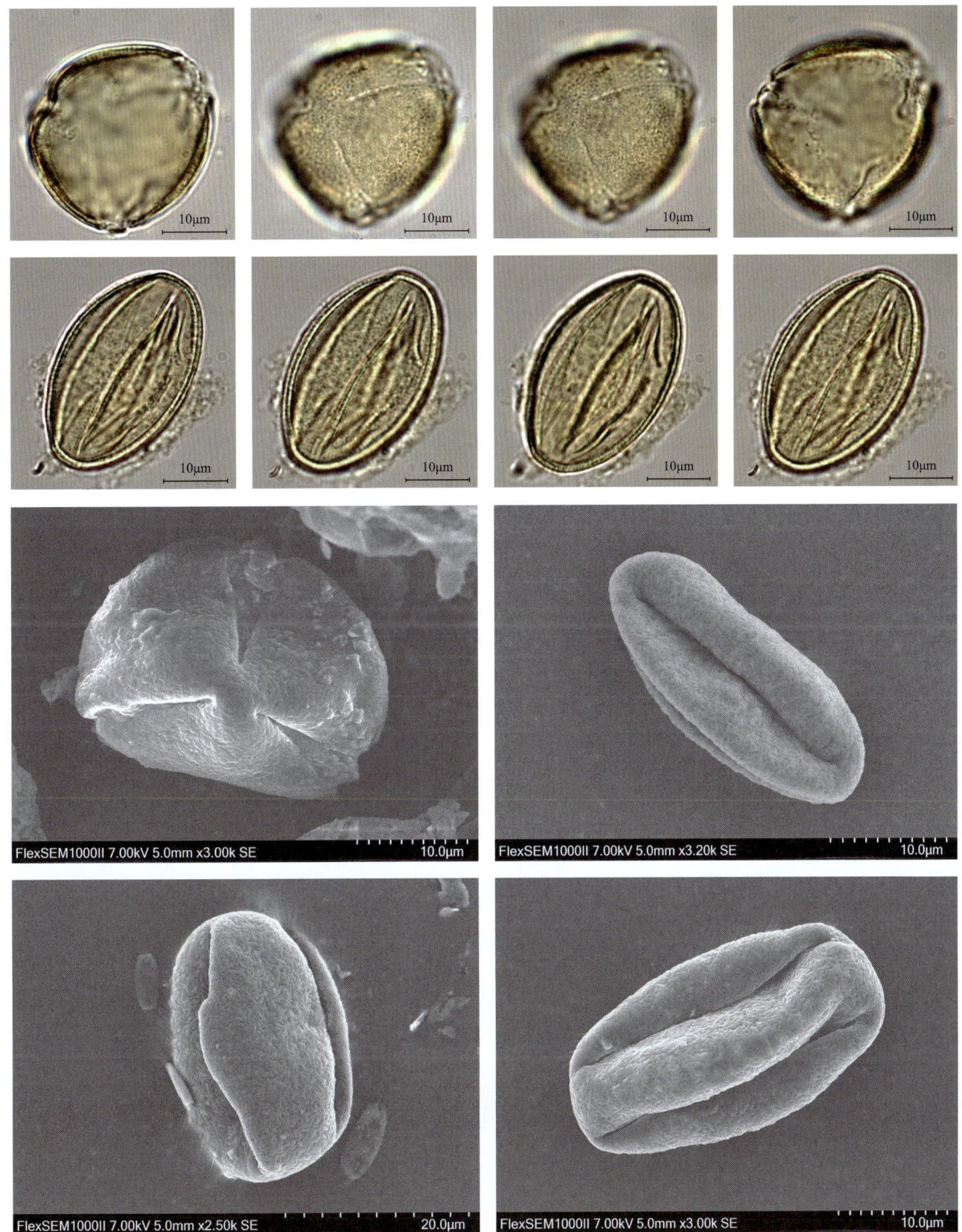

## Oleaceae 木樨科
### *Chionanthus* 流苏树属
*Chionanthus retusus* Lindl. & Paxton 流苏树

【形态特征】落叶灌木或乔木，高可达 20 米；小枝灰褐色或黑灰色，圆柱形，开展，无毛，幼枝淡黄色或褐色，疏被或密被短柔毛；叶片革质或薄革质，长圆形、椭圆形或圆形，有时卵形或倒卵形至倒卵状披针形，先端圆钝，有时凹入或锐尖，基部圆或宽楔形至楔形，稀浅心形，全缘或有小锯齿，叶缘稍反卷；叶柄密被黄色卷曲柔毛；聚伞状圆锥花序，顶生于枝端，近无毛；苞片线形，疏被或密被柔毛，花单性，雌雄异株或为两性花；花梗纤细，无毛；花萼 4 深裂，裂片尖三角形或披针形；花冠白色，4 深裂，裂片线状倒披针形，花冠管短；雄蕊藏于管内或稍伸出，花丝长在 0.5 毫米之下，花药长卵形，药隔突出；子房卵形，柱头球形，稍 2 裂；果椭圆形，被白粉，呈蓝黑色或黑色。

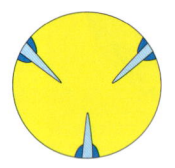
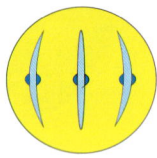

【花果期】花期 3—6 月，果期 6—11 月。

【生境】生于海拔 3000 米以下的稀疏混交林中或灌丛中，或山坡和河边。

【分布】国内分布：甘肃、陕西、山西、河北、河南，南至云南、四川、广东、福建和台湾；国外分布：朝鲜和日本。

【别名】流苏。

【保护级别】无危（LC）；地方保护野生植物。

【花粉形态】花粉粒长球形，极面观多数为 3 裂圆形，少数为 2 裂圆形，赤道面观椭圆形，大小为 12（9~14）× 18（15~21）μm；多数具 3 孔沟，少数具 2 孔沟，内孔不明显；外壁厚度约 2μm，层次不明显，柱状层基柱明显；表面具细网状雕纹，雕纹至沟边变细。

第五章 被子植物的花粉形态

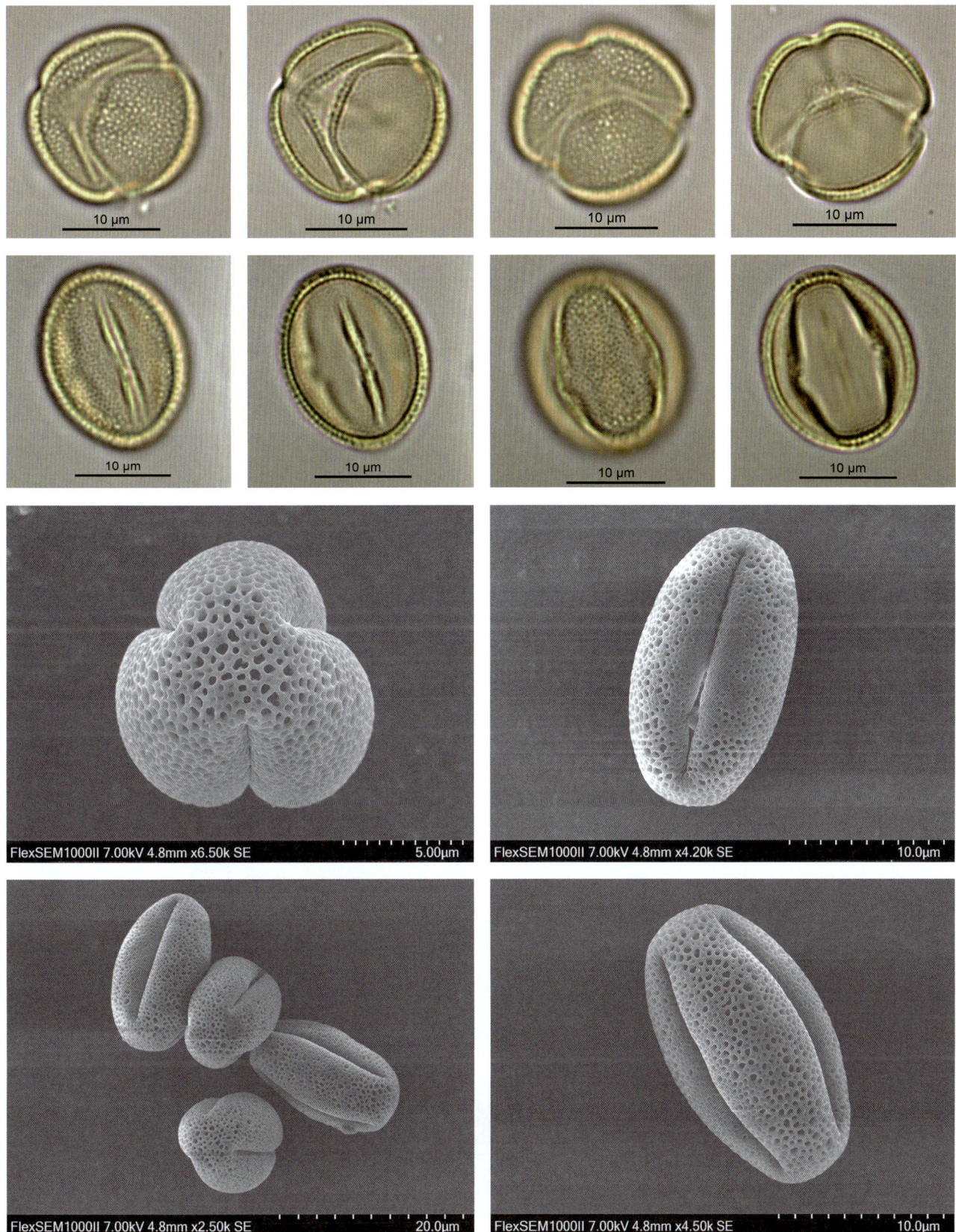

## *Forsythia* 连翘属

### *Forsythia suspensa* (Thunb.) Vahl 连翘

**【形态特征】** 落叶灌木；枝开展或下垂，棕色、棕褐色或淡黄褐色；小枝土黄色或灰褐色，略呈四棱形，疏生皮孔，节间中空，节部具实心髓；叶通常为单叶，或 3 裂至三出复叶，叶片卵形、宽卵形或椭圆状卵形至椭圆形，先端锐尖，基部圆形、宽楔形至楔形，叶缘除基部外具锐锯齿或粗锯齿；花通常单生或 2 至数朵着生于叶腋，先于叶开放；花梗长 5~6 毫米；花萼绿色，裂片长圆形或长圆状椭圆形；花冠黄色，裂片倒卵状长圆形或长圆形；果卵球形、卵状椭圆形或长椭圆形，先端喙状渐尖，表面疏生皮孔。

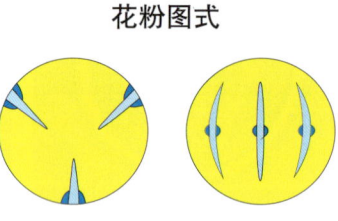

花粉图式

**【花果期】** 花期 3—4 月，果期 7—9 月。

**【生境】** 生长在海拔为 250~2200 米的山坡灌丛、林下或草丛中，或山谷和山沟疏林中。

**【分布】** 河北、山西、陕西、山东、安徽西部、河南、湖北和四川。

**【别名】** 毛连翘。

**【保护级别】** 无危（LC）；地方保护野生植物。

**【花粉形态】** 花粉粒扁球形，极面观为 3 裂圆形，赤道面观椭圆形，大小为 19（14~22）× 28（25~31）μm；具 3 孔沟，内孔圆形，稍突出，沟长达两极；外壁厚度为 2μm，两层，外层厚于内层，柱状层基柱明显；表面具网状雕纹，网眼大小不一致。

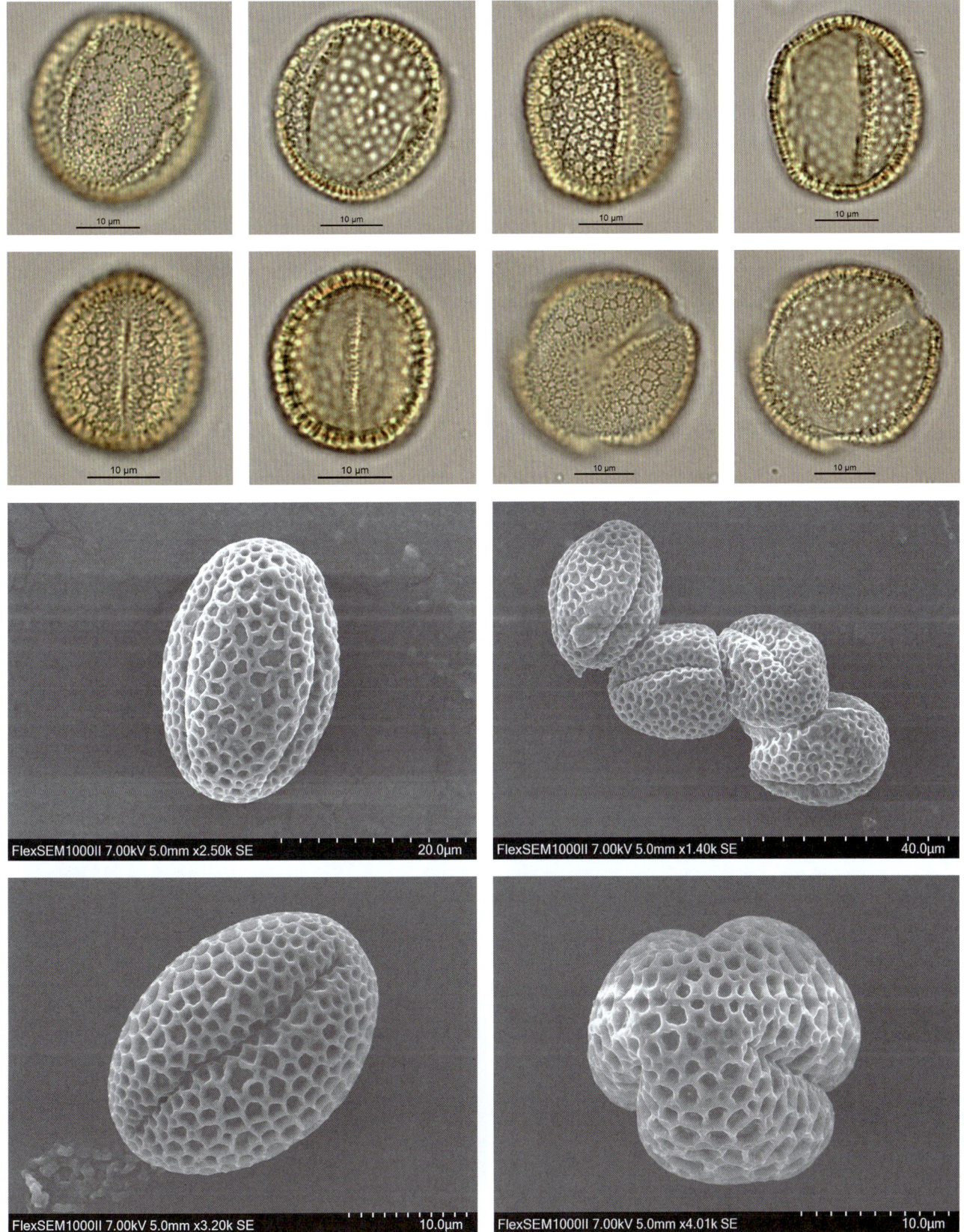

## *Ligustrum* 女贞属

### *Ligustrum lucidum* W. T. Aiton 女贞

【形态特征】灌木或乔木，高可达 25 米；树皮灰褐色；枝黄褐色、灰色或紫红色，圆柱形，疏生圆形或长圆形皮孔；叶片常绿，革质，卵形、长卵形或椭圆形至宽椭圆形，先端锐尖至渐尖或钝，基部圆形或近圆形，有时宽楔形或渐狭，叶缘平坦，上面光亮，两面无毛，侧脉 4~9 对；叶柄长 1~3 厘米，上面具沟，无毛；圆锥花序顶生；花序轴及分枝轴无毛，紫色或黄棕色，果时具棱；花序基部苞片常与叶同型，小苞片披针形或线形，凋落；花无梗或近无梗；花萼无毛，齿不明显或近截形；花冠长 4~5 毫米，花冠管长 1.5~3 毫米，裂片长 2~2.5 毫米，反折；花丝长 1.5~3 毫米，花药长圆形；花柱柱头棒状；果肾形或近肾形，深蓝黑色，成熟时呈红黑色，被白粉。

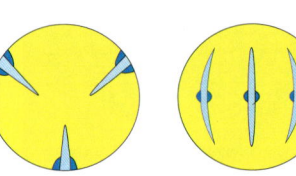

花粉图式

【花果期】花期 5—7 月，果期 7 月至翌年 5 月。

【生境】生于海拔 2900 米以下的疏、密林中。

【分布】国内分布：长江以南至华南、西南各省区，向西北分布至陕西和甘肃；国外分布：朝鲜、印度和尼泊尔。

【别名】大叶女贞、冬青、落叶女贞。

【保护级别】无危（LC）。

【花粉形态】花粉粒近球形至扁球形，极面观 3 裂圆形，大小为 29（27~33）× 37（32~43）μm；具 3 孔沟，内孔不明显；外壁外层稍厚于内层；表面具网状雕纹，网脊变焦时成单行大颗粒。

# 第五章 被子植物的花粉形态

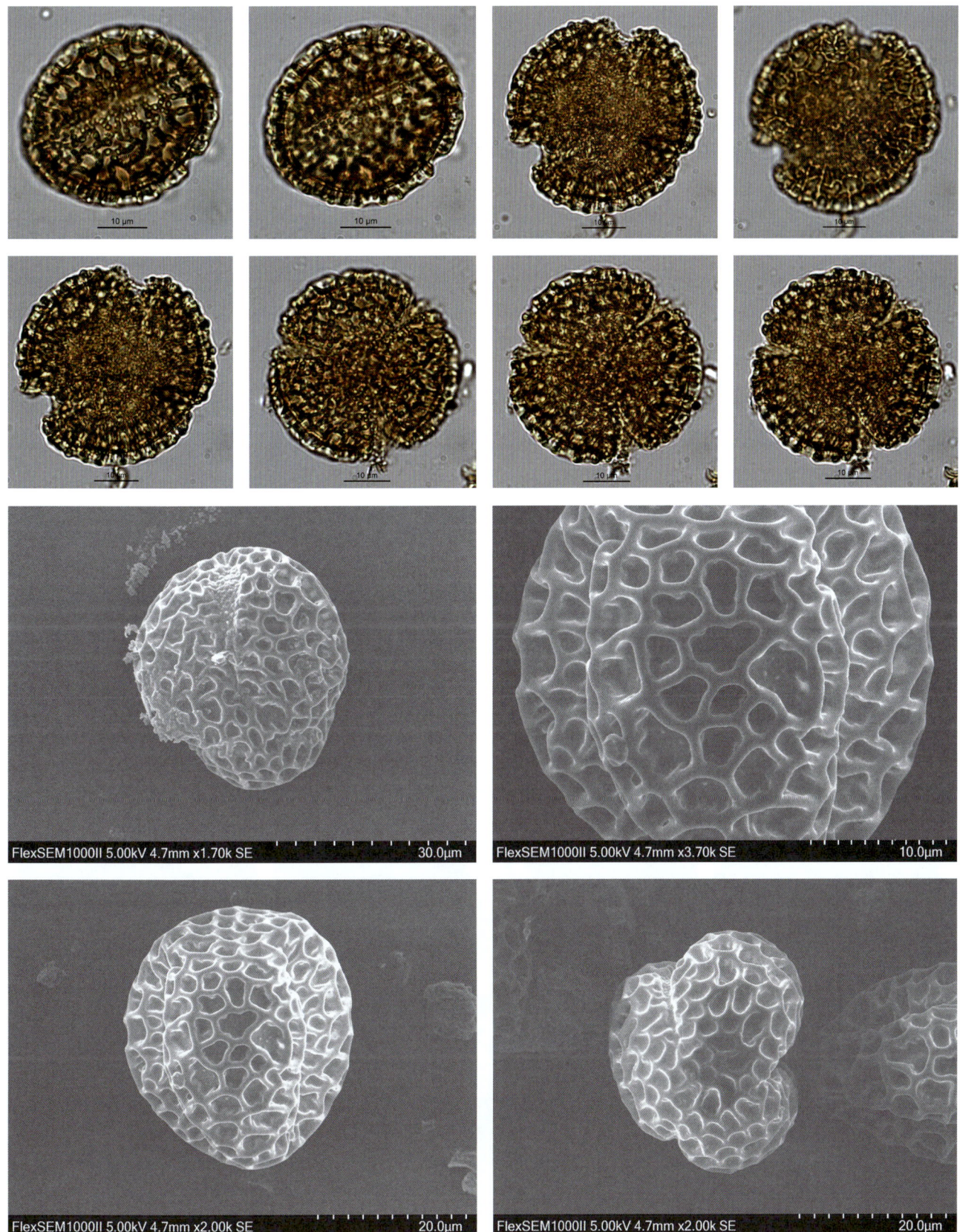

803

## *Osmanthus* 木樨属

***Osmanthus fragrans*** (Thunb.) Lour. 木樨

花粉图式

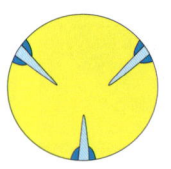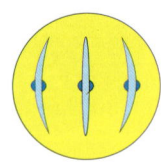

【形态特征】常绿乔木或灌木，高 3~5 米；树皮灰褐色；小枝黄褐色，无毛；叶片革质，椭圆形、长椭圆形或椭圆状披针形，先端渐尖，基部渐狭呈楔形或宽楔形，全缘或通常上半部具细锯齿，两面无毛；叶柄长 0.8~1.2 厘米，无毛；聚伞花序簇生于叶腋，或近于伞状，每腋内有花多朵；苞片宽卵形，质厚，具小尖头，无毛；花梗细弱，无毛；花极芳香；花萼长约 1 毫米，裂片稍不整齐；花冠黄白色、淡黄色、黄色或橘红色，花冠管仅长 0.5~1 毫米；雄蕊着生于花冠管中部，花丝极短，花药长约 1 毫米，药隔在花药先端稍延伸呈不明显的小尖头；雌蕊长约 1.5 毫米，花柱长约 0.5 毫米；果歪斜，椭圆形，呈紫黑色。

【花果期】花期 9—10 月，果期翌年 3 月。

【生境】适应性强，适生疏松透气、保水力强的微酸性土壤。

【分布】原产我国西南部，现各地广泛栽培。

【别名】丹桂、刺桂、桂花、四季桂、银桂、桂、彩桂。

【保护级别】无危（LC）；地方保护野生植物。

【花粉形态】花粉粒长球形，极面观为 3 裂圆形，大小为 14（11~17）× 20（18~24）μm；具 3 孔沟；外壁外层稍厚于内层；表面具网状雕纹。

第五章 被子植物的花粉形态

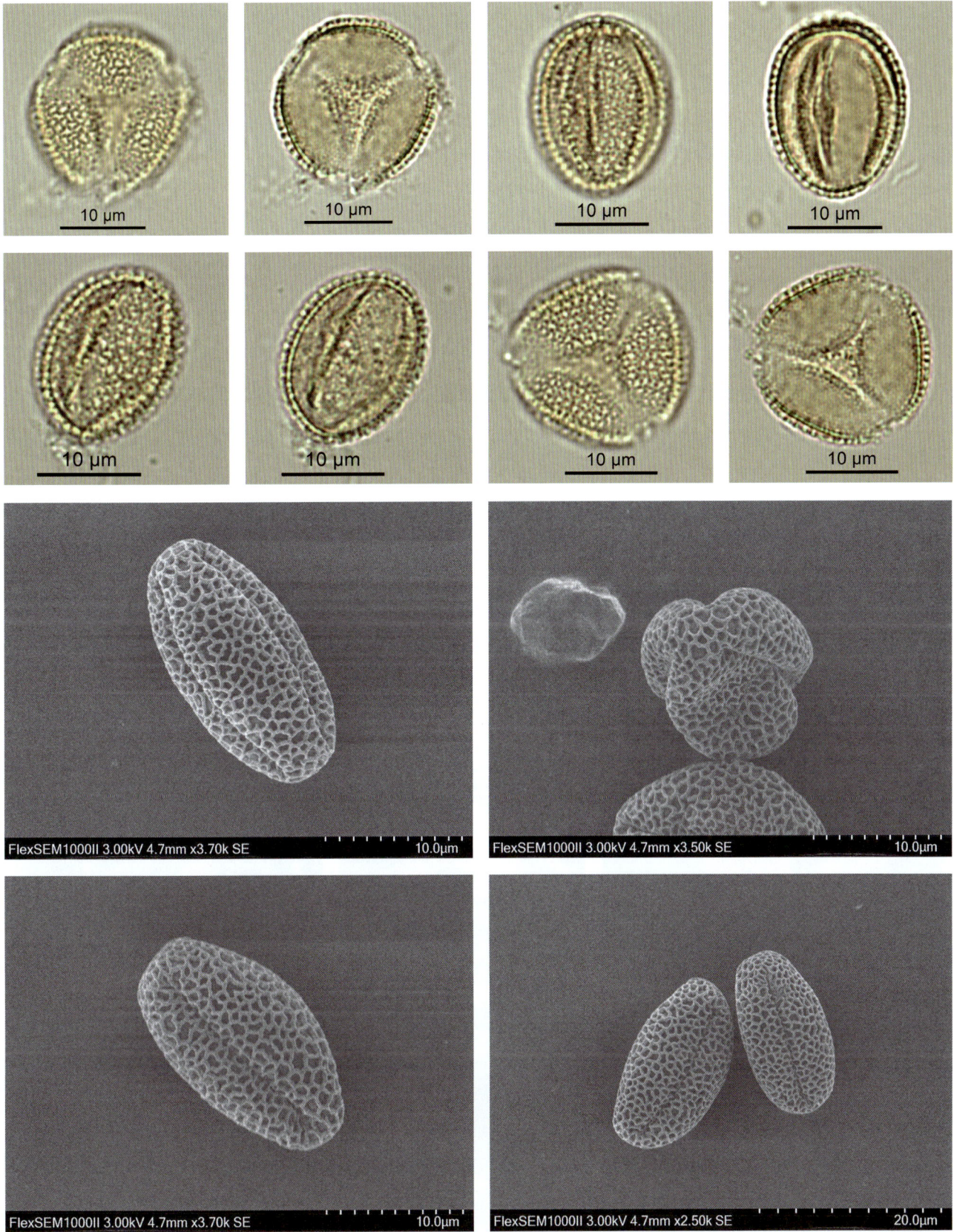

## Onagraceae 柳叶菜科
### *Fuchsia* 倒挂金钟属
*Fuchsia hybrida* Hort. ex Sieber & Voss. 倒挂金钟

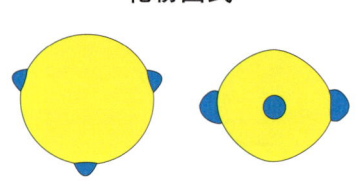

花粉图式

【形态特征】半灌木；茎直立，高 0.5~2 米，多分枝，被短柔毛与腺毛，老时渐变无毛，幼枝带红色；叶对生，卵形或狭卵形，先端渐尖，基部浅心形或钝圆，边缘具远离的浅齿或齿突，脉常带红色，侧脉 6~11 对；叶柄常带红色，被短柔毛与腺毛；托叶狭卵形至钻形，早落；花两性，单一，稀成对生于茎、枝顶叶腋，下垂；花梗纤细，淡绿色或带红色，筒状；萼片 4，红色，长圆状或三角状披针形；花瓣色多变，紫红色、红色、粉红色、白色，排成覆瓦状，宽倒卵形，先端微凹；雄蕊 8，花药紫红色，长圆形；子房倒卵状长圆形，疏被柔毛与腺毛，4 室，每室有多数胚珠；花柱红色，基部围以绿色的浅杯状花盘；柱头棍棒状，褐色，顶端 4 浅裂；果紫红色，倒卵状长圆形。

【花果期】花果期 3—12 月。

【生境】适合生长在温暖、湿润和通风良好的环境中。

【分布】中国广为栽培，尤在北方或在西北、西南高原温室种植生长。

【别名】铃儿花、吊钟海棠、灯笼花。

【保护级别】地方保护野生植物。

【花粉形态】花粉粒扁球形，极面观为钝三角形，大小为 50（48~59）× 75（68~85）μm；具 3 萌发孔，孔圆形，突出，直径为 7~8μm；外壁厚度约 2.2μm，内外层厚度几乎相等；表面具颗粒状雕纹。

# 第五章 被子植物的花粉形态

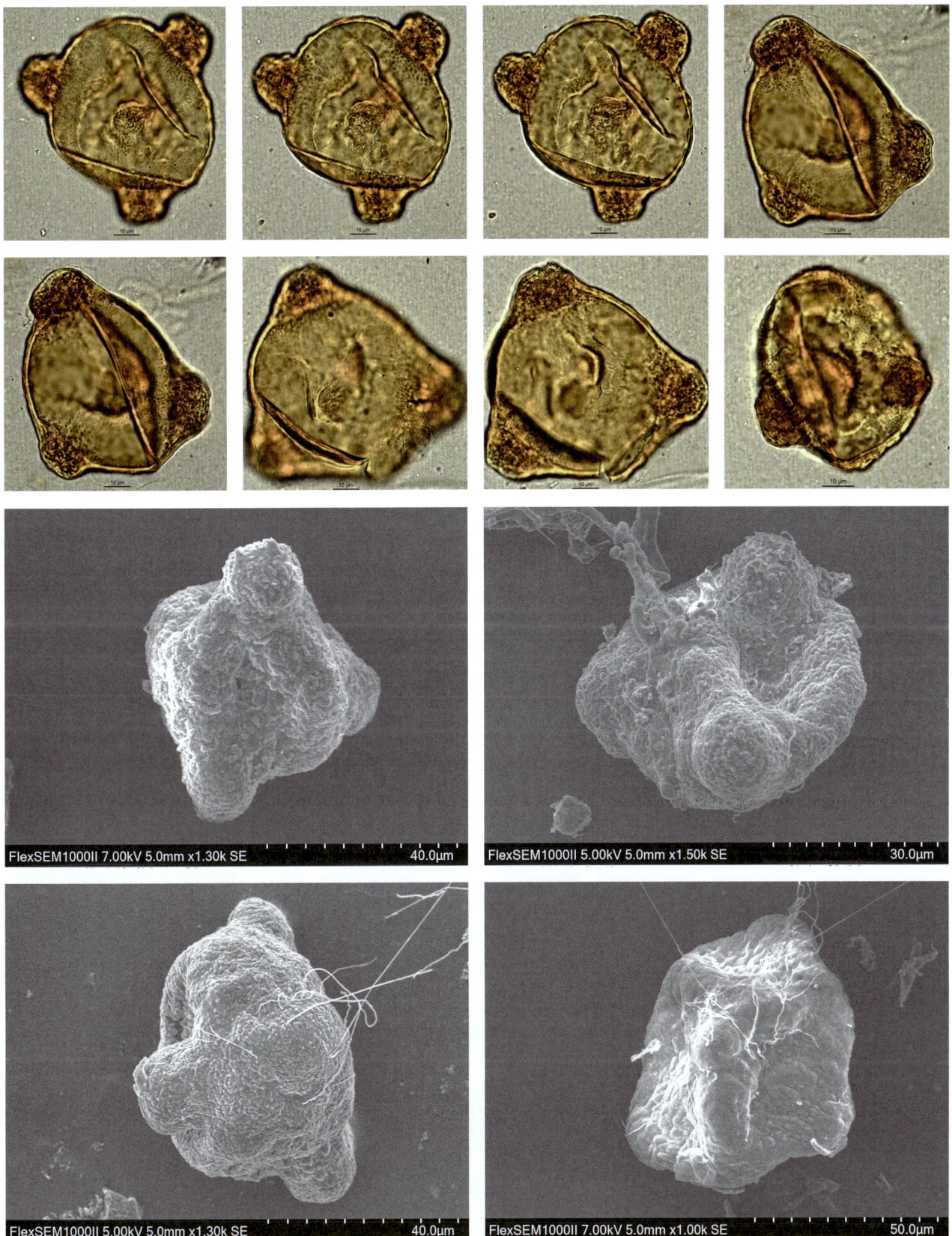

## *Ludwigia* 丁香蓼属

### *Ludwigia adscendens* (L.) Hara 水龙

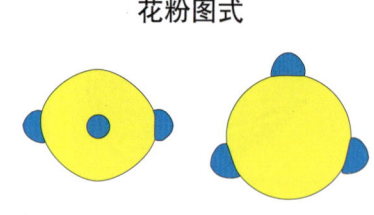

花粉图式

【形态特征】多年生浮水或上升草本，浮水茎节上常簇生圆柱状或纺锤状白色海绵状贮气的根状浮器，具多数须状根；叶倒卵形、椭圆形或倒卵状披针形，先端常钝圆，有时近锐尖，基部狭楔形，侧脉6~12对；叶柄长3~15毫米；托叶卵形至心形；花单生于上部叶腋；小苞片生于花柄上部；萼片5，三角形至三角状披针形；花瓣乳白色，基部淡黄色，倒卵形；雄蕊10，花丝白色，对花瓣的较短；花药卵状长圆形；花柱白色，柱头近球状，5裂，淡绿色；子房被毛；花梗长2.5~6.5厘米；蒴果淡褐色，圆柱状，具10条纵棱，果皮薄，不规则开裂；果梗长2.5~7厘米，被长柔毛或变无毛；种子在每室单列纵向排列，淡褐色，牢固地嵌入木质硬内果皮内，椭圆状。

【花果期】花期5—8月，果期8—11月。

【生境】生于海拔100~600米的水田和浅水塘。

【分布】国内分布：福建、江西、湖南南部、广东、香港、海南、广西和云南南部；国外分布：印度、斯里兰卡、孟加拉国、巴基斯坦、中南半岛、马来半岛、印度尼西亚和澳大利亚北部。

【别名】猪肥草、过江藤、过塘蛇、草里银钗、玉钗草。

【保护级别】无危（LC）。

【花粉形态】花粉粒扁球形，极面观为三（四）角形，直径为55~78μm；具3~4萌发孔，孔圆形，稍突出，直径约为7μm；外壁厚约3.8μm，外层厚于内层；表面具细网状雕纹。

第五章 被子植物的花粉形态

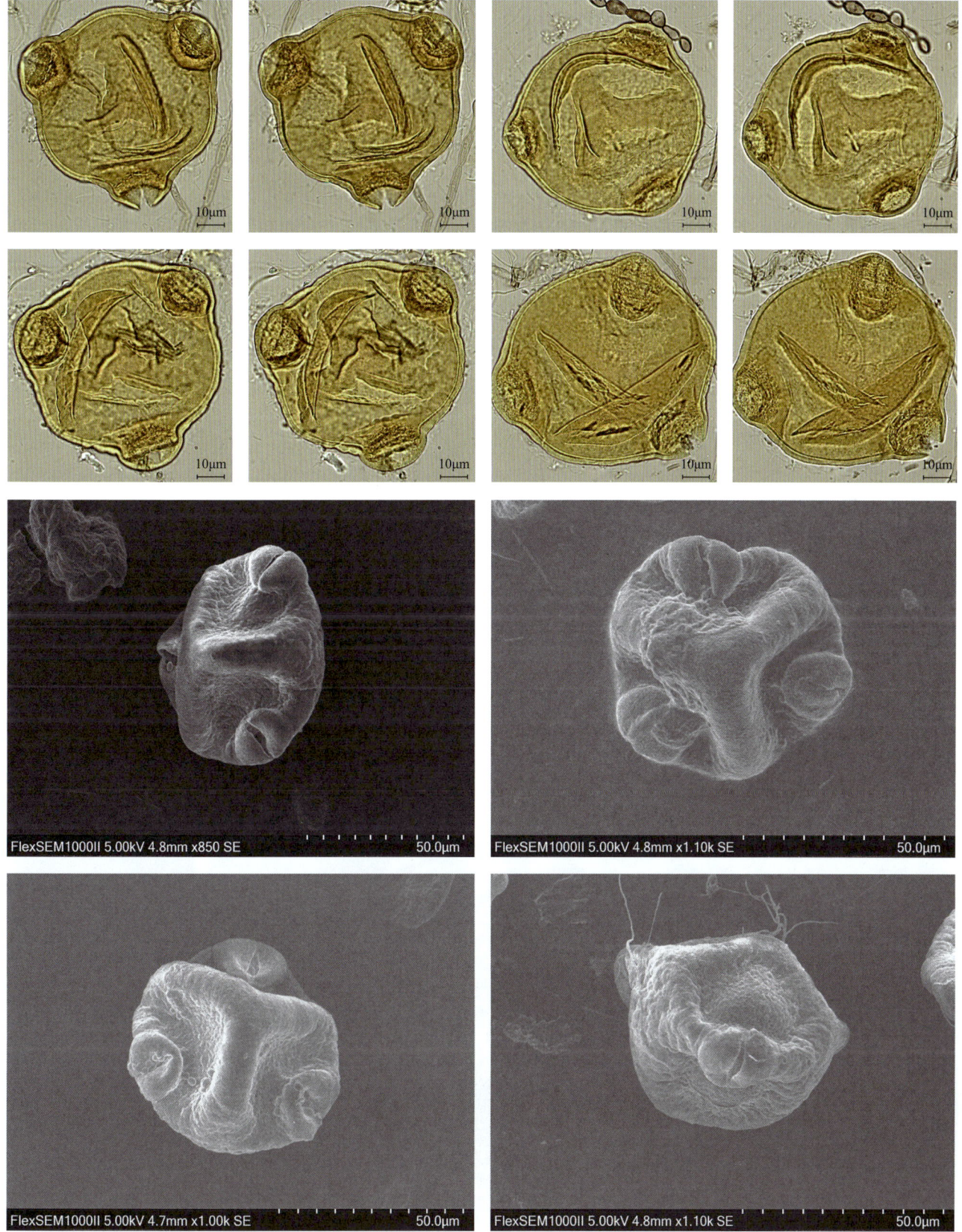

809

## Orchidaceae 兰科
### *Acanthephippium* 坛花兰属
*Acanthephippium sylhetense* Lindl. 坛花兰

花粉图式

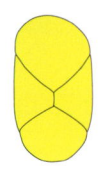

【形态特征】地生草本；假鳞茎卵状圆柱形，具 2~4 个节，被数枚大型鳞片状鞘；鞘膜质，彼此套叠，宽卵形，先端急尖，在假鳞茎由下至上逐渐变大；叶互生于假鳞茎上端，厚纸质，长椭圆形；花葶肉质而肥厚，基部具数枚宽卵状披针形的鳞片状鞘；总状花序具 3~4 朵花；花苞片深茄紫色，凹陷，卵形或长圆形；花梗和子房浅茄紫色；花白色或稻草黄色，内面在中部以上具紫褐色斑点；萼囊短而宽钝；花瓣藏于萼筒内，近卵状椭圆形，先端钝，基部收狭为爪，具 7 条脉；唇瓣 3 裂，以长约 2 厘米的爪贴生于蕊柱足的末端，爪黄色带黄褐色斑纹；侧裂片白色，近直立，镰刀状，围抱蕊柱；中裂片柠檬黄色，肉质，舌形，向外下弯，比侧裂片长，先端钝，全缘；唇盘白色带紫褐色斑点，具 3~4 条上缘带齿的褶片状脊；蕊柱白色；蕊柱足白色带紫晕，与蕊柱成直角弯曲。

【花果期】花果期 4—7 月。

【生境】生于海拔 540~800 米的密林下或沟谷林下阴湿处。

【分布】国内分布：台湾（台北、乌来、大雪山、高雄和兰屿）和云南南部（勐腊和景洪）；国外分布：印度东北部、缅甸、老挝、泰国和马来西亚。

【别名】台湾坛花兰、钟馗兰。

【保护级别】易危（VU）；地方保护野生植物。

【花粉形态】花粉粒形成花粉团块，为四合花粉，大小为 28（26~35）× 57（52~63）μm；无萌发孔；表面具颗粒 – 细网状雕纹。

第五章 被子植物的花粉形态

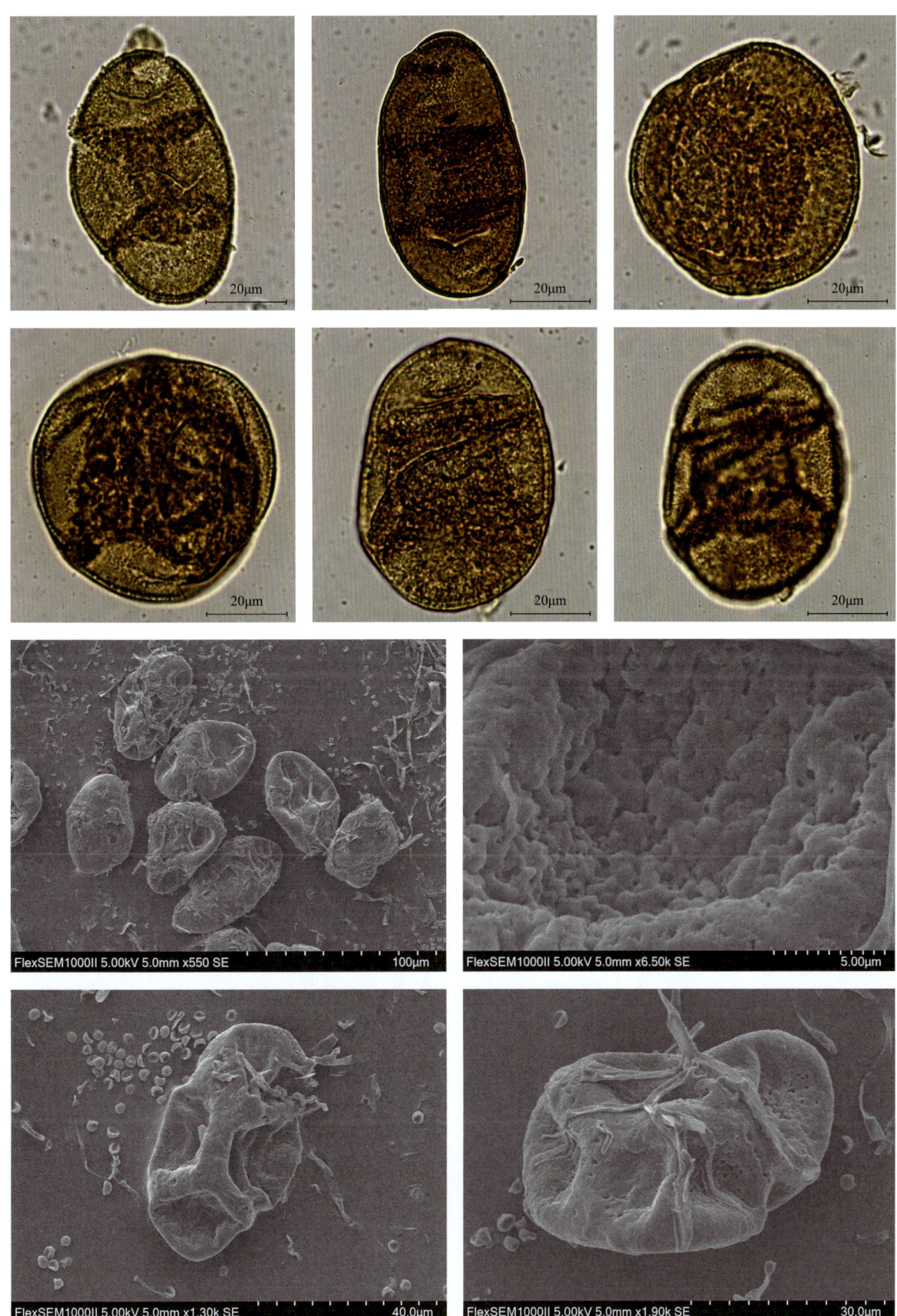

## *Arundina* 竹叶兰属

*Arundina graminifolia* (D. Don) Hochr. 竹叶兰

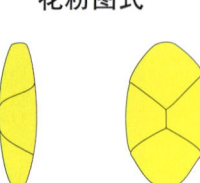

花粉图式

【形态特征】地生草本，植株高 40~80 厘米；地下根状茎常在连接茎基部处呈卵球形膨大，貌似假鳞茎，具较多的纤维根；茎直立，常数个丛生或成片生长，圆柱形，细竹秆状，通常为叶鞘所包，具多枚叶；叶线状披针形，薄革质或坚纸质，先端渐尖，基部具圆筒状的鞘；鞘抱茎；花序总状或基部有 1~2 个分枝而成圆锥状，具 2~10 朵花，但每次仅开 1 朵花；花苞片宽卵状三角形，基部围抱花序轴；花梗和子房长 1.5~3 厘米；花粉红色或略带紫色或白色；萼片狭椭圆形或狭椭圆状披针形；花瓣椭圆形或卵状椭圆形，与萼片近等长；唇瓣轮廓近长圆状卵形，3 裂；侧裂片钝，内弯，围抱蕊柱；中裂片近方形，先端 2 浅裂或微凹；唇盘上有 3~5 条褶片；蕊柱稍向前弯；蒴果近长圆形。

【花果期】花果期 9—11 月。

【生境】生于海拔 400~2800 米的草坡、溪谷旁、灌丛下或林中。

【分布】国内分布：浙江、江西、福建、台湾、湖南南部、广东、海南、广西、四川南部（米易）、贵州（榕江和兴义）、云南（邓川、凤庆、景洪、西畴、屏边等）和西藏东南部（墨脱）；国外分布：尼泊尔、不丹、印度、斯里兰卡、缅甸、越南、老挝、柬埔寨、泰国、马来西亚和印度尼西亚。

【别名】无

【保护级别】无危（LC）；地方保护野生植物。

【花粉形态】花粉粒为四合花粉，四面体形或十字形排列，侧面观为椭圆形，直径为 22~40μm；无萌发孔；表面具网状雕纹。

# 第五章 被子植物的花粉形态

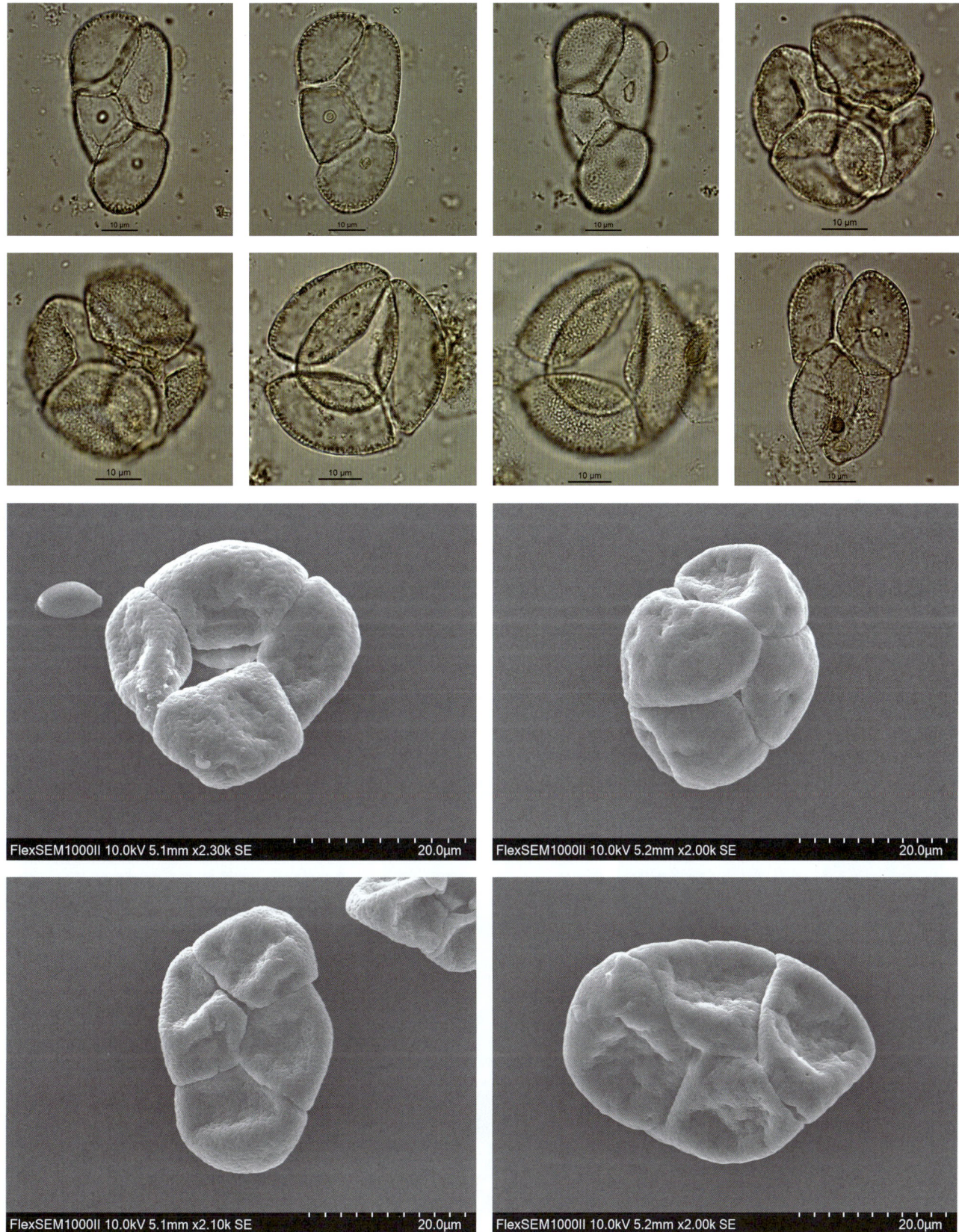

### *Bletilla* 白及属

***Bletilla striata*** (Thunb. ex A. Murray) Rchb. f. 白及

花粉图式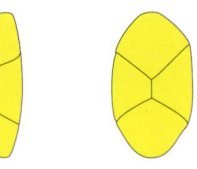

【形态特征】地生草本，植株高 18~60 厘米；假鳞茎扁球形，上面具荸荠似的环带，富黏性；茎粗壮，劲直；叶 4~6 枚，狭长圆形或披针形，先端渐尖，基部收狭成鞘并抱茎；花序具 3~10 朵花，常不分枝或极罕分枝；花序轴或多或少呈"之"字状曲折；花苞片长圆状披针形；花大，紫红色或粉红色；萼片和花瓣近等长，狭长圆形，先端急尖；花瓣较萼片稍宽；唇瓣较萼片和花瓣稍短，倒卵状椭圆形，白色带紫红色，具紫色脉；唇盘上面具 5 条纵褶片，从基部伸至中裂片近顶部，仅在中裂片上面为波状；蕊柱长 18~20 毫米，柱状，具狭翅，稍弓曲。

【花果期】花期 4—5 月，果期 8—10 月。

【生境】生于海拔 100~3200 米的常绿阔叶林、栎树林或针叶林下，路边草丛或岩石缝中。

【分布】国内分布：陕西南部、甘肃东南部、江苏、安徽、浙江、江西、福建、湖北、湖南、广东、广西、四川和贵州；国外分布：朝鲜半岛和日本。

【别名】白芨。

【保护级别】国家二级重点保护野生植物；濒危（EN）。

【花粉形态】花粉粒形成花粉团块，为四合花粉，多为十字形排列，侧面观为椭圆形（四方形排列），直径为 35~45μm，单粒花粉直径为 15~25μm；无萌发孔；表面具颗粒状雕纹。

# 第五章 被子植物的花粉形态

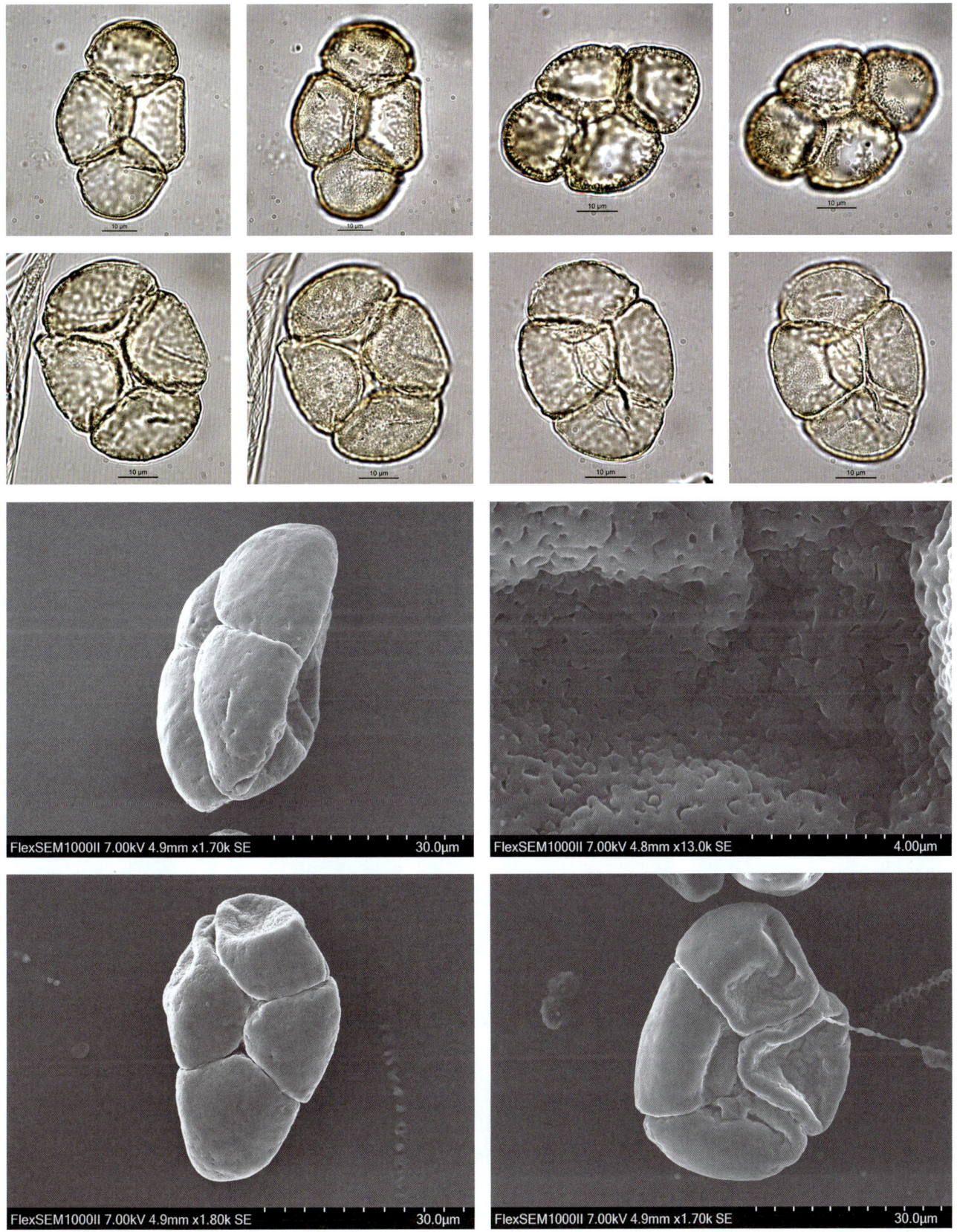

## *Cymbidium* 兰属

### *Cymbidium aloifolium* (L.) Sw. 纹瓣兰

**花粉图式**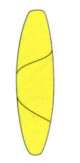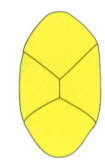

【形态特征】附生草本；假鳞茎卵球形，通常包藏于叶基之内；叶 4~5 枚，带形，厚革质，坚挺，略外弯；花葶从假鳞茎基部穿鞘而出，下垂；总状花序具 20~35 朵花；花苞片长 2~5 毫米；花梗和子房长 1.2~2 厘米；花略小，稍有香气；萼片与花瓣淡黄色至奶油黄色，中央有 1 条栗褐色宽带和若干条纹，唇瓣白色或奶油黄色而密生栗褐色纵纹；萼片狭长圆形至狭椭圆形；花瓣略短于萼片，狭椭圆形；唇瓣近卵形，3 裂，基部多少囊状，上面有小乳突或微柔毛；侧裂片超出蕊柱与药帽之上；中裂片外弯；唇盘上有 2 条纵褶片，略弯曲，中部变窄或有时断开，末端和基部膨大；蕊柱略向前弧曲；蒴果长圆状椭圆形。

【花果期】花期 4—5 月，偶见 10 月；果期未知。

【生境】生于海拔 100~1100 米的疏林中或灌木丛中树上或溪谷旁岩壁上。

【分布】国内分布：广东、广西、贵州和云南东南部至南部；国外分布：从斯里兰卡北至尼泊尔，东至印度尼西亚爪哇。

【别名】无

【保护级别】国家二级重点保护野生植物；近危（NT）；地方保护野生植物。

【花粉形态】花粉粒形成花粉团块，为四合花粉或三合体，多为四面体形，侧面观为椭圆形，直径为 20~40μm；无萌发孔；表面具颗粒状雕纹。

第五章 被子植物的花粉形态

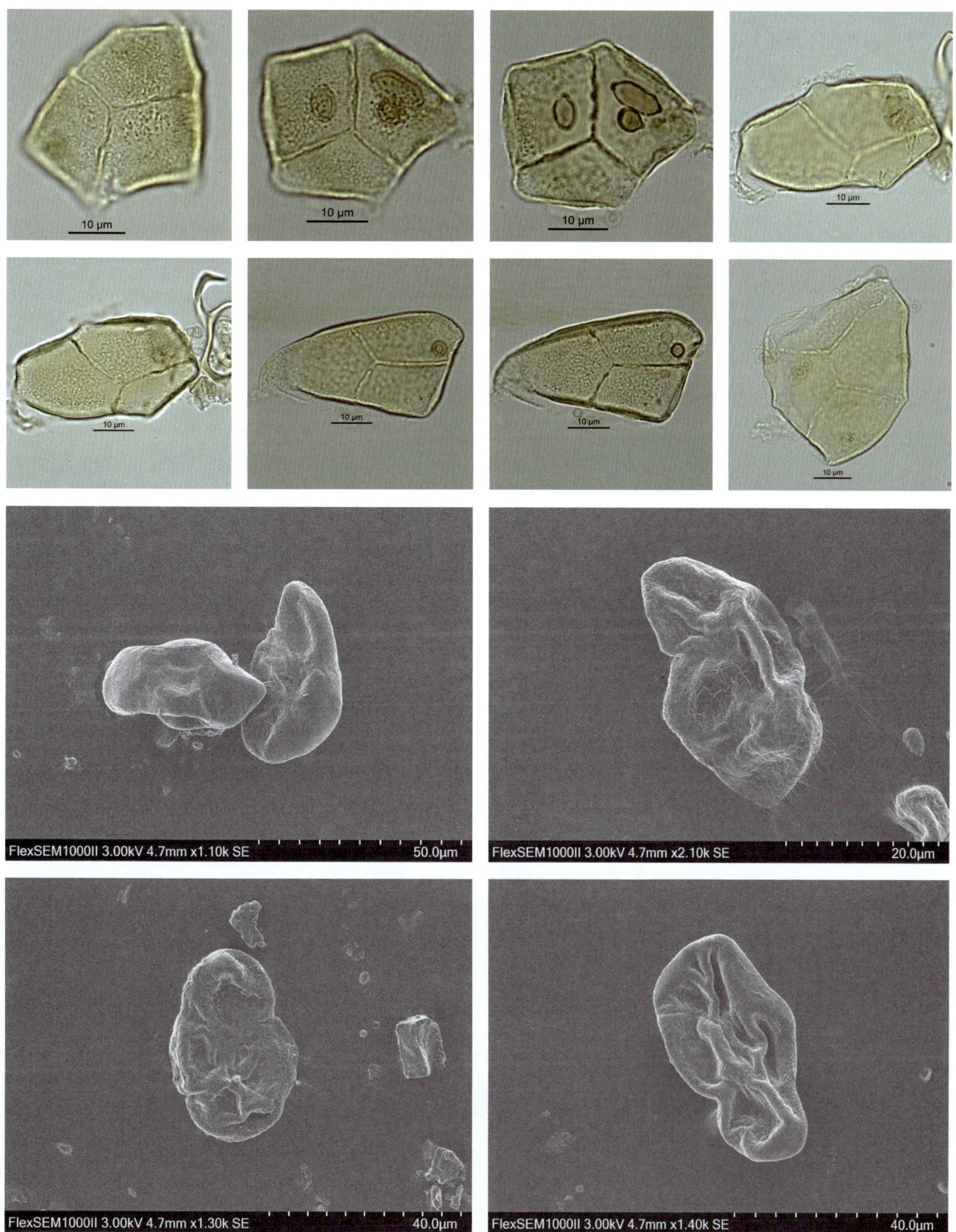

### *Cymbidium kanran* Makino 寒兰

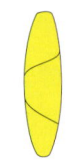
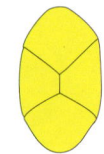

花粉图式

**【形态特征】** 地生草本；假鳞茎狭卵球形，包藏于叶基之内；叶 3~7 枚，带形，薄革质，暗绿色，略有光泽；花葶发自假鳞茎基部，直立；总状花序疏生 5~12 朵花；花苞片狭披针形；花梗和子房长 2~3 厘米；花常为淡黄绿色而具淡黄色唇瓣，也有其他色泽，常有浓烈香气；萼片近线形或线状狭披针形，先端渐尖；花瓣常为狭卵形或卵状披针形；唇瓣近卵形，具不明显的 3 裂；侧裂片直立，多少围抱蕊柱，有乳突状短柔毛；中裂片较大，外弯，上面亦有类似的乳突状短柔毛，边缘稍有缺刻；唇盘上 2 条纵褶片从基部延伸至中裂片基部，上部向内倾斜并靠合，形成短管；蕊柱长 1~1.7 厘米，稍向前弯曲，两侧有狭翅；蒴果狭椭圆形。

**【花果期】** 花期 8—12 月，果期翌年 1—3 月。

**【生境】** 生于海拔 400~2400 米的林下、溪谷旁或稍荫蔽、湿润和多石之土壤上。

**【分布】** 国内分布：安徽、浙江、江西、福建、台湾、湖南、广东、海南、广西、四川、贵州和云南；国外分布：日本南部和朝鲜半岛南端。

**【别名】** 无

**【保护级别】** 国家二级重点保护野生植物；易危（VU）；地方保护野生植物。

**【花粉形态】** 花粉粒为四合花粉，多为四面体形，侧面观为椭圆形，直径为 29~50μm；无萌发孔；表面具网状雕纹。

第五章 被子植物的花粉形态

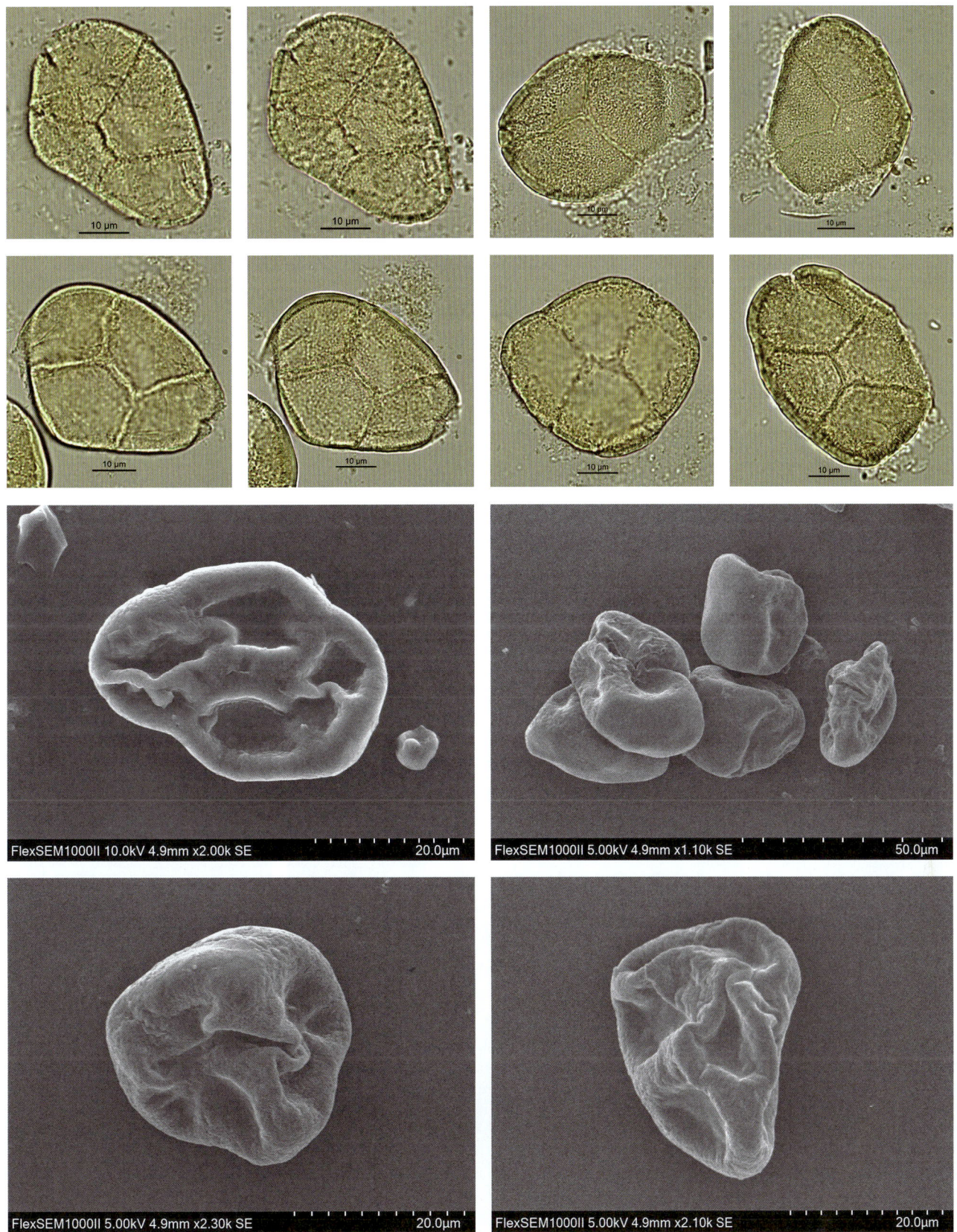

819

## Dendrobium 石斛属

### *Dendrobium anosmum* Lindl. 檀香石斛

**【形态特征】** 多年生草本植物；假鳞茎丛生，圆柱形，有节，长50厘米或更长，直径1~2厘米；叶披针形，花期无叶，为落叶种；檀香石斛兰在生长季节末由营养生长转向生殖生长，叶片脱落，在上年生长的茎上抽生花序，2~3朵一束；花为粉红色，直径约5厘米。花朵散发出一种清香的檀香味道，故得名。

**【花果期】** 花期4—5月，果期6—7月。

**【生境】** 通常生长在山地森林或高海拔地区的树上或岩石上。

**【分布】** 江苏、浙江、福建、广东、广西、贵州、云南等省份。

**【别名】** 檀香石斛兰、卓花石斛兰。

**【保护级别】** 国家二级重点保护野生植物；地方保护野生植物。

**【花粉形态】** 花粉粒形成花粉团块，形状不统一，多为囊状、四合体、二合体等，大小也不一致，直径为20~45μm；无萌发孔；表面具网状雕纹。

花粉图式

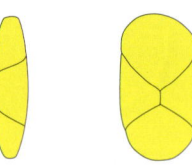

第五章 被子植物的花粉形态

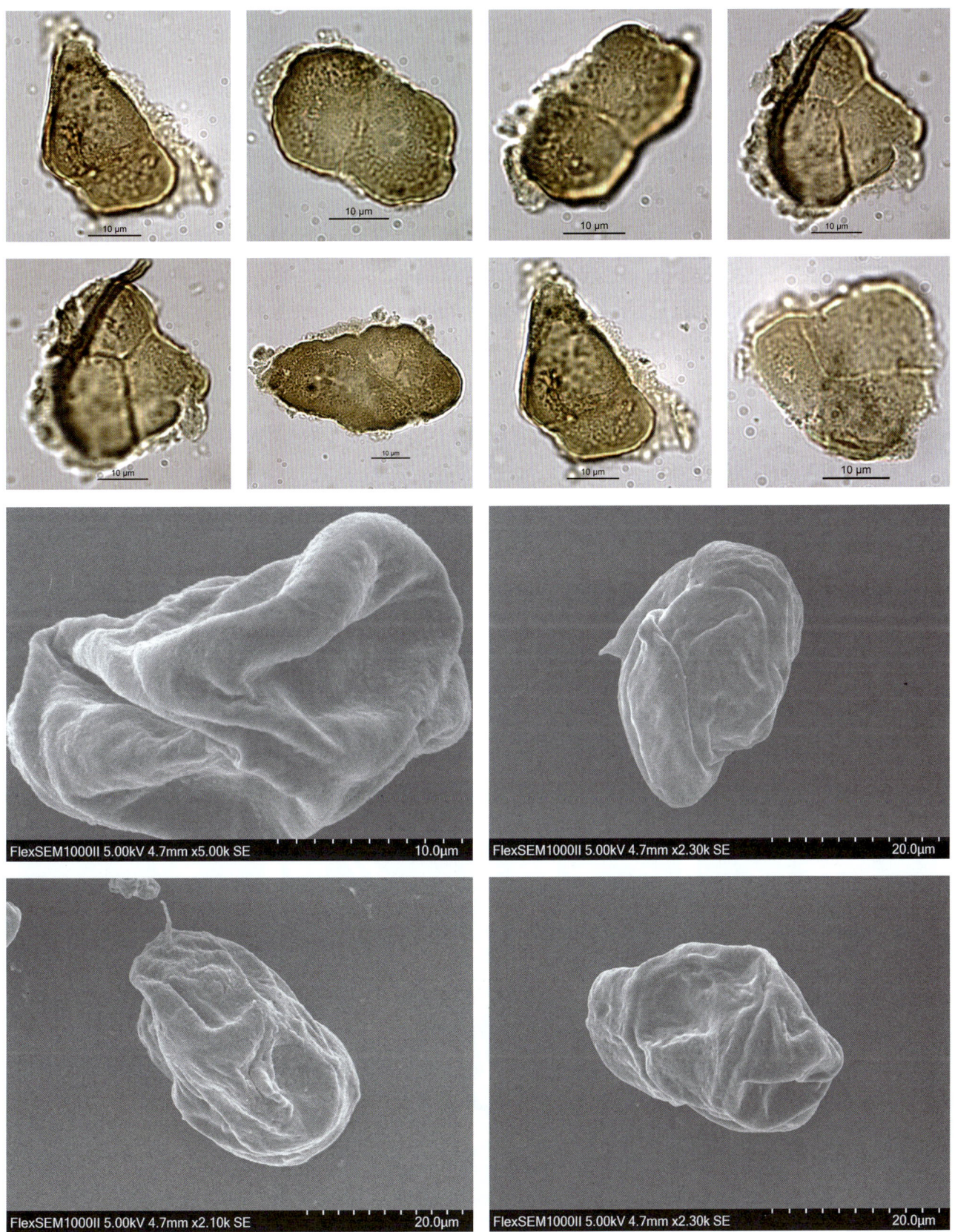

821

## *Dendrobium chrysotoxum* Lindl. 鼓槌石斛

**花粉图式**

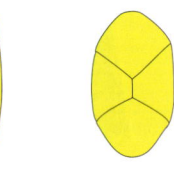

【形态特征】附生草本；茎直立或斜伸，肉质，纺锤形，具 2~5 节间，具多数圆钝的条棱，干后金黄色，近顶端具 2~5 枚叶；叶革质，长圆形，先端急尖而钩转，基部收狭，但不下延为抱茎的鞘；总状花序近茎顶端发出，斜出或稍下垂；花序轴粗壮，疏生多数花；花序柄基部具 4~5 枚鞘；花苞片小，膜质，卵状披针形，先端急尖；花梗和子房黄色；花质地厚，金黄色，稍带香气；中萼片长圆形，先端稍钝，具 7 条脉；侧萼片与中萼片近等大；萼囊近球形；花瓣倒卵形，等长于中萼片，宽约为萼片的 2 倍，先端近圆形，具约 10 条脉；唇瓣的颜色比萼片和花瓣深，近肾状圆形，先端浅 2 裂，基部两侧多少具红色条纹，边缘波状，上面密被短茸毛；唇盘通常呈"∧"状隆起，有时具"U"形的栗色斑块；蕊柱长约 5 毫米；药帽淡黄色，尖塔状。

【花果期】花期 3—5 月，果期未知。

【生境】生于海拔 520~1620 米、阳光充足的常绿阔叶林中树干上或疏林下岩石上。

【分布】国内分布：云南南部至西部（石屏、景谷、思茅、勐腊、景洪、耿马、镇康和沧源）；国外分布：印度东北部、缅甸、泰国、老挝和越南。

【别名】金弓石斛。

【保护级别】国家二级重点保护野生植物；易危（VU）；地方保护野生植物。

【花粉形态】花粉粒形成花粉团块，为四合花粉，多为十字形排列，侧面观为椭圆形（四方形排列）或不规则，直径为 20~35μm，单粒花粉直径为 10~20μm；无萌发孔；外壁厚约 1.5μm，两层，外层厚于内层；表面具模糊的网状雕纹。

# 第五章 被子植物的花粉形态

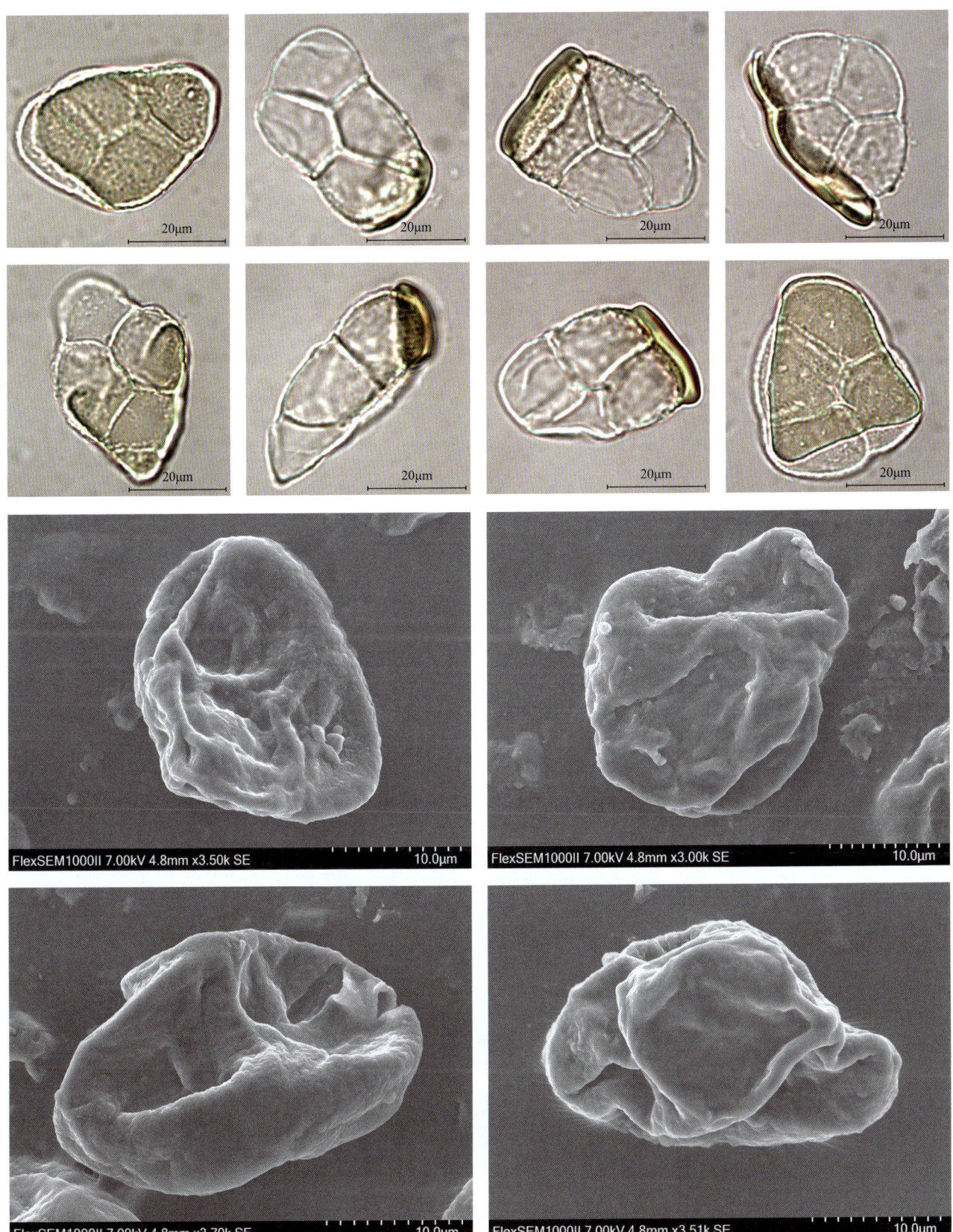

### *Dendrobium loddigesii* Rolfe 美花石斛

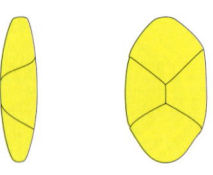

花粉图式

【形态特征】附生草本；茎柔弱，常下垂，细圆柱形，有时分枝，具多节；叶纸质，2列，互生于整个茎上，舌形、长圆状披针形或稍斜长圆形，先端锐尖而稍钩转，基部具鞘，干后上表面的叶脉隆起呈网格状；叶鞘膜质，干后鞘口常张开；花白色或紫红色，每束1~2朵侧生于具叶的老茎上部；花序柄长2~3毫米，基部被1~2枚短的、杯状膜质鞘；花苞片膜质，卵形，长约2毫米，先端钝；花梗和子房淡绿色；中萼片卵状长圆形，先端锐尖，具5条脉；侧萼片披针形，先端急尖，基部歪斜，具5条脉；萼囊近球形；花瓣椭圆形，与中萼片等长，先端稍钝，全缘，具3~5条脉；唇瓣近圆形，上面中央金黄色，周边淡紫红色，稍凹的，边缘具短流苏，两面密布短柔毛；蕊柱白色，正面两侧具红色条纹；药帽白色，近圆锥形，密布细乳突状毛，前端边缘具不整齐的齿。

【花果期】花期4—5月，果期未知。

【生境】生于海拔400~1500米的山地林中树干上或林下岩石上。

【分布】国内分布：广西、广东、海南、贵州和云南；国外分布：老挝和越南。

【别名】粉花石斛。

【保护级别】国家二级重点保护野生植物；易危（VU）；地方保护野生植物。

【花粉形态】花粉粒形成花粉团块，形状不统一，多为囊状、四合体、二合体等，大小也不一致，直径为25~45μm；无萌发孔；表面具颗粒状雕纹。

第五章 被子植物的花粉形态

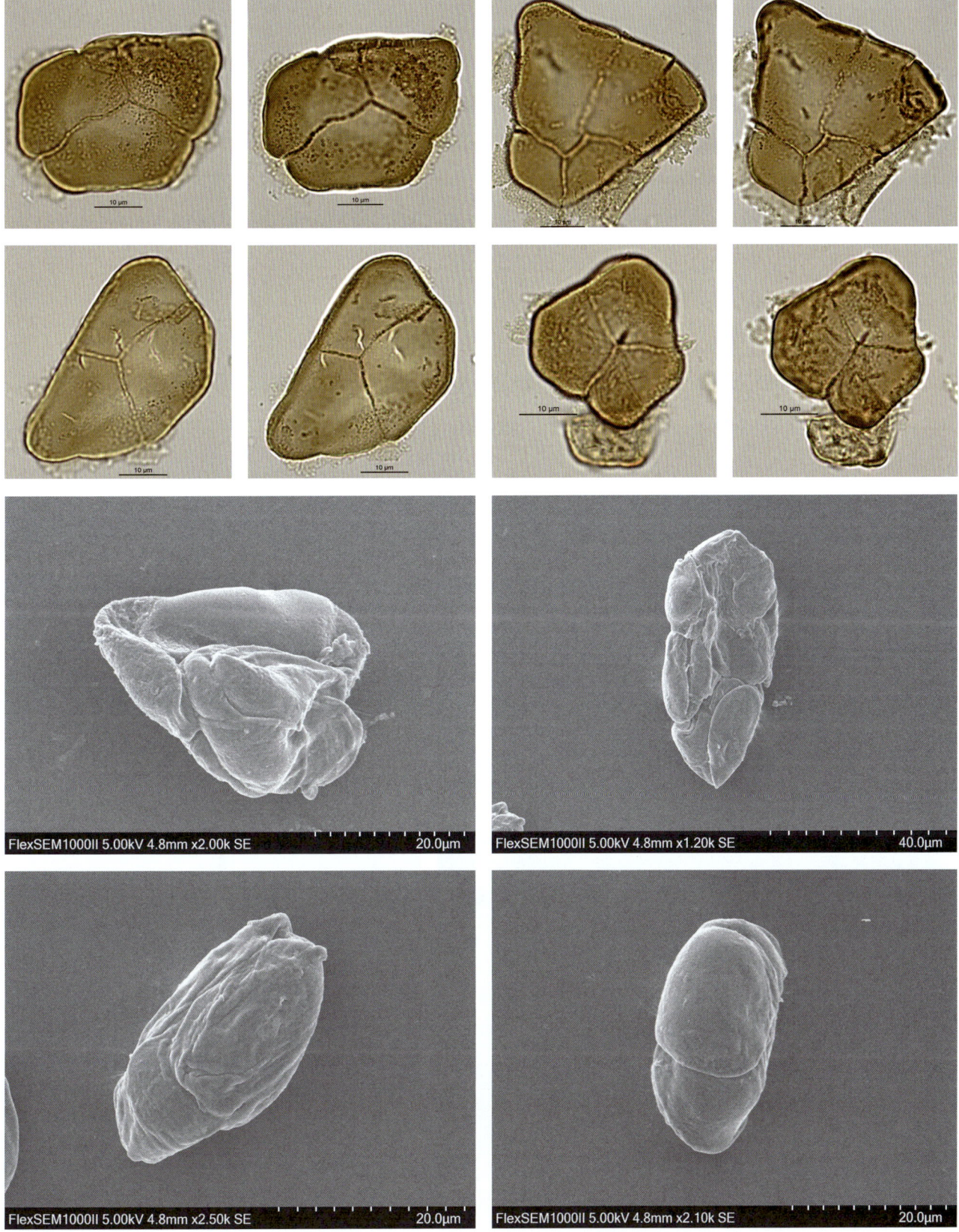

825

## *Eulophia* 美冠兰属

### *Eulophia graminea* Lindl. 美冠兰

【形态特征】假鳞茎卵球形、圆锥形、长圆形或近球形，直立，常带绿色，多少露出地面，上部有数节，有时多个假鳞茎聚生成簇团；叶 3~5 枚，在花全部凋萎后出现，线形或线状披针形，先端渐尖，基部收狭成柄；叶柄套叠而成短的假茎，外有数枚鞘；花葶从假鳞茎一侧节上发出；总状花序直立；花苞片草质，线状披针形；花橄榄绿色，唇瓣白色而具淡紫红色褶片；中萼片倒披针状线形；侧萼片与中萼片相似，常略斜歪而稍大；花瓣近狭卵形；唇瓣近倒卵形或长圆形，3 裂；侧裂片较小；中裂片近圆形；蕊柱长 4~5 毫米，无蕊柱足；蒴果下垂，椭圆形。

【花果期】花期 4—5 月，果期 5—6 月。

【生境】生于疏林中草地上、山坡阳处、海边沙滩林中，海拔 900~1200 米。

【分布】国内分布：安徽、台湾、广东、香港、海南、广西、贵州和云南；国外分布：尼泊尔、印度、斯里兰卡、越南、老挝、缅甸、泰国、马来西亚、新加坡、印度尼西亚等地。

【别名】无

【保护级别】国家二级重点保护野生植物；无危（LC）；地方保护野生植物。

【花粉形态】花粉粒形成花粉团块，形状不统一，多为囊状，大小也不一致，直径为 25~45μm；无萌发孔；表面具颗粒状雕纹。

# 第五章　被子植物的花粉形态

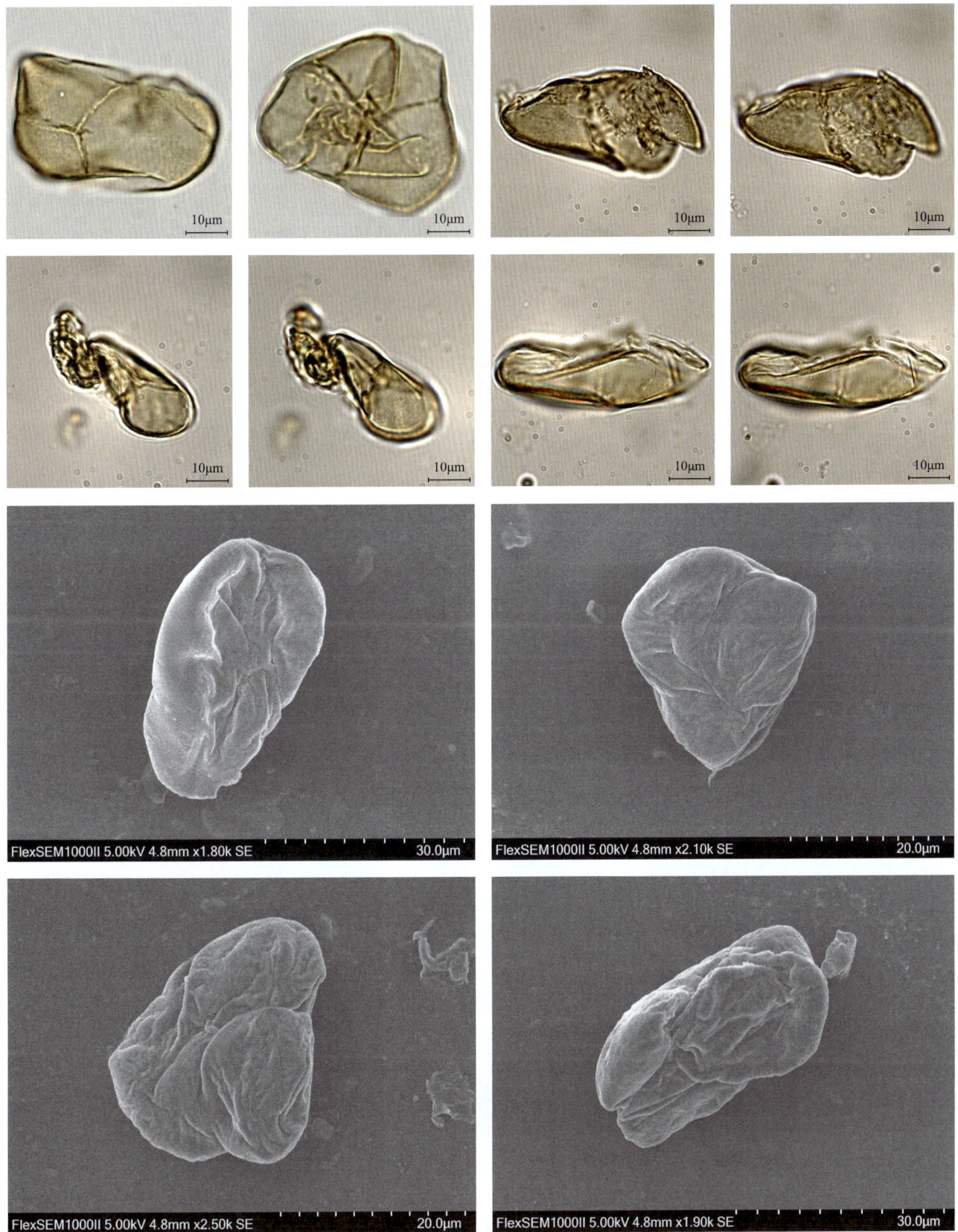

## *Paphiopedilum* 兜兰属

### *Paphiopedilum concolor* (Bateman) Pfitzer 同色兜兰

【形态特征】地生或半附生植物，具粗短的根状茎和少数稍肉质而被毛的纤维根；叶基生，2 列，4~6 枚，叶片狭椭圆形至椭圆状长圆形；花葶直立，紫褐色，被白色短柔毛，顶端通常具 1~2 花，罕有 3 花；花苞片宽卵形，先端略钝，背面被短柔毛并有龙骨状突起，边缘具缘毛；花梗和子房长 3~4.5 厘米，被短柔毛；花直径 5~6 厘米，淡黄色或罕有近象牙白色，具紫色细斑点；中萼片宽卵形；花瓣椭圆形、宽椭圆形或菱状椭圆形，先端钝或近斜截形，近无毛或略被微柔毛；唇瓣深囊状，狭椭圆形至圆锥状椭圆形，囊口宽阔，整个边缘内弯，基部具短爪，囊底具毛；退化雄蕊宽卵形至宽卵状菱形，先端略有 3 小齿，基部收狭并具耳。

【花果期】花果期 6—8 月。

【生境】生于海拔 300~1400 米的石灰岩地区多腐殖质土壤上或岩壁缝隙或积土处。

【分布】国内分布：广西西部、贵州和云南东南部至西南部；国外分布：缅甸、越南、老挝、柬埔寨和泰国。

【别名】大化兜兰、无点兜兰。

【保护级别】国家一级重点保护野生植物；易危（VU）；地方保护野生植物。

【花粉形态】花粉粒形成花粉团块，略似囊状，一端宽而另一端窄，单粒花粉近似长方形、正方形或其他形状，大小不一致；无萌发孔；表面光滑，电镜下表面具褶皱。

第五章 被子植物的花粉形态

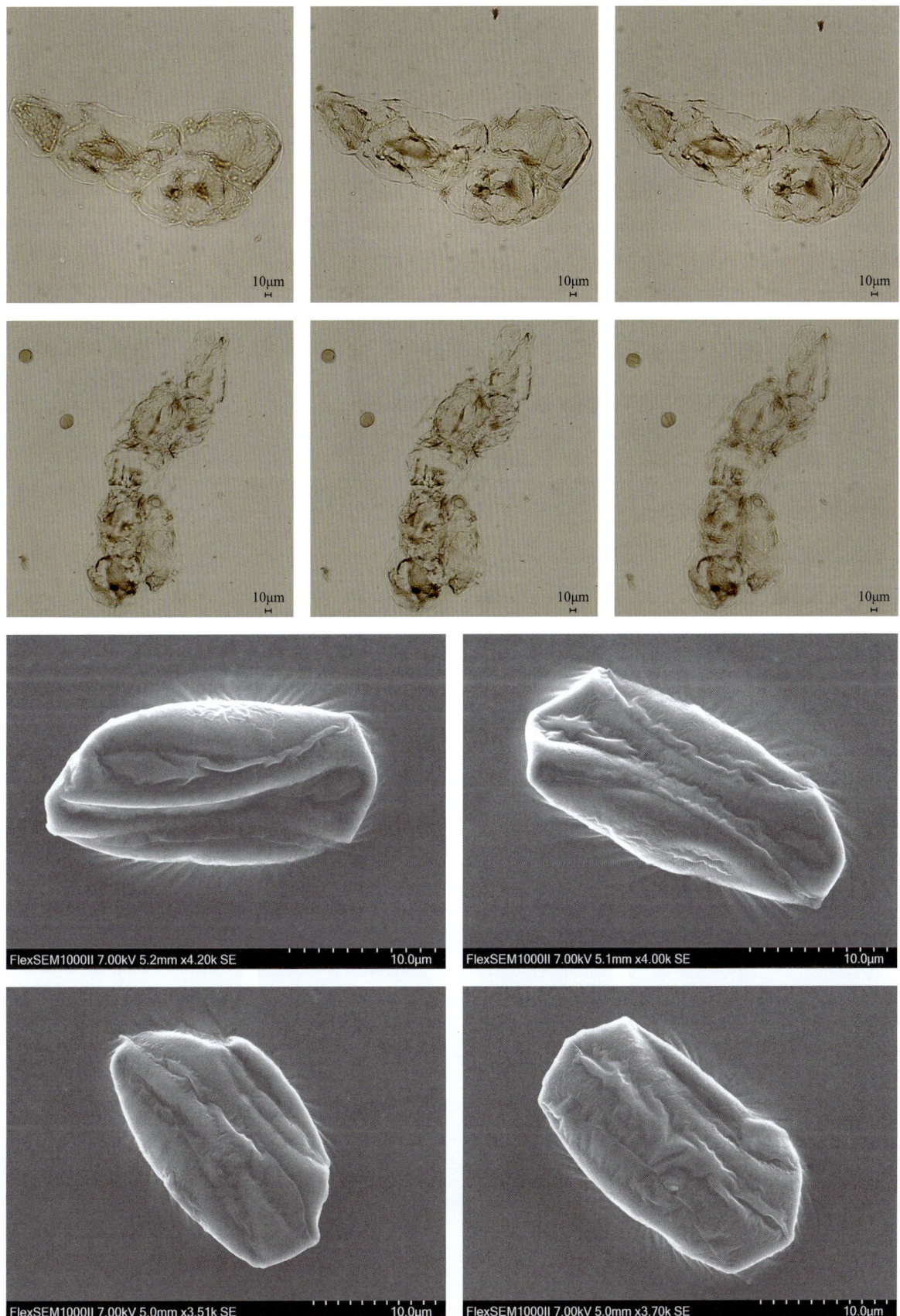

## *Pholidota* 石仙桃属

### *Pholidota leveilleana* Schltr. 单叶石仙桃

【形态特征】附生草本植物；根状茎较粗壮，缩短，生密集的假鳞茎；假鳞茎狭卵形或长圆形，顶端生 1 叶；叶狭椭圆形或狭椭圆状披针形，先端近渐尖，基部收狭；叶柄长 3.5~8 厘米；花葶生于幼嫩假鳞茎顶端，开花时叶已基本长成，常多少下垂；总状花序疏生 12~18 朵花；花苞片椭圆形，在果期已脱落；花白色略带粉红色，唇瓣呈带淡褐的白色，柱头红色；萼片宽卵状椭圆形；侧萼片背面有龙骨状突起；花瓣卵状椭圆形，先端钝；唇瓣轮廓为宽长圆形；后唇中央凹陷成浅杯状，边缘平展，内有 3 条粗脉从基部延伸至中部以上；前唇横长圆形，先端有凹缺，边缘略波状；蕊柱长约 3 毫米，顶端有宽翅围绕药床；蒴果狭倒卵形。

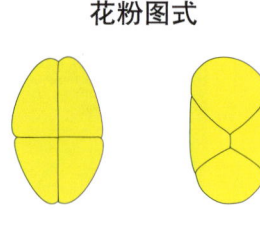

花粉图式

【花果期】花期 5 月，果期未知。

【生境】生于疏林下或稍荫蔽的岩石上，海拔 500~900 米。

【分布】广西（罗城、都安、靖西、南丹、环江和凤山）和贵州中南部（惠水）。

【别名】文山石仙桃。

【保护级别】易危（VU）；地方保护野生植物。

【花粉形态】花粉粒形成花粉团块，为四合花粉，大小为 26（24~30）× 47（42~53）μm；无萌发孔；表面具拟网状雕纹。

第五章 被子植物的花粉形态

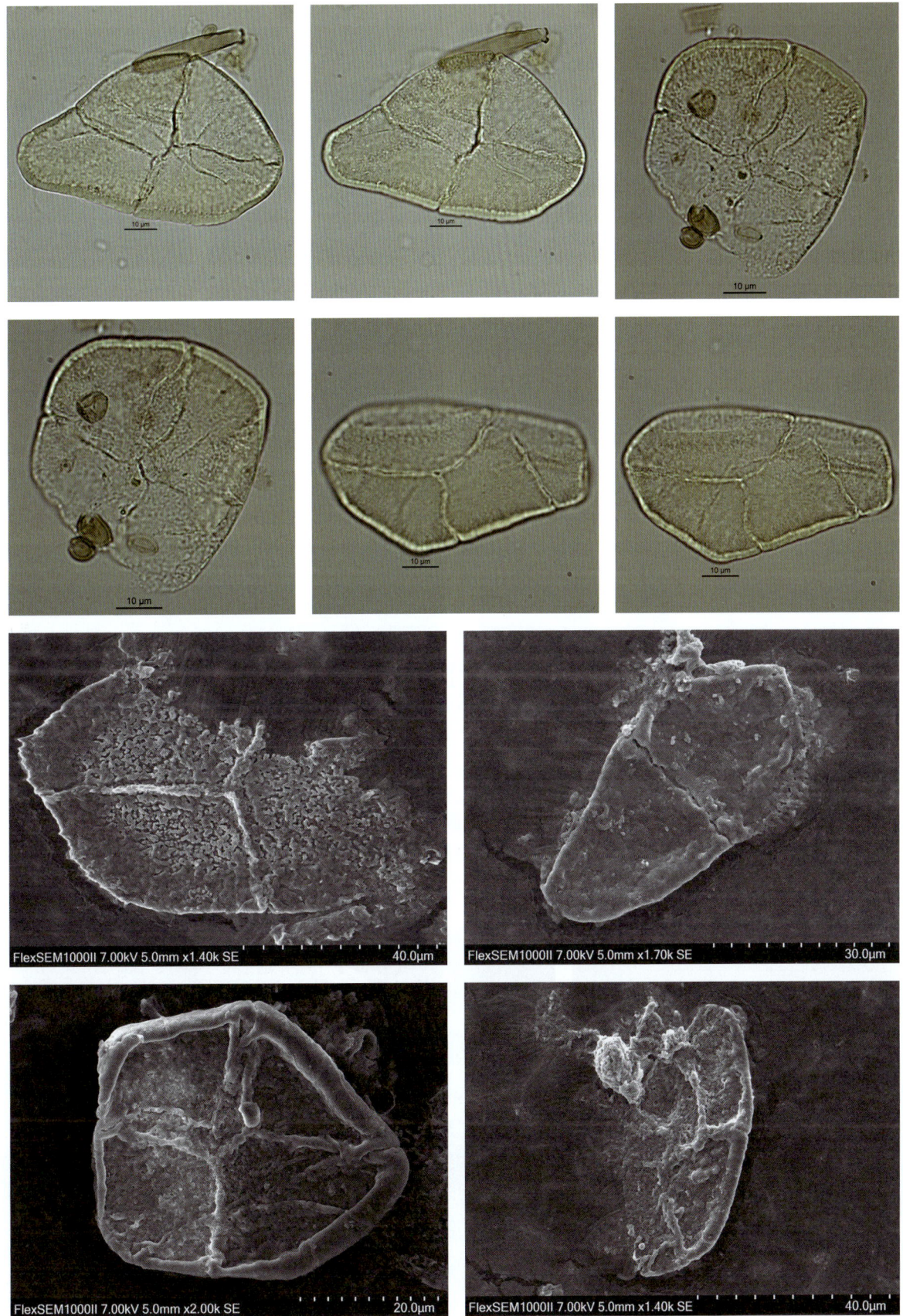

## *Salacistis* 足宝兰属

### *Salacistis rubicunda* (Blume) M. C. Pace 红花足宝兰

**【形态特征】** 地生草本植物，植株高 30~60 厘米；根状茎伸长，茎状，匍匐，具节；茎直立，绿色，具 7~9 枚叶；叶片呈稍偏斜的长圆形、椭圆形或卵状长圆形，纸质，绿色，具 3 条明显的脉；花茎直立，被短柔毛，上部红褐色，不香；总状花序具多数花；花中等大，张开；萼片红褐色，具 1 脉，背面被短柔毛，中萼片线状长圆形；花瓣匙形，宽 1.8~2 毫米，唇瓣前部渐窄，尾状，先端钝，向下反卷；花药披针形。

**【花果期】** 花果期 5—8 月。

**【生境】** 生于海拔 300~1500 米的林下阴湿处。

**【分布】** 广西、云南和台湾。

**【别名】** 毛苞斑叶兰、长苞斑叶兰、红花斑叶兰。

**【保护级别】** 近危（NT）；地方保护野生植物。

**【花粉形态】** 花粉粒形成花粉团块，形状不统一，大小也不一致，直径为 35~65μm；无萌发孔；表面具网状雕纹。

# 第五章 被子植物的花粉形态

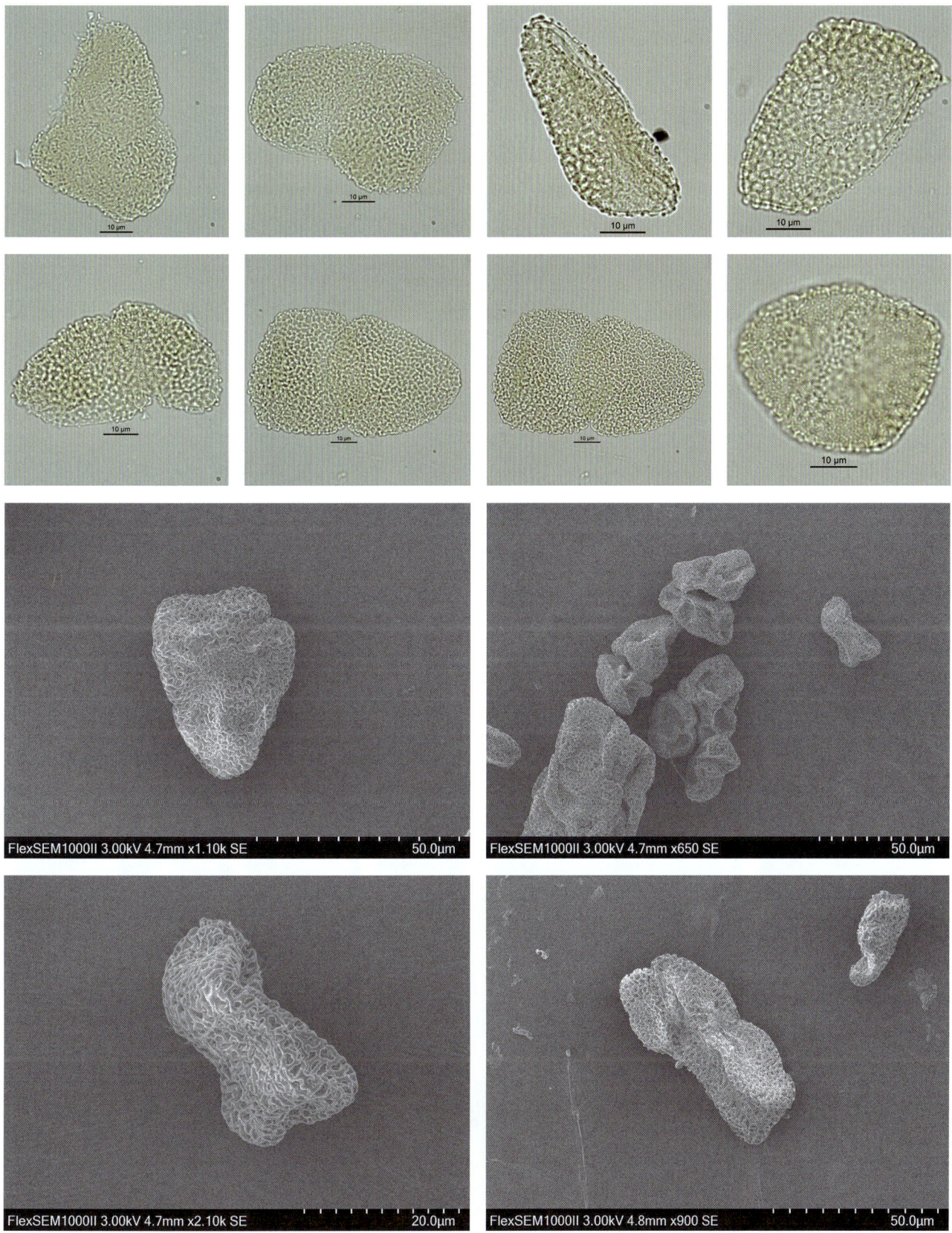

## *Spathoglottis* 苞舌兰属

*Spathoglottis plicata* Blume 紫花苞舌兰

花粉图式

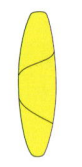 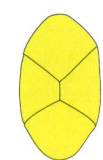

**【形态特征】** 地生草本植物，植株高可达 1 米；假鳞茎卵状圆锥形，为叶鞘所包，具 3~5 枚叶；叶质地薄，淡绿色，狭长；叶柄长 10~20 厘米；花葶长可达 1 米，下部具数枚筒状鞘；总状花序短，具约 10 朵花；花苞片紫色，卵形，向下反卷；花梗和子房紫色，比花苞片长；花紫色；中萼片卵形，凹陷，先端锐尖；侧萼片斜卵形，与中萼片等大；花瓣近椭圆形，比萼片大，先端锐尖；唇瓣贴生于蕊柱基部，3 裂；侧裂片直立，狭长，先端扩大并呈截形；中裂片具长爪，向先端扩大而呈扇形，先端近截形并凹入或浅 2 裂，基部与侧裂片相连接处具一对黄色肉突，其基部彼此连生并向背面伸出 2 个三角形的齿突；蕊柱长约 1.5 厘米。

**【花果期】** 花期 7—10 月，果期 8—9 月。

**【生境】** 常见于山坡草丛中。

**【分布】** 国内分布：台湾（兰屿和绿岛）；国外分布：日本、菲律宾、越南、泰国、马来西亚、斯里兰卡、印度南部、印度尼西亚、新几内亚岛、澳大利亚和太平洋一些群岛。

**【别名】** 无

**【保护级别】** 近危（NT）；地方保护野生植物。

**【花粉形态】** 花粉粒形成花粉团块，为四合花粉，多为十字形排列，侧面观为椭圆形（四方形排列）或不规则，直径为 20~38μm，单粒花粉直径为 12~15μm；无萌发孔；外壁厚约 1.5μm，两层，外层厚于内层；表面具细网状雕纹。

第五章 被子植物的花粉形态

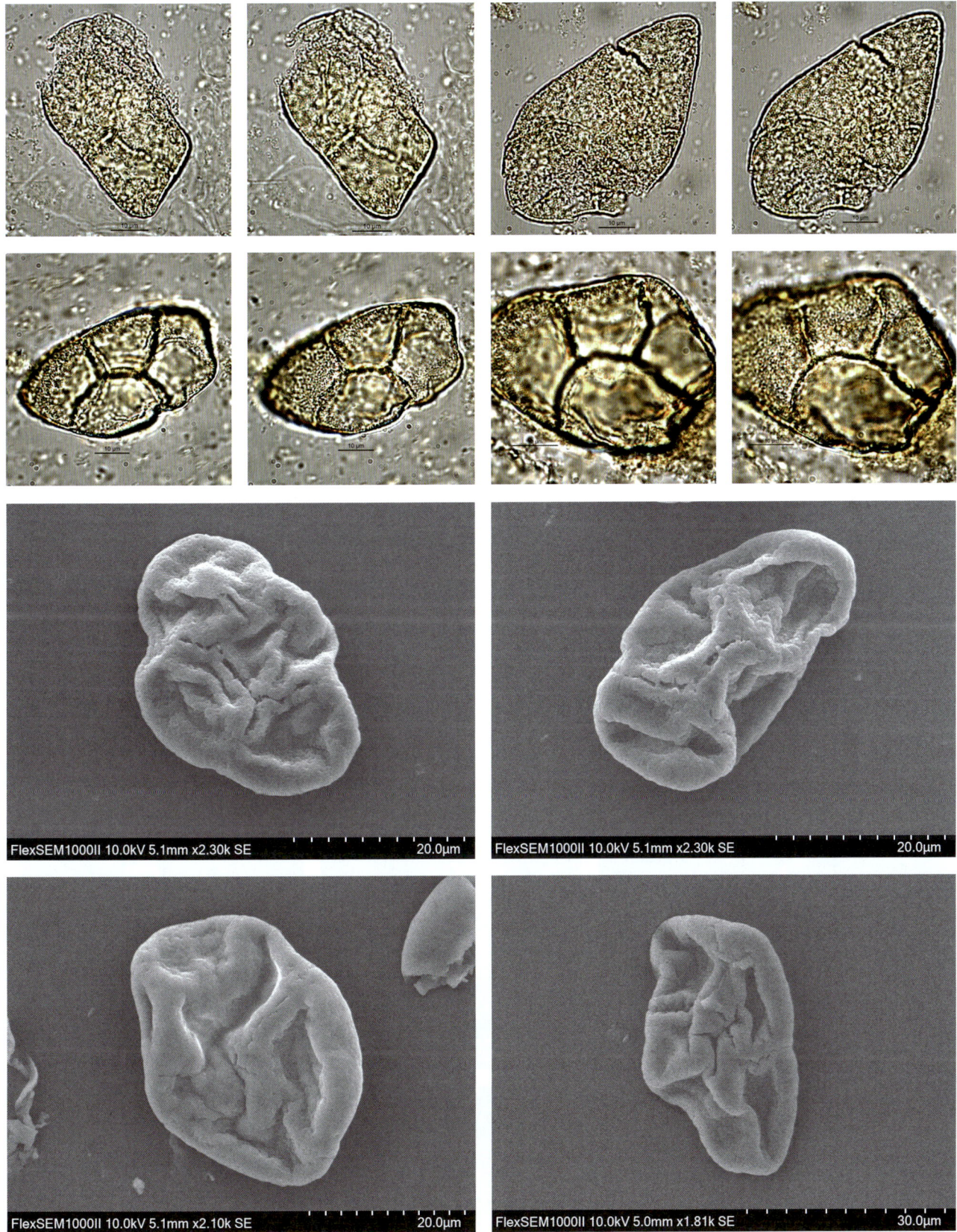

## Spiranthes 绶草属

### *Spiranthes sinensis* (Pers.) Ames 绶草

【形态特征】多年生草本植物，植株高 13~30 厘米；根数条，指状，肉质，簇生于茎基部；茎较短，近基部生 2~5 枚叶；叶片宽线形或宽线状披针形；花茎直立；总状花序具多数密生的花，呈螺旋状扭转；花苞片卵状披针形；子房纺锤形，扭转，被腺状柔毛；花小，紫红色、粉红色或白色，在花序轴上呈螺旋状排生；萼片的下部靠合；中萼片狭长圆形，舟状，先端稍尖，与花瓣靠合呈兜状；侧萼片偏斜，披针形，先端稍尖；花瓣斜菱状长圆形，先端钝，与中萼片等长但较薄；唇瓣宽长圆形，凹陷，先端极钝，前半部上面具长硬毛且边缘具强烈皱波状啮齿，唇瓣基部凹陷呈浅囊状，囊内具 2 枚胼胝体；蒴果椭圆形。

【花果期】花期 7—8 月，果期 8—9 月。

【生境】生于海拔 200~3400 米的山坡林下、灌丛下、草地或河滩沼泽草甸中。

【分布】国内分布：全国各省区；国外分布：俄罗斯、蒙古、朝鲜半岛、日本、阿富汗、印度、缅甸、越南、泰国、菲律宾等地。

【别名】盘龙参、红龙盘柱、一线香、义富绶草。

【保护级别】国家二级重点保护野生植物；无危（LC）；地方保护野生植物。

【花粉形态】花粉粒形成花粉团块，为四合花粉，多为十字形排列，侧面观为椭圆形（四方形排列）或不规则，直径为 25~35μm，单粒花粉直径为 15~20μm；无萌发孔；外壁厚约 1.5μm，两层，外层厚于内层；表面具清楚的网状雕纹，网眼形状大小不一致，网脊由颗粒组成。

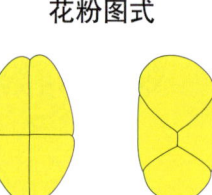

花粉图式

第五章 被子植物的花粉形态

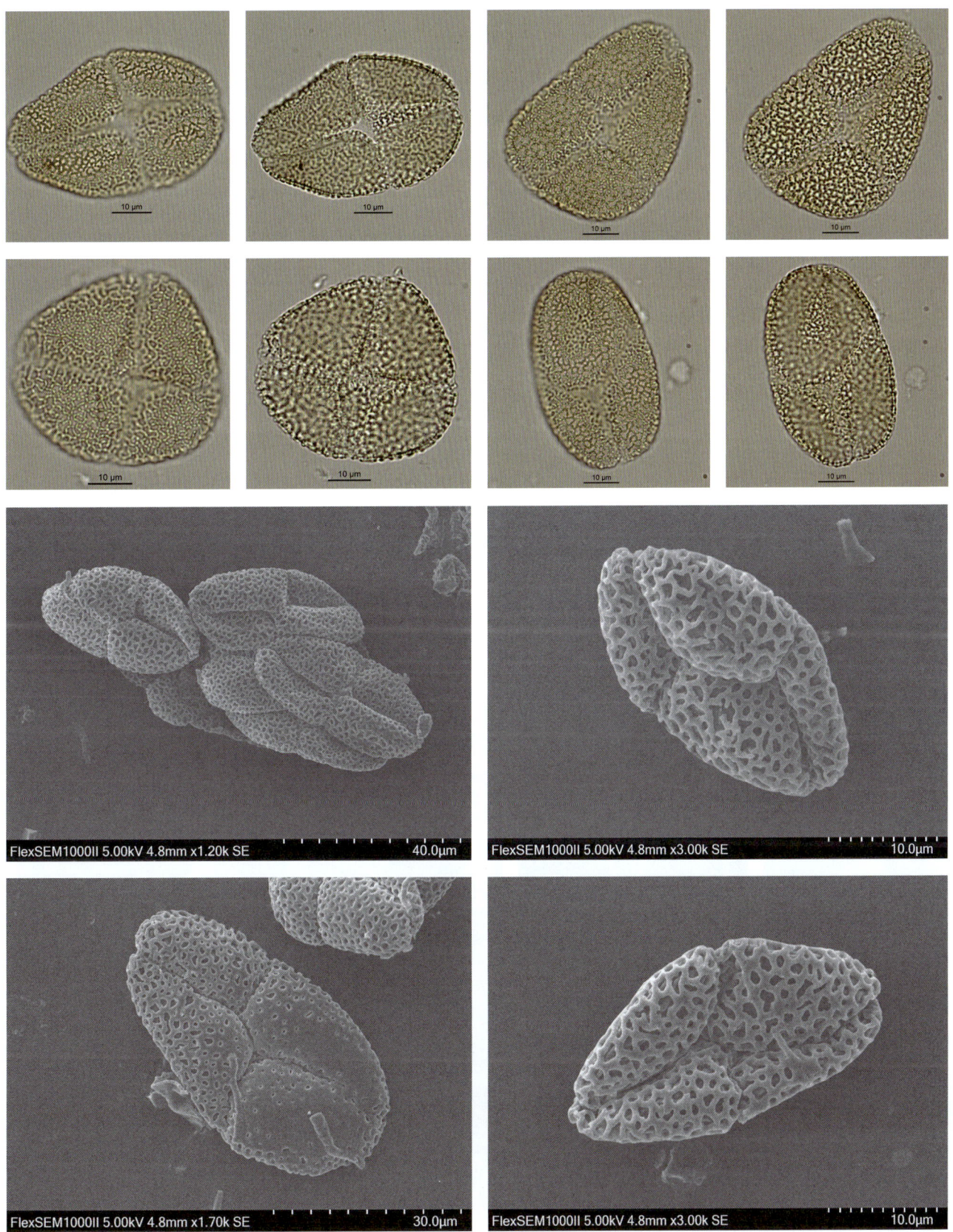

837

## *Zeuxine* 线柱兰属

*Zeuxine strateumatica* (L.) Schltr. 线柱兰

【形态特征】多年生草本，植株高 4~28 厘米；根状茎短，匍匐；茎淡棕色，直立或近直立，具多枚叶；叶淡褐色，无柄，具鞘抱茎，叶片线形至线状披针形，先端渐尖，有时均成苞片状；总状花序几乎无花序梗，具几朵至 20 余朵密生的花，花序轴无毛或有毛；花苞片卵状披针形，红褐色，先端长渐尖，长于花，背面无毛或有毛；子房椭圆状圆柱形，扭转，无毛或有毛；花小，白色或黄白色；萼片背面无毛或有毛；中萼片狭卵状长圆形，凹陷；侧萼片偏斜的长圆形；花瓣歪斜，半卵形或近镰状；唇瓣肉质或较薄，舟状，淡黄色或黄色，基部凹陷呈囊状，其内面两侧各具 1 枚近三角形的胼胝体；蒴果椭圆形，淡褐色。

【花果期】花果期春天至夏天。

【生境】生于海拔 1000 米以下的沟边或河边的潮湿草地。

【分布】国内分布：福建、台湾、湖北、广东、香港、海南、广西、四川和云南；国外分布：日本、菲律宾、马来西亚、新几内亚岛、老挝、柬埔寨、越南、缅甸、斯里兰卡、印度和阿富汗。

【别名】细叶线柱兰。

【保护级别】无危（LC）；地方保护野生植物。

【花粉形态】花粉粒形成花粉团块，形状不统一，大小也不一致，直径为 115~245μm；无萌发孔；表面具网状雕纹。

# 第五章　被子植物的花粉形态

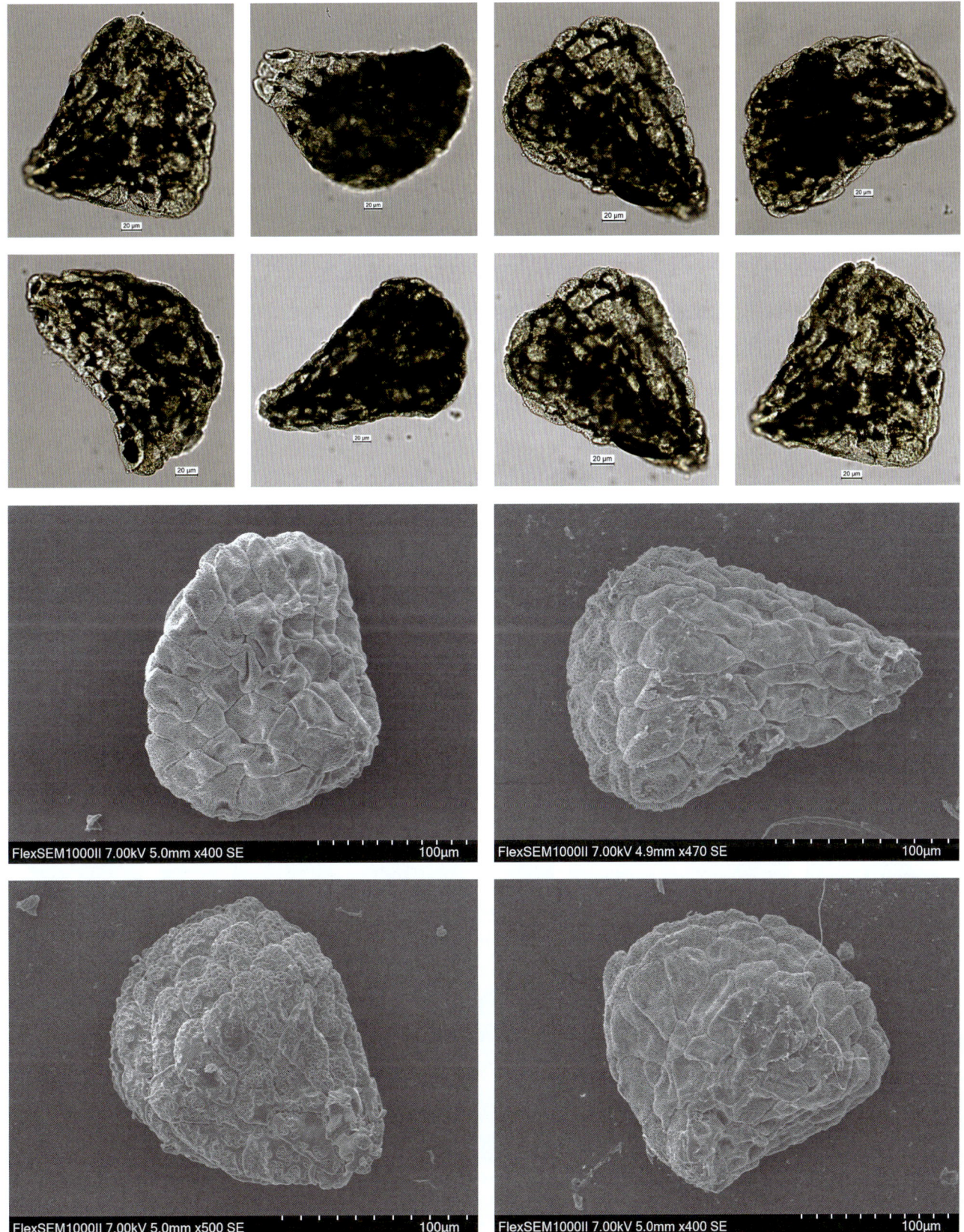

## Orobanchaceae 列当科
### *Cistanche* 肉苁蓉属
*Cistanche deserticola* Ma 肉苁蓉

**【形态特征】** 多年生寄生草本，高可达 1.6 米，大部分地下生；茎下部叶宽卵形，长 0.5~1.5 厘米，宽 1~2 厘米；上部叶较稀疏并变狭，披针形或狭披针形，两面无毛；花序穗状，长 15~50 厘米；花序下半部或全部苞片较长，与花冠等长或稍长，卵状披针形、披针形或线状披针形；小苞片 2 枚，卵状披针形或披针形，与花萼等长或稍长；花萼钟状，顶端 5 浅裂，裂片近圆形；花冠筒状钟形，边缘常稍外卷，颜色有变异，淡黄白色或淡紫色，干后常变棕褐色；雄蕊 4 枚，基部被皱曲长柔毛，花药长卵形，密被长柔毛，基部有骤尖头；子房椭圆形，基部有蜜腺，花柱比雄蕊稍长，无毛，柱头近球形；蒴果卵球形，顶端具宿存花柱，2 瓣开裂；种子椭圆形或近卵形，外面网状，有光泽。

**花粉图式**

**【花果期】** 花期 5—6 月，果期 6—8 月。

**【生境】** 生于海拔 225~1150 米的梭梭荒漠沙丘中。

**【分布】** 内蒙古（阿拉善全境、巴彦淖尔北部）、宁夏、甘肃（昌马）及新疆。

**【别名】** 无。

**【保护级别】** 国家二级重点保护野生植物；濒危（EN）；地方保护野生植物。

**【花粉形态】** 花粉粒长球形，极面观为深 3 裂圆形，大小为 18（14~23）× 32（28~37）μm；具 3 沟，沟长达两极，两极微尖圆形，沟膜完整，其表面有少量瘤状突起物，沟缘完整；表面具细颗粒雕纹，电镜下为细微的蠕虫状雕纹。

# 第五章 被子植物的花粉形态

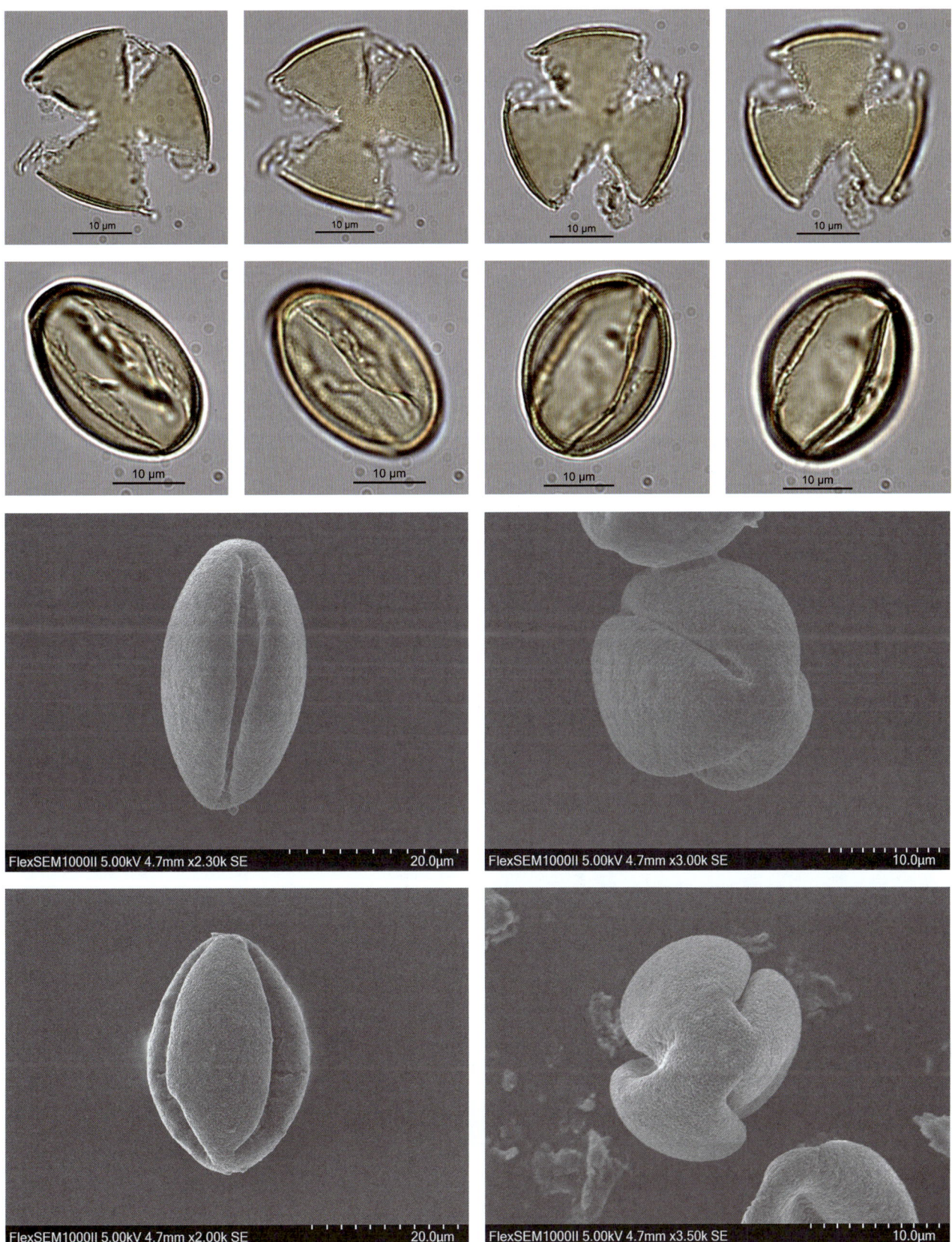

## *Cymbaria* 大黄花属

### *Cymbaria mongolica* Maxim. 光药大黄花

【形态特征】多年生草本，高可达20厘米；茎丛生，基部密被鳞叶；叶对生，或在茎上部近于互生，无柄，长圆状披针形或线状披针形；花少数，腋生，每茎1~4枚，具长3~10毫米的弯曲或伸直的短梗；小苞片2枚，草质；萼长15~30毫米，被柔毛；萼齿5枚，有时6枚，基部狭三角形，其长为萼筒的2~3倍，各齿之间具1~2枚偶有3枚长短不等的线状小齿；花冠黄色，倒卵形；雄蕊4枚，2强，花丝基部被柔毛，花药外露，背着，通常顶部无毛或偶有少量长柔毛，倒卵形，药室上部联合，下部分离，端有刺尖，纵裂；子房长圆形，花柱细长，与上唇近于等长；蒴果革质，长卵圆形，室背开裂；种子长卵形，扁平，有时略带三棱形，密布小网眼，周围有一圈狭翅。

【花果期】花期4—8月，果期9月。

【生境】生长于海拔800~2000米的干燥山坡。

【分布】内蒙古、河北、山西、陕西、甘肃、青海等省区。

【别名】蒙古芯芭。

【保护级别】中国特有种；地方保护野生植物。

【花粉形态】花粉粒长球形，极面观为浅3裂圆形，大小为20（16~24）×33（28~39）μm；具3沟，沟长达两极，具完整沟膜，沟膜上有颗粒；外壁两层，外层厚于内层；表面具颗粒状雕纹。

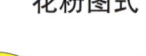

花粉图式

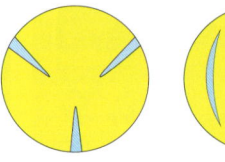

第五章 被子植物的花粉形态

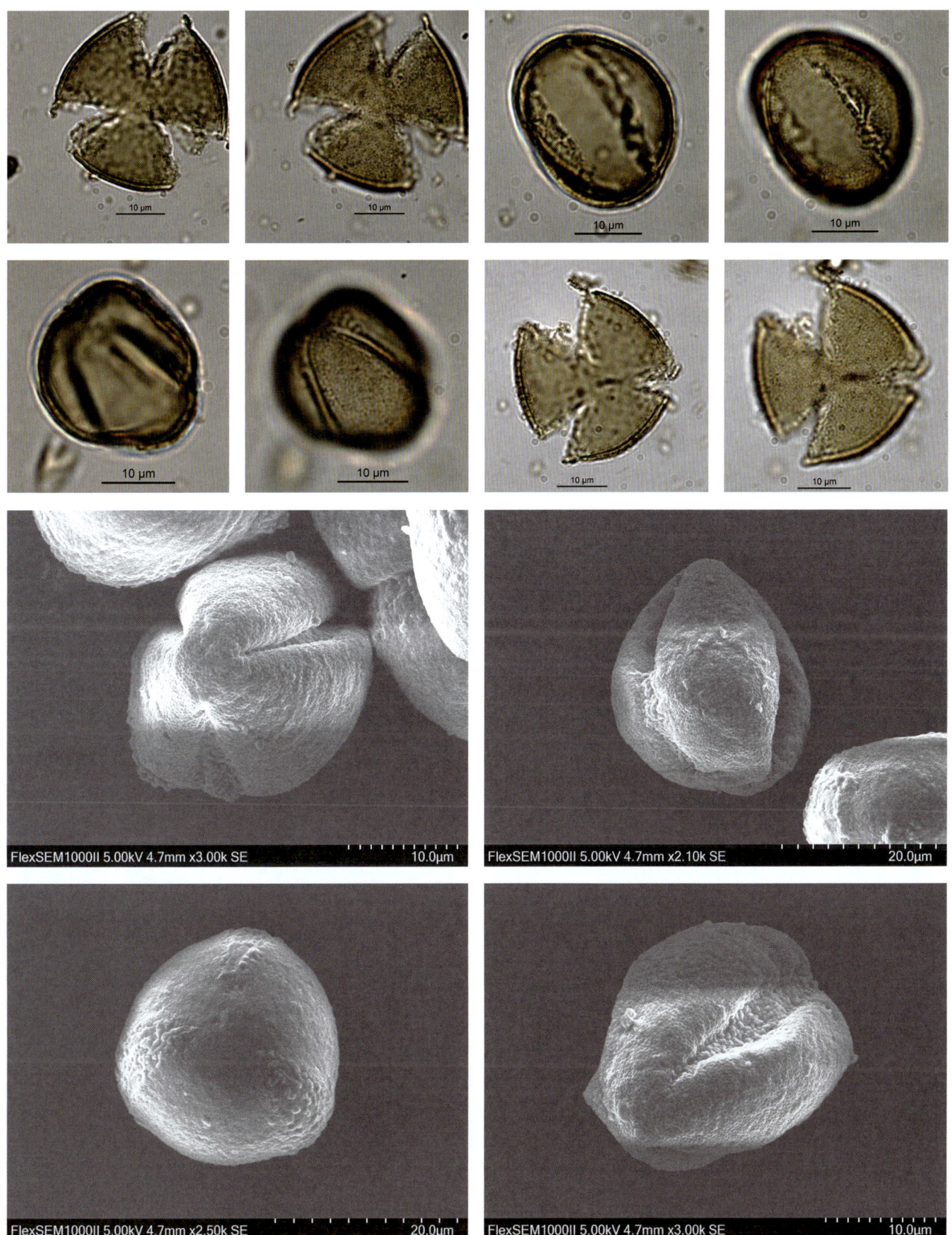

## Orobanche 列当属

***Orobanche coerulescens*** Steph. 列当

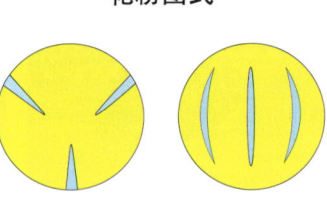

花粉图式

【形态特征】二年生或多年生寄生草本，株高约50厘米，全株密被蛛丝状长绵毛；茎直立，不分枝，具明显的条纹，基部常稍膨大；叶干后黄褐色，生于茎下部的较密集，上部的渐变稀疏，卵状披针形；花多数，排列成穗状花序，顶端钝圆或呈锥状；苞片与叶同形并近等大，先端尾状渐尖；花萼2深裂达近基部，每裂片中部以上再2浅裂，小裂片狭披针形，先端长尾状渐尖；花冠深蓝色、蓝紫色或淡紫色，筒部在花丝着生处稍上方缢缩，口部稍扩大；雄蕊4枚，花丝着生于筒中部，花药卵形，无毛；雌蕊长1.5~1.7厘米，子房椭球体状或圆柱状，花柱与花丝近等长，常无毛，柱头常2浅裂；蒴果卵状长圆形或圆柱形，干后深褐色；种子多数，干后黑褐色，不规则椭圆形或长卵形，表面具网状雕纹，网眼底部具蜂巢状凹点。

【花果期】花期4—7月，果期7—9月。

【生境】生于海拔850~4000米的沙丘、山坡及沟边草地上。

【分布】国内分布：内蒙古、河北（蔚县、青龙和武安）及甘肃（武都）；国外分布：朝鲜、日本和俄罗斯。

【别名】独根草、兔子拐棍、草苁蓉、北亚列当。

【保护级别】无危（LC）；地方保护野生植物。

【花粉形态】花粉粒长球形，极面观为浅3裂圆形，大小为17（13~19）×24（21~29）μm；具3沟；外壁两层，外层稍厚于内层；表面具颗粒状雕纹，电镜下为蠕虫状雕纹。

# 第五章 被子植物的花粉形态

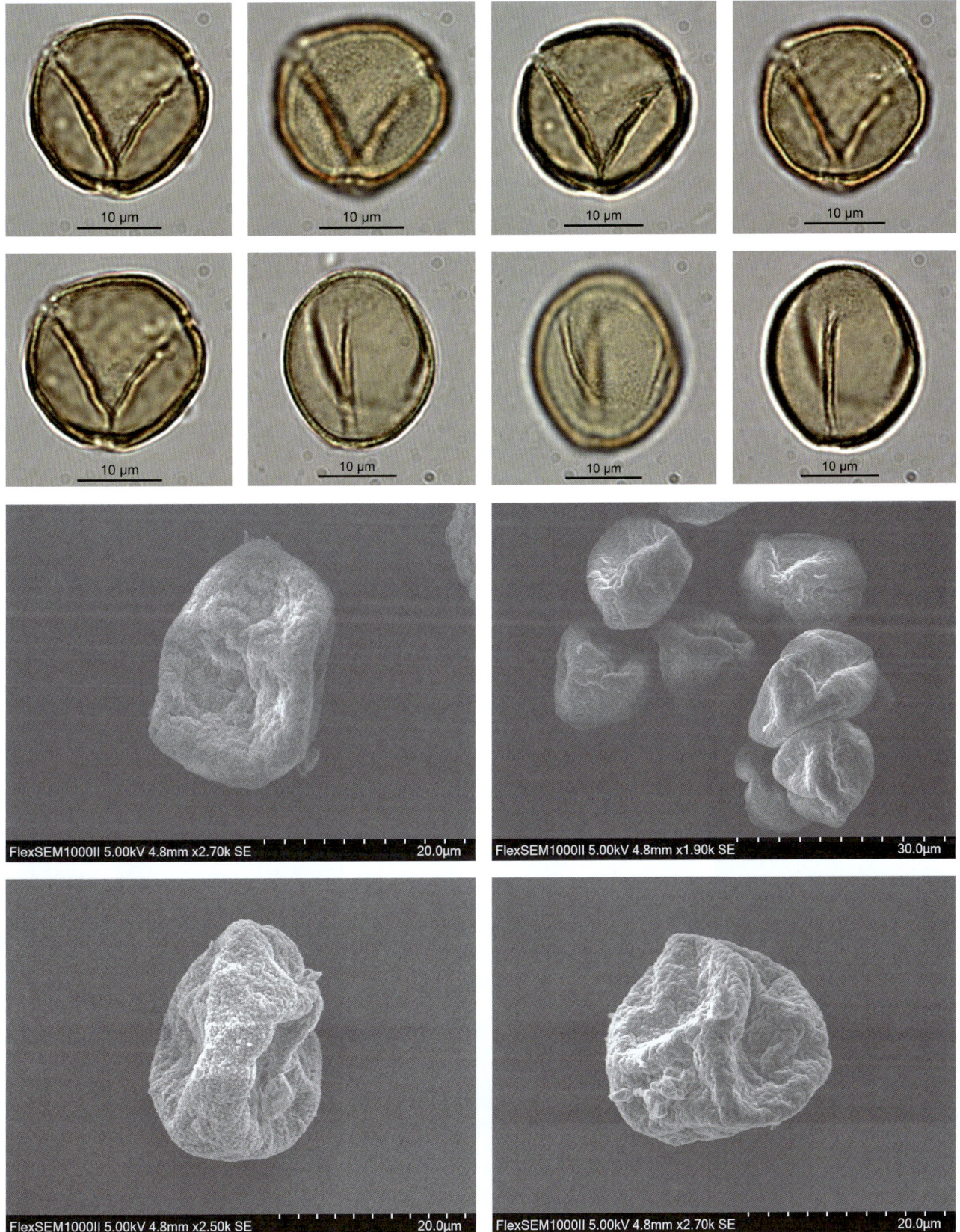

### *Orobanche pycnostachya* Hance 黄花列当

花粉图式

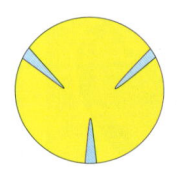

【形态特征】二年生或多年生草本，株高约 50 厘米，全株密被腺毛；茎不分枝，直立，基部稍膨大；叶卵状披针形或披针形，干后黄褐色，连同苞片、花萼裂片和花冠裂片外面及边缘密被腺毛；花序穗状，圆柱形，顶端锥状，具多数花；苞片卵状披针形，先端尾状渐尖或长尾状渐尖；花萼 2 深裂至基部，每裂片又再 2 裂，小裂片狭披针形或近线形；花冠黄色；雄蕊 4 枚，花药长卵形，缝线被长柔毛；子房长圆状椭圆形，花柱稍粗壮，疏被腺毛，柱头 2 浅裂；蒴果长圆形，干后深褐色；种子多数，干后黑褐色，长圆形，表面具网状雕纹，网眼底部具蜂巢状凹点。

【花果期】花期 4—6 月，果期 6—8 月。

【生境】生于海拔 250~2500 米的沙丘、山坡及草原上。

【分布】国内分布：东北、华北及陕西、河南、山东和安徽；国外分布：朝鲜。

【别名】独根草。

【保护级别】地方保护野生植物。

【花粉形态】花粉粒长球形，极面观为浅 3 裂圆形，大小为 17（13~19）× 26（22~29）μm；具 3 沟；外壁两层，外层稍厚于内层；表面具颗粒状雕纹，电镜下为蠕虫状雕纹。

# 第五章 被子植物的花粉形态

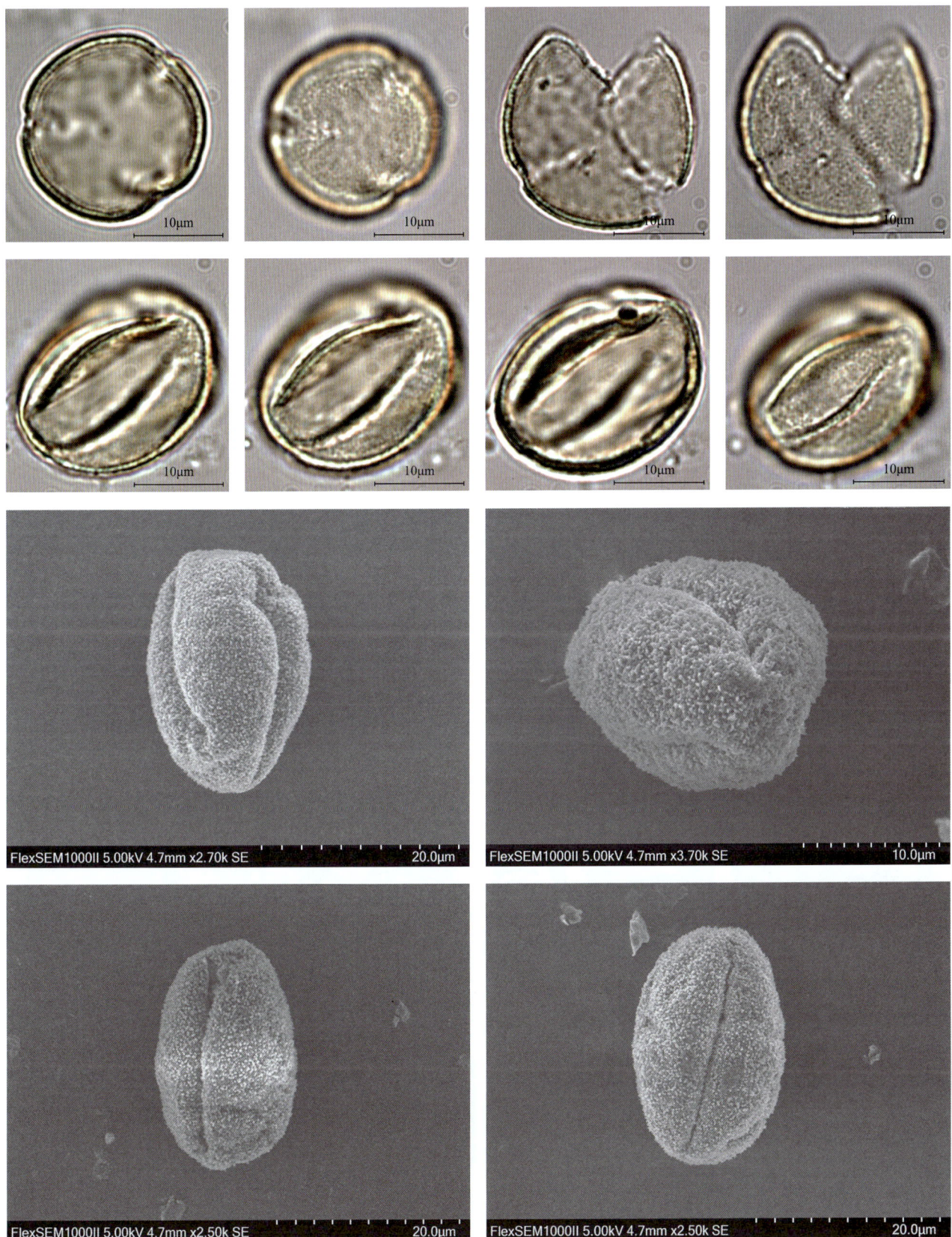

## Pedicularis 马先蒿属

### *Pedicularis striata* Pall. 红纹马先蒿

**【形态特征】** 多年生草本，高可达1米，直立，干时不变黑；根粗壮，有分枝；茎单出，壮实，密被短卷毛，老时近于无毛；叶互生，基生者成丛，至开花时常已枯败，茎叶很多，渐上渐小，至花序中变为苞片，叶片均为披针形，羽状深裂至全裂；花序穗状，伸长，稠密，轴被密毛；苞片三角形或披针形；萼钟形，薄革质，被疏毛，齿5枚，不相等，后方一枚较短，三角形，侧生者两两结合成端有2裂的大齿，缘有卷曲之毛；花冠黄色，具绛红色的脉纹，管在喉部以下向右扭旋，使花冠稍稍偏向右方，其长约等于盔，盔强大，向端作镰形弯曲，端部下缘具2齿，下唇不很张开，稍短于盔，3浅裂，侧裂斜肾脏形，中裂宽过于长，叠置于侧裂片之下；花丝有一对被毛；蒴果卵圆形，有短突尖。

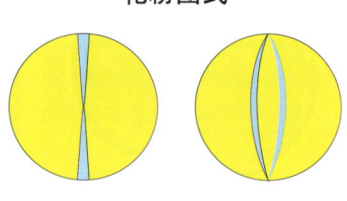

花粉图式

**【花果期】** 花期6—7月，果期7—8月。

**【生境】** 生于海拔1300~2650米的高山草原中及疏林中。

**【分布】** 自俄罗斯经蒙古至我国北方诸省，自河北至宁夏。

**【别名】** 无

**【保护级别】** 地方保护野生植物。

**【花粉形态】** 花粉粒扁球形至近球形，直径16~20μm；具1合沟，沟上具颗粒；表面光滑或具细颗粒雕纹，电镜下为颗粒状雕纹，合沟处的颗粒明显大于外壁其他部位。

第五章 被子植物的花粉形态

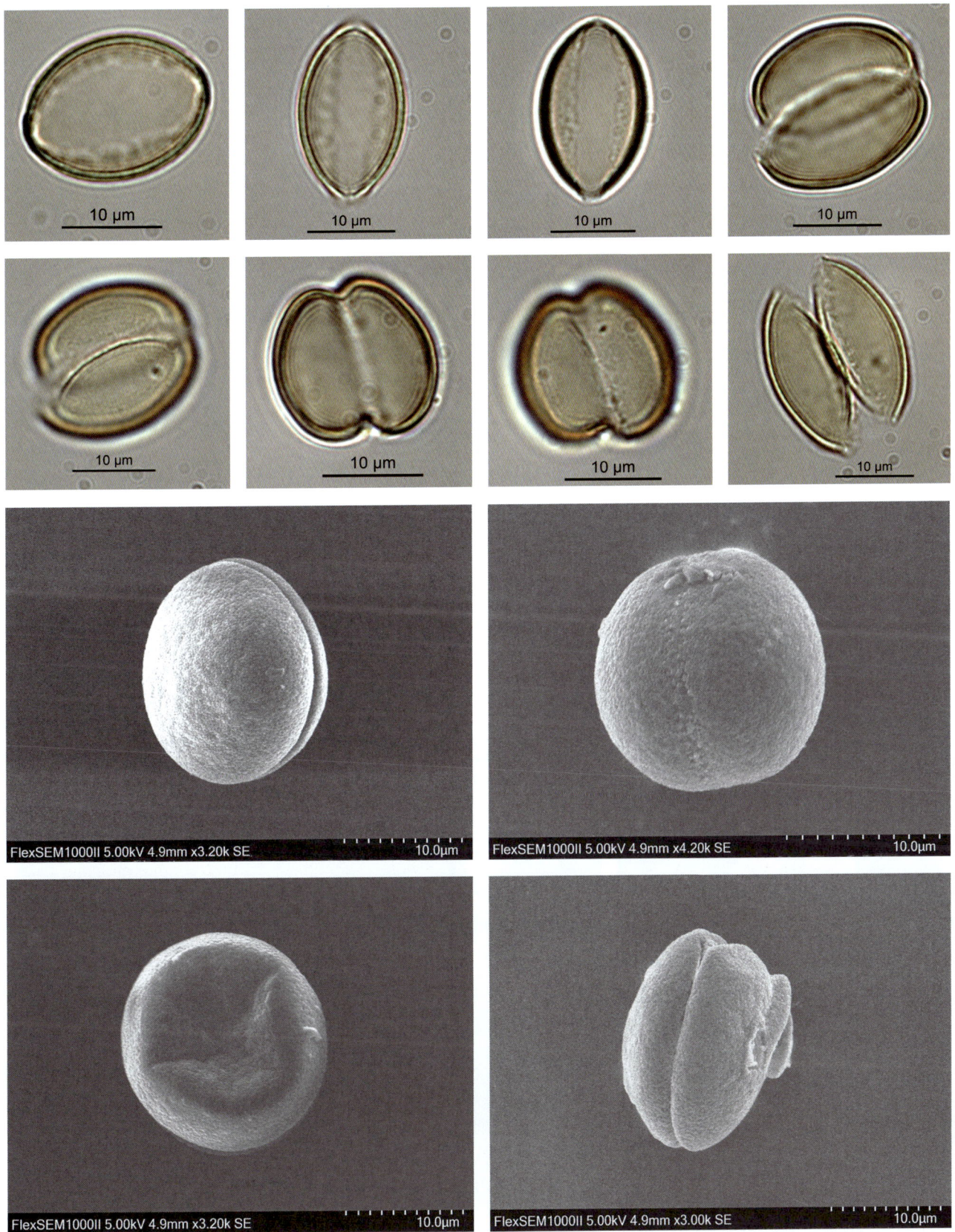

## Paeoniaceae 芍药科
### *Paeonia* 芍药属
*Paeonia lactiflora* Pall. 芍药

**【形态特征】**多年生草本；根粗壮；分枝黑褐色；茎高 40~70 厘米，无毛；下部茎生叶为二回三出复叶，上部茎生叶为三出复叶；小叶狭卵形，椭圆形或披针形，顶端渐尖，基部楔形或偏斜，边缘具白色骨质细齿，两面无毛，背面沿叶脉疏生短柔毛；花数朵，生茎顶和叶腋，有时仅顶端一朵开放，而近顶端叶腋处有发育不好的花芽；苞片 4~5，披针形，大小不等；萼片 4，宽卵形或近圆形；花瓣 9~13，倒卵形，白色，有时基部具深紫色斑块；花丝长 0.7~1.2 厘米，黄色；花盘浅杯状，包裹心皮基部，顶端裂片钝圆；心皮 4~5，无毛；蓇葖顶端具喙。

花粉图式

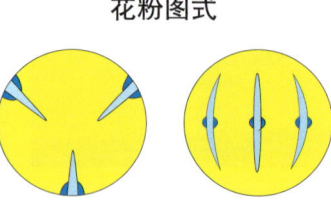

**【花果期】**花期 5—6 月，果期 8 月。

**【生境】**生于海拔 480~2300 米的山坡草地。

**【分布】**国内分布：东北、华北、陕西及甘肃南部；国外分布：朝鲜、日本、蒙古及俄罗斯。

**【别名】**野芍药、土白芍、芍药花、山芍药、山赤芍、金芍药、将离、红芍药等。

**【保护级别】**无危（LC）；地方保护野生植物。

**【花粉形态】**花粉粒长球形至近球形，赤道面观近圆形，极面观 3 裂圆形，大小为 25（22~27）× 40（38~45）μm；具 3 孔沟，沟长，末端较尖，内孔横长；外壁两层，外层厚于内层，柱状层基柱较明显；表面具网状雕纹，网脊宽，至沟边及极面网眼变小。

第五章 被子植物的花粉形态

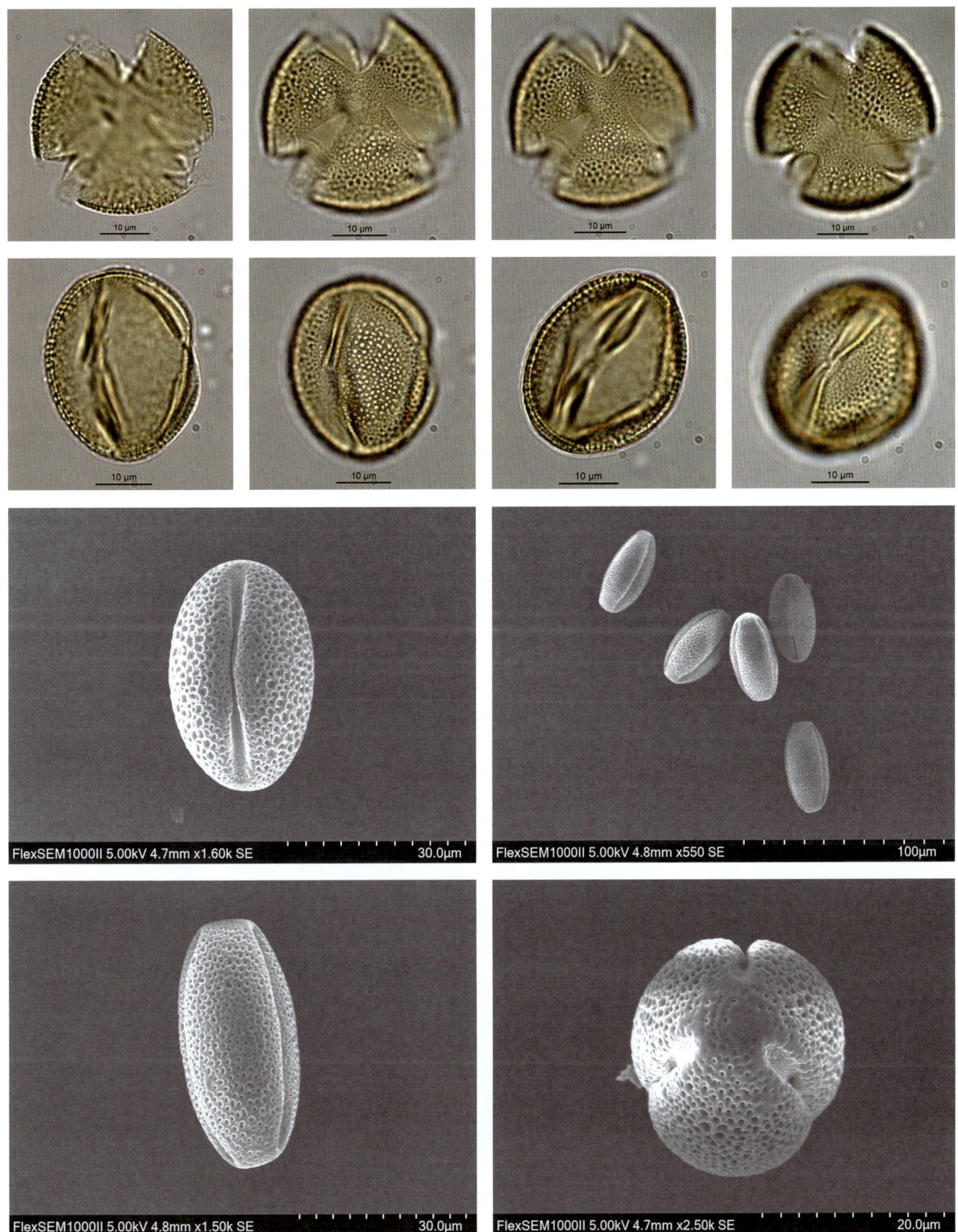

851

### *Paeonia* × *suffruticosa* Andrews 牡丹

**【形态特征】**落叶灌木；茎高可达 2 米；分枝短而粗；叶通常为二回三出复叶，偶尔近枝顶的叶为 3 小叶；顶生小叶宽卵形，3 裂至中部，裂片不裂或 2~3 浅裂；侧生小叶狭卵形或长圆状卵形，不等 2 裂至 3 浅裂或不裂，近无柄；叶柄长 5~11 厘米，和叶轴均无毛；花单生枝顶；花梗长 4~6 厘米；苞片 5，长椭圆形，大小不等；萼片 5，绿色，宽卵形，大小不等；花瓣 5，或为重瓣，玫瑰色、红紫色、粉红色至白色，通常变异很大，倒卵形，顶端呈不规则的波状；雄蕊长 1~1.7 厘米，花丝紫红色、粉红色，上部白色，花药长圆形；花盘革质，杯状，紫红色，顶端有数个锐齿或裂片，完全包住心皮，在心皮成熟时开裂；心皮 5，稀更多，密生柔毛；蓇葖长圆形，密生黄褐色硬毛。

**【花果期】**花期 4—5 月，果期 8—9 月。

**【生境】**喜温暖、凉爽、干燥、阳光充足的环境。

**【分布】**全国各地均有栽培，分布广泛。

**【别名】**鼠姑、鹿韭、白茸、木芍药、百雨金、洛阳花、富贵花。

**【保护级别】**国家二级重点保护野生植物；易危（VU）。

**【花粉形态】**花粉粒长球形至近球形，赤道面观近圆形，极面观 3 裂圆形，大小为 22（19~25）× 48（39~50）μm；具 3 孔沟，沟长，末端较尖，内孔横长，常不显著；外壁两层，外层厚于内层，柱状层基柱较明显；表面具网状雕纹。

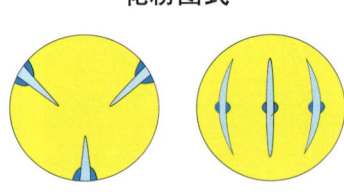

花粉图式

第五章 被子植物的花粉形态

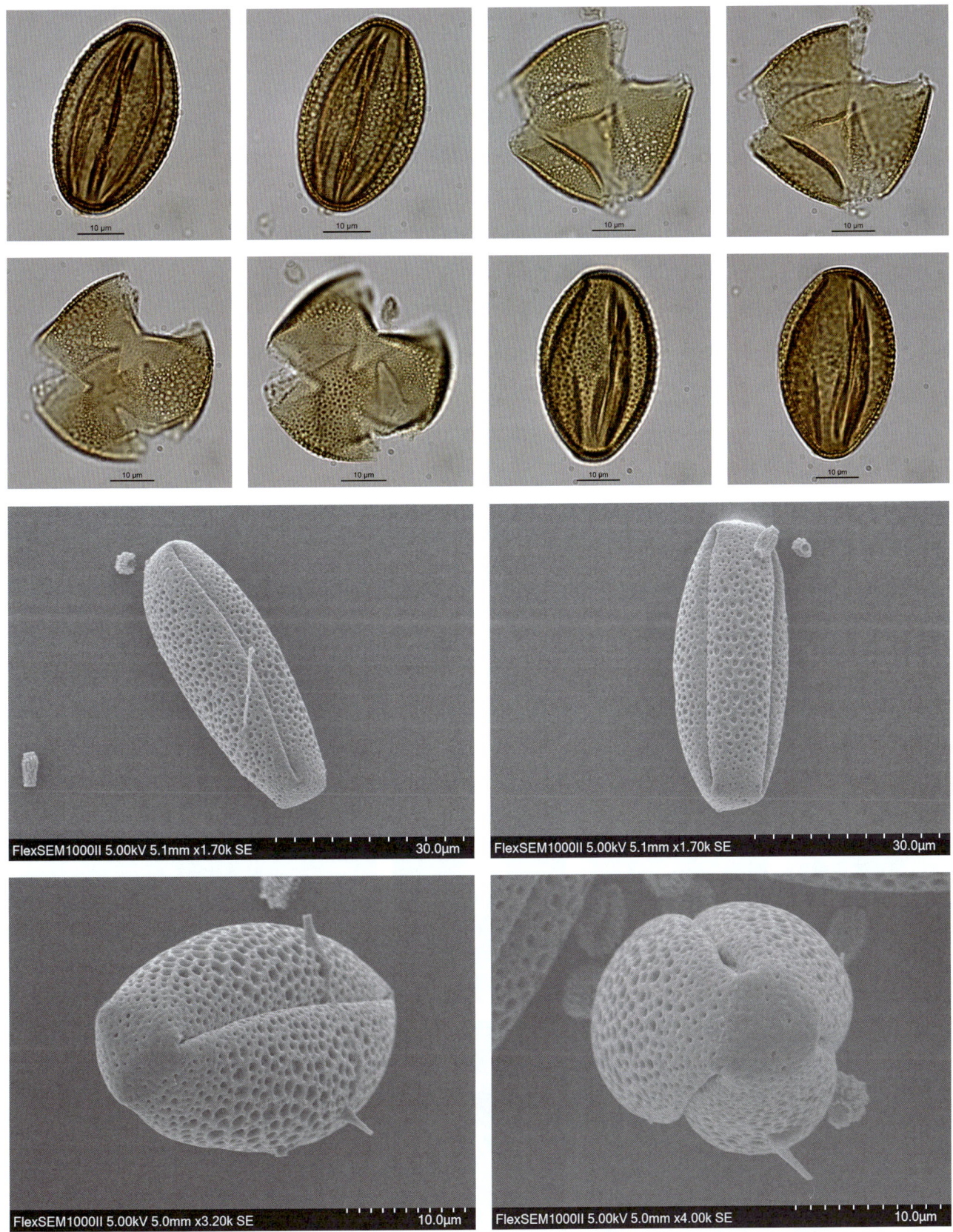

## Palmae 棕榈科
### *Arenga* 桄榔属
*Arenga westerhoutii* Griff. 桄榔

【形态特征】乔木状，茎较粗壮，高 5~10 米，有疏离的环状叶痕；叶簇生于茎顶，羽状全裂，羽片呈 2 列排列，线形或线状披针形，基部两侧常有不均等的耳垂，顶端呈不整齐的啮蚀状齿或 2 裂，上面绿色，背面苍白色；叶鞘具黑色强壮的网状纤维和针刺状纤维；花序腋生，从上部往下部抽生几个花序；花序长 90~150 厘米，花序梗粗壮，下弯，分枝多，佛焰苞多个，螺旋状排列于花序梗上；雄花大，花萼、花瓣各 3 片，雄蕊多在 100 枚以上；雌花花萼及花瓣各 3 片，花后膨大；果实近球形，具 3 棱，顶端凹陷，灰褐色；种子 3 颗，黑色，卵状三棱形，悬胚乳均匀，胚背生。

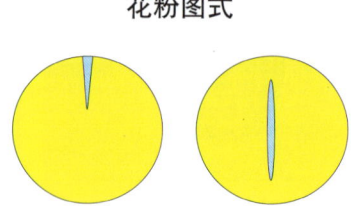

花粉图式

【花果期】花期 6 月，果实在开花后 2~3 年时间成熟。

【生境】常生于密林、山谷及石灰岩山地。

【分布】国内分布：海南、广西及云南西部至东南部；国外分布：东南亚一带。

【别名】无

【保护级别】无危（LC）。

【花粉形态】花粉粒椭球形，极面观为椭圆形，两端稍尖，赤道面观为近舟形，另一赤道面观为肾形，大小为 20（17~24）×37（34~40）μm；具单槽，槽细长，边缘不整齐，呈微波纹状；外壁厚度约 2μm，内外层厚度几相等；表面具刺状雕纹，刺长 2~4μm。

# 第五章 被子植物的花粉形态

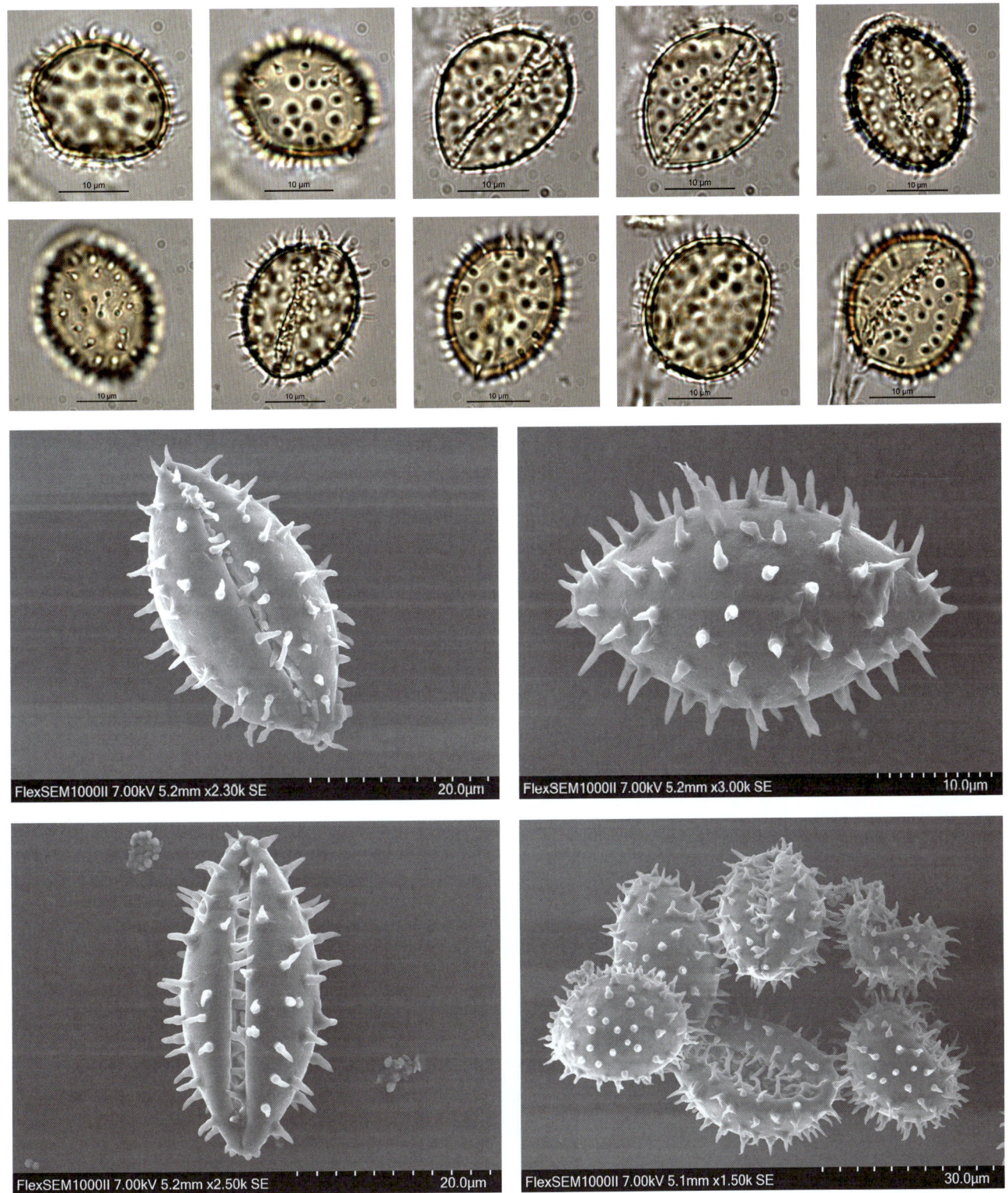

855

## *Guihaia* 石山棕属

### *Guihaia argyrata* (S. K. Lee & F. N. Wei) S. K. Lee, F. N. Wei & J. Dransf. 石山棕

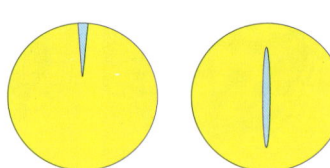

花粉图式

**【形态特征】**植株矮，丛生，高 0.5~1 米；茎外倾或直立，具密集的叶痕，茎通常为老叶鞘所包被而不明显；叶掌状深裂，扇形或近圆形；叶柄长 1 米或更长，横截面多少呈半圆形，幼时被早落的绢状毛，顶端具戟突，幼时被流苏状毛；叶鞘初时管状，渐分解为针刺状、直立的深褐色的纤维；花序长 30~80 厘米，具 2~5 个分枝花序，分枝可达 4 级；小穗轴很细，雌小穗轴长 50 毫米，雄小穗轴通常较短，甚至更细；雄花在花蕾时长约 1.5 毫米或短些，萼片 3，基部合生，卵形，顶端钝，外面被柔毛，里面无鳞片，边缘具纤毛；花冠略长于花萼，无毛，3 裂，基部合生；雄蕊 6，无退化雌蕊；心皮长约 0.5 毫米，宽约 0.4 毫米；果实近球形，外果皮蓝黑色，被蜡层；种子直径 4~5 毫米，胚乳均匀，胚侧生。

**【花果期】**花期 5—6 月，果期 10—11 月。

**【生境】**阳生植物，能适应石山地区的恶劣环境，在石山地区，无论山顶还是山麓的石灰岩壁缝中都能长得好。

**【分布】**广东北部、广西东北部和西南部及云南南部。

**【别名】**无。

**【保护级别】**无危（LC）。

**【花粉形态】**花粉粒椭球形，极面观为椭圆形，两端稍尖，赤道面观为近舟形，另一赤道面观为肾形，大小为 12（10~14）× 18（17~24）μm；具单槽，槽细长；外壁内外层厚度几相等；表面具细网状雕纹。

# 第五章 被子植物的花粉形态

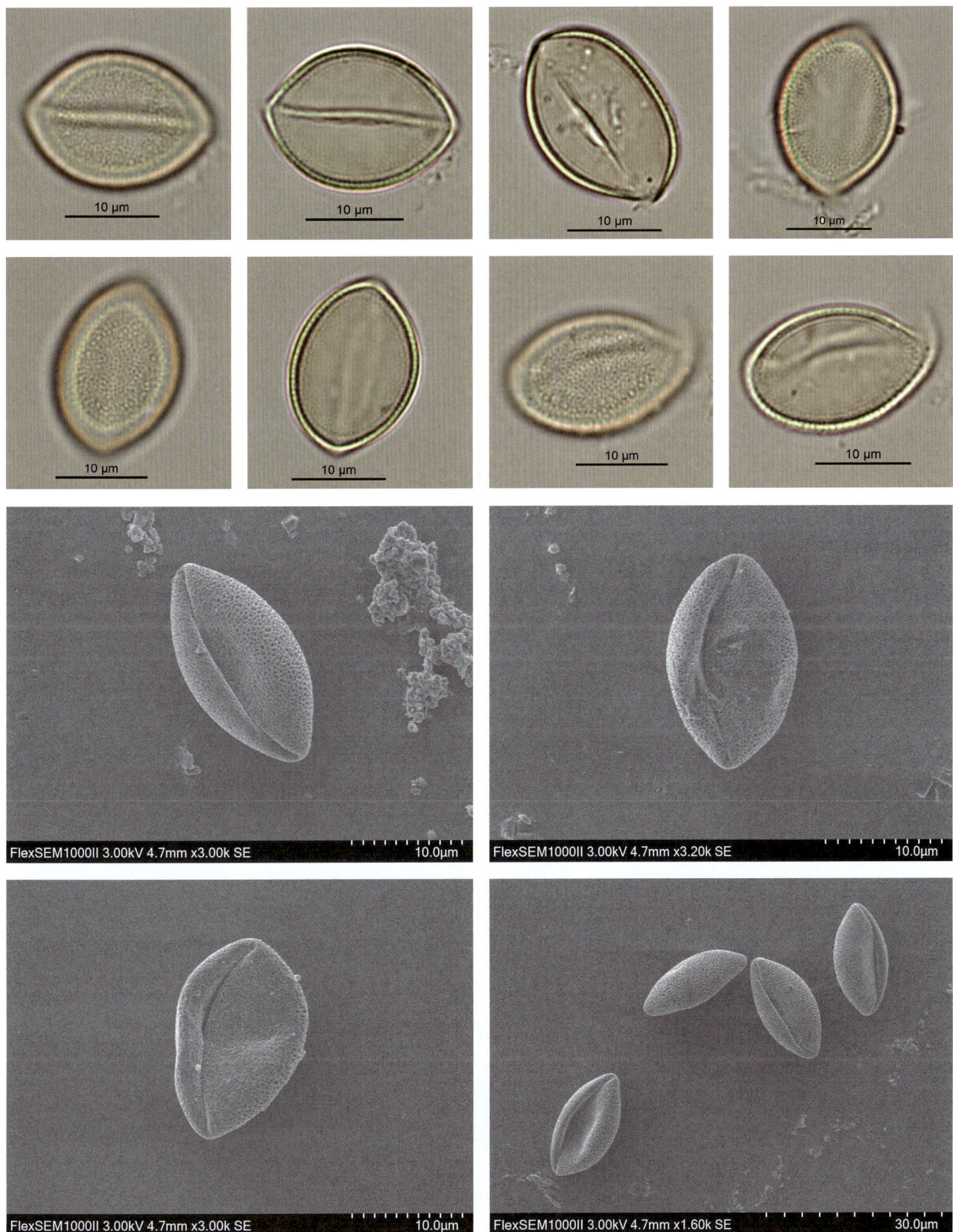

857

## *Phoenix* 海枣属

### *Phoenix sylvestris* Roxb. 林刺葵

【形态特征】乔木状，高可达 16 米，叶密集成半球形树冠；茎具宿存的叶柄基部；叶长 3~5 米，完全无毛；叶柄短；叶鞘具纤维；羽片剑形，顶端尾状渐尖，互生或对生，呈 2~4 列排列，下部羽片较小，最后变为针刺；佛焰苞近革质，开裂为 2 舟状瓣，表面被糠秕状褐色鳞秕；花序长 60~100 厘米，直立，分枝花序纤细；花小，无小苞片；雄花狭长圆形或卵形，顶端钝，白色，具香味，花萼杯状，顶端具 3 圆钝齿，花瓣 3，花丝极短，离生，花药线形；雌花近球形，花萼杯状，顶端具 3 短齿，花瓣 3，极宽；果序长约 1 米，具节，密集，橙黄色；果实长圆状椭圆形或卵球形，橙黄色，顶端具短尖头；种子长圆形，两端圆，苍白褐色。

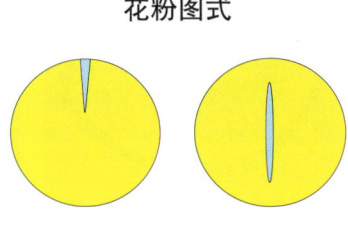

花粉图式

【花果期】花期 4—5 月，果期 9—10 月。

【生境】喜高温湿润环境，喜光照，有较强抗旱力。

【分布】国内分布：福建、广东、广西和云南；国外分布：印度和缅甸。

【别名】银海枣、橙枣椰。

【保护级别】地方保护野生植物。

【花粉形态】花粉粒椭球形或近球形，极面观为椭圆形或近圆形，赤道面观为近舟形、半圆形，另一赤道面观为近肾形，大小为 15（12~19）× 25（22~29）μm；具单槽，槽一般细长；外壁厚度 1.5~2.5μm，内外层厚度几相等；表面具不明显的颗粒状或颗粒 – 细网状雕纹。

# 第五章 被子植物的花粉形态

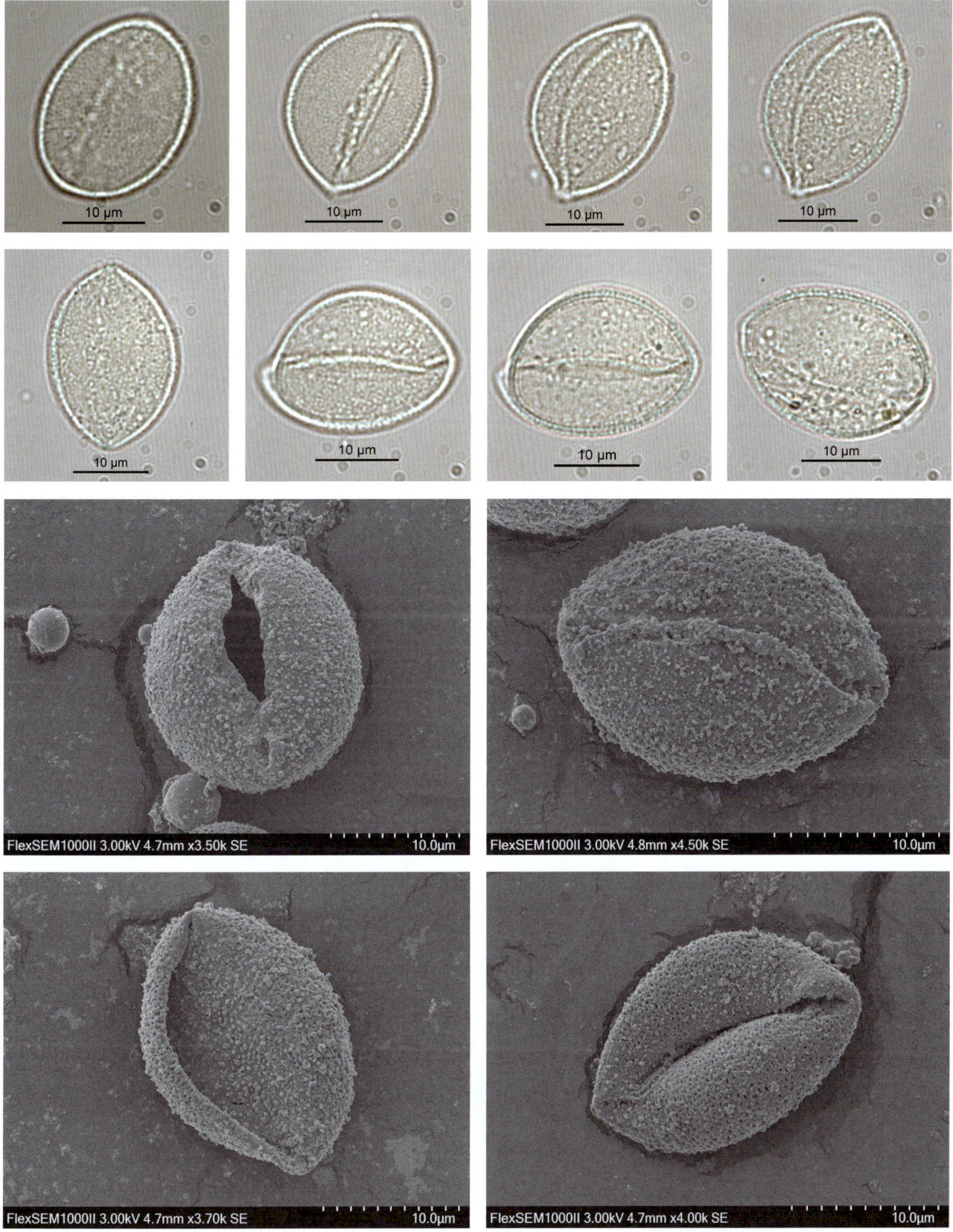

## Papaveraceae 罂粟科
### *Corydalis* 紫堇属
*Corydalis saxicola* Bunting 石生黄堇

**【形态特征】** 淡绿色易萎软草本，高约40厘米，具粗大主根和单头至多头的根状茎；茎萎软或近匍匐；叶具长柄，叶片三角状卵圆形，二回羽状分裂，一回裂片常5枚，奇数对生，末回裂片菱形或卵形，前端具粗圆齿；总状花序顶生或与叶对生，多花，先密集，后疏离；苞片椭圆形至披针形，全缘；花梗长约5毫米；花淡金黄色，平展；上花瓣长1.6~2.5厘米，距短，占上花瓣全长的1/4~1/3，末端圆，轻微向下弯曲，基部具小瘤状突起；萼片近三角形，全缘；内花瓣长约1.5厘米，具厚而伸出顶端的鸡冠状突起；雄蕊束披针形，中部以上渐缢缩；柱头2叉状分裂，各枝顶端具2裂的乳突；蒴果线形，下弯；种子多数，圆形。

**【花果期】** 花期5—6月，果期6—7月。

**【生境】** 散生于海拔600~1690米的石灰岩缝隙中。

**【分布】** 浙江、湖北、陕西、四川、云南、贵州和广西。

**【别名】** 岩黄连。

**【保护级别】** 国家二级重点保护野生植物；无危（LC）。

**【花粉形态】** 花粉粒近球形，极面观为3裂圆形，赤道面观为近圆形，大小为27（25~33）×30（29~34）μm；具3沟，少数具4沟，沟膜上具颗粒；外壁两层，厚约2.5μm，外层略厚于内层或内外层近等厚；表面具细网状雕纹。

花粉图式

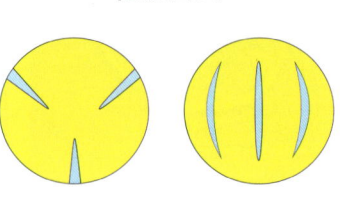

第五章 被子植物的花粉形态

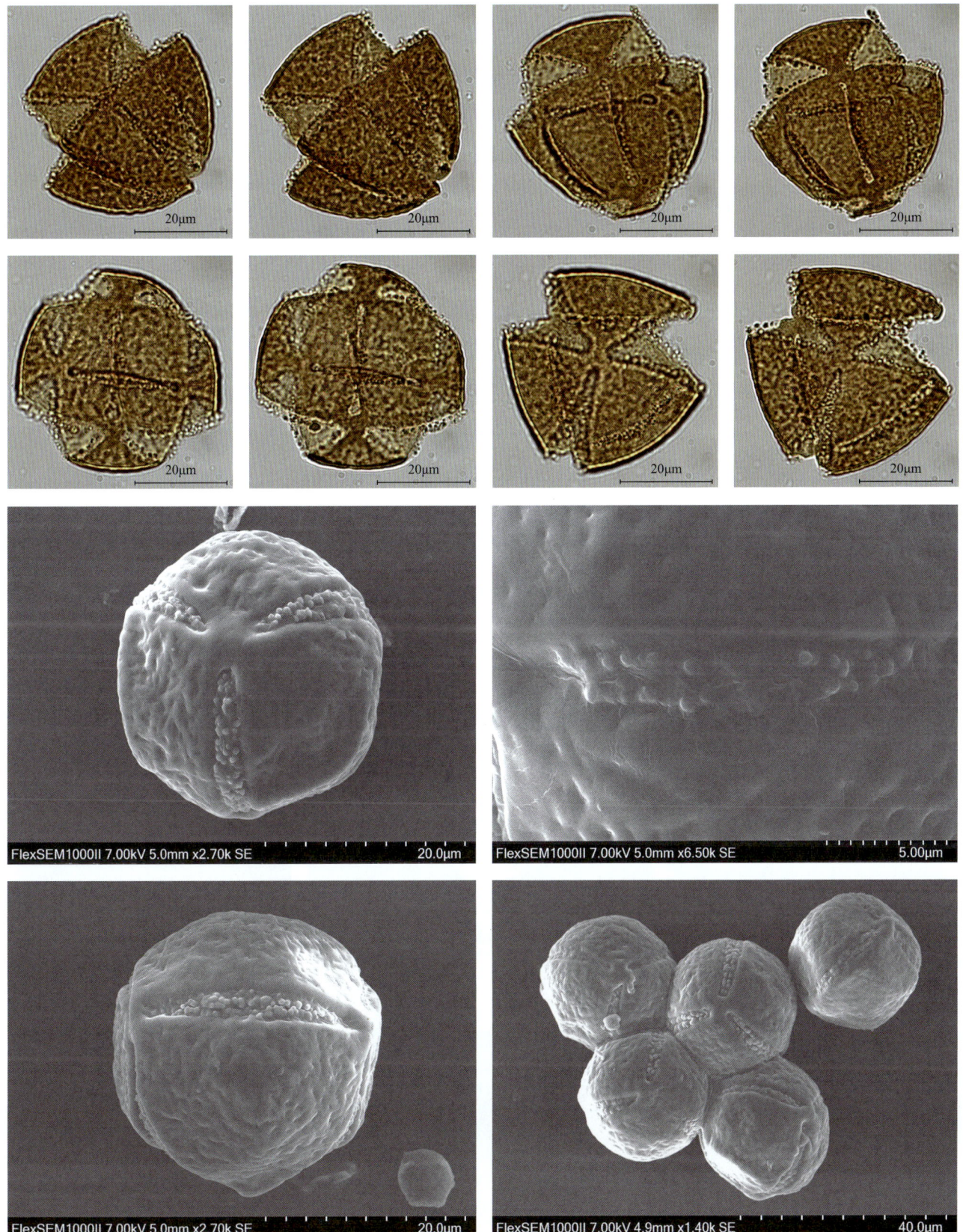

## *Oreomecon* 高山罂粟属

***Oreomecon nudicaulis*** (L.) Banfi, Bartolucci, J.-M. Tison & Galasso 野罂粟

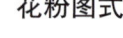

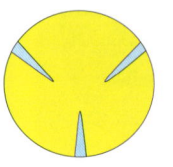 

【形态特征】多年生草本，株高 20~60 厘米，主根圆柱形；根状茎短，增粗，通常不分枝，密盖麦秆色、覆瓦状排列的残枯叶鞘；茎极缩短；叶全部基生，叶片轮廓卵形至披针形，羽状浅裂、深裂或全裂，裂片 2~4 对；叶柄基部扩大成鞘，被斜展的刚毛；花葶 1 至数枚，圆柱形，直立，密被或疏被斜展的刚毛；花单生于花葶先端；花蕾宽卵形至近球形，密被褐色刚毛，通常下垂；萼片 2，舟状椭圆形，早落；花瓣 4，宽楔形或倒卵形，边缘具浅波状圆齿，基部具短爪，淡黄色、黄色或橙黄色，稀红色；雄蕊多数，花丝钻形，黄色或黄绿色；子房倒卵形至狭倒卵形，密被紧贴的刚毛，柱头 4~8，辐射状；蒴果狭倒卵形、倒卵形或倒卵状长圆形，密被紧贴的刚毛，具 4~8 条淡色的宽肋；柱头盘平扁，具疏离、缺刻状的圆齿；种子多数，近肾形，小，褐色，表面具条纹和蜂窝小孔穴。

【花果期】花果期 5—9 月。

【生境】生于海拔 580~3500 米的林下、林缘和山坡草地。

【分布】国内分布：河北、山西、内蒙古、黑龙江、陕西、宁夏、新疆等地；国外分布：东西两半球的北极区及中亚和北美等地。

【别名】冰岛罂粟、山罂粟、冰岛虞美人、橘黄罂粟、山大烟。

【保护级别】地方保护野生植物。

【花粉形态】花粉粒长球形，极面观为 3 裂圆形，赤道面观为椭圆形，大小为 17（14~20）×22（18~25）μm；具 3 沟，沟膜上具颗粒；外壁两层，厚约 1.5μm，外层与内层厚度约相等，柱状层基柱明显；表面具小刺状雕纹。

# 第五章 被子植物的花粉形态

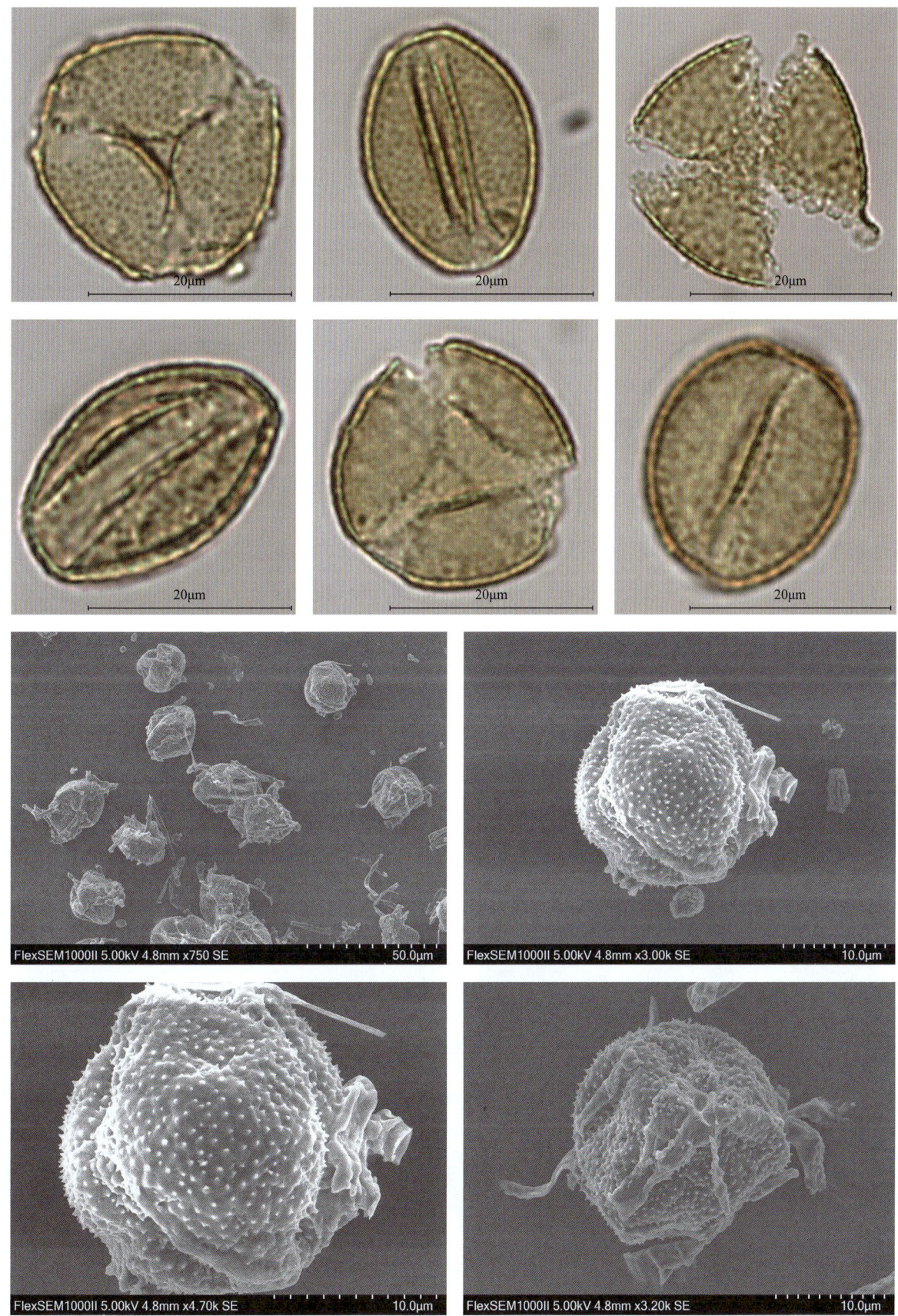

## *Papaver* 罂粟属

*Papaver radicatum* var. *pseudoradicatum* (Kitag.) Kitag. 长白山罂粟

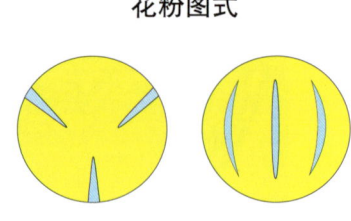

花粉图式

【形态特征】多年生草本，植株矮小，高 5~15 厘米，全株被糙毛；主根圆柱形，向下渐细，具少数侧根和纤维状细根；根状茎不分枝或 2~10 分枝，延长或缩短，密盖覆瓦状排列的残枯叶鞘；叶全部基生，叶片轮廓卵形至宽卵形，一至二回羽状分裂，第一回全裂片 2~3 对，狭椭圆形或长圆形，或者卵形并再次 2~4 深裂，两面灰绿色，被紧贴的糙毛；叶柄长 2~4 厘米，扁平，被紧贴的糙毛，基部扩大成鞘；花葶 1 至数枚，出自每个根状茎先端的莲座叶丛中，密被紧贴或斜展的糙毛；花单生于花葶先端；花蕾近圆形至宽椭圆形，密被紧贴或斜展的糙毛；萼片 2，舟状宽卵形；花瓣 4，宽倒卵形，淡黄绿色或淡黄色；雄蕊多数，花丝丝状，花药长圆形，黄色；子房长圆形，密被紧贴的糙毛，柱头约 6，辐射状；蒴果倒卵形，密被紧贴或斜展的糙毛；柱头盘平扁。

【花果期】花果期 6—8 月。

【生境】生长于海拔 1600 米以上的砾石地、沙地、岩石坡以及高山冻原带。

【分布】国内分布：吉林（安图、抚松、长白等地）；国外分布：朝鲜。

【别名】无。

【保护级别】易危（VU）。

【花粉形态】花粉粒近球形，极面观 3 裂圆形，大小为 25（23~28）× 30（25~33）μm；具 3 沟，沟宽，沟膜上具颗粒；表面具小刺状雕纹。

第五章　被子植物的花粉形态

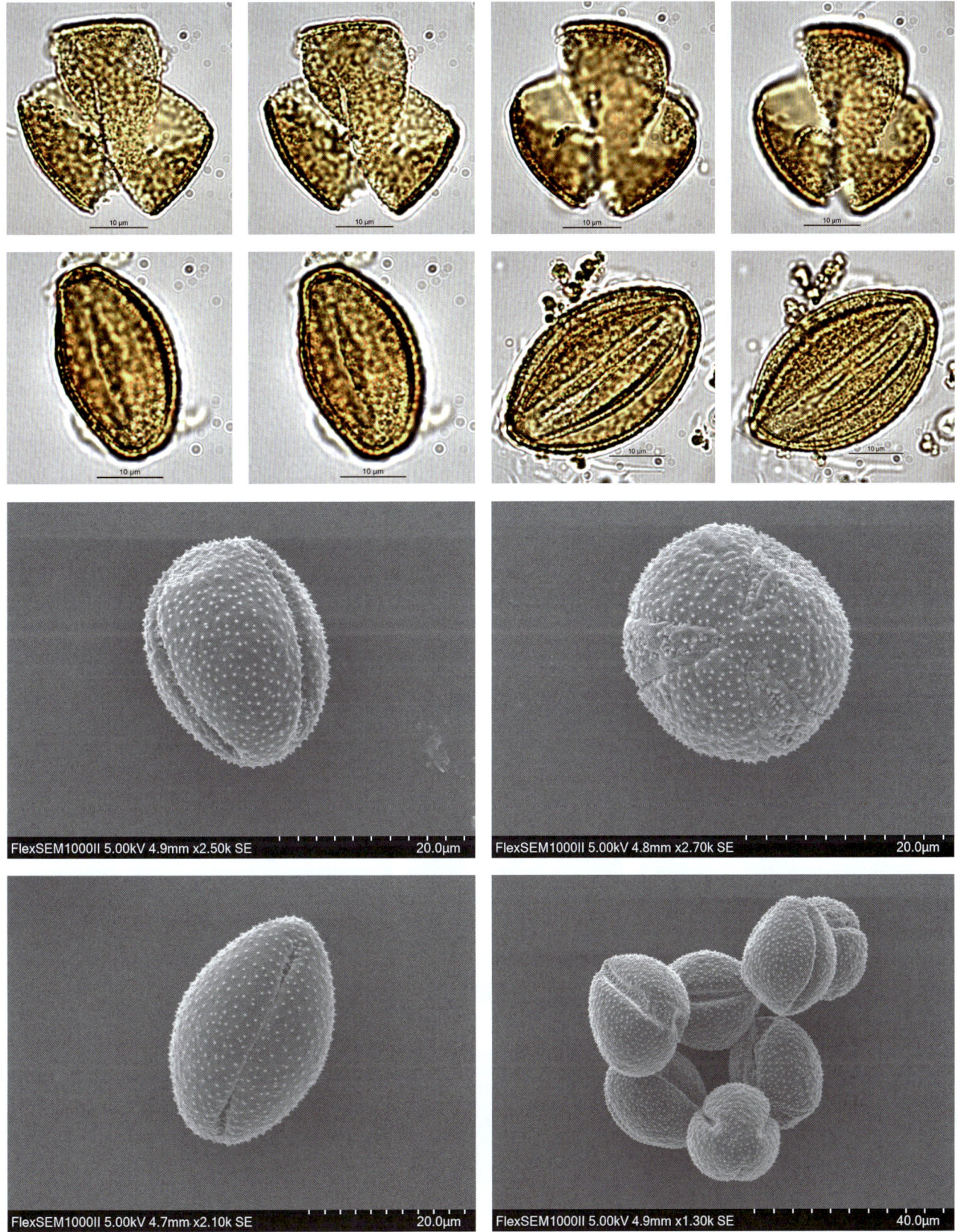

## Pentaphylacaceae 五列木科
### *Adinandra* 杨桐属
*Adinandra nitida* Merr. ex H. L. Li 亮叶杨桐

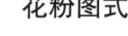

花粉图式

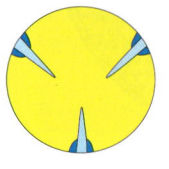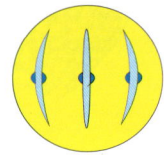

【形态特征】灌木或乔木，高 5~20 米；树皮灰色，平滑；全株除顶芽近顶端被黄褐色平伏短柔毛外，其余均无毛；枝圆筒形，小枝灰色或灰褐色，一年生新枝紫褐色；顶芽细锥形；叶互生，厚革质，卵状长圆形至长圆状椭圆形，顶端渐尖，基部楔形，边缘具疏细齿；中脉在上面平贴，在下面凸起；花单朵腋生；小苞片 2，卵形至长圆形，顶端尖或钝圆，宿存；萼片 5，卵形，顶端尖，具小尖头；花瓣 5，白色，长圆状卵形，顶端钝或近圆形，外面无毛；雄蕊 25~30，花丝中部以下连合，并与花冠基部相连，上半部疏被毛或几无毛，花药线状披针形，被丝毛，顶端有小尖头；子房卵圆形，无毛，3 室，胚珠每室多数，花柱长约 10 毫米，无毛，顶端 3 分叉；果球形或卵球形，熟时橙黄色或黄色；种子多数，褐色，具网纹。

【花果期】花期 6—7 月，果期 9—10 月。

【生境】生于海拔 500~1000 米的沟谷溪边、林缘、林中或石岩边。

【分布】广东（惠阳、鼎湖山、阳春、温塘山、茂名和英德）、广西（平南、大苗山、罗城、龙胜、南宁、金秀、桂平、防城、上思、十万大山和象州）及贵州南部和东南部（独山、从江、荔波和榕江）等地。

【别名】无

【保护级别】无危（LC）。

【花粉形态】花粉粒近球形至椭球形，极面观为 3 裂圆形，大小为 12（11~13）× 15（14~16）μm；具 3 孔沟，内孔横长；外壁层次不清楚；表面光滑，或具极微弱的细网状雕纹；轮廓线光滑。

第五章 被子植物的花粉形态

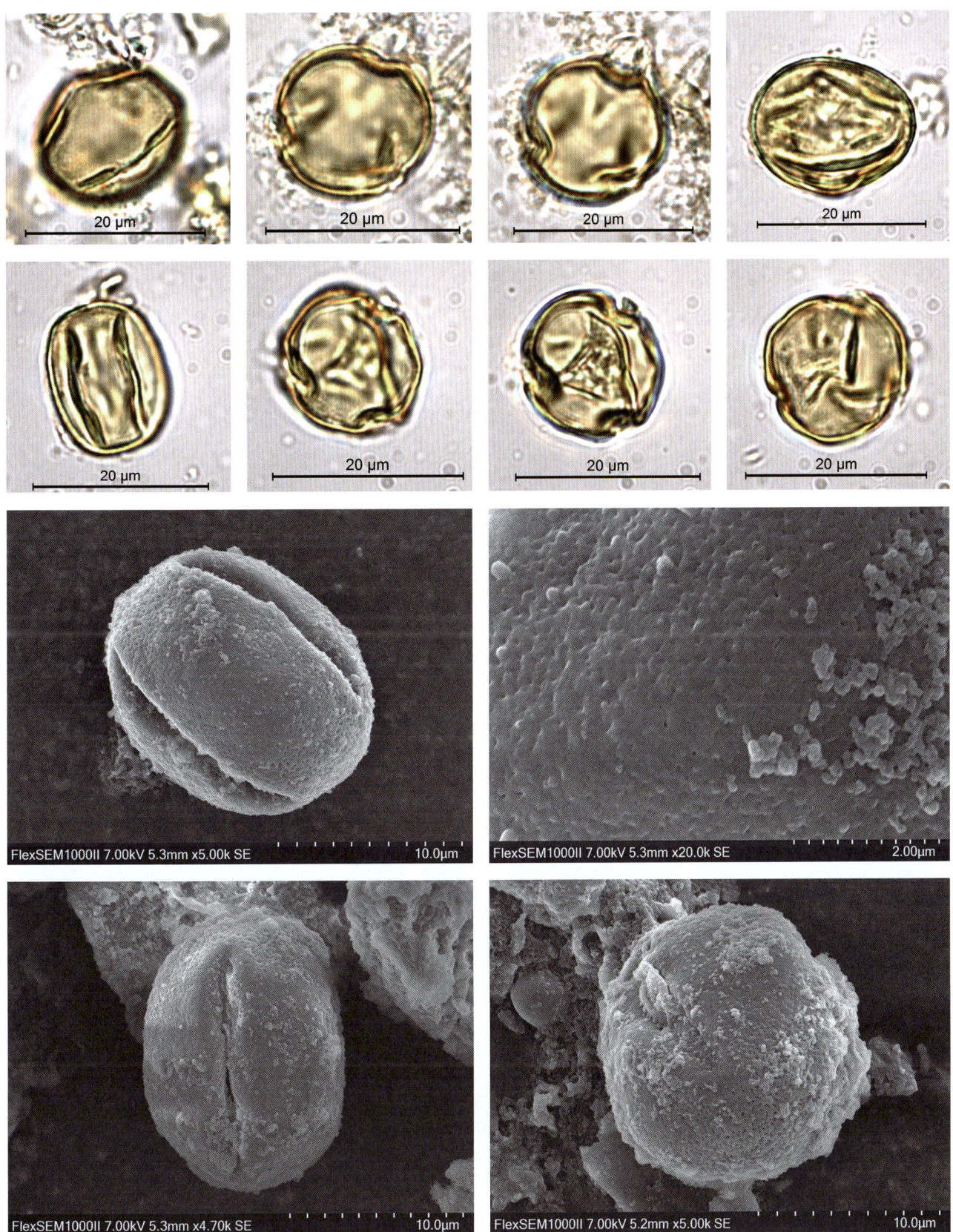

## Phyllanthaceae 叶下珠科
### *Baccaurea* 木奶果属
*Baccaurea ramiflora* Lour. 木奶果

**【形态特征】**常绿乔木，高可达 15 米；树皮灰褐色；小枝被糙硬毛，后变无毛；叶片纸质，倒卵状长圆形、倒披针形或长圆形，顶端短渐尖至急尖，基部楔形，全缘或浅波状，两面无毛；侧脉每边 5~7 条；叶柄长 1~4.5 厘米；花小，雌雄异株，无花瓣；总状圆锥花序腋生或茎生，被疏短柔毛；苞片卵形或卵状披针形，棕黄色；雄花萼片 4~5，长圆形，外面被疏短柔毛；雄蕊 4~8；退化雌蕊圆柱状，2 深裂；萼片 4~6，长圆状披针形，外面被短柔毛；子房卵形或圆球形，密被锈色糙伏毛，花柱极短或无，柱头扁平，2 裂；浆果状蒴果卵状或近圆球状，黄色后变紫红色，不开裂，内有种子 1~3 颗；种子扁椭圆形或近圆形。

**【花果期】**花期 3—4 月，果期 6—10 月。

**【生境】**生于海拔 100~1300 米的山地林中。

**【分布】**国内分布：广东、海南、广西和云南；国外分布：印度、缅甸、泰国、越南、老挝、柬埔寨、马来西亚等地。

**【别名】**火果。

**【保护级别】**无危（LC）。

**【花粉形态】**花粉粒长球形，极面观为 3 裂圆形，赤道面观椭圆形，大小为 17.5（16~19）×25（19~28）μm；具 3 孔沟，沟细长，内孔横长；外壁两层，外层厚于内层；表面具网状雕纹，网眼小；轮廓线不平。

花粉图式

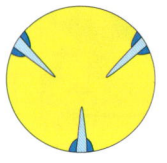
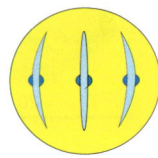

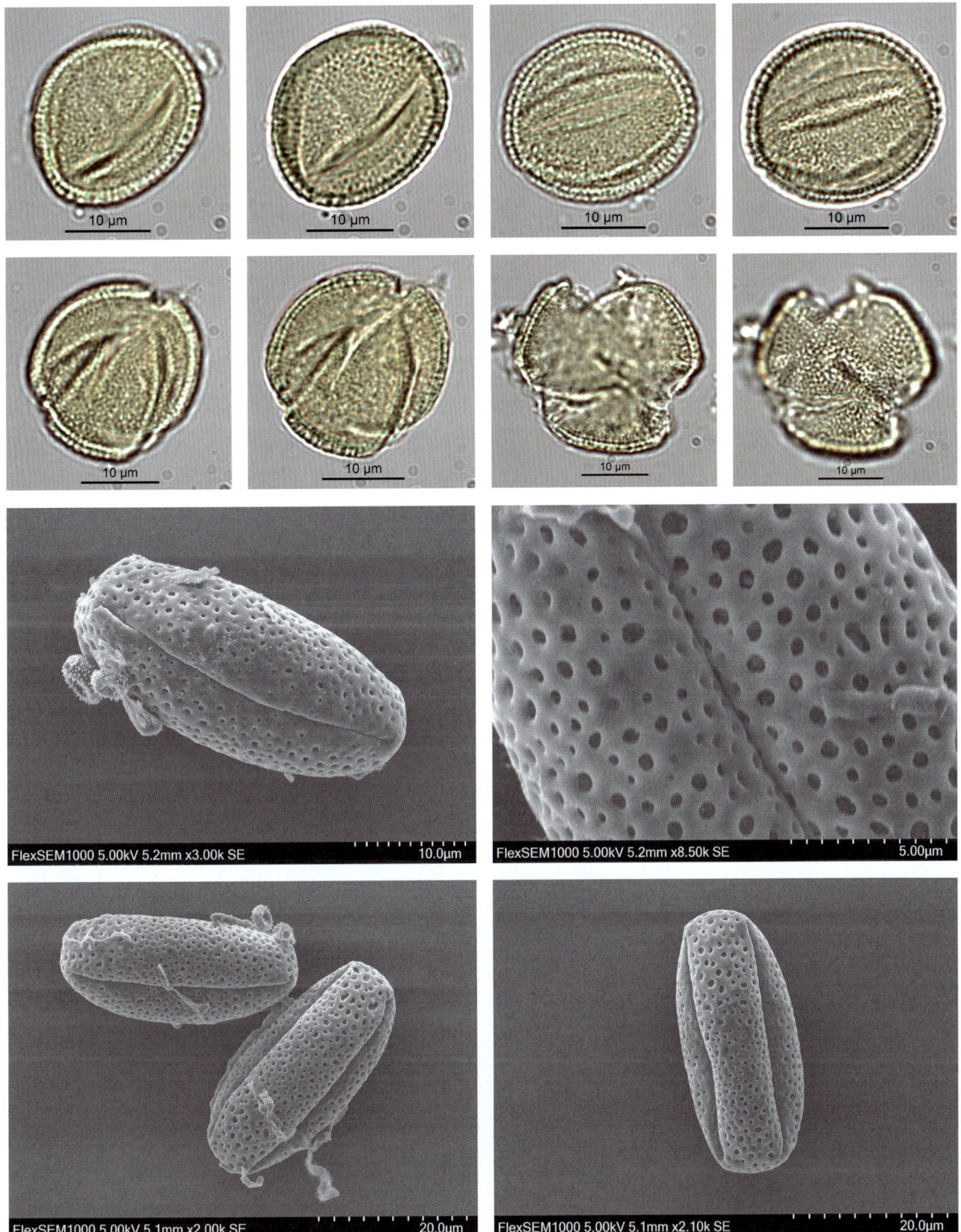

## *Glochidion* 算盘子属

### *Glochidion ellipticum* Wight 四裂算盘子

【形态特征】乔木，高可达 10 米；枝和叶无毛；叶片纸质或近革质，宽椭圆形、卵形至披针形，长 9~15 厘米，顶端渐尖或短渐尖，基部钝，下面干时淡褐色；侧脉每边 6~8 条；叶柄长 2~3 毫米；托叶三角形，长 2 毫米；多朵雄花与少数几朵雌花同时簇生于叶腋内；雄花直径约 3 毫米，花梗长 13~20 毫米，纤细，被短柔毛；萼片 6，长圆形或倒卵状长圆形，外面被短柔毛；雄蕊 3，合生，花药长卵形，药隔突尖；雌花几无梗；萼片与雄花的相同；子房圆球状，3~4 室，初时被短柔毛，后变无毛，花柱合生呈圆锥状，无毛；蒴果扁球状，通常 4 室，果皮薄；果梗短；种子半圆球形，红色。

花粉图式

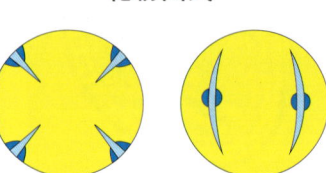

【花果期】花期为 4—8 月，果期 7—11 月。

【生境】生于海拔 130~1700 米的山地常绿阔叶林中或河旁灌木丛中。

【分布】国内分布：台湾、广东、海南、广西、贵州、云南等省区；国外分布：印度、缅甸、泰国、越南等地。

【别名】无

【保护级别】无危（LC）。

【花粉形态】花粉粒球形，极面观为 4 裂或 5 裂圆形，大小为 22（21~24）× 28（27~32）μm；多数 4 孔沟，少数 5 孔沟，沟细长，内孔轮廓模糊，在沟的中央有时能见小薄区；外壁厚 1~2μm，外壁两层，外层厚于内层；表面具粗网状雕纹。

## 第五章 被子植物的花粉形态

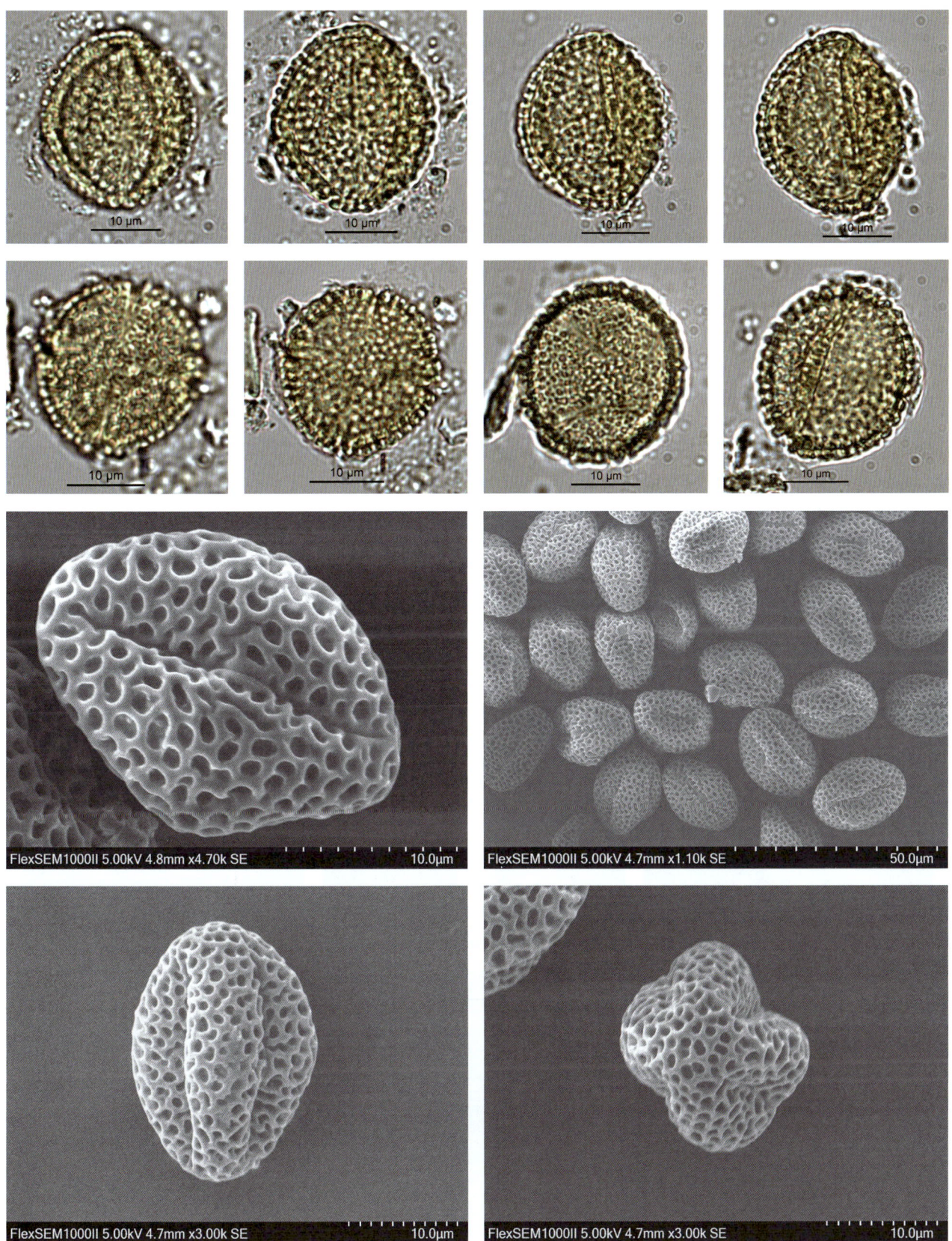

## *Glochidion hirsutum* (Roxb.) Voigt 厚叶算盘子

花粉图式

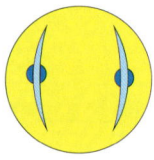

【形态特征】灌木或小乔木，高 1~8 米；小枝密被长柔毛；叶片革质，卵形、长卵形或长圆形，顶端钝或急尖，基部浅心形、截形或圆形，两侧偏斜，上面疏被短柔毛，脉上毛被较密，老渐近无毛，下面密被柔毛；侧脉每边 6~10 条；叶柄长 5~7 毫米，被柔毛，托叶披针形；聚伞花序通常腋上生；总花梗长 5~7 毫米或短缩；雄花花梗长 6~10 毫米，萼片 6，长圆形或倒卵形，其中 3 片较宽，外面被柔毛；雄蕊 5~8；雌花花梗长 2~3 毫米，萼片 6，卵形或阔卵形，其中 3 片较宽，外面被柔毛；子房圆球状，被柔毛，5~6 室，花柱合生呈近圆锥状，顶端截平；蒴果扁球状，被柔毛，具 5~6 条纵沟。

【花果期】花果期几乎全年。

【生境】生于海拔 120~1800 米的山地林下或河边、沼地灌木丛中。

【分布】国内分布：福建、台湾、广东、海南、广西、云南、西藏等省区；国外分布：印度。

【别名】无

【保护级别】无危（LC）。

【花粉形态】花粉粒长球形，极面观为 4 裂或 5 裂圆形，大小为 16（12~18）×24（22~28）μm；多数 4 孔沟，少数 5 孔沟，沟细长，内孔轮廓模糊，在沟的中央有时能见小薄区；外壁厚 1~2μm，外层厚于内层；表面具粗网状雕纹。

第五章　被子植物的花粉形态

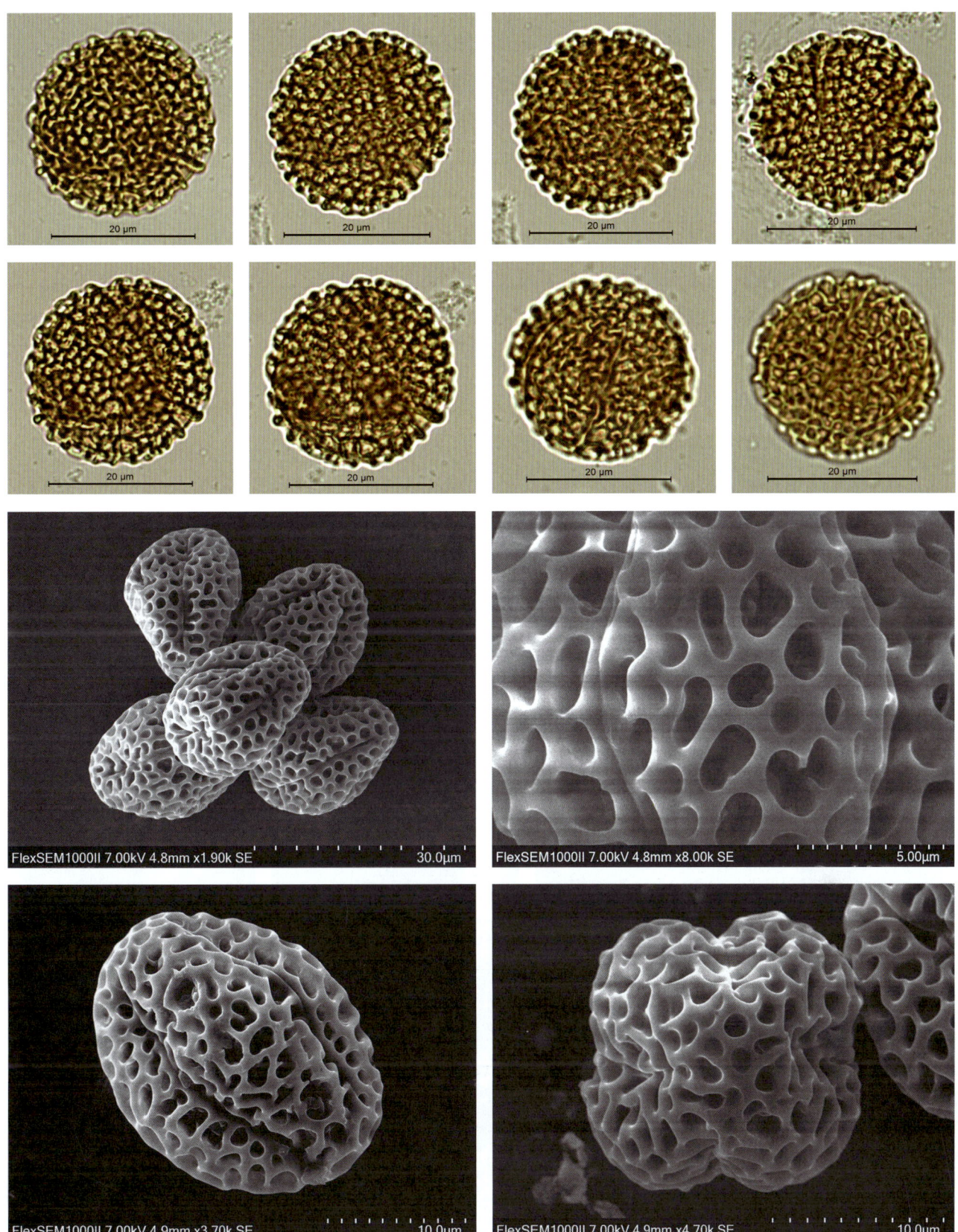

## *Glochidion puberum* (L.) Hutch. 算盘子

花粉图式

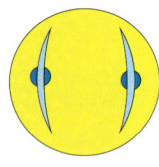

【形态特征】直立灌木，高 1~5 米，多分枝，全株大部密被柔毛；小枝灰褐色；叶片纸质或近革质，长圆形、长卵形或倒卵状长圆形，稀披针形，长 3~8 厘米，顶端钝、急尖、短渐尖或圆，基部楔形至钝；侧脉每边 5~7 条，网脉明显；叶柄长 1~3 毫米；托叶三角形，长约 1 毫米；花小，雌雄同株或异株，2~5 朵簇生于叶腋内，雄花束常着生于小枝下部，雌花束则在上部，或有时雌花和雄花同生于一叶腋内；雄花花梗长 4~15 毫米，萼片 6，狭长圆形或长圆状倒卵形，雄蕊 3，合生呈圆柱状；雌花花梗长约 1 毫米，萼片 6，子房圆球状，5~10 室，每室有 2 颗胚珠；蒴果扁球状，直径 8~15 毫米，边缘有 8~10 条纵沟，成熟时带红色，花柱宿存；种子近肾形，具三棱，长约 4 毫米，朱红色。

【花果期】花期 4—8 月，果期 7—11 月。

【生境】生于海拔 300~2200 米山坡、溪旁灌木丛中或林缘。

【分布】产于陕甘南部、华东、华中、华南及西南各省区。

【别名】算盘珠、野南瓜。

【保护级别】无危（LC）。

【花粉形态】花粉粒球形，极面观为 4 裂或 5 裂圆形，直径为 16~24μm；多数 4 孔沟，少数 5 孔沟，沟细长，内孔轮廓模糊，在沟的中央有时能见小薄区；外壁厚 2μm，外层厚于内层；表面具粗网状雕纹。

第五章 被子植物的花粉形态

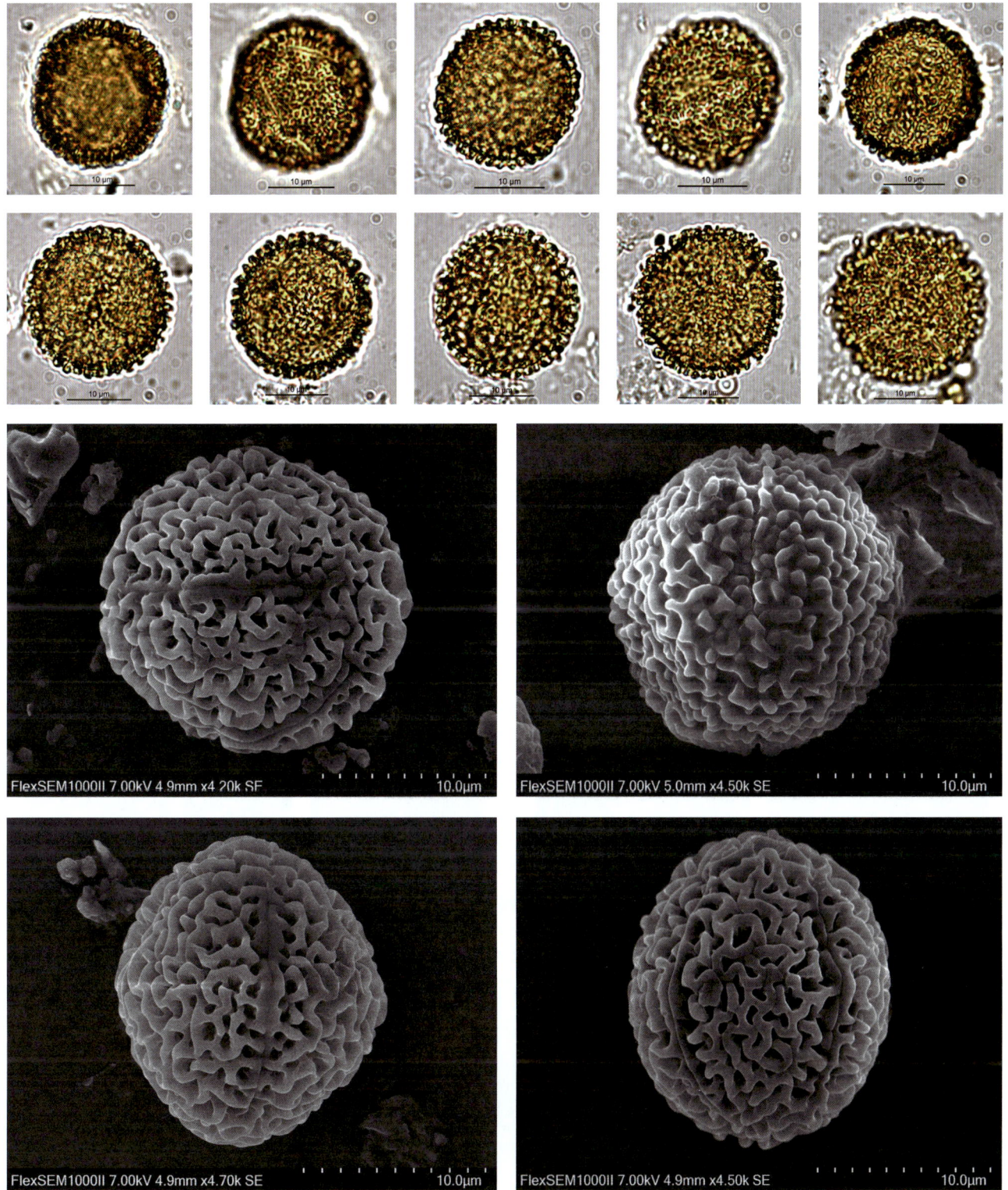

## *Glochidion zeylanicum* (Gaertn.) A. Juss. 香港算盘子

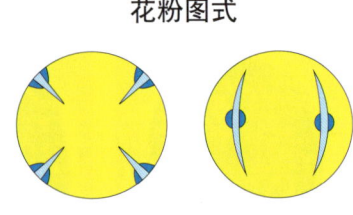

花粉图式

【形态特征】灌木或小乔木，高 1~6 米，全株无毛；叶片革质，长圆形、卵状长圆形或卵形，长 6~18 厘米，宽 4~6 厘米，顶端钝或圆形，基部浅心形、截形或圆形，两侧稍偏斜；侧脉每边 5~7 条；叶柄长约 5 毫米；花簇生呈花束，或组成短小的腋上生聚伞花序；雌花及雄花分别生于小枝的上下部，或雌花序内具 1~3 朵雄花；雄花花梗长 6~9 毫米，萼片 6，卵形或阔卵形，雄蕊 5~6，合生；雌花萼片与雄花的相同，子房圆球状，5~6 室，花柱合生呈圆锥状，顶端截形；蒴果扁球状，边缘具 8~12 条纵沟。

【花果期】花期 3—8 月，果期 7—11 月。

【生境】生于低海拔山谷、平地潮湿处或溪边湿土上灌木丛中。

【分布】国内分布：福建、台湾、广东、海南、广西、云南等省区；国外分布：印度东部、斯里兰卡、越南、日本、印度尼西亚等地。

【别名】无

【保护级别】无危（LC）。

【花粉形态】花粉粒球形，极面观为 4 裂或 5 裂圆形，大小为 15（12~17）× 22（20~24）μm；多数 4 孔沟，少数 5 孔沟，沟细长，内孔轮廓模糊，在沟的中央有时能见小薄区；外壁厚 2~3μm，外层厚于内层；表面具粗网状雕纹。

# 第五章 被子植物的花粉形态

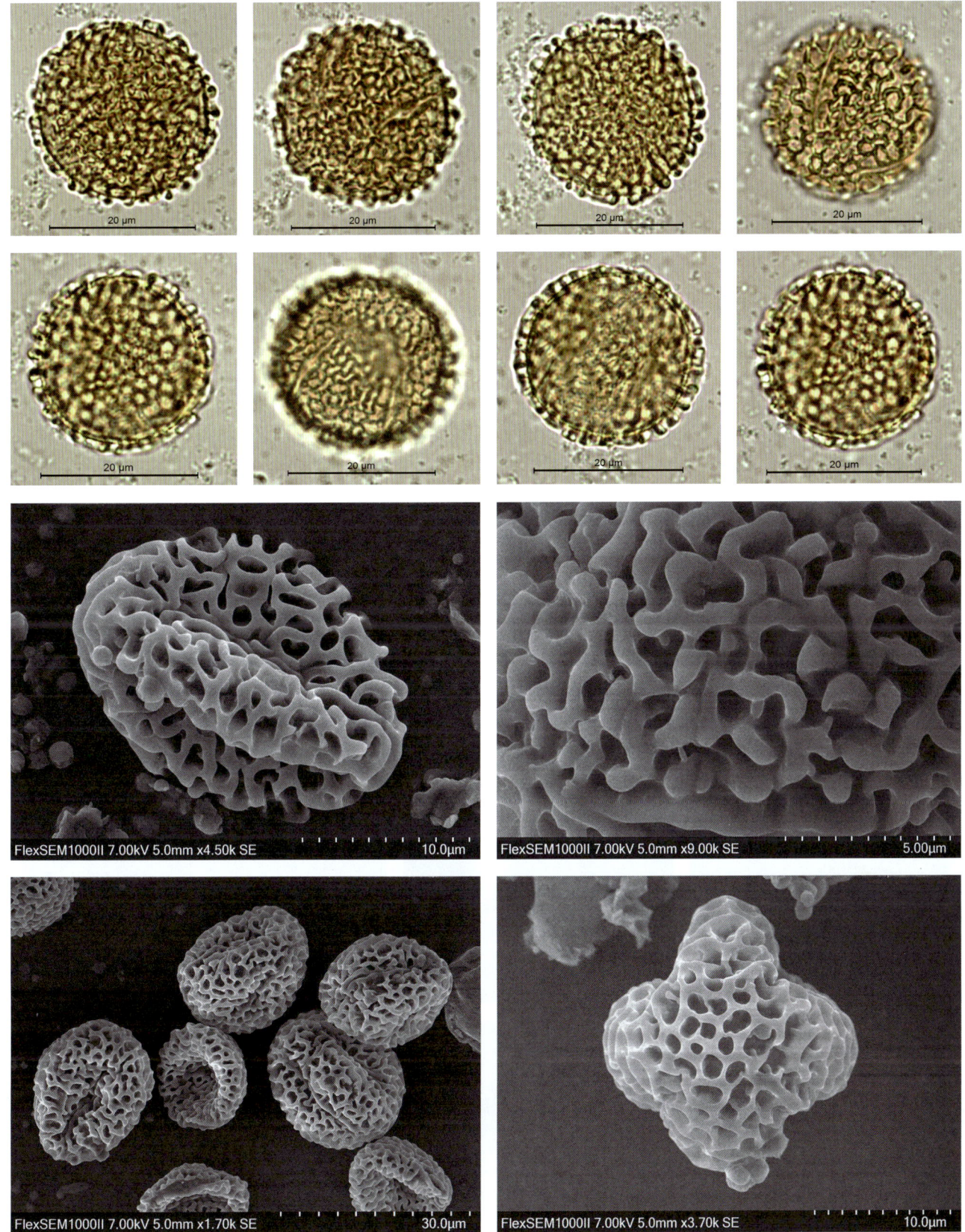

## *Phyllanthus* 叶下珠属

### *Phyllanthus emblica* L. 余甘子

【形态特征】乔木，高可达 23 米；树皮浅褐色；枝条具纵细条纹，被黄褐色短柔毛；叶片纸质至革质，2 列，线状长圆形，长 8~20 毫米，顶端截平或钝圆，有锐尖头或微凹，基部浅心形而稍偏斜，边缘略背卷；侧脉每边 4~7 条；叶柄长 0.3~0.7 毫米；托叶三角形，褐红色，边缘有睫毛；多朵雄花和 1 朵雌花或全为雄花组成腋生的聚伞花序；雄花花梗长 1~2.5 毫米；萼片 6，膜质，黄色，长倒卵形或匙形，近相等，顶端钝或圆，边缘全缘或有浅齿；雄蕊 3，花丝合生成柱，花药直立，长圆形；花盘杯状，包子房一半以上，边缘撕裂；花柱 3，基部合生，顶端 2 裂，裂片顶部再 2 裂；蒴果呈核果状，圆球形，外果皮肉质，绿白色或淡黄白色，内果皮硬壳质；种子略带红色。

花粉图式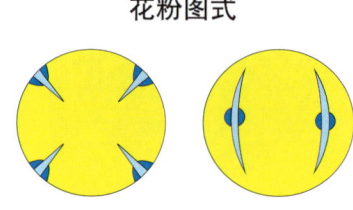

【花果期】花期 4—6 月，果期 7—9 月。

【生境】生于海拔 200~2300 米的山地疏林、灌丛、荒地或山沟向阳处。

【分布】国内分布：江西、福建、台湾、广东、海南、广西、四川、贵州和云南等省区；国外分布：印度、斯里兰卡、中南半岛、印度尼西亚、马来西亚和菲律宾等地，南美也有栽培。

【别名】油甘、牛甘果、滇橄榄。

【保护级别】无危（LC）。

【花粉形态】花粉粒近球形，极面观 4~6 裂圆形，赤道面观椭圆形，大小为 12（10~14）× 22（20~24）μm；具 4~6 孔沟，沟细，内孔圆形，横长，轮廓清楚，边缘加厚；外壁厚约 1μm，外壁两层，内外层等厚，内孔周围的内层稍加厚，柱状层基柱明显；表面具清楚的网状雕纹，网眼形状不规则。

# 第五章　被子植物的花粉形态

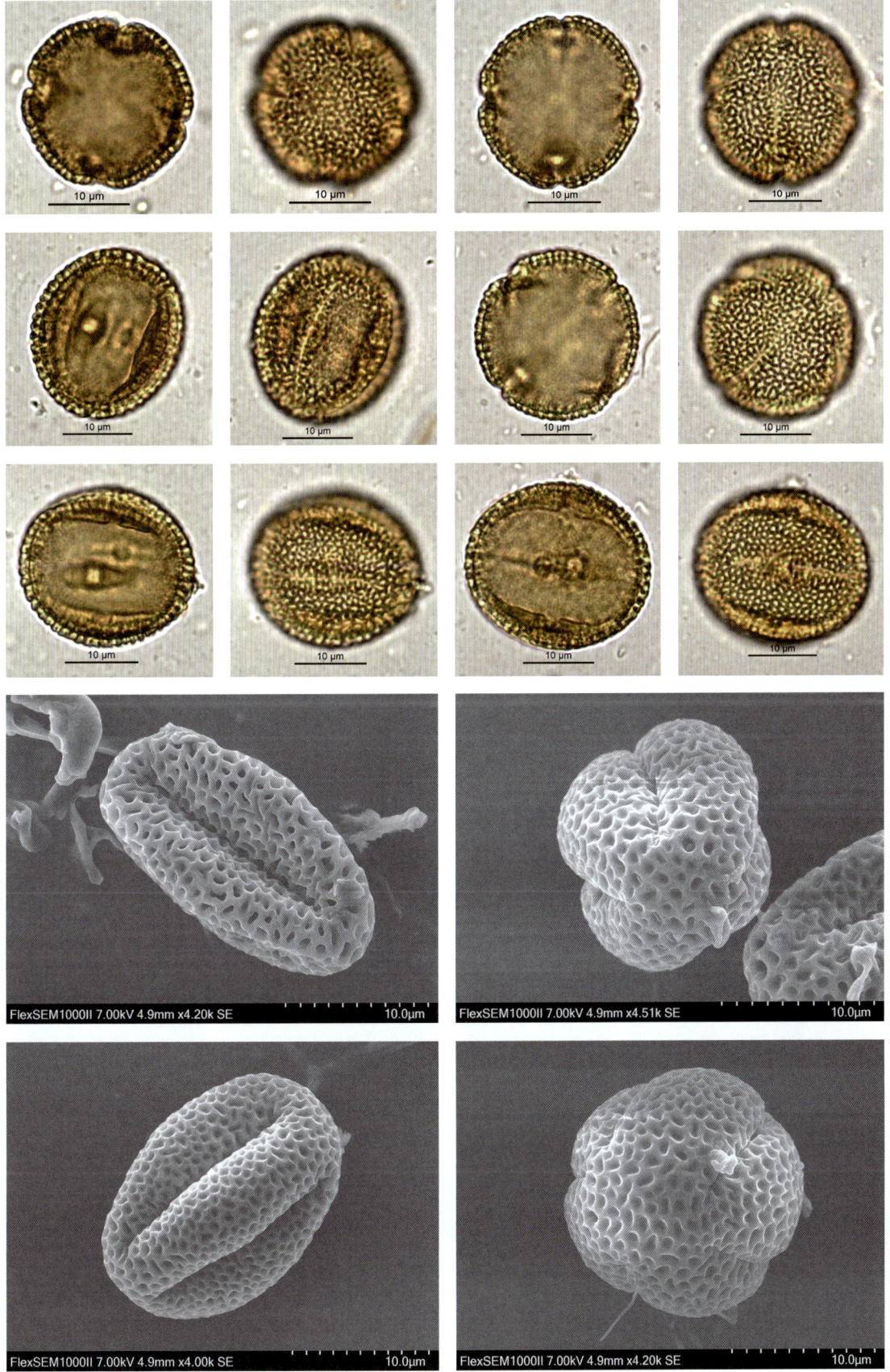

## Piperaceae 胡椒科
### *Piper* 胡椒属
*Piper sarmentosum* Roxb. 假蒟

【形态特征】多年生、匍匐、逐节生根草本，长10余米；小枝近直立，无毛或幼时被极细的粉状短柔毛；叶近膜质，有细腺点，下部的阔卵形或近圆形，叶脉7条，干时呈苍白色，网状脉明显，上部的叶小，卵形或卵状披针形，基部浅心形、圆、截平或稀有渐狭；叶柄长2~5厘米，被极细的粉状短柔毛，匍匐茎的叶柄长7~10厘米；叶鞘长约为叶柄之半；花单性，雌雄异株，聚集成与叶对生的穗状花序；总花梗与花序等长或略短，被极细的粉状短柔毛；花序轴被毛；苞片扁圆形，近无柄，盾状；雄蕊2枚，花药近球形，2裂，花丝长为花药的2倍；浆果近球形，具4角棱，无毛，基部嵌生于花序轴中并与其合生。

【花果期】花果期4—12月。

【生境】常生于林下或村旁湿地上。

【分布】国内分布：福建、广东、广西、云南、贵州及西藏；国外分布：印度、越南、马来西亚、菲律宾、印度尼西亚和巴布亚新几内亚。

【别名】假蒌。

【保护级别】无危（LC）。

【花粉形态】花粉粒很小，近球形至扁球形，极面观为椭圆形，大小为8（7~9）×11（9~13）μm；具1远极槽；外壁厚度约为0.7μm，无层次；表面光滑，电镜下具模糊的小瘤。

花粉图式

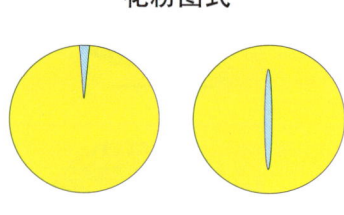

第五章 被子植物的花粉形态

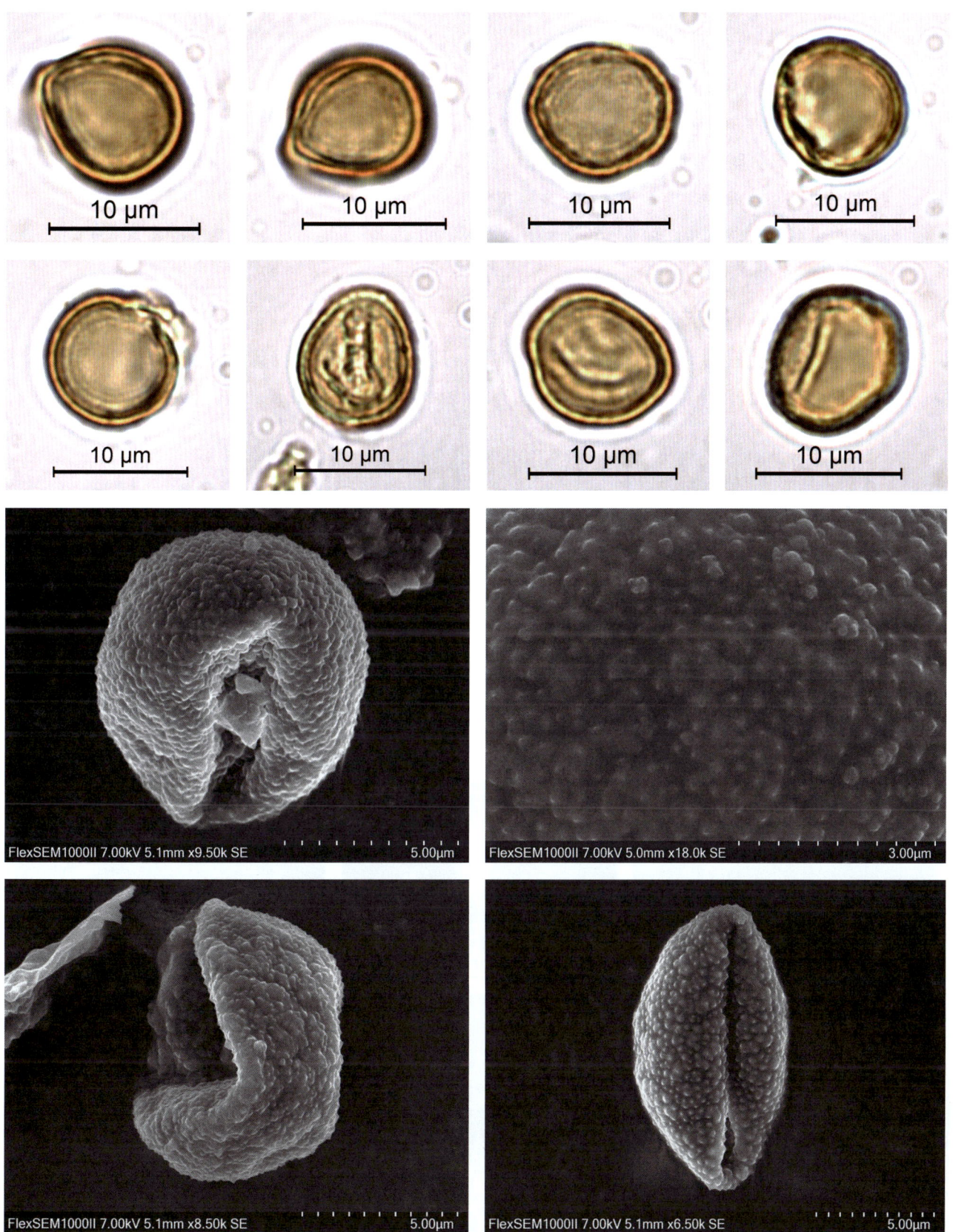

## Pittosporaceae 海桐科
### *Pittosporum* 海桐属
*Pittosporum pentandrum* var. *formosanum* (Hayata) Zhi Y. Zhang & Turland 台琼海桐

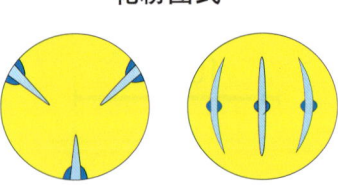

花粉图式

【形态特征】常绿小乔木或灌木，高可达 12 米；嫩枝被锈色柔毛，老枝秃净，皮孔不很明显；叶簇生于枝顶，成假轮生状；侧脉 7~10 对，全缘或有波状皱褶；叶柄长 5~12 毫米；圆锥花序顶生，由多数伞房花序组成，密被锈褐色柔毛；总花序柄及花序轴长 4~8 厘米，花梗长 3~6 毫米；苞片早落，披针形；小苞片卵状披针形，均无毛或仅有睫毛；花淡黄色，有芳香；萼片分离，或基部稍连合，长卵形，先端钝，有睫毛；花瓣长 5~6 毫米；花丝长 3 毫米，花药长 1 毫米；子房卵形，基部被锈色疏柔毛，侧膜胎座 2 个，珠柄短，胎座位于中部以下，胚珠 12~16 个；蒴果扁球形，秃净无毛，2 片裂开，果片薄木质，内侧有横格；种子约 10 个，不规则多角形。

【花果期】花期 5—10 月，果期 12 月至翌年 2 月。

【生境】常生于海岸边，是海岸树种之一。

【分布】国内分布：广东、台湾和海南；国外分布：越南。

【别名】台湾海桐花、台湾海桐。

【保护级别】无危（LC）；地方保护野生植物。

【花粉形态】花粉粒长球形，极面观为 3 裂圆形，赤道面观椭圆形，大小为 18（14~20）× 32（27~33）μm；具 3 孔沟，沟长达两极，内孔横长，两端尖；外壁两层，内外层几等厚；表面具细网状雕纹。

# 第五章 被子植物的花粉形态

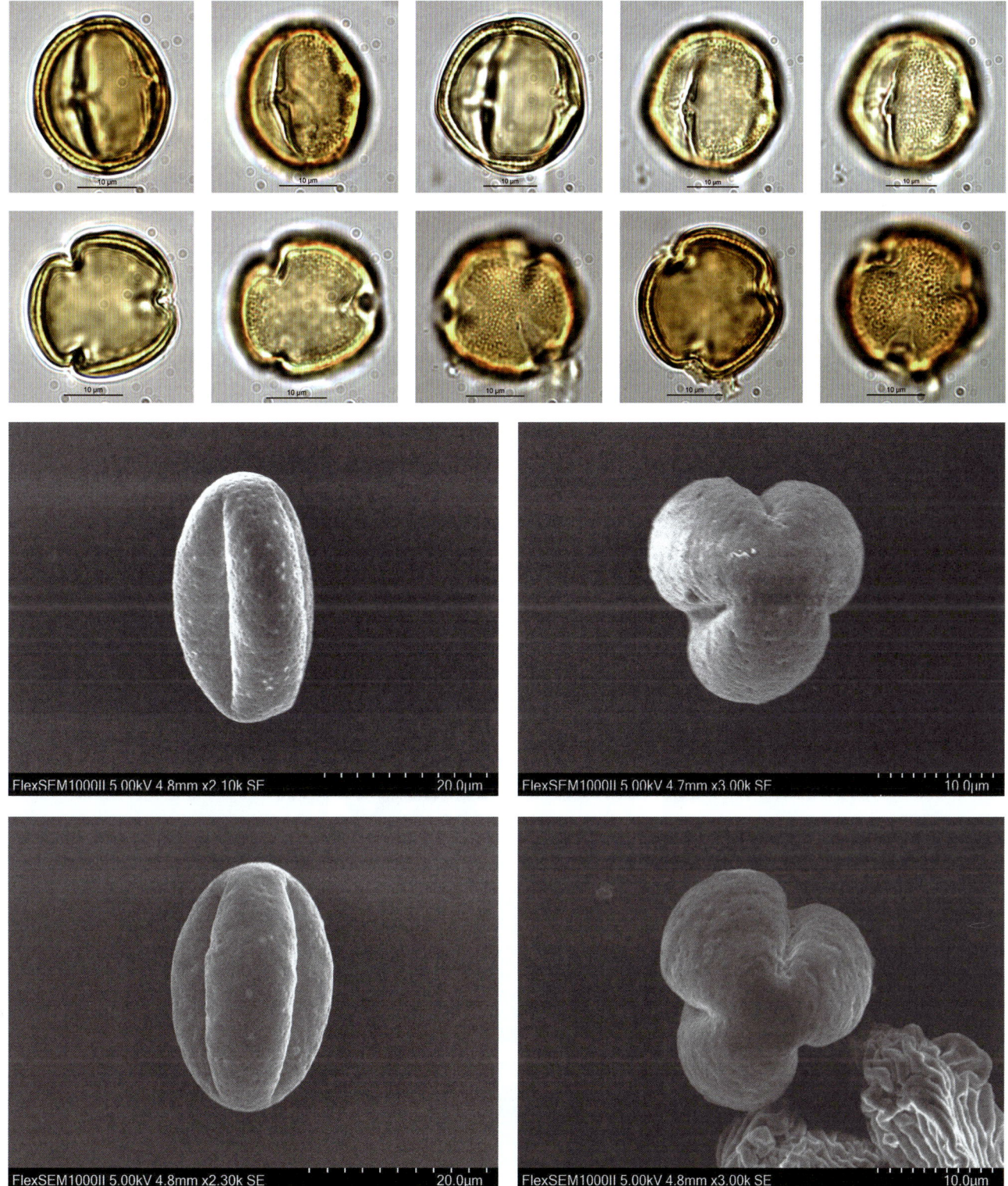

883

## Plantaginaceae 车前科
### *Plantago* 车前属
#### *Plantago asiatica* L. 车前

【形态特征】二年生或多年生草本；须根多数，根状茎短，稍粗；叶基生呈莲座状，平卧、斜展或直立；叶片薄纸质或纸质，宽卵形至宽椭圆形，先端钝圆至急尖，边缘波状、全缘或中部以下有锯齿、牙齿或裂齿，基部宽楔形或近圆形；脉5~7条；叶柄基部扩大成鞘，疏生短柔毛；花序3~10个，直立或弓曲上升；花序梗长5~30厘米，有纵条纹，疏生白色短柔毛；穗状花序细圆柱状，紧密或稀疏，下部常间断；苞片狭卵状三角形或三角状披针形；花具短梗；萼片先端钝圆或钝尖；花冠白色，无毛，裂片狭三角形；雄蕊着生于冠筒内面近基部，与花柱明显外伸，花药卵状椭圆形，顶端具宽三角形突起，白色，干后变淡褐色；蒴果纺锤状卵形、卵球形或圆锥状卵形；种子卵状椭圆形或椭圆形。

花粉图式

【花果期】花期4—8月，果期6—9月。

【生境】生于海拔3200米的草地、沟边、河岸湿地、田边、路旁或村边空旷处。

【分布】国内分布：除西北外遍布全国；国外分布：东北亚、尼泊尔和东南亚。

【别名】蛤蟆草、饭匙草、车轱辘菜、蛤蟆叶、猪耳朵。

【保护级别】无危（LC）。

【花粉形态】花粉粒球形或近球形，直径为19~25μm；具散孔，孔5~9个，孔膜上具颗粒，孔不是很显著，从孔的部分较透明来确定；外壁层次不明显；表面具颗粒状或瘤状雕纹。

第五章 被子植物的花粉形态

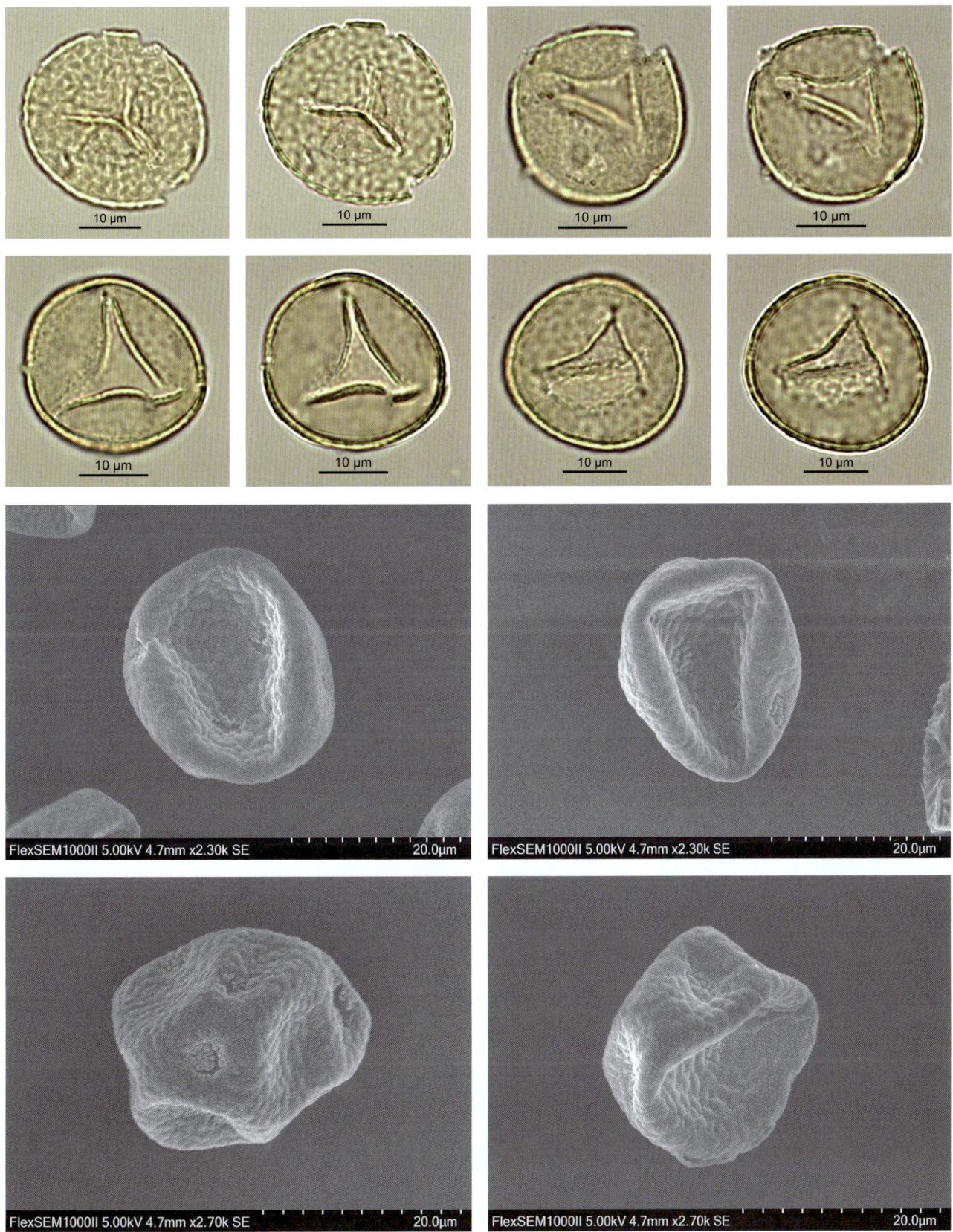

## *Plantago major* L. 大车前

花粉图式

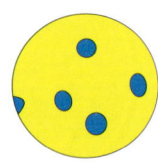

【形态特征】二年生或多年生草本；须根多数，根状茎粗短；叶基生，呈莲座状，平卧、斜展或直立；叶片草质、薄纸质或纸质，宽卵形至宽椭圆形；叶柄基部鞘状，常被毛；花序1至数个；花序梗直立或弓曲上升，有纵条纹，被短柔毛或柔毛；穗状花序细圆柱状，基部常间断；苞片宽卵状三角形，宽与长约相等或略超过，无毛或先端疏生短毛，龙骨突宽厚；花无梗；花萼长1.5~2.5毫米，萼片先端圆形；花冠白色，无毛，冠筒等长或略长于萼片，裂片披针形至狭卵形；雄蕊着生于冠筒内面近基部，与花柱明显外伸，花药椭圆形，通常初为淡紫色、稀白色，干后变淡褐色；胚珠12~40个；蒴果近球形、卵球形或宽椭圆球形，于中部或稍低处周裂；种子卵形、椭圆形或菱形，具角，腹面隆起或近平坦，黄褐色；子叶背腹向排列。

【花果期】花期6—8月，果期7—9月。

【生境】生于草地、草甸、河滩、沟边、沼泽地、山坡路旁、田边或荒地。

【分布】国内分布：黑龙江、吉林、辽宁、内蒙古、河北、山西、陕西、甘肃、青海、新疆、山东、江苏、福建、台湾、广西、海南、四川、云南和西藏；国外分布：欧亚大陆温带及寒温带，在世界各地都有归化。

【别名】无

【保护级别】无危（LC）。

【花粉形态】花粉粒球形或近球形，直径为18~24μm；具散孔，孔5~9个，孔膜上具颗粒，孔不是很显著，从孔的部分较透明来确定，直径约2μm；外壁层次不明显；表面具颗粒状或瘤状雕纹。

第五章 被子植物的花粉形态

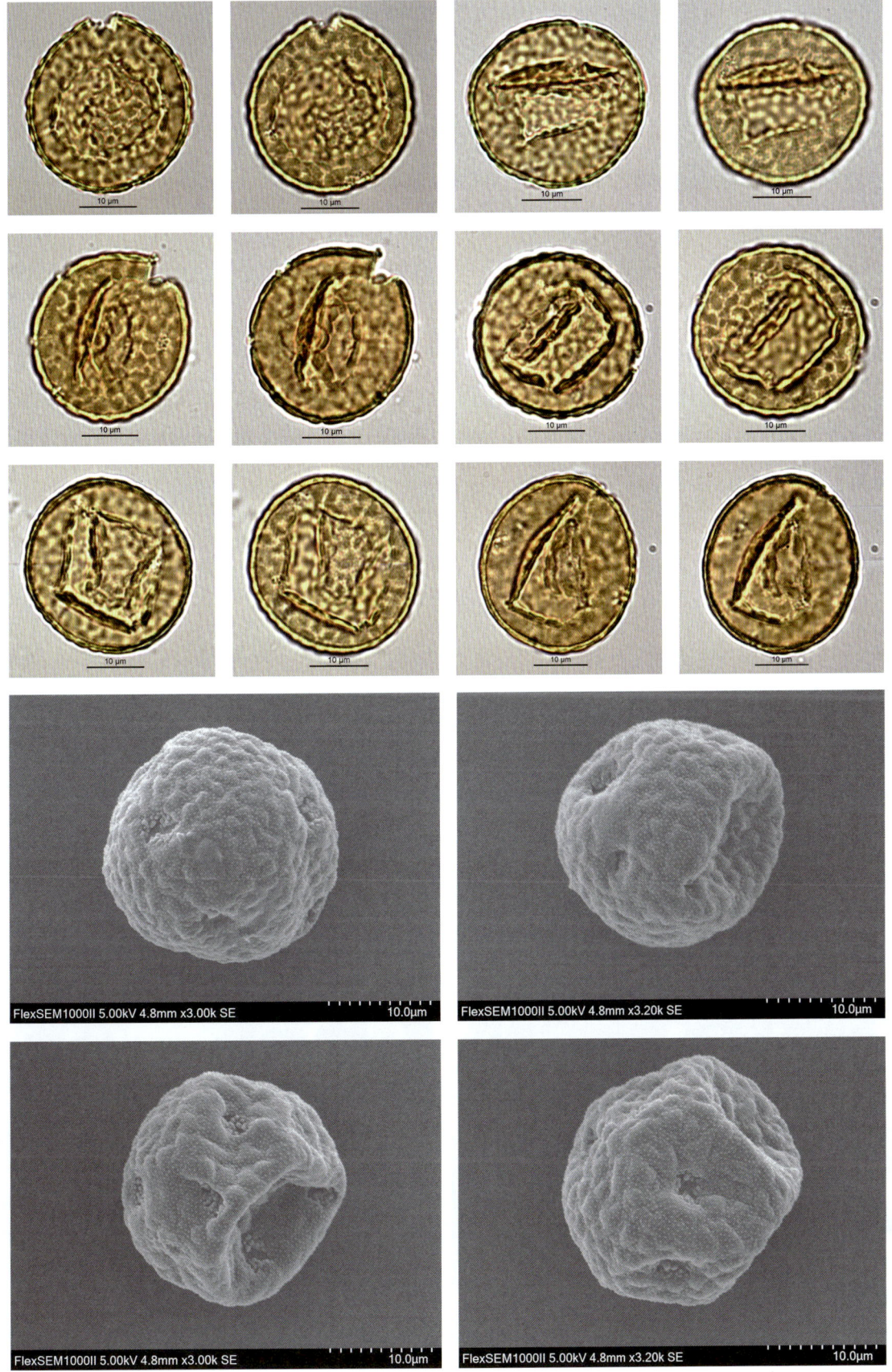

887

## Plumbaginaceae 白花丹科
### *Limonium* 补血草属
*Limonium aureum* (L.) Hill 黄花补血草

【形态特征】多年生草本，高约40厘米，全株（除萼外）无毛；茎基往往被有残存的叶柄和红褐色芽鳞；叶基生，常早凋，通常长圆状匙形至倒披针形，先端圆或钝，有时急尖，下部渐狭成平扁的柄；花序圆锥状，花序轴2至多数，绿色，密被疣状突起，由下部作数回叉状分枝，往往呈之字形曲折，下部的多数分枝成为不育枝，末级的不育枝短而常略弯；穗状花序位于上部分枝顶端，由3~7个小穗组成；小穗含2~3花；外苞长2.5~3.5毫米，宽卵形，先端钝或急尖；萼长5.5~7.5毫米，漏斗状，萼筒径约1毫米，基部偏斜，全部沿脉和脉间密被长毛，萼檐金黄色，裂片正三角形，脉伸出裂片先端成一芒尖或短尖，沿脉常疏被微柔毛，间生裂片常不明显；花冠橙黄色。

花粉图式

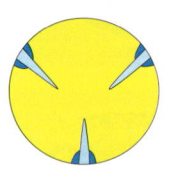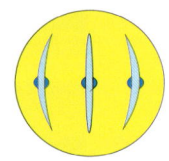

【花果期】花期6—8月，果期7—8月。

【生境】生于土质含盐的砾石滩、黄土坡和砂土地上。

【分布】国内分布：东北西部、华北北部和西北各省区，近年在四川西北部（甘孜）也发现有分布；国外分布：蒙古。

【别名】金色补血草、金匙叶草、黄花矶松、金佛花、石花子、干活草、黄果子白、黄花苍蝇架、黄花矶松。

【保护级别】无危（LC）。

【花粉形态】花粉粒近球形，极面观3裂圆形，直径为50~60μm；具3孔沟；外壁两层，厚4~5μm，外层厚度约为内层的3倍；表面具粗网状雕纹，网眼直径10~12μm，网脊上具刺，刺尖，长1~2μm。

第五章 被子植物的花粉形态

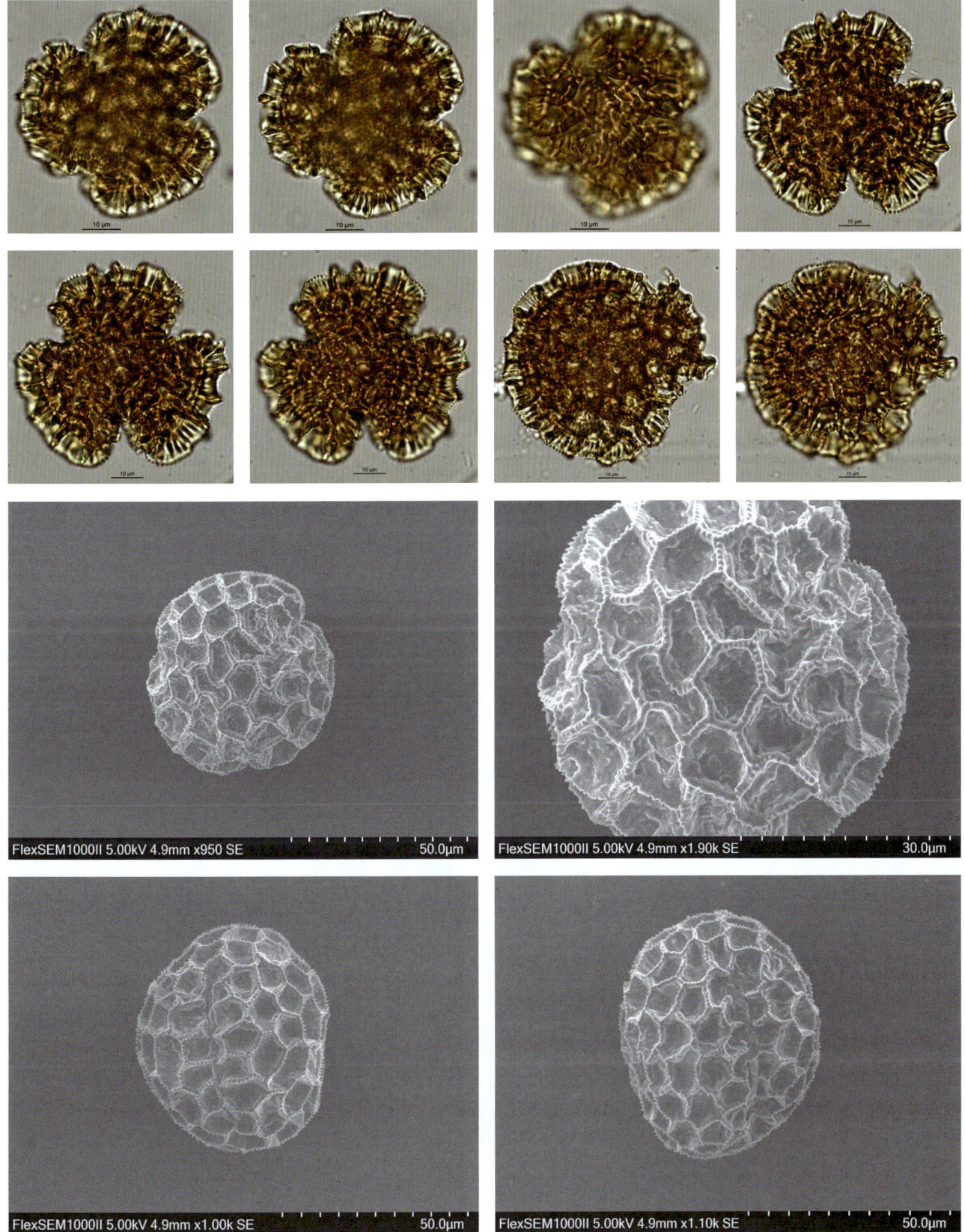

## *Limonium bicolor* (Bunge) Kuntze 二色补血草

**【形态特征】** 多年生草本，高约 50 厘米，全株（除萼外）无毛；根皮不裂；叶基生，稀花序轴下部具 1~3 叶，花期不落，叶匙形或长圆状匙形，连叶柄长 3~15 厘米，先端圆或钝，基部渐窄；叶柄宽；花茎单生，花序轴及分枝具 3~4 棱角，有时具沟槽，稀近基部圆；花序圆锥状，不育枝少，位于花序下部或分叉处；穗状花序具 3~5 小穗，穗轴二棱形，小穗具 2~3 花；外苞长 2.5~3.5 毫米，第一内苞长 6~6.5 毫米；萼漏斗状，长 6~7 厘米，萼筒径约 1 毫米，萼檐淡紫红或白色，径 6~7 毫米，裂片先端圆；花冠黄色。

**【花果期】** 花期 5—7 月，果期 6—8 月。

**【生境】** 主要生于平原地区，也见于山坡下部、丘陵和海滨，喜生于含盐的钙质土上或沙地。

**【分布】** 国内分布：东北、黄河流域各省区和江苏北部；国外分布：蒙古。

**【别名】** 矶松、二色匙叶草、二色矶松、蝇子架、苍蝇花、苍蝇架、花茎柴、荚膜叶、荚蘑根、情人草。

**【保护级别】** 地方保护野生植物。

**【花粉形态】** 花粉粒近球形，极面观 3 裂圆形，直径为 40~50μm；具 3 孔沟；外壁两层，厚 4~5μm，外层厚度约为内层的 3 倍；表面具粗网状雕纹，网眼直径 8~10μm，网脊上具刺，刺尖，长 1~2μm。

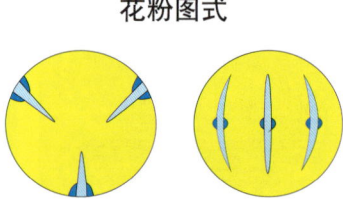

花粉图式

# 第五章　被子植物的花粉形态

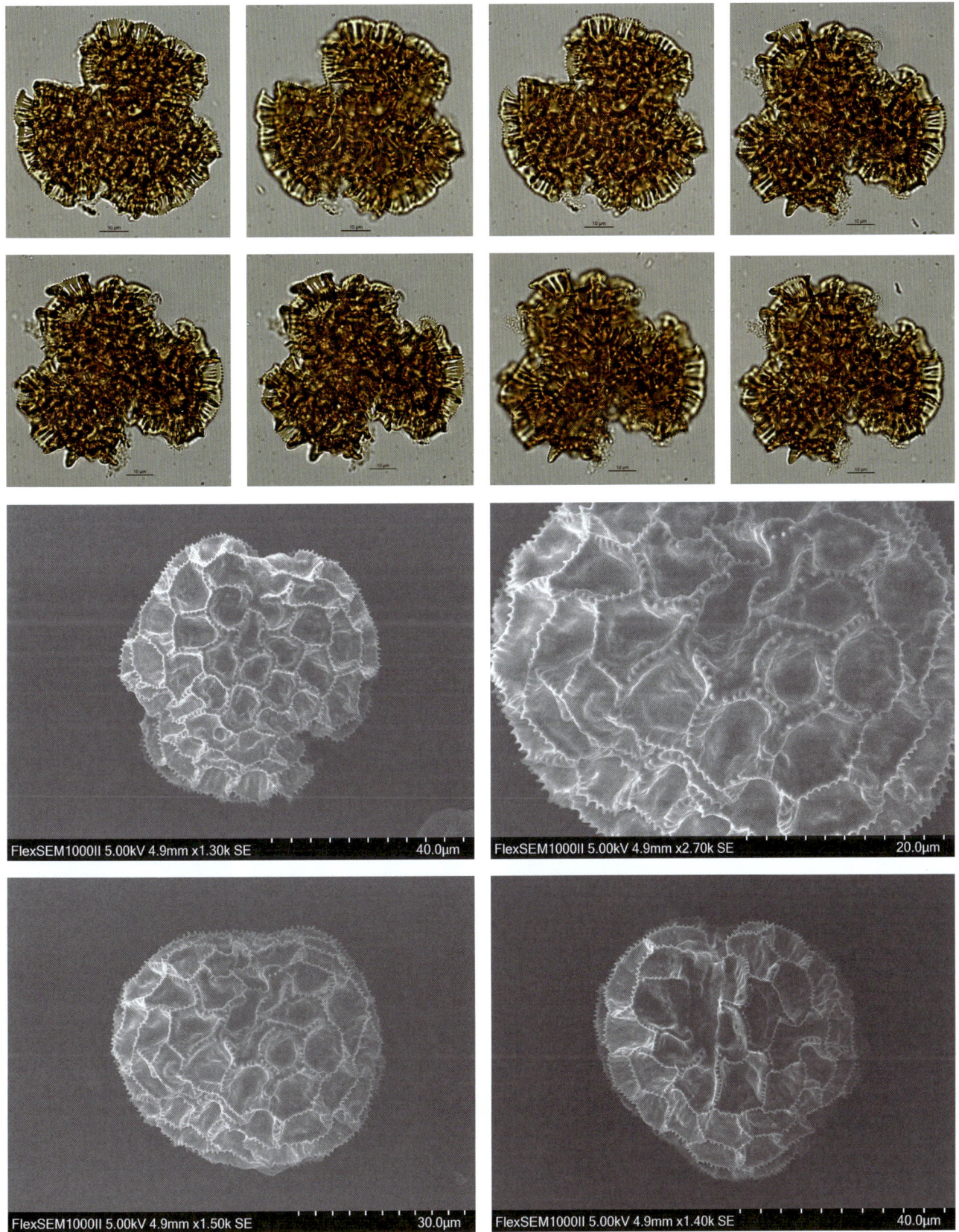

## Poaceae 禾本科
### *Saccharum* 甘蔗属
*Saccharum officinarum* L. 甘蔗

【形态特征】多年生高大实心草本；根状茎粗壮发达；秆高 3~6 米，具 20~40 节，下部节间较短而粗大，被白粉；叶鞘长于其节间，除鞘口具柔毛外余无毛；叶舌极短，生纤毛，叶片长可达 1 米，无毛，中脉粗壮，白色，边缘锯齿状，粗糙；圆锥花序大型，长 50 厘米左右，主轴除节具毛外余无毛，在花序以下部分不具丝状柔毛；总状花序多数轮生，稠密；总状花序轴节间与小穗柄无毛；小穗线状长圆形，长 3.5~4 毫米；基盘具长于小穗 2~3 倍的丝状柔毛。

花粉图式

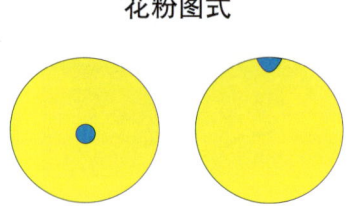

【花果期】花果期 5—10 月。

【生境】一般生长在平原、丘陵地带以及靠近海岸的沿海低地。

【分布】国内分布：台湾、福建、广东、海南、广西、四川、云南等南方地区；国外分布：东南亚、太平洋诸岛国、大洋洲岛屿和古巴等地。

【别名】秀贵甘蔗、紫叶蔗、黑皮果蔗、黑蔗、拔地拉、黄皮果蔗、糖蔗。

【保护级别】无

【花粉形态】花粉粒近球形，直径为 33~40μm；具单孔，孔圆形，直径约 5μm，孔边缘加厚；外壁两层，外层稍厚于内层；表面具微弱颗粒状雕纹。

第五章 被子植物的花粉形态

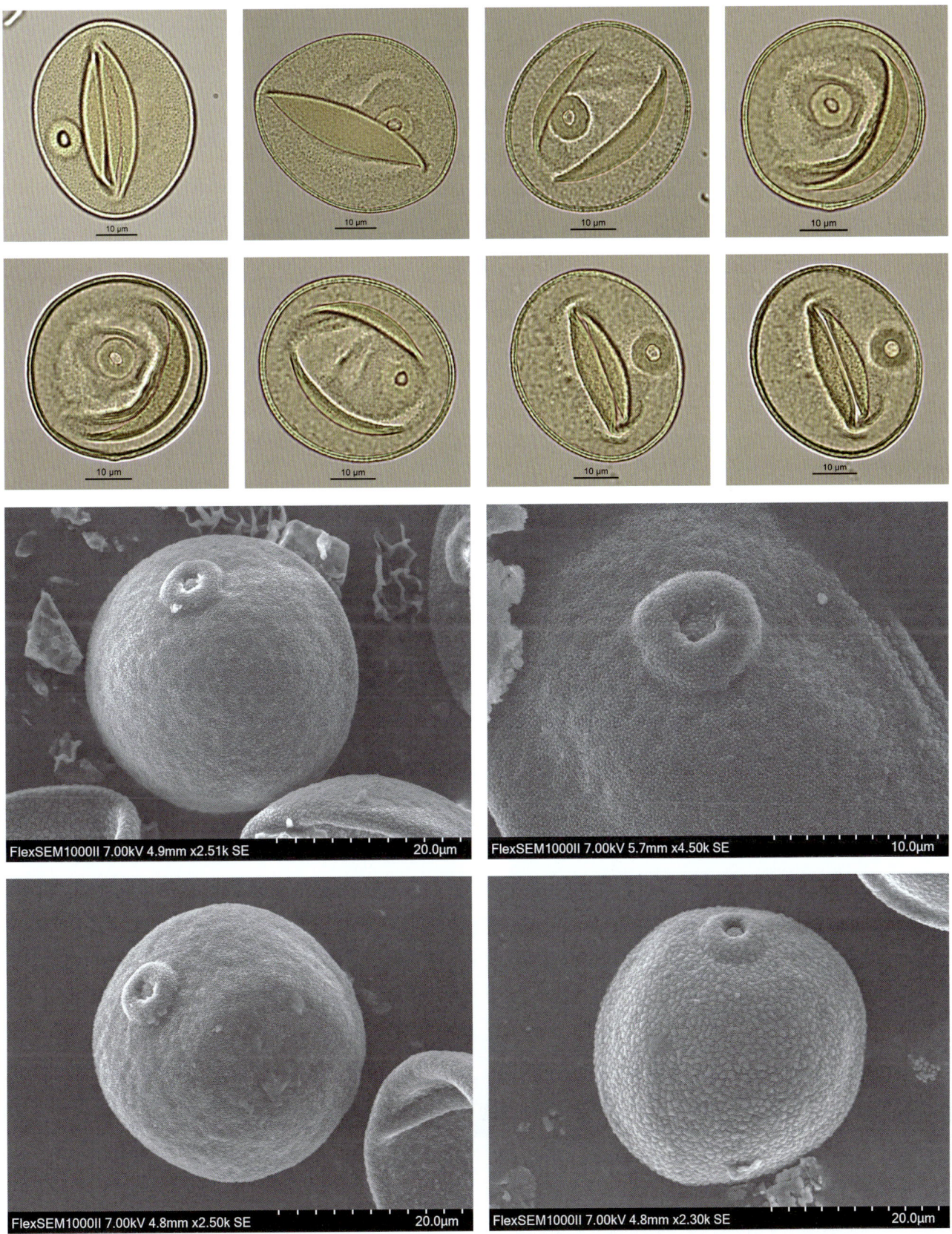

893

## *Triarrhena* 荻属

### *Triarrhena sacchariflora* (Maxim.) Nakai 荻

【形态特征】多年生，具发达被鳞片的长匍匐根状茎，节处生有粗根与幼芽；秆直立，高 1~1.5 米，具 10 多节，节生柔毛；叶鞘无毛，长于或上部者稍短于其节间；叶舌短，具纤毛；叶片扁平，宽线形；圆锥花序疏展成伞房状；主轴无毛，具 10~20 较细弱的分枝，腋间生柔毛，直立而后开展；总状花序轴节间长 4~8 毫米，或具短柔毛；小穗柄顶端稍膨大，基部腋间常生有柔毛，短柄长 1~2 毫米，长柄长 3~5 毫米；小穗线状披针形，成熟后带褐色，基盘具长为小穗 2 倍的丝状柔毛；雄蕊 3 枚，花药长约 2.5 毫米；柱头紫黑色，自小穗中部以下的两侧伸出；颖果长圆形。

【花果期】花果期 8—10 月。

【生境】生于山坡草地和平原岗地、河岸湿地。

【分布】国内分布：黑龙江、吉林、辽宁、河北、山西、河南、山东、甘肃及陕西等省；国外分布：日本、朝鲜和俄罗斯。

【别名】无

【保护级别】无危（LC）；地方保护野生植物。

【花粉形态】花粉粒圆球形，直径为 30~35μm；具单孔，孔圆形；表面具颗粒状雕纹。

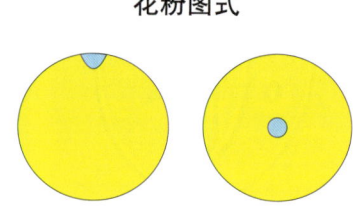

花粉图式

第五章 被子植物的花粉形态

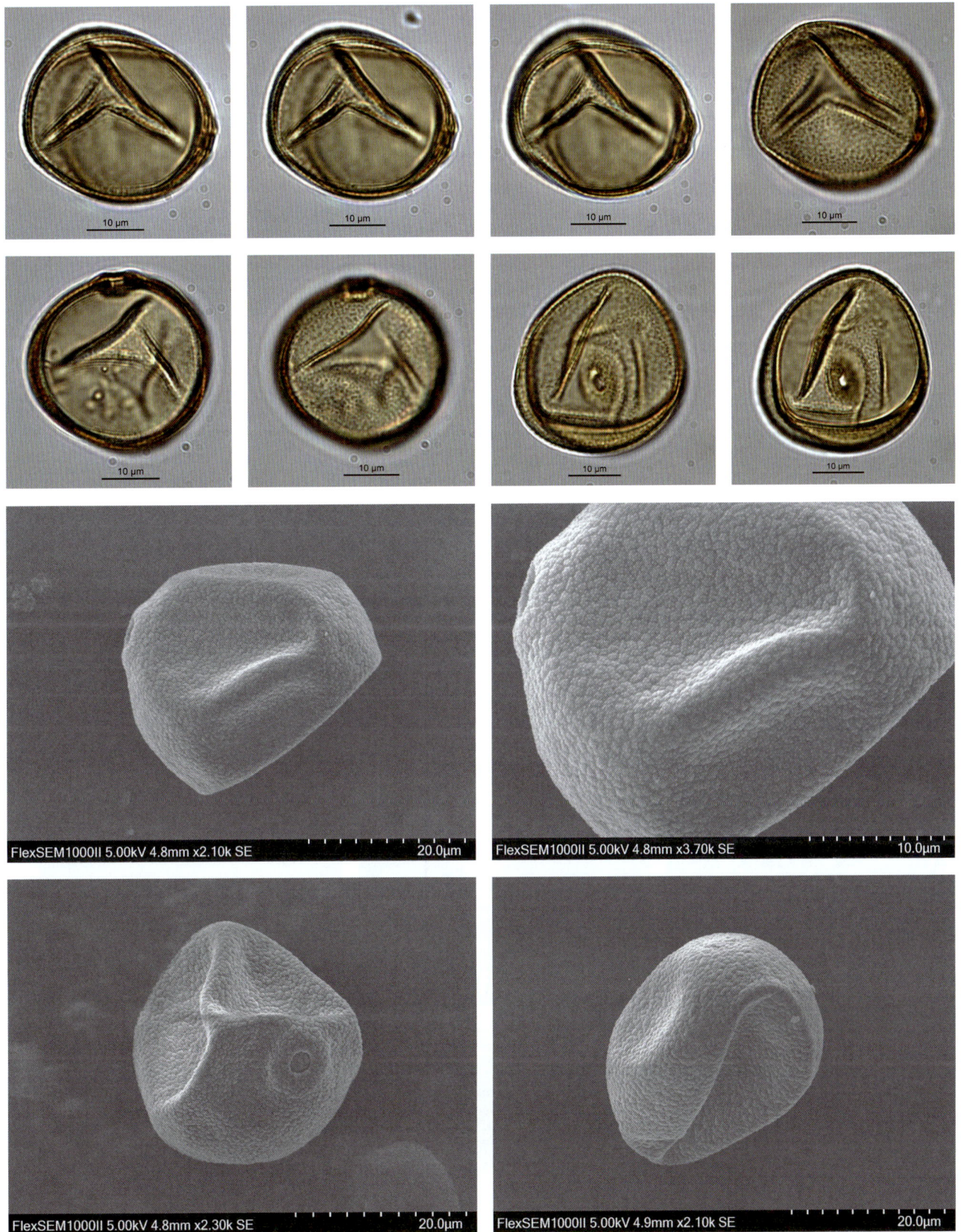

895

## Zea 玉蜀黍属

### *Zea mays* L. 玉蜀黍

【形态特征】一年生高大草本；秆直立，通常不分枝，高1~4米，基部各节具气生支柱根；叶鞘具横脉；叶舌膜质，长约2毫米；叶片扁平宽大，线状披针形，基部圆形呈耳状，无毛或具疣柔毛，中脉粗壮，边缘微粗糙；顶生雄性圆锥花序大型，主轴与总状花序轴及其腋间均被细柔毛；雄性小穗孪生，小穗柄一长一短，被细柔毛，两颖近等长，膜质，约具10脉，被纤毛，外稃及内稃透明膜质，稍短于颖，花药橙黄色；雌花序被多数宽大的鞘状苞片包藏；雌小穗孪生，成16~30纵行排列于粗壮之序轴上，两颖等长，宽大，无脉，具纤毛，外稃及内稃透明膜质，雌蕊具极长而细弱的线形花柱；颖果球形或扁球形，成熟后露出颖片和稃片之外，其大小随生长条件不同产生差异。

【花果期】花果期夏、秋季。

【生境】喜光，不耐阴，是短日照植物，全生育期要求较高的温度。

【分布】国内分布：我国各地均有栽培；国外分布：全世界热带和温带地区广泛种植，为一重要谷物。

【别名】玉米、苞米、苞芦、珍珠米、包谷、麻蜀棒子。

【保护级别】无危（LC）。

【花粉形态】花粉粒近球形，直径为62~85μm；具单孔，孔圆形，直径6~12μm，孔边缘加厚；外壁两层，外层稍厚于内层；表面具细颗粒状雕纹。

花粉图式

# 第五章 被子植物的花粉形态

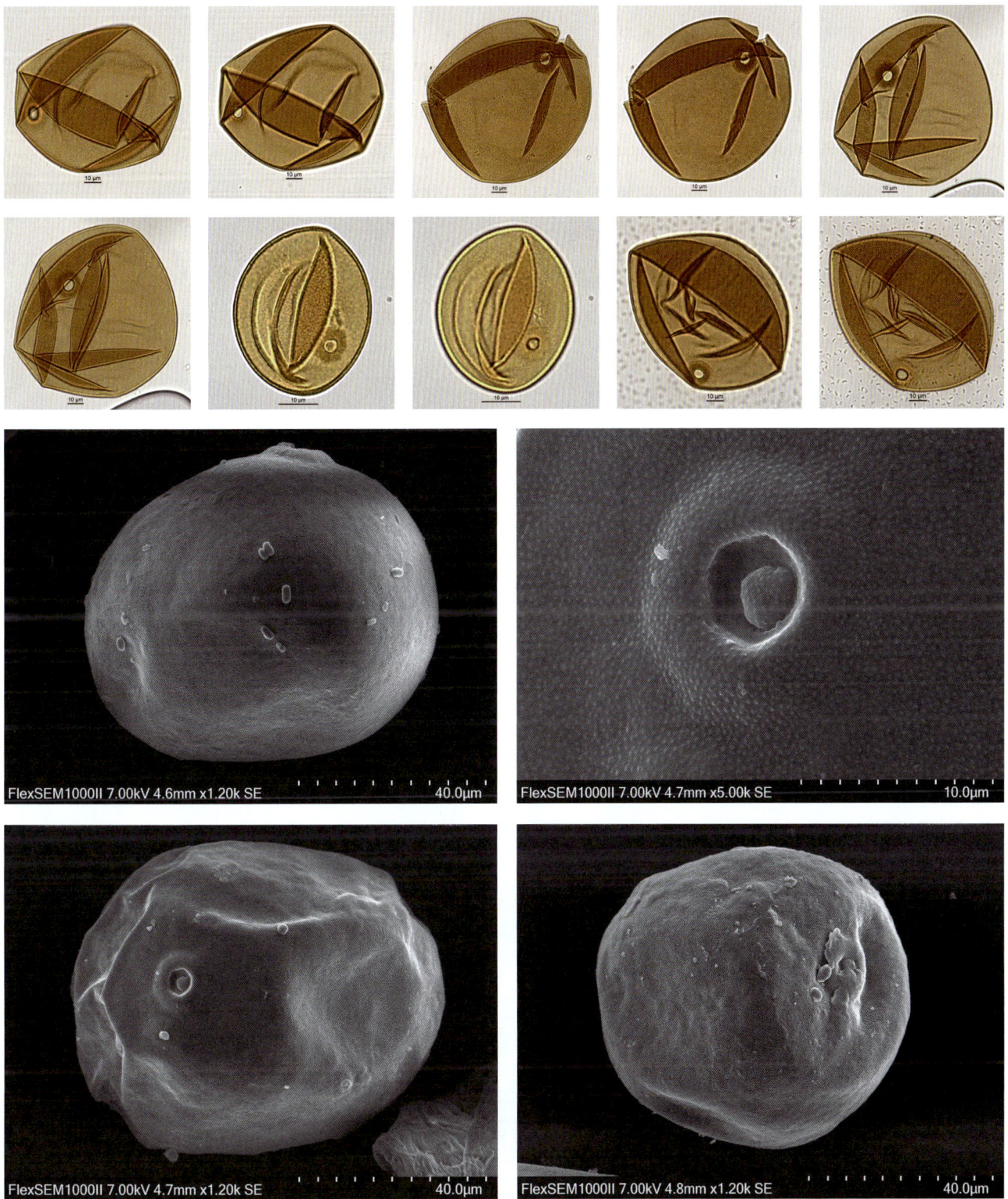

897

## Podostemaceae 川苔草科
### *Cladopus* 飞瀑草属
***Cladopus nymanii*** H. A. Möller 飞瀑草

【形态特征】矮小植物；根狭长而扁平，绿色而常带红，宽 0.5~3 毫米，羽状分枝，借吸器紧贴于石上；不育枝上有簇生、线形、长 3~4 毫米的叶，春季顶端常变紫色，夏季黄绿色；能育枝上的叶常作指状分裂，长 1~2 毫米，宽 1~3 毫米，覆瓦状排列，上部的叶常较下部的大，花后叶脱落；花单朵顶生，花葶长 5 毫米；佛焰苞斜球形，直径约 2 毫米；花被片 2，线形，长约 1 毫米，位于花丝基部之二侧；雄蕊 1 枚，长 1.8 毫米，花药倒卵形至球形，2 室；子房 2 室，长约 1.5 毫米，柱头 2 裂，偏斜；蒴果椭圆状，长 1.5~2 毫米，平滑，果柄长 1.5~3 毫米；种子多数，小。因形似苔藓，生长于瀑布下的石头上而得名。

花粉图式

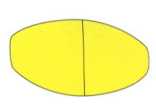

【花果期】花果期冬季。

【生境】生于水流湍急的河川及瀑布下。

【分布】国内分布：福建、广东和广西；国外分布：亚洲东南部及东部。

【别名】无

【保护级别】国家二级重点保护野生植物；易危（VU）。

【花粉形态】花粉粒二合体，大小为 14（11~16）× 34（32~41）μm；无萌发孔；外壁两层，外层厚于内层；表面具颗粒状雕纹。

第五章 被子植物的花粉形态

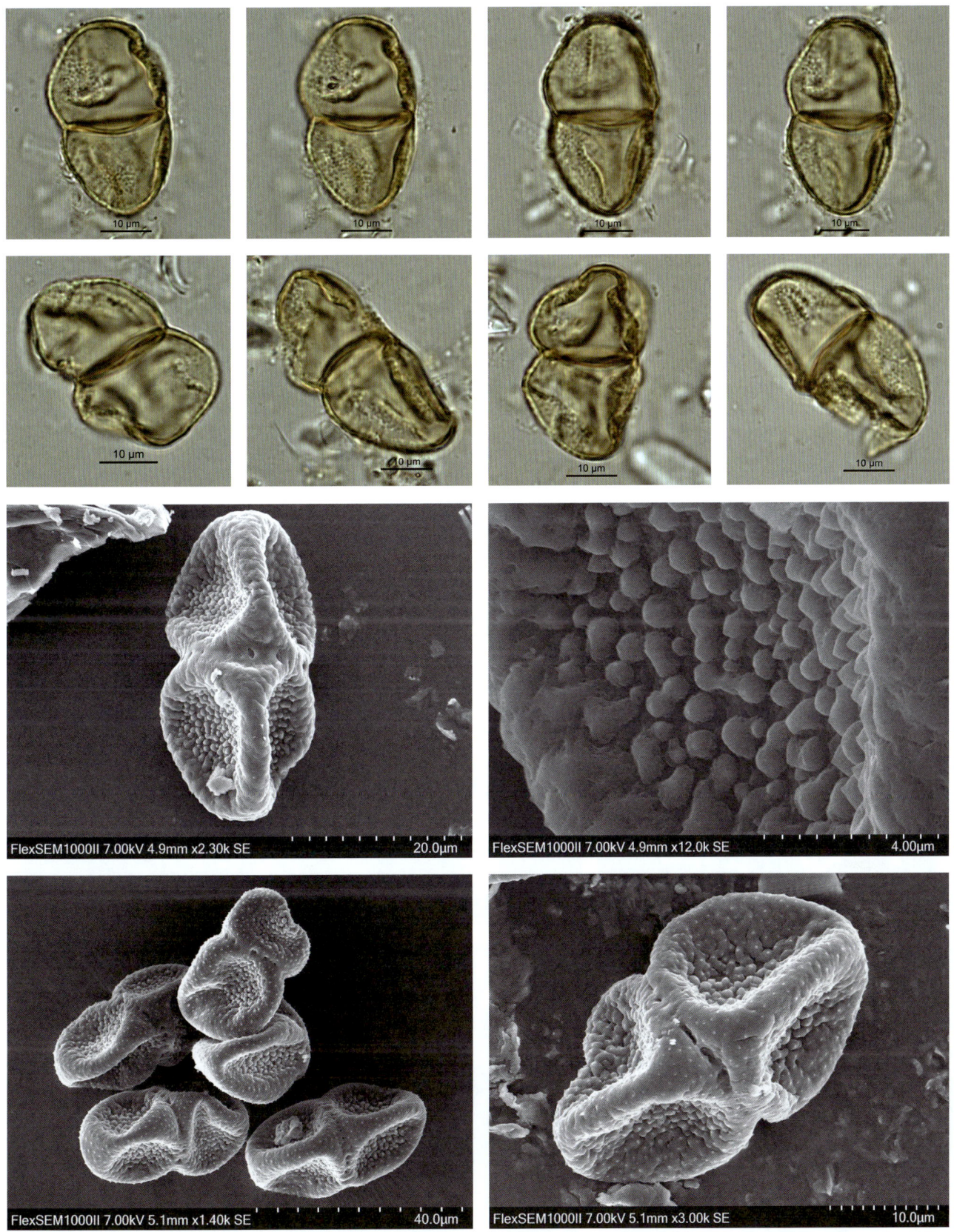

### *Hydrobryum* 水石衣属

*Hydrobryum griffithii* (Wall. ex Griff.) Tul. 水石衣

【形态特征】多年生小草本；根呈叶状体状，固着于石头上，外形似地衣，直径可达 2.5 厘米；叶鳞片状，每 4~6 枚一簇，2 行覆瓦状排列，有时基部为丝状体或全为丝状体，每 2~6 条一簇，不规则地散生于叶状体状的根上；佛焰苞长约 2 毫米；花被片 2，线形，生于花丝基部两侧；雄蕊与子房近等长，花药长圆形，子房椭圆形；花柱极短，柱头 2，楔形；蒴果椭圆状，长 2.2 毫米，果爿上有纤细的纵脉；种子椭圆状，种皮上有颗粒。

【花果期】花期 8—10 月，果期翌年 3—4 月。

【生境】生于山脚溪流中石上，对水质和生境要求较高，是重要的环境指示物种。

【分布】国内分布：云南（绿春和西双版纳）和广西；国外分布：印度和越南。

【别名】无

【保护级别】国家二级重点保护野生植物；易危（VU）。

【花粉形态】花粉粒二合体，大小为 15（13~16）× 35（32~40）μm；无萌发孔；外壁两层，外层厚于内层；表面具颗粒状雕纹。

花粉图式

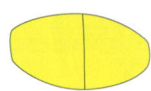

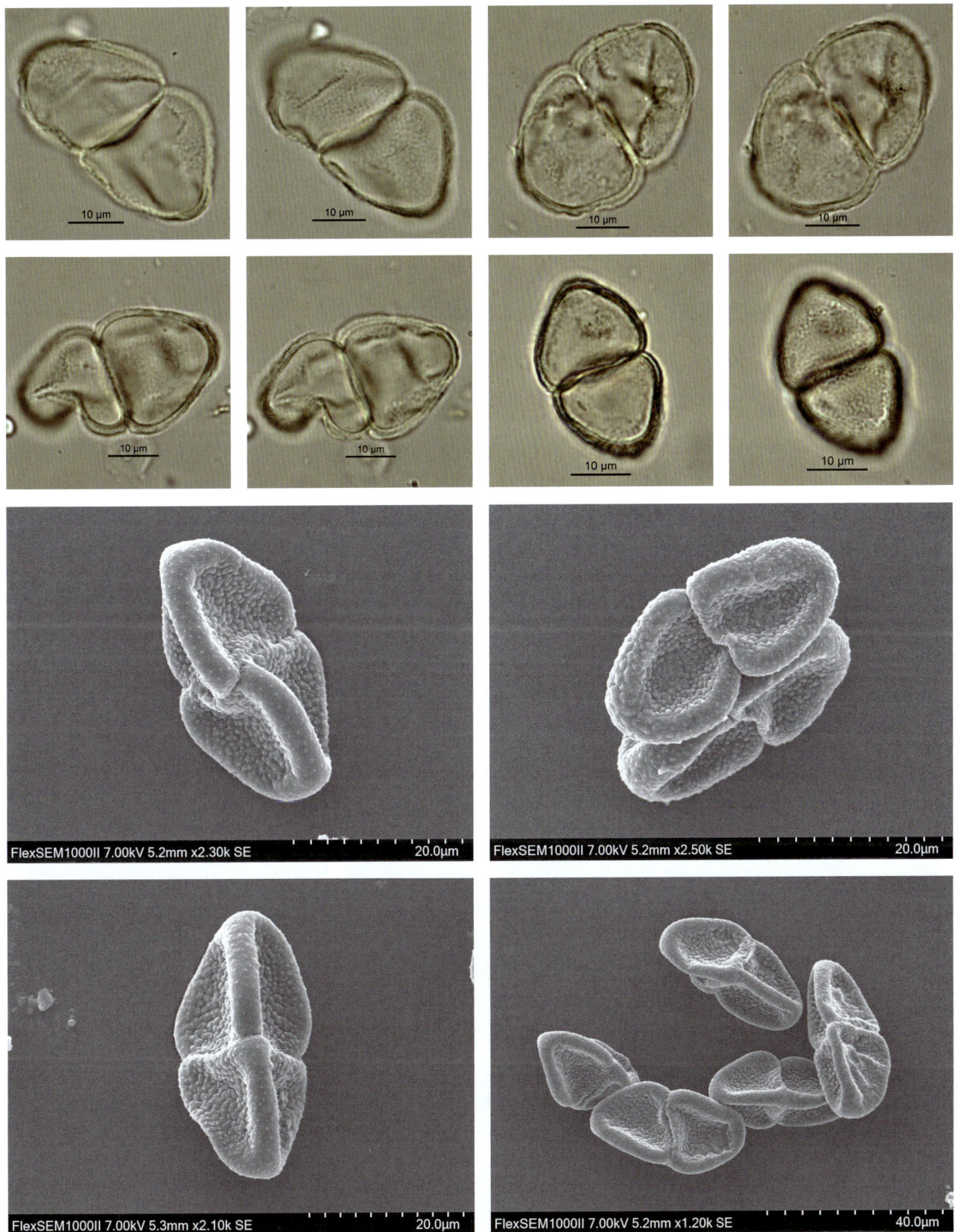

### *Terniopsis* 川藻属

***Terniopsis yongtaiensis*** X. X. Su, Miao Zhang & B. Hua Chen 永泰川藻

【形态特征】多年生藻状小草本；根窄长，肉质，粉红色或紫红色，具羽状分枝，贴生于水底石块、木桩上；吸器丝状，形如根毛；茎生于根的两侧，单生或分枝；叶扁平，全缘，无柄，3 列，侧面二列较小，上面一列较大，向上直立；花两性，生于茎基部第一叶的叶腋，无柄，单生或成对，无佛焰苞；苞片 2 枚；花被片 3，薄膜质，覆瓦状排列，基部合生成管；雄蕊 2~3 枚，与花被片互生，花丝短，离生；花药 4 室，内向，基部箭形；子房 3 室，柱头垫状，中轴胎座肥厚；蒴果椭圆状，裂成相等的 3 片；种子多数，小，卵圆形。

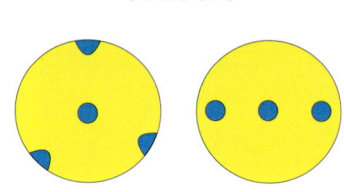

花粉图式

【花果期】花果期冬季。

【生境】生于水流湍急的水底岩石、木桩上。

【分布】福建、广西和海南。

【别名】无

【保护级别】国家二级重点保护野生植物。

【花粉形态】花粉粒球形，大小为 19（17~23）× 25（22~29）μm；具 4~6 孔；表面具颗粒状雕纹，电镜下为小刺。

第五章 被子植物的花粉形态

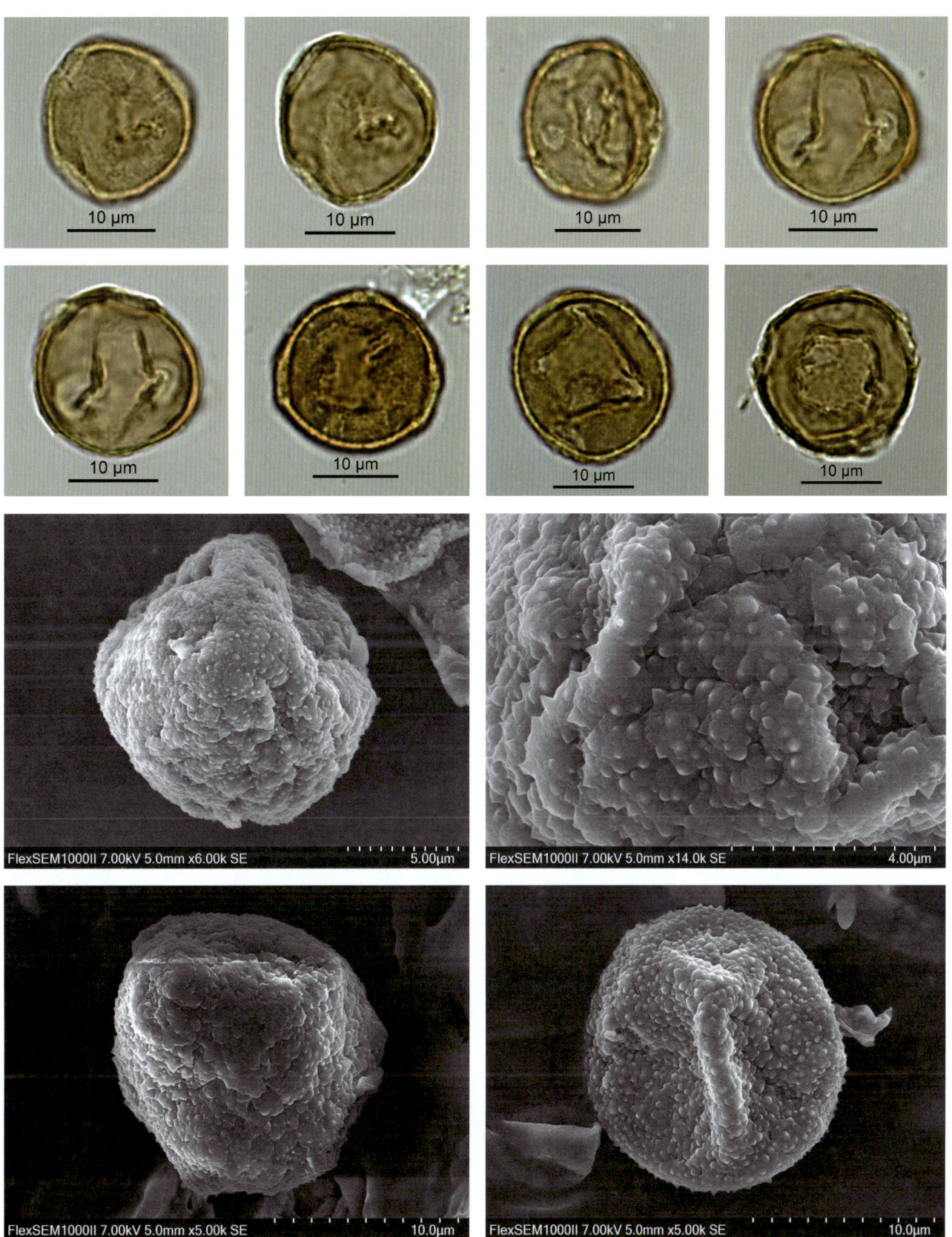

## Polygalaceae 远志科
### *Polygala* 远志属

***Polygala hongkongensis* var. *stenophylla* Migo 狭叶香港远志**

【形态特征】直立草本至亚灌木，高 15~50 厘米，无毛，具细长的直根；茎枝细，疏被至密被卷曲短柔毛；单叶互生，纸质或膜质，狭披针形，小，长 1.5~3 厘米，宽 3~4 毫米，叶片轮廓卵形，三至四回羽状全裂；内萼片椭圆形，长约 7 毫米，宽约 4 毫米；花丝 4/5 以下合生成鞘；茎 1~8 条，直立或渐升，通常分枝；总状花序顶生，长 1~6.5 厘米；花序轴被卷曲短柔毛且疏松，苞片叶状；花梗长可达 3 毫米；萼片宿存，萼片小，近三角形；花瓣白色或紫色；内面花瓣顶端深紫色；蒴果近圆形，顶端具缺口；种子黑色，被白色细柔毛。

花粉图式

【花果期】花期 5—6 月，果期 6—7 月。

【生境】生长于海拔 350~1150 米的沟谷林下、林缘或山坡草地。

【分布】江苏、安徽、浙江、江西、福建、湖南和广西等省区。

【别名】地丁草、瓜子草、金锁匙。

【保护级别】无危（LC）。

【花粉形态】花粉粒近球形，极面观 16~18 裂圆形，赤道面观椭圆形，大小为 30（27~32）× 40（37~48）μm；具 16~18 孔沟，沟间距离 3~5μm，内孔往往连接，在赤道上形成孔环，孔径 4~6μm；外壁两层，厚约 3μm，外层厚度是内层的 2 倍，柱状层基柱不明显；两极面较平，根部表面具较赤道表面清楚的颗粒状雕纹。

# 第五章 被子植物的花粉形态

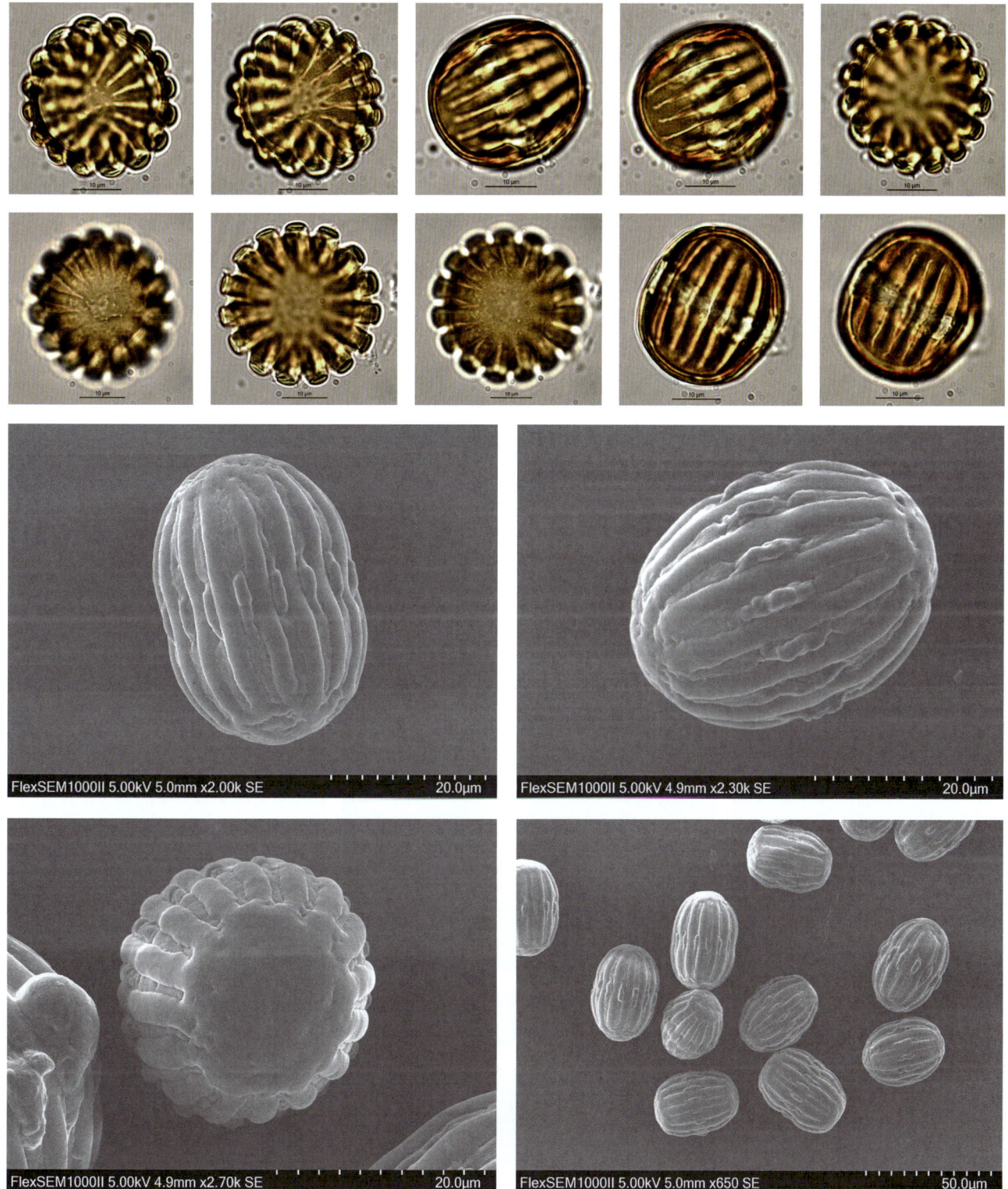

### *Polygala tenuifolia* Willd. 远志

**花粉图式**

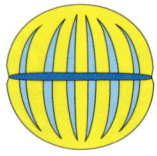 

【形态特征】多年生草本，高 15~50 厘米；主根粗壮，韧皮部肉质，浅黄色；茎多数丛生，直立或倾斜，具纵棱槽，被短柔毛；单叶互生，叶片纸质，线形至线状披针形，先端渐尖，基部楔形，全缘，反卷，无毛或极疏被微柔毛；总状花序呈扁侧状生于小枝顶端，细弱，通常略俯垂，少花，稀疏；苞片 3，披针形，先端渐尖，早落；萼片 5，宿存，无毛；花瓣 3，紫色，侧瓣斜长圆形，基部与龙骨瓣合生，基部内侧具柔毛，龙骨瓣较侧瓣长，具流苏状附属物；雄蕊 8，花丝 3/4 以下合生成鞘，具缘毛，3/4 以上两侧各 3 枚合生，花药无柄，长卵形，中间 2 枚分离，花丝丝状，具狭翅；子房扁圆形，顶端微缺，花柱弯曲，顶端呈喇叭形，柱头内藏；蒴果圆形，顶端微凹，具狭翅，无缘毛；种子卵形，黑色，密被白色柔毛，具发达、2 裂下延的种阜。

【花果期】花果期 5—9 月。

【生境】生于海拔 460~2300 米的草原、山坡草地、灌丛中以及杂木林下。

【分布】国内分布：东北、华北、西北和华中以及四川；国外分布：朝鲜、蒙古和俄罗斯。

【别名】红籽细草、神砂草、小草根、线儿茶、细草、小草、棘菀、要绕。

【保护级别】无危（LC）；地方保护野生植物。

【花粉形态】花粉粒近球形，极面观 16~18 裂圆形，赤道面观椭圆形，大小为 29（27~32）× 32（27~35）μm；具 16~18 孔沟，内孔往往连接，在赤道上形成孔环，孔径约 4μm；外壁两层，厚约 2.5μm，外层厚度是内层的 2 倍，柱状层基柱不明显；表面光滑或具细颗粒雕纹。

# 第五章 被子植物的花粉形态

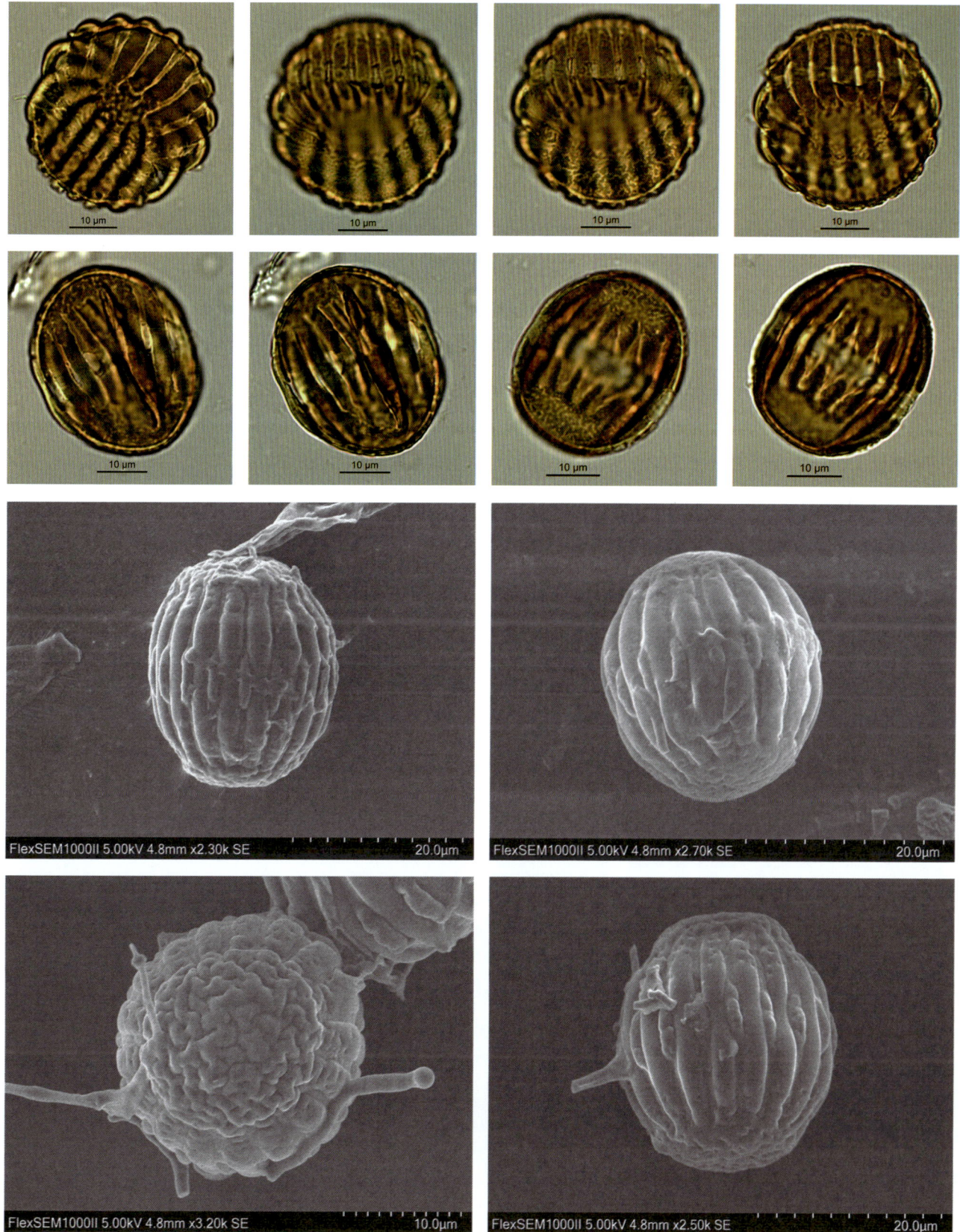

## Polygonaceae 蓼科
### *Atraphaxis* 木蓼属

*Atraphaxis bracteata* Losinsk. 沙木蓼

【形态特征】灌木，高 1~1.5 米；主干粗壮，淡褐色，直立，无毛，具肋棱，多分枝；枝延伸，褐色，斜升或成钝角叉开，平滑无毛，顶端具叶或花；托叶鞘圆筒状，膜质，上部斜形，顶端具 2 个尖锐牙齿；叶革质，长圆形或椭圆形，顶端钝，具小尖，基部圆形或宽楔形，边缘微波状，下卷，两面均无毛，侧脉明显；叶柄无毛；总状花序，顶生；苞片披针形；花梗长约 4 毫米；花被片 5，绿白色或粉红色，内轮花被片卵圆形，不等大，网脉明显，边缘波状，外轮花被片肾状圆形，果时平展，不反折，具明显的网脉；瘦果卵形，具三棱，黑褐色，光亮。

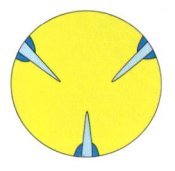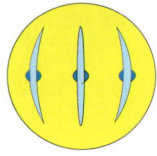

【花果期】花果期 6—8 月。

【生境】生于海拔 1000~1500 米的流动沙丘低地及半固定沙丘。

【分布】国内分布：内蒙古、宁夏、甘肃、青海及陕西；国外分布：蒙古。

【别名】无

【保护级别】无危（LC）；地方保护野生植物。

【花粉形态】花粉粒近圆球形，极面观 3 裂圆形，赤道面观椭圆形，大小为 22（17~25）× 35（30~39）μm；具 3 孔沟，内孔横长，沟深而长，沟缘较整齐；表面具网状雕纹。

# 第五章 被子植物的花粉形态

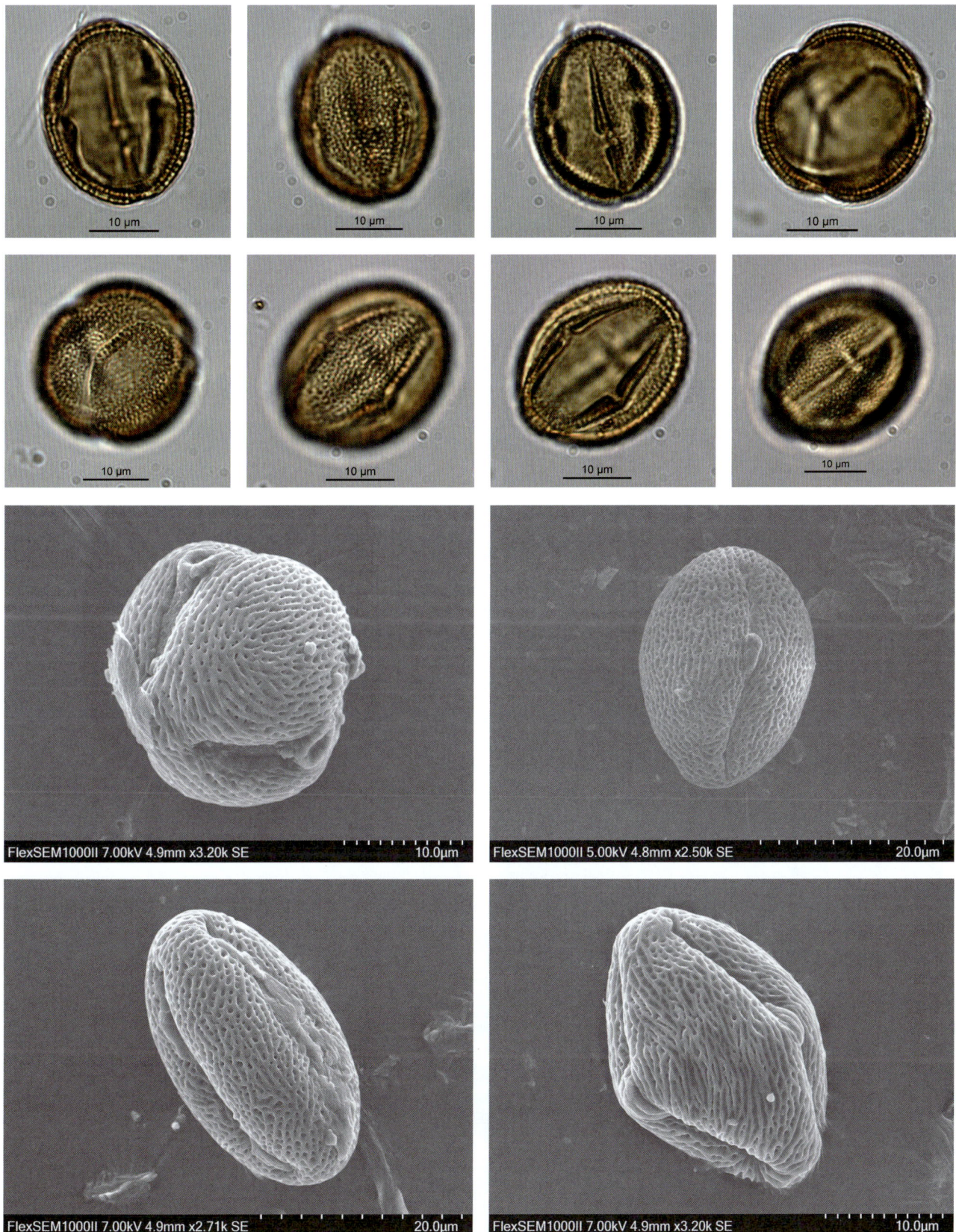

### *Atraphaxis tortuosa* Losinsk. 圆叶木蓼

花粉图式

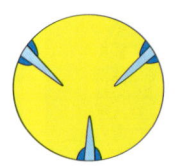
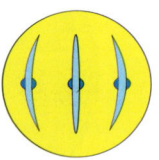

【形态特征】灌木，高 50~60 厘米，多分枝，成球状；嫩枝弯曲，具乳头状突起；老枝灰褐色，外皮条状剥裂；叶具短柄，革质，近圆形，先端钝圆，具短尖头，基部近圆形或宽楔形，边缘有皱波状钝齿，两面密被蜂窝状腺点，中脉凸起，沿中脉及边缘有乳头状突起；托叶鞘褐色；总状花序顶生；苞片菱形，基部卷折成斜漏斗状；每 3 朵花在一个苞腋内；花梗长 5~8 毫米；花小，粉红色或白色，被片 5，2 轮；雄蕊 8；子房椭圆形，花柱 2~3 个，下部合生，柱头头状；小坚果尖卵形，具 3 棱，长约 5 毫米，暗褐色，具光泽。

【花果期】花期 5—6 月，果期 8 月。

【生境】石生旱生小灌木，生于荒漠草原的石质低山丘陵地带。

【分布】内蒙古乌拉山、狼山、桌子山、贺兰山（三关口）、吉穆斯泰和白云鄂博矿区。

【别名】无

【保护级别】近危（NT）；地方保护野生植物。

【花粉形态】花粉粒近圆球形，极面观 3 裂圆形，赤道面观椭圆形，大小为 24（19~27）× 38（34~42）μm；具 3 孔沟，内孔横长，沟深而长，沟缘较整齐；外壁表面具网状雕纹。

第五章 被子植物的花粉形态

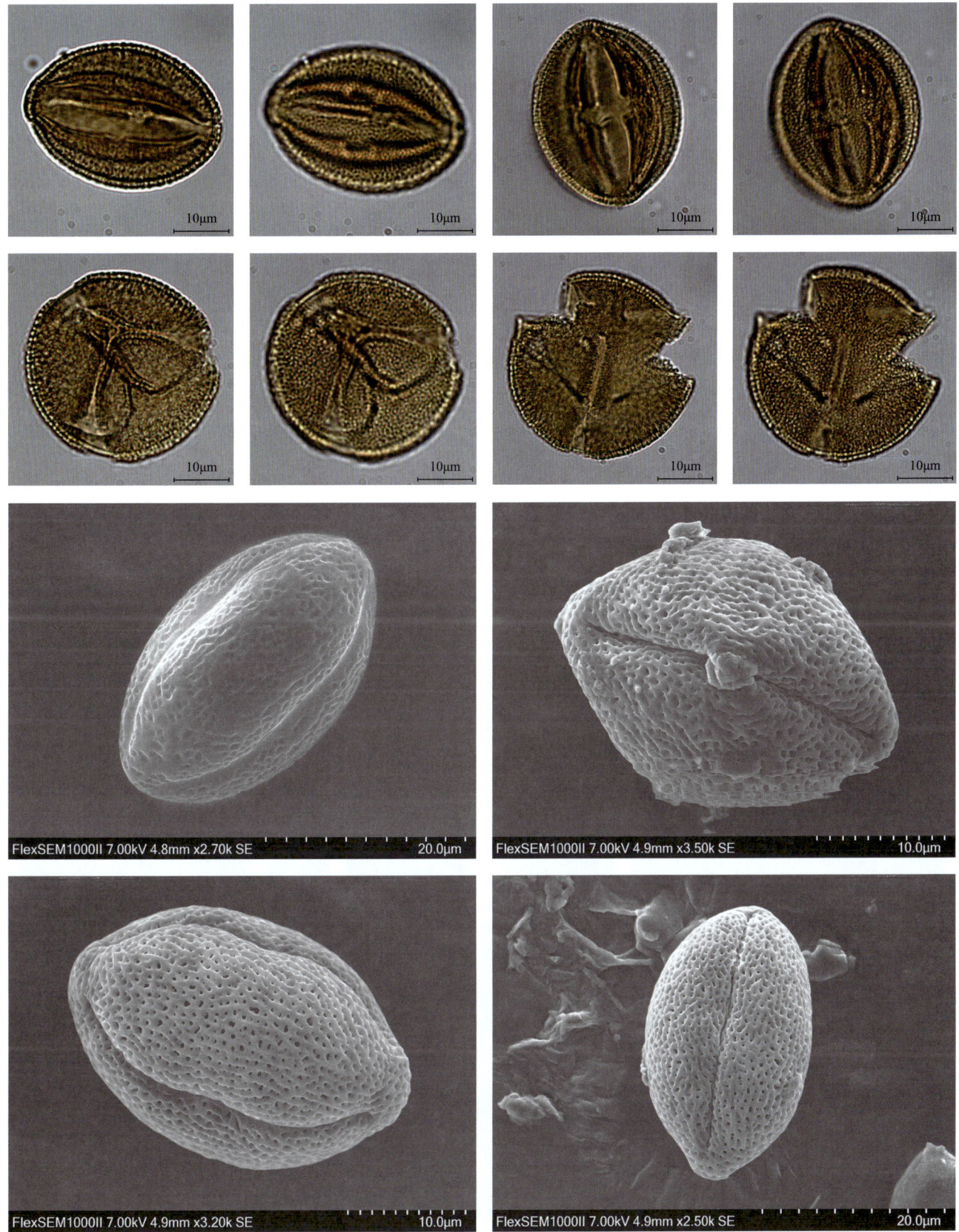

## *Calligonum* 沙拐枣属

### *Calligonum alashanicum* Losinskaja 阿拉善沙拐枣

【形态特征】灌木，高可达 3 米；老枝灰或黄灰色，小枝灰绿色；花梗细，长 2~3 毫米；花被片宽卵形或近球形；瘦果长卵形，向左或向右扭转，果肋凸起，具沟槽，每肋具 2~3 行刺，刺较长，稠密或稀疏，长于瘦果宽度约 2 倍，中部或中下部呈叉状，二至三回分叉，顶枝开展，交织或伸直，基部微扁稍宽，分离或少数稍连合，果连翅宽卵形或近球形，长 1.8~2.6 厘米，径 1.7~2.5 厘米，黄褐色。

【花果期】花期 6—7 月，果期 7—8 月。

【生境】生于海拔 500~1500 米的流动沙丘和沙地上。

【分布】内蒙古西部和甘肃西部（马营坡）。

【别名】无

【保护级别】无危（LC）；地方保护野生植物；中国特有种。

【花粉形态】花粉粒长球形，极面观 3 裂圆形，赤道面观椭圆形，大小为 22（19~25）× 42（36~45）μm；具 3 孔沟，内孔圆形，沟深而长，沟缘较整齐；表面具网状雕纹。

花粉图式

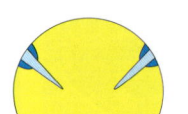
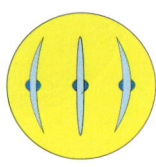

第五章 被子植物的花粉形态

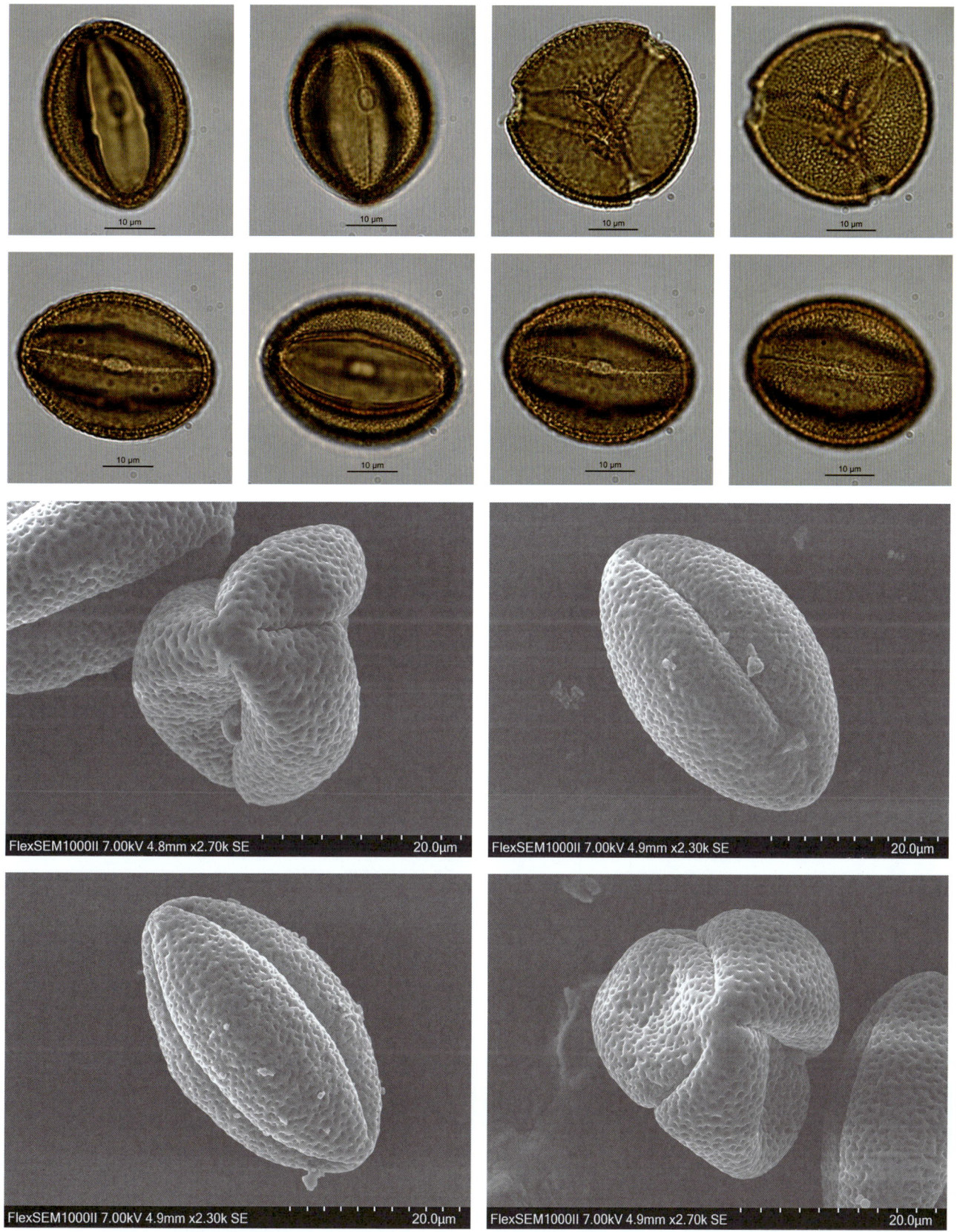

### *Calligonum mongolicum* Turcz. 沙拐枣

**【形态特征】** 小灌木，高可达 1.5 米；老枝灰白或淡黄色，膝曲；一年生小枝草质，灰绿色，具关节，节间长 0.6~3 厘米；叶线形，长 2~4 毫米；花 2~3 朵簇生叶腋，花梗细，长 1~2 毫米，下部具关节；花被片卵圆形，白或淡红色，长约 2 毫米，果时水平开展；瘦果不扭转或扭转，椭圆形，果肋稍突起，沟槽明显，每肋具 2~3 行刺，稠密或较稀疏，刺二至三回叉状分枝，毛发状，质脆，易折断，较密或稀疏；瘦果连刺宽椭圆形，稀近球形，长 0.8~1.3 厘米，径 0.6~1 厘米，黄褐色。

**【花果期】** 花期 5—7 月，果期 6—8 月。

**【生境】** 生于海拔 500~1500 米的流动沙丘、半固定沙丘、固定沙丘、沙地、沙质荒漠和砾质荒漠的粗沙积聚处。

**【分布】** 国内分布：内蒙古中部和西部、甘肃西部及新疆东部；国外分布：蒙古。

**【别名】** 无

**【保护级别】** 无危（LC）；地方保护野生植物。

**【花粉形态】** 花粉粒长球形，极面观 3 裂圆形，赤道面观椭圆形，大小为 22（19~25）× 40（37~44）μm；具 3 孔沟，内孔圆形，沟深而长，沟缘较整齐；表面具网状雕纹，电镜下网脊为微脑纹状雕纹。

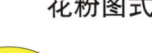
花粉图式

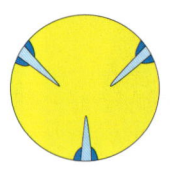
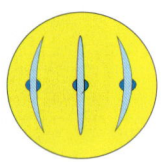

# 第五章 被子植物的花粉形态

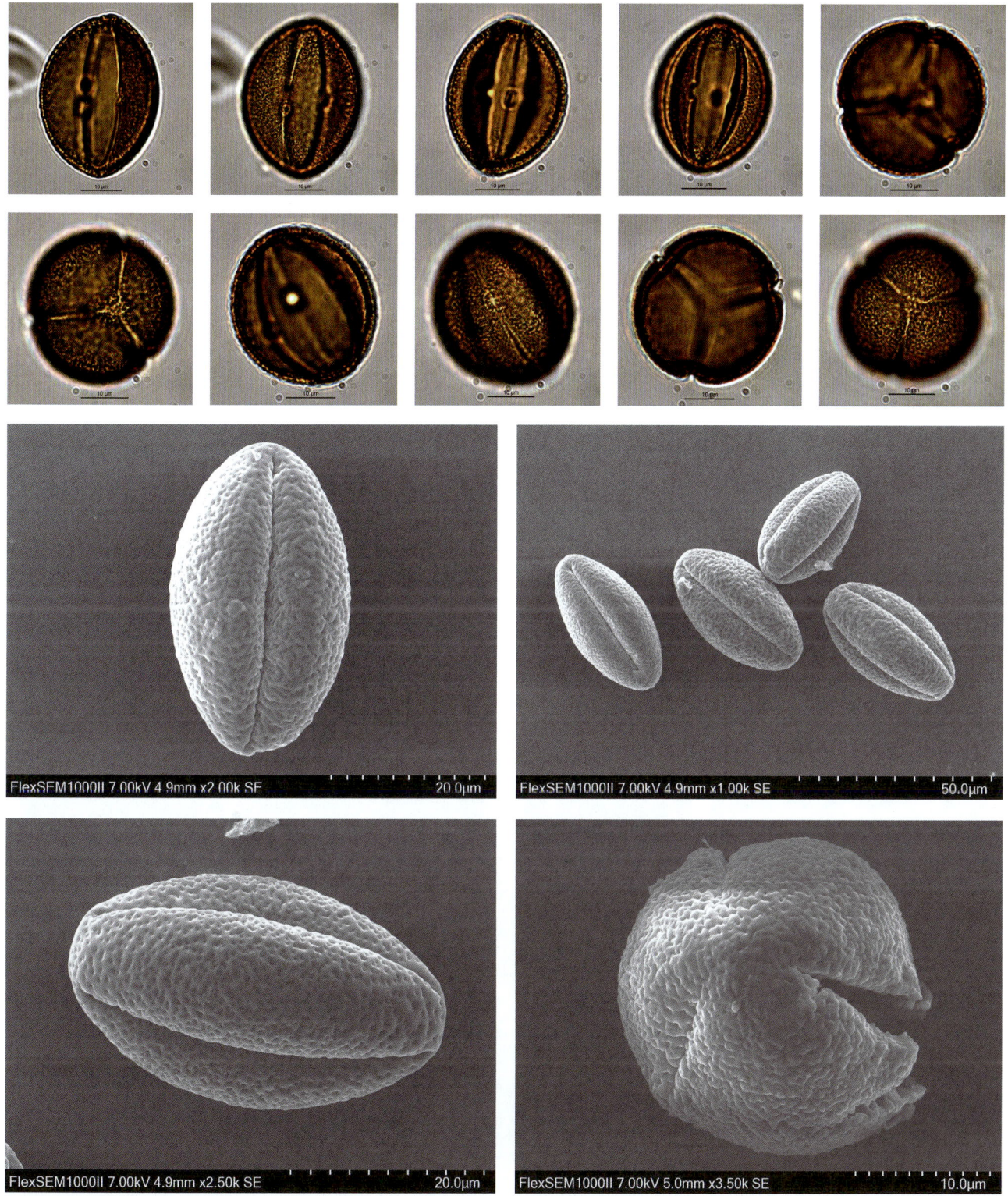

### *Persicaria* 蓼属

#### *Persicaria hydropiper* (L.) Spach 水蓼

**花粉图式**

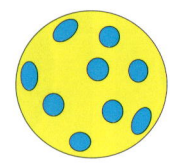

【形态特征】一年生草本，高约70厘米；茎直立，多分枝，无毛，节部膨大；叶披针形或椭圆状披针形，先端渐尖，基部楔形，具辛辣叶，叶腋具闭花受精花；叶柄长4~8毫米；托叶鞘筒状，膜质，褐色，疏生短硬伏毛，顶端截形，具短缘毛，通常托叶鞘内藏有花簇；总状花序呈穗状，顶生或腋生，通常下垂，花稀疏，下部间断；苞片漏斗状，绿色，边缘膜质，疏生短缘毛，每苞内具3~5花；花梗比苞片长；花被5深裂，稀4裂，绿色，上部白色或淡红色，被黄褐色透明腺点，花被片椭圆形；雄蕊6，稀8，比花被短；花柱2~3，柱头头状；瘦果卵形，双凸镜状或具3棱，密被小点，黑褐色，无光泽，包于宿存花被内。

【花果期】花期5—9月，果期6—10月。

【生境】生于河滩、水沟边和山谷湿地，海拔50~3500米。

【分布】国内分布：南北各省区；国外分布：东亚、印尼、印度尼西亚、欧洲及北美。

【别名】辣柳菜、辣蓼。

【保护级别】无危（LC）。

【花粉形态】花粉粒近球形至球形，直径为30~35μm；具散孔，孔圆形，直径约为5μm，位于单个网眼中；外壁两层，厚约4μm，外层厚度约为内层的3倍，柱状层基柱明显；表面具粗网状雕纹，具孔的网眼无颗粒，不具孔的网眼内具颗粒状雕纹。

# 第五章 被子植物的花粉形态

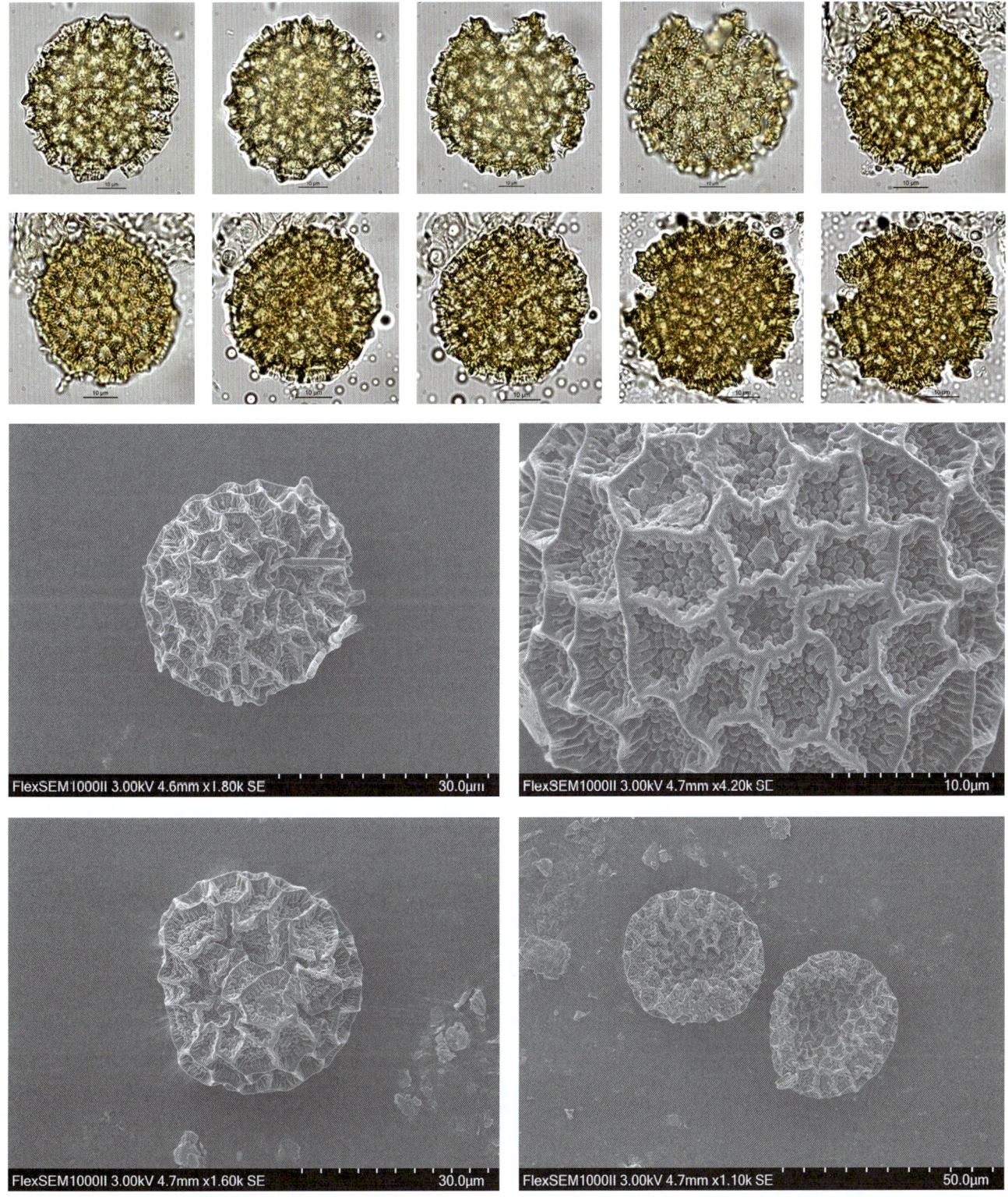

917

## Primulaceae 报春花科
### *Ardisia* 紫金牛属
*Ardisia quinquegona* Blume 罗伞树

花粉图式

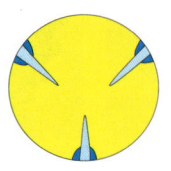
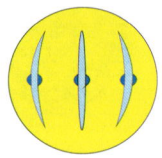

【形态特征】灌木或灌木状小乔木，高约 2 米，有的可达 6 米以上；小枝细，无毛，有纵纹，嫩时被锈色鳞片；叶片坚纸质，长圆状披针形、椭圆状披针形至倒披针形，顶端渐尖，基部楔形；叶柄长 5~10 毫米，幼时被鳞片；聚伞花序或亚伞形花序，腋生，稀着生于侧生特殊花枝顶端，花枝长可达 8 厘米，多少被鳞片；花梗长 5~8 毫米，多少被鳞片；花长约 3 毫米或略短；花萼仅基部连合；萼片三角状卵形，顶端急尖，具疏微缘毛及腺点，无毛；花瓣白色，广椭圆状卵形，顶端急尖或钝，长约 3 毫米，具腺点，外面无毛，里面近基部被细柔毛；雄蕊与花瓣几等长，花药卵形至肾形，背部多少具腺点；雌蕊常超出花瓣，子房卵珠形，无毛，胚珠多数，数轮；果扁球形，具钝 5 棱，稀棱不明显，无腺点。

【花果期】花期 5—6 月，果期 12 月或翌年 2—4 月。

【生境】生于海拔 200~1000 米的山坡疏、密林中，或林中溪边阴湿处。

【分布】国内分布：云南、广西、广东、福建和台湾；国外分布：马来半岛和日本。

【别名】晒梗、提枯杨、火炭树、鸡眼树、火泡树、火屎炭树、火灰树、长萼罗伞树、海南罗伞树。

【保护级别】无危（LC）。

【花粉形态】花粉粒为长球形，极面观为 3 裂圆形，赤道面观椭圆形，大小为 11（8~14）× 22（17~26）μm；具 3 孔沟，沟细而长，中部稍缢缩，内孔横长；外壁厚度约为 2μm，两层或层次不清楚；表面具穴状雕纹。

# 第五章 被子植物的花粉形态

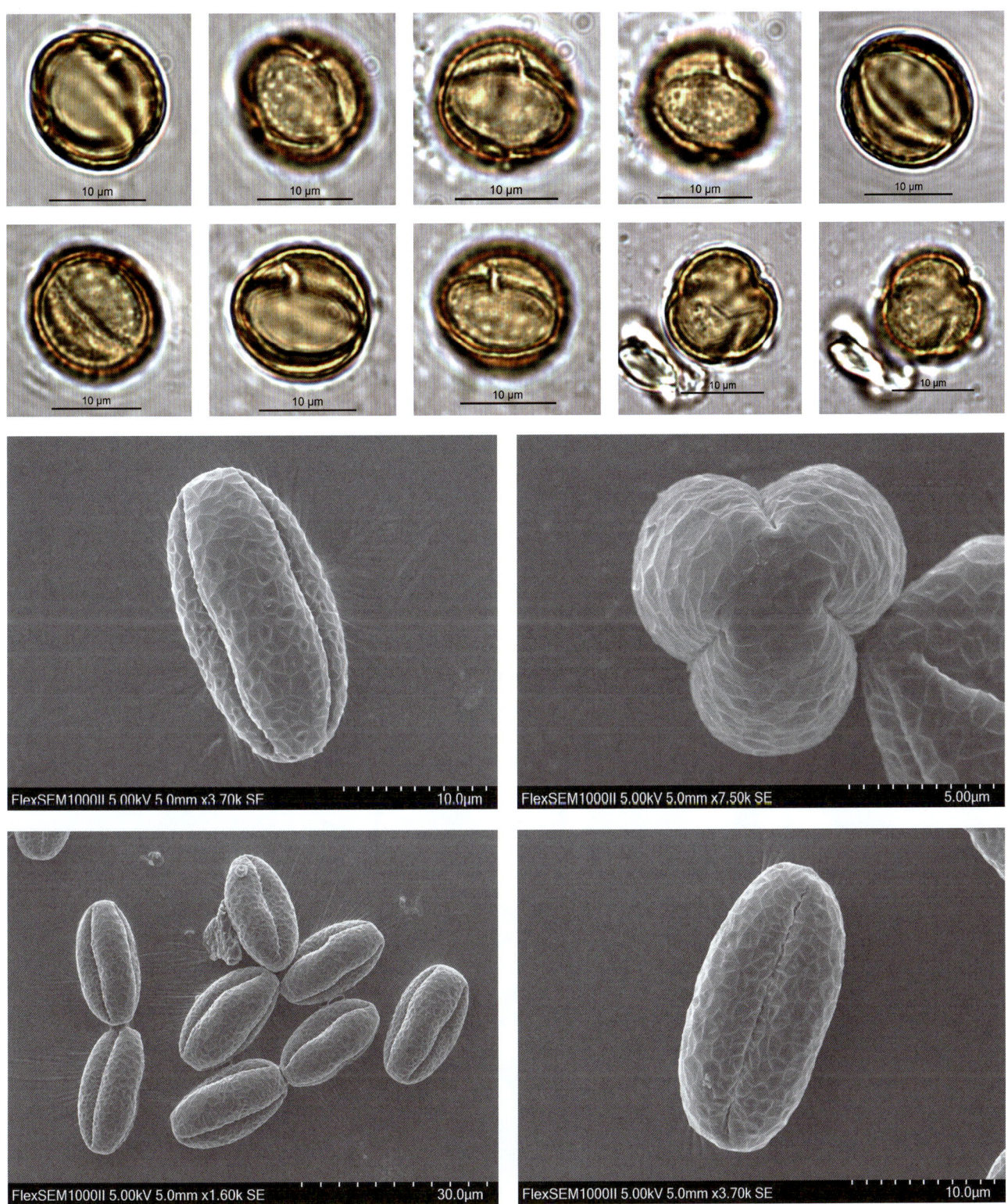

919

## *Embelia* 酸藤子属

### *Embelia undulata* (Wall.) Mez 平叶酸藤子

**【形态特征】** 攀援灌木、藤本或小乔木，高 2~4 米；小枝无毛，通常无皮孔，稀具皮孔；叶片纸质至坚纸质，椭圆形或长圆状椭圆形，顶端急尖或渐尖，基部楔形；叶柄长 1~1.5 厘米；总状花序，侧生或腋生，通常着生于次年无叶的枝条上，被微柔毛，基部具覆瓦状排列的苞片；花梗长 1.5~3 毫米，被微柔毛；小苞片三角状卵形，具缘毛；花 4 数，花萼基部连合达 1/3，萼片卵形或三角状卵形；花瓣淡黄色或绿白色，分离，椭圆形至卵形，顶端钝或急尖，外面无毛，密布腺点，里面和边缘密被乳头状突起；雄蕊在雌花中较花瓣短，退化，在雄花中长过花瓣，基部与花瓣合生，花药背部具腺点；雌蕊在雄花中退化；果球形或扁球形，有明显的纵肋及腺点，果梗长约 5 毫米，宿存萼紧贴果。

**花粉图式**

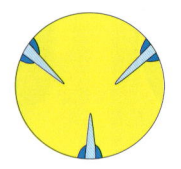
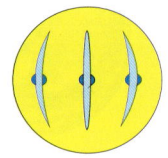

**【花果期】** 花期 4—6 月，果期 9—11 月。

**【生境】** 海拔 1800~2500 米的密林中潮湿处，山坡路边林缘灌丛中。

**【分布】** 国内分布：云南；国外分布：印度和尼泊尔。

**【别名】** 吊罗果、没归息、近革叶酸藤果、阿林稀、大叶酸藤子、长叶酸藤子。

**【保护级别】** 无危（LC）。

**【花粉形态】** 花粉粒长球形，极面观为 3 裂圆形，大小为 14（12~18）× 25（23~29）μm；具 3（拟）孔沟，沟细窄较短；外壁厚 1~2μm，两层，内外层厚度相等；表面具模糊的细网状雕纹。

第五章 被子植物的花粉形态

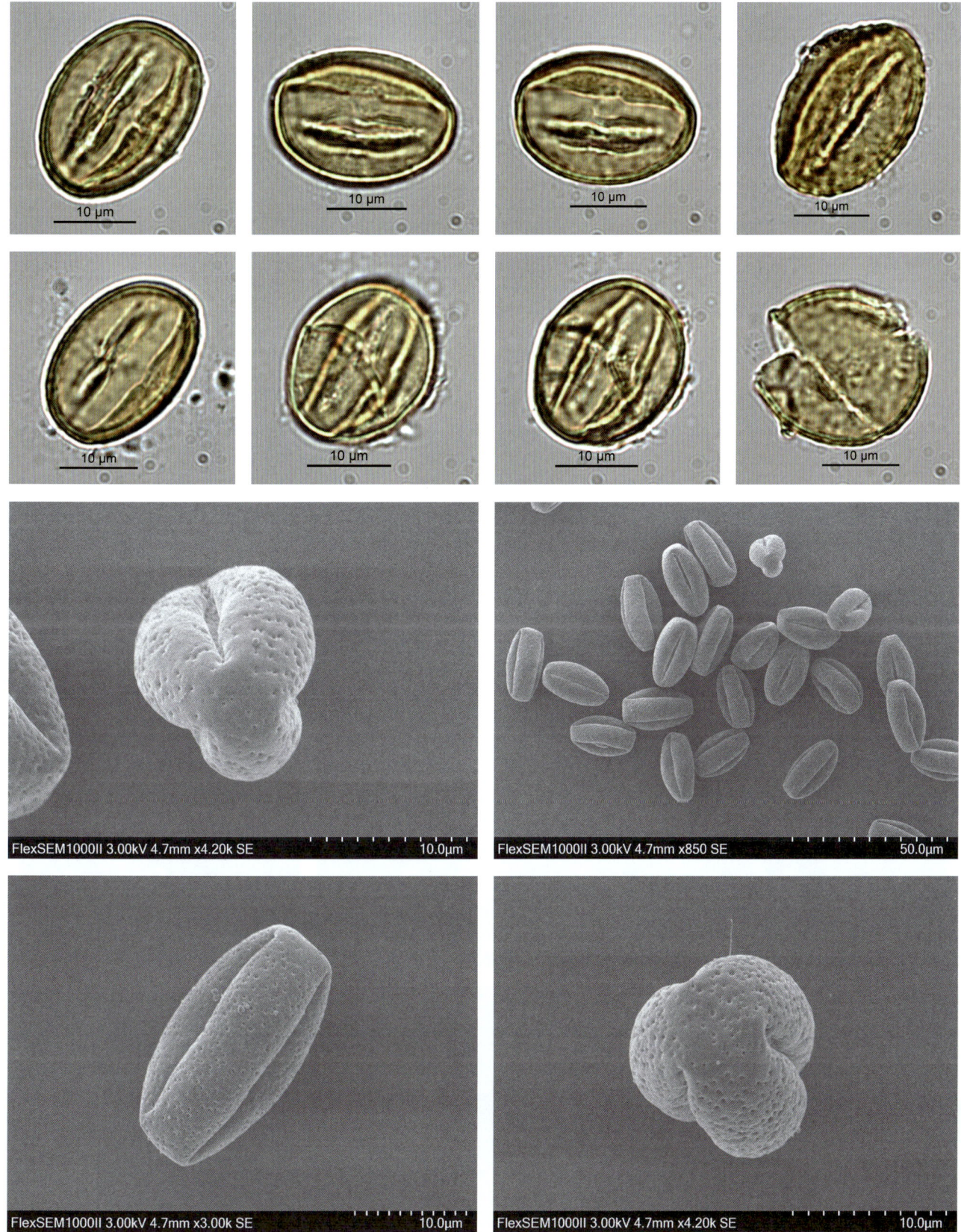

### *Lysimachia* 珍珠菜属

**Lysimachia insignis** Hemsl. 三叶香草

【形态特征】多年生草本，全株无毛；茎直立，高25~90厘米，单一或具1~2分枝，基部多少木质化；叶常3枚聚生茎端，近轮生状，近无柄或柄长0.3~1厘米；叶卵形或卵状披针形，长8~25厘米，先端渐尖，基部钝或近圆；茎下部叶鳞片状，常凋落；总状花序长6~9厘米，具3~10花，在叶轮下沿茎着生；花梗长0.6~1.5厘米；萼片卵形，长2~3毫米；花冠白或淡黄色，裂片长圆形，长5~8毫米；花丝下部合生成浅环，贴生花冠基部；花药长4~5毫米，顶孔开裂；蒴果白色，径5~7.5毫米，干时近膜质，不开裂。

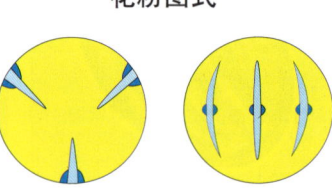

花粉图式

【花果期】花期4—5月，果期10—11月。

【生境】生于海拔300~1600米的山谷溪边和林下。

【分布】国内分布：云南东南部、贵州西南部和广西西南部；国外分布：越南北部。

【别名】无

【保护级别】无危（LC）。

【花粉形态】花粉粒椭球形至近球形，极面观3裂圆形，直径为8~10μm；具3孔沟，内孔横长；外壁较薄，厚约1μm；表面光滑，电镜下具瘤状雕纹。

第五章 被子植物的花粉形态

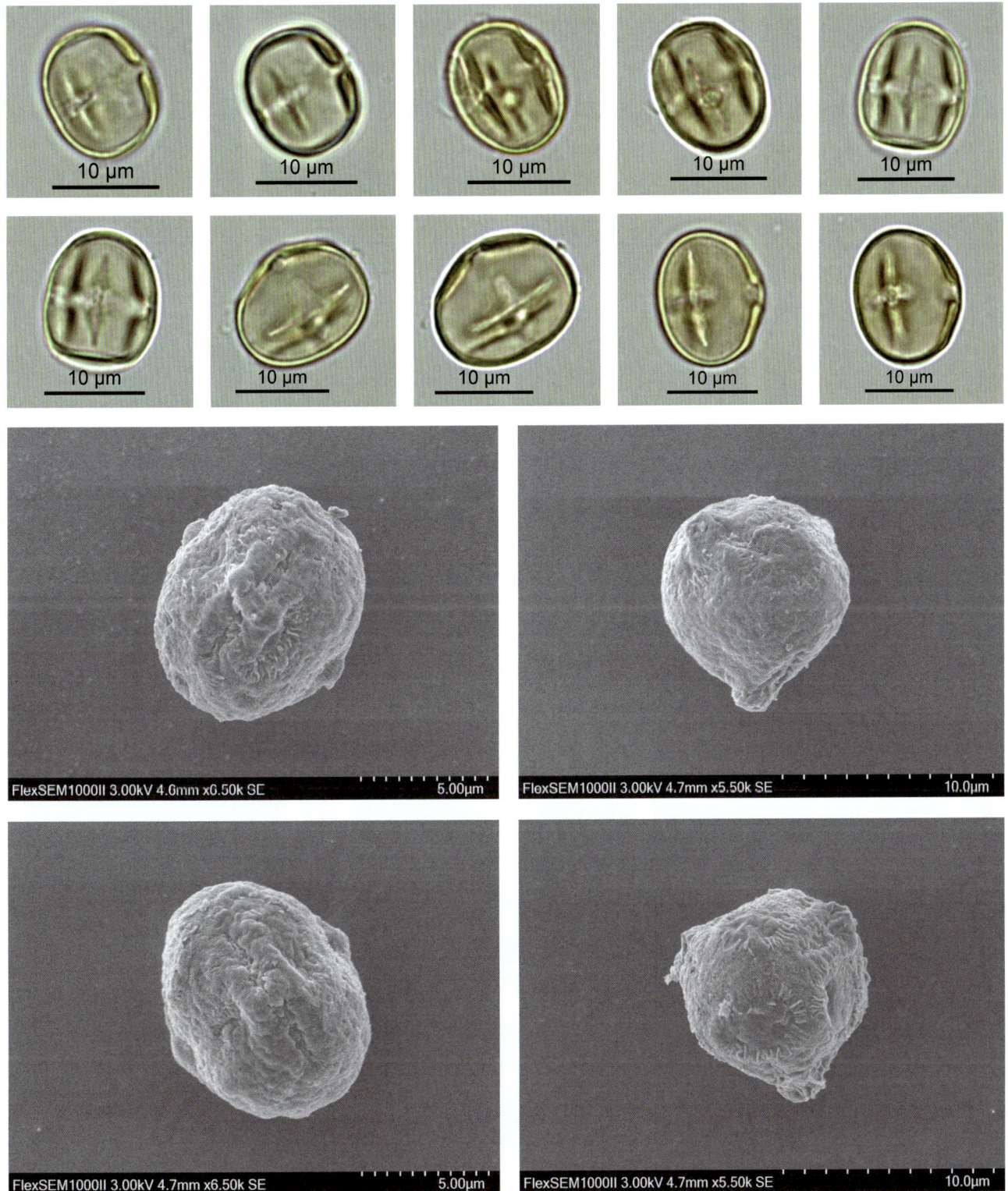

## Primula 报春花属

### *Primula bulleyana* Forrest 橘红灯台报春

【形态特征】多年生草本，具极短的根状茎和成丛的粗长支根；叶椭圆状倒披针形，先端钝或圆形，基部渐狭窄，下延至叶柄，边缘具稍不整齐的小牙齿，下面被粉质腺体；叶柄长为叶片的 1/4~1/2，红色，具翅；花葶粗壮，节上和顶端被乳黄色粉，具伞形花序 5~7 轮，每轮具 4~16 花；苞片线形，通常稍长于花梗；花梗长 1.3~2.5 厘米，微被粉；花萼钟状；花未开放时呈深橙红色，开后为深橙黄色，冠檐直径可达 2 厘米，裂片长圆状倒卵形，先端微凹，长花柱花的花冠筒长 10~12 毫米，雄蕊着生处距冠筒基部约 5 毫米，花柱长约 8.5 毫米；短花柱花的花冠筒长 14~15 毫米，雄蕊着生处距冠筒基部约 10 毫米，花柱长约 5 毫米；蒴果近球形。

花粉图式

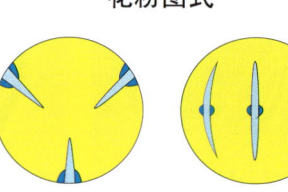

【花果期】花果期 6—7 月。

【生境】生于海拔 2600~3200 米的高山草地潮湿处。

【分布】云南西北部（丽江）和四川西南部（盐源）。

【别名】无

【保护级别】无危（LC）。

【花粉形态】花粉粒近球形，极面观 3 裂圆形，赤道面观椭圆形，大小为 12（10~13）× 14（11~16）μm；具 3 孔沟，沟狭长达两极，在极处形成拟合沟（副合沟），内孔横长，长约 3μm；外壁两层，外层与内层厚度约相等，柱状层基柱明显；表面具网状雕纹。

第五章 被子植物的花粉形态

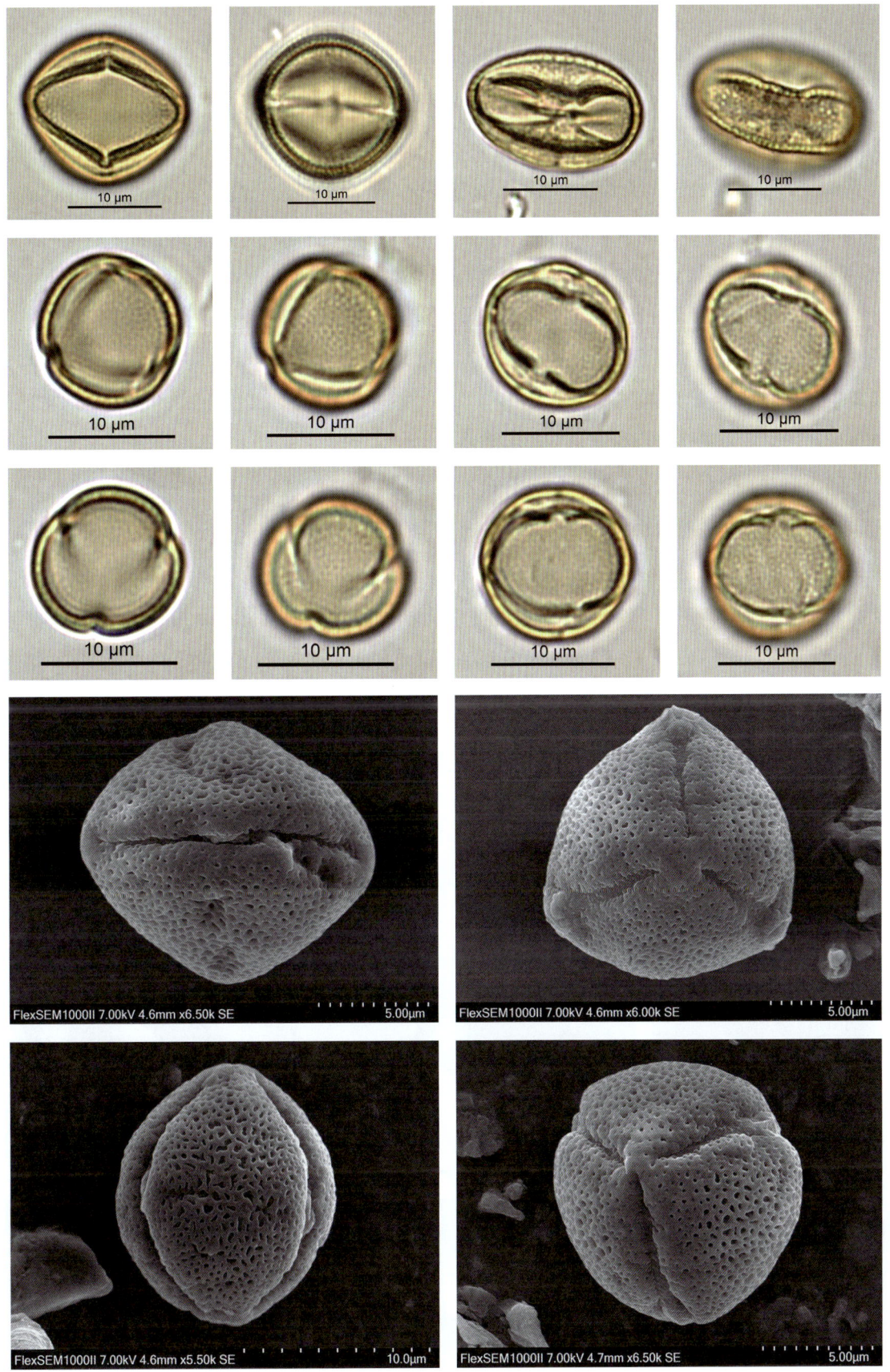

### *Primula farinosa* L. 粉报春

**【形态特征】**多年生草本，具极短的根状茎和多数须根；叶多数，形成较密的莲座丛；叶柄甚短或与叶柄近等长；叶长圆状倒卵形、窄椑圆形或长圆状披针形，长1~7厘米，先端近圆或钝，基部渐窄，具稀疏小牙齿或近全缘，下面被青白或黄色粉；伞形花序顶生，通常多花；苞片多数，狭披针形或先端渐尖成钻形，基部增宽并稍膨大呈浅囊状；花梗长3~15毫米长短不等；花萼钟状；花冠淡紫红色，冠筒口周围黄色，冠筒长5~6毫米，冠檐直径8~10毫米，裂片楔状倒卵形，先端2深裂；长花柱花的雄蕊着生于冠筒中部，花柱长约3毫米；短花柱花的雄蕊着生于冠筒中上部，花柱长约1.2毫米；蒴果筒状，长于花萼。

**【花果期】**花期5—6月，果期7—8月。

**【生境】**生长于低湿草地、沼泽化草甸和沟谷灌丛中。

**【分布】**国内分布：吉林长白山地区；国外分布：蒙古、俄罗斯等地。

**【别名】**黄报春、红花粉叶报春。

**【保护级别】**无危（LC）；地方保护野生植物。

**【花粉形态】**花粉粒近球形，极面观3裂圆形，直径为7~12μm；具3孔沟，沟狭长达两极，在极处形成拟合沟（副合沟）；外壁两层，厚约1.5μm，内外层厚度约相等，柱状层基柱明显；表面具网状雕纹。

花粉图式

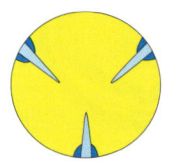
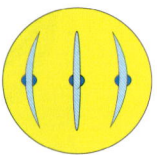

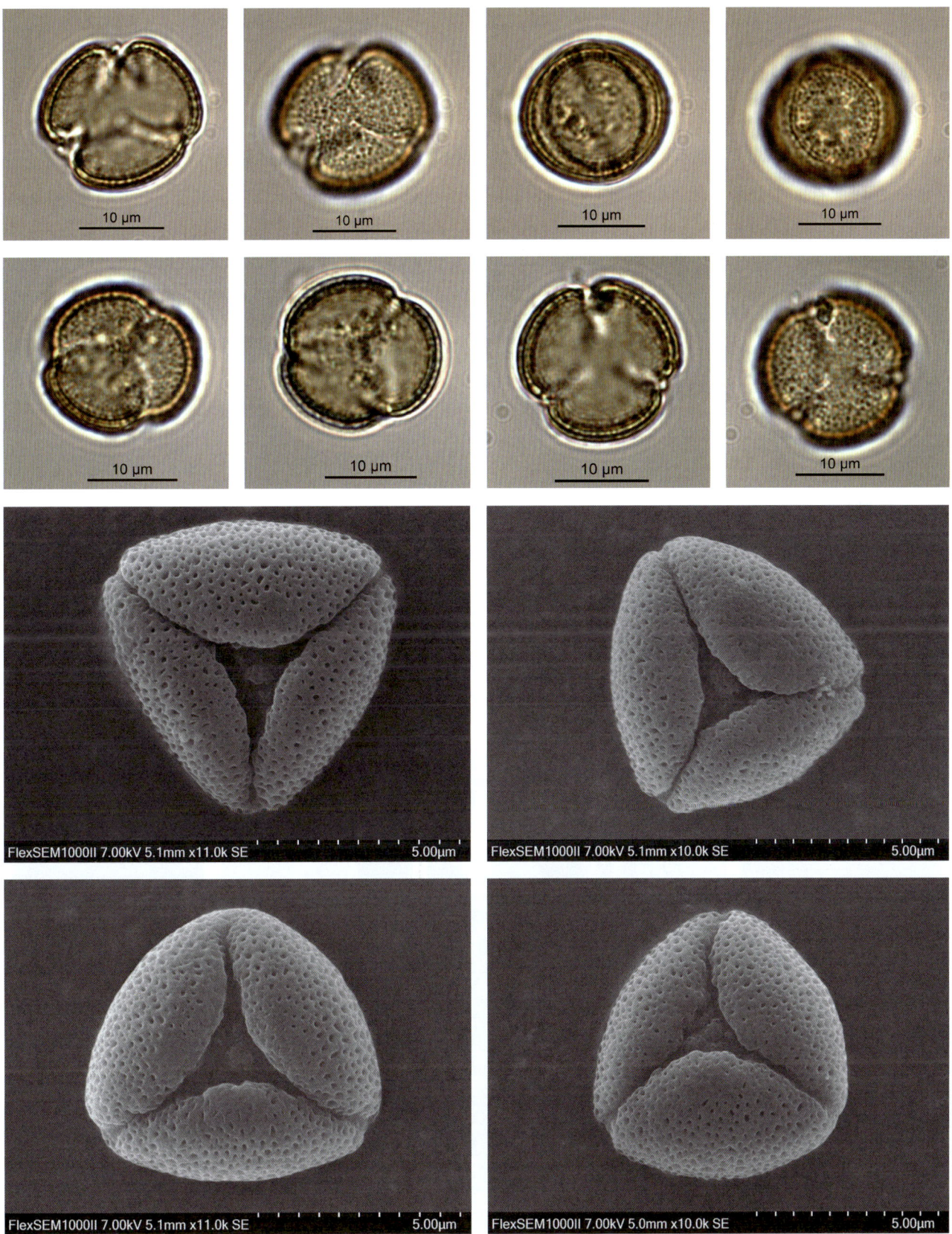

## Proteaceae 山龙眼科
### *Helicia* 山龙眼属
*Helicia dongxingensis* H. S. Kiu 东兴山龙眼

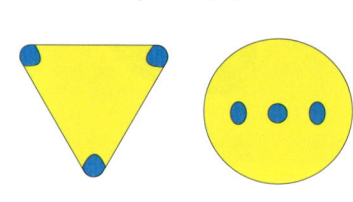

花粉图式

【形态特征】小乔木，高 5~8 米；树皮褐色；叶革质，披针形或长圆状披针形，顶端渐尖，基部楔形，稍下延，叶缘具缘，全缘，稀具疏生细锯齿，无毛；中脉在上面稍凹下，侧脉 7~10 对，几平出，远距边缘向上弯拱联结；叶柄长 1~2 厘米；总状花序生于已落叶的枝上，长 12~15 厘米，被贴生褐色短柔毛；花梗常双生，长 4~7 毫米；苞片钻状，长约 1 毫米；花被管长 30~35 毫米，白色；腺体 4 枚，卵球形；子房无毛；果卵球形，长约 2.5 厘米，直径约 2 厘米，顶端具喙或无喙，基部骤狭呈柄状，果皮干后树皮质，厚约 1 毫米，淡褐色。

【花果期】花期 5—10 月，果期 10 月至翌年 3 月。

【生境】生于海拔 150~450 米的山谷或溪畔湿润疏林中。

【分布】国内分布：广西（防城）；国外分布：越南北部。

【别名】无

【保护级别】近危（NT）；中国特有种。

【花粉形态】花粉粒等极或亚等极，扁球形，极面观为三角形，3 边微凸，少数为圆三角形，角孔型，大小为 22（20~23）× 27（25~32）μm；具 3 孔，孔圆形，外壁内层在孔处加厚，形成孔缘，孔突出；外壁厚度为 2~2.5μm；表面具颗粒 - 细网状雕纹，电镜下为脑纹状雕纹。

# 第五章　被子植物的花粉形态

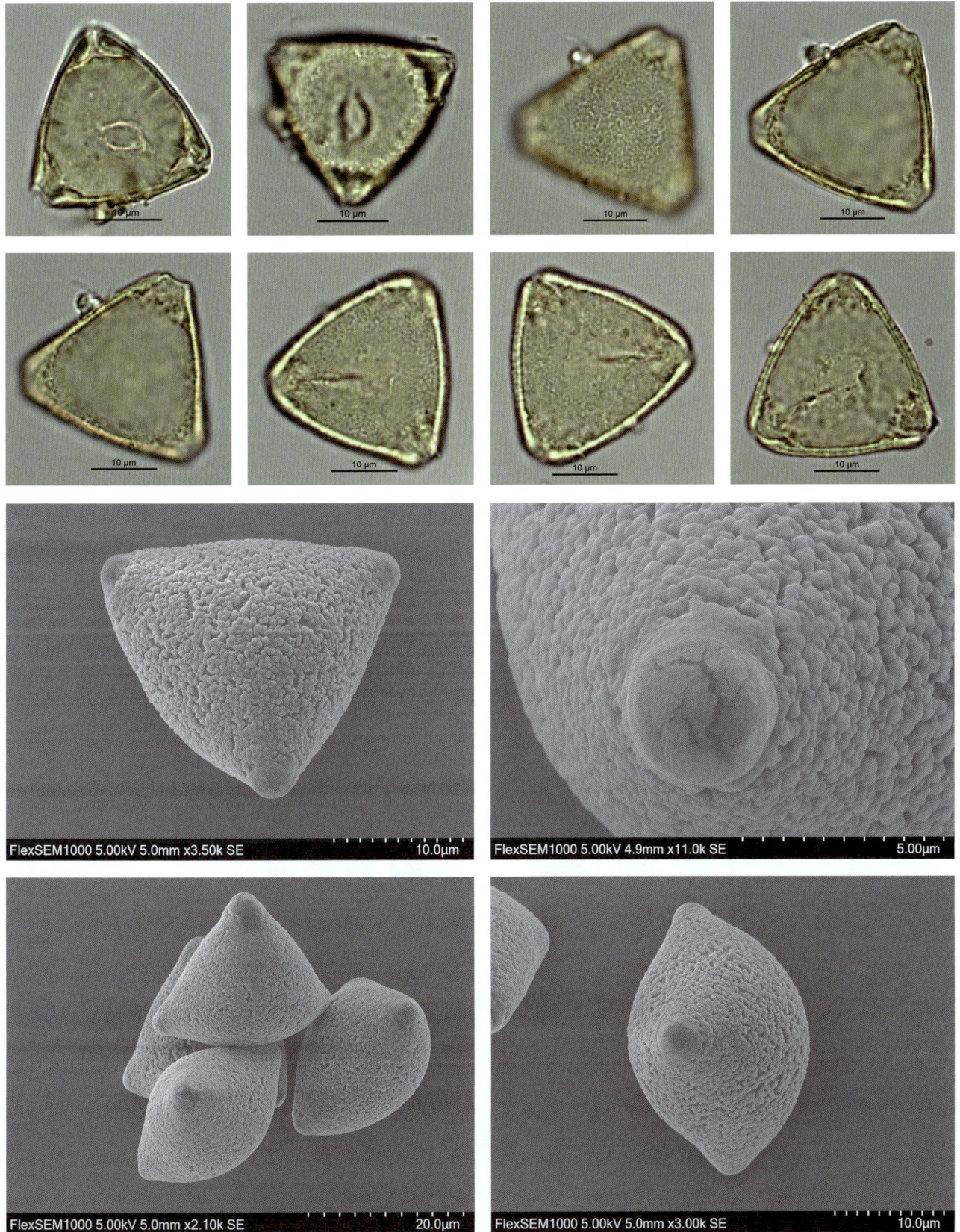

## Ranunculaceae 毛茛科
### *Actaea* 类叶升麻属

***Actaea dahurica*** Turcz. ex Fisch. & C. A. Mey. 兴安升麻

【形态特征】多年生草本，雌雄异株；根状茎粗壮，多弯曲，表面黑色，有许多下陷圆洞状的老茎残基；茎高 1 米余，微有纵槽，无毛或微被毛；下部茎生叶为二回或三回三出复叶；叶片三角形；顶生小叶宽菱形，3 深裂；叶柄长可达 17 厘米；茎上部叶似下部叶，但较小，具短柄；花序复总状，雄株花序大，具分枝 7~20 条，雌株花序稍小，分枝也少；轴和花梗被灰色腺毛和短毛；苞片钻形，渐尖；萼片宽椭圆形至宽倒卵形；花药长约 1 毫米，花丝丝状；心皮 4~7，疏被灰色柔毛或近无毛，无柄或有短柄；蓇葖生于心皮柄上，顶端近截形，被贴伏的白色柔毛；种子 3~4 粒，椭圆形，褐色，四周生膜质鳞翅，中央生横鳞翅。

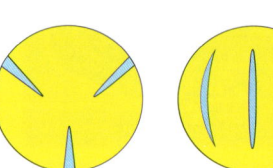

花粉图式

【花果期】花期 7—8 月，果期 8—9 月。

【生境】生于海拔 300~1200 米的山地林缘灌丛以及山坡疏林或草地中。

【分布】国内分布：山西、河北、内蒙古、辽宁、吉林和黑龙江；国外分布：俄罗斯和蒙古。

【别名】无

【保护级别】地方保护野生植物。

【花粉形态】花粉粒近球形，赤道面观近圆形，极面观 3 裂圆形，大小为 15（13~17）× 22（19~25）μm；具 3 沟，沟狭长，边缘不平，沟膜上具颗粒；外壁两层，厚约 2μm，外层与内层厚度约相等，柱状层基柱明显；表面具小刺状雕纹。

第五章 被子植物的花粉形态

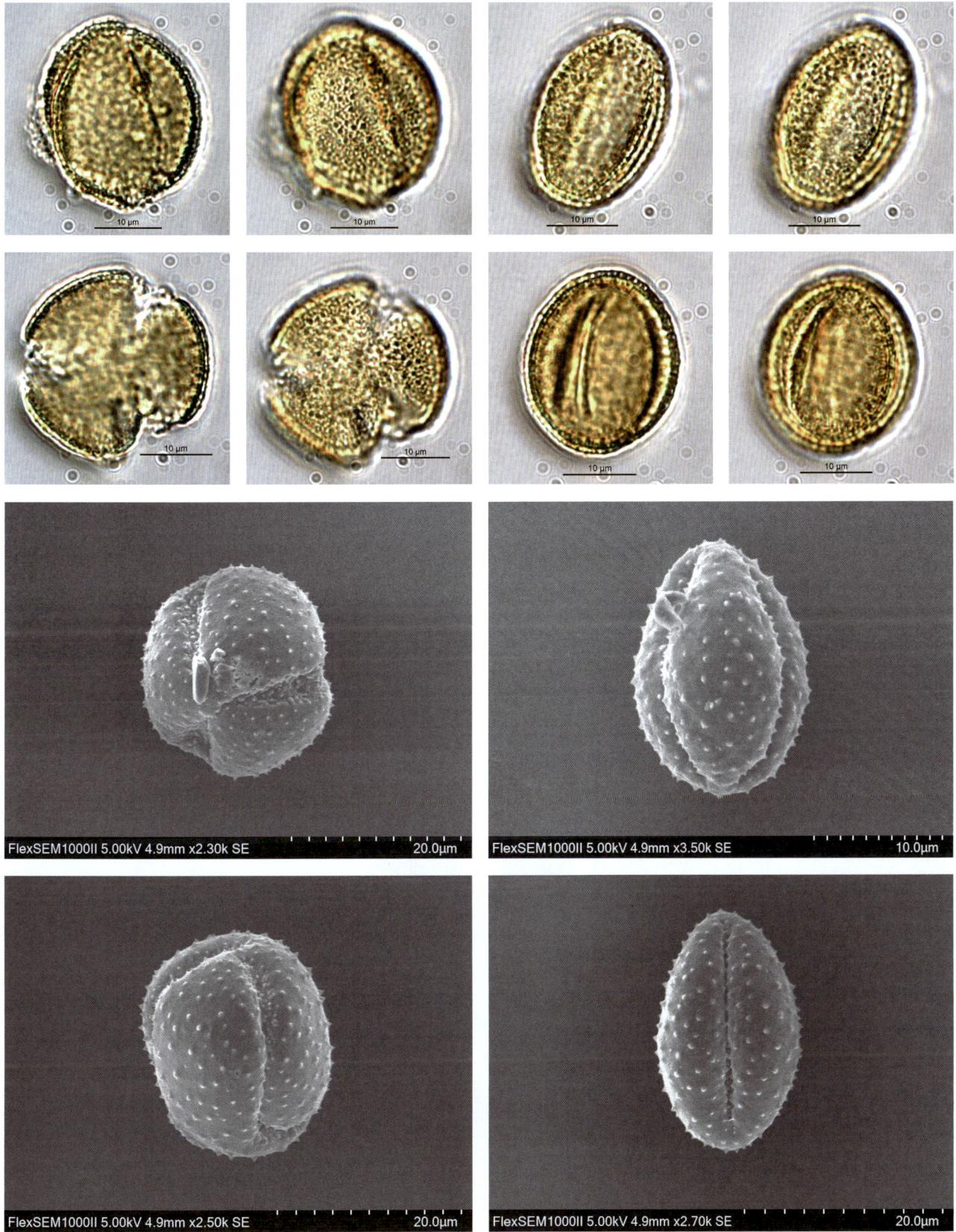

## Anemone 银莲花属

### *Anemone sylvestris* L. 大花银莲花

【形态特征】多年生草本，植株高可达 50 厘米；基生叶 3~9，具长柄；叶心状五角形，3 全裂，中裂片菱形或倒卵状菱形，3 裂，疏生齿，侧裂片斜扇形，2 深裂，上面近无毛，下面疏被柔毛；花葶直立；苞片 3，具柄，似基生叶，较小；花梗长 5.5~24 厘米；萼片 5，白色，倒卵形，长 1.5~2 厘米；雄蕊多数；心皮 180~240，子房密被短柔毛；瘦果长约 2 毫米，具短柄，被长绵毛。

【花果期】花果期 5—7 月。

【生境】生于海拔 580~3400 米的山谷草坡或桦树林边、草原或多砂山坡处。

【分布】国内分布：新疆北部、河北北部、辽宁西部、吉林西部、黑龙江西部和内蒙古南部；国外分布：欧洲和亚洲北部广布。

【别名】无

【保护级别】地方保护野生植物。

【花粉形态】花粉粒长球形或近球形，极面观为 3 裂圆形，大小为 15（12~19）× 20（18~27）μm；具 3 沟，沟长，近两极，沟膜上具大小不等的颗粒；外壁两层，内外层等厚或外层较厚；表面具颗粒状雕纹。

花粉图式

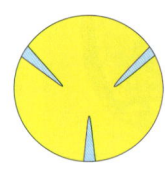

# 第五章 被子植物的花粉形态

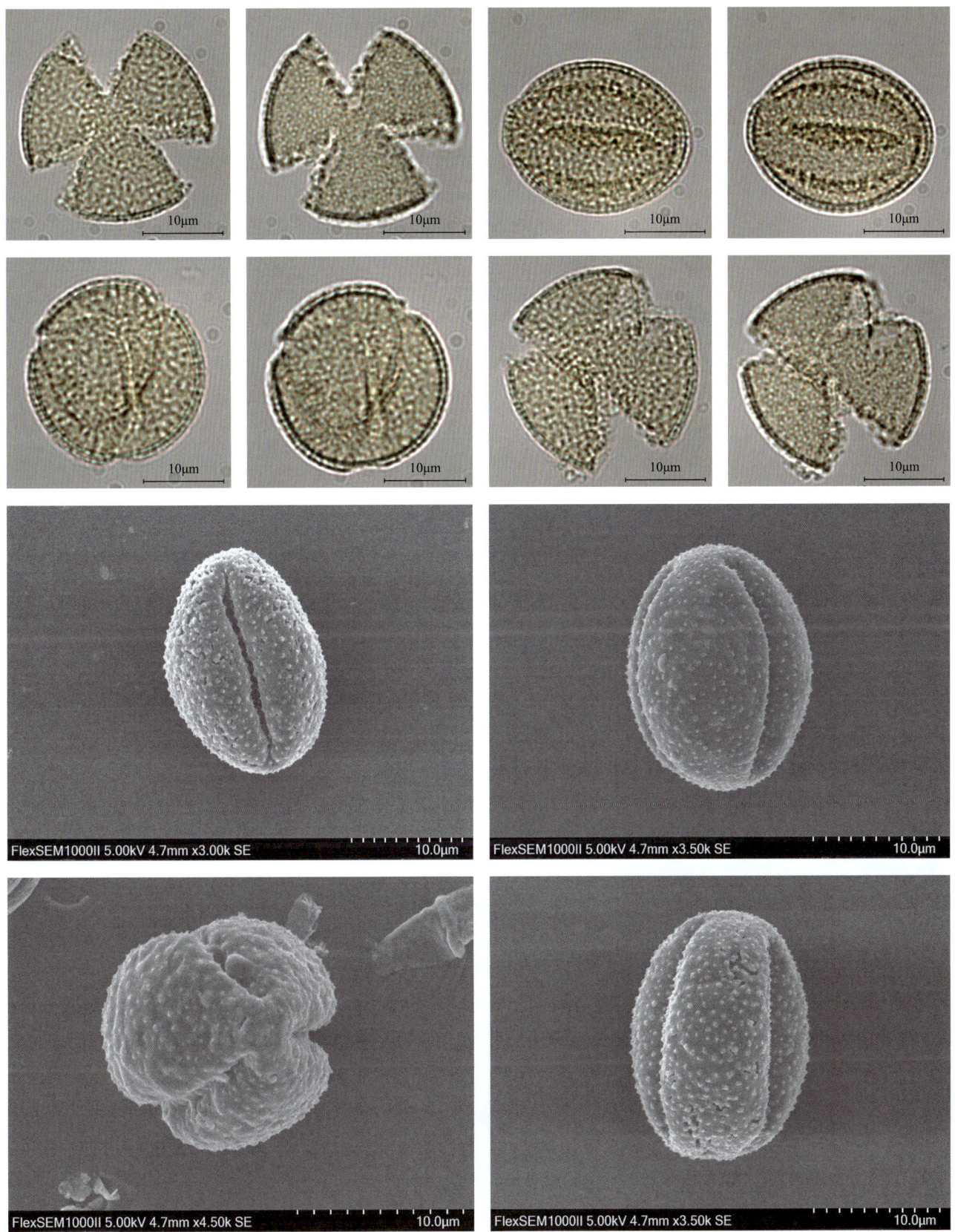

## *Clematis* 铁线莲属

*Clematis florida* Thunb. 铁线莲

【形态特征】草质藤本；茎被短柔毛，具纵沟，节膨大；二回或一回三出复叶，小叶纸质；窄卵形或披针形，先端尖，基部圆或宽楔形，全缘，两面疏被短柔毛；叶柄长 2~4 厘米；花序腋生，1 花，花序梗长 1~4 厘米；苞片宽卵形或卵状三角形；花径 3.6~5 厘米；花梗长 3.7~8.5 厘米；萼片 6，白色，平展，倒卵形或菱状倒卵形，长 2~3 厘米，沿中脉被茸毛；雄蕊无毛，花药长圆形或线形，顶端钝；宿存花柱长约 8 毫米，伸长成喙状，细瘦，下部被开展柔毛，上部无毛，膨大的柱头 2 裂；瘦果倒卵形，扁平，边缘增厚。

【花果期】花期 6—9 月，果期 8—10 月。

【生境】生于低山区的丘陵灌丛中，山谷、路旁及小溪边。

【分布】国内分布：广西、广东、湖南和江西；国外分布：日本。

【别名】东北铁线莲、架子菜。

【保护级别】无危（LC）。

【花粉形态】花粉粒长球形或近球形，极面观为 3 裂圆形，大小为 17（15~19）× 24（23~30）μm；具 3 沟，沟较长，沟膜上具颗粒；外壁两层，外层厚于内层；表面具颗粒状雕纹，有时可看出小刺。

花粉图式

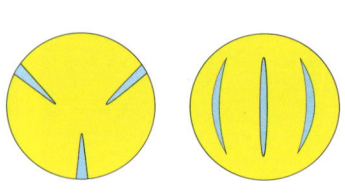

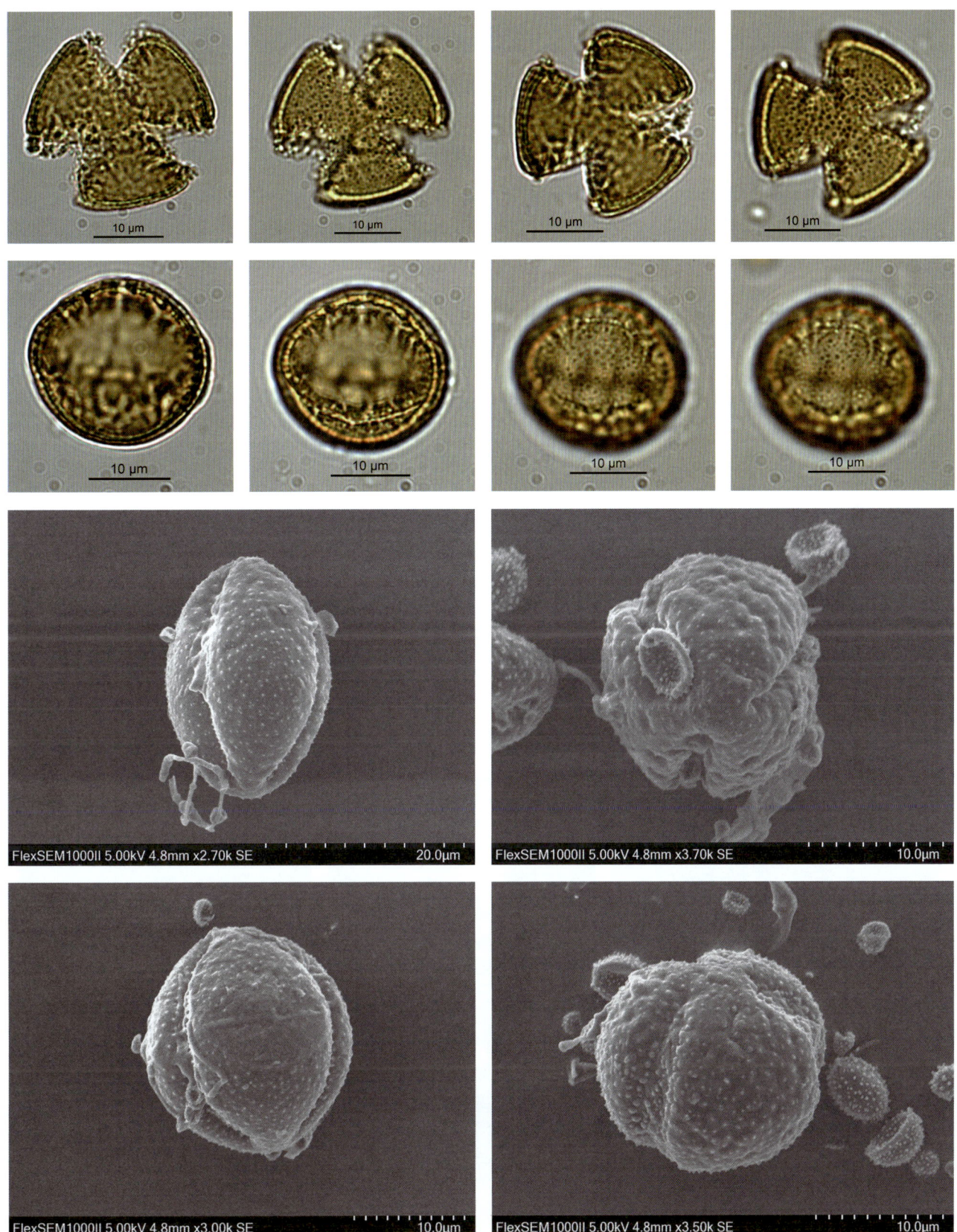

## *Clematis fruticosa* Turcz. 灌木铁线莲

**【形态特征】** 直立小灌木，高可达 1 米；枝有棱，紫褐色，有短柔毛，后变无毛；单叶对生或数叶簇生，叶柄长 0.3~1 厘米或几无柄，叶片绿色，薄革质，狭三角形或狭披针形、披针形，顶端锐尖，边缘疏生锯齿状牙齿；花单生，或聚伞花序有 3 花，腋生或顶生；萼片 4，斜上展呈钟状，黄色，长椭圆状卵形至椭圆形，顶端尖，外面边缘密生茸毛，中间近无毛或稍有短柔毛；雄蕊无毛，花丝披针形，比花药长；瘦果扁，卵形至卵圆形，密生长柔毛，宿存花柱长可达 3 厘米，有黄色长柔毛。

**【花果期】** 花期 7—8 月，果期 10 月。

**【生境】** 生于山坡灌丛中或路旁。

**【分布】** 甘肃南部和东部、陕西北部、山西、河北北部及内蒙古。

**【别名】** 无

**【保护级别】** 地方保护野生植物。

**【花粉形态】** 花粉粒近球形，极面观为 3 裂圆形，大小为 16（15~19）×24（23~30）μm；具 3 沟，沟细且长，沟膜上具颗粒；外壁两层，外层厚于内层；表面具小刺状雕纹。

花粉图式

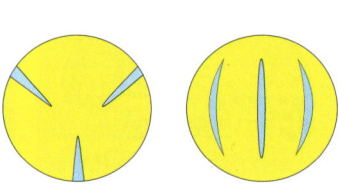

第五章 被子植物的花粉形态

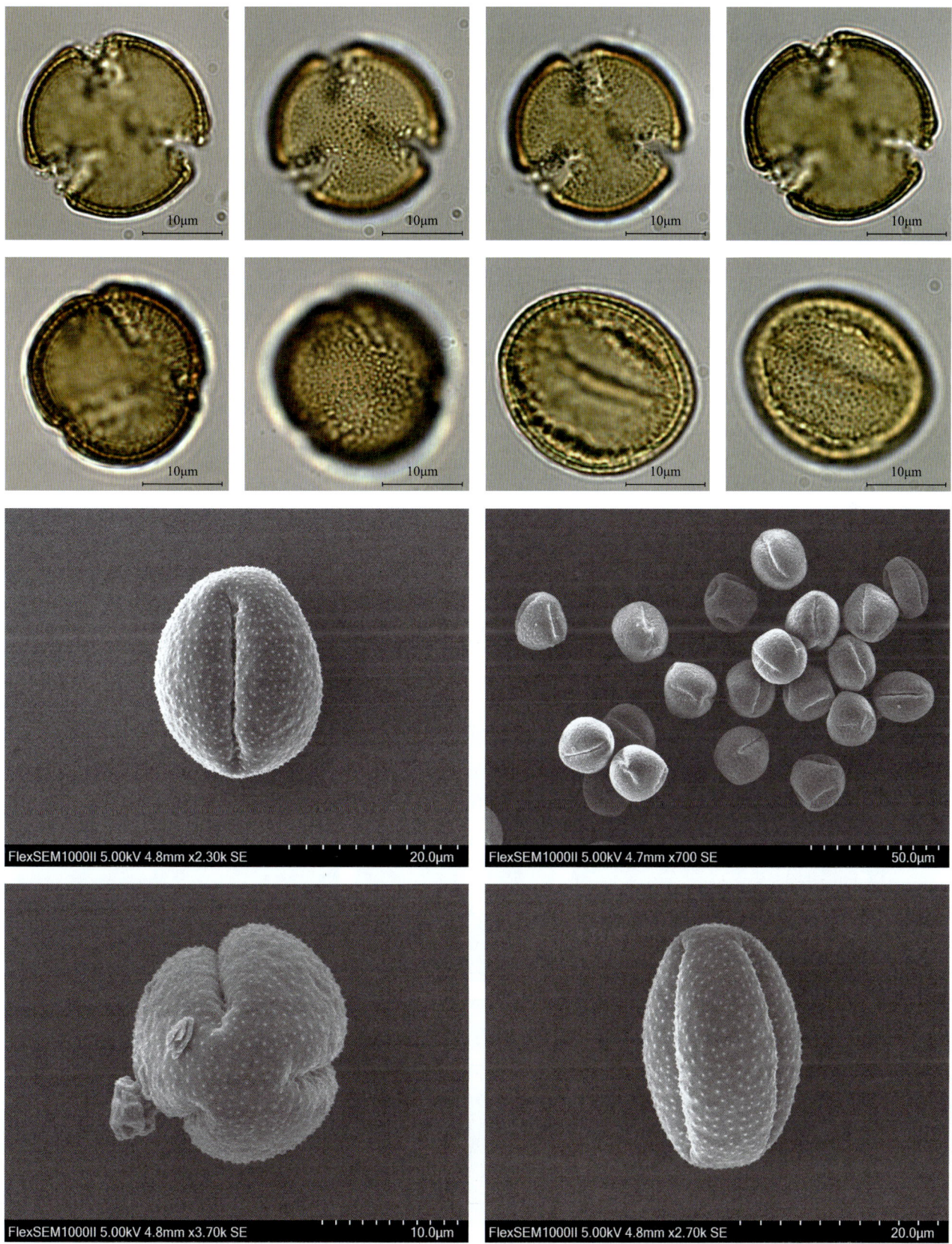

937

### *Delphinium* 翠雀属

#### *Delphinium korshinskyanum* Nevski 东北高翠雀花

【形态特征】多年生草本植物；茎高55~90厘米，上部无毛，中部以下被开展或稍向下斜展的白色长硬毛，等距地生叶；基生叶及茎下部叶有长柄；叶片肾状五角形，3深裂至距基部4~10毫米处；总状花序狭长，有12~25花，轴及花梗无毛；苞片披针状线形，有长缘毛；花梗长0.8~3.5厘米；小苞片与花邻接，披针形或披针状线形，疏被长缘毛；萼片脱落，蓝紫色，椭圆状卵形，无毛或疏被长缘毛，距圆锥状钻形，直或末端稍向下弯曲；花瓣黑褐色，顶端2浅裂；退化雄蕊黑褐色，瓣片卵形，2浅裂，上部有长缘毛，腹面中央有黄色长髯毛；雄蕊无毛；心皮3，无毛；蓇葖长1~1.3厘米；种子倒卵状四面体形，密生成层排列的鳞状横翅。

【花果期】花果期7—8月。

【生境】生于海拔370~750米间的山地草甸或林间草地。

【分布】国内分布：黑龙江西部和北部；国外分布：俄罗斯。

【别名】无

【保护级别】无危（LC）。

【花粉形态】花粉粒长球形，极面观为3裂圆形，大小为17（15~19）×26（23~32）μm；具3沟，沟细且长，直至两极，两极渐尖，沟膜上具有较大的颗粒；外壁两层，厚度近相等；表面具颗粒状雕纹。

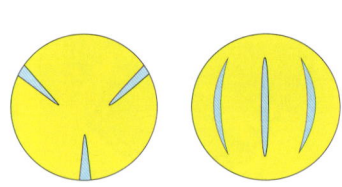

花粉图式

# 第五章 被子植物的花粉形态

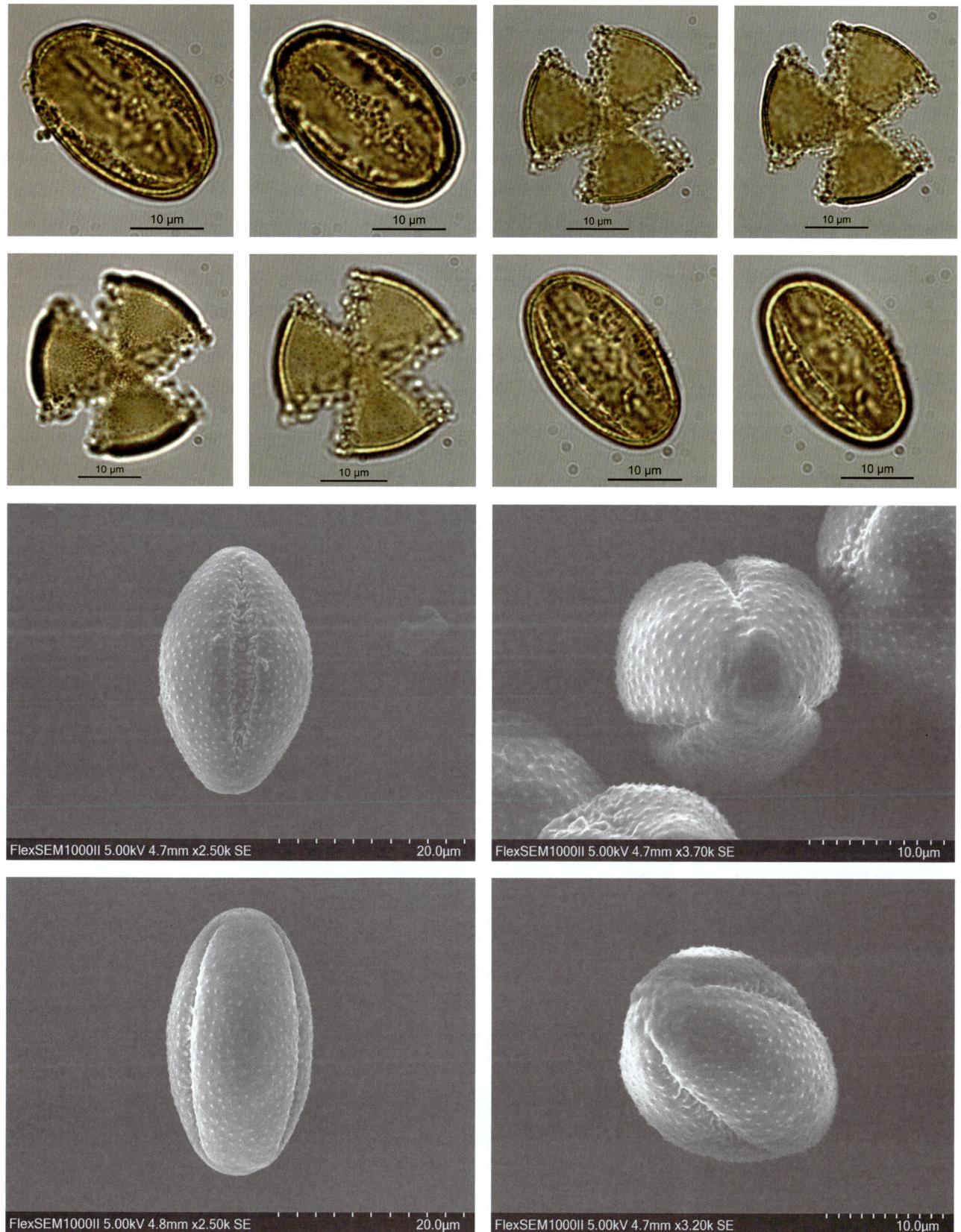

## *Delphinium mollipilum* W. T. Wang 软毛翠雀花

**【形态特征】**多年生草本植物；茎高约 34 厘米，疏被开展或向下斜展的白色柔毛，等距地生叶，不分枝；茎中部叶有稍长柄；叶片五角形，3 全裂，全裂片 1~3 回细裂，小裂片线形，表面几无毛，背面疏被开展的长柔毛；叶柄约与叶片等长，被与茎相同的毛，有不明显的鞘；茎上部叶变小，具短柄；伞房花序约含 2 花；基部苞片叶状；花梗长 3.1~3.6 厘米，被开展的柔毛，在上部毛很密；小苞片生花梗中部，线形；萼片紫蓝色，长圆状倒卵形或长圆形，外面疏被短柔毛，距钻形，基部粗约 2 毫米；花瓣干时黄色，无毛，顶端微凹；退化雄蕊蓝色，瓣片圆倒卵形，顶端微凹，腹面有黄色髯毛，爪比瓣片短，基部有短附属物；雄蕊无毛；心皮 3，子房只在上部疏被柔毛。

**【花果期】**花果期 6—9 月。

**【生境】**生于山地草坡。

**【分布】**甘肃贺岗山。

**【别名】**无

**【保护级别】**无危（LC）。

**【花粉形态】**花粉粒长球形，极面观为 3 裂圆形，赤道面观椭圆形，大小为 15（12~18）× 30（26~34）μm；具 3 沟，沟轮廓不清楚，沟膜上具有较大的颗粒；外壁两层，厚度约相等；表面具颗粒状雕纹。

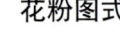
花粉图式

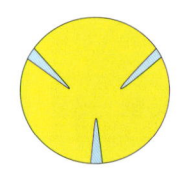

# 第五章 被子植物的花粉形态

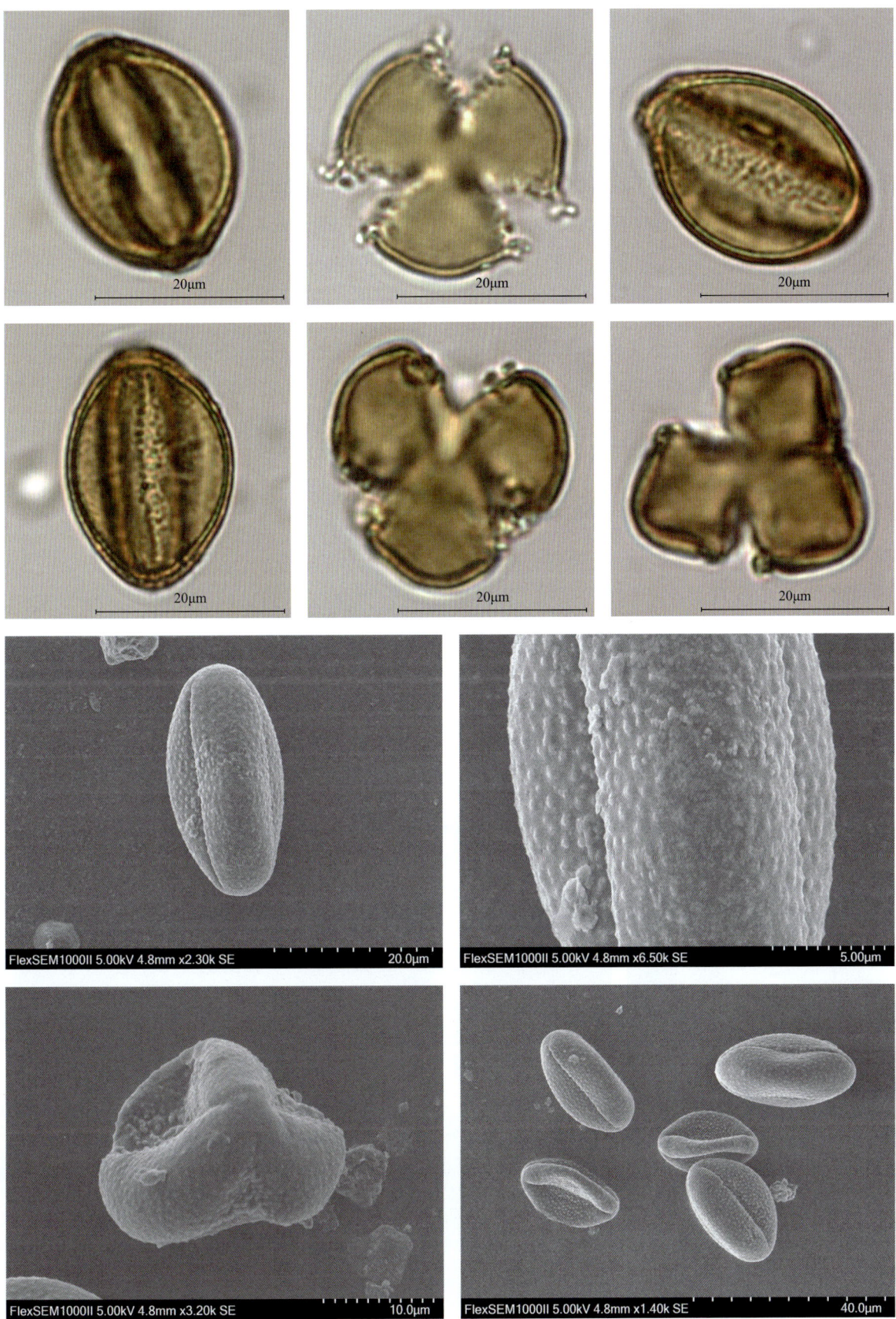

## *Ranunculus* 毛茛属

***Ranunculus paishanensis* Kitag. 白山毛茛**

花粉图式

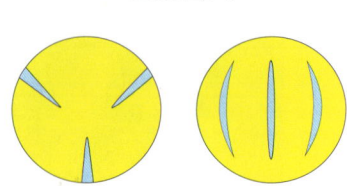

【形态特征】一年生或多年生草本，植株较纤细矮小，须根多数簇生，茎直立；叶基生或同时茎生，互生，罕对生，单叶或复叶，多为掌状分裂，稀羽状分裂，无托叶；叶裂片较窄，茎生叶少数，裂片呈线状披针形，贴生粗毛；花整齐或不整齐，两性，稀单性，常虫媒授粉，单生或聚为聚伞花序、总状花序或圆锥花序；花被2轮排列，分化为萼片和花瓣或不分化；萼片5或更多，稀为2~4，在蕾期作覆瓦状或镊合状排列，多呈花冠状；花瓣2~5或更多，通常较小，不显著；雄蕊多数，离生，螺旋状排列，花药2室，基底着生，侧裂；心皮1至多数，离生，稀合生，螺旋状排列；每心皮的胚珠1至多数，倒生，花柱和柱头通常单一；果实为蓇葖果、瘦果，极稀为浆果或蒴果，常有宿存的长花柱；种子具丰富的多肉的胚乳和较小的胚。

【花果期】花果期5—9月。

【生境】生于海拔2400米左右的高山潮湿草原。

【分布】吉林长白山。

【别名】无

【保护级别】近危（NT）；中国特有种；地方保护野生植物。

【花粉形态】花粉粒近球形，极面观3裂圆形，赤道面观近圆形，大小为24（19~30）×25（20~32）μm；具3沟，沟较宽，沟膜上具颗粒；外壁两层，外层与内层厚度约相等，柱状层基柱不明显；表面具小刺状雕纹。

第五章 被子植物的花粉形态

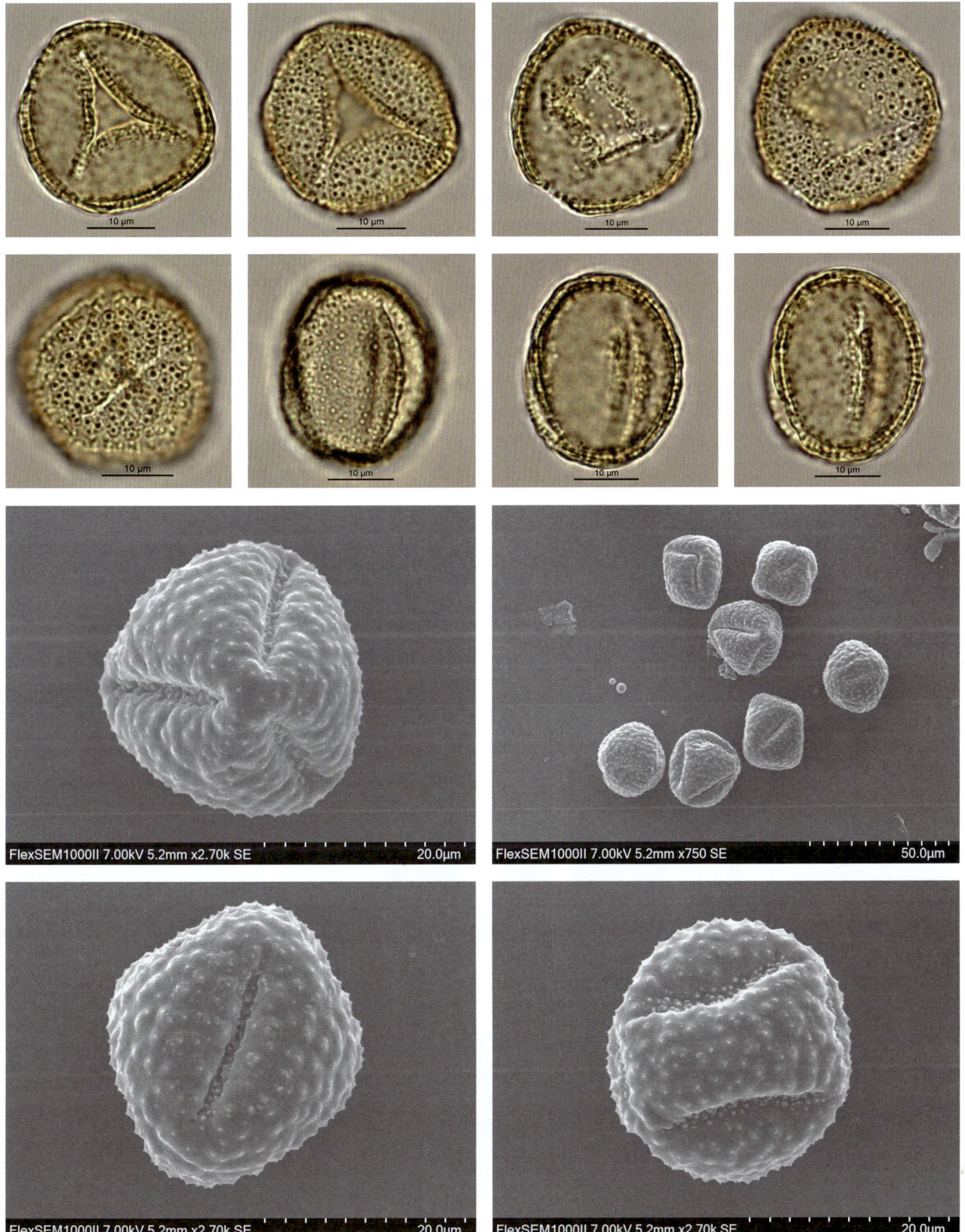

943

## *Thalictrum* 唐松草属

### *Thalictrum fortunei* S. Moore 华东唐松草

【形态特征】多年生草本植物，植株无毛；须根末端稍粗；茎高可达 66 厘米；基生叶具长柄，二至三回三出复叶；小叶草质，近圆形或圆菱形，宽 1~2 厘米，基部圆或浅心形，不明显浅 3 裂，疏生钝齿，下面网脉稍隆起；叶柄长约 6 厘米；花序近伞房状，花稀疏；萼片 4，白或淡堇色，倒卵形，长 3~4.5 毫米；花药椭圆形，花丝上部倒披针形，下部丝状；心皮 4~6；子房长圆形，长 2~2.5 毫米，花柱短，直或顶端弯曲，沿腹面生柱头组织；瘦果无柄，圆柱状长圆形，长 4~5 毫米，有 6~8 条纵肋，宿存花柱长 1.1~1.2 毫米，顶端通常拳卷。

【花果期】花期 4—5 月，果期 7—9 月。

【生境】生于海拔 100~1500 米的丘陵、山地林下或较阴湿处。

【分布】江西北部、安徽南部、江苏南部和浙江。

【别名】无

【保护级别】近危（NT）。

【花粉形态】花粉粒球形，直径为 14~22μm；具散孔，孔 6~8 个，孔的界限不明显，孔膜上具大的颗粒；外壁两层，厚度约相等；表面具网状雕纹，电镜下为密布的小刺。

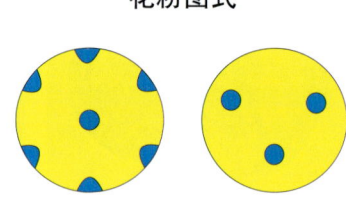

花粉图式

第五章 被子植物的花粉形态

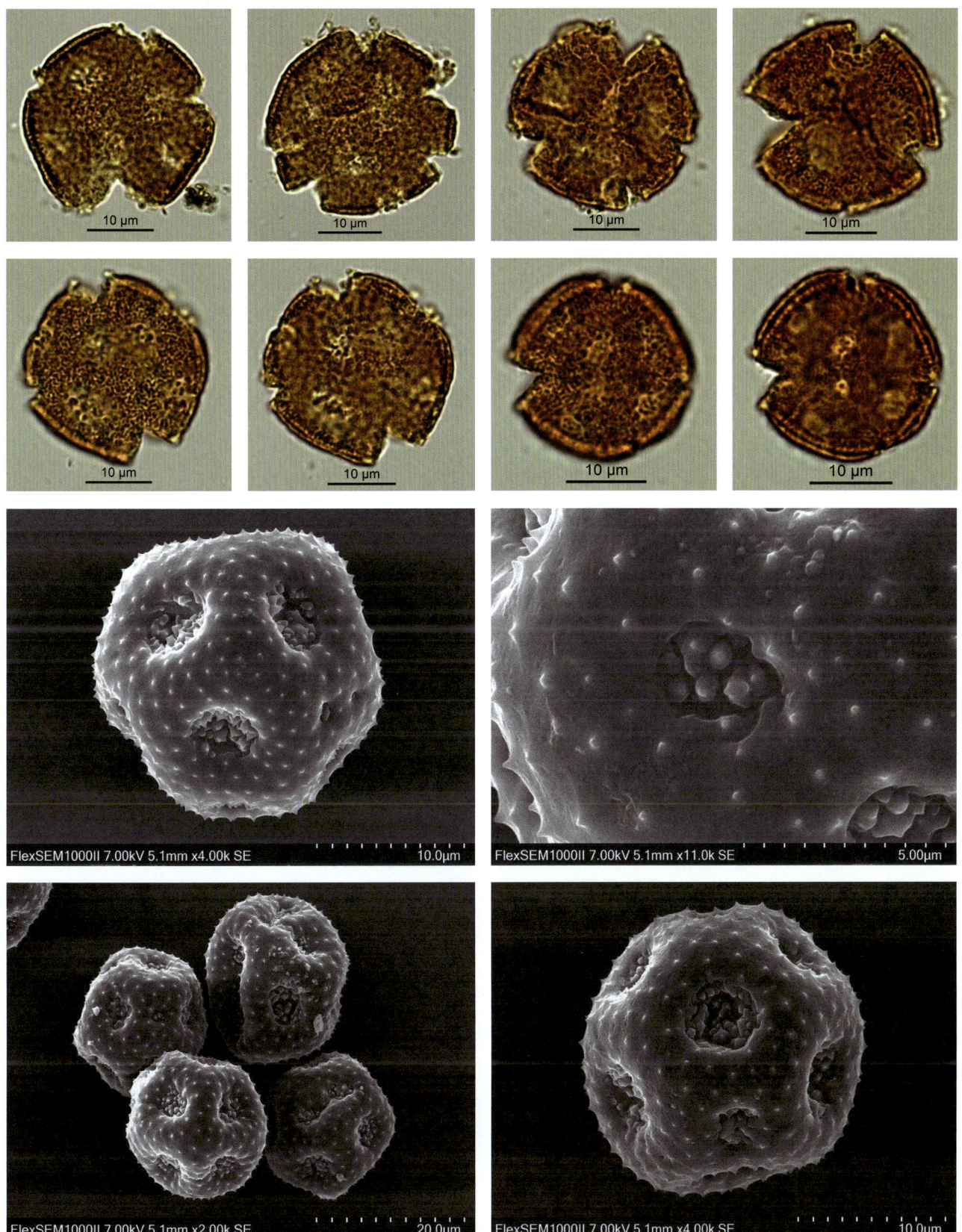

945

## Trollius 金莲花属

### *Trollius chinensis* Bunge 金莲花

【形态特征】多年生草本植物，植株全体无毛；茎高 30~70 厘米，不分枝；基生叶 1~4 个，有长柄；叶片五角形，基部心形，3 全裂，全裂片分开，中央全裂片菱形，顶端急尖，3 裂达中部或稍超过中部，边缘密生稍不相等的三角形锐锯齿；叶柄长 12~30 厘米，基部具狭鞘；茎生叶似基生叶，下部的具长柄，上部的较小，具短柄或无柄；花单独顶生或 2~3 朵组成稀疏的聚伞花序；花梗长 5~9 厘米；苞片 3 裂；萼片 10~15 片，金黄色，干时不变绿色，最外层的椭圆状卵形或倒卵形，顶端疏生三角形牙齿，间或生 3 个小裂片，其他的椭圆状倒卵形或倒卵形，顶端圆形，生不明显的小牙齿；花瓣 18~21 个，狭线形，顶端渐狭；雄蕊长 0.5~1.1 厘米，花药长 3~4 毫米；心皮 20~30；蓇葖长 1~1.2 厘米，具稍明显的脉网，喙长约 1 毫米；种子近倒卵球形，黑色，光滑，具 4~5 棱角。

花粉图式

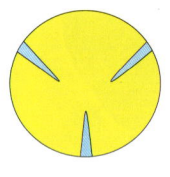

【花果期】花期 6—7 月，果期 8—9 月。

【生境】生于海拔 1000~2200 米的山地草坡或疏林下。

【分布】山西、河南北部、河北、内蒙古东部、辽宁和吉林的西部。

【别名】阿勒泰金莲花。

【保护级别】无危（LC）；地方保护野生植物。

【花粉形态】花粉粒长球形，极面观为 3 裂圆形，赤道面观为椭圆形，大小为 13（9~15）×25（19~29）μm；具 3 沟，沟细长，末端尖，长达两极，沟膜上具颗粒；外壁两层，厚约 2μm，外层与内层厚度约相等，柱状层基柱明显；表面具条纹状雕纹。

# 第五章 被子植物的花粉形态

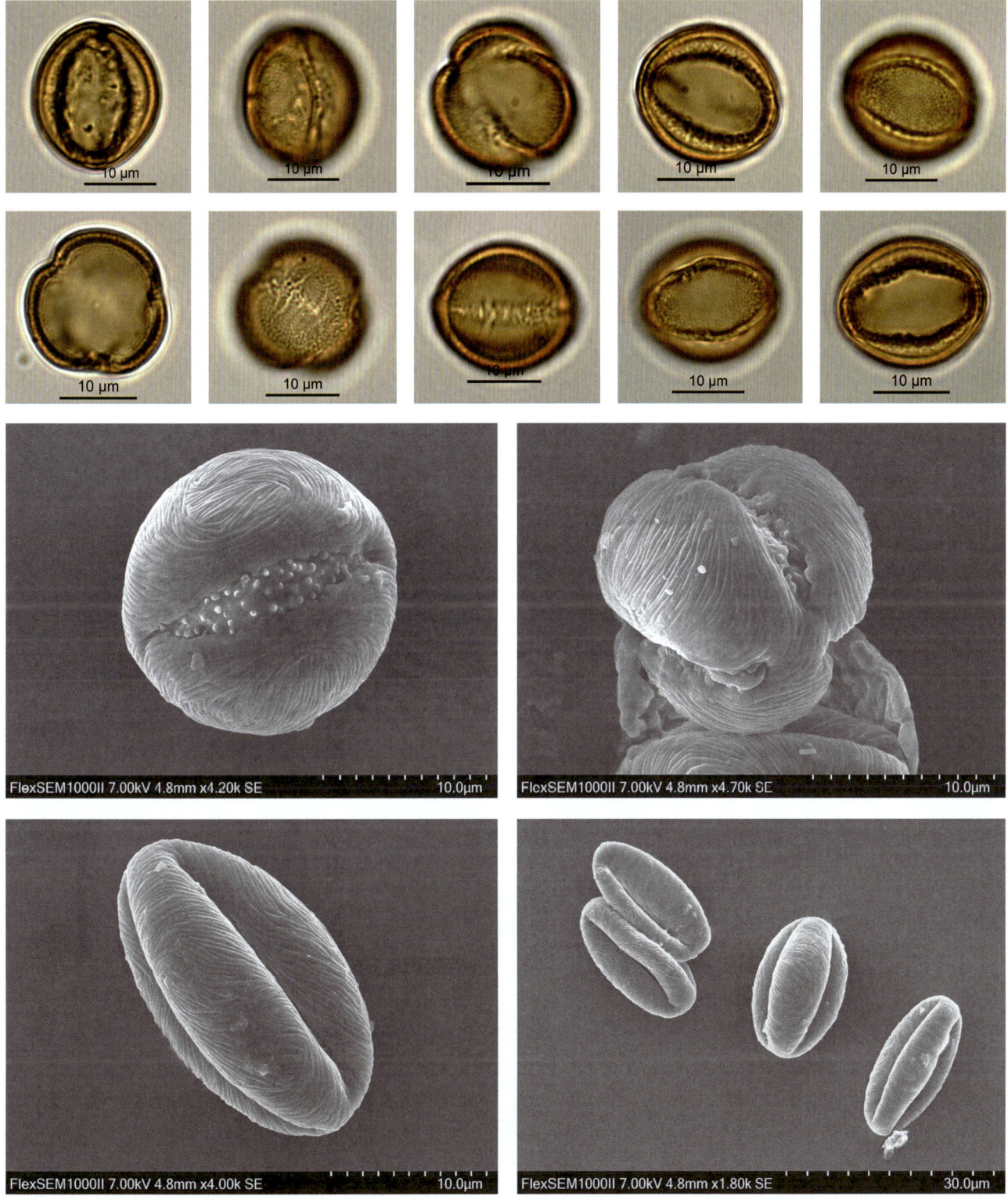

## *Trollius japonicus* Miq. 长白金莲花

【形态特征】多年生草本植物，植株全部无毛；茎高 26~55 厘米，疏生 2~3 个叶；基生叶 3~5 个，有长柄，有时在开花时枯萎；叶片五角形，基部心形，3 全裂，中央全裂片菱形，3 裂近中部，中央二回裂片菱形，具少数小裂片及小锐牙齿，侧面二回裂片较小，斜三角形，侧全裂片斜扇形，2 深裂几达基部，上面深裂片与中全裂片相似并近等大；叶柄长 5.5~20 厘米，基部具狭鞘；茎下部叶与茎生叶相似，上部叶较小，具鞘状短柄；花单生或 2~3 朵组成疏松的聚伞花序；苞片似茎上部叶，渐变小，花梗长 2~6 厘米；萼片 5 片，黄色，干时不变绿色，倒卵形或圆倒卵形，顶端圆形，生少数小齿；花瓣约 9 个，与雄蕊近等长，线形，顶端钝；雄蕊长 5~7.5 毫米，花药长 2~3 毫米；心皮 7~15；蓇葖长可达 1.1 厘米，喙长 1.5~2 毫米；种子椭球形，黑色，有光泽，具不明显纵棱。

【花果期】花期 7—8 月，果期 9 月。

【生境】生于海拔 1200~2300 米的潮湿草坡。

【分布】国内分布：吉林长白山；国外分布：萨哈林岛（库页岛）及日本。

【别名】无

【保护级别】易危（VU）；地方保护野生植物。

【花粉形态】花粉粒长球形，极面观为 3 裂圆形，赤道面观为椭圆形，大小为 17（11~18）× 22（20~24）μm；具 3 沟，沟细长，末端尖，长达两极，沟膜上具颗粒；外壁两层，厚约 1.5μm，外层与内层厚度约相等，柱状层基柱明显；表面具条纹状雕纹。

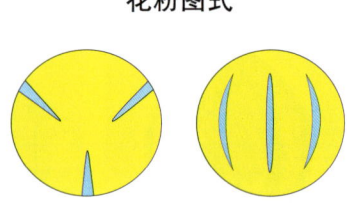

花粉图式

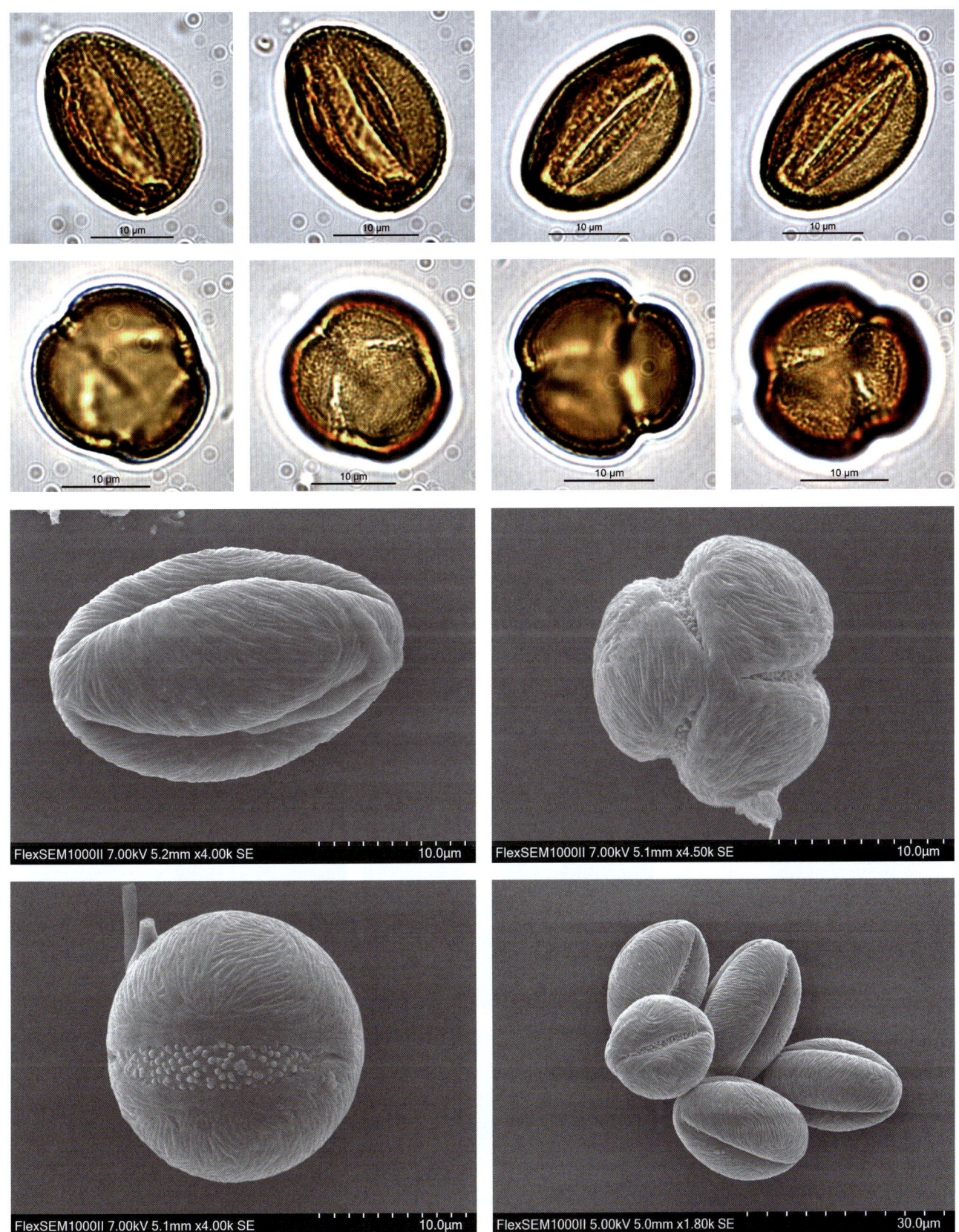

## Rhamnaceae 鼠李科
## *Paliurus* 马甲子属

*Paliurus ramosissimus* (Lour.) Poir. 马甲子

【形态特征】灌木，高可达 6 米；小枝褐色或深褐色，被短柔毛，稀近无毛；叶互生，纸质，顶端钝或圆形，基部宽楔形、楔形或近圆形，稍偏斜，边缘具钝细锯齿或细锯齿；叶柄长 5~9 毫米，被毛，基部有 2 个紫红色斜向直立的针刺；腋生聚伞花序，被黄色茸毛；萼片宽卵形；花瓣匙形，短于萼片；雄蕊与花瓣等长或略长于花瓣；花盘圆形，边缘 5 或 10 齿裂；子房 3 室，每室具 1 胚珠，花柱 3 深裂；核果杯状，被黄褐色或棕褐色茸毛，周围具木栓质浅 3 裂的窄翅；果梗被棕褐色茸毛；种子紫红色或红褐色，扁圆形。

花粉图式

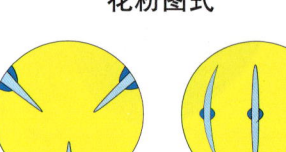

【花果期】花期 5—8 月，果期 9—10 月。

【生境】生于海拔 2000 米以下的山地和平原，野生或栽培。

【分布】国内分布：江苏、浙江、安徽、江西、湖南、湖北、福建、台湾、广东、广西、云南、贵州和四川；国外分布：朝鲜、日本和越南。

【别名】棘盘子、箣子、雄虎刺、马鞍树、铜钱树、铁篱笆、白棘。

【保护级别】无危（LC）。

【花粉形态】花粉粒近球形，极面观为 3 裂圆形，赤道面观为椭圆形，大小为 20（19~23）× 25（22~29）μm；具 3 孔沟，沟长，边缘不平，稍加厚，内孔横长，边缘有 4 块加厚，沟旁外壁变薄，与内孔两端相连形成 "H" 形；外壁两层明显，外层厚于内层；表面具模糊的网状雕纹。

# 第五章 被子植物的花粉形态

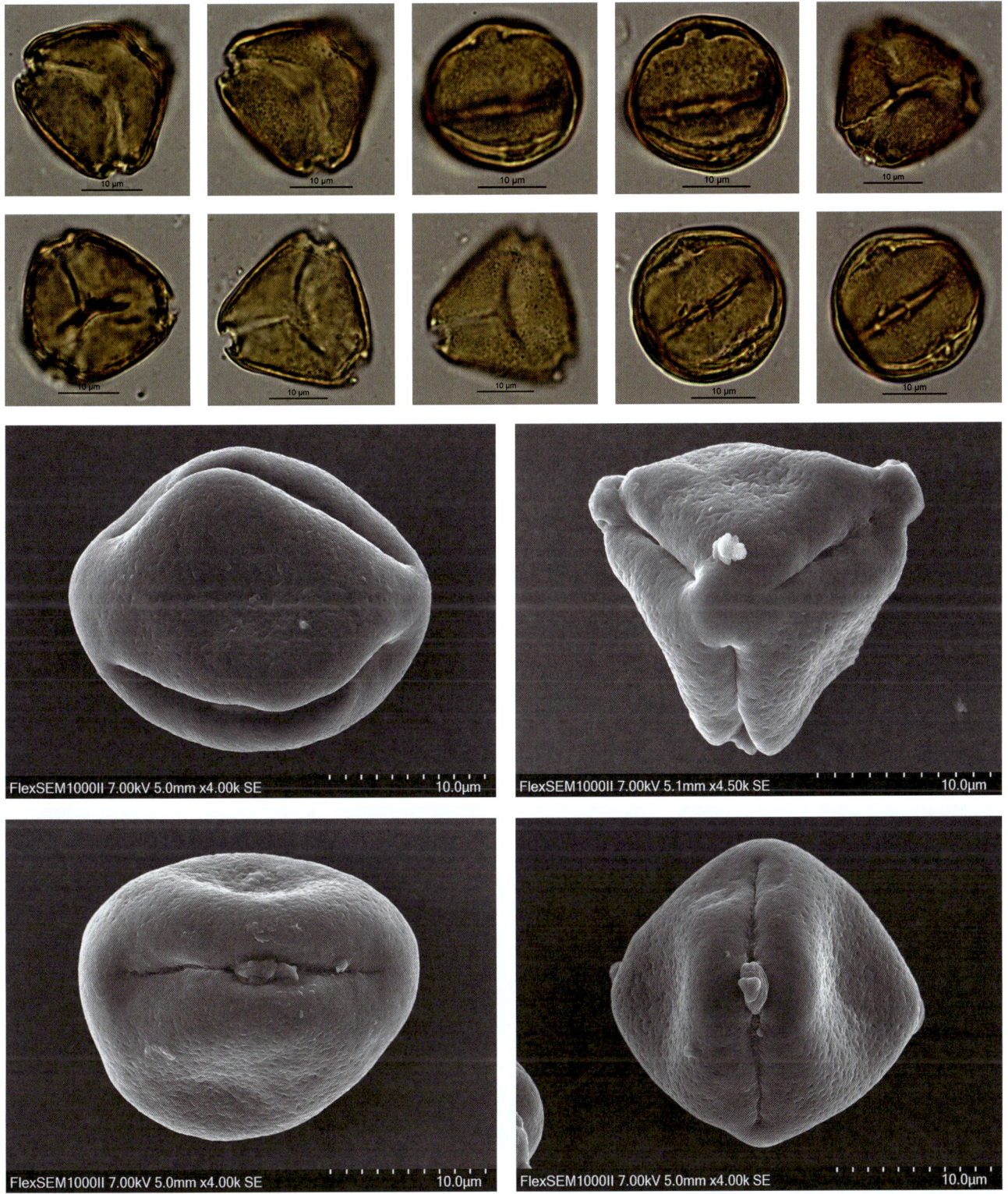

951

## Rosaceae 蔷薇科
### *Aruncus* 假升麻属

*Aruncus sylvester* Kostel. ex Maxim. 假升麻

**【形态特征】**多年生草本，基部木质化，高 1~3 米；茎圆柱形，无毛，带暗紫色；大型羽状复叶，通常二回，稀三回，总叶柄无毛；小叶片 3~9，菱状卵形、卵状披针形或长椭圆形，先端渐尖，稀尾尖，基部宽楔形，稀圆形，边缘有不规则的尖锐重锯齿，近于无毛或沿叶边具疏生柔毛；小叶柄长 4~10 毫米或近于无柄；不具托叶；大型穗状圆锥花序，外被柔毛与稀疏星状毛，逐渐脱落，果期较少；花梗长约 2 毫米；苞片线状披针形，微被柔毛；花直径 2~4 毫米；萼筒杯状，微具毛；萼片三角形，先端急尖，全缘，近于无毛；花瓣倒卵形，先端圆钝，白色；雄花具雄蕊 20，着生在萼筒边缘，花丝比花瓣长约 1 倍，有退化雌蕊；花盘盘状，边缘有 10 个圆形突起；雌花心皮 3~4，稀 5~8，花柱顶生，微倾斜于背部，雄蕊短于花瓣；蓇葖果并立，无毛，果梗下垂，萼片宿存，开展，稀直立。

花粉图式

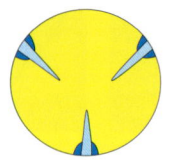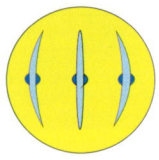

**【花果期】**花期 6 月，果期 8—9 月。

**【生境】**生于山地林下、林缘及林间草甸。

**【分布】**国内分布：东北、华中、西北东部、华东北部、西南等地区；国外分布：俄罗斯、日本、朝鲜等地。

**【别名】**棣棠升麻、高凉菜。

**【保护级别】**无危（LC）。

**【花粉形态】**花粉粒长球形，极面观为 3 裂圆形，大小为 10（8~15）× 20（17~26）μm；具 3 孔沟，内孔下陷，沟长至两极；表面具条纹状雕纹。

# 第五章 被子植物的花粉形态

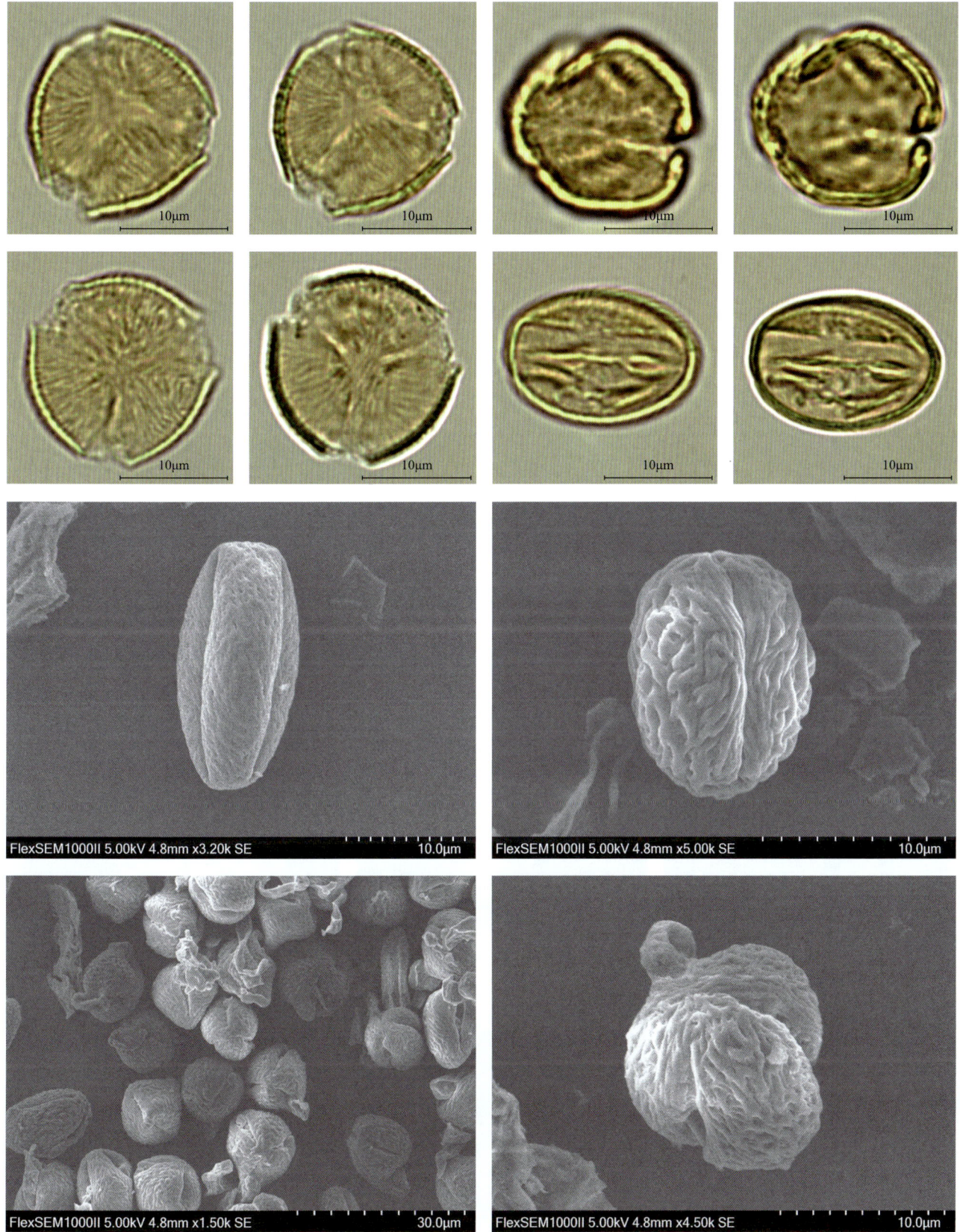

953

## *Crataegus* 山楂属

### *Crataegus pinnatifida* Bunge 山楂

**【形态特征】** 落叶乔木，高可达 6 米；树皮粗糙，暗灰色或灰褐色；刺长 1~2 厘米，有时无刺；叶宽卵形或三角状卵形，稀菱状卵形，长 5~10 厘米，先端短渐尖，基部截形至宽楔形，有 3~5 对羽状深裂片，裂片卵状披针形或带形，先端短渐尖，疏生不规则重锯齿，侧脉 6~10 对；叶柄长 2~6 厘米，托叶草质，镰形，边缘有锯齿；伞形花序具多花，径 4~6 厘米；花梗和花序梗均被柔毛，花后脱落，花梗长 4~7 毫米；苞片线状披针形；花径约 1.5 厘米；萼片三角状卵形或披针形，被毛；花瓣白色，倒卵形或近圆形；雄蕊 20；花柱 3~5，基部被柔毛；果近球形或梨形，深红色，小核 3~5。

花粉图式

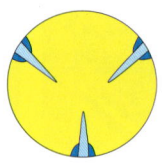
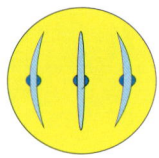

**【花果期】** 花期 5—6 月，果期 9—10 月。

**【生境】** 生于海拔 100~1500 米的山坡林边或灌木丛中。

**【分布】** 国内分布：黑龙江、吉林、辽宁、内蒙古、河北、河南、山东、山西、陕西和江苏；国外分布：朝鲜和俄罗斯。

**【别名】** 山里红、红果、棠棣、绿梨、酸楂。

**【保护级别】** 无危（LC）。

**【花粉形态】** 花粉粒球形至长球形，极面观钝三角形至圆三角形，大小为 26（22~29）× 36（32~43）μm；具 3 孔沟，内孔不显著；外壁两层明显，外层较厚；表面具颗粒状雕纹，电镜下为条纹状雕纹。

第五章 被子植物的花粉形态

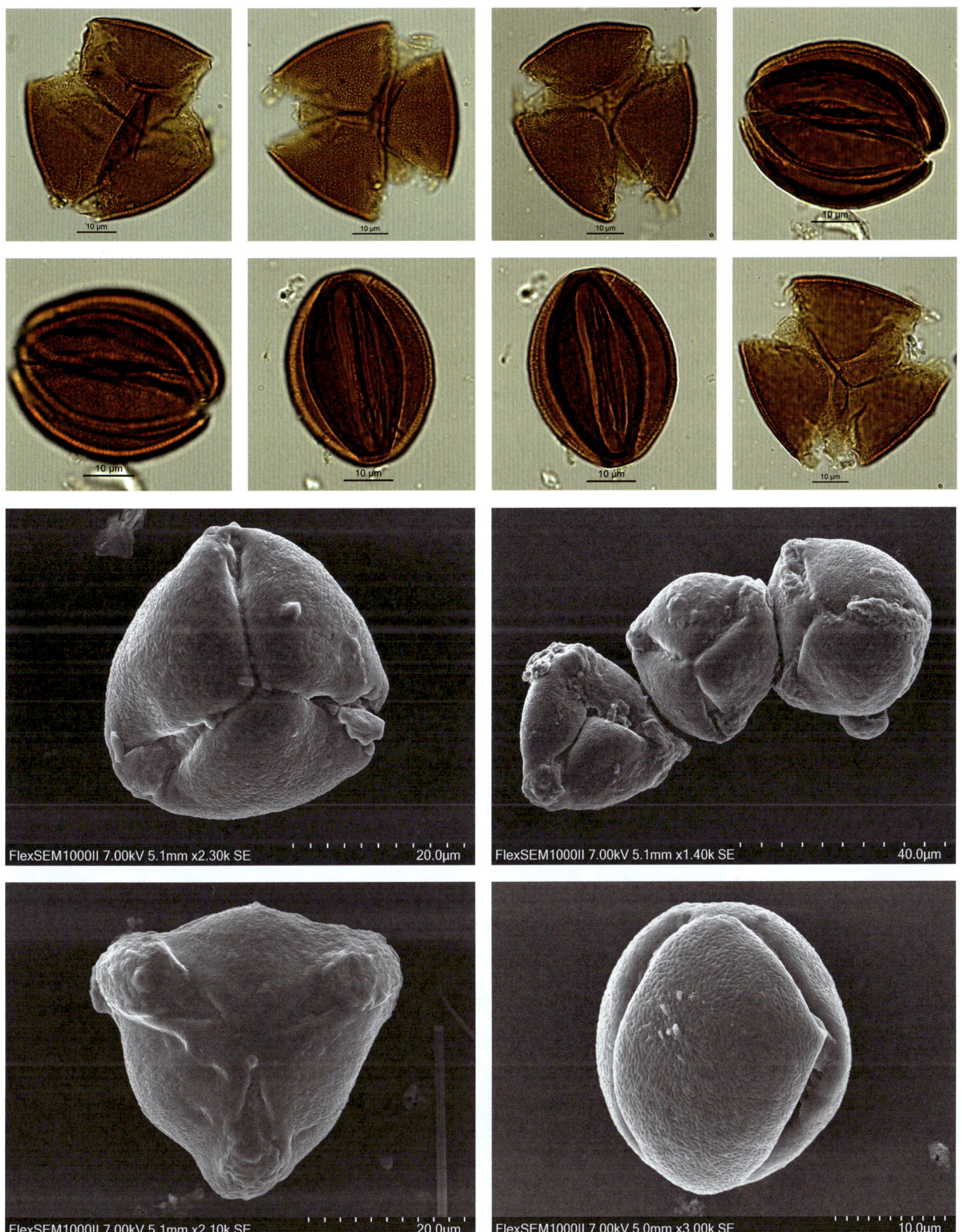

## *Fragaria* 草莓属

### *Fragaria orientalis* Losinsk. 东方草莓

【形态特征】多年生草本，高 5~30 厘米；茎被开展柔毛，上部较密，下部有时脱落；三出复叶，小叶几无柄，倒卵形或菱状卵形，顶端圆钝或急尖，顶生小叶基部楔形，侧生小叶基部偏斜，边缘有缺刻状锯齿，上面绿色，散生疏柔毛，下面淡绿色，有疏柔毛，沿叶脉较密；叶柄被开展柔毛，有时上部较密；花序聚伞状，有花 1~6 朵，基部苞片淡绿色或具一有柄之小叶；花梗长 0.5~1.5 厘米，被开展柔毛；花两性，稀单性；萼片卵圆状披针形，顶端尾尖，副萼片线状披针形，偶有 2 裂；花瓣白色，几圆形，基部具短爪；雄蕊 18~22，近等长；雌蕊多数；聚合果半圆形，成熟后紫红色，宿存萼片开展或微反折；瘦果卵形，表面脉纹明显或仅基部具皱纹。

花粉图式

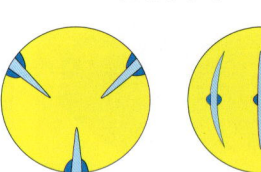

【花果期】花期 5—7 月，果期 7—9 月。

【生境】生于海拔 600~4000 米的山坡草地或林下。

【分布】国内分布：黑龙江、吉林、辽宁、内蒙古、河北、山西、陕西、甘肃和青海；国外分布：朝鲜、蒙古和俄罗斯。

【别名】红颜草莓。

【保护级别】无危（LC）。

【花粉形态】花粉粒长球形，极面观为 3 裂圆形，赤道面观为椭圆形，大小为 15（14~16）× 22（18~24）μm；具 3 孔沟，萌发孔向外突出；外壁两层，外层厚于内层；表面具条纹状雕纹。

第五章 被子植物的花粉形态

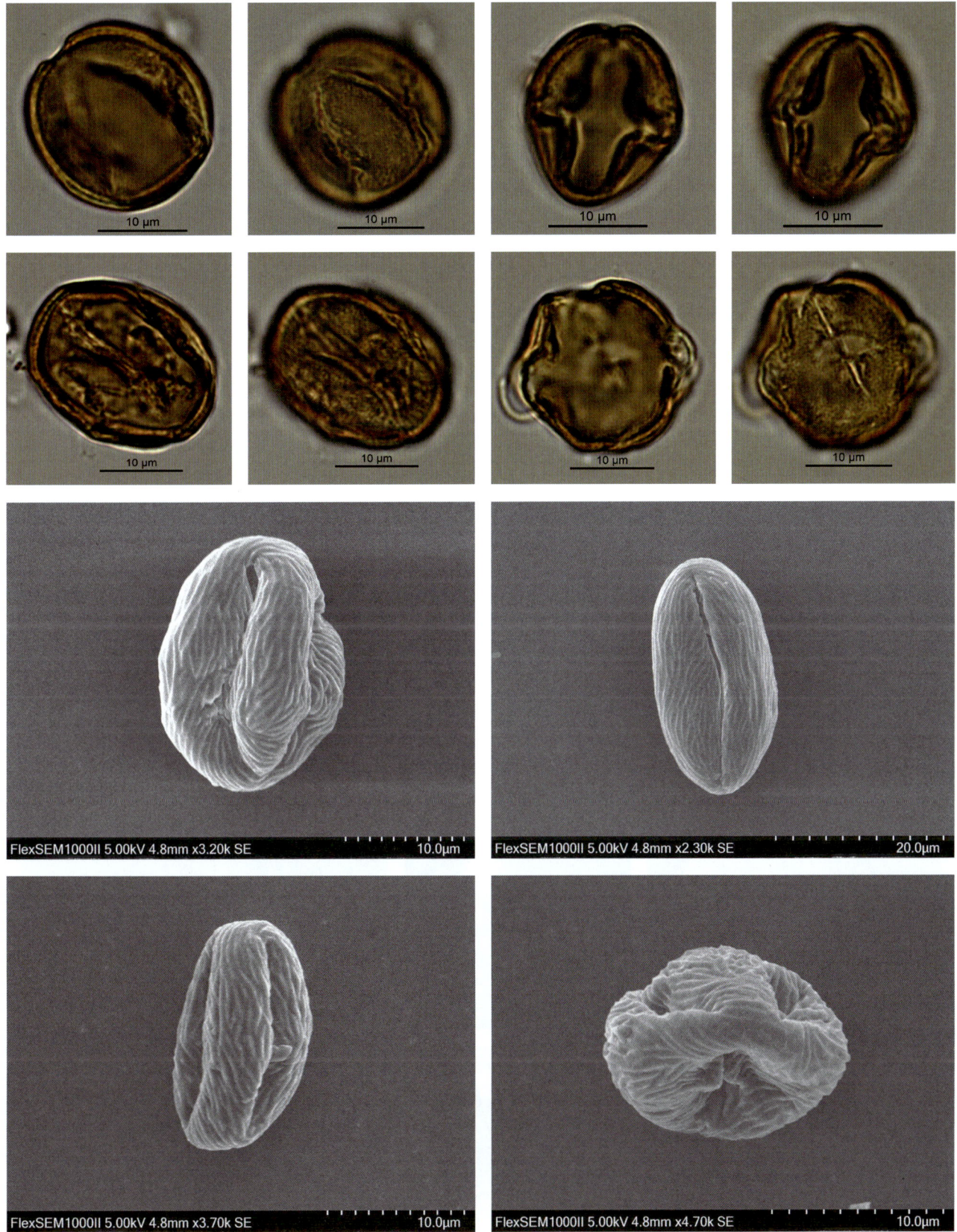

## *Malus* 苹果属

### *Malus pumila* Mill. 苹果

【形态特征】乔木，高可达 15 米，多具有圆形树冠和短主干；小枝短而粗，圆柱形，幼嫩时密被茸毛，老枝紫褐色，无毛；冬芽卵形，先端钝，密被短柔毛；叶片椭圆形、卵形至宽椭圆形，先端急尖，基部宽楔形或圆形，边缘具有圆钝锯齿；托叶草质，披针形，先端渐尖，全缘，密被短柔毛，早落；伞房花序，具花 3~7 朵，集生于小枝顶端；花梗长 1~2.5 厘米，密被茸毛；苞片膜质，线状披针形，先端渐尖，全缘，被茸毛；花直径 3~4 厘米；萼筒外面密被茸毛；萼片三角状披针形或三角状卵形，先端渐尖，全缘，内外两面均密被茸毛，萼片比萼筒长；花瓣倒卵形，基部具短爪，白色，含苞未放时带粉红色；雄蕊 20，花丝长短不齐，长度约等于花瓣之半；花柱 5，下半部密被灰白色茸毛，较雄蕊稍长；果实扁球形，先端常有隆起，萼洼下陷，萼片永存，果梗短粗。

花粉图式

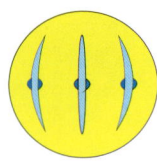

【花果期】花期 5 月，果期 7—10 月。

【生境】生长于海拔 50~2500 米的山坡梯田、平原矿野以及黄土丘陵等处。

【分布】国内分布：辽宁、河北、山西、山东、陕西、甘肃、四川、云南和西藏常见栽培；国外分布：原产欧洲及亚洲中部，现全世界温带地区均有种植。

【别名】西洋苹果、柰、嘎啦、黄元帅。

【保护级别】濒危（EN）。

【花粉形态】花粉粒近球形，极面观 3~4 裂圆形，赤道面观椭圆形，大小为 28（22~41）× 31（23~43）μm；具 3~4 孔沟，几达两极，内孔圆形，稍突出；外壁两层，外层与内层厚度约相等，柱状层基柱明显；表面具条纹状雕纹。

# 第五章 被子植物的花粉形态

## *Photinia* 石楠属

### *Photinia beauverdiana* C. K. Schneid. 中华石楠

**【形态特征】** 落叶灌木或小乔木，高 3~10 米；小枝无毛，紫褐色，有散生灰色皮孔；叶片薄纸质，长圆形、倒卵状长圆形或卵状披针形，先端突渐尖，基部圆形或楔形，边缘有疏生具腺锯齿，侧脉 9~14 对；叶柄长 5~10 毫米，微有柔毛；花多数，成复伞房花序；总花梗和花梗无毛，密生疣点，花梗长 7~15 毫米；花直径 5~7 毫米；萼筒杯状，外面微有毛；萼片三角卵形；花瓣白色，卵形或倒卵形，先端圆钝，无毛；雄蕊 20；花柱 2~3，基部合生；果实卵形，紫红色，无毛，微有疣点，先端有宿存萼片；果梗长 1~2 厘米。

**【花果期】** 花期 5 月，果期 7—8 月。

**【生境】** 生于海拔 1000~1700 米的山坡或山谷林下。

**【分布】** 产于陕西、华东、华中、西南东部和两广地区。

**【别名】** 波氏石楠、牛筋木、假思桃、厚叶中华石楠。

**【保护级别】** 无危（LC）。

**【花粉形态】** 花粉粒长球形，极面观为钝三角形，赤道面观为椭圆形，大小为 18（16~21）× 35（30~42）μm；具 3 孔沟，孔圆形，大而突出，沟长达两极；外壁两层，厚度约相等；表面具条纹状雕纹。

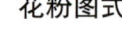
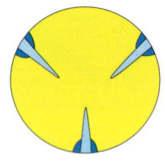
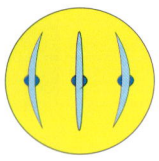

花粉图式

# 第五章 被子植物的花粉形态

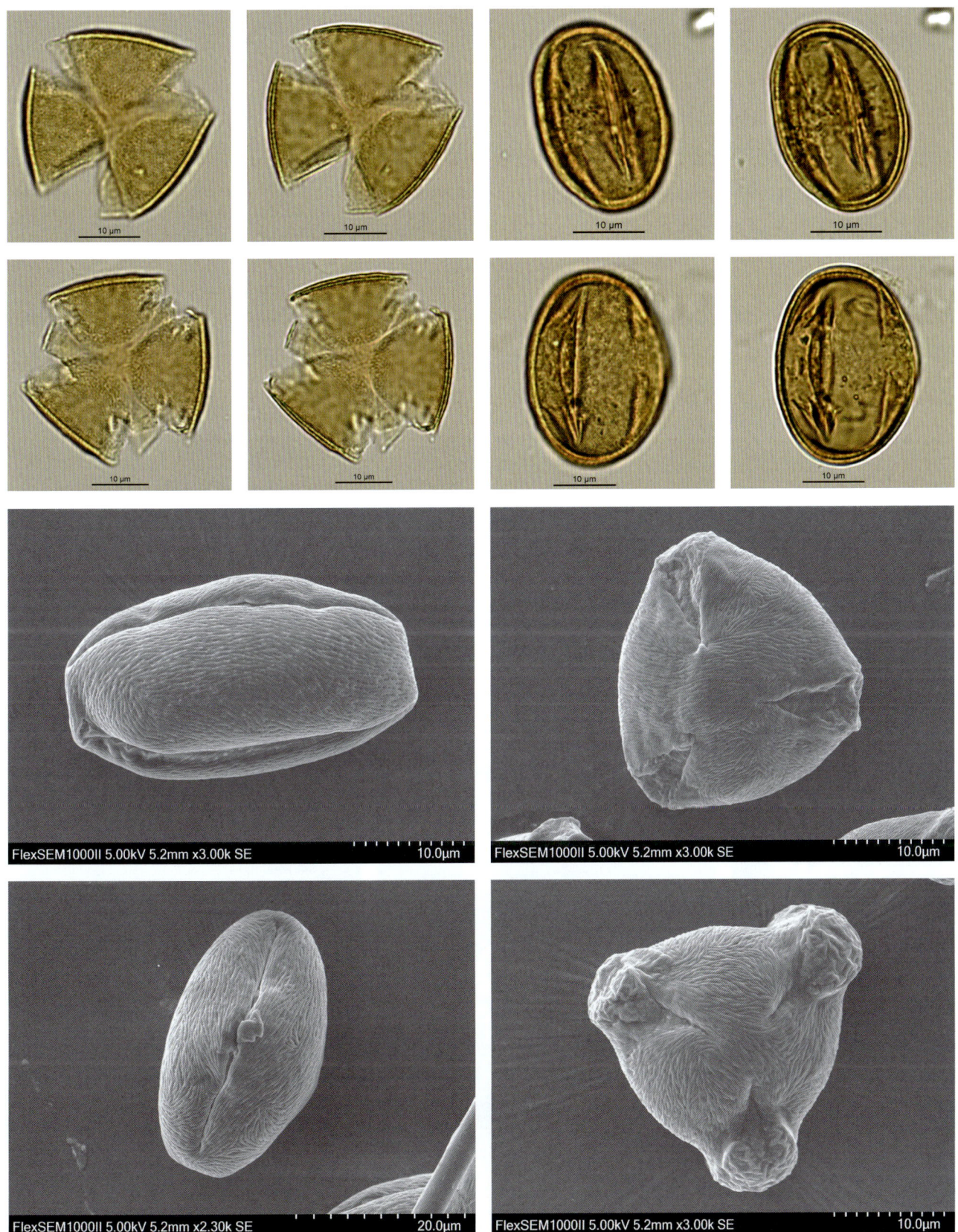

## *Physocarpus* 风箱果属

*Physocarpus amurensis* (Maxim.) Maxim. 风箱果

花粉图式

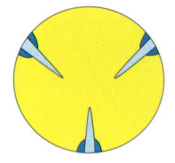
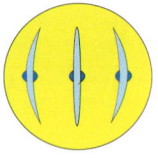

【形态特征】灌木，高可达 3 米；小枝圆柱形，稍弯曲，无毛或近于无毛；冬芽卵形，先端尖，外面被短柔毛；叶片三角卵形至宽卵形，先端急尖或渐尖，基部心形或近心形，稀截形；叶柄长 1.2~2.5 厘米，微被柔毛或近于无毛；托叶线状披针形，顶端渐尖，边缘有不规则尖锐锯齿，无毛或近于无毛，早落；花序伞形总状；花梗长 1~1.8 厘米，总花梗和花梗密被星状柔毛；苞片披针形，顶端有锯齿，两面微被星状毛，早落；花直径 8~13 毫米；萼筒杯状，外面被星状茸毛；萼片三角形，先端急尖，全缘，内外两面均被星状茸毛；花瓣倒卵形，先端圆钝，白色；雄蕊 20~30，着生在萼筒边缘，花药紫色；心皮 2~4，外被星状柔毛，花柱顶生；蓇葖果膨大，卵形，长渐尖头，熟时沿背腹两缝开裂，外面微被星状柔毛，内含光亮黄色种子 2~5 枚。

【花果期】花期 6 月，果期 7—8 月。

【生境】生于山沟中、阔叶林边，常丛生。

【分布】国内分布：黑龙江（帽儿山）和河北（雾灵山）；国外分布：朝鲜及俄罗斯。

【别名】托盘幌、阿穆尔风箱果。

【保护级别】易危（VU）；地方保护野生植物。

【花粉形态】花粉粒长球形，极面观为 3 裂圆形，大小为 20（17~23）× 36（32~42）μm；具 3 孔沟，内孔突出，横长，孔大，直径为 8~9μm；表面具条纹状雕纹。

第五章 被子植物的花粉形态

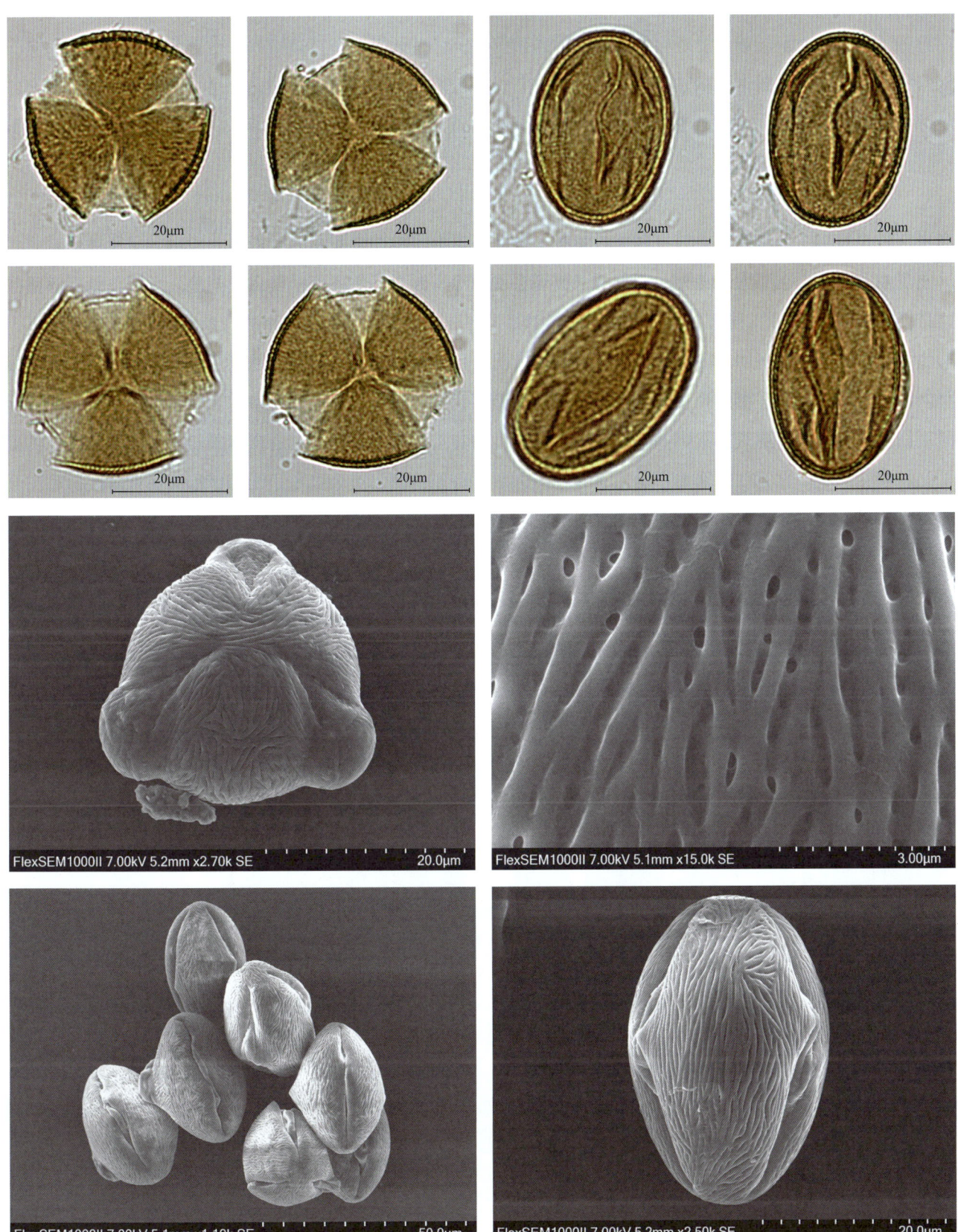

## *Potaninia* 绵刺属

***Potaninia mongolica*** Maxim. 绵刺

【形态特征】小灌木，高 30~40 厘米，各部有长绢毛；茎多分枝，灰棕色；复叶具 3 或 5 小叶片，稀只有 1 小叶，先端急尖，基部渐狭，全缘，中脉及侧脉不显；叶柄坚硬，宿存成刺状；托叶卵形；花单生于叶腋；花梗长 3~5 毫米；苞片卵形，长约 1 毫米；萼筒漏斗状，萼片三角形，长约 1.5 毫米，先端锐尖；花瓣卵形，直径约 1.5 毫米，白色或淡粉红色；雄蕊花丝比花瓣短，着生在膨大花盘边上，内面密被绢毛；子房卵形，具 1 胚珠；瘦果长圆形，浅黄色，外有宿存萼筒。

花粉图式

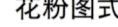
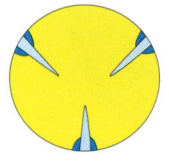
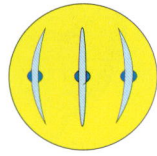

【花果期】花期 6—9 月，果期 8—10 月。

【生境】生在砂质荒漠中，强度耐旱也极耐盐碱。

【分布】国内分布：内蒙古；国外分布：蒙古。

【别名】无

【保护级别】国家二级重点保护野生植物；易危（VU）；地方保护野生植物。

【花粉形态】花粉粒长球形，少数为近球形，极面观为 3 裂圆形，赤道面观为椭圆形，大小为 13（12~16）× 27（22~31）μm；具 3 孔沟，沟长，长达两极，在赤道部位缢缩，内孔微外突；外壁两层，外层厚于内层；表面具条纹状雕纹。

第五章 被子植物的花粉形态

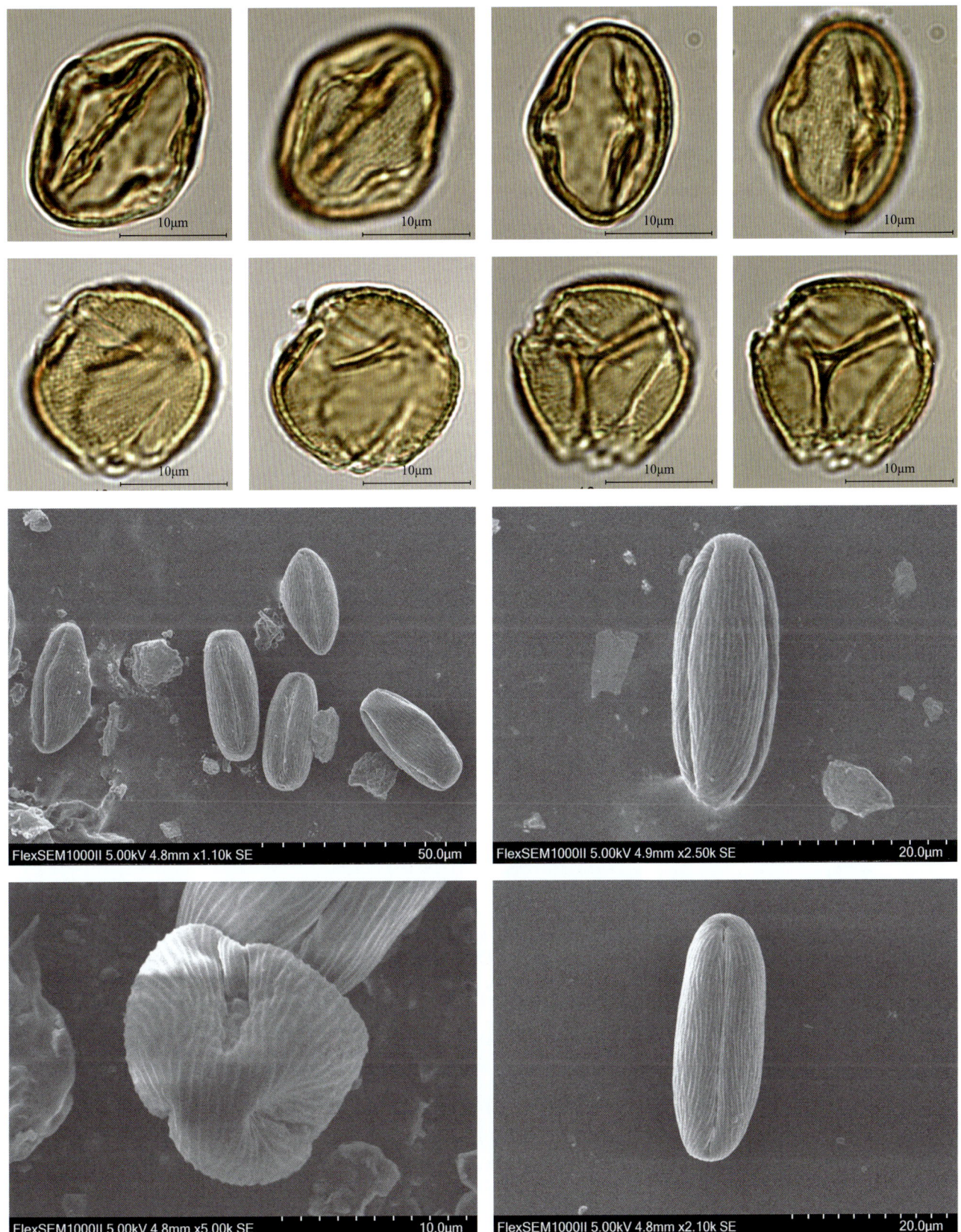

## Prunus 李属

***Prunus armeniaca*** L. 杏

花粉图式

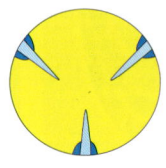
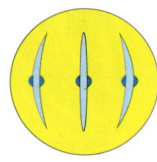

【形态特征】落叶乔木，高可达 8 米，树冠圆形、扁圆形或长圆形；树皮灰褐色，纵裂；多年生枝浅褐色，皮孔大而横生，一年生枝浅红褐色，有光泽，无毛，具多数小皮孔；叶片宽卵形或圆卵形，先端急尖至短渐尖，基部圆形至近心形，叶边有圆钝锯齿，两面无毛或下面脉腋间具柔毛；叶柄长 2~3.5 厘米，无毛，基部常具 1~6 腺体；花单生，先叶开放；花萼紫绿色，萼片卵形，花后反折；花瓣圆形或倒卵形，白色带红晕；果实球形，稀倒卵形，白色、黄色至黄红色，常具红晕，微被短柔毛；果肉多汁，熟时不裂；核卵圆形或椭圆形，基部对称，稍粗糙或平滑。

【花果期】花期 3—4 月，果期 6—7 月。

【生境】主要生长在温带生物群落中，在中国新疆伊犁一带野生成纯林或与新疆野苹果林混生，海拔可达 3000 米。

【分布】全国各地均有分布，多数为栽培，尤以华北、西北和华东地区种植较多，少数地区为野生。

【别名】归勒斯、杏花、杏树。

【保护级别】国家二级重点保护野生植物；地方保护野生植物。

【花粉形态】花粉粒长球形，极面观 3 裂圆形，赤道面观椭圆形，大小为 27（24~32）×50（46~56）μm；具 3 孔沟，几达两极，中部缢缩，孔大而圆，突出；外壁两层，外层与内层厚度约相等，柱状层基柱明显；表面具条纹状雕纹。

第五章 被子植物的花粉形态

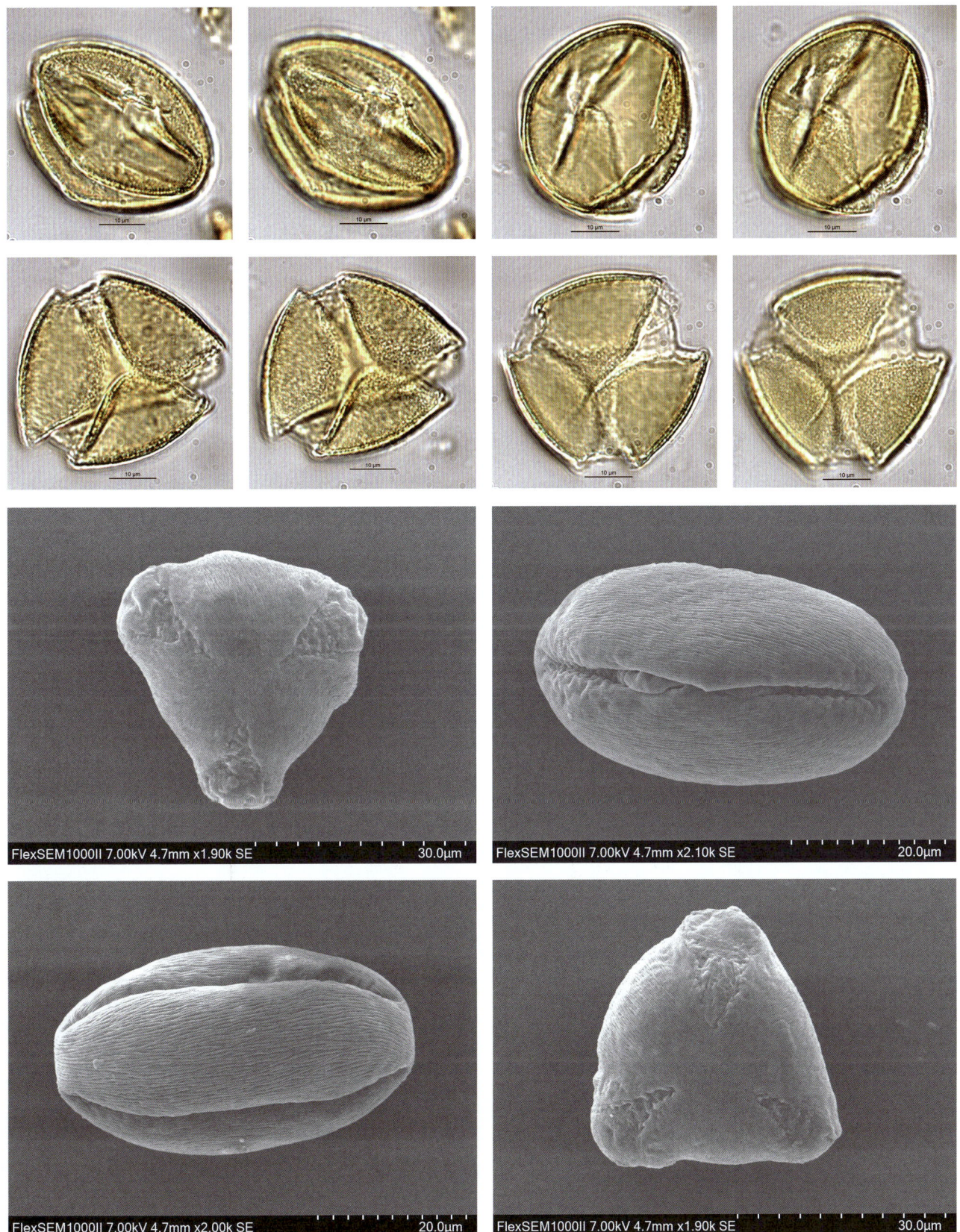

967

### *Prunus mongolica* Maxim. 蒙古扁桃

**【形态特征】** 灌木，高可达2米；小枝顶端成枝刺；嫩枝被短柔毛；短枝叶多簇生，长枝叶互生；叶宽椭圆形、近圆形或倒卵形，先端钝圆，有时具小尖头，基部楔形，两面无毛，有浅钝锯齿，侧脉约4对；叶柄长2~5毫米，无毛；花单生，稀数朵簇生短枝上；花梗极短；萼筒钟形，无毛；萼片长圆形，与萼筒近等长，顶端有小尖头；无毛花瓣倒卵形；粉红子房被柔毛，花柱细长，几与雄蕊等长，具柔毛；核果宽卵圆形，顶端具尖头，外面密被柔毛，果柄短，果肉薄，熟时开裂，离核；核卵圆形，顶端具小尖头，基部两侧不对称，腹缝扁，背缝不扁，光滑，具浅沟纹，无孔穴；种仁扁宽卵圆形，浅棕褐色。

**【花果期】** 花期5月，果期8月。

**【生境】** 生于荒漠区和荒漠草原区的低山丘陵坡麓、石质坡地及干河床。

**【分布】** 国内分布：内蒙古、甘肃和宁夏；国外分布：蒙古。

**【别名】** 乌兰–布衣勒斯。

**【保护级别】** 国家二级重点保护野生植物；易危（VU）；地方保护野生植物。

**【花粉形态】** 花粉粒近球形，极面观为3裂圆形，赤道面观为椭圆形，大小为25（22~28）×35（30~40）μm；具3孔沟，沟深而长，达两极，内孔外突，具孔膜，孔膜上有不规则的瘤状突起物；表面具条纹状雕纹。

花粉图式

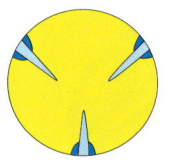
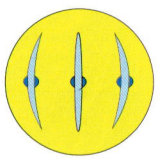

# 第五章 被子植物的花粉形态

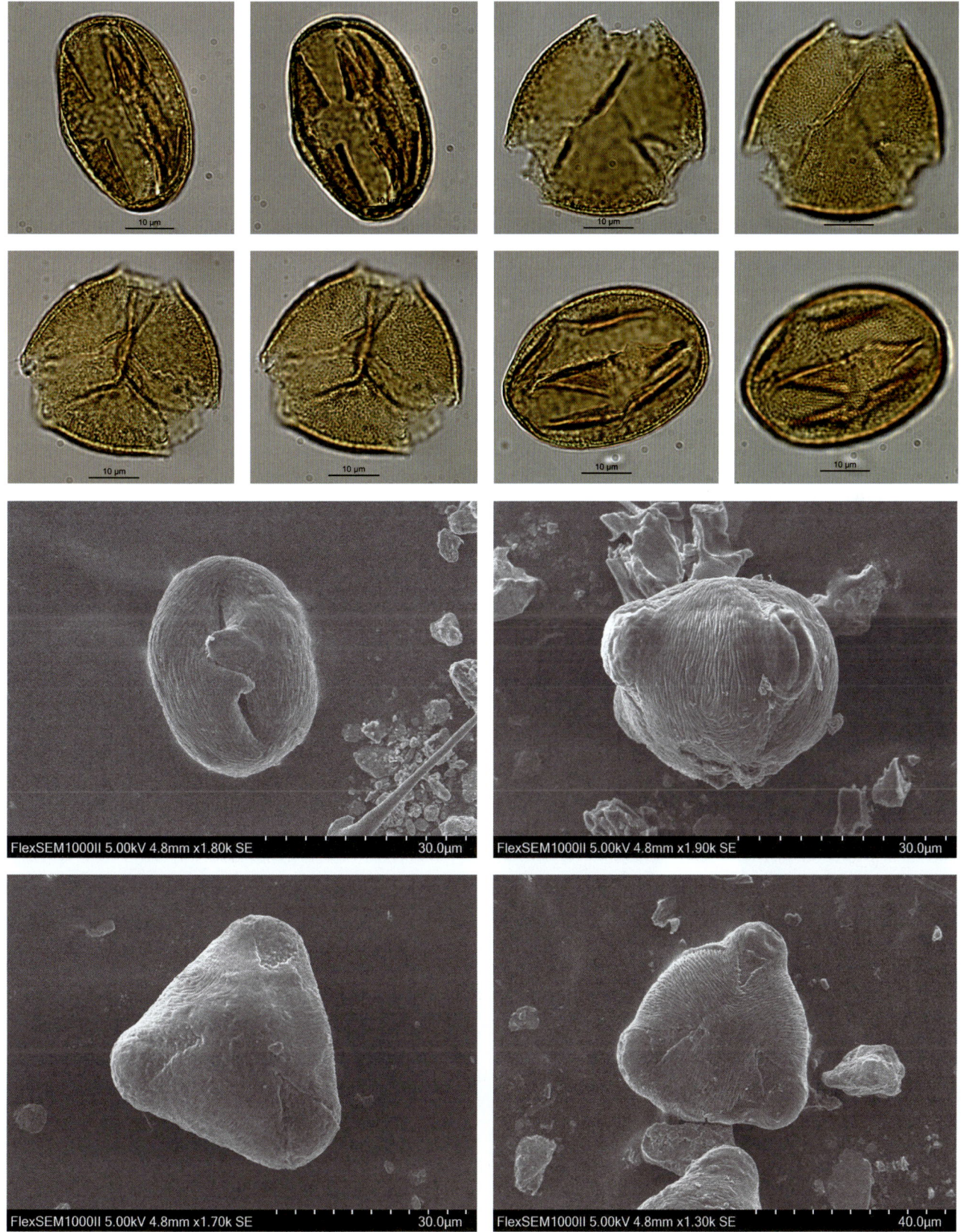

## *Prunus pedunculata* (Pall.) Maxim. 长梗扁桃

花粉图式

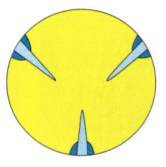
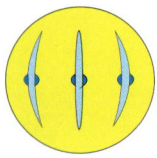

【形态特征】灌木，高 1~2 米；幼枝被柔毛，短枝叶密集簇生，一年生枝叶互生；叶椭圆形、近圆形或倒卵形，先端急尖或钝圆，基部宽楔形，两面疏生柔毛，具不整齐粗锯齿，侧脉 4~6 对；叶柄长 2~10 毫米，被柔毛；花单生，稍先叶开放；花梗长 4~8 毫米，具柔毛；萼筒宽钟形，无毛或微具毛，萼片三角状卵形，边缘疏生浅齿；花瓣近圆形，粉红色；核果近球形或卵圆形，顶端具小尖头，熟后暗紫红色，密被柔毛，果肉薄而干燥，开裂，离核；核宽卵圆形，具小突尖头，基部圆，平滑或稍有皱纹。

【花果期】花期 5—6 月，果期 7—8 月。

【生境】生于干草原及荒漠草原地带，多见于丘陵地向阳石质斜坡及坡麓。

【分布】国内分布：内蒙古和宁夏；国外分布：蒙古和俄罗斯。

【别名】布衣勒斯、长柄扁桃、柄扁桃。

【保护级别】近危（NT）；地方保护野生植物。

【花粉形态】花粉粒长球形，极面观为 3 裂圆形，赤道面观为椭圆形，大小为 30（26~32）× 55（50~58）μm；具 3 孔沟，沟较深，沟末端钝圆，未达两极，沟缘不整齐，内孔微外突；外壁两层，外层厚于内层；表面具条纹状雕纹。

第五章 被子植物的花粉形态

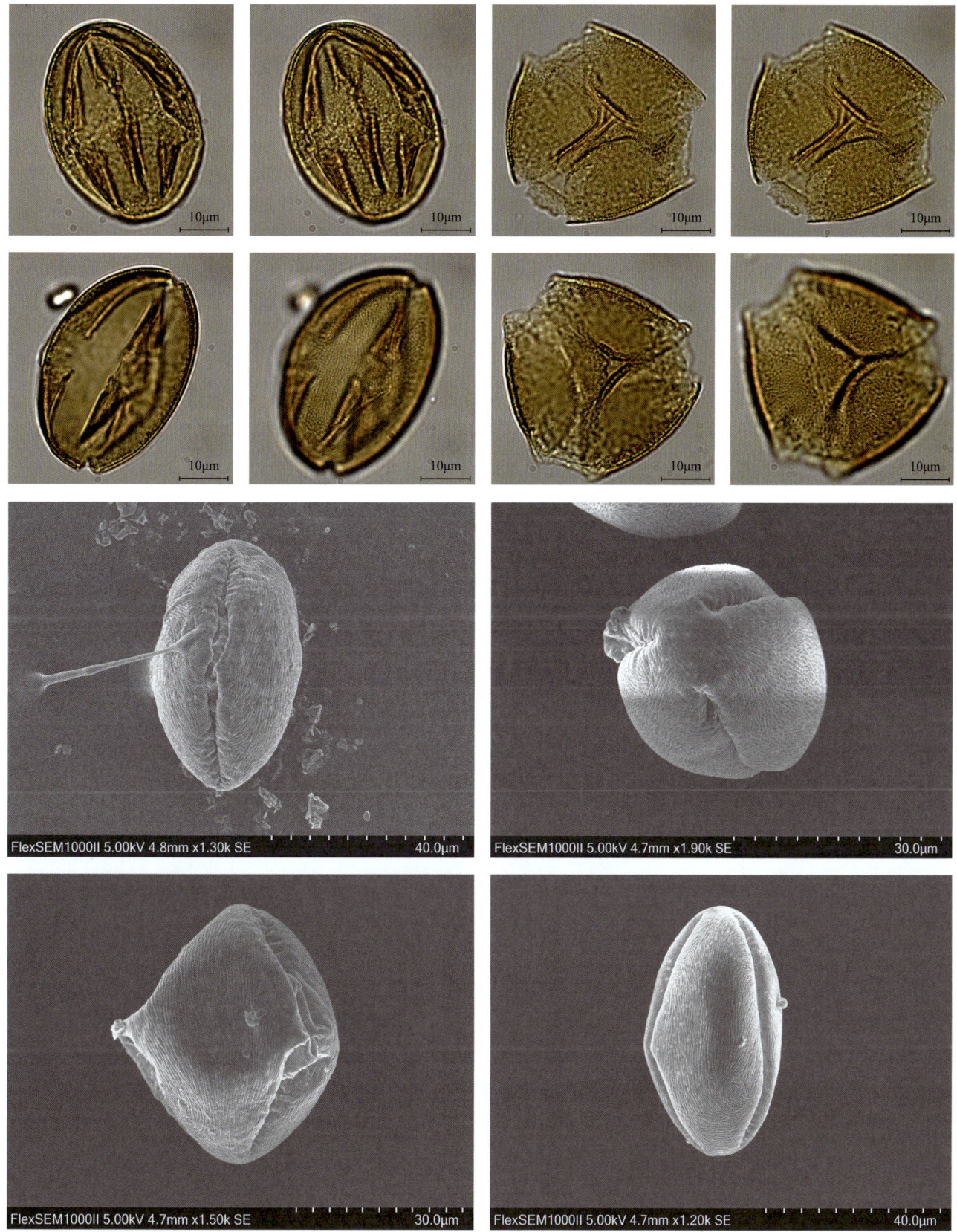

## *Pyrus* 梨属

### *Pyrus ussuriensis* Maxim. 秋子梨

【形态特征】乔木，高可达 15 米，树冠宽广；嫩枝无毛或微具毛，二年生枝条黄灰色至紫褐色，老枝转为黄灰色或黄褐色，具稀疏皮孔；冬芽肥大，卵形，先端钝，鳞片边缘微具毛或近于无毛；叶片卵形至宽卵形，先端短渐尖，基部圆形或近心形，稀宽楔形，边缘具有带刺芒的尖锐锯齿；托叶线状披针形，先端渐尖，边缘具有腺齿，早落；花序密集，有花 5~7 朵；花梗长 2~5 厘米，总花梗和花梗在幼嫩时被茸毛，不久脱落；苞片膜质，线状披针形，先端渐尖，全缘；花直径 3~3.5 厘米；萼筒外面无毛或微具茸毛；萼片三角状披针形，先端渐尖，边缘有腺齿，外面无毛，内面密被茸毛；花瓣倒卵形或广卵形，先端圆钝，基部具短爪，无毛，白色；雄蕊 20，短于花瓣，花药紫色；花柱 5，离生，近基部有稀疏柔毛；果实近球形，黄色，萼片宿存，基部微下陷，具短果梗。

花粉图式

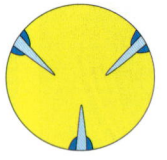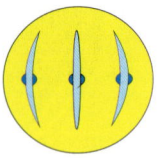

【花果期】花期 5 月，果期 8—10 月。

【生境】生长在寒冷而干燥的山区，海拔 100~2000 米。

【分布】国内分布：黑龙江、吉林、辽宁、内蒙古、河北、山东、山西、陕西和甘肃；国外分布：亚洲东北部。

【别名】酸梨、沙果梨、野梨、青梨、山梨、花盖梨、青皮梨。

【保护级别】地方保护野生植物。

【花粉形态】花粉粒近球形，极面观 3 裂圆形，赤道面观椭圆形，大小为 30（24~33）× 32（27~35）μm；具 3 孔沟，沟狭，几达两极，中部沟缢缩，孔圆形，突出；外壁两层，外层与内层厚度约相等，柱状层基柱明显；表面具条纹状雕纹。

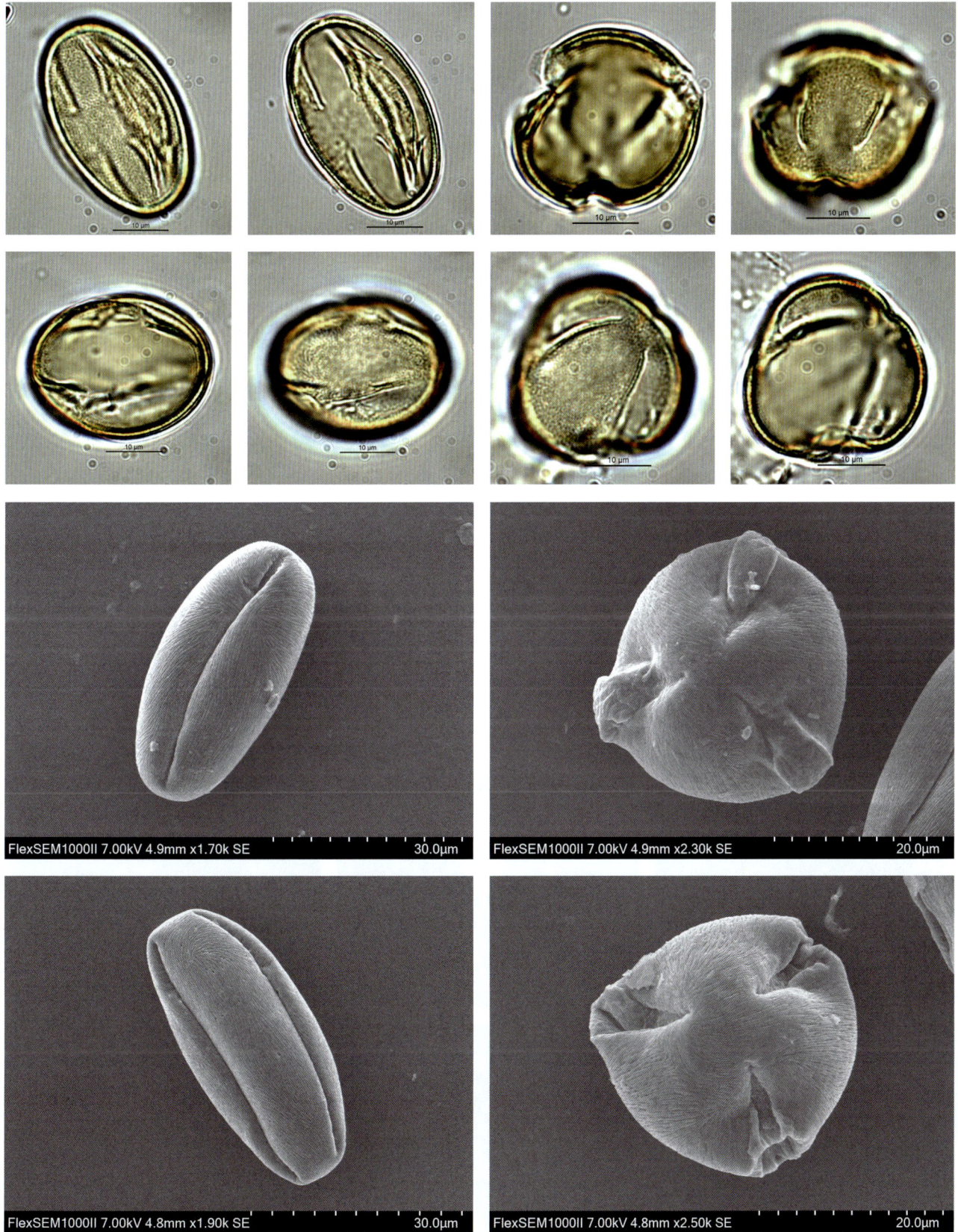

## *Rhaphiolepis* 石斑木属

### *Rhaphiolepis indica* (L.) Lindl. 石斑木

花粉图式

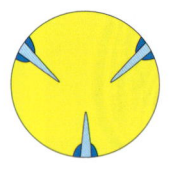
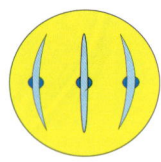

【形态特征】常绿灌木，稀小乔木，高可达 4 米；幼枝初被褐色茸毛，以后逐渐脱落近于无毛；叶片集生于枝顶，卵形、长圆形，稀倒卵形或长圆披针形，先端圆钝，急尖、渐尖或长尾尖，基部渐狭连于叶柄，边缘具细钝锯齿；叶柄长 5~18 毫米，近于无毛；托叶钻形，脱落；顶生圆锥花序或总状花序；总花梗和花梗被锈色茸毛，花梗长 5~15 毫米；苞片及小苞片狭披针形，近无毛；花直径 1~1.3 厘米；萼筒筒状，边缘及内外面有褐色茸毛，或无毛；萼片 5，三角状披针形至线形，先端急尖，两面被疏茸毛或无毛；花瓣 5，白色或淡红色，倒卵形或披针形，先端圆钝，基部具柔毛；雄蕊 15，与花瓣等长或稍长；花柱 2~3，基部合生，近无毛；果实球形，紫黑色，果梗短粗。

【花果期】花期 4 月，果期 7—8 月。

【生境】生于海拔 150~1600 米的山坡、路边或溪边灌木林中。

【分布】国内分布：安徽、浙江、江西、湖南、贵州、云南、福建、广东、广西和台湾；国外分布：日本、老挝、越南、柬埔寨、泰国和印度尼西亚。

【别名】车轮梅、春花、春花木。

【保护级别】无危（LC）。

【花粉形态】花粉粒长球形，极面观 3 裂圆形，赤道面观椭圆形，大小为 22（19~24）×28（25~33）μm；具 3 孔沟，沟长达两极，中部沟缢缩，孔圆形，突出；外壁两层，内层稍厚于外层，柱状层基柱明显；表面具条纹状雕纹。

第五章 被子植物的花粉形态

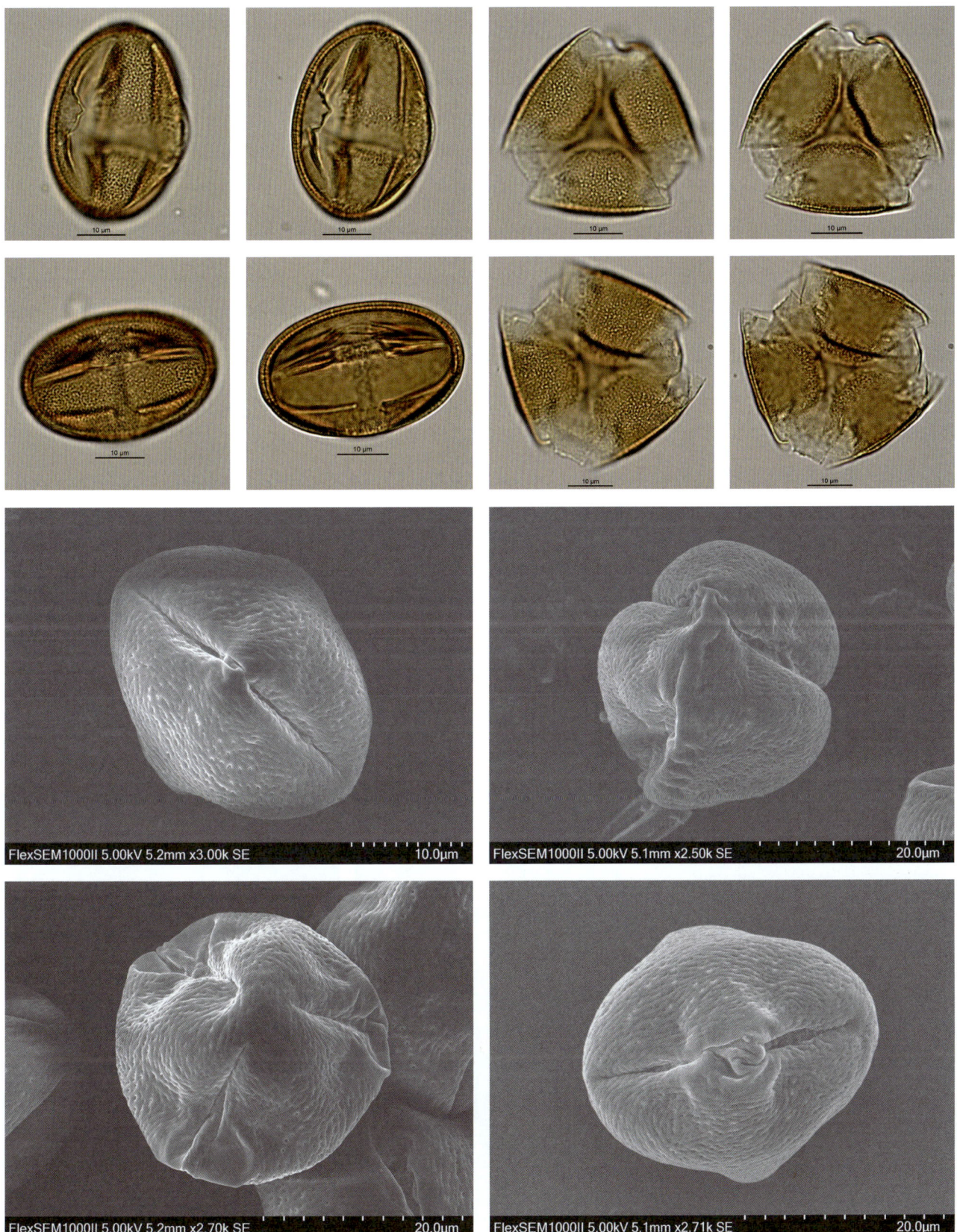

## *Rosa* 蔷薇属

### *Rosa lucidissima* H. Lév. 亮叶月季

**花粉图式**

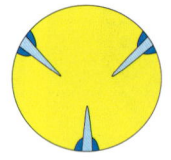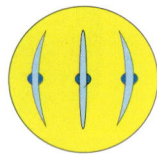

【形态特征】常绿或半常绿攀援灌木；小枝粗壮，老枝无毛，有基部压扁的弯曲皮刺，有时密被刺毛；小叶通常3，极稀5，连叶柄长6~11厘米；小叶片长圆状卵形或长椭圆形，先端尾状渐尖或急尖，基部近圆形或宽楔形，边缘有尖锐或紧贴的锯齿，两面无毛，老时常呈紫褐色；顶生小叶柄较长，侧生小叶柄短，总叶柄有小皮刺和稀疏腺毛；托叶大部贴生，仅顶端分离，无毛，游离部分披针形，边缘有腺；花单生，花梗短，花梗和萼筒无毛或幼时微有短柔毛，稀有腺毛，无苞片；萼片与花瓣近等长，长圆状披针形，先端尾状渐尖，全缘或稍有缺刻，外面近无毛，有时有腺，内面密被柔毛，花后反折；花瓣紫红色，宽倒卵形，顶端微凹，基部楔形；雄蕊多数，着生在坛状花托口周围的突起花盘上；心皮多数，被毛，花柱紫红色，离生，比雄蕊稍短；果实梨形或倒卵球形，常呈黑紫色，平滑。

【花果期】花期4—6月，果期5—8月。

【生境】多生于海拔400~1400米的山坡杂木林中或灌丛中。

【分布】湖北、四川和贵州。

【别名】无。

【保护级别】国家二级重点保护野生植物；极危（CR）；中国特有种。

【花粉形态】花粉粒近球形，极面观为3裂圆形，赤道面观为椭圆形，大小为23（20~24）×30（25~35）μm；具3孔沟，内孔圆形；外壁两层明显，外层厚于内层；表面具条纹状雕纹。

第五章 被子植物的花粉形态

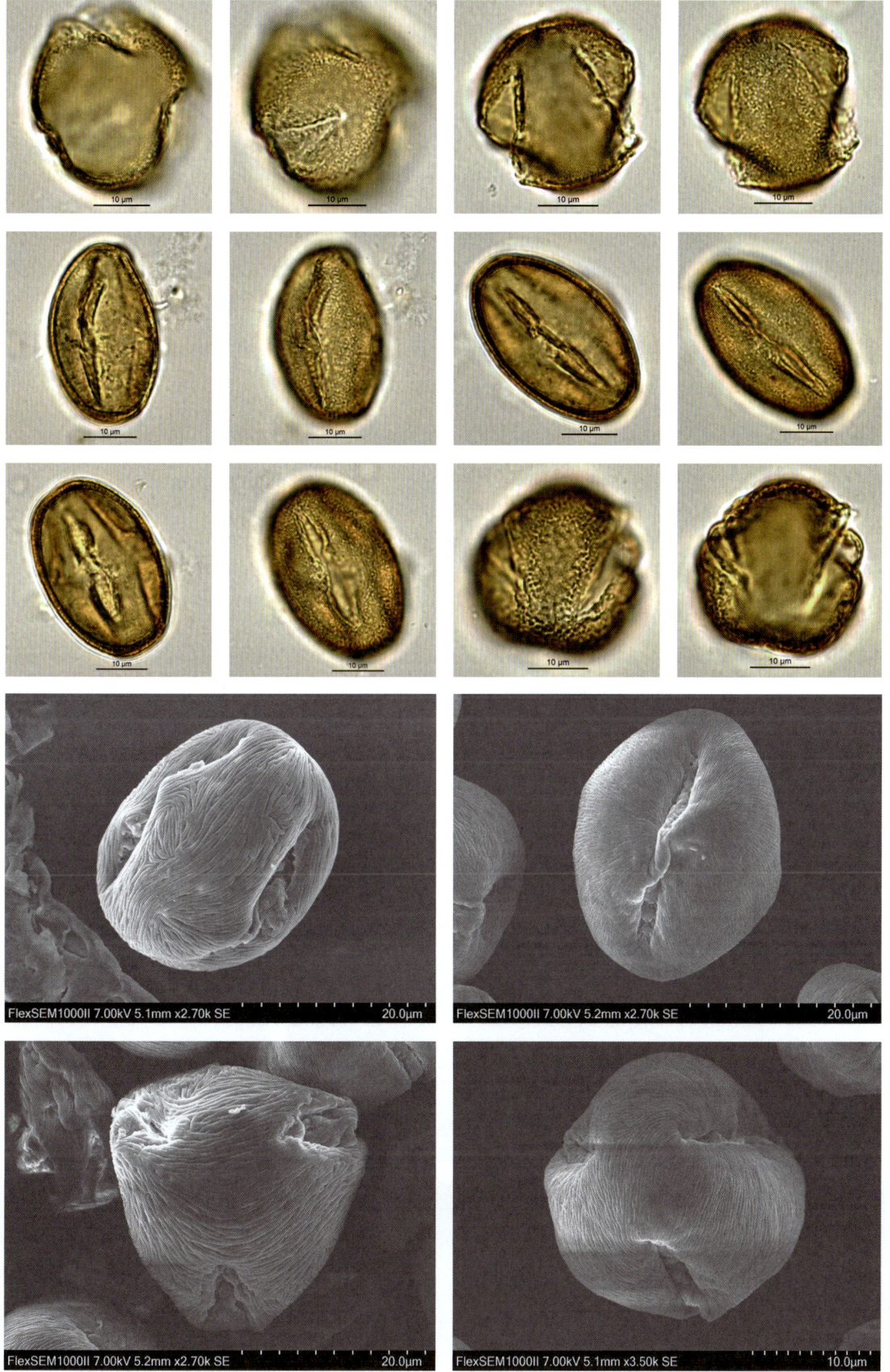

## *Rosa rugosa* Thunb. 玫瑰

花粉图式

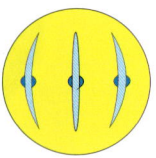

【形态特征】直立灌木，高可达 2 米；茎粗壮，丛生；小枝密被茸毛，并有针刺和腺毛，有直立或弯曲、淡黄色的皮刺，皮刺外被茸毛；小叶 5~9，连叶柄长 5~13 厘米；小叶片椭圆形或椭圆状倒卵形，先端急尖或圆钝，基部圆形或宽楔形，边缘有尖锐锯齿；叶柄和叶轴密被茸毛和腺毛；托叶大部贴生于叶柄，离生部分卵形，边缘有带腺锯齿，下面被茸毛；花单生于叶腋，或数朵簇生，苞片卵形，边缘有腺毛，外被茸毛；花梗长 5~22.5 毫米，密被茸毛和腺毛；花直径 4~5.5 厘米；萼片卵状披针形，先端尾状渐尖，常有羽状裂片而扩展成叶状，上面有稀疏柔毛，下面密被柔毛和腺毛；花瓣倒卵形，重瓣至半重瓣，芳香，紫红色至白色；花柱离生，被毛，稍伸出萼筒口外，比雄蕊短很多；果扁球形，砖红色，肉质，平滑，萼片宿存。

【花果期】花期 5—6 月，果期 8—9 月。

【生境】适合生长在潮湿、微酸和排水良好的花园壤土中，也适合一些贫瘠的土壤。

【分布】原产自我国华北以及日本和朝鲜。

【别名】滨茄子、滨梨、刺玫。

【保护级别】国家二级重点保护野生植物；濒危（EN）。

【花粉形态】花粉粒近球形，极面观为 3 裂圆形，赤道面观为椭圆形，大小为 22（19~23）× 26（24~30）μm；具 3 孔沟，内孔圆形；外壁两层明显，外层厚于内层；表面具条纹状雕纹。

第五章 被子植物的花粉形态

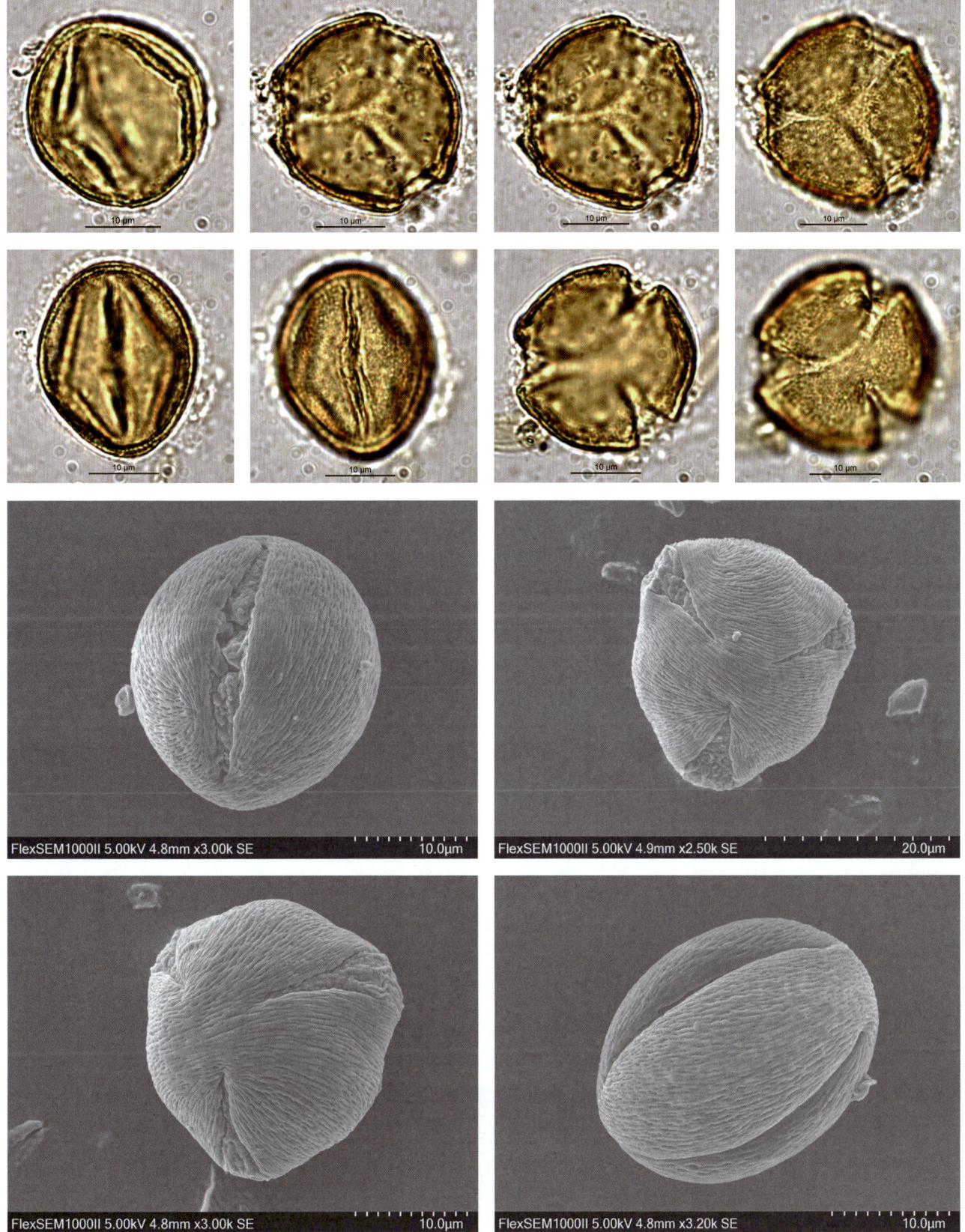

## Rubus 悬钩子属

### *Rubus reflexus* var. *lanceolobus* F. P. Metcalf 深裂锈毛莓

【形态特征】攀援灌木，高可达 2 米；枝被锈色茸毛状毛，疏生小皮刺；单叶，心状宽卵形或近圆形，上面无毛或沿叶脉疏生柔毛，有皱纹，下面密被锈色茸毛，沿叶脉有长柔毛，5~7 深裂，裂片披针形或长圆状披针形；叶柄被茸毛并疏生小皮刺，托叶宽倒卵形，被长柔毛，梳齿状或不规则掌状分裂；花数朵簇生叶腋或成顶生总状花序；花序轴和花梗密被锈色长柔毛；花梗长 3~6 毫米；苞片与托叶相似；花径 1~1.5 厘米；花萼密被锈色长柔毛和茸毛；萼片卵形，外萼片先端常掌状分裂，内萼片常全缘；花瓣长圆形或近圆形，白色；雄蕊短，花药无毛或先端有毛；雌蕊无毛；果近球形，成熟时深红色；核有皱纹。

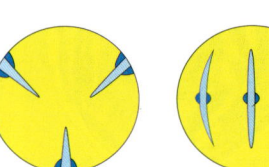

花粉图式

【花果期】花期 5—6 月，果期 7—8 月。

【生境】生长于低海拔的山谷或水沟边疏林中。

【分布】湖南、福建、广东和广西。

【别名】七裂叶悬钩子。

【保护级别】无危（LC）；中国特有种。

【花粉形态】花粉粒长球形至近球形，极面观为 3 裂圆形，大小为 21（19~23）× 38（37~45）μm；具 3 孔沟，内孔横长，中部缢缩，两端扩大具裂隙，与沟相交成十字形；外壁两层明显，外层较厚；表面具颗粒状雕纹，电镜下为细网状雕纹。

第五章 被子植物的花粉形态

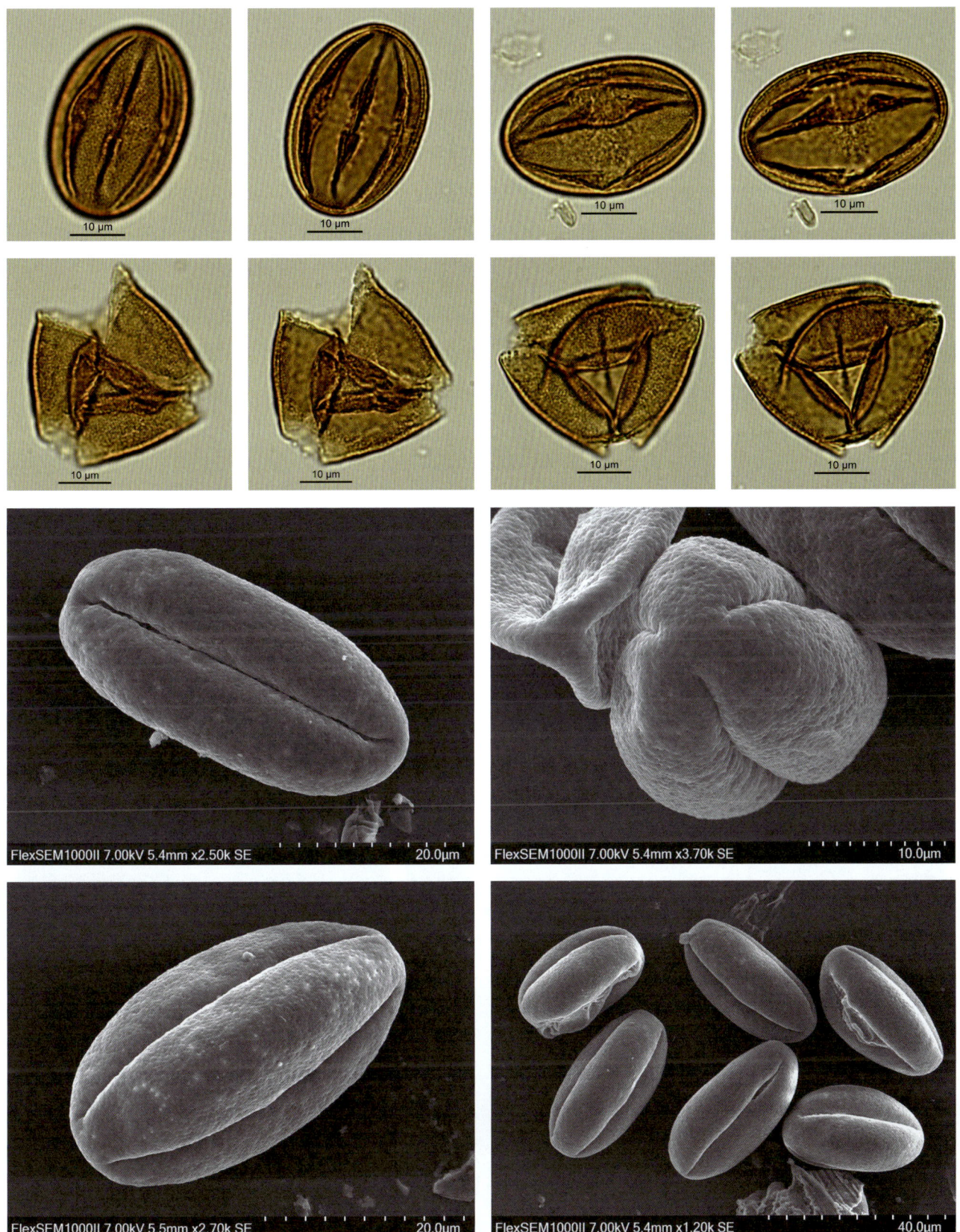

## *Spiraea* 绣线菊属

### *Spiraea salicifolia* L. 绣线菊

**【形态特征】** 直立灌木，高 1~2 米；枝条密集，小枝稍有棱角，黄褐色，嫩枝具短柔毛，老时脱落；冬芽卵形或长圆状卵形，先端急尖，有数个褐色外露鳞片，外被稀疏细短柔毛；叶片长圆状披针形至披针形，先端急尖或渐尖，基部楔形，边缘密生锐锯齿，有时为重锯齿，两面无毛；叶柄长 1~4 毫米，无毛；花序为长圆形或金字塔形的圆锥花序，被细短柔毛，花朵密集；花梗长 4~7 毫米；苞片披针形至线状披针形，全缘或有少数锯齿，微被细短柔毛；花直径 5~7 毫米；萼筒钟状；萼片三角形，内面微被短柔毛；花瓣卵形，先端通常圆钝，粉红色；雄蕊 50，约长于花瓣 2 倍；花盘圆环形，裂片呈细圆锯齿状；子房有稀疏短柔毛，花柱短于雄蕊；蓇葖果直立，无毛或沿腹缝有短柔毛，花柱顶生，倾斜开展，常具反折萼片。

花粉图式

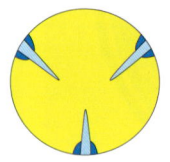
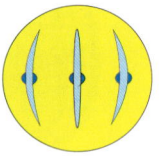

**【花果期】** 花期 6—8 月，果期 8—9 月。

**【生境】** 生于海拔 200~900 米的河流沿岸、湿草原、空旷地和山沟中。

**【分布】** 国内分布：黑龙江、吉林、辽宁、内蒙古和河北；国外分布：蒙古、日本、朝鲜、俄罗斯以及欧洲东南部。

**【别名】** 马尿溲、空心柳、珍珠梅、柳叶绣线菊。

**【保护级别】** 地方保护野生植物。

**【花粉形态】** 花粉粒长球形，极面观 3 裂圆形，赤道面观椭圆形，大小为 10（8~14）×20（15~25）μm；具 3 孔沟，沟狭，几达两极，内孔横长；外壁相对较厚，内层厚于外层，柱状层基柱不明显；表面具条纹状雕纹。

第五章 被子植物的花粉形态

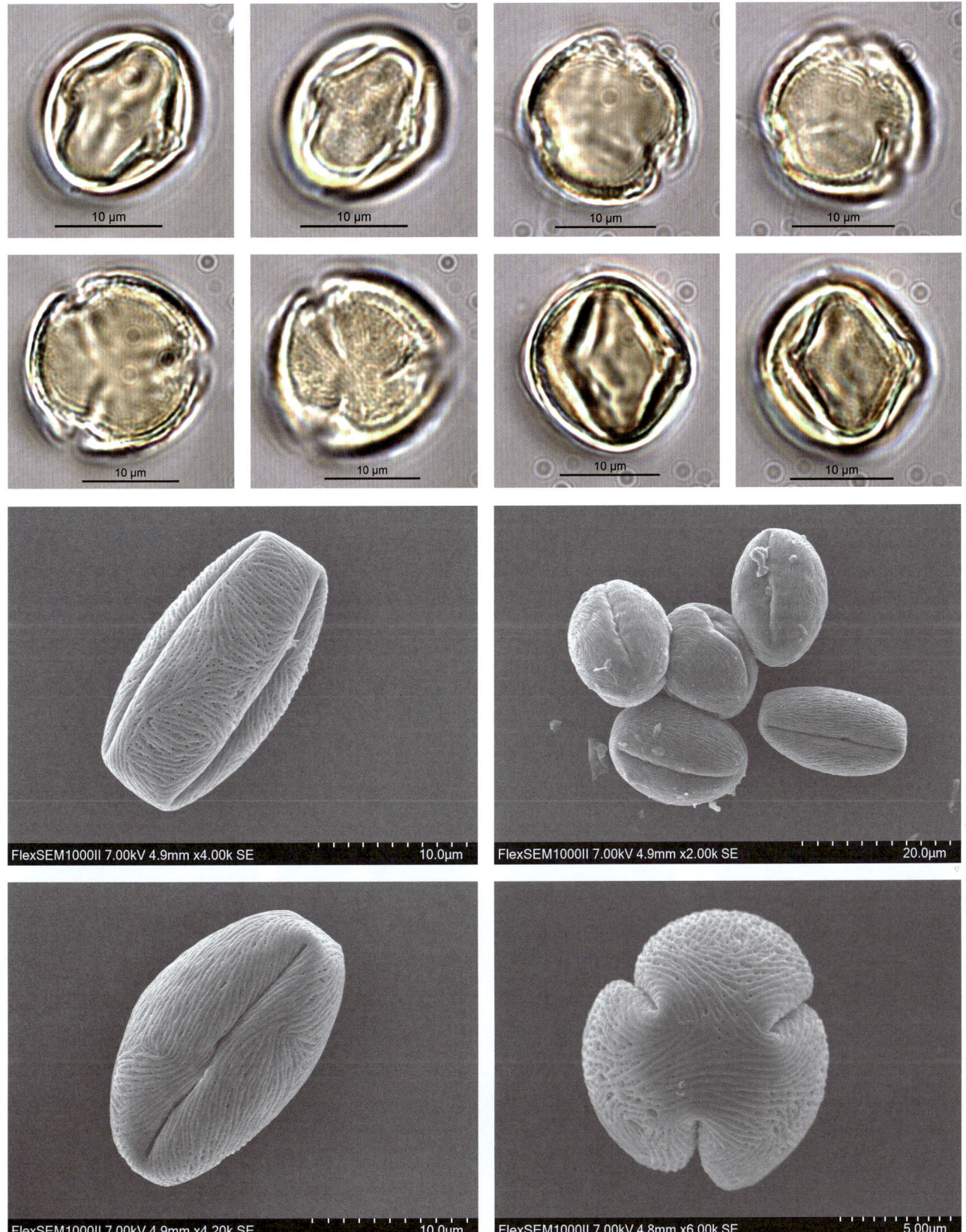

## Rubiaceae 茜草科
### *Aidia* 茜树属
*Aidia cochinchinensis* Lour. 茜树

【形态特征】无刺灌木或乔木，高2~15米；枝无毛；叶革质或纸质，对生，椭圆状长圆形、长圆状披针形或狭椭圆形，顶端渐尖至尾状渐尖，有时短尖，基部楔形，两面无毛，侧脉5~10对；叶柄长5~18毫米；托叶披针形，无毛，顶端长尖，脱落；聚伞花序与叶对生或生于无叶的节上，多花，有短柔毛或无毛；苞片和小苞片披针形；花梗长可达7毫米，有时近无花梗；花萼无毛，萼管杯形，檐部扩大，顶端4裂，稀5裂，裂片三角形；花冠黄色或白色，有时红色，外面无毛，喉部密被淡黄色长柔毛，冠管长3~4毫米，花冠裂片4，稀5，长圆形，顶端短尖，开放时反折；花药线状披针形，伸出；花柱长约7毫米，柱头长约6毫米，纺锤形，伸出；浆果球形，无毛或有疏柔毛，紫黑色，顶部有或无环状的萼檐残迹；种子多数。

花粉图式

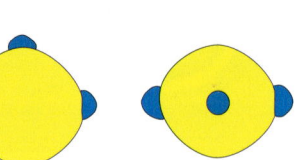

【花果期】花期3—6月，果期5月至翌年2月。

【生境】生于海拔50~2400米的丘陵、山坡和山谷溪边的灌丛或林中。

【分布】国内分布：华东、华中南部、华南至川滇黔各省；国外分布：日本南部、亚洲南部和东南部至大洋洲。

【别名】山黄皮、茜草树。

【保护级别】无危（LC）。

【花粉形态】花粉粒扁球形至球形，大小为17（15~19）×22（20~25）μm；具3~4孔，多数具3孔，孔直径为2~2.5μm；外壁厚度约2μm；表面具网状雕纹，电镜下网眼里面具颗粒。

第五章 被子植物的花粉形态

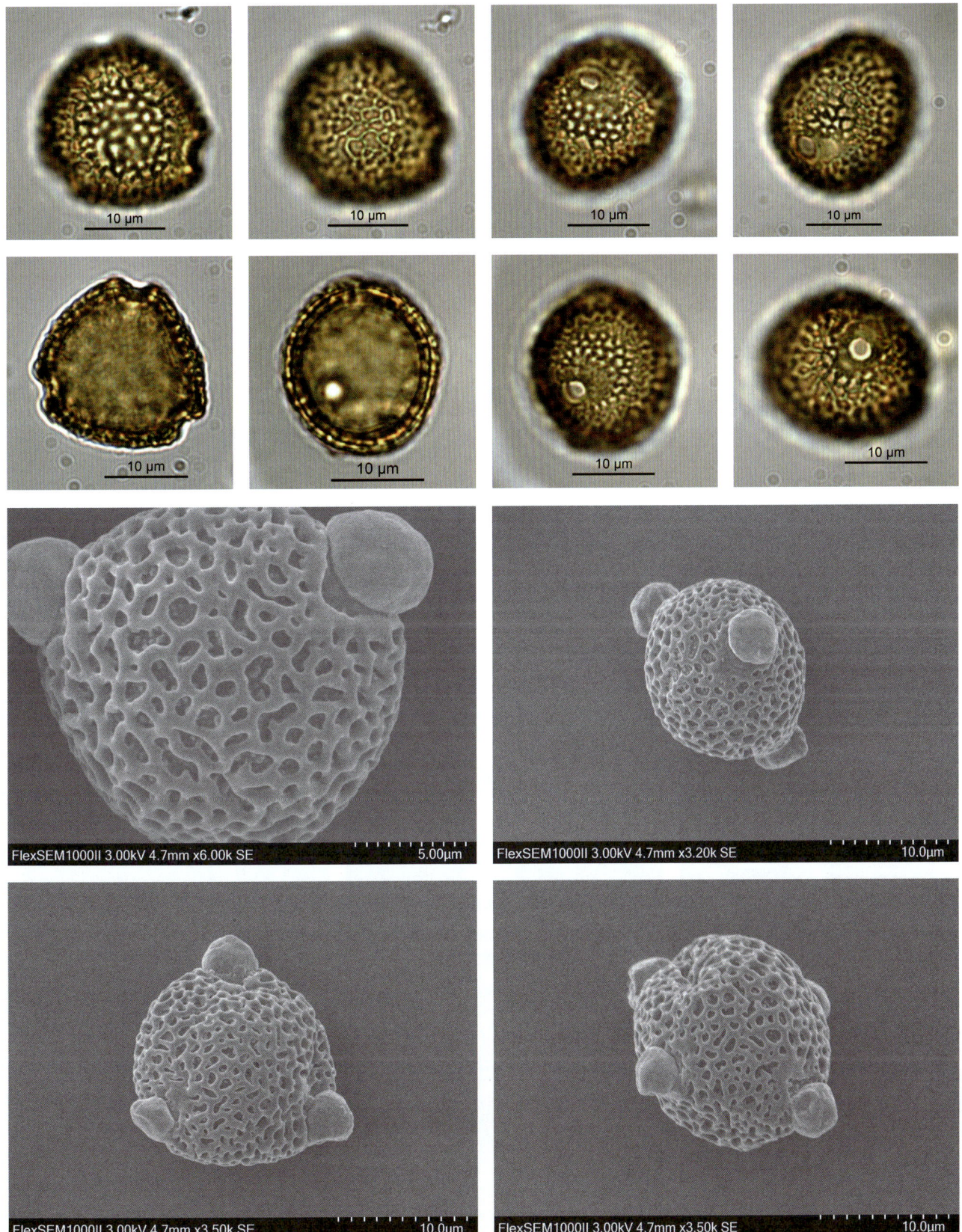

985

## *Arachnothryx* 绒香玫属

***Arachnothryx leucophylla* Planch. 白背绒香玫**

**【形态特征】** 半落叶常绿灌木，高 1~3 米，最高可达 6 米，株型开散，茎多分枝；枝被柔毛或无毛，小枝暗褐色，嫩枝被棕黄色硬毛；叶对生，革质，具短柄，粗糙，叶片细长，披针形，顶端钝或短尖，基部钝或近心形，边缘背卷，正面绿色有光泽，背面带银白色；托叶在叶柄间；聚伞花序顶生，近球形，有花数朵，花聚集，较小；花冠漏斗状或高脚碟状，粉红色至红色，顶端 4 裂，具绿茶的香味；蒴果球形，密被柔毛。

花粉图式

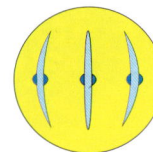

**【花果期】** 花期 4—5 月，果期 6—7 月。

**【生境】** 生长于海拔 500~1900 米的山区。

**【分布】** 原产于古巴、巴拿马、墨西哥等地；中国广州和香港有栽培。

**【别名】** 银叶郎德木。

**【保护级别】** 无危（LC）。

**【花粉形态】** 花粉粒长球形，极面观 3 裂圆形，赤道面观椭圆形，大小为 10（8~13）× 15（14~19）μm；具 3 孔沟，沟长达两极，内孔横长；外壁表面具网状雕纹。

# 第五章 被子植物的花粉形态

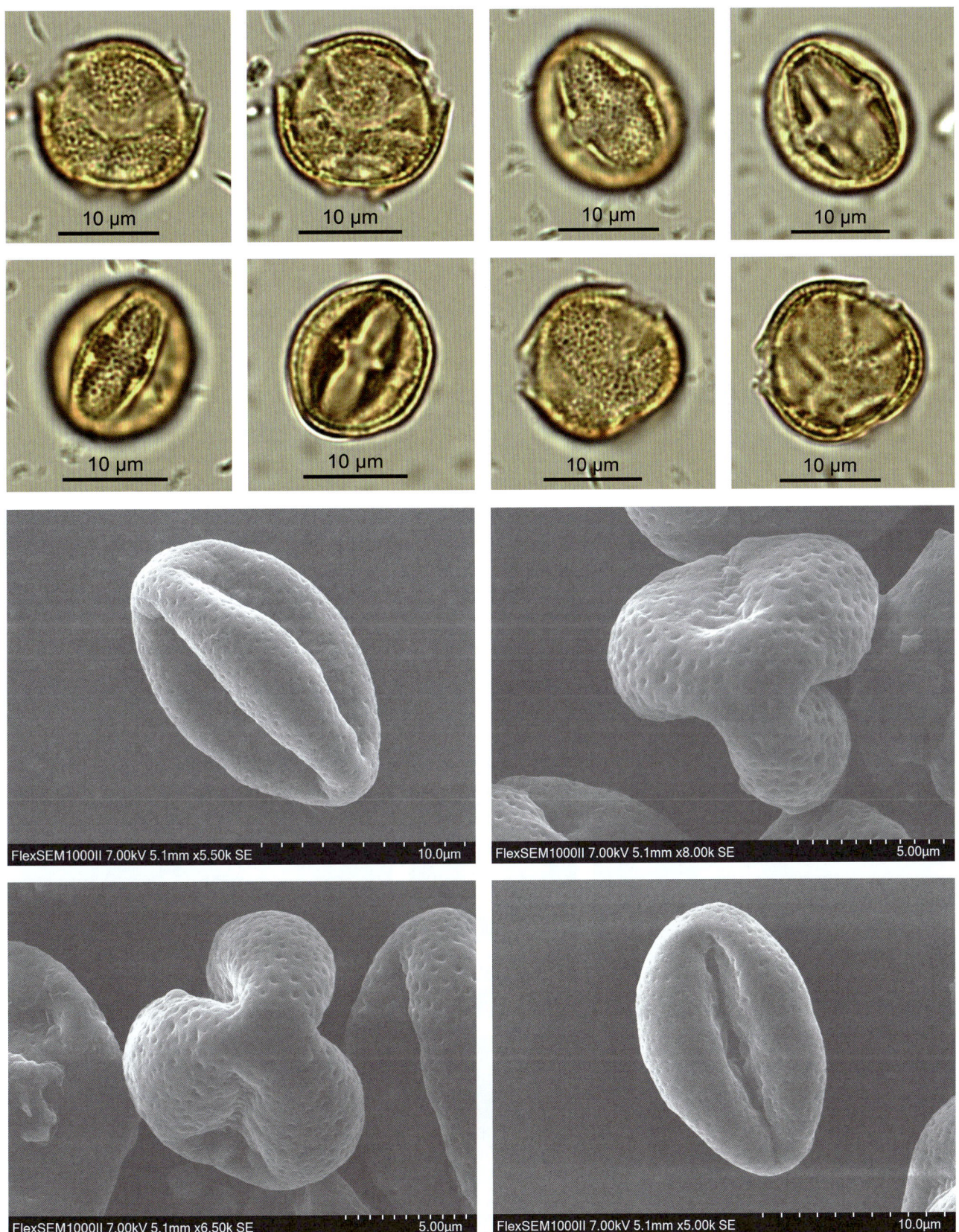

987

## *Cephalanthus* 风箱树属

*Cephalanthus tetrandrus* (Roxb.) Ridsdale & Bakh. f. 风箱树

花粉图式

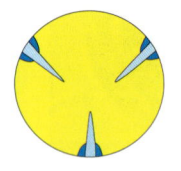
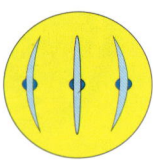

【形态特征】落叶灌木或小乔木，高 1~5 米；嫩枝近四棱柱形，被短柔毛，老枝圆柱形，褐色，无毛；叶对生或轮生，近革质，卵形至卵状披针形，顶端短尖，基部圆形至近心形，侧脉 8~12 对，脉腋常有毛窝；叶柄长 5~10 毫米，被毛或近无毛；托叶阔卵形，顶部骤尖，常有一黑色腺体；头状花序不计花冠直径 8~12 毫米，顶生或腋生，总花梗长 2.5~6 厘米，不分枝或有 2~3 分枝，有毛；小苞片棒形至棒状匙形；花萼管长 2~3 毫米，疏被短柔毛，基部常有柔毛，萼裂片 4，顶端钝，密被短柔毛，边缘裂口处常有黑色腺体 1 枚；花冠白色，花冠管长 7~12 毫米，外面无毛，内面有短柔毛，花冠裂片长圆形，裂口处通常有 1 枚黑色腺体；柱头棒形，伸出于花冠外；果序直径 10~20 毫米；坚果顶部有宿存萼檐；种子褐色，具翅状苍白色假种皮。

【花果期】花期 3—6 月，果期 6—8 月。

【生境】喜生于略荫蔽的水沟旁或溪畔。

【分布】国内分布：广东、海南、广西、湖南、福建、江西、浙江和台湾；国外分布：印度、孟加拉国、缅甸、泰国、老挝和越南北部。

【别名】马烟树、水杨梅。

【保护级别】无危（LC）；地方保护野生植物。

【花粉形态】花粉粒近球形，极面观 3 裂圆形，大小为 15（13~18）× 20（19~23）μm；具 3 孔沟，沟孔均明显，孔椭圆形，边缘略加厚；外壁厚约 1.5 μm，外层厚于内层；表面具细网状雕纹。

第五章 被子植物的花粉形态

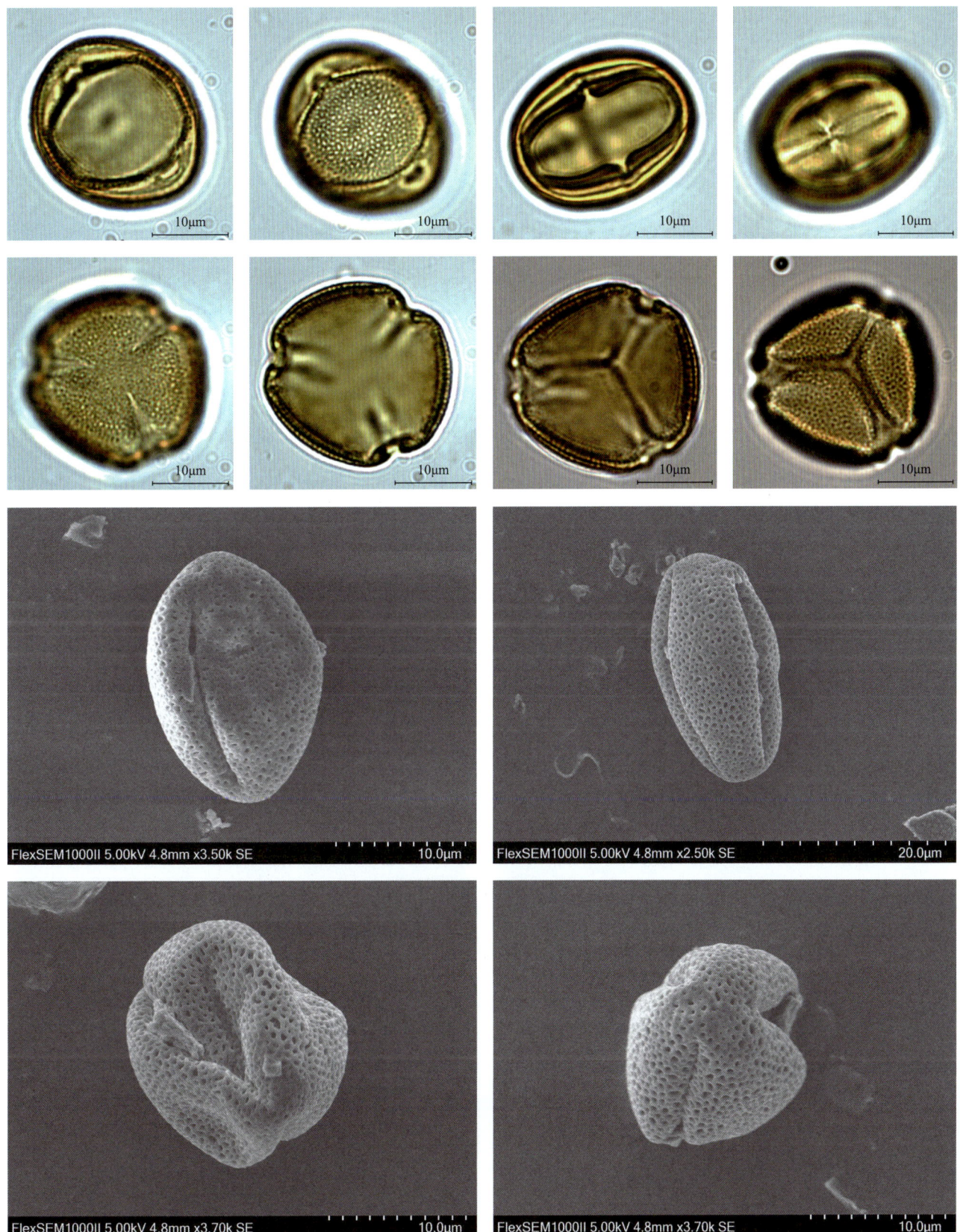

989

## *Duperrea* 长柱山丹属

*Duperrea pavettifolia* (Kurz) Pit. 长柱山丹

花粉图式

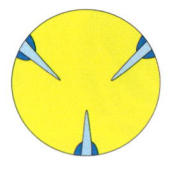
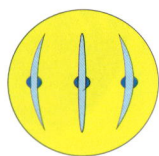

【形态特征】灌木或小乔木；小枝被浅黄色紧贴粗毛；叶长圆状椭圆形、长圆状披针形或倒披针形，先端渐尖，基部楔形，上面无毛或近无毛，下面有乳头状微柔毛，脉上被紧贴柔毛，侧脉 7~12 对；叶柄长 3~8 毫米，被紧贴硬毛；托叶膜质，卵状长圆形，先端芒尖，背面被紧贴硬毛；花序密被锈色硬毛；苞片线形，被毛；花梗长 3~5 毫米，被毛；萼筒长约 2 毫米，稍被锈色、紧贴硬毛，萼裂片线形，被毛；花冠白色，密被锈色紧贴硬毛，冠筒长 1.6~1.8 厘米，花冠裂片长 4~5 毫米；浆果扁球形，径约 1.2 厘米，有宿萼。

【花果期】花果期 4—6 月。

【生境】生于中海拔或低海拔杂木林内。

【分布】国内分布：海南、广西、云南等省区；国外分布：缅甸、越南、老挝、泰国和柬埔寨。

【别名】无

【保护级别】无危（LC）。

【花粉形态】花粉粒近球形，极面观 3 裂圆形，大小为 28（25~33）× 35（33~39）μm；具 3 孔沟，沟短而阔，两端尖，内孔大，直径约 6μm，椭圆形，内孔边缘有明显加厚；表面具细网状雕纹。

# 第五章 被子植物的花粉形态

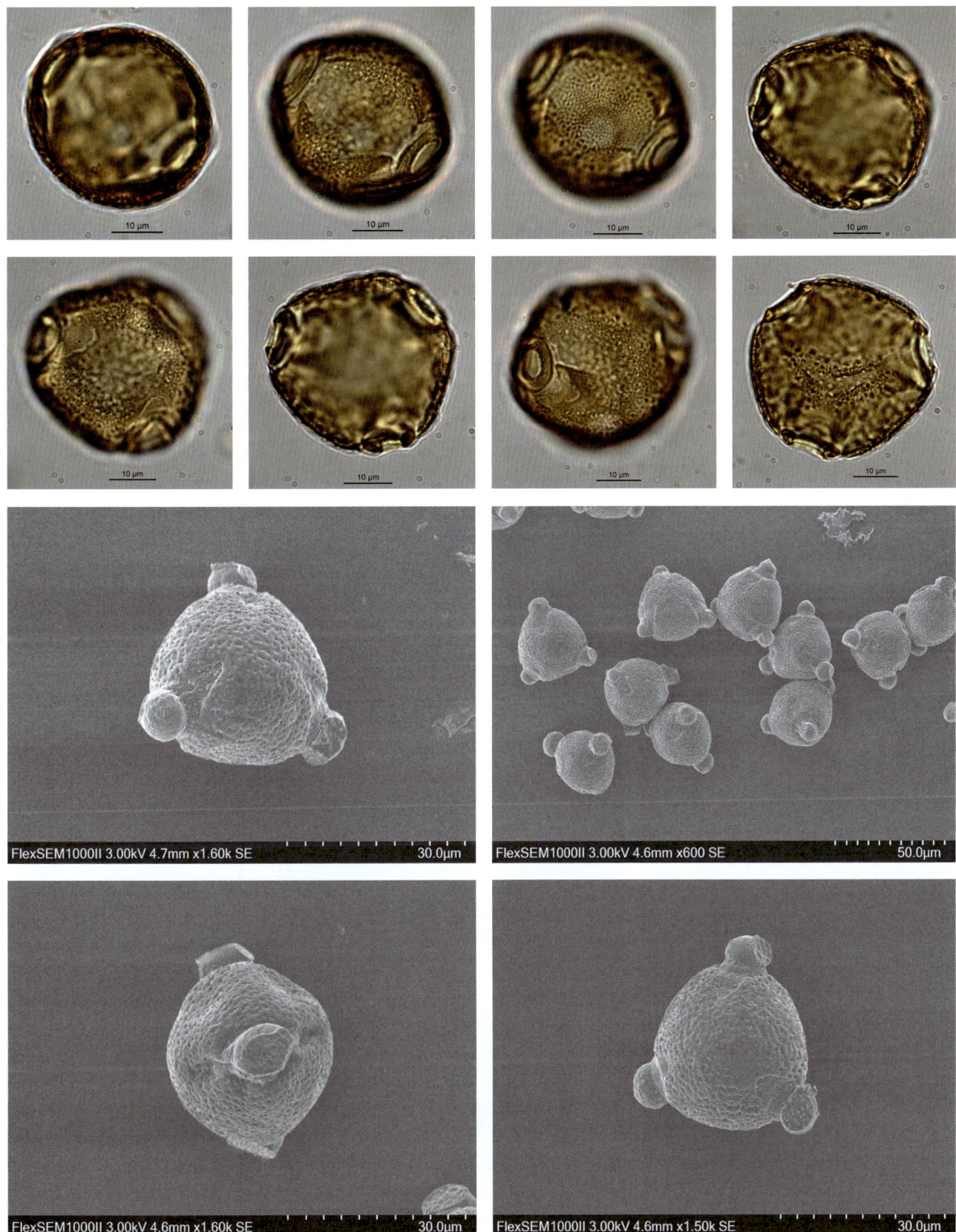

991

## *Leptodermis* 野丁香属

***Leptodermis ordosica*** H. C. Fu & E. W. Ma 内蒙野丁香

花粉图式

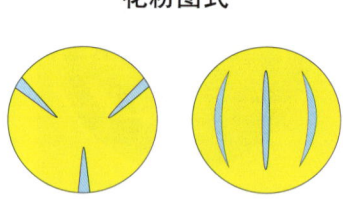

【形态特征】多枝小灌木，高 20~40 厘米；枝稍粗壮，常弯拐，暗灰色，具细裂纹，小枝较纤细，劲直，有时刺状，灰色，被微柔毛；叶厚纸质，长圆形至椭圆形，有时阔椭圆形，顶端短尖或稍钝，基部楔形或渐狭，边缘常稍反卷；叶柄短或近无柄；托叶三角状卵形或卵状披针形，比叶柄稍长，顶端具短尖头，边缘有或无小齿，被缘毛；花近无梗，1~3 朵簇生于枝顶和近枝顶的叶腋；小苞片 2，1/2~2/3 合生，分离部分呈二唇形，透明，裂片顶端尾状渐尖，边上有疏缘毛；萼长 2~2.5 毫米，裂片 5，长圆状披针形，与萼管近等长或稍短，短渐尖，被缘毛；花冠紫红色，有香气，漏斗形，外面被微柔毛，里面被长柔毛，裂片 4~5，卵状披针形；雄蕊 4~5，生冠管喉部上方，花药线形，稍伸出；花柱长约为冠管之半，柱头 3，丝状；果长 3~3.5 毫米；种子覆有与种皮分离的网状假种皮。

【花果期】花果期 7—8 月。

【生境】常生于海拔约 1600 米的岩石裂缝中。

【分布】内蒙古和宁夏的贺兰山一带。

【别名】无

【保护级别】易危（VU）。

【花粉形态】花粉粒长球形，极面观为浅 3 裂圆形，赤道面观椭圆形，大小为 26（24~31）×43（39~50）μm；具 3 沟，沟细，长达两极，两极微尖；外壁两层，外层厚于内层，柱状层基柱明显；表面为细网状雕纹。

# 第五章 被子植物的花粉形态

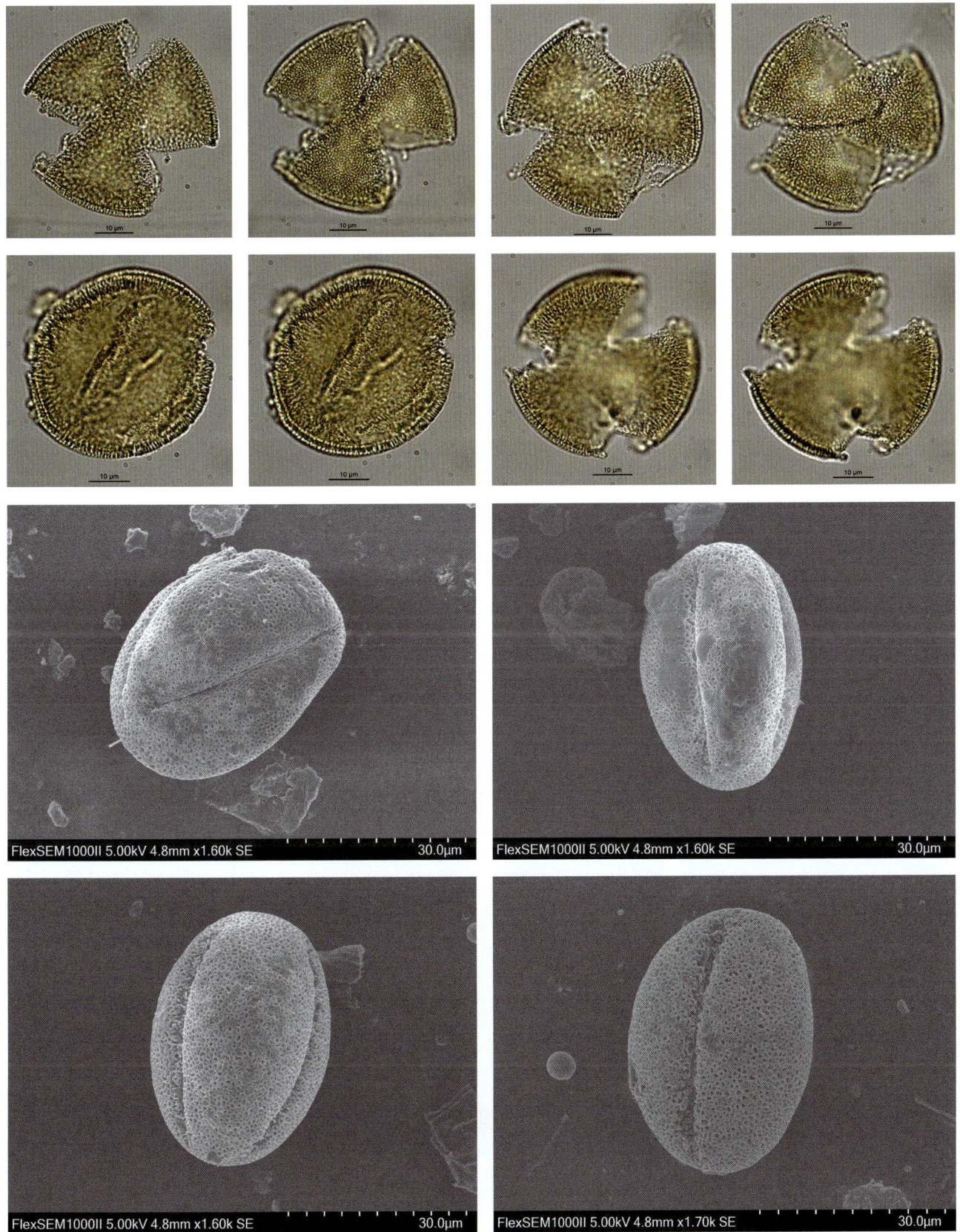

### *Spiradiclis* 螺序草属

*Spiradiclis laxiflora* W. L. Sha & X. X. Chen 疏花螺序草

【形态特征】多年生草本，高 10~25 厘米；茎直立或斜上升，无毛；叶纸质，椭圆形或倒卵状椭圆形，长 10~15 厘米，宽 3~5 厘米，顶端渐尖，基部渐狭，下延，两面无毛，干时上面绿色，下面苍白；侧脉每边 9~11 条，上面平坦，下面凸起；叶柄长 3.5~5 厘米；托叶卵状三角形，长约 1 厘米，顶端 2 裂，裂片芒状渐尖；花未见；果序顶生，圆锥状，长 25 厘米，总梗长 7 厘米；小苞片披针形或线状披针形，长 5~17 毫米；蒴果椭圆状，长 3 毫米，宽 1.5 毫米，有宿萼裂片。

花粉图式

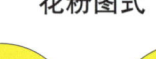
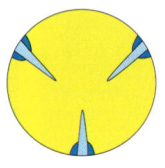
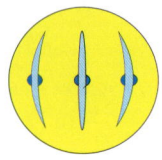

【花果期】花期 2—3 月，果期 6 月。

【生境】生于疏林下的石灰岩石上。

【分布】广西龙州响水。

【别名】无

【保护级别】无危（LC）；中国特有种。

【花粉形态】花粉粒长球形，极面观为 3 裂圆形，赤道面观椭圆形，大小为 30（25~32）× 40（37~45）μm；具 3 孔沟，沟长达两极，沟膜上具颗粒，内孔横长，稍突出；外壁两层，外层厚于内层，柱状层基柱明显；表面具明显的网状雕纹。

第五章 被子植物的花粉形态

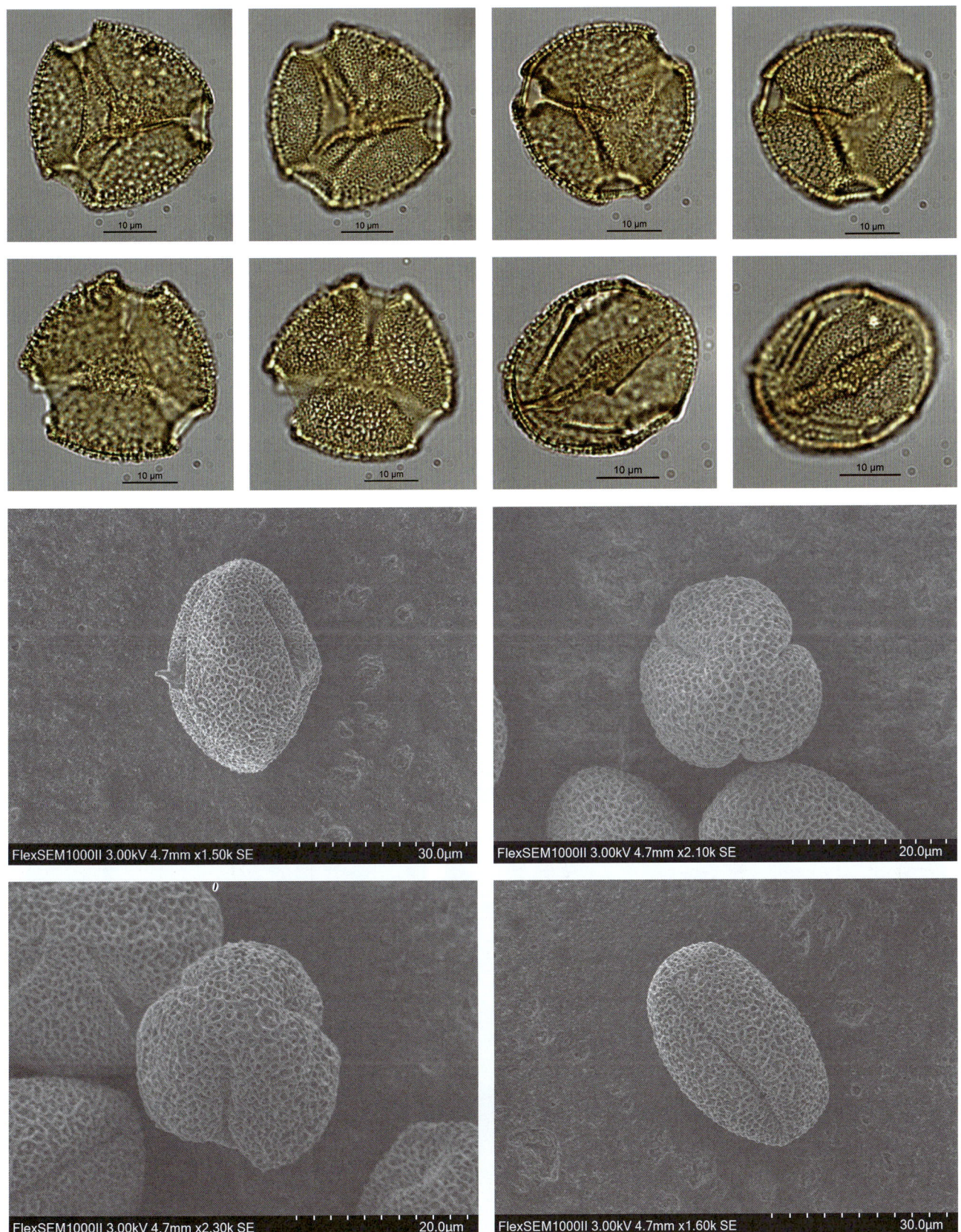

## *Spiradiclis purpureocaerulea* H. S. Lo 紫花螺序草

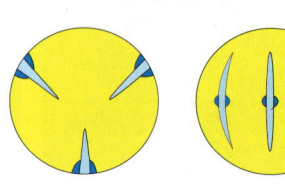

花粉图式

【形态特征】草本；枝和小枝均粗壮，圆柱状，密被褐色柔毛；叶纸质，卵形，顶端钝，基部近圆或阔楔尖；中脉粗壮，每边有 7~10 条侧脉，网状小脉不明显；叶柄短或近无柄；托叶钻状，尾尖，被柔毛；聚伞花序顶生，稠密而多花；总花梗短；花芽棒状，密被柔毛；萼管倒圆锥状球形，被柔毛，裂片 5，狭披针形，渐尖，密被柔毛；花冠蓝紫色，高脚碟形，冠管纤细，中部稍膨大，裂片 5，近卵形，钝头；雄蕊 5，着生在冠管的中部，花丝短，花药线状长圆形，基部稍叉开，花盘环状；子房 2 室，每室有多数胚珠，花柱短，柱头 2 裂，裂片狭披针形；蒴果近球形，被柔毛，成熟时室背开裂为 2 果瓣，果瓣复 2 裂；种子多数，小而有角。

【花果期】花期 8 月，果期 9—10 月。

【生境】生长于路边岩石上。

【分布】广西龙州上金。

【别名】无

【保护级别】无危（LC）；中国特有种。

【花粉形态】花粉粒长球形，极面观为 3 裂圆形，赤道面观椭圆形，大小为 23（20~26）× 28（27~35）μm；具 3 孔沟，沟长达两极，沟膜上具颗粒，内孔横长，稍突出；外壁两层，外层厚于内层，柱状层基柱明显；表面具明显的网状雕纹。

# 第五章 被子植物的花粉形态

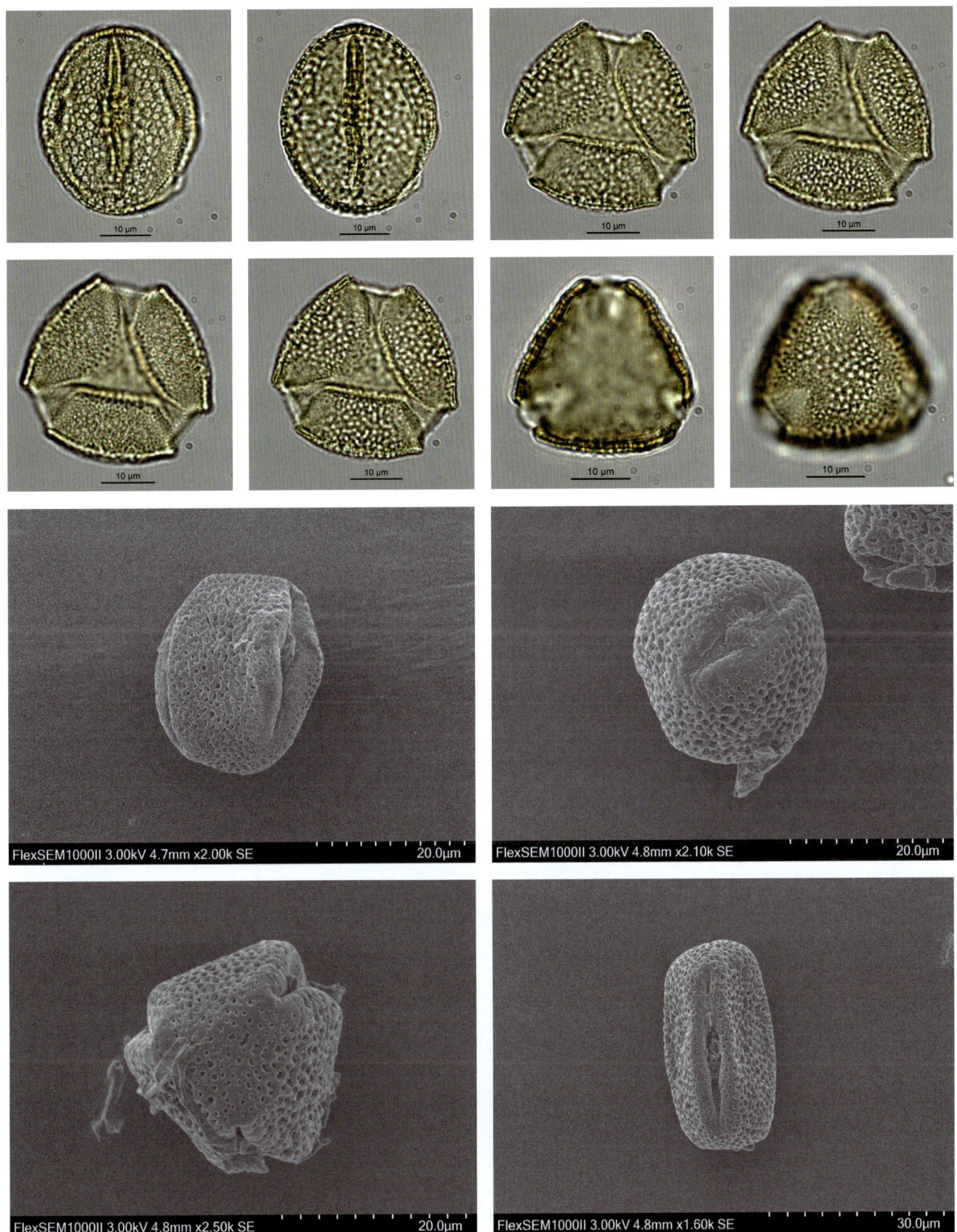

## Rutaceae 芸香科
### *Clausena* 黄皮属
*Clausena excavata* N. L. Burman 假黄皮

【形态特征】灌木，高 1~2 米；小枝及叶轴均密被向上弯的短柔毛且散生微凸起的油点；叶有小叶 21~27 片，幼龄植株的多达 41 片，花序邻近的有时仅 15 片，小叶甚不对称，斜卵形，斜披针形或斜四边形，小叶柄长 2~5 毫米；花序顶生；花蕾圆球形；苞片对生，细小；花瓣白或淡黄白色，卵形或倒卵形；雄蕊 8 枚，长短相间，花蕾时贴附于花瓣内侧，盛花时伸出于花瓣外，花丝中部以上线形，中部曲膝状，下部宽，花药在药隔上方有 1 油点；子房上角四周各有 1 油点，密被灰白色长柔毛，花柱短而粗；果椭圆形，初时被毛，成熟时由暗黄色转为淡红至朱红色，毛尽脱落，有种子 1~2 颗。

花粉图式

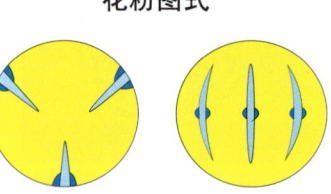

【花果期】花期 4—5 月及 7—8 月，稀至 10 月仍开花（海南）；果期 8—10 月。

【生境】生于平地至海拔 1000 米的山坡灌丛或疏林中。

【分布】国内分布：台湾、福建、广东、海南、广西和云南南部；国外分布：越南、老挝、柬埔寨、泰国、缅甸、印度等地。

【别名】野黄皮、臭皮树、大棵、鸡母黄、山黄皮、过山香、山鸡皮、臭黄皮。

【保护级别】无危（LC）。

【花粉形态】花粉粒长球形，极面观 3 裂圆形，大小为 16（14~19）× 23（18~26）μm；具 3 孔沟，沟细长，内孔窄而横长，孔沟交叉呈十字形；外壁两层，外壁厚度约 2 μm，外层厚于内层，外层具基柱；表面具清楚的网状雕纹。

# 第五章 被子植物的花粉形态

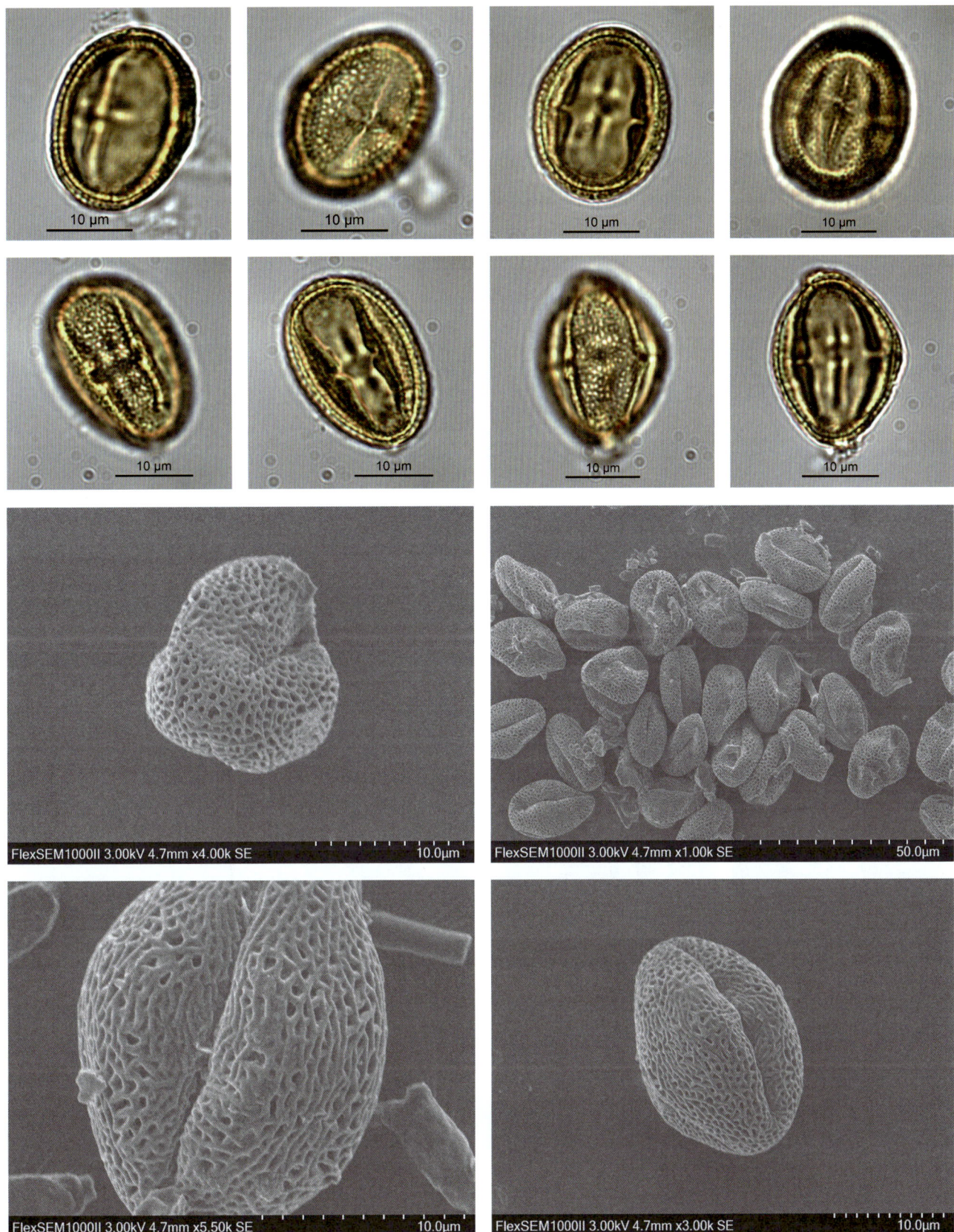

999

## *Clausena lansium* (Lour.) Skeels 黄皮

花粉图式

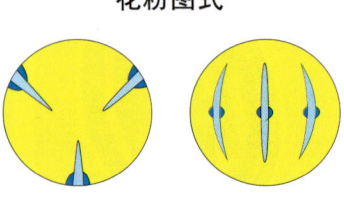

【形态特征】小乔木，高可达 12 米；奇数羽状复叶，小叶 5~11 片，卵形或卵状椭圆形，常一侧偏斜，基部近圆形或宽楔形，两侧不对称，边缘波浪状或具浅的圆裂齿，叶面中脉常被短细毛；小叶柄长 4~8 毫米；圆锥花序顶生；花蕾圆球形，有 5 条稍凸起的纵脊棱；花萼裂片阔卵形，外面被短柔毛；花瓣长圆形，两面被短毛或内面无毛；雄蕊 10 枚，长短相间，长的与花瓣等长，花丝线状，下部稍增宽，不呈曲膝状；子房密被直长毛，花盘细小，子房柄短；果圆形、椭圆形或阔卵形，淡黄至暗黄色，被细毛，果肉乳白色，半透明，有种子 1~4 粒；子叶深绿色。

【花果期】花期 3—5 月，果期 6—8 月。

【生境】喜温暖、湿润和阳光充足的环境；对土壤要求不严，以疏松、肥沃的壤土种植为佳。

【分布】国内分布：台湾、福建、广东、海南、广西、贵州南部、云南及四川金沙江河谷均有栽培；国外分布：世界热带及亚热带地区间有引种。

【别名】黄弹。

【保护级别】无危（LC）。

【花粉形态】花粉粒长球形，极面观 3 裂圆形，大小为 15（13~18）×19（17~25）μm；3 孔沟，少数 4 孔沟，沟细长，内孔窄而横长，孔沟交叉呈十字形；外壁两层，外层较厚，基柱明显；表面具清楚的网状雕纹，网脊由模糊的颗粒组成，网至沟边变细。

第五章 被子植物的花粉形态

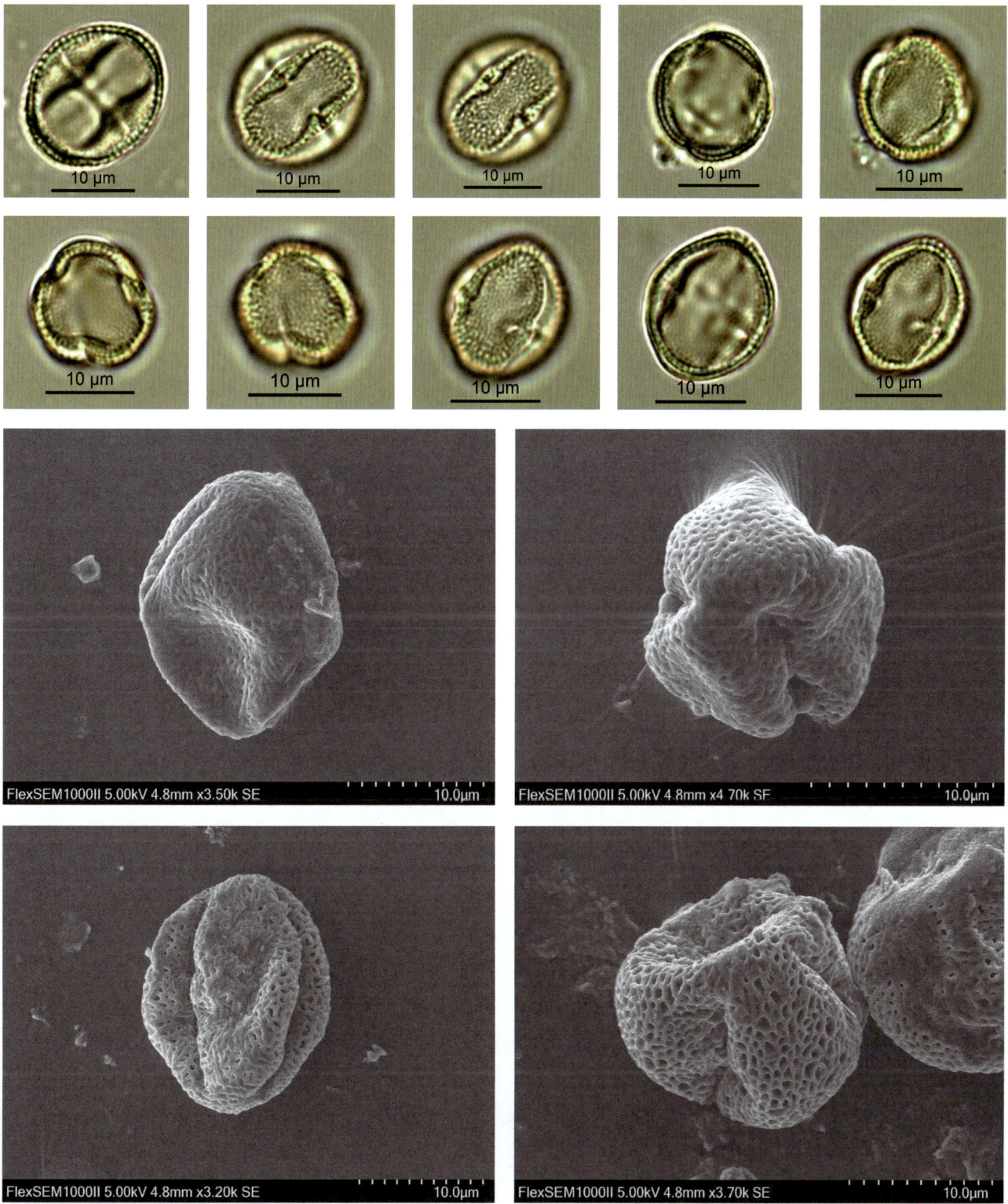

## *Dictamnus* 白鲜属

***Dictamnus dasycarpus* Turcz. 白鲜**

花粉图式

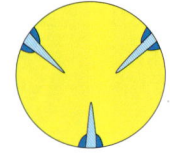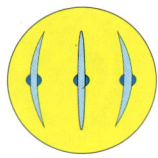

【形态特征】多年生草本，茎基部木质化，高可达 1 米；根斜生，肉质粗长，淡黄白色；幼嫩部分被柔毛及凸起油腺点；复叶叶轴具窄翅；小叶 9~13 片，小叶对生，无柄，位于顶端的一片则具长柄，椭圆形、长圆形或长圆状披针形，先端渐尖，基部楔形，具细锯齿，叶轴有甚狭窄的翼叶；总状花序长可达 30 厘米；花梗长 1~1.5 厘米；苞片狭披针形；萼片长 6~8 毫米；花瓣白带淡紫红色或粉红带深紫红色脉纹，倒披针形；雄蕊伸出于花瓣外；萼片及花瓣均密生透明油腺点；成熟的果（蓇葖）沿腹缝线开裂为 5 个分果瓣，每分果瓣又深裂为 2 小瓣，瓣的顶角短尖，内果皮蜡黄色，有光泽，每分果瓣有种子 2~3 粒；种子阔卵形或近圆球形，光滑。

【花果期】花期 5 月，果期 8—9 月。

【生境】生于丘陵土坡或平地灌木丛中或草地或疏林下，石灰岩山地亦常见。

【分布】国内分布：黑龙江、吉林、辽宁、内蒙古、河北、山东、河南、山西、宁夏、甘肃、陕西、新疆、安徽、江苏、江西（北部）、四川等省区；国外分布：朝鲜、蒙古和俄罗斯。

【别名】臭骨头、大茴香、臭哄哄、千斤拔、金雀儿椒、好汉拔、地羊鲜、羊蹄草、白藓皮、白羊鲜、白膻、山牡丹、八股牛。

【保护级别】无危（LC）；地方保护野生植物。

【花粉形态】花粉粒长球形，极面较小，两极较尖，极面观为 3 裂圆形，赤道面观为长椭圆形，大小为 25（22~28）× 55（42~60）μm；具 3 孔沟，内孔不明显，沟较深而细长，直达两极，沟缘较整齐，沟膜上具颗粒；外壁两层厚度几相等；表面具网状雕纹。

第五章 被子植物的花粉形态

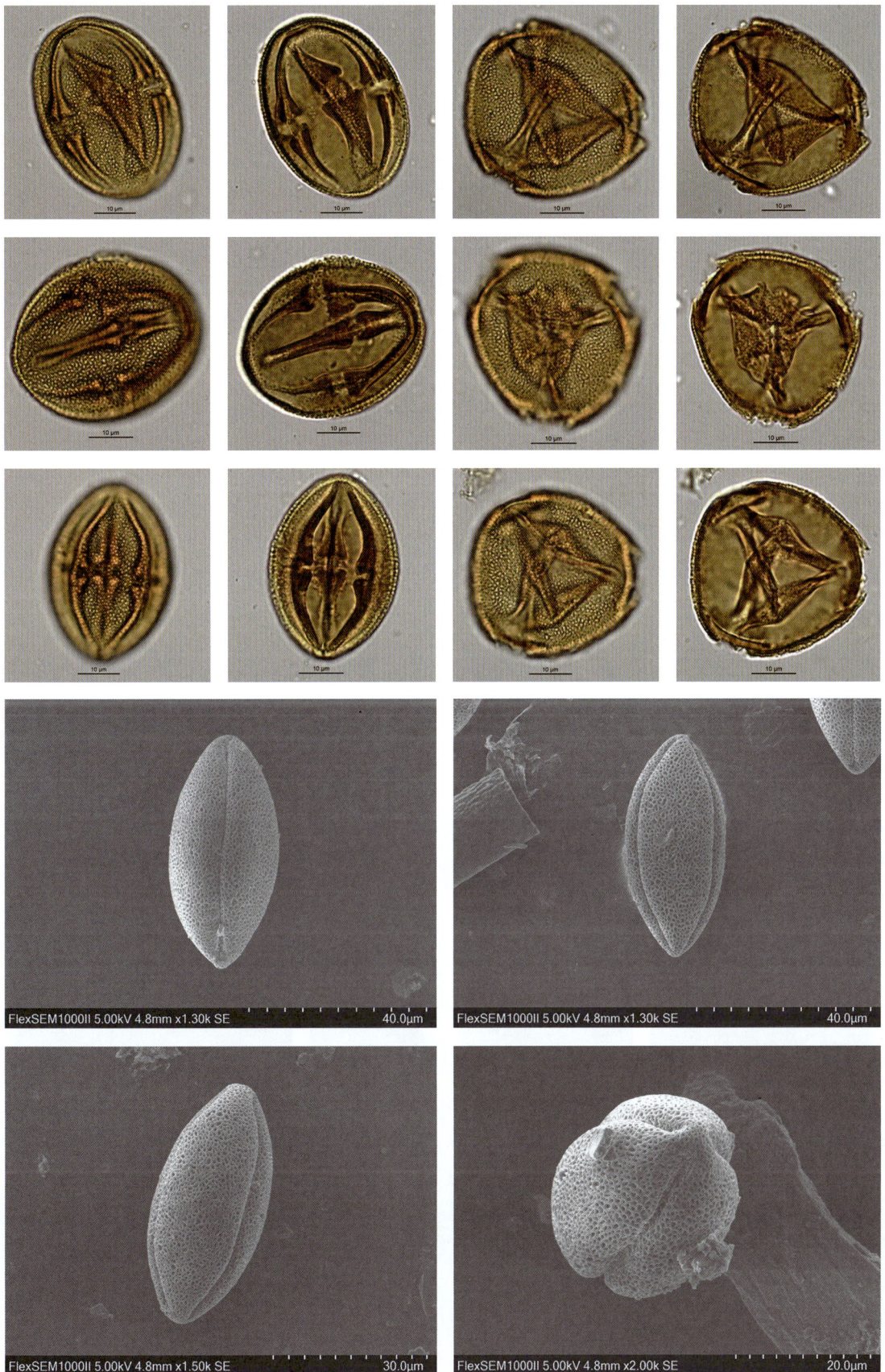

## *Melicope* 蜜茱萸属

***Melicope pteleifolia* (Champ. ex Benth.) Hartley 三桠苦**

【形态特征】乔木，高可达 8 米；树皮灰白或灰绿色，光滑，纵向浅裂，嫩枝的节部常呈压扁状，小枝的髓部大，枝叶无毛；3 小叶复叶，偶兼具 2 小叶或单小叶；小叶纸质，长椭圆形或倒卵状椭圆形，先端钝尖，基部楔形，全缘，油点多，小叶柄甚短；伞房状圆锥花序腋生，稀兼有顶生，长 4~12 厘米，多花；萼片及花瓣均 4 片；萼片细小，长约 0.5 毫米；花瓣淡黄或白色，长 1.5~2 毫米，常有透明油腺点，干后油点变暗褐至褐黑色；雄花退化，雌蕊垫状，密被白毛；雌花不育，雄蕊有花药而无花粉；花柱与子房等长或略短，柱头头状；分果瓣淡黄或茶褐色，散生肉眼可见的透明油腺点，每分果瓣有 1 种子；种子蓝黑色，有光泽。

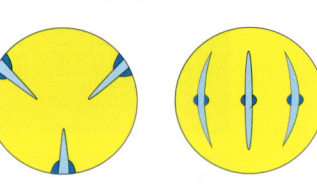

花粉图式

【花果期】花期 4—6 月，果期 7—10 月。

【生境】生于海拔约 1000 米的坡地常绿阔叶林中。

【分布】国内分布：云南南部和西藏东南部（墨脱）；国外分布：老挝和柬埔寨。

【别名】小黄散、三孖苦、三丫虎、三叉苦、三枝枪、斑鸠花、三叉虎、郎晚、消黄散、三岔叶、石蛤骨、白芸香、三脚鳖。

【保护级别】无危（LC）。

【花粉形态】花粉粒长球形，极面观为 3 裂圆形，赤道面观椭圆形，大小为 13（11~15）×22（20~25）μm；具 3 孔沟，沟细长，内孔横长，孔沟交叉呈十字形；外壁厚约 2.5μm，外层厚于内层；表面具网状雕纹。

第五章 被子植物的花粉形态

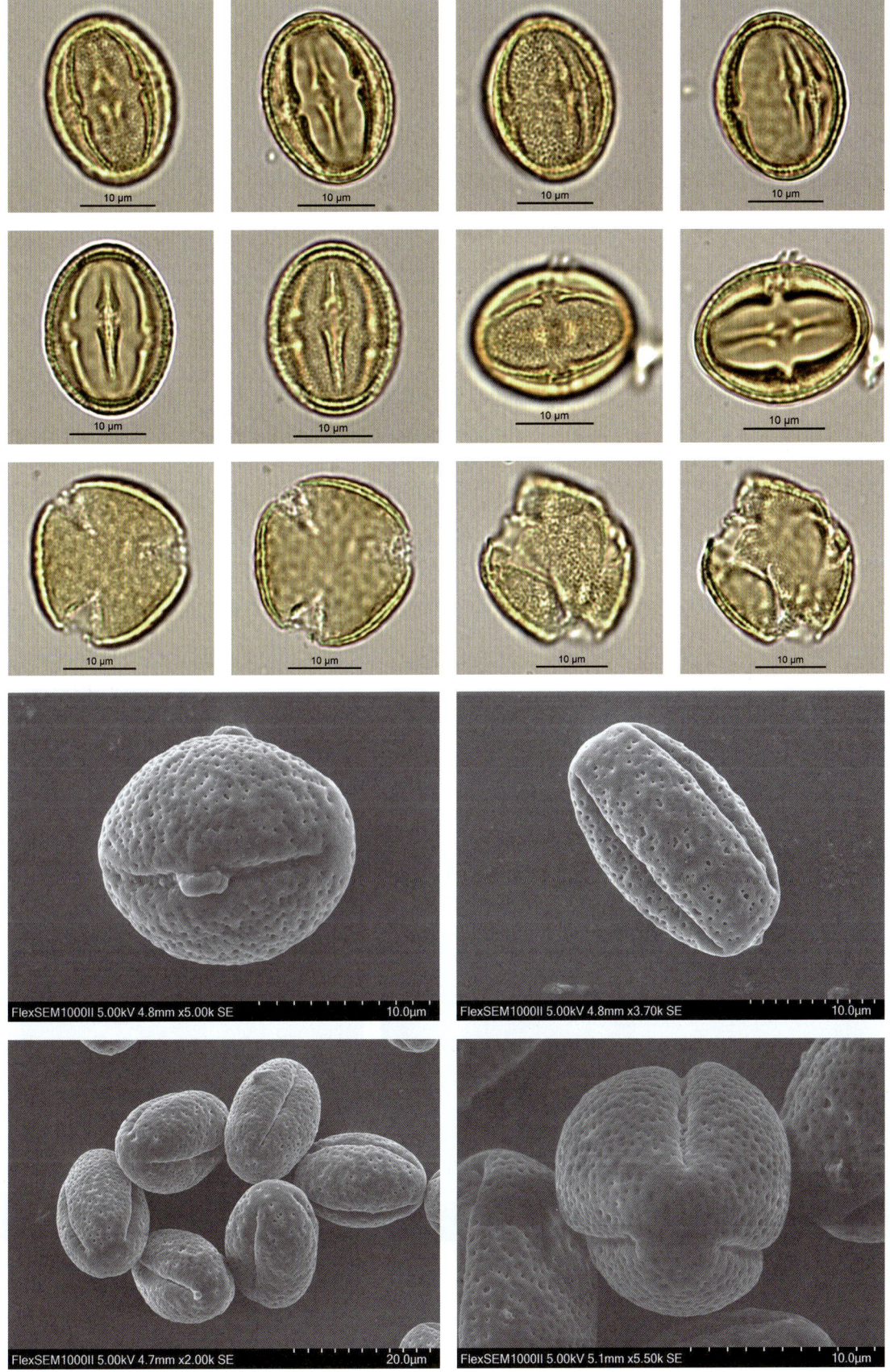

### *Glycosmis* 山小橘属

*Glycosmis parviflora* Kurz. 小花山小橘

【形态特征】灌木或小乔木，高 1~3 米；叶片椭圆形，长圆形或披针形，有时倒卵状椭圆形；圆锥花序腋生及顶生，花序轴、花梗及萼片常被早脱落的褐锈色微柔毛；萼裂片卵形，端钝，宽约 1 毫米；花瓣白色，长约 4 毫米，长椭圆形，较迟脱落，干后变淡褐色，边缘淡黄色；子房阔卵形至圆球形，油点不凸起，花柱极短，柱头稍增粗，子房柄略升起；果圆球形或椭圆形，淡黄白色转淡红色或暗朱红色。

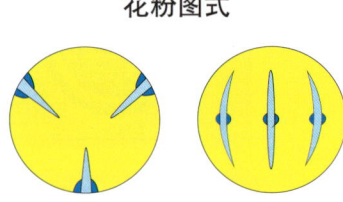

花粉图式

【花果期】花期 3—5 月，果期 7—9 月。

【生境】生于低海拔缓坡或山地杂木林，路旁树下的灌木丛中亦常见，很少见于海拔达 1000 米的山地。

【分布】国内分布：台湾、福建、广东、广西、贵州和云南六省区的南部及海南；国外分布：越南西北部。

【别名】山橘仔、山小橘。

【保护级别】无危（LC）。

【花粉形态】花粉粒长球形至近球形，极面观为 3 裂圆形，大小为 18（16~21）× 24（22~26）μm；具 3 孔沟，少数为 4 孔沟；外壁两层，厚度相等；表面具清楚的网状雕纹；轮廓线不平。

# 第五章 被子植物的花粉形态

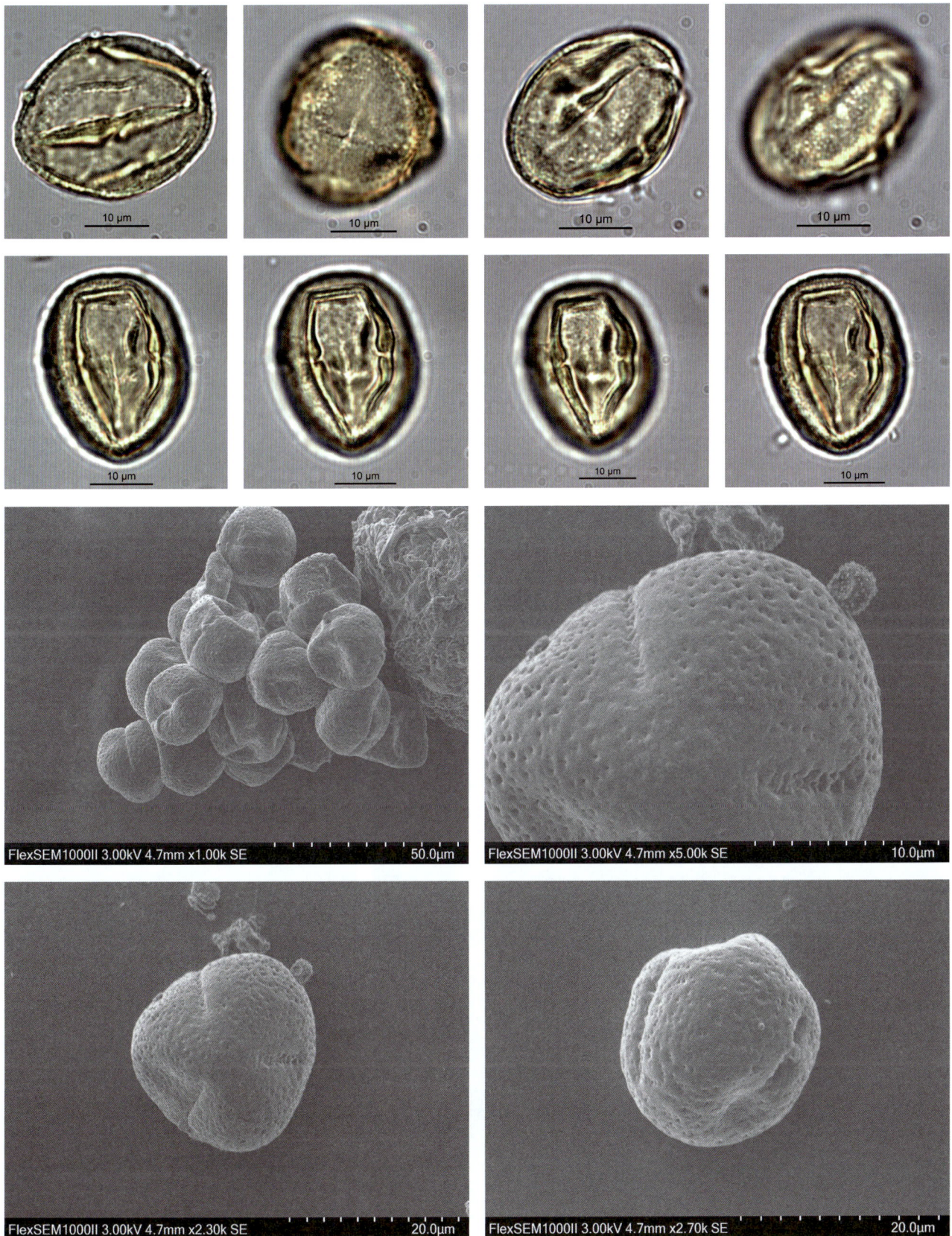

## Haplophyllum 拟芸香属

### *Haplophyllum tragacanthoides* Diels 针枝芸香

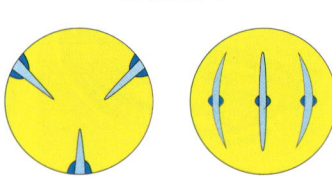

花粉图式

【形态特征】小亚灌木，高 10~15 厘米；茎基部分枝密集，长针状枯枝宿存；叶短线形或狭椭圆形，灰绿色或绿色，散生油点，厚纸质，边缘有甚细小的裂齿，叶脉不显，无叶柄；花单朵生于枝顶；萼片基部合生，卵形，边缘被缘毛；花瓣 5 片，黄色，长圆形，边缘不规则，散生半透明的大油点；雄蕊 10 枚，比花瓣短，比花柱长，中部以下增宽而扁平且被缘毛，花柱长约 2.5 毫米，柱头略增大，心皮 5 或 4 个；成熟的果宿存，顶部开裂，果皮有油点，分果瓣径约 5 毫米，每分果瓣有 1 种子；种子肾形，种皮有细皱纹。

【花果期】花期 5—6 月，果期 7—8 月。

【生境】生于海拔约 1500 米的干旱地区石质山坡。

【分布】内蒙古、宁夏、甘肃等省区。

【别名】无

【保护级别】无危（LC）；地方保护野生植物。

【花粉形态】花粉粒长球形，极面观为 3 裂圆形，赤道面观为椭圆形，大小为 20（16~22）× 30（24~38）μm；具 3 孔沟，沟相对较深，长达两极，孔圆形，大而外突，孔沟交叉呈十字形；外壁两层厚度几相等；表面具条纹状雕纹。

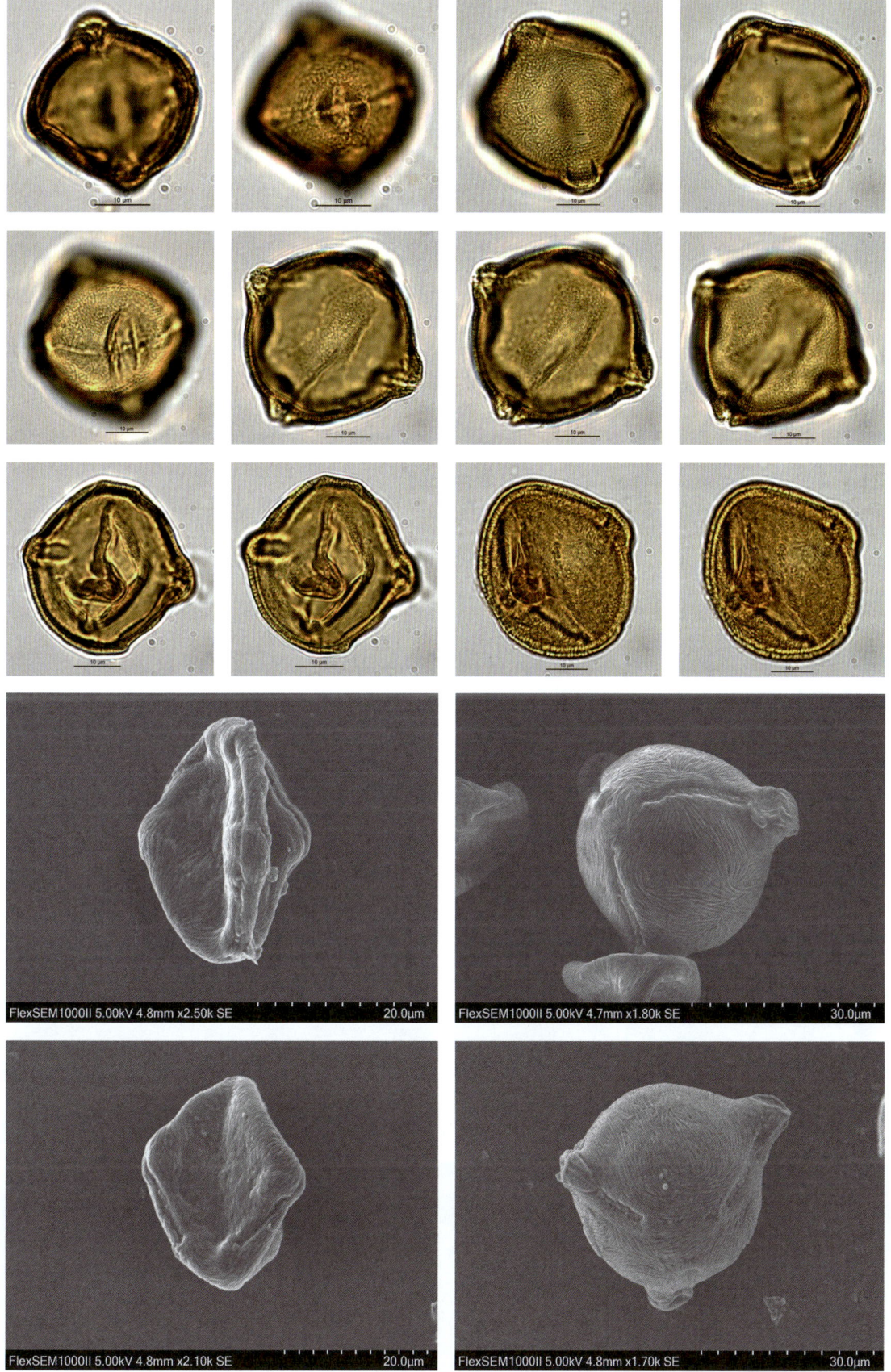

## Micromelum 小芸木属

***Micromelum integerrimum*** (Buch.-Ham. ex DC.) Wight & Arn. ex M. Roem. 小芸木

【形态特征】小乔木，高可达 8 米；树皮灰色，平滑；复叶具 7~15 小叶，小叶互生或近对生，两面同色，斜卵状椭圆形、斜披针形或斜卵形，边缘浅波状，基部圆或楔形，上面常无毛，下面初被疏柔毛，后脱落；小叶柄长 2~5 毫米；花蕾淡绿色，长椭圆形，花开放时花瓣淡黄白色；花萼浅杯状，裂片长 1 毫米；花瓣长 5~10 毫米，盛开时反折；雄蕊 10 枚，长短相间，长的约与花瓣等长；子房初时被直立的柔毛，花后毛脱落，基部有明显凸起的花盘，花柱几与子房等长或稍长，柱头头状，子房柄伸长；果椭圆形或倒卵形，透熟时由橙黄色转朱红色，有种子 1~2 粒；种皮薄膜质，子叶绿色，有油点。

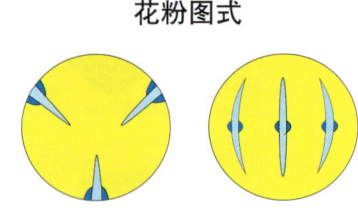

花粉图式

【花果期】花期 2—4 月，果期 7—9 月。

【生境】常见于海拔 400~2000 米山地杂木林中较湿润的地方。

【分布】国内分布：广东西南部、海南南部、广西西部、贵州南部及西南部、云南南部和西藏东南部；国外分布：越南、老挝、柬埔寨、泰国、缅甸、印度和尼泊尔。

【别名】半边枫、鸡屎果、山黄皮。

【保护级别】无危（LC）。

【花粉形态】花粉粒长球形，极面观为 3 裂圆形，赤道面观为椭圆形，大小为 29（23~32）× 54（49~58）μm；具 3 孔沟，沟细长，内孔窄而横长，孔沟交叉呈十字形；外壁厚度约 2.5μm，外层厚于内层；表面具不明显的条纹状雕纹。

# 第五章 被子植物的花粉形态

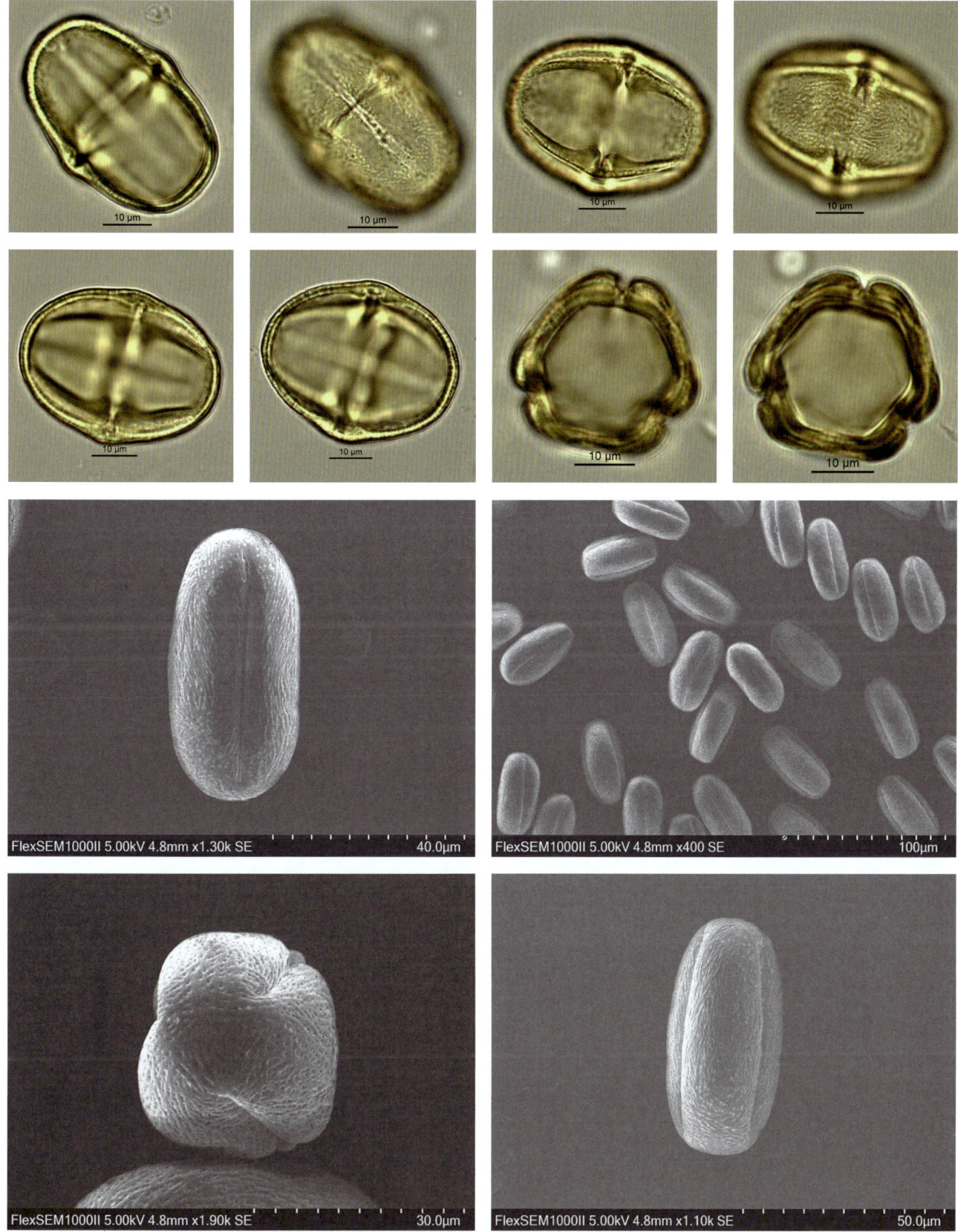

## Ruta 芸香属

### *Ruta graveolens* L. 芸香

**【形态特征】** 多年生草本，高可达 1 米，全株有浓烈气味；二至三回羽状复叶，小裂片短匙形或窄长圆形，灰绿或带蓝绿色；花金黄色，径约 2 厘米；萼片及花瓣均 4；雄蕊 8 枚，花初开放时与花瓣对生的 4 枚贴附于花瓣上，与萼片对生的另 4 枚斜展且外露，花盛开时 8 雄蕊并列直伸，花柱短；子房 4 室，每室胚珠数颗；蒴果球形，顶端开裂至中部，被凸起油腺点；种子肾形，长约 1.5 毫米，褐黑色。

**【花果期】** 花期 3—6 月，果期 7—9 月。

**【生境】** 喜温暖湿润、日照充足的环境，忌水涝。

**【分布】** 原产地中海沿岸地区；我国南北有栽培，多盆栽。

**【别名】** 小叶香、百应草、香草、臭草。

**【保护级别】** 无危（LC）。

**【花粉形态】** 花粉粒近球形至椭球形，极面观为 3 裂圆形，大小为 28（27~33）×37（32~43）μm；具 3 孔沟，沟长，末端尖，内孔大，直径为 4~6μm；表面具条纹 – 细网状雕纹。

花粉图式

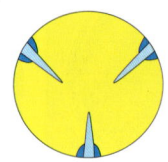
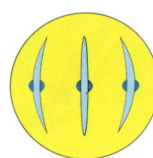

# 第五章 被子植物的花粉形态

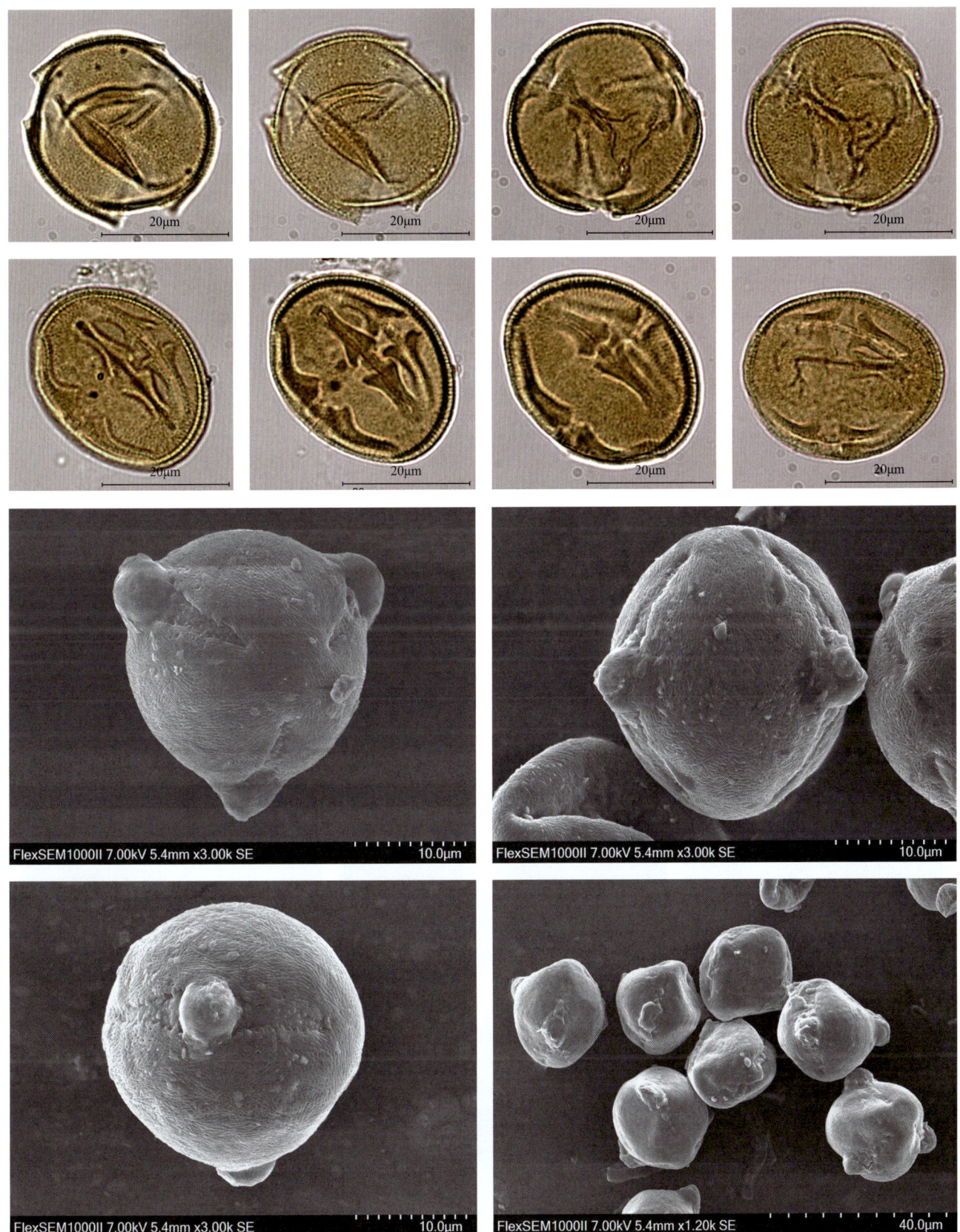

## Salicaceae 杨柳科
### *Bennettiodendron* 山桂花属
*Bennettiodendron leprosipes* (Clos) Merr. 山桂花

**【形态特征】**常绿小乔木，高 8~15 米；树皮灰褐色，不裂，有臭味；叶近革质，互生或散生于小枝上，倒卵状长圆形或长圆状椭圆形，先端短渐尖，基部渐狭，边缘有粗齿，带不整齐的腺齿，两面无毛，侧脉 5~10 对；叶柄长 2~4 厘米，无毛；圆锥花序顶生，长 5~10 厘米，多分枝，幼时被黄棕色毛，以后脱落无毛；花浅灰色或黄绿色，有芳香；花梗长 3~5 毫米，在果期花序轴增粗；苞片小，锥状或披针形，早落；萼片为卵形，长 3~4 毫米，顶端圆形，有缘毛；雄花雄蕊多数，花丝有毛，伸出花冠，花药为黄色；腺体肉质，有短毛；子房长圆形，无毛，两端尖，不完全的 3 室，每个胎座上有 2 至多颗胚珠，花柱通常 3 个，柱头长圆形，稍凹；浆果成熟时红色至黄红色，球形，发亮，直径 5~8 毫米；种子 1~2 粒，扁圆形或球形，子叶黄绿色。

**花粉图式**

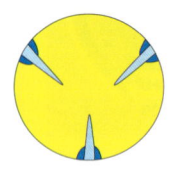
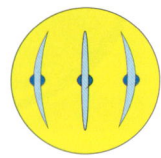

**【花果期】**花期 2—6 月，果期 4—11 月。

**【生境】**生于海拔 200~1450 米（多数在 1000 米以上）的山坡和山谷混交林或灌丛中。

**【分布】**国内分布：海南、广东、广西和云南等省区；国外分布：印度、缅甸、马来西亚、泰国和印度尼西亚。

**【别名】**木勒木、短柄本勒木、披针叶山桂花、大叶山桂花、短柄山桂花、毛山桂花、皱叶山桂花、椭圆叶山桂花、延叶山桂花、上思山桂花。

**【保护级别】**无危（LC）。

**【花粉形态】**花粉粒近长球形，极面观 3 裂圆形；大小为 19（17~23）× 26（17~28）μm；具 3 孔沟，沟孔明显，内孔横长，纺锤形；外壁厚约 2μm，外层厚于内层；表面具网状雕纹，网眼在沟边变小。

# 第五章 被子植物的花粉形态

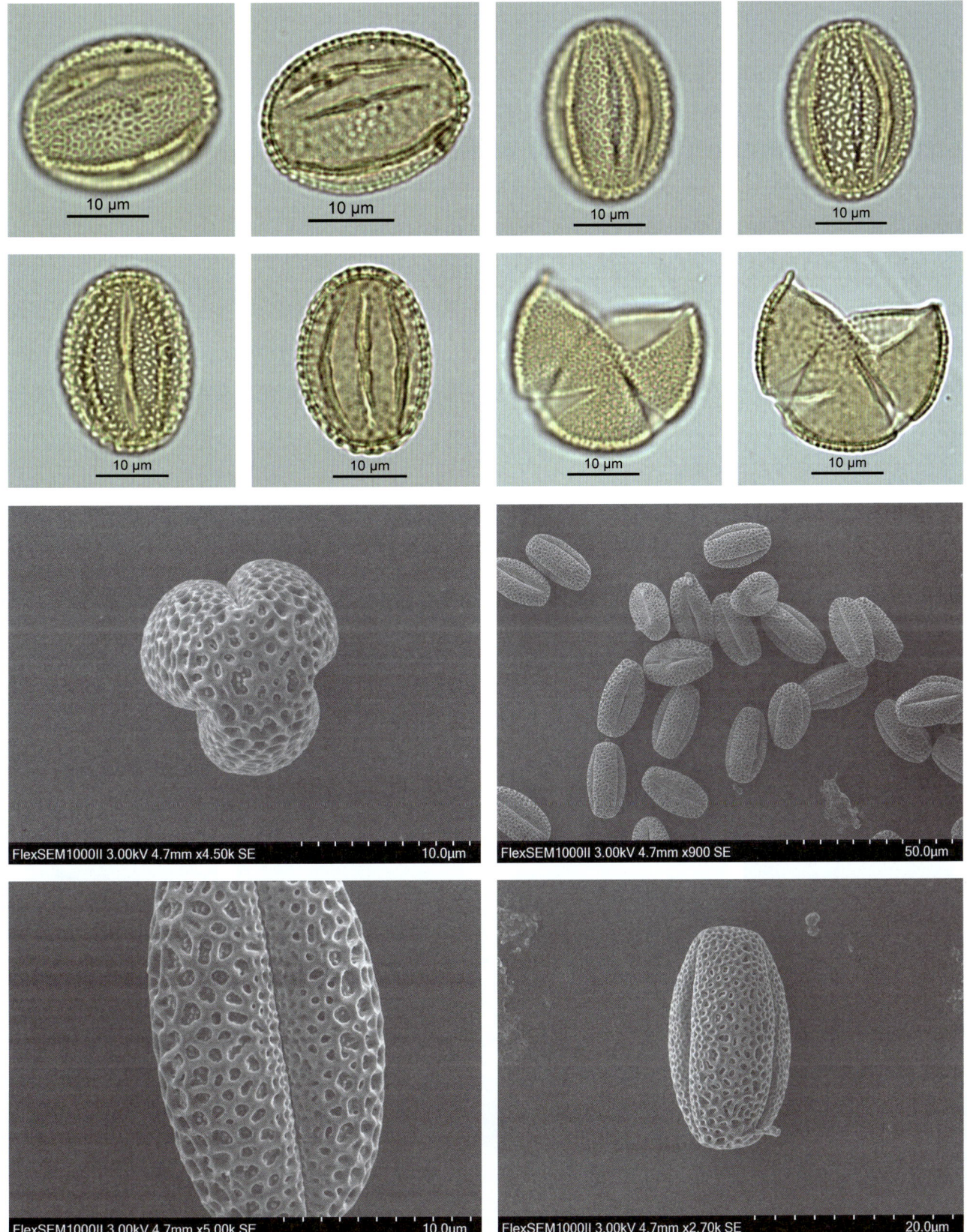

## Sapindaceae 无患子科
### *Acer* 槭属
*Acer palmatum* Thunb. 鸡爪槭

【形态特征】落叶小乔木；树皮深灰色；小枝细瘦，当年生枝紫色或淡紫绿色，多年生枝淡灰紫色或深紫色；叶纸质，外貌圆形，基部心脏形或近于心脏形，稀截形，5~9掌状分裂，通常7裂，裂片长圆卵形或披针形，先端锐尖或长锐尖，边缘具紧贴的尖锐锯齿，裂片间的凹缺钝尖或锐尖，深达叶片的直径的1/2或1/3，上面深绿色，无毛；叶柄细瘦，无毛；花紫色，杂性，雄花与两性花同株，生于无毛的伞房花序，叶发出以后才开花；萼片5，卵状披针形，先端锐尖；花瓣5，椭圆形或倒卵形，先端钝圆；雄蕊8，无毛，较花瓣略短而藏于其内；花盘位于雄蕊的外侧，微裂；子房无毛，花柱长，2裂，柱头扁平，花梗细瘦，无毛；翅果嫩时紫红色，成熟时淡棕黄色；小坚果球形，脉纹显著，翅与小坚果共长2~2.5厘米，张开成钝角。

花粉图式

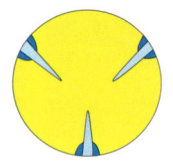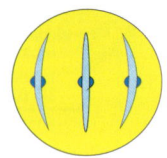

【花果期】花期5月，果期9月。

【生境】生于海拔200~1200米的林边或疏林中。

【分布】国内分布：山东、河南（南部）、江苏、浙江、安徽、江西、湖北、湖南、贵州等省；国外分布：朝鲜和日本。

【别名】七角枫。

【保护级别】易危（VU）；地方保护野生植物。

【花粉形态】花粉粒长球形，赤道面观为椭圆形，极面观为3裂圆形，大小为22（19~24）×39（27~45）μm；具3孔沟，沟明显，长达极区，孔圆形，较大；外壁内外层清楚，外层显著厚于内层，外层具清楚基柱；表面具条纹状雕纹，条纹在极面呈指纹状；轮廓线呈微波浪形。

# 第五章 被子植物的花粉形态

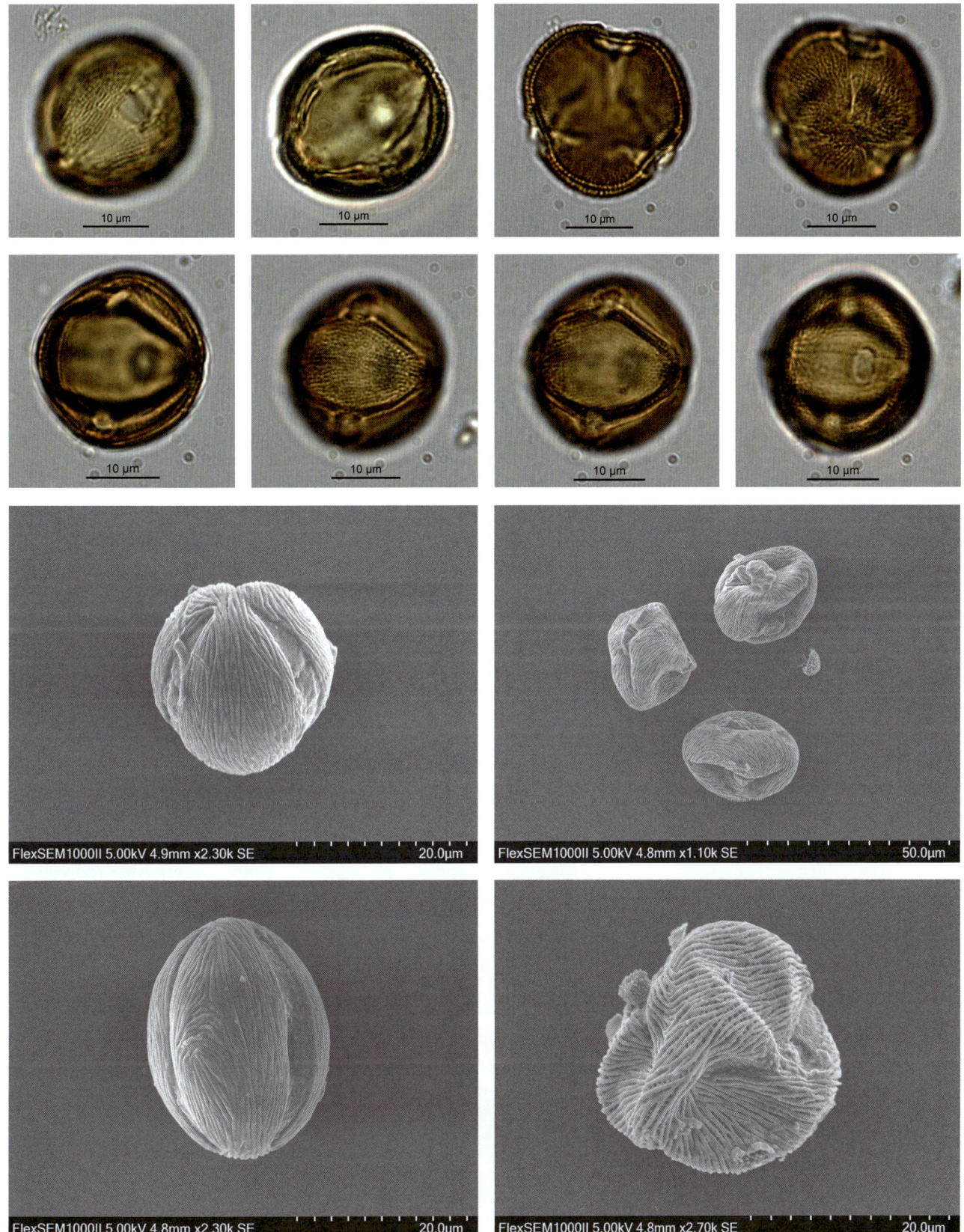

### *Acer pictum* subsp. *mono* (Maxim.) Ohashi 五角槭

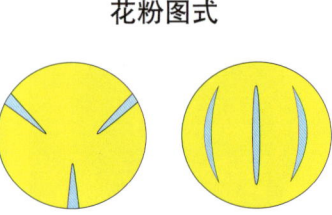

花粉图式

【形态特征】落叶乔木，高可达20米；树皮粗糙，常纵裂，灰色，稀深灰色或灰褐色；小枝细瘦，无毛，当年生枝绿色或紫绿色，多年生枝灰色或淡灰色，具圆形皮孔；冬芽近于球形，鳞片卵形，外侧无毛，边缘具纤毛；叶掌状5裂，裂片卵形；基部截形或近于心脏形，网状脉在两面隆起；主脉5条，侧脉在两面均不显著；叶柄细瘦，无毛；雄花与两性花同株，多数常成无毛的顶生圆锥状伞房花序，生于有叶的枝上；萼片5，黄绿色，长圆形，顶端钝形；花瓣5，淡白色，椭圆形或椭圆倒卵形；雄蕊8，无毛，位于花盘内侧的边缘；子房无毛或近于无毛，在雄花中不发育；花柱无毛，很短，柱头2裂，反卷；花梗细瘦，无毛；翅果嫩时紫绿色，成熟时淡黄色；小坚果压扁状；翅长圆形，张开成锐角或近于钝角。

【花果期】花期5月，果期9月。

【生境】生长于海拔800~1500米的山坡或山谷疏林中；稍耐阴，深根性，喜湿润、肥沃土壤，在酸性、中性土壤与石灰岩上均可生长。

【分布】国内分布：中国东北、华北等地；国外分布：俄罗斯、蒙古、朝鲜和日本。

【别名】五龙皮、五角枫、地锦槭、水色树、细叶槭、色木槭、弯翅色木槭、色树。

【保护级别】无危（LC）；地方保护野生植物。

【花粉形态】花粉粒长球形，极面观3裂圆形，赤道面观为椭圆形，大小为23（17~26）×45（30~47）μm；具3沟，沟长达两极，沟膜上具颗粒；外壁内外层清楚，外层显著厚于内层，柱状层基柱明显；表面具清晰的条纹状雕纹。

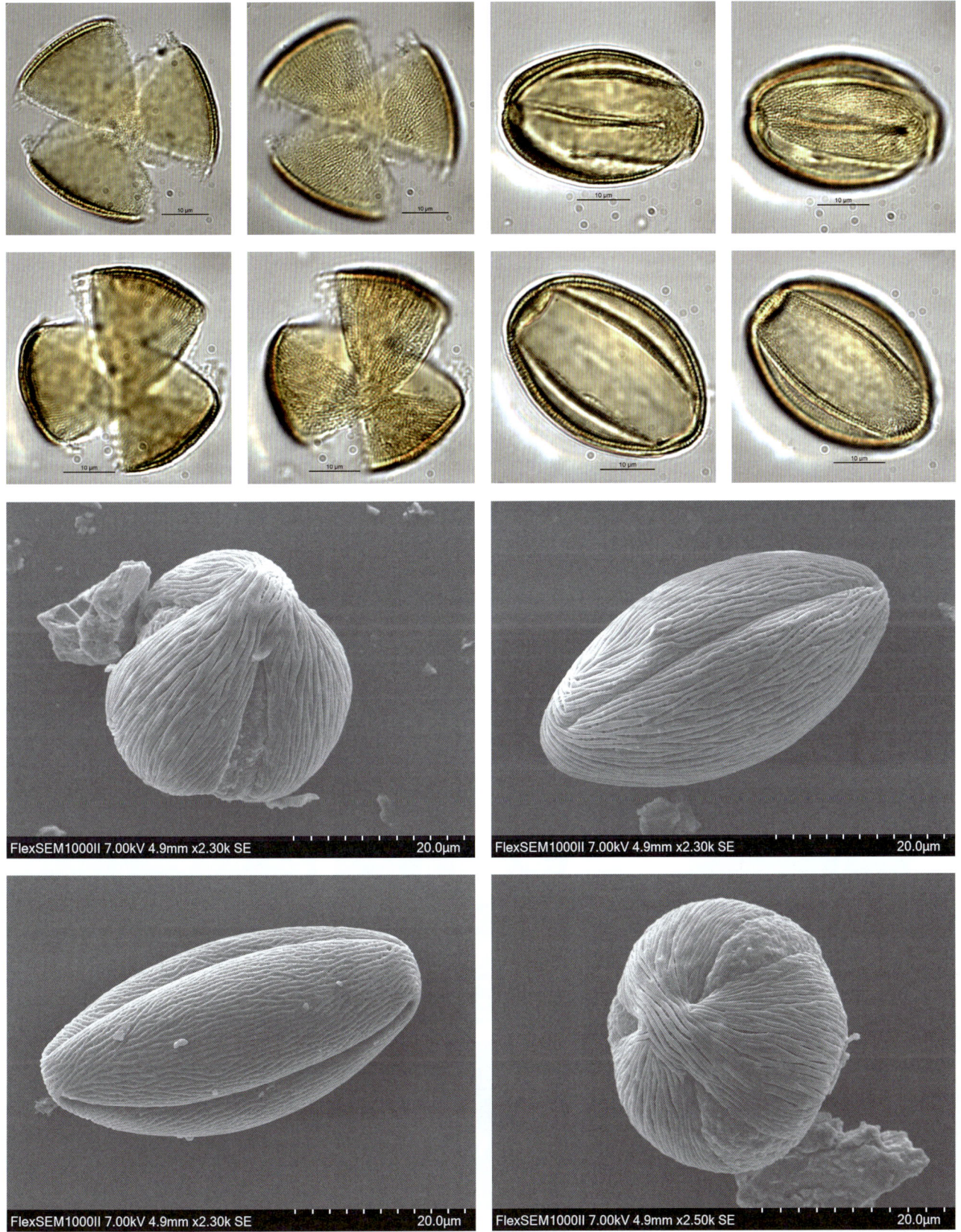

第五章 被子植物的花粉形态

## Aesculus 七叶树属
### Aesculus chinensis Bunge 七叶树

【形态特征】落叶乔木，高可达 25 米；树皮深褐色或灰褐色，小枝无毛或嫩时有微柔毛；冬芽有树脂；掌状复叶，由 5~7 小叶组成，叶柄长 10~12 厘米，有灰色微柔毛；小叶纸质，长圆披针形至长圆倒披针形，边缘有钝尖形的细锯齿；花序圆筒形，花序总轴有微柔毛，小花序常由 5~10 朵花组成，平斜向伸展，有微柔毛；花杂性，雄花与两性花同株，花萼管状钟形，外面有微柔毛，不等的 5 裂，裂片钝形，边缘有短纤毛；花瓣 4，白色，长圆倒卵形至长圆倒披针形，边缘有纤毛，基部爪状；雄蕊 6，花丝线状，无毛，花药长圆形，淡黄色；子房卵圆形，花柱无毛；果实球形或倒卵圆形，顶部短尖或钝圆而中部略凹下，黄褐色，无刺，具很密的斑点；种子常 1~2 粒发育，近于球形，栗褐色；种脐白色，约占种子体积的 1/2。

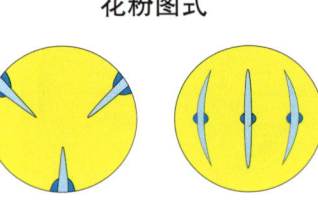

花粉图式

【花果期】花期 4—5 月，果期 10 月。

【生境】自然分布在海拔 700 米以下的山地、潮湿阔叶林中。

【分布】黄河流域及东部各省均有栽培，仅秦岭有野生。

【别名】日本七叶树、浙江七叶树。

【保护级别】国家二级重点保护野生植物。

【花粉形态】花粉粒长球形，赤道面观为橄榄形，极面观为钝三角形，大小为 15（13~18）× 25（21~28）μm；具 3 孔沟，沟很宽，沟端钝，具明显的沟膜，沟膜上有大而清楚的颗粒，内孔清楚，呈圆或椭圆形，位于沟的中央；外壁两层，内外层厚度几相等；表面具细网状雕纹，电镜下为大颗粒－刺状雕纹。

第五章 被子植物的花粉形态

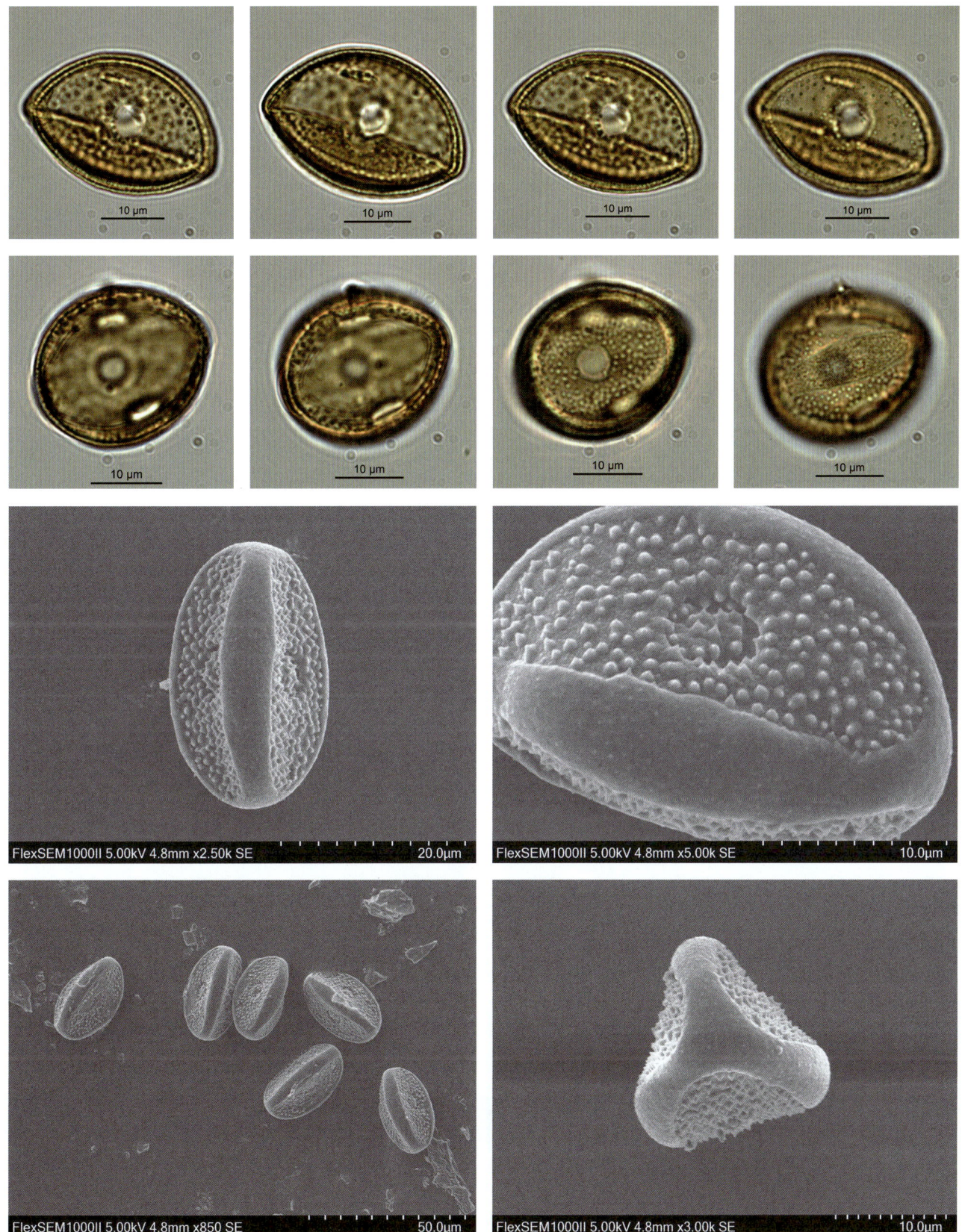

## *Boniodendron* 黄梨木属

***Boniodendron minus*** (Hemsl.) T. Chen 黄梨木

【形态特征】小乔木，高 2~15 米；树皮暗褐色，具纵裂纹；小枝被短柔毛；叶聚生于小枝先端，一回偶数羽状复叶；叶柄纤细，和叶轴均被短柔毛；小叶 10~20 片，纸质，披针形或椭圆形，顶端钝，基部偏斜，一侧楔形，他侧圆或钝，边缘有钝锯齿，两面除中脉被短柔毛外无毛，小叶柄长约 1 毫米；聚伞圆锥花序顶生，少有腋生，约与叶等长，被短柔毛，分枝广展；花淡黄色至近白色；花蕾球形；花梗长 2~3 毫米，被短柔毛；萼片 5，上面 4 片长圆形，下面 1 片近圆形，外面均被白色短柔毛，边具缘毛；花瓣长圆形，有羽状脉纹，外面被白色疏柔毛，内面无毛；雄蕊 8 枚，花丝长约 4 毫米；子房具 3 沟槽，被毛；蒴果轮廓近球形，具 3 翅，顶端凹入并具宿存花柱；种子直径约 4 毫米。

【花果期】花期 5—6 月，果期 7—8 月。

【生境】多生于石灰岩山地的疏林或密林中。

【分布】广东、广西、湖南、贵州、云南等省区。

【别名】米琼、黄达木、采木树。

【保护级别】易危（VU）。

【花粉形态】花粉粒长球形，极面观 3 裂圆形，赤道面观为椭圆形，大小为 13（11~16）× 24（20~27）μm；具 3 孔沟，沟长达两极，内孔横长，稍突出；外壁厚约 2μm，外层厚于内层；表面具清晰的条纹状雕纹。

花粉图式

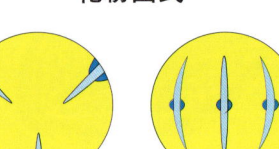

# 第五章 被子植物的花粉形态

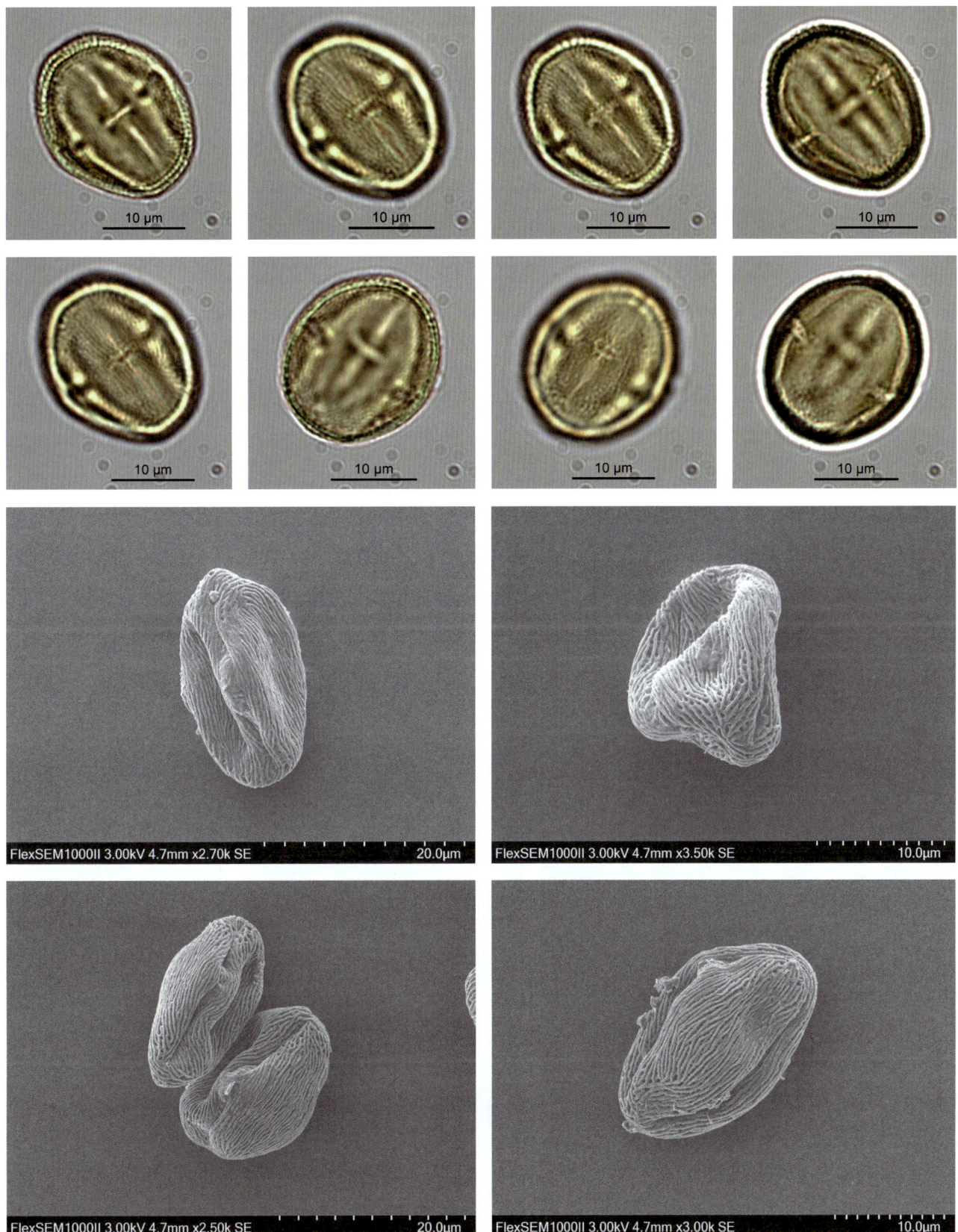

## *Delavaya* 茶条木属

***Delavaya toxocarpa*** Franch. 茶条木

花粉图式
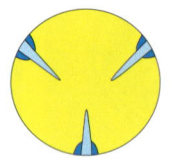
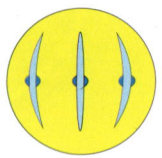

【形态特征】灌木或小乔木，高可达 8 米；树皮褐红色；小枝略有沟纹，无毛；掌状复叶，互生，无托叶；叶柄长 3~4.5 厘米；小叶薄革质，顶端长渐尖，基部楔形；侧脉纤细，两面略凸起；花序狭窄，柔弱而疏花；聚伞圆锥花序单生或 2~3 个簇生；苞片和小苞片均小；花单性，雌雄异株；花梗长 5~10 毫米；萼片 5，近圆形，凹陷，无毛；花瓣 5，白色或粉红色，长椭圆形或倒卵形，鳞片阔倒卵形、楔形或正方形，上部边缘流苏状，有爪；花丝无毛；子房无毛或被稀疏腺毛，每室 1 种子，种皮黑色，无假种皮，种脐圆形；蒴果倒心形，深紫色，2~3 裂，裂片长 1.5~2.5 厘米，果皮革质或近木质。

【花果期】花期 4 月，果期 8 月。

【生境】生长在海拔 500~2000 米处的密林中，有时亦见于灌丛。

【分布】国内分布：云南和广西；国外分布：越南北部。

【别名】米香树、滇木瓜、黑枪杆。

【保护级别】近危（NT）。

【花粉形态】花粉粒长球形，极面观为 3 裂圆形，赤道面观为椭圆形，大小为 12（10~15）× 22（19~24）μm；具 3 孔沟，沟狭长，至两极渐尖，内孔明显，圆形，内孔的直径超过沟的宽度；外壁厚约 2μm，内外层厚度相等；表面具明显的条纹状雕纹。

第五章 被子植物的花粉形态

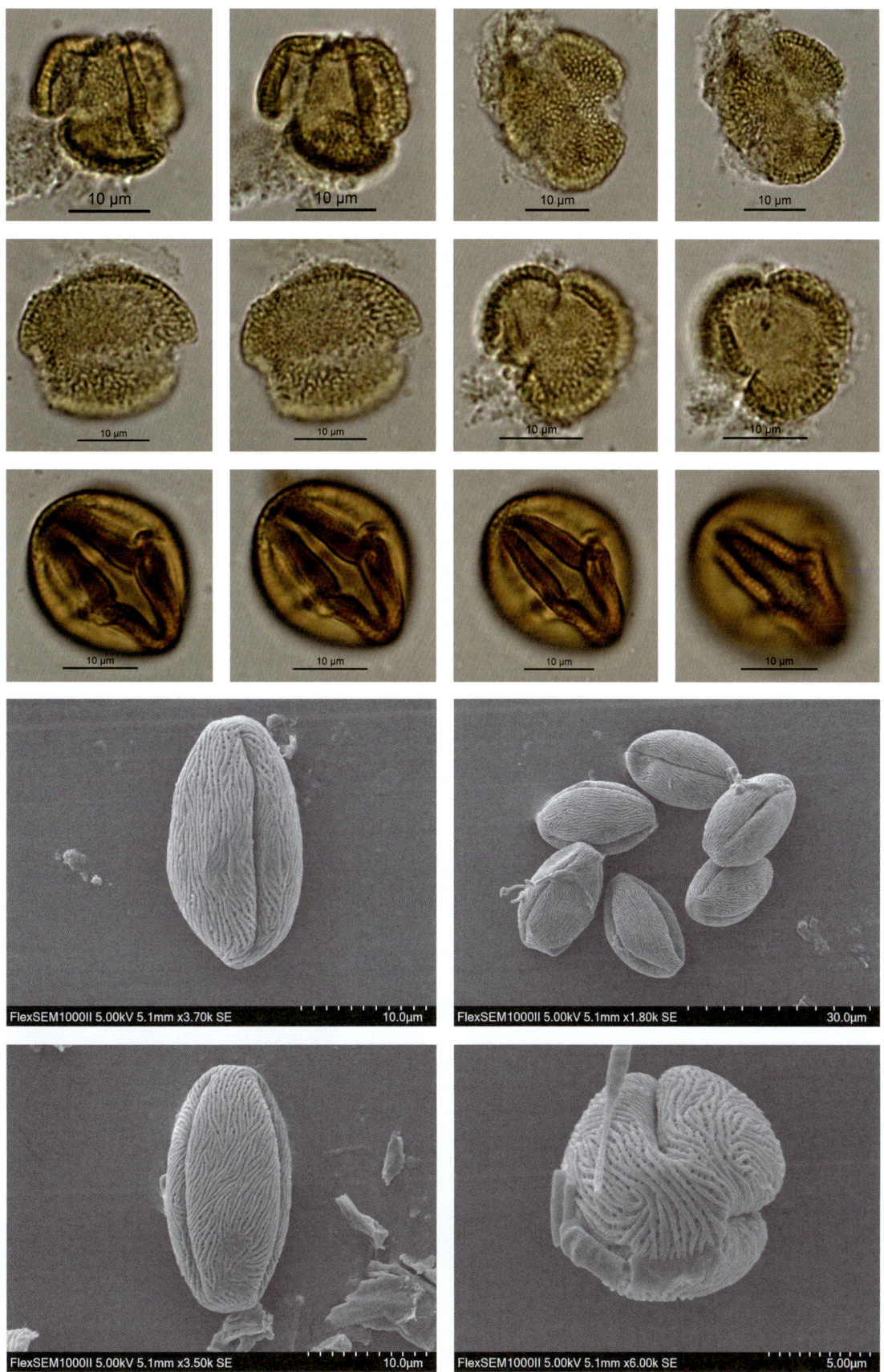

## *Dimocarpus* 龙眼属

***Dimocarpus longan* Lour. 龙眼**

【形态特征】常绿乔木，通常高 10 余米，具板根；小枝粗壮，被微柔毛，散生苍白色皮孔；小叶 4~5 对，很少 3 或 6 对，薄革质，长圆状椭圆形至长圆状披针形，两侧常不对称，顶端短尖，有时稍钝，基部极不对称；侧脉 12~15 对，仅在背面凸起；小叶柄长通常不超过 5 毫米；花序大型，多分枝，顶生和近枝顶腋生，密被星状毛；花梗短；萼片近革质，三角状卵形，两面均被褐黄色茸毛和成束的星状毛；花瓣乳白色，披针形，与萼片近等长，仅外面被微柔毛；花丝被短硬毛；果近球形，通常被黄褐色或有时灰黄色，外面稍粗糙，或少有微凸的小瘤体；种子茶褐色，光亮，全部被肉质的假种皮包裹。

花粉图式

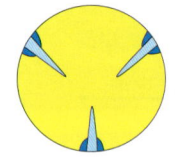
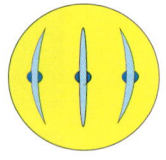

【花果期】花期 4—5 月，果期 7—8 月。

【生境】野生或半野生于疏林中。

【分布】国内分布：云南、广东和广西；国外分布：亚洲南部和东南部。

【别名】羊眼果树、桂圆、圆眼。

【保护级别】国家二级重点保护野生植物；地方保护野生植物。

【花粉形态】花粉粒扁球形，极面观为 3 裂圆形，赤道面观为椭圆形，大小为 20（17~22）× 25（23~28）μm；具 3 孔沟，沟长达两极，末端尖，内孔横长，孔与沟相交成十字形；外壁两层，外层稍厚于内层，在极面观外壁由沟间向沟渐变薄；表面具微弱的网纹状雕纹。

第五章 被子植物的花粉形态

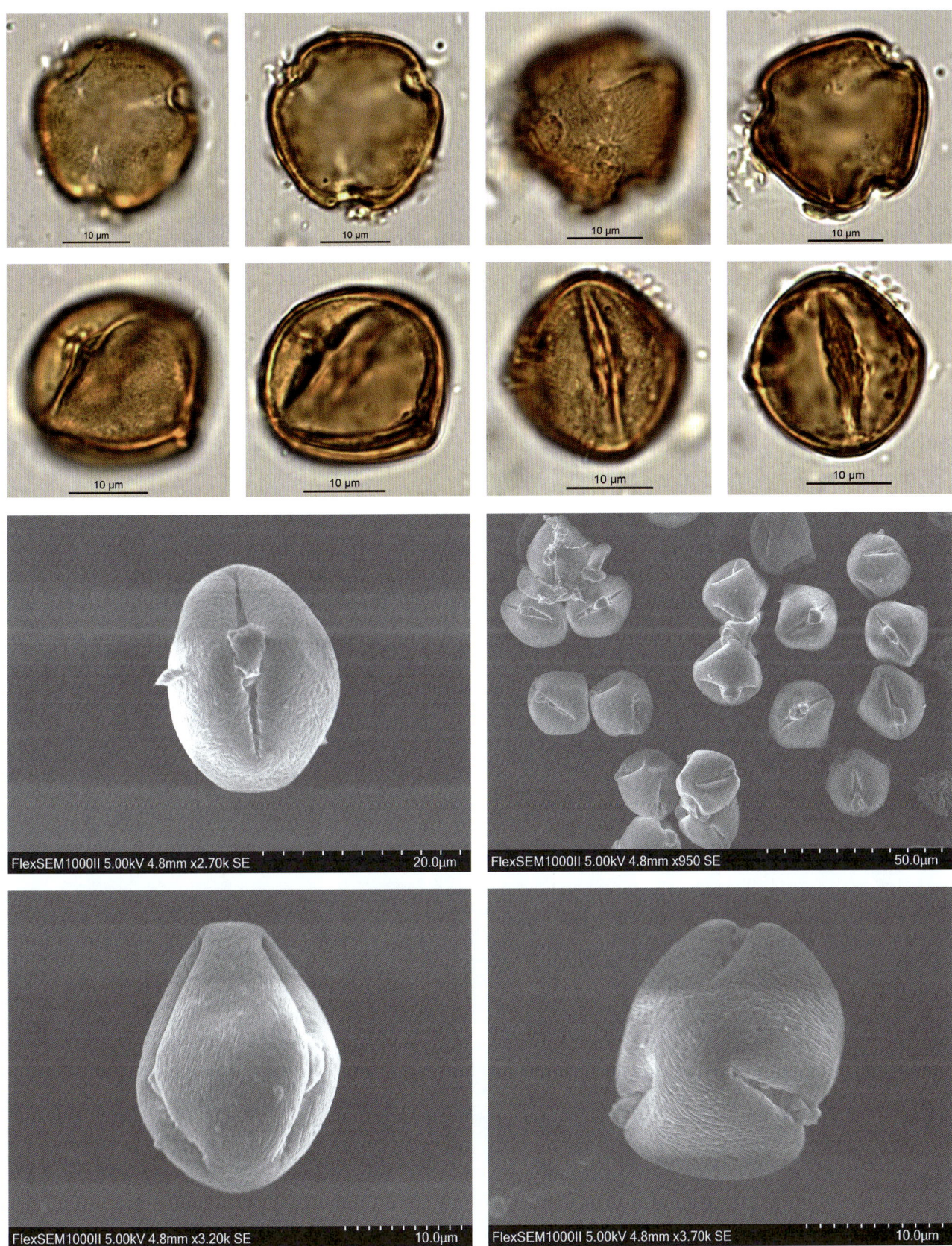

## Handeliodendron 平舟木属

### *Handeliodendron bodinieri* (H. Lév.) Rehder 掌叶木

【形态特征】落叶乔木或灌木，高可达 8 米；树皮灰色；小枝无毛；掌状复叶，对生；小叶 4 或 5，薄纸质，椭圆形或倒卵形，先端常尾状骤尖，基部宽楔形，两面无毛，下面散生黑色腺点，侧脉 10~12 对，无托叶；聚伞状圆锥花序顶生，疏散，多花；花两性，两侧对生；花梗无毛，散生圆形小鳞秕；萼片 5，覆瓦状排列，长椭圆形或近卵形，两面被微毛，有缘毛；花瓣 4，有时 5，长椭圆形，中部反折，内面基部有小鳞片 2，外面被伏贴柔毛；花盘半月形，肥厚，不规则浅裂；雄蕊 7~8，伸出，花丝不等长；子房宽纺锤形，3 室，花柱短，柱头 3，胚珠每室 2；蒴果棒状或近梨状，成熟时室背开裂为 3 果瓣，果皮厚革质；种子每室 1，稀 2，近卵圆形，种皮革质，黑色而有光泽，假种皮 2 层，包种子下半部。

花粉图式

【花果期】花期 5 月，果期 7 月。

【生境】海拔 500~800 米的林中或林缘。

【分布】为我国特有残遗植物，仅分布在广西与贵州接壤的石灰岩地区。

【别名】无

【保护级别】国家二级重点保护野生植物；濒危（EN）；中国特有种。

【花粉形态】花粉粒长球形，极面观为 3 裂圆形，大小为 15（13~17）× 20（17~23）μm；具 3 孔沟，沟长，沟膜上具颗粒，内孔圆形或椭圆形，具孔盖，直径约为 3μm；外壁两层，厚度几相等；表面具模糊的颗粒状雕纹，电镜下为较清楚的条纹状雕纹。

# 第五章 被子植物的花粉形态

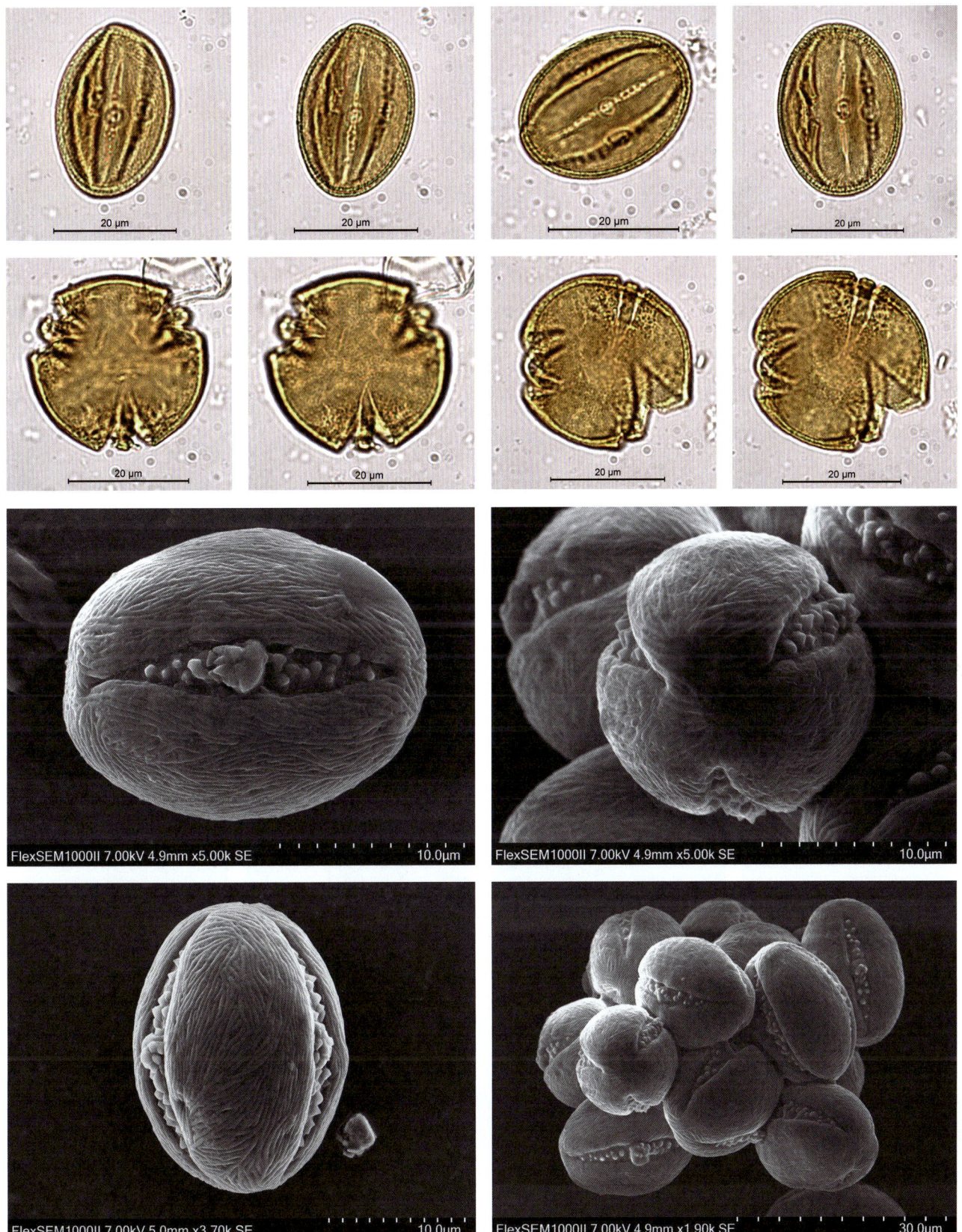

## *Koelreuteria* 栾属

### *Koelreuteria paniculata* Laxm. 栾

花粉图式

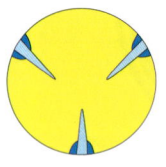
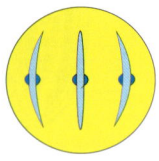

【形态特征】落叶乔木或灌木；树皮厚，灰褐色至灰黑色，老时纵裂；叶丛生于当年生枝上，平展，一回、不完全二回或偶有二回羽状复叶；小叶 11~18 片，无柄或具极短的柄，对生或互生，纸质，卵形、阔卵形至卵状披针形；聚伞圆锥花序长 25~40 厘米，密被微柔毛，分枝长而广展，在末次分枝上的聚伞花序具花 3~6 朵，密集呈头状；苞片狭披针形，被小粗毛；花淡黄色，稍芬芳；花梗长 2.5~5 毫米；萼裂片卵形，边缘具腺状缘毛，呈啮蚀状；花瓣 4，开花时向外反折，线状长圆形，被长柔毛，瓣片基部的鳞片初时黄色，开花时橙红色，具参差不齐的深裂，被疣状皱曲的毛；雄蕊 8 枚，花丝下半部密被白色、开展的长柔毛；花盘偏斜，有圆钝小裂片；子房三棱形，除棱上具缘毛外无毛，退化子房密被小粗毛；蒴果圆锥形，具 3 棱，顶端渐尖，果瓣卵形，外面有网纹，内面平滑且略有光泽；种子近球形。

【花果期】花期 6—8 月，果期 9—10 月。

【生境】生于海拔 2600 米以下的平原、山坡杂木林或灌丛中。

【分布】世界各地都有栽培。

【别名】灯笼树、摇钱树、大夫树、灯笼果、黑叶树、石栾树、黑色叶树、乌拉胶、乌拉、五乌拉叶、栾华、木栾、马安乔、栾树。

【保护级别】无危（LC）。

【花粉形态】花粉粒近扁球形，极面观为钝三角形，赤道面观椭圆形，大小为 22（20~25）× 33（28~38）μm；具 3 孔沟，在极面观处于角上，沟细长，内孔大而圆，超出沟的宽度，两侧具喙状裂缝，孔沟交界处外壁稍加厚；外壁厚度约 2μm，内外层厚度几相等；表面具网状雕纹。

第五章 被子植物的花粉形态

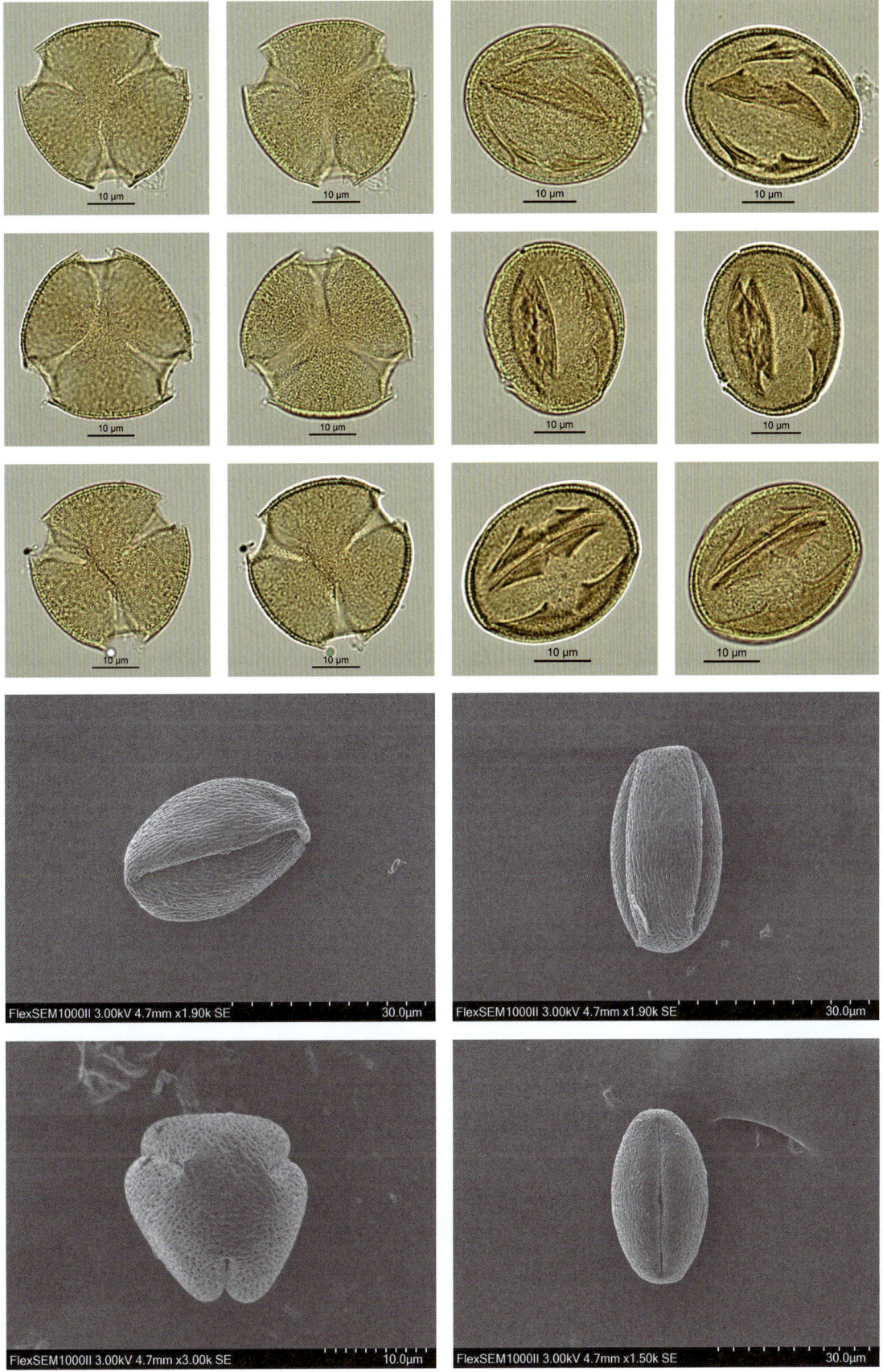

1031

## Xanthoceras 文冠果属

*Xanthoceras sorbifolium* Bunge 文冠果

【形态特征】落叶灌木或小乔木，高 2~5 米；小枝粗壮，褐红色，无毛，顶芽和侧芽有覆瓦状排列的芽鳞；叶连柄长 15~30 厘米；小叶 4~8 对，膜质或纸质，披针形或近卵形，两侧稍不对称，顶端渐尖，基部楔形，边缘有锐利锯齿；花序先叶抽出或与叶同时抽出，两性花的花序顶生，雄花序腋生，直立，总花梗短，基部常有残存芽鳞；花梗长 1.2~2 厘米；苞片长 0.5~1 厘米；萼片长 6~7 毫米，两面被灰色茸毛；花瓣白色，基部紫红色或黄色，有清晰的脉纹，爪之两侧有须毛；花盘的角状附属体橙黄色；雄蕊长约 1.5 厘米，花丝无毛；子房被灰色茸毛；蒴果长可达 6 厘米；种子长可达 1.8 厘米，黑色而有光泽。

花粉图式

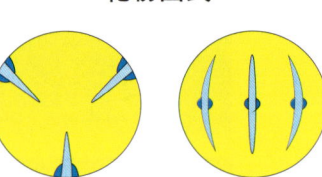

【花果期】花期 4—5 月，果期 7—8 月。

【生境】野生于丘陵山坡等处，各地常栽培。

【分布】我国北部和东北部。

【别名】无

【保护级别】地方保护野生植物；中国特有种。

【花粉形态】花粉粒近球形，极面观 3 裂圆形，大小为 28（25~31）× 35（33~42）μm；具 3 孔沟，沟长而渐尖，两端至两极区，沟膜上具颗粒，内孔大，椭圆形，大小 6~9μm，直径不超过沟的宽度，孔处外壁外层中断，内层垫在孔底，形成孔室；外壁两层；表面具大小不等、稀疏分布的刺状雕纹，在刺与刺之间分布着模糊的小颗粒。

# 第五章 被子植物的花粉形态

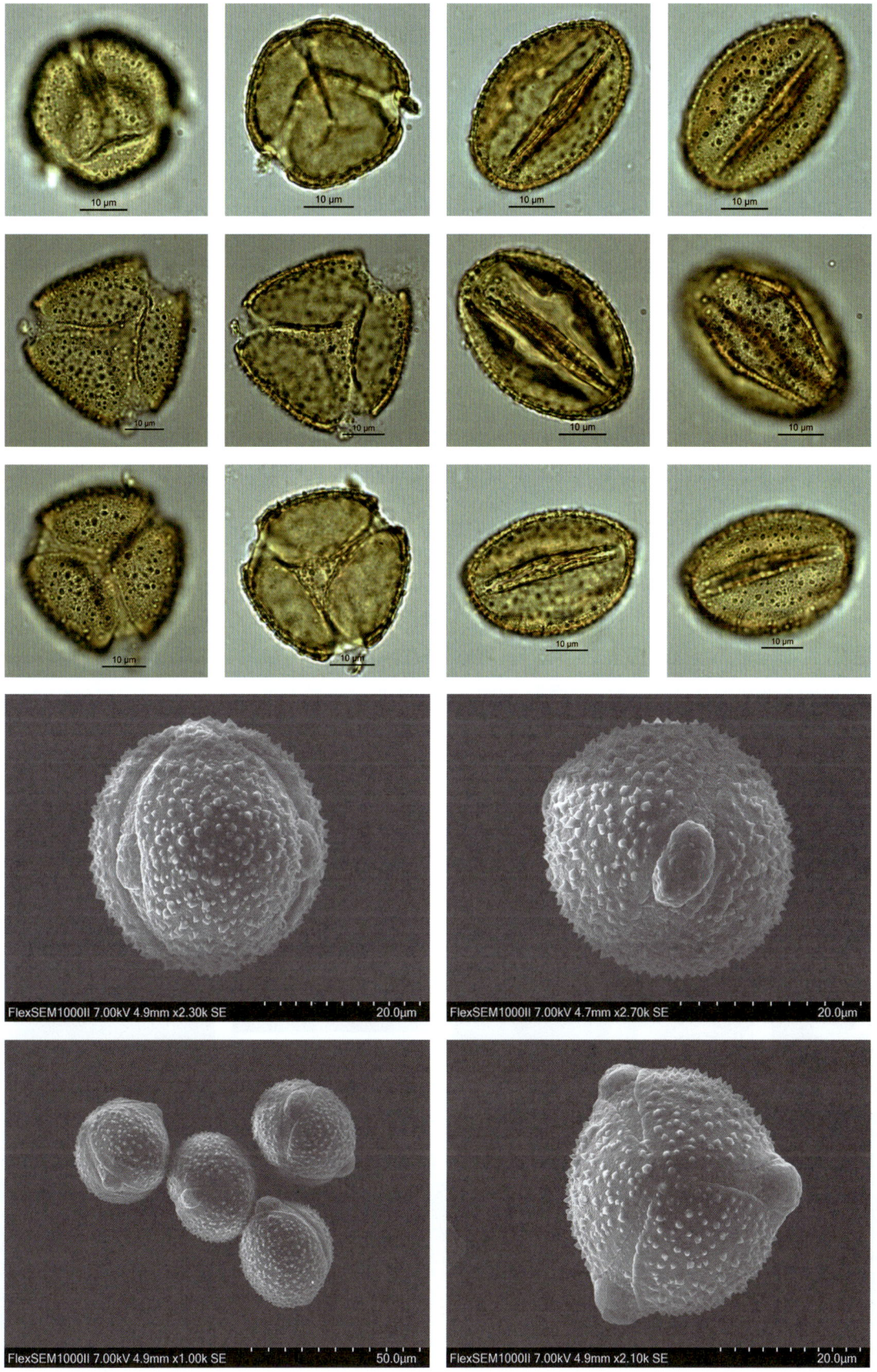

## Sapotaceae 山榄科
## *Madhuca* 紫荆木属

*Madhuca pasquieri* (Dubard) H. J. Lam 紫荆木

花粉图式

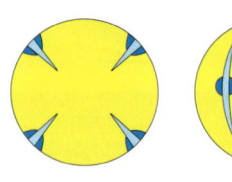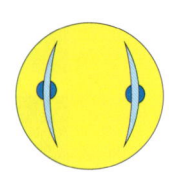

【形态特征】高大常绿乔木，高可达 30 米；树皮灰黑色，具乳汁；嫩枝密生皮孔，被锈色茸毛，后变无毛；托叶披针状线形，早落；叶互生，星散或密聚于分枝顶端，革质，倒卵形或倒卵状长圆形；花数朵簇生叶腋，花梗纤细，被锈色或灰色短柔毛；花萼 4 裂，稀 5 裂，裂片卵形，钝，外面和内面的上部被灰色或锈色茸毛；花冠黄绿色，无毛，裂片 6~11，长圆形，钝，冠管长 1.5 毫米；能育雄蕊 16~24，花丝钻形，无毛，花药卵状披针形；子房卵形，6~8 室，密被锈色短柔毛，花柱钻形；果椭圆形或小球形，基部具宿萼，先端具宿存、花后延长的花柱，果皮肥厚，被锈色茸毛，后变无毛；种子 1~5 枚，椭圆形，疤痕长圆形，无胚乳，子叶扁平，油质。

【花果期】花期 7—9 月，果期 10—12 月。

【生境】生于海拔 1100 米以下的混交林中或山地林缘。

【分布】国内分布：广东西南部、广西南部和云南东南部；国外分布：越南北部。

【别名】海胡卡、马胡卡、木花生、铁色、出奶木、滇木花生、滇紫荆木、子京、子京木。

【保护级别】国家二级重点保护野生植物；易危（VU）。

【花粉形态】花粉粒长球形，极面观为 4 裂圆形或正方形，赤道面观为椭圆形，大小为 25（21~28）× 45（39~48）μm；具 4 孔沟，少数为 5 孔沟，沟细长，孔椭圆形，横长，与沟十字交叉；外壁厚度约 3μm，内外层厚度几相等；表面具模糊的颗粒状雕纹。

# 第五章 被子植物的花粉形态

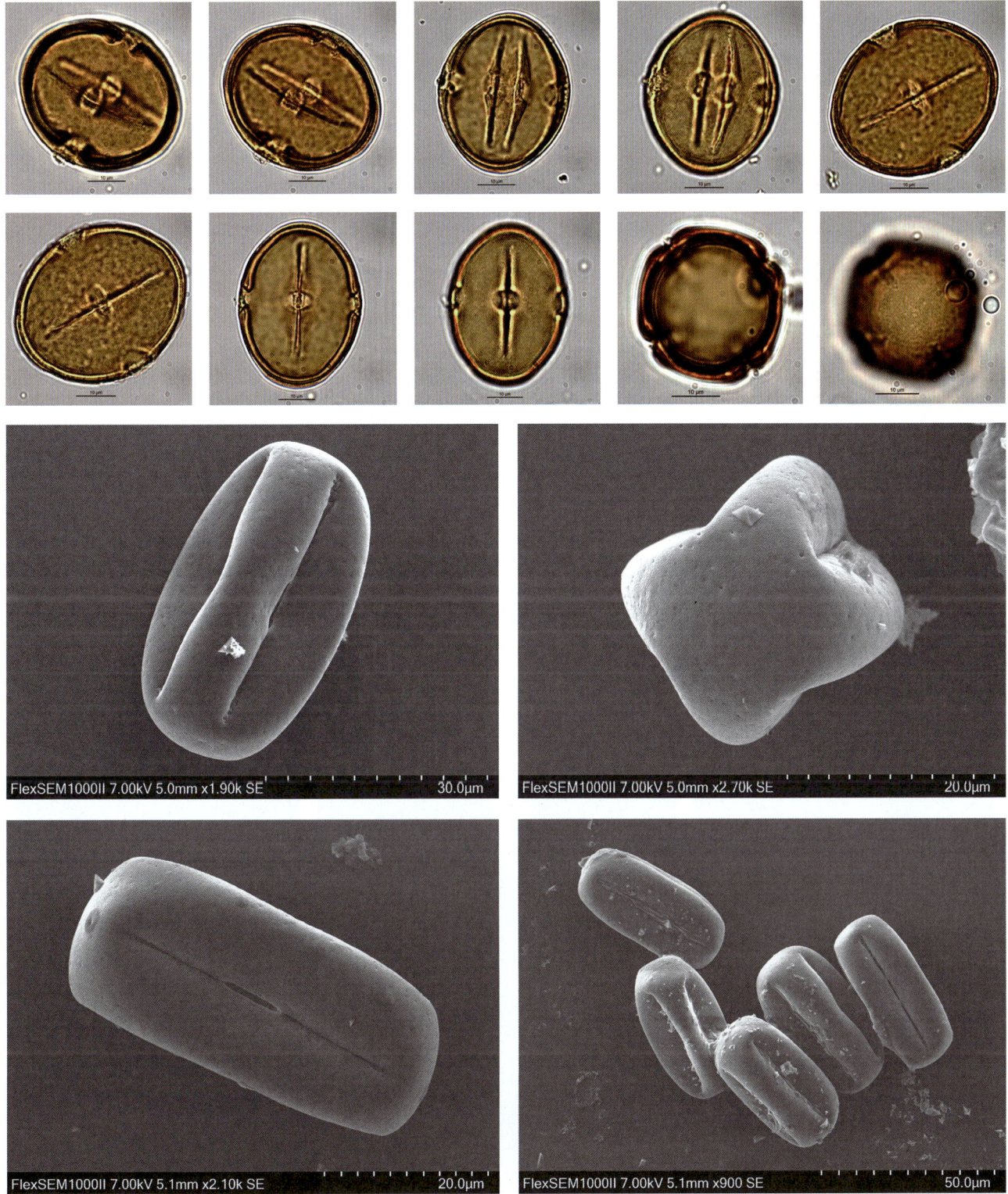

1035

## *Sinosideroxylon* 铁榄属

### *Sinosideroxylon pedunculatum* var. *pubifolium* H. Chuang 毛叶铁榄

花粉图式

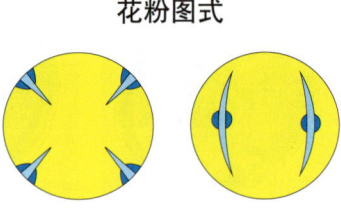

【形态特征】乔木，高 9~12 米；小枝圆柱形，被锈色柔毛，幼枝疏被、老枝密被皮孔；叶互生，密聚小枝先端，革质，卵形或卵状披针形，先端渐尖，基部楔形，两面无毛，侧脉 8~12 对，两面均明显，网脉细；叶柄长 7~15 毫米，上面具窄沟，被锈色茸毛或近无毛；花浅黄色，1~3 朵簇生于腋生的花序梗上，组成总状花序，花序梗长 1~3 厘米，具纵棱，被锈色微柔毛；花梗长 2~4 毫米，被锈色微柔毛，基部具小苞片，卵状三角形，密被锈色微柔毛；花萼基部联合成钟形，裂片 5，覆瓦状排列，三角形或近卵形，外面被锈色微柔毛；花冠 4~5 裂，裂片卵状长圆形；子房近圆形，无毛，4 或 5 室，先端渐窄而成花柱，花柱钻形；浆果卵球形，具花后延长的花柱；种子 1 枚，椭圆形，两侧压扁，褐色，具光泽，疤痕近圆形，近基生。

【花果期】花期 4—7 月，果期 9—11 月。

【生境】生于山顶岩石上。

【分布】广西龙州。

【别名】无

【保护级别】近危（NT）；中国特有种。

【花粉形态】花粉粒长球形，两端较平，极面观为近圆形，大小为 17（15~22）×22（15~26）μm；具 4 孔沟，沟细长，内孔横长，略呈长方形，沟孔交界处外壁稍加厚；外壁厚度约 1.7μm，分层不清楚；表面光滑或具较模糊的雕纹。

# 第五章 被子植物的花粉形态

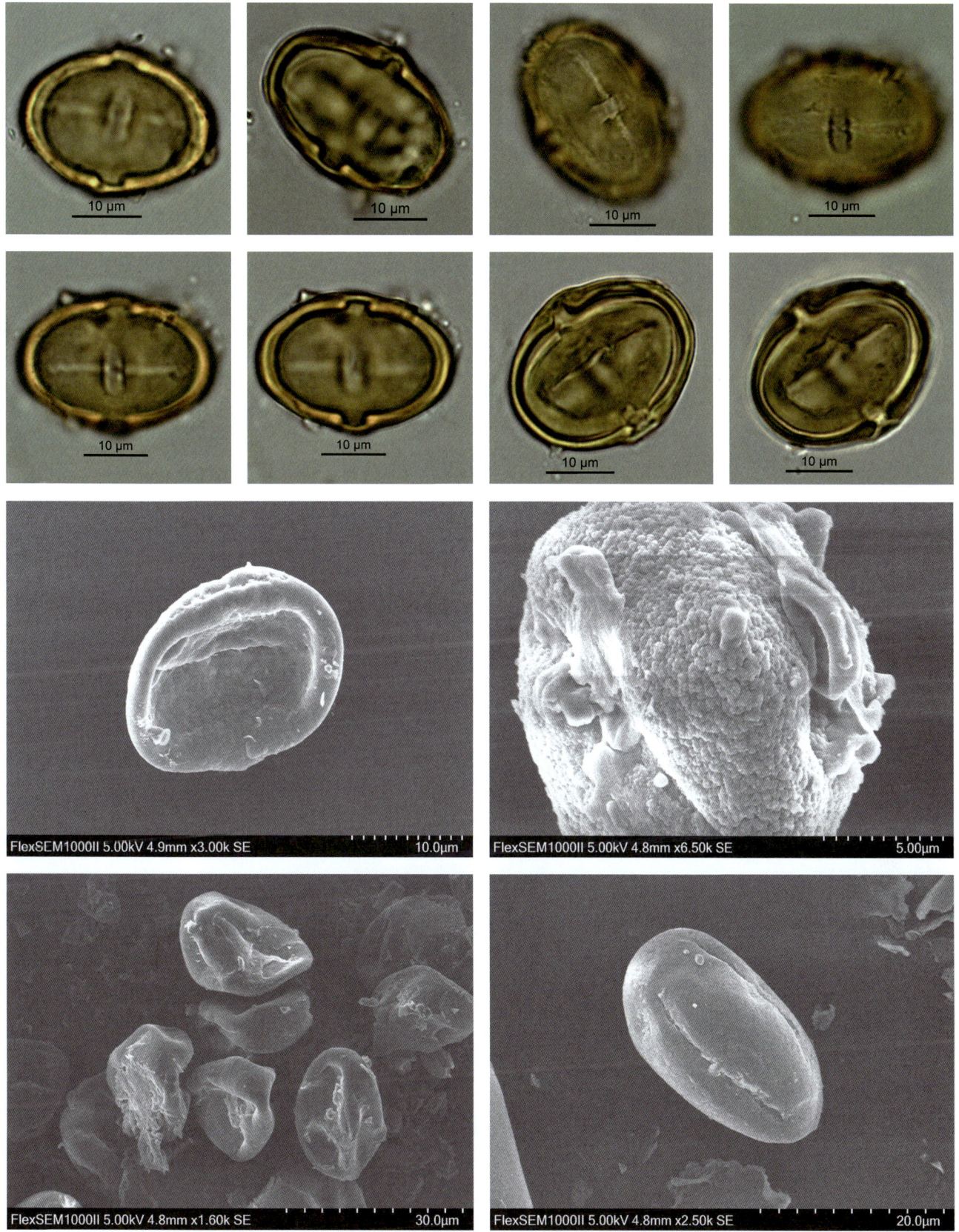

## Saururaceae 三白草科
### *Saururus* 三白草属

*Saururus chinensis* (Lour.) Baill. 三白草

【形态特征】湿生草本，高 1 米余；茎粗壮，有纵长粗棱和沟槽，下部伏地，常带白色，上部直立，绿色；叶纸质，密生腺点，阔卵形至卵状披针形，顶端短尖或渐尖，基部心形或斜心形，两面均无毛，上部的叶较小，茎顶端的 2~3 片于花期常为白色，呈花瓣状；叶脉 5~7 条；叶柄长 1~3 厘米，无毛，基部与托叶合生成鞘状，略抱茎；花序白色；总花梗长 3~4.5 厘米，无毛，但花序轴密被短柔毛；苞片近匙形，上部圆，无毛或有疏缘毛，下部线形，被柔毛，且贴生于花梗上；雄蕊 6 枚，花药长圆形，纵裂，花丝比花药略长；果近球形，表面多疣状凸起。

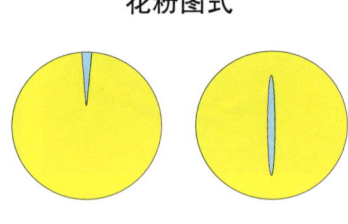

花粉图式

【花果期】花期 4—6 月，果期 6—9 月。

【生境】生于低湿沟边、塘边或溪旁。

【分布】国内分布：河北、山东、河南和长江流域及其以南各省区；国外分布：日本、菲律宾至越南。

【别名】无

【保护级别】无危（LC）。

【花粉形态】花粉粒极面观为椭圆形，大小为 6（5~8）× 11（9~12）μm；具单沟（远极沟），沟内有颗粒；外壁厚度约为 1μm，层次模糊；表面比较光滑，电镜下具颗粒状突起的雕纹。

# 第五章 被子植物的花粉形态

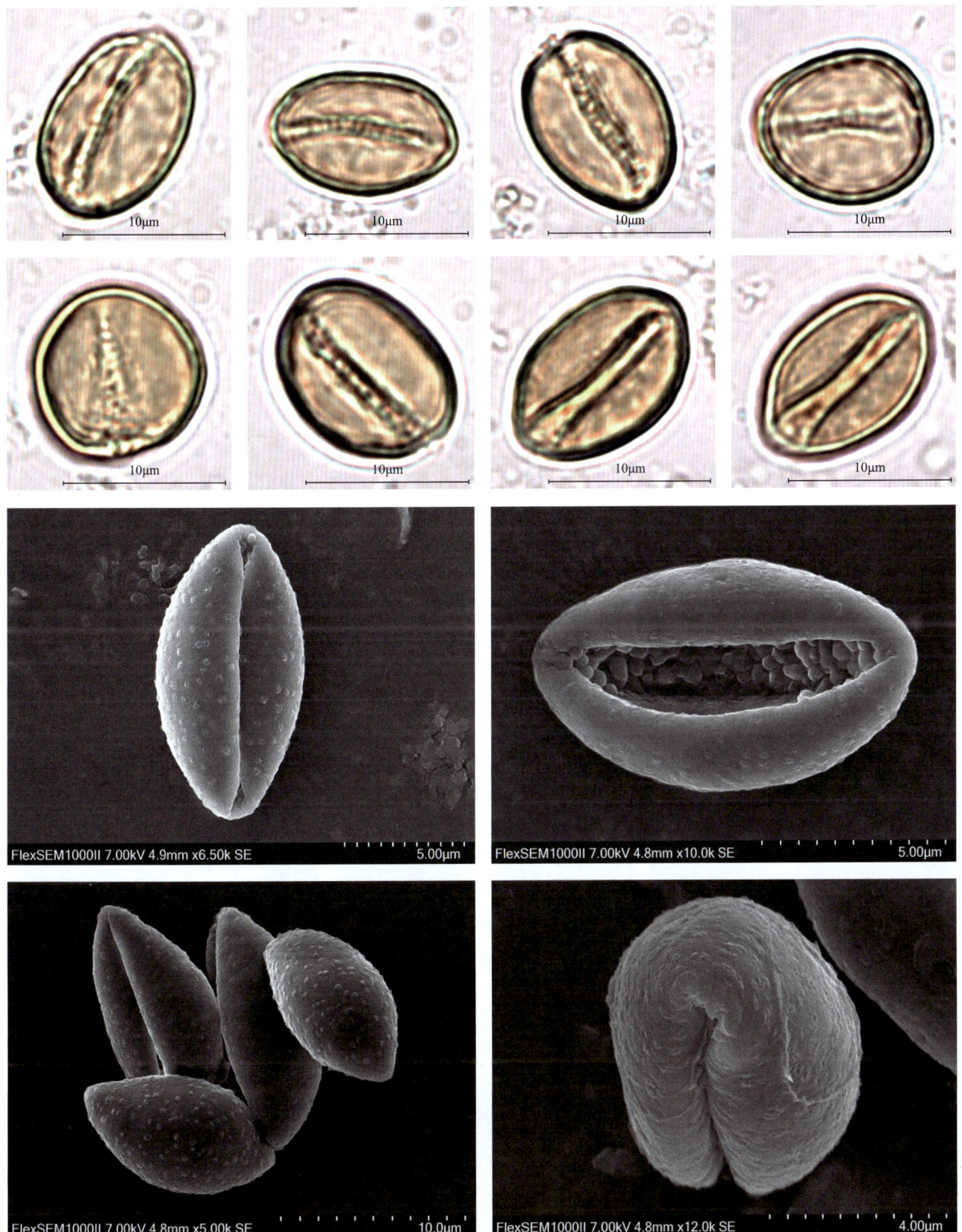

## Saxifragaceae 虎耳草科
### *Hydrangea* 绣球属
#### *Hydrangea paniculata* Siebold 圆锥绣球

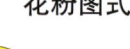

【形态特征】灌木或小乔木，高 5~9 米；幼枝疏被柔毛，具圆形浅色皮孔；叶纸质，2~3 片对生或轮生，卵形或椭圆形，先端渐尖或骤尖，具短尖头，基部圆或宽楔形，密生小锯齿，侧脉 6~7 对；叶柄长 1~3 厘米；圆锥状聚伞花序尖塔形，长可达 26 厘米，密被柔毛；不育花较多，白色；萼片 4，阔椭圆形或近圆形，不等大；孕性花萼筒陀螺状，萼齿三角形；花瓣分离，白色，卵形或披针形，基部平截；雄蕊不等长；子房半下位，花柱 3，长约 1 毫米，钻状，柱头小，头状；蒴果椭圆形，不连花柱长 4~5.5 毫米，顶端突出部分圆锥形，与萼筒近等长；种子褐色，扁平，具纵脉纹，纺锤形，两端具翅，先端的翅稍宽。

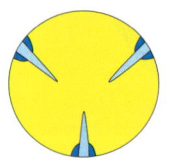 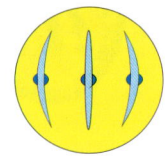

【花果期】花期 7—8 月，果期 10—11 月。

【生境】生于海拔 360~2100 米的山谷、山坡疏林下或山脊灌丛中。

【分布】国内分布：西北（甘肃）、华东、华中、华南、西南等地区；国外分布：日本。

【别名】水亚木、栎叶绣球。

【保护级别】无危（LC）。

【花粉形态】花粉粒近球形或扁球形，赤道面观椭圆形，极面观 3 裂圆形，大小为 9（13~16）× 17（15~21）μm；具 3 孔沟，沟狭，达两极，内孔约 1μm；外壁两层，厚约 2μm，外层与内层厚度约相等，柱状层基柱不明显；表面具细网状雕纹。

# 第五章　被子植物的花粉形态

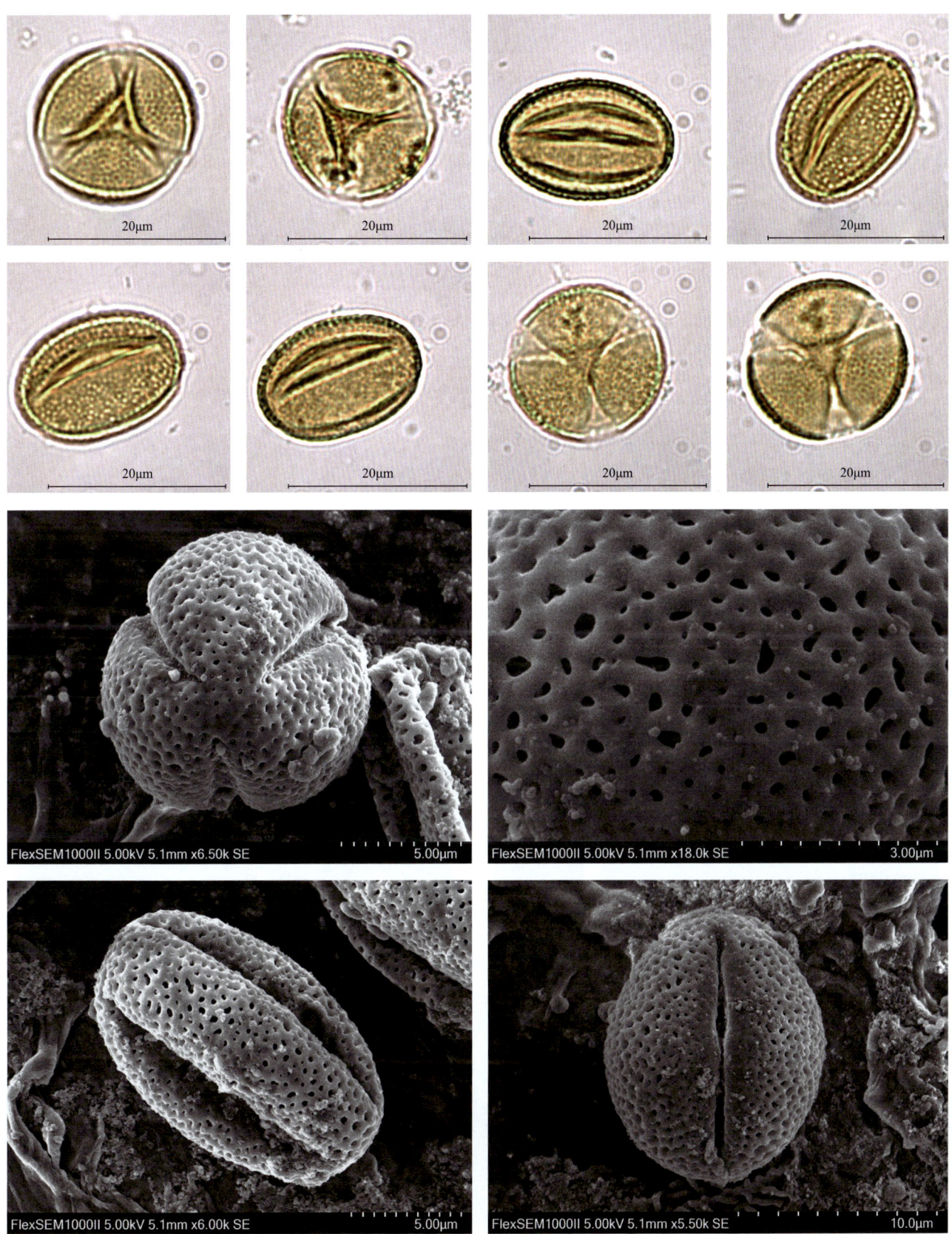

1041

## *Micranthes* 亭阁草属

### *Micranthes laciniata* (Nakai & Takeda) S. Akiyama & H. Ohba 长白亭阁草

花粉图式

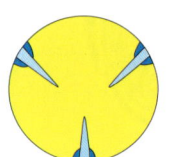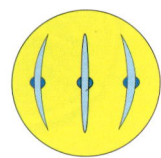

【形态特征】多年生草本，高 6~26 厘米；根状茎短；叶全部基生，稍肉质，通常匙形，先端急尖，边缘中上部具 5~8 粗锯齿，中下部全缘，具腺睫毛，腹面被腺柔毛，背面无毛；花葶被腺柔毛；聚伞花序伞房状，具 5~7 花；花序分枝与花梗均被腺柔毛；苞叶披针形或线形；萼片在花期反曲，稍肉质，卵形，先端急尖，无毛，3 脉于先端汇合；花瓣白色，基部具 2 黄色斑点，卵形、狭卵形至长圆形，先端急尖或稍钝，基部狭缩成爪，3~5 脉；雄蕊长约 3 毫米，花丝钻形；子房近上位，卵球形，花柱 2；蒴果长 5~7 毫米；种子具纵棱和小瘤突。

【花果期】花期 7—8 月，果期 8—9 月。

【生境】生于海拔 2300~2600 米的草甸或石隙。

【分布】国内分布：吉林；国外分布：朝鲜、日本。

【别名】条裂虎耳草、长白虎耳草。

【保护级别】地方保护野生植物。

【花粉形态】花粉粒近球形或扁球形，极面观 3 裂圆形，赤道面观椭圆形，大小为 14（13~16）× 15（14~17）μm；具 3 孔沟，沟狭，长达两极，内孔圆形；外壁两层，外层与内层厚度约相等，柱状层基柱明显；表面具模糊的网状雕纹。

第五章 被子植物的花粉形态

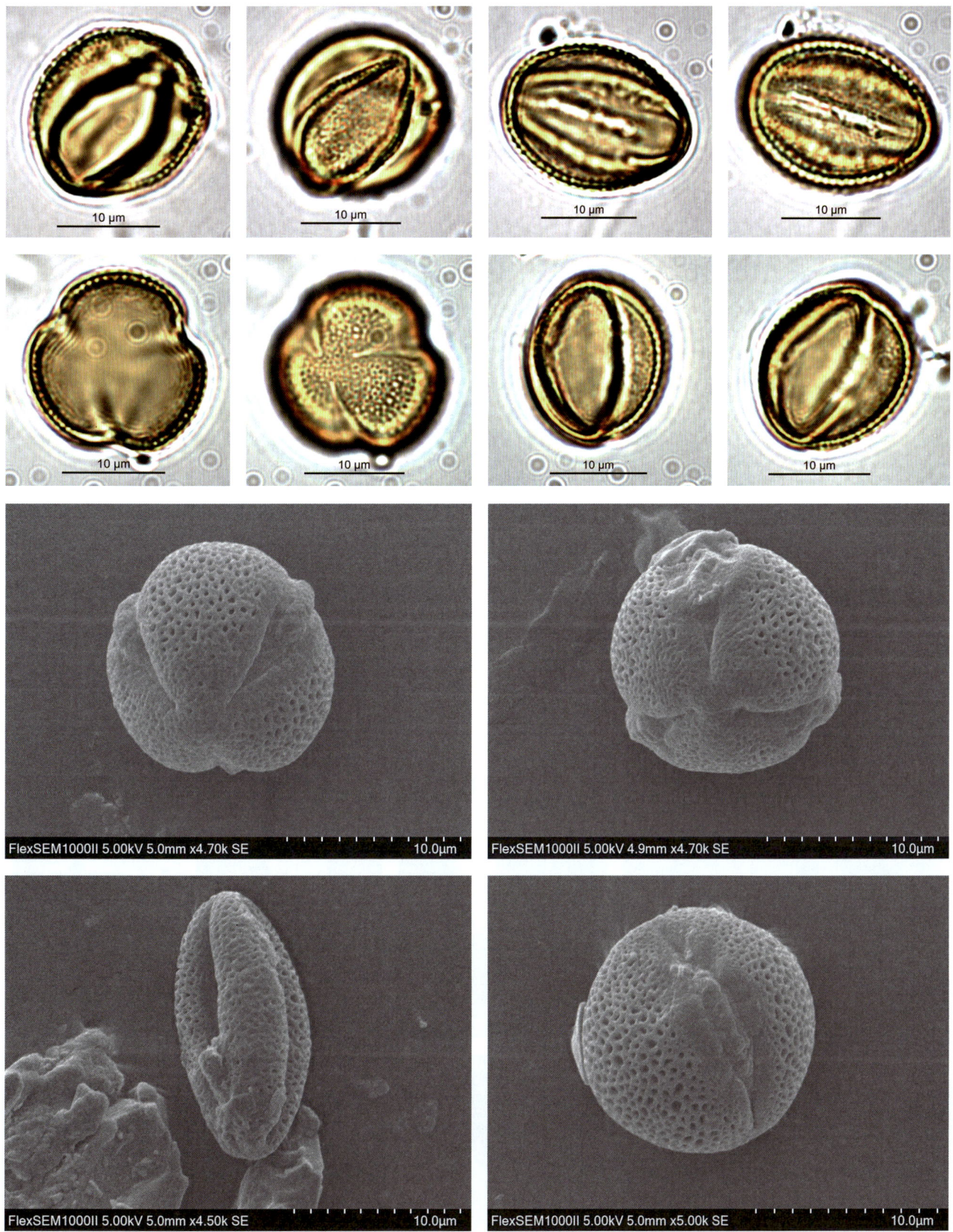

1043

## Schisandraceae 五味子科
### *Kadsura* 南五味子属

*Kadsura coccinea* (Lem.) A. C. Sm. 黑老虎

【形态特征】常绿木质藤本，全株无毛；叶革质，长圆形或卵状披针形，先端钝或短渐尖，基部宽楔形或近圆形，全缘；侧脉 6~7 对，网脉不明显；花单生叶腋，稀成对，雌雄异株；雄花被片红色，10~16 片，中轮最大 1 片椭圆形，最内轮 3 片明显增厚，肉质；花托长圆锥形，顶端具 1~20 条分枝的钻状附属体；雄蕊群椭球体形或近球形，具雄蕊 14~48 枚；花丝顶端为两药室包围着；花梗长 1~4 厘米；雌花被片与雄花相似，花柱短钻状，顶端无盾状柱头冠，心皮长圆形，50~80 枚，花梗长 5~10 毫米；聚合果近球形，红色或暗紫色；小浆果倒卵形，外果皮革质，不显出种子；种子心形或卵状心形。

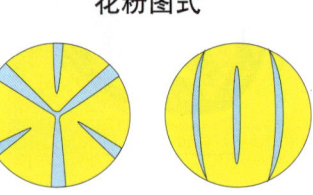

花粉图式

【花果期】花期 4—7 月，果期 7—11 月。

【生境】生于海拔 1500~2000 米的密林中。

【分布】产自江西、湖南、广东、香港、海南、广西、四川、贵州和云南，越南也有分布。

【别名】过山龙藤、臭饭团、中泰南五味子、四川黑老虎。

【保护级别】易危（VU）。

【花粉形态】花粉粒扁球形，极面观为 6 裂圆形，大小为 15（14~17）×24（20~28）μm；具 6 沟，3 长沟在一极形成合沟，3 短沟不至极面，长短沟相间排列；外壁外层厚于内层，基柱明显；表面具较粗的网状雕纹，网眼在不具沟的一极较大，网眼中具有模糊的颗粒；轮廓线不平。

第五章 被子植物的花粉形态

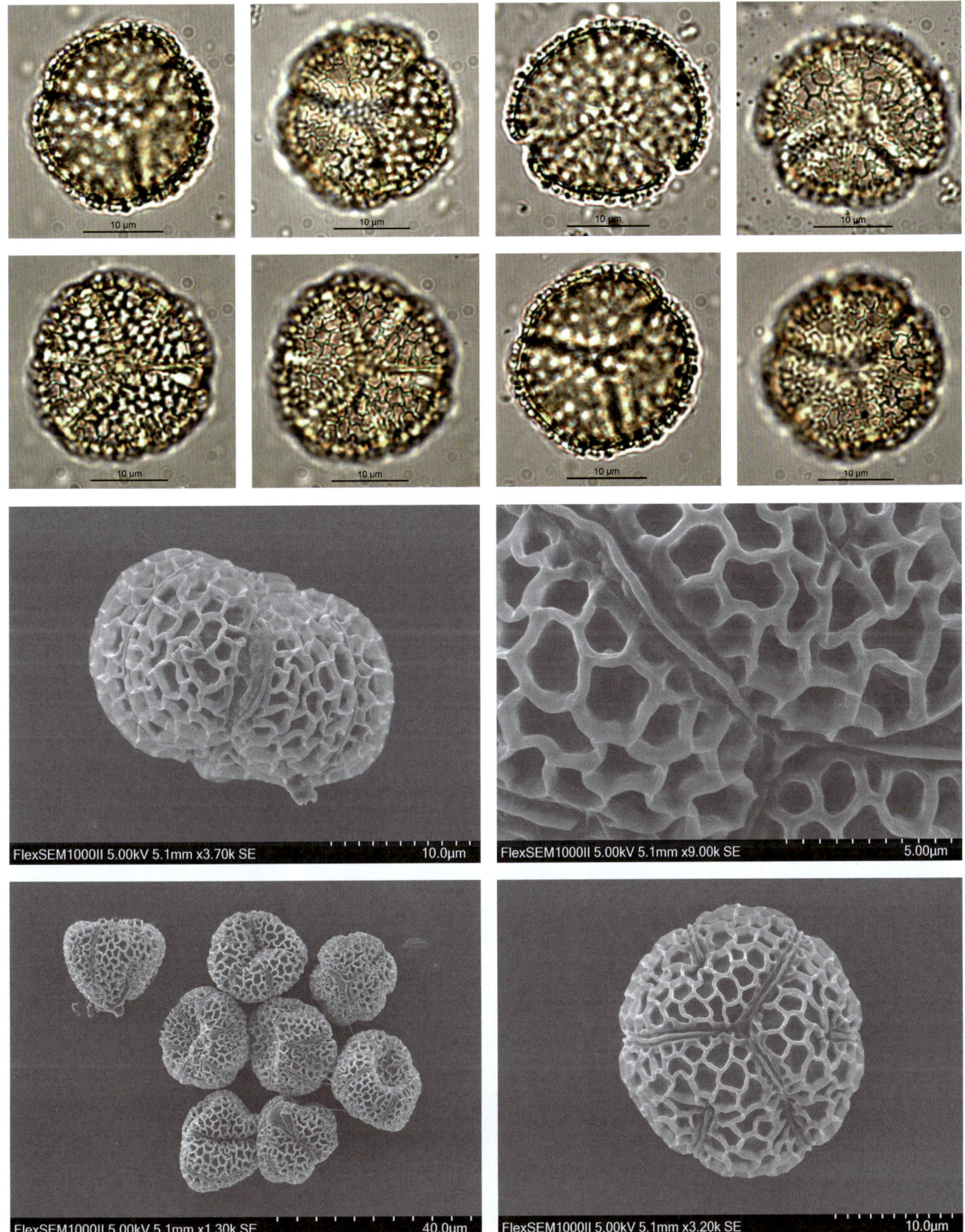

## *Schisandra* 五味子属

***Schisandra chinensis*** (Turcz.) Baill. 五味子

【形态特征】落叶木质藤本，除幼叶下面被柔毛及芽鳞具缘毛外其余无毛；叶膜质，宽椭圆形、卵形、倒卵形、宽倒卵形或近圆形，先端骤尖，基部楔形，上部疏生腺脉质浅齿，近基部全缘，基部下延成极窄翅；雄花被片粉白色或粉红色，6~9 片，长圆形或椭圆状长圆形；雄蕊长约 2 毫米，花药长约 1.5 毫米，仅 5~6 枚，形成近倒卵圆形的雄蕊群；雌花被片和雄花相似；雌蕊群近卵圆形，心皮 17~40；子房卵圆形或卵状椭球体形，柱头鸡冠状，下端下延成 1~3 毫米的附属体；聚合果长 1.5~8.5 厘米，小浆果红色，近球形或倒卵圆形，果皮具不明显腺点；种子 1~2 粒，肾形，淡褐色，种皮光滑，种脐明显凹入呈"U"形。

花粉图式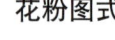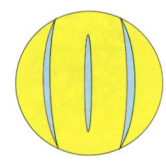

【花果期】花期 5—7 月，果期 7—10 月。

【生境】生于海拔 1200~1700 米的沟谷、溪旁和山坡。

【分布】国内分布：黑龙江、吉林、辽宁、内蒙古、河北、山西、宁夏、甘肃和山东；国外分布：朝鲜和日本。

【别名】北五味子。

【保护级别】无危（LC）；地方保护野生植物。

【花粉形态】花粉粒扁球形，极面观为 6 裂圆形，大小为 25（24~30）× 35（33~39）μm；具 6 沟，3 长沟在一极形成合沟，3 短沟不至极面，长短沟相间排列；外壁外层厚于内层，基柱明显；表面具较粗的网状雕纹，网眼在不具沟的一极较大；轮廓线不平。

第五章 被子植物的花粉形态

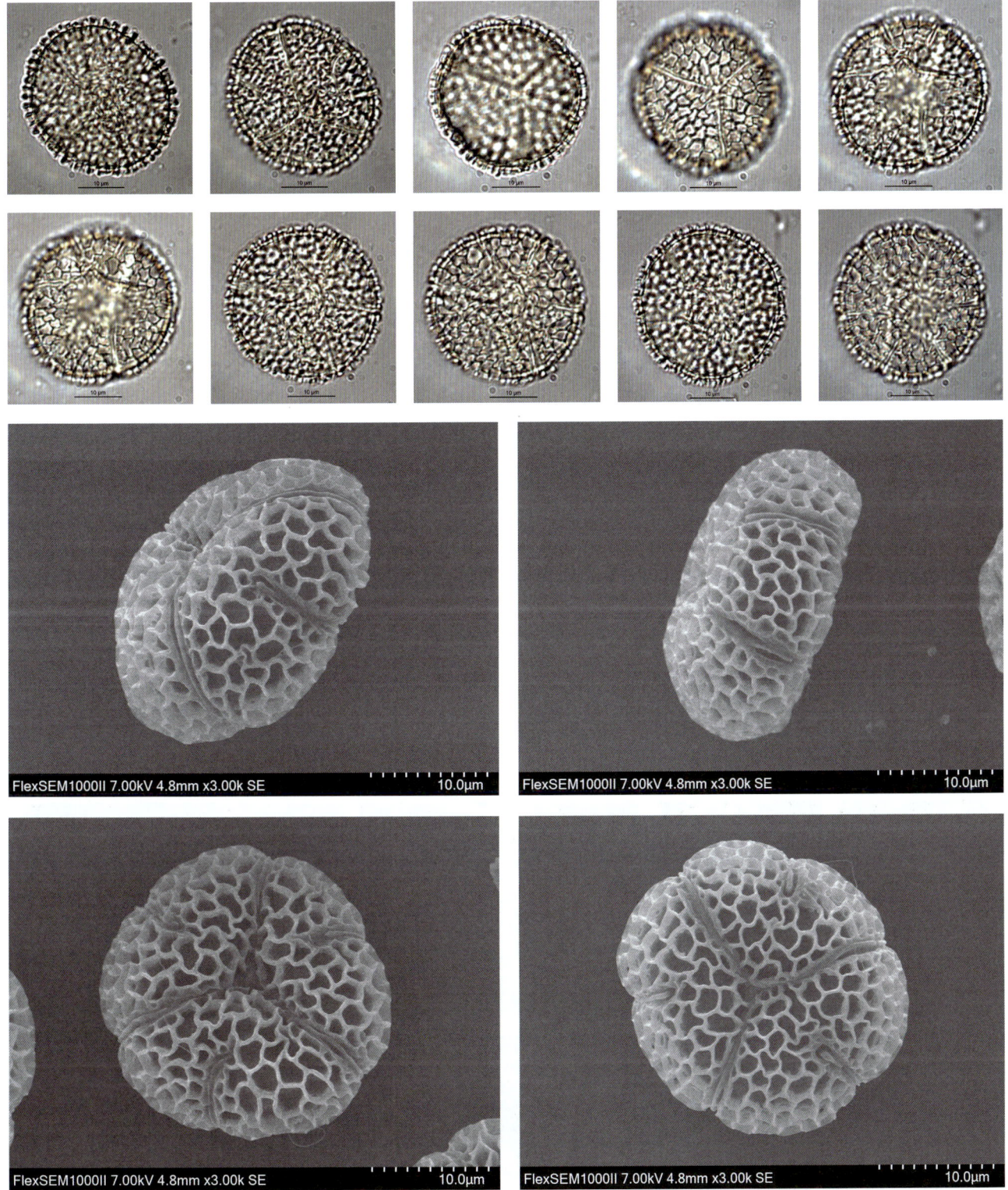

## Scrophulariaceae 玄参科
### *Buddleja* 醉鱼草属
*Buddleja fallowiana* Balf. f. & W. W. Sm. 紫花醉鱼草

**【形态特征】**灌木，高 1~5 米，枝条圆柱形；枝条、叶片下面、叶柄、花序、苞片、花萼和花冠的外面均密被白色或黄白色星状茸毛及腺毛；叶对生，叶片纸质，窄卵形、披针形或卵状披针形，顶端渐尖或急尖，基部圆形、宽楔形或楔形；叶柄长 5~10 毫米；花芳香，多朵组成顶生的穗状聚伞花序；花序长 5~15 厘米；花梗极短或几无梗；苞片线状披针形；小苞片线形；花萼钟状；花冠紫色，喉部橙色，花冠管长 8~10 毫米，内面除基部无毛外均被星状柔毛，花冠裂片卵形或近圆形，边缘啮蚀状；雄蕊着生于花冠管内壁上部，花丝长 0.5 毫米，花药长圆形，顶端不达花冠管喉部；子房卵形，被星状毛，花柱长约 1.5 毫米，柱头棍棒状；蒴果长卵形，被疏星状毛，基部有宿存花萼；种子长圆形，褐色，周围有翅。

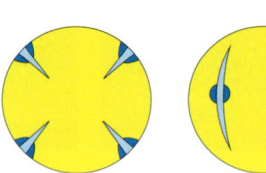

花粉图式

**【花果期】**花期 5—10 月，果期 7—12 月。

**【生境】**生于海拔 1200~3800 米的山地疏林中或山坡灌木丛中。

**【分布】**四川、云南和西藏。

**【别名】**无。

**【保护级别】**无危（LC）。

**【花粉形态】**花粉粒长球形，少数近球形，大小为 16（12~19）× 24（19~27）μm；具 4 孔沟，少数具 3 孔沟，沟窄，内孔椭圆，大而不明显；外壁层次模糊，两极部分的外壁较厚，层次较清楚，内层较厚；表面具模糊的颗粒－细网状雕纹。

第五章 被子植物的花粉形态

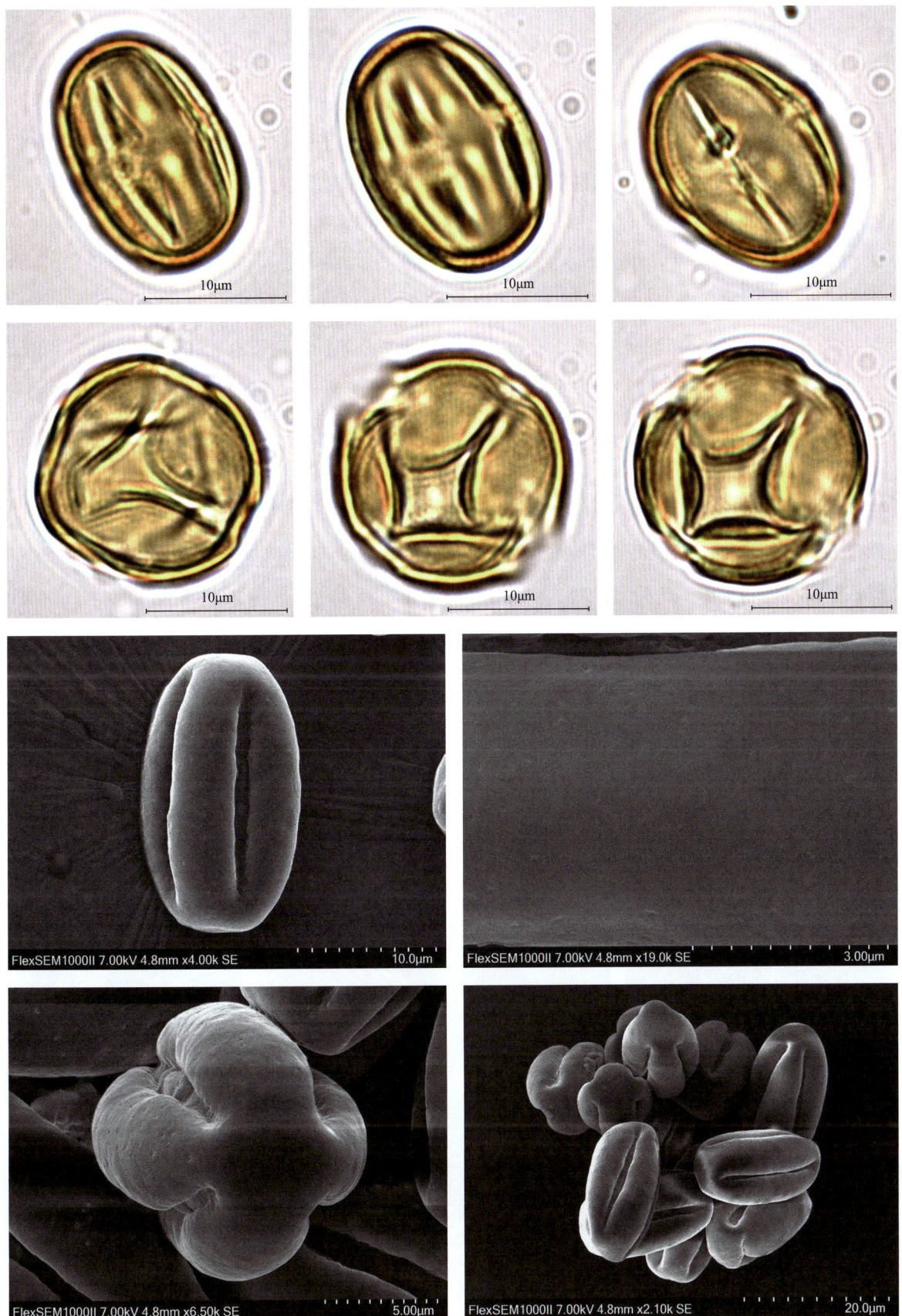

## Simaroubaceae 苦木科
### *Ailanthus* 臭椿属
*Ailanthus fordii* Noot. 常绿臭椿

花粉图式

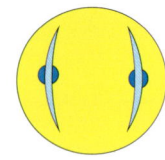

【形态特征】常绿小乔木；小枝灰褐色，密被微柔毛；叶聚生于树干之顶端；小叶对生或近对生，长圆状卵圆形，先端短渐尖或钝圆，基部钝圆形，偏斜，全缘；叶柄长 7~13 厘米，叶轴被微柔毛或无毛；圆锥花序顶生，各级分枝的基部有关节；花单性或杂性，1~3 朵聚生，花梗长 1~2 毫米，苞片小，三角形；花萼杯状，被微柔毛，具有 5 个短而钝裂片；花瓣无毛；雄蕊在雄花的芽中弯折，无毛，在雌花中的长 1~3 毫米；花药长约 0.8 毫米，于雌花中的花药不育；心皮 5，密被微柔毛；花柱合生，多少被微柔毛，柱头 5，分离或仅于基部稍结合；翅果长 3~5 厘米，宽 1~1.8 厘米。

【花果期】花果期 12 月至翌年 4 月。

【生境】生于海拔 540 米的丘陵或山地杂木林中。

【分布】广东南部沿海地区和云南西双版纳地区。

【别名】无

【保护级别】近危（NT）；中国特有种。

【花粉形态】花粉粒近球形，极面观为 3~5 裂圆形，大小为 28（26~31）× 30（26~33）μm；具 3~5 孔沟，多数为 4 孔沟，沟端截形，沟膜上具颗粒，内孔横长，轮廓比较模糊，与沟相交成十字形；外壁外层比内层厚；表面具颗粒状雕纹。

# 第五章 被子植物的花粉形态

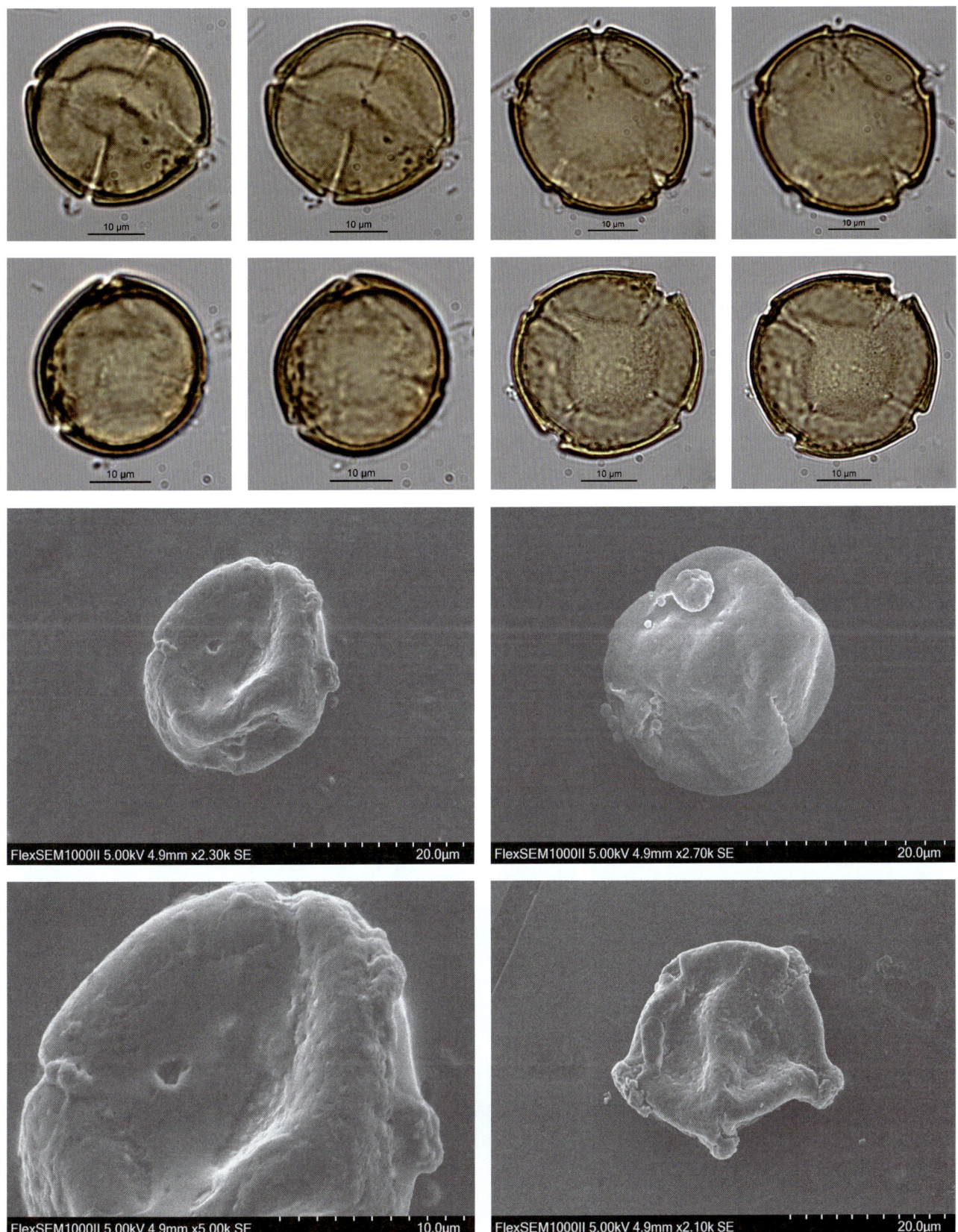

1051

## Solanaceae 茄科
## *Lycium* 枸杞属
### *Lycium ruthenicum* Murray 黑果枸杞

【形态特征】多棘刺灌木，多分枝；短枝位于棘刺两侧，在幼枝上不明显，在老枝上则成瘤状；叶簇生于短枝上，在幼枝上则单叶互生，肥厚肉质，近无柄，条形、条状披针形或条状倒披针形，有时成狭披针形，顶端钝圆，基部渐狭，两侧有时稍向下卷，中脉不明显；花生于短枝上；花萼狭钟状，裂片膜质，边缘有稀疏缘毛；花冠漏斗状，浅紫色，筒部向檐部稍扩大，裂片矩圆状卵形，长为筒部的1/2~1/3，无缘毛，耳片不明显；雄蕊稍伸出花冠，着生于花冠筒中部，花丝离基部稍上处有疏茸毛，同样在花冠内壁等高处亦有稀疏茸毛；花柱与雄蕊近等长；浆果紫黑色，球状，成熟后黑紫色；种子肾形，褐色。

花粉图式

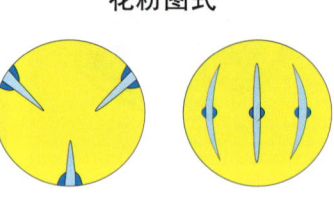

【花果期】花期5—8月，果期8—10月。

【生境】耐干旱，常生于盐碱土荒地、沙地或路旁。

【分布】国内分布：陕西北部、宁夏、甘肃、青海、新疆和西藏；国外分布：中亚、高加索等地。

【别名】无

【保护级别】国家二级重点保护野生植物；地方保护野生植物。

【花粉形态】花粉粒长球形，极面观3裂圆形，大小为14（11~15）×23（21~27）μm；具3孔沟，沟轮廓不平，沟膜上具膜粒，内孔横长；外壁两层约等厚；表面具条纹状雕纹。

第五章 被子植物的花粉形态

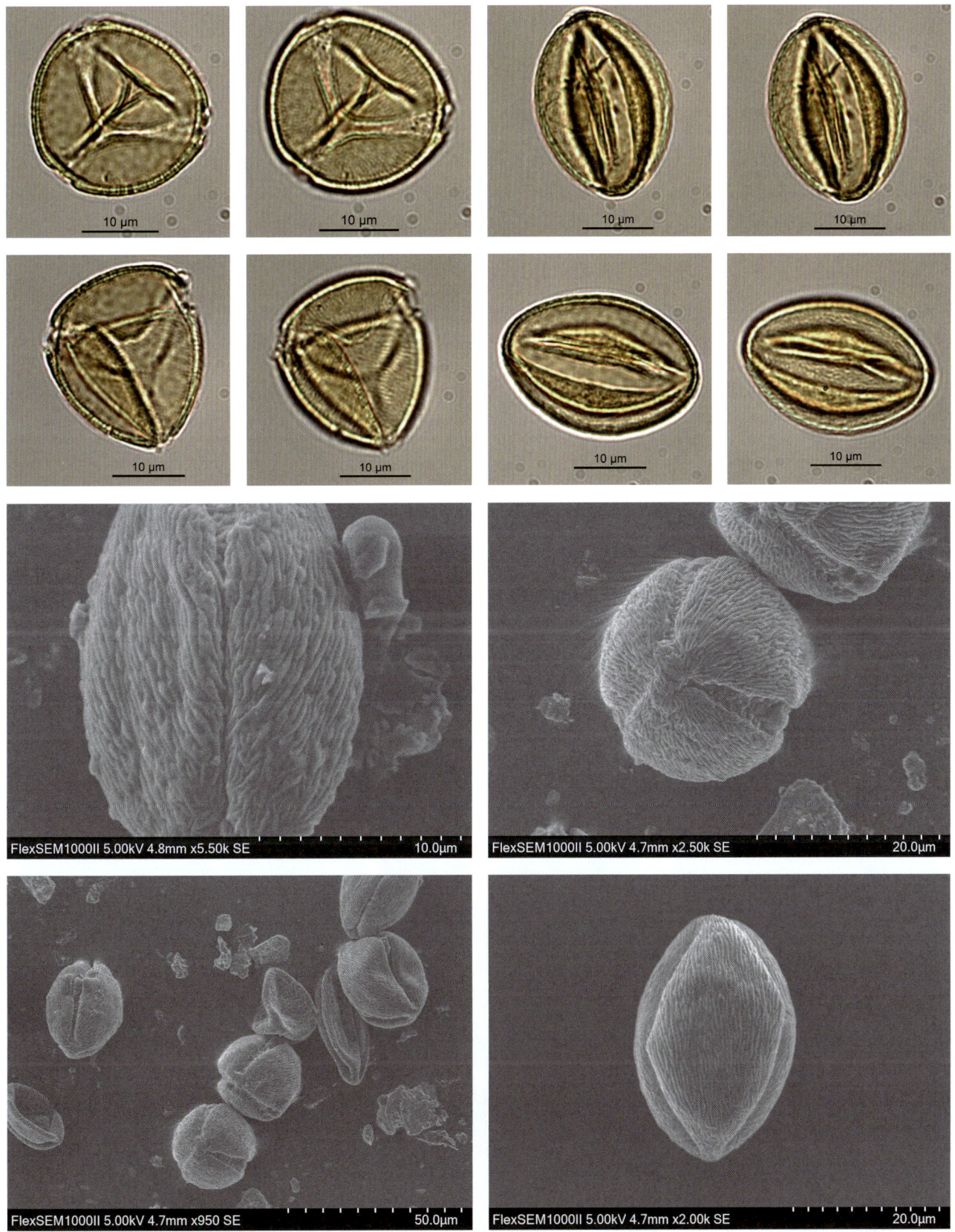

1053

## Solanum 茄属

### *Solanum septemlobum* Bunge 青杞

【形态特征】直立草本或灌木状；茎具棱角，被白色具节弯卷的短柔毛至近于无毛；叶互生，卵形，先端钝，基部楔形，通常 7 裂，有时 5~6 裂或上部的近全缘，裂片卵状长圆形至披针形，全缘或具尖齿；叶柄长 1~2 厘米，被有与茎相似的毛被；二歧聚伞花序，顶生或腋外生，具微柔毛或近无毛，花梗纤细，基部具关节；花萼小，杯状；花冠青紫色，花冠筒隐于萼内；花丝长不及 1 毫米；花药黄色，长圆形，顶孔向内；子房卵形，花柱丝状，柱头头状，绿色；浆果近球状，熟时红色；种子扁圆形。

花粉图式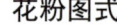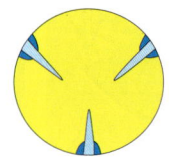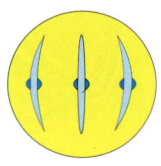

【花果期】花期 6—10 月，果期 10—12 月。

【生境】喜生长于山坡向阳处，海拔 300~2500 米。

【分布】新疆、甘肃、内蒙古、东北、河北、河南、山西、陕西、安徽、江苏及四川诸省区。

【别名】狗杞子、野茄子、野狗杞、蜀羊泉、白英、单叶青杞等。

【保护级别】无危（LC）。

【花粉形态】花粉粒近球形至长球形，极面观 3 裂圆形，大小为 10（9~13）× 16（13~19）μm；具 3 孔沟，内孔横长；外壁层次不清楚；表面光滑或具模糊的细网状雕纹，电镜下为密布的小刺状雕纹。

第五章 被子植物的花粉形态

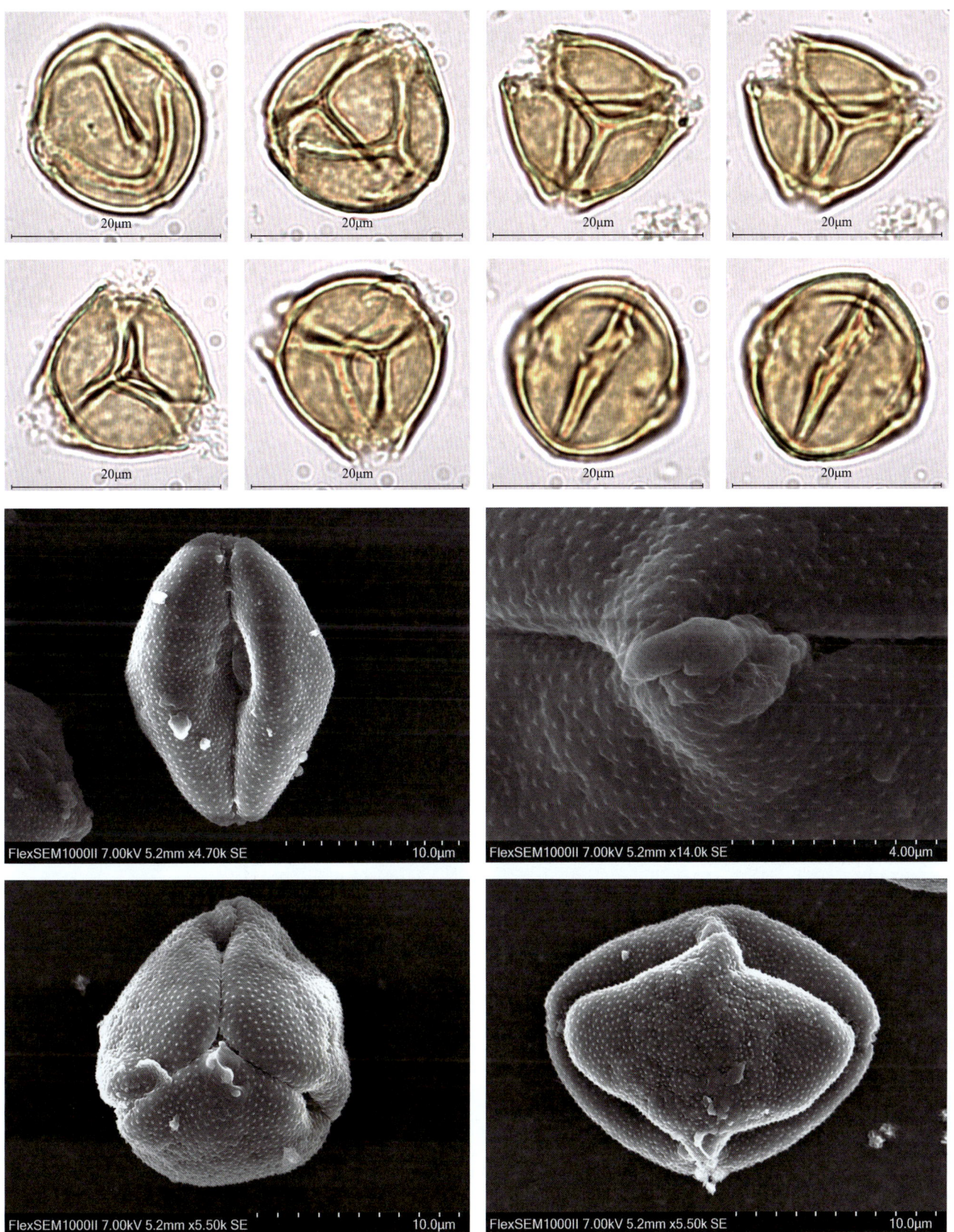

### *Solanum torvum* Sw. 水茄

花粉图式

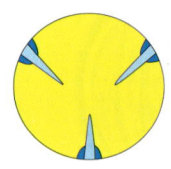
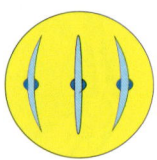

**【形态特征】**灌木，高 1~3 米，小枝、叶柄及花序柄均被具长柄；小枝疏，基部具宽扁的皮刺，皮刺淡黄色，基部疏被星状毛，尖端略弯曲；叶单生或双生，卵形至椭圆形，叶柄具皮刺或不具；伞房花序腋外生，毛被厚；花白色；花萼杯状，外面被星状毛及腺毛，端 5 裂，裂片卵状长圆形，先端骤尖；花冠辐形，筒部隐于萼内，冠檐长约 1.5 厘米，端 5 裂，裂片卵状披针形，先端渐尖，外面被星状毛；子房卵形，光滑，不孕花的花柱短于花药，能孕花的花柱较长于花药，柱头截形；浆果黄色，光滑无毛，圆球形，宿萼外面被稀疏的星状毛；种子盘状。

**【花果期】**花果期全年。

**【生境】**喜生长于热带地区的路旁、荒地、灌木丛中、沟谷及村庄附近等潮湿地方，海拔 200~1650 米。

**【分布】**国内分布：云南、广西、广东和台湾；国外分布：印度、缅甸、泰国、菲律宾和马来西亚，热带美洲也有分布。

**【别名】**刺番茄、天茄子、木哈蒿、乌凉、青茄、西好、刺茄、野茄子、金衫扣、山颠茄等。

**【保护级别】**无

**【花粉形态】**花粉粒近球形至长球形，极面观 3 裂圆形，大小为 13（11~16）× 35（28~39）μm；具 3 孔沟，内孔横长；外壁层次不清楚；表面光滑或具模糊的雕纹，电镜下为密布的颗粒状小刺。

# 第五章 被子植物的花粉形态

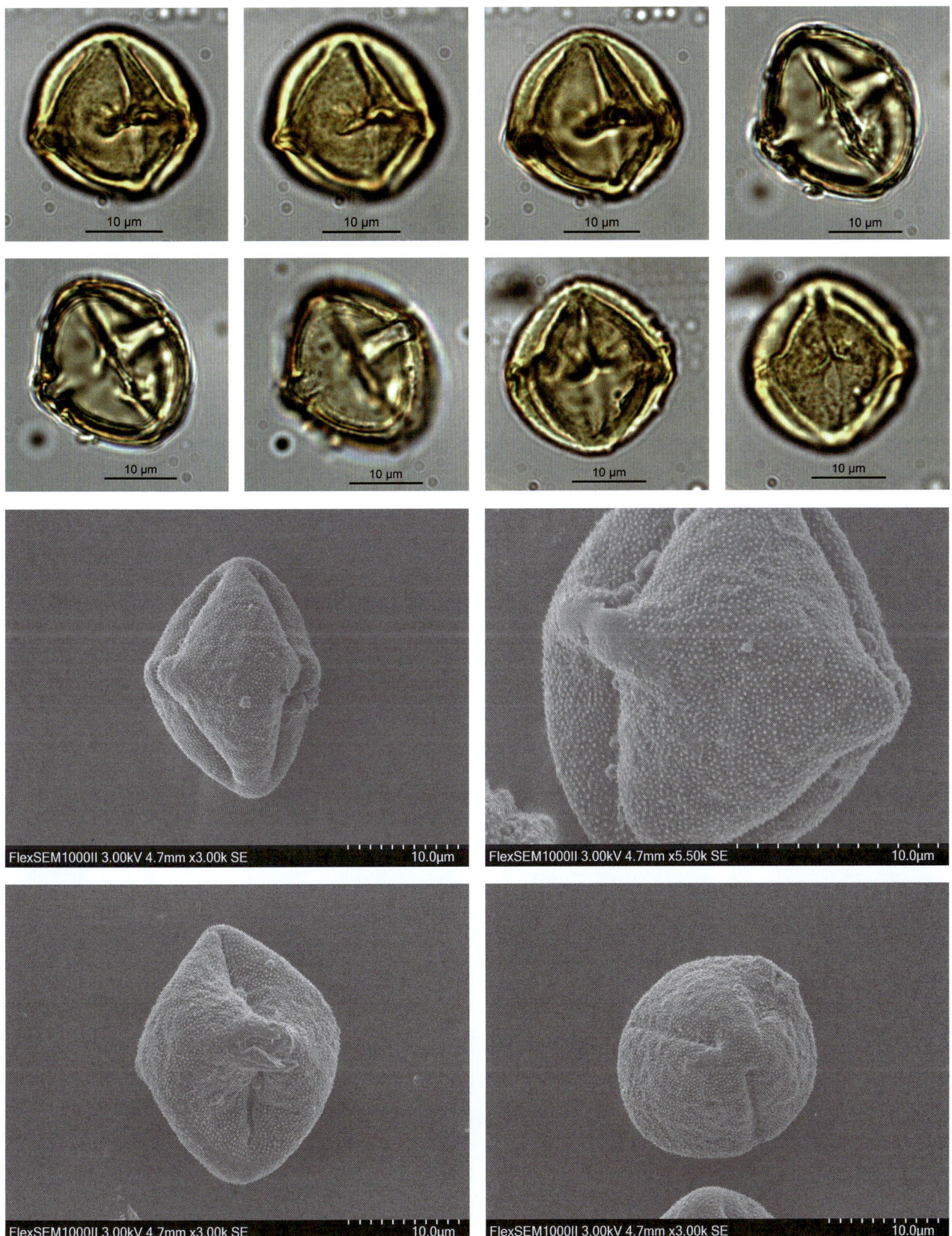

## Stemonaceae 百部科
### *Stemona* 百部属
*Stemona tuberosa* Lour. 大百部

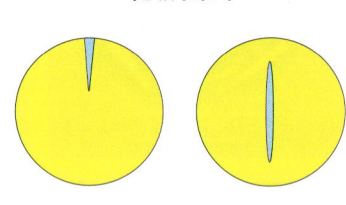

花粉图式

【形态特征】攀援藤本，块根通常纺锤状，长约 30 厘米；茎常具少数分枝，攀援状，下部木质化，分枝表面具纵槽；叶对生或轮生，极少兼有互生，卵状披针形、卵形或宽卵形，顶端渐尖至短尖，基部心形，边缘稍波状，纸质或薄革质；叶柄长 3~10 厘米；花单生或 2~3 朵排成总状花序，生于叶腋或偶尔贴生于叶柄上，花柄或花序柄长 2.5~12 厘米；苞片小，披针形；花被片黄绿色带紫色脉纹，顶端渐尖，内轮比外轮稍宽；雄蕊紫红色，短于或几等长于花被；花丝粗短；花药长 1.4 厘米，其顶端具短钻状附属物，药隔肥厚，向上延伸为长钻状或披针形的附属物；子房小，卵形，花柱近无；蒴果光滑，具多数种子。

【花果期】花期 4—7 月，果期 5—8 月。

【生境】生于海拔 370~2240 米的山坡丛林下、溪边、路旁以及山谷和阴湿岩石中。

【分布】国内分布：长江流域以南各省区；国外分布：中南半岛、菲律宾和印度北部。

【别名】大春根药、山百部根、九重根、对叶百部。

【保护级别】无危（LC）。

【花粉形态】花粉粒长球形，两侧对称，赤道面观为椭圆形，大小为 20（15~23）× 32（28~38）μm；具单沟，沟长几达两极；外壁厚，分层明显，外层厚于内层；表面具清晰的网状雕纹，电镜下网眼内有小棒状突起。

# 第五章 被子植物的花粉形态

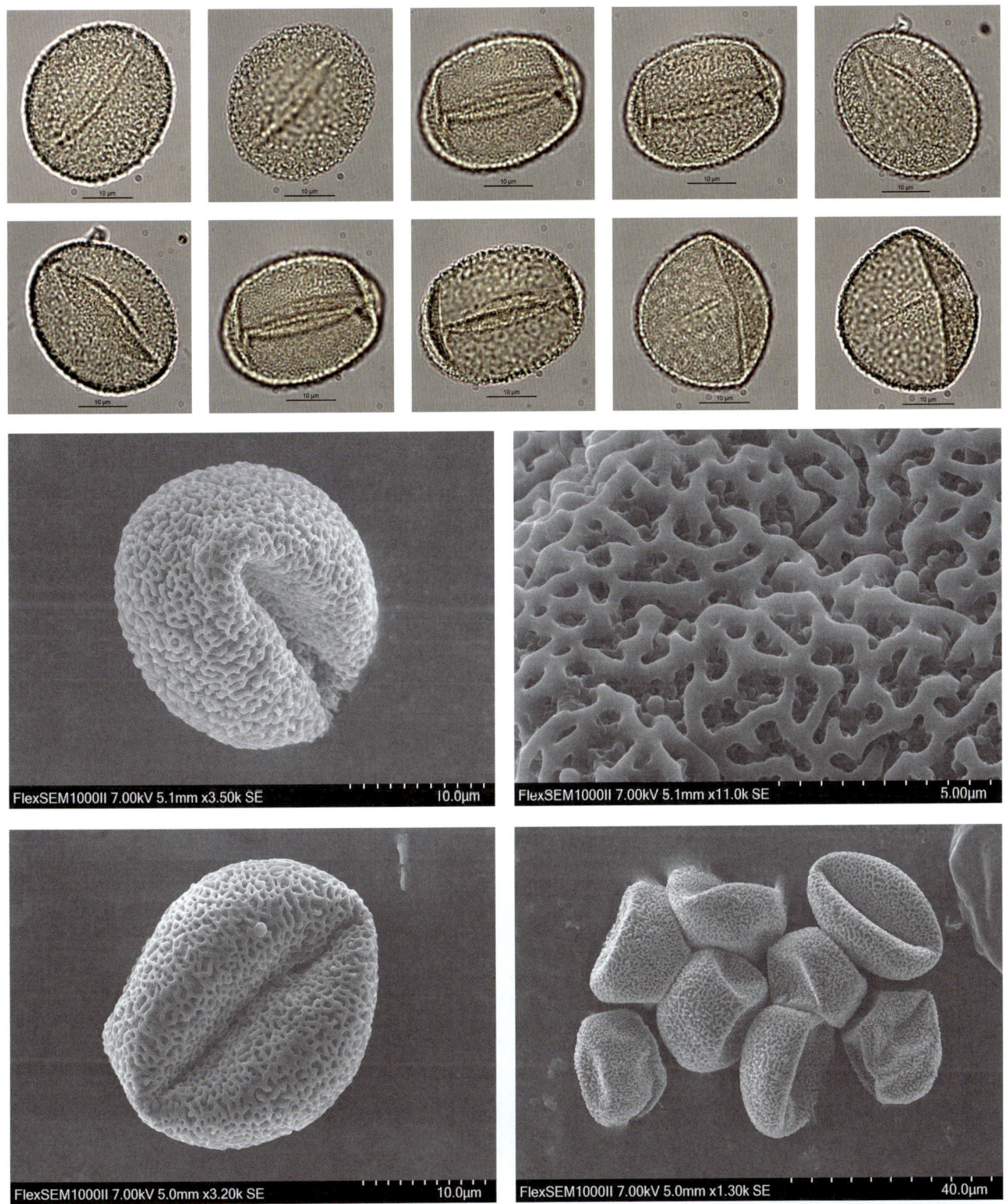

## Styracaceae 安息香科
### *Alniphyllum* 赤杨叶属
*Alniphyllum fortunei* (Hemsl.) Makino 赤杨叶

**【形态特征】**乔木，树干通直；树皮灰褐色，有不规则细纵皱纹；小枝初时被褐色短柔毛，成长后无毛，暗褐色；叶嫩时膜质，干后纸质，椭圆形、宽椭圆形或倒卵状椭圆形，顶端急尖至渐尖，少尾尖，基部宽楔形或楔形，边缘具疏离硬质锯齿；叶柄长 1~2 厘米，被褐色星状短柔毛或无毛；总状花序或圆锥花序，顶生或腋生；花序梗和花梗均密被褐色或灰色星状短柔毛；花白色或粉红色；小苞片钻形，早落；花萼杯状，萼齿卵状披针形；花冠裂片长椭圆形，顶端钝圆，两面均密被灰黄色星状细茸毛；雄蕊 10 枚，花丝膜质，花药长卵形；子房密被黄色长茸毛；花柱较雄蕊长，初被稀疏星状长柔毛，以后被毛脱落；果实长圆形或长椭圆形；种子多数，两端有不等大的膜质翅。

花粉图式

**【花果期】**花期 4—7 月，果期 8—10 月。

**【生境】**生于海拔 200~2200 米的常绿阔叶林中。

**【分布】**国内分布：安徽、江苏、浙江、湖南、湖北、江西、福建、台湾、广东、广西、贵州、四川和云南等；国外分布：印度、越南和缅甸。

**【别名】**白苍木、白花盏、水冬瓜、福氏赤杨叶、拟赤杨、依果白、豆渣树、鹿食、冬瓜木、高山望、红皮岭麻。

**【保护级别】**无危（LC）。

**【花粉形态】**花粉粒近扁球形，极面观为三角形，角孔型，赤道面观椭圆形，大小为 24（22~32）× 32（27~33）μm；具 3 孔沟，沟纺锤形，两端渐尖，具沟膜，孔横向，圆矩形，大小为（3~4）×（7~9）μm，突出；外壁厚约 2μm，外层略厚于内层；表面具网状雕纹，两极部分网眼较大，至沟边缘网变细。

第五章 被子植物的花粉形态

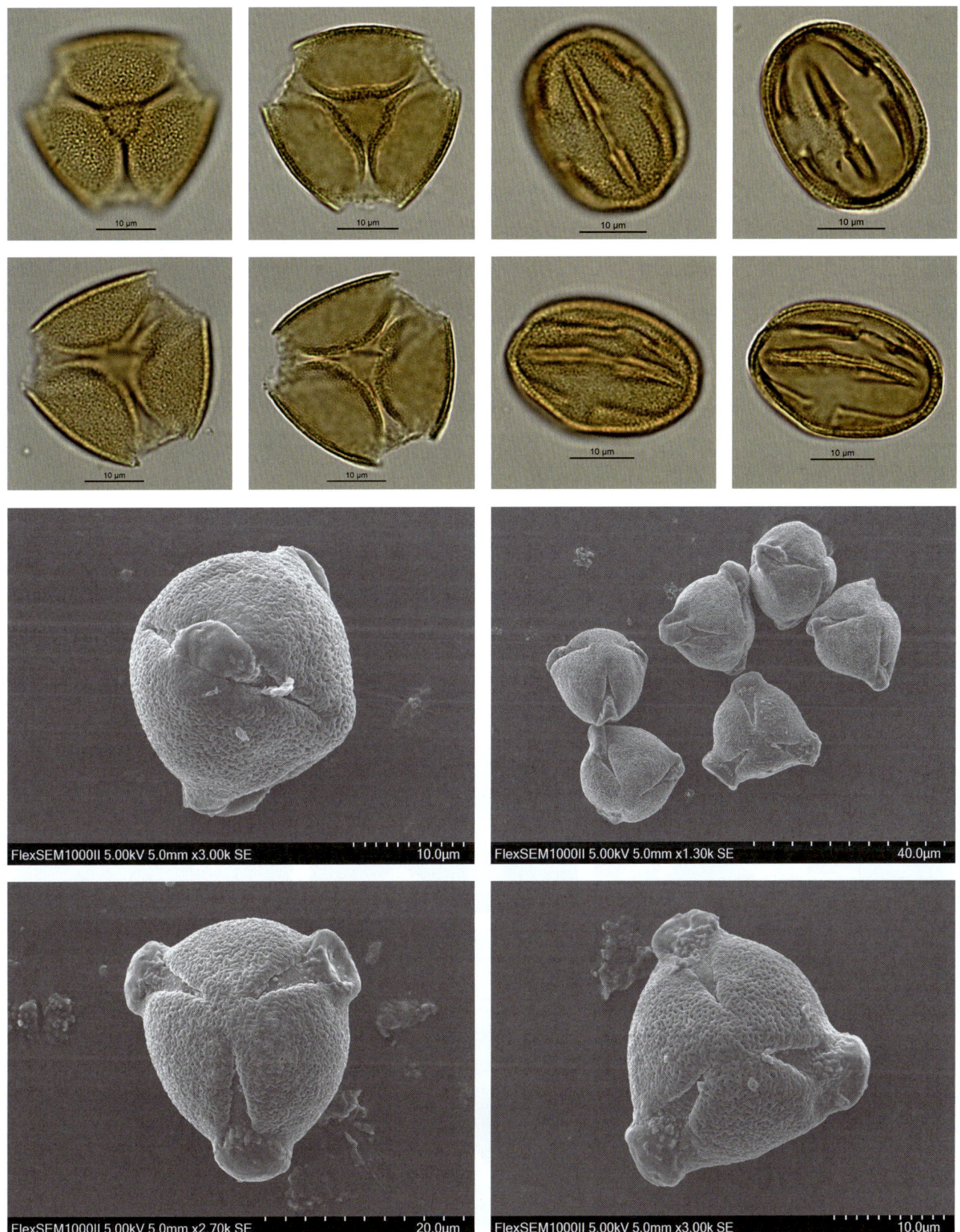

## *Sinojackia* 秤锤树属

### *Sinojackia rehderiana* Hu 狭果秤锤树

花粉图式

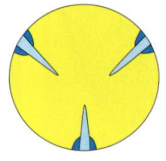
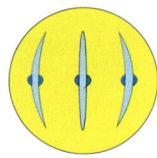

【形态特征】小乔木或灌木，高可达 5 米；嫩枝被星状短柔毛；叶纸质，倒卵状椭圆形或椭圆形，顶端急尖或钝，基部楔形或圆形，边缘具硬质锯齿，侧脉每边 5~7 条，网脉明显；叶柄长 1~4 毫米，被星状短柔毛；总状聚伞花序疏松，有花 4~6 朵，生于侧生小枝顶端；花白色；花梗长可达 2 厘米，和花序梗均纤细而弯垂，疏被灰色星状短柔毛；花萼倒圆锥形，密被灰黄色星状短柔毛，顶端 5~6 齿，萼齿三角形；花冠 5~6 裂，裂片卵状椭圆形，疏被星状长柔毛；花柱长约 6 毫米，线形，柱头不明显 3 裂；子房 3 室；果实椭圆形，圆柱状，具长渐尖的喙，外果皮薄，肉质，中果皮木栓质，内果皮坚硬，木质；种子褐色。

【花果期】花期 4—5 月，果期 7—9 月。

【生境】生于林中或灌丛中。

【分布】江西（南昌）、湖南（宜章）和广东（乳源）。

【别名】江西秤锤树、黄氏捷克木。

【保护级别】国家二级重点保护野生植物；濒危（EN）。

【花粉形态】花粉粒近球形，极面观 3 裂圆形，赤道面观椭圆形，大小为 23（20~27）× 36（33~39）μm；具 3 孔沟，沟窄长，边缘不平，内孔大而横长，界限不清楚；外壁两层，厚约 2μm，内外层约等厚；表面具细网状雕纹。

# 第五章 被子植物的花粉形态

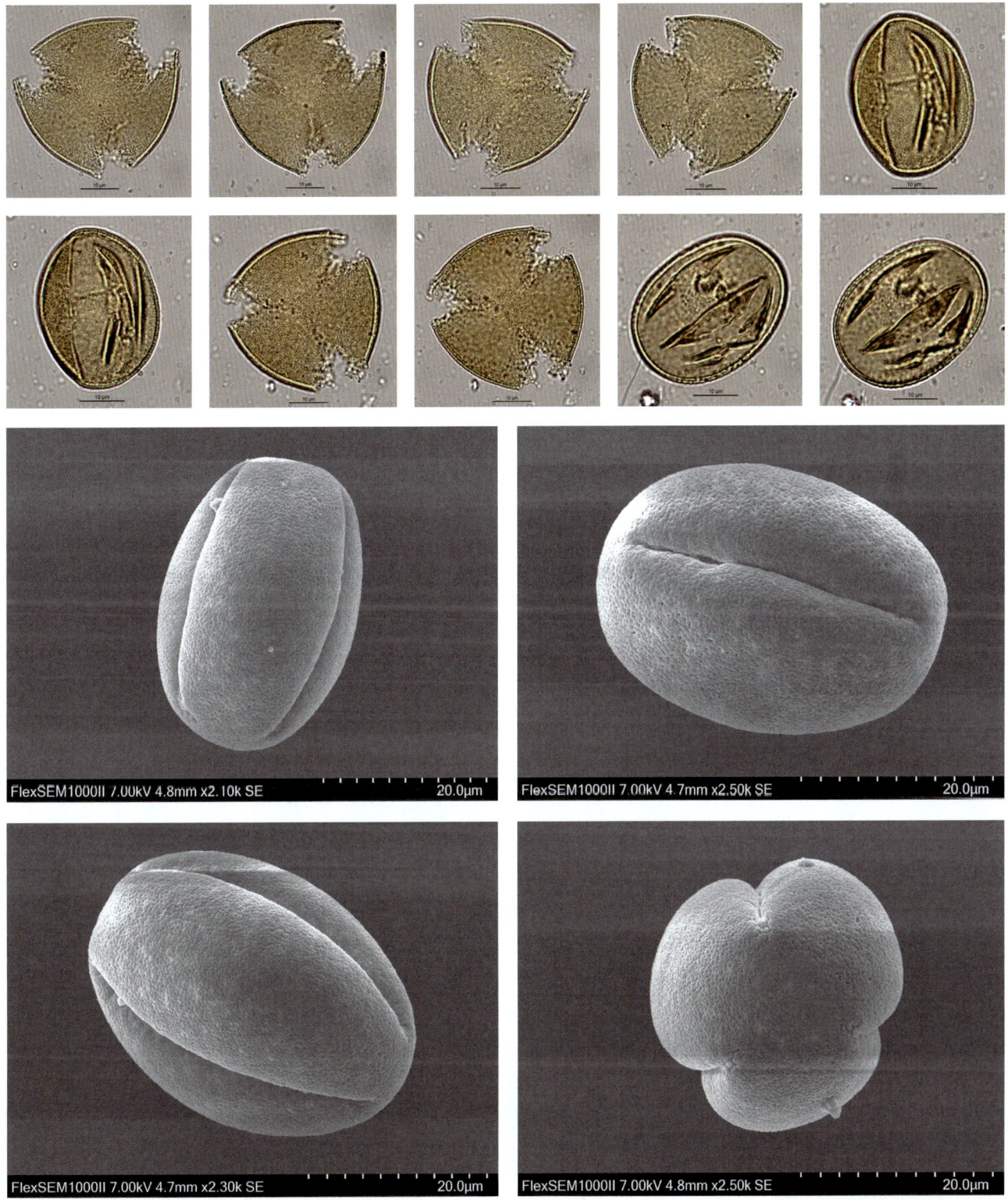

### *Sinojackia xylocarpa* Hu 秤锤树

【形态特征】乔木，高可达 7 米；嫩枝密被星状短柔毛，灰褐色，成长后红褐色而无毛，表皮常呈纤维状脱落；叶纸质，倒卵形或椭圆形，顶端急尖，基部楔形或近圆形，边缘具硬质锯齿；总状聚伞花序生于侧枝顶端，有花 3~5 朵；花梗柔弱而下垂，疏被星状短柔毛；萼管倒圆锥形，外面密被星状短柔毛，萼齿 5，少 7，披针形；花冠裂片长圆状椭圆形，顶端钝，两面均密被星状茸毛；雄蕊 10~14 枚，花丝长约 4 毫米，花药长圆形，无毛；花柱线形，长约 8 毫米，柱头不明显 3 裂；果实卵形，红褐色，有浅棕色的皮孔，无毛，顶端具圆锥状的喙，外果皮木质，不开裂，中果皮木栓质，内果皮木质，坚硬；种子栗褐色。

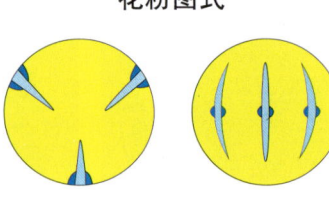

花粉图式

【花果期】花期 3—4 月，果期 7—9 月。

【生境】生于海拔 500~800 米的林缘或疏林中。

【分布】产自江苏（南京），杭州、上海和武汉等地曾有栽培。

【别名】捷克木。

【保护级别】国家二级重点保护野生植物；濒危（EN）。

【花粉形态】花粉粒扁球形至近球形，极面观为近三角形，大小为 25（21~27）× 40（37~44）μm；具 3 孔沟，沟边缘不平，沟膜上具颗粒，内孔大而横长，界限不清楚；外壁两层，厚度约为 2μm，内外层约相等；表面具颗粒 - 细网状雕纹。

第五章 被子植物的花粉形态

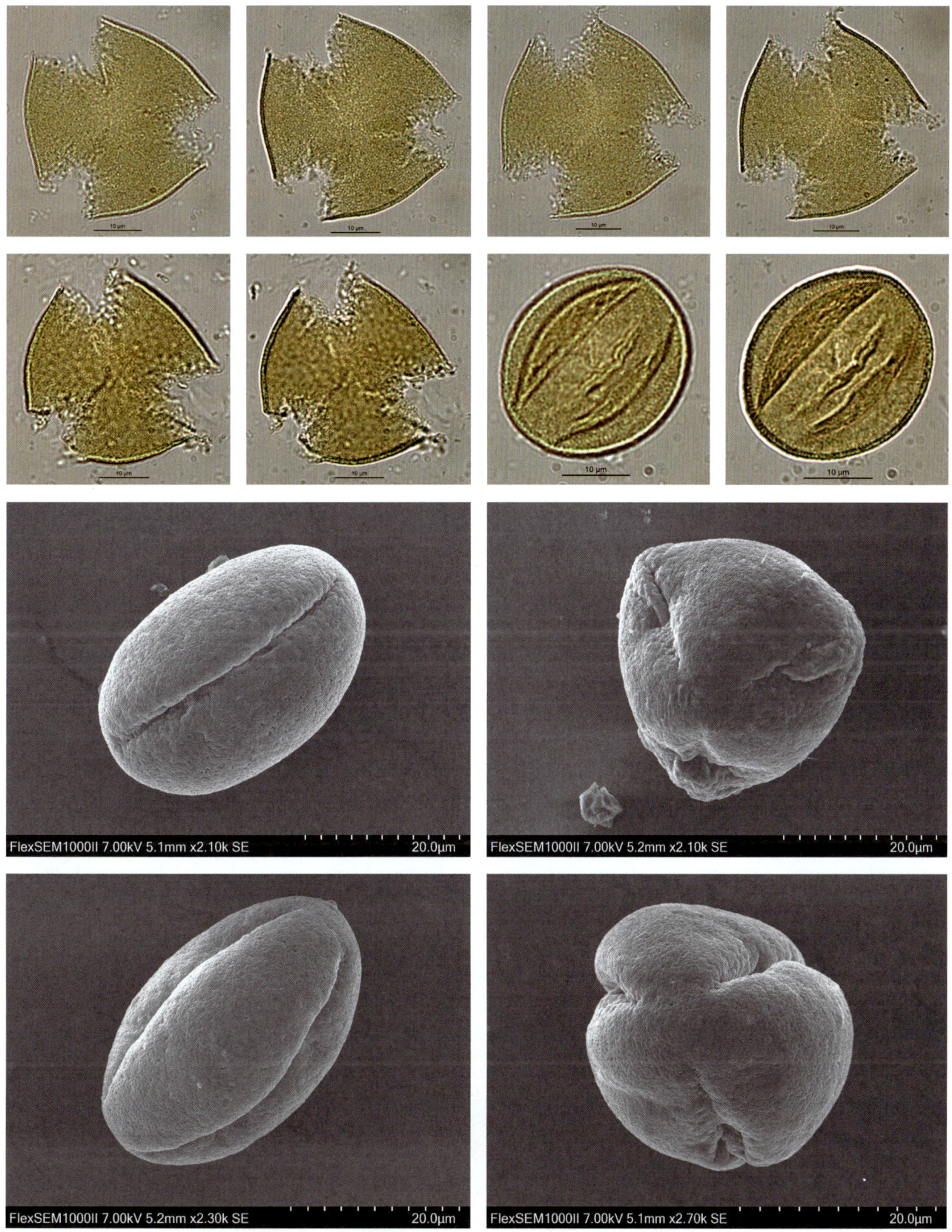

## Tamaricaceae 柽柳科
### *Reaumuria* 红砂属
*Reaumuria songarica* (Pall.) Maxim. 红砂

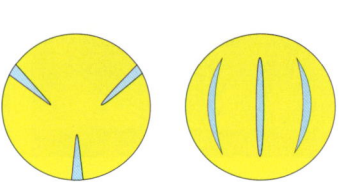

花粉图式

【形态特征】小灌木，仰卧，高 10~70 厘米，多分枝，老枝灰褐色；树皮为不规则的波状剥裂；叶肉质，短圆柱形，鳞片状，上部稍粗，常微弯，先端钝，浅灰蓝绿色，具点状的泌盐腺体，花期有时叶变紫红色；花单生叶腋（实为生在极度短缩的小枝顶端），或在幼枝上端集为少花的总状花序状，无梗；苞片 3，披针形，先端尖；花萼钟形，下部合生，裂片 5，三角形，边缘白膜质，具点状腺体；花瓣 5，白色略带淡红，长圆形，先端钝，基部楔状变狭，着生在花瓣中脉的两侧；雄蕊 6~12，分离，花丝基部变宽，几与花瓣等长；子房椭圆形，花柱 3，具狭尖之柱头；蒴果长椭圆形或纺锤形，或作三棱锥形，高出花萼 2~3 倍，具 3 棱，3 瓣裂，稀 4，通常具 3~4 枚种子；种子长圆形，先端渐尖，基部变狭，全部被黑褐色毛。

【花果期】花期 7—8 月，果期 8—9 月。

【生境】生于荒漠地区的山前冲积、洪积平原上和戈壁侵蚀面上，亦生于低地边缘，基质多为粗砾质戈壁，还生于壤土上。

【分布】国内分布：新疆、青海、甘肃、宁夏和内蒙古，直至东北西部；国外分布：俄罗斯和蒙古。

【别名】琵琶柴。

【保护级别】地方保护野生植物。

【花粉形态】花粉粒近球形至长球形，极面观为 3 裂圆形，赤道面观为长椭圆形，大小为 12（10~15）× 28（25~31）μm；具 3 沟，沟显著，两端渐尖；外壁两层，内外层界限清楚，厚度几相等，两极部分外壁较其他部分稍厚；表面具细网状雕纹，网眼小，圆形；轮廓线不平。

第五章 被子植物的花粉形态

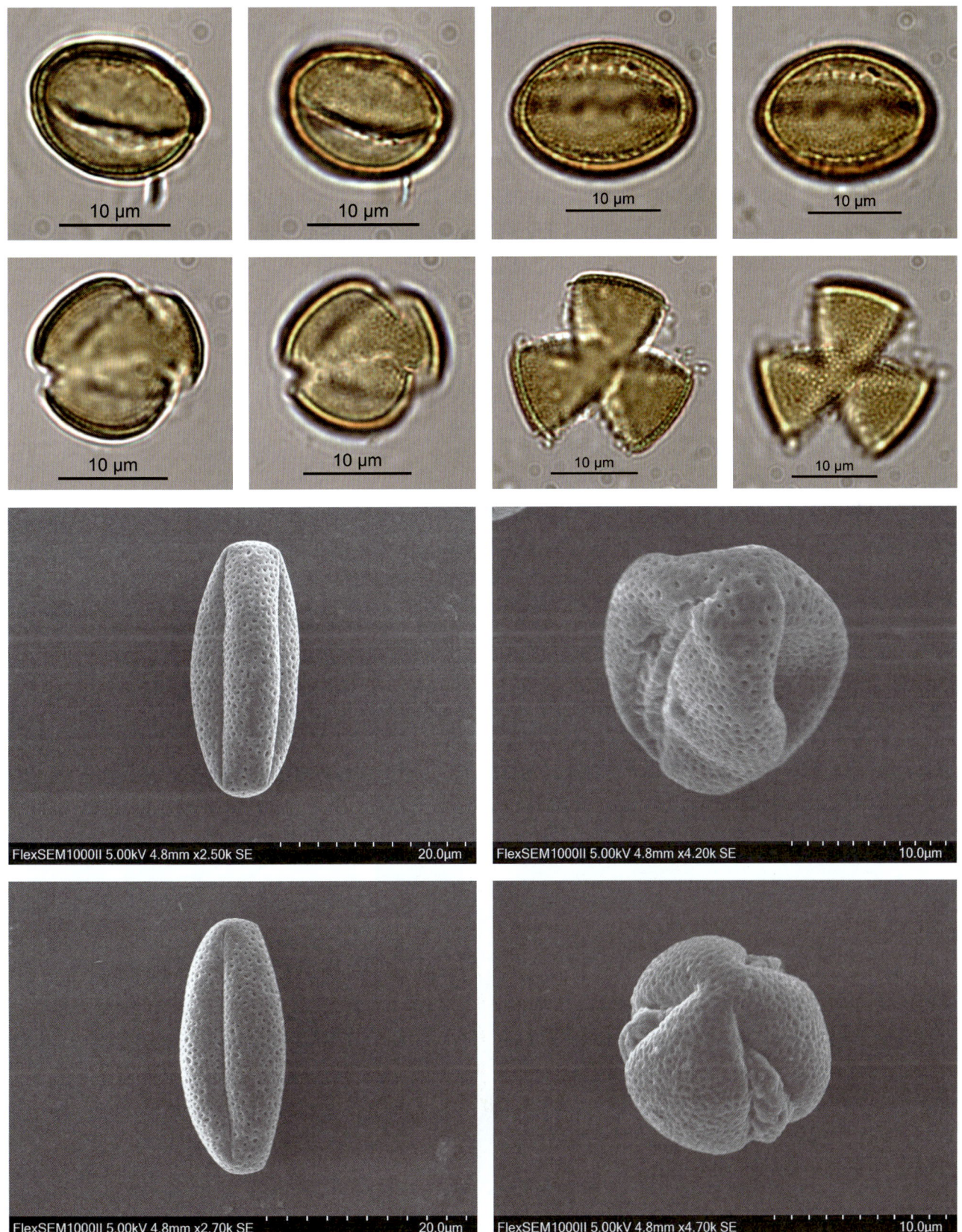

1067

### *Reaumuria trigyna* Maxim. 黄花红砂

**【形态特征】** 小半灌木，高 10~30 厘米；树皮片状剥裂；多分枝，小枝略开展，老枝灰黄色或褐灰白色，当年生枝由老枝发出，纤细，光滑，淡绿色；叶肉质，常 2~5 枚簇生，半圆柱状线形，向上部稍变粗，先端钝，基部渐变狭；花单生叶腋（大多实系单生于小枝之顶）；花梗纤细；苞片约 10 片，宽卵形，短突尖，覆瓦状排列，与花萼密接，较萼短或几等大；萼片 5，基部合生，与苞片同形；花瓣在花芽内旋转，黄色，长圆状倒卵形，略偏斜，内面下半部有两片鳞片状附属物；雄蕊 15，花丝钻形；子房卵圆形至倒卵圆形，花柱 3，稀 4~5，长于子房，宿存；蒴果长圆形，长可达 1 厘米，3 瓣裂。

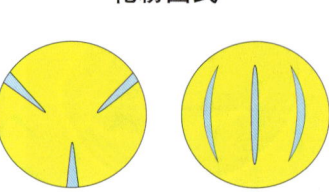

花粉图式

**【花果期】** 花期 7—8 月，果期 8—9 月。

**【生境】** 生于草原化荒漠的砂砾地、石质及土石质干旱山坡。

**【分布】** 内蒙古（与贺兰山接邻的巴彦淖尔、鄂尔多斯西部和阿拉善东部）及其毗连的宁夏和甘肃北部。

**【别名】** 长叶红砂。

**【保护级别】** 无危（LC）；地方保护野生植物。

**【花粉形态】** 花粉粒长球形，极面观为 3 裂圆形，赤道面观为长椭圆形，大小为 15（13~20）× 40（37~43）μm；具 3 沟，沟细而深，长达两极，沟缘较整齐且较光滑；表面具细网状雕纹，网脊较低，网眼较浅且不规则。

第五章 被子植物的花粉形态

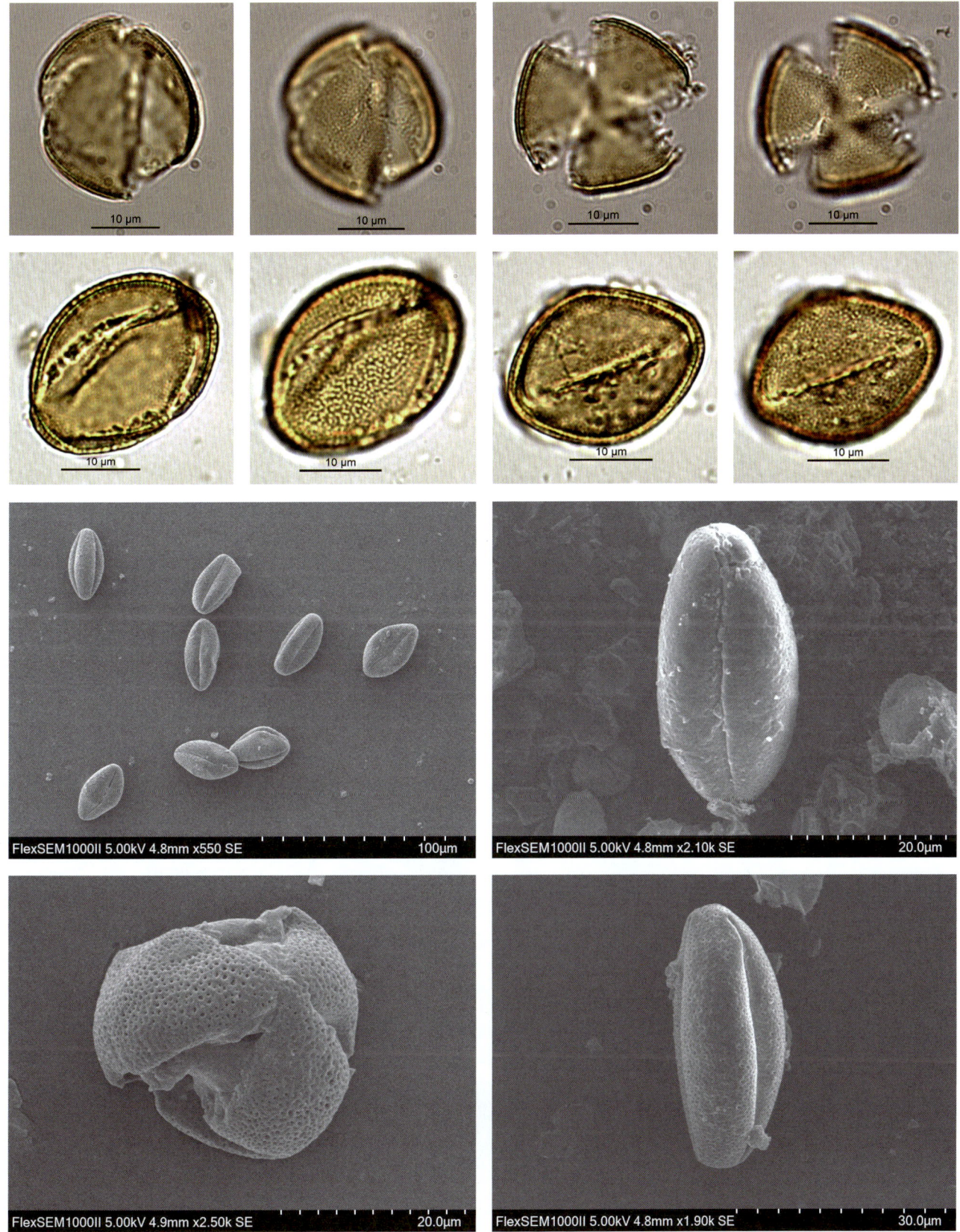

1069

## Tamarix 柽柳属

### *Tamarix leptostachya* Bunge 细穗柽柳

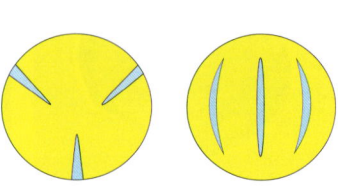

花粉图式

【形态特征】灌木，高可达6米；老枝淡棕或灰紫色，营养枝之叶窄卵形或卵状披针形；总状花序细，长4~12厘米，生于当年生枝顶端，集成顶生紧密圆锥花序；苞片钻形，长1~1.5毫米；花5数；萼片卵形，长0.5~0.6毫米；花瓣倒卵形，长约1.5毫米，上部外弯，淡紫红或粉红色，早落；花盘5裂，稀再2裂成10裂片；雄蕊5，花丝细长，伸出花冠之外，花丝基部宽，着生于花盘裂片顶端，稀花盘裂片再2裂，雄蕊则着生于花盘裂片间；花柱3；蒴果窄圆锥形，长4~5毫米。

【花果期】花期6—7月，果期7—8月。

【生境】主要生长在荒漠地区盆地下游潮湿和松陷的盐土上，以及丘间低地、河湖沿岸、河漫滩和灌溉绿洲的盐土上。

【分布】国内分布：新疆、青海（柴达木）、甘肃（河西）、宁夏北部和内蒙古西部至磴口；国外分布：俄罗斯和蒙古。

【别名】无

【保护级别】地方保护野生植物。

【花粉形态】花粉粒长球形至近球形，极面观为3裂圆形，赤道面观为长椭圆形，大小为15（12~18）×25（22~27）μm；具3沟，沟边稍不平；外壁内外层明显，厚度几相等；表面具网状雕纹，网眼比较大，形状不规则，至沟边网眼变小，网脊明显由颗粒组成；轮廓线呈波浪状。

# 第五章 被子植物的花粉形态

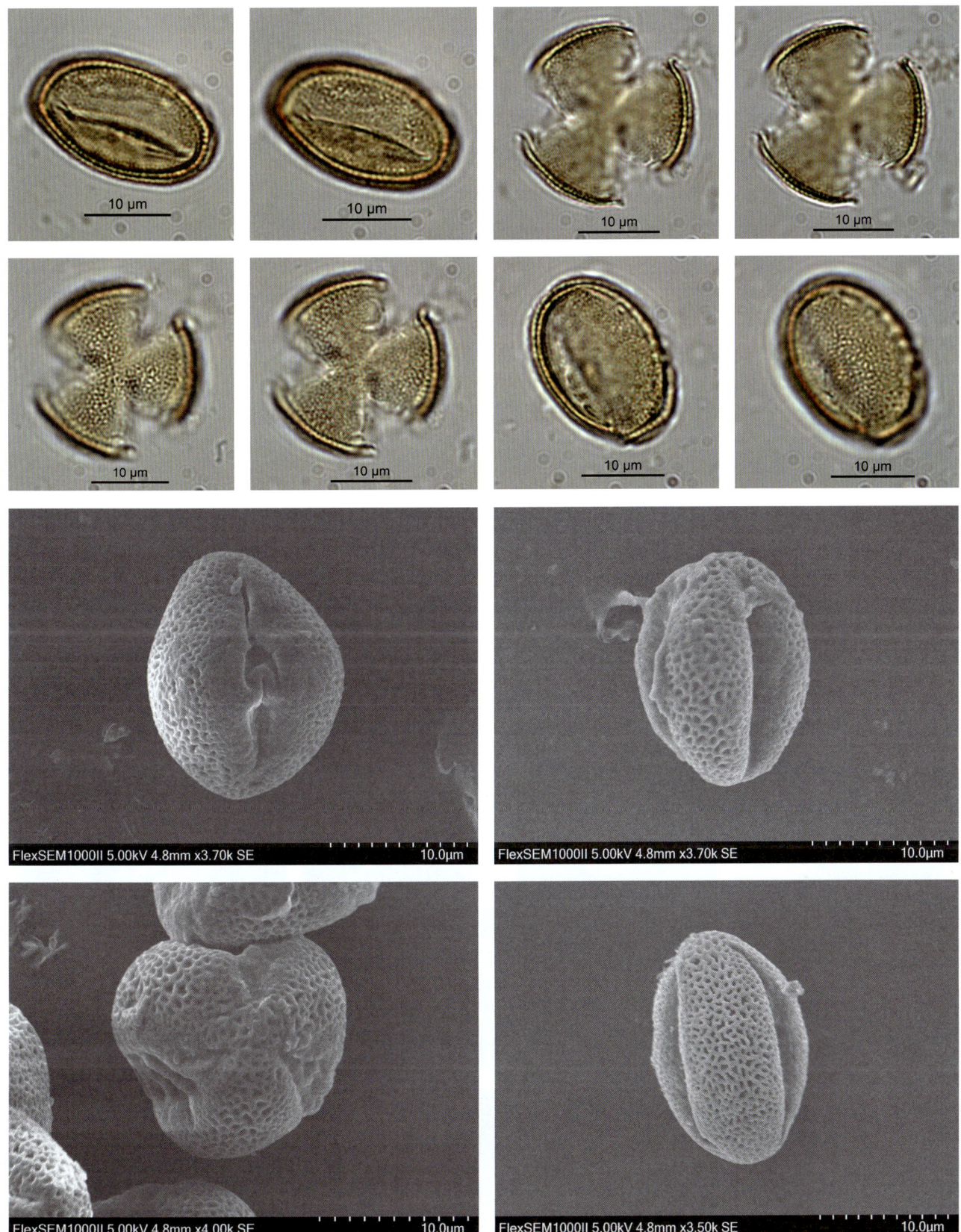

## Theaceae 山茶科
### *Camellia* 山茶属
*Camellia azalea* C. F. Wei 杜鹃叶山茶

花粉图式

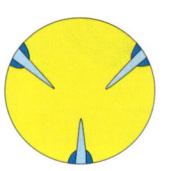 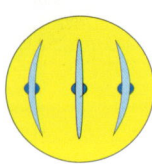

【形态特征】灌木；嫩枝红色，无毛，老枝灰色；叶革质，倒卵状长圆形，有时长圆形，无毛，先端圆或钝，基部楔形，多少下延，侧脉6~8对；花深红色，单生于枝顶叶腋；苞片与萼片8~9片，倒卵圆形；花瓣5~6片，长倒卵形，外侧3片较短；雄蕊长3.5厘米，花丝管长1.3~1.6厘米，游离花丝长1.5~2厘米，子房3室，无毛，花柱先端3裂，裂片长1厘米；蒴果短纺锤形，有半宿存萼片，果片木质，3片裂开，每室有种子1~3粒。

【花果期】花期7—9月，有时持续至翌年2月；果期11月至翌年4月。

【生境】生于海拔约540米的山地。

【分布】广东、广西、云南、四川等。

【别名】杜鹃红山茶、假大头茶。

【保护级别】国家一级重点保护野生植物；极危（CR）；中国特有种。

【花粉形态】花粉粒近球形，极面观3裂圆形，赤道面观为近圆形，大小为34（31~36）×42（38~45）μm；具3孔沟，沟中部缢缩，沟边外壁加厚，沟膜具颗粒，内孔大，横长，具盖；外壁两层，外层厚于内层；表面具脑纹状雕纹；轮廓线呈波浪形。

# 第五章 被子植物的花粉形态

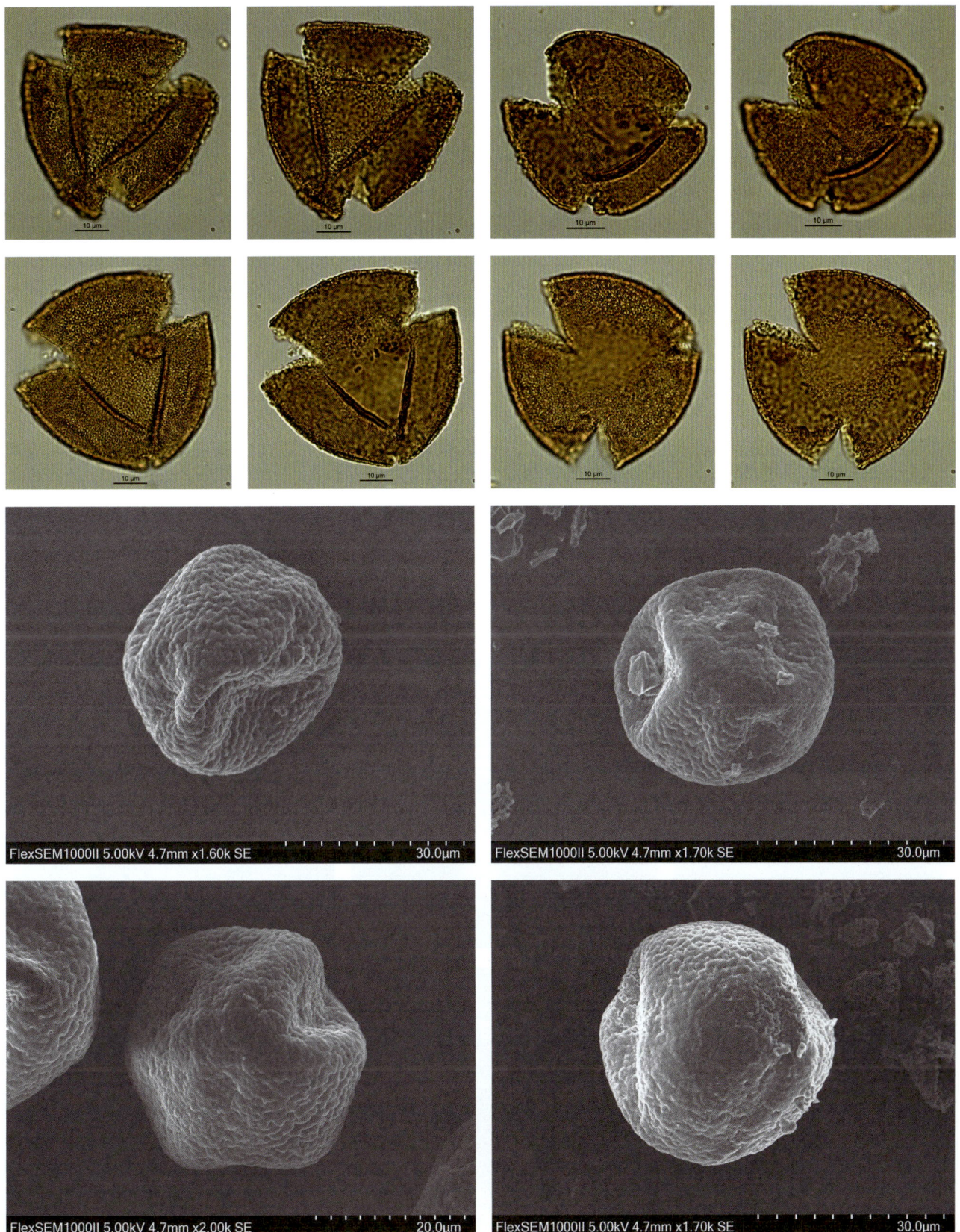

### *Camellia chrysanthoides* Hung T. Chang 薄叶金花茶

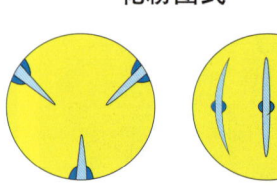

花粉图式

【形态特征】灌木，高可达 2.5 米；嫩枝无毛；叶膜质，长圆形或倒披针形，先端渐尖或急短尖，基部楔形或狭窄而略钝，侧脉 9~11 对，边缘有细锯齿；叶柄长约 1 厘米，无毛；花腋生有短柄；苞片 4~6 片；萼片 5，近圆形，被微毛；花瓣 8~9 片，基部略生，先端略尖；雄蕊长 1.3~1.5 厘米；子房无毛；花柱 3 条，离生，纤细，无毛；蒴果腋生，扁三角球形，无毛，3 室，每室有种子 1~2 粒，3 片裂开，果片薄，厚不及 1 毫米，无中轴；果柄长 6~7 毫米，有宿存苞片 3~4 片，苞片半圆形，无毛；宿存萼片 5 片，半圆形至圆形，无毛。

【花果期】花期 11 月至翌年 1 月，果期 12 月至翌年 5 月。

【生境】生于非钙质土的山地常绿林。

【分布】广西和江西。

【别名】龙州金花茶。

【保护级别】国家二级重点保护野生植物；濒危（EN）；中国特有种。

【花粉形态】花粉粒长球形，极面观 3 裂圆形，赤道面观为椭圆形，大小为 20（18~25）× 38（32~40）μm；具 3 孔沟，沟中部缢缩，沟边外壁加厚，沟膜具颗粒，内孔大，横长，具盖；外壁两层，外层厚于内层；表面具脑纹状雕纹；轮廓线呈波浪形。

# 第五章 被子植物的花粉形态

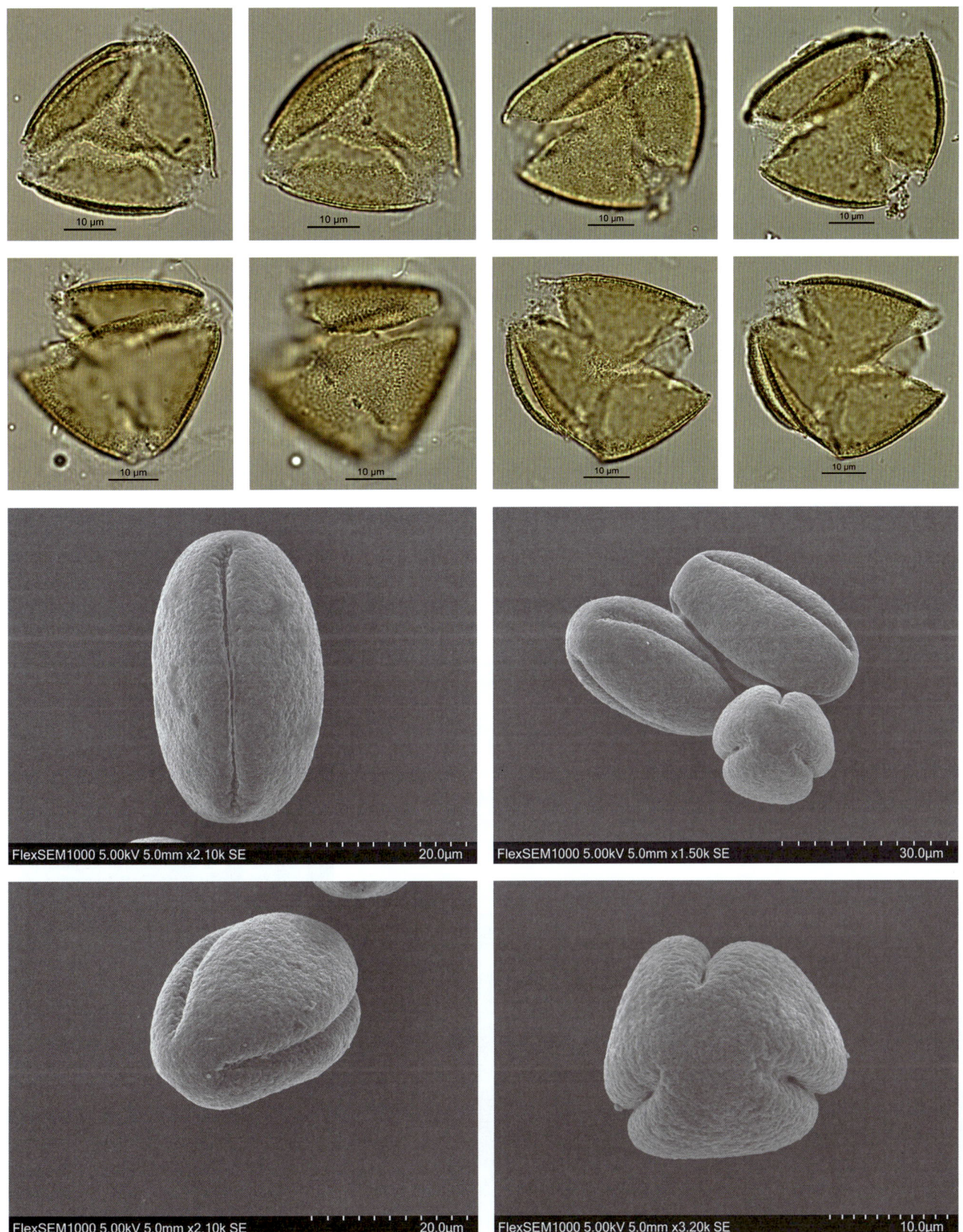

### *Camellia euphlebia* Merr. ex Sealy 显脉金花茶

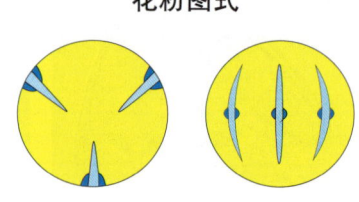

花粉图式

**【形态特征】**灌木或小乔木；嫩枝无毛；叶革质，椭圆形，先端急短尖，基部钝或近于圆，上面干后稍发亮，下面无腺点，侧脉 10~12 对，在上面稍下陷，在下面显著突起，边缘密生细锯齿；叶柄长 1 厘米；花单生于叶腋，花柄长 4~5 毫米；苞片 8 片，半圆形至圆形，长 2~5 毫米；萼片 5 片，近圆形，长 5~6 毫米；花瓣 8~9 片，金黄色，倒卵形，长 3~4 厘米，基部连生 5~8 毫米；雄蕊长 3~3.5 厘米，外轮花丝基部连生约 1 厘米，花药长 2 毫米；子房无毛，3 室；花柱 3 条，离生。

**【花果期】**花期 11 月至翌年 2 月，果期 11—12 月。

**【生境】**生于非石灰岩的石山常绿林下。

**【分布】**广西和云南。

**【别名】**无

**【保护级别】**国家二级重点保护野生植物；易危（VU）。

**【花粉形态】**花粉粒近球形，极面观 3 裂圆形，赤道面观圆形，直径为 28~38μm；具 3 孔沟，沟中部缢缩，沟边外壁加厚，沟膜具大颗粒，内孔大，横长，具盖；外壁两层，外层厚于内层；表面具脑纹状雕纹；轮廓线呈波浪形。

# 第五章 被子植物的花粉形态

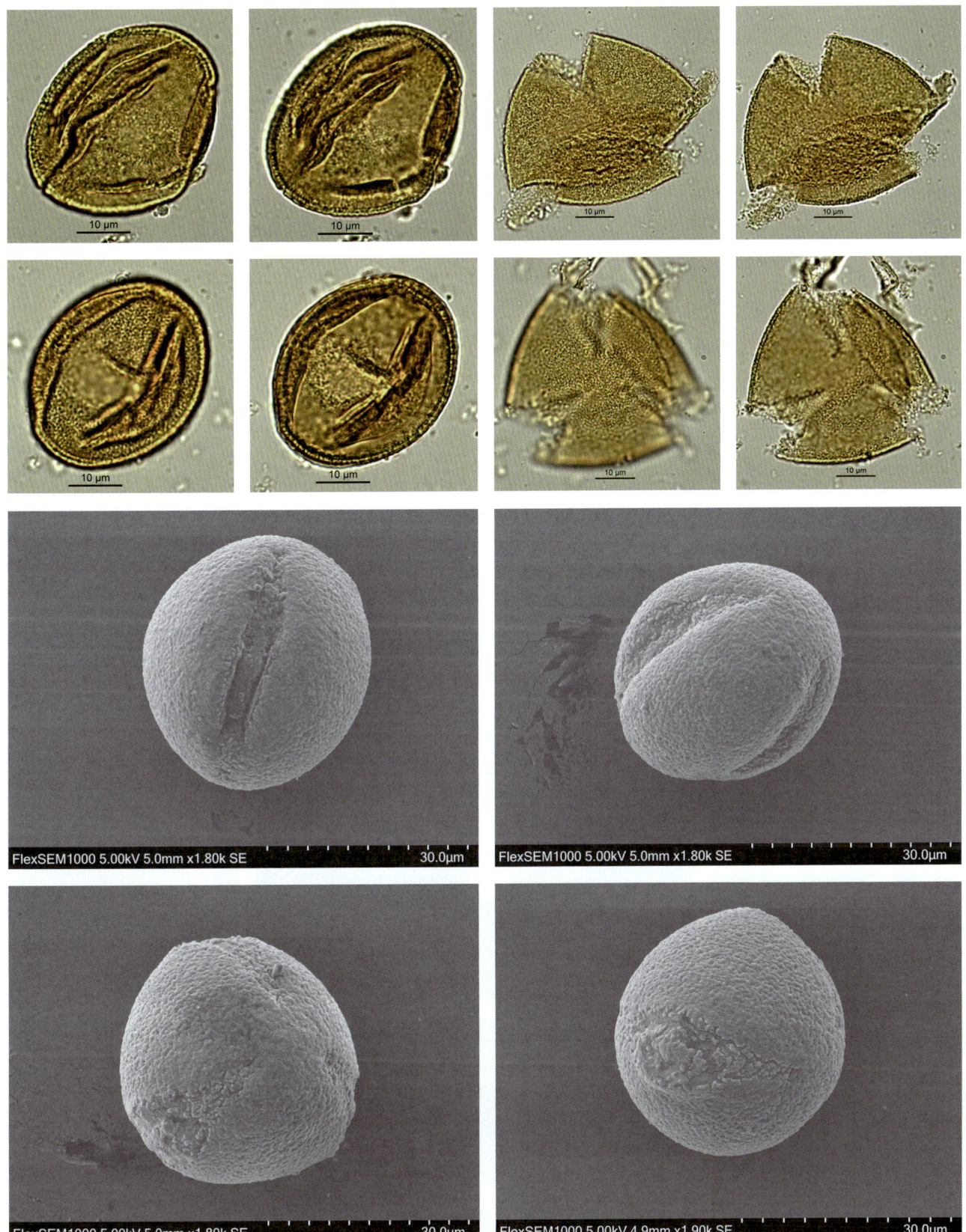

1077

### *Camellia flavida* Hung T. Chang 淡黄金花茶

**【形态特征】** 灌木，高可达 3 米；嫩枝无毛；叶革质，长圆形或椭圆形，先端渐尖，基部阔楔形，侧脉 6~7 对，边缘有细锯齿；叶柄长 6~8 毫米，无毛；花顶生，花柄长 1~2 毫米；苞片 4~5 片，半圆形，无毛；萼片 5 片，近圆形，无毛，或背面上部多少有毛，离生；花瓣 8 片，倒卵圆形，淡黄色，长约 1.5 厘米，无毛；雄蕊离生，无毛；子房无毛；花柱 3 条，完全分离，无毛；蒴果球形，1 室，有种子 1 粒，果壳 2 片裂开；种子圆球形，有宿存萼片及苞片。

**【花果期】** 花期 8—9 月，果期 10 月至翌年 3 月。

**【生境】** 生于石灰岩山地。

**【分布】** 广西、广东和贵州。

**【别名】** 弄岗金花茶。

**【保护级别】** 国家二级重点保护野生植物；濒危（EN）；中国特有种。

**【花粉形态】** 花粉粒近球形，极面观 3 裂圆形，赤道面观为近圆形，直径为 27~36μm；具 3 孔沟，沟中部缢缩，沟边外壁加厚，沟膜具颗粒，内孔大，横长，具盖；外壁两层，外层厚于内层；表面具脑纹状雕纹；轮廓线呈波浪形。

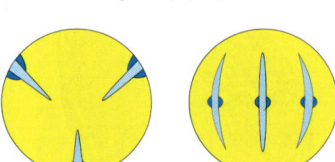

花粉图式

# 第五章 被子植物的花粉形态

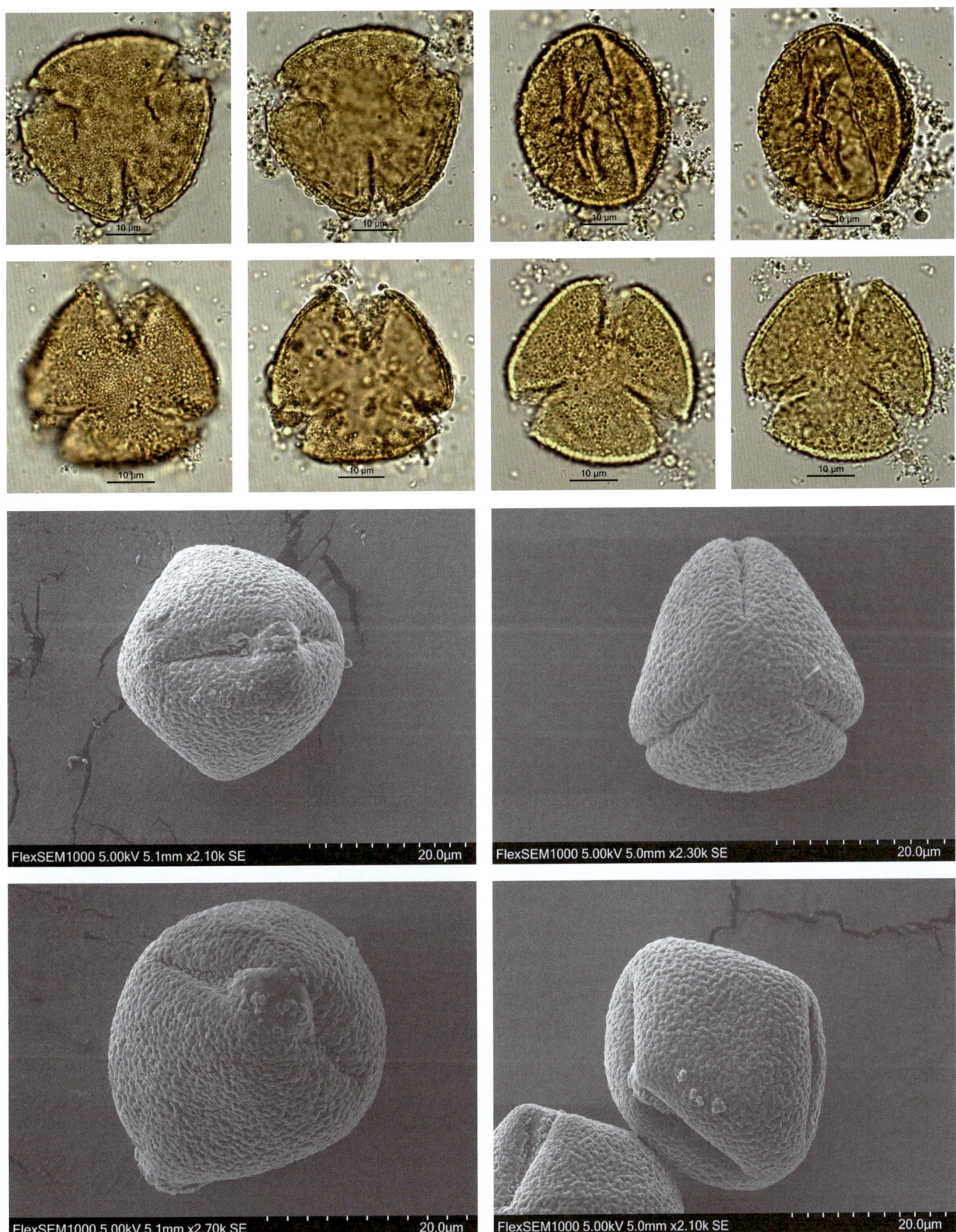

## *Camellia flavida* var. *patens* (S. L. Mo & Y. C. Zhong) T. L. Ming 多变淡黄金花茶

【形态特征】灌木，高 3 米；嫩枝无毛；叶革质，长圆形或椭圆形，先端渐尖，基部阔楔形，边缘有细锯齿；叶柄 6~8 毫米，无毛；花顶生，花柄长 1~2 毫米；苞片 4~5 片，半圆形，无毛；萼片 5 片，近圆形，无毛，或背面上部多少有毛，离生；花瓣 8 片，倒卵圆形，淡黄色，长约 1.5 厘米，无毛；雄蕊离生，无毛；子房无毛；花柱 3 条，完全分离，无毛；蒴果球形，直径 1.7 厘米，1 室，有种子 1 粒，果壳 2 片裂开；种子圆球形，宽 1.3 厘米，有宿存萼片及苞片。

花粉图式

【花果期】花期 1—3 月，果期 4—7 月。

【生境】生于海拔 130~250 米的石灰岩钙质土杂木森林中。

【分布】广西和云南。

【别名】无

【保护级别】国家二级重点保护野生植物；近危（NT）；中国特有种。

【花粉形态】花粉粒长球形，极面观 3 裂圆形，赤道面观为椭圆形，大小为 25（22~28）× 42（38~48）μm；具 3 孔沟，沟中部缢缩，沟边外壁加厚，沟膜具颗粒，内孔大，横长，具盖；外壁外层厚于内层；表面具脑纹状雕纹；轮廓线呈波浪形。

第五章 被子植物的花粉形态

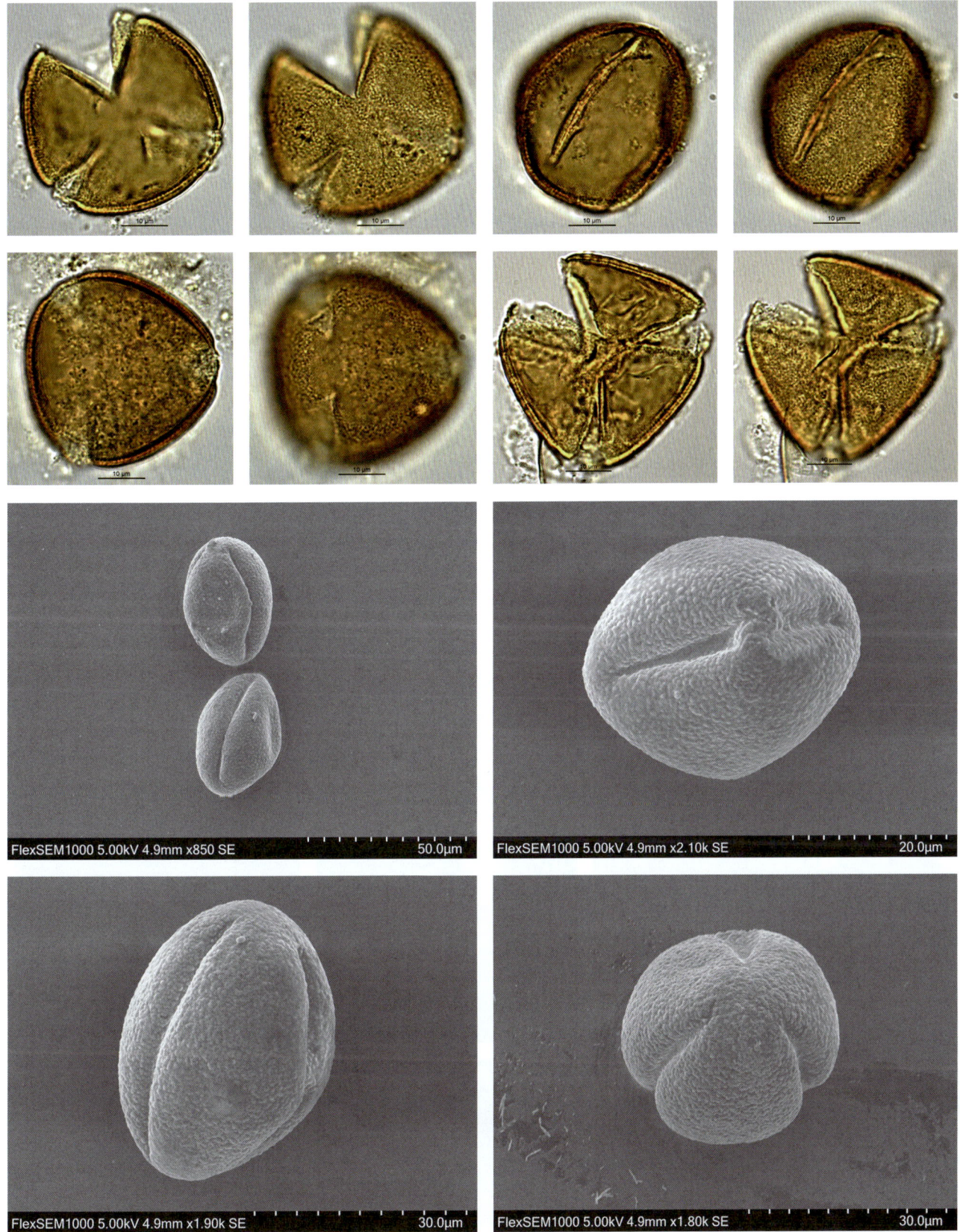

1081

## *Camellia impressinervis* Hung T. Chang & S. Y. Liang 凹脉金花茶

花粉图式

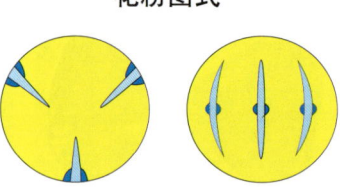

【形态特征】灌木，高可达 3 米；嫩枝有短粗毛，老枝变秃；叶革质，椭圆形，先端急尖，基部阔楔形或窄而圆，侧脉 10~14 对，边缘有细锯齿，齿刻相隔 2~3 毫米；叶柄长 1 厘米，上面有沟，无毛，下面有毛；花 1~2 朵腋生，花柄粗大，无毛；苞片 5 片，新月形，散生于花柄上，无毛，宿存；萼片 5，半圆形至圆形，无毛，宿存；花瓣 12 片，无毛；雄蕊近离生，花丝无毛；子房无毛；花柱 2~3 条，无毛；蒴果扁圆形，2~3 室，室间凹入成沟状 2~3 条，三角扁球形或哑铃形，每室有种子 1~2 粒，果片厚 1~1.5 毫米，有宿存苞片及萼片；种子球形。

【花果期】花期 11 月至翌年 2 月，果期 12 月至翌年 5 月。

【生境】生于石灰岩山地常绿林中。

【分布】广西。

【别名】金茶花、黄茶花。

【保护级别】国家二级重点保护野生植物；极危（CR）；中国特有种。

【花粉形态】花粉粒近球形，极面观 3 裂圆形，赤道面观为椭圆形，直径 28~36μm；具 3 孔沟，沟中部缢缩，沟边外壁加厚，内孔大，横长，具盖，正面轮廓不显著；外壁两层，外层厚于内层；表面具瘤状雕纹。

第五章 被子植物的花粉形态

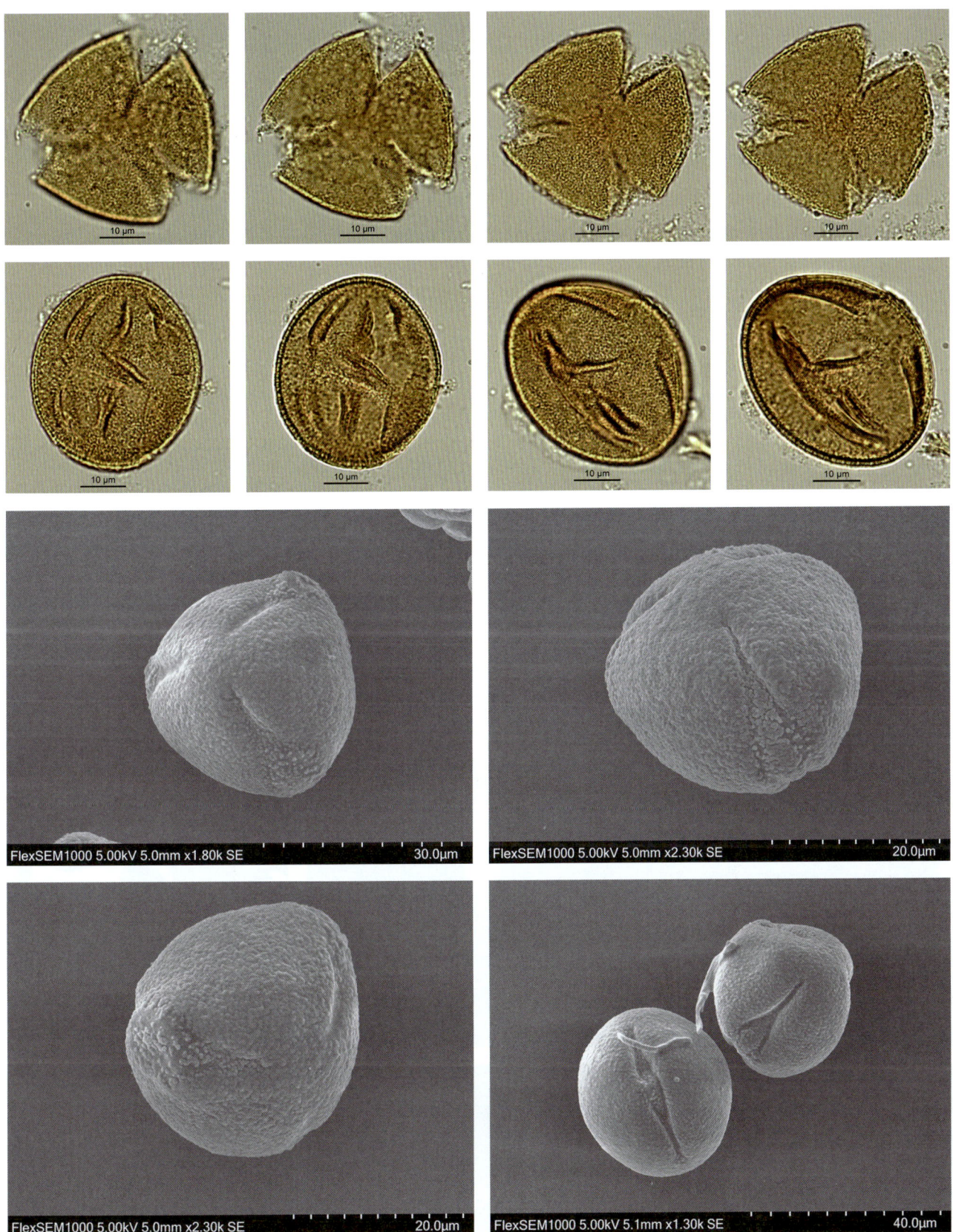

## *Camellia indochinensis* var. *tunghinensis* (Hung T. Chang) T. L. Ming & W. J. Zhang 东兴金花茶

【形态特征】灌木，高可达 2 米；嫩枝纤细，无毛；叶薄革质，椭圆形，先端急尖，基部阔楔形，边缘上半部有钝锯齿；叶柄长 8~15 毫米；花金黄色，花柄长 9~13 毫米；苞片 6~7 片，细小，分散于花柄上；萼片 5，近圆形，背有毛，或有睫毛；花瓣 8~9 片，基部连合 2~4 毫米，倒卵形，无毛；雄蕊多数，4~5 列，外轮花丝基部连生 2~5 毫米，无毛；子房无毛，3 室；花柱 3 条，离生，长 1.5~1.8 厘米；蒴果球形，直径 2 厘米，1 室，果片极薄。

花粉图式

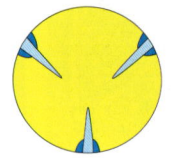
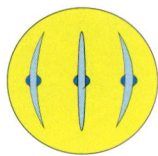

【花果期】花期 10—12 月，果期 11 月至翌年 2 月。

【生境】生长在非钙质山地常绿林及龙州的弄岗石灰岩上的常绿林中。

【分布】广西。

【别名】无

【保护级别】国家二级重点保护野生植物；濒危（EN）；中国特有种。

【花粉形态】花粉粒长球形，极面观 3 裂圆形，赤道面观为椭圆形，大小为 25（22~30）× 50（39~55）μm；具 3 孔沟，沟中部缢缩，沟边外壁加厚，内孔大，横长，具盖；外壁两层，外层厚于内层；表面具瘤状雕纹；轮廓线呈波浪形。

第五章 被子植物的花粉形态

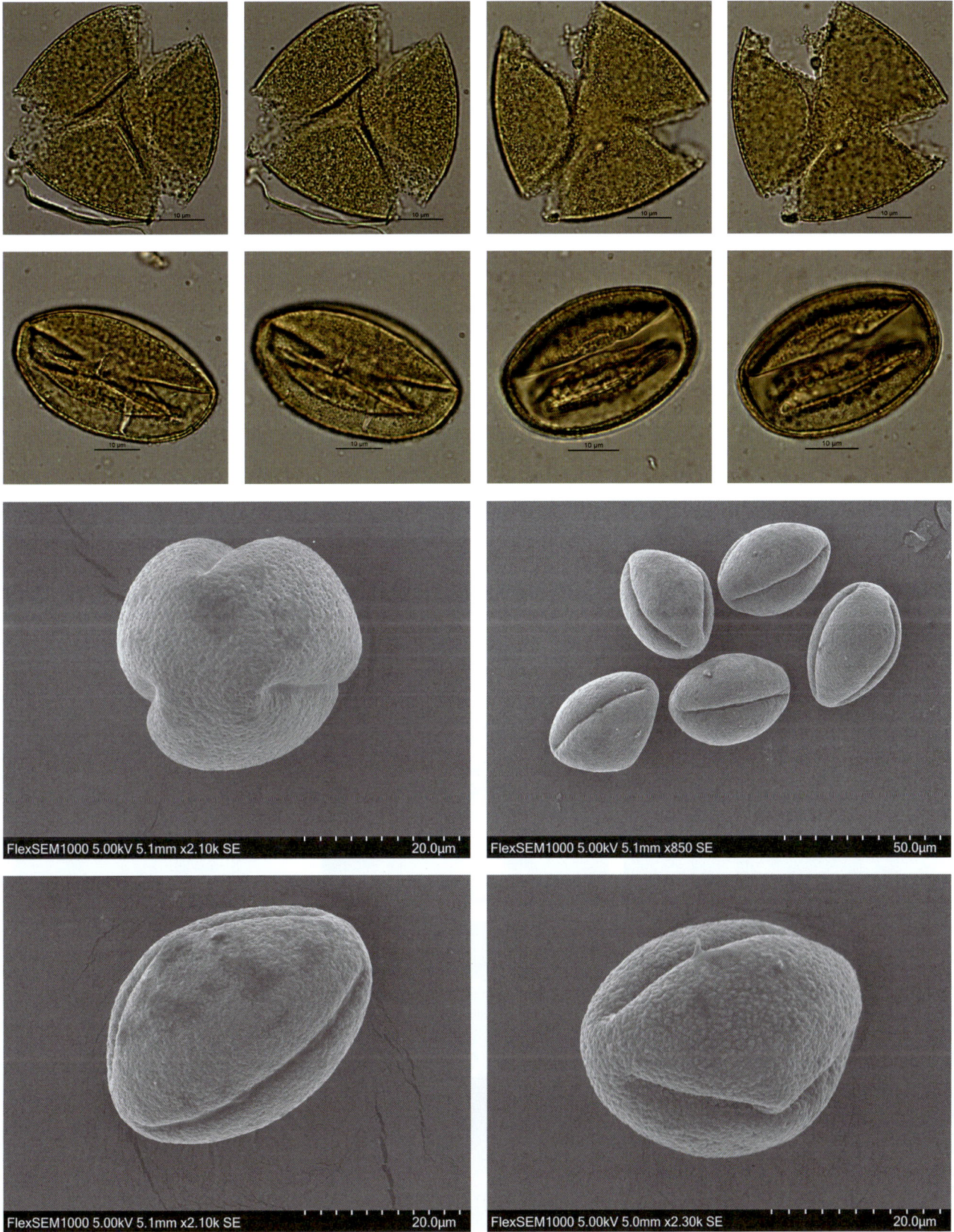

### *Camellia indochinensis* Merr. 中越金花茶

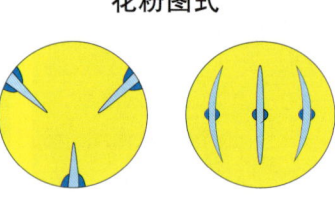

花粉图式

【形态特征】灌木或小乔木；嫩枝无毛；叶薄革质或近膜质，椭圆形，先端短尖，尖头钝，基部钝，有时近圆形，上面干后绿色，稍发亮，下面无毛，侧脉约6对，在上面不明显，在下面略突起，边缘有钝锯齿；叶柄长7~10毫米，完全无毛；花单生于枝顶，白色，花柄长6毫米，无毛；苞片6片，成对分散于花柄的上、中、下部，半月形，无毛；萼片5片，圆形，无毛；花瓣8~9片，外侧4片圆形或阔倒卵形，外面无毛，内侧有绢毛，其余4~5片倒卵形，无毛，基部3~4毫米连生；雄蕊与花瓣等长，基部6毫米连合成短管，游离花丝无毛；子房无毛；花柱3条，无毛；蒴果扁球形，果爿薄，3室。

【花果期】花期11月，果期翌年9—10月。

【生境】生于石灰岩山地和常绿林下。

【分布】广西、贵州、云南等。

【别名】小瓣金花茶、柠檬金花茶。

【保护级别】国家二级重点保护野生植物；近危（NT）。

【花粉形态】花粉粒长球形，极面观3裂圆形，赤道面观为椭圆形，大小为24（20~26）×45（39~49）μm；具3孔沟，沟中部缢缩，沟边外壁加厚，沟膜具颗粒，内孔大，横长，具盖；外壁两层，外层厚于内层；表面具脑纹状雕纹；轮廓线呈波浪形。

# 第五章 被子植物的花粉形态

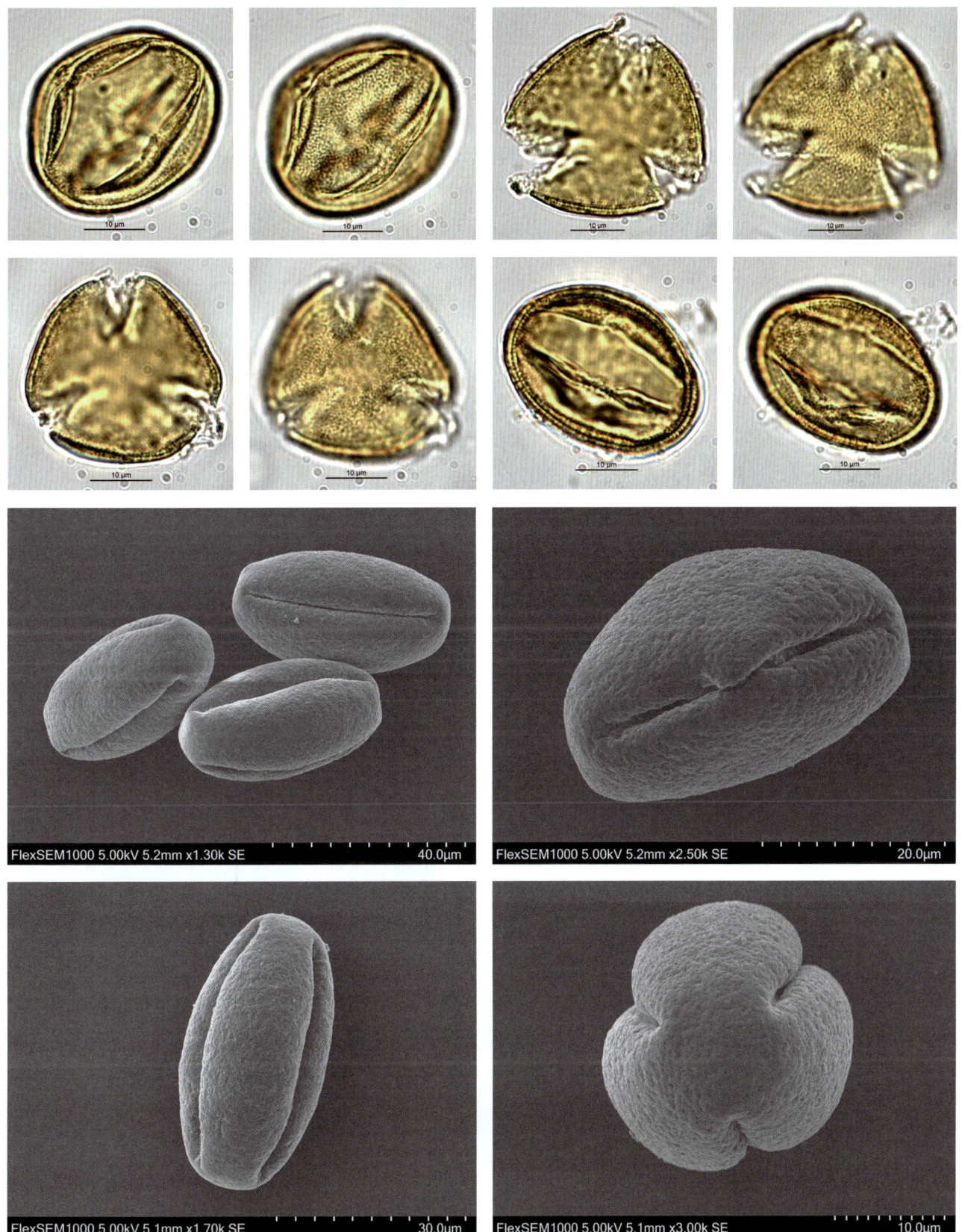

1087

### *Camellia japonica* L. 山茶

【形态特征】灌木或小乔木，高可达 9 米；嫩枝无毛；叶革质，椭圆形，先端略尖，或急短尖而有钝尖头，基部阔楔形；叶柄长 8~15 毫米，无毛；花顶生，红色，无柄；苞片及萼片约 10 片，组成长 2.5~3 厘米的杯状苞被，半圆形至圆形，外面有绢毛，脱落；花瓣 6~7 片，外侧 2 片近圆形，几离生，外面有毛，内侧 5 片基部连生约 8 毫米，倒卵圆形，无毛；雄蕊 3 轮，外轮花丝基部连生，花丝管长 1.5 厘米，无毛，内轮雄蕊离生，稍短；子房无毛；花柱长 2.5 厘米，先端 3 裂；蒴果圆球形，2~3 室，每室有种子 1~2 个，3 爿裂开，果爿厚木质。

花粉图式

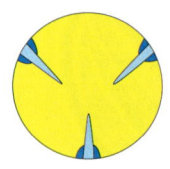
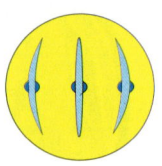

【花果期】花期 1—4 月，果期 9—10 月。

【生境】喜温暖、湿润的环境，有一定的耐寒能力，喜肥沃、疏松的微酸性土壤。

【分布】四川、台湾、山东、江西等地有野生种，在国内各地广泛栽培。

【别名】洋茶、茶花、晚山茶、耐冬、山椿、薮春、曼佗罗、野山茶。

【保护级别】无危（LC）；地方保护野生植物。

【花粉形态】花粉粒扁球形，极面观 3 裂圆形，赤道面观为近圆形，直径为 33~42μm；具 3 孔沟，沟中部缢缩，沟边外壁加厚，沟膜具颗粒，内孔大，横长，具盖；外壁两层，厚约 2μm，外层厚于内层；表面具脑纹状雕纹；轮廓线呈波浪形。

第五章 被子植物的花粉形态

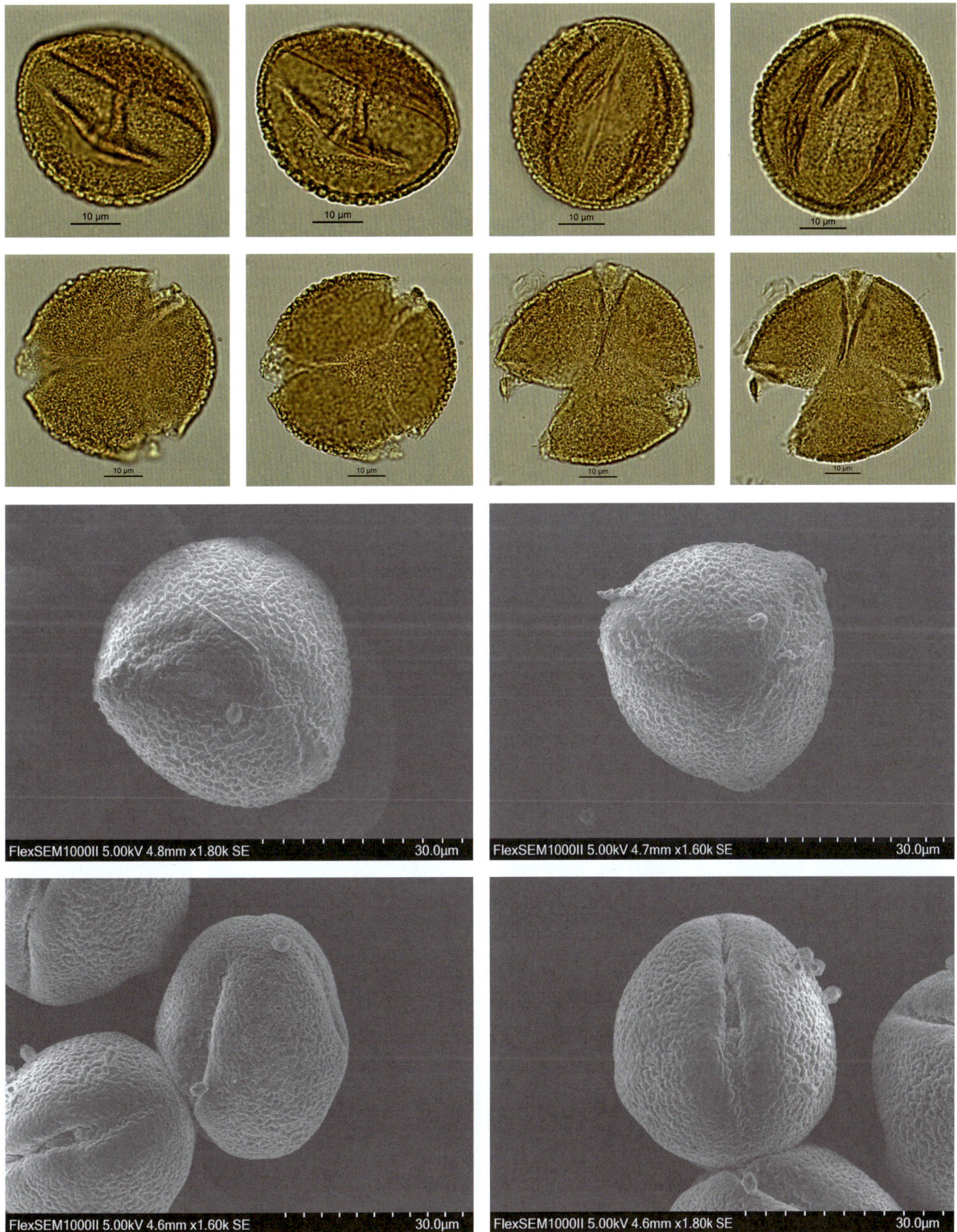

### *Camellia micrantha* S. Ye Liang & Y. C. Zhong 小花金花茶

花粉图式

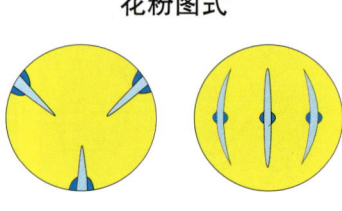

【形态特征】灌木；嫩枝无毛；叶革质，椭圆形或倒卵形，长 10~15 厘米，宽 4~7 厘米，先端锐尖，基部钝或略圆，上面干后黄绿色，下面无毛，侧脉 6~9 对，边缘具锯齿；叶柄长 6~10 毫米；花 1~3 朵腋生，直径 1.5~2.5 厘米，淡黄色；苞片 5~7 片，半圆形，长 2~3 毫米，宿存；萼片近圆形，长 3~4 毫米；花瓣 6~8 片，长 7~20 毫米；雄蕊多数，外轮花丝基部连生；子房被白色柔毛，花柱 3 条，离生，长 1~1.5 厘米；蒴果扁球形，直径 3~3.5 厘米，具宿存苞片及萼片，果皮厚 1~3 毫米；种子每室 1~2 个，无毛。

【花果期】花期 10—12 月，果期 11—12 月。

【生境】生于海拔 190~350 米的非钙质土常绿林。

【分布】广西和贵州。

【别名】无

【保护级别】国家二级重点保护野生植物；濒危（EN）；中国特有种。

【花粉形态】花粉粒长球形，极面观 3 裂圆形，赤道面观为椭圆形，大小为 25（22~28）× 45（40~51）μm；具 3 孔沟，沟中部缢缩，沟边外壁加厚，沟膜具颗粒，内孔大，横长，具盖；外壁两层，外层厚于内层；表面具脑纹状雕纹；轮廓线呈波浪形。

# 第五章 被子植物的花粉形态

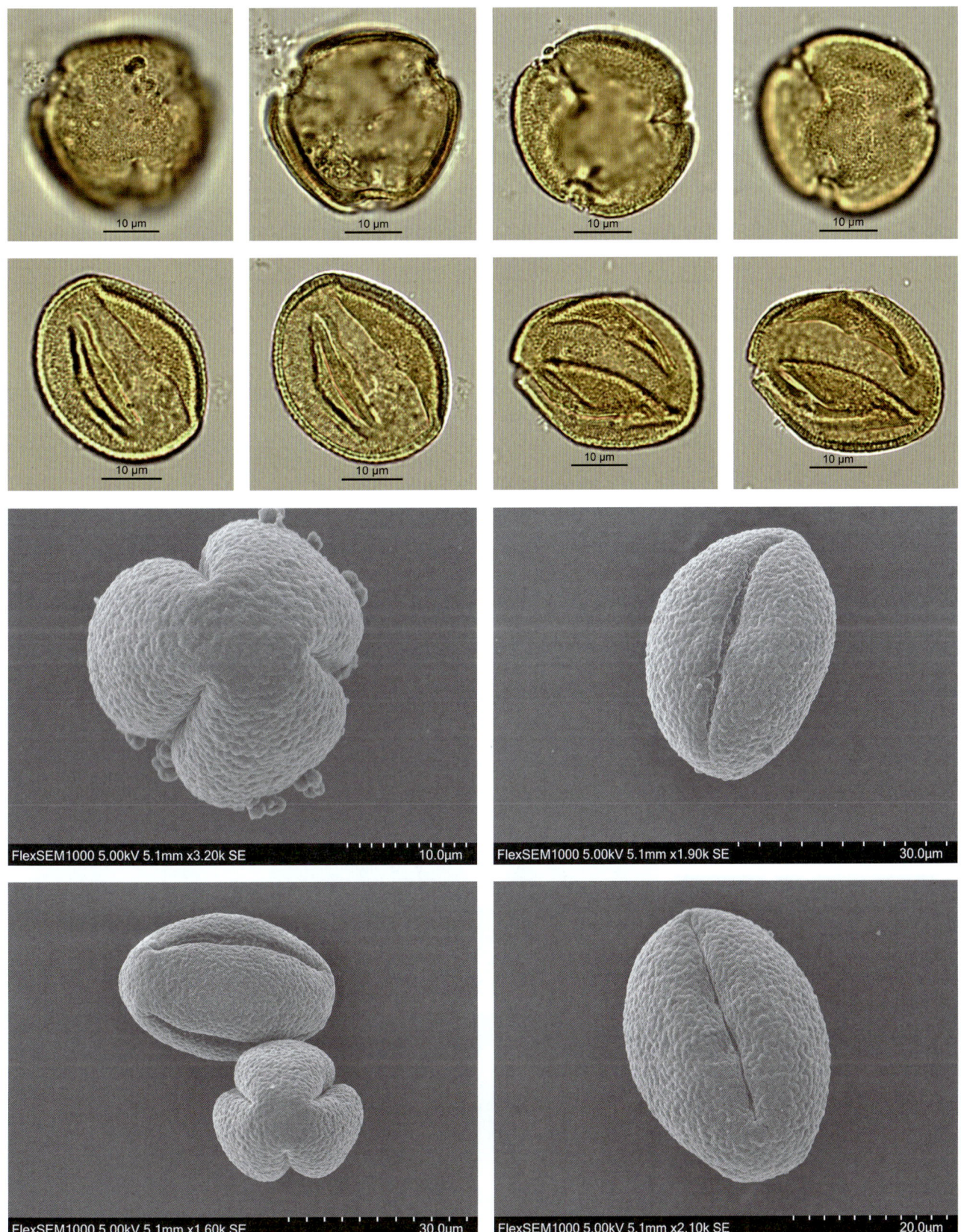

## *Camellia perpetua* S. Ye Liang & L. D. Huang 四季花金花茶

花粉图式

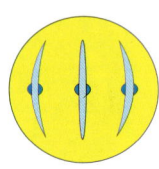

【形态特征】灌木，高可达 5 米；树皮红褐色；嫩枝浅红色，无毛，老枝灰褐色；叶薄革质，椭圆形、长圆形至窄倒卵形，先端急尖，尖头钝，基部圆形、近圆形或宽楔形，边缘有胼胝质状细锯齿；叶柄长 4~7 毫米，无毛；花黄色，单独腋生花；萼 5~6，不等大，覆瓦状排列；花冠黄色，花瓣 13~16，倒卵形至阔倒卵形，外面数枚较小；雄蕊多数，排成 5~6 轮，外轮花丝基部连生成短管，内轮花丝完全离生，花丝无毛，花药椭球体，近基着药；子房无毛，3 室，每室胚珠 1~2，花柱 3~4 条，完全离生，无毛；蒴果三球形，果皮淡黄色，光滑；种子每室 1~2，种皮光滑，无毛。

【花果期】花期 5—12 月，果期 9—10 月。

【生境】生于海拔约 350 米的石灰岩山地中。

【分布】广西。

【别名】无

【保护级别】国家二级重点保护野生植物。

【花粉形态】花粉粒近球形，极面观钝三角形，赤道面观为椭圆形，大小为 28（25~30）× 35（32~40）μm；具 3 孔沟，沟中部缢缩，沟边外壁加厚，沟膜具颗粒，内孔大，横长，具盖；外壁两层，外层厚于内层；表面具脑纹状雕纹；轮廓线呈波浪形。

第五章 被子植物的花粉形态

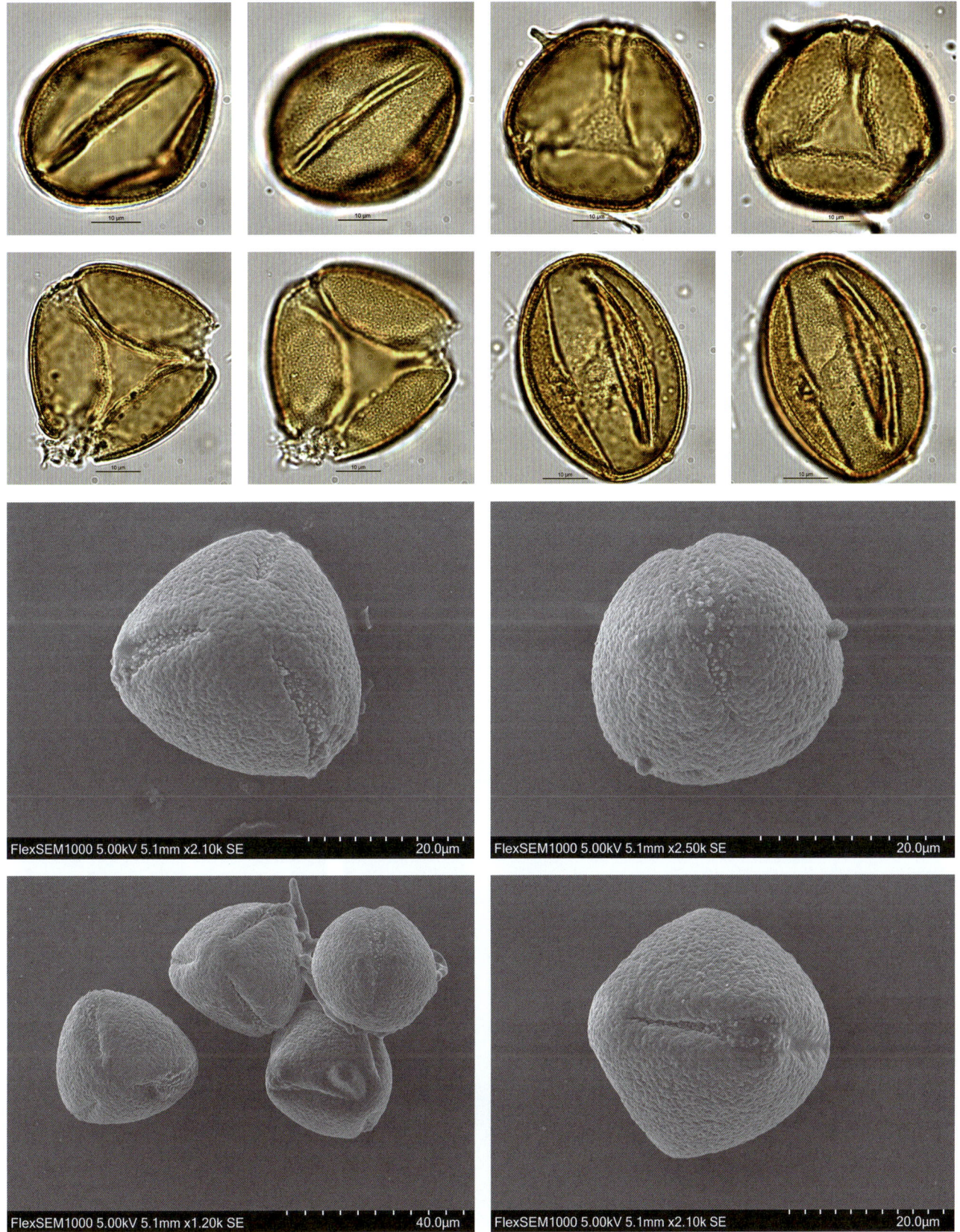

1093

## *Camellia petelotii* (Merr.) Sealy 金花茶

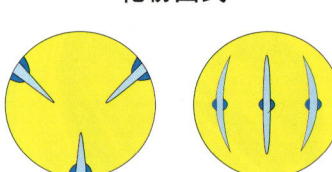

花粉图式

【形态特征】常绿灌木，高 1~2 米；树皮黄褐色；叶革质，先端钝尖，基部宽楔形，上下两面无毛，侧脉 5~6 对，在上面稍陷下，网脉不明显，边缘具细锯齿，或近全缘；叶柄长 5~7 毫米；花单生于叶腋，黄色，花梗下垂；苞片 4~6 片，半圆形，外面无毛，内面被白色短柔毛；萼片 5 片，近圆形，无毛，但内侧有短柔毛；花瓣 10~13 片，外轮近圆形，无毛，内轮倒卵形或椭圆形；雄蕊多数，外轮花丝连成短管；子房 3 室，无毛，花柱 3 条，长 1.8~2 厘米，分离。

【花果期】花期 12 月至翌年 3 月，果期翌年 9—10 月。

【生境】生于石灰岩山地常绿林中。

【分布】国内分布：广西和广东；国外分布：越南。

【别名】中东金花茶。

【保护级别】国家二级重点保护野生植物；易危（VU）；地方保护野生植物。

【花粉形态】花粉粒长球形，极面观 3 裂圆形，赤道面观为椭圆形，大小为 32（25~35）× 45（39~50）μm；具 3 孔沟，沟中部缢缩，沟边外壁加厚，内孔大，横长，具盖；外壁两层，外层厚于内层；表面具脑纹状雕纹；轮廓线呈波浪形。

第五章 被子植物的花粉形态

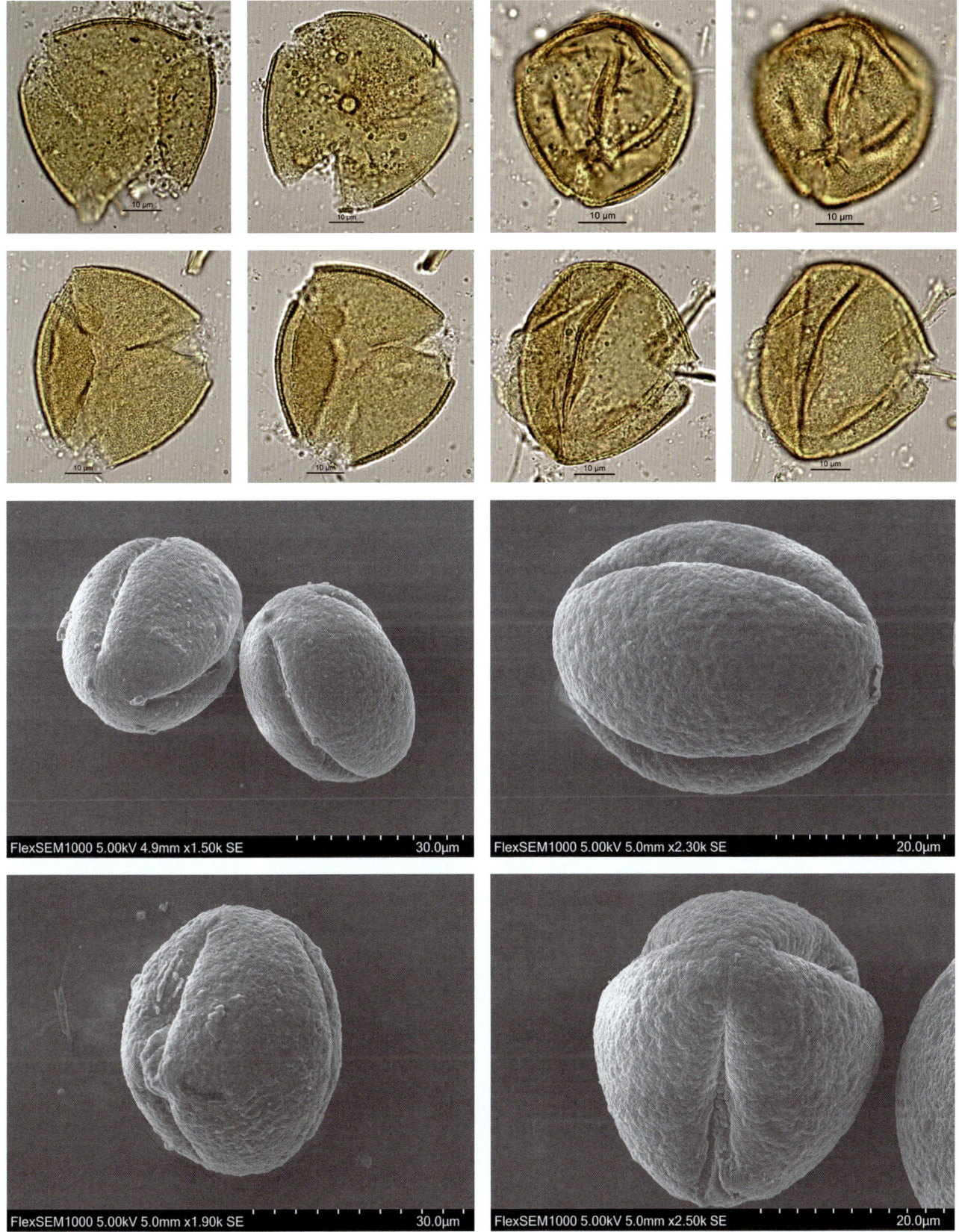

*Camellia petelotii* var. *macrocarpa* (S. L. Mo & S. Z. Huang) T. L. Ming & W. J. Zhang 小果金花茶

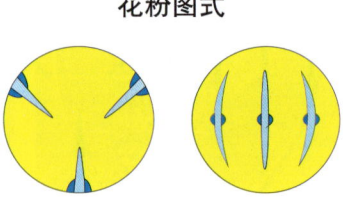

花粉图式

【形态特征】常绿灌木，高 1~2 米；树皮黄褐色；叶革质，先端钝尖，基部宽楔形，上下两面无毛，侧脉 5~6 对，在上面稍陷下，网脉不明显，边缘具细锯齿，或近全缘；叶柄长 5~7 毫米；花单生于叶腋，黄色，花梗下垂；苞片 4~6 片，半圆形，外面无毛，内面被白色短柔毛；萼片 5 片，近圆形，无毛，但内侧有短柔毛；花瓣 10~13 片，外轮近圆形，无毛，内轮倒卵形或椭圆形；雄蕊多数，外轮花丝连成短管；子房 3 室，无毛，花柱 3 条，分离。

【花果期】花期 10 月至翌年 1 月，果期 11 月至翌年 3 月。

【生境】生于非钙质土的山地常绿林中。

【分布】广西。

【别名】无

【保护级别】国家二级重点保护野生植物；濒危（EN）；中国特有种。

【花粉形态】花粉粒近球形，极面观 3 裂圆形，赤道面观为椭圆形，大小为 25（22~26）× 40（35~45）μm；具 3 孔沟，沟中部缢缩，沟边外壁加厚，沟膜具颗粒，内孔大，横长，具盖；外壁两层，外层厚于内层；表面具脑纹状雕纹；轮廓线呈波浪形。

第五章 被子植物的花粉形态

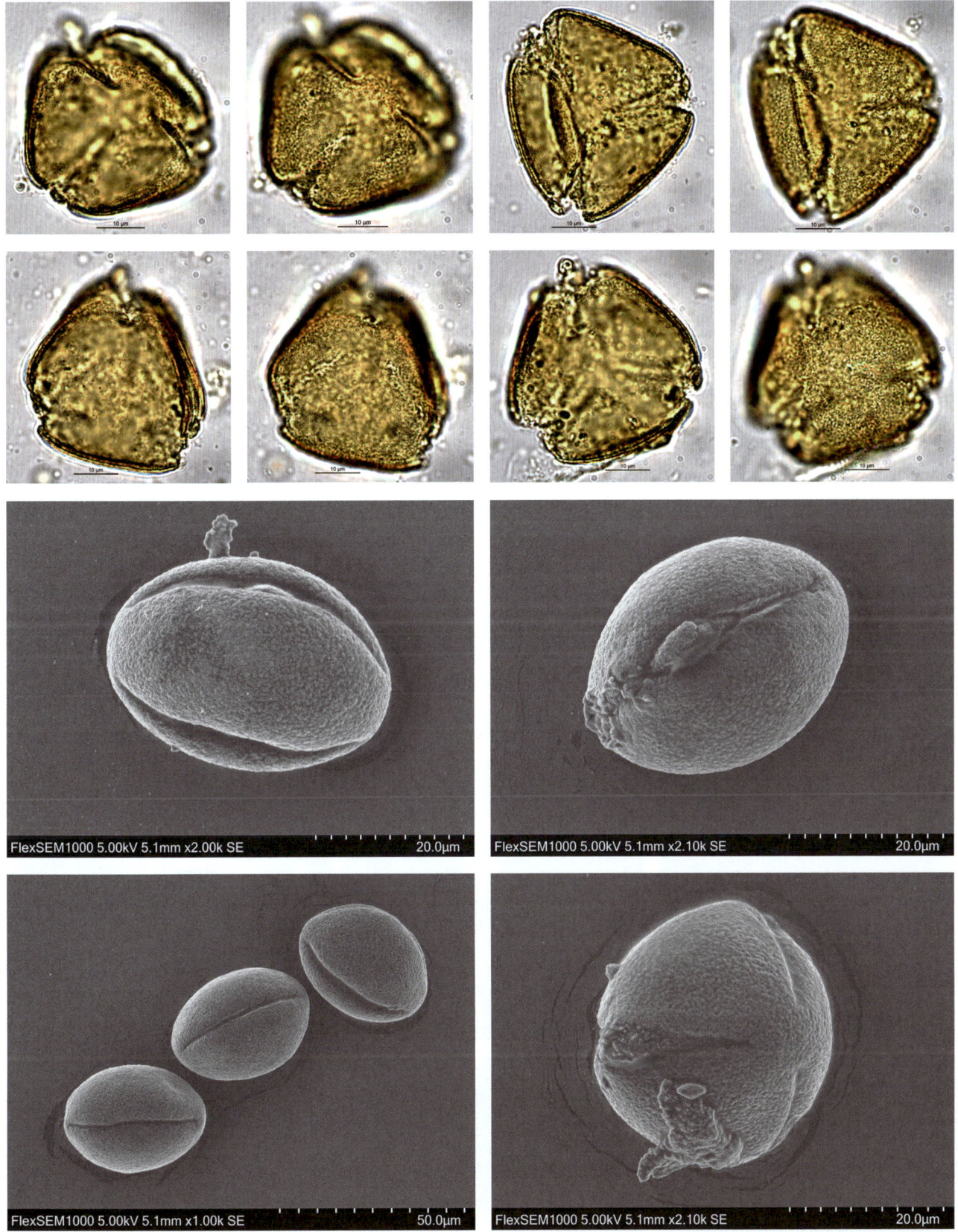

### *Camellia pingguoensis* D. Fang 平果金花茶

【形态特征】常绿灌木，高 3~4 米；树皮浅褐色；嫩枝圆柱形，暗红色，无毛，干后灰褐色；单叶互生，薄革质，卵形或长卵形，稀披针形或狭椭圆形，长 4~8 厘米，宽 2.5~3.2 厘米；花单生于叶腋，黄色，直径 1.5~2 厘米，花柄长 4~5 毫米，苞片 4~5 片；蒴果小，球形，直径 1~1.3 厘米，果皮较薄，厚度仅为 1~2 毫米，1 室或 2 室；种子细小，直径 1~1.5 厘米，种皮骨质，黑褐色。

【花果期】花期 10 月至翌年 1 月，果期 12 月至翌年 3 月。

【生境】生长于海拔约 250 米的石灰岩森林中。

【分布】广西。

【别名】无

【保护级别】国家二级重点保护野生植物；濒危（EN）；中国特有种。

【花粉形态】花粉粒近球形，极面观 3 裂圆形，赤道面观为圆形，直径为 32~40μm；具 3 孔沟，沟中部缢缩，沟边外壁加厚，沟膜具大颗粒，内孔大，横长，具盖；外壁两层，外层厚于内层；表面具脑纹状雕纹；轮廓线呈波浪形。

花粉图式

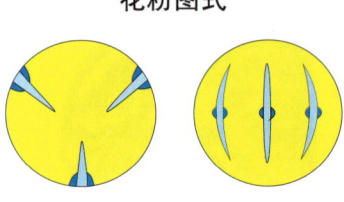

第五章 被子植物的花粉形态

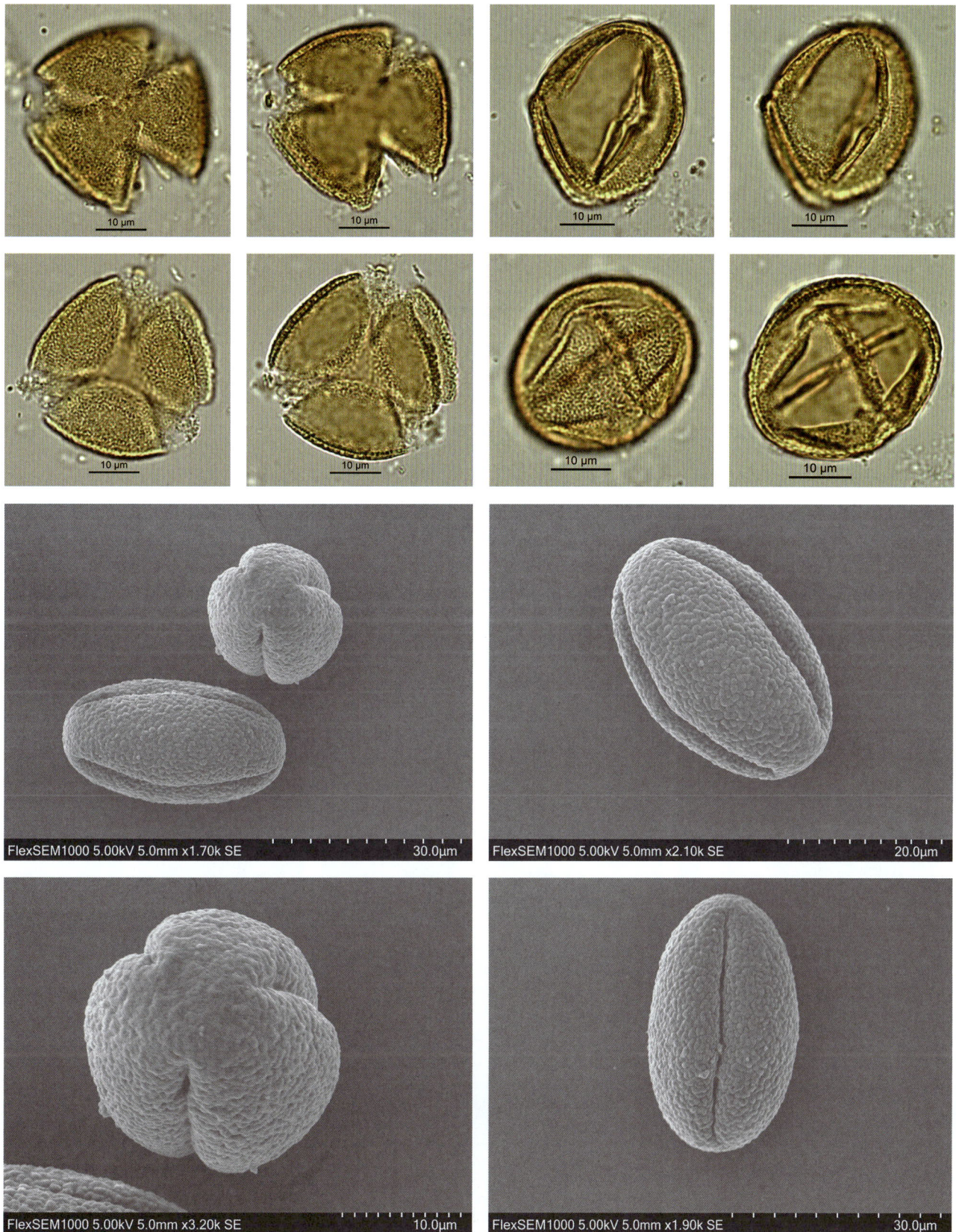

1099

***Camellia pingguoensis* var. *terminalis* (J. Y. Liang & Z. M. Su) T. L. Ming & W. J. Zhang** 顶生金花茶

【形态特征】常绿灌木，高 3~4 米；树皮浅褐色；嫩枝圆柱形，暗红色，无毛，干后灰褐色；单叶互生，薄革质，卵形或长卵形，稀披针形或狭椭圆形，长 4~8 厘米，宽 2.5~3.2 厘米；花顶生，花柱合生，先端 3 裂，花柄长 4~5 毫米，苞片 4~5 片；蒴果小，球形，直径 1~1.3 厘米，果皮较薄，厚度仅为 1~2 毫米，1 室或 2 室；种子细小，直径 1~1.5 厘米，种皮骨质，黑褐色。

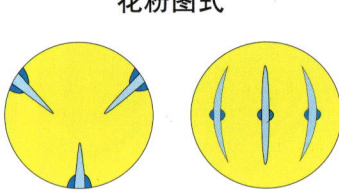

花粉图式

【花果期】花期 9—12 月，果期 12 月至翌年 5 月。

【生境】生于海拔 410~574 米的石灰岩石山常绿阔叶林中。

【分布】广西。

【别名】无。

【保护级别】国家二级重点保护野生植物；濒危（EN）；中国特有种。

【花粉形态】花粉粒近球形，极面观钝三角形，赤道面观为近圆形，直径为 35~40μm；具 3 孔沟，沟中部缢缩，沟边外壁加厚，沟膜具颗粒，内孔大，横长，具盖；外壁两层，外层厚于内层；表面具明显的脑纹状雕纹；轮廓线呈波浪形。

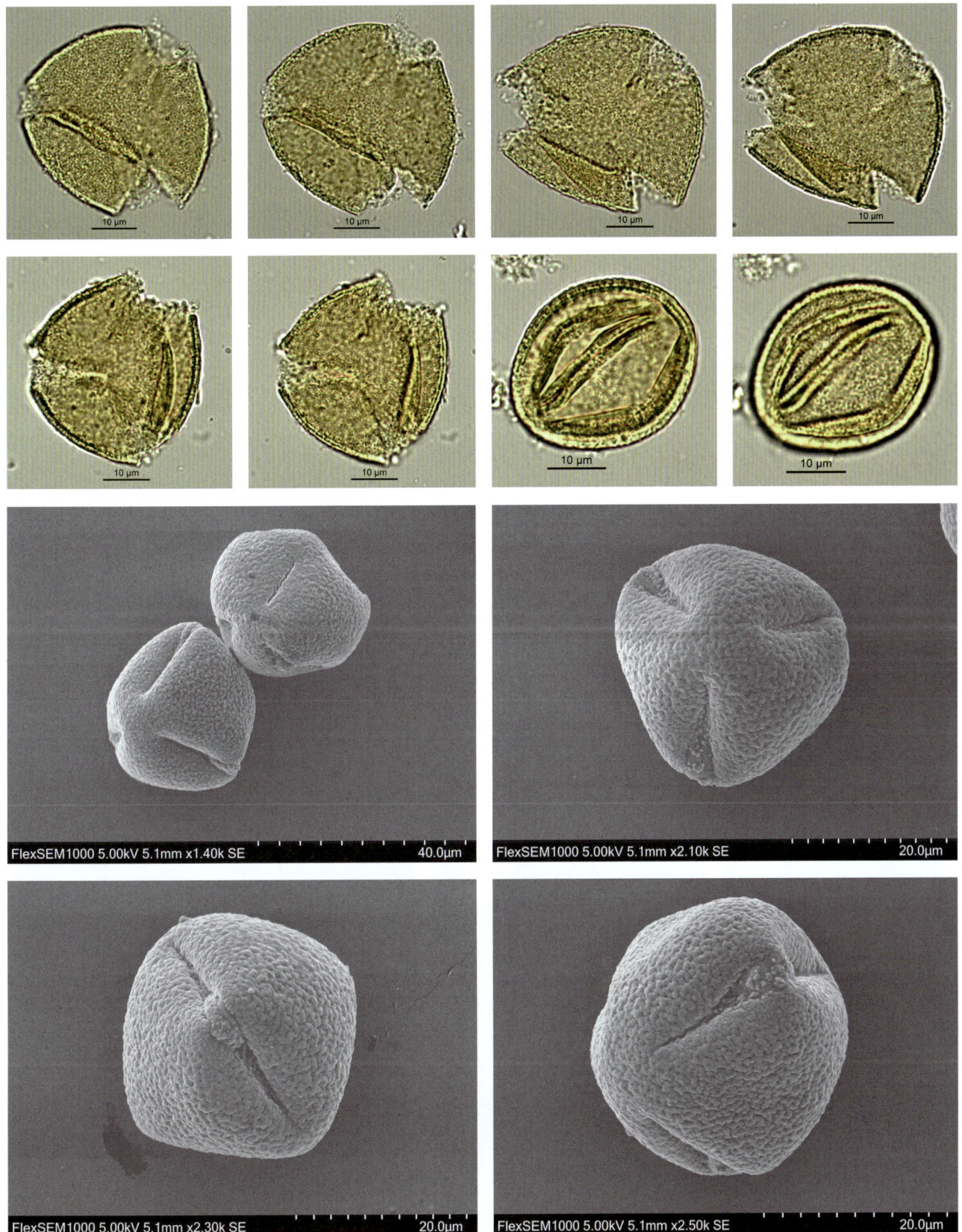

## *Camellia sinensis* (L.) Kuntze 茶

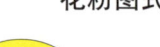

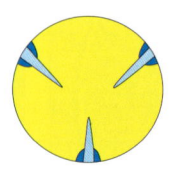 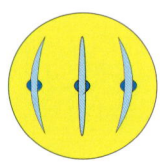

【形态特征】灌木或小乔木；嫩枝无毛；叶革质，长圆形或椭圆形，长 4~12 厘米，宽 2~5 厘米，先端钝或尖锐，基部楔形，侧脉 5~7 对，边缘有锯齿；叶柄长 3~8 毫米，无毛；花 1~3 朵腋生，白色；花柄长 4~6 毫米，有时稍长；苞片 2 片，早落；萼片 5 片，阔卵形至圆形，长 3~4 毫米，无毛，宿存；花瓣 5~6 片，阔卵形，基部略连合，背面无毛，有时有短柔毛；雄蕊长 8~13 毫米，基部连生 1~2 毫米；子房密生白毛；花柱无毛，先端 3 裂，裂片长 2~4 毫米；蒴果 3 球形或 1~2 球形，每球有种子 1~2 粒。

【花果期】花期 10 月至翌年 2 月，果期翌年 10 月。

【生境】生于海拔 1000~2000 米的山地疏林中。

【分布】野生种普遍见于长江以南各省的山区，现广泛栽培。

【别名】茶树、茗、大树茶。

【保护级别】国家二级重点保护野生植物。

【花粉形态】花粉粒长球形，极面观 3 裂圆形，赤道面观为椭圆形，大小为 32（25~35）× 42（38~48）μm；具 3 孔沟，沟中部缢缩，沟边外壁加厚，沟膜具颗粒，内孔大，横长，具盖；外壁两层，外层厚于内层；表面具脑纹状雕纹；轮廓线呈波浪形。

# 第五章 被子植物的花粉形态

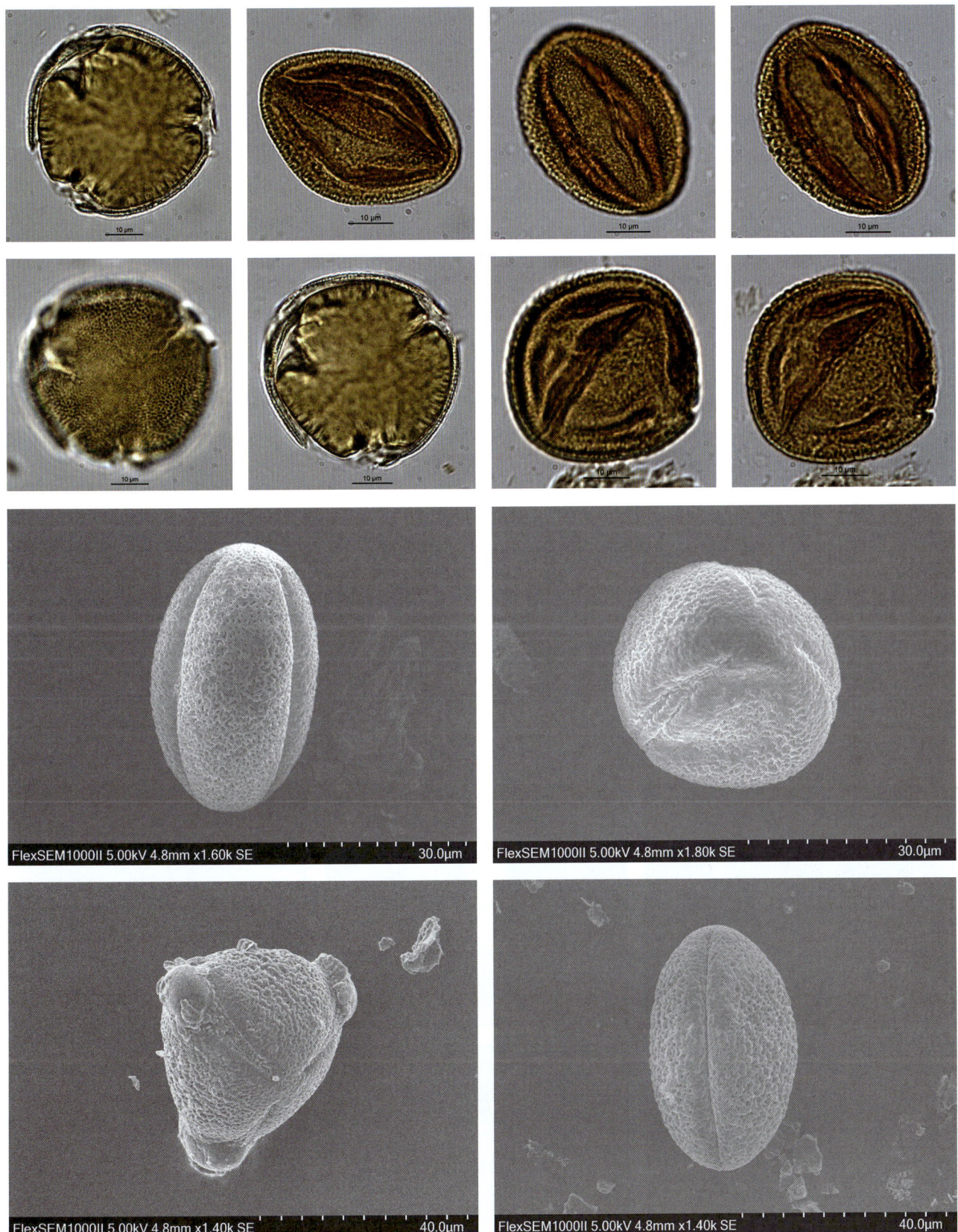

## Thymelaeaceae 瑞香科
### *Aquilaria* 沉香属
*Aquilaria sinensis* (Lour.) Spreng. 土沉香

【形态特征】乔木；树皮暗灰色，几平滑，纤维坚韧；小枝圆柱形，具绉纹，幼时被疏柔毛，后逐渐脱落，无毛或近无毛；叶革质，圆形、椭圆形至长圆形，有时近倒卵形，先端锐尖或急尖而具短尖头，基部宽楔形；叶柄长 5~7 毫米，被毛；花芳香，黄绿色，多朵，组成伞形花序；萼筒浅钟状，两面均密被短柔毛，5 裂，裂片卵形，先端圆钝或急尖，两面被短柔毛；花瓣 10，鳞片状，着生于花萼筒喉部，密被毛；雄蕊 10，排成 1 轮，花药长圆形；子房卵形，密被灰白色毛，2 室，每室 1 胚珠，花柱极短或无，柱头头状；蒴果果梗短，卵球形，2 瓣裂，2 室，每室具有 1 种子；种子褐色，卵球形，疏被柔毛，基部具有附属体，上端宽扁，下端成柄状。

【花果期】花期 3—4 月，果期 6—8 月。

【生境】生于低海拔的山地、丘陵以及路边阳处疏林中。

【分布】广东、海南、广西和福建。

【别名】沉香、芫香、崖香、青桂香、栈香、女儿香、牙香树、白木香、香材。

【保护级别】国家二级重点保护野生植物；易危（VU）；中国特有种。

【花粉形态】花粉粒球形，直径为 27（14~36）μm；具散孔，孔常为 4~5 个，孔小，边缘不平；外壁厚约 3μm，外层厚，内层薄；表面为巴豆式（网状）图案，由具钝三角形投影的基柱形成，其上具小刺，当焦点向下移动时呈网状。

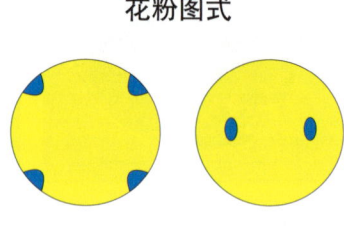

花粉图式

第五章 被子植物的花粉形态

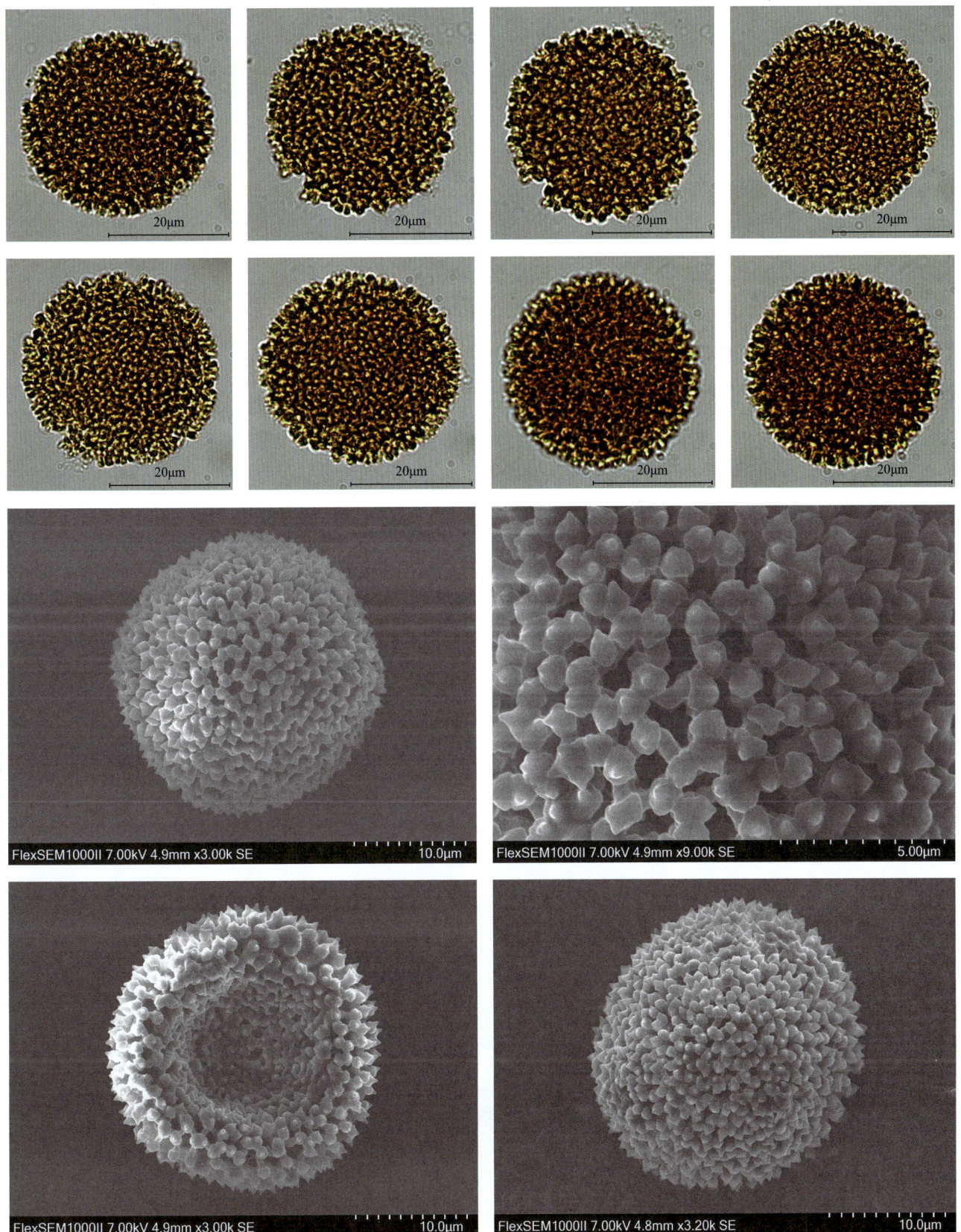

## Typhaceae 香蒲科
### *Typha* 香蒲属
*Typha orientalis* C. Presl 香蒲

【形态特征】多年生水生或沼生草本；根状茎乳白色；地上茎粗壮，向上渐细，高 1.3~2 米；叶片条形；叶鞘抱茎；雌雄花序紧密连接；雄花序长 2.7~9.2 厘米，花序轴具白色弯曲柔毛，自基部向上具 1~3 枚叶状苞片，花后脱落；雌花序长 4.5~15.2 厘米，基部具 1 枚叶状苞片，花后脱落；雄花通常由 3 枚雄蕊组成，有时 2 枚，或 4 枚雄蕊合生，花药长约 3 毫米，2 室，条形，花丝很短，基部合生成短柄；雌花无小苞片，花柱长 1.2~2 毫米；子房纺锤形至披针形，子房柄细弱，白色丝状毛通常单生，有时几枚基部合生，稍长于花柱，短于柱头；小坚果椭圆形至长椭圆形，果皮具长形褐色斑点；种子褐色，微弯。

花粉图式

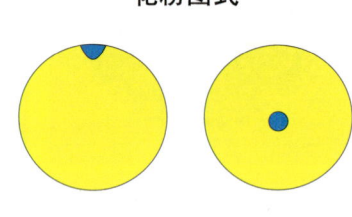

【花果期】花果期 5—8 月。

【生境】生于湖泊、池塘、沟渠、沼泽及河流缓流带。

【分布】国内分布：黑龙江、吉林、辽宁、内蒙古、河北、山西、河南、陕西、安徽、江苏、浙江、江西、广东、云南、台湾等；国外分布：菲律宾、日本、俄罗斯及大洋洲等。

【别名】菖蒲、长苞香蒲、水烛。

【保护级别】无危（LC）。

【花粉形态】花粉粒为单分体，形状不规则，呈圆形、椭圆形、钝三角形等，大小为 20（17~23）× 27（25~33）μm；具单孔（远极孔），孔略大，较明显；外壁两层明显，内层稍厚于外层；表面具较清楚的网状雕纹，网眼较整齐。

# 第五章 被子植物的花粉形态

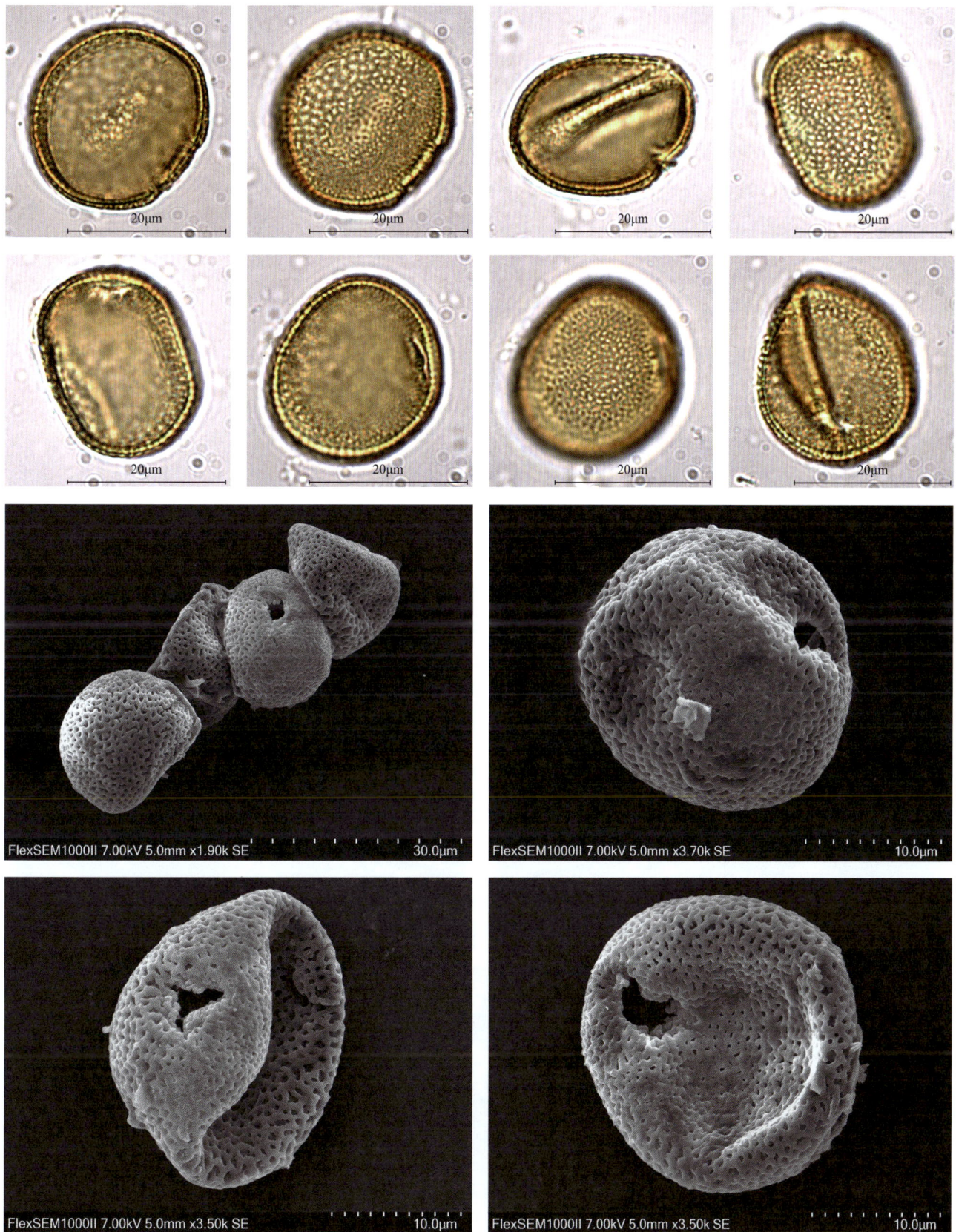

1107

## Ulmaceae 榆科
### *Celtis* 朴属
*Celtis sinensis* Pers. 朴树

**【形态特征】** 高大落叶乔木，高可达 20 米；树皮灰色，平滑；一年生枝密被柔毛；芽鳞无毛；叶卵形或卵状椭圆形，先端尖或渐尖，基部近对称或稍偏斜，近全缘或中上部具圆齿；花杂性，同株，黄绿色；果单生叶腋，稀 2~3 集生，近球形，成熟时黄或橙黄色，具果柄；果核近球形，白色。

**【花果期】** 花期 3—4 月，果期 9—10 月。

**【生境】** 生长于海拔 100~1500 米的路旁、山坡和林缘。

**【分布】** 山东、河南、四川、贵州等。

**【别名】** 无

**【保护级别】** 无危（LC）。

**【花粉形态】** 花粉粒球形至扁球形，极面观圆形，大小为 21（19~24）× 23（21~25）μm；具 3 孔，圆形，直径约 2μm，有盾状区；外壁厚约 1.5μm，外层厚，内层薄；表面具颗粒状雕纹。

花粉图式

第五章 被子植物的花粉形态

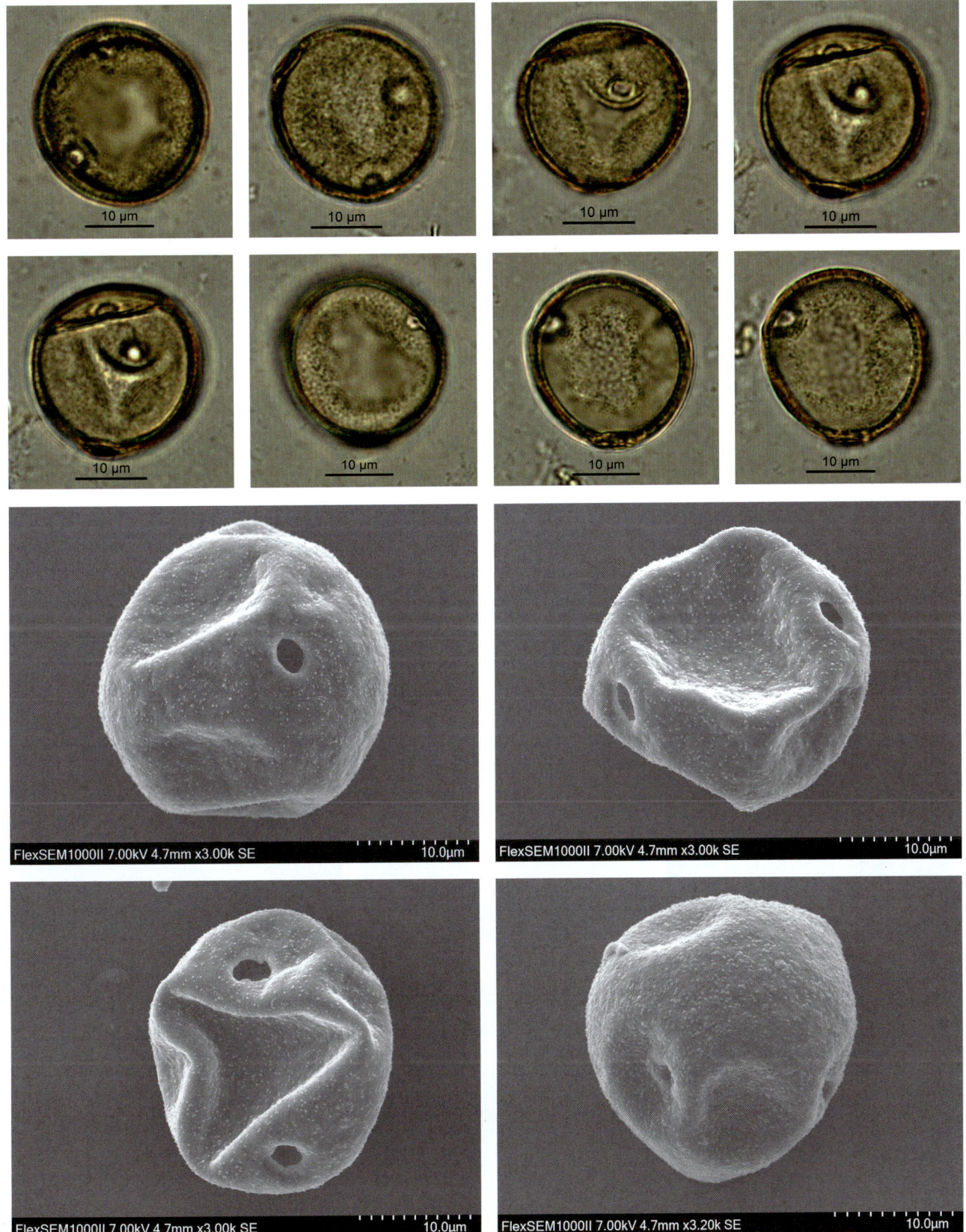

## *Hemiptelea* 刺榆属

*Hemiptelea davidii* (Hance) Planch. 刺榆

【形态特征】小乔木，或呈灌木状；树皮深灰色或褐灰色，具不规则的条状深裂；小枝灰褐色或紫褐色，被灰白色短柔毛，具粗而硬的棘刺，刺长2~10厘米；冬芽常3个聚生于叶腋，卵圆形；叶椭圆形或椭圆状矩圆形，稀倒卵状椭圆形，先端急尖或钝圆，基部浅心形或圆形，边缘有整齐的粗锯齿，叶面绿色，幼时被毛，后脱落残留有稍隆起的圆点，叶背淡绿，光滑无毛，或在脉上有稀疏的柔毛，侧脉8~12对，排列整齐，斜直出至齿尖；叶柄短，被短柔毛；托叶矩圆形、长矩圆形或披针形，淡绿色，边缘具睫毛；小坚果黄绿色，斜卵圆形，两侧扁，在背侧具窄翅，形似鸡头，翅端渐狭呈缘状，果梗纤细。

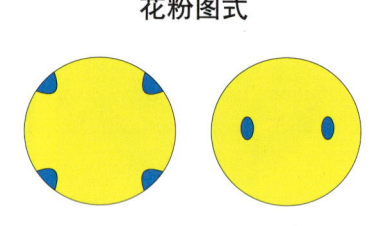

花粉图式

【花果期】花期4—5月，果期9—10月。

【生境】生于海拔2000米以下的坡地次生林中。

【分布】国内分布：吉林、辽宁、内蒙古、河北、山西、陕西、甘肃、山东、江苏、安徽、浙江、江西、河南、湖北、湖南和广西北部；国外分布：朝鲜、欧洲及北美。

【别名】无

【保护级别】无危（LC）；地方保护野生植物。

【花粉形态】花粉粒扁球形，极面观具棱角，大小为25（22~30）×35（29~40）μm；具4~6孔，多数为5孔，孔较小，椭圆形；外壁两层，外层厚于内层；表面具脑纹–瘤状雕纹；轮廓线呈波浪形。

# 第五章 被子植物的花粉形态

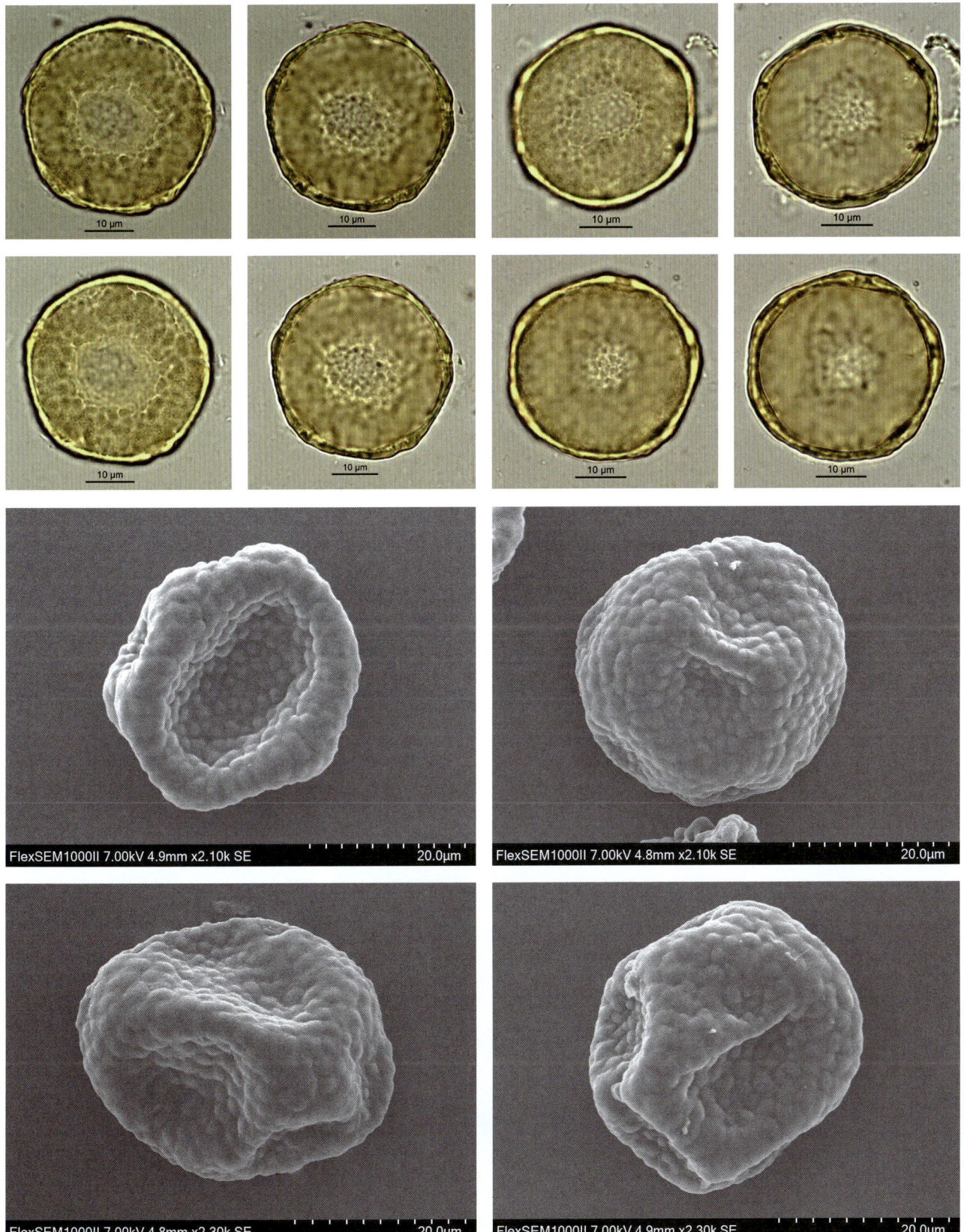

## *Pteroceltis* 青檀属

***Pteroceltis tatarinowii*** Maxim. 青檀

【形态特征】乔木，高达 20 米或 20 米以上；树皮灰色或深灰色，具不规则的长片状剥落；小枝黄绿色，干时变栗褐色，疏被短柔毛，后渐脱落，皮孔明显，椭圆形或近圆形；冬芽卵形；叶纸质，宽卵形至长卵形，先端渐尖至尾状渐尖，基部不对称，边缘有不整齐的锯齿，基部 3 出脉，侧脉 4~6 对；叶柄长 5~15 毫米，被短柔毛；坚果翅果状，近圆形或近四方形，黄绿色或黄褐色，翅宽，稍带木质，有放射线条纹，下端截形或浅心形，顶端有凹缺；果实外面无毛或多少被曲柔毛，常有不规则的皱纹，有时具耳状附属物，具宿存的花柱和花被，果梗纤细，被短柔毛。

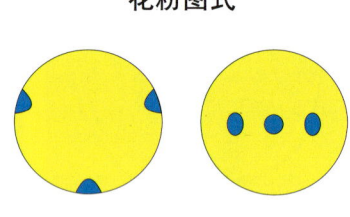

花粉图式

【花果期】花期 3—5 月，果期 8—10 月。

【生境】生于海拔 100~500 米的山谷溪边和石灰岩山地疏林中。

【分布】产自辽宁以南我国大部分湿润半湿润地区。

【别名】无

【保护级别】无危（LC）；地方保护野生植物。

【花粉形态】花粉粒扁球形，极面观为近圆形或近三角形，大小为 22.5（19~26）× 26（23.5~28.5）μm；具 3~4 孔，排列不整齐，近圆形，直径约 3μm，孔边缘加厚，有时加厚不明显，孔区有时下陷，电镜下孔明显下陷，边缘加厚凸出；表面具微弱的稀疏小颗粒，或具皱波状雕纹，并有稀疏的小刺。

# 第五章 被子植物的花粉形态

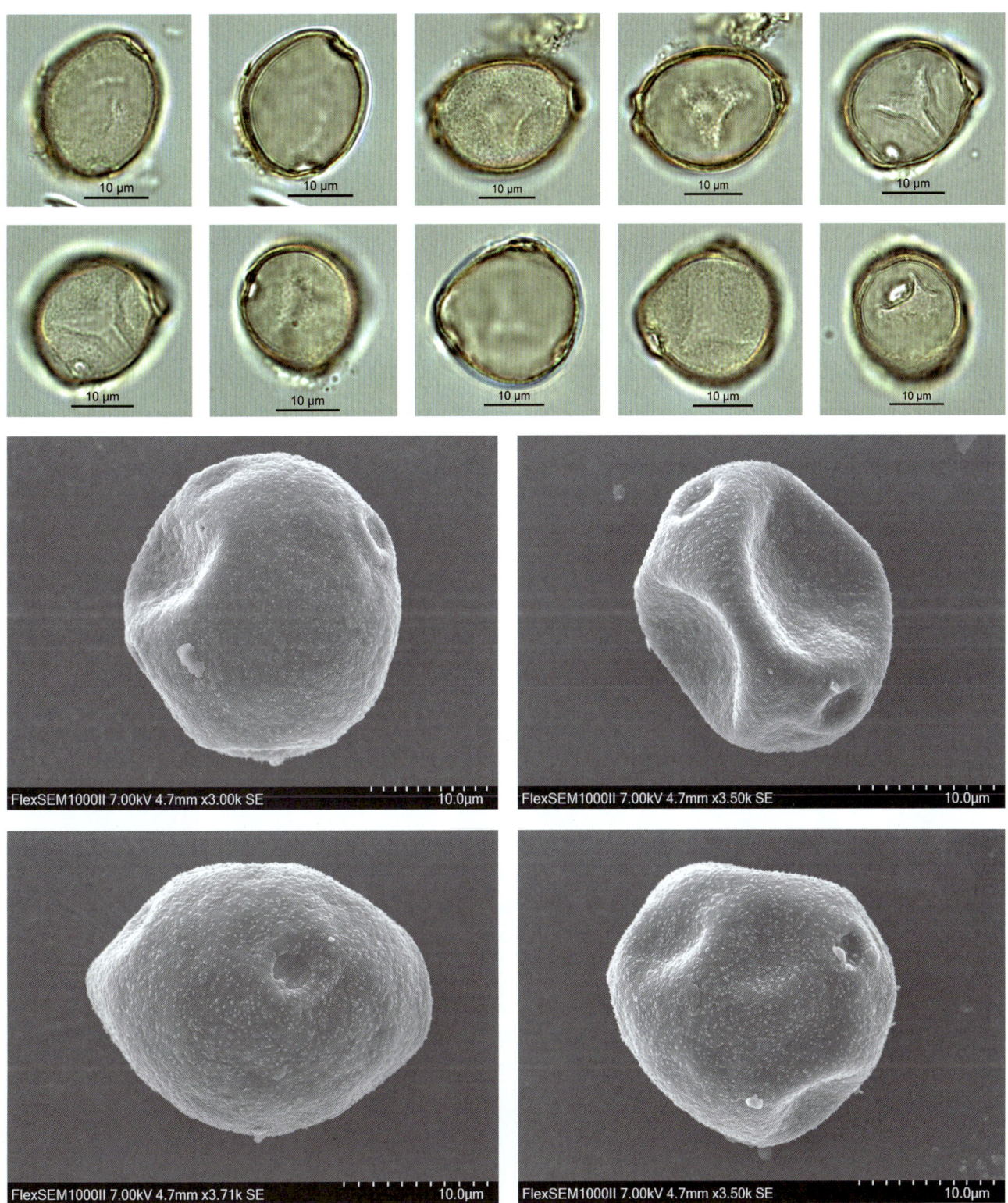

1113

## *Trema* 山黄麻属

*Trema cannabina* var. *dielsiana* (Hand.-Mazz.) C. J. Chen 山油麻

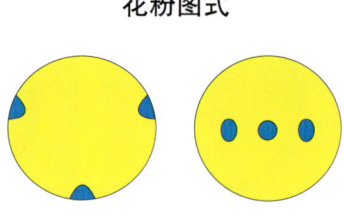

花粉图式

【形态特征】灌木或小乔木；小枝紫红色，后渐变棕色，密被斜伸的粗毛；叶薄纸质，叶面被糙毛，粗糙，叶背密被柔毛，在脉上有粗毛，叶柄被伸展的粗毛；雄聚伞花序长过叶柄；雄花被片卵形；花单性，雌雄同株，雌花序常生于花枝的上部叶腋，雄花序常生于花枝的下部叶腋，或雌雄同序，聚伞花序一般长不过叶柄；雄花具梗，直径约1毫米，花被片5，倒卵形，外面无毛或疏生微柔毛；核果近球形或阔卵圆形，微压扁，直径2~3毫米，熟时橘红色，有宿存花被。

【花果期】花期4—5月，果期8—9月。

【生境】生长于海拔100~1100米的向阳山坡灌丛中。

【分布】江苏南部、安徽（大别山）、浙江、江西、福建、湖北、湖南、广东、广西、四川东部和贵州。

【别名】无

【保护级别】无危（LC）。

【花粉形态】花粉粒扁球形，大小为15（14~16）× 18（17~20）μm；具3~4孔，孔小，圆形，直径约为1.5μm；外壁两层，外层厚于内层；表面具瘤状雕纹；轮廓线呈波浪形。

第五章　被子植物的花粉形态

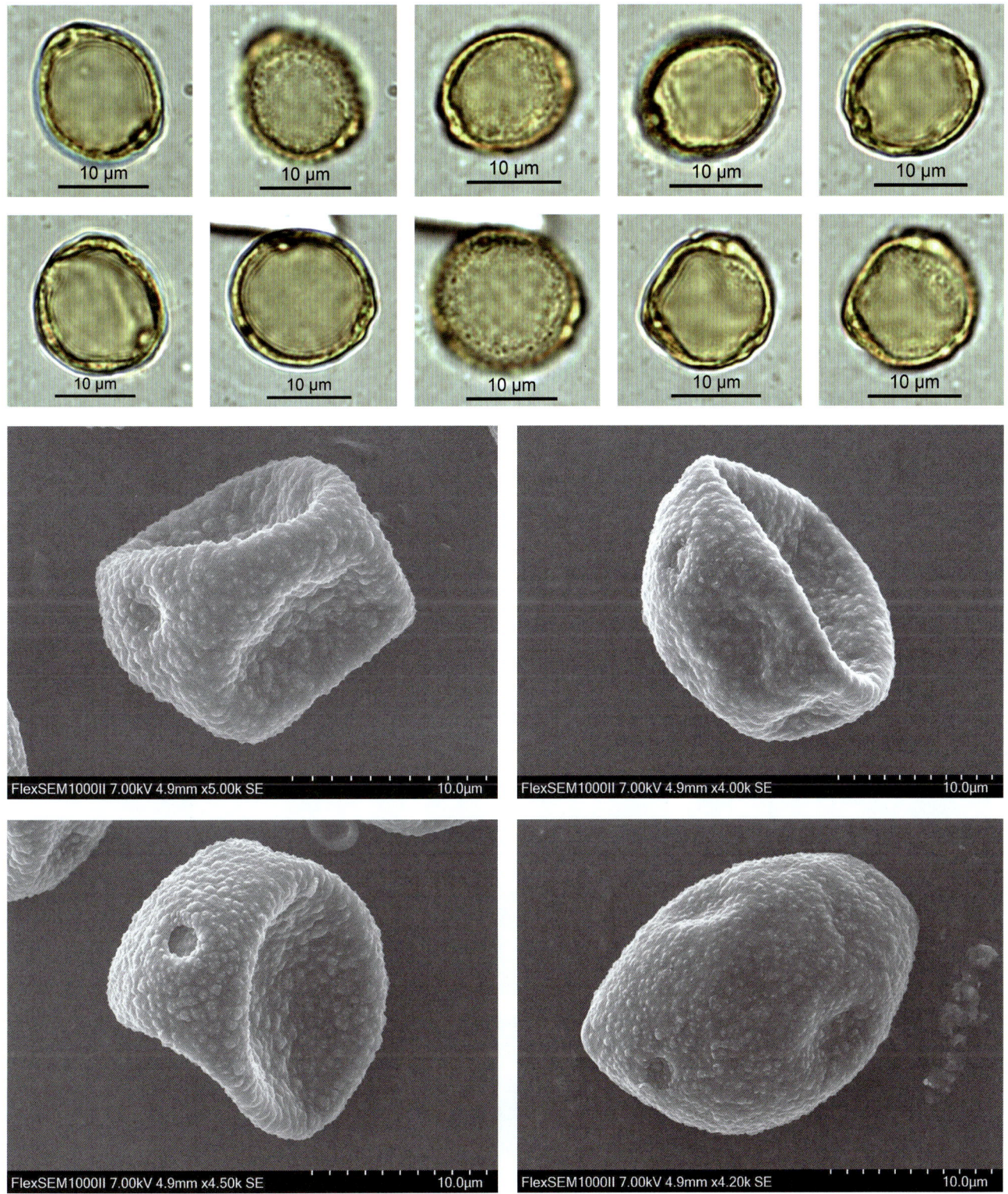

1115

## Vitaceae 葡萄科
### *Vitis* 葡萄属
***Vitis amurensis*** Rupr. 山葡萄

花粉图式

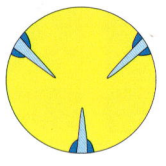
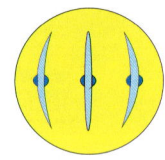

【形态特征】木质藤本；小枝圆柱形，无毛，嫩枝疏被蛛丝状茸毛；卷须2~3分枝，每隔2节间断与叶对生；叶阔卵圆形，叶基部心形；叶柄长4~14厘米，初时被蛛丝状茸毛，后脱落，无毛；托叶膜质，褐色，顶端钝，边缘全缘；圆锥花序疏散，与叶对生，基部分枝发达；花蕾倒卵圆形，顶端圆形；萼碟形，几全缘，无毛；花瓣5，呈帽状粘合脱落；雄蕊5，花丝丝状，花药黄色，卵椭圆形，花盘发达，5裂；雌蕊1，子房锥形，花柱明显，基部略粗，柱头微扩大；种子倒卵圆形，顶端微凹，基部有短喙，种脐在种子背面中部呈椭圆形，腹面中棱脊微突起，两侧洼穴狭窄呈条形，向上达种子中部或近顶端。

【花果期】花期5—6月，果期7—9月。

【生境】生于海拔200~2100米的山坡、沟谷林中或灌丛。

【分布】黑龙江、吉林、辽宁、河北、山西、山东、安徽（金寨）和浙江（天目山）。

【别名】无

【保护级别】地方保护野生植物。

【花粉形态】花粉粒长球形或近球形，赤道面观椭圆形，极面观钝三角形，大小为15（12~18）×25（20~30）μm；具3孔沟，沟细长，几达两极，内孔椭圆形，直径约3μm；外壁两层，厚约1μm，内外层界限不清楚，柱状层基柱不明显；表面具网状雕纹。

第五章 被子植物的花粉形态

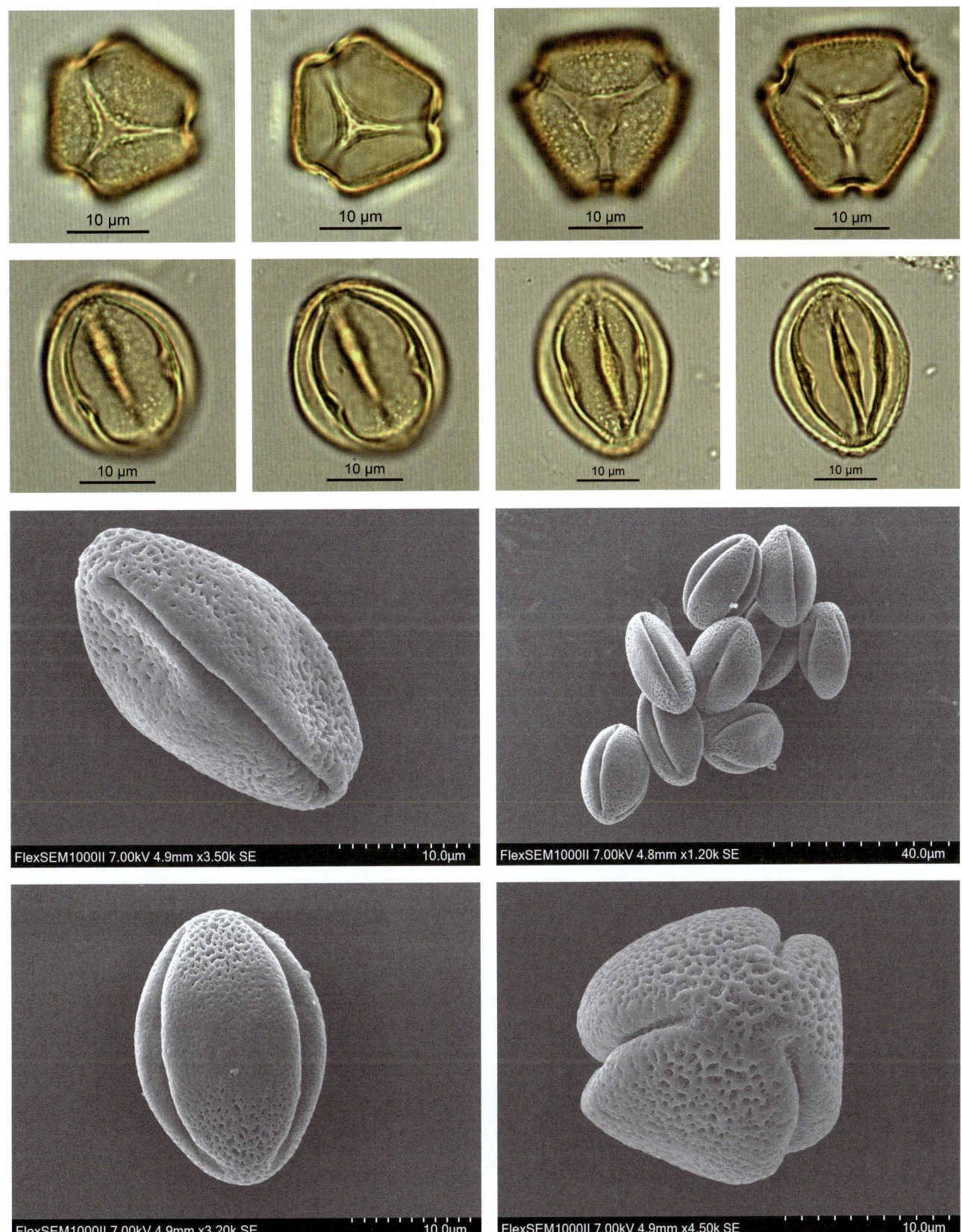

## Zygophyllaceae 蒺藜科
### *Tetraena* 四合木属
*Tetraena mongolica* Maxim. 四合木

花粉图式

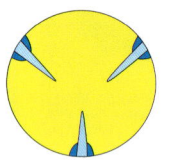
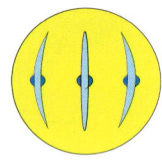

【形态特征】灌木，高 40~80 厘米；茎由基部分枝，老枝弯曲，黑紫色或棕红色，光滑，一年生枝黄白色，被叉状毛；托叶卵形，膜质，白色；叶近无柄，老枝叶近簇生，当年枝叶对生；叶片倒披针形，先端锐尖，有短刺尖，两面密被伏生叉状毛，灰绿色，全缘；花单生于叶腋，花梗长 2~4 毫米；萼片 4，卵形，表面被叉状毛，灰绿色；花瓣 4，白色、长约 3 毫米；雄蕊 8，2 轮，外轮较短，花丝近基部有白色膜质附属物，具花盘；子房上位，4 裂，被毛，4 室；果 4 瓣裂，果瓣长卵形或新月形，两侧扁，长 5~6 毫米，灰绿色，花柱宿存；种子矩圆状卵形，表面被小疣状突起，无胚乳。

【花果期】花期 5—6 月，果期 7—8 月。

【生境】生于草原化荒漠黄河阶地、低山山坡。

【分布】内蒙古和宁夏。

【别名】油柴。

【保护级别】国家二级重点保护野生植物；易危（VU）；地方保护野生植物。

【花粉形态】花粉粒超长球形，极面观为 3 裂圆形，大小为 9（6~11）× 15（12~18）μm；具 3 孔沟，内孔椭圆形，沟较深且细，长达两极；表面具细网状雕纹。

第五章 被子植物的花粉形态

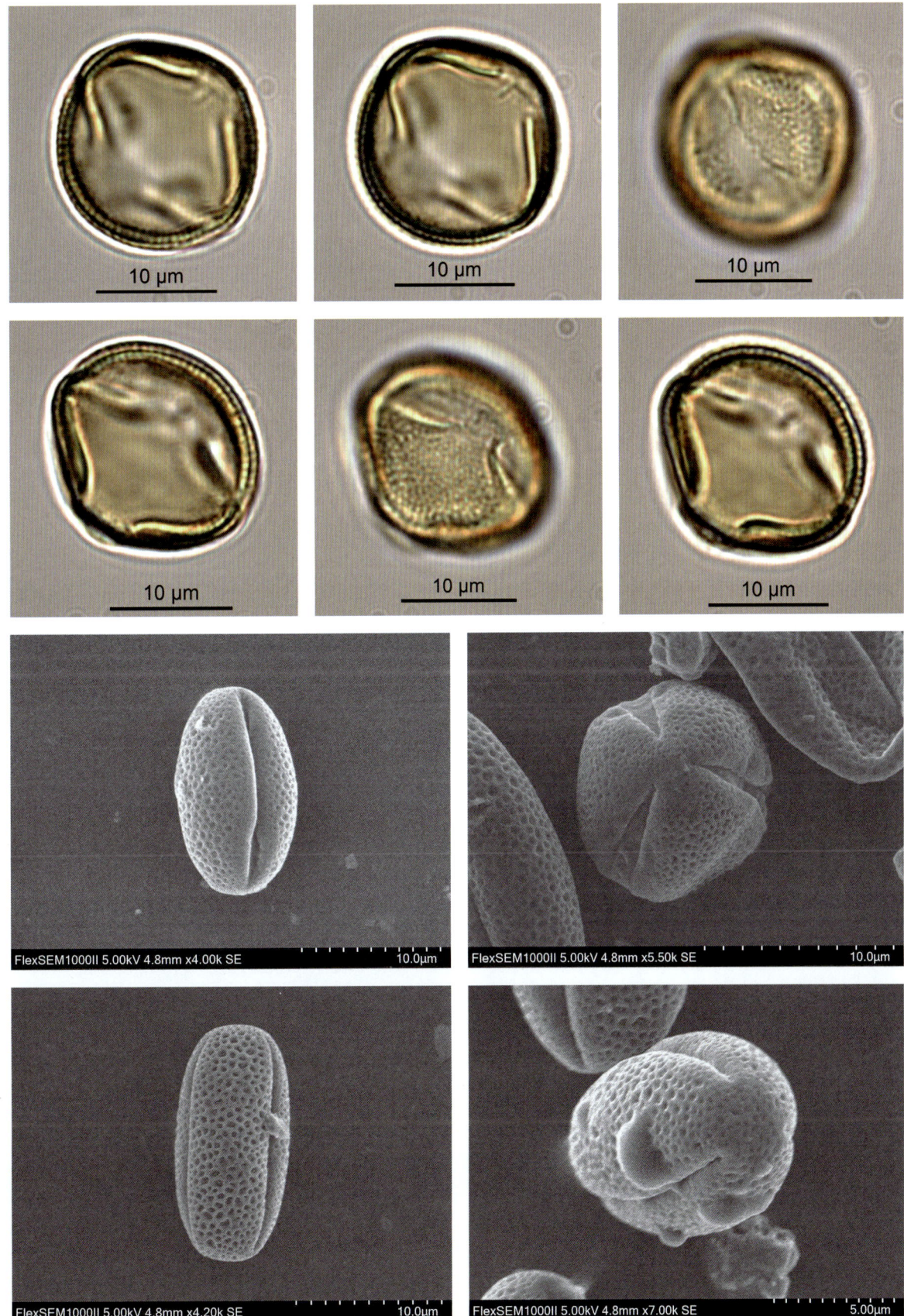

### *Zygophyllum* 驼蹄瓣属

*Zygophyllum xanthoxylum* (Bunge) Maxim. 霸王

【形态特征】灌木，高 50~100 厘米；枝弯曲，开展，皮淡灰色，木质部黄色，先端具刺尖，坚硬；叶在老枝上簇生，幼枝上对生；叶柄长 8~25 毫米；小叶 1 对，长匙形、狭矩圆形或条形，长 8~24 毫米，宽 2~5 毫米，先端圆钝，基部渐狭，肉质；花生于老枝叶腋；萼片 4，倒卵形，绿色，长 4~7 毫米；花瓣 4，倒卵形或近圆形，淡黄色，长 8~11 毫米；雄蕊 8，长于花瓣；蒴果近球形，长 18~40 毫米，翅宽 5~9 毫米，常 3 室，每室有 1 种子；种子肾形，长 6~7 毫米，宽约 2.5 毫米。

花粉图式

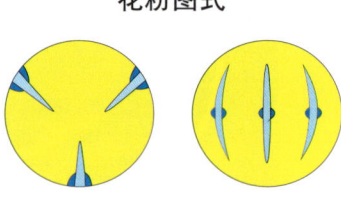

【花果期】花期 4—5 月，果期 7—8 月。

【生境】生于荒漠和半荒漠的沙砾质河流阶地、低山山坡、碎石低丘和山前平原。

【分布】国内分布：内蒙古西部、甘肃西部、宁夏西部、新疆和青海；国外分布：蒙古。

【别名】无

【保护级别】地方保护野生植物。

【花粉形态】花粉粒长球形，极面观为 3~4 裂圆形，大小为 12（9~16）× 23（17~28）μm；具 3~4 孔沟，内孔不明显，沟细长，达两极，沟缘不整齐，微加厚；表面具网状雕纹。

第五章 被子植物的花粉形态

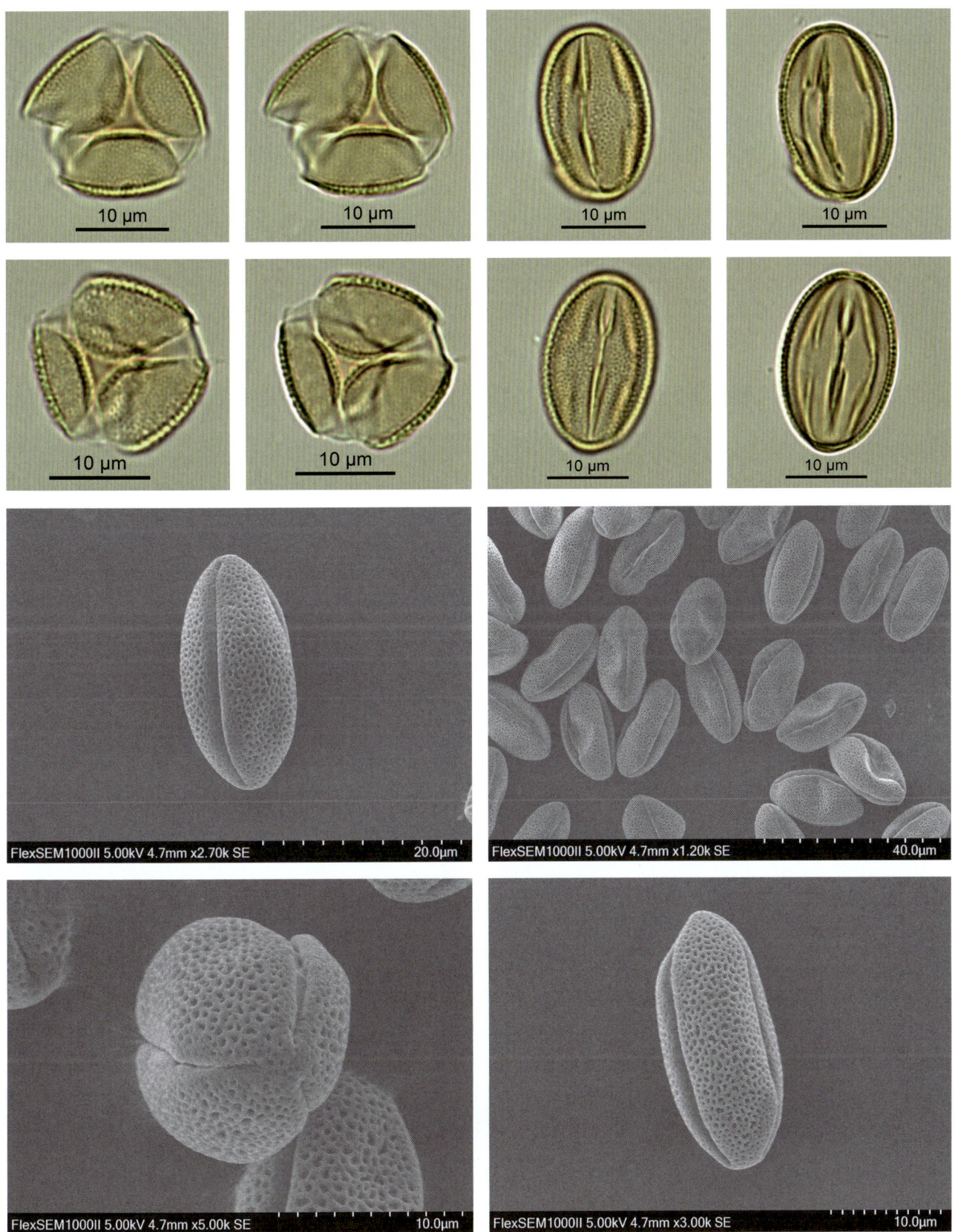

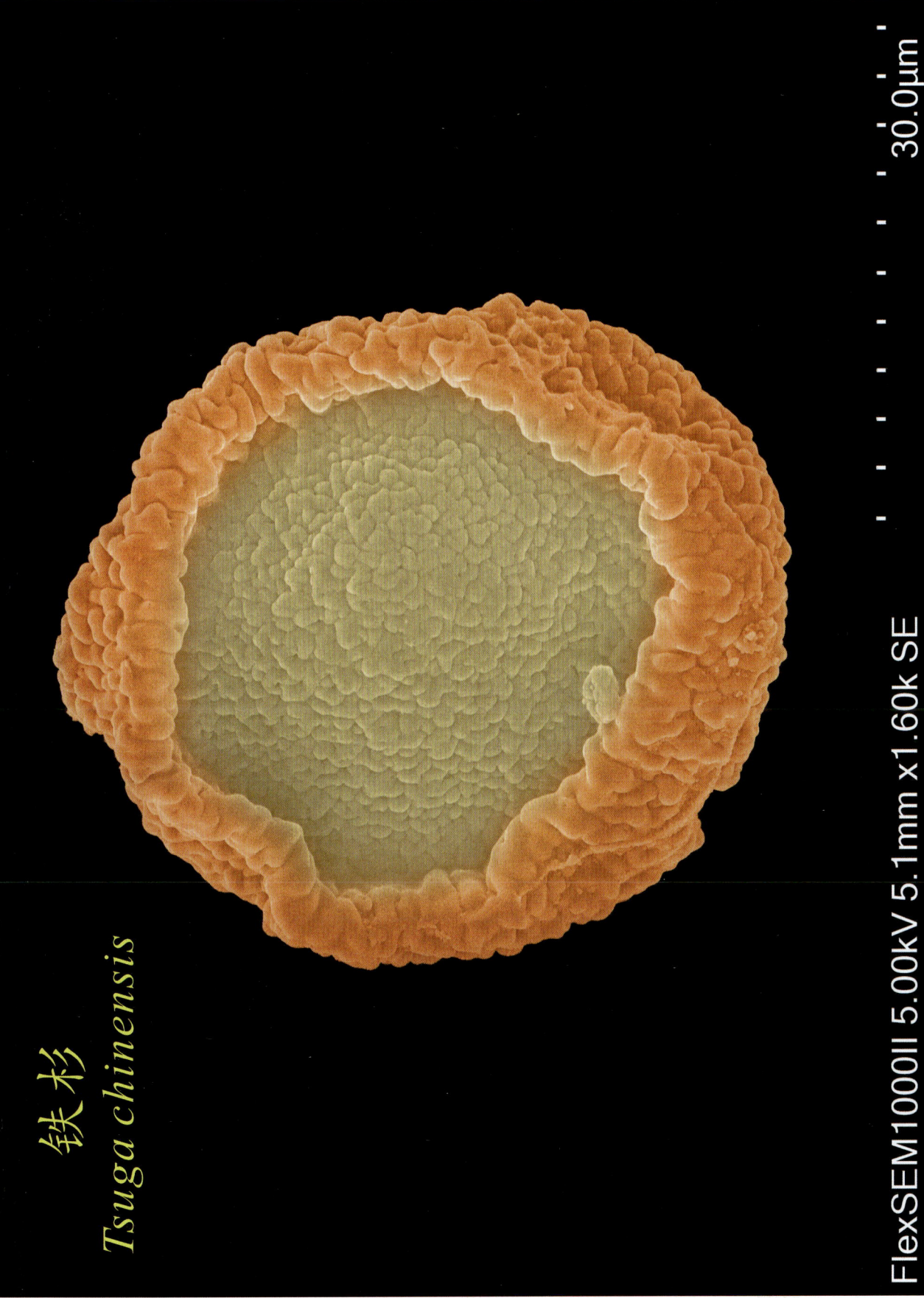

铁杉
*Tsuga chinensis*

# 主要参考文献

埃尔特曼. 孢粉学手册 [M]. 中国科学院植物研究所古植物研究室孢粉组, 译. 北京: 科学出版社, 1978.

董玉琛, 郑殿升. 国家重点保护农业野生植物要略 [M]. 北京: 气象出版社出版, 2005.

房柱. 花粉 [M]. 北京: 农业出版社, 1985.

傅立国. 中国植物红皮书: 第1册 [M]. 北京: 科学出版社, 1991.

广西植物研究所. 广西植物志 [M]. 南宁: 广西科技出版社, 1991.

广西壮族自治区环境保护局, 广西植物研究所. 金花茶彩色图集 [M]. 南宁: 广西科学技术出版社, 1992.

国家林业和草原局宣传中心. 我国重点保护野生动植物种群持续恢复 [EB/OL]. (2023-05-22) [2024-12-31]. https://www.forestry.gov.cn/c/www/lcdt/502692.html.

国家林业局野生动植物保护与自然保护区管理司, 中国科学院植物研究所. 中国珍稀濒危植物图鉴 [M]. 北京: 中国林业出版社, 2013.

国家环境保护局, 中国科学院植物研究所. 中国珍稀濒危保护植物名录: 第一册 [M]. 北京: 科学出版社, 1987.

郝秀东. 金花茶花粉电镜图鉴 [M]. 南宁: 广西科学技术出版社, 2022.

郝秀东, 欧阳绪红, 郑丽波, 等. 浙江嵊州西白山表土花粉的初步研究 [J]. 地理科学, 2020, 40(6): 1010–1018.

江德昕, 杨惠秋. 油源孢粉学 [M]. 北京: 科学出版社, 2013.

金效华, 周志华, 袁良琛, 等. 国家重点保护野生植物 [M]. 武汉: 湖北科学技术出版社, 2023.

孔昭宸, 张芸, 王力, 等. 中国孢粉学的过去、现在和未来——侧重第四纪孢粉学 [J]. 科学通报, 2018, 63(2): 164–171.

蓝盛银, 徐珍秀. 植物花粉剥离观察扫描电镜图解 [M]. 北京: 科学出版社, 1996.

李金锋, 姚轶锋, 谢淦, 等. 北京常见植物花粉图鉴 [M]. 武汉: 湖北科学技术出版社, 2021.

李敏, 罗毅波. 国家重点保护野生植物识别手册 [M]. 北京: 中国林业出版社, 2023.

李天庆, 曹慧娟, 康木生, 等. 中国木本植物花粉电镜扫描图志 [M]. 北京: 科学出版社, 2011.

梁盛业. 金花茶 [M]. 北京: 中国林业出版社, 1993.

刘演, 黄云峰, 彭定人, 等. 广西国家重点保护野生植物: 农业卷 [M]. 南宁: 广西科学技术出版社, 2023.

罗毅波, 李敏. 中国重点保护野生兰科植物识别手册 [M]. 北京: 中国林业出版社, 2023.

摩尔, 韦布. 花粉分析指南 [M]. 李文漪, 肖向明, 刘光琇, 译. 南宁: 广西人民出版社, 1987.

威尔特希尔. 花粉知道谁是凶手: FBI法医生态学家破案手记 [M]. 牟文婷, 译. 北京: 现代出版社, 2021.

潘安定, 陈碧珊. 柴达木盆地尕海湖晚第四纪古环境 [M]. 北京: 气象出版社, 2010.

强胜, 郭凤根, 姚家玲, 等. 植物学: 第2版 [M]. 北京: 高等教育出版社, 2017.

乔秉善. 中国气传花粉和植物彩色图谱 [M]. 北京: 中国协和医科大学出版社, 2005.

覃海宁, 杨永, 董仕勇, 等. 中国高等植物受威胁物种名录 [J]. 生物多样性, 2017, 25(7): 696–744.

任捷, 简曙光, 刘红晓, 等. 珍稀濒危植物的野外回归研究进展 [J]. 中国科学: 生命科学, 2014, 44(3): 230–237.

沈志燕, 高云涛, 张海芬, 等. 荞麦蜂花粉破壁扫描电子显微镜分析及黄酮模拟消化释放 [J]. 食品科学, 2020, 41(12): 1–6.

中华人民共和国生态环境部. 2023中国生态环境状况公报 [EB/OL]. (2024-06-05). https://www.mee.gov.cn/hjzl/sthjzk/zghjzkgb/202406/P020240604551536165161.pdf.

宋长青, 孙湘君. 花粉–气候因子转换函数建立及其对古气候因子定量重建 [J]. 植物学报, 1997, 39(6): 554–560.

宋长青, 孙湘君. 中国第四纪孢粉学研究进展 [J]. 地球科学进展, 1999, 14(4): 401–406.

孙湘君, 罗运利, 陈怀成. 中国第四纪深海孢粉研究进展 [J]. 科学通报, 2003, 48(15): 1613–1621.

孙湘君, 王琫瑜, 宋长青. 中国北方部分科属花粉–气候响应面分析 [J]. 中国科学 (D辑: 地球科学), 1996, 26 (5): 431–436.

唐领余, 毛礼米, 舒军武, 等. 中国第四纪孢粉图鉴 [M]. 北京: 科学出版社, 2016.

唐健民, 韦霄, 柴胜丰, 等. 广西国家重点保护野生植物 [M]. 北京: 中国林业出版社, 2023.

宛涛等. 内蒙古植物花粉形态 [M]. 北京: 科学出版社, 2022.

王伏雄, 钱南芬, 张玉龙, 等. 中国植物花粉形态 (第二版) [M]. 北京: 科学出版社, 1995.

王开发. 花粉营养价值与食疗 [M]. 北京: 化学工业出版社, 2009.

王开发, 陆明. 花粉治百病 [M]. 上海: 上海科学技术文献出版社, 2014.

王开发, 王宪曾. 孢粉学概论 [M]. 北京: 北京大学出版社, 1983.

王开发, 徐馨. 第四纪孢粉学 [M]. 贵州: 贵州人民出版社, 1988.

汪松, 解焱. 中国物种红色名录 (第一卷) [M]. 北京: 高等教育出版社, 2004年.

王伟铭. 中国孢粉学的研究进展与展望 [J]. 古生物学报, 2009, 48(3): 338–346.

王伟铭, 李春海, 舒军武, 等. 中国南方植被的变化 [J]. 中国科学: 地球科学, 2019, 49(8): 1308–1320.

王宪曾. 解读花粉 [M]. 北京: 北京大学出版社, 2005.

王宪曾, 王开发. 应用孢粉学 [M]. 西安: 陕西科学技术出版社, 1990.

王永吉, 吕厚远. 植物硅酸体研究及应用 [M]. 北京: 海洋出版社, 1993.

魏辅文. 中国濒危野生动植物物种生存状况评估报告 (第一辑) [M]. 北京: 科学出版社, 2024.

吴征镒, 中国植被编辑委员会. 中国植被 [M]. 北京: 科学出版社, 1980.

许清海. 中国常见栽培植物花粉形态——地层中寻找人类痕迹之借鉴 [M]. 北京: 科学出版社, 2015.

许清海, 黄小忠, 王涛. 中国北方山地常见植物花粉形态研究——光学显微镜下精确鉴定方法探索 [M]. 北京: 科学出版社, 2022.

许清海, 李曼玥, 张生瑞, 等. 中国第四纪花粉现代过程: 进展与问题 [J]. 中国科学: 地球科学, 2015, 45 (11): 1661–1682.

许清海, 李月丛, 李育, 等. 现代花粉过程与第四纪环境研究若干问题讨论 [J]. 自然科学进展, 2006, 16 (6): 647–656.

许清海, 吕厚远, 郑卓. 第四纪孢粉学面临的主要挑战与机遇 [J]. 中国科学: 地球科学, 2024, 54(7): 2178–2192.

许再富, 中国科学院西双版纳热带植物园. 稀有濒危植物迁地保护的原理与方法 [M]. 昆明: 云南科技出版社, 1998.

岩波洋造. 花粉学大要 [M]. 东京: 风间书房, 1964.

叶世泰, 张金谈, 乔秉善, 等. 中国气传和致敏花粉 [M]. 北京: 科学出版社, 1988.

余江洪, 秦菲, 薛天天, 等. 国家重点保护野生植物的保护现状及潜在分布区预测分析 [J]. 广西植物, 2023, 43(8): 1404–1413.

于胜祥, 王振华, 彭玉德, 等. 中国濒危保护植物彩色图鉴 [M]. 北京: 中国海关出版社, 2023.

张金谈, 王萍莉, 郝海平, 等. 现代花粉应用研究 [M]. 北京: 科学出版社, 1990.

张颖, 李燕华, 张晓楠, 等. 2017. 濒危红树植物红榄李开花生物学特征及繁育系统 [J]. 应用与环境生物学报, 23(1): 77–81.

赵霖, 鲍善芬. 松花粉破壁前后显微形态和营养成分的研究 [J]. 营养学报, 2001, 23(2): 153–156.

中国科学院生物多样性委员会. 中国生物多样性状况报告 (2021-2022) [J]. 生物多样性, 2023, 31: 23286.

中国科学院植物研究所古植物室孢粉组, 中国科学院华南植物研究所形态研究室. 中国热带亚热带被子植物花粉形态 [M]. 北京: 科学出版社, 1982.

中国科学院北京植物研究所古植物研究室孢粉组. 中国蕨类植物孢子形态 [M]. 北京: 科学出版社, 1976.

中国科学院中国植物志编辑委员会. 中国植物志 [M]. 北京: 科学出版社, 1959.

《中国植物保护战略》编委会. 中国植物保护战略 [M]. 广州: 广东科技出版社, 2008.

周山富, 杨方之. 孢粉地质学 [M]. 杭州: 浙江大学出版社, 2007.

Bartlein P J, Harrison S P, Brewer S, et al. Pollen-based continental climate reconstructions at 6 and 21 ka: a global synthesis[J]. Climate Dynamics, 2011, 37: 775-802.

Borg M, Brownfield L, Twell D. Male gametophyte development: a molecular perspective[J]. Journal of Experimental Botany, 2009, 60(5): 1465-1478.

Brown C A. Palynological techniques. American Association of Stratigraphic Palynologists Foundation[J], 2008, 2: 137.

Davis B, Brewer S, Stevenson A, et al. The temperature of Europe during the Holocene reconstructed from pollen data[J]. Quaternary Science Reviews, 2003, 22: 1701-1716.

Chen X, Huang D D, Xue J S, et al. Polymeric phenylpropanoid derivatives crosslinked by hydroxyl fatty acids form the core structure of rape sporopollenin[J]. Nature Plants, 2024, 10: 1790-1800.

Faegri K, Iversen J. Textbook of Pollen Analysis[M]. Oxford: Blackwell, 1975.

Hesse M, Halbritter H, Zetter R, et al. Pollen Terminology: An illustrated handbook[M]. Austria: Springer Wien NewYork, 2009.

Jackson S, Williams J. Modern analogs in Quaternary paleoecology: here today, gone yesterday, gone tomorrow[J]. Annual Review of Earth and Planetary Sciences, 2004, 32: 495-537.

Li F R, Gaillard M-J, Cao X Y, et al. Towards quantification of Holocene anthropogenic land-cover change in temperate China: A review in the light of pollen-based REVEALS reconstructions of regional plant cover[J]. Earth-Science Reviews, 2020, 203: 103119.

Liu J G, Ouyang Z Y, Pimm S L, et al. Protecting China's Biodiversity[J]. Science, 2003, 300: 1240-1241.

Marchant R, Cleef A, Harrison S, et al. Pollen-based biome reconstructions for Latin America at 0, 6000 and 18 000 radiocarbon years ago[J]. Climate of the Past, 2009, 5: 725-767.

Moore P D, Webb J A, Collison M E. Pollen Analysis[M]. Oxford: Blackwell Scientific Publications, 1991.

Oh Jae-Won. Pollen allergy in a changing world: A Guide to Scientific Understanding and Clinical Practice[M]. Singapore:Springer Nature Singapore Pte Ltd, 2018.

Ouyang X H, Hao X D, Zheng L B, et al. Early to mid-Holocene vegetation history, regional climate variability and human activity of the Ningshao Coastal Plain, eastern China: New evidence from pollen, freshwater algae and dinoflagellate cysts[J]. Quaternary International, 2019, 528: 88-99.

Parsons R W, Prentice I C. Statistical approaches to R-values and the pollen-vegetation relationship[J]. Review of Palaeobotany and Palynology, 1981, 32: 127-152.

Sugita S. Theory of quantitative reconstruction of vegetation I: Pollen from large sites REVEALS regional vegetation composition[J]. The Holocene, 2007, 17: 229-241.

Sugita S. Theory of quantitative reconstruction of vegetation II: All you need is LOVE[J]. The Holocene, 2007, 17: 243-257.

Zhang J P, Jiang L P, Yu L P, et al. Rice's trajectory from wild to domesticated in East Asia[J]. Science, 2024, 384: 901-906.

Zhao L N, Li J Y, Liu H Y, et al. Distribution, congruence and hotspots of higher plants in China[J]. Scientific Reports, 2016, 6(1): 19080.

# 中文名称索引

## A

| | |
|---|---|
| 阿拉善单刺蓬 | 216 |
| 阿拉善苜蓿 | 544 |
| 阿拉善脓疮草 | 634 |
| 阿拉善沙拐枣 | 912 |
| 矮裸柱草 | 200 |
| 凹脉金花茶 | 1082 |
| 凹叶红豆 | 548 |

## B

| | |
|---|---|
| 八角枫 | 210 |
| 八角莲 | 348 |
| 巴西野牡丹 | 756 |
| 霸王 | 1120 |
| 白背绒香玫 | 986 |
| 白及 | 814 |
| 白麻 | 232 |
| 白皮松 | 160 |
| 白千层 | 780 |
| 白莎蒿 | 288 |
| 白山毛茛 | 942 |
| 白丝草 | 746 |
| 白桫椤 | 070 |
| 白鲜 | 1002 |
| 百花蒿 | 314 |
| 百日青 | 182 |
| 百山祖冷杉 | 140 |
| 斑子麻黄 | 136 |
| 半枫荷 | 592 |
| 半日花 | 414 |
| 半夏 | 248 |
| 薄叶金花茶 | 1074 |
| 笔筒树 | 072 |
| 篦子三尖杉 | 116 |
| 伯乐树 | 378 |

## C

| | |
|---|---|
| 叉孢苏铁 | 134 |
| 叉叶苏铁 | 124 |
| 茶 | 1102 |
| 茶条木 | 1024 |
| 潺槁木姜子 | 644 |
| 长白棘豆 | 556 |
| 长白金莲花 | 948 |
| 长白山罂粟 | 864 |
| 长白松 | 168 |
| 长白亭阁草 | 1042 |
| 昌感秋海棠 | 328 |
| 长梗扁桃 | 970 |
| 常绿臭椿 | 1050 |
| 长蕊木兰 | 678 |
| 长叶云杉 | 158 |
| 长柱山丹 | 990 |
| 巢蕨 | 056 |
| 车前 | 884 |
| 秤锤树 | 1064 |
| 齿叶赤爬 | 446 |
| 赤杨叶 | 1060 |
| 穿龙薯蓣 | 458 |
| 垂果南芥 | 374 |
| 刺旋花 | 424 |
| 刺榆 | 1110 |
| 粗齿桫椤 | 066 |
| 粗榧 | 118 |
| 粗茎鳞毛蕨 | 078 |

## D

| | |
|---|---|
| 达乌里秦艽 | 578 |
| 大百部 | 1058 |
| 大百合 | 656 |
| 大车前 | 886 |
| 大翅蓟 | 304 |

| 大果假水晶兰 | 472 |
| --- | --- |
| 大果铁杉 | 178 |
| 大花雀儿豆 | 530 |
| 大花银莲花 | 932 |
| 大花紫薇 | 668 |
| 大陆沟瓣木 | 408 |
| 大明山青冈 | 574 |
| 大王秋海棠 | 342 |
| 大吴风草 | 296 |
| 大叶吊兰 | 272 |
| 大叶黑桫椤 | 062 |
| 大叶仙茅 | 602 |
| 大叶小檗 | 346 |
| 大云锦杜鹃 | 480 |
| 单叶蔓荆 | 638 |
| 单叶石仙桃 | 830 |
| 淡黄金花茶 | 1078 |
| 倒挂金钟 | 806 |
| 德保苏铁 | 126 |
| 地花细辛 | 258 |
| 地棯 | 754 |
| 地涌金莲 | 772 |
| 灯笼树 | 474 |
| 荻 | 894 |
| 滇水金凤 | 326 |
| 滇重楼 | 750 |
| 丁香杜鹃 | 482 |
| 顶生金花茶 | 1100 |
| 东北高翠雀花 | 938 |
| 东北玉簪 | 278 |
| 东方草莓 | 956 |
| 东方古柯 | 498 |
| 东京桐 | 504 |
| 东兴金花茶 | 1084 |
| 东兴山龙眼 | 928 |
| 杜虹花 | 622 |
| 杜鹃叶山茶 | 1072 |
| 杜仲 | 500 |
| 短叶假木贼 | 214 |

| 多变淡黄金花茶 | 1080 |
| --- | --- |
| 多花杜鹃 | 476 |
| 多花秋海棠 | 344 |

### E

| 鹅掌楸 | 690 |
| --- | --- |
| 额河千里光 | 300 |
| 二色补血草 | 890 |

### F

| 防风 | 230 |
| --- | --- |
| 仿栗 | 470 |
| 飞瀑草 | 898 |
| 非洲天门冬 | 268 |
| 榧 | 188 |
| 费菜 | 440 |
| 粉报春 | 926 |
| 粉苹婆 | 738 |
| 粉叶楠 | 648 |
| 风箱果 | 962 |
| 风箱树 | 988 |
| 凤山水车前 | 598 |
| 福建柏 | 122 |
| 福建观音座莲 | 052 |
| 福氏马尾杉 | 086 |
| 富宁藤 | 240 |

### G

| 甘蔗 | 892 |
| --- | --- |
| 高山杜鹃 | 484 |
| 高山红景天 | 442 |
| 革苞菊 | 316 |
| 格木 | 536 |
| 珙桐 | 796 |
| 狗脊 | 060 |
| 狗牙花 | 238 |
| 鼓槌石斛 | 822 |
| 贯众 | 076 |
| 灌木铁线莲 | 936 |

# 中文名称索引

| | |
|---|---|
| 光皮梾木 | 436 |
| 光药大黄花 | 842 |
| 桄榔 | 854 |
| 广西关木通 | 262 |
| 广西火桐 | 722 |
| 广西牡荆 | 636 |
| 广西蒲儿根 | 312 |
| 广西隐棒花 | 246 |
| 贵州苏铁 | 128 |
| 桂南木莲 | 694 |

## H

| | |
|---|---|
| 海滨木槿 | 732 |
| 海红豆 | 514 |
| 海南大风子 | 204 |
| 海南椴 | 728 |
| 海南重楼 | 748 |
| 海桑 | 674 |
| 含笑花 | 702 |
| 含羞草 | 546 |
| 寒兰 | 818 |
| 旱地木槿 | 730 |
| 荷叶铁线蕨 | 048 |
| 黑峰秋海棠 | 330 |
| 黑果枸杞 | 1052 |
| 黑老虎 | 1044 |
| 黑松 | 172 |
| 黑桫椤 | 068 |
| 红椿 | 764 |
| 红桧 | 120 |
| 红花木莲 | 698 |
| 红花足宝兰 | 832 |
| 红千层 | 776 |
| 红砂 | 1066 |
| 红纹马先蒿 | 848 |
| 红锥 | 570 |
| 厚果鱼藤 | 534 |
| 厚朴 | 680 |
| 厚藤 | 428 |

| | |
|---|---|
| 厚叶算盘子 | 872 |
| 胡桃 | 612 |
| 胡桃楸 | 610 |
| 蝴蝶果 | 502 |
| 虎颜花 | 758 |
| 华北落叶松 | 154 |
| 华东唐松草 | 944 |
| 华南桦 | 354 |
| 华南五针松 | 162 |
| 华南锥 | 566 |
| 焕镛木 | 712 |
| 黄菖蒲 | 606 |
| 黄花补血草 | 888 |
| 黄花风铃木 | 362 |
| 黄花红砂 | 1068 |
| 黄花列当 | 846 |
| 黄槿 | 742 |
| 黄葵 | 718 |
| 黄梨木 | 1022 |
| 黄牛木 | 600 |
| 黄皮 | 1000 |
| 黄芪 | 524 |
| 黄枝油杉 | 148 |
| 灰毛大青 | 626 |
| 火烧花 | 366 |
| 火焰树 | 368 |

## J

| | |
|---|---|
| 鸡冠爵床 | 202 |
| 假福王草 | 306 |
| 假黄皮 | 998 |
| 假蒟 | 880 |
| 假升麻 | 952 |
| 尖叶四照花 | 432 |
| 柬埔寨龙血树 | 276 |
| 箭根薯 | 460 |
| 江南星蕨 | 098 |
| 江南油杉 | 150 |
| 接骨草 | 394 |

| 金灯藤 | 426 |
| --- | --- |
| 金耳环 | 260 |
| 金瓜 | 448 |
| 金花茶 | 1094 |
| 金莲花 | 946 |
| 金毛狗 | 074 |
| 金钱松 | 174 |
| 金粟兰 | 412 |
| 金秀秋海棠 | 334 |
| 锦带花 | 398 |
| 井栏边草 | 104 |
| 靖西海菜花 | 596 |
| 桔梗 | 386 |
| 橘红灯台报春 | 924 |
| 矩鳞油杉 | 152 |

## K

| 柯 | 572 |
| --- | --- |
| 苦豆子 | 560 |
| 宽翅沙芥 | 376 |
| 阔叶瓜馥木 | 224 |

## L

| 蓝花楹 | 364 |
| --- | --- |
| 榄李 | 422 |
| 榄绿红豆 | 552 |
| 老鼠簕 | 198 |
| 乐昌含笑 | 700 |
| 篱栏网 | 430 |
| 鳓蒴锥 | 568 |
| 丽叶沿阶草 | 280 |
| 连翘 | 800 |
| 莲 | 786 |
| 楝 | 762 |
| 亮叶杨桐 | 866 |
| 亮叶月季 | 976 |
| 辽椴 | 744 |
| 列当 | 844 |
| 裂果卫矛 | 406 |

| 林刺葵 | 858 |
| --- | --- |
| 岭南杜鹃 | 488 |
| 流苏树 | 798 |
| 龙胆 | 582 |
| 龙津蕨 | 108 |
| 龙舌兰 | 264 |
| 龙眼 | 1026 |
| 龙州凤仙花 | 322 |
| 卤蕨 | 046 |
| 鹿角杜鹃 | 486 |
| 鹿角蕨 | 100 |
| 鹿寨秋海棠 | 338 |
| 栾 | 1030 |
| 轮环藤 | 766 |
| 罗布麻 | 234 |
| 罗汉松 | 180 |
| 罗伞树 | 918 |
| 萝芙木 | 242 |
| 裸花紫珠 | 620 |
| 络石 | 244 |
| 葎草 | 770 |

## M

| 麻楝 | 760 |
| --- | --- |
| 马甲子 | 950 |
| 马尾树 | 614 |
| 麦蓝菜 | 402 |
| 芒萁 | 080 |
| 猫头刺 | 554 |
| 毛百合 | 662 |
| 毛棉杜鹃 | 492 |
| 毛叶老鸦糊 | 616 |
| 毛叶铁榄 | 1036 |
| 玫瑰 | 978 |
| 美冠兰 | 826 |
| 美花石斛 | 824 |
| 美丽火桐 | 724 |
| 蒙古扁桃 | 968 |
| 蒙古韭 | 220 |

## 中文名称索引

| | |
|---|---|
| 蒙古荒 | 624 |
| 蒙疆苓菊 | 302 |
| 勐仑三宝木 | 508 |
| 绵刺 | 964 |
| 缅茄 | 516 |
| 牡丹 | 852 |
| 木本猪毛菜 | 218 |
| 木槿 | 734 |
| 木麻黄 | 404 |
| 木棉 | 370 |
| 木奶果 | 868 |
| 木麒麟 | 380 |
| 木榍 | 804 |
| 木竹子 | 416 |

### N

| | |
|---|---|
| 南方红豆杉 | 186 |
| 南方荚蒾 | 396 |
| 南酸枣 | 222 |
| 南洋杉 | 114 |
| 南重楼 | 752 |
| 南紫薇 | 670 |
| 内蒙野丁香 | 992 |
| 尼泊尔桤木 | 352 |
| 鸟叶秋海棠 | 340 |
| 牛耳枫 | 456 |
| 弄岗马兜铃 | 256 |
| 糯米条 | 388 |
| 女贞 | 802 |

### P

| | |
|---|---|
| 攀枝花苏铁 | 130 |
| 披针观音座莲 | 050 |
| 平果金花茶 | 1098 |
| 平叶酸藤子 | 920 |
| 苹果 | 958 |
| 苹婆 | 740 |
| 凭祥凤仙花 | 324 |
| 萍蓬草 | 790 |

| | |
|---|---|
| 朴树 | 1108 |

### Q

| | |
|---|---|
| 七叶树 | 1020 |
| 七指蕨 | 084 |
| 千里光 | 310 |
| 千屈菜 | 672 |
| 茜树 | 984 |
| 秦艽 | 580 |
| 青杞 | 1054 |
| 青檀 | 1112 |
| 清明花 | 236 |
| 苘麻叶扁担杆 | 726 |
| 秋子梨 | 972 |
| 楸 | 358 |

### R

| | |
|---|---|
| 人参 | 252 |
| 忍冬 | 392 |
| 任豆 | 564 |
| 肉苁蓉 | 840 |
| 肉桂 | 642 |
| 软毛翠雀花 | 940 |
| 软枣猕猴桃 | 206 |

### S

| | |
|---|---|
| 三白草 | 1038 |
| 三七 | 254 |
| 三桠苦 | 1004 |
| 三叶香草 | 922 |
| 沙冬青 | 520 |
| 沙拐枣 | 914 |
| 沙木蓼 | 908 |
| 山茶 | 1088 |
| 山丹 | 664 |
| 山地凤仙花 | 320 |
| 山桂花 | 1014 |
| 山核桃 | 608 |
| 山菅兰 | 284 |

| | | | |
|---|---|---|---|
| 山木兰 | 684 | 穗花杉 | 184 |
| 山葡萄 | 1116 | 桫椤 | 064 |
| 山油麻 | 1114 | 锁阳 | 450 |
| 山楂 | 954 | | |
| 山茱萸 | 434 | **T** | |
| 芍药 | 850 | 台琼海桐 | 882 |
| 蛇床 | 228 | 台湾相思 | 512 |
| 射干 | 604 | 坛花兰 | 810 |
| 深裂锈毛莓 | 980 | 檀香石斛 | 820 |
| 深山含笑 | 704 | 桃金娘 | 782 |
| 肾蕨 | 092 | 天目铁木 | 356 |
| 石斑木 | 974 | 天女花 | 710 |
| 石山楠 | 650 | 条叶猕猴桃 | 208 |
| 石山棕 | 856 | 铁杉 | 176 |
| 石生黄堇 | 860 | 铁线莲 | 934 |
| 石松 | 088 | 同色兜兰 | 828 |
| 石竹 | 400 | 土沉香 | 1104 |
| 使君子 | 420 | | |
| 绶草 | 836 | **W** | |
| 疏花螺序草 | 994 | 歪盾蜘蛛抱蛋 | 270 |
| 水蕨 | 096 | 万寿竹 | 418 |
| 水蓼 | 916 | 望天树 | 466 |
| 水龙 | 808 | 微硬毛建草 | 628 |
| 水茄 | 1056 | 猬实 | 390 |
| 水杉 | 192 | 文冠果 | 1032 |
| 水石榕 | 468 | 纹瓣兰 | 816 |
| 水石衣 | 900 | 乌丹蒿 | 292 |
| 水松 | 190 | 乌拉特黄芪 | 522 |
| 水蜈蚣 | 454 | 乌墨 | 784 |
| 睡莲 | 792 | 蜈蚣凤尾蕨 | 106 |
| 丝形秋海棠 | 332 | 五角槭 | 1018 |
| 四合木 | 1118 | 五味子 | 1046 |
| 四季花金花茶 | 1092 | 五针白皮松 | 164 |
| 四裂算盘子 | 870 | 武鸣杜鹃 | 496 |
| 松叶蕨 | 102 | | |
| 苏木 | 526 | **X** | |
| 苏铁 | 132 | 溪畔杜鹃 | 494 |
| 苏铁蕨 | 058 | 膝柄木 | 410 |
| 算盘子 | 874 | 喜树 | 794 |

# 中文名称索引

| 细穗柽柳 | 1070 |
| --- | --- |
| 虾子花 | 676 |
| 狭果秤锤树 | 1062 |
| 狭叶坡垒 | 464 |
| 狭叶香港远志 | 904 |
| 夏蜡梅 | 382 |
| 显脉金花茶 | 1076 |
| 显脉木兰 | 686 |
| 蚬木 | 720 |
| 线叶菊 | 298 |
| 线柱兰 | 838 |
| 香附子 | 452 |
| 香港算盘子 | 876 |
| 香合欢 | 518 |
| 香木莲 | 692 |
| 香蒲 | 1106 |
| 香薷 | 630 |
| 小丛红景天 | 444 |
| 小果白刺 | 788 |
| 小果金花茶 | 1096 |
| 小果野桐 | 506 |
| 小花红花荷 | 590 |
| 小花金花茶 | 1090 |
| 小花山小橘 | 1006 |
| 小黄花菜 | 286 |
| 小梾木 | 438 |
| 小叶海金沙 | 090 |
| 小芸木 | 1010 |
| 斜翼 | 736 |
| 馨香木兰 | 688 |
| 兴安柴胡 | 226 |
| 兴安杜鹃 | 478 |
| 兴安升麻 | 930 |
| 兴义楠 | 646 |
| 杏 | 966 |
| 荇菜 | 768 |
| 绣线菊 | 982 |
| 雪莲花 | 308 |

## Y

| 盐蒿 | 290 |
| --- | --- |
| 秧青 | 532 |
| 羊踯躅 | 490 |
| 杨梅 | 774 |
| 洋金凤 | 528 |
| 瑶山凤仙花 | 318 |
| 瑶山苣苔 | 584 |
| 野百合 | 658 |
| 野大豆 | 538 |
| 野含笑 | 706 |
| 野苜蓿 | 542 |
| 野天胡荽 | 250 |
| 野罂粟 | 862 |
| 夜香木兰 | 682 |
| 仪花 | 540 |
| 阴香 | 640 |
| 银缕梅 | 594 |
| 银杉 | 146 |
| 银杏 | 138 |
| 淫羊藿 | 350 |
| 永泰川藻 | 902 |
| 油松 | 170 |
| 油桐 | 510 |
| 有斑百合 | 660 |
| 余甘子 | 878 |
| 鱼鳞云杉 | 156 |
| 玉兰 | 714 |
| 玉蕊 | 652 |
| 玉蜀黍 | 896 |
| 玉竹 | 282 |
| 元宝山冷杉 | 142 |
| 圆叶木蓼 | 910 |
| 圆叶挖耳草 | 654 |
| 圆锥绣球 | 1040 |
| 远志 | 906 |
| 云开红豆 | 550 |
| 云南观音座莲 | 054 |
| 云南含笑 | 708 |

| | | | |
|---|---|---|---|
| 云南石梓 | 632 | 蛛毛苣苔 | 586 |
| 芸香 | 1012 | 竹根七 | 274 |
| | | 竹叶兰 | 812 |
| **Z** | | 锥连栎 | 576 |
| 泽苔草 | 212 | 锥序蛛毛苣苔 | 588 |
| 窄叶蓝盆花 | 462 | 资源冷杉 | 144 |
| 窄叶紫珠 | 618 | 子楝树 | 778 |
| 樟子松 | 166 | 梓 | 360 |
| 掌叶木 | 1028 | 紫斑风铃草 | 384 |
| 针枝芸香 | 1008 | 紫丹 | 372 |
| 知母 | 266 | 紫花苞舌兰 | 834 |
| 中国无忧花 | 558 | 紫花螺序草 | 996 |
| 中华里白 | 082 | 紫花醉鱼草 | 1048 |
| 中华秋海棠 | 336 | 紫荆木 | 1034 |
| 中华石楠 | 960 | 紫萁 | 094 |
| 中缅木莲 | 696 | 紫藤 | 562 |
| 中亚紫菀木 | 294 | 紫薇 | 666 |
| 中越金花茶 | 1086 | 紫玉兰 | 716 |

# 拉丁学名索引

## A

*Abelia chinensis* R. Br. ........................................... 388
*Abelmoschus moschatus* Medicus ........................................... 718
*Abies beshanzuensis* M. H. Wu ........................................... 140
*Abies yuanbaoshanensis* Y. J. Lu & L. K. Fu ........................................... 142
*Abies ziyuanensis* L. K. Fu & S. L. Mo ........................................... 144
*Acacia confusa* Merr. ........................................... 512
*Acanthephippium sylhetense* Lindl. ........................................... 810
*Acanthus ilicifolius* L. ........................................... 198
*Acer pictum* subsp. *mono* (Maxim.) Ohashi ........................................... 1018
*Acrostichum aureum* L. ........................................... 046
*Actaea dahurica* Turcz. ex Fisch. & C. A. Mey. ........................................... 930
*Actinidia arguta* (Siebold & Zucc.) Planch. ex Miq. ........................................... 206
*Actinidia fortunatii* Finet & Gagnep. ........................................... 208
*Adenanthera microsperma* Teijsm. & Binn. ........................................... 514
*Adiantum nelumboides* X. C. Zhang ........................................... 048
*Adinandra nitida* Merr. ex H. L. Li ........................................... 866
*Aesculus chinensis* Bunge ........................................... 1020
*Afzelia xylocarpa* (Kurz) Craib ........................................... 516
*Agave americana* L. ........................................... 264
*Aidia cochinchinensis* Lour. ........................................... 984
*Ailanthus fordii* Noot. ........................................... 1050
*Alangium chinense* (Lour.) Harms ........................................... 210
*Albizia odoratissima* (L. f.) Benth. ........................................... 518
*Alcimandra cathcartii* (Hook. f. & Thomson) Dandy ........................................... 678
*Allium mongolicum* Regel ........................................... 220
*Alniphyllum fortunei* (Hemsl.) Makino ........................................... 1060
*Alnus nepalensis* D. Don ........................................... 352
*Alsophila gigantea* Wall. ex Hook. ........................................... 062
*Alsophila spinulosa* (Wall. ex Hook.) R. M. Tryon ........................................... 064
*Amentotaxus argotaenia* (Hance) Pilg. ........................................... 184
*Ammopiptanthus mongolicus* (Maxim. ex Kom.) S. H. Cheng ........................................... 520
*Anabasis brevifolia* C. A. Mey. ........................................... 214
*Anemarrhena asphodeloides* Bunge ........................................... 266
*Anemone sylvestris* L. ........................................... 932
*Angiopteris caudatiformis* Hieron. ........................................... 050
*Angiopteris fokiensis* Hieron. ........................................... 052

*Angiopteris yunnanensis* Hieron. ……………………………………………………………… 054
*Apocynum pictum* Schrenk ……………………………………………………………… 232
*Apocynum venetum* L. ……………………………………………………………… 234
*Aquilaria sinensis* (Lour.) Spreng. ……………………………………………………………… 1104
*Arachnothryx leucophylla* Planch. ……………………………………………………………… 986
*Araucaria cunninghamii* Mudie ……………………………………………………………… 114
*Ardisia quinquegona* Blume ……………………………………………………………… 918
*Arenga westerhoutii* Griff. ……………………………………………………………… 854
*Aristolochia longgangensis* C. F. Liang ……………………………………………………………… 256
*Artemisia blepharolepis* Bess. ……………………………………………………………… 288
*Artemisia halodendron* Turcz. ex Besser ……………………………………………………………… 290
*Artemisia wudanica* Liou & W. Wang ……………………………………………………………… 292
*Aruncus sylvester* Kostel. ex Maxim. ……………………………………………………………… 952
*Arundina graminifolia* (D. Don) Hochr. ……………………………………………………………… 812
*Asarum geophilum* Hemsl. ……………………………………………………………… 258
*Asarum insigne* Diels ……………………………………………………………… 260
*Asparagus densiflorus* (Kunth) Jessop ……………………………………………………………… 268
*Aspidistra obliquipeltata* D. Fang & L. Y. Yu ……………………………………………………………… 270
*Asplenium nidus* L. ……………………………………………………………… 056
*Asterothamnus centraliasiaticus* Novopokr. ……………………………………………………………… 294
*Astragalus hoantchy* Franch. ……………………………………………………………… 522
*Astragalus membranaceus* (Fisch.) Bunge ……………………………………………………………… 524
*Atraphaxis bracteata* Losinsk. ……………………………………………………………… 908
*Atraphaxis tortuosa* Losinsk. ……………………………………………………………… 910

## B

*Baccaurea ramiflora* Lour. ……………………………………………………………… 868
*Barringtonia racemosa* (L.) Spreng. ……………………………………………………………… 652
*Beaumontia grandiflora* Wall. ……………………………………………………………… 236
*Begonia cavaleriei* H. Lév. ……………………………………………………………… 328
*Begonia ferox* C. I Peng & Yan Liu ……………………………………………………………… 330
*Begonia filiformis* Irmsch. ……………………………………………………………… 332
*Begonia glechomifolia* C. M. Hu ex C. Y. Wu & T. C. Ku ……………………………………………………………… 334
*Begonia grandis* subsp. *sinensis* (A. DC.) Irmsch. ……………………………………………………………… 336
*Begonia luzhaiensis* T. C. Ku ……………………………………………………………… 338
*Begonia ornithophylla* Irmsch. ……………………………………………………………… 340
*Begonia rex* Putz. ……………………………………………………………… 342
*Begonia sinofloribunda* Dorr ……………………………………………………………… 344
*Belamcanda chinensis* (L.) Redouté ……………………………………………………………… 604
*Bennettiodendron leprosipes* (Clos) Merr. ……………………………………………………………… 1014

*Berberis ferdinandi-coburgii* C. K. Schneid. …… 346

*Betula austrosinensis* Chun ex P. C. Li …… 354

*Bhesa robusta* (Roxb.) Ding Hou …… 410

*Biancaea sappan* (L.) Tod. …… 526

*Bletilla striata* (Thunb. ex A. Murray) Rchb. f. …… 814

*Bombax ceiba* L. …… 370

*Boniodendron minus* (Hemsl.) T. Chen …… 1022

*Brainea insignis* (Hook.) J. Sm. …… 058

*Bretschneidera sinensis* Hemsl. …… 378

*Buddleja fallowiana* Balf. f. & W. W. Sm. …… 1048

*Bupleurum sibiricum* Vest …… 226

## C

*Caesalpinia pulcherrima* (L.) Sw. …… 528

*Caldesia parnassifolia* (Bassi ex L.) Parl. …… 212

*Callicarpa giraldii* var. *subcanescens* Rehder …… 616

*Callicarpa membranacea* Hung T. Chang …… 618

*Callicarpa nudiflora* Hook. & Arn. …… 620

*Callicarpa pedunculata* R. Br. …… 622

*Calligonum alashanicum* Losinskaja …… 912

*Calligonum mongolicum* Turcz. …… 914

*Callistemon rigidus* R. Br. …… 776

*Calycanthus chinensis* W. C. Cheng & S. Y. Chang …… 382

*Camellia azalea* C. F. Wei …… 1072

*Camellia chrysanthoides* Hung T. Chang …… 1074

*Camellia euphlebia* Merr. ex Sealy …… 1076

*Camellia flavida* Hung T. Chang …… 1078

*Camellia flavida* var. *patens* (S. L. Mo & Y. C. Zhong) T. L. Ming …… 1080

*Camellia impressinervis* Hung T. Chang & S. Y. Liang …… 1082

*Camellia indochinensis* Merr. …… 1086

*Camellia indochinensis* var. *tunghinensis* (Hung T. Chang) T. L. Ming & W. J. Zhang …… 1084

*Camellia japonica* L. …… 1088

*Camellia micrantha* S. Ye Liang & Y. C. Zhong …… 1090

*Camellia perpetua* S. Ye Liang & L. D. Huang …… 1092

*Camellia petelotii* (Merr.) Sealy …… 1094

*Camellia petelotii* var. *macrocarpa* (S. L. Mo & S. Z. Huang) T. L. Ming & W. J. Zhang …… 1096

*Camellia pingguoensis* D. Fang …… 1098

*Camellia pingguoensis* var. *terminalis* (J. Y. Liang & Z. M. Su) T. L. Ming & W. J. Zhang …… 1100

*Camellia sinensis* (L.) Kuntze …… 1102

*Campanula punctata* Lam. …… 384

*Camptotheca acuminata* Decne. ······ 794
*Cardiocrinum giganteum* (Wall.) Makino ······ 656
*Carya cathayensis* Sarg. ······ 608
*Caryopteris mongholica* Bunge ······ 624
*Castanopsis concinna* (Champ. ex Benth.) A. DC. ······ 566
*Castanopsis fissa* (Champ. ex Benth.) Rehder & E. H. Wilson ······ 568
*Castanopsis hystrix* Hook. f. & Thomson ex A. DC. ······ 570
*Casuarina equisetifolia* L. ······ 404
*Catalpa bungei* C. A. Mey. ······ 358
*Catalpa ovata* G. Don ······ 360
*Cathaya argyrophylla* Chun & Kuang ······ 146
*Catolobus pendulus* (L.) Al-Shehbaz ······ 374
*Celtis sinensis* Pers. ······ 1108
*Cephalanthus tetrandrus* (Roxb.) Ridsdale & Bakh. f. ······ 988
*Cephalotaxus oliveri* Mast. ······ 116
*Cephalotaxus sinensis* (Rehder & E. H. Wilson) H. L. Li ······ 118
*Ceratopteris thalictroides* (L.) Brongn. ······ 096
*Chamaecyparis formosensis* Matsum. ······ 120
*Chamaelirium chinense* (K. Krause) N. Tanaka ······ 746
*Cheilotheca macrocarpa* (Andres) Y. L. Chou ······ 472
*Chesneya macrantha* S. H. Cheng ex P. C. Li ······ 530
*Chionanthus retusus* Lindl. & Paxton ······ 798
*Chloranthus spicatus* (Thunb.) Makino ······ 412
*Chlorophytum malayense* Ridley ······ 272
*Choerospondias axillaris* (Roxb.) B. L. Burtt & A. W. Hill ······ 222
*Chukrasia tabularis* A. Juss. ······ 760
*Cibotium barometz* (L.) J. Sm. ······ 074
*Cinnamomum burmanni* (Nees & T. Nees) Blume ······ 640
*Cinnamomum cassia* (L.) D. Don ······ 642
*Cistanche deserticola* Ma ······ 840
*Cladopus nymanii* H. A. Möller ······ 898
*Clausena excavata* N. L. Burman ······ 998
*Clausena lansium* (Lour.) Skeels ······ 1000
*Cleidiocarpon cavaleriei* (H. Lév.) Airy Shaw ······ 502
*Clematis florida* Thunb. ······ 934
*Clematis fruticosa* Turcz. ······ 936
*Clerodendrum canescens* Wall. ······ 626
*Cnidium monnieri* (L.) Spreng. ······ 228
*Combretum indicum* (L.) Jongkind ······ 420
*Convolvulus tragacanthoides* Turcz. ······ 424

| | |
|---|---:|
| *Cornulaca alaschanica* C. P. Tsien & G. L. Chu | 216 |
| *Cornus elliptica* (Pojark.) Q. Y. Xiang & Bofford | 432 |
| *Cornus officinalis* Siebold & Zucc. | 434 |
| *Cornus quinquenervis* Franch. | 438 |
| *Cornus wilsoniana* Wangerin | 436 |
| *Corydalis saxicola* Bunting | 860 |
| *Crataegus pinnatifida* Bunge | 954 |
| *Cratoxylum cochinchinense* (Lour.) Blume | 600 |
| *Cryptocoryne crispatula* var. *balansae* (Gagnep.) N. Jacobsen | 246 |
| *Curculigo capitulata* (Lour.) Kuntze | 602 |
| *Cuscuta japonica* Choisy | 426 |
| *Cycas bifida* (Dyer) K. D. Hill | 124 |
| *Cycas debaoensis* Y. C. Zhong & C. J. Chen | 126 |
| *Cycas guizhouensis* K. M. Lan & R. F. Zou | 128 |
| *Cycas panzhihuaensis* L. Zhou & S. Y. Yang | 130 |
| *Cycas revoluta* Thunb. | 132 |
| *Cycas segmentifida* D. Yue Wang & C. Y. Deng | 134 |
| *Cyclea racemosa* Oliv. | 766 |
| *Cymbaria mongolica* Maxim. | 842 |
| *Cymbidium aloifolium* (L.) Sw. | 816 |
| *Cymbidium kanran* Makino | 818 |
| *Cynomorium songaricum* Rupr. | 450 |
| *Cyperus rotundus* L. | 452 |
| *Cyrtomium fortunei* J. Sm. | 076 |

## D

| | |
|---|---:|
| *Dalbergia assamica* Benth. | 532 |
| *Daphniphyllum calycinum* Benth. | 456 |
| *Davidia involucrata* Baill. | 796 |
| *Decaspermum gracilentum* (Hance) Merr. & L. M. Perry | 778 |
| *Delavaya toxocarpa* Franch. | 1024 |
| *Delphinium korshinskyanum* Nevski | 938 |
| *Delphinium mollipilum* W. T. Wang | 940 |
| *Dendrobium anosmum* Lindl. | 820 |
| *Dendrobium chrysotoxum* Lindl. | 822 |
| *Dendrobium loddigesii* Rolfe | 824 |
| *Derris taiwaniana* (Hayata) Z. Q. Song | 534 |
| *Deutzianthus tonkinensis* Gagnep. | 504 |
| *Dianella ensifolia* (L.) DC. | 284 |
| *Dianthus chinensis* L. | 400 |

*Dicranopteris pedata* (Houtt.) Nakaike ……………………………………………………………… 080
*Dictamnus dasycarpus* Turcz. ……………………………………………………………………… 1002
*Dimocarpus longan* Lour. …………………………………………………………………………… 1026
*Dioscorea nipponica* Makino ………………………………………………………………………… 458
*Diplopterygium chinense* (Rosenst.) De Vol ………………………………………………………… 082
*Disporopsis fuscopicta* Hance ……………………………………………………………………… 274
*Disporum cantoniense* (Lour.) Merr. ……………………………………………………………… 418
*Dracaena cambodiana* Pierre ex Gagnep. ………………………………………………………… 276
*Dracocephalum rigidulum* Hand.-Mazz. …………………………………………………………… 628
*Dryopteris crassirhizoma* Nakai …………………………………………………………………… 078
*Duperrea pavettifolia* (Kurz) Pit. …………………………………………………………………… 990
*Dysosma versipellis* (Hance) M. Cheng …………………………………………………………… 348

## E

*Elaeocarpus hainanensis* Oliv. ……………………………………………………………………… 468
*Elsholtzia ciliata* (Thunb.) Hyl. ……………………………………………………………………… 630
*Embelia undulata* (Wall.) Mez ……………………………………………………………………… 920
*Enkianthus chinensis* Franch. ……………………………………………………………………… 474
*Ephedra rhytidosperma* Pachom. …………………………………………………………………… 136
*Epimedium brevicornu* Maxim. ……………………………………………………………………… 350
*Ervatamia divaricata* (L.) Burk. cv. Gouyahua …………………………………………………… 238
*Erythrophleum fordii* Oliv. …………………………………………………………………………… 536
*Erythroxylum sinense* C. Y. Wu …………………………………………………………………… 498
*Eucommia ulmoides* Oliv. …………………………………………………………………………… 500
*Eulophia graminea* Lindl. …………………………………………………………………………… 826
*Euonymus dielsianus* Loes. & Diels ……………………………………………………………… 406
*Excentrodendron tonkinense* (A. Chev.) H. T. Chang & R. H. Miao …………………………… 720

## F

*Farfugium japonicum* (L. f.) Kitam. ………………………………………………………………… 296
*Filifolium sibiricum* (L.) Kitam. ……………………………………………………………………… 298
*Firmiana kwangsiensis* H. H. Hsue ………………………………………………………………… 722
*Firmiana pulcherrima* H. H. Hsue ………………………………………………………………… 724
*Fissistigma chloroneurum* (Hand.-Mazz.) Tsiang ………………………………………………… 224
*Fokienia hodginsii* (Dunn) A.Henry et Thomas …………………………………………………… 122
*Forsythia suspensa* (Thunb.) Vahl ………………………………………………………………… 800
*Fragaria orientalis* Losinsk. ………………………………………………………………………… 956
*Fuchsia hybrida* Hort. ex Sieber & Voss. ………………………………………………………… 806

## G

*Garcinia multiflora* Champ. ex Benth. ..... 416
*Gentiana dahurica* Fischer ..... 578
*Gentiana macrophylla* Pall. ..... 580
*Gentiana scabra* Bunge ..... 582
*Ginkgo biloba* L. ..... 138
*Glochidion ellipticum* Wight ..... 870
*Glochidion hirsutum* (Roxb.) Voigt ..... 872
*Glochidion puberum* (L.) Hutch. ..... 874
*Glochidion zeylanicum* (Gaertn.) A. Juss. ..... 876
*Glycine soja* Siebold & Zucc. ..... 538
*Glycosmis parviflora* Kurz. ..... 1006
*Glyptopetalum continentale* (Chun & F. C. How) C. Y. Cheng & Q. S. Ma ..... 408
*Glyptostrobus pensilis* (Staunton ex D. Don) K. Koch ..... 190
*Gmelina arborea* Roxb. ..... 632
*Grewia abutilifolia* W. Vent ex Juss. ..... 726
*Guihaia argyrata* (S. K. Lee & F. N. Wei) S. K. Lee, F. N. Wei & J. Dransf. ..... 856
*Gymnosphaera denticulata* (Baker) Copel. ..... 066
*Gymnosphaera podophylla* (Hook.) Copel. ..... 068
*Gymnostachyum subrosulatum* H. S. Lo ..... 200
*Gypsophila vaccaria* Sm. ..... 402

## H

*Hainania trichosperma* Merr. ..... 728
*Handeliodendron bodinieri* (H. Lév.) Rehder ..... 1028
*Handroanthus chrysanthus* (Jacq.) S.O.Grose ..... 362
*Haplophyllum tragacanthoides* Diels ..... 1008
*Helianthemum songaricum* Schrenk ex Fisch. & C. A. Mey. ..... 414
*Helicia dongxingensis* H. S. Kiu ..... 928
*Helminthostachys zeylanica* (L.) Hook. ..... 084
*Hemerocallis minor* Mill. ..... 286
*Hemiptelea davidii* (Hance) Planch. ..... 1110
*Hibiscus aridicola* J. Anthony ..... 730
*Hibiscus hamabo* Sieb. & Zucc. ..... 732
*Hibiscus syriacus* L. ..... 734
*Hopea chinensis* (Merr.) Hand.-Mazz. ..... 464
*Hosta ensata* F. Maek. ..... 278
*Houpoea officinalis* (Rehder & E. H. Wilson) N. H. Xia & C. Y. Wu ..... 680
*Humulus scandens* (Lour.) Merr. ..... 770
*Hydnocarpus hainanensis* (Merr.) Sleumer ..... 204

*Hydrangea paniculata* Siebold ............................................................................. 1040
*Hydrobryum griffithii* (Wall. ex Griff.) Tul. ............................................................ 900
*Hydrocotyle vulgaris* L. ....................................................................................... 250

# I

*Impatiens macrovexilla* var. *yaoshanensis* S. X. Yu, Y. L. Chen & H. N. Qin ............... 318
*Impatiens monticola* Hook. f. .............................................................................. 320
*Impatiens morsei* Hook. f. ................................................................................... 322
*Impatiens pingxiangensis* H. Y. Bi & S. X. Yu ....................................................... 324
*Impatiens uliginosa* Franchet ............................................................................. 326
*Ipomoea pes-caprae* (L.) R. Br. ........................................................................... 428
*Iris pseudacorus* L. ............................................................................................. 606
*Isotrema kwangsiense* (Chun & F. C. How ex C. F. Liang) X. X. Zhu, S. Liao & J. S. Ma ......... 262

# J

*Jacaranda mimosifolia* D. Don ............................................................................ 364
*Jacobaea argunensis* (Turcz.) B. Nord. ................................................................ 300
*Juglans mandshurica* Maxim. ............................................................................. 610
*Juglans regia* L. ................................................................................................... 612
*Jurinea mongolica* Maxim. .................................................................................. 302

# K

*Kadsura coccinea* (Lem.) A. C. Sm. ..................................................................... 1044
*Keteleeria davidiana* var. *calcarea* (C. Y. Cheng & L. K. Fu) Silba ........................ 148
*Keteleeria fortunei* var. *cyclolepis* (Flous) Silba .................................................. 150
*Keteleeria fortunei* var. *oblonga* (W. C. Cheng & L. K. Fu) L. K. Fu & Nan Li ......... 152
*Koelreuteria paniculata* Laxm. ............................................................................ 1030
*Kolkwitzia amabilis* Graebn. ............................................................................... 390
*Kyllinga polyphylla* Kunth ................................................................................... 454

# L

*Lagerstroemia indica* L. ....................................................................................... 666
*Lagerstroemia speciosa* (L.) Pers. ........................................................................ 668
*Lagerstroemia subcostata* Koehne ...................................................................... 670
*Larix gmelinii* var. *principis-ruprechtii* (Mayr) Pilg. ............................................. 154
*Leptodermis ordosica* H. C. Fu & E. W. Ma .......................................................... 992
*Ligustrum lucidum* W. T. Aiton ............................................................................. 802
*Lilium brownii* F. E. Br. ex Miellez ....................................................................... 658
*Lilium concolor* var. *pulchellum* (Fisch.) Regel .................................................. 660
*Lilium pensylvanicum* Ker Gawl. .......................................................................... 662

# 拉丁学名索引

| | |
|---|---|
| *Lilium pumilum* Redouté | 664 |
| *Limonium aureum* (L.) Hill | 888 |
| *Limonium bicolor* (Bunge) Kuntze | 890 |
| *Lirianthe coco* (Lour.) N. H. Xia & C. Y. Wu | 682 |
| *Lirianthe delavayi* (Franch.) N. H. Xia & C. Y. Wu | 684 |
| *Lirianthe fistulosa* (Finet & Gagnep.) N. H. Xia & C. Y. Wu | 686 |
| *Lirianthe odoratissima* (Y. W. Law & R. Z. Zhou) N. H. Xia & C. Y. Wu | 688 |
| *Liriodendron chinense* (Hemsl.) Sarg. | 690 |
| *Lithocarpus glaber* (Thunb.) Nakai | 572 |
| *Litsea glutinosa* (Lour.) C. B. Rob. | 644 |
| *Lonicera japonica* Thunb. | 392 |
| *Ludwigia adscendens* (L.) Hara | 808 |
| *Lumnitzera racemosa* Willd. | 422 |
| *Lycium ruthenicum* Murray | 1052 |
| *Lycopodium japonicum* Thunb. | 088 |
| *Lygodium microphyllum* (Cav.) R. Br. | 090 |
| *Lysidice rhodostegia* Hance | 540 |
| *Lysimachia insignis* Hemsl. | 922 |
| *Lythrum salicaria* L. | 672 |

## M

| | |
|---|---|
| *Madhuca pasquieri* (Dubard) H. J. Lam | 1034 |
| *Mallotus microcarpus* Pax & Hoffm. | 506 |
| *Malus pumila* Mill. | 958 |
| *Manglietia aromatica* Dandy | 692 |
| *Manglietia conifera* Dandy | 694 |
| *Manglietia hookeri* Cubitt & W. W. Sm. | 696 |
| *Manglietia insignis* (Wall.) Blume | 698 |
| *Mayodendron igneum* (Kurz) Kurz | 366 |
| *Medicago alaschanica* Vassilcz. | 544 |
| *Medicago falcata* L. | 542 |
| *Melaleuca cajuputi* subsp. *cumingiana* (Turcz.) Barlow | 780 |
| *Melastoma dodecandrum* Lour. | 754 |
| *Melia azedarach* L. | 762 |
| *Melicope pteleifolia* (Champ. ex Benth.) Hartley | 1004 |
| *Merremia hederacea* (Burm. f.) Hallier f. | 430 |
| *Mesopteris tonkinensis* (C. Chr.) Ching | 108 |
| *Metasequoia glyptostroboides* Hu & W. C. Cheng | 192 |
| *Michelia chapensis* Dandy | 700 |
| *Michelia figo* (Lour.) Spreng. | 702 |

*Michelia maudiae* Dunn ………………………………………………………………………… 704
*Michelia skinneriana* Dunn ……………………………………………………………………… 706
*Michelia yunnanensis* Franch. ex Finet & Gagnep. …………………………………………… 708
*Micranthes laciniata* (Nakai & Takeda) S. Akiyama & H. Ohba ………………………… 1042
*Micromelum integerrimum* (Buch.-Ham. ex DC.) Wight & Arn. ex M. Roem. ………………… 1010
*Microsorum fortunei* (T. Moore) Ching ………………………………………………………… 098
*Mimosa pudica* L. ………………………………………………………………………………… 546
*Morella rubra* Lour. ……………………………………………………………………………… 774
*Musella lasiocarpa* (Franch.) C. Y. Wu ex H. W. Li …………………………………………… 772

## N

*Nelumbo nucifera* Gaertn. ………………………………………………………………………… 786
*Nephrolepis cordifolia* (L.) C. Presl …………………………………………………………… 092
*Nitraria sibirica* Pall. …………………………………………………………………………… 788
*Nuphar pumila* (Timm) DC. ……………………………………………………………………… 790
*Nymphaea tetragona* Georgi ……………………………………………………………………… 792
*Nymphoides peltata* (S. G. Gmel.) Kuntze ……………………………………………………… 768

## O

*Odontonema tubaeforme* (Bertol.) Kuntze ……………………………………………………… 202
*Onopordum acanthium* L. ………………………………………………………………………… 304
*Ophiopogon marmoratus* Pierre ex Rodrig. …………………………………………………… 280
*Oreocharis cotinifolia* (W. T. Wang) Mich. Möller & A. Weber ……………………………… 584
*Oreomecon nudicaulis* (L.) Banfi, Bartolucci, J.-M. Tison & Galasso ……………………… 862
*Ormosia emarginata* (Hook. & Arn.) Benth. …………………………………………………… 548
*Ormosia merrilliana* H. Y. Chen ………………………………………………………………… 550
*Ormosia olivacea* H. Y. Chen …………………………………………………………………… 552
*Orobanche coerulescens* Steph. ………………………………………………………………… 844
*Orobanche pycnostachya* Hance ………………………………………………………………… 846
*Osmanthus fragrans* (Thunb.) Lour. …………………………………………………………… 804
*Osmunda japonica* Thunb. ……………………………………………………………………… 094
*Ostrya rehderiana* Chun ………………………………………………………………………… 356
*Ottelia acuminata* var. *jingxiensis* H. Q. Wang & X. Z. Sun ………………………………… 596
*Ottelia fengshanensis* Z. Z. Li, S. Wu & Q. F. Wang …………………………………………… 598
*Oxytropis aciphylla* Ledeb. ……………………………………………………………………… 554
*Oxytropis anertii* Nakai …………………………………………………………………………… 556
*Oyama sieboldii* (K. Koch) N. H. Xia & C. Y. Wu ……………………………………………… 710

## P

*Paeonia* × *suffruticosa* Andrews ………………………………………………………………… 852

| | |
|---|---|
| *Paeonia lactiflora* Pall. | 850 |
| *Paliurus ramosissimus* (Lour.) Poir. | 950 |
| *Panax ginseng* C. A. Mey. | 252 |
| *Panax notoginseng* (Burkill) F. H. Chen ex C. H. Chow | 254 |
| *Panzerina alashanica* Kupr | 634 |
| *Papaver radicatum* var. *pseudoradicatum* (Kitag.) Kitag. | 864 |
| *Paphiopedilum concolor* (Bateman) Pfitzer | 828 |
| *Paraboea sinensis* (Oliv.) Burtt | 586 |
| *Paraboea swinhoei* (Hance) B. L. Burtt | 588 |
| *Paraprenanthes sororia* (Miq.) C. Shih | 306 |
| *Parashorea chinensis* H. Wang | 466 |
| *Parepigynum funingense* Tsiang & P. T. Li | 240 |
| *Paris dunniana* H. Lév. | 748 |
| *Paris polyphylla* var. *yunnanensis* (Franch.) Hand.-Mazz. | 750 |
| *Paris vietnamensis* (Takht.) H. Li | 752 |
| *Pedicularis striata* Pall. | 848 |
| *Pereskia aculeata* Mill. | 380 |
| *Persicaria hydropiper* (L.) Spach | 916 |
| *Phedimus aizoon* (L.) 't Hart | 440 |
| *Phlegmariurus fordii* (Baker) Ching | 086 |
| *Phoebe calcarea* S. K. Lee & F. N. Wei | 650 |
| *Phoebe glaucophylla* H. W. Li | 648 |
| *Phoebe neurantha* var. *cavaleriei* H. Liu | 646 |
| *Phoenix sylvestris* Roxb. | 858 |
| *Pholidota leveilleana* Schltr. | 830 |
| *Photinia beauverdiana* C. K. Schneid. | 960 |
| *Phyllanthus emblica* L. | 878 |
| *Physocarpus amurensis* (Maxim.) Maxim. | 962 |
| *Picea jezoensis* (Siebold & Zucc.) Carrière | 156 |
| *Picea smithiana* (Wall.) Boiss. | 158 |
| *Pinellia ternata* (Thunb.) Ten. ex Breitenb. | 248 |
| *Pinus bungeana* Zucc. ex Endl. | 160 |
| *Pinus kwangtungensis* Chun ex Tsiang | 162 |
| *Pinus squamata* Xiang W. Li | 164 |
| *Pinus sylvestris* var. *mongolica* Litv. | 166 |
| *Pinus sylvestris* var. *sylvestriformis* (Taken.) W. C. Cheng & C. D. Chu | 168 |
| *Pinus tabuliformis* Carrière | 170 |
| *Pinus thunbergii* Parl. | 172 |
| *Piper sarmentosum* Roxb. | 880 |
| *Pittosporum pentandrum* var. *formosanum* (Hayata) Zhi Y. Zhang & Turland | 882 |

| | |
|---|---|
| *Plagiopteron suaveolens* Griff. | 736 |
| *Plantago asiatica* L. | 884 |
| *Plantago major* L. | 886 |
| *Platycerium wallichii* Hook. | 100 |
| *Platycodon grandiflorus* (Jacq.) A. DC. | 386 |
| *Podocarpus macrophyllus* (Thunb.) Sweet | 180 |
| *Podocarpus neriifolius* D. Don | 182 |
| *Polygala hongkongensis* var. *stenophylla* Migo | 904 |
| *Polygala tenuifolia* Willd. | 906 |
| *Polygonatum odoratum* (Mill.) Druce | 282 |
| *Potaninia mongolica* Maxim. | 964 |
| *Primula bulleyana* Forrest | 924 |
| *Primula farinosa* L. | 926 |
| *Prunus armeniaca* L. | 966 |
| *Prunus mongolica* Maxim. | 968 |
| *Prunus pedunculata* (Pall.) Maxim. | 970 |
| *Pseudolarix amabilis* (J. Nelson) Rehder | 174 |
| *Psilotum nudum* (L.) P. Beauv. | 102 |
| *Pteris multifida* Poir. | 104 |
| *Pteris vittata* L. | 106 |
| *Pteroceltis tatarinowii* Maxim. | 1112 |
| *Pugionium dolabratum* var. *latipterum* S.L.Yang | 376 |
| *Pyrus ussuriensis* Maxim. | 972 |

## Q

| | |
|---|---|
| *Quercus daimingshanensis* (S. Lee) C. C. Huang | 574 |
| *Quercus franchetii* Skan | 576 |

## R

| | |
|---|---|
| *Ranunculus paishanensis* Kitag. | 942 |
| *Rauvolfia verticillata* (Lour.) Baill. | 242 |
| *Reaumuria songarica* (Pall.) Maxim. | 1066 |
| *Reaumuria trigyna* Maxim. | 1068 |
| *Rhaphiolepis indica* (L.) Lindl. | 974 |
| *Rhodiola cretinii* subsp. *Sinoalpina* (Fröd.) H. Ohba | 442 |
| *Rhodiola dumulosa* (Franch.) S. H. Fu | 444 |
| *Rhododendron cavaleriei* H. Lév. | 476 |
| *Rhododendron dauricum* L. | 478 |
| *Rhododendron faithiae* Chun | 480 |
| *Rhododendron farrerae* Sweet | 482 |

| | |
|---|---|
| *Rhododendron lapponicum* (L.) Wahlenb. | 484 |
| *Rhododendron latoucheae* Franch. | 486 |
| *Rhododendron mariae* Hance | 488 |
| *Rhododendron molle* (Blume) G. Don | 490 |
| *Rhododendron moulmainense* Hook. | 492 |
| *Rhododendron rivulare* Kingdon-Ward | 494 |
| *Rhododendron wumingense* Fang | 496 |
| *Rhodoleia parvipetala* Tong | 590 |
| *Rhodomyrtus tomentosa* (Aiton) Hassk. | 782 |
| *Rhoiptelea chiliantha* Diels & Hand.-Mazz. | 614 |
| *Rosa lucidissima* H. Lév. | 976 |
| *Rosa rugosa* Thunb. | 978 |
| *Rubus reflexus* var. *lanceolobus* F. P. Metcalf | 980 |
| *Ruta graveolens* L. | 1012 |

## S

| | |
|---|---|
| *Saccharum officinarum* L. | 892 |
| *Salacistis rubicunda* (Blume) M. C. Pace | 832 |
| *Salsola arbuscula* Pall. | 218 |
| *Sambucus javanica* Reinw. ex Blume | 394 |
| *Saposhnikovia divaricata* (Turcz.) Schischk. | 230 |
| *Saraca dives* Pierre | 558 |
| *Saururus chinensis* (Lour.) Baill. | 1038 |
| *Saussurea involucrata* (Kar. & Kir.) Sch. Bip. | 308 |
| *Scabiosa comosa* Fisch. ex Roem. & Schult. | 462 |
| *Schisandra chinensis* (Turcz.) Baill. | 1046 |
| *Semiliquidambar cathayensis* H. T. Chang | 592 |
| *Senecio scandens* Buch.-Ham. ex D. Don | 310 |
| *Shaniodendron subaequale* (H. T. Chang) M. B. Deng & al. | 594 |
| *Sinojackia rehderiana* Hu | 1062 |
| *Sinojackia xylocarpa* Hu | 1064 |
| *Sinosenecio guangxiensis* C. Jeffrey & Y. L. Chen | 312 |
| *Sinosideroxylon pedunculatum* var. *pubifolium* H. Chuang | 1036 |
| *Sloanea hemsleyana* (Ito) Rehder & E. H. Wilson | 470 |
| *Solanum septemlobum* Bunge | 1054 |
| *Solanum torvum* Sw. | 1056 |
| *Sonneratia caseolaris* (L.) Engler | 674 |
| *Sophora alopecuroides* L. | 560 |
| *Spathodea campanulata* P. Beauv. | 368 |
| *Spathoglottis plicata* Blume | 834 |

| | |
|---|---|
| *Sphaeropteris brunoniana* (Hook.) R. M. Tryon | 070 |
| *Sphaeropteris lepifera* (Hook.) R. M. Tryon | 072 |
| *Spiradiclis laxiflora* W. L. Sha & X. X. Chen | 994 |
| *Spiradiclis purpureocaerulea* H. S. Lo | 996 |
| *Spiraea salicifolia* L. | 982 |
| *Spiranthes sinensis* (Pers.) Ames | 836 |
| *Stemona tuberosa* Lour. | 1058 |
| *Sterculia euosma* W. W. Sm. | 738 |
| *Sterculia monosperma* Vent. | 740 |
| *Stilpnolepis centiflora* (Maxim.) Krasch. | 314 |
| *Syzygium cumini* (L.) Skeels | 784 |

## T

| | |
|---|---|
| *Tacca chantrieri* André | 460 |
| *Talipariti tiliaceum* (L.) Fryxell | 742 |
| *Tamarix leptostachya* Bunge | 1070 |
| *Taxus wallichiana* var. *mairei* (Lemée & H. Lév.) L. K. Fu & Nan Li | 186 |
| *Terniopsis yongtaiensis* X. X. Su, Miao Zhang & B. Hua Chen | 902 |
| *Tetraena mongolica* Maxim. | 1118 |
| *Thalictrum fortunei* S. Moore | 944 |
| *Thladiantha dentata* Cogn. | 446 |
| *Tibouchina semidecandra* (Schrank & Mart. ex DC.) Cogn. | 756 |
| *Tigridiopalma magnifica* C. Chen | 758 |
| *Tilia mandshurica* Rupr. & Maxim. | 744 |
| *Toona ciliata* M. Roem. | 764 |
| *Torreya grandis* Fortune ex Lindl. | 188 |
| *Tournefortia montana* Lour. | 372 |
| *Trachelospermum jasminoides* (Lindl.) Lem. | 244 |
| *Trema cannabina* var. *dielsiana* (Hand.-Mazz.) C. J. Chen | 1114 |
| *Triarrhena sacchariflora* (Maxim.) Nakai | 894 |
| *Trichosanthes costata* Blume | 448 |
| *Trigonostemon bonianus* Gagnep. | 508 |
| *Trollius chinensis* Bunge | 946 |
| *Trollius japonicus* Miq. | 948 |
| *Tsuga chinensis* (Franch.) E. Pritz. | 176 |
| *Tsuga chinensis* var. *robusta* W. C. Cheng & L. K. Fu | 178 |
| *Tugarinovia mongolica* Iljin | 316 |
| *Typha orientalis* C. Presl | 1106 |

## U

*Utricularia striatula* Sm. .................................................................................................. 654

## V

*Vernicia fordii* (Hemsl.) Airy Shaw .................................................................................. 510
*Viburnum fordiae* Hance .................................................................................................. 396
*Vitex kwangsiensis* C. Pei ................................................................................................. 636
*Vitex rotundifolia* L. f. ..................................................................................................... 638
*Vitis amurensis* Rupr. ...................................................................................................... 1116

## W

*Weigela florida* (Bunge) A. DC. ....................................................................................... 398
*Wisteria sinensis* (Sims) Sweet ........................................................................................ 562
*Woodfordia fruticosa* (L.) Kurz ........................................................................................ 676
*Woodwardia japonica* (L. f.) Sm. ..................................................................................... 060
*Woonyoungia septentrionalis* (Dandy) Y. W. Law ........................................................... 712

## X

*Xanthoceras sorbifolium* Bunge ........................................................................................ 1032

## Y

*Yulania denudata* (Desr.) D. L. Fu ................................................................................... 714
*Yulania liliiflora* (Desr.) D. L. Fu .................................................................................... 716

## Z

*Zea mays* L. ..................................................................................................................... 896
*Zenia insignis* Chun ......................................................................................................... 564
*Zeuxine strateumatica* (L.) Schltr. ................................................................................... 838
*Zygophyllum xanthoxylum* (Bunge) Maxim. .................................................................. 1120

## 部分植物照片摄影名单

*Abies beshanzuensis* M. H. Wu 百山祖冷杉（兰荣光）

*Acer pictum* subsp. *mono* (Maxim.) Ohashi 五角槭（薛凯）

*Actinidia arguta* (Siebold & Zucc.) Planch. ex Miq. 软枣猕猴桃（薛凯）

*Adiantum nelumboides* X. C. Zhang 荷叶铁线蕨（张锐）

*Alcimandra cathcartii* (Hook. f. & Thomson) Dandy 长蕊木兰（李策宏）

*Castanopsis concinna* (Champ. ex Benth.) A. DC. 华南锥（陈世品）

*Castanopsis hystrix* Hook. f. & Thomson ex A. DC. 红锥（侯满福）

*Catalpa bungei* C. A. Mey. 楸（郑剑）

*Cycas panzhihuaensis* L. Zhou & S. Y. Yang 攀枝花苏铁（余志祥、杨永琼）

*Davidia involucrata* Baill. 珙桐（赵定）

*Hemiptelea davidii* (Hance) Planch. 刺榆（周繇、薛凯）

*Jacaranda mimosifolia* D. Don 蓝花楹（杨永川）

*Juglans mandshurica* Maxim. 胡桃楸（薛凯）

*Michelia maudiae* Dunn 深山含笑（王颖）

*Triarrhena sacchariflora* (Maxim.) Nakai 荻（周繇）

*Ostrya rehderiana* Chun 天目铁木（代文霈）

*Oyama sieboldii* (K. Koch) N. H. Xia & C. Y. Wu 天女花（谢伟亮）

*Panax ginseng* C. A. Mey. 人参（周繇、肖洪兴）

*Panax notoginseng* (Burkill) F. H. Chen ex C. H. Chow 三七（胡会泽）

*Parepigynum funingense* Tsiang & P. T. Li 富宁藤（席辉）

*Phlegmariurus fordii* (Baker) Ching 福氏马尾杉（陈世品）

*Picea jezoensis* (Siebold & Zucc.) Carrière 鱼鳞云杉（陈念康）

*Pinus sylvestris* var. *sylvestriformis* (Taken.) W. C. Cheng & C. D. Chu 长白松（周繇）

*Polygala tenuifolia* Willd. 远志（周繇）

*Pyrus ussuriensis* Maxim. 秋子梨（薛凯）

*Quercus franchetii* Skan 锥连栎（席辉）

*Rhododendron molle* (Blume) G. Don 羊踯躅（席辉）

*Rhodoleia parvipetala* Tong 小花红花荷（黄文军）

*Saccharum officinarum* L. 甘蔗（张新英）

*Schisandra chinensis* (Turcz.) Baill. 五味子（薛凯）

*Shaniodendron subaequale* (H. T. Chang) M. B. Deng & al. 银缕梅（代文霈）

*Sinojackia rehderiana* Hu 狭果秤锤树（李仁坤）

*Sonneratia caseolaris* (L.) Engler 海桑（郑童）

*Stemona tuberosa* Lour. 大百部（许艺昌）

*Toona ciliata* M. Roem. 红椿（龚理）

# 附录1 IUCN濒危物种红色名录极危、濒危及易危等级评估指标

|  | A：种群[1]减少 | B：分布区小，衰退或波动 | C：种群小并在衰退 | D：小或局限分布的种群 | E：定量分析 |
|---|---|---|---|---|---|
|  | A1：过去10年或三个世代[2]内种群降低的比例，其降低的原因是可逆转且被了解且停止的 A2-4：估计过去或未来（或二者）10年或三个世代内种群降低的比例 | B1：分布区域[3]小，且符合a-c任意两条： a. 严重分割或只有1, ≤5, ≤10个地点 b. 持续衰退 c. 极度波动 B2：实际占有面积[4]小，并符合a-c任意两条 a. 严重分割或只有1, ≤5, ≤10个地点 b. 持续衰退 c. 极度波动 | 成熟个体[5]数少于下列数目，且有下列情形之一： | D1：种群成熟个体数 D2：易受人类活动影响，可能在极短时间内严重濒临绝灭，甚至绝灭 | 使用定量模式评估灭绝风险 |
| 极危，CR | A1：≥90% A2-4：≥80% | B1：<100km$^2$ B2：<10km$^2$ | <250 1. 10年或三个世代内持续下降至少25% 2.（a）特殊种群结构或（b）剧烈变动 | D1：<50 | 今后10年或三个世代内野外绝灭机率≥50% |
| 濒危，EN | A1：≥70% A2-4：≥50% | B1：<5000km$^2$ B2：<500km$^2$ | <2500 1. 5年或两个世代内持续下降至少20% 2.（a）特殊种群结构或（b）剧烈变动 | D1：<250 | 今后20年或五个世代内野外绝灭机率≥20% |
| 易危，VU | A1：≥50% A2-4：≥30% | B1：<20000km$^2$ B2：<2000km$^2$ | <10000 1. 10年或三个世代内持续下降至少10% 2.（a）特殊种群结构或（b）剧烈变动 | D1：<1000 D2：种群占有面积<20km$^2$或地点<5个 | 今后100年内野外绝灭机率≥10% |

注：

1. 种群及种群大小（Population and Population Size）：红色名录中所谓种群有其特殊意义，不同于生物学上一般的用法。在此定义为一个分类群的总个体数。

2. 世代（Generation）：世代长度是目前种群中亲本的平均年龄，世代长度反应种群中能育个体的转换率。

3. 分布区域（Extent of Occurrence, EOO）：一个分类群除零星的散生个体（vagrant）外，所有已知、推论或预测位置的最短连续影像边界所包含的区域。分布区域的度量可排除此分类群全部分布范围内不连续或跳跃的部分（例如明显不适合的栖地）。分布区域通常可用最小凸多边形（minimum convex polygon）度量。

4. 实际占有面积（Area of Occupancy, AOO）：一个分类群除流浪者外，在其分布区域内实际占有的面积。一个分类群在其分布区域内可能包含不适合或未占据的栖地，故通常不会遍布其分布区域。实际占有面积的大小为度量尺度的函数，应考虑与分类群相关的生物学、威胁的性质以及可用的数据以选择适当的尺度。

5. 成熟个体（Mature Individuals）：指已知、估计或推测的具有生殖能力的个体数。

# 附录 2 IUCN 濒危物种红色名录等级及量化指标

## 一、灭绝（Extinct, EX）

当一分类群无疑其最后个体已死亡时，即列为灭绝级。若在其所有历史分布范围内，已知或可能之生育地，适当之时间（考虑昼夜、季节及年度变化），进行彻底调查后，没有发现任何个体，则应推定为灭绝。

## 二、野外灭绝（Extinct in the Wild, EW）

当一分类群只在栽培、饲养状况下生存或只剩下远离原分布地以外之移植驯化种群时，这个分类群即列为野外灭绝。若在其所有历史分布范围内，已知或可能之生育地，适当之时间（考虑昼夜、季节及年度变化），兼顾此一分类群之生活史及生活型（Life Cycle and Life Form）之情况下，进行彻底调查后，没有发现其个体，则应推定为野外灭绝。

\* 地区灭绝（Regional Extinct, RE）*IUCN（2003）：当一分类群在一个地区具有生殖能力的最后个体无疑已在该地区野外死亡或消失时，或一访问类群（visitor，指一分类群不在该地生殖，但现在或近一个世纪某些时期规律性出现，如候鸟）的最后个体已在该地区野外死亡或消失时，即列为地区灭绝级。

## 三、极危（Critically Endangered, CR）

当一分类群符合后列极危等级 A 至 E 之标准中任一项时，应列为极危，它被认为在野外面临极高之灭绝风险。

## 四、濒危（Endangered, EN）

当一分类群符合后列濒危等级 A 至 E 之标准中任一项时，应列为濒危，它被认为在野外面临非常高之灭绝风险。

## 五、易危（Vulnerable, VU）

当一分类群符合后列易危等级 A 至 E 之标准中任一项时，应列为易危，它被认为在野外面临高之灭绝风险。

## 六、近危（Near Threatened, NT）

当一分类群根据基准评估后，在目前尚未达到极危、濒危或易危之标准，但非常接近或在近期内有可能符合标准者。

## 七、无危（Least Concern, LC）

又称低关注度物种；指一分类群根据基准评估后，未达到极危、濒危、易危或近危之标准。广泛分布及数量多的分类群属于此类。

## 八、数据缺乏（Data Deficient, DD）

由于缺乏足够资料，致无法根据其分布或种群状况来直接（或间接）评估其灭绝风险的分类群。归于此级的分类群可能已被充分研究，其生物学知识也充分了解，但欠缺数量及/或分布的正确数据。数据不足级不属于受威胁的等级之一。归于此级的分类群表示需要更多信息，也有可能在未来的研究中将其划分到适当的受威胁等级。重要的是如何善加利用已有的数据，也要特别注意在"数据不足"及其他保育等级间进行选择的许多个案。若一分类群预期其分布范围是相对局限或最后之记录迄今已有相当长的时间，则将其列入受威胁等级是合理的。

\* 不适宜评估（不适用）（Not Applicable, NA）\*IUCN（2003）：在地区等级被视为没有资格评估的分类群，可能因在该地区不是野生种群或不是其自然生育范围，或只是零星的散生个体（vagrant，在一地区只是偶然出现的分类群）。

## 九、未评估（Not Evaluated, NE）

未根据基准进行评估的分类群。

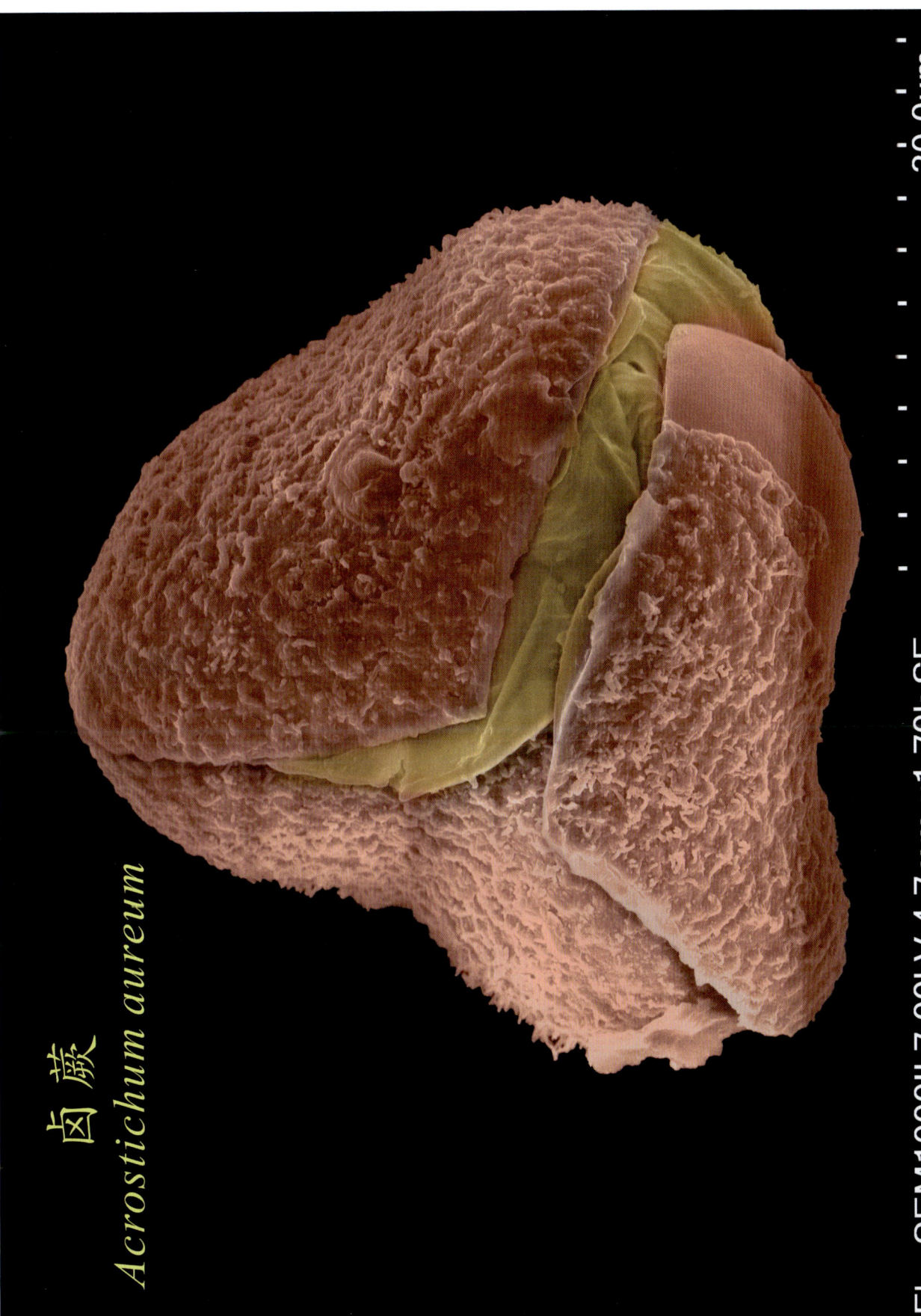

鹵蕨 *Acrostichum aureum*

射 干
*Belamcanda chinensis*

《中国珍稀濒危植物孢粉图鉴》终于付梓了，闭上眼帘，往事幕幕种种在脑海里浮现，历历如在眼前……

## 缘 起

2008年，在毕业5年后，我匆忙结束短暂的创业之旅，重新背起行囊，从省城合肥出发，远赴重庆开启一段崭新的研究生生涯。也正是在西南大学，我第一次知道了孢粉学，并有幸成为孢粉实验室的第一批学员。该实验室是在袁道先院士大力支持下建立的，当年算是西南地区唯一的孢粉实验室。

自接触孢粉伊始，我一直有一些困惑：首先，纵观国内高校和科研院所，孢粉学多集中在地学方向，这就使得一些研究人员缺乏必要的植物学背景知识，在显微镜下鉴定出孢粉时很难将其与相关植物一一对应起来。其次，尽管国内孢粉形态学研究一直在向前推进，但相对于几十万种植物来说，还是杯水车薪；这对孢粉鉴定带来极大的挑战，当前的很多鉴定只能达到科或属一级。此外，孢粉学研究需要借助显微镜人工鉴定，造成成果产出慢、周期长，在一定程度上影响了一些年轻人的加入，毕竟显微镜下鉴定是个苦差事，急不得，也是极耗耐力的体力活。随着时代发展，技术日新月异，特别是以ChatGPT、DeepSeek等为代表的AI新技术突飞猛进，显微镜鉴定——孢粉学的瓶颈——耗费了科研人员大量的时间和精力，研发出孢粉显微镜自动识别系统，将显微镜下的孢粉一一鉴定和统计出来，成为当前必须要面对的事实。机器是相对公正的，若研制出一套自动识别系统，不仅会杜绝一些"因人而异"的鉴定误差，也会节约大量的时间，将研究人员从繁重的显微镜鉴定中解放出来。事实上，国内外一些同行已经开始尝试运用计算机自动识别孢粉，但完成自动识别的重要前提就是要让系统进行大量的孢粉图版学习和训练，鉴于当前孢粉形态学研究的现状，相关尝试的结果均不是很理想。因此，系统制作大量孢粉高清图版是最终实现显微镜自动识别的重中之重，需要更多孢粉学同仁一起努力去完成。最后，能否出版一本集植物花、叶、果及植株等照片和花粉光学及电镜图版于一体的工具书，让鉴定时核对图版变得不那么枯燥呢？

## 一本好看的孢粉工具书

带着这些困惑,我便开启了一场浪漫的"采花之旅"……

于是,我利用每一次出野外、参加会议等机会,扛起相机,带上花粉采集袋,将遇见的植物花粉一一拍照并采集标本,及时整理、查阅资料和请教植物学专家鉴定出植物的具体种类。

时光荏苒,不经意间,十六年已悄然流逝。抚今追昔,不禁想起《牧羊少年奇幻之旅》里的一句话:当你想做成一件事情的时候,全世界都会帮助你去完成。

是啊,在这段既不算漫长也不短暂的"采花之旅"中,我得到了无数人的慷慨相助,也邂逅了一个又一个自然界的奇遇。在大瑶山的深处,我为了采集银杉花粉标本,不得不穿越一段猴山,那些顽皮的"猴哥"们对我进行一番番的"盘查",让我忍俊不禁;在元宝山冷杉林中,遭遇扑面而来的一团团乌云般的"蚊群";而在原始森林的腐朽枝叶间,却意外发现了如同童话世界中走出的"白色精灵"——水晶兰;偶遇罕见开花的南洋杉。还有那些几乎被遗忘的珍稀濒危植物:消失了七十余载,又重新被发现的东兴山龙眼;全球仅分布于我国的"万年木"——狭叶坡垒;2023年在广西弄岗发现的中国岩溶地区最高树——高72.4米的望天树;隐匿近一个世纪,现仅存三株,今年夏天还遭到野岩羊群啃食的阿拉善黄蓍;那独一无二的金色山茶花,被誉为"茶族皇后",堪称"植物界的大熊猫"的金花茶;我国特有的单种科植物,被誉为"植物中的龙凤"——伯乐树;第三纪孑遗植物,素有"万古第一梅"美称的银缕梅;形态宛如展翅白鸽的"中国鸽子树"——珙桐;穿越亿年时空,依然屹立的植物"活化石"——水杉;以及自然状态下仅存三株,难得开"花"的远古遗珍——百山祖冷杉。

每一次的经历,都是大自然赋予的珍贵礼物,让我在艰辛与惊喜交织的"采花之旅"中不断前行,不断感受生命的奇迹与自然的壮丽。这些际遇,仿佛在告诉我,只要心怀梦想,脚下的路便会越走越宽,而世界也会以它的方式,默默为你铺就前行的道路。

在国家出版基金的资助下,我们将这些年采集的孢粉标本,甄选了属于珍稀濒危系列的主要种类,不仅拍摄高清的光学及电镜孢粉图版,还配有植物的花、果、叶等精美照片,并描述植物形态特征、分布范围、花果期、珍稀濒危保护等级等信息,让读者在认识孢粉的同时,还能够及时补充植物学相关知识。此外,还邀请民盟画家赖有强首次对孢粉尝试绘画,让更多的人来领略显微镜下的微观之美。

这便是一本好看的孢粉工具书——《中国珍稀濒危植物孢粉图鉴》的由来。

郝秀东

2024年12月24日